토목기사시리즈 ❶ 응용역학

3회독 플래너

원샷! 원킬!

한방에 합격하는 합격비법서!

CHAPTER	SECTION	1회독	2회독	3회독
제1장 정역학의 기초	1. 구조역학의 일반~3. 마찰력과 일의 원리	1일	1일	1일
	▶단원별 기출문제	2일		
제2장 구조물 개론	1. 구조물의 개론~3. 구조물의 판별	3일	2일	
	▶단원별 기출문제	4일		
제3장 단면의 성질	1. 단면1차모멘트~2. 단면2차모멘트	5일	3일	
	3. 단면2차극모멘트~4. 단면상승모멘트	[illegible]		
	5. 단면계수와 회전반경~6. 주단면2차모멘트와 파푸스의 [illegible]	[illegible]	[illegible]	
	▶단원별 기출문제	[illegible]	[illegible]	
제4장 정정보	1. 정정보의 기본~2. 단순보	[illegible]	[illegible]	[illegible]
	3. 캔틸레버보~5. 게르버보	[illegible]		
	▶단원별 기출문제	11일		
제5장 정정 라멘, 아치, 케이블	1. 정정 라멘과 정정 아치~2. 케이블	12일	6일	2일
	▶단원별 기출문제			
제6장 정정 트러스	1. 트러스의 일반~2. 트러스의 해석	13일	7일	
	▶단원별 기출문제			
제7장 재료의 역학적 성질	1. 응력과 변형률~2. 합성재와 구조물 이음	14일	8일	3일
	3. 축하중 부재~4. 조합응력	15일		
	▶단원별 기출문제	16일	9일	
제8장 보의 응력	1. 보의 휨응력~2. 보의 전단응력	17일	10일	4일
	3. 전단중심~4. 보의 소성 해석	18일		
	▶단원별 기출문제	19일		
제9장 기둥	1. 기둥의 일반~3. 장주의 해석	20일	11일	5일
	▶단원별 기출문제	21일		
제10장 탄성변형에너지	1. 일과 에너지~2. 탄성변형에너지	22일	12일	
	▶단원별 기출문제			
제11장 구조물의 변위	1. 구조물 변위의 일반~3. 상반작용의 정리	23일	13일	6일
	▶단원별 기출문제	24일		
제12장 부정정 구조물	1. 부정정 구조물의 일반~2. 고전적인 방법	25일	14일	
	3. 처짐각법(요각법)~4. 모멘트 분배법	26일		
	▶단원별 기출문제	27일		
부록 I 최근 과년도 기출문제	2018~2021년 기출문제	28일	15일	7일
	2022~2024년 기출복원문제	29일		
부록 II CBT 실전 모의고사	1~3회 모의고사	30일		
		30일 완성!	15일 완성!	7일 완성!

" 수험생 여러분을 성안당이 응원합니다! "

스스로 체크하는 3회독 플래너

원샷원킬!

한방에 합격하는 합격비법서!

CHAPTER	SECTION	1회독	2회독	3회독
제1장 정역학의 기초	1. 구조역학의 일반~3. 마찰력과 일의 원리			
	▶단원별 기출문제			
제2장 구조물 개론	1. 구조물의 개론~3. 구조물의 판별			
	▶단원별 기출문제			
제3장 단면의 성질	1. 단면1차모멘트~2. 단면2차모멘트			
	3. 단면2차극모멘트~4. 단면상승모멘트			
	5. 단면계수와 회전반경~6. 주단면2차모멘트와 파푸스의 정리			
	▶단원별 기출문제			
제4장 정정보	1. 정정보의 기본~2. 단순보			
	3. 캔틸레버보~5. 게르버보			
	▶단원별 기출문제			
제5장 정정 라멘, 아치, 케이블	1. 정정 라멘과 정정 아치~2. 케이블			
	▶단원별 기출문제			
제6장 정정 트러스	1. 트러스의 일반~2. 트러스의 해석			
	▶단원별 기출문제			
제7장 재료의 역학적 성질	1. 응력과 변형률~2. 합성재와 구조물 이음			
	3. 축하중 부재~4. 조합응력			
	▶단원별 기출문제			
제8장 보의 응력	1. 보의 휨응력~2. 보의 전단응력			
	3. 전단중심~4. 보의 소성 해석			
	▶단원별 기출문제			
제9장 기둥	1. 기둥의 일반~3. 장주의 해석			
	▶단원별 기출문제			
제10장 탄성변형에너지	1. 일과 에너지~2. 탄성변형에너지			
	▶단원별 기출문제			
제11장 구조물의 변위	1. 구조물 변위의 일반~3. 상반작용의 정리			
	▶단원별 기출문제			
제12장 부정정 구조물	1. 부정정 구조물의 일반~2. 고전적인 방법			
	3. 처짐각법(요각법)~4. 모멘트 분배법			
	▶단원별 기출문제			
부록 I 최근 과년도 기출문제	2018~2021년 기출문제			
	2022~2024년 기출복원문제			
부록 II CBT 실전 모의고사	1~3회 모의고사			
		일 완성!	일 완성!	일 완성!

“수험생 여러분을 성안당이 응원합니다!”

원샷! 원킬!

한방에 합격하는 합격비법서!

ONE SHOT ONE KILL

토목기사시리즈

| Engineer Civil Engineering Series |

응용역학

박경현 지음

BM (주)도서출판 성안당

독자 여러분께 알려드립니다

토목기사 필기 시험을 본 후 그 문제 가운데 **응용역학** 10여 문제를 재구성해서 성안당 출판사로 보내주시면, 채택된 문제에 대해서 성안당 도서 7개년 과년도 토목기사 [필기] 1부를 증정해 드립니다. 독자 여러분이 보내주시는 기출문제는 더 나은 책을 만드는 데 큰 도움이 됩니다. 감사합니다.

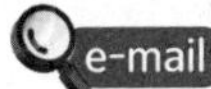

coh@cyber.co.kr (최옥현)

★ 메일을 보내주실 때 성명, 연락처, 주소를 기재해 주시기 바랍니다.
★ 보내주신 기출문제는 집필자가 검토한 후에 도서를 증정해 드립니다.

도서 A/S 안내

성안당에서 발행하는 모든 도서는 저자와 출판사, 그리고 독자가 함께 만들어 나갑니다.

좋은 책을 펴내기 위해 많은 노력을 기울이고 있습니다. 혹시라도 내용상의 오류나 오탈자 등이 발견되면 "좋은 책은 나라의 보배"로서 우리 모두가 함께 만들어 간다는 마음으로 연락주시기 바랍니다. 수정 보완하여 더 나은 책이 되도록 최선을 다하겠습니다.

성안당은 늘 독자 여러분들의 소중한 의견을 기다리고 있습니다. 좋은 의견을 보내주시는 분께는 성안당 쇼핑몰의 포인트(3,000포인트)를 적립해 드립니다.

잘못 만들어진 책이나 부록 등이 파손된 경우에는 교환해 드립니다.

저자문의 e-mail : jaoec@hanmail.net(박경현)
본서 기획자 e-mail : coh@cyber.co.kr(최옥현)
홈페이지 : http://www.cyber.co.kr 전화 : 031) 950-6300

50여 년 전 토목기사 1급, 2급으로 처음 시작된 후 지금의 토목 기사 · 산업기사로 시행되고 있는 시험은 오늘날 토목 분야의 중추적인 자격시험으로 자리를 잡아가고 있다. 또한 건설공학 분야의 새로운 기술이 날로 개발, 발전함에 따라 공업역학, 재료역학, 구조역학 등의 내용을 광범위하게 다루고 있는 응용역학이 구조물의 해석과 설계 및 시공, 평가와 관련된 기본 과목으로서 그 중요성이 매우 커지고 있다.

이 책의 특징

1. 자격증을 준비하는 건설공학 분야에 종사하는 기술자 또는 이러한 분야를 공부하는 학생들이 보다 쉽고 명확하게 내용을 이해할 수 있도록 구성하였다.
2. 2022년부터 기사 필기시험을 전면 CBT(컴퓨터 기반 시험)로 시행함에 따라 최근 10년간 출제된 과년도 기출문제를 명쾌하고 상세한 해설과 함께 많은 문제를 수록하여 수험생들이 단기간에 자격증을 취득할 수 있도록 하였다.
3. 각 단원의 이론 부분에는 기본적인 원리와 사고를 바탕으로 기본개념을 간단하게 설명하였으며, 문제 부분에는 각 단원과 관련된 문제들을 기출문제와 함께 수록하였다.
4. 각 단원마다 과년도 기출문제의 출제빈도표를 구성하고, 빈출되는 중요한 문제는 별표(★)로 강조하였다.

독자들은 문제의 답안 작성에만 집착하지 말고, 논리적인 이해를 하기 위해 노력하기를 바란다. 덧붙여, 이 책을 만나는 사람들의 다양한 목적에 따라 개개인에 있어서 다소 미흡한 점이 발견되더라도 계속적인 수정과 개선을 통해 보완할 것을 약속하며, 이 책을 필요로 하는 사람들이 소기 목적을 달성할 수 있기를 소망한다.

끝으로 이 책을 출간하기까지 도와주신 성안당 임직원 여러분께 감사드리며, 특히 이종춘 회장님과 구본철 상무님께 깊은 감사를 드린다.

멀리 계족산성을 바라보며…

박경현

출제기준

필기

직무분야	건설	중직무분야	토목	자격종목	토목기사	적용기간	2022.1.1.~2025.12.31.

직무내용 : 도로, 공항, 철도, 하천, 교량, 댐, 터널, 상하수도, 사면, 항만 및 해양시설물 등 다양한 건설사업을 계획, 설계, 시공, 관리 등을 수행하는 직무이다.

필기검정방법	객관식	문제 수	120	시험시간	3시간

필기과목명	문제 수	주요 항목	세부항목	세세항목
응용역학	20	1. 역학적인 개념 및 건설 구조물의 해석	(1) 힘과 모멘트	① 힘 ② 모멘트
			(2) 단면의 성질	① 단면1차모멘트와 도심 ② 단면2차모멘트 ③ 단면상승모멘트 ④ 회전반경 ⑤ 단면계수
			(3) 재료의 역학적 성질	① 응력과 변형률 ② 탄성계수
			(4) 정정보	① 보의 반력 ② 보의 전단력 ③ 보의 휨모멘트 ④ 보의 영향선 ⑤ 정정보의 종류
			(5) 보의 응력	① 휨응력 ② 전단응력
			(6) 보의 처짐	① 보의 처짐 ② 보의 처짐각 ③ 기타 처짐 해법
			(7) 기둥	① 단주 ② 장주
			(8) 정정 트러스(Truss), 라멘(Rahmen), 아치(Arch), 케이블(Cable)	① 트러스 ② 라멘 ③ 아치 ④ 케이블
			(9) 구조물의 탄성변형	① 탄성변형
			(10) 부정정 구조물	① 부정정 구조물의 개요 ② 부정정 구조물의 판별 ③ 부정정 구조물의 해법
측량학	20	1. 측량학일반	(1) 측량기준 및 오차	① 측지학 개요 ② 좌표계와 측량원점 ③ 측량의 오차와 정밀도
			(2) 국가기준점	① 국가기준점 개요 ② 국가기준점 현황

필기과목명	문제 수	주요 항목	세부항목	세세항목
		2. 평면기준점측량	(1) 위성측위시스템(GNSS)	① 위성측위시스템(GNSS) 개요 ② 위성측위시스템(GNSS) 활용
			(2) 삼각측량	① 삼각측량의 개요 ② 삼각측량의 방법 ③ 수평각 측정 및 조정 ④ 변장계산 및 좌표계산 ⑤ 삼각수준측량 ⑥ 삼변측량
			(3) 다각측량	① 다각측량 개요 ② 다각측량 외업 ③ 다각측량 내업 ④ 측점 전개 및 도면 작성
		3. 수준점측량	(1) 수준측량	① 정의, 분류, 용어 ② 야장기입법 ③ 종·횡단측량 ④ 수준망 조정 ⑤ 교호수준측량
		4. 응용측량	(1) 지형측량	① 지형도 표시법 ② 등고선의 일반개요 ③ 등고선의 측정 및 작성 ④ 공간정보의 활용
			(2) 면적 및 체적 측량	① 면적계산 ② 체적계산
			(3) 노선측량	① 중심선 및 종횡단 측량 ② 단곡선 설치와 계산 및 이용방법 ③ 완화곡선의 종류별 설치와 계산 및 이용방법 ④ 종곡선 설치와 계산 및 이용방법
			(4) 하천측량	① 하천측량의 개요 ② 하천의 종횡단측량
수리학 및 수문학	20	1. 수리학	(1) 물의 성질	① 점성계수 ② 압축성 ③ 표면장력 ④ 증기압
			(2) 정수역학	① 압력의 정의 ② 정수압 분포 ③ 정수력 ④ 부력
			(3) 동수역학	① 오일러방정식과 베르누이식 ② 흐름의 구분 ③ 연속방정식 ④ 운동량방정식 ⑤ 에너지방정식

필기과목명	문제 수	주요 항목	세부항목	세세항목
			(4) 관수로	① 마찰손실 ② 기타 손실 ③ 관망 해석
			(5) 개수로	① 전수두 및 에너지 방정식 ② 효율적 흐름 단면 ③ 비에너지 ④ 도수 ⑤ 점변 부등류 ⑥ 오리피스 ⑦ 위어
			(6) 지하수	① Darcy의 법칙 ② 지하수흐름방정식
			(7) 해안 수리	① 파랑 ② 항만 구조물
		2. 수문학	(1) 수문학의 기초	① 수문 순환 및 기상학 ② 유역 ③ 강수 ④ 증발산 ⑤ 침투
			(2) 주요 이론	① 지표수 및 지하수 유출 ② 단위유량도 ③ 홍수 추적 ④ 수문통계 및 빈도 ⑤ 도시수문학
			(3) 응용 및 설계	① 수문모형 ② 수문조사 및 설계
철근콘크리트 및 강구조	20	1. 철근콘크리트 및 강구조	(1) 철근콘크리트	① 설계일반 ② 설계하중 및 하중 조합 ③ 휨과 압축 ④ 전단과 비틀림 ⑤ 철근의 정착과 이음 ⑥ 슬래브, 벽체, 기초, 옹벽, 라멘, 아치 등의 구조물 설계
			(2) 프리스트레스트 콘크리트	① 기본개념 및 재료 ② 도입과 손실 ③ 휨부재 설계 ④ 전단 설계 ⑤ 슬래브 설계
			(3) 강구조	① 기본개념 ② 인장 및 압축부재 ③ 휨부재 ④ 접합 및 연결

필기과목명	문제 수	주요 항목	세부항목	세세항목
토질 및 기초	20	1. 토질역학	(1) 흙의 물리적 성질과 분류	① 흙의 기본성질 ② 흙의 구성 ③ 흙의 입도분포 ④ 흙의 소성특성 ⑤ 흙의 분류
			(2) 흙 속에서의 물의 흐름	① 투수계수 ② 물의 2차원 흐름 ③ 침투와 파이핑
			(3) 지반 내의 응력분포	① 지중응력 ② 유효응력과 간극수압 ③ 모관현상 ④ 외력에 의한 지중응력 ⑤ 흙의 동상 및 융해
			(4) 압밀	① 압밀이론 ② 압밀시험 ③ 압밀도 ④ 압밀시간 ⑤ 압밀침하량 산정
			(5) 흙의 전단강도	① 흙의 파괴이론과 전단강도 ② 흙의 전단특성 ③ 전단시험 ④ 간극수압계수 ⑤ 응력경로
			(6) 토압	① 토압의 종류 ② 토압이론 ③ 구조물에 작용하는 토압 ④ 옹벽 및 보강토옹벽의 안정
			(7) 흙의 다짐	① 흙의 다짐특성 ② 흙의 다짐시험 ③ 현장다짐 및 품질관리
			(8) 사면의 안정	① 사면의 파괴거동 ② 사면의 안정 해석 ③ 사면안정대책공법
			(9) 지반조사 및 시험	① 시추 및 시료 채취 ② 원위치시험 및 물리탐사 ③ 토질시험
		2. 기초공학	(1) 기초일반	① 기초일반 ② 기초의 형식
			(2) 얕은 기초	① 지지력 ② 침하
			(3) 깊은 기초	① 말뚝기초 지지력 ② 말뚝기초 침하 ③ 케이슨기초
			(4) 연약지반 개량	① 사질토지반 개량공법 ② 점성토지반 개량공법 ③ 기타 지반 개량공법

필기과목명	문제 수	주요 항목	세부항목	세세항목
상하수도 공학	20	1. 상수도 계획	(1) 상수도시설 계획	① 상수도의 구성 및 계통 ② 계획급수량의 산정 ③ 수원 ④ 수질기준
			(2) 상수관로시설	① 도수, 송수계획 ② 배수, 급수계획 ③ 펌프장계획
			(3) 정수장시설	① 정수방법 ② 정수시설 ③ 배출수처리시설
		2. 하수도 계획	(1) 하수도시설 계획	① 하수도의 구성 및 계통 ② 하수의 배제방식 ③ 계획하수량의 산정 ④ 하수의 수질
			(2) 하수관로시설	① 하수관로 계획 ② 펌프장 계획 ③ 우수조정지 계획
			(3) 하수처리장시설	① 하수처리방법 ② 하수처리시설 ③ 오니(Sludge)처리시설

실기

직무 분야	건설	중직무 분야	토목	자격 종목	토목기사	적용 기간	2022.1.1. ~ 2025.12.31.

직무내용 : 도로, 공항, 철도, 하천, 교량, 댐, 터널, 상하수도, 사면, 항만 및 해양시설물 등 다양한 건설사업을 계획, 설계, 시공, 관리 등을 수행하는 직무이다.
수행준거 : 1. 토목시설물에 대한 타당성 조사, 기본설계, 실시설계 등의 각 설계단계에 따른 설계를 할 수 있다.
2. 설계도면 이해에 대한 지식을 가지고 시공 및 건설사업관리 직무를 수행할 수 있다.

실기검정방법	필답형	시험시간	3시간

실기과목명	주요 항목	세부항목	세세항목
토목설계 및 시공실무	1. 토목설계 및 시공에 관한 사항	(1) 토공 및 건설기계 이해하기	① 토공계획에 대해 알고 있어야 한다. ② 토공시공에 대해 알고 있어야 한다. ③ 건설기계 및 장비에 대해 알고 있어야 한다.
		(2) 기초 및 연약지반 개량 이해하기	① 지반조사 및 시험방법을 알고 있어야 한다. ② 연약지반 개요에 대해 알고 있어야 한다. ③ 연약지반 개량공법에 대해 알고 있어야 한다. ④ 연약지반 측방유동에 대해 알고 있어야 한다. ⑤ 연약지반 계측에 대해 알고 있어야 한다. ⑥ 얕은 기초에 대해 알고 있어야 한다. ⑦ 깊은 기초에 대해 알고 있어야 한다.
		(3) 콘크리트 이해하기	① 특성에 대해 알고 있어야 한다. ② 재료에 대해 알고 있어야 한다. ③ 배합 설계 및 시공에 대해 알고 있어야 한다. ④ 특수 콘크리트에 대해 알고 있어야 한다. ⑤ 콘크리트 구조물의 보수, 보강 공법에 대해 알고 있어야 한다.
		(4) 교량 이해하기	① 구성 및 분류를 알고 있어야 한다. ② 가설공법에 대해 알고 있어야 한다. ③ 내하력평가 방법 및 보수, 보강 공법에 대해 알고 있어야 한다.
		(5) 터널 이해하기	① 조사 및 암반분류에 대해 알고 있어야 한다. ② 터널공법에 대해 알고 있어야 한다. ③ 발파개념에 대해 알고 있어야 한다. ④ 지보 및 보강 공법에 대해 알고 있어야 한다. ⑤ 콘크리트 라이닝 및 배수에 대해 알고 있어야 한다. ⑥ 터널 계측 및 부대시설에 대해 알고 있어야 한다.
		(6) 배수 구조물 이해하기	① 배수 구조물의 종류 및 특성에 대해 알고 있어야 한다. ② 시공방법에 대해 알고 있어야 한다.

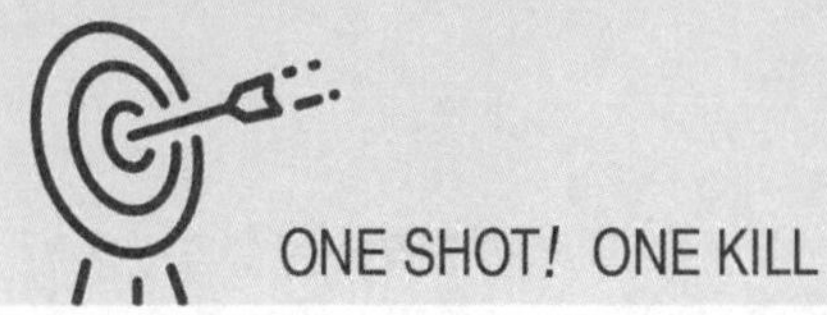

실기과목명	주요 항목	세부항목	세세항목
		(7) 도로 및 포장 이해하기	① 도로의 계획 및 개념에 대해 알고 있어야 한다. ② 포장의 종류 및 특성에 대해 알고 있어야 한다. ③ 아스팔트 포장에 대해 알고 있어야 한다. ④ 콘크리트 포장에 대해 알고 있어야 한다. ⑤ 포장 유지보수에 대해 알고 있어야 한다.
		(8) 옹벽, 사면, 흙막이 이해하기	① 옹벽의 개념에 대해 알고 있어야 한다. ② 옹벽 설계 및 시공에 대해 알고 있어야 한다. ③ 보강토옹벽에 대해 알고 있어야 한다. ④ 흙막이공법의 종류 및 특성에 대해 알고 있어야 한다. ⑤ 흙막이공법의 설계에 대해 알고 있어야 한다. ⑥ 사면안정에 대해 알고 있어야 한다.
		(9) 하천, 댐 및 항만 이해하기	① 하천공사의 종류 및 특성에 대해 알고 있어야 한다. ② 댐공사의 종류 및 특성에 대해 알고 있어야 한다. ③ 항만공사의 종류 및 특성에 대해 알고 있어야 한다. ④ 준설 및 매립에 대해 알고 있어야 한다.
	2. 토목시공에 따른 공사·공정 및 품질관리	(1) 공사 및 공정관리하기	① 공사관리에 대해 알고 있어야 한다. ② 공정관리 개요에 대해 알고 있어야 한다. ③ 공정계획을 할 수 있어야 한다. ④ 최적 공기를 산출할 수 있어야 한다.
		(2) 품질관리하기	① 품질관리의 개념에 대해 알고 있어야 한다. ② 품질관리 절차 및 방법에 대해 알고 있어야 한다.
	3. 도면 검토 및 물량 산출	(1) 도면 기본 검토하기	① 도면에서 지시하는 내용을 파악할 수 있다. ② 도면에 오류, 누락 등을 확인할 수 있다.
		(2) 옹벽, 슬래브, 암거, 기초, 교각, 교대 및 도로 부대시설물 물량 산출하기	① 토공량을 산출할 수 있어야 한다. ② 거푸집량을 산출할 수 있어야 한다. ③ 콘크리트량을 산출할 수 있어야 한다. ④ 철근량을 산출할 수 있어야 한다.

출제경향 분석

[최근 10년간 출제분석표(단위 : %)]

구분	2015년	2016년	2017년	2018년	2019년	2020년	2021년	2022년	2023년	2024년	10개년 평균
제1장 정역학의 기초	5.0	6.7	6.7	11.6	6.7	8.3	10.0	6.7	6.7	8.3	7.7
제2장 구조물 개론	0.0	0.0	0.0	1.7	0.0	0.0	3.3	0.0	0.0	0.0	0.5
제3장 단면의 성질	8.3	10.0	11.6	10.0	10.0	10.0	10.0	10.0	11.6	10.0	10.2
제4장 정정보	10.0	8.3	11.6	16.7	19.9	13.3	15.0	8.3	11.6	11.7	12.6
제5장 정정 라멘, 아치, 케이블	5.0	6.7	6.7	5.0	6.7	6.7	6.7	6.7	6.7	6.7	6.4
제6장 정정 트러스	5.0	8.3	6.7	5.0	3.3	5.0	3.3	8.3	6.7	5.0	5.7
제7장 재료의 역학적 성질	13.3	11.7	10.0	11.7	11.7	13.4	10.0	11.7	10.0	11.7	11.5
제8장 보의 응력	10.0	8.3	6.7	10.0	6.7	8.3	10.0	8.3	6.7	8.3	8.3
제9장 기둥	8.3	8.3	10.0	8.3	10.0	10.0	10.0	8.3	10.0	10.0	9.3
제10장 탄성변형에너지	3.3	5.0	5.0	5.0	1.7	5.0	3.3	5.0	5.0	5.0	4.3
제11장 구조물의 변위	20.0	13.3	13.3	6.7	13.3	10.0	11.7	13.3	13.3	10.0	12.5
제12장 부정정 구조물	11.8	13.4	11.7	8.3	10.0	10.0	6.7	13.4	11.7	13.3	11.0
합계											100.0

[단원별 출제비율]

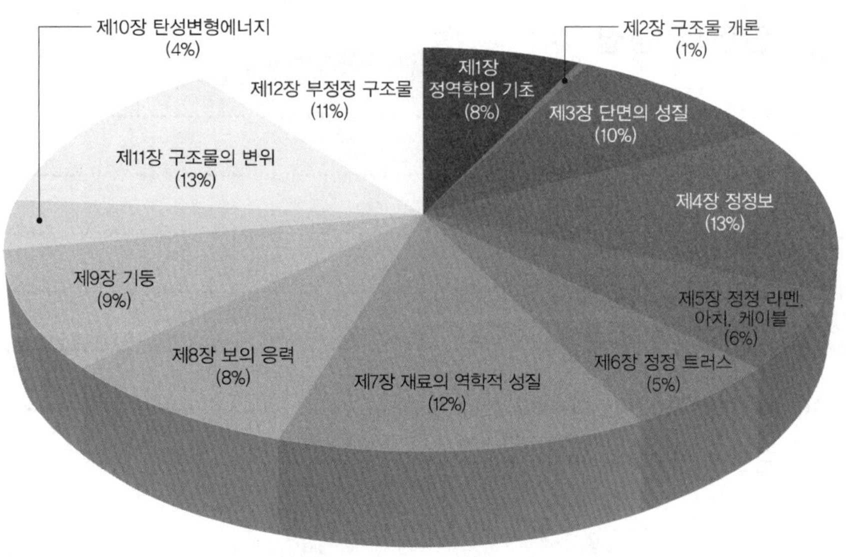

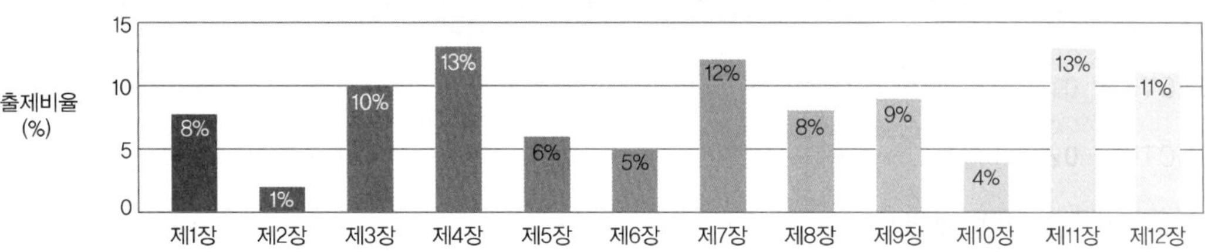

차례

CHAPTER 01 정역학의 기초

CHAPTER 02 구조물 개론

CHAPTER 03 단면의 성질

CHAPTER 04 정정보

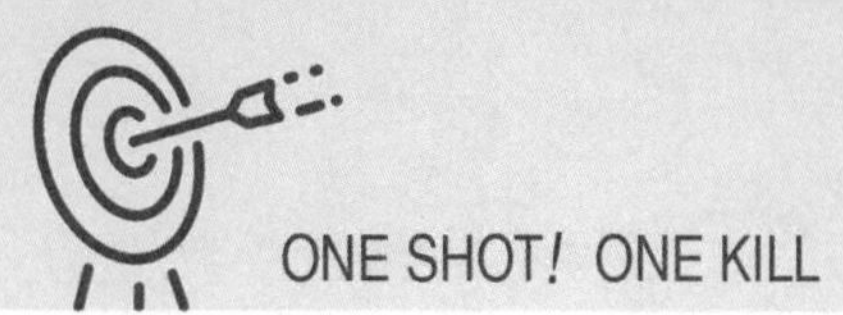

CHAPTER 09 기둥

CHAPTER 10 탄성변형에너지

CHAPTER 11 구조물의 변위

CHAPTER 12 부정정 구조물

부록 I 최근 과년도 기출문제

2022년 3회 기출문제부터는 CBT 전면시행으로 시험문제가 공개되지 않아 수험생의 기억을 토대로 복원된 문제를 수록했습니다.

부록 II CBT 실전 모의고사

핵심 암기노트

CHAPTER 01 | 정역학의 기초

1. 힘의 3요소

① 크기(l)
② 방향(θ)
③ 작용점(x, y)

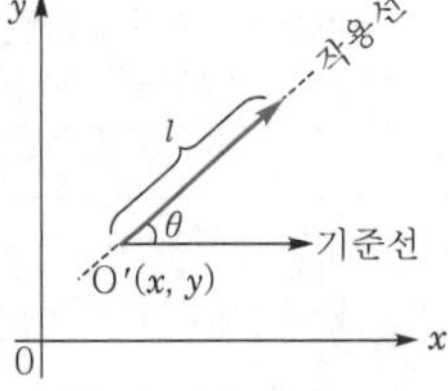

2. 한 점에 작용하는 두 힘의 합성

① 도해적 방법 : 평행사변형법, 삼각형법
② 해석적 방법

$$R=\sqrt{P_1^{\,2}+P_2^{\,2}+2P_1P_2\cos\alpha}$$

$$\tan\theta=\frac{P_2\sin\alpha}{P_1+P_2\cos\alpha}$$

3. 한 점에 작용하는 여러 힘의 합성과 분해

① 도해적 방법 : 시력도(폐합 $\Sigma R=0$)
② 해석적 방법

$$R=\sqrt{\Sigma H^2+\Sigma V^2}$$

$$\tan\theta=\frac{\Sigma V}{\Sigma H}$$

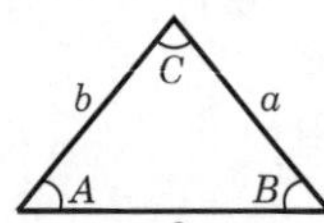

③ sin법칙(라미의 정리)

$$\frac{a}{\sin A}=\frac{b}{\sin B}=\frac{c}{\sin C}$$

4. 모멘트(회전력)

① $M=Pl$(수직거리, 최단거리)
② 우력 : 크기가 같고, 방향이 반대인 한 쌍의 나란한 힘
③ 우력모멘트 : $\Sigma R=0$, 모멘트 일정

5. 바리뇽(Varignon)의 정리

① 여러 힘의 한 점에 대한 모멘트는 그 합력의 모멘트의 크기와 같다.
② 합력에 의한 모멘트=분력에 의한 모멘트의 합

6. 힘의 평형방정식(조건식)

① 수평분력의 총합 $\Sigma H=0$
② 수직분력의 총합 $\Sigma V=0$
③ 임의 점 모멘트의 총합 $\Sigma M=0$
④ 시력도가 폐합($\Sigma R=0$) : 도해적 조건
⑤ 연력도가 폐합($\Sigma M=0$) : 도해적 조건

7. 마찰력의 특성

① 마찰력은 물체의 운동과 반대방향으로 작용한다.
② 마찰력(마찰계수)은 접촉면의 면적과 관계없다.
③ 마찰력은 접촉면의 성질(상태)에 의해 변한다.
④ 정지마찰계수는 동마찰계수보다 크다.
⑤ 마찰력은 수직항력에 비례한다.
⑥ 운동마찰력은 미끄럼속도에 무관하다.

CHAPTER 02 | 구조물 개론

1. 외적(이동 여부), 내적(변형 여부), 정정, 부정정

① 안정 ─┬ 정정($n=0$)
　　　　└ 부정정($n>0$)
② 불안정($n<0$)

2. 판별식과 판별

① 일반 구조물 : $n=r-3m$
② 트러스 구조물 : $n=m+r-2j$
여기서, r : 반력수(일반 구조물에서는 절점반력 포함)
m : 부재수, j : 절점수
③ $n=0$인 경우 : 정정구조
④ $n>0$인 경우 : 부정정구조(n : 부정정차수)
⑤ $n<0$인 경우 : 불안정구조

3. 전체 부정정차수(내외적차수, n)

① n=외적 부정정차수(n_e)+내적 부정정차수(n_i)
② 외적 부정정차수 : $n_e=n-n_i=r-3$
③ 내적 부정정차수 : $n_i=n-n_e$

CHAPTER 03 | 단면의 성질

1. 단면1차모멘트

① 단면1차모멘트=도형의 면적×축에서 도심까지의 거리(cm^3, m^3, ft^3)

$$G_x=\int_A y\,dA=Ay_0,\ G_y=\int_A x\,dA=Ax_0$$

② 단면의 도심을 통과하는 축에 대한 단면1차모멘트는 0(zero)이다.

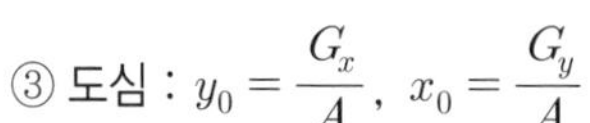

③ 도심 : $y_0 = \dfrac{G_x}{A}$, $x_0 = \dfrac{G_y}{A}$

④ 각 단면의 도심

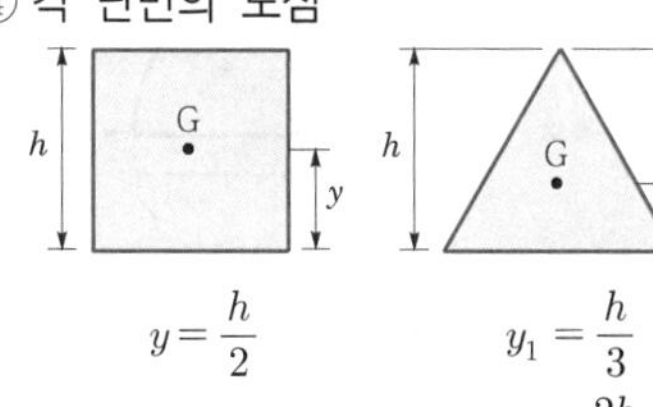

$y = \dfrac{h}{2}$　　　$y_1 = \dfrac{h}{3}$

$y_2 = \dfrac{2h}{3}$

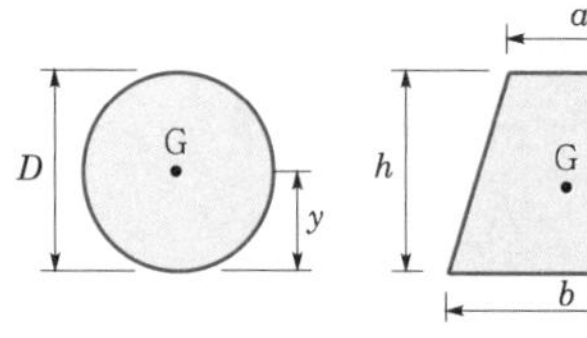

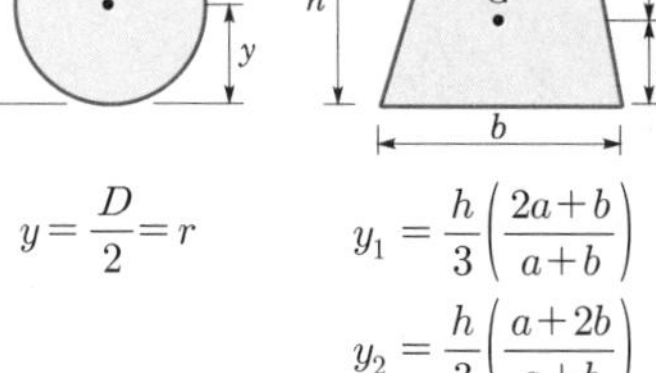

$y = \dfrac{D}{2} = r$　　　$y_1 = \dfrac{h}{3}\left(\dfrac{2a+b}{a+b}\right)$

$y_2 = \dfrac{h}{3}\left(\dfrac{a+2b}{a+b}\right)$

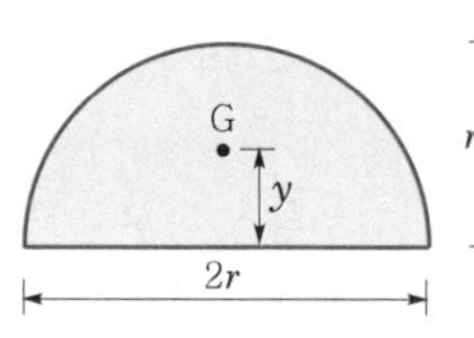

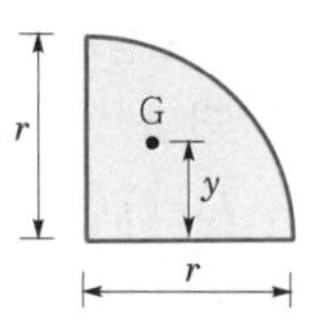

$y = \dfrac{4r}{3\pi}$　　　$y = \dfrac{4r}{3\pi}$

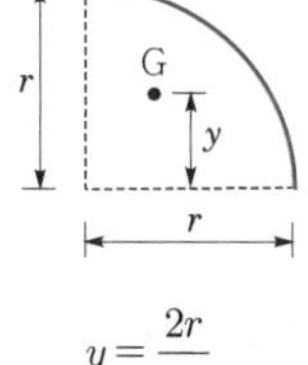

$y = \dfrac{2r}{\pi}$　　　$y = \dfrac{2r}{\pi}$

⑤ 포물선 단면의 도심

총면적 $A = bh$

A_1면적$= \dfrac{1}{3}A$, A_2면적$= \dfrac{2}{3}A$

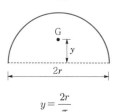

2. 단면2차모멘트(관성모멘트)

① 단면2차모멘트=면적×축에서 미소면적까지의 거리의 제곱(cm^4, m^4, ft^4)

$$I_X = \int_A y^2 dA = \int_{y_1}^{y_2} y^2 z\,dy = Ay^2$$

$$I_Y = \int_A x^2 dA = \int_{x_1}^{x_2} x^2 z\,dx = Ax^2$$

② 각 단면의 도심축에 대한 단면2차모멘트

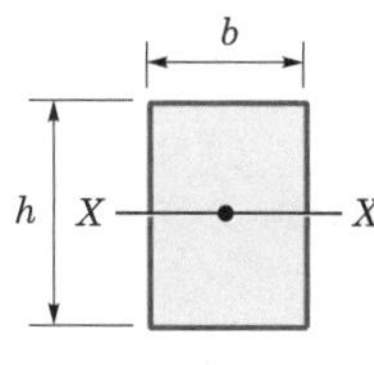

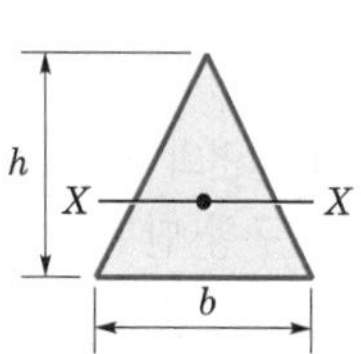

$I_X = \dfrac{bh^3}{12}$　　　$I_X = \dfrac{bh^3}{36}$

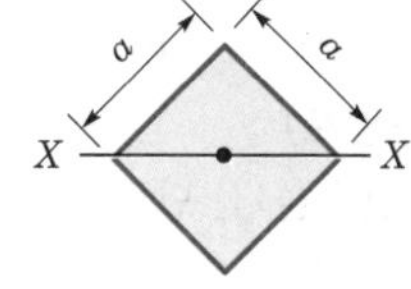

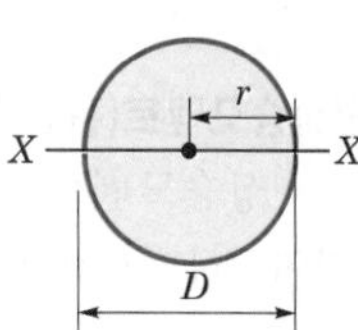

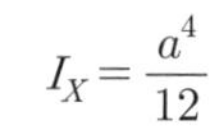

$I_X = \dfrac{a^4}{12}$　　　$I_X = \dfrac{\pi D^4}{64} = \dfrac{\pi r^4}{4}$

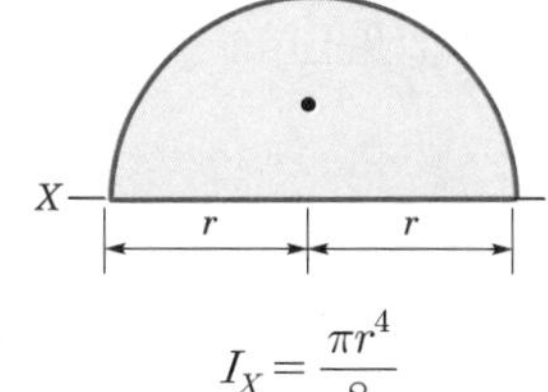

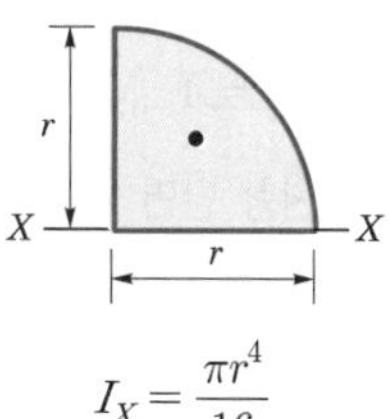

$I_X = \dfrac{\pi r^4}{8}$　　　$I_X = \dfrac{\pi r^4}{16}$

③ 평행축정리 : 축의 평행이동

㉠ 구형 단면

$$I_x = I_X + A{y_0}^2 = \frac{bh^3}{12} + bh\left(\frac{h}{2}\right)^2 = \frac{bh^3}{3}$$

㉡ 삼각형 단면

$$I_{x_1} = I_X + A{y_0}^2 = \frac{bh^3}{36} + \frac{bh}{2}\left(\frac{h}{3}\right)^2 = \frac{bh^3}{12}$$

$$I_{x_2} = I_X + A{y_0}^2 = \frac{bh^3}{36} + \frac{bh}{2}\left(\frac{2h}{3}\right)^2 = \frac{bh^3}{4}$$

㉢ 원형 단면

$$I_x = I_X + A{y_0}^2 = \frac{\pi D^4}{64} + \frac{\pi D^2}{4} \times \left(\frac{D}{2}\right)^2$$
$$= \frac{5\pi D^4}{64} = \frac{5\pi r^4}{4}$$

3. 단면2차극모멘트(극관성모멘트)

① 단면2차극모멘트=미소면적×극점에서 미소면적까지 거리의 제곱(cm^4, m^4, ft^4)

$$I_P = \int_A \rho^2 dA = \int_A (y^2 + x^2) dA$$
$$= I_X + I_Y \text{ (일정)}$$

② 각 단면의 단면2차극모멘트

㉠ 구형 단면

$$I_P = I_X + I_Y = \frac{bh^3}{12} + \frac{hb^3}{12} = \frac{bh}{12}(b^2 + h^2)$$

㉡ 원형 단면

$$I_P = I_X + I_Y = \frac{\pi D^4}{64} + \frac{\pi D^4}{64} = \frac{\pi D^4}{32} = \frac{\pi r^4}{2}$$

4. 단면상승모멘트(관성승적모멘트)

① 단면상승모멘트=미소면적을 전 단면적에 대하여 적분한 것(cm^4, m^4, ft^4)

$$I_{XY} = \int_A xy\,dA = A x_0 y_0$$

② 구형 단면

$$I_{xy} = A x_0 y_0 = bh \times \frac{b}{2} \times \frac{h}{2} = \frac{b^2h^2}{4}$$

③ 원형 단면

$$I_{xy} = A x_0 y_0 = \pi r^2 \times r \times r = \pi r^4$$

④ 삼각형 단면

$$I_{xy} = \int_A xy\,dA = \frac{b^2h^2}{24}$$

⑤ 1/4원 단면

$$I_{xy} = \int_A xy\,dA = \frac{r^4}{8}$$

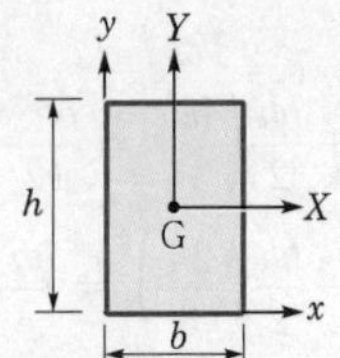

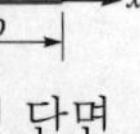

(a) 구형 단면

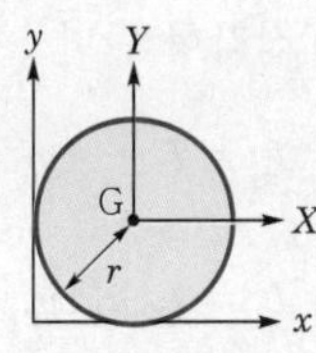

(b) 원형 단면

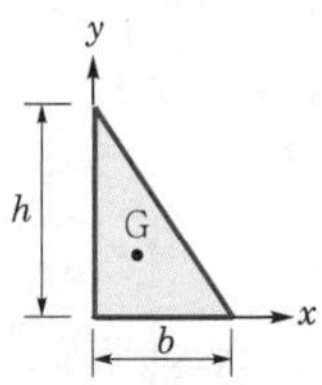

(c) 삼각형 단면

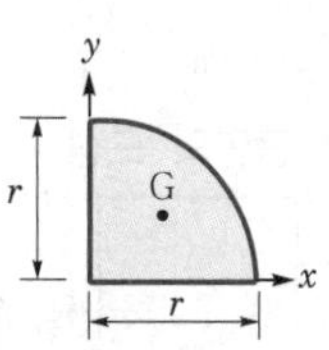

(d) 원형 단면

⑥ 평행축정리(축의 평행이동)

$$I_{xy} = \int_A xy\,dA = I_{XY} + A x_0 y_0 \quad (I_{XY} \neq 0)$$

5. 단면계수와 회전반경

① 단면계수(cm^3, m^3, ft^3)

$$Z_t = \frac{I_X}{y_1},\ Z_c = \frac{I_X}{y_2}$$

② 회전반경(회전반지름, 단면2차반지름, cm, m, ft)

$$r_x = \sqrt{\frac{I_x}{A}},\ r_y = \sqrt{\frac{I_y}{A}}$$

③ 각 단면의 도심축에 대한 단면계수와 회전반경

㉠ 구형 단면

$$Z = \frac{I_X}{y} = \frac{bh^2}{6},\ r_X = \sqrt{\frac{I_X}{A}} = \frac{h}{2\sqrt{3}}$$

㉡ 삼각형 단면

$$Z_c = \frac{bh^2}{24},\ Z_t = \frac{bh^2}{12},\ r_X = \frac{h}{3\sqrt{2}}$$

㉢ 원형 단면

$$Z = \frac{\pi D^3}{32},\ r_X = \frac{D}{4}$$

6. 주단면2차모멘트

① 주단면2차모멘트의 크기

$$I_{\substack{\max \\ \min}} = \frac{I_x + I_y}{2} \pm \sqrt{\left(\frac{I_x - I_y}{2}\right)^2 + {I_{xy}}^2}$$
$$= \frac{1}{2}(I_X + I_Y) \pm \frac{1}{2}\sqrt{(I_x - I_y)^2 + 4{I_{xy}}^2}$$

② 주축의 방향(위치)

$$\tan 2\alpha = \frac{2I_{xy}}{I_y - I_x} = -\frac{2I_{xy}}{I_x - I_y}$$

7. 주단면2차모멘트의 정리

① 주축에 대한 단면상승모멘트는 0이다.

② 주축은 한 쌍의 직교축을 이룬다.

③ 주축에 대한 단면2차모멘트는 최대 및 최소이다.

④ 대칭축은 항상 주축이 되며, 그 축에 직교되는 축도 주축이 된다.

⑤ 정다각형 및 원형 단면에서는 대칭축이 여러 개이므로 주축도 여러 개 있다.

⑥ 주축이라고 해서 대칭을 의미하는 것은 아니다.

CHAPTER 04 | 정정보

1. 단면력과 하중과의 관계

① 외력 : 주동외력, 수동외력

② 전단력(shear force)

③ 휨모멘트(bending moment)

④ 축방향력(axial force)

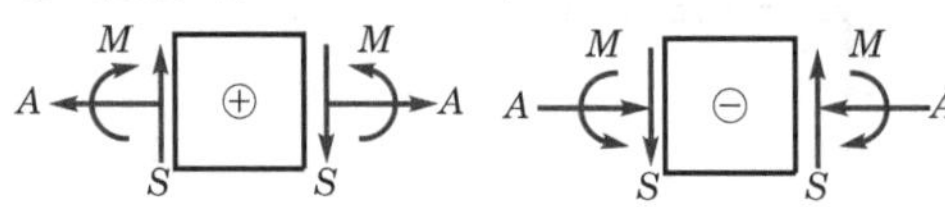

⑤ 미분관계

$$\frac{d^2M_x}{dx^2} = \frac{dS_x}{dx} = -w_x\,,\quad \frac{dM_x}{dx} = S_x$$

⑥ 적분관계

$$M = \int S\,dx = -\iint w\,dx\,dx,\quad S = -\int w\,dx$$

2. 단순보(simple beam)

① 최대 반력(이동하중) : 하중이 지점에 위치할 때 발생한다.

② 절대 최대전단력(이동연행하중) : 지점에 무한히 가까운 단면에서 일어나고, 그 값은 최대 반력과 같다.

③ 절대 최대 휨모멘트(이동연행하중) : 보에 실리는 전하중의 합력(R)의 작용점과 그와 가장 가까운 하중(또는 큰 하중)과의 1/2 되는 점이 보의 중앙에 있을 때 큰 하중 바로 밑의 단면에서 생긴다.

④ 개략도

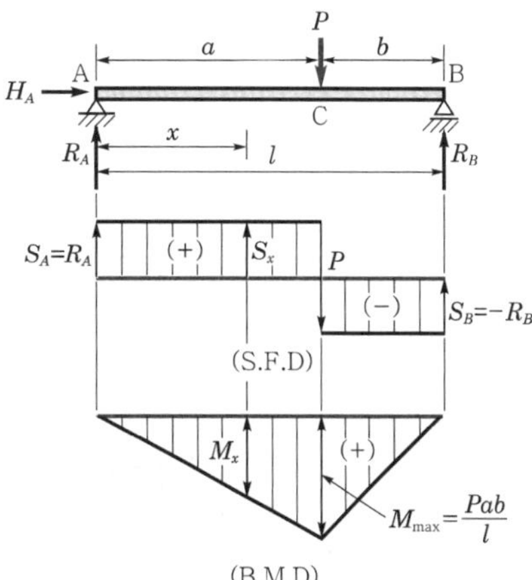

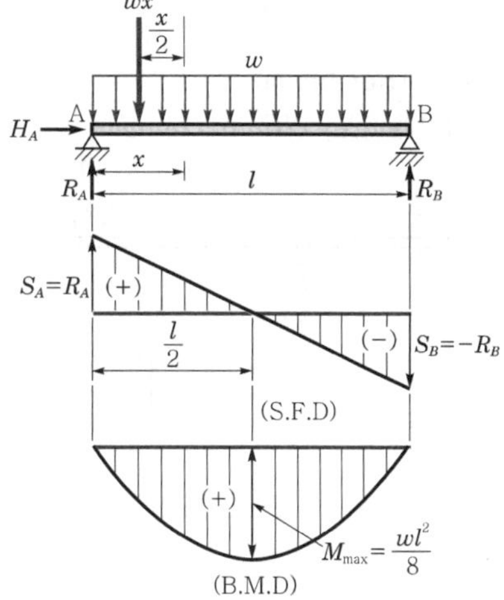

3. 캔틸레버보(cantilever beam)

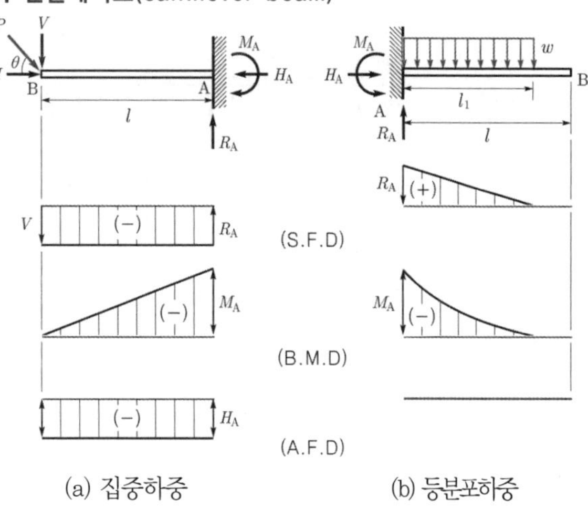

(a) 집중하중 (b) 등분포하중

4. 내민보(overhanging beam)

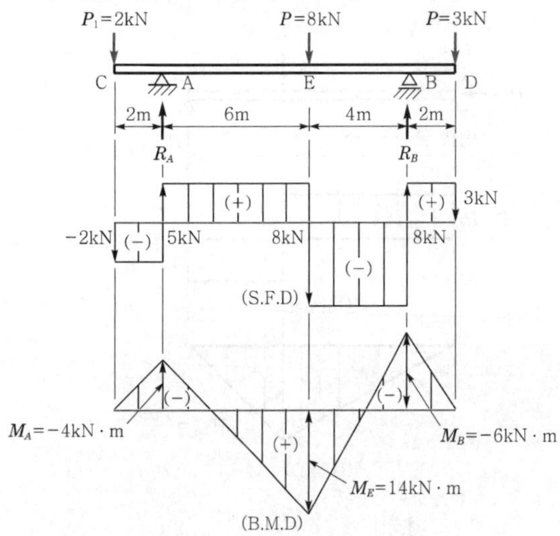

5. 게르버보(Gerber beam)

① 활절이 1개 있는 경우

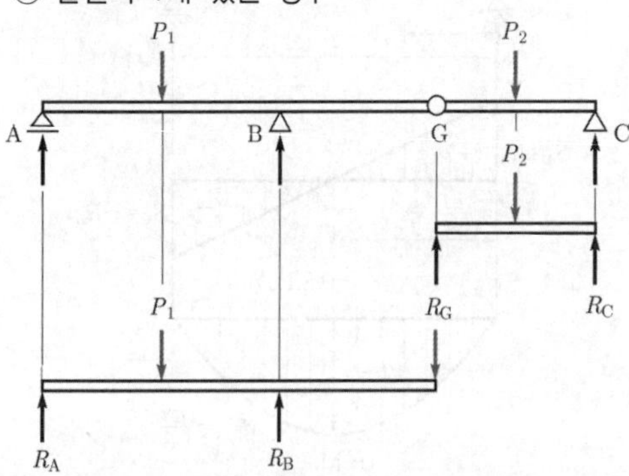

② 측경간 활절이 2개 있는 경우

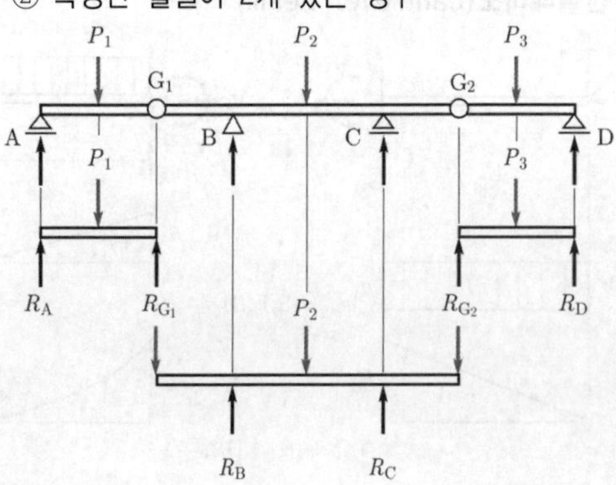

③ 중앙경간 활절이 2개 있는 경우

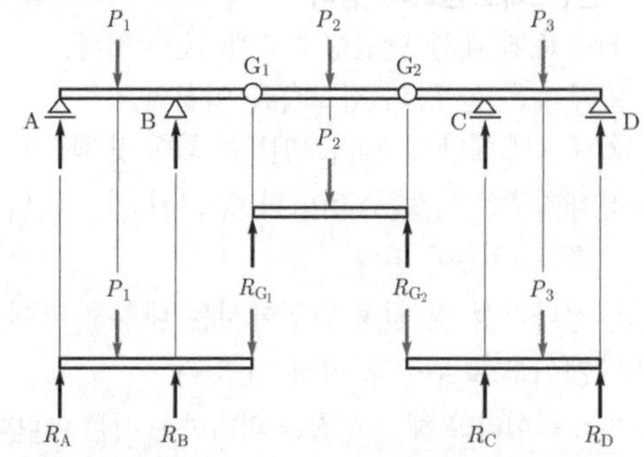

④ 특수 게르버보인 경우

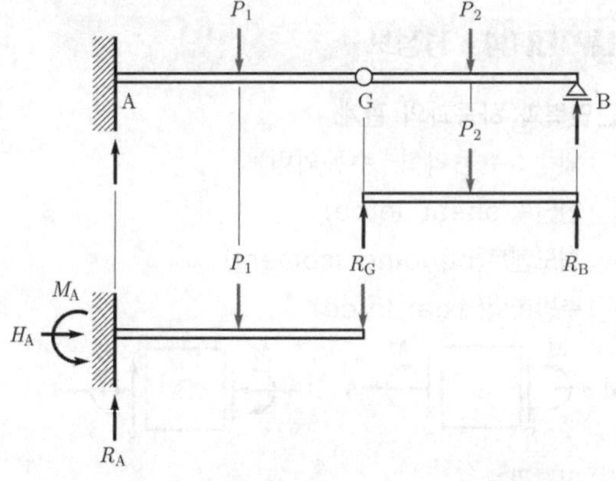

CHAPTER 05 | 정정 라멘과 아치, 케이블

1. 정정 라멘

① 2개 이상의 부재가 서로 고정절점으로 되어 있는 구조물이다.

② 수평반력 : $H_A = \dfrac{wl^2}{8h}(\rightarrow)$

2. 정정 아치

① 아치는 휨모멘트를 감소시켜 주로 축방향력에 저항하는 구조물이다.

② 수평반력 : $H_A = \dfrac{Pl}{4h} = \dfrac{P}{2}(\rightarrow)$

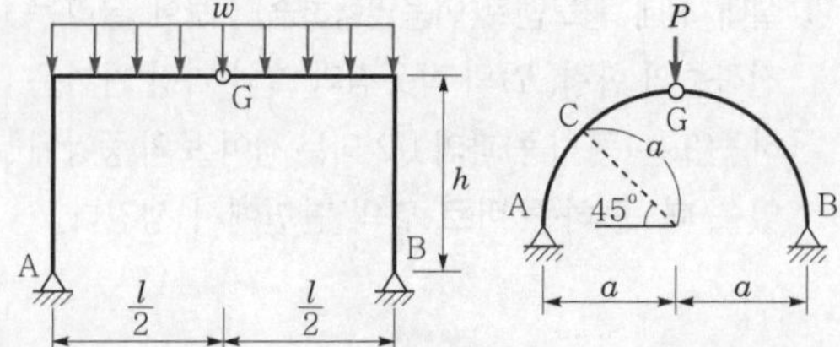

3. 케이블의 일반정리

$H \cdot y_c$ =대등한 보의 M_c

CHAPTER 06 | 정정 트러스

1. 트러스의 해법상 가정

① 각 부재는 마찰이 없는 힌지로 결합되어 있다.

② 각 부재는 직선재이다.

③ 격점의 중심을 맺는 직선은 부재의 축과 일치한다.

④ 외력은 모두 격점(절점)에 작용한다.

⑤ 모든 외력의 작용선은 트러스와 동일 평면 내에 있다.

⑥ 부재의 응력은 그 구조재료의 탄성한도 이내에 있다.

⑦ 트러스의 변형은 미소하여 이것을 무시한다. 따라서 하중이 작용한 후에도 격점의 위치에는 변화가 없다.

2. 트러스의 해법

① 절점법(격점법) : $\Sigma V=0$, $\Sigma H=0$

② 단면법(절단법)

㉠ 모멘트법($\Sigma M=0$) : 상현재, 하현재

㉡ 전단력법($\Sigma V=0$) : 수직재, 사재

③ 도해법, 영향선에 의한 법, 기타

3. 영(zero)부재를 설치하는 이유(구조적 의미)

① 변형을 감소시키기 위해서

② 처짐을 감소시키기 위해서

③ 구조적 안정을 유지하기 위해서

CHAPTER 07 | 재료의 역학적 성질

1. 단순응력

① 수직응력(축응력) : $\sigma_t=+\dfrac{P}{A}$, $\sigma_c=-\dfrac{P}{A}$

② 전단응력(τ)과 휨응력(σ)

$$\tau=\frac{S}{A}=\frac{SG}{Ib},\ \sigma=\pm\frac{M}{I}y=\pm\frac{M}{Z}$$

③ 비틀림응력(σ)과 온도응력(σ_t)

$$\sigma=\frac{T}{I_P}r,\ \sigma_t=E\varepsilon_t=E\alpha\Delta t$$

2. 변형률

① 세로변형률(축방향 변형률) : $\varepsilon_x=\dfrac{\Delta l}{l}$

② 가로변형률(횡방향 변형률) : $\beta=\dfrac{\Delta d}{d}$

③ 푸아송비(ν)와 푸아송수(m)

$$\nu=\frac{\text{가로변형률}}{\text{세로변형률}}=-\frac{1}{m}=\frac{\beta}{\varepsilon}=\frac{\Delta d/d}{\Delta l/l}=\frac{l\,\Delta d}{d\,\Delta l}$$

$$m=\frac{\varepsilon}{\beta}=\frac{\Delta l/l}{\Delta d/d}=\frac{d\,\Delta l}{l\,\Delta d}$$

재료	ν	m
콘크리트	0.17	6~8
강재	0.3	3.4

※ m : 푸아송비의 역수

④ 기타 변형률

㉠ 전단변형률 : $\gamma_s=\dfrac{\lambda}{l}\fallingdotseq\tan\phi$

㉡ 체적변형률(선변형률의 3배)

$$\varepsilon_v=\frac{\Delta V}{V}=\pm3\frac{\Delta l}{l}=\pm3\varepsilon_x$$

㉢ 온도변형률 : $\varepsilon_t=\dfrac{\Delta l}{l}=\dfrac{\alpha\,l\,\Delta t}{l}=\alpha\,\Delta t$

3. 탄성계수

① 훅의 법칙($\sigma=E\varepsilon$)

$$\Delta l=\frac{PL}{EA}$$

② 탄성계수(영계수, 종탄성계수)

$$E=\frac{\sigma}{\varepsilon}=\frac{P/A}{\Delta l/l}=\frac{Pl}{A\Delta l}$$

③ 전단탄성계수(횡탄성계수)

$$G=\frac{\tau}{\gamma_s}=\frac{S/A}{\lambda/l}=\frac{Sl}{A\lambda}$$

④ 체적탄성계수

$$K=\frac{\sigma}{\varepsilon_v}=\frac{P/A}{\Delta V/V}=\frac{PV}{A\Delta V}$$

⑤ 관계식

$$G=\frac{mE}{2(m+1)}=\frac{E}{2\left(1+\frac{1}{m}\right)}=\frac{E}{2(1+\nu)}$$

$$E=2G(1+\nu)$$

4. 조합응력

① 단축(1축)응력

㉠ 수직응력(법선응력, 최대 $\theta=0°$)

$$\sigma_n = \frac{N}{A'} = \frac{P\cos\theta}{A/\cos\theta} = \frac{P}{A}\cos^2\theta$$

$$= \sigma_x \cos^2\theta$$

㉡ 전단응력(접선응력, 최대 $\theta=45°$)

$$\tau_n = \frac{S}{A'} = \frac{P\sin\theta}{A/\cos\theta} = \frac{P}{A}\sin\theta\cos\theta$$

$$= \sigma_x \sin\theta\cos\theta = \frac{1}{2}\sigma_x \sin 2\theta$$

② 2축응력

㉠ 수직응력(법선응력)

$$\sigma_\theta = \frac{1}{2}(\sigma_x+\sigma_y) + \frac{1}{2}(\sigma_x-\sigma_y)\cos 2\theta$$

㉡ 전단응력(접선응력)

$$\tau_\theta = \frac{1}{2}(\sigma_x-\sigma_y)\sin 2\theta$$

③ 평면응력

㉠ 수직응력(법선응력)

$$\sigma_n = \frac{1}{2}(\sigma_x+\sigma_y) + \frac{1}{2}(\sigma_x-\sigma_y)\cos 2\theta + \tau_{xy}\sin 2\theta$$

㉡ 전단응력(접선응력)

$$\tau_n = \frac{1}{2}(\sigma_x-\sigma_y)\sin 2\theta - \tau_{xy}\cos 2\theta$$

④ 최대, 최소 주응력의 크기

$$\sigma_{\substack{\max\\\min}} = \frac{\sigma_x+\sigma_y}{2} \pm \sqrt{\frac{(\sigma_x-\sigma_y)^2}{2} + {\tau_{xy}}^2}$$

$$= \frac{\sigma_x+\sigma_y}{2} \pm \frac{1}{2}\sqrt{(\sigma_x-\sigma_y)^2 + 4{\tau_{xy}}^2}$$

⑤ 합성응력(합성재)

$$\sigma_1 = \frac{PE_1}{E_1A_1+E_2A_2} = \frac{P}{A_1+nA_2}$$

$$\sigma_2 = \frac{PE_2}{E_1A_1+E_2A_2} = \frac{nP}{A_1+nA_2}$$

여기서, n : 탄성계수비$\left(=\frac{E_2}{E_1}\right)$

CHAPTER 08 | 보의 응력

1. 휨응력

① 휨응력의 특성

㉠ 휨응력은 중립축에서는 0이다.

㉡ 상 · 하단에서 최대가 된다.

㉢ 중간에서는 직선변화한다.

㉣ 휨응력은 중립축으로부터 거리에 비례한다.

㉤ 휨모멘트만 작용할 때의 중립축은 도심축이다.

㉥ 축방향 하중이 작용하는 경우는 중립축과 도심축이 일치하지 않는다.

② 휨응력의 크기

$$\sigma_x = \frac{M}{I_x}y = \frac{M}{Z}$$

③ 축방향력이 작용하는 휨응력

$$\sigma_x = \frac{M}{I_x}y \pm \frac{N}{A}$$

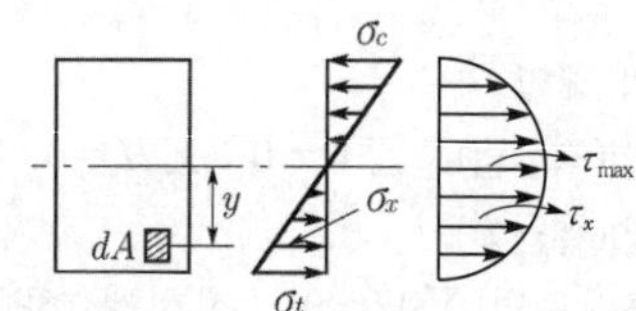

2. 전단응력

① 전단응력의 특성

㉠ 전단응력은 보통 중립축에서 최대이다.

㉡ 상 · 하단에서 0이다.

㉢ 전단응력은 곡선변화한다. 순수 굽힘이 작용하는 단면에서 전단응력은 0이다.

② 평균 전단응력(하중에 의한 수직 전단응력)

$$\tau = \frac{S}{A}$$

③ 전단응력의 일반식(휨에 의한 수평 전단응력)

$$\tau = \frac{G_x S}{Ib}$$

④ 최대 전단응력

㉠ 직사각형(구형) 단면

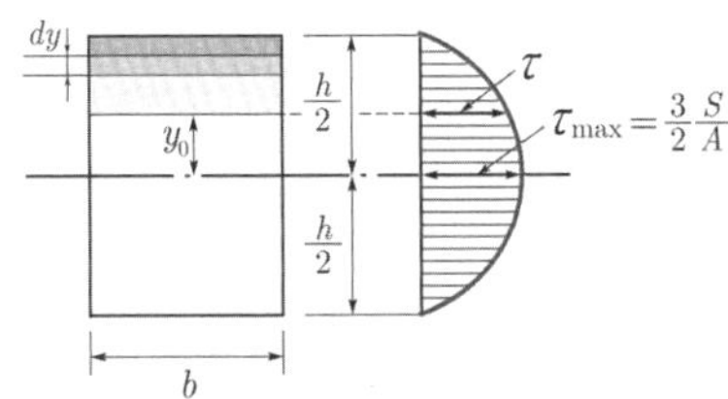

㉡ 삼각형 단면

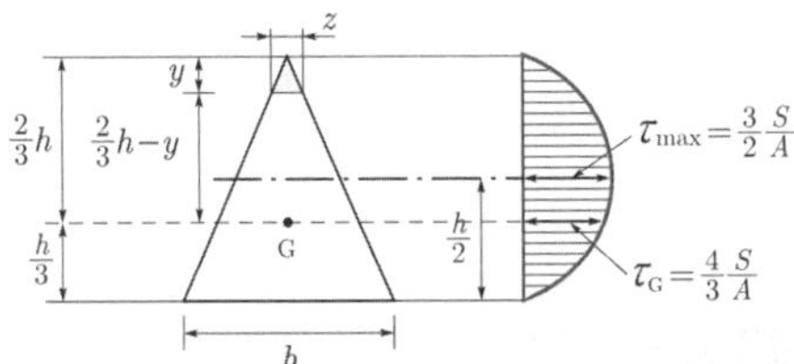

㉢ 원형 단면

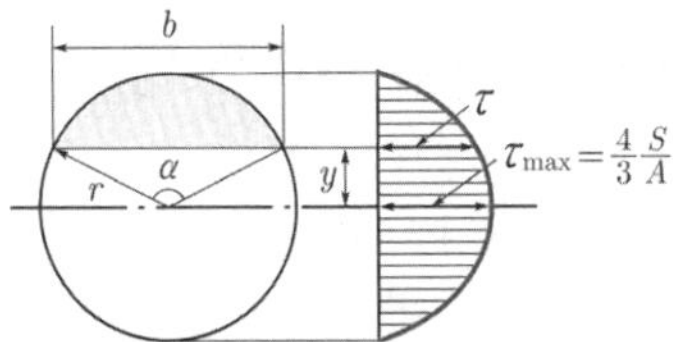

⑤ 기타 단면의 전단응력 분포도

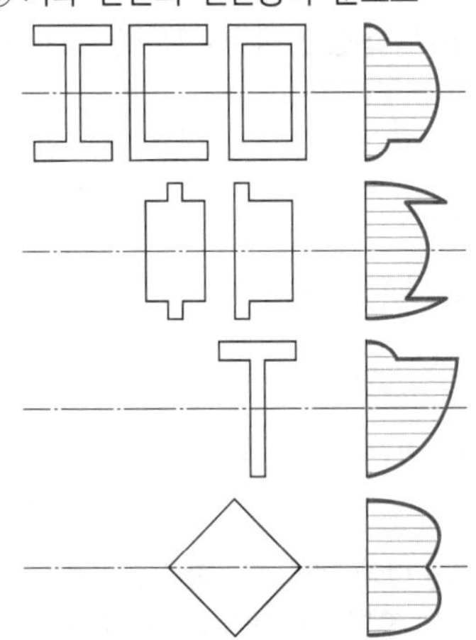

3. 전단흐름과 전단중심

① 전단흐름(shear flow, 전단류)

$$F=\tau\, t=\frac{S}{I}G$$

$$=\frac{1}{2}\tau tb=\frac{1}{2}bt\times\frac{bhP}{2I}=\frac{b^2htP}{4I}$$

여기서, τt : 전단흐름(N/mm)

S : 전단력(N)

G : 단면1차모멘트(mm^3)

I : 단면2차모멘트(mm^4)

② 전단중심(shear center)의 거리(e)

$$Pe=Fh$$

$$\therefore\ e=\frac{Fh}{P}=\frac{h}{P}\times\frac{b^2htP}{4I}=\frac{b^2h^2t}{4I}$$

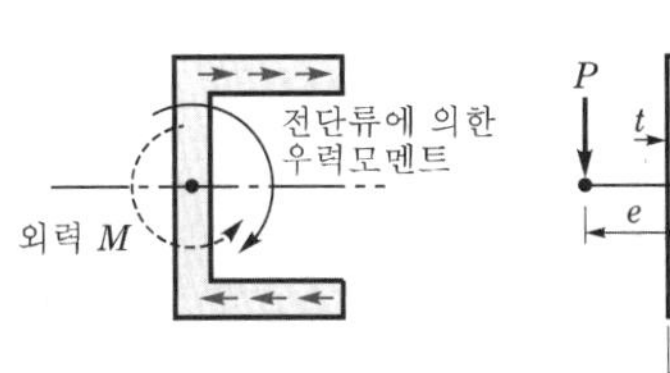

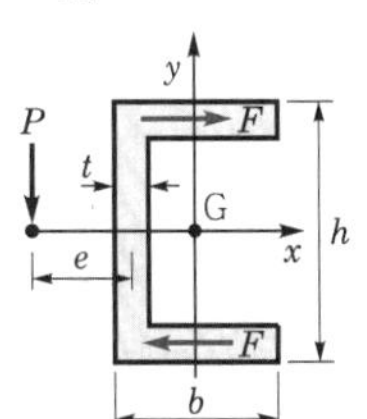

4. 보의 소성이론

① 항복모멘트

$$M_y=\sigma_y Z=\sigma_y\frac{bh}{4}\times\frac{2}{3}h=\sigma_y\frac{bh^2}{6}$$

② 소성모멘트

$$M_P=\sigma_y Z_p=\sigma_y\frac{bh}{2}\times\frac{h}{2}=\sigma_y\frac{bh^2}{4}$$

③ 형상계수

$$f=\frac{\text{소성모멘트}}{\text{항복모멘트}}=\frac{M_P}{M_y}=\frac{Z_P}{Z_y}$$

㉠ 구형=1.50

㉡ 원형=1.70$\left(=\frac{16}{3\pi}\right)$

㉢ I형=1.1~1.2(평균 1.15)

㉣ 마름모=2.00

④ 단순보의 중앙에 집중하중이 작용하는 경우

㉠ 소성영역 : $L_P=L\left(1-\frac{1}{1.5}\right)=\frac{L}{3}$

㉡ 극한하중 : $P_u=\frac{4M_P}{L}$

CHAPTER 09 | 기둥

1. 단주$\left(\lambda=\frac{l}{r}\leq 100\right)$(압축 (+), 인장 (−))

① 중심축하중 : $\sigma_c=\frac{P}{A}$

② 편심축하중

㉠ x축으로 편심된 경우

$$\sigma=\frac{P}{A}\pm\frac{Pe_x}{I_y}x$$

㉡ y축으로 편심된 경우

$$\sigma = \frac{P}{A} \pm \frac{Pe_y}{I_x} y$$

③ 핵거리(핵반경) : $e = \frac{I}{Ay} = \frac{r^2}{y}$

㉠ 직사각형 단면

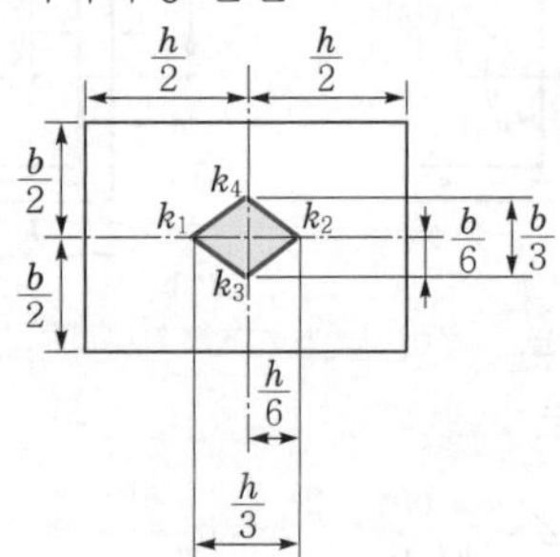

㉡ 원형 단면

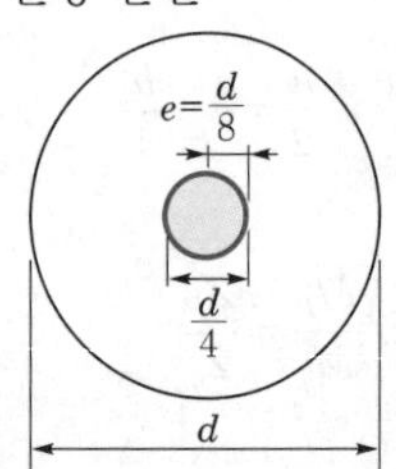

㉢ 삼각형 단면

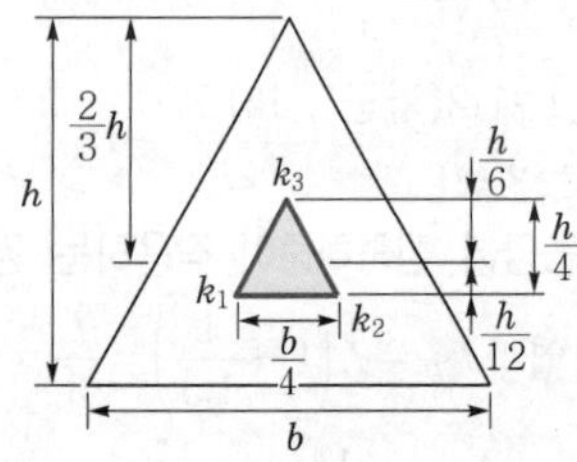

④ 핵의 면적(A_c)과 주변장(L_c)

㉠ 직사각형 단면

$$A_c = \frac{bh}{18},\ L_c = \frac{2}{3}\sqrt{b^2 + h^2}$$

㉡ 원형 단면 : $A_c = \frac{\pi d^2}{64},\ L_c = \frac{\pi d}{4}$

2. 장주($\lambda = \frac{l}{r} > 100$, 오일러의 장주공식)

① 좌굴하중(임계하중)

$$P_b = \frac{n\pi^2 EI}{l^2} = \frac{\pi^2 EI}{{l_k}^2} = \frac{\pi^2 EI}{(kl)^2}$$

② 좌굴응력(임계응력)

$$\sigma_b = \frac{P_b}{A} = \frac{n\pi^2 E}{\lambda^2} = \frac{\pi^2 E}{\left(\frac{kl}{r}\right)^2}$$

③ 지지상태에 따른 강도계수(n)

㉠ 1단 자유, 타단 고정 : $n = \frac{1}{4},\ l_k = 2l$

㉡ 양단 힌지 : $n = 1,\ l_k = l$

㉢ 1단 힌지, 타단 고정 : $n = 2,\ l_k = 0.7l$

㉣ 양단 고정 : $n = 4,\ l_k = 0.5l$

CHAPTER 10 | 탄성변형에너지

1. 외력일(외적일, W_e)

① 외력이 서서히 증가할 경우(가변하중)

> 선형탄성체 내에서 외적일
> =외력의 평균치×변위

$$W_e = \frac{1}{2}P\delta$$

② 외력이 처음부터 일정한 경우(유지하중, 고정하중)

$$W_e = P\delta$$

③ 모멘트하중이 하는 일

$$W_e = \frac{1}{2}M\theta$$

④ 외력일(P_1이 행한 일)

$$W_e = \frac{1}{2}P_1\delta_1 + P_1\delta_2$$

2. 내력일(내적일, W_i)

① 내력일

> 내력일=휨응력이 행한 일+축응력이 행한 일
> +전단응력이 행한 일+비틀림응력이 행한 일

② $W_i = W_{iM} + W_{iN} + W_{iS} + W_{iT}$

$$= \int_0^l \frac{M^2}{2EI}dx + \int_0^l \frac{N^2}{2EA}dx + \int_0^l \frac{kS^2}{2GA}dx + \int_0^l \frac{T^2}{2GI_P}dx$$

③ 보통의 경우 보의 전단력, 축력, 비틀림은 휨에 비하여 매우 작으므로 무시한다.

④ 에너지 보존의 법칙(탄성변형의 정리)

$$W_e = W_i$$

3. 탄성변형에너지(elastic strain energy, 내력일)

① 휨모멘트에 의한 변형에너지

$$U = W_e = \frac{1}{2}P\delta = \frac{P}{2}\times\frac{PL}{EA} = \frac{P^2L}{2EA}$$

② 휨모멘트에 의한 변형에너지 밀도

$$u = \frac{U}{V} = \frac{\sigma PL}{2E}\times\frac{1}{V} = \frac{\sigma^2 AL}{2E}\times\frac{1}{AL} = \frac{\sigma^2}{2E}$$

③ 복원계수(modulus of resilience, 레질리언스계수, u_r) : 부재가 비례한도에 도달한 경우의 변형에너지 밀도

$$u_r = \frac{\sigma^2}{2E} = \frac{(E\varepsilon)^2}{2E} = \frac{1}{2}E\varepsilon^2 = \frac{1}{2}\sigma\varepsilon$$

④ 인성계수(modulus of toughness, 터프니스계수, u_t) : 재료가 파괴점까지 응력을 받았을 때의 변형에너지 밀도

CHAPTER 11 | 구조물의 변위

1. 처짐 해법

① 탄성곡선식법(2중적분법, 미분방정식법)

$$\frac{1}{R} = \frac{M_x}{EI},\ \frac{d^2y}{dx^2} = -\frac{M_x}{EI}$$

② 모멘트 면적법

$$\theta = \int\frac{M}{EI}dx = \frac{A}{EI}$$

$$y_m = \int\frac{M}{EI}x\,dx = \frac{A}{EI}x$$

③ 탄성하중법($\frac{M}{EI}$도=탄성하중)

$$\theta = \frac{S}{EI},\ y = \frac{M}{EI}$$

④ 공액보법(단부조건의 변화)

㉠ 고정단 ⇄ 자유단

㉡ 내측 힌지절점 ⇄ 내측 힌지지점

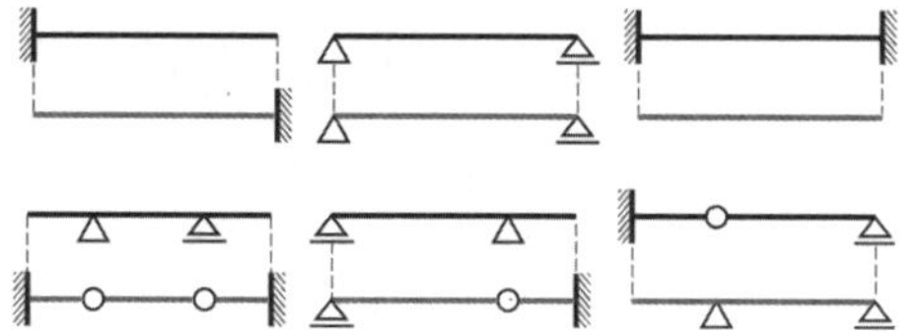

⑤ 가상일의 원리(단위하중법)

㉠ 보(휨부재)의 경우

$$\theta_c = \int\frac{mM}{EI}dx,\ y_c = \int\frac{mM}{EI}dx$$

㉡ 트러스의 경우 : $\delta_i = \Sigma\frac{fF}{EA}L$

2. 보의 처짐 및 처짐각

① 정정 구조물

하중상태	처짐각	처짐
A, B, $\frac{l}{2}$, P, l	$\theta_A = -\theta_B$ $\frac{Pl^2}{16EI}$	$y_{max} = \frac{Pl^3}{48EI}$
A, B, P, a, b, l	$\theta_A = \frac{Pb}{6EIl}(l^2-b^2)$ $\theta_B = -\frac{Pa}{6EIl}(l^2-a^2)$	$y_C = \frac{Pa^2b^2}{3EIl}$
A, B, w, l	$\theta_A = -\theta_B$ $\frac{wl^3}{24EI}$	$y_{max} = \frac{5wl^4}{384EI}$
A, B, M_A, M_B, l	$\theta_A = \frac{l}{6EI}(2M_A+M_B)$ $\theta_B = -\frac{l}{6EI}(M_A+2M_B)$	$M_A = M_B = M$ $y_{max} = \frac{Ml^2}{8EI}$
A, B, M_A, l	$\theta_A = \frac{M_A l}{3EI}$ $\theta_B = -\frac{M_A l}{6EI}$	–
A, B, P, l	$\theta_B = \frac{Pl^2}{2EI}$	$y_B = \frac{Pl^3}{3EI}$
A, B, C, P, a, b, l	$\theta_C = \theta_B = \frac{Pa^2}{2EI}$	$y_B = \frac{Pa^2}{6EI}(3l-a)$
A, B, C, $\frac{l}{2}$, P, l	$\theta_C = \theta_B = \frac{Pl^2}{8EI}$	$y_B = \frac{5Pl^2}{48EI}$

하중상태	처짐각	처짐
w, A, B, l	$\theta_B = \dfrac{wl^3}{6EI}$	$y_B = \dfrac{wl^4}{8EI}$
w, A, C, B, $\frac{l}{2}$, $\frac{l}{2}$	$\theta_C = \theta_B = \dfrac{wl^3}{48EI}$	$y_B = \dfrac{7wl^4}{8EI}$
A, B, M, l	$\theta_B = \dfrac{Ml}{EI}$	$y_B = \dfrac{Ml^2}{2EI}$
M, A, C, B, $\frac{l}{2}$, $\frac{l}{2}$	$\theta_B = \dfrac{Ml}{2EI}$	$y_B = \dfrac{3Ml^2}{8EI}$

② 부정정 구조물

하중상태	처짐각	처짐
$\frac{l}{2}$, P, A, B, l	–	$y_{\max} = \dfrac{Pl^3}{192EI}$
w, A, B, l	–	$y_{\max} = \dfrac{wl^4}{384EI}$

CHAPTER 12 | 부정정 구조물

1. 변위(변형)일치법(경계조건의 원리를 이용)

① 처짐을 이용하는 방법

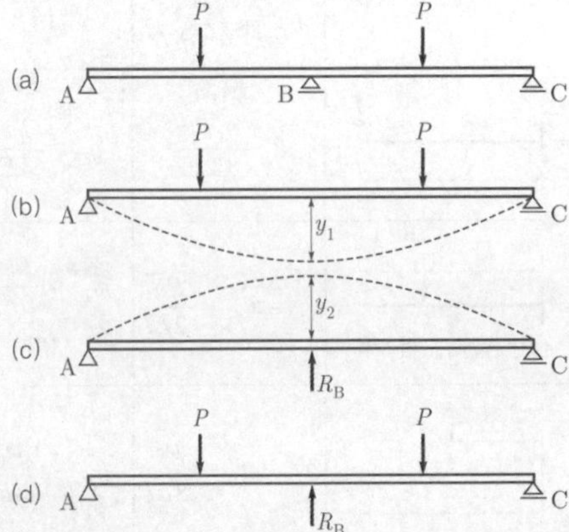

② 처짐각을 이용하는 방법

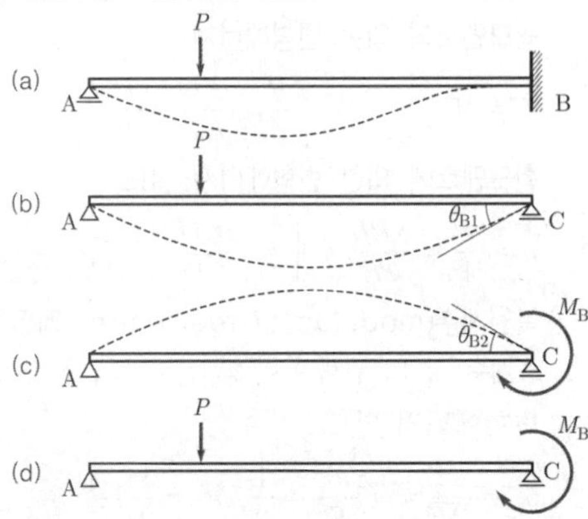

2. 3연 모멘트법(Clapeyron정리)

① 지점침하가 있는 경우

$$M_1 \frac{l_1}{I_1} + 2M_2\left(\frac{l_1}{I_1} + \frac{l_2}{I_2}\right) + M_3\frac{l_2}{I_2}$$

$$= 6E(\theta_{21} - \theta_{23}) + 6E(\beta_1 - \beta_2)$$

② 지점침하가 없는 경우($\beta_1 = 0$, $\beta_2 = 0$)

$$M_1 \frac{l_1}{I_1} + 2M_2\left(\frac{l_1}{I_1} + \frac{l_2}{I_2}\right) + M_3\frac{l_2}{I_2}$$

$$= 6E(\theta_{21} - \theta_{23})$$

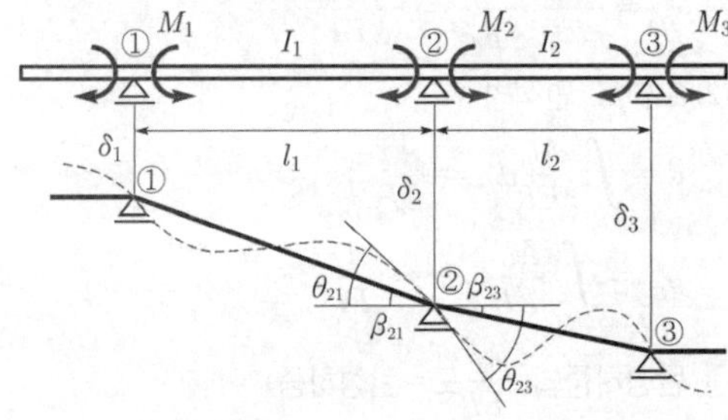

3. 처짐각법(요각법)

① 처짐각법의 기본공식

$$M_{AB} = 2EK_{AB}(2\theta_A + \theta_B - 3R) - C_{AB}$$

$$M_{BA} = 2EK_{BA}(\theta_A + 2\theta_B - 3R) + C_{BA}$$

여기서, E : 탄성계수, C_{AB}, C_{BA} : 하중항

K : 강도$\left(=\dfrac{I}{l}\right)$, R : 부재각$\left(=\dfrac{\delta}{l}\right)$

M_{AB}, M_{BA} : 재단모멘트

② 처짐각의 실용공식

$$M_{AB} = k_{ab}(2\rho_A + \rho_B + \phi) - C_{AB}$$

$$M_{BA} = k_{ba}(\rho_A + 2\rho_B + \phi) + C_{BA}$$

③ 하중항(재단모멘트)

하중상태 (l : 지간길이)	양단 고정보의 하중항		B단 힌지단
	C_{AB}	C_{BA}	H_{AB}
A, B 보, 중앙 집중하중 P ($\frac{l}{2}$), 지간 l	$-\frac{Pl}{8}$	$\frac{Pl}{8}$	$-\frac{3Pl}{16}$
A, B 보, 집중하중 P (a, b), 지간 l	$-\frac{Pab^2}{l^2}$	$\frac{Pa^2b}{l^2}$	$-\frac{Pab(l+b)}{2l^2}$
A, B 보, 등분포하중 w, 지간 l	$-\frac{wl^2}{12}$	$\frac{wl^2}{12}$	$-\frac{wl^2}{8}$
A, B 보, 삼각형분포하중 w, 지간 l	$-\frac{wl^2}{30}$	$\frac{wl^2}{20}$	$-\frac{7wl^2}{120}$
A, B 보, 집중하중 P 2개 ($\frac{l}{3}$, $\frac{l}{3}$, $\frac{l}{3}$), 지간 l	$-\frac{2Pl}{9}$	$\frac{2Pl}{9}$	$-\frac{Pl}{3}$

4. 모멘트 분배법

① 강도 : $K=\frac{I}{l}$

② 강비 : $k=\frac{K}{K_0}$ (단, 활절(힌지)인 경우는 $\frac{3}{4}$ 배)

③ 분배율(D.F)

$$D.F_{OA}=\frac{k_1}{k_1+k_2+\frac{3}{4}k_3}$$

$$D.F_{OB}=\frac{k_2}{k_1+k_2+\frac{3}{4}k_3}$$

$$D.F_{OC}=\frac{\frac{3}{4}k_3}{k_1+k_2+\frac{3}{4}k_3}$$

④ 분배모멘트(D.M)

$M_{OA}=M\times D.F_{OA}$

$M_{OB}=M\times D.F_{OB}$

$M_{OC}=M\times D.F_{OC}$

⑤ 전달모멘트(C.M)

$M_{AO}=\frac{1}{2}M_{OA}$

$M_{BO}=\frac{1}{2}M_{OB}$

$M_{CO}=0$

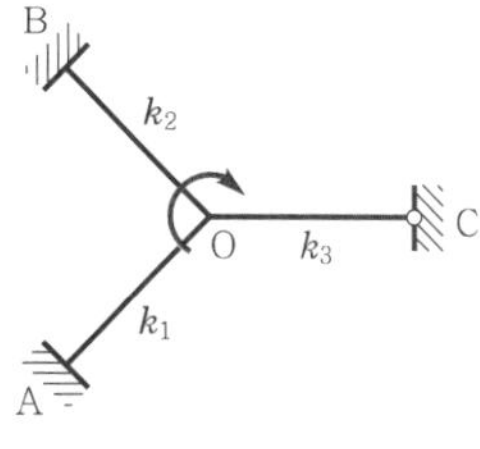

(a)

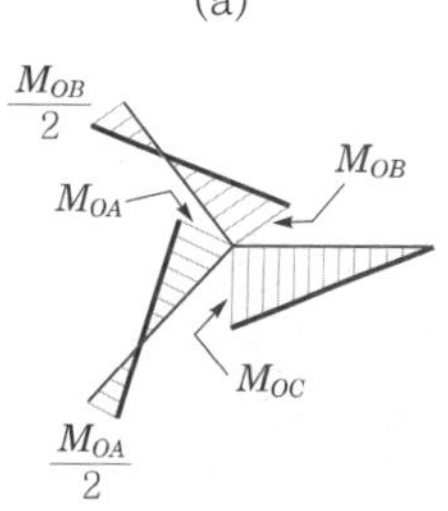

(b)

APPLIED MECHANICS

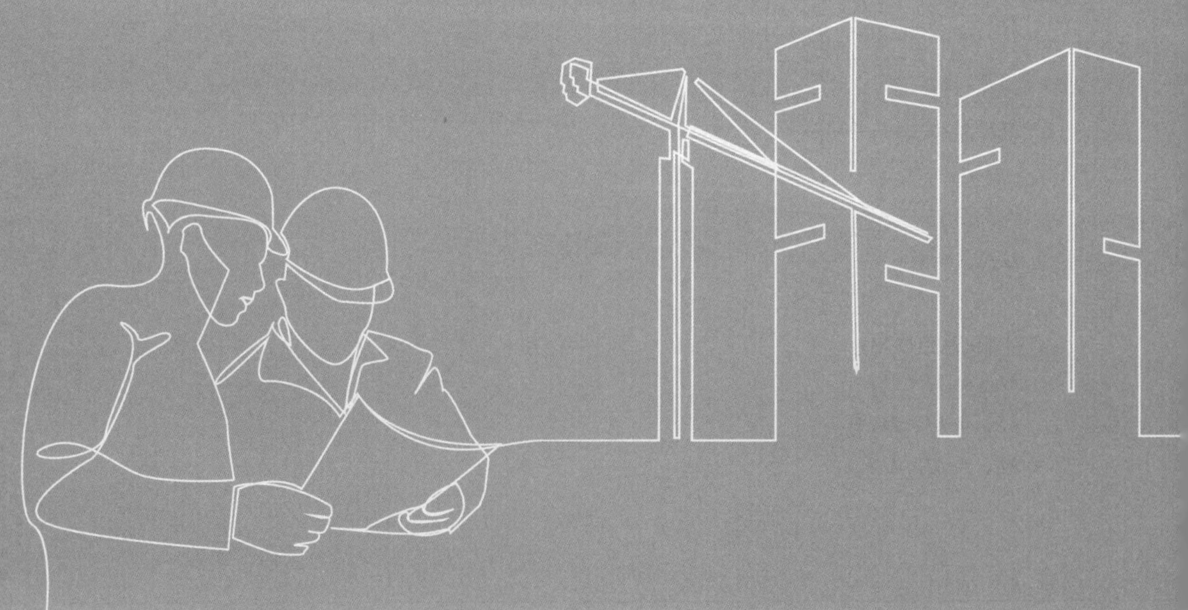

CHAPTER 1

정역학의 기초

SECTION 1 | 구조역학의 일반

SECTION 2 | 힘과 모멘트

SECTION 3 | 마찰력과 일의 원리

CHAPTER 01 정역학의 기초

회독 체크표

1회독	월	일
2회독	월	일
3회독	월	일

최근 10년간 출제분석표

2015	2016	2017	2018	2019	2020	2021	2022	2023	2024
5.0%	6.7%	6.7%	11.6%	6.7%	8.3%	10.0%	6.7%	6.7%	8.3%

출제 POINT

학습 POINT

- 평형방정식, 구성방정식, 적합방정식
- 기호문제와 수치문제
- 자유물체도
- 중첩의 원리
- 구조물의 이상화

■ 역학의 구성(방정식)

① 원인(하중) : 평형방정식
② 계(구조물) : 구성방정식
③ 결과(변위) : 적합방정식

■ 구조역학의 적용분야

① 구조물의 계획(planning)
② 구조물의 해석(analysis)
③ 구조물의 설계(design)
④ 구조물의 시공(construction)

SECTION 1 구조역학의 일반

1 역학의 기본원리

1) 구조역학(structural mechanics)의 정의

① 구조물(structure)과 작용하중(load), 발생거동(response)을 연구하는 학문의 한 분야이다.

② 원인인 하중과 계인 구조물, 그리고 결과인 변위로 구성된다.

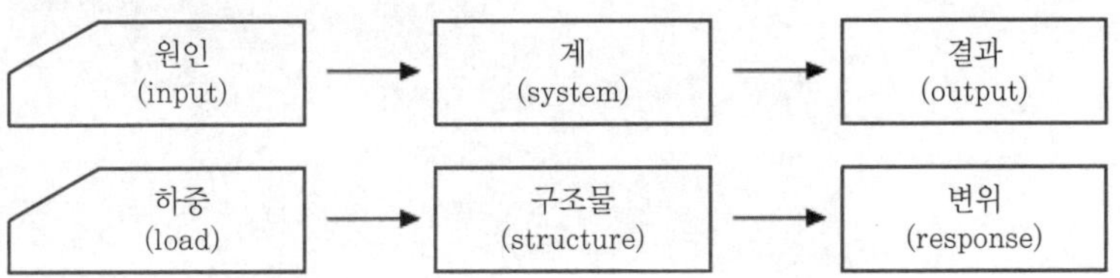

2) 구조 해석의 기본원리

(1) 원인인 하중

① 외력, 단면력, 지점침하, 온도변화, 제작오차, 초기응력, 내력, 응력 등이 있다.

② $a=0$이면 정지상태 → **평형방정식**(equilibrium equation) → 정역학(statics)

③ $a \neq 0$이면 운동상태 → 운동방정식(equation of motion) → 동역학(dynamics)

관성력 + 감쇠력 + 탄성(복원)력 = 운동방정식

$$\therefore\ m\ddot{y}(t) + c\dot{y}(t) + ky(t) = F(t)$$

(2) 계인 구조물의 물성치

① 재료의 응력(stress)과 **변형률**(strain)의 관계식을 말한다.

② 응력은 힘의 기본단위이고, 변형률은 변형의 기본단위이다.

③ 재료의 구성방정식(constitution equation, 특성방정식)

(3) 결과인 변위

① 변위와 변형에 관한 식을 말한다.

② 변위의 적합방정식(compatibility equation)

3) 지배방정식(governing equation)

① 미소 단면을 대상으로 한 형태(임의 점의 변위) → 미분방정식으로 표현

② 전체 단면을 대상으로 한 형태(특정 점의 특정 변위) → 대수방정식으로 표현

2 문제 해석의 기본원리

1) 문제 해석을 위한 기본 개념과 자유물체도

(1) 문제 해석을 위한 기본 개념

① 기호문제는 일반공식으로 표시하고, 최종 결과에 영향을 미치는 **변수**를 제공한다.

② 수치문제는 계산의 각 과정에서 모든 양들의 **크기가 명확**하게 나타나고, 합리적인 **판단의 기회**를 제공한다.

(2) 자유물체도(Free Body Diagram, F.B.D)

① 어떤 물체에 있어서 지지하고 있는 구조물의 지점을 제거하고 반력을 하중으로 표시하며, 물체에 작용하는 모든 힘을 직각분력으로 표시해준 그림을 말한다.

② 구조물의 힘의 평형상태(전체 자유물체도) 또는 임의 단면의 힘의 평형상태(부분 자유물체도)를 나타낸다.

(a) 하중이 작용하는 보

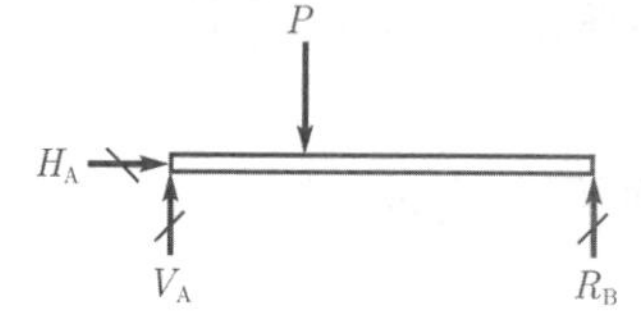

(b) 전체 자유물체도

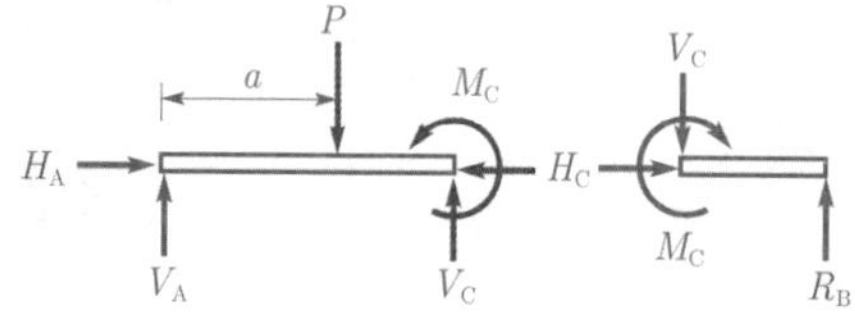

(c) C점의 부분 자유물체도

[그림 1-1] 자유물체도

출제 POINT

■ 지배방정식

평형방정식 (equilibrium equation)
+
구성방정식 (constitution equation)
+
적합방정식 (compatibility equation)
=
지배방정식 (governing equation)

■ 가장 근본적인 재료의 가정

① 재료의 균질성(위치)
② 재료의 등방성(방향)
③ 재료의 선형탄성(탄성한도 이내)
④ 미소 변형의 문제(무시)
⑤ 탄성계수나 푸아송비 등을 상수로 나타냄

■ 구조물의 안전진단

① 변위, 변형 < 허용변위, 허용변형
② 실제 응력, 실제 단면력 < 허용응력, 허용단면력

출제 POINT

■ 뉴턴(Newton)의 운동법칙

① 운동의 제1법칙(관성의 법칙) : 물체에 외부로부터 힘이 작용하지 않으면, 정지하고 있는 물체는 계속 정지해 있고(정지관성), 운동하고 있는 물체는 그 운동방향으로 등속운동(관성운동)을 계속한다는 법칙이다.
② 운동의 제2법칙(힘과 가속도의 법칙) : 물체에 힘을 작용시키면 이 힘이 작용하고 있는 동안 힘의 방향으로 가속도가 생기고, 가속도의 크기는 힘에 비례하며 물체의 질량에 반비례한다는 법칙이다.
③ 운동의 제3법칙(작용과 반작용의 법칙) : 한 물체가 다른 물체에 힘을 작용(action)하면 상대방 물체도 그 물체의 반대 방향으로 힘을 작용(reaction)한다는 법칙이다. 이 작용과 반작용은 2개의 물체에서 크기는 같고 방향은 반대이며 동일 작용선상에 위치한다.

■ 구조물의 이상화

① 두께를 가진 구조물 : 중심선을 기준으로 선으로 표시
② 부재의 접합부 : 점으로 표시
③ 입체 구조물 : 평면구조로 분해하여 해석
④ 트러스의 절점(격점) : 활절(hinge)로 해석
⑤ 미소 변위의 가정 : 무시

2) 힘의 전달성의 원리

① 강체의 임의 점에 작용하고 있는 힘의 작용점을 작용선을 따라 아무 위치에나 두어도 평형조건이나 강체의 운동상태는 변하지 않는다는 것을 말한다.
② 물체의 내력효과(내력, 변형)는 작용점의 위치에 따라 다르므로 힘의 전달성의 원리는 적용되지 않는다.
③ 힘의 전달성의 원리에 의해 물체에 작용하는 힘의 계산이 매우 편리해진다.

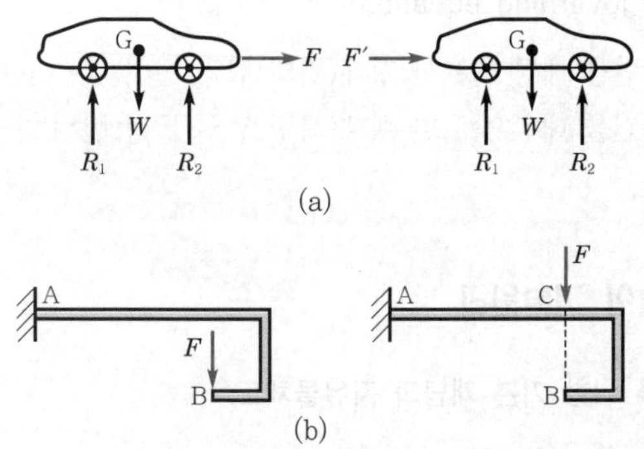

[그림 1-2] 힘의 전달성의 원리

3) 중첩(겹침)의 원리

① 여러 개의 하중으로 인하여 구조물에 일어나는 어떠한 정역학적 양은 그들 하중이 하나씩 따로 각각 작용할 때 일어나는 양을 합한 것과 같다는 원리이다.
② 이 관계는 구조물의 단면력(전단력, 휨모멘트, 축력 등)에 대하여 성립하며, 구조물의 변형(처짐각, 처짐)에도 성립한다. 이 원리는 탄성한도 이내에서 응력과 변형이 선형관계에 있을 경우에만 성립한다.

SECTION 2 힘과 모멘트

학습 POINT

- 힘의 3요소
- 힘의 합성과 분해
- 모멘트
- sin법칙(라미의 정리)
- 바리뇽의 정리
- 정역학적 힘의 평형상태

1 힘과 모멘트의 특성

1) 힘(force)

(1) 힘의 정의와 단위

① 정지하고 있는 물체를 움직이거나, 운동하는 물체를 정지시키거나 또는 움직이는 물체의 방향이나 속도를 변화시키는 원인이 되는 것을 말한다.

$$F = ma$$

여기서, F : 힘, m : 질량, a : 가속도

② 힘의 단위

㉠ 절대단위

$$1\text{N} = 1\text{kg} \cdot \text{m/sec}^2,\ 1\text{dyne} = 1\text{g} \cdot \text{cm/sec}^2$$

㉡ 중력단위

$$1\text{kgf} = 1\text{kg} \times 9.8\text{m/sec}^2 = 9.8\text{N}$$
$$1\text{gf} = 1\text{g} \times 980\text{cm/sec}^2 = 980\text{dyne}$$

(2) 힘의 3요소

① 크기(l) : 힘의 축척에 의한 화살표의 길이로 표시한다.

② 방향(θ) : 임의의 기준선과 이루는 각도를 말한다.

③ 작용점(x, y) : 힘이 작용하는 점으로, 작용선상에 있다. 힘의 이동성(전달성)의 원리가 성립된다.

2) 모멘트(moment)

(1) 모멘트의 정의와 단위

① 힘×거리(수직거리, 변위)로 나타내며, 회전하려고 하는 힘을 말한다.

$$M = \pm Pl$$

② 모멘트의 단위 및 부호

㉠ 단위 : kN · m, N · mm, tf · m, kgf · cm

㉡ 부호 : 시계방향 ⊕, 반시계방향 ⊖

(2) 우력모멘트(couple moment)

① 우력(couple force)이란 크기가 같고 방향이 반대인 한 쌍의 나란한 힘을 말한다.

② 우력모멘트의 특성

㉠ 우력의 합력 $R = 0$이다.

㉡ 우력모멘트의 크기는 어느 점에서든지 항상 일정하다.

㉢ 문(door)을 열거나 닫을 때 손잡이는 항상 힌지(hinge)점의 반대쪽에 위치한다.

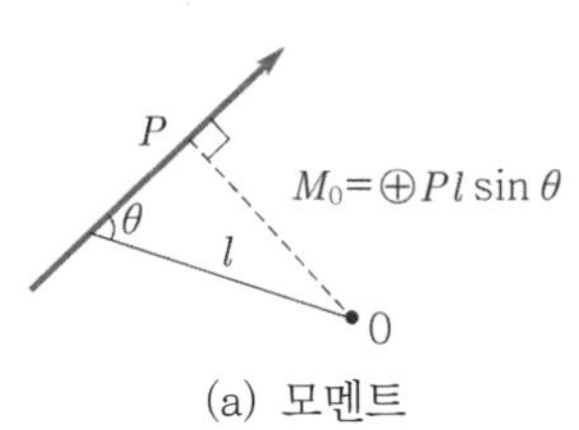

(a) 모멘트

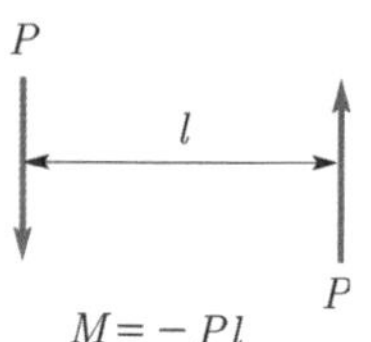

(b) 우력모멘트

[그림 1-3] 모멘트와 우력모멘트

출제 POINT

■ 단위체계

① 중력단위와 절대단위
② 국제단위체계(SI)
③ 미국관용단위체계(USCS)

■ 힘의 3요소

크기, 방향, 작용점

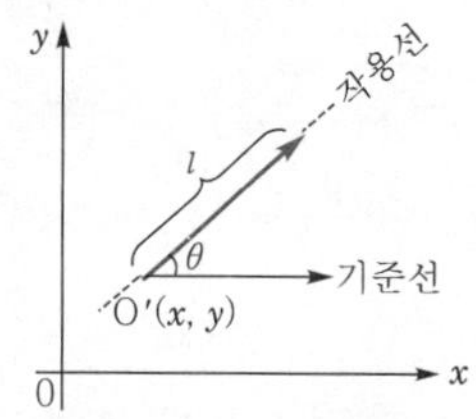

■ 힘의 축척(force scale)

힘은 선분의 길이에 비례한다.

$\overset{1\text{kN}}{\underset{1\text{cm}}{\longrightarrow}} : \overset{3\text{kN}}{\underset{3\text{cm}}{\longrightarrow}}$

■ 모멘트의 기하학적 의미

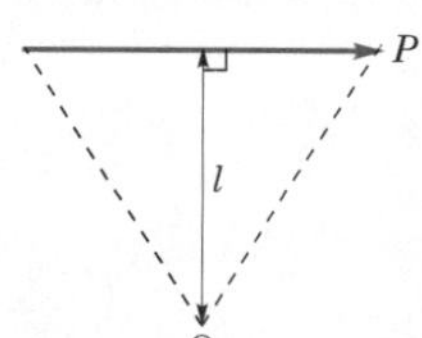

$M_o = Pl$

$\triangle$면적$= \dfrac{Pl}{2} = \dfrac{M_o}{2}$

$\therefore M_o = 2 \times \triangle$면적

∴ 모멘트=삼각형 면적의 2배

■ 우력모멘트의 예

드릴, 너트, 자동차 핸들, 선풍기 날개 등

출제 POINT

■ 힘의 기본적 성질(정역학의 원리)

① 힘의 평행사변형의 법칙
② 겹침의 법칙
③ 힘의 이동성의 법칙
④ 작용과 반작용의 법칙

■ 힘의 합성을 구하는 방법

① 도해적 방법
② 해석적 방법

■ 시력도

힘의 합력을 구하기 위해 힘을 순서대로 평행이동시켜 힘의 삼각형법에 의해 합력을 구하는 그림

2 힘의 합성과 분해

1) 한 점에 작용하는 힘의 합성과 분해

(1) 한 점에 작용하는 두 힘의 합성

① 도해적 방법 : 평행사변형법, 삼각형법 등

② 해석적 방법

㉠ 합력

$$R = \sqrt{{P_1}^2 + {P_2}^2 + 2P_1P_2\cos\alpha}$$

㉡ 합력의 방향 : $\tan\theta = \dfrac{P_2\sin\alpha}{P_1 + P_2\cos\alpha}$

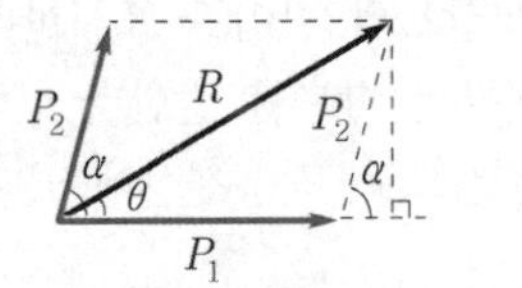

(a) 평행사변형법

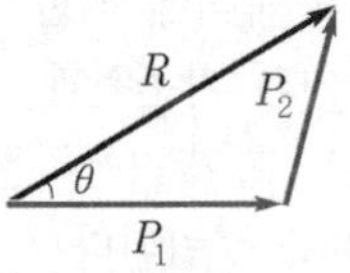

(b) 삼각형법

[그림 1-4] 한 점에 작용하는 두 힘의 합성

(2) 한 점에 작용하는 여러 힘의 합성

① 도해적 방법으로는 시력도를 작성하여 합력의 크기와 방향을 구할 수 있다.

② 해석적 방법으로는 한 점에 작용하는 여러 힘의 합력은 각 힘을 수평성분과 연직성분으로 분해(직각분력)한 후 이들을 합하여 구할 수 있다.

③ 수평분력의 총합

$$\begin{aligned}\Sigma H &= H_1 + H_2 + H_3 + H_4 \\ &= P_1\cos\theta_1 + P_2\cos\theta_2 - P_3\cos\theta_3 - P_4\cos\theta_4\end{aligned}$$

④ 연직분력의 총합

$$\begin{aligned}\Sigma V &= V_1 + V_2 + V_3 + V_4 \\ &= P_1\sin\theta_1 - P_2\sin\theta_2 - P_3\sin\theta_3 + P_4\sin\theta_4\end{aligned}$$

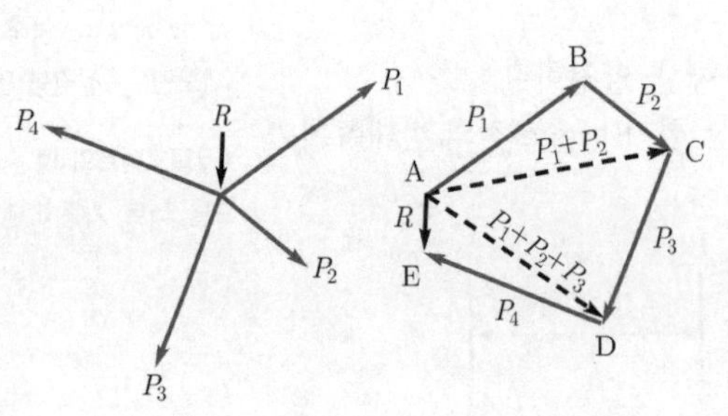

(a) 도해적 방법

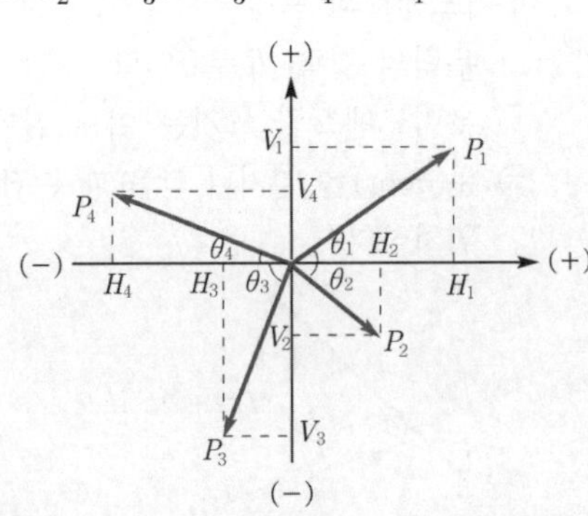

(b) 해석적 방법

[그림 1-5] 한 점에 작용하는 여러 힘의 합성

⑤ 합력의 크기와 방향

㉠ 합력 : $R = \sqrt{\sum H^2 + \sum V^2}$

㉡ 합력의 방향 : $\tan\theta = \dfrac{\sum V}{\sum H}$

(3) 동일 평면에서 힘의 분해

① 도해적 방법으로는 평행사변형법으로 분력을 구하는 방법이다.

② 해석적 방법으로는 라미의 정리(sin법칙)를 이용하여 분력을 구하는 방법이다.

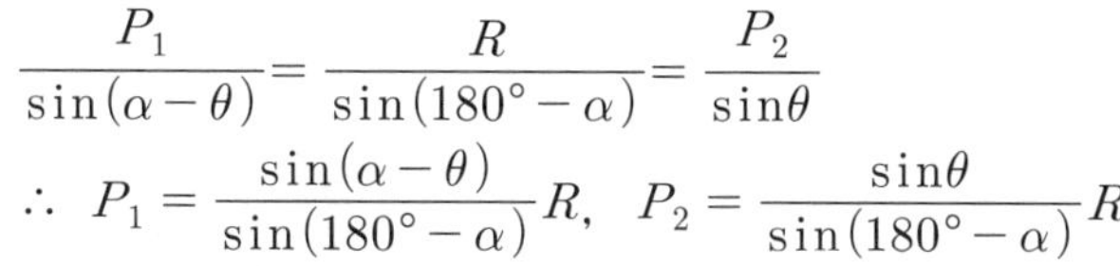

$$\frac{P_1}{\sin(\alpha-\theta)} = \frac{R}{\sin(180°-\alpha)} = \frac{P_2}{\sin\theta}$$

$$\therefore\ P_1 = \frac{\sin(\alpha-\theta)}{\sin(180°-\alpha)}R,\quad P_2 = \frac{\sin\theta}{\sin(180°-\alpha)}R$$

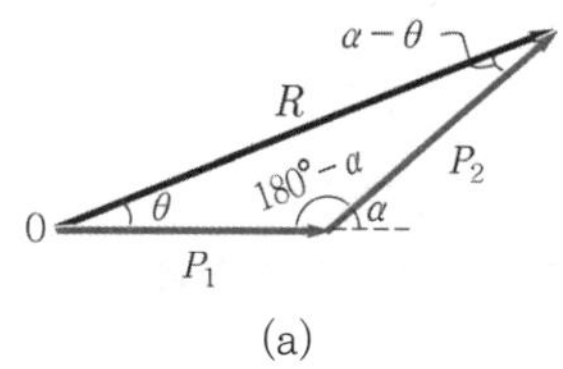

(a)

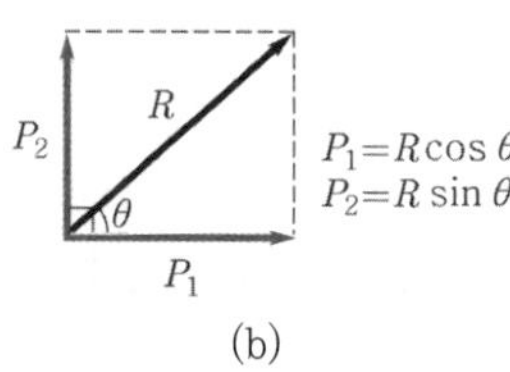

(b)

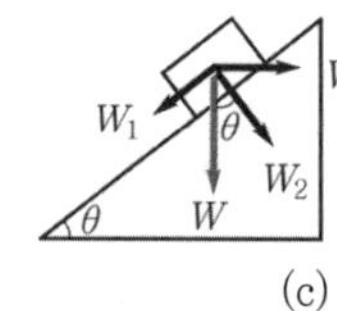

(c)

[그림 1-6] 힘의 분해

2) 평행한 힘의 합성과 작용점의 위치

(1) 평행한 여러 힘의 합력과 작용점의 위치

① 합력 : $R = P_1 + P_2 + P_3 + P_4$

② 위치 : 바리농의 정리로부터 $\sum M_B = 0$에 의하여

$$x = \frac{P_1 l_1 + P_2 l_2 + P_3 l_3}{R}$$

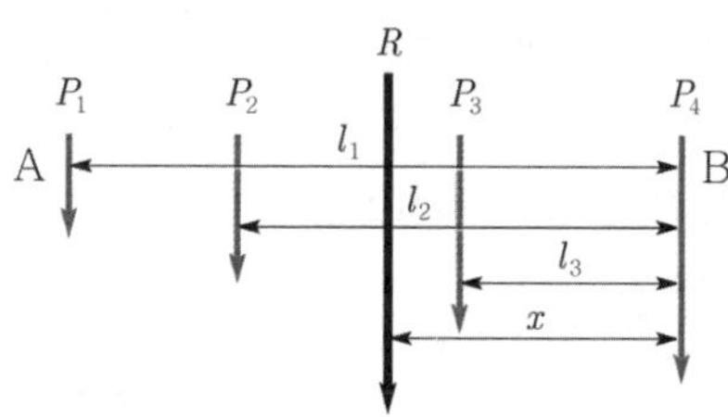

[그림 1-7] 평행한 힘의 합성

(2) 평행한 두 힘에 의한 작용점

① 내분점은 동일 방향의 힘이 작용하는 경우에 합력의 작용점은 두 힘 사이에 있다.

출제 POINT

■ 라미의 정리(sin법칙)

각과 변과의 관계식으로 한 점에 작용하는 서로 다른 세 힘이 평형을 이루면 다음 관계가 성립한다.

$\therefore\ \dfrac{a}{\sin A} = \dfrac{b}{\sin B} = \dfrac{c}{\sin C}$

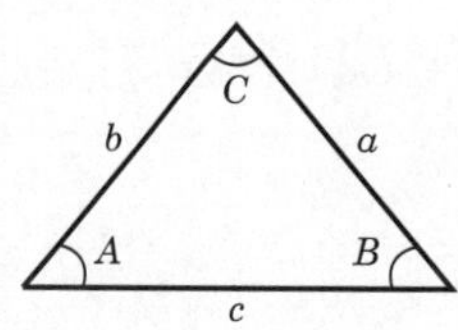

$\therefore\ \dfrac{P_1}{\sin\theta_1} = \dfrac{P_2}{\sin\theta_2} = \dfrac{P_3}{\sin\theta_3}$

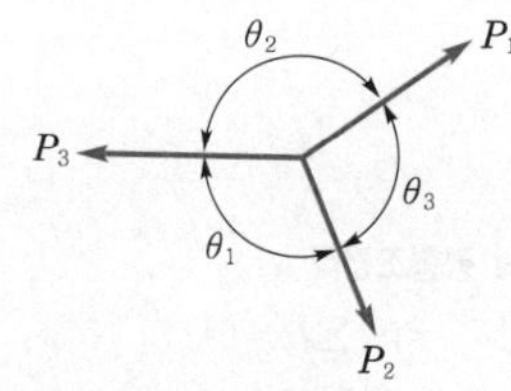

■ 바리뇽(Varignon)의 정리

① 여러 힘의 한 점에 대한 모멘트는 그 합력의 모멘트의 크기와 같다.
∴ 합력에 의한 모멘트=분력에 의한 모멘트의 합

② 합력이 발생하는 모멘트=분력이 발생하는 모멘트의 합
$\therefore\ M_0 = Rl = P_V x + P_H y$

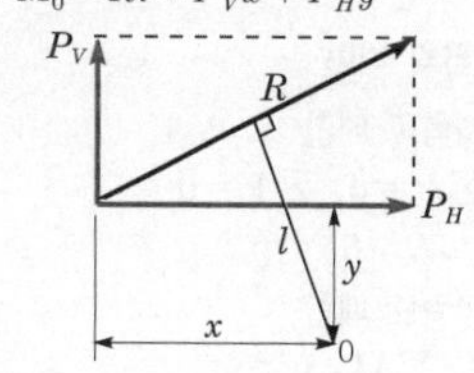

■ 두 힘에 의한 작용점

① 내분점 : 동일 방향의 힘

② 외분점 : 반대 방향의 힘

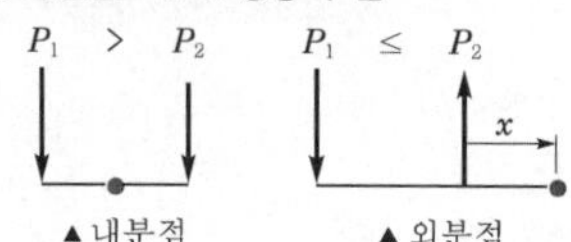

출제 POINT

■ **도해적 방법으로 구하는 양**

① 시력도 : 합력의 크기와 방향 결정
② 연력도 : 합력의 작용점을 구함

■ **연력도**

작용점이 다른 여러 힘(평행에 가까운 힘)의 합력을 구할 때 합력의 작용점을 찾기 위한 그림

■ **힘의 평형조건식**

① $\Sigma F_x = 0\ (\Sigma H = 0)$
② $\Sigma F_y = 0\ (\Sigma V = 0)$
③ $\Sigma M_x = 0\ (\Sigma M = 0)$

■ **폐합의 의미**

① 시력도 폐합
$\Sigma H = 0,\ \Sigma V = 0$
$\therefore R = 0$
② 연력도 폐합
$\therefore \Sigma M = 0$

② 외분점은 반대 방향의 힘이 작용하는 경우에 합력의 작용점은 두 힘 사이의 큰 하중의 밖에 있다.

3) 동일점에 작용하지 않고 임의 방향으로 작용하는 힘의 합성

① 도해적 방법으로 시력도에 의해서 합력의 크기와 방향을 결정하고, 연력도에 의해서 합력의 작용점을 구할 수 있다.

② 먼저 시력도를 작성하여 합력(R)을 구하고, 연력도에 의해 작용점을 얻는다.

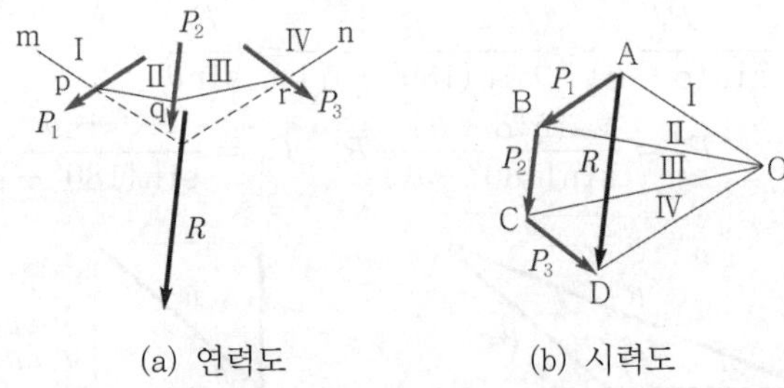

[그림 1-8] 동일점에 작용하지 않는 경우의 힘의 합성

3 정역학적 힘의 평형상태

1) 힘의 평형조건식

① 힘의 평형상태는 물체가 움직이거나 회전하지 않는 상태 즉, **정지상태**를 말한다.

② 구조물이 좌우로 움직이지 않아야 한다($\Sigma F_x = 0,\ \Sigma H = 0$).

③ 구조물이 상하로 움직이지 않아야 한다($\Sigma F_y = 0,\ \Sigma V = 0$).

④ 구조물이 회전하지 않아야 한다($\Sigma M_x = 0,\ \Sigma M = 0$).

2) 동일점에 작용하는 힘의 평형조건

도해적 조건	해석적 조건
• 시력도가 폐합해야 한다.	• 수평분력의 총합 $\Sigma H = 0$ • 수직분력의 총합 $\Sigma V = 0$

3) 동일점에 작용하지 않는 힘의 평형조건

도해적 조건	해석적 조건
• 시력도가 폐합해야 한다. • 연력도가 폐합해야 한다.	• 수평분력의 총합 $\Sigma H = 0$ • 수직분력의 총합 $\Sigma V = 0$ • 임의 점의 모멘트의 총합 $\Sigma M = 0$

출제 POINT

SECTION 3

마찰력과 일의 원리

학습 POINT

- 마찰력 및 특성
- 도르래

1 마찰력

1) 마찰력(friction)의 정의 및 종류

(1) 마찰력의 정의

① 마찰은 운동을 방해하는 성질을 말한다.

② 마찰력은 마찰 때문에 발생하는 운동에 저항하는 저항력을 말한다.

③ 마찰은 두 개의 강체표면 사이의 건조한 표면에서 발생하는 건마찰(dry friction)과 유체의 흐름 내에서 발생하는 유체마찰(fluid friction)이 있다.

④ 이 마찰력보다 큰 힘이 작용해야 움직일 수 있다.

⑤ 운동상태에 따른 마찰의 종류에는 미끄럼마찰과 굴림마찰이 있다.

■ 표면상태에 따른 분류

① 건마찰(쿨롱마찰)
② 유체마찰

■ 운동상태에 따른 분류

① 미끄럼마찰
② 굴림마찰

(2) 미끄럼마찰과 운동상태

① 마찰력은 마찰계수와 수직항력의 곱으로 나타낸다.

$$R = \mu N = \mu W\cos\theta$$

여기서, R : 마찰력, μ : 마찰계수, N : 수직항력,
W : 자중, θ : 마찰각

② 물체가 움직이려는 순간에 최대 마찰력이 작용한다. 이를 최대 정지마찰력이라 한다.

③ 움직이기 이전의 마찰력(R)은 작용하는 하중(P)과 같다($R = P$).

④ 물체가 움직이기 직전 마찰력(R)도 작용하는 하중(P)과 같다($R = P$).

⑤ 물체가 움직이는 과정의 마찰력(R)은 작용하는 하중(P)보다 작다($R < P$).

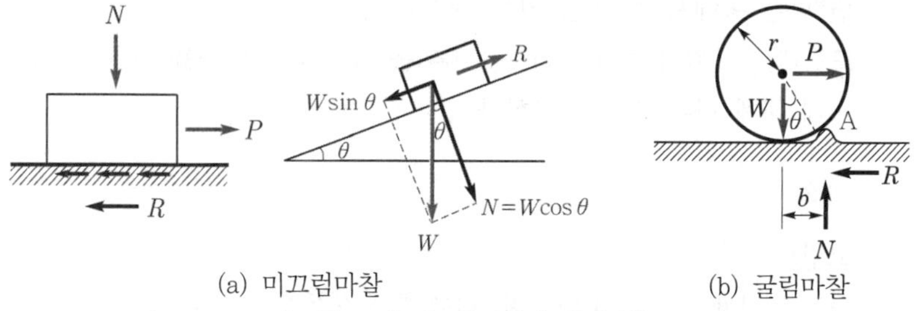

(a) 미끄럼마찰 (b) 굴림마찰

[그림 1-9] 미끄럼마찰과 굴림마찰

■ 하중과 마찰력의 관계

① 움직이기 이전의 마찰력
∴ $R = P$

② 움직이기 직전의 마찰력
∴ $R = P$

③ 움직이는 과정의 마찰력
∴ $R < P$

④ 최대 정지마찰력

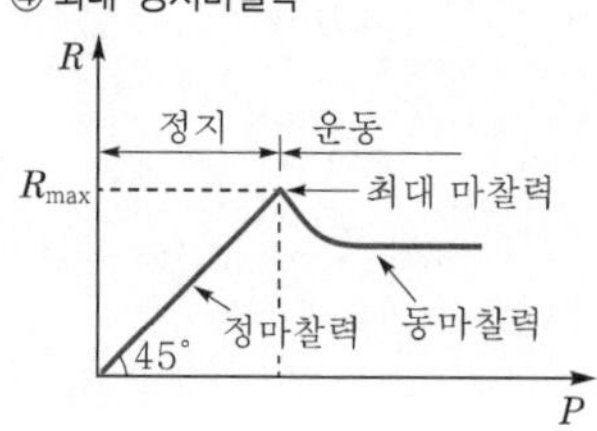

출제 POINT

■ 굴림마찰

① 굴림마찰력 : $R=\frac{b}{r}W$

② 포장면 위 공기타이어의 회전마찰계수 : b = 0.6mm

■ 일의 원리

① 지레 : 1종 지레, 2종 지레, 3종 지레

② 도르래 : 고정도르래, 움직도르래, 복합도르래

(3) 굴림마찰

① 굴림마찰력 : $\sum M_A=0$으로부터 $Pr\cos\theta-Wb=0$에서

$\cos\theta \fallingdotseq \cos 0=1$이므로

$$R=\frac{b}{r}W$$

여기서, P : 하중(수평력), r : 원의 반지름, θ : 마찰각, W : 자중,
R : 마찰력, b : 회전마찰계수(굴림저항계수)

② 회전마찰계수(b)는 길이의 단위를 가지며, 접촉재료의 특성과 조건에 관계된다.

2) 마찰력의 특성

① 마찰력은 물체의 운동과 반대 방향으로 작용한다.

② 마찰력(마찰계수)은 접촉면의 면적과 관계없다.

③ 마찰력은 접촉면의 성질(상태)에 의해 변한다.

④ 정지마찰계수는 운동마찰계수보다 일반적으로 크다.

⑤ 마찰력은 수직항력에 비례한다.

⑥ 운동마찰력은 미끄럼속도에 무관하다.

2 일의 원리

1) 일의 원리의 개념

① 일의 이득은 없으나 힘의 이득은 있어 작은 힘으로도 같은 양의 일을 할 수 있다는 원리를 말한다.

② 지레는 무거운 물건을 괴어들어서 움직이는 데 쓰는 막대(봉)이다. 막대를 한 점에서 받치고, 그 점을 중심으로 하여 한쪽 끝에 작은 힘을 가하면 다른 쪽에서 큰 힘을 얻는 장치이다.

③ 도르래는 바퀴에 줄이나 쇠사슬 따위를 걸어 힘의 방향을 바꾸거나 힘을 크게 내게 하는 장치를 말한다.

2) 도르래의 종류

① 고정도르래

도르래 자체의 이동이 없으며, 힘에 대한 이득은 없으나 힘의 방향을 바꾸어 주고, 바퀴의 회전만으로 물체를 쉽게 들어 올릴 수 있는 편리함이 있다.

출제 POINT

② 움직도르래

도르래의 이동과 회전으로 인하여 힘은 2배의 이득이 생기고, 일의 원리에 의해 물체(W)가 움직인 거리는 하중(P)이 움직인 거리의 절반(1/2)이 된다.

③ 복합도르래

고정도르래와 움직도르래를 결합한 도르래를 말한다. 실제로 가장 많이 사용되는 도르래이다.

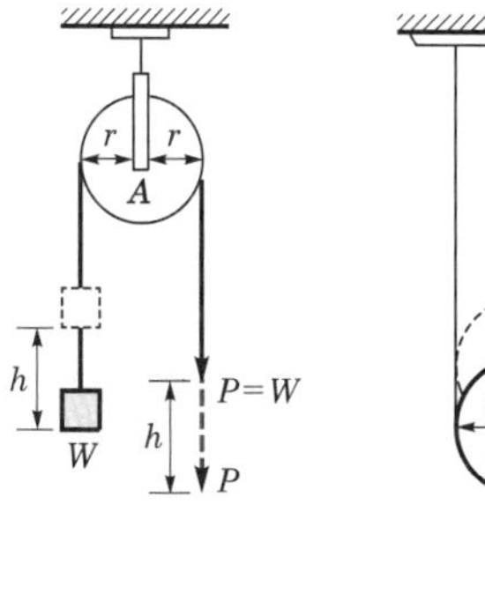

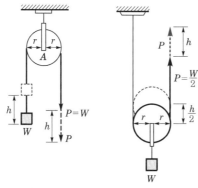

(a) 고정도르래　　(b) 움직도르래

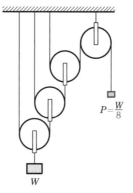

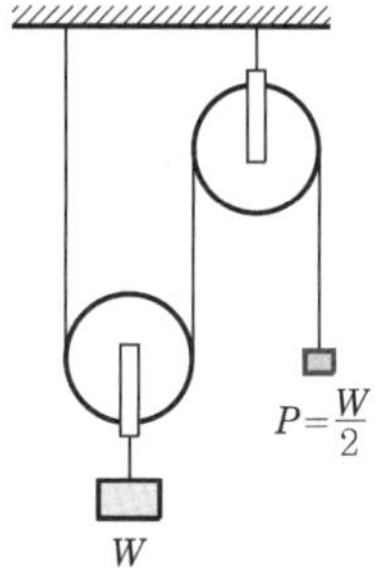

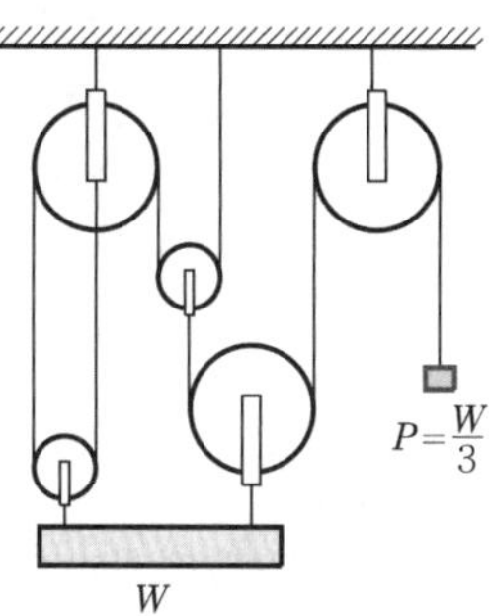

(c) 복합도르래

[그림 1-10] 도르래

CHAPTER 01 기출문제

APPLIED MECHANICS

10년간 출제된 빈출문제

1. 힘과 모멘트

01 다음 중에서 벡터(vector)량인 것은?

① 면적 ② 시간
③ 변위 ④ 온도

해설 **벡터와 스칼라**
㉠ 벡터(vector) : 크기와 방향을 갖은 물리량(속도, 중량 등)
㉡ 스칼라(scalar) : 크기만 가진 물리량(속력, 질량 등)

★
02 다음 중 평면역계의 합력은?

① 1개만의 힘으로 된다.
② 1개만의 우력으로 된다.
③ 1개의 힘과 1개의 우력으로 된다.
④ 1개의 힘 또는 1개의 우력으로 된다.

해설 **평면역계의 합력**
1개의 힘 또는 1개의 우력으로 나타나게 된다.

★
03 힘의 평형조건에 대한 설명 중 옳지 않은 것은?

① 동일점에 작용하지 않는 여러 개의 힘이 해석적 평형조건은 $\Sigma H=0$, $\Sigma V=0$, $\Sigma M=0$이다.
② 동일점에 작용하지 않는 여러 개의 힘의 도해적 평형조건은 시력도 및 연력도가 폐합해야 한다.
③ 동일점에 작용하는 여러 개의 힘의 해석적 평형조건은 $\Sigma H=0$, $\Sigma V=0$이다.
④ 동일점에 작용하는 여러 개의 힘의 도해적 평형조건은 연력도가 폐합해야 한다.

해설 **힘의 도해적 평형조건**
동일점에 작용하는 여러 개의 힘의 도해적 평형조건은 시력도가 폐합되어야 한다.

04 평면 구조물의 정역학적 평형방정식을 옳게 표시한 것은?

① $\Sigma F_x=0$, $\Sigma F_y=0$, $\Sigma\delta=0$
② $\Sigma\delta=0$, $\Sigma M=0$
③ $\Sigma F_x=0$, $\Sigma F_y=0$, $\Sigma\delta=0$
④ $\Sigma F_x=0$, $\Sigma F_y=0$, $\Sigma M=0$

해설 **정역학적 평형**
움직이지 않고 정지된 상태를 말한다.
㉠ 수평으로 움직이지 않는다($\Sigma F_x=0$).
㉡ 수직으로 움직이지 않는다($\Sigma F_y=0$).
㉢ 회전하지 않는다($\Sigma M=0$).

★
05 역학에서 자유물체도란?

① 구속받지 않는 한 물체의 그림
② 분리된 한 물체와 이물체가 타 물체에 작용하는 힘을 나타낸 그림
③ 분리된 한 물체와 타 물체가 이물체에 작용하는 힘을 나타낸 그림
④ 한 물체가 다른 물체에 작용하는 힘만 나타낸 그림

해설 **자유물체도(F.B.D)**
구조물의 반력이나 하중을 직각분력으로 나타낸 그림, 또는 임의 단면의 힘의 평형상태를 나타낸 그림을 말한다.

06 다음 중 연력도는?

① 한 점에 작용하지 않는 여러 힘을 합성할 때 합력의 크기와 방향을 구하기 위해 그려진다.
② 한 점에 작용하지 않는 여러 힘을 합성할 때 합력의 작용선을 찾기 위해 그려진다.
③ 한 점에 작용하는 여러 힘을 합성할 때 합력의 작용선을 찾기 위해 그려진다.
④ 한 점에 작용하는 여러 힘을 합성할 때 합력의 크기, 방향, 작용선을 찾기 위해 그려진다.

정답 1. ③ 2. ④ 3. ④ 4. ④ 5. ③ 6. ②

> **해설** 연력도
> 한 점에 작용하지 않는 여러 힘을 시력도에 의해 합력의 크기와 방향을 결정하고, 연력도에 의해 합력의 작용점을 구한다.

★
07 연력도의 폐합이 가지는 의미는 다음 중 어떤 것인가?

① 모멘트의 합=0
② 수평력의 합=0
③ 수직력의 합=0
④ 수평력과 수직력의 합=0

> **해설** 폐합의 의미
> ㉠ 연력도의 폐합 : 모멘트의 합=0($\Sigma M=0$)
> ㉡ 시력도의 폐합 : 합력=0($\Sigma R=0$)

★★
08 다음의 설명은 무슨 정리인가?

동일 평면상의 한 점에 여러 개의 힘이 작용하고 있는 경우에 이 평면상의 임의의 점에 관한 이들 힘의 모멘트의 대수합은 동일점에 관한 이들 힘의 합력의 모멘트와 같다.

① Green의 정리　② Lami의 정리
③ Varignon의 정리　④ Pappus의 정리

> **해설** 제시된 설명은 '바리뇽(Varignon)의 정리'이다.

09 바리뇽(Varignon)의 정리 내용 중 옳은 것은?

① 여러 힘의 한 점에 대한 모멘트의 합과 합력의 그 점에 대한 모멘트는 우력모멘트로서 작용한다.
② 여러 힘의 한 점에 대한 모멘트의 합은 합력의 그 점 모멘트보다 항상 적다.
③ 여러 힘의 한 점에 대한 모멘트를 합하면 합력의 그 점에 대한 모멘트보다 항상 크다.
④ 여러 힘의 임의 한 점에 대한 모멘트의 합은 합력의 그 점에 대한 모멘트와 같다.

> **해설** 바리뇽의 정리
> 여러 힘의 한 점에 대한 모멘트는 그 합력의 모멘트의 크기와 같다.
> ∴ 합력에 의한 모멘트=분력에 의한 모멘트의 합

10 다음 그림의 O점 둘레의 힘의 모멘트를 구하면?

① 생기지 않는다.
② 1kN · m
③ 2kN · m
④ 3kN · m

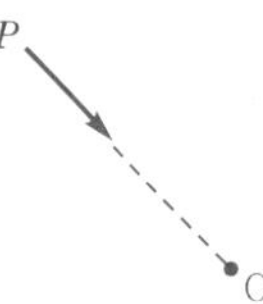

> **해설** 모멘트
> 모멘트(M) = 힘(P)×거리(l)에서 거리가 0이므로
> ∴ $M=0$

★★
11 다음 그림에서 O점의 모멘트는 $M_O = Pl$ 이다. 모멘트의 기하학적 의미로 옳은 것은?

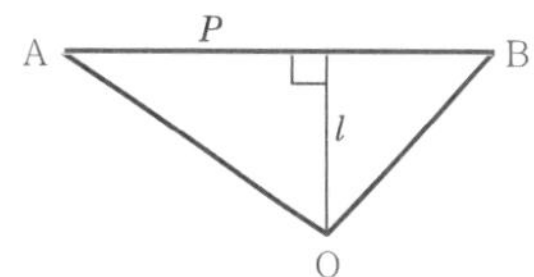

① $M_O = Pl = \overline{AB} \times l = 2\triangle ABO$
② $M_O = Pl = \overline{AB} \times l = 3\triangle ABO$
③ $M_O = Pl = \overline{AB} \times l = 4\triangle ABO$
④ $M_O = Pl = \overline{AB} \times l = 5\triangle ABO$

> **해설** 모멘트의 기하학적 의미
> ㉠ 삼각형 ABO의 면적
> $\triangle ABO = \frac{1}{2}Pl$
> ∴ $Pl = 2\triangle ABO$
> ㉡ O점의 모멘트
> $M_O = Pl = 2\triangle ABO$

12 다음 설명 중 옳지 않은 것은?

① 동일점에 작용하는 여러 개의 점이 비기기 위해서는 수평 및 수직분력의 합이 모두 0이 되어야 한다.
② 모멘트의 기하학적인 의미는 힘을 밑면으로 하고 모멘트의 중심을 꼭짓점으로 하는 삼각형 면적의 3배이다.
③ 강체(rigid body)란 힘이 작용해도 변형이 일어나지 않는 물체를 말한다.
④ 힘을 표시하는 데는 크기, 방향, 작용점의 3요소가 필요하다.

정답 7. ① 8. ③ 9. ④ 10. ① 11. ① 12. ②

해설 **모멘트의 기하학적 의미**

㉠ 삼각형 ABO의 면적

$\triangle ABO = \frac{1}{2} Pl$

$\therefore Pl = 2\triangle ABO$

㉡ O점의 모멘트

$M_O = Pl = 2\triangle ABO$

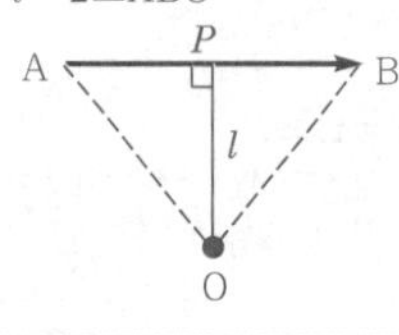

★

13 다음 그림에서 △ABO의 면적(A)이 24kN · m이라면 힘 P의 크기는?

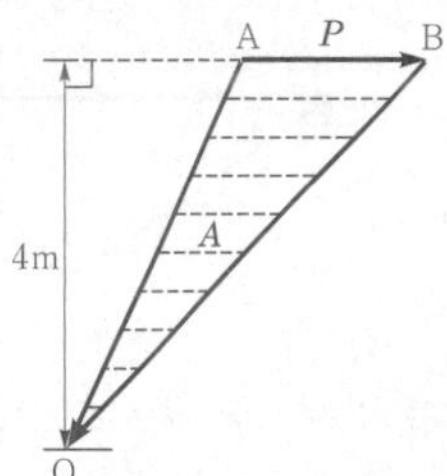

① 12kN ② 24kN
③ 36kN ④ 48kN

해설 **삼각형의 면적공식**

$A = \frac{1}{2} \times P \times 4 = 24\text{kN} \cdot \text{m}$

$\therefore P = 12\text{kN}$

14 동일점에 작용하지 않는 몇 개의 힘을 원점으로 이동하여 합성한 결과가 다음 그림과 같다. 이때 합력의 원점 O에 대한 편심거리 e는?

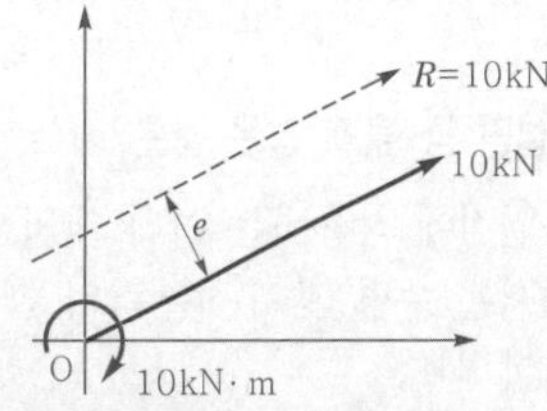

① 1.0m ② 2.0m
③ 10m ④ 5.0m

해설 **편심거리**

$\Sigma M_O = 0$

$R \times e - 10 = 0$

$10 \times e - 10 = 0$

$\therefore e = 1\text{m}$

★

15 다음 그림과 같이 힘의 크기가 같고 작용방향이 반대일 때 나란한 두 힘에 의하여 생기는 우력모멘트의 크기는 어느 것인가? (단, 모멘트의 방향은 시계방향을 (+), 반시계방향을 (−)로 한다.)

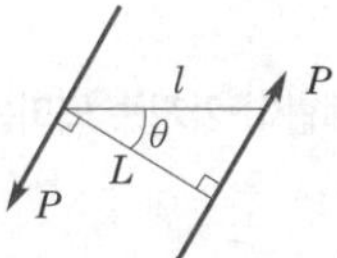

① $M = Pl$ ② $M = -Pl\cos\theta$
③ $M = Pl\cos\theta$ ④ $M = 2Pl$

해설 **우력모멘트**

㉠ 우력모멘트는 크기가 같고 방향이 반대인 나란한 한 쌍의 힘의 크기를 말한다.

㉡ 우력모멘트

$L = l\cos\theta$

$\therefore M = -PL = -Pl\cos\theta$

16 다음 그림에서와 같이 우력(偶力)이 작용할 때 각 점의 모멘트에 관한 설명 중 옳은 것은?

① ⓑ점의 모멘트가 제일 작다.
② ⓓ점의 모멘트가 제일 작다.
③ ⓐ와 ⓒ점은 모멘트의 크기는 같으나 방향이 서로 반대이다.
④ ⓐ, ⓑ, ⓒ, ⓓ 모든 점의 모멘트는 같다.

해설 우력모멘트는 어느 점이나 모멘트가 일정하다.

17 다음 그림과 같은 평형을 이루는 세 힘에 관한 설명 중 옳은 것은?

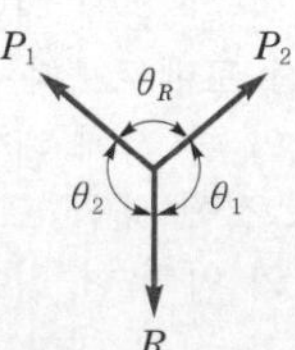

① $\frac{P_2}{\sin\theta_2} = \frac{R}{\sin\theta_R}$ ② $\frac{P_1}{\sin\theta_2} = \frac{P_2}{\sin\theta_1}$

③ $\frac{P_1}{\sin\theta_1} = \frac{R}{\sin\theta_2}$ ④ $\frac{P_1}{\sin\theta_R} = \frac{P_2}{\sin\theta_1}$

정답 13. ① 14. ① 15. ② 16. ④ 17. ①

> **해설** Lami의 정리(sin법칙)
> $$\frac{P_1}{\sin\theta_1}=\frac{P_2}{\sin\theta_2}=\frac{R}{\sin\theta_R}$$

★
18 다음 그림과 같은 평형을 이루는 세 힘에 관한 설명 중 옳은 것은?

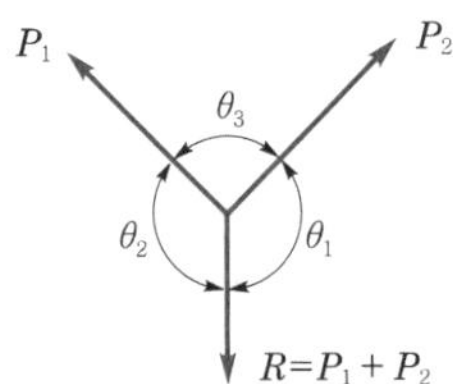

① $\frac{P_2}{\sin\theta_2}=\frac{P_1+P_2}{\sin\theta_3}$ ② $\frac{P_1}{\sin\theta_2}=\frac{P_2}{\sin\theta_1}$

③ $\frac{P_1}{\sin\theta_1}=\frac{P_1+P_2}{\sin\theta_2}$ ④ $\frac{P_1}{\sin\theta_3}=\frac{P_2}{\sin\theta_1}$

> **해설** sin법칙(라미의 정리)
> $$\frac{R}{\sin\theta_3}=\frac{P_1+P_2}{\sin\theta_3}=\frac{P_1}{\sin\theta_1}=\frac{P_2}{\sin\theta_2}$$
> $$\therefore \frac{P_1+P_2}{\sin\theta_3}=\frac{P_2}{\sin\theta_2}$$

2. 힘의 합성과 분해

★★
19 다음 그림에서 두 힘(P_1 =5kN, P_2 =4kN)에 대한 합력(R)의 크기와 합력의 방향(θ)값은?

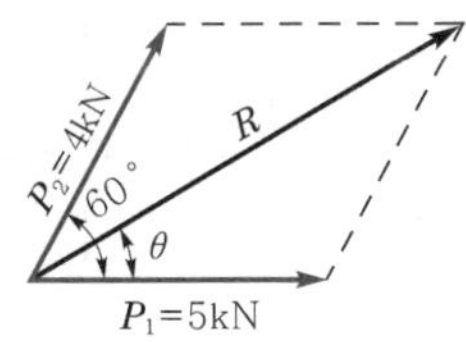

① R=7.81kN, θ=26.3°
② R=7.94kN, θ=26.3°
③ R=7.81kN, θ=28.5°
④ R=7.94kN, θ=28.5°

> **해설** 합력과 방향
> ㉠ 합력의 크기
> $$R=\sqrt{P_1^{\ 2}+P_2^{\ 2}+2P_1P_2\cos\alpha}$$
> $$=\sqrt{5^2+4^2+2\times5\times4\times\cos 60°}$$
> $$=7.8102\text{kN}$$
> ㉡ 합력의 방향
> $$\theta=\tan^{-1}\frac{P_2\sin\alpha}{P_1+P_2\cos\alpha}$$
> $$=\tan^{-1}\frac{4\times\sin 60°}{5+4\times\cos 60°}$$
> $$\fallingdotseq 26.33°=26°29'46.21''$$

20 두 힘 30kN과 50kN이 30°의 각을 이루고 작용하고 있을 때 합력의 크기는?

① 64.42kN ② 68.55kN
③ 70.00kN ④ 77.45kN

> **해설** 합력의 크기
> $$R=\sqrt{P_1^{\ 2}+P_2^{\ 2}+2P_1P_2\cos\theta}$$
> $$=\sqrt{30^2+50^2+2\times30\times50\times\cos30°}$$
> $$=77.447\text{kN}$$

21 다음 그림에서 3kN 및 X[kN]의 두 힘이 점 0에 직각으로 작용할 때의 합력이 5kN이었다. X[kN]의 크기에 해당하는 값은 어느 것인가?

① 4kN
② 5kN
③ 6kN
④ 7kN

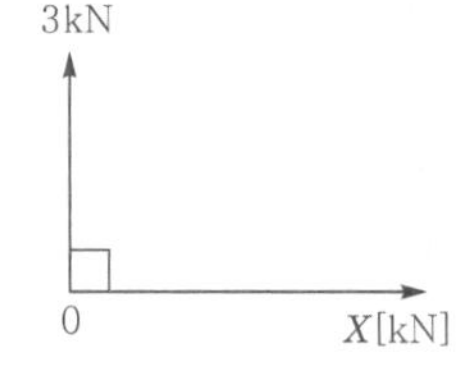

> **해설** 피타고라스의 정리
> $$R^2=X^2+Y^2$$
> $$5^2=X^2+3^2$$
> $$\therefore X=\sqrt{5^2-3^2}=4\text{kN}$$

정답 18. ① 19. ① 20. ④ 21. ①

★
22 다음 그림과 같이 40kN의 힘을 30°, 45°의 두 방향으로 나눌 때 그 각각의 분력은 얼마인가?

P_x P_y

① 24.3kN, 16.6kN
② 27.0kN, 18.4kN
③ 29.3kN, 20.7kN
④ 31.0kN, 29.4kN

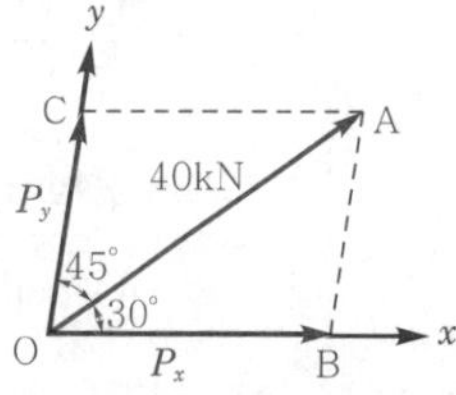

해설 sin법칙

$$\frac{P_x}{\sin 45°} = \frac{40}{\sin 105°} = \frac{P_y}{\sin 30°}$$

$$\therefore P_x = \frac{\sin 45°}{\sin 105°} \times 40 = 29.28\text{kN}$$

$$\therefore P_y = \frac{\sin 30°}{\sin 105°} \times 40 = 20.71\text{kN}$$

23 합력 100kN이 2개의 분력 P_1 =80kN, P_2 =50kN으로 분해될 때 2개의 분력 P_1, P_2 가 이루는 각은 몇 도인가?

① 70.7° ② 75.0°
③ 78.6° ④ 82.1°

해설 하중이 이루는 각

$$R^2 = {P_1}^2 + {P_2}^2 + 2P_1P_2\cos\theta$$

$$\therefore \theta = \cos^{-1}\left(\frac{R^2 - {P_1}^2 - {P_2}^2}{2P_1P_2}\right)$$

$$= \cos^{-1}\left(\frac{100^2 - 80^2 - 50^2}{2\times 80\times 50}\right)$$

$$= 82.1°$$

$$= 82°05'48.45''$$

24 한 힘 R이 두 성분 P_1, P_2로 분해되었을 때 cos법칙으로 α를 구할 수 있는 식이 맞는 것은?

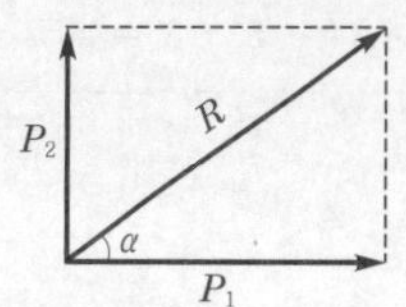

① $\cos\alpha = \dfrac{{P_1}^2 + R^2 + {P_2}^2}{2RP_2}$

② $\cos\alpha = \dfrac{{P_1}^2 + R^2 + {P_2}^2}{2RP_1}$

③ $\cos\alpha = \dfrac{{P_1}^2 + R^2 - {P_2}^2}{2RP_1}$

④ $\cos\alpha = \dfrac{{P_1}^2 + R^2 - {P_2}^2}{2RP_2}$

해설 cos 제2법칙

$${P_2}^2 = R^2 + {P_1}^2 - 2RP_1\cos\alpha$$

$$\therefore \cos\alpha = \frac{R^2 + {P_1}^2 - {P_2}^2}{2RP_1}$$

25 다음 그림과 같이 O점에 여러 힘이 작용할 때 합력은 몇 상한에 위치하는가?

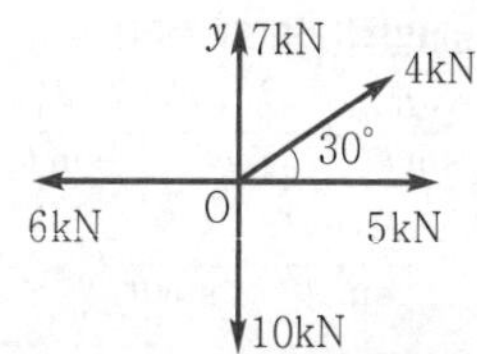

① 1상한 ② 2상한
③ 3상한 ④ 4상한

해설 합력의 위치

$\Sigma H = 4\times\cos 30° + 5 - 6 = +2.46\text{kN}$

$\Sigma V = 7 + 4\times\sin 30° - 10 = -1\text{kN}$

∴ 4상한

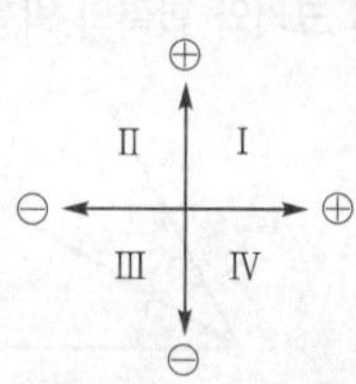

정답 22. ③ 23. ④ 24. ③ 25. ④

★
26 다음 그림과 같이 x, y좌표계의 원점에 세 개의 힘이 작용하여 평형상태를 이루고 있다. 이때 F의 크기와 방향 θ의 값은?

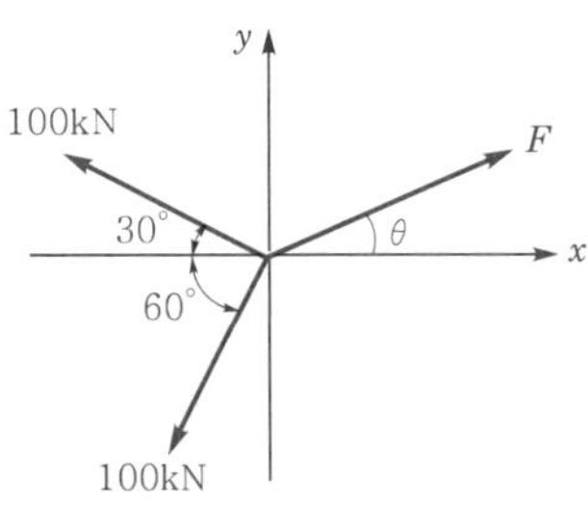

① $F=141.4\text{kN}$, $\theta=15°$
② $F=145.6\text{kN}$, $\theta=17°$
③ $F=141.4\text{kN}$, $\theta=19°$
④ $F=153.5\text{kN}$, $\theta=20°$

해설 합력의 크기와 방향
㉠ $F=\sqrt{100^2+100^2}=141.421\text{kN}$
㉡ $\theta=60°-45°=15°$

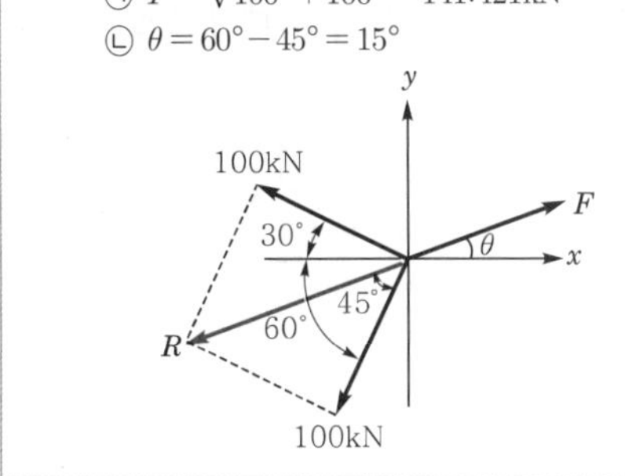

27 다음 그림과 같이 연결부에 두 힘 5kN과 2kN이 작용한다. 평형을 이루기 위해서는 두 힘 A와 B의 크기는 얼마가 되어야 하는가?

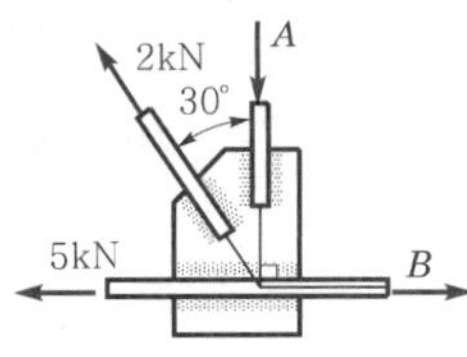

① $A=5+\sqrt{3}\,\text{kN}$, $B=1\text{kN}$
② $A=\sqrt{3}\,\text{kN}$, $B=6\text{kN}$
③ $A=6\text{kN}$, $B=\sqrt{3}\,\text{kN}$
④ $A=1\text{kN}$, $B=5+\sqrt{3}\,\text{kN}$

해설 각 방향 분력의 합
㉠ 연직력의 합
$\sum V=0$
$\therefore A=2\times\cos 30°=\sqrt{3}\,\text{kN}$
㉡ 수평력의 합
$\sum H=0$
$\therefore B=2\times\sin 30°+5=6\text{kN}$

28 다음 그림과 같은 P_1, P_2, P_3의 세 힘이 작용하고 있을 때 점 A를 중심으로 한 모멘트의 크기는?

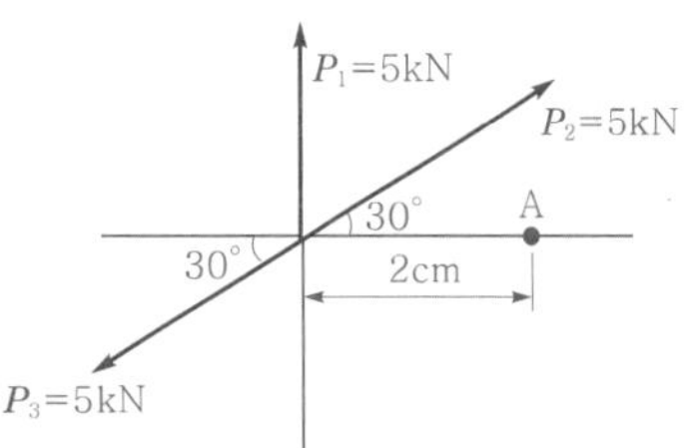

① 60kN · cm　　② 30kN · cm
③ 10kN · cm　　④ 0kN · cm

해설 합력모멘트
㉠ $P_2=P_3$이고 방향이 반대이므로 P_2, P_3에 의한 모멘트는 발생하지 않는다.
㉡ A점 모멘트
$M_A=P_1\times2=5\times2=10\text{kN}\cdot\text{cm}$

★★
29 다음 그림과 같이 강선 A와 B가 서로 평형상태를 이루고 있을 때 θ의 값은?

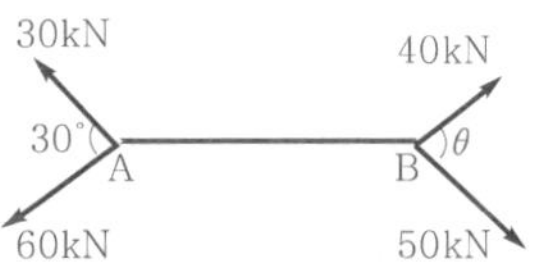

① 47.2°　　② 32.6°
③ 28.4°　　④ 17.8°

해설 합력의 방향
㉠ A점 합력
$H_A=\sqrt{30^2+60^2+2\times30\times60\times\cos 30°}$
$=87.28\text{kN}$
㉡ B점 합력
$H_B=\sqrt{40^2+50^2+2\times40\times50\times\cos\theta}$
㉢ $H_A=H_B$
$\cos\theta=0.88$
$\therefore \theta=\cos^{-1}0.88=28.43°$

정답 26. ① 27. ② 28. ③ 29. ③

30 다음 그림과 같이 두 개의 활차를 사용하여 물체를 매달 때 3개의 물체가 평형을 이루기 위한 θ의 값은? (단, 로프와 활차의 마찰은 무시한다.)

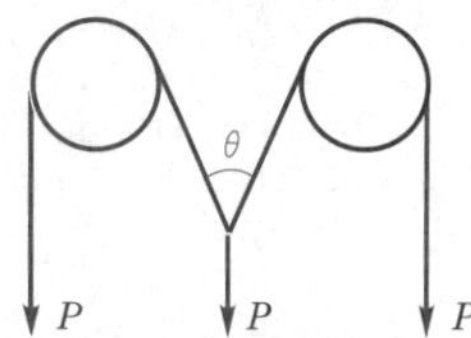

① 30°　　② 45°
③ 60°　　④ 120°

> **해설** **평형각**
> ㉠ 가운데 하중작용점에서 $\Sigma V=0$ 이 되어야 한다.
> ㉡ 평형을 이루기 위한 각(θ)
> $2P\cos\dfrac{\theta}{2}=P$
> $2\cos\dfrac{\theta}{2}=1$
> $\therefore\ \theta=120°$
>
> 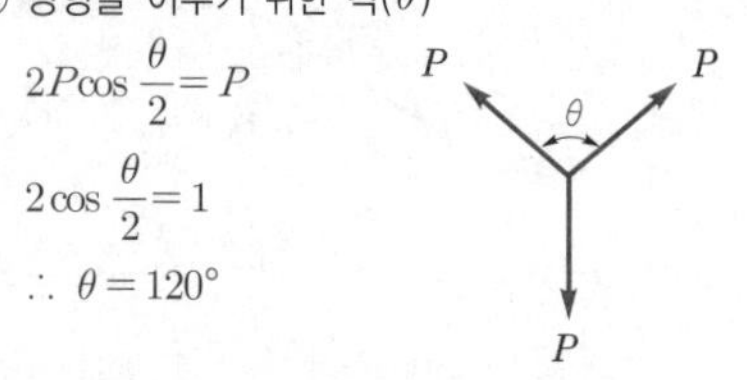
>

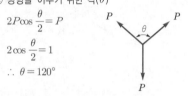

31 다음 그림과 같은 구조물에 하중 W가 작용할 때 P의 크기는? (단, 0°< α <180°)

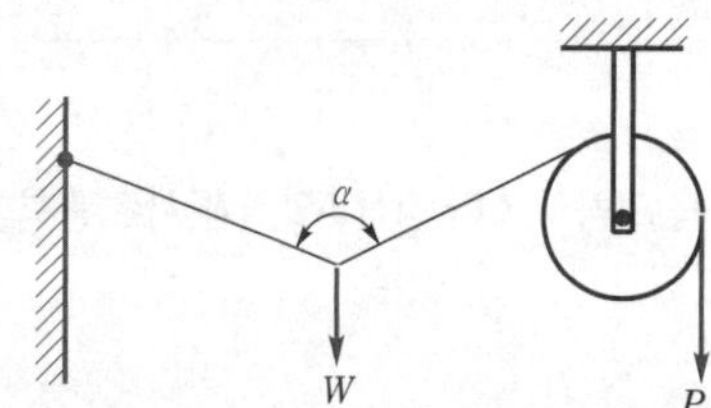

① $P=\dfrac{W}{2\cos\dfrac{\alpha}{2}}$　　② $P=\dfrac{W}{2\cos\alpha}$

③ $P=\dfrac{W}{\cos\dfrac{\alpha}{2}}$　　④ $P=\dfrac{2W}{\cos\dfrac{\alpha}{2}}$

> **해설** **작용하중의 크기**
> $\Sigma V=0$
> $W=P\cos\dfrac{\alpha}{2}\times 2$
> $\therefore\ P=\dfrac{W}{2\cos\dfrac{\alpha}{2}}$
>
> 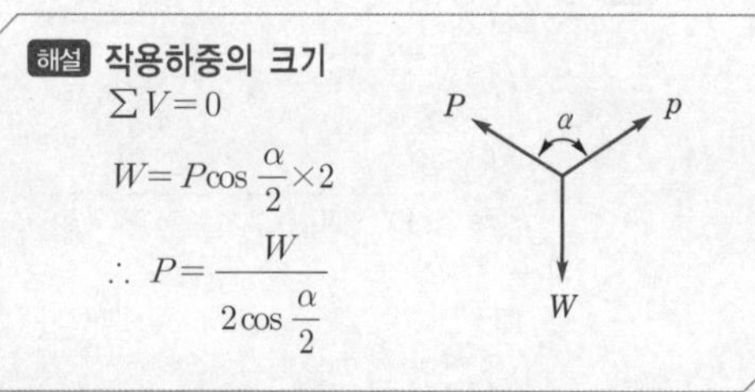
>

★★
32 무게 1kN의 물체를 두 끈으로 늘어뜨렸을 때 한 끈이 받는 힘의 크기의 순서가 옳은 것은?

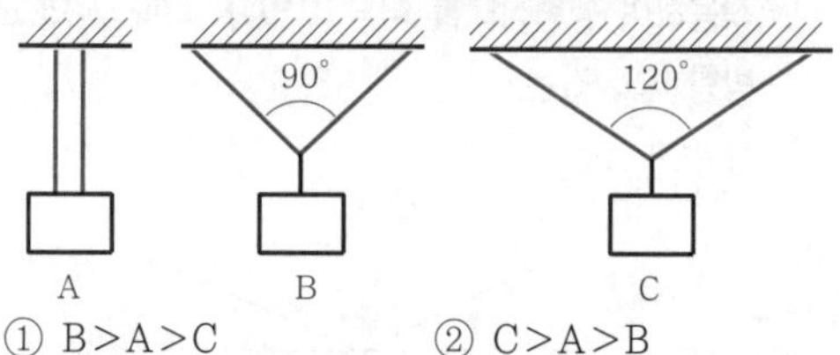

① B>A>C　　② C>A>B
③ A>B>C　　④ C>B>A

> **해설** **한 끈이 받는 장력(T)**
> ㉠ A의 경우
> $2T=P$　　$\therefore\ T=0.5P$
> ㉡ B의 경우
> $2T\cos 45°=P$　　$\therefore\ T=0.707P$
> ㉢ C의 경우
> $2T\cos 60°=P$　　$\therefore\ T=P$
> ∴ C>B>A

★
33 다음 그림과 같이 부양력 300kN인 기구가 수평선과 60°의 각을 이루고 정지상태에 있을 때 받는 풍압 W 및 로프에 작용하는 힘은?

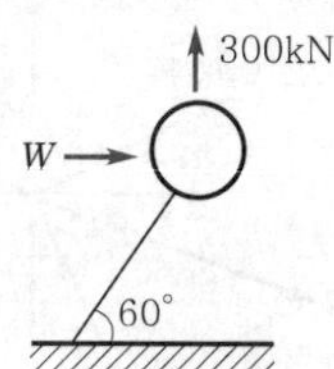

① $T=346.4\text{kN}$, $W=173.2\text{kN}$
② $T=356.4\text{kN}$, $W=163.2\text{kN}$
③ $T=366.4\text{kN}$, $W=153.2\text{kN}$
④ $T=376.4\text{kN}$, $W=143.2\text{kN}$

> **해설** **풍압(W)과 로프의 장력(T)**
> $\dfrac{W}{\sin 30°}=\dfrac{300}{\sin 60°}=\dfrac{T}{\sin 90°}$
> $\therefore\ W=\dfrac{\sin 30°}{\sin 60°}\times 300=173.2\text{kN}$
> $\therefore\ T=\dfrac{\sin 90°}{\sin 60°}\times 300=346.4\text{kN}$
>
> 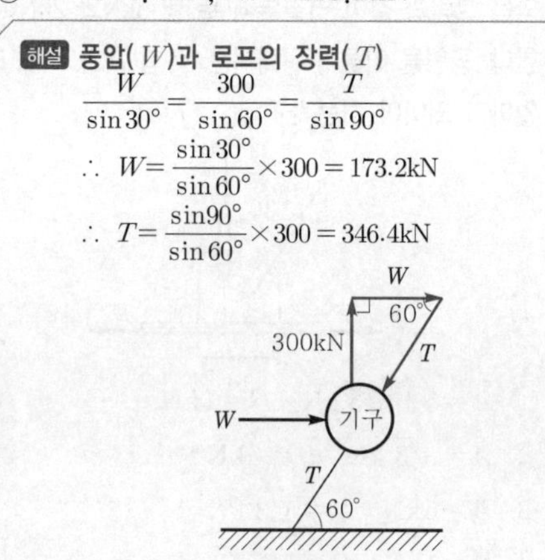
>
> (시력도)

정답 30. ④　31. ①　32. ④　33. ①

★

34 다음 그림과 같이 밀도가 균일하고 무게가 W인 구가 마찰이 없는 두 벽면 사이에 놓여 있을 때 반력 R_A의 크기는?

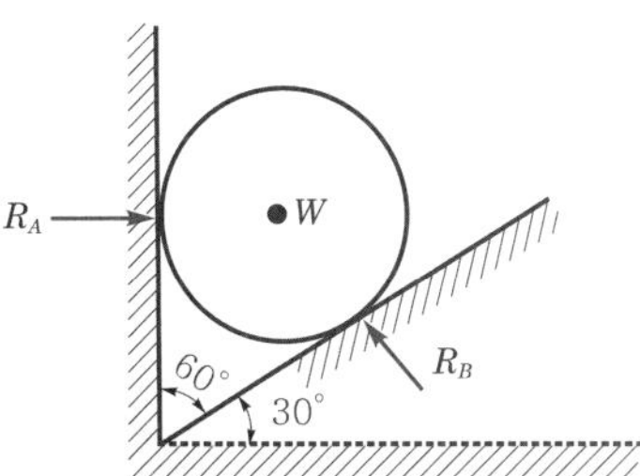

① $0.5W$　② $0.577W$
③ $0.707W$　④ $0.866W$

해설 반력의 크기

$$\frac{W}{\sin 60°} = \frac{R_A}{\sin 30°}$$
$$\therefore R_A = \frac{\sin 30°}{\sin 60°}W = \frac{1}{\sqrt{3}}W = 0.577W$$

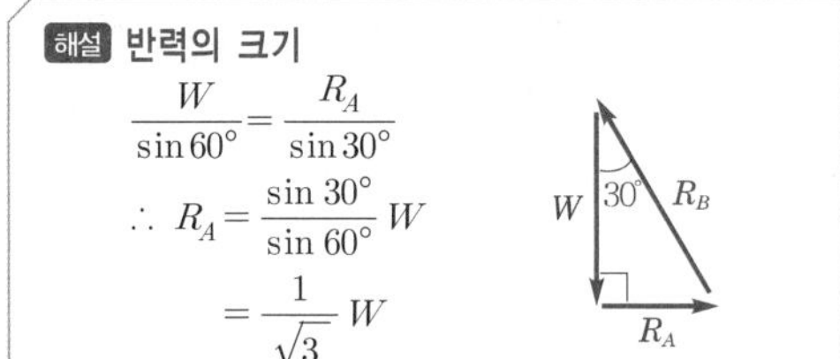

35 다음 그림과 같은 구조물에서 끈 AC의 장력 T_1과 BC의 장력 T_2가 받는 힘의 관계 중 옳은 것은?

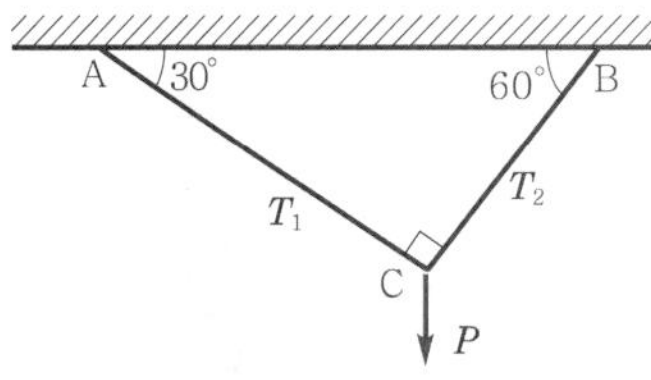

① T_2는 T_1의 $\sqrt{3}$ 배
② T_1은 T_2의 $\sqrt{3}$ 배
③ T_1은 T_2의 $\sqrt{2}$ 배
④ T_2는 T_1의 $\sqrt{2}$ 배

해설 sin법칙(라미의 정리)

$$\frac{T_1}{\sin 30°} = \frac{P}{\sin 90°} = \frac{T_2}{\sin 60°}$$
$$\therefore T_1 : T_2 = 1 : \sqrt{3}$$
$\therefore$ T_2는 T_1의 $\sqrt{3}$ 배

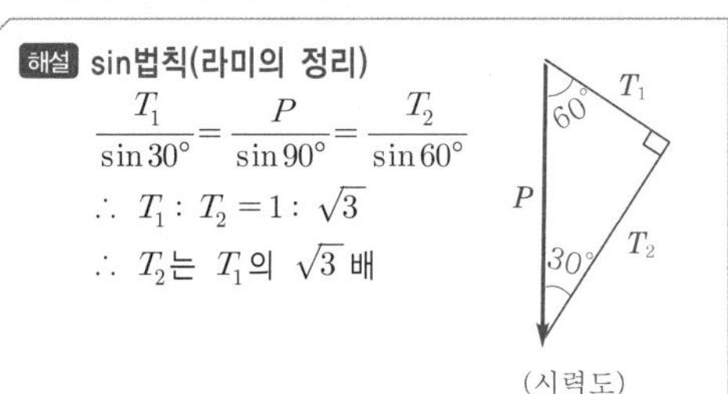

★★★

36 다음 그림과 같이 로프 C점에 500kN의 무게가 작용할 때 AC가 받는 장력은?

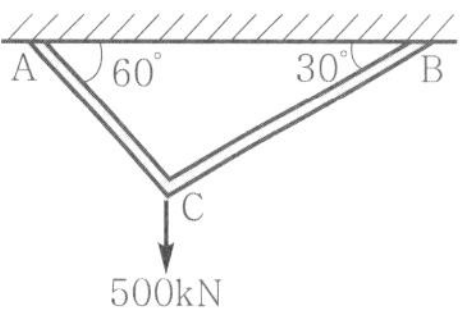

① 288kN　② 344kN
③ 433kN　④ 577kN

해설 sin법칙(라미의 정리)

$$\frac{\overline{AC}}{\sin 60°} = \frac{500}{\sin 90°} = \frac{\overline{BC}}{\sin 30°}$$
$$\therefore \overline{AC} = 500 \times \sin 60° = 433.01\text{kN}$$
$$\overline{BC} = 500 \times \sin 30° = 250\text{kN}$$

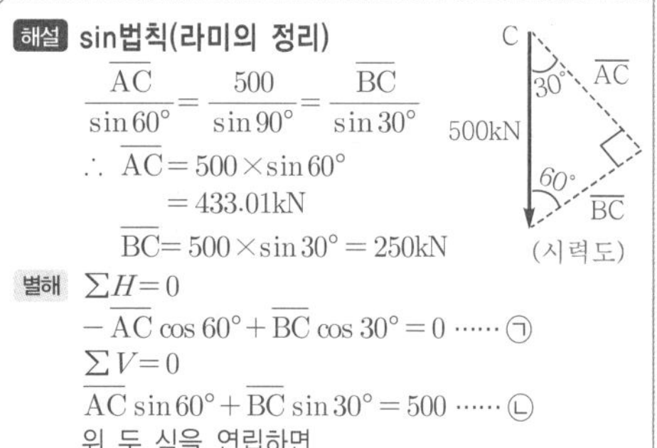

별해 $\sum H = 0$

$-\overline{AC}\cos 60° + \overline{BC}\cos 30° = 0$ ······ ㉠

$\sum V = 0$

$\overline{AC}\sin 60° + \overline{BC}\sin 30° = 500$ ······ ㉡

위 두 식을 연립하면

$\therefore \overline{AC} = 433\text{kN}$

37 다음 그림과 같은 로프에서 $\overline{BC}$에 일어나는 힘의 크기는?

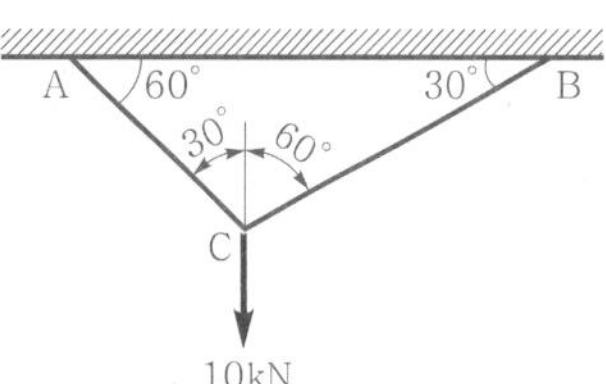

① 6.928kN　② −6.928kN
③ −5kN　④ 5kN

해설 sin법칙(라미의 정리)

$$\frac{\overline{BC}}{\sin 30°} = \frac{10}{\sin 90°}$$
$$\therefore \overline{BC} = 10 \times \sin 30° = 5\text{kN(인장)}$$

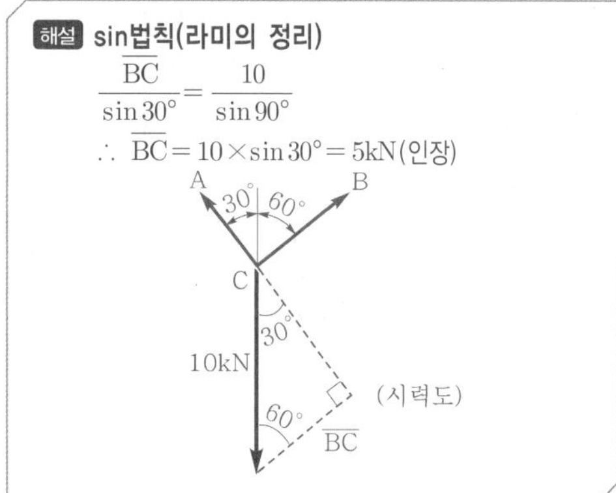

정답 34. ② 35. ① 36. ③ 37. ④

★
38 다음 그림과 같이 중량 300kN인 물체가 끈에 매달려 지지되어 있을 때 끈 $\overline{AB}$와 $\overline{BC}$에 작용되는 힘은?

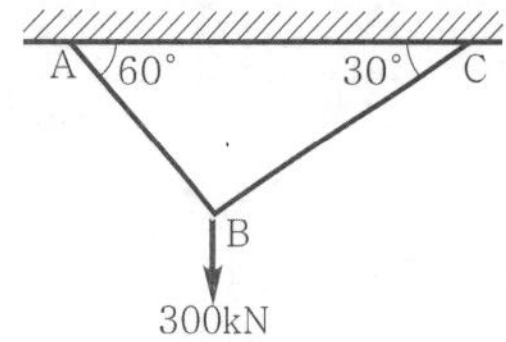

① $\overline{AB}$=245kN, $\overline{BC}$=180kN
② $\overline{AB}$=260kN, $\overline{BC}$=150kN
③ $\overline{AB}$=275kN, $\overline{BC}$=240kN
④ $\overline{AB}$=230kN, $\overline{BC}$=210kN

해설 B점에 sin법칙 적용

$$\frac{\overline{AB}}{\sin 60°} = \frac{300}{\sin 90°} = \frac{\overline{BC}}{\sin 30°}$$

$\therefore \overline{AB} = 300 \times \sin 60° = 259.81\text{kN}$

$\therefore \overline{BC} = 300 \times \sin 30° = 150\text{kN}$

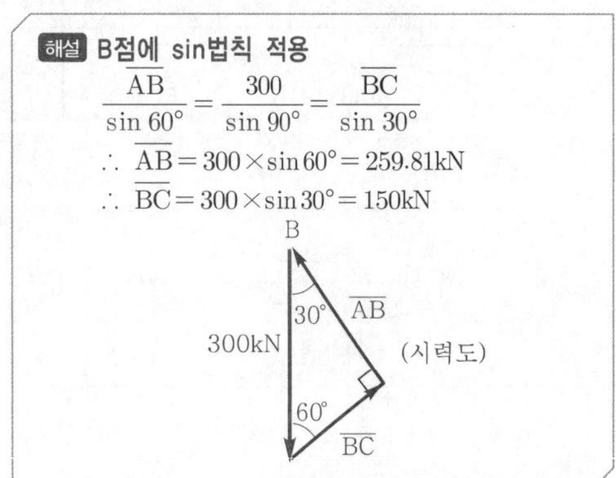

39 무게 1,000kN을 C점에 매달 때 줄 AC에 작용하는 장력은?

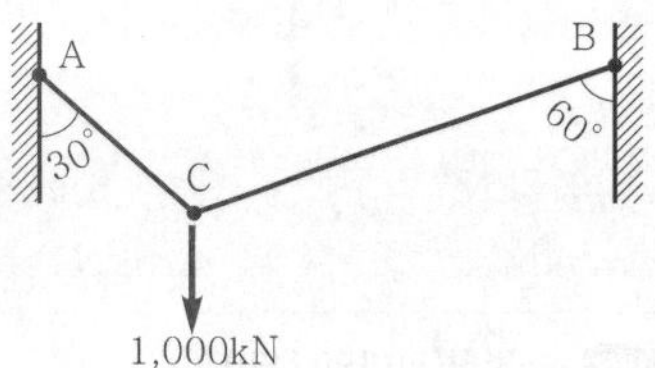

① 540kN ② 670kN
③ 972kN ④ 866kN

해설 C점에 sin법칙 적용

$$\frac{\overline{AC}}{\sin 60°} = \frac{1,000}{\sin 90°}$$

$\therefore \overline{AC} = 1,000 \times \sin 60°$
$= 866\text{kN}$

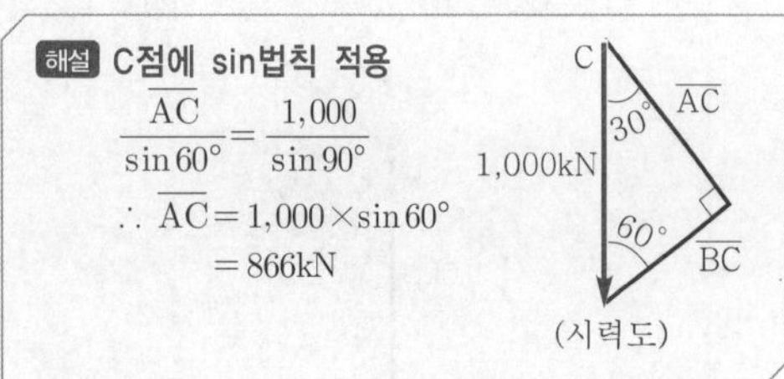

40 다음 그림과 같은 줄 ABCD의 C점과 D점에 각각 하중 P가 작용할 때 줄 AC에 발생하는 힘은? (단, 부호는 인장력 (+), 압축력 (−)이다.)

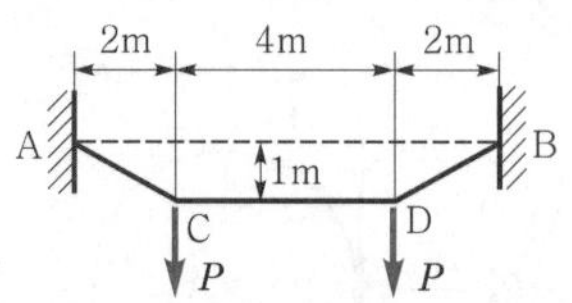

① $\frac{2}{\sqrt{5}}P$ ② $\frac{P}{2}$
③ $\sqrt{5}\,P$ ④ $2P$

해설 $\overline{AC}$의 장력

㉠ C점에서 수직력의 합($\Sigma V=0$)이 0이 되어야 한다.

㉡ $\overline{AC}$에 발생하는 힘

$\overline{AC}\cos\theta - P = 0$

$\overline{AC} \times \frac{1}{\sqrt{5}} - P = 0$

$\therefore \overline{AC} = \sqrt{5}\,P$

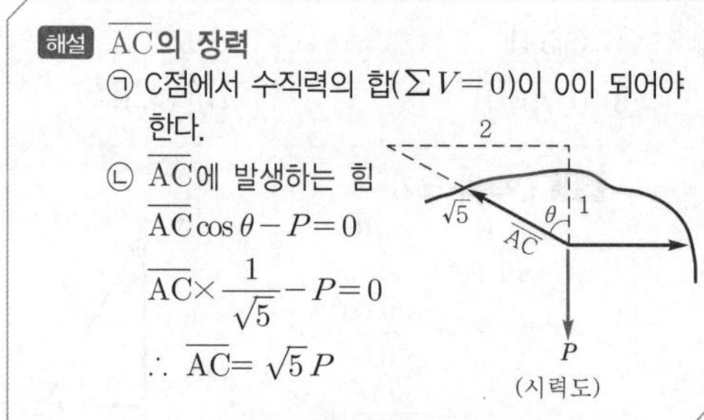

★
41 다음 그림과 같이 케이블(cable)에 500kN의 추가 매달려 있다. 이 추의 중심선이 구멍의 중심축상에 있게 하려면 A점에 작용할 수평력 P의 크기는 얼마가 되어야 하는가?

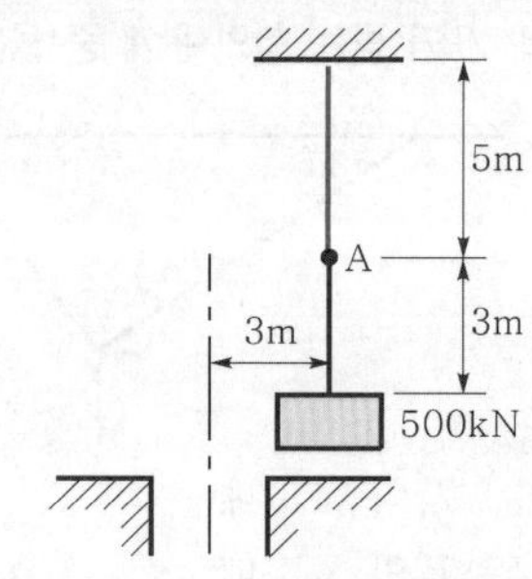

① 300kN ② 350kN
③ 400kN ④ 375kN

해설 A점에 작용할 수평력

$$\frac{P}{\sin\theta_2} = \frac{500}{\sin\theta_1}$$

$$\therefore P = \frac{\sin\theta_2}{\sin\theta_1} \times 500$$

$$= \frac{3/5}{4/5} \times 500$$

$= 375\text{kN}$

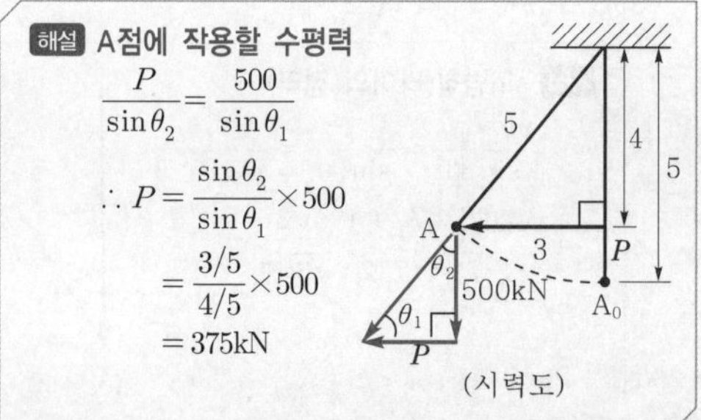

정답 38. ② 39. ④ 40. ③ 41. ④

★
42 다음 그림의 삼각형구조가 평형상태에 있을 때 법선방향에 대한 힘의 크기 P는?

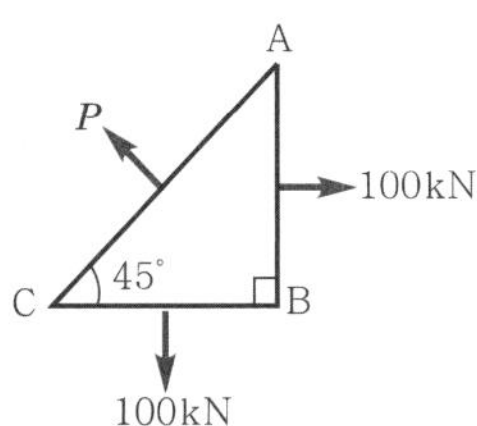

① 200.8kN ② 180.6kN
③ 133.2kN ④ 141.4kN

해설 **법선방향 힘의 크기**
P_x =100kN, P_y =100kN
$\therefore P = \sqrt{P_x{}^2 + P_y{}^2}$
$= \sqrt{100^2 + 100^2} = 141.4$kN

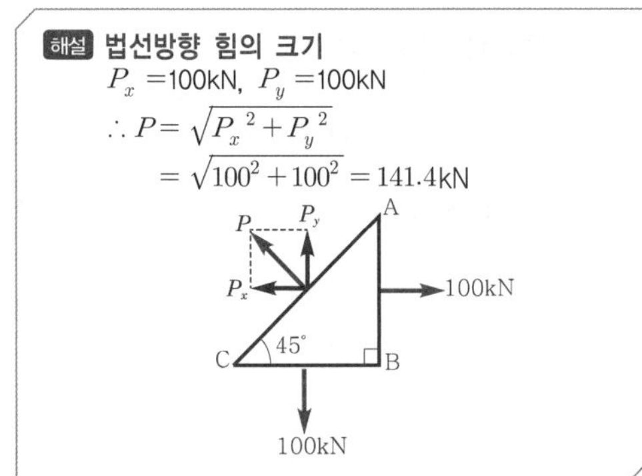

★★
43 다음 그림과 같은 구조물의 A점에 외력 W가 작용할 때 $\overline{AB}$, $\overline{AC}$의 각 부재에 일어나는 내력을 구한 것은?

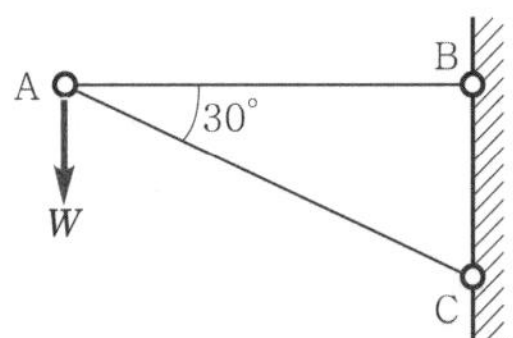

① $\overline{AB} = \sqrt{3}\ W$(인장), $\overline{AC} = 2\ W$(압축)
② $\overline{AB} = \sqrt{3}\ W$(압축), $\overline{AC} = 2\ W$(인장)
③ $\overline{AB} = W$(인장), $\overline{AC} = 2\ W$(압축)
④ $\overline{AB} = \sqrt{3}/2\ W$(인장), $\overline{AC} = W$(압축)

해설 **절점 A에서 평형조건**
㉠ $\Sigma V = 0$
$W - \overline{AC}\sin 30° = 0$
$\therefore \overline{AC} = 2W$(압축)
㉡ $\Sigma H = 0$
$\overline{AC}\cos 30° - \overline{AB} = 0$
$2W\cos 30° - \overline{AB} = 0$
$\therefore \overline{AB} = \sqrt{3}\ W$(인장)

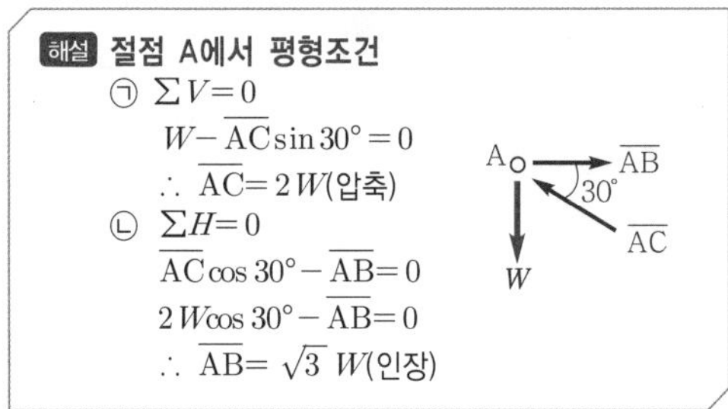

44 다음 그림과 같은 구조물에서 사재 A의 축력으로 옳은 것은?

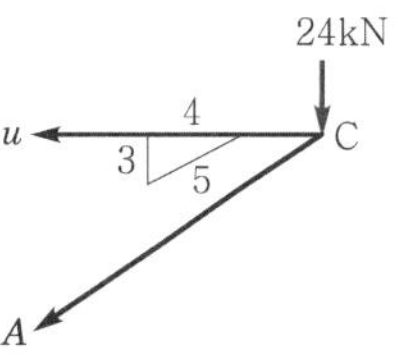

① 14kN(인장) ② 19kN(압축)
③ 30kN(인장) ④ 40kN(압축)

해설 **A부재의 축력**
$\Sigma V = 0$
$-A \times \frac{3}{5} - 24 = 0$
$\therefore A = 40$kN(압축)

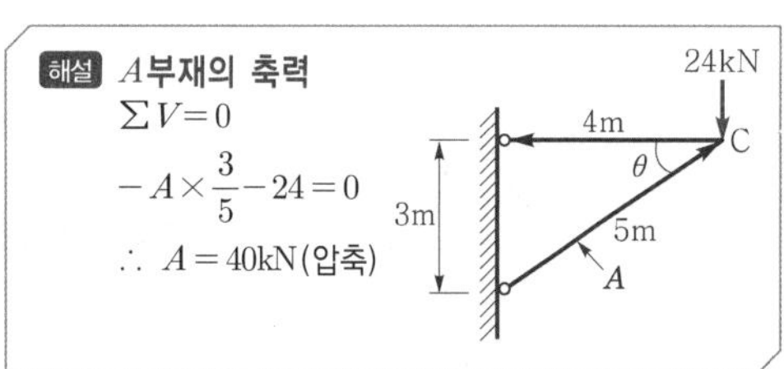

45 다음 그림과 같이 각 점이 힌지로 연결된 구조물에서 부재 BC의 부재력은?

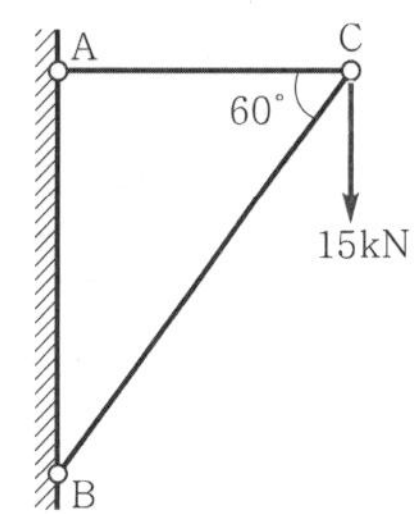

① 8.7kN(압축) ② 8.7kN(인장)
③ 17.3kN(압축) ④ 17.3kN(인장)

해설 **$\overline{BC}$부재의 부재력**
㉠ $\Sigma V = 0$
$\overline{BC} \times \sin 60° = 15$
$\therefore \overline{BC} = 17.32$kN(압축)
㉡ $\Sigma H = 0$
$\therefore \overline{AC} = \overline{BC} \times \cos 60°$
$= 17.32 \times \cos 60°$
$= 8.66$kN(인장)

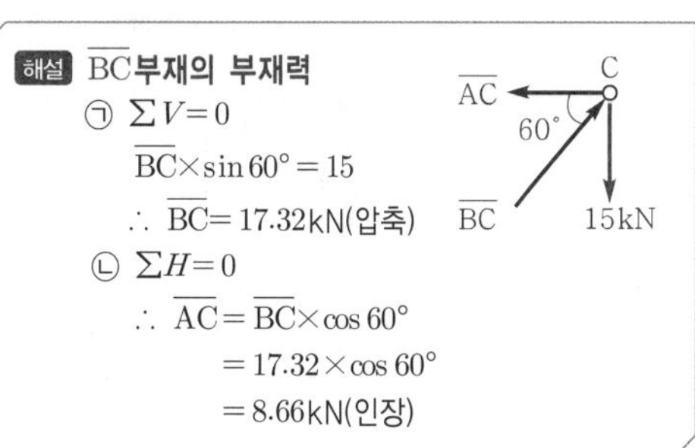

정답 42. ④ 43. ① 44. ④ 45. ③

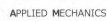

46 정6각형 틀의 각 절점에 그림과 같이 하중 P가 작용할 때 각 부재에 생기는 인장응력의 크기는?

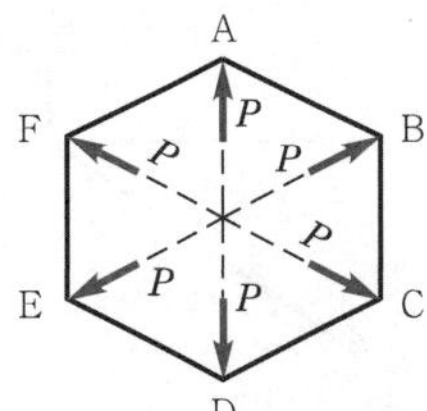

① P ② $2P$

③ $\dfrac{P}{2}$ ④ $\dfrac{P}{\sqrt{2}}$

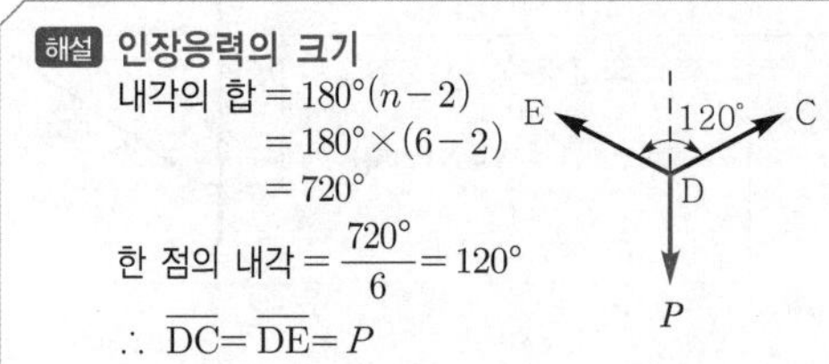

해설 **인장응력의 크기**

내각의 합 $= 180°(n-2)$
$= 180° \times (6-2)$
$= 720°$

한 점의 내각 $= \dfrac{720°}{6} = 120°$

$\therefore \overline{DC} = \overline{DE} = P$

47 다음 그림에서 $\overline{AB}$, $\overline{BC}$의 응력의 크기는?

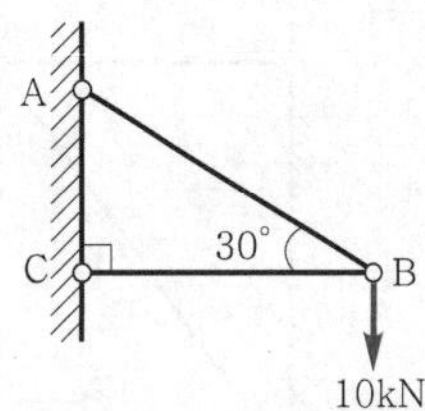

① $\overline{AB}=-20$kN, $\overline{BC}=17.32$kN

② $\overline{AB}=17.32$kN, $\overline{BC}=-20$kN

③ $\overline{AB}=-17.32$kN, $\overline{BC}=20$kN

④ $\overline{AB}=20$kN, $\overline{BC}=-17.32$kN

해설 **sin법칙(라미의 정리)**

$$\frac{\overline{AB}}{\sin 90°} = \frac{10}{\sin 30°} = \frac{\overline{BC}}{\sin 60°}$$

$\therefore \overline{AB} = \dfrac{\sin 90°}{\sin 30°} \times 10 = 20$kN(인장)

$\therefore \overline{BC} = \dfrac{\sin 60°}{\sin 30°} \times 10 = 17.32$kN(압축)

10kN $\overline{AB}$ 30° $\overline{BC}$

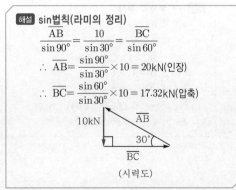

(시력도)

★★

48 다음 그림과 같은 구조물의 C점에 연직하중이 작용할 때 AC부재가 받는 힘은?

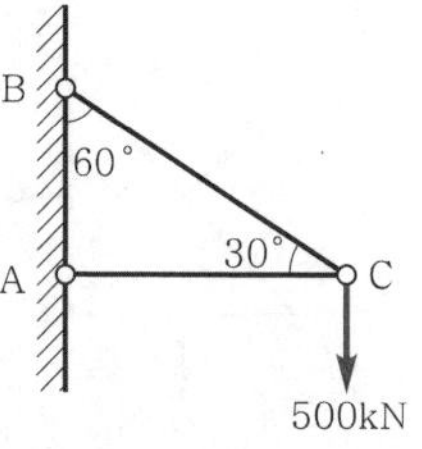

① 250kN ② 500kN

③ 866kN ④ 1,000kN

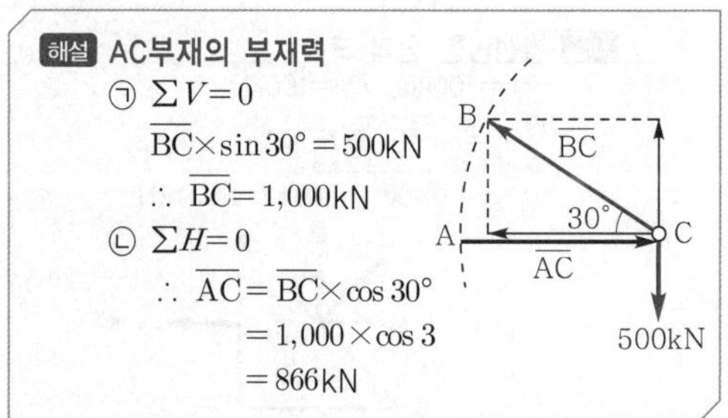

해설 **AC부재의 부재력**

㉠ $\Sigma V = 0$

$\overline{BC} \times \sin 30° = 500$kN

$\therefore \overline{BC} = 1,000$kN

㉡ $\Sigma H = 0$

$\therefore \overline{AC} = \overline{BC} \times \cos 30°$
$= 1,000 \times \cos 3$
$= 866$kN

49 다음 구조물에서 CB부재의 부재력은 얼마인가?

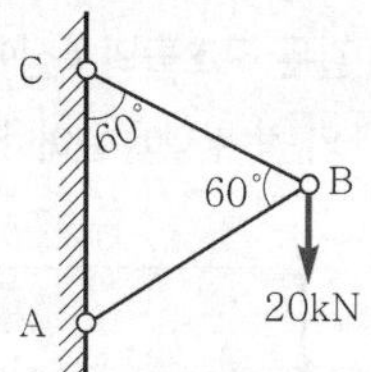

① $\dfrac{20}{\sqrt{3}}$ kN ② 10kN

③ $20\sqrt{3}$ kN ④ 20kN

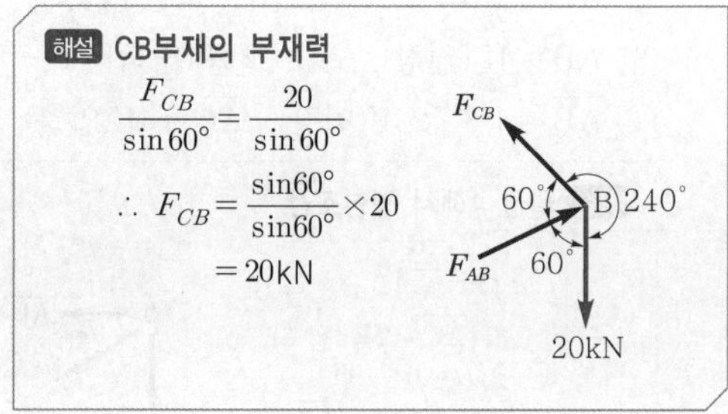

해설 **CB부재의 부재력**

$$\frac{F_{CB}}{\sin 60°} = \frac{20}{\sin 60°}$$

$\therefore F_{CB} = \dfrac{\sin 60°}{\sin 60°} \times 20$
$= 20$kN

정답 46. ① 47. ④ 48. ③ 49. ④

50 다음 그림과 같은 구조물에서 부재 AB가 받는 힘의 크기는?

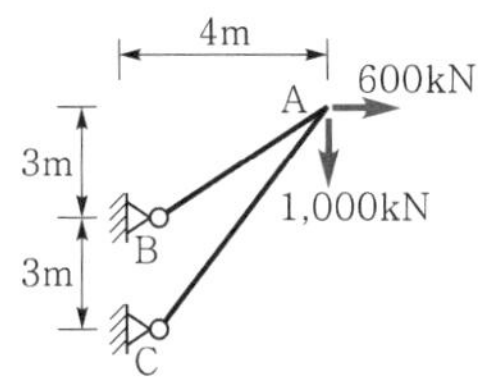

① 3,166.7kN ② 3,274.2kN
③ 3,368.5kN ④ 3,485.4kN

> **해설** AB부재의 부재력
>
> $\sum H=0$
>
> $-\frac{4}{5}F_{AB}-\frac{4}{\sqrt{52}}F_{AC}+600=0$ ···············㉠
>
> $\sum V=0$
>
> $-\frac{3}{5}F_{AB}-\frac{6}{\sqrt{52}}F_{AC}-1{,}000=0$ ···········㉡
>
> 식 ㉠과 ㉡을 연립하여 풀면
>
> $\therefore\ F_{AB}=3{,}166.7$kN(인장)
>
> $\therefore\ F_{AC}=-3{,}485.4$kN(압축)
>
> 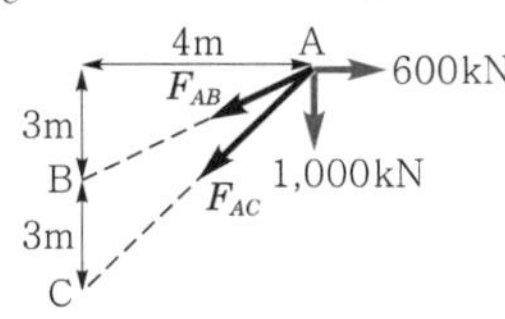
>

3. 모멘트의 이용

51 다음과 같은 구조에서 E점의 휨모멘트 값은?

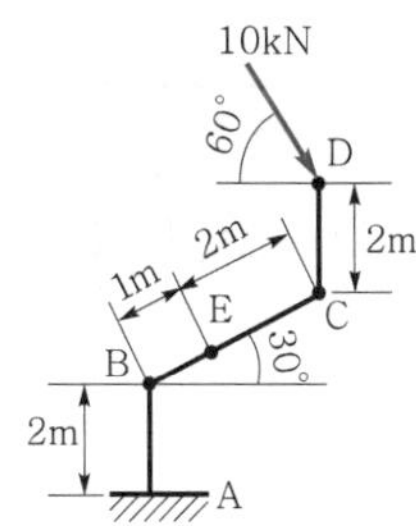

① 25kN · m ② 30kN · m
③ 25 $\sqrt{3}$ kN · m ④ 30 $\sqrt{3}$ kN · m

> **해설** E점의 모멘트
>
> $M_E=$힘×수직거리(변위)
>
> $=10\times(2+2\times\sin 30°)$
>
> $=30$kN · m

★★

52 다음 그림에서 A점에 대한 모멘트 값은?

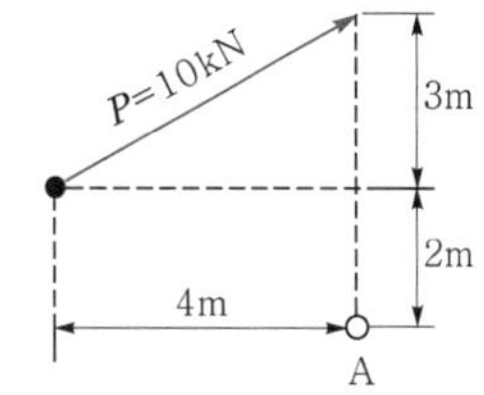

① 37.32kN · m
② 39.23kN · m
③ 40.00kN · m
④ 47.32kN · m

> **해설** A점의 모멘트
>
> $M_A=P_H y+P_V x=10\times\frac{4}{5}\times 2+10\times\frac{3}{5}\times 4$
>
> $=40$kN · m

53 다음 그림과 같이 10kN이 작용할 경우 A점에 대한 모멘트는? (단, 시계방향을 정(+)으로 한다.)

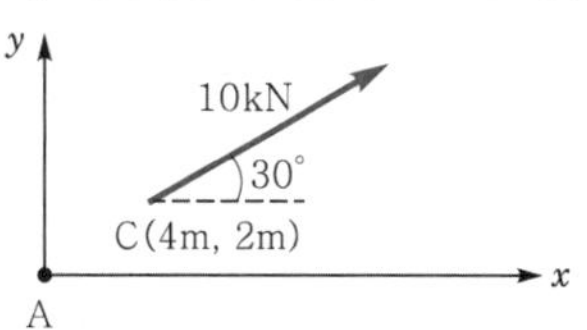

① +44.64kN · m
② +37.32kN · m
③ −2.68kN · m
④ −3.26kN · m

정답 50. ① 51. ② 52. ③ 53. ③

해설 A점의 모멘트

$P_H = 10\times\cos 30° = 8.66\text{kN}$

$P_V = 10\times\sin 30° = 5.0\text{kN}$

$\therefore\ M_A = P_H y - P_V x = 8.66\times 2 - 5\times 4$

$= -2.68\text{kN}\cdot\text{m}$

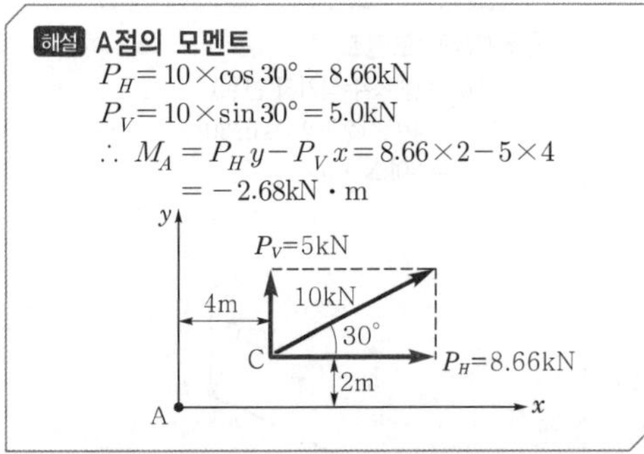

54 다음 그림과 같이 C점에 10kN의 힘이 작용하여 A점에 30kN · m의 모멘트가 발생하였다. $\overline{BC}$ 간의 길이 d를 구한 값은?

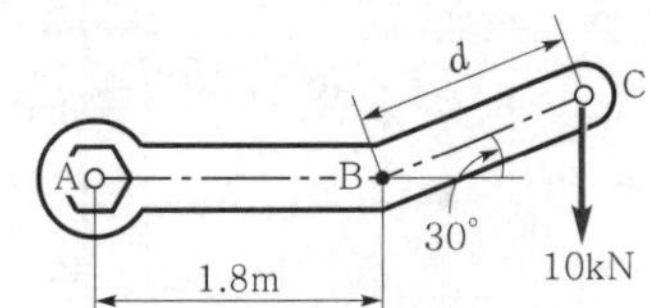

① 약 1.2m ② 약 1.39m
③ 약 1.48m ④ 약 1.67m

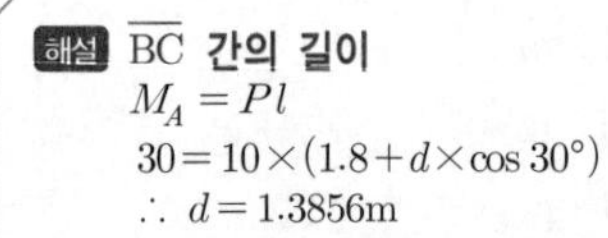

해설 $\overline{BC}$ 간의 길이

$M_A = Pl$

$30 = 10\times(1.8 + d\times\cos 30°)$

$\therefore\ d = 1.3856\text{m}$

★★

55 다음 그림에서와 같이 직사각형의 평판에 4개의 힘과 1개의 우력모멘트가 작용하여 평형상태를 이루고 있을 때 힘 R의 크기와 방향 θ, 그리고 우력모멘트 M을 옳게 구한 것은? (단, R과 M의 부호가 "−"인 의미는 그림에서의 화살표의 방향과 반대임을 뜻한다.)

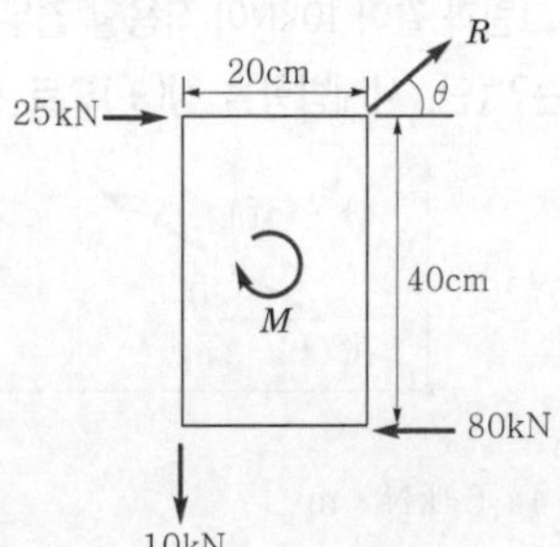

① R=55.9kN, θ=10.3°, M= 3,000kN · cm
② R=−55.9kN, θ=10.3°, M=−3,000kN · cm
③ R=55.9kN, θ=10.3°, M=−3,000kN · cm
④ R=−55.9kN, θ=10.3°, M= 3,000kN · cm

해설 힘의 평형상태

$\Sigma V = 0$

$\therefore\ R\sin\theta = 10$ ··············· ㉠

$\Sigma H = 0$

$R\cos\theta + 25 = 80$

$\therefore\ R = \dfrac{55}{\cos\theta}$ ··············· ㉡

식 ㉡을 ㉠에 대입하면

$\dfrac{55}{\cos\theta}\times\sin\theta = 10$

$\tan\theta = \dfrac{10}{55}$

$\therefore\ \theta = \tan^{-1}\dfrac{10}{55} = 10.3° = 10°18'17.45''$

$\therefore\ R = \dfrac{55}{\cos\theta} = 55.9017\text{kN}$

$\Sigma M_A = 0$

$-10\times 20 + 80\times 40 + M = 0$

$\therefore\ M = -3{,}000\text{kN}\cdot\text{cm}$

★

56 무게 12kN인 다음 구조물을 밀어 넘길 수 있는 수평 집중하중 P를 구한 값은?

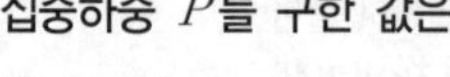

① 2.4kN
② 0.8kN
③ 1.0kN
④ 1.2kN

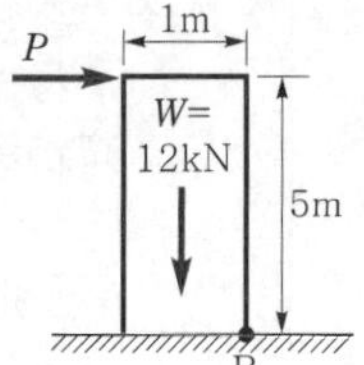

해설 수평하중

$\Sigma M_B = 0$

$P\times 5 \geq 12\times 0.5$

$\therefore\ P \geq 1.2\text{kN}$

57 다음 교대에서 기초 지면의 중심에서 합력작용점의 편심거리(e)는?

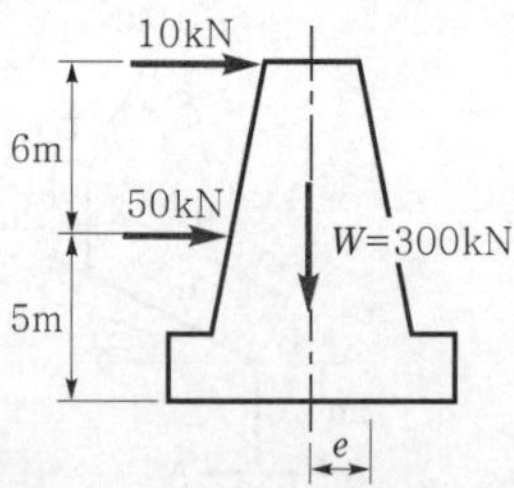

① 1.4m ② 1.2m
③ 1.0m ④ 0.8m

해설 편심거리

$300\times e = 10\times 11 + 50\times 5$

$\therefore\ e = 1.2\text{m}$

정답 54. ② 55. ③ 56. ④ 57. ②

58 다음 그림과 같이 10cm 높이의 장애물을 하중 30kN인 차륜이 넘어가는 데 필요한 최소의 힘 P는?

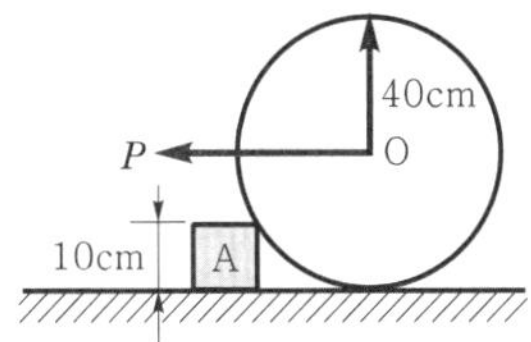

① 24.6kN ② 29.5kN
③ 27.8kN ④ 26.5kN

해설 최소의 힘
$y=40-10=30\text{cm}$
$x=\sqrt{40^2-30^2}=26.458\text{cm}$
$\Sigma M_A=0$
$Py \geq 30x$
$\therefore P \geq \dfrac{30x}{y}=\dfrac{30\times 26.458}{30}=26.458\text{kN}$

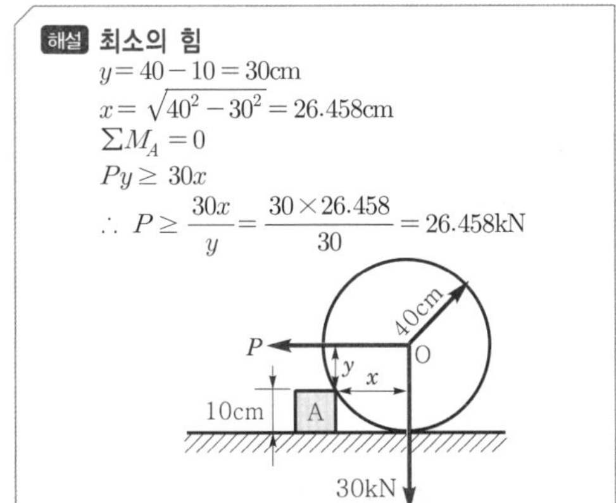

★★
59 다음 그림과 같은 1m의 지름을 가진 차륜이 높이 0.2m의 장애물을 넘어가기 위해 필요한 최소 수평력은? (단, 차륜의 자중 W= 15kN)

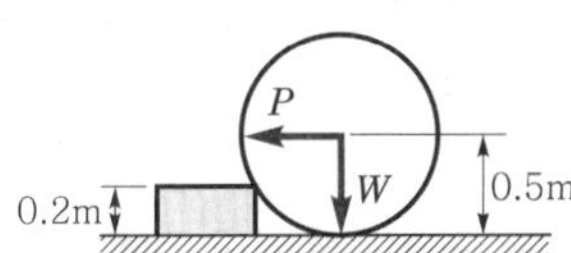

① 13.3kN 이상 ② 23.3kN 이상
③ 20.0kN 이상 ④ 10.0kN 이상

해설 최소 수평력
$x=\sqrt{50^2-30^2}=40\text{cm}$
$\Sigma M_A=0$
$P\times 30 \geq 15\times 40$
$\therefore P\geq 20\text{kN}$

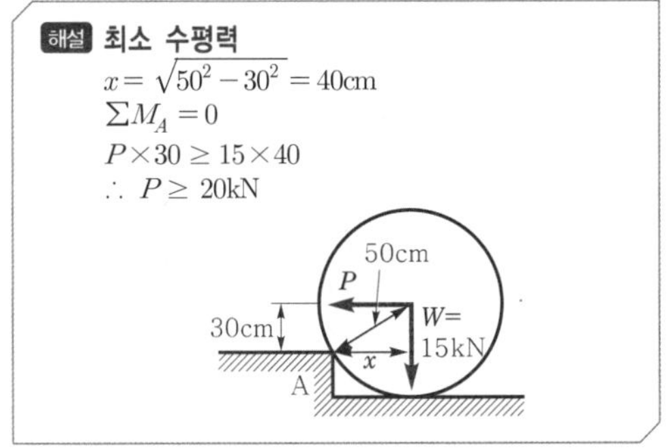

60 다음 그림과 같은 기관차의 무게 W에 의해 두 지점 A와 B에 있어서의 반력은 W/2와 같다. 기관차가 열차를 끌어서 견인봉의 인력 P가 접촉면 A와 B에 있어서의 전 마찰력과 같을 때 A점의 연직반력 R_A는?

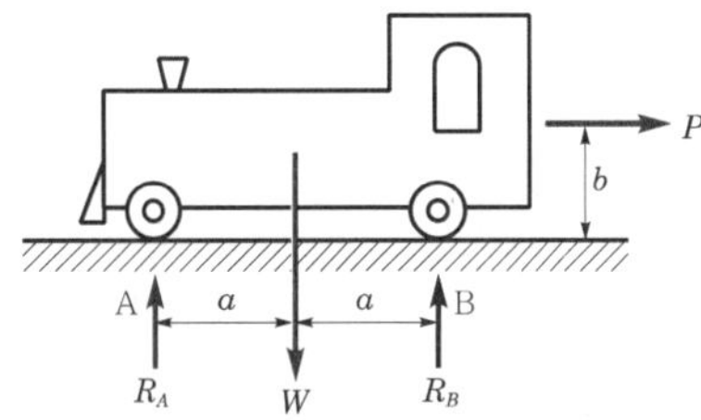

① $R_A=\dfrac{W}{2}-\dfrac{Pb}{2a}$ ② $R_A=\dfrac{W}{2}+\dfrac{Pb}{2a}$
③ $R_A=\dfrac{W}{2}-\dfrac{P}{2}$ ④ $R_A=\dfrac{W}{2}+\dfrac{P}{2}$

해설 A점의 연직반력
$\Sigma M_B=0$
$R_A\times 2a-W\times a+P\times b=0$
$\therefore R_A=\dfrac{W}{2}-\dfrac{Pb}{2a}$

★
61 다음 그림과 같은 구조물의 E점에서 600kN의 물체를 매달 때 AC 및 BD부재가 받는 힘의 크기는?

① AC=250kN, BD=350kN
② AC=350kN, BD=250kN
③ AC=200kN, BD=400kN
④ AC=400kN, BD=200kN

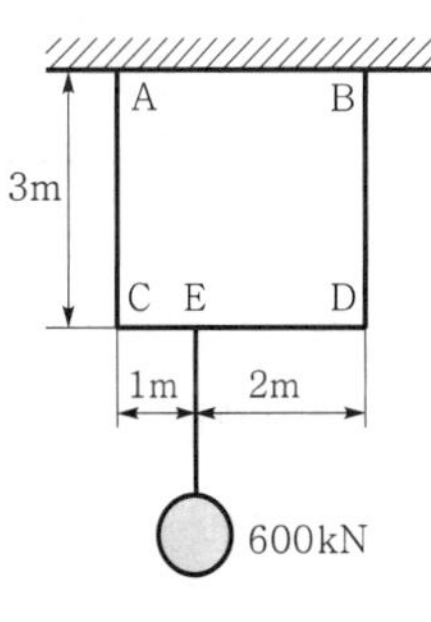

해설 부재가 받는 힘
㉠ $\Sigma M_D=0$
$\overline{AC}\times 3-600\times 2=0$
$\therefore \overline{AC}=400\text{kN}$
㉡ $\Sigma V=0$
$\overline{AC}+\overline{BD}=600$
$400+\overline{BD}=600$
$\therefore \overline{BD}=200\text{kN}$

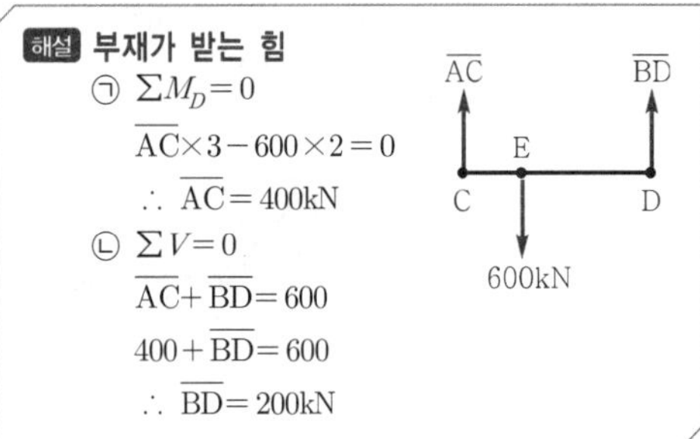

정답 58. ④ 59. ③ 60. ① 61. ④

★★
62 다음 그림과 같은 구조물에서 T부재가 받는 힘은?

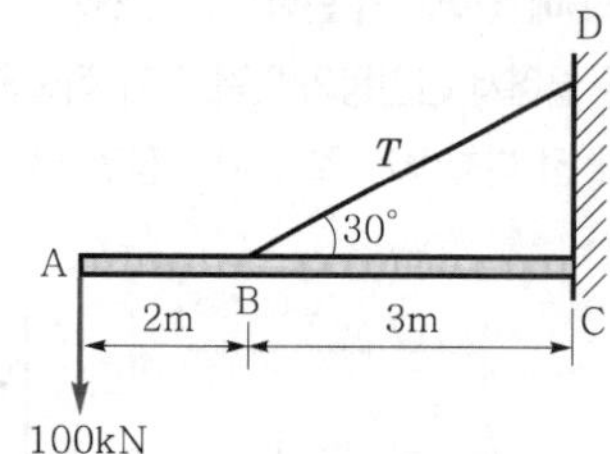

① 577.3kN ② 166.7kN
③ 400.0kN ④ 333.3kN

해설 T부재의 장력
$\Sigma M_C = 0$
$100 \times 5 - T \times \sin 30° \times 3 = 0$
$\therefore T = 333.3\text{kN}$

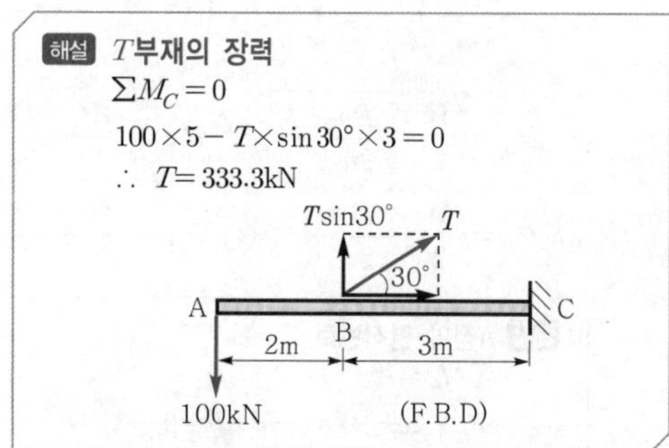

63 다음 그림과 같은 구조물에 있어서 D점에 10kN의 힘이 작용할 때 AC부재가 받는 힘은?

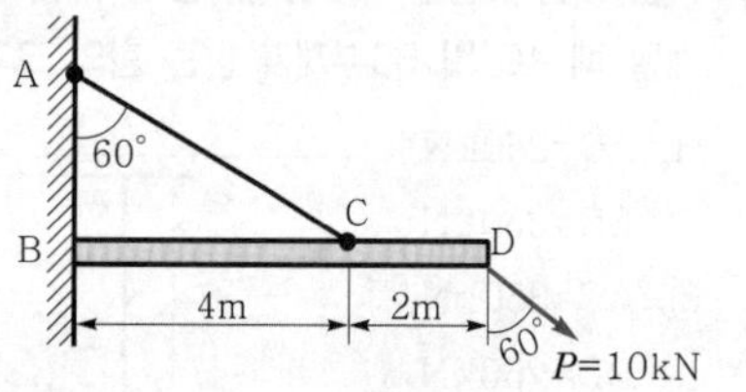

① 8kN ② 15kN
③ 18kN ④ 25kN

해설 AC부재의 장력
$\Sigma M_B = 0$
$\overline{AC} \times \sin 30° \times 4 = 10 \times \cos 60° \times 6$
$\therefore \overline{AC} = \frac{60}{4} \times \frac{\cos 60°}{\sin 30°} = 15\text{kN}$

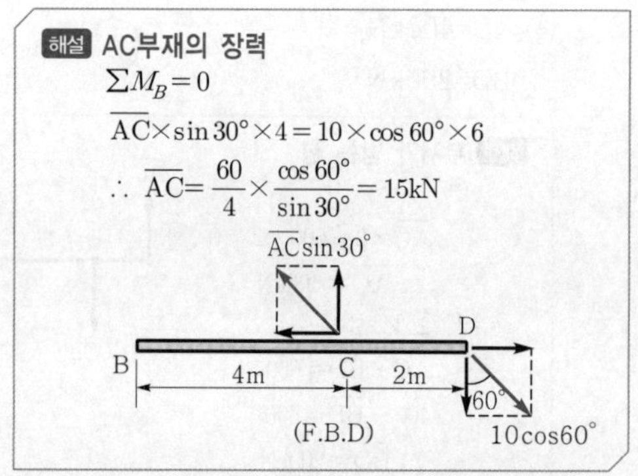

★
64 다음 그림과 같은 구조물에서 BC부재가 받는 힘은 얼마인가?

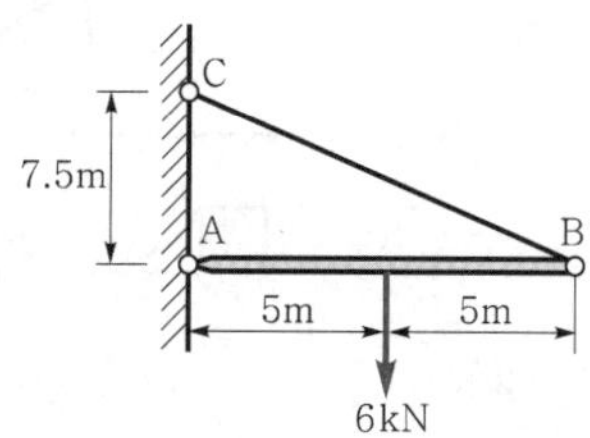

① 1.8kN
② 2.4kN
③ 3.75kN
④ 5.0kN

해설 BC부재의 장력
$\Sigma M_A = 0$
$\overline{BC} \times \sin\theta \times 10 - 6 \times 5 = 0$
$\therefore \overline{BC} = \frac{30\sqrt{6.25}}{10 \times 1.5} = 5.0\text{kN}$(인장)

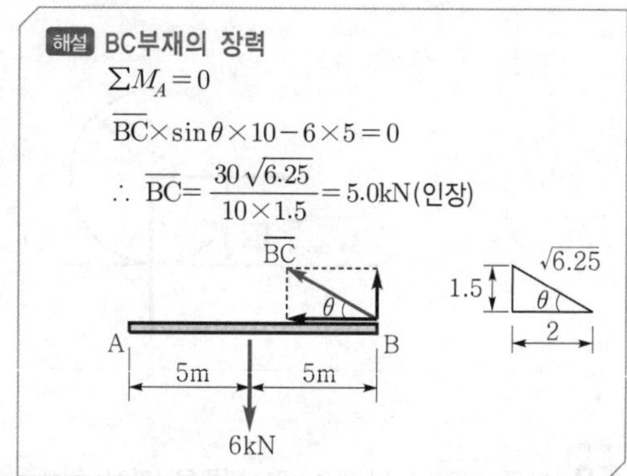

65 서로 평행한 여러 개의 평면력을 가장 쉽게 합성할 수 있는 방법은?

① 연력도를 이용한다.
② 힘의 평행사변형을 이용한다.
③ 힘의 삼각형과 평행사변형을 함께 이용한다.
④ 힘의 삼각형을 이용한다.

해설 연력도 이용

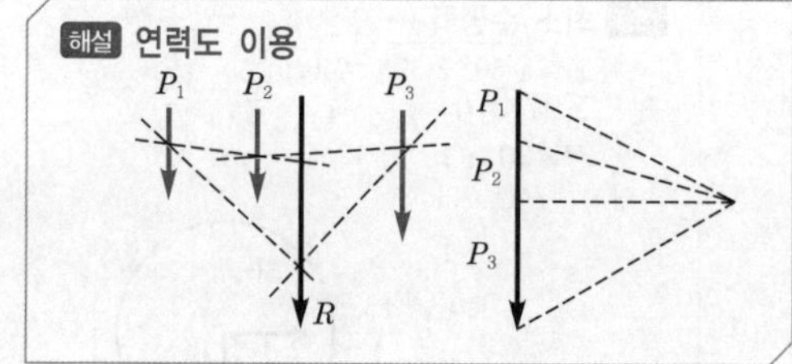

정답 62. ④ 63. ② 64. ④ 65. ①

★★
66 다음 그림과 같은 힘의 합력의 크기와 작용선의 위치(A점에서 B점으로)를 구하면?

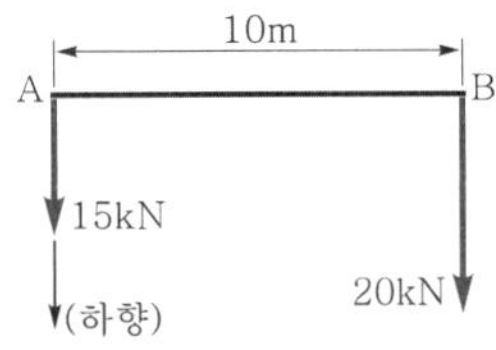

① 35kN(상향), 5.71m
② 35kN(하향), 5.71m
③ 35kN(상향), 5.0m
④ 35kN(하향), 5.0m

> **해설** 합력의 크기와 작용선의 위치
> ㉠ 같은 방향이므로 내분점이 합력점이다.
> ㉡ 합력의 크기
> $R=15+20=35\text{kN}(\downarrow)$
> ㉢ 작용점거리
> $35\times x=20\times 10$
> $\therefore\ x=5.71\text{m}$

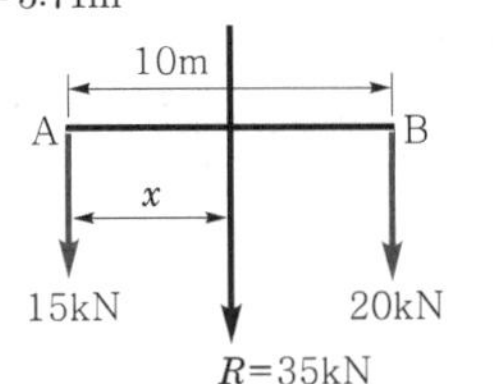

67 50kN의 힘을 왼쪽에 10m, 오른쪽에 15m 떨어진 나란한 두 힘 P_1, P_2로 옳게 분배된 것은?

① 10kN, 40kN ② 20kN, 30kN
③ 30kN, 20kN ④ 40kN, 10kN

> **해설** 분배된 힘
> ㉠ 같은 방향이므로 합력점은 내분점이다.
> ㉡ 분력
> $\Sigma M_B=0$
> $\therefore\ P_1=\dfrac{50\times 15}{25}=30\text{kN}$
> $\therefore\ P_2=50-30=20\text{kN}$

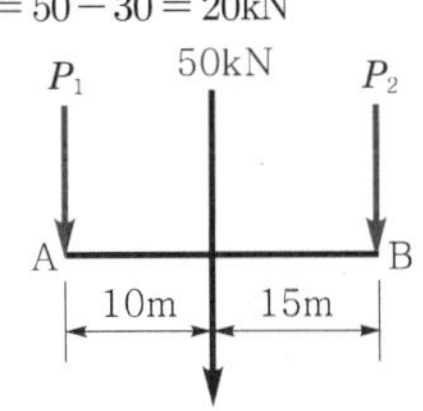

★
68 다음 그림과 같은 세 힘이 평형상태에 있다면 C점에서 작용하는 힘 P와 $\overline{\text{BC}}$ 사이의 거리 x는?

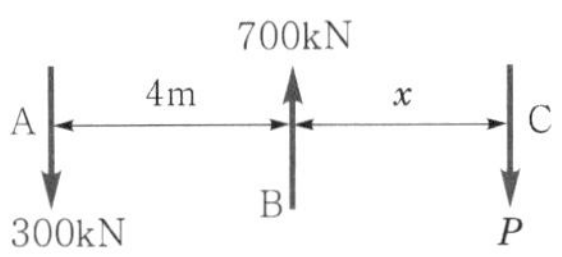

① $P=400\text{kN}$, $x=3\text{m}$
② $P=300\text{kN}$, $x=3\text{m}$
③ $P=400\text{kN}$, $x=4\text{m}$
④ $P=300\text{kN}$, $x=4\text{m}$

> **해설** 힘과 거리
> ㉠ $\Sigma V=0$
> $300+P=700$
> $\therefore\ P=400\text{kN}$
> ㉡ $\Sigma M_C=0$
> $300\times(4+x)=700\times x$
> $\therefore\ x=3\text{m}$

★
69 다음 그림에서와 같은 평행력에 있어서 P_1, P_2, P_3, P_4의 합력의 위치는 O점에서 얼마의 거리에 있겠는가?

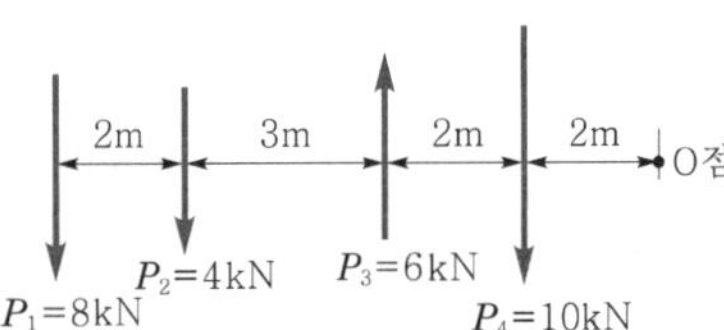

① 5.4m
② 5.7m
③ 6.0m
④ 6.4m

> **해설** 합력의 위치
> ㉠ 합력의 크기
> $R=8+4-6+10=16\text{kN}(\downarrow)$
> ㉡ 위치
> $\Sigma M_O=0$
> $16\times x=8\times 9+4\times 7-6\times 4+10\times 2$
> $\therefore\ x=6\text{m}$

정답 66. ② 67. ③ 68. ① 69. ③

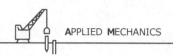

70 다음 그림과 같이 네 개의 힘이 평형상태에 있다면 A점에 작용하는 힘 P와 $\overline{AB}$ 사이의 거리 x는?

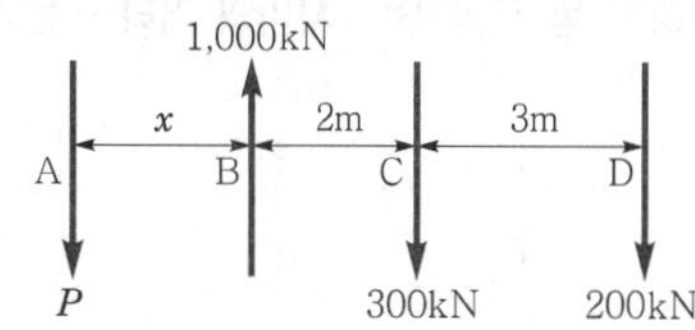

① $P=400$kN, $x=2.5$m
② $P=400$kN, $x=3.6$m
③ $P=500$kN, $x=2.5$m
④ $P=500$kN, $x=3.2$m

해설 **힘과 거리**
㉠ 합력의 크기
$\Sigma V=0$
$\therefore\ P=1,000-300-200=500$kN(↓)
㉡ $\overline{AB}$ 사이의 거리
$\Sigma M_B=0$
$500\times x=300\times 2+200\times 5$
$\therefore\ x=3.2$m

71 다음 그림과 같은 역계에서 합력 R의 위치 x의 값은?

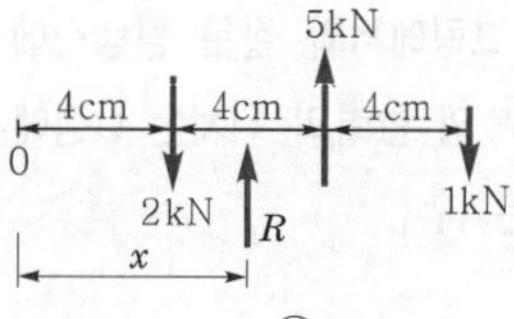

① 6cm ② 9cm
③ 10cm ④ 12cm

해설 **합력의 위치**
㉠ 합력의 크기
$\Sigma V=0$
$\therefore\ R=-2+5-1=2$kN(↑)
㉡ 위치
$\Sigma M_o=0$
$2\times x=-2\times 4+5\times 8-1\times 12$
$\therefore\ x=10$cm(→)

4. 마찰 및 일의 원리

72 질량 2kg의 물체가 수평면 위에 놓여 있다. 이 물체에 16N의 힘을 수평으로 가하면서 직선운동을 시킬 때 물체의 가속도는 얼마인가? (단, 마찰력은 2N을 받는다.)

① 6m/s^2 ② 7m/s^2
③ 8m/s^2 ④ 9m/s^2

해설 **물체의 가속도**
마찰력은 항상 반대방향으로 작용한다.
$P-R=ma$
$\therefore\ a=\dfrac{P-R}{m}=\dfrac{16-2}{2}=7\text{m/s}^2$

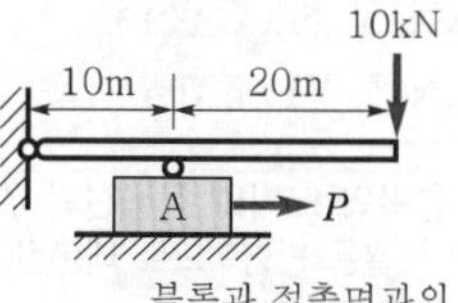

73 ★ 다음 그림에서 블록 A를 뽑아내는 데 필요한 힘 P는?

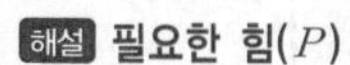

블록과 접촉면과의 마찰계수 $\mu=0.4$

① 4kN 이상 ② 8kN 이상
③ 10kN 이상 ④ 12kN 이상

해설 **필요한 힘(P)**
㉠ 마찰면 A점에 작용하는 수직항력
$\Sigma M_C=0$
$N\times 10=10\times 30$
$\therefore\ N=30$kN
㉡ 필요한 힘
$P\geq R=\mu N=0.4\times 30=12$kN

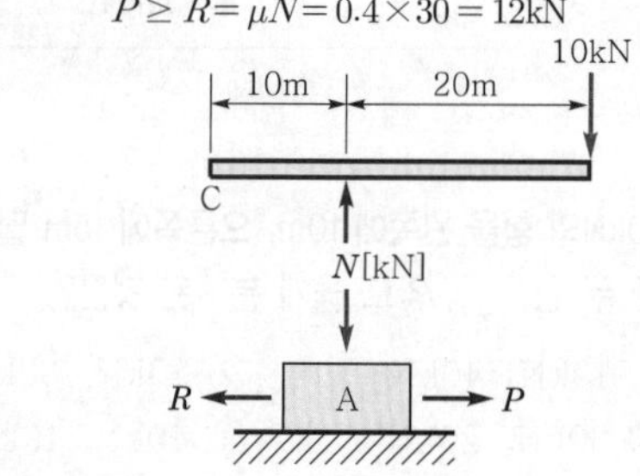

74 다음 그림에서 경사면에 평행, 수직한 힘으로 나눈 것은? (단, 평행력은 H, 수직력은 V로 한다.)

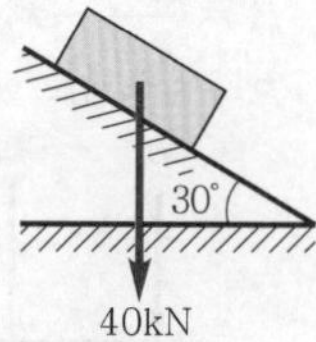

① $H=20$kN, $V=34.64$kN
② $H=34.64$kN, $V=20$kN
③ $H=28.28$kN, $V=23.30$kN
④ $H=23.30$kN, $V=28.28$kN

정답 70. ④ 71. ③ 72. ② 73. ④ 74. ①

해설 경사면의 분력

㉠ 경사면의 평행력
$H = 40 \times \sin 30° = 20\text{kN}$

㉡ 경사면의 수직력
$V = 40 \times \cos 30° = 34.64\text{kN}$

★★

75 경사각 θ, 마찰계수 μ인 비탈면에서 질량 m인 물체를 비탈면을 따라 끌어올리기 위한 최소한의 힘 F의 크기는? (단, 중력가속도는 g이다.)

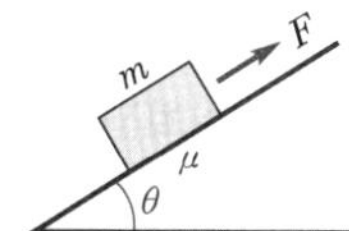

① $mg(\cos\theta + \mu\sin\theta)$ ② $mg(\cos\theta - \mu\sin\theta)$
③ $mg(\sin\theta + \mu\cos\theta)$ ④ $mg(\sin\theta - \mu\cos\theta)$

해설 최소한의 힘

$F = mg\sin\theta + R = mg\sin\theta + \mu mg\cos\theta$
$= mg(\sin\theta + \mu\cos\theta)$

★

76 다음 그림과 같은 30° 경사진 언덕에서 40kN의 물체를 밀어 올리는 데 얼마 이상의 힘이 필요한가? (단, 마찰계수= 0.25)

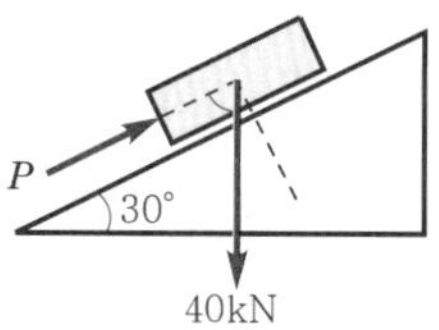

① 25.7kN ② 28.7kN
③ 30.2kN ④ 40kN

해설 밀어 올리기 위한 힘

$F_u = 40 \times \sin 30° = 20\text{kN}$
$F_v = 40 \times \cos 30° = 34.64\text{kN}$
$\Sigma F_u = 0$
$P - F_u - f = 0$
$\therefore P = F_u + f = F_u + \mu F_v$
$= 20 + 0.25 \times 34.64 = 28.66\text{kN}$

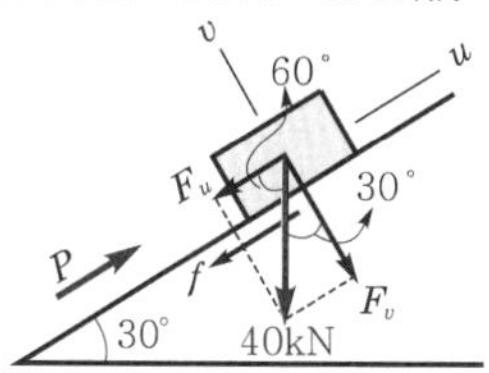

★

77 다음 그림과 같이 도르래의 무게를 무시할 경우 100kN인 물체를 1m 들어 올릴 때 필요한 힘은 얼마인가?

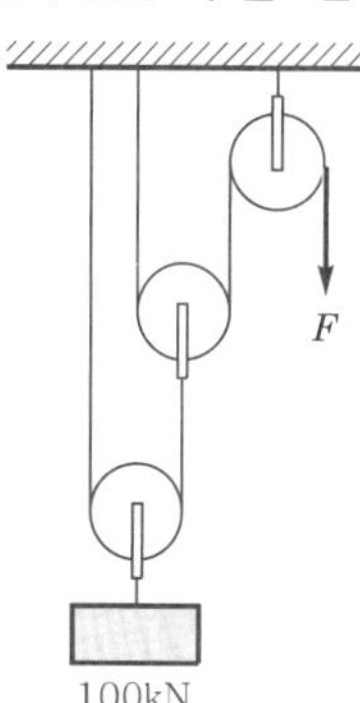

① 25kN ② 50kN
③ 75kN ④ 100kN

해설 올리기 위한 힘

$T_1 = \dfrac{1}{2} \times 100 = 50\text{kN}$

$T_2 = \dfrac{1}{2} T_1 = \dfrac{1}{2} \times 50 = 25\text{kN}$

$\therefore F = T_2 = 25\text{kN}$

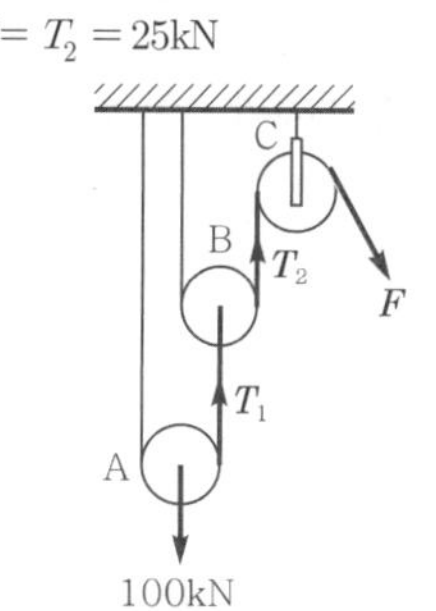

★

78 다음 그림과 같은 결합도르래로 무게 w =600kN를 끌어올리려고 할 때 최소 필요한 힘 P의 값은?

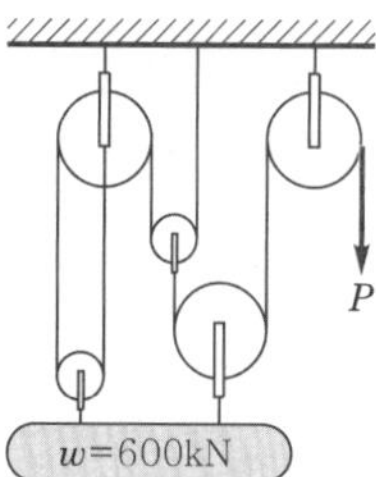

① 100kN ② 200kN
③ 300kN ④ 400kN

정답 75. ③ 76. ② 77. ① 78. ②

해설 올리기 위한 힘

$\sum V=0$

$3P=600\text{kN}$

$\therefore\ P=200\text{kN}$

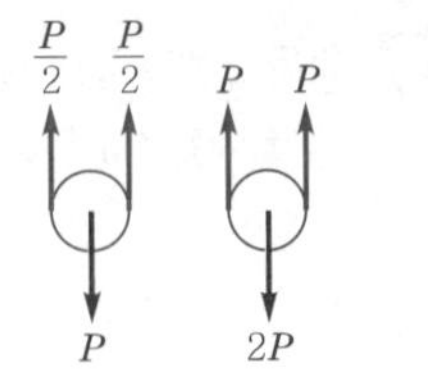

79 다음 그림에서 $R=30$cm, $r=10$cm인 차동도르래에서 균형을 이루기 위한 P의 크기는?

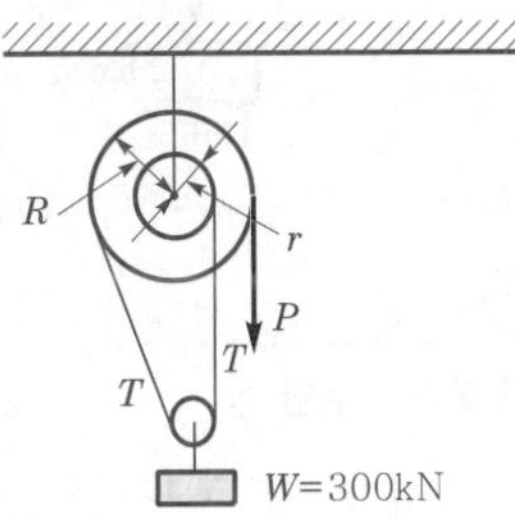

① 87.6kN ② 100kN

③ 123.3kN ④ 156.7kN

해설 균형을 이루기 위한 힘

$T=\dfrac{W}{2}=\dfrac{300}{2}=150\text{kN}$

$\sum M_0=0$

$-T\times 30+T\times 10+P\times 30=0$

$\therefore\ P=\dfrac{150\times 30-150\times 10}{30}=100\text{kN}$

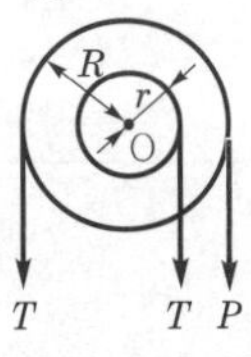

80 다음 그림과 같은 원형 강철바퀴가 경사면 아래로 일정한 속도로 움직이고 있다. 이 경우의 굴림저항계수(회전마찰계수, b)의 크기는? (단, 경사면 A점에서 바퀴와 직각이고, 원형 강철바퀴의 반지름(r)은 200mm 이다.)

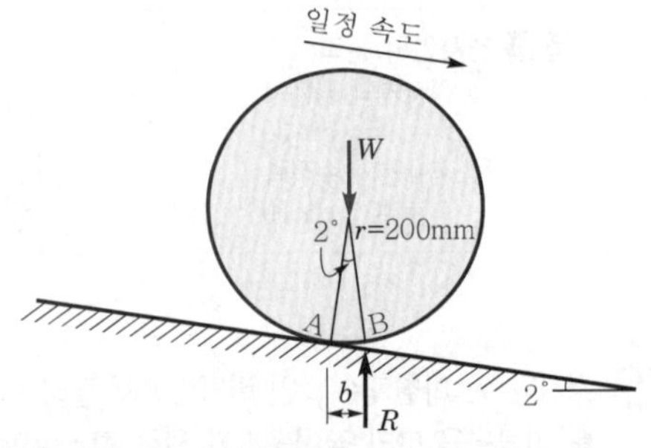

① 3.98mm ② 5.98mm

③ 4.98mm ④ 6.98mm

해설 굴림저항계수(회전마찰계수, b)

경사면 A점에서 바퀴와 직각이고, 수직방향 반력(R)은 B점에 작용한다.

$\therefore\ b=r\sin\theta=200\times\sin 2°=6.98\text{mm}$

81 자동차 바퀴가 30kN의 힘을 받고 있다. 바퀴가 움직임을 유지하기 위한 수평력(P)의 크기는? (단, 바퀴의 지름(d)은 0.8m, 운동마찰계수(μ_k)는 0.28, 굴림저항계수(b)는 0.4mm이다.)

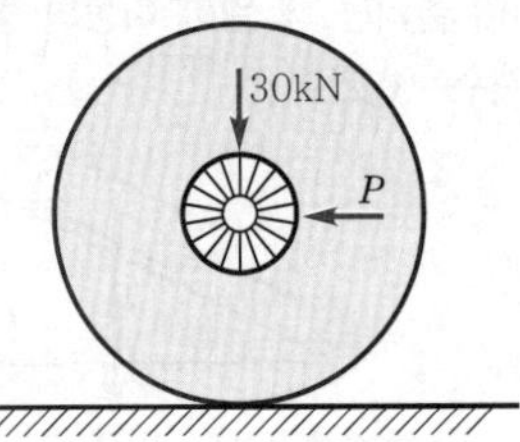

① 8.40kN ② 0.03kN

③ 8.43kN ④ 0.04kN

해설 수평력(P)의 크기

㉠ 운동마찰력

$R_k=\mu_k W=0.28\times 30=8.4\text{kN}$

㉡ 굴림마찰력

$R_r=\dfrac{b}{r}W=\dfrac{0.4}{400}\times 30=0.03\text{kN}$

㉢ 바퀴의 움직임을 유지하기 위한 수평력

$P\geq R=R_k+R_r=8.4+0.03=8.43\text{kN}$

정답 79. ② 80. ④ 81. ③

구조물 개론

구조물 개론

회독 체크표

1회독	월	일
2회독	월	일
3회독	월	일

최근 10년간 출제분석표

2015	2016	2017	2018	2019	2020	2021	2022	2023	2024
0%	0%	0%	1.7%	0%	0%	3.3%	0%	0%	0%

출제 POINT

학습 POINT

• 지점과 절점의 종류
• 반력개념

■ 구조물 설계 시 고려사항

① 안전성
② 경제성
③ 사용성(기능성)
④ 미관

■ 토목 구조물의 분류

1. 사용하는 재료에 의한 분류
① 목(나무) 구조물, 석공 구조물, 콘크리트(무근) 구조물
② 철근콘크리트(RC) 구조물
③ 프리스트레스트(PSC) 구조물
④ 강 구조물, 철골철근콘크리트(SRC) 구조물 등

2. 역학적 기능에 의한 분류
① 인장재
② 압축재
③ 휨부재

■ 휨부재의 종류

① (+)휨을 받는 부재 : 

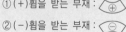

② (−)휨을 받는 부재 : 

SECTION 1 구조물의 개론

1 구조물의 분류

1) 차원에 따른 구조물의 분류

① 1차원 구조물 : 봉구조(bar structure), 기둥, 샤프트(shaft), 보, 인장보, 곡선보 등

② 2차원 구조물 : 패널(panel), 플레이트(plate, slab), 셸(shell) 등

③ 복합(합성) 구조물 : 아치(arch), 원통, 트러스(truss), 라멘(rahmen) 등

2) 힘을 받는 상태(역학적 기능)에 따른 분류

① 축방향 하중을 받는 부재를 축하중 부재라 한다. 인장력을 받아 길이가 늘어나는 부재를 **인장재**(tension member, 케이블, 와이어 등)라 하고, 압축력을 받아 길이가 줄어드는 부재를 **압축재**(compression member, 기둥, 벽체 등)라 한다.

② 부재가 굽히려는 힘(휨)을 받아 부재의 종축이 휘어지는 부재(보, 라멘 등)를 **휨부재**(bending member)라 한다. (+)휨을 받는 부재와 (−)휨을 받는 부재가 있다.

3) 모양에 의한 분류

① 직선재 : 부재의 축이 직선인 부재(수직재, 수평재, 경사재 등)

② 곡선재 : 부재의 축이 곡선인 부재(아치부재 등)

2 지점과 절점 및 반력

1) 지점(support)의 종류

① 구조물과 지반이 연결된 점을 지점이라 한다.

② 이동지점(가동지점, 롤러지점)
롤러에 의하여 회전이 자유롭고 수평방향의 이동이 자유로우나, 지지면에 수직으로는 이동할 수 없는 지점을 말한다.

③ 회전지점(활절지점, 힌지지점)
힌지를 중심으로 자유롭게 회전할 수 있으나, 어느 방향으로도 이동할 수 없는 지점을 말한다.

④ 고정지점(픽스지점)
보가 다른 구조물과 일체로 된 구조체로 어느 방향으로도 이동할 수 없을 뿐만 아니라 회전도 할 수 없는 지점을 말한다.

⑤ 탄성지점
스프링지점으로 선형스프링지점과 회전스프링지점이 있다.

2) 절점(panel point)의 종류

① 구조물을 구성하고 있는 부재와 부재가 연결된 점(접합점)을 절점이라 하고, 이동절점(롤러절점)은 없다.

② 힌지절점(hinge 또는 pin, 내부 활절)
부재와 부재의 절점이 핀(pin)으로 연결되어 회전이 가능한 상태의 절점이다.

③ 고정절점(fixed, 강절점)
각 부재의 절점이 고정되어 부재각이나 절점각이 변하지 않는 절점을 말한다.

3) 반력(reaction)

(1) 반력의 특성

① 어떤 물체가 외력을 받았을 때 그 물체 내부에서 **평형상태**를 이루기 위하여 수동적으로 발생하는 힘을 반력이라 한다.

② 반력에는 지점반력과 절점반력이 있다. 지점에서 생기는 반력을 지점반력이라 하고, 반력도 외력으로 취급한다.

③ 반력에는 수직반력, 수평반력, 모멘트반력이 있다.

출제 POINT

■ **기본 지점(support)**

① 이동지점(roller, 가동지점, 롤러지점)
② 회전지점(hinged, 활절지점, 힌지지점)
③ 고정지점(fixed, 픽스지점)

■ **기본 절점(panel point)**

① 힌지절점(hinge 또는 pin, 내부 활절)
② 고정절점(fixed, 강절점)

출제 POINT

(2) 지점의 종류 및 반력수

① 지점의 기호

종류	지점의 구조상태	기호	반력수
이동지점 (roller support)			$R=1$ • 수직반력 1개
회전지점 (hinged support)			$R=2$ • 수직반력 1개 • 수평반력 1개
고정지점 (fixed support)			$R=3$ • 수직반력 1개 • 수평반력 1개 • 모멘트반력 1개
탄성지점 (선형 spring support)			$R=2$ • 수직반력 1개 • 수평반력 1개
탄성고정지점 (회전 spring support)			$R=3$ • 수직반력 1개 • 수평반력 1개 • 모멘트반력 1개

■ 회전스프링
① 강성 $k=0$: 핀 연결
② 강성 $k=\infty$: 고정연결

② 회전스프링의 강성 k가 0이면 핀 연결로, k가 무한대이면 고정연결로 볼 수 있다.

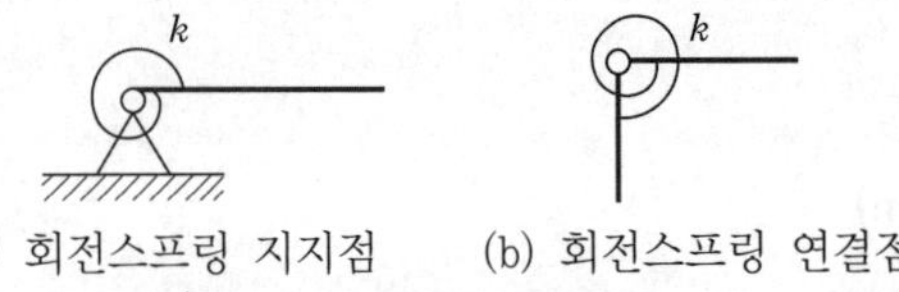

(a) 회전스프링 지지점 (b) 회전스프링 연결점

[그림 2-1] 회전스프링

SECTION 2 구조물에 작용하는 하중

학습 POINT
• 정하중
• 반복하중과 교대하중
• 모멘트하중

1 하중의 작용형태에 의한 분류

1) 정하중(static load)

① 정지된 하중을 말하며, 대부분 사하중(dead load)으로서 구조물의 자체 무게(자중)를 나타낸다.

② 가변하중이란 하중의 크기가 일정하지 않고 변동하고 있는 하중으로서 보통의 경우 일정하게 서서히 증가하는 하중을 말한다. 갑자기 가해진 급가하중은 동하중이다.

③ **유지하중(고정하중)**은 하중의 크기가 변하지 않고 일정하게 유지하는 하중을 말한다.

2) 동하중(dynamic load)

① 움직이는 활하중(live load)으로, 이동하중(moving load)과 연행하중(travelling load)으로 구분된다. 일정한 크기의 하중이 이동하는 경우를 이동하중이라 하고, 여러 개의 하중이 동시에 이동하면 연행하중이다.

② 교대하중(alternated load, 교번하중)은 부재에 인장과 압축하중 또는 (+)휨, (−)휨이 주기적으로 변동하여 작용하는 하중을 말한다.

③ 반복하중(repeated load)이란 인장하중 또는 압축하중만을 주기적으로 부재에 작용하는 하중을 말한다.

④ **충격하중**(impulsive)이란 활하중의 충격에 의해 발생하는 하중으로 활하중에 충격계수를 곱하여 구한다.

⑤ 지진하중(seismic load)이란 지진력에 의한 하중을 말한다.

⑥ 기타 풍하중(wind load), 적설하중(snow load) 등이 있다.

2 하중의 분포형태에 의한 분류

1) 집중하중

① 구조물의 임의 한 점에 단독으로 작용하는 하중을 말한다.

② 단위 : kN, N, kgf, tonf(=tf)

2) 등분포하중

① 하중의 강도(크기)가 일정하게 분포되는 하중을 말한다.

② 단위 : kN/m, N/m, kgf/cm, tonf/m(=tf/m)

3) 등변분포하중

① 하중의 강도(크기)가 일정하게 변화하는 하중을 말한다.

② 단위 : kN/m, N/m, kgf/cm, tf/m

4) 모멘트하중(우력모멘트)

① 구조물을 회전시키거나 구부리려는 하중으로, 모멘트 또는 우력으로 작용하는 하중을 말한다.

② 단위 : kN · m, N · mm, kgf · cm, tf · m

출제 POINT

■ 충격하중

① 충격계수

$$i = \frac{15}{40+L} \leqq 0.3$$

② 충격하중=활하중×충격계수

■ 하중의 분포형태에 의한 분류

① 집중하중

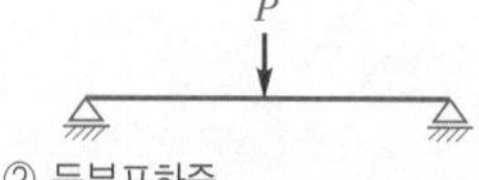

② 등분포하중

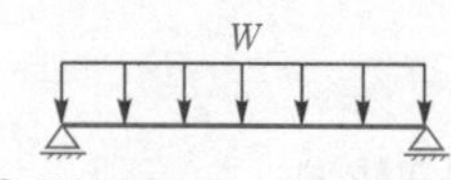

③ 등변분포하중

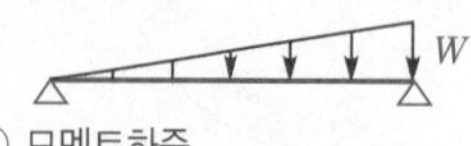

④ 모멘트하중

출제 POINT

[3] 하중작용의 직접성 여부에 의한 분류

① 직접하중(direct load) : 하중이 구조물에 직접 작용하는 하중이다.
② 간접하중(indirect load) : 하중이 중간의 보(매개체)를 통하여 구조물에 간접적으로 작용하는 하중이다.

SECTION 3 구조물의 판별

학습 POINT
- 외적과 내적
- 구조물의 평형상태
- 구조물의 판별식
- 전체 부정정차수(내외적차수)

[1] 안정과 불안정 및 외적과 내적

1) 안정과 불안정

① 안정(stable)이란 구조물에 외력이 작용했을 경우 구조물이 **평형**을 이루는 상태를 말한다.
② 불안정(unstable)이란 구조물에 외력이 작용했을 경우 구조물이 평형을 이루지 못하는 상태를 말한다.

2) 외적과 내적

① 외적은 외력이 작용했을 경우 구조물 위치의 이동 여부를 말한다.
② 내적은 외력이 작용했을 경우 구조물 형태의 변형 여부를 말한다.

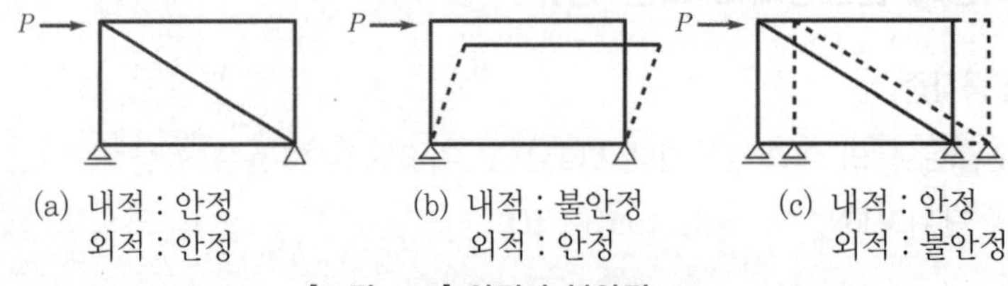

[그림 2-2] 안정과 불안정

3) 구조물의 평형상태

① 안정평형
물체를 평형점에서 조금 움직였을 때 힘이나 회전력이 작용해서 원위치로 되돌아가려는 평형상태를 말한다.
② 중립평형
평형점에서 조금 움직였을 때 물체에 아무런 힘이나 회전력이 작용하지 않는 평형상태를 말한다.
③ 불안정평형
역학적 평형상태가 그 상태에서 조금 벗어나면 그 상태에서 더욱 멀어지려고 하는 힘이 작용하여 다른 평형상태로 옮겨가려는 평형상태를 말한다.

■ 구조물의 평형상태
① 안정평형
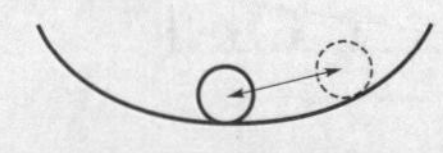
② 중립평형
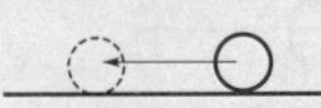
③ 불안정평형
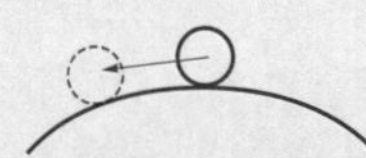

2 구조물의 판별

1) 정정과 부정정

① 정정(statically determinate)

힘의 평형조건식만으로 반력과 부재력을 구하여 구조물을 해석할 수 있는 구조물을 정정구조라 한다.

② 부정정(statically indeterminate)

힘의 평형조건식만으로는 반력과 부재력을 구할 수 없어서 구조물을 해석할 수 없는 구조물을 부정정구조라 한다.

2) 판별식과 판별

(1) 판별식

① 일반 구조물 : $n = r - 3m$

② 트러스 구조물 : $n = m + r - 2j$

여기서, r : 반력수(일반 구조물에서는 절점반력을 포함하고, 트러스 구조물에서는 지점반력만 포함)

m : 부재수, j : 절점수

(2) 판별

① $n = 0$인 경우 : 정정구조

② $n > 0$인 경우 : 부정정구조(n : 부정정차수)

③ $n < 0$인 경우 : 불안정구조

④ 기하학적(형태) 불안정 : 정정구조이면서 불안정구조인 구조물

(3) 전체 부정정차수(내외적차수, n)

① 내외적차수(n)= 외적 부정정차수(n_e)+내적 부정정차수(n_i)

② 외적 부정정차수 : $n_e = n - n_i = r - 3$

③ 내적 부정정차수 : $n_i = n - n_e$

출제 POINT

■ 구조물의 판별

① 안정 ┬ 정정($n = 0$)
　　　 └ 부정정($n > 0$)

② 불안정($n < 0$)

■ 기하학적(형태) 불안정 구조물

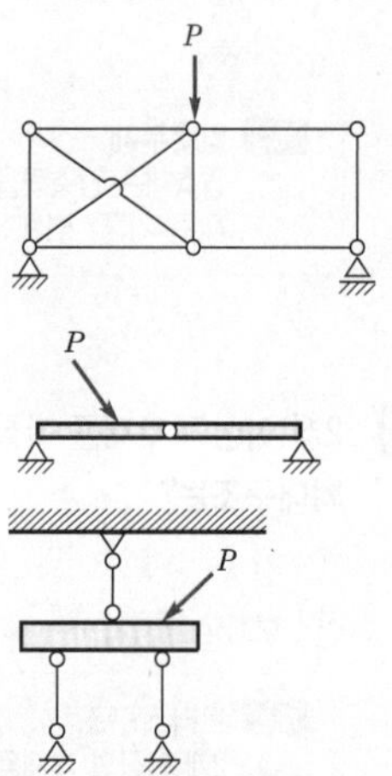

CHAPTER 02 기출문제

APPLIED MECHANICS

10년간 출제된 빈출문제

1. 구조물의 개론

01 직선으로 된 단일 부재로서 그 자체의 인장저항력에 의하여 하중을 받는 구조는?

① 압축재 ② 인장재
③ 트러스 ④ 아치

해설 **인장부재**
인장재는 인장력을 받아 길이가 늘어나는 축하중 부재로 케이블, 와이어 등이 있다.

02 다음 중 압축재만으로 된 부재는 어느 것인가?

① 보(beam) ② 현수교
③ 기둥 ④ 아치

해설 **압축부재**
압축재는 압축력을 받아 길이가 줄어드는 축하중 부재로 기둥, 벽체 등이 있다.

03 2개 이상의 부재를 마찰이 없는 활절(hinge)로 연결된 뼈대구조는?

① 기둥 ② 아치
③ 보(beam) ④ 트러스

해설 **트러스구조**
2개 이상의 부재를 마찰이 전혀 없는 힌지로 연결된 뼈대구조를 트러스(truss)라 한다.

★★★
04 회전(활절)지점에 일어나는 반력의 수를 나타낸 것 중 옳은 것은?

① 1개 ② 2개
③ 3개 ④ 4개

해설 **지점반력의 수**
㉠ 이동(roller)지점 : 1개(수직반력)
㉡ 회전(hinged)지점 : 2개(수직반력, 수평반력)
㉢ 고정(fixed)지점 : 3개(수직반력, 수평반력, 모멘트반력)

05 부재를 완전히 고정시킨 지점으로 어떤 운동도 허용하지 않으며, 수평 · 수직 및 회전반력이 일어나는 지점은?

① 롤러지점 ② 힌지지점
③ 활절지점 ④ 고정지점

해설 **고정지점**
수평반력, 수직반력, 회전반력이 일어나는 지점을 고정(fixed)지점이라 한다.

06 다음 중 기둥과 보가 강절로 결합된 구조물은?

① 아치 ② 라멘
③ 트러스 ④ 보

해설 **라멘구조**
기둥과 보가 강절(고정)로 결합된 구조물은 라멘이고, 모든 절점을 힌지(hinged)로 가정하는 구조물은 트러스(truss)이다.

★
07 다음 중 반력을 의미하는 것은?

① 주동외력 ② 수동외력
③ 단면력 ④ 내력

해설 **반력(수동외력)**
외부에서 작용하는 하중에 대해 그 물체 내부에서 평형상태를 유지하기 위해 수동적으로 발생하는 힘을 반력(reaction)이라 한다.

08 외력인 하중의 합력과 반력의 합이 서로 평행되면 구조는 외적으로 어떻게 되는가?

① 안정 ② 불안정
③ 정정 ④ 평형

해설 **안정상태**
하중의 합력과 반력의 합이 서로 평행하면 구조는 외적으로 안정상태이다.

정답 1. ② 2. ③ 3. ④ 4. ② 5. ④ 6. ② 7. ② 8. ①

★
09 구조물의 자중과 같이 항상 일정한 위치에 작용하는 하중은 무엇인가?

① 풍하중
② 충격하중
③ 활하중
④ 사하중

해설 사하중(고정하중)
구조물의 자중과 같이 항상 일정한 위치에 작용하는 하중을 사하중(dead load, 고정하중)이라 한다.

10 보에서 등분포하중 2kN/m^{2}를 kN/m로 고친 값은? (단, 단면의 폭은 50cm로 한다.)

① 0.5kN/m　② 1.0kN/m
③ 1.5kN/m　④ 2.0kN/m

해설 등분포하중의 환산
2kN/m^2×0.5m=1kN/m

★
11 다음 보(beam)에서 부정정보에 해당되는 것은?

① 단순보(simple beam)
② 외팔보(cantilever beam)
③ 연속보(continuous beam)
④ 게르버보(Gerber's beam)

해설 정정보와 부정정보의 종류
정정보는 단순보, 캔틸레버보(외팔보), 내민보, 게르버보가 있고, 연속보는 부정정보의 한 종류이다.

2. 일반 구조물의 판별

12 다음 그림과 같은 구조물의 차수는?

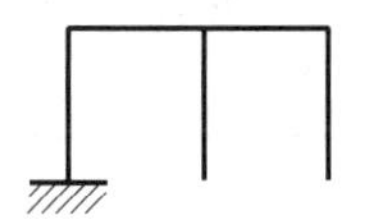

① 정정　② 불안정
③ 1차　④ 2차

해설 구조물의 판별
반력수(r) 12개, 부재수(m) 4개
$n=r-3m=12-3\times4=0$
∴ 정정구조

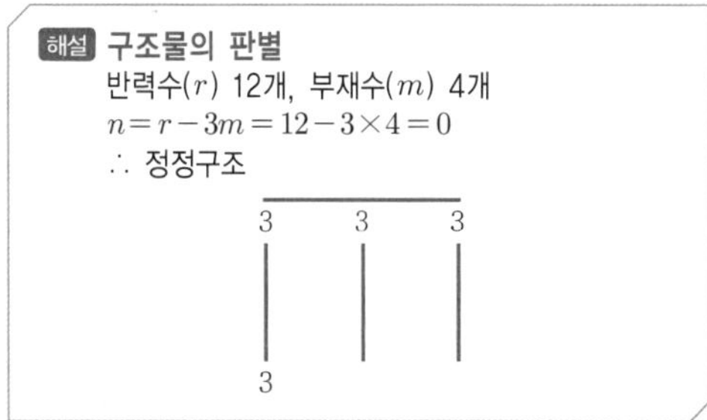

★
13 다음 구조물의 부정정차수는?

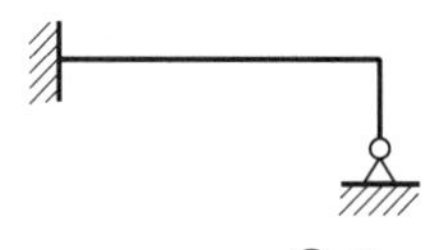

① 1　② 2
③ 3　④ 4

해설 구조물의 판별
r=8개, m=2개
$n=r-3m=8-3\times2=2$
∴ 2차 부정정

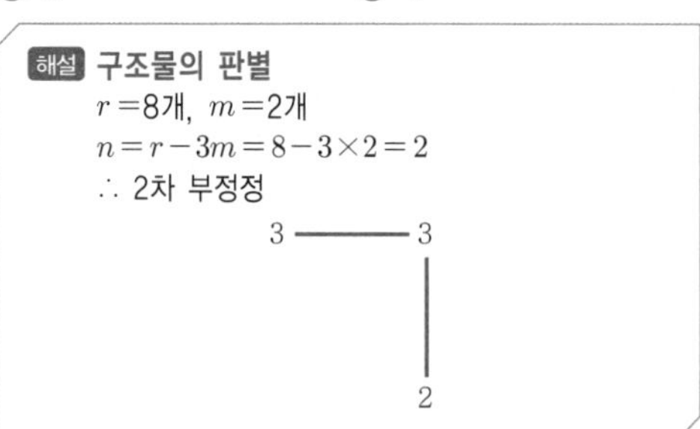

★★
14 다음 그림과 같은 구조물은 몇 차 부정정 구조물인가?

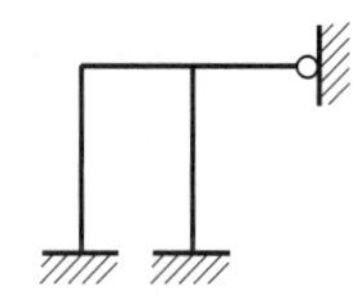

① 3차　② 5차
③ 7차　④ 9차

해설 구조물의 판별
r=14개, m=3개
$n=r-3m=14-3\times3=5$
∴ 5차 부정정

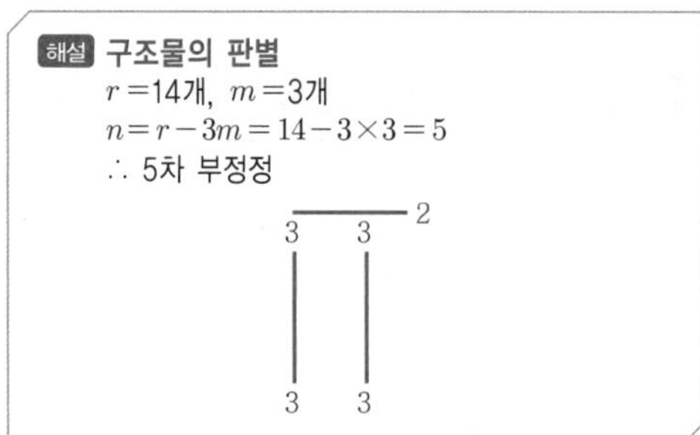

정답 9. ④ 10. ② 11. ③ 12. ① 13. ② 14. ②

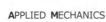

15 다음 그림과 같은 구조물의 판별로 옳은 것은?

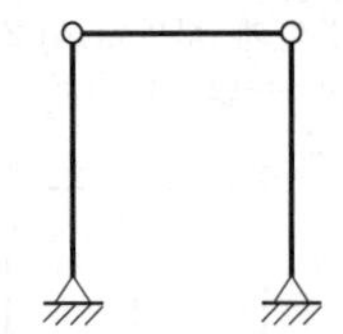

① 불안정 ② 정정
③ 1차 부정정 ④ 2차 부정정

> **해설** **구조물의 판별**
> $r=4\times2=8$개, $m=3$개
> $n=r-3m=8-3\times3=-1$
> ∴ 불안정구조
>
> 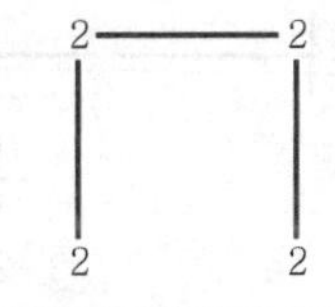
>

16 다음 구조물의 부정정차수는?

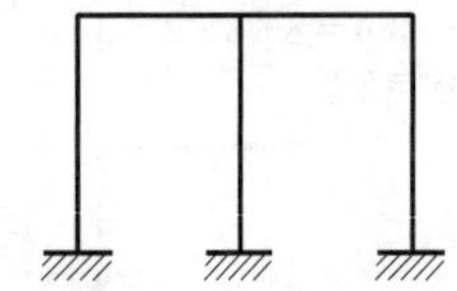

① 2차 부정정 ② 1차 부정정
③ 6차 부정정 ④ 3차 부정정

> **해설** **구조물의 판별**
> $r=3\times6=18$개, $m=4$개
> $n=r-3m=3\times6-3\times4=6$
> ∴ 6차 부정정
>
> 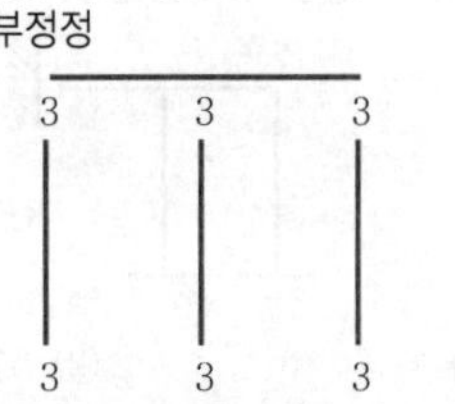
>

★
17 다음 그림과 같은 구조물의 부정정차수를 구하면?

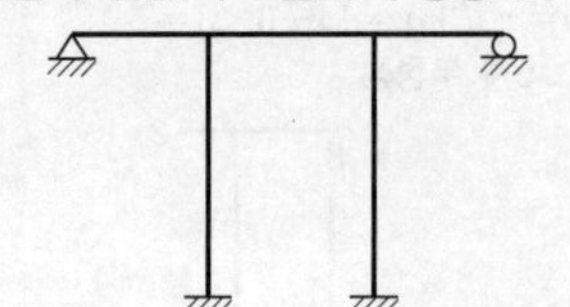

① 3차 부정정 ② 4차 부정정
③ 5차 부정정 ④ 6차 부정정

> **해설** **구조물의 판별**
> $r=15$개, $m=3$개
> $n=r-3m=15-3\times3=6$
> ∴ 6차 부정정
>
> 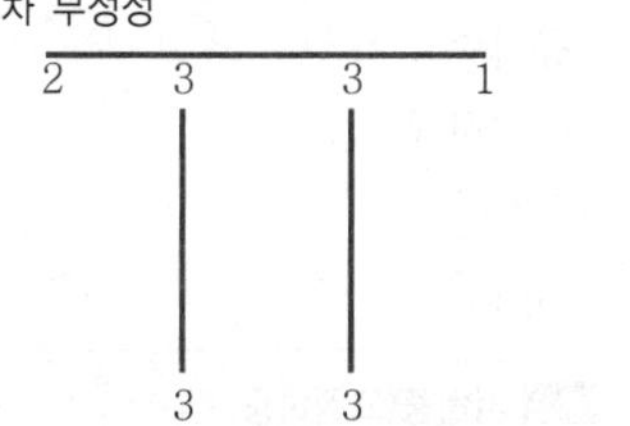
>

18 다음 그림과 같은 구조물의 부정정차수는?

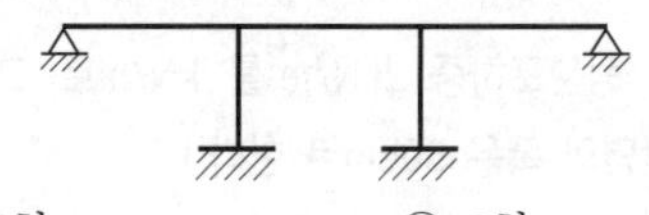

① 5차 ② 6차
③ 7차 ④ 8차

> **해설** **구조물의 판별**
> $r=16$개, $m=3$개
> $n=r-3m=16-3\times3=7$
> ∴ 7차 부정정
>
> 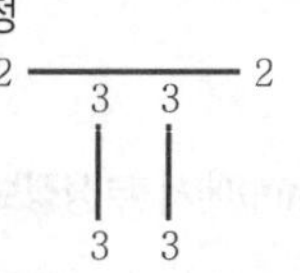
>

★★
19 다음 그림과 같은 구조물의 부정정차수를 구한 값은?

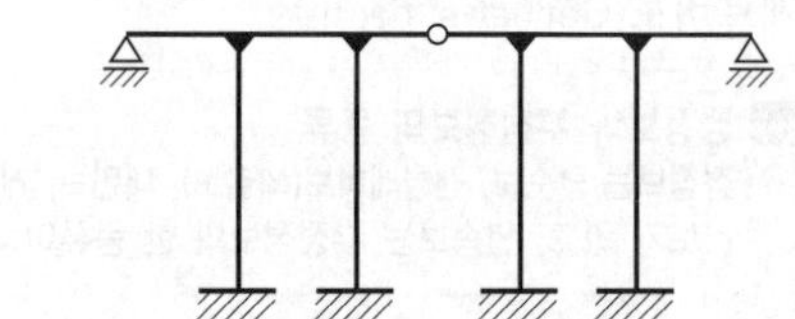

① 9차 부정정 ② 10차 부정정
③ 11차 부정정 ④ 12차 부정정

> **해설** **구조물의 판별**
> $r=28$개, $m=6$개
> $n=r-3m=28-3\times6=10$
> ∴ 10차 부정정
>
> 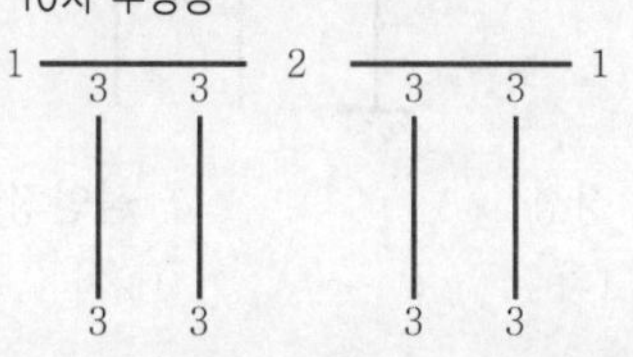
>

정답 15. ① 16. ③ 17. ④ 18. ③ 19. ②

20 다음 구조물의 부정정차수는?

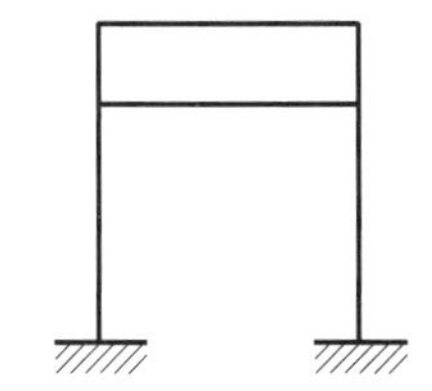

① 3차 ② 6차
③ 9차 ④ 12차

해설 **구조물의 판별**
$r=18$개, $m=4$개
$n=r-3m=18-3\times4=6$
∴ 6차 부정정

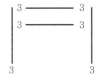

21 다음 평면 구조물의 부정정차수는?

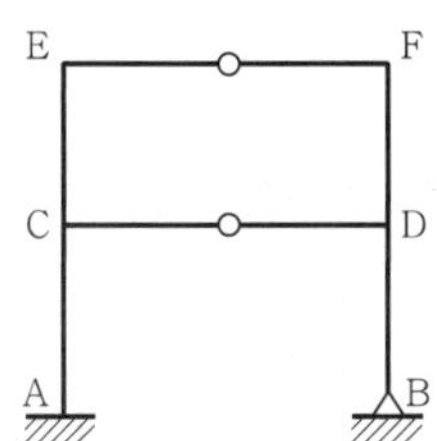

① 2차 ② 3차
③ 4차 ④ 5차

해설 **구조물의 판별**
$r=21$개, $m=6$개
$n=r-3m=21-3\times6=3$
∴ 3차 부정정

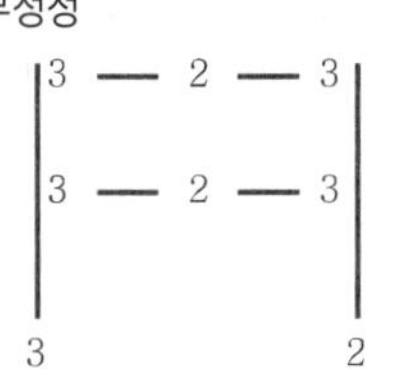

22 다음 그림과 같은 라멘구조의 부정정차수는 얼마인가?

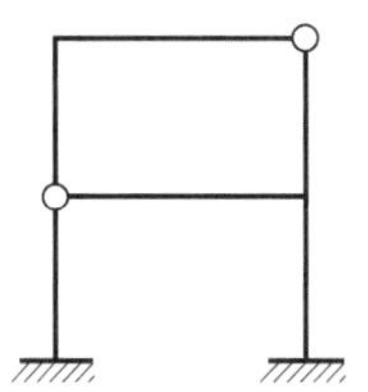

① 2차 ② 3차
③ 4차 ④ 5차

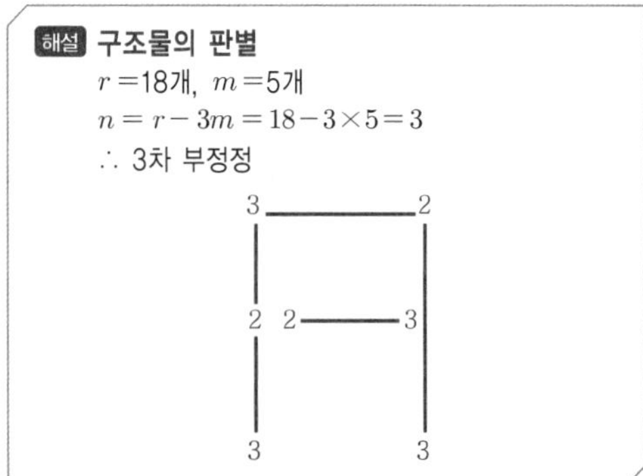

해설 **구조물의 판별**
$r=18$개, $m=5$개
$n=r-3m=18-3\times5=3$
∴ 3차 부정정

23 다음 부정정 구조물의 부정정차수를 구한 값은?

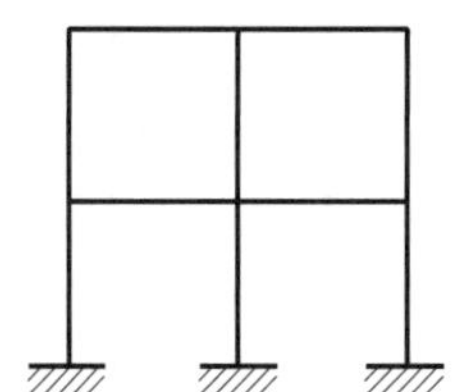

① 8차 ② 12차
③ 16차 ④ 20차

해설 **구조물의 판별**
$r=30$개, $m=6$개
$n=r-3m=30-3\times6=12$
∴ 12차 부정정

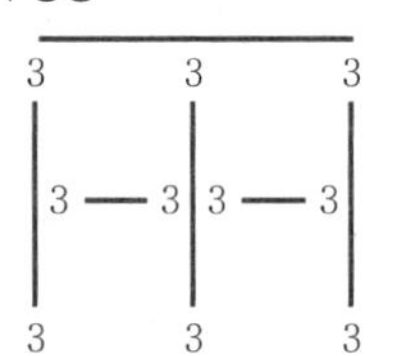

정답 20. ② 21. ② 22. ② 23. ②

24 다음 라멘의 부정정차수는?

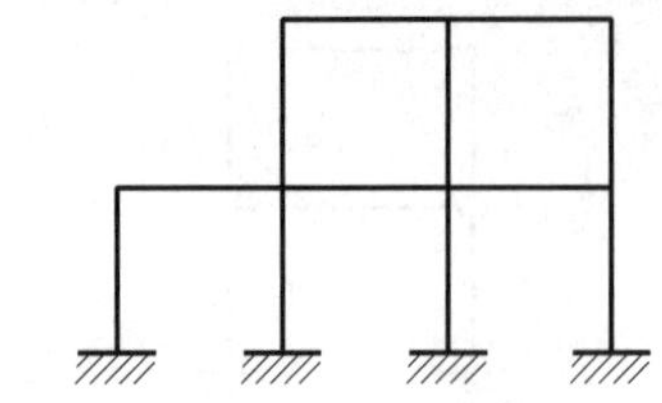

① 12차　② 13차
③ 14차　④ 15차

해설 **구조물의 판별**
$r=39$개, $m=5$개
$n=39-3\times8=15$
∴ 15차 부정정

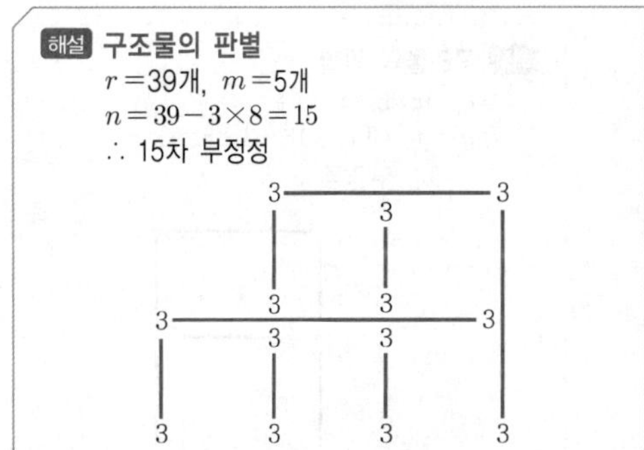

★
25 다음 그림과 같은 구조물은 몇 차 부정정인가?

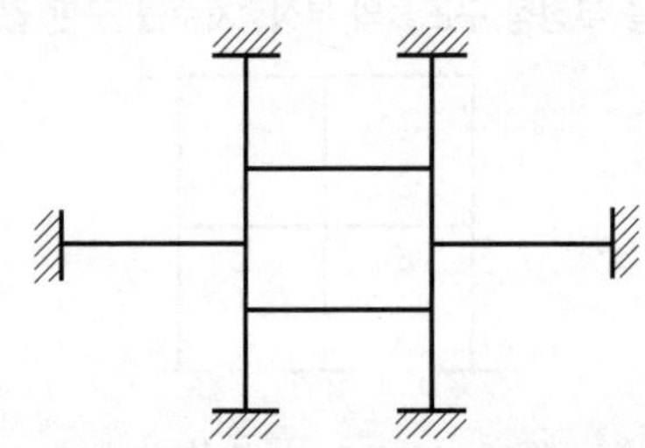

① 18차　② 17차
③ 16차　④ 15차

해설 **구조물의 판별**
$r=36$개, $m=6$개
$n=r-3m=36-3\times6=18$
∴ 18차 부정정

3 3
3 — 3
3 — 3　3 — 3
3 — 3
3 3

★★
26 다음 그림과 같은 구조물의 부정정차수는? (단, A, B 지점과 E절점은 힌지이고, 나머지 절점은 고정(강결절점)이다.)

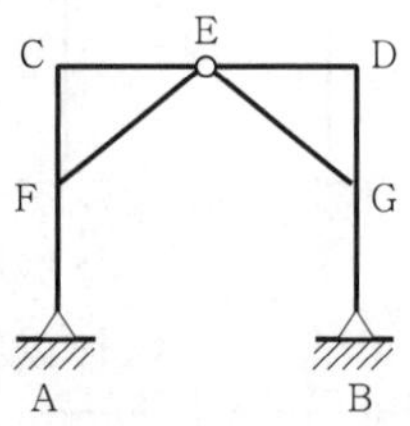

① 1차 부정정　② 2차 부정정
③ 3차 부정정　④ 4차 부정정

해설 **구조물의 판별**
$r=22$개, $m=6$개
$n=r-3m=22-3\times6=4$
∴ 4차 부정정

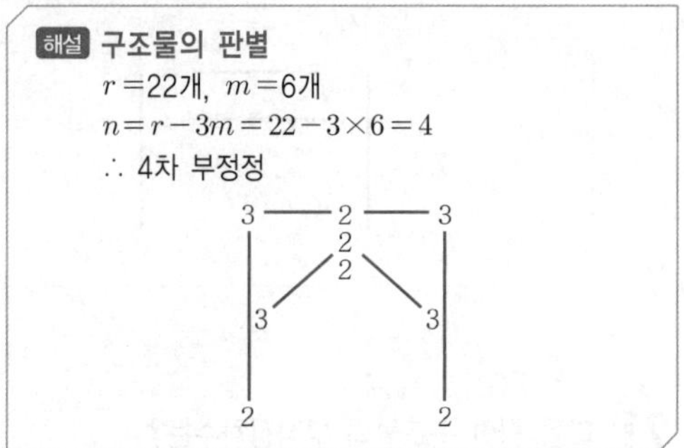

27 다음 구조물의 부정정차수는?

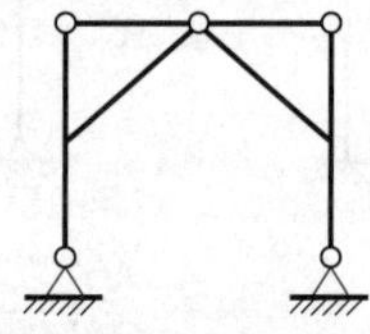

① 1차 부정정　② 2차 부정정
③ 3차 부정정　④ 4차 부정정

해설 **구조물의 판별**
$r=20$개, $m=6$개
$n=r-3m=20-3\times6=2$
∴ 2차 부정정

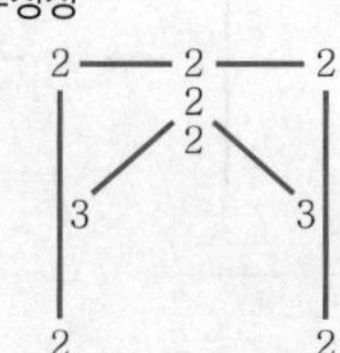

정답 24. ④　25. ①　26. ④　27. ②

★★
28 다음 그림과 같은 구조물은?

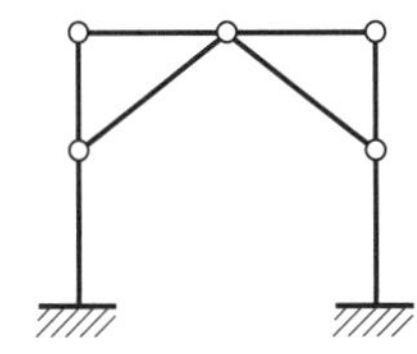

① 불안정 구조물
② 안정이며, 정정 구조물
③ 안정이며, 1차 부정정 구조물
④ 안정이며, 2차 부정정 구조물

해설 **구조물의 판별**
$r=24$개, $m=8$개
$n=r-3m=24-3\times8=0$
∴ 정정

29 다음 그림과 같은 구조물에서 정정 구조물이 아닌 것은?

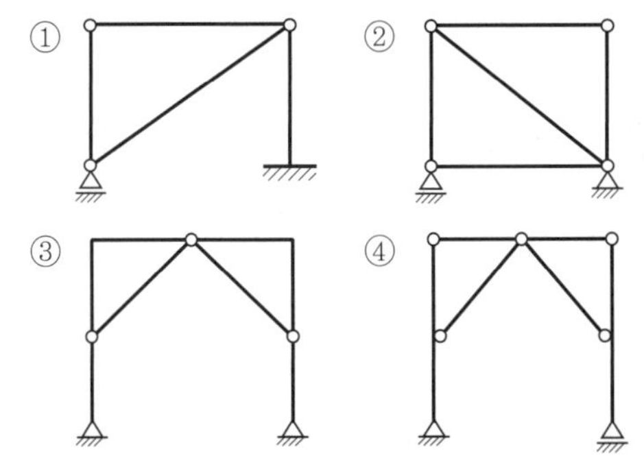

해설 **구조물의 판별**
① $n=r-3m=12-3\times4=0$, 정정
② $n=r-3m=15-3\times5=0$, 정정
③ $n=r-3m=24-3\times8=0$, 정정
④ $r=17$개, $m=6$개
$n=r-3m=17-3\times6=-1$
∴ 불안정

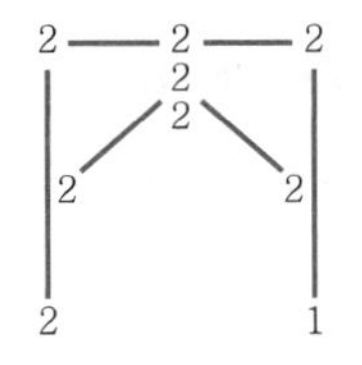

★★
30 다음 그림과 같은 구조물의 부정정차수는?

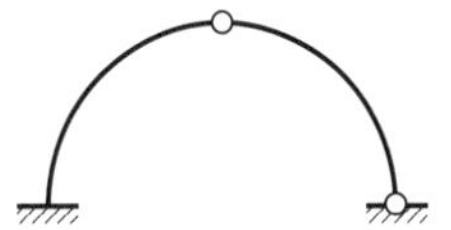

① 정정
② 1차 부정정
③ 2차 부정정
④ 3차 부정정

해설 **구조물의 판별**
$r=7$개, $m=2$개
$n=r-3m=7-3\times2=1$
∴ 1차 부정정

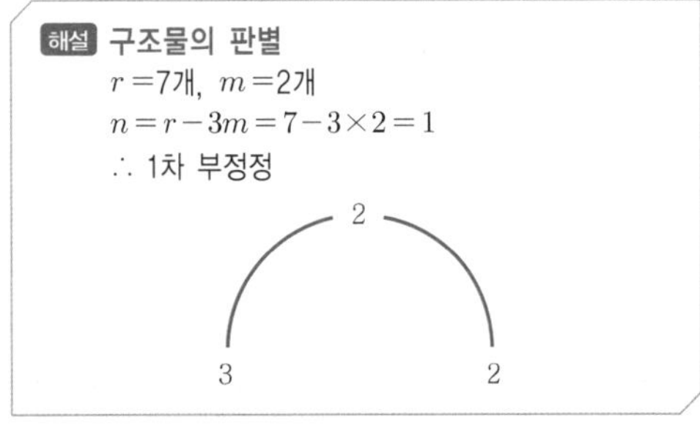

31 다음 그림과 같은 연속보에 대한 부정정차수는?

① 1차 부정정
② 2차 부정정
③ 3차 부정정
④ 4차 부정정

해설 **구조물의 판별**
$r=6$개, $m=1$개
$n=r-3m=6-3\times1=3$
∴ 3차 부정정

★★★
32 다음 그림에서 힌지를 몇 군데 넣어야 정정보로 해석할 수 있는가?

A B C D E

① 1개
② 2개
③ 3개
④ 4개

해설 **정정보로의 전환**
㉠ 부정정차수만큼 힌지를 넣으면 정정 구조물이 된다.
㉡ $r=6$개, $m=1$개
$n=r-3m=6-3\times1=3$차 부정정
∴ 3개

정답 28. ② 29. ④ 30. ② 31. ③ 32. ③

★
33 다음 그림과 같은 구조물은 몇 차 부정정인가?

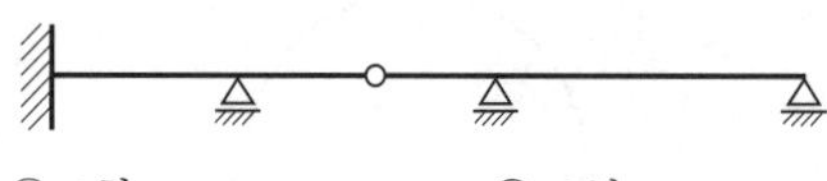

① 1차　　② 2차
③ 3차　　④ 정정

해설 구조물의 판별
$r=8$개, $m=2$개
$n=r-3m=8-3\times2=2$
∴ 2차 부정정
3 ——— 2 ——— 1
　　1　　　　1

34 다음 부정정 구조물 중 부정정차수가 가장 높은 것은?

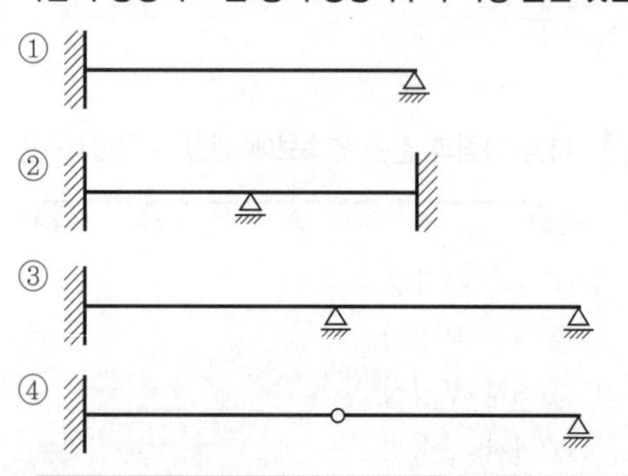

해설 구조물의 판별
① $n=r-3m=4-3\times1=1$차 부정정
② $n=r-3m=7-3\times1=4$차 부정정
③ $n=r-3m=5-3\times1=2$차 부정정
④ $n=r-3m=6-3\times2=0$, 정정

★
35 다음 구조물 중 부정정차수가 가장 높은 것은?

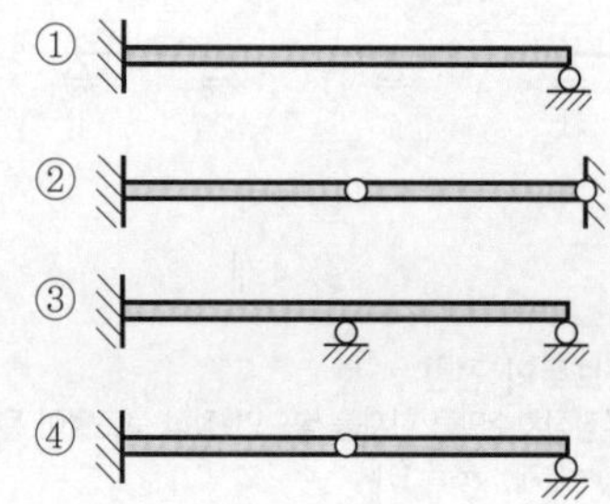

해설 구조물의 판별
① $n=r-3m=4-3\times1=1$차 부정정
② $n=r-3m=7-3\times2=1$차 부정정
③ $n=r-3m=5-3\times1=2$차 부정정
④ $n=r-3m=6-3\times2=0$, 정정

36 다음과 같은 구조물에서 부정정차수가 가장 많은 것은?

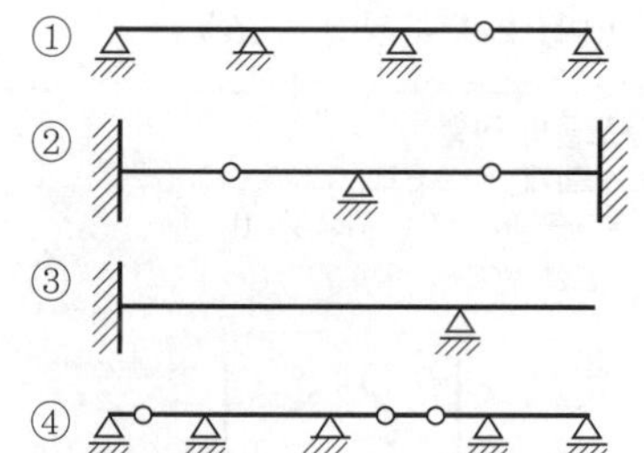

해설 구조물의 판별
① $n=r-3m=7-3\times2=1$차 부정정
② $n=r-3m=11-3\times3=2$차 부정정
③ $n=r-3m=4-3\times1=1$차 부정정
④ $n=r-3m=12-3\times4=0$, 정정

★
37 다음 구조들은 내부적으로 정정이다. 이들의 외부적 부정정차수가 3차 부정정인 것은?

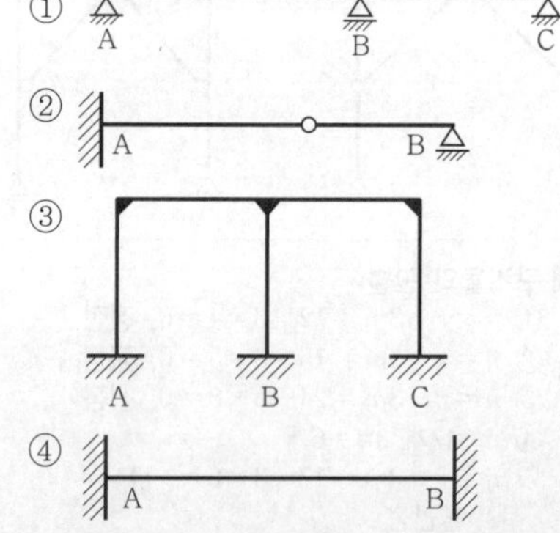

해설 구조물의 판별
① $n=r-3=5-3=2$차 부정정
② $n=r-3=4-3=1$차 부정정
③ $n=r-3=9-3=6$차 부정정
④ $n=r-3=6-3=3$차 부정정

정답 33. ② 34. ② 35. ③ 36. ② 37. ④

3. 트러스구조의 판별

38 다음 그림과 같은 트러스교에서 부정정차수를 구하면?

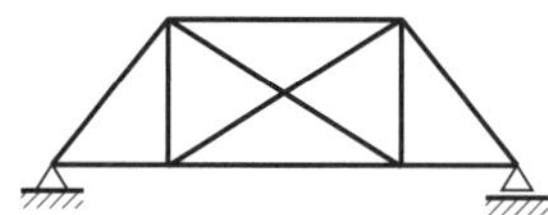

① 정정 ② 1차 부정정
③ 2차 부정정 ④ 3차 부정정

해설 **트러스구조의 판별**
부재수(m) 10개, 반력수(r) 3개, 절점수(j) 6개
$n=m+r-2j=10+3-2\times6=1$
∴ 1차 부정정

39 다음 그림에서 주어진 트러스는?

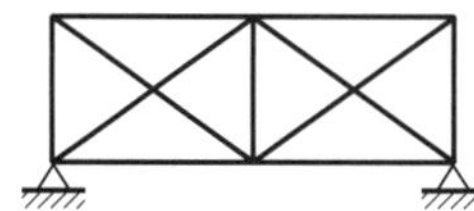

① 정정 ② 1차 부정정
③ 2차 부정정 ④ 3차 부정정

해설 **트러스구조의 판별**
m=11개, r=4개, j=6개
$n=m+r-2j=11+4-2\times6=3$
∴ 3차 부정정

★★
40 주어진 트러스(truss)의 부정정량을 구한 값은?

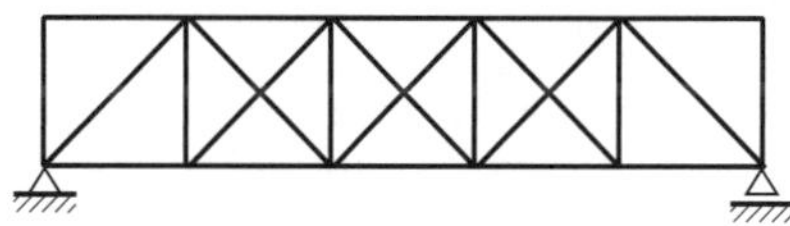

① 1차 부정정 트러스
② 2차 부정정 트러스
③ 3차 부정정 트러스
④ 4차 부정정 트러스

해설 **트러스구조의 판별**
m=24개, r=3개, j=12개
$n=m+r-2j=24+3-2\times12=3$
∴ 3차 부정정

41 다음 그림과 같은 구조물의 부정정차수는?

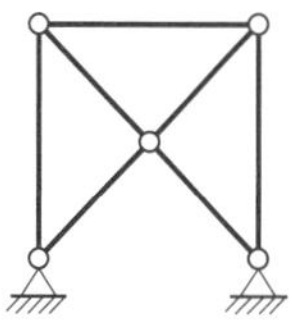

① 1차 ② 2차
③ 3차 ④ 4차

해설 **트러스구조의 판별**
m=7개, r=4개, j=5개
$n=m+r-2j=7+4-2\times5=1$
∴ 1차 부정정

★
42 다음 그림과 같은 구조물의 판별결과로 옳은 것은?

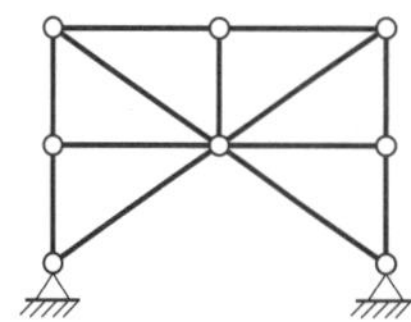

① 정정 ② 불안정
③ 1차 부정정 ④ 2차 부정정

해설 **트러스구조의 판별**
m=13개, r=4개, j=8개
$n=m+r-2j=13+4-2\times8=1$
∴ 1차 부정정

★★★
43 다음 트러스의 내적 부정정차수는?

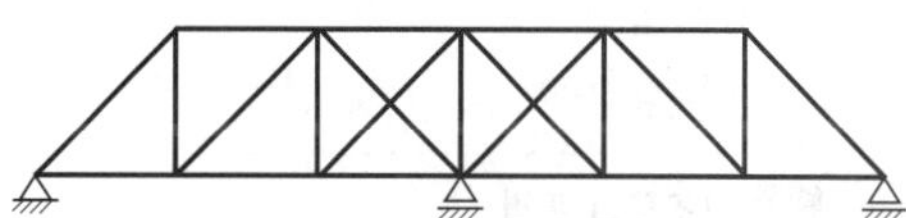

① 1차 ② 2차
③ 3차 ④ 4차

해설 **트러스구조의 판별**
㉠ 전체 부정정차수(내외적차수)
m=23개, r=4개, j=12개
$n=m+r-2j=23+4-2\times12=3$
∴ 3차 부정정
㉡ 외적차수
$n_e=r-3=4-3=1$차
㉢ 내적차수
$n_i=n-n_e=3-1=2$차

정답 38. ② 39. ④ 40. ③ 41. ① 42. ③ 43. ②

44 다음 트러스의 내적 부정정차수는?

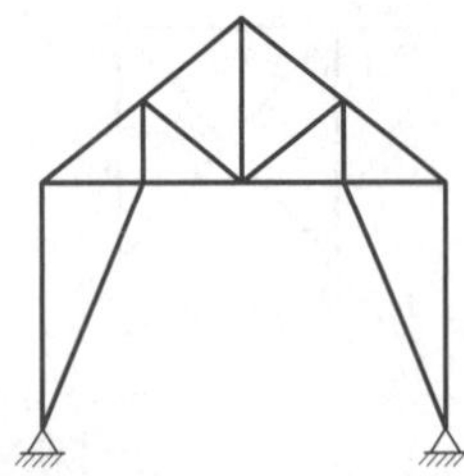

① 0 ② 1차
③ 2차 ④ 3차

해설 **트러스구조의 판별**

㉠ 전체 부정정차수(내외적차수)
$m=17$개, $r=4$개, $j=10$개
$n=m+r-2j=17+4-2\times10=1$
∴ 1차 부정정

㉡ 외적차수
$n_e=r-3=4-3=1$차

㉢ 내적차수
$n_i=n-n_e=1-1=0$

45 다음 그림과 같은 구조물의 판별은?

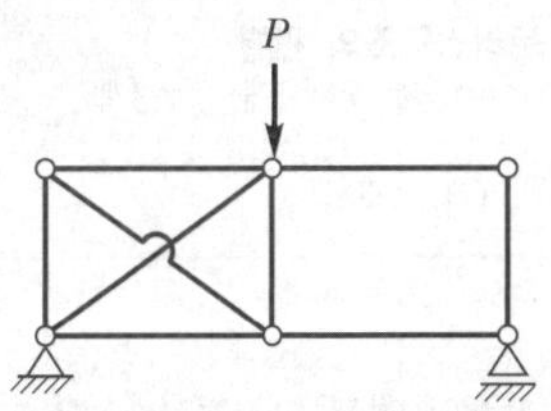

① 3차 부정정 ② 2차 부정정
③ 1차 부정정 ④ 불안정

해설 **구조물의 판별**

$n=m+r-2j=9+3-(2\times6)=0$
차수 판별은 정정 구조물이다. 그러나 구조물은 다음 그림과 같은 변형을 일으키므로 기하학적 불안정 구조물이다.

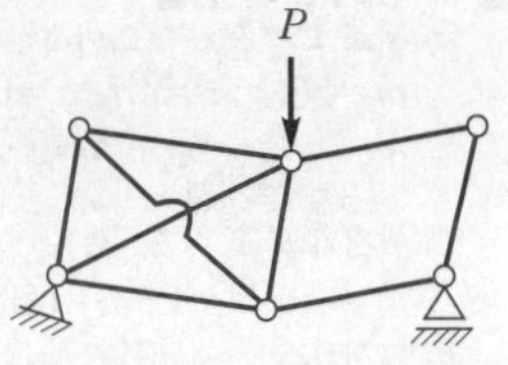

46 다음 그림과 같은 구조물에서 안정한 구조물로 하기 위한 방법이 아닌 것은?

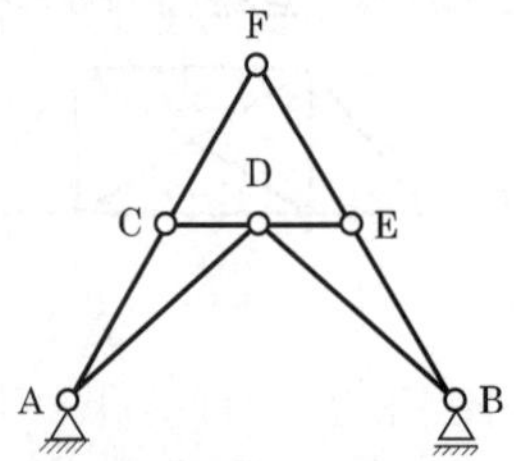

① A점을 이동단(roller)으로 한다.
② AB 사이에 부재를 넣는다.
③ DF 사이에 부재를 넣는다.
④ B점을 회전단(hinged end)으로 한다.

해설 **안정한 구조물**

㉠ 모든 절점이 힌지(hinge)절점이므로 트러스구조로 해석할 수 있다.
㉡ $n=m+r-2j=8+3-(2\times6)=-1$
∴ 불안정구조
㉢ 정정구조가 되기 위한 방법 : ②, ③, ④는 정정 구조물이 되나, ①은 불안정구조이다.

정답 44. ① 45. ④ 46. ①

단면의 성질

CHAPTER 03 단면의 성질

회독 체크표

1회독	월	일
2회독	월	일
3회독	월	일

최근 10년간 출제분석표

2015	2016	2017	2018	2019	2020	2021	2022	2023	2024
8.3%	10.0%	11.6%	10.0%	10.0%	10.0%	10.0%	10.0%	11.6%	10.0%

출제 POINT

학습 POINT

- 각 단면의 단면1차모멘트
- 도심위치

SECTION 1 단면1차모멘트(면적모멘트)

1 단면1차모멘트의 정의

1) 물체의 중심

(1) 도심과 무게중심

① 중심(center gravity)이란 중력에 관한 한 물체의 중량이 집중된다고 가정되는 특정한 점을 말한다.

② 도심이란 그림에서 평면도형의 중심을 말한다.

③ 물체의 각 질점에 작용하는 중력의 크기를 중량(weight, 무게)이라고 하며, 이 물체의 중량은 그 물체의 중심을 통하여 지구 중심으로 향하는 벡터(vector)량이다.

④ 무게중심이란 물체나 질점계에서 각 부분이나 각 질점에 작용하는 중력의 합력의 작용점을 말한다.

(2) 특성

① 물체가 균질한 경우에는 물체의 도심과 무게중심은 서로 일치한다.

② 물체가 균질하지 않을 경우에는 **도심**과 **무게중심**은 서로 일치하지 않는다.

■ **도심과 무게 중심**

① 도심 : 평면도형의 중심
② 무게중심 : 물체의 무게중심
③ 평면상태에서 도심은 무게중심과 일치

2) 단면1차모멘트의 정의

① 단면의 미소 면적과 구하려는 축에서 도심까지의 거리를 곱하여 전 단면에 대하여 적분한 것을 말한다.

단면1차모멘트＝도형의 면적×축에서 도심까지의 거리

$$G_x = \int_A y\,dA = Ay_0$$

$$G_y = \int_A x\,dA = Ax_0$$

■ **단면1차모멘트**

① 단면1차모멘트＝기하모멘트＝면적모멘트

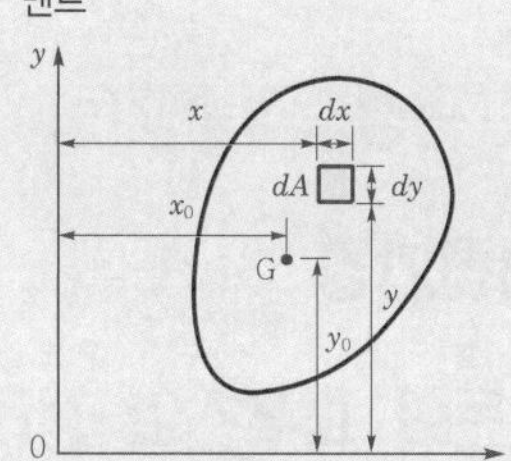

② 단위 : cm^3, m^3, ft^3

② 동일 평면에 있지 않은 여러 도형에 대한 단면1차모멘트

$$G_X = A_1 y_1 + A_2 y_2 - A_3 y_3$$
$$G_Y = A_1 x_1 - A_2 x_2 - A_3 x_3$$

2 단면의 도심 및 용도

1) 단면의 도심

(1) 기본 단면의 도심

① 단면의 도심은 단면1차모멘트가 0이 되는 좌표의 원점을 말한다.

$$y_0 = \frac{G_x}{A},\ x_0 = \frac{G_y}{A}$$

② 기본 단면의 도심

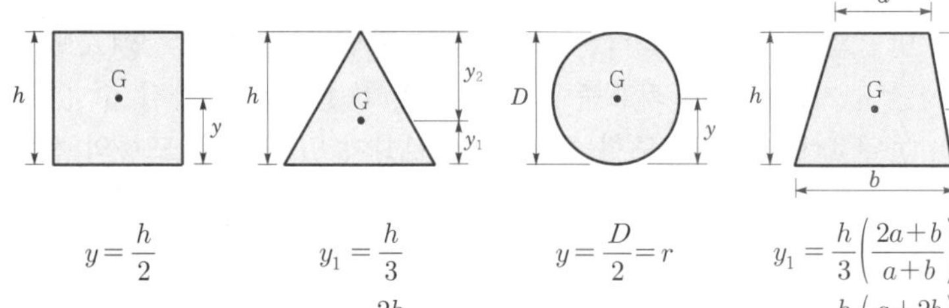

$y = \frac{h}{2}$ $\quad y_1 = \frac{h}{3},\ y_2 = \frac{2h}{3}$ $\quad y = \frac{D}{2} = r$ $\quad y_1 = \frac{h}{3}\left(\frac{2a+b}{a+b}\right),\ y_2 = \frac{h}{3}\left(\frac{a+2b}{a+b}\right)$

(a) 직사각형 (b) 삼각형 (c) 원 (d) 사다리꼴

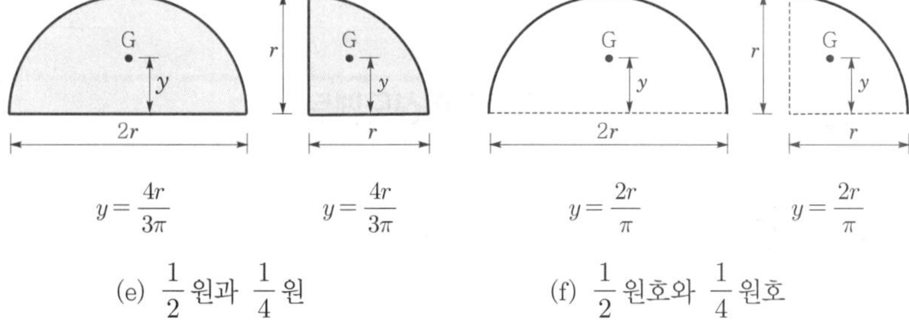

$y = \frac{4r}{3\pi}$ $\quad y = \frac{4r}{3\pi}$ $\quad y = \frac{2r}{\pi}$ $\quad y = \frac{2r}{\pi}$

(e) $\frac{1}{2}$ 원과 $\frac{1}{4}$ 원 (f) $\frac{1}{2}$ 원호와 $\frac{1}{4}$ 원호

[그림 3-1] 기본 단면의 도심

(2) n차 포물선의 면적 및 도심

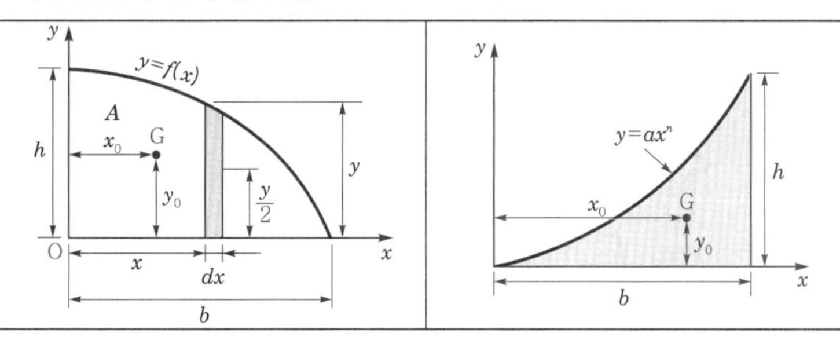

출제 POINT

■ 원과 원호

① 원 : 평면의 개념

② 원호 : 선분의 개념

■ 포물선 단면의 도심

① 총면적 $A = bh$

② A_1 면적$= \frac{1}{3}A$

③ A_2 면적$= \frac{2}{3}A$

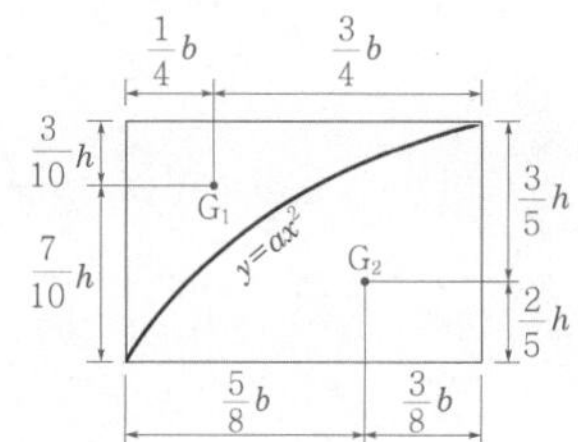

출제 POINT

① 포물선 일반식 $y=f(x)=h\left(1-\frac{x^n}{b^2}\right)$	① 포물선 일반식 $y=f(x)=ax^n$
② $f(x)$가 n차 함수일 때 $A=\left(\frac{n}{n+1}\right)bh$ $x_o=\left[\frac{n+1}{2(n+2)}\right]b$ $y_o=\left(\frac{n}{2n+1}\right)h$	② $f(x)$가 n차 함수일 때 $A=\left(\frac{1}{n+1}\right)bh$ $x_o=\left(\frac{n+1}{n+2}\right)b$ $y_o=\left[\frac{n+1}{2(2n+1)}\right]h$
③ $f(x)$가 2차 함수일 때 $A=\frac{2}{3}bh$ $x_o=\frac{3}{8}b,\ y_o=\frac{2}{5}h$	③ $f(x)$가 2차 함수일 때 $A=\frac{1}{3}bh$ $x_o=\frac{3}{4}b,\ y_o=\frac{3}{10}h$

2) 단면1차모멘트의 정리 및 용도

① 단면의 도심을 통과하는 축에 대한 단면1차모멘트는 영(zero)이다.

② 단면1차모멘트는 좌표축에 따라 (+), (−)의 값을 가질 수 있다.

③ 동일 단면에 여러 도형(불규칙한 단면)이 있을 경우 도형의 전체 도심

$$x_0=\frac{\sum Ax}{A}=\frac{A_1x_1+A_2x_2+A_3x_3}{A_1+A_2+A_3}=\frac{G_y}{A}$$

$$y_0=\frac{\sum Ay}{A}=\frac{A_1y_1+A_2y_2+A_3y_3}{A_1+A_2+A_3}=\frac{G_x}{A}$$

④ 단면 도심의 위치 계산, 전단응력 및 구조물의 안정도 계산 등에 사용된다.

SECTION 2 단면2차모멘트(관성모멘트)

학습 POINT
- 기본 단면의 단면2차모멘트
- 평행축의 정리
- 단면2차모멘트의 특성

1 단면2차모멘트의 정의 및 기본 단면

1) 단면2차모멘트(관성모멘트)의 정의

① 단면의 미소 면적과 구하려는 축에서 도심까지의 거리의 제곱을 곱하여 전 단면에 대하여 적분한 것을 말한다.

단면2차모멘트＝면적×축에서 미소 면적까지의 거리의 제곱

$$I_X=\int_A y^2dA=\int_{y_1}^{y_2}y^2zdy=Ay^2$$

$$I_Y=\int_A x^2dA=\int_{x_1}^{x_2}x^2zdx=Ax^2$$

■ 단면2차모멘트

① 단면2차모멘트＝관성모멘트

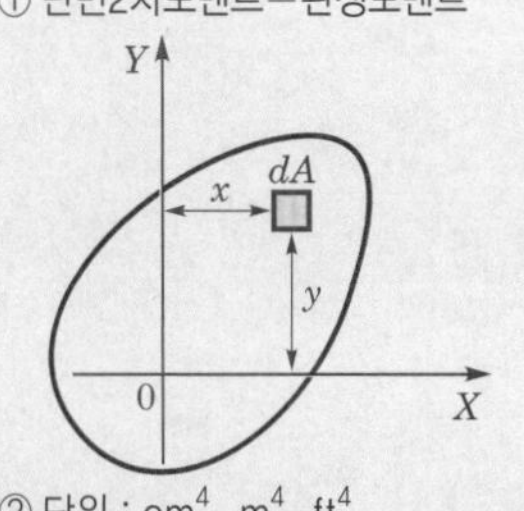

② 단위 : cm^4, m^4, ft^4

② 기본 단면의 도심축에 대한 단면2차모멘트

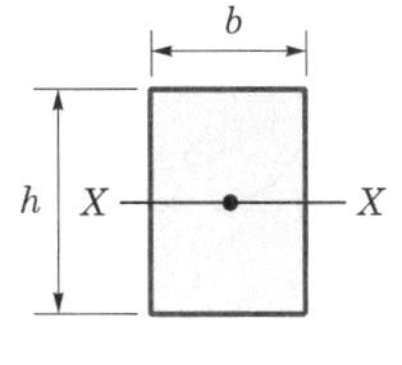

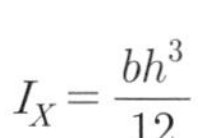

$I_X = \frac{bh^3}{12}$

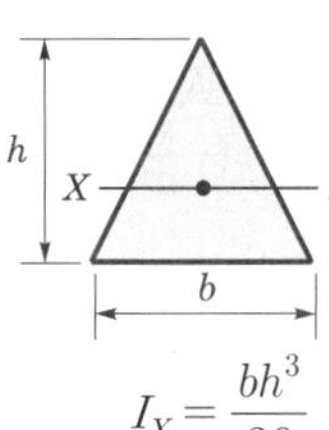

$I_X = \frac{bh^3}{36}$

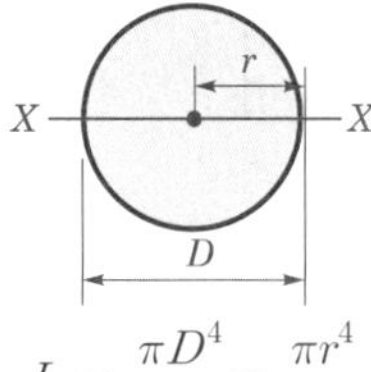

$I_X = \frac{\pi D^4}{64} = \frac{\pi r^4}{4}$

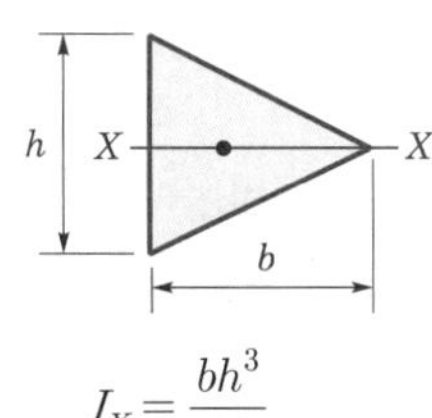

$I_X = \frac{bh^3}{48}$

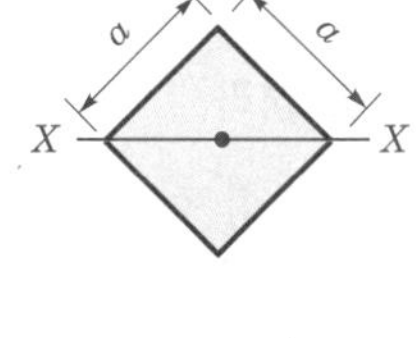

$I_X = \frac{a^4}{12}$

③ $\frac{1}{2}$원, $\frac{1}{4}$원의 밑변축에 대한 단면2차모멘트

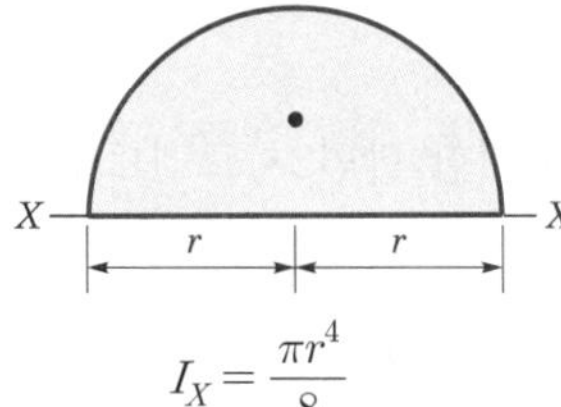

$I_X = \frac{\pi r^4}{8}$

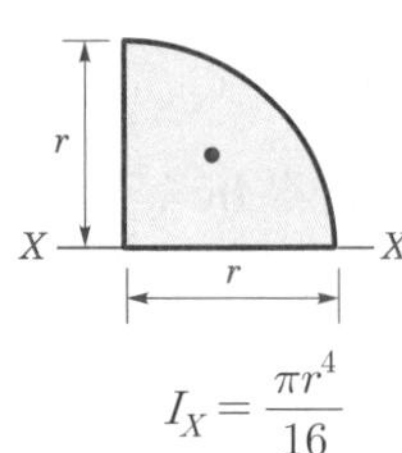

$I_X = \frac{\pi r^4}{16}$

2) 축의 평행이동에 대한 평행축의 정리

① 보통은 도심축에 대하여 축의 평행이동에 대한 **임의 축의 단면2차모멘트**를 말한다.

② 구형 단면

$$I_x = I_X + Ay_0^{\ 2} = \frac{bh^3}{12} + bh\left(\frac{h}{2}\right)^2 = \frac{bh^3}{3}$$

③ 삼각형 단면

$$I_{x_1} = I_X + Ay_0^{\ 2} = \frac{bh^3}{36} + \frac{bh}{2}\left(\frac{h}{3}\right)^2 = \frac{bh^3}{12}$$

$$I_{x_2} = I_X + Ay_0^{\ 2} = \frac{bh^3}{36} + \frac{bh}{2}\left(\frac{2h}{3}\right)^2 = \frac{bh^3}{4}$$

④ 원형 단면

$$I_x = I_X + Ay_0^{\ 2} = \frac{\pi D^4}{64} + \frac{\pi D^2}{4} \times \left(\frac{D}{2}\right)^2 = \frac{5\pi r^4}{4}$$

출제 POINT

■ 도심축에 대한 단면2차모멘트

① 구형(직사각형) 단면

$I_X = \frac{bh^3}{12}$

② 삼각형 단면

$I_X = \frac{bh^3}{36}$

③ 원형 단면

$I_X = \frac{\pi D^4}{64} = \frac{\pi r^4}{4}$

■ 평행축의 정리

$I_x = I_X + Ay_0^{\ 2}$

■ 임의 축의 단면2차모멘트를 이용한 도심축의 단면2차모멘트

$\therefore \ I_X = I_x - Ay_0^{\ 2}$

① 원형 단면

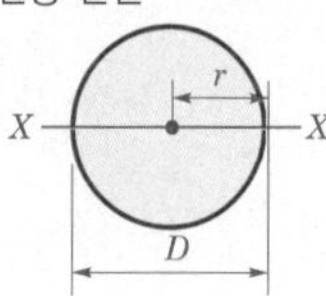

도심축 $I_X = \frac{\pi D^4}{64} = \frac{\pi r^4}{4}$

② $\frac{1}{2}$원 단면

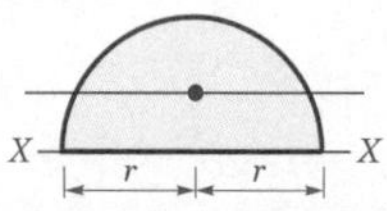

밑변축 $I_x = \frac{\pi r^4}{8}$

도심축 $I_X = \frac{\pi r^4}{8} - \frac{8r^4}{9\pi}$

③ $\frac{1}{4}$원 단면

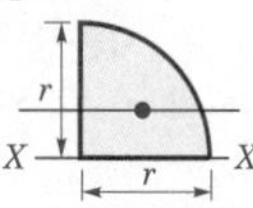

밑변축 $I_x = \frac{\pi r^4}{16}$

도심축 $I_X = \frac{\pi r^4}{16} - \frac{4r^4}{9\pi}$

출제 POINT

■ **단면2차모멘트의 정리**

① 단면2차모멘트는 항상 (+)값을 갖는다.
② 도심축에 대한 단면2차모멘트는 최소값을 갖는다.
③ 원형, 정삼각형, 정사각형 및 정다각형의 도심축에 대한 단면2차모멘트는 축의 회전에 관계없이 모두 일정하다.

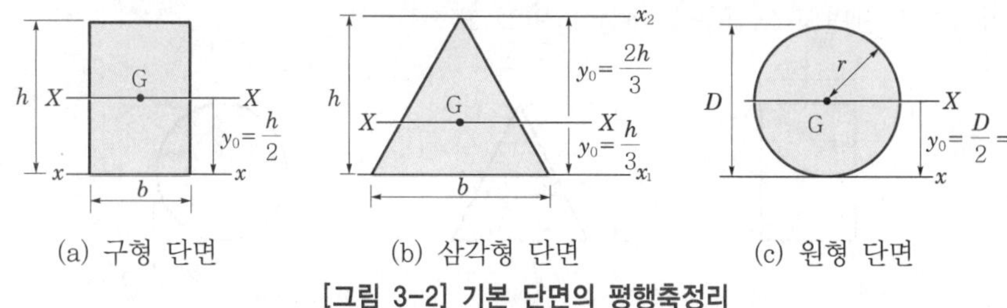

(a) 구형 단면　　(b) 삼각형 단면　　(c) 원형 단면

[그림 3-2] 기본 단면의 평행축정리

2 단면2차모멘트의 정리 및 용도

1) 단면2차모멘트의 정리

① X축에 대한 도형 전체의 단면2차모멘트([그림 3-3]의 (a) 참고)는 각각을 구하여 합한다.

$$I_X = I_{X_1} + I_{X_2} + I_{X_3}$$

② 중공 단면의 X축에 대한 단면2차모멘트([그림 3-3]의 (b) 참고)는 큰 원에서 작은 원을 뺀다.

$$I_X = I_{X_A} - I_{X_B}$$

③ 평행축의 정리(축의 평행이동)에 대한 단면2차모멘트([그림 3-3]의 (c) 참고)의 정리가 성립한다.

$$I_x = \int_A y^2 dA = \int_A (Y+y_0)^2 dA$$

$$I_x = I_X + A{y_0}^2$$

④ 단면2차모멘트가 크면 클수록 휨강성(굴곡강성, EI)이 커지므로 구조적으로 안전하다.

⑤ 단면2차모멘트를 크게 하기 위해서는 폭 b보다 높이 h를 크게 하는 것이 유리하다.

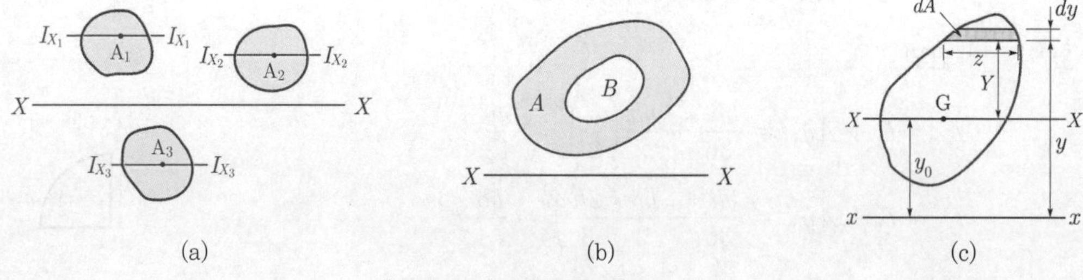

[그림 3-3] 단면2차모멘트의 정리

2) 단면2차모멘트의 용도

① 단면계수, 최소 회전반경, 단면2차극모멘트, 단면의 주축 등의 계산에 사용된다.

② 휨응력, 전단응력, 강비, 처짐 및 좌굴하중 등의 계산에 사용된다.

출제 POINT

SECTION 3 단면2차극모멘트(극관성모멘트)

학습 POINT

- 기본 단면의 단면2차극모멘트
- 단면2차극모멘트의 정리

1 단면2차극모멘트(극관성모멘트)의 정의

1) 단면2차극모멘트의 정의

단면의 미소 면적과 극점에서 도심까지 거리(극거리)의 제곱을 곱하여 전 단면에 대하여 적분한 것을 말한다.

단면2차극모멘트 = 미소 면적×극점에서 미소 면적까지 거리의 제곱

$$I_P = \int_A \rho^2 dA = \int_A (y^2 + x^2) dA = I_X + I_Y$$

2) 기본 단면의 단면2차극모멘트

① 구형 단면의 단면2차극모멘트

$$I_P = I_X + I_Y = \frac{bh^3}{12} + \frac{hb^3}{12} = \frac{bh}{12}(b^2 + h^2)$$

② 원형 단면의 단면2차극모멘트

$$I_P = I_X + I_Y = 2I_X = \frac{\pi D^4}{64} + \frac{\pi D^4}{64} = \frac{\pi D^4}{32} = \frac{\pi r^4}{2}$$

2 단면2차극모멘트의 정리 및 용도

1) 단면2차극모멘트의 정리

① 단면2차극모멘트는 두 직교축에 대한 단면2차모멘트의 합과 같다.

② 단면2차극모멘트는 축의 회전에 관계없이 항상 일정하다.

$$I_P = I_X + I_Y = I_u + I_v = I_{\max} + I_{\min} = \text{일정(constant)}$$

2) 단면2차극모멘트의 용도

단면2차극모멘트는 비틀림을 받는 부재의 설계에 적용된다.

■ 단면2차극모멘트

① 단면2차극모멘트 = 극관성모멘트

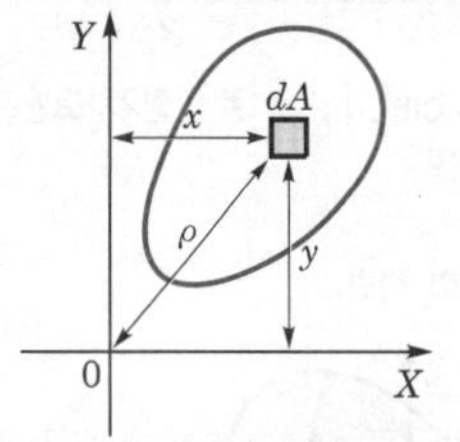

② 단위 : cm^4, m^4, ft^4로 단면2차모멘트와 동일

③ 구형 단면

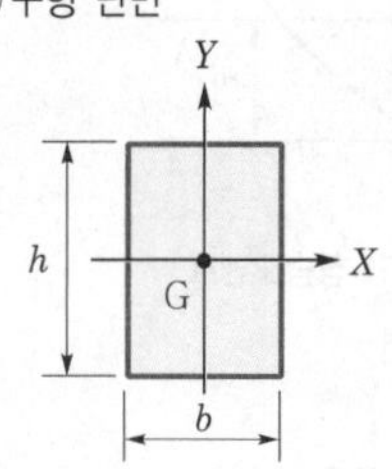

④ 원형 단면

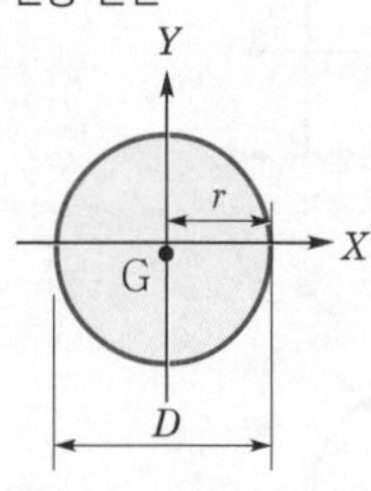

■ 축의 회전이동

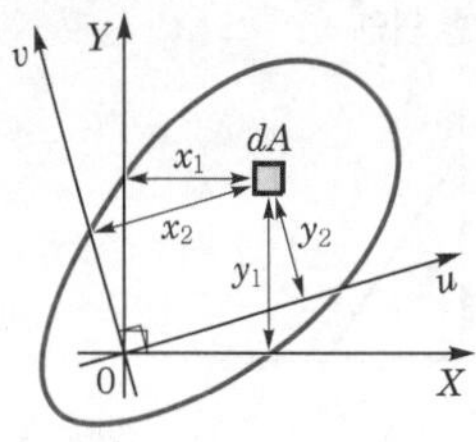

출제 POINT

학습 POINT
- 기본 단면의 상승모멘트
- 단면상승모멘트의 정리

■ 단면상승모멘트

① 단면상승모멘트=관성승적모멘트

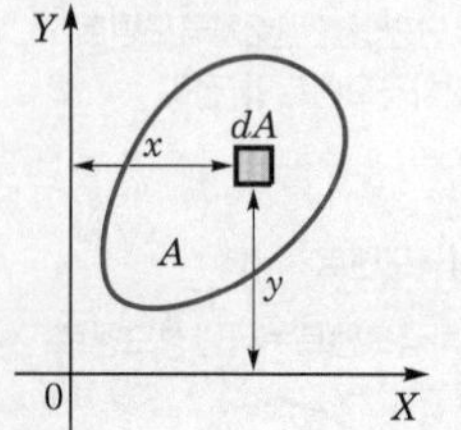

② 단위 : cm^4, m^4, ft^4로 단면2차모멘트와 동일

■ 평행축의 정리

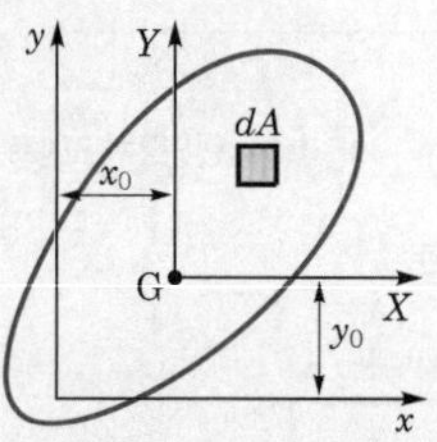

■ 기본 단면의 상승모멘트

① 구형 단면

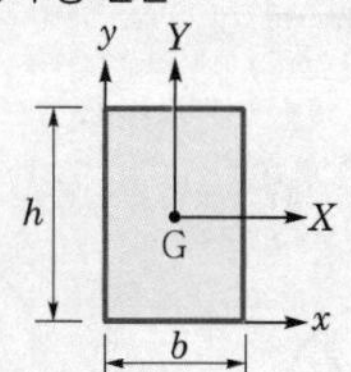

② 원형 단면

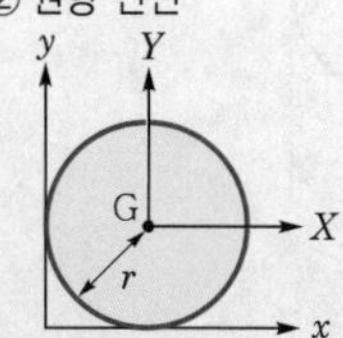

③ 삼각형 단면

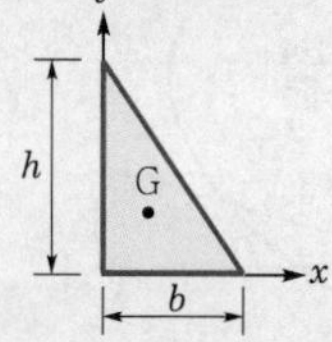

SECTION 4 단면상승모멘트(관성승적모멘트)

1 단면상승모멘트의 정의 및 평행축정리

1) 단면상승모멘트의 정의

단면의 미소 면적과 구하려는 x축, y축에서 도심까지의 거리를 서로 곱하여 전 단면에 적분한 것을 말한다.

단면상승모멘트=미소 면적×x축, y축에서 도심까지 거리의 곱

$$I_{XY} = \int_A xydA = Ax_0y_0$$

2) 평행축의 정리(축의 평행이동)

① 비대칭 단면

$$I_{xy} = \int_A xydA = I_{XY} + Ax_0y_0 \ (I_{XY} \neq 0)$$

② 대칭 단면

$$I_{xy} = \int_A xydA = I_{XY} + Ax_0y_0 = Ax_0y_0 \ (I_{XY} = 0)$$

2 기본 단면의 단면상승모멘트 및 정리

1) 기본 단면의 단면상승모멘트

(1) 구형 단면

① 도심축 : $I_{XY} = 0$

② x, y축 : $I_{xy} = Ax_0y_0 = bh \times \frac{b}{2} \times \frac{h}{2} = \frac{b^2h^2}{4}$

(2) 원형 단면

① 도심축 : $I_{XY} = 0$

② x, y축 : $I_{xy} = Ax_0y_0 = \pi r^2 \times r \times r = \pi r^4$

(3) 삼각형 단면

$$I_{xy} = \int_A xydA = \frac{b^2h^2}{24}$$

(4) 1/4원 단면

$$I_{xy} = \int_A xydA = \frac{r^4}{8}$$

2) 단면상승모멘트의 정리 및 용도

① 단면의 도심을 통과하는 축에 대한 단면상승모멘트는 영(zero)이다.
② 대칭 단면에서 도심축에 대한 단면상승모멘트는 영(zero)이다.
③ 좌표축에 따라 (−)의 값을 가질 수 있다.
④ 단면상승모멘트는 단면의 주축, 최소 회전반경 등의 주로 압축을 받는 장주의 설계에 이용된다.

출제 POINT

④ 1/4원 단면

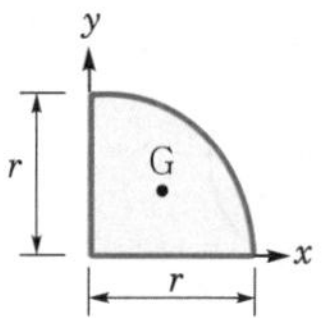

■ 주축

도형의 도심을 지나고 $I_{XY}=0$이 되는 축

SECTION 5 단면계수와 회전반경

학습 POINT

- 기본 단면의 단면계수
- 기본 단면의 회전반경

1 단면계수

1) 단면계수의 정의 및 정리

(1) 단면계수의 정의

① 도심을 지나는 축에 대한 단면2차모멘트를 도심에서 상·하 최연단까지의 거리로 나눈 값을 말한다.
② 단면계수

$$Z_t=\frac{I_X}{y_1},\ Z_c=\frac{I_X}{y_2}$$

(2) 단면계수의 정리

① 단면계수가 큰 단면일수록 휨에 대하여 강하고, 단면계수가 클수록 재료의 휨강도가 커진다.
② 도심을 지나는 단면계수의 값은 0이다.
③ 휨응력을 계산하는 데 사용된다.

■ 단면계수와 단위

① 단면계수

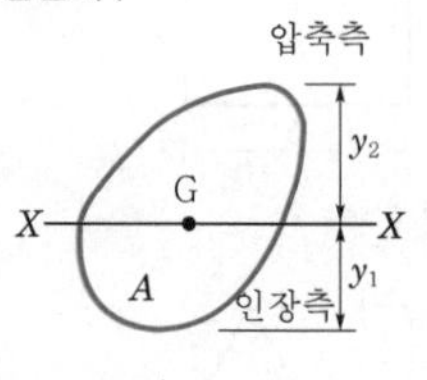

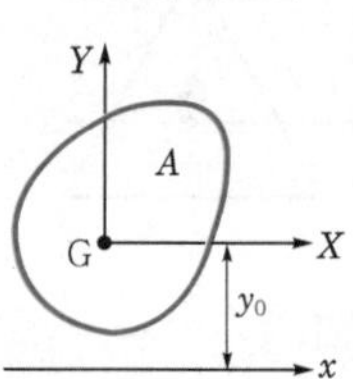

② 단위 : cm^3, m^3, ft^3로 단면1차모멘트와 동일

2) 기본 단면의 단면계수

① 직사각형 단면

$$Z=\frac{I_X}{y}=\frac{bh^3/12}{h/2}=\frac{bh^2}{6}$$

② 삼각형 단면

$$Z_c=\frac{I_X}{y}=\frac{bh^3/36}{(2/3)h}=\frac{bh^2}{24},\ Z_t=\frac{I_X}{y}=\frac{bh^3/36}{h/3}=\frac{bh^2}{12}$$

③ 원형 단면

$$Z=\frac{I_X}{y}=\frac{\pi D^4/64}{D/2}=\frac{\pi D^3}{32}$$

■ 기본 단면의 단면계수

① 구형 단면

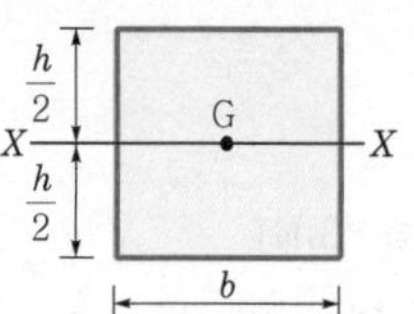

② 삼각형 단면

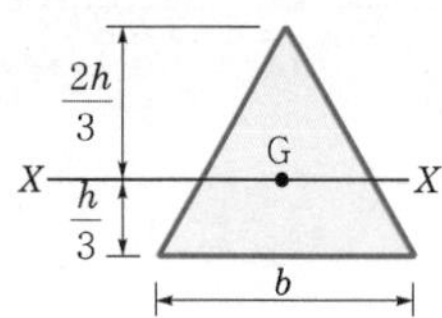

출제 POINT

③ 원형 단면

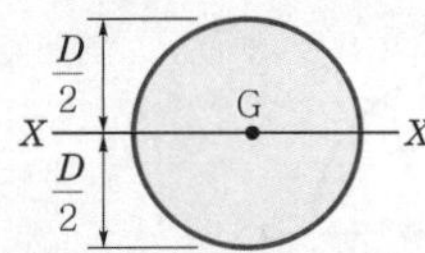

■ 회전반경

① 회전반경=회전반지름=단면2차반지름=단면2차반경

② 단위 : cm, m, ft

■ 기본 단면의 회전반경

① 구형 단면

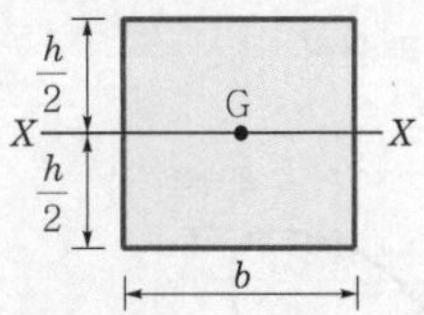

② 삼각형 단면

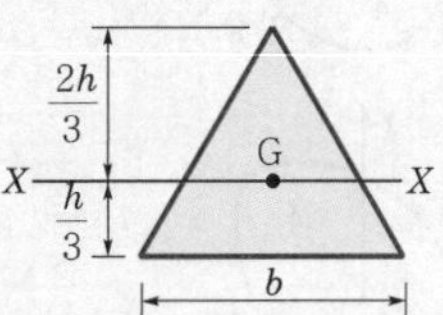

③ 원형 단면

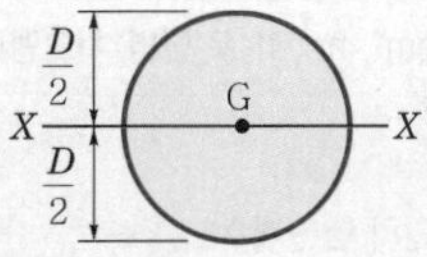

2 회전반경(회전반지름, 단면2차반지름, 단면2차반경)

1) 회전반경의 정의 및 정리

(1) 회전반경의 정의

① 단면2차모멘트를 단면적으로 나눈 값의 제곱근을 말한다.

② 회전반경

$$r_x = \sqrt{\frac{I_x}{A}},\ r_y = \sqrt{\frac{I_y}{A}}$$

(2) 회전반경의 정리

① 봉이나 기둥 등의 설계에서 최소 회전반경을 사용한다.

② 평행축의 정리에 의한 임의 축의 최소 회전반경

$$I_x = I_X + A{y_0}^2,\ {r_x}^2 = {r_X}^2 + {y_0}^2$$

$$\therefore\ r_x = \sqrt{{r_X}^2 + {y_0}^2}$$

2) 기본 단면의 회전반경(r)

① 직사각형 단면

$$r_X = \sqrt{\frac{I_X}{A}} = \sqrt{\frac{bh^3/12}{bh}} = \frac{h}{\sqrt{12}} = \frac{h}{2\sqrt{3}}$$

② 삼각형 단면

$$r_X = \sqrt{\frac{I_X}{A}} = \sqrt{\frac{bh^3/36}{bh/2}} = \frac{h}{\sqrt{18}} = \frac{h}{3\sqrt{2}}$$

③ 원형 단면

$$r_X = \sqrt{\frac{I_X}{A}} = \sqrt{\frac{\pi D^4/64}{\pi D^2/4}} = \sqrt{\frac{D^2}{16}} = \frac{D}{4}$$

SECTION 6 주단면2차모멘트와 파푸스의 정리

학습 POINT

• 주단면2차모멘트의 크기

• 평면도형의 성질

1 주단면2차모멘트의 정의 및 정리

1) 주단면2차모멘트의 정의와 크기

(1) 주단면2차모멘트의 정의

① 임의 점을 원점으로 회전하는 두 축에 관한 단면2차모멘트가 최대 또는 최소일 때, 이 두 축을 그 점에서 주축이라 하고, 두 축에 관한 단면2차모멘트를 주단면2차모멘트라고 한다.

② 각 축에 대한 단면2차모멘트의 합은 일정하다.

$$I_x + I_y = I_u + I_v = I_P(\text{constant})$$

(2) 주축에서 주단면2차모멘트의 크기와 방향

① 주단면2차모멘트의 크기

$$I_{\max} = \frac{I_x + I_y}{2} + \sqrt{\left(\frac{I_x - I_y}{2}\right)^2 + {I_{xy}}^2}$$
$$= \frac{1}{2}(I_X + I_Y) + \frac{1}{2}\sqrt{(I_x - I_y)^2 + 4{I_{xy}}^2}$$

$$I_{\min} = \frac{I_x + I_y}{2} - \sqrt{\left(\frac{I_x - I_y}{2}\right)^2 + {I_{xy}}^2}$$
$$= \frac{1}{2}(I_X + I_Y) - \frac{1}{2}\sqrt{(I_x - I_y)^2 + 4{I_{xy}}^2}$$

② 주축의 위치(방향)

$$\tan 2\alpha = \frac{2I_{xy}}{I_y - I_x} = -\frac{2I_{xy}}{I_x - I_y}$$

2) 주단면2차모멘트 정리

① 주축에 대한 단면상승모멘트는 0(zero)이다.
② 주축은 한 쌍의 직교축을 이룬다.
③ 주축에 대한 단면2차모멘트는 최대 및 최소이다.
④ 대칭축은 항상 주축이 되며, 그 축에 직교되는 축도 주축이다.
⑤ 정다각형 및 원형 단면에서는 대칭축이 여러 개이므로 주축도 여러 개 있다.
⑥ 주축이라고 해서 대칭을 의미하는 것은 아니다.

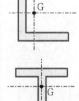

2 파푸스의 정리 및 평면도형의 성질

1) 파푸스(Pappus)의 정리

(1) 파푸스의 제1정리

① 파푸스의 제1정리는 표면적에 대한 정리이다.
② 표면적 = 선분의 길이 × 선분의 도심이 이동한 거리

$$\therefore\ A = L y_0 \theta$$

(2) 파푸스의 제2정리

① 파푸스의 제2정리는 체적에 대한 정리이다.
② 체적 = 단면적 × 평면의 도심이 이동한 거리

$$\therefore\ V = A\, y_0 \theta$$

출제 POINT

■ 주단면2차모멘트

① 주단면2차모멘트

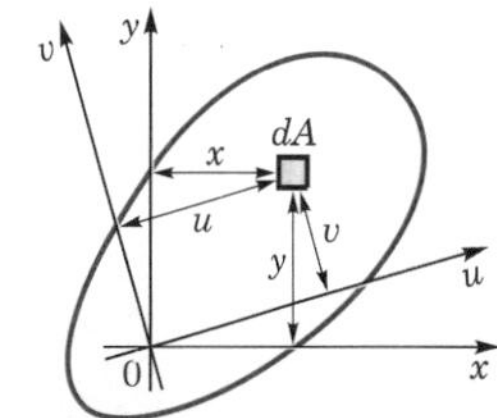

② 주축에 대한 모어의 원

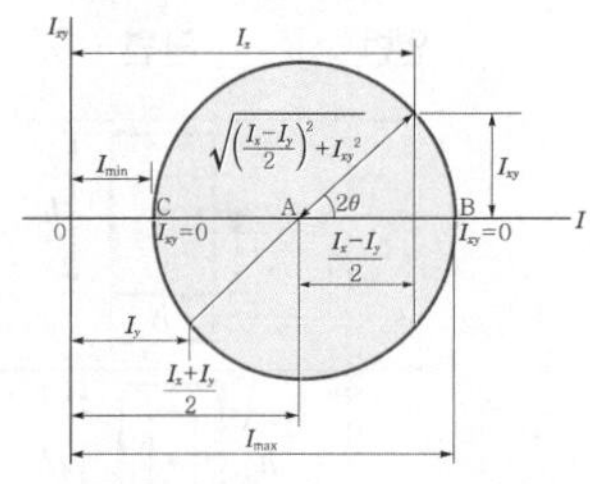

③ 단위 : cm^4, m^4, ft^{4}로 단면2차모멘트와 동일

■ 주축의 위치

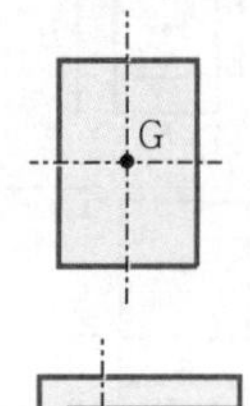

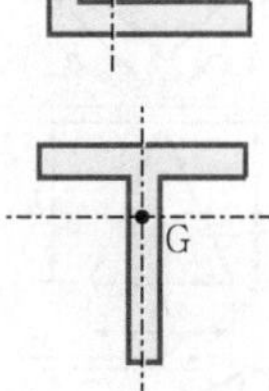

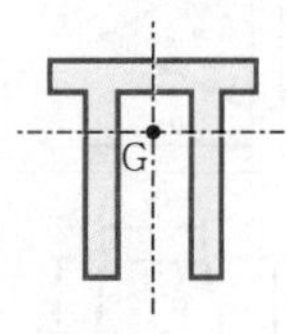

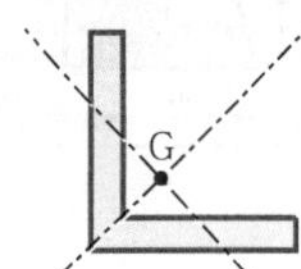

출제 POINT

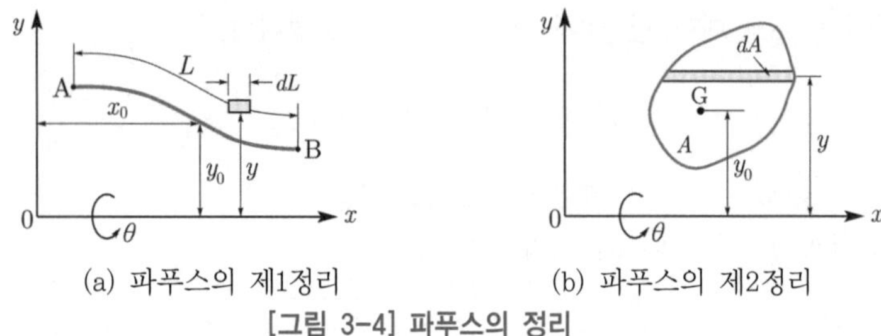

(a) 파푸스의 제1정리 (b) 파푸스의 제2정리

[그림 3-4] 파푸스의 정리

2) 평면도형의 성질

연번	단면	단면적 (A)	도심의 거리 (y)	단면2차모멘트 (I)	단면계수 (Z)	단면2차반지름 (r)
1	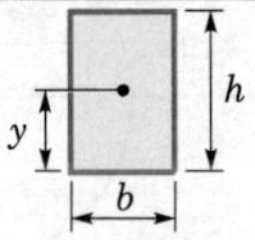	bh	$\frac{h}{2}$	$\frac{bh^3}{12}$	$\frac{bh^2}{6}$	$\frac{h}{\sqrt{12}}=0.2887h$
2	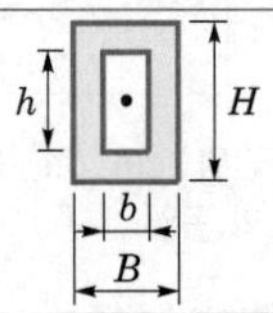	$BH-bh$	$\frac{H}{2}$	$\frac{BH^3-bh^3}{12}$	$\frac{BH^3-bh^3}{6H}$	$\sqrt{\frac{BH^3-bh^3}{12(BH-bh)}}$
3	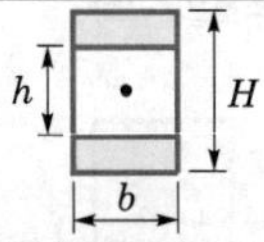	$b(H-h)$	$\frac{H}{2}$	$\frac{b}{12}(H^3-h^3)$	$\frac{b}{6H}(H^3-h^3)$	$\sqrt{\frac{H^2+Hh+h^2}{12}}$
4	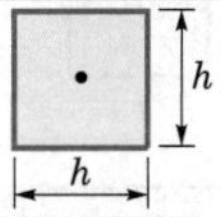	h^2	$\frac{h}{2}$	$\frac{h^4}{12}$	$\frac{h^3}{6}$	$\frac{h}{\sqrt{12}}=0.2887h$
5	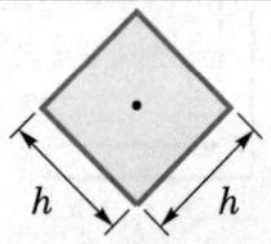	h^2	$\frac{h}{\sqrt{2}}=0.7071h$	$\frac{h^4}{12}$	$\frac{h^3}{6\sqrt{2}}=0.1179h^3$	$\frac{h}{\sqrt{12}}=0.2887h$
6	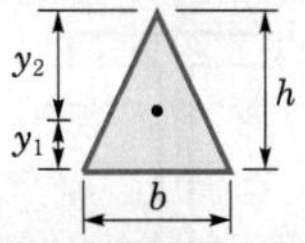	$\frac{bh}{2}$	$y_1=\frac{h}{3}$ $y_2=\frac{2h}{3}$	$\frac{bh^3}{36}$	$Z_1=\frac{bh^2}{12}$ $Z_2=\frac{bh^2}{24}$	$\frac{h}{3\sqrt{2}}=0.2357h$
7	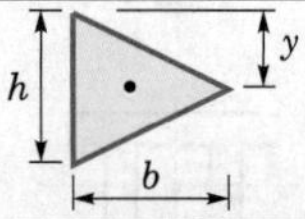	$\frac{bh}{2}$	$\frac{h}{2}$	$\frac{bh^3}{48}$	$\frac{bh^2}{24}$	$\frac{h}{\sqrt{24}}=0.2041h$
8	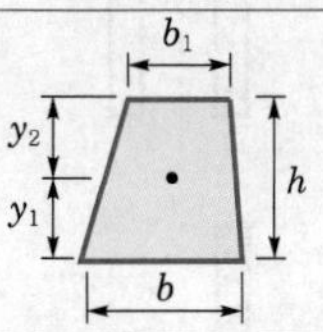	$\frac{(b+b_1)h}{2}$	$y_1=\left(\frac{b+2b_1}{b+b_1}\right)\frac{h}{3}$ $y_2=\left(\frac{2b+b_1}{b+b_1}\right)\frac{h}{3}$	$\frac{b^2+4bb_1+{b_1}^2}{36(b+b_1)}h^2$	$\frac{b^2+4bb_1+{b_1}^2}{12(2b+b_1)}h^2$	$\frac{\sqrt{b^2+4bb_1+{b_1}^2}}{6(b+b_1)}\sqrt{2}h$

출제 POINT

연번	단면	단면적 (A)	도심의 거리 (y)	단면2차모멘트 (I)	단면계수 (Z)	단면2차반지름 (r)
9	원형 (d)	$\pi r^2=\dfrac{\pi d^2}{4}$	$r=\dfrac{d}{2}$	$\dfrac{\pi r^4}{4}=0.7854r^4$ $=\dfrac{\pi d^4}{64}$ $=0.04809d^4$	$\dfrac{\pi r^3}{4}=0.7854r^3$ $=\dfrac{\pi d^3}{32}$ $=0.09818d^3$	$\dfrac{r}{2}=\dfrac{d}{4}$
10	중공원형 (d_1, d_2, y)	$\dfrac{\pi}{4}(d_2{}^2-d_1{}^2)$	$\dfrac{d_2}{2}$	$\dfrac{\pi}{64}(d_2{}^4-d_1{}^4)$	$\dfrac{\pi(d_2{}^4-d_1{}^4)}{32d_2}$	$\sqrt{\dfrac{d_2{}^2+d_1{}^2}{16}}$
11	반원 (y_2, y_1, r, d)	$\dfrac{\pi r^2}{2}=\dfrac{\pi d^2}{8}$	$y_1=\dfrac{4r}{3\pi}$ $=0.4244r$ $y_2=\dfrac{(3\pi-4)r}{3\pi}$ $=0.5756r$	$\left(\dfrac{\pi}{8}-\dfrac{8}{9\pi}\right)r^4$ $=0.1098r^4$ $=0.00686d^4$	$z_1=0.2587r^3$ $z_2=0.1908r^3$	$0.2643r=0.1322d$
12	타원 ($2a$, $2b$)	πab	a	$\dfrac{\pi a^3b}{4}=0.7854a^3b$	$\dfrac{\pi a^2b}{4}=0.7854a^2b$	$\dfrac{a}{2}$
13	정육각형 (b, h)	$\dfrac{3\sqrt{3}}{2}b^2=2.5986b^2$	$\dfrac{\sqrt{3}}{2}b=0.866b$	$\dfrac{5\sqrt{3}}{16}b^4=0.541b^4$	$\dfrac{5}{8}b^3=0.625b^3$	$\sqrt{\dfrac{5}{24}}b=0.4564b$
14	ㄷ형 (h, b, H, B), I형 ($\frac{b}{2}$, $\frac{b}{2}$, H, h, y, B)	$BH-bh$	$\dfrac{H}{2}$	$\dfrac{1}{12}(BH^3-bh^3)$	$\dfrac{1}{6H}(BH^3-bh^3)$	$\sqrt{\dfrac{BH^3-bh^3}{12(BH-bh)}}$
15	H형 (b, H, h, y, $\frac{B}{2}$, $\frac{B}{2}$)	$BH+bh$	$\dfrac{H}{2}$	$\dfrac{1}{12}(BH^3-bh^3)$	$\dfrac{1}{6H}(BH^3+bh^3)$	$\sqrt{\dfrac{BH^3+bh^3}{12(BH+bh)}}$

CHAPTER 03 기출문제

APPLIED MECHANICS

10년간 출제된 빈출문제

1. 단면1차모멘트와 도심

★

01 도형의 도심을 지나는 축에 대한 단면1차모멘트의 값은?

① 0이다.
② 0보다 크다.
③ 0보다 작다.
④ 0보다 클 때도 있고 작을 때도 있다.

해설 **단면1차모멘트의 특성**
도심을 지나는 축에 대한 단면1차모멘트는 0이다.

★★

02 다음 도형(음영 부분)의 X축에 대한 단면1차모멘트는?

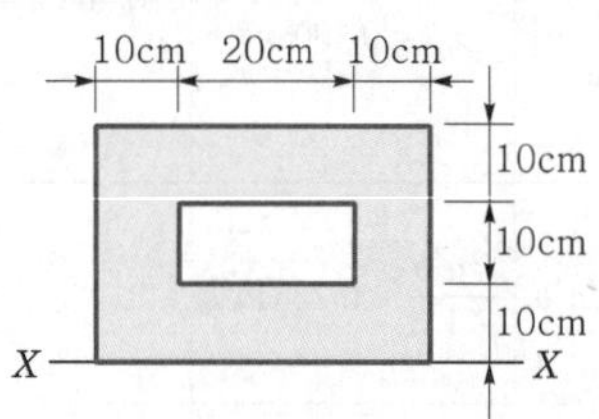

① $5{,}000\text{cm}^3$　② $10{,}000\text{cm}^3$
③ $15{,}000\text{cm}^3$　④ $20{,}000\text{cm}^3$

해설 **단면1차모멘트**
㉠ 단면1차모멘트=면적(A)×도심거리(y)로 변화단면의 성질을 이용한다.
㉡ 단면1차모멘트
$G_x = Ay = 40\times30\times15-20\times10\times15$
$= 15{,}000\text{cm}^3$

03 다음 그림과 같은 반지름 r인 반원의 X축에 대한 단면1차모멘트는?

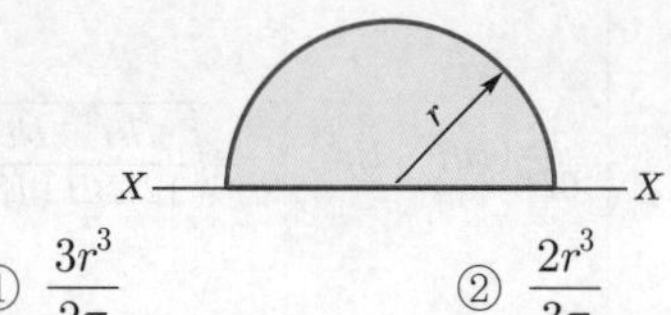

① $\dfrac{3r^3}{2\pi}$　② $\dfrac{2r^3}{3\pi}$
③ $\dfrac{\pi r^3}{6}$　④ $\dfrac{2r^3}{3}$

해설 단면1차모멘트=면적×도심거리
$$G_x = Ay = \frac{\pi r^2}{2}\times\frac{4r}{3\pi} = \frac{2}{3}r^3$$

04 다음 4분원에서 x축에 대한 단면1차모멘트의 크기는?

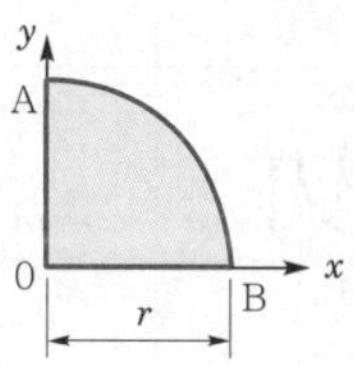

① $\dfrac{r^3}{2}$　② $\dfrac{r^3}{3}$
③ $\dfrac{r^3}{4}$　④ $\dfrac{r^3}{5}$

해설 단면1차모멘트=면적×도심거리
$$G_x = Ay = \frac{\pi r^2}{4}\times\frac{4r}{3\pi} = \frac{r^3}{3}$$

★★★

05 다음과 같이 한 변이 a인 정사각형 단면의 1/4을 절취한 나머지 부분의 도심위치 C($\bar{x}$, $\bar{y}$)는?

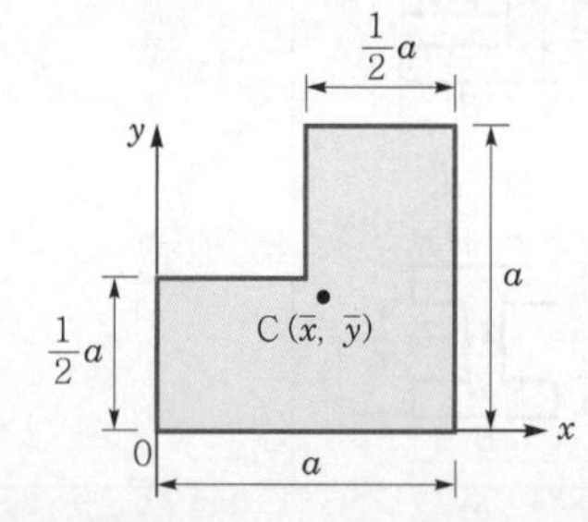

① $C\left(\dfrac{1}{3}a,\ \dfrac{2}{3}a\right)$　② $C\left(\dfrac{2}{3}a,\ \dfrac{1}{3}a\right)$
③ $C\left(\dfrac{5}{12}a,\ \dfrac{7}{12}a\right)$　④ $C\left(\dfrac{7}{12}a,\ \dfrac{5}{12}a\right)$

정답 1. ① 2. ③ 3. ④ 4. ② 5. ④

해설 도심거리 $= \dfrac{\text{단면1차모멘트}(\Sigma G)}{\text{면적}(\Sigma A)}$

$$\bar{x} = \frac{G_y}{\Sigma A} = \frac{\Sigma Ax}{\Sigma A}$$

$$= \frac{a^2 \times \frac{a}{2} - \left(\frac{1}{2}a\right)^2 \times \frac{a}{4}}{a^2 - \left(\frac{1}{2}a\right)^2} = \frac{7}{12}a$$

$$\bar{y} = \frac{G_x}{\Sigma A} = \frac{\Sigma Ay}{\Sigma A}$$

$$= \frac{a^2 \times \frac{a}{2} - \left(\frac{1}{2}a\right)^2 \times \frac{3}{4}a}{a^2 - \left(\frac{1}{2}a\right)^2} = \frac{5}{12}a$$

$$\therefore \mathrm{C}(\bar{x},\ \bar{y}) = \mathrm{C}\left(\frac{7}{12}a,\ \frac{5}{12}a\right)$$

★

06 단면의 성질 중에서 폭 b, 높이 h인 직사각형 단면의 1차모멘트 및 단면2차모멘트에 대한 설명으로 잘못된 것은?

① 단면의 도심축을 지나는 단면1차모멘트는 0이다.

② 도심축에 대한 단면2차모멘트는 $\dfrac{bh^3}{12}$이다.

③ 직사각형 단면의 밑변축에 대한 단면1차모멘트는 $\dfrac{bh^2}{6}$이다.

④ 직사각형 단면의 밑변축에 대한 단면2차모멘트는 $\dfrac{bh^3}{3}$이다.

해설 밑변축에 대한 단면1차모멘트

$$G_x = Ay = bh \times \frac{h}{2} = \frac{bh^2}{2}$$

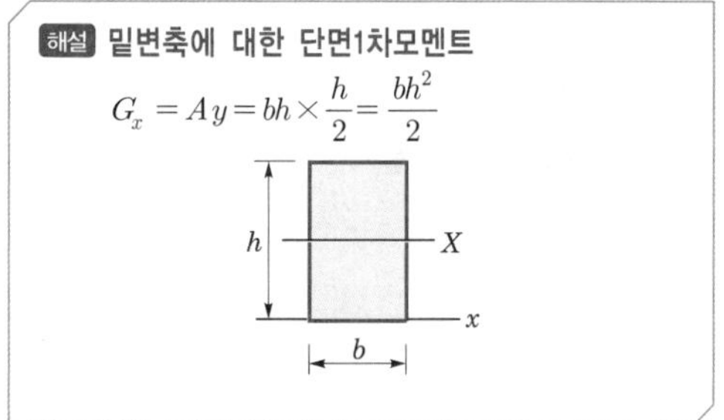

07 다음 그림과 같이 사각형과 삼각형을 합하여 만든 도형의 도심 y_c의 값은?

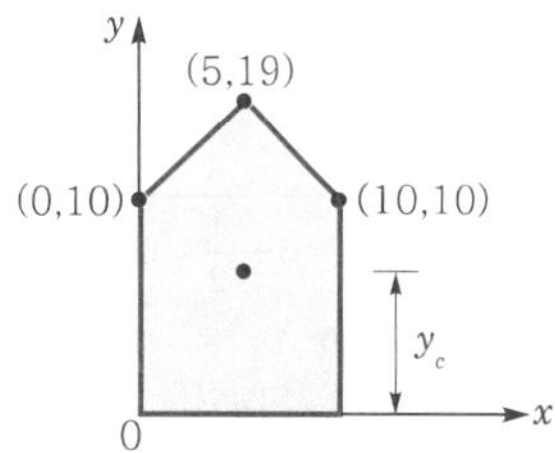

① 6.12 ② 6.45

③ 7.48 ④ 7.97

해설 도심거리$(y_c) = \dfrac{\text{단면1차모멘트}(G_x)}{\text{면적}(A)}$

$$y_c = \frac{A_1 y_1 + A_2 y_2}{A_1 + A_2}$$

$$= \frac{(10\times10)\times5 + \left(\frac{1}{2}\times9\times10\right)\times\left(10+\frac{9}{3}\right)}{10\times10+\frac{1}{2}\times9\times10}$$

$$= 7.48$$

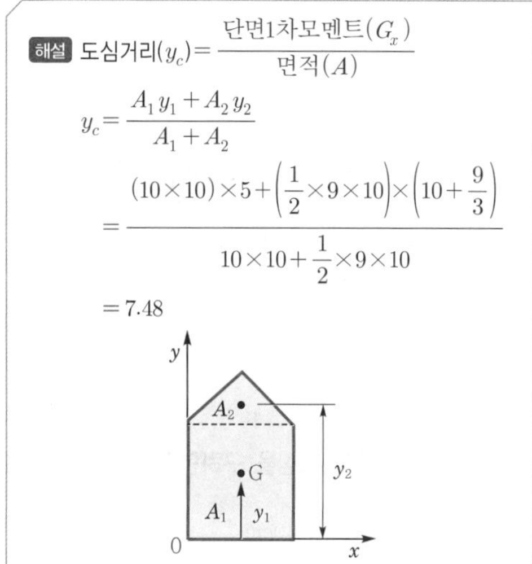

★

08 다음 그림의 단면에서 도심의 좌표$(\bar{x}, \bar{y})$를 구하면?

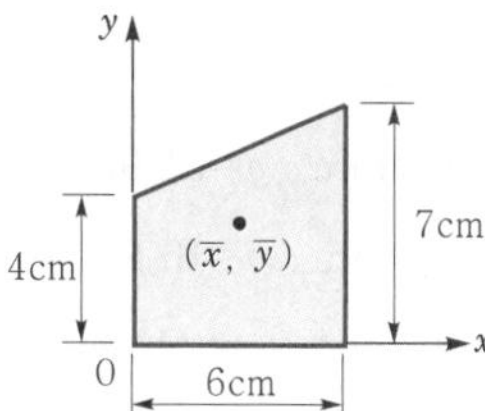

① $\bar{x} = 3.27\text{cm}$, $\bar{y} = 2.82\text{cm}$

② $\bar{x} = 2.82\text{cm}$, $\bar{y} = 3.27\text{cm}$

③ $\bar{x} = 3.02\text{cm}$, $\bar{y} = 2.82\text{cm}$

④ $\bar{x} = 3.27\text{cm}$, $\bar{y} = 3.02\text{cm}$

정답 6. ③ 7. ③ 8. ①

해설 도심거리$=\dfrac{\text{단면1차모멘트}(\Sigma G)}{\text{면적}(\Sigma A)}$

$$\bar{x}=\frac{G_y}{\Sigma A}=\frac{\Sigma A x}{\Sigma A}$$

$$=\frac{4\times 6\times 3+\frac{1}{2}\times 3\times 6\times 4}{4\times 6+\frac{1}{2}\times 3\times 6}$$

$$=3.27\text{cm}$$

$$\bar{y}=\frac{G_x}{\Sigma A}=\frac{\Sigma A y}{\Sigma A}$$

$$=\frac{4\times 6\times 2+\frac{1}{2}\times 3\times 6\times (4+\frac{1}{3}\times 3)}{4\times 6+\frac{1}{2}\times 3\times 6}$$

$$=2.82\text{cm}$$

$$\therefore\ (\bar{x},\ \bar{y})=(3.27\text{cm},\ 2.82\text{cm})$$

★★
09 주어진 단면의 도심을 구하면?

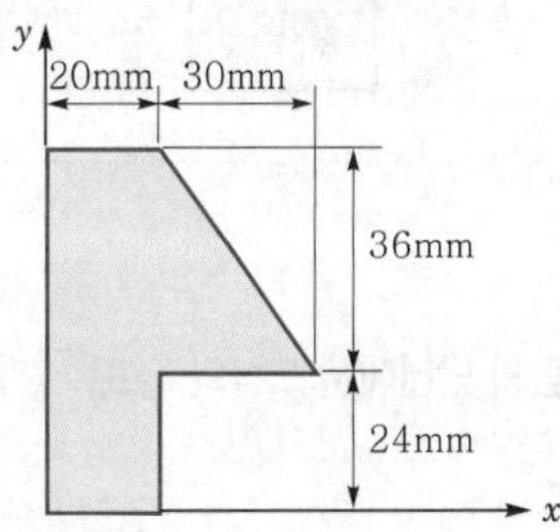

① $\bar{x}$=16.2mm, $\bar{y}$=31.9mm
② $\bar{x}$=31.9mm, $\bar{y}$=16.2mm
③ $\bar{x}$=14.2mm, $\bar{y}$=29.9mm
④ $\bar{x}$=29.9mm, $\bar{y}$=14.2mm

해설 **단면의 도심**

$$A_1=20\times(36+24)=1{,}200\text{mm}^2$$

$$A_2=\frac{1}{2}\times 36\times 30=540\text{mm}^2$$

$$G_{x1}=\frac{36+24}{2}\times 1{,}200=36{,}000\text{mm}^3$$

$$G_{x2}=\left(24+\frac{36}{3}\right)\times 540=19{,}440\text{mm}^3$$

$$G_{y1}=\frac{20}{2}\times 1{,}200=12{,}000\text{mm}^3$$

$$G_{y2}=\left(20+\frac{30}{3}\right)\times 540=16{,}200\text{mm}^3$$

$$\therefore\ \bar{x}=\frac{G_{y1}+G_{y2}}{A_1+A_2}=\frac{12{,}000+16{,}200}{1{,}200+540}=16.2\text{mm}$$

$$\therefore\ \bar{y}=\frac{G_{x1}+G_{x2}}{A_1+A_2}=\frac{36{,}000+19{,}440}{1{,}200+540}=31.9\text{mm}$$

10 다음 도형의 단면에서 음영 부분에 대한 도심 y_0 값은?

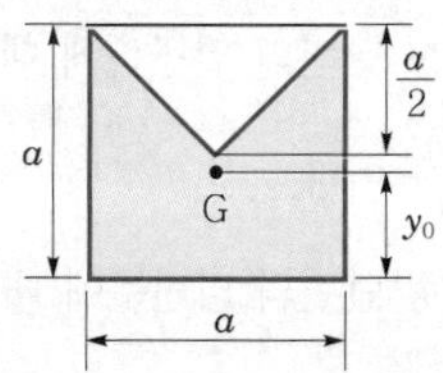

① $\frac{3}{17}a$ ② $\frac{7}{18}a$
③ $\frac{8}{19}a$ ④ $\frac{13}{20}a$

해설 **단면의 도심**

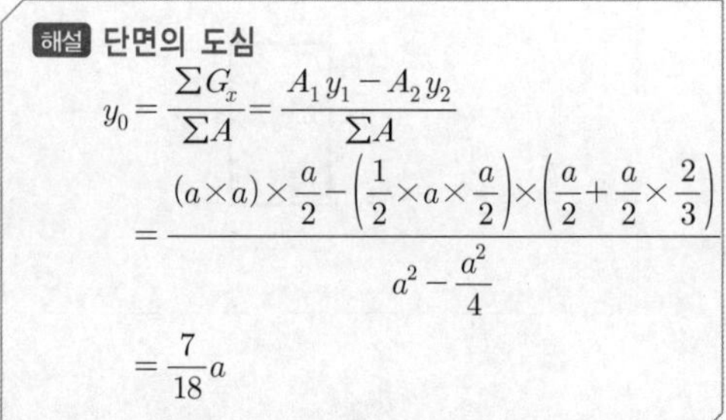

$$y_0=\frac{\Sigma G_x}{\Sigma A}=\frac{A_1y_1-A_2y_2}{\Sigma A}$$

$$=\frac{(a\times a)\times\frac{a}{2}-\left(\frac{1}{2}\times a\times\frac{a}{2}\right)\times\left(\frac{a}{2}+\frac{a}{2}\times\frac{2}{3}\right)}{a^2-\frac{a^2}{4}}$$

$$=\frac{7}{18}a$$

정답 9. ① 10. ②

★★
11 다음의 반원에서 도심 y_0는?

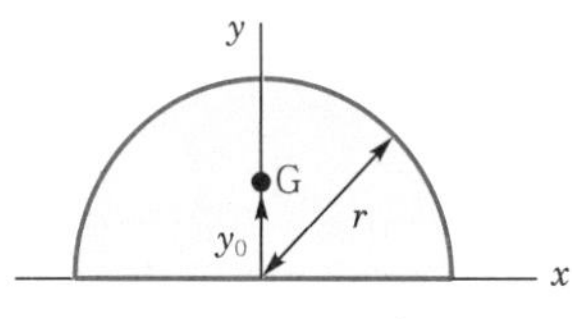

① $\frac{3r}{4\pi}$ ② $\frac{2r}{3\pi}$

③ $\frac{4r}{3\pi}$ ④ $\frac{3r}{2\pi}$

해설 반원(1/2원)의 도심

$$y_0 = \frac{4r}{3\pi}$$

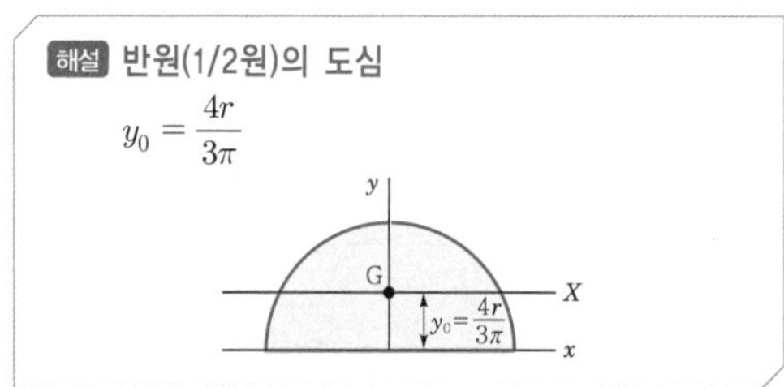

★★
12 다음 그림과 같이 원($D=$ 40cm)과 반원($r=$ 40cm)으로 이루어진 단면의 도심거리 y_c값은?

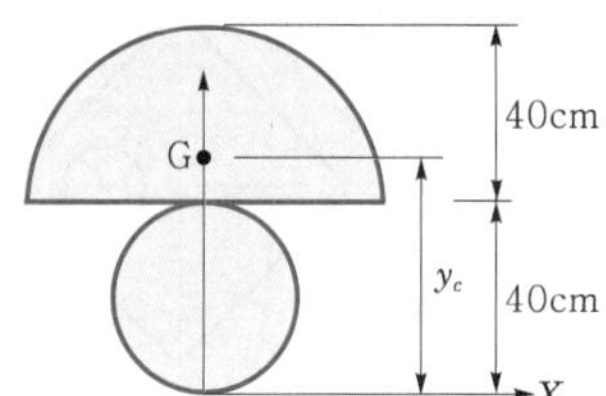

① 17.58cm ② 17.98cm

③ 49.48cm ④ 44.65cm

해설 단면의 도심

㉠ 면적과 단면1차모멘트

$$A_1 = \frac{1}{2}\times\frac{\pi\times 80^2}{4} = 2{,}513.27\text{cm}^2$$

$$A_2 = \frac{\pi\times 40^2}{4} = 1{,}256.64\text{cm}^2$$

$$G_1 = A_1 y_1 = 2{,}513.27\times\left(40+\frac{4\times 40}{3\pi}\right)$$

$$= 143{,}197.40\text{cm}^3$$

$$G_2 = A_2 y_2 = 1{,}256.64\times 20 = 25{,}132.8\text{cm}^3$$

㉡ 도심위치

$$y_c = \frac{G_1+G_2}{A_1+A_2} = \frac{143{,}197.4+25{,}132.8}{2{,}513.27+1{,}256.64}$$

$$= 44.65\text{cm}$$

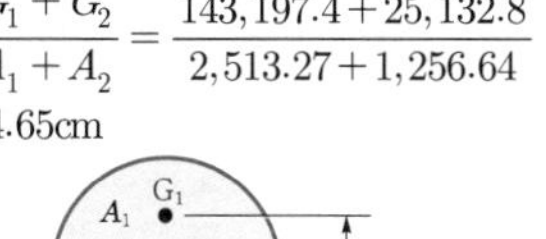

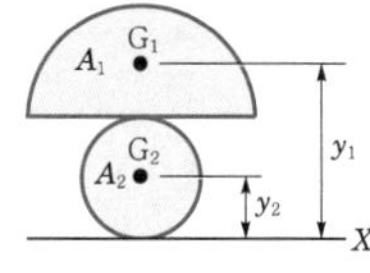

13 다음 단면에 대한 관계식 중 옳지 않은 것은?

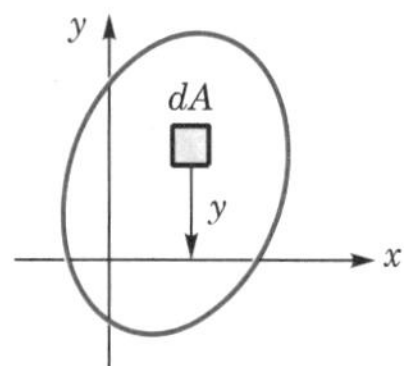

① 단면1차모멘트 $Q_x = \int y\,dA$

② 단면2차모멘트 $I_x = \int y^2 dA$

③ 도심 $y_0 = \int \frac{Q_y}{A} dA$

④ 회전반지름 $r_x = \sqrt{\frac{I_x}{A}}$

해설 단면의 도심

$$y_0 = \frac{Q_x}{A} = \frac{\int y\,dA}{A}$$

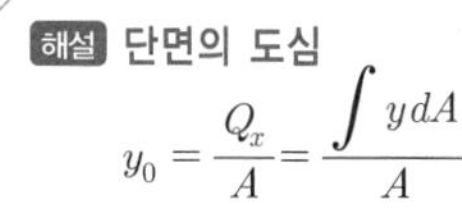

★
14 다음 그림에서 x축으로부터 음영 부분의 도형에 대한 도심까지의 거리 $\bar{y}$를 구하면 얼마인가?

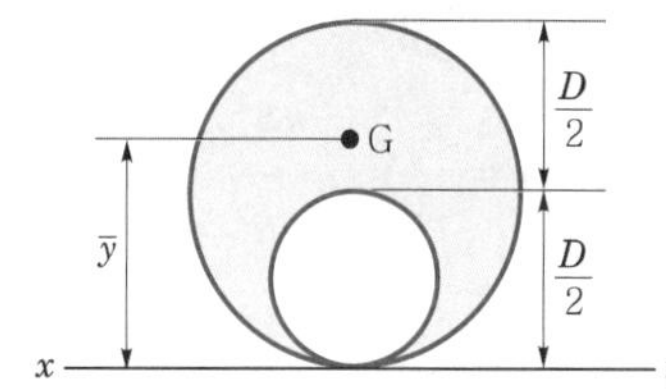

① $\frac{1}{2}D$ ② $\frac{7}{12}D$

③ $\frac{2}{3}D$ ④ $\frac{3}{4}D$

해설 단면의 도심

㉠ 면적과 단면1차모멘트

$$A = \frac{\pi D^2}{4} - \frac{\pi}{4}\times\left(\frac{D}{2}\right)^2 = \frac{3\pi D^2}{16}$$

$$G_x = A_1 y_1 - A_2 y_2$$

$$= \frac{\pi D^2}{4}\times\frac{D}{2} - \frac{\pi}{4}\times\left(\frac{D}{2}\right)^2\times\frac{D}{4}$$

$$= \frac{7\pi D^3}{64}$$

㉡ 도심위치

$$\bar{y} = \frac{G_x}{A} = \frac{\frac{7\pi D^3}{64}}{\frac{3\pi D^2}{16}} = \frac{7}{12}D$$

정답 11. ③ 12. ④ 13. ③ 14. ②

15 큰 원에서 그 반지름으로 작은 원을 도려낸 음영 부분의 도심의 x 좌표는?

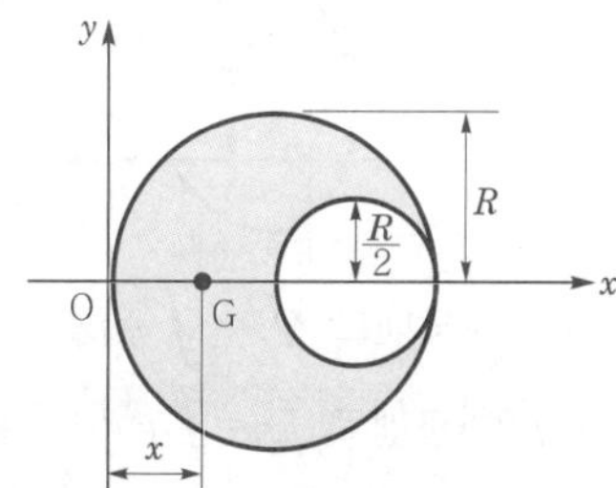

① $\frac{4}{5}R$ ② $\frac{2}{3}R$
③ $\frac{3}{4}R$ ④ $\frac{5}{6}R$

해설 단면의 도심
㉠ 단면1차모멘트와 면적

$$G_y = Ax = \pi R^2 \times R - \frac{\pi R^2}{4} \times \frac{3R}{2}$$
$$= \frac{5}{8}\pi R^3$$
$$A = \pi R^2 - \pi\left(\frac{R}{2}\right)^2 = \frac{3}{4}\pi R^2$$

㉡ 도심위치

$$x = \frac{G_y}{A} = \frac{\frac{5}{8}\pi R^3}{\frac{3}{4}\pi R^2} = \frac{5}{6}R$$

★
16 다음 그림과 같이 음영 부분의 y축 도심은 얼마인가?

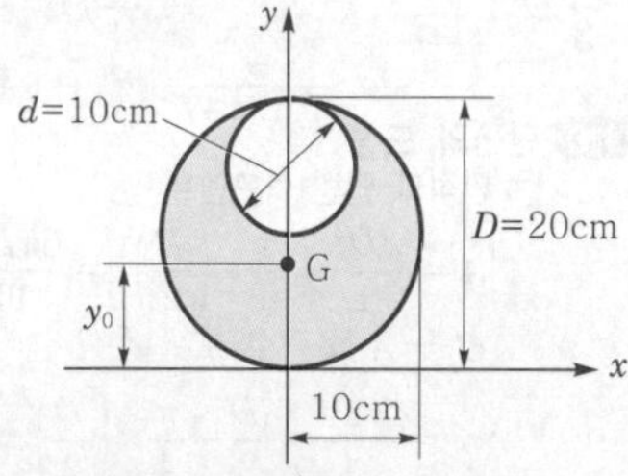

① x축에서 위로 5.00cm
② x축에서 위로 10.00cm
③ x축에서 위로 11.67cm
④ x축에서 위로 8.33cm

해설 단면의 도심
㉠ x축에 대한 단면1차모멘트와 면적

$$G_x = \frac{\pi D^2}{4} \times \frac{D}{2} - \frac{\pi\left(\frac{D}{2}\right)^2}{4} \times \frac{3}{4}D$$
$$= \frac{5}{64}\pi D^3$$
$$A = \frac{\pi D^2}{4} - \frac{\pi}{4} \times \left(\frac{D}{2}\right)^2 = \frac{3}{16}\pi D^2$$

㉡ 도심위치

$$\bar{y} = \frac{G_x}{A} = \frac{\frac{5}{64}\pi D^3}{\frac{3}{16}\pi D^2} = \frac{5}{12}D$$
$$= \frac{5}{12} \times 20 = 8.33\text{cm}$$

★★
17 변의 길이가 30cm인 정사각형에서 반경 5cm의 원을 도려낸 나머지 부분의 도심은? (단, 도려낸 원의 중심은 정방형의 중심에서 10cm에 있음)

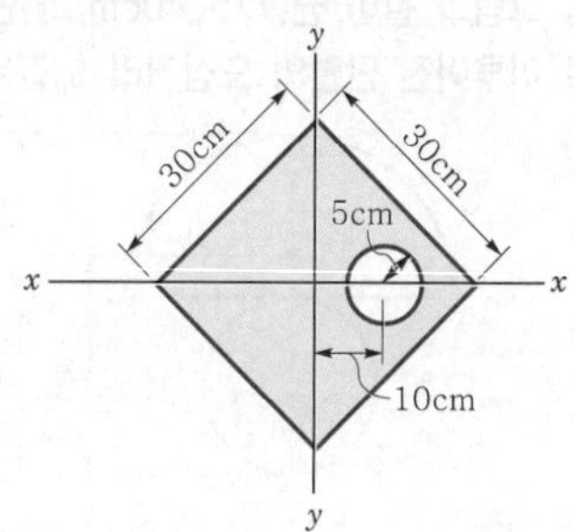

① 원점에서 우로 0.956cm
② 원점에서 좌로 0.956cm
③ 원점에서 우로 1.346cm
④ 원점에서 좌로 1.346cm

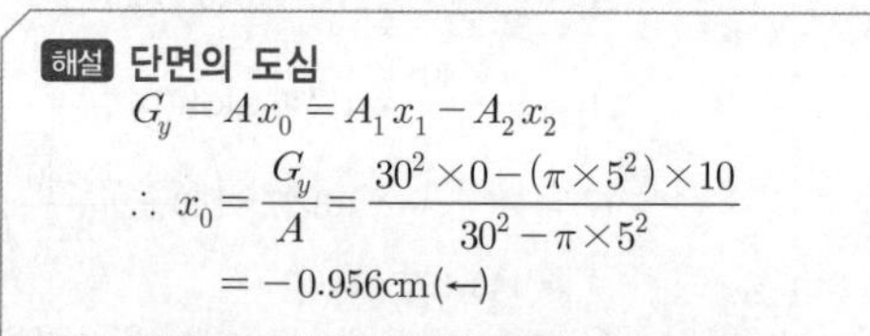
해설 단면의 도심

$$G_y = Ax_0 = A_1x_1 - A_2x_2$$
$$\therefore x_0 = \frac{G_y}{A} = \frac{30^2 \times 0 - (\pi \times 5^2) \times 10}{30^2 - \pi \times 5^2}$$
$$= -0.956\text{cm}(\leftarrow)$$

★
18 다음 그림과 같은 음영 부분의 도심 y_0 값은?

① $0.575a$
② $0.675a$
③ $0.775a$
④ $0.875a$

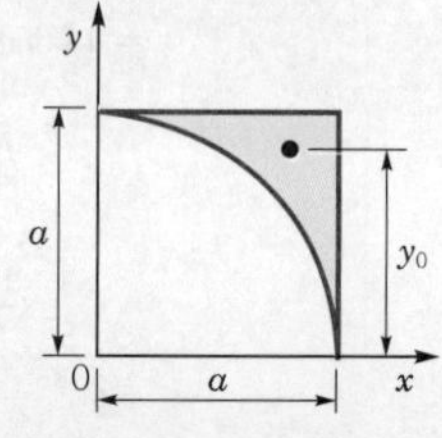

정답 15. ④ 16. ④ 17. ② 18. ③

해설 단면의 도심

㉠ 단면1차모멘트와 면적

$$G_x = a^2 \times \frac{a}{2} - \frac{\pi a^2}{4} \times \frac{4a}{3\pi} = \frac{a^3}{6}$$

$$A = a^2 - \frac{\pi a^2}{4} = a^2\left(1 - \frac{\pi}{4}\right)$$

㉡ 도심위치

$$y_0 = \frac{G_x}{A} = \frac{\frac{a^3}{6}}{a^2\left(1-\frac{\pi}{4}\right)} = \frac{2a}{3(4-\pi)} = 0.775a$$

★

19 다음 그림과 같은 4분원 중에서 음영 부분의 밑변으로부터 도심까지의 위치 y 는?

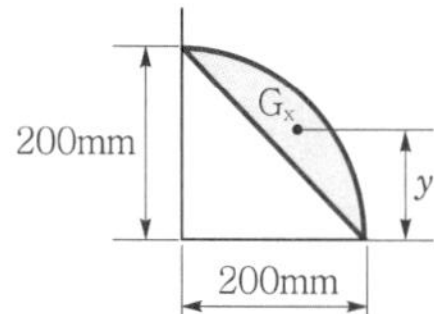

① 116.8mm　　② 126.8mm

③ 146.7mm　　④ 158.7mm

해설 단면의 도심

$$y = \frac{G_x}{A} = \frac{\frac{\pi r^2}{4} \times \frac{4r}{3\pi} - \frac{r^2}{2} \times \frac{r}{3}}{\frac{\pi r^2}{4} - \frac{r^2}{2}}$$

$$= \frac{2r}{3(\pi-2)} = \frac{2 \times 200}{3(\pi-2)} = 116.795\text{mm}$$

20 다음 사다리꼴의 도심의 위치는?

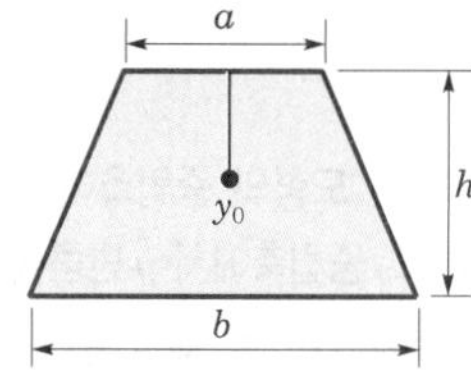

① $y_0 = \frac{h}{3}\left(\frac{2a+b}{a+b}\right)$　　② $y_0 = \frac{h}{3}\left(\frac{a+2b}{a+b}\right)$

③ $y_0 = \frac{h}{3}\left(\frac{a+b}{2a+b}\right)$　　④ $y_0 = \frac{h}{3}\left(\frac{a+b}{a+2b}\right)$

해설 도심위치

$$y_1 = \frac{h(2a+b)}{3(a+b)}$$

$$y_2 = \frac{h(a+2b)}{3(a+b)}$$

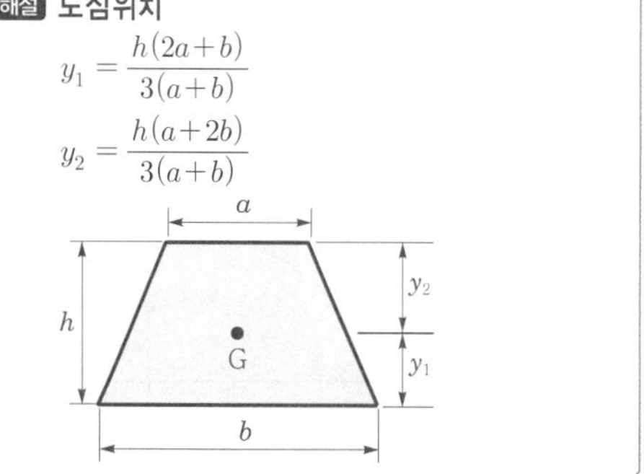

★★

21 다음 그림과 같은 T형 단면에서 도심축 $C-C$축의 위치 x 는?

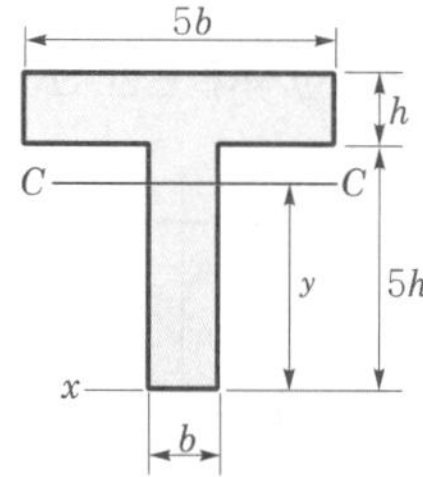

① $2.5h$　　② $3.0h$

③ $3.5h$　　④ $4.0h$

해설 도심위치

$$x = \frac{G_x}{A} = \frac{5bh \times 5.5h + 5bh \times 2.5h}{5bh + 5bh} = 4h$$

★★

22 다음 포물선의 도심거리 $\bar{x}$ 와 $\bar{y}$ 는?

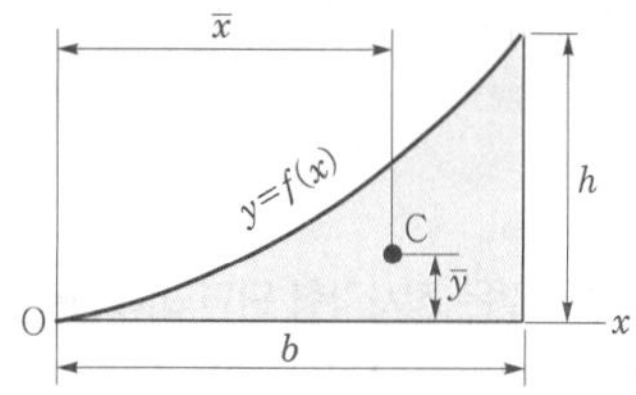

① $\frac{3}{4}h,\ \frac{3}{10}b$　　② $\frac{3}{4}h,\ \frac{5}{4}b$

③ $\frac{3}{10}h,\ \frac{3}{4}b$　　④ $\frac{4}{5}h,\ \frac{4}{3}b$

정답 19. ① 20. ② 21. ④ 22. ①

해설 포물선 단면의 도심

$A=bh,\ A_1=\frac{1}{3}A,\ A_2=\frac{2}{3}A$

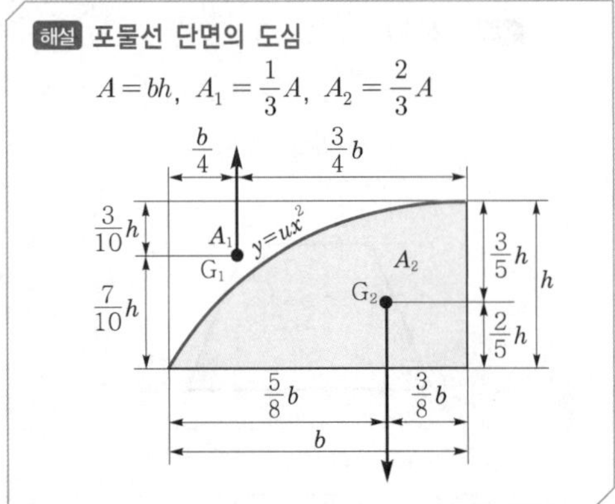

2. 단면2차모멘트

★
23 다음 그림에서 y축에 관한 단면2차모멘트의 값은?

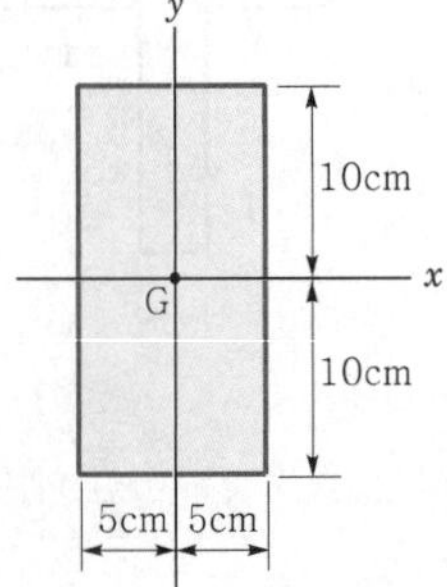

① $3,333\text{cm}^4$ ② $6,666\text{cm}^4$
③ $1,666\text{cm}^4$ ④ $1,416\text{cm}^4$

해설 도심축에 대한 단면2차모멘트

$I_x=\frac{bh^3}{12}=\frac{10\times20^3}{12}=6,666.67\text{cm}^4$

$I_y=\frac{hb^3}{12}=\frac{20\times10^3}{12}=1,666.7\text{cm}^4$

★★
24 다음 그림과 같은 정사각형 단면의 대칭축 $x-y$에 대하여 30° 기울어진 $X-Y$축에 대한 단면2차모멘트 I_x의 값은?

① $1,667\text{cm}^4$
② $1,250\text{cm}^4$
③ 625cm^4
④ 833cm^4

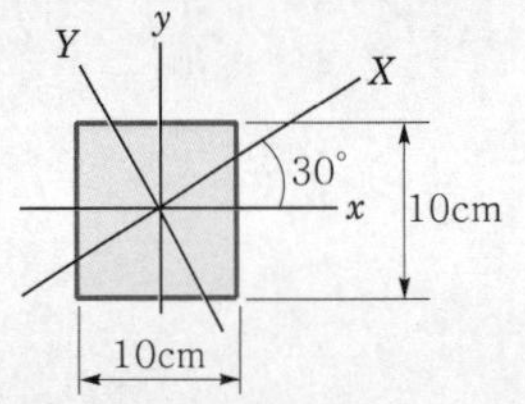

해설 단면2차모멘트

㉠ 정사각형의 도심축에 대한 단면2차모멘트는 축의 회전에 관계없이 모두 일정하다.

㉡ 도심축에 대한 단면2차모멘트

$I_X=\frac{bh^3}{12}=\frac{a^4}{12}=\frac{10^4}{12}=833.3\text{cm}^4$

25 다음 그림과 같은 단면의 $X-X$축에 관한 단면2차모멘트 I_{X-X}를 표시한 값은?

① $\frac{h^3}{24}$
② $\frac{h^3}{3}$
③ $\frac{h^4}{6}$
④ $\frac{h^4}{12}$

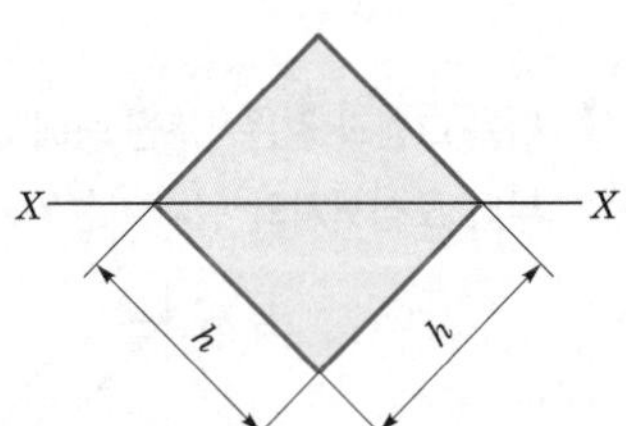

해설 단면2차모멘트

마름모의 도심축에 대한 단면2차모멘트는 축의 회전에 관계없이 일정하다.

$I_X=\frac{bh^3}{12}=\frac{h^4}{12}$

별해 삼각형 밑면에 대한 단면2차모멘트는 $\frac{bh^3}{12}$이고,

$b=\sqrt{2}h,\ h=\frac{h}{\sqrt{2}}$

$\therefore\ I_X=2\times\frac{\sqrt{2}h}{12}\times\left(\frac{h}{\sqrt{2}}\right)^3=\frac{h^4}{12}$

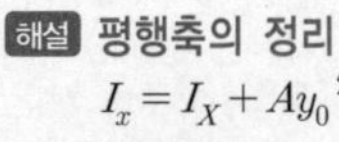

★★
26 단면적이 A인 도형의 중립축에 대한 단면2차모멘트를 I_G라 하고, 중립축에서 y만큼 떨어진 축에 대한 단면2차모멘트를 I라 할 때 I는?

① $I=I_G+Ay^2$ ② $I=I_G+A^2y$
③ $I=I_G-Ay^2$ ④ $I=I_G-A^2y$

해설 평행축의 정리

$I_x=I_X+Ay_0^{\ 2}$

정답 23. ③ 24. ④ 25. ④ 26. ①

27 다음 그림과 같은 직사각형 도면의 x축에 대한 단면2차모멘트는 다음 중 어떤 것인가? (단, x_0축은 직사각형 도면의 도심축이다.)

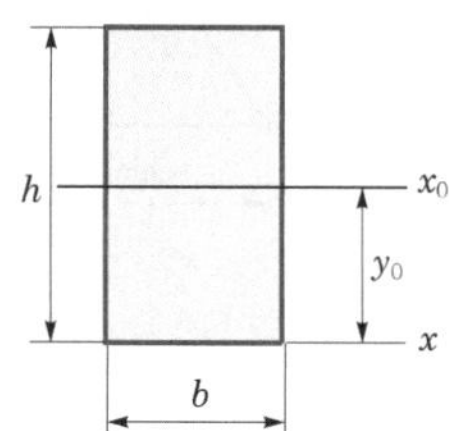

① $\dfrac{bh^3}{12}+bhy_0{}^2$ ② $\dfrac{bh^3}{3}+bhy_0{}^2$

③ $\dfrac{bh^3}{12}-bhy_0{}^2$ ④ $\dfrac{bh^3}{3}-bhy_0{}^2$

> **해설** 평행축의 정리
>
> $$I_x=I_{x0}+Ay^2=\frac{bh^3}{12}+bhy_0{}^2$$

★

28 다음에서 x 축의 단면2차모멘트는?

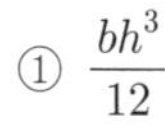

① $\dfrac{bh^3}{12}$

② $\dfrac{bh^2}{6}$

③ $\dfrac{bh^2}{12}$

④ $\dfrac{bh^3}{3}$

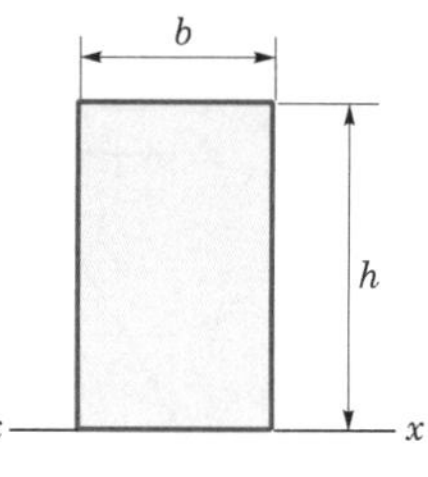

> **해설** 평행축의 정리
>
> $$I_x=I_X+Ay_0{}^2=\frac{bh^3}{12}+bh\times\left(\frac{h}{2}\right)^2=\frac{bh^3}{3}$$

29 $X-X$축의 단면2차모멘트는?

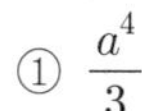

① $\dfrac{a^4}{3}$

② $\dfrac{a^4}{8}$

③ $\dfrac{a^4}{12}$

④ $\dfrac{a^4}{24}$

> **해설** 평행축의 정리
>
> $$I_x=I_X+Ay_0{}^2=\frac{a^4}{12}+a^2\times\left(\frac{a}{2}\right)^2=\frac{a^4}{3}$$

★★

30 다음 그림과 같은 단면의 $A-A$축에 대한 단면2차모멘트는?

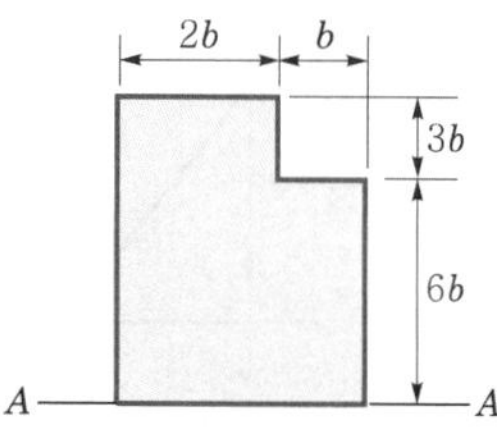

① $558b^4$ ② $623b^4$

③ $685b^4$ ④ $729b^4$

> **해설** 밑변축의 단면2차모멘트
>
> $$I_A=I_{A1}+I_{A2}=\frac{2b\times(9b)^3}{3}+\frac{b\times(6b)^3}{3}$$
> $$=558b^4$$

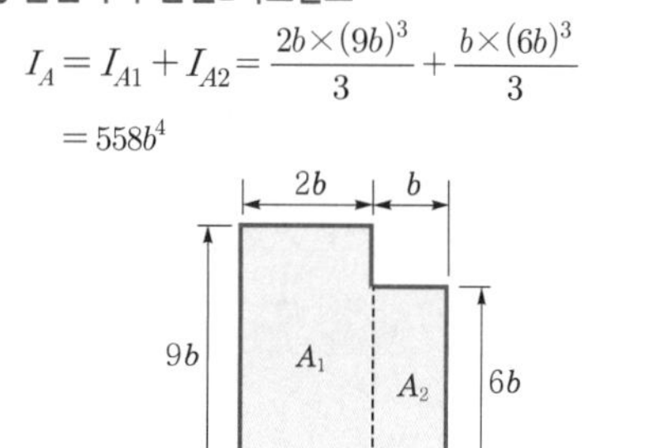

★★

31 다음 그림과 같은 이등변삼각형에서 y축에 대한 단면2차모멘트를 구하면?

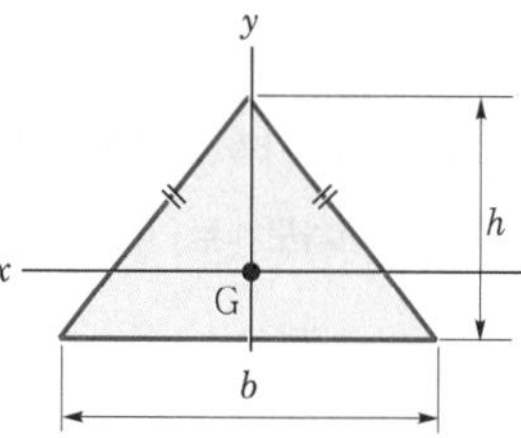

① $\dfrac{hb^3}{48}$ ② $\dfrac{bh^3}{48}$

③ $\dfrac{hb^3}{96}$ ④ $\dfrac{bh^3}{96}$

정답 27. ① 28. ④ 29. ① 30. ① 31. ①

해설 단면2차모멘트

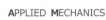

㉠ 삼각형 밑변에 대한 단면2차모멘트

$$I_{y1} = \frac{h\left(\frac{b}{2}\right)^3}{12}$$

㉡ y축의 단면2차모멘트

$$I_y = 2I_{y1} = 2 \times \frac{h\left(\frac{b}{2}\right)^3}{12} = \frac{hb^3}{48}$$

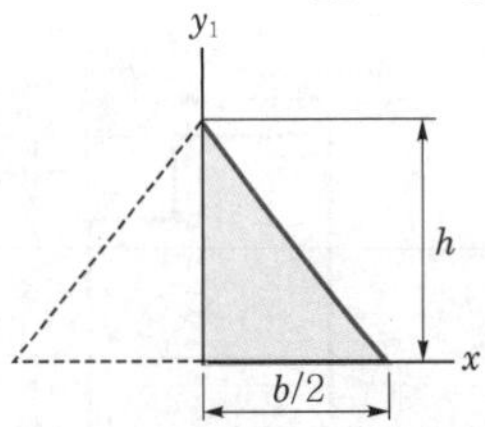

32 다음 삼각형 ABC의 $X-X$축에 관한 단면2차모멘트의 값은?

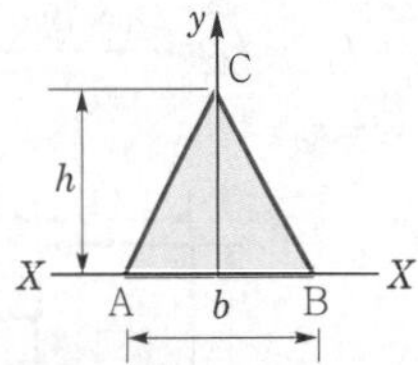

① $\frac{1}{3}bh^3$ ② $\frac{1}{4}bh^3$

③ $\frac{1}{6}bh^3$ ④ $\frac{1}{12}bh^3$

해설 평행축의 정리

$$I_x = I_X + A{y_0}^2 = \frac{bh^3}{36} + \frac{bh}{2} \times \left(\frac{h}{3}\right)^2 = \frac{bh^3}{12}$$

★★
33 밑변 b, 높이 h인 삼각형 단면의 밑변을 지나는 수평축에 관한 단면2차모멘트의 값은?

① $\frac{bh^3}{3}$ ② $\frac{bh^3}{12}$

③ $\frac{bh^3}{24}$ ④ $\frac{bh^3}{36}$

해설 평행축의 정리

$$I_x = I_X + A{y_0}^2 = \frac{bh^3}{36} + \frac{bh}{2} \times \left(\frac{h}{3}\right)^2 = \frac{bh^3}{12}$$

34 다음 그림에서 $A-A$축에 대한 단면2차모멘트의 값은?

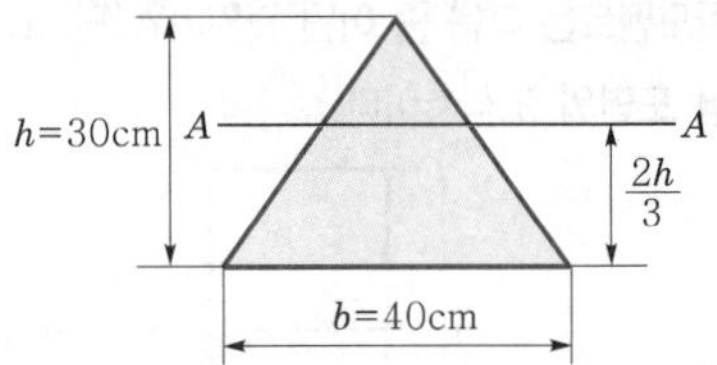

① $30,000\text{cm}^4$

② $90,000\text{cm}^4$

③ $270,000\text{cm}^4$

④ $330,000\text{cm}^4$

해설 평행축의 정리

$$I_A = I_X + A{y_0}^2 = \frac{40 \times 30^3}{36} + \frac{40 \times 30}{2} \times 10^2$$

$$= 90,000\text{cm}^4$$

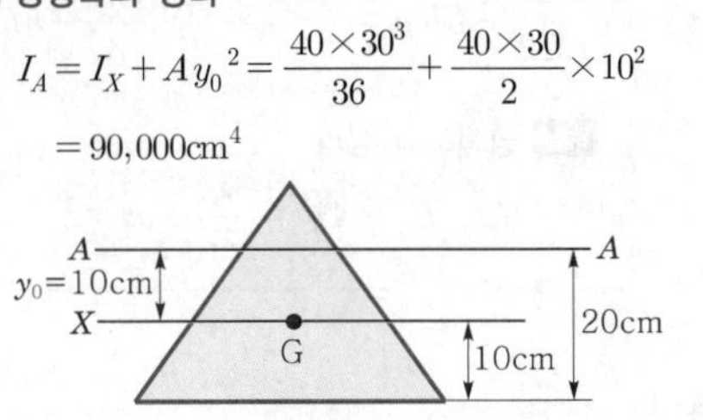

★
35 다음 도형에서 $x-x$축에 대한 단면2차모멘트는?

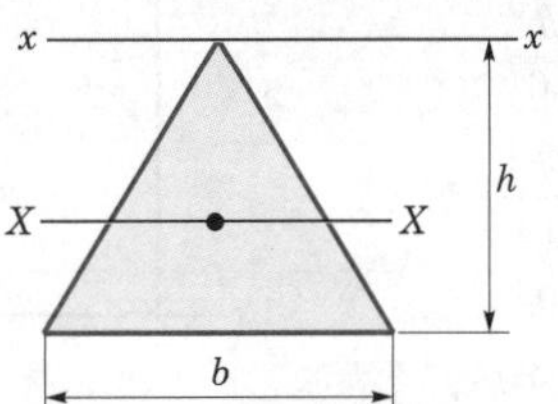

① $\frac{bh^3}{4}$ ② $\frac{7bh^3}{36}$

③ $\frac{bh^3}{2}$ ④ $\frac{5bh^3}{36}$

해설 평행축의 정리

$$I_x = I_X + A{y_0}^2 = \frac{bh^3}{36} + \frac{bh}{2} \times \left(\frac{2}{3}h\right)^2 = \frac{bh^3}{4}$$

정답 32. ④ 33. ② 34. ② 35. ①

36 정삼각형의 도심을 지나는 여러 축에 대한 단면2차모멘트의 값에 대한 다음 설명 중 옳은 것은?

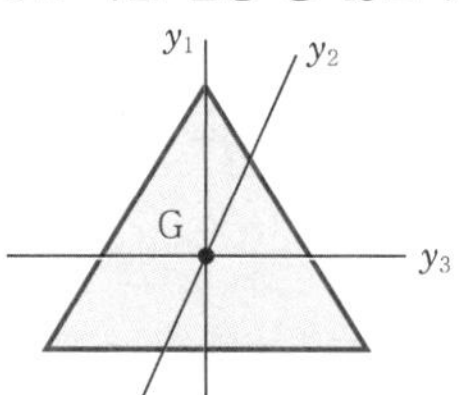

① $I_{y1} > I_{y2}$　② $I_{y2} > I_{y1}$
③ $I_{y3} > I_{y2}$　④ $I_{y1} = I_{y2} = I_{y3}$

> **해설** 단면2차모멘트의 성질
> 정삼각형 단면의 도심을 지나는 임의의 축에 대한 단면2차모멘트는 일정하다.
> $\therefore I_{y1} = I_{y2} = I_{y3}$

37 다음 도형의 도심축에 관한 단면2차모멘트를 I_g, 밑변을 지나는 축에 관한 단면2차모멘트를 I_x라 하면 I_x / I_g값은?

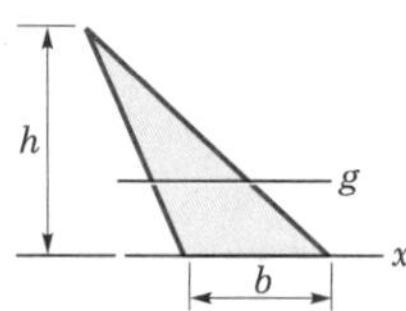

① 2　② 3
③ 4　④ 5

> **해설** 단면2차모멘트의 비
> $I_g = \frac{bh^3}{36}$, $I_x = \frac{bh^3}{12}$
> $\therefore \frac{I_x}{I_g} = \frac{\frac{bh^3}{12}}{\frac{bh^3}{36}} = 3$

38 다음 그림에서 음영 삼각형 단면의 X축에 대한 단면2차모멘트는?

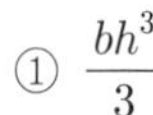
① $\frac{bh^3}{3}$
② $\frac{bh^3}{4}$
③ $\frac{bh^3}{5}$
④ $\frac{bh^3}{6}$

> **해설** 평행축의 정리
> $I_x = I_X + A{y_0}^2 = \frac{bh^3}{36} + \frac{bh}{2} \times \left(\frac{2h}{3}\right)^2 = \frac{bh^3}{4}$

★
39 반경 r인 원형 단면에서 도심축에 대한 단면2차모멘트는?

① $\frac{\pi r^4}{64}$　② $\frac{\pi r^4}{32}$
③ $\frac{\pi r^4}{16}$　④ $\frac{\pi r^4}{4}$

> **해설** 도심축에 대한 단면2차모멘트
> $I_X = \frac{\pi D^4}{64} = \frac{\pi r^4}{4}$

★★
40 다음 그림에서 음영 부분의 도심축 x의 단면2차모멘트의 값은 얼마인가?

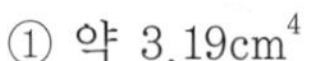
① 약 3.19cm^4
② 약 2.19cm^4
③ 약 1.19cm^4
④ 약 0.19cm^4

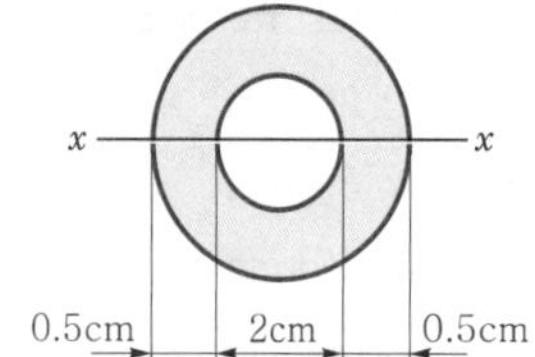

> **해설** 중공 단면의 도심축에 대한 단면2차모멘트
> $I_x = \frac{\pi D^4}{64} - \frac{\pi d^4}{64} = \frac{\pi}{64}(D^4 - d^4)$
> $= \frac{\pi}{64} \times (3^4 - 2^4) = 3.19\text{cm}^4$

41 단면2차모멘트 $I = 3{,}140\text{cm}^4$(도심축)인 원형 단면의 지름은 얼마인가?

① 약 8cm　② 약 16cm
③ 약 32cm　④ 약 38cm

> **해설** 원형 단면의 지름
> $I_X = \frac{\pi D^4}{64} = 3{,}140\text{cm}^4$
> $D^4 = \frac{64 I_X}{\pi} = \frac{64 \times 3{,}140}{\pi} = 64{,}000\text{cm}^4$
> $\therefore D = 15.9054\text{cm}$

정답 36. ④ 37. ② 38. ② 39. ④ 40. ① 41. ②

★
42 다음 그림과 같이 직경 d인 원형 단면의 $B-B$축에 대한 단면2차모멘트는?

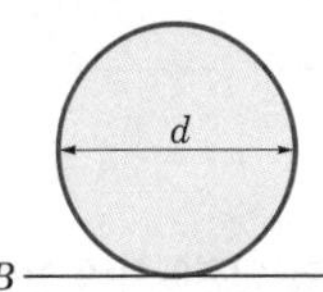

① $\frac{3}{64}\pi d^4$ ② $\frac{5}{64}\pi d^4$
③ $\frac{7}{64}\pi d^4$ ④ $\frac{9}{64}\pi d^4$

해설 평행축의 정리

$$I_B = I_X + Ay^2 = \frac{\pi d^4}{64} + \frac{\pi d^2}{4} \times \left(\frac{d}{2}\right)^2 = \frac{5}{64}\pi d^4$$

43 다음 그림과 같은 원형 단면의 x축에 대한 단면2차모멘트를 구한 값은?

① $20\pi \text{cm}^4$
② $30\pi \text{cm}^4$
③ $40\pi \text{cm}^4$
④ $50\pi \text{cm}^4$

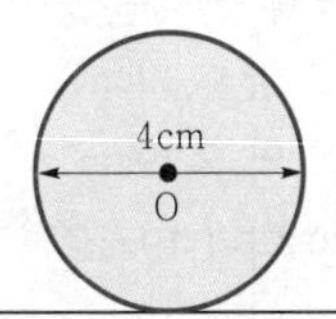

해설 평행축의 정리

$$I_x = I_X + Ay^2 = \frac{\pi D^4}{64} + \frac{\pi D^2}{4} \times \left(\frac{D}{2}\right)^2 = \frac{5\pi D^4}{64} = \frac{5\pi \times 4^4}{64} = 20\pi \text{cm}^4$$

★★
44 반지름 2cm인 반원의 도심에 대한 단면2차모멘트 I_{x0}를 구한 값은 얼마인가?

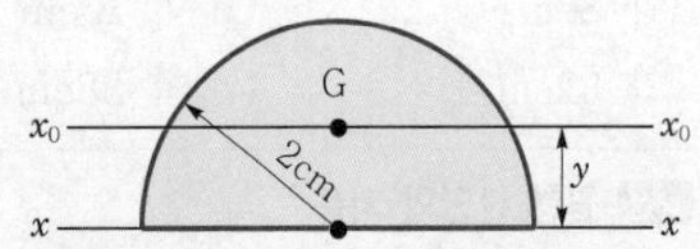

① 1.75cm^4 ② 1.85cm^4
③ 1.95cm^4 ④ 2.00cm^4

해설 도심축에 대한 단면2차모멘트

$$I_x = \frac{\pi D^4}{64} \times \frac{1}{2} = \frac{\pi \times (2\times2)^4}{64} \times \frac{1}{2} = 6.283\text{cm}^4$$

$$A = \frac{\pi D^2}{4} \times \frac{1}{2} = \frac{\pi \times (2\times2)^2}{4} \times \frac{1}{2} = 6.283\text{cm}^4$$

$$y = \frac{4r}{3\pi} = \frac{4\times2}{3\pi} = 0.849\text{cm}$$

$$\therefore I_{x0} = I_x - Ay^2 = 6.283 - 6.283 \times 0.849^2 = 1.754\text{cm}^4$$

★
45 반경 3cm인 반원의 도심을 통하는 $X-X$축에 대한 단면2차모멘트의 값은?

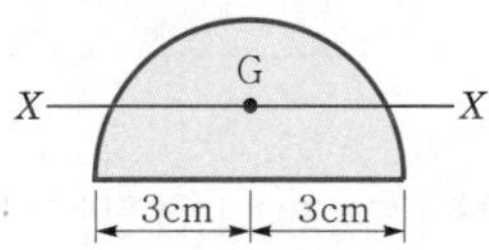

① 4.89cm^4 ② 6.89cm^4
③ 8.89cm^4 ④ 10.89cm^4

해설 단면2차모멘트

$$I_x = \frac{\pi r^4}{8} = \frac{\pi \times 3^4}{8} = 31.8086\text{cm}^4$$

$$\therefore I_X = I_x - Ay_o{}^2 = 31.8086 - \frac{\pi \times 3^2}{2} \times \left(\frac{4\times3}{3\pi}\right)^2 = 8.8903\text{cm}^4$$

46 4분원의 도심을 지나는 x축에 대한 단면2차모멘트는?

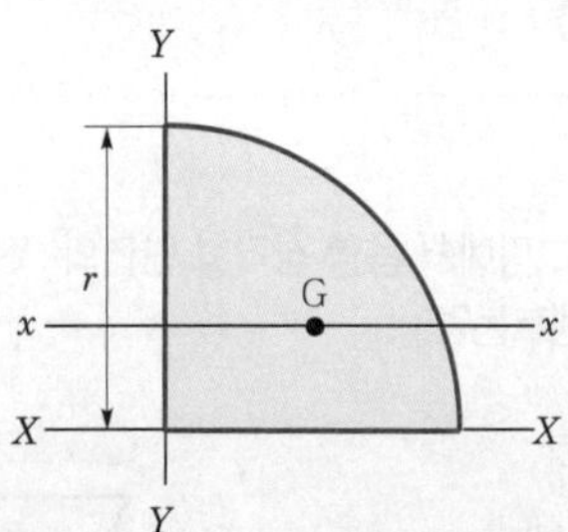

① $\frac{\pi r^4}{16} - \frac{2r^4}{9\pi}$ ② $\frac{\pi r^4}{16} - \frac{3r^4}{9\pi}$
③ $\frac{\pi r^4}{16} - \frac{4r^4}{9\pi}$ ④ $\frac{\pi r^4}{16} - \frac{5r^4}{9\pi}$

정답 42. ② 43. ① 44. ① 45. ③ 46. ③

해설 평행축의 정리

$$I_X = \frac{\pi r^4}{4} \times \frac{1}{4} = \frac{\pi r^4}{16}$$

$$A = \frac{\pi r^2}{4},\ y = \frac{4r}{3\pi}$$

$$\therefore\ I_x = I_X - Ay^2$$

$$= \frac{\pi r^4}{16} - \frac{\pi r^2}{4} \times \left(\frac{4r}{3\pi}\right)^2 = \frac{\pi r^4}{16} - \frac{4r^4}{9\pi}$$

★★

47 다음 그림과 같이 높이가 a인 (A), (B), (C)에서 도심을 지나는 $X-X$축에 대한 단면2차모멘트의 크기의 순서로서 맞는 것은 다음 중 어느 것인가?

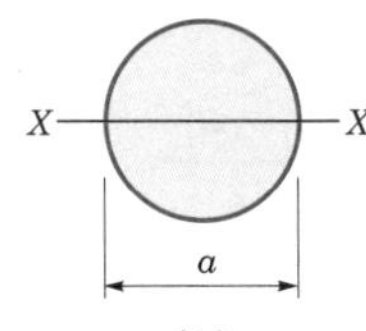

(A)

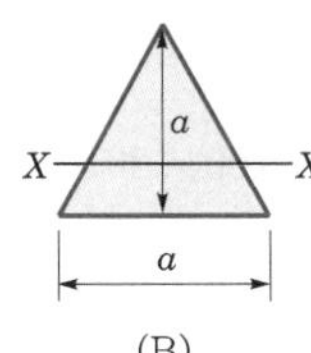

(B)

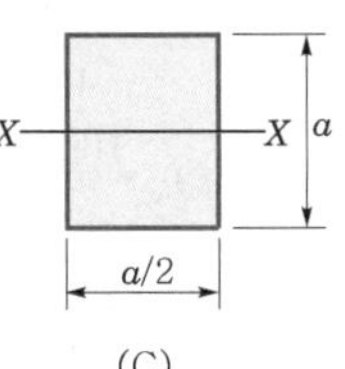

(C)

① A>B>C ② B<C<A

③ A<B<C ④ B>C>A

해설 각 단면의 도심축에 대한 단면2차모멘트

㉠ 원형 단면

$$I_A = \frac{\pi a^4}{64} = 0.049a^4$$

㉡ 삼각형 단면

$$I_B = \frac{a^4}{36} = 0.028a^4$$

㉢ 구형 단면

$$I_C = \frac{a^4}{24} = 0.042a^4$$

$$\therefore\ I_A > I_C > I_B$$

★

48 12cm×8cm 단면에서 지름 2cm인 원을 떼어 버린다면 도심축 X에 관한 단면2차모멘트는?

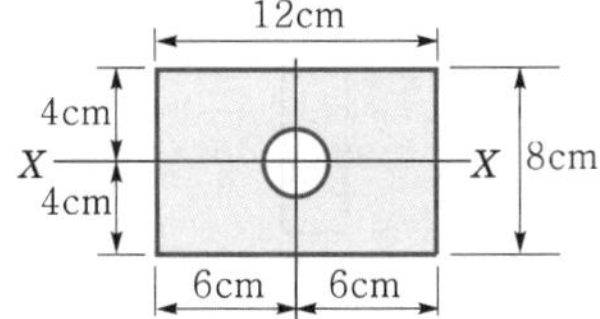

① 556.4cm^4 ② 511.2cm^4

③ 499.4cm^4 ④ 550.2cm^4

해설 변화 단면의 단면2차모멘트

$$I_X = I_{X1} - I_{X2} = \frac{bh^3}{12} - \frac{\pi D^4}{64}$$

$$= \frac{12 \times 8^3}{12} - \frac{\pi \times 2^4}{64} = 511.2\text{cm}^4$$

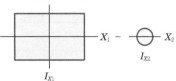

X_1 − X_2

I_{X1} I_{X2}

49 음영 부분 도형의 x축에 대한 단면2차모멘트는?

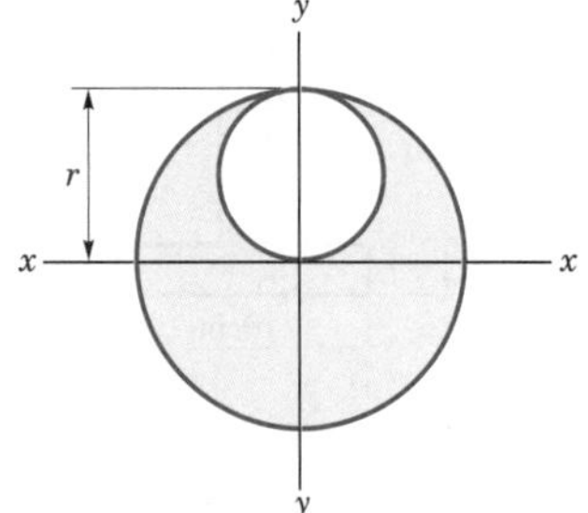

① $\frac{11}{64}\pi r^4$ ② $\frac{9}{64}\pi r^4$

③ $\frac{9}{64}\pi r^4$ ④ $\frac{5}{72}\pi r^4$

해설 변화 단면의 단면2차모멘트

$$I_x = \frac{\pi \times (2r)^4}{64} - \left[\frac{\pi r^4}{64} + \frac{\pi r^2}{4} \times \left(\frac{r}{2}\right)^2\right]$$

$$= \frac{\pi r^4}{64} \times (16 - 1 - 4) = \frac{11}{64}\pi r^4$$

★

50 사다리꼴 단면에서 x축에 대한 단면2차모멘트의 값은?

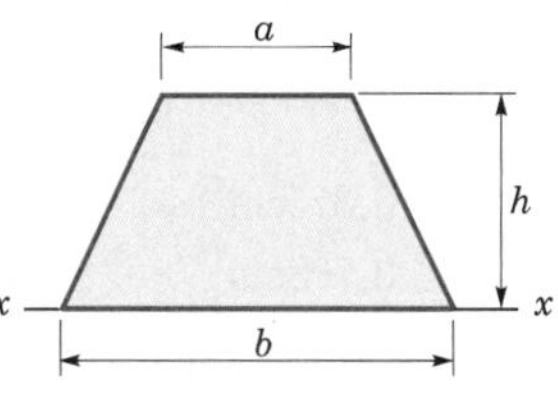

① $\frac{h^3}{12}(3b+a)$

② $\frac{h^3}{12}(b+2a)$

③ $\frac{h^3}{12}(b+3a)$

④ $\frac{h^3}{12}(2b+a)$

정답 47. ② 48. ② 49. ① 50. ③

해설 평행축의 정리

$$I_x = I_{x1} + I_{x2} = \frac{ah^3}{4} + \frac{bh^3}{2} = \frac{h^3}{12}(3a+b)$$

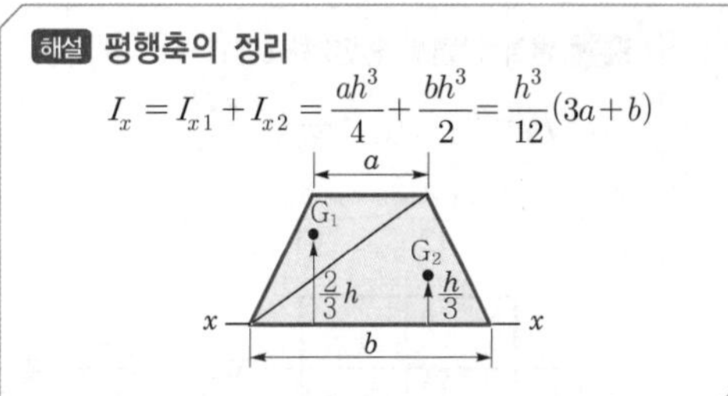

51 다음 그림과 같은 I 형 단면에서 중립축 $x-x$에 대한 단면2차모멘트는?

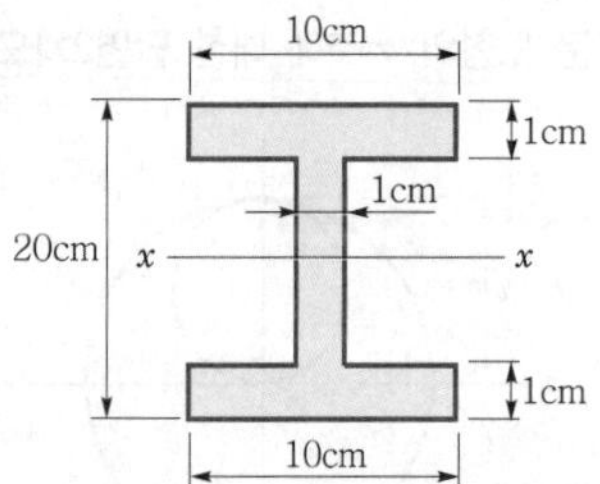

① 4,374.00cm⁴ ② 6,666.67cm⁴
③ 2,292.67cm⁴ ④ 3,574.76cm⁴

해설 변화 단면의 단면2차모멘트

$$I_x = \frac{BH^3}{12} - \frac{bh^3}{12} = \frac{10\times 20^3}{12} - \frac{9\times 18^3}{12} = 2,292.67\text{cm}^4$$

★★ 52 다음 그림과 같은 I 형 단면의 도심축에 대한 단면2차 모멘트는?

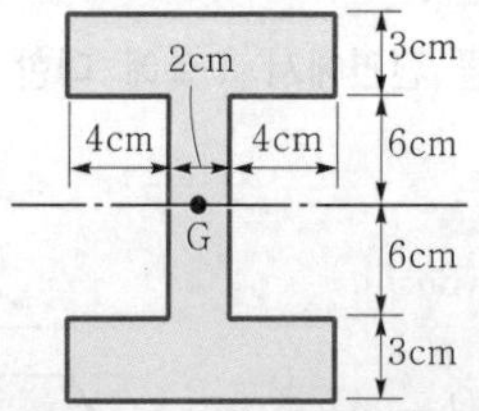

① 3,375cm⁴ ② 3,420cm⁴
③ 3,708cm⁴ ④ 3,880cm⁴

해설 변화 단면의 단면2차모멘트

$$I = \frac{BH^3}{12} - \frac{bh^3}{12} = \frac{10\times 18^3}{12} - \frac{8\times 12^3}{12} = 3,708\text{cm}^4$$

★★ 53 다음 도형에서 X축에 대한 단면2차모멘트의 값 중 옳은 것은?

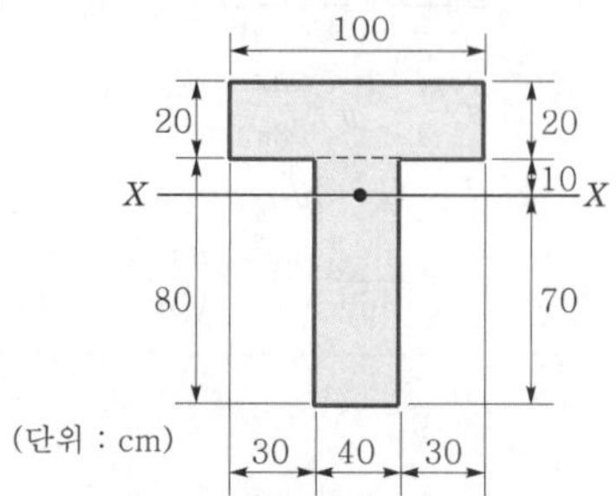

① $\frac{100\times 20^3}{12} + \frac{40\times 80^3}{12}$

② $\frac{100\times 20^3}{12} + 100\times 20\times 10^2 + \frac{40\times 80^3}{12} + 40\times 80\times 20^2$

③ $\frac{100\times 20^3}{12} + 100\times 20\times 15^2 + \frac{40\times 80^3}{12}$

④ $\frac{100\times 20^3}{12} + 100\times 20\times 20^2 + \frac{40\times 80^3}{12} + 40\times 80\times 30^2$

해설 평행축의 정리

$$I_X = I_{x1} + I_{x2} = \frac{100\times 20^3}{12} + 100\times 20\times 20^2 + \frac{40\times 80^3}{12} + 40\times 80\times 30^2$$

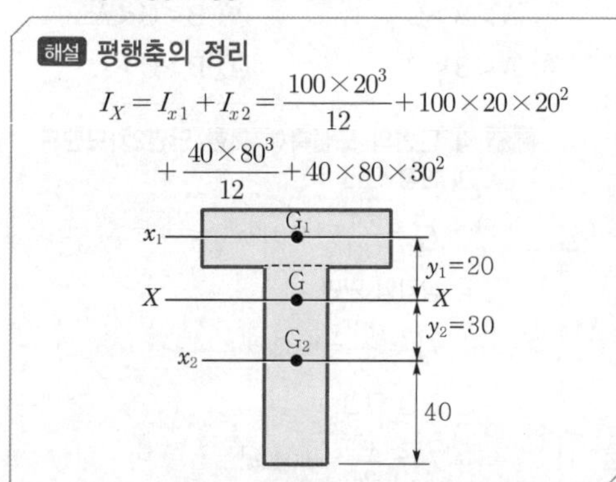

54 도심축에 대하여 단면2차모멘트 I_x는 얼마인가?

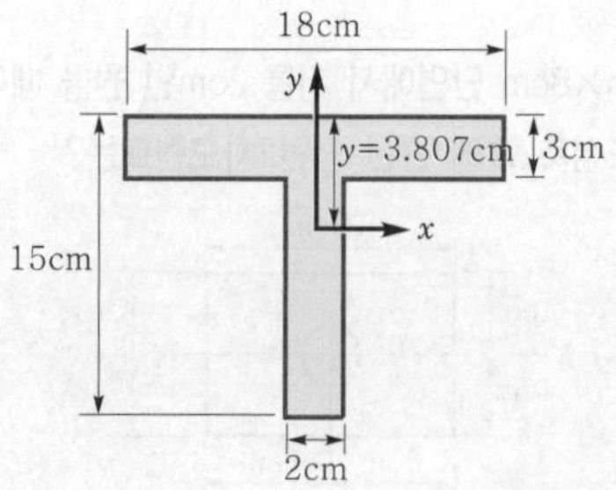

① 1,263cm⁴ ② 1,869cm⁴
③ 2,394cm⁴ ④ 3,524cm⁴

정답 51. ③ 52. ③ 53. ④ 54. ①

해설 평행축의 정리

$$I_X = I_{x1} + I_{x2}$$
$$= \frac{18\times3^3}{12} + 3\times18\times2.307^2$$
$$+ \frac{2\times12^3}{12} + 2\times12\times5.193^2$$
$$= 1,263.11\text{cm}^4$$

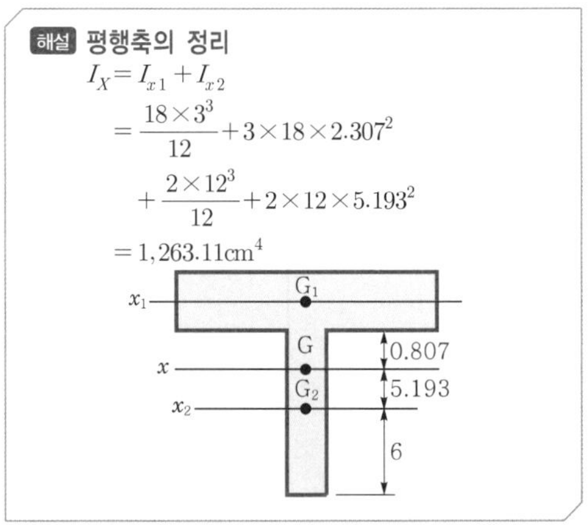

★
55 다음 음영 부분의 x축에 관한 단면2차모멘트는?

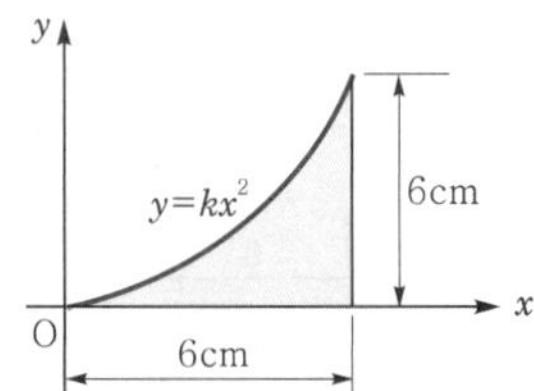

① $I_x = 60\text{cm}^4$　② $I_x = 61\text{cm}^4$
③ $I_x = 62\text{cm}^4$　④ $I_x = 63\text{cm}^4$

해설 포물선 단면의 단면2차모멘트

㉠ 경계조건

$x=0$일 때 $y=0$

$x=6$일 때 $y=6$

$\therefore k = \frac{1}{6}$

$y = \frac{1}{6}x^2$이므로

$\therefore x = \sqrt{6y}$

㉡ x축에 관한 단면2차모멘트

$$I_x = \int_0^6 y^2(6-x)dy$$
$$= \int_0^6 y^2(6-\sqrt{6y})dy$$
$$= \left[\frac{6}{3}y^3 - \sqrt{6}\left(\frac{2}{7}y^{7/2}\right)\right]_0^6 = 62\text{cm}^4$$

★★
56 단면적 350cm², I_x = 28,600cm⁴일 때 중립축의 단면2차모멘트는?

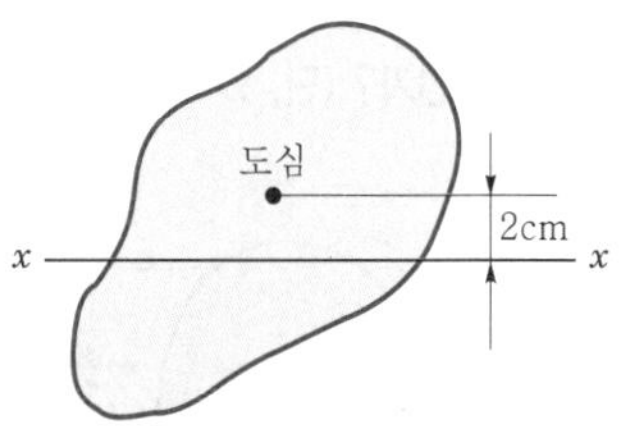

① $26,600\text{cm}^4$
② $27,200\text{cm}^4$
③ $28,400\text{cm}^4$
④ $36,200\text{cm}^4$

해설 평행축의 정리

$$I_x = I_X + A{y_0}^2$$
$$\therefore I_X = I_x - A{y_0}^2 = 28,600 - 350\times2^2$$
$$= 27,200\text{cm}^4$$

★
57 축으로부터 y_1 떨어진 축을 기준으로 한 단면2차모멘트의 크기가 I_{x1}일 때 도심축으로부터 $3y_1$만큼 떨어진 축을 기준으로 한 단면2차모멘트의 크기는?

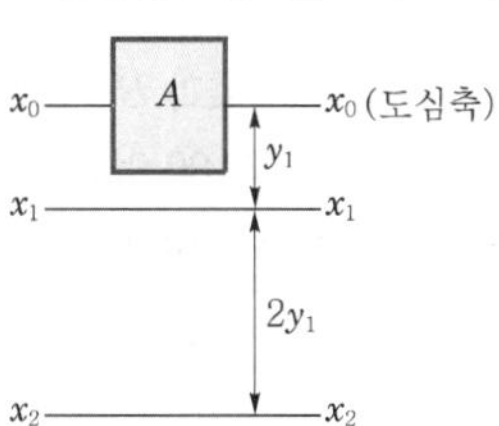

① $I_{x1} + 2A{y_1}^2$　② $I_{x1} + 3A{y_1}^2$
③ $I_{x1} + 4A{y_1}^2$　④ $I_{x1} + 8A{y_1}^2$

해설 평행축의 정리

㉠ $I_{x1} = I_{x0} + A{y_1}^2$

$\therefore I_{x0} = I_{x1} - A{y_1}^2$

㉡ $I_{x2} = I_{x0} + A(3y_1)^2$

$= (I_{x1} - A{y_1}^2) + A(9{y_1}^2)$

$= I_{x1} + 8A{y_1}^2$

정답 55. ③ 56. ② 57. ④

★★
58 다음 그림과 같은 불규칙한 단면의 $A-A$ 축에 대한 단면2차모멘트는 35×10^6mm^{4}이다. 만약 단면의 총면적이 1.2×10^4mm^{2}라면 $B-B$ 축에 대한 단면2차모멘트는 얼마인가? (단, $D-D$ 축은 단면의 도심을 통과한다.)

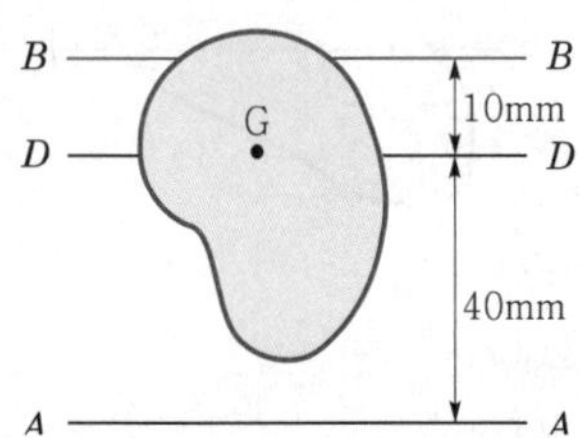

① 15.8×10^6mm^4　② 17×10^6mm^4
③ 17×10^5mm^4　④ 15.8×10^5mm^4

해설 **평행축의 정리**
㉠ 도심축에 대한 단면2차모멘트
$$I_{DD}=I_{AA}-A{y_2}^2$$
$$=(35\times10^6)-(1.2\times10^4)\times40^2$$
$$=15.8\times10^6\text{mm}^4$$
㉡ B축에 대한 단면2차모멘트
$$I_{BB}=I_{DD}+A{y_1}^2$$
$$=(15.8\times10^6)+(1.2\times10^4)\times10^2$$
$$=17\times10^6\text{mm}^4$$

59 다음 그림에서 $A-A$축과 $B-B$축에 대한 음영 부분의 단면2차모멘트가 각각 80,000cm^4, 160,000cm^{4}일 때 음영 부분의 면적은 얼마가 되는가?

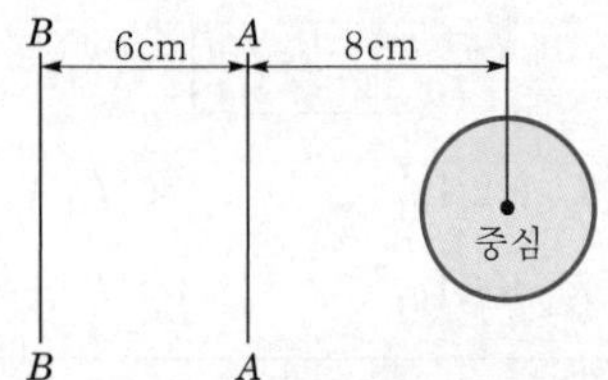

① 800cm^2　② 606cm^2
③ 806cm^2　④ 700cm^2

해설 **평행축의 정리**
㉠ $I_A=I_o+A\times8^2=80,000$
$\therefore\ I_o=80,000-64A$
㉡ $I_B=I_o+A\times14^2=160,000$
$(80,000-64A)+196A=160,000$
$\therefore\ A=606\text{cm}^2$

3. 단면2차극모멘트

60 다음 그림과 같은 직사각형 단면의 A점에 대한 단면2차극모멘트는?

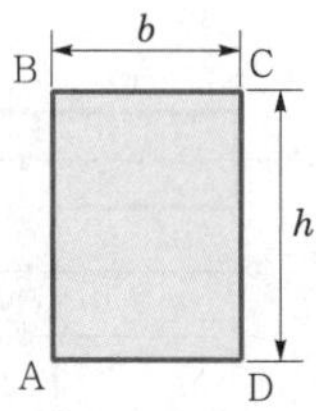

① $\dfrac{bh}{3}(b^2+h^2)$　② $\dfrac{bh}{3}(b^3+h^3)$
③ $\dfrac{bh}{6}(b^2+h^2)$　④ $\dfrac{bh}{6}(b^3+h^3)$

해설 **단면2차극모멘트**
$$I_P=I_x+I_y=\frac{bh^3}{3}+\frac{hb^3}{3}=\frac{bh}{3}(b^2+h^2)$$

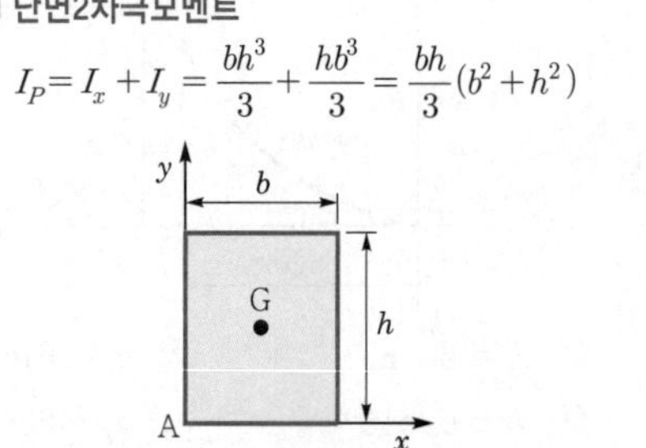

★★
61 다음 직사각형 단면에서 0점에 대한 단면2차극모멘트 I_P는?

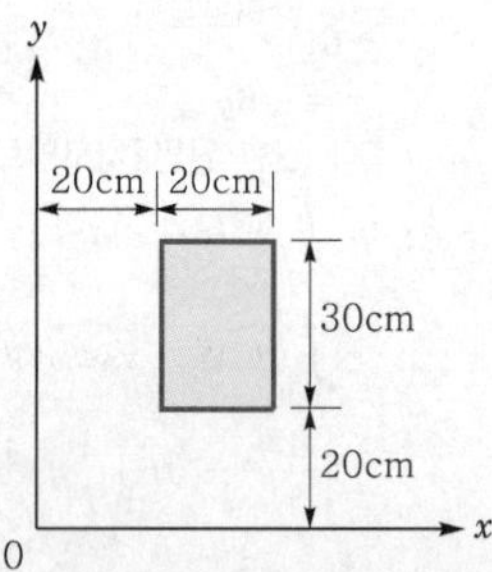

① 1,350,000cm^4　② 1,250,000cm^4
③ 1,340,000cm^4　④ 1,240,000cm^4

정답 58. ② 59. ② 60. ① 61. ③

해설 단면2차극모멘트

$$I_P = I_x + I_y = (I_X + A{y_o}^2) + (I_Y + A{x_o}^2)$$
$$= \left(\frac{20\times 30^3}{12} + 20\times 30\times 35^2\right)$$
$$+ \left(\frac{30\times 20^3}{12} + 30\times 20\times 30^2\right)$$
$$= 1,340,000\text{cm}^4$$

62 다음 그림과 같은 원형 단면의 지름이 d일 때 중심 O에 관한 극2차모멘트는?

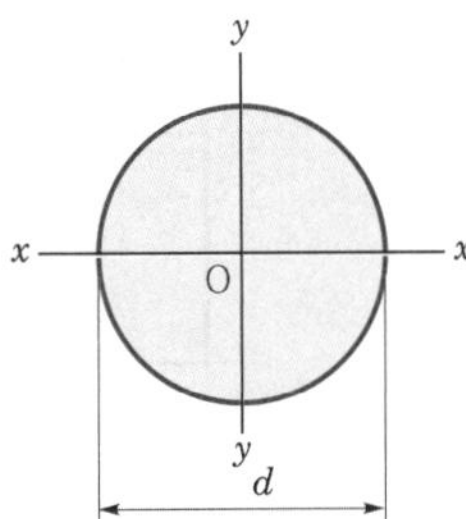

① $\dfrac{\pi d^4}{32}$　② $\dfrac{\pi d^4}{64}$

③ $\dfrac{\pi d^3}{16}$　④ $\dfrac{\pi d^3}{32}$

해설 단면2차극모멘트

$$I_P = I_x + I_y = \frac{\pi d^4}{64} + \frac{\pi d^4}{64} = \frac{\pi d^4}{32}$$

★

63 반지름이 r인 원형 단면의 원주상 한 점에 대한 단면2차극모멘트는?

① $\dfrac{5\pi r^4}{2}$　② $\dfrac{3\pi r^4}{2}$

③ $\dfrac{4\pi r^4}{3}$　④ $\dfrac{2\pi r^4}{3}$

해설 단면2차극모멘트

$$I_P = I_x + I_y = \frac{\pi r^4}{4} + \pi r^2 \times r^2 + \frac{\pi r^4}{4} = \frac{3}{2}\pi r^4$$

64 반지름이 R인 원형 단면2차모멘트의 표현으로서 적합한 것은? (단, I_x는 x축에 대한 단면2차모멘트)

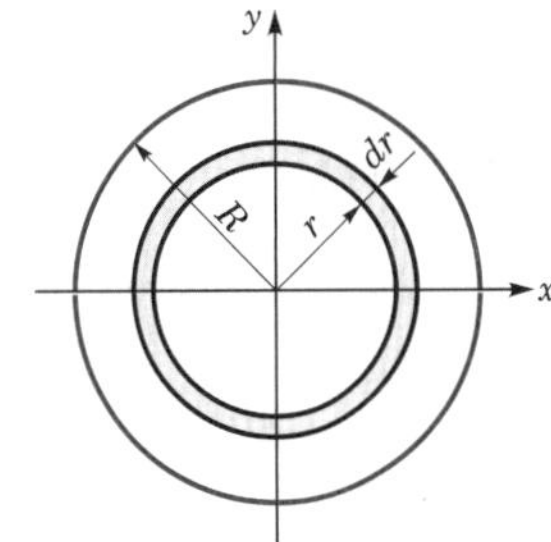

① $I_x = \dfrac{1}{2}\displaystyle\int_0^R 2\pi r^3 dr$　② $I_x = \dfrac{1}{2}\displaystyle\int_0^R 2\pi r^2 dA$

③ $I_x = 2\displaystyle\int_0^R 2\pi r^2 dr$　④ $I_x = 2\displaystyle\int_0^R 2\pi r^2 dA$

해설 단면2차극모멘트

㉠ 제시된 그림은 극점에 대하여 x, y축으로 적분한 것이므로 I_p이다.

$$I_P = I_x + I_y = 2I_x$$
$$\therefore\ I_x = \frac{1}{2}I_P$$

㉡ $dA = 2\pi r dr$이므로

$$I_x = \frac{1}{2}\int_0^R r^2 dA = \frac{1}{2}\int_0^R 2\pi r^3 dr$$

★★

65 어떤 평면도형의 극점 O에 대한 단면2차극모멘트가 1,600cm^{4}이다. O점을 지나는 x축에 대한 단면2차모멘트가 1,024cm^{4}이면 x축과 직교하는 y축에 대한 단면2차모멘트는?

① 288cm^4　② 576cm^4

③ 1,152cm^4　④ 2,304cm^4

해설 단면2차극모멘트

$$I_P = I_x + I_y$$
$$\therefore\ I_y = I_P - I_x = 1,600 - 1,024 = 576\text{cm}^4$$

정답 62. ①　63. ②　64. ①　65. ②

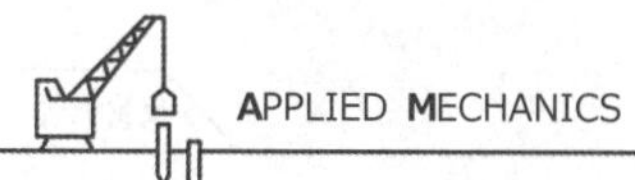

66 다음 그림의 단면에서 도심을 통과하는 z축에 대한 극관성모멘트(polar moment of inertia)는 23cm⁴이다. y축에 대한 단면2차모멘트가 5cm⁴이고, x' 축에 대한 단면2차모멘트가 40cm⁴이다. 이 단면의 면적은? (단, x, y축은 이 단면의 도심을 통과한다.)

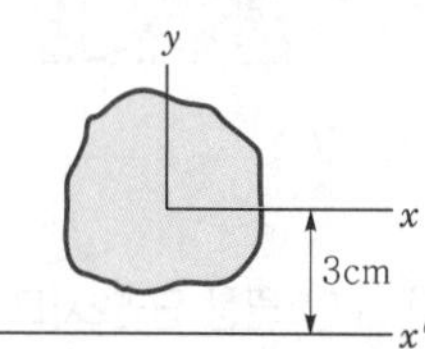

① 4.44cm^2　② 3.44cm^2
③ 2.44cm^2　④ 1.44cm^2

> **해설** 단면의 면적
> ㉠ $I_P = I_x + I_y$
> $\therefore I_x = I_P - I_y = 23 - 5 = 18\text{cm}^4$
> ㉡ $I_x' = I_x + Ay_o^{\ 2}$
> $\therefore A = \dfrac{I_x' - I_x}{y_o^{\ 2}} = \dfrac{40-18}{3^2} = 2.4444\text{cm}^2$

★
67 한 등변 L형강(100×100×10)의 단면적 A=19cm² 1축과 2축의 단면2차모멘트 $I_1 = I_2$=175cm⁴이고 1축과 45°를 이루는 U축의 I_U= 278cm⁴이면 V축의 단면2차모멘트 I_V는? (단, C는 도심을 나타내는 거리임)

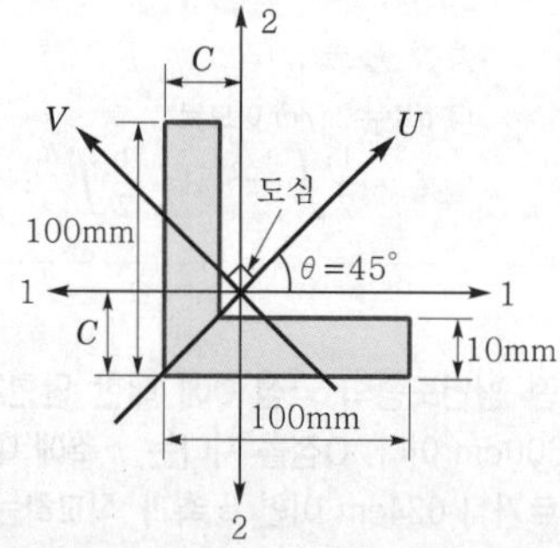

① 72cm^4　② 175cm^4
③ 139cm^4　④ 350cm^4

> **해설** 단면2차극모멘트의 성질
> $I_1 + I_2 = I_U + I_V = I_P$
> $\therefore I_V = (I_1 + I_2) - I_U = 175 \times 2 - 278 = 72\text{cm}^4$

4. 단면상승모멘트

68 도심을 지나는 X, Y축에 대한 단면상승모멘트의 값으로 옳은 것은?

① 0
② $\dfrac{b^2h^2}{2}$
③ $\dfrac{b^2h^2}{4}$
④ $\dfrac{b^2h^2}{6}$

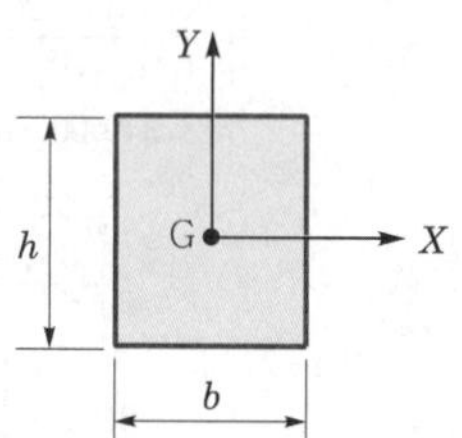

> **해설** 단면상승모멘트의 성질
> 도심을 지나는 축에 대한 단면1차모멘트와 단면상승모멘트는 0이다.

★
69 다음 그림에서 직사각형의 도심축에 대한 단면상승모멘트 I_{xy}의 크기는?

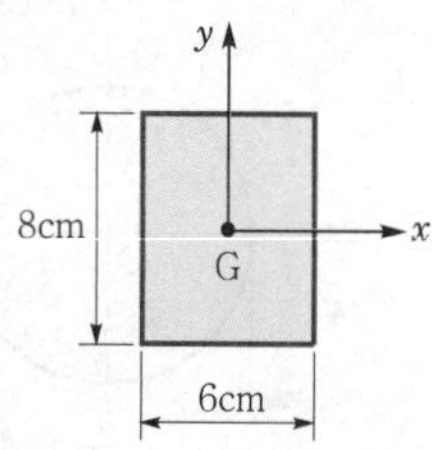

① 576cm^4　② 256cm^4
③ 142cm^4　④ 0cm^4

> **해설** 단면상승모멘트
> 도심을 지나는 축에 대한 단면상승모멘트는 0이다.

70 다음 그림에서 0는 도심이고 Y는 대칭축일 때 다음 중 옳은 것은?

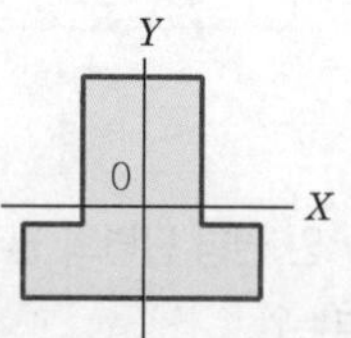

① 단면상승모멘트 I_{xy}는 "0"이다.
② 단면2차모멘트 I_x는 "0"이다.
③ 단면1차모멘트 G_y는 "0"이 아니다.
④ 확실한 치수가 없으므로 "0"인지 아닌지 단정할 수 없다.

정답 66. ③　67. ①　68. ①　69. ④　70. ①

해설 **단면상승모멘트의 성질**

어느 한 축이라도 대칭인 경우 단면상승모멘트 I_{xy}는 0이다. 제시된 그림은 Y축에 대하여 대칭이므로 단면상승모멘트 I_{XY}는 0이다.

71 다음 그림과 같은 도형의 X, Y축에 대한 단면상승모멘트(product of inertia) I_{xy}는?

① $\dfrac{bh^3}{3}$

② $\dfrac{b^3h}{3}$

③ $\dfrac{b^2h^2}{4}$

④ $\dfrac{bh^3+b^3h}{3}$

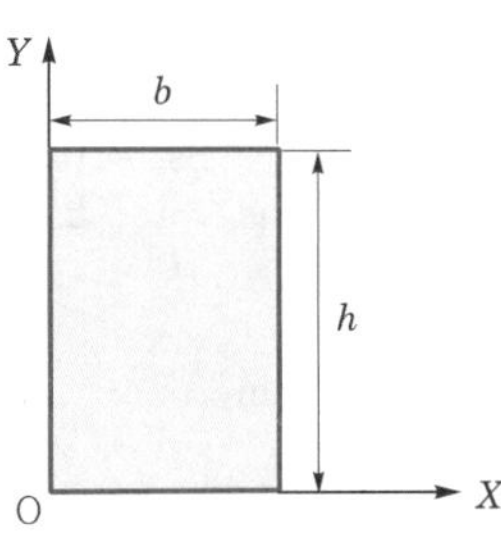

해설 **단면상승모멘트**

$$I_{xy}=\int x_0y_0\,dA=Ax_0y_0=bh\times\frac{b}{2}\times\frac{h}{2}$$
$$=\frac{b^2h^2}{4}$$

★★★

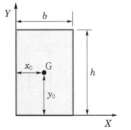

72 다음 그림과 같은 정사각형(abcd) 단면에 대하여 $x-y$축에 관한 단면상승모멘트(I_{xy})의 값은?

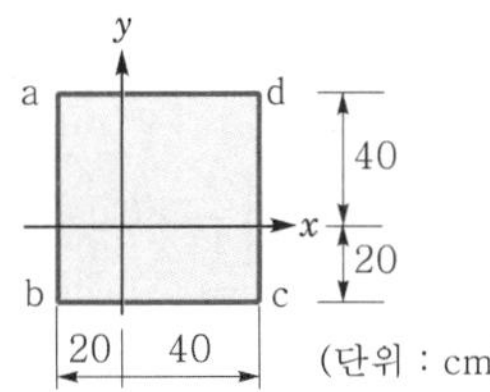

① $I_{xy}=3.6\times10^5\text{cm}^4$
② $I_{xy}=32.4\times10^5\text{cm}^4$
③ $I_{xy}=6.8\times10^5\text{cm}^4$
④ $I_{xy}=8.4\times10^5\text{cm}^4$

해설 **단면상승모멘트**

$$I_{xy}=\int x_0y_0\,dA=Ax_0y_0$$
$$=60\times60\times10\times10=3.6\times10^5\text{cm}^4$$

★★

73 다음 그림과 같은 단면의 단면상승모멘트 I_{xy}는?

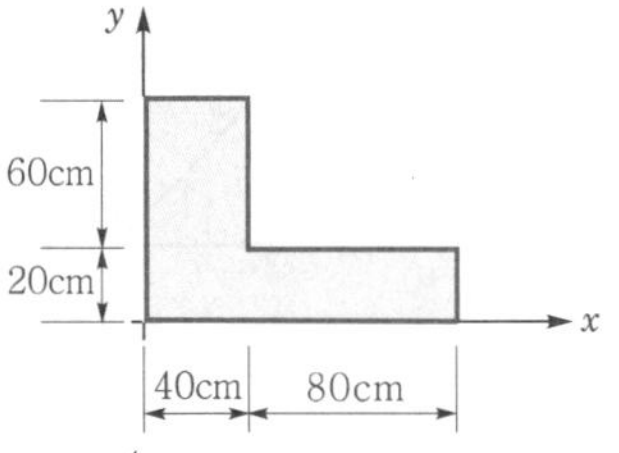

① 384,000cm⁴ ② 3,840,000cm⁴
③ 3,350,000cm⁴ ④ 3,520,000cm⁴

해설 **단면상승모멘트**

$$I_{xy}=\int x_0y_0\,dA=Ax_0y_0$$
$$=80\times40\times20\times40+20\times80\times80\times10$$
$$=3{,}840{,}000\text{cm}^4$$

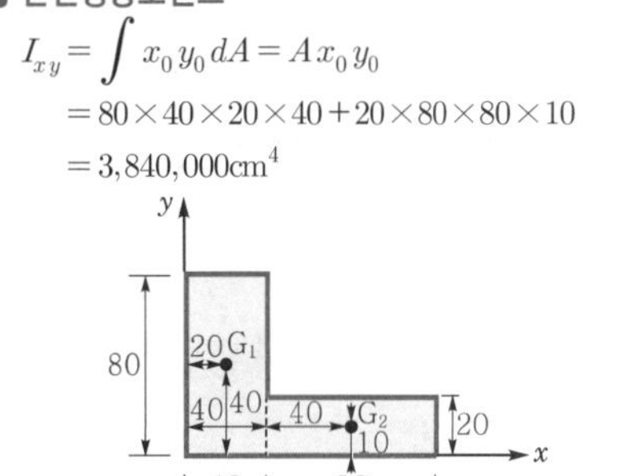

74 다음 그림과 같은 삼각형 단면의 상승모멘트(I_{xy})를 나타내는 식은?

① $\dfrac{b^2h^2}{12}$

② $\dfrac{b^2h^2}{24}$

③ $\dfrac{b^2h^2}{32}$

④ $\dfrac{b^2h^2}{36}$

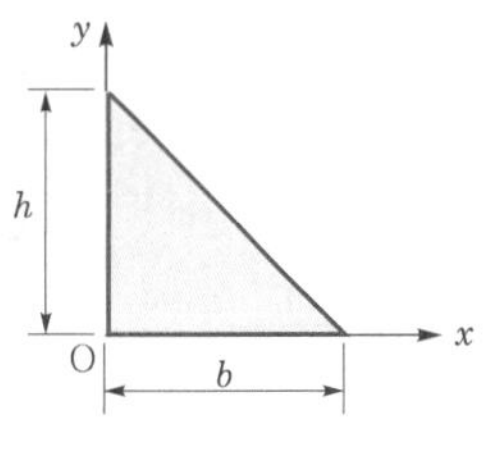

정답 71. ③ 72. ① 73. ② 74. ②

해설 비대칭 단면의 단면상승모멘트

㉠ x_0, y_0는 각각 y축과 x축으로부터 미소 요소의 도심까지 거리이다.

$\therefore\ x_0 = x,\ y_0 = \frac{y}{2}$

㉡ 단면상승모멘트

$$I_{xy} = \int_A x_0\, y_0\, dA$$
$$= \int_0^b x\frac{y}{2}(ydx) = \int_0^b \frac{1}{2}xy^2\,dx$$
$$= \frac{1}{2}\int_0^b \left(\frac{h^2}{b^2}x^3 - 2\frac{h^2}{b}x^2 + h^2x\right)dx$$
$$= \frac{1}{2}\left[\frac{h^2}{4b^2}x^4 - \frac{2h^2}{3b}x^3 + \frac{h^2}{2}x^2\right]_0^b$$
$$= \frac{b^2h^2}{24}$$

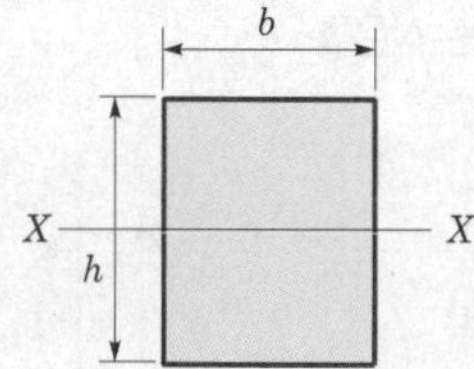

★
75 다음 중 정(+)의 값뿐만 아니라 부(−)의 값도 갖는 것은?

① 단면계수 ② 단면2차모멘트
③ 단면2차반경 ④ 단면상승모멘트

해설 단면상승모멘트의 성질

정(+)의 값이나 부(−)의 값을 갖을 수 있는 것은 단면1차모멘트와 단면상승모멘트이다.

$$G_x = \int ydA = Ay$$
$$I_{xy} = \int_A xy\,dA = Ax_0\,y_0$$

5. 단면계수

76 $b\times h$인 구형 단면에서 X축에 관한 단면계수는?

① $\frac{bh^2}{3}$ ② $\frac{bh^2}{12}$
③ $\frac{bh^2}{8}$ ④ $\frac{bh^2}{6}$

해설 도심축에 대한 단면계수

$$Z = \frac{I_x}{y} = \frac{bh^2}{6}$$

★
77 다음 그림과 같은 가로 6cm, 높이 12cm인 직사각형 단면의 x 축에 대한 단면계수 S는?

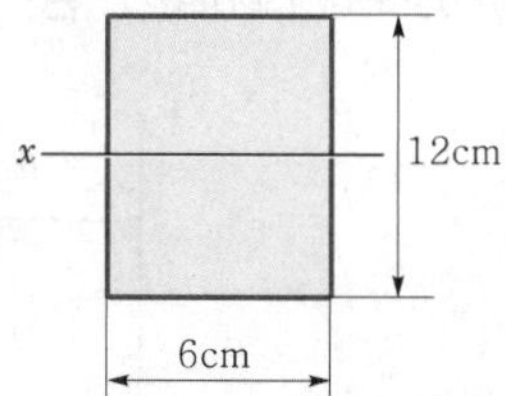

① 72cm^3 ② 144cm^3
③ 100cm^3 ④ 200cm^3

해설 구형 단면의 단면계수

$$S = \frac{bh^2}{6} = \frac{6\times 12^2}{6} = 144\text{cm}^3$$

★★
78 다음 그림과 같은 단면의 단면계수는 얼마인가?

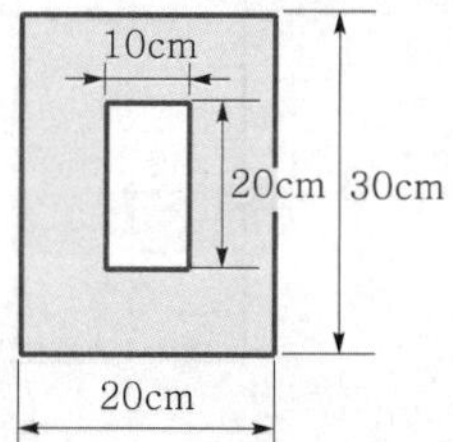

① $2,333\text{cm}^2$ ② $2,555\text{cm}^2$
③ $38,333\text{cm}^2$ ④ $45,000\text{cm}^2$

해설 중공 단면의 도심축에 대한 단면계수

$$I = \frac{1}{12}(BH^3 - bh^3)$$
$$\therefore\ Z = \frac{I}{y}$$
$$= \frac{1}{15}\times\left[\frac{1}{12}\times(20\times 30^3 - 10\times 20^3)\right]$$
$$= 2,555\text{cm}^3$$

정답 75. ④ 76. ④ 77. ② 78. ②

★★
79 다음 그림 (a), (b)에서 x 축에 관한 단면2차모멘트와 단면계수에 관하여 옳은 것은?

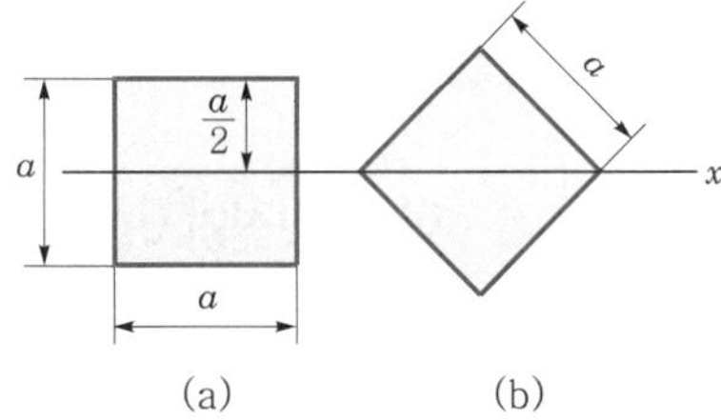

① 단면2차모멘트와 단면계수가 서로 같다.
② 단면2차모멘트는 같고, 단면계수는 (a)가 더 크다.
③ 단면2차모멘트는 같고, 단면계수는 (b)가 더 크다.
④ 단면2차모멘트와 단면계수가 서로 다르다.

해설 단면의 성질
㉠ 구형(직사각형) 단면

$$I_a = \frac{a^4}{12}$$

$$\therefore Z_a = \frac{I_a}{y_a} = \frac{\frac{a^4}{12}}{\frac{a}{2}} = \frac{a^3}{6} = 0.167a^3$$

㉡ 마름모 단면

$$I_b = \frac{\sqrt{2}\,a\left(\frac{a}{\sqrt{2}}\right)^3}{12} \times 2 = \frac{a^4}{12}$$

$$\therefore Z_b = \frac{I_b}{y_b} = \frac{\frac{a^4}{12}}{\frac{a}{\sqrt{2}}} = \frac{\sqrt{2}}{12}a^3 = 0.118a$$

㉢ 단면2차모멘트는 같고($I_a = I_b$), 단면계수는 (a)가 더 크다($Z_a > Z_b$).

★
80 다음 단면에서 중립축 상단의 단면계수는?

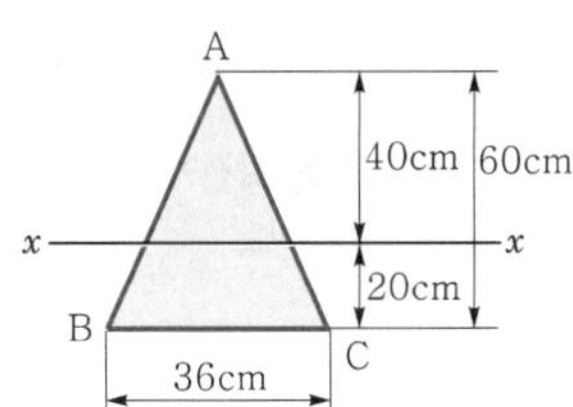

① 10,800cm³ ② 8,800cm³
③ 5,300cm³ ④ 5,400cm³

해설 A점의 단면계수

$$I_x = \frac{bh^3}{36} = \frac{36 \times 60^3}{36} = 216{,}000\text{cm}^4$$

$$y = 40\text{cm}$$

$$\therefore Z = \frac{I_x}{y} = \frac{216{,}000}{40} = 5{,}400\text{cm}^3$$

81 지름 D인 원형 단면의 단면계수는?

① $\dfrac{\pi D^4}{64}$ ② $\dfrac{\pi D^3}{64}$
③ $\dfrac{\pi D^4}{32}$ ④ $\dfrac{\pi D^3}{32}$

해설 도심축에 대한 단면계수

$$Z = \frac{I}{y} = \frac{\frac{\pi D^4}{64}}{\frac{D}{2}} = \frac{\pi D^3}{32}$$

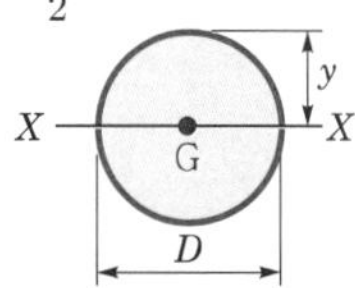

★
82 다음 그림과 같은 지름 d인 원형 단면에서 최대 단면계수를 가지는 직사각형 단면을 얻으려면 b/h는?

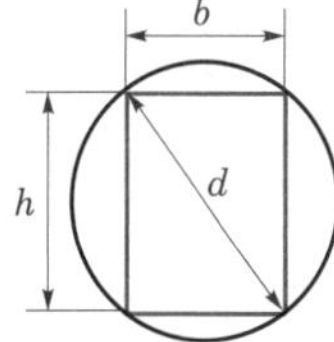

① 1 ② 1/2
③ $1/\sqrt{2}$ ④ $1/\sqrt{3}$

해설 최대 단면계수를 갖는 직사각형 단면
㉠ 단면계수와의 관계

$$d^2 = b^2 + h^2$$

$$h^2 = d^2 - b^2$$

$$\therefore Z = \frac{bh^2}{6} = \frac{b}{6}(d^2 - b^2) = \frac{1}{6}(d^2 b - b^3)$$

㉡ $\dfrac{dZ}{db} = 0$일 때 b값에서 최대값이 된다.

$$\frac{dZ}{db} = \frac{1}{6}(d^2 - 3b^2) = 0$$

$$\therefore b = \frac{d}{\sqrt{3}},\ h = \frac{\sqrt{2}}{\sqrt{3}}d$$

$$\therefore \frac{b}{h} = \frac{1}{\sqrt{2}}$$

$$\therefore b : h : d = 1 : \sqrt{2} : \sqrt{3}$$

정답 79. ② 80. ④ 81. ④ 82. ③

83 단면적이 같은 정사각형과 원의 단면계수비로 옳은 것은? (단, 정사각형 단면의 한 변은 h 이고, 원형 단면의 지름은 D임)

① 1 : 3.58　　② 1 : 0.85
③ 1 : 1.18　　④ 1 : 0.46

> **해설** 단면계수의 비
> ㉠ 동일 단면적에 대하여
> $$h^2 = \frac{\pi D^2}{4}$$
> $$\therefore\ h = \sqrt{\frac{\pi}{4}}\,D = 0.88623D$$
> ㉡ 정사각형 단면계수와 원 단면계수의 비
> $$Z_{정} : Z_{원} = \frac{h^2}{6} : \frac{\pi D^3}{32}$$
> $$= \frac{(0.88623D)^3}{6} : \frac{\pi}{32}D^3$$
> $$= 0.116D^3 : 0.0982D^3$$
> $$= 1 : 0.8466$$

★
84 다음 중 옳지 않은 것은?

① 직사각형 도심축을 지나는 단면2차모멘트는 $bh^3/12$이다.
② 원의 도심축을 지나는 단면2차모멘트는 $\pi r^4/4$이다.
③ 단면계수의 단위는 kg/cm^2이다.
④ 도심축을 지나는 단면1차모멘트는 0이다.

> **해설** 단면계수의 단위는 cm^3, m^3, ft^3이다.

85 단면의 성질 중에서 폭 b, 높이가 h 인 직사각형 단면의 단면1차모멘트 및 단면2차모멘트, 단면계수에 대한 설명으로 잘못된 것은?

① 단면의 도심축을 지나는 단면1차모멘트는 0이다.
② 도심축에 대한 단면2차모멘트는 $\frac{bh^3}{12}$이다.
③ 도심축에 대한 단면계수는 $\frac{bh^3}{6}$이다.
④ 직사각형 단면의 밑변축에 대한 단면2차모멘트는 $\frac{bh^3}{3}$이다.

> **해설** 도심축에 대한 단면계수
> $$Z = \frac{I}{y} = \frac{bh^2}{6}$$

6. 최소 회전반지름

86 다음 직사각형 단면의 최소 회전반지름은?

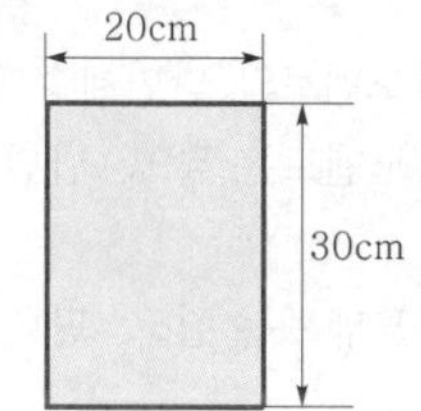

① 약 5.8cm　　② 약 8.7cm
③ 약 11.5cm　　④ 약 17.3cm

> **해설** 도심축에 대한 최소 회전반지름
> $$r = \sqrt{\frac{I_{\min}}{A}} = \frac{h}{\sqrt{12}} = \frac{20}{\sqrt{12}} = 5.77\text{cm}$$
> 여기서, h : 단면의 최소값

★★
87 다음 그림과 같이 b가 12cm, h가 15cm인 직사각형 단면의 $y-y$ 축에 대한 회전반지름 r 은?

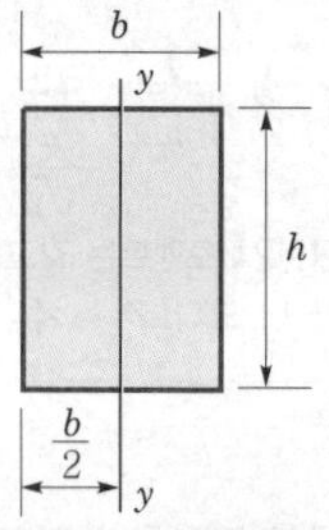

① 3.1cm　　② 3.5cm
③ 3.9cm　　④ 4.3cm

> **해설** y축에 대한 최소 회전반지름
> $$I_y = \frac{hb^3}{12} = \frac{15\times 12^3}{12} = 2{,}160\text{cm}^4$$
> $$\therefore\ r_y = \sqrt{\frac{I_y}{A}} = \sqrt{\frac{2{,}160}{15\times 12}} = 3.4641\text{cm}$$

정답 83. ② 84. ③ 85. ③ 86. ① 87. ②

★
88 다음 그림과 같은 직사각형 도형의 도심을 지나는 X, Y 두 축에 대한 최소 회전반지름의 크기는?

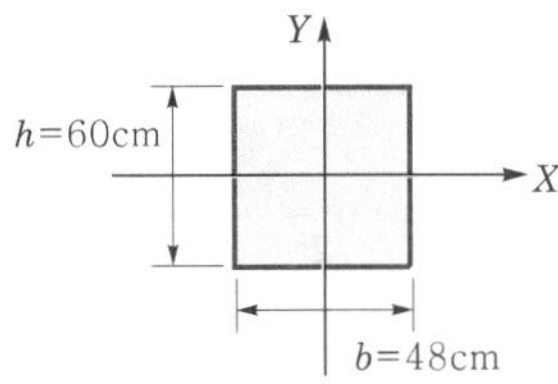

① 9.48cm ② 13.86cm
③ 17.32cm ④ 27.71cm

> **해설** 최소 회전반지름
> ㉠ y축에 대한 최소 회전반지름이 최소값이다.
> ㉡ y축에 대한 최소 회전반지름
> $$I_{\min}=\frac{hb^3}{12}=\frac{60\times48^3}{12}=552,960\text{cm}^4$$
> $$\therefore r_{\min}=\sqrt{\frac{I_{\min}}{A}}=\sqrt{\frac{552,960}{60\times48}}$$
> $$=13.8564\text{cm}$$

89 다음 그림과 같은 삼각형 단면의 2차반지름을 구한 값은? (단, $n-n$축은 도심축이다.)

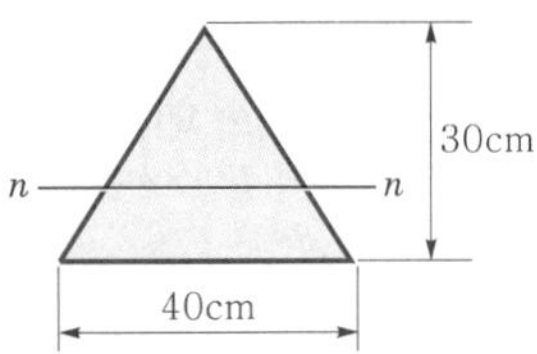

① 12.56cm ② 8.25cm
③ 7.07cm ④ 5.67cm

> **해설** 도심축에 대한 단면2차반지름
> $$r=\sqrt{\frac{I}{A}}=\frac{h}{\sqrt{18}}=\frac{30}{\sqrt{18}}=7.07\text{cm}$$

90 지름 d인 원형 단면의 회전반경은?

① $\frac{d}{2}$ ② $\frac{d}{3}$
③ $\frac{d}{4}$ ④ $\frac{d}{8}$

> **해설** 도심축에 대한 최소 회전반지름
> $$r=\sqrt{\frac{I}{A}}=\sqrt{\frac{\frac{\pi d^4}{64}}{\frac{\pi d^2}{4}}}=\frac{d}{4}$$

★
91 다음 그림과 같은 T형 단면의 도심축($x-x$)에 대한 회전반지름(r)은?

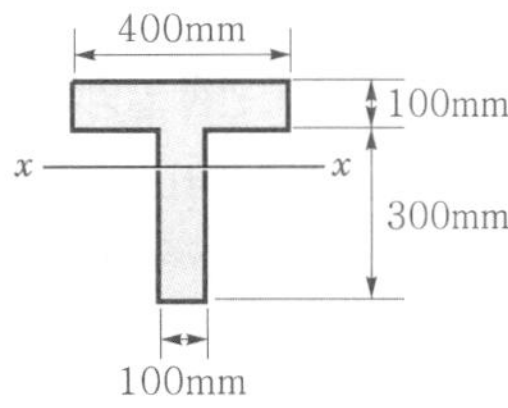

① 116mm ② 136mm
③ 156mm ④ 176mm

> **해설** 도심축에 대한 최소 회전반지름
> ㉠ 도심의 위치
> $$A=400\times100+300\times100=70,000\text{mm}^2$$
> $$\therefore y=\frac{G_x}{A}$$
> $$=\frac{400\times100\times350+300\times100\times150}{70,000}$$
> $$=264\text{mm}$$
> ㉡ 도심축에 대한 최소 회전반지름
> $$I_x=\frac{400\times100^3}{12}+400\times100\times(50+36)^2$$
> $$+\frac{100\times300^3}{12}+300\times100\times(150-36)^2$$
> $$=9.4405\times10^8\text{mm}^4$$
> $$\therefore r=\sqrt{\frac{I}{A}}=\sqrt{\frac{9.4405\times10^8}{70,000}}$$
> $$=116.13\text{mm}$$

92 다음 그림과 같은 T형 단면의 x축에 대한 회전반경은?

① 8.47cm
② 9.12cm
③ 10.37m
④ 11.52cm

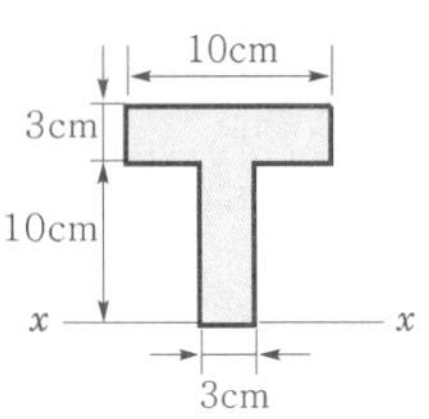

정답 88. ② 89. ③ 90. ③ 91. ① 92. ②

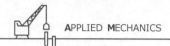

> 해설 밑변축에 대한 최소 회전반지름
>
> $$I_x = \frac{10\times13^3}{3} - \frac{7\times10^3}{3} = 4{,}990\text{cm}^4$$
>
> $$A = 10\times3 + 10\times3 = 60\text{cm}^2$$
>
> $$\therefore\ r_x = \sqrt{\frac{I}{A}} = \sqrt{\frac{4{,}990}{60}} = 9.1196\text{cm}$$

7. 주단면2차모멘트

★

93 다음은 단면의 주축에 관한 설명이다. 옳지 않은 것은?

① 단면의 주축은 단면의 도심을 지난다.
② 단면의 주축은 직교한다.
③ 단면의 주축에 관한 상승모멘트는 최대이다.
④ 단면의 주축에 관한 2차모멘트는 최대 또는 최소이다.

> 해설 주축의 특성
>
> 단면의 주축에 관한 상승모멘트는 0이다.

94 다음 그림과 같은 직사각형 단면의 O점을 지나는 주축의 방향을 표시하는 식은?

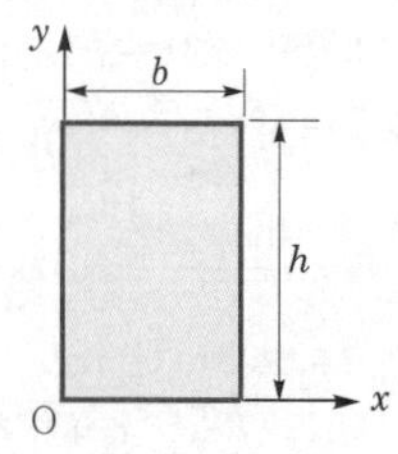

① $\tan 2a = -\dfrac{3bh}{2(b^2-h^2)}$

② $\tan 2a = -\dfrac{2bh}{3(b^2-h^2)}$

③ $\tan 2a = -\dfrac{3bh}{2(h^2-b^2)}$

④ $\tan 2a = -\dfrac{2bh}{3(h^2-b^2)}$

> 해설 주축의 방향
>
> $$\tan 2\theta = -\frac{2I_{xy}}{I_x - I_y} = -\frac{2\times\frac{b^2h^2}{4}}{\frac{bh^3}{3}-\frac{hb^3}{3}} = -\frac{3bh}{2(h^2-b^2)} = \frac{3bh}{2(b^2-h^2)}$$

★

95 다음 그림과 같은 길이 10cm인 선분 AB를 y축을 중심으로 한 바퀴 회전시켰을 때 생기는 표면적은?

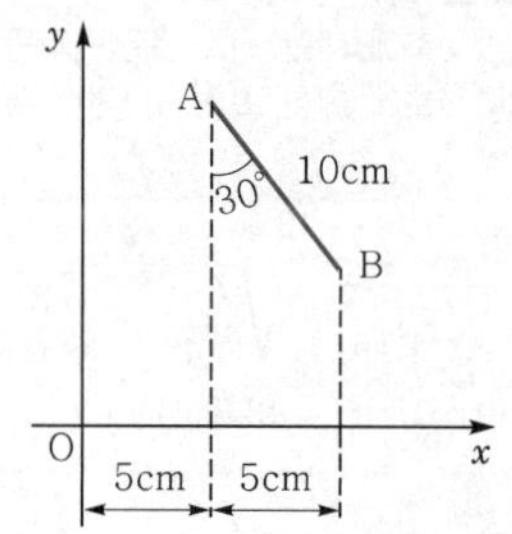

① 471.24cm²
② 481.24cm²
③ 13.500cm²
④ 27.000cm²

> 해설 파푸스(Pappus)의 제1정리(표면적에 대한 정리)
>
> 표면적=선분의 길이×선분의 도심이 이동한 거리
>
> $$\therefore\ A = Lx_o\theta$$
> $$= 10\times\left(5+\frac{10\times\sin30°}{2}\right)\times2\pi$$
> $$= 471.2389\text{cm}^2$$
>
> 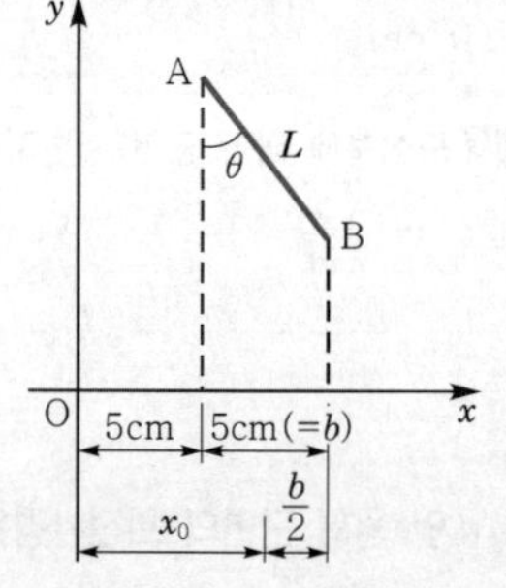
>

정답 93. ③ 94. ③ 95. ①

96 파푸스(Pappus)의 정리를 이용하여 다음 그림과 같은 반지름 r 인 1/4원호의 도심의 y 좌표 y_c를 구한 값은? (단, 반지름 r 인 구의 표면적은 $4\pi r^2$ 이다.)

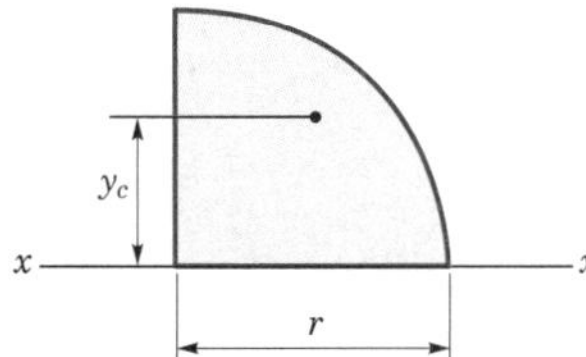

① $\dfrac{4r}{3\pi}$ ② $\dfrac{3r}{4\pi}$

③ $\dfrac{2r}{3\pi}$ ④ $\dfrac{2r}{\pi}$

해설 **파푸스(Pappus)의 제1정리(표면적에 대한 정리)**

㉠ 구의 제원

표면적 $= 4\pi r^2 \times \dfrac{1}{8} = \dfrac{\pi}{2} r^2$

선분의 길이 $= 2\pi r \times \dfrac{1}{4} = \dfrac{\pi}{2} r$

도심이 이동한 거리(90° 회전) $= 2\pi y_c \times \dfrac{1}{4}$

$= \dfrac{\pi}{2} y_c$

㉡ 도심의 위치

표면적=선분의 길이×도심이 이동한 거리

$\dfrac{\pi}{2} r^2 = \dfrac{\pi}{2} r \times \dfrac{\pi}{2} y_c$

$\therefore\ y_c = \dfrac{2r}{\pi}$

97 도심 C점의 좌표($x_c = 4a/3\pi$, $y_c = 4b/3\pi$), 단면적 $A = \pi ab/4$ 인 1/4의 타원형을 x 축 둘레로 회전시켰을 때 생기는 반원체의 체적을 구한 값은?

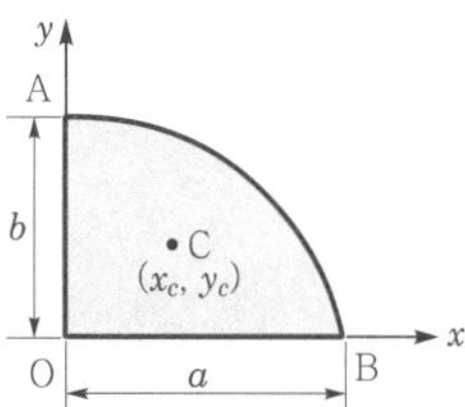

① $\dfrac{\pi a b^2}{6}$ ② $\dfrac{y^2 b}{3}$

③ $\dfrac{2\pi a b^2}{3}$ ④ $\dfrac{\pi a^2 b}{6}$

해설 **파푸스(Pappus)의 제2정리(체적에 대한 정리)**

체적=단면적×평면의 도심이 이동한 거리

$V = \int 2\pi y\, ds = 2\pi y_o A = \dfrac{\pi}{4} ab \times \dfrac{4b}{3\pi} \times 2\pi$

$= \dfrac{2\pi ab^2}{3}$

정답 96. ④ 97. ③

APPLIED MECHANICS

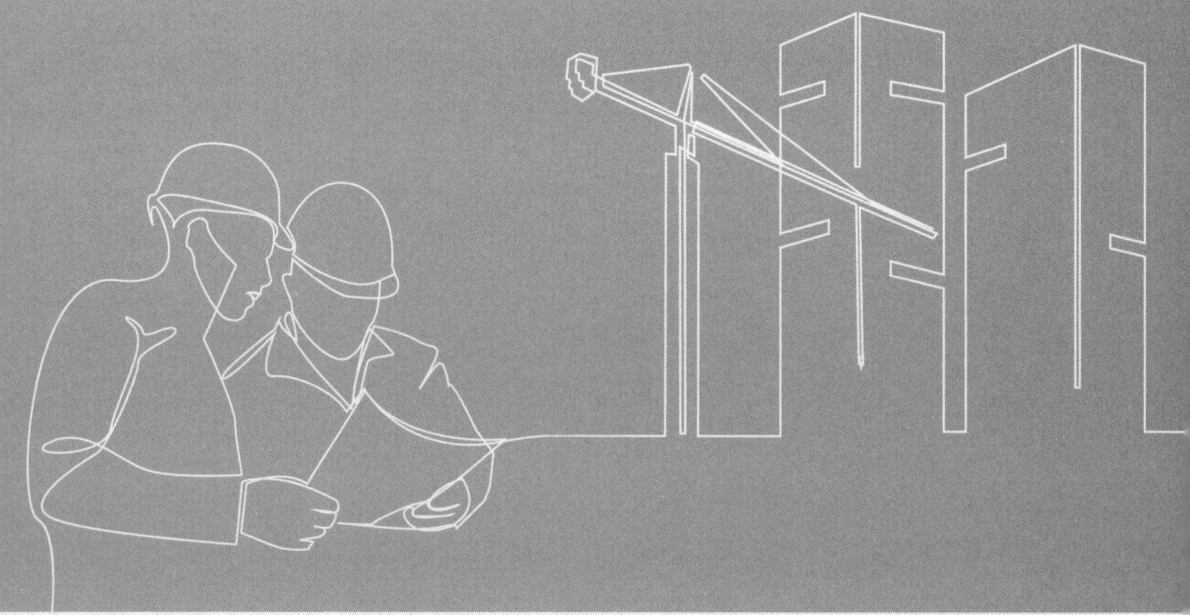

정정보

SECTION 1 | 정정보의 기본

SECTION 2 | 단순보

SECTION 3 | 캔틸레버보

SECTION 4 | 내민보

SECTION 5 | 게르버보

정정보

회독 체크표

1회독	월	일
2회독	월	일
3회독	월	일

최근 10년간 출제분석표

2015	2016	2017	2018	2019	2020	2021	2022	2023	2024
10.0%	8.3%	11.6%	16.7%	19.9%	13.3%	15.0%	8.3%	11.6%	11.7%

출제 POINT

학습 POINT

- 반력 산정
- 단면력의 관계
- 단순보의 해석과정

■ **정정과 부정정**

① 정정보 : 힘의 평형조건식만으로 해석이 가능한 보

② 부정정보 : 힘의 평형조건식만으로는 해석이 불가능한 보

■ **정정보의 종류**

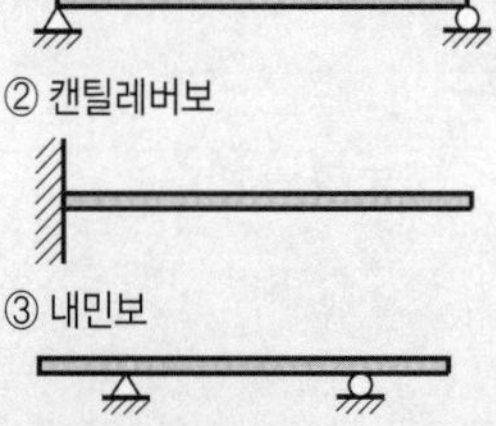

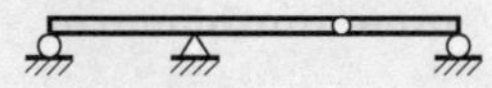

SECTION 1 정정보의 기본

1 정정보와 부정정보

1) 정정보

(1) 정정보의 정의

① 부재의 축에 대하여 직각의 방향으로 작용하는 하중을 지지하며, 몇 개의 지점으로 이루어진 구조물로 주로 휨에 의한 외력을 저항하는 휨부재를 보(들보, 형, girder)라고 한다.

② 이 보를 힘의 평형조건식($\sum H=0$, $\sum V=0$, $\sum M=0$)에 의하여 해석이 가능한 보를 정정보라고 하고, 해석이 불가능한 보를 부정정보라 한다.

(2) 정정보의 종류

① 단순보(simple beam)

한쪽 끝은 힌지(회전)지점으로, 다른 쪽 끝은 롤러(이동)지점으로 지지된 보를 말하며, 단순 지지보라고도 한다.

② 캔틸레버보(cantilever beam)

한쪽 끝은 고정지점으로, 다른 쪽 끝은 자유단(free end)으로 지지된 보를 말하며, 외팔보라고도 한다.

③ 내민보(overhanging beam)

단순보와 캔틸레버보의 조합으로 이루어진 보로, 한쪽 내민보와 양쪽 내민보가 있다. 내다지보 또는 돌출보라고도 한다.

④ 게르버보(Gerber beam)

연속보에서 지점 이외의 곳에 적절한 힌지(내부 활절, hinge)를 넣어 정정보로 변화시킨 보를 말하며, 단순보, 캔틸레버보와 내민보의 조합으로 구성된다.

2) 부정정보와 외력

(1) 부정정보의 종류

① 연속보(continuous beam)
1개의 힌지지점과 2개 이상의 롤러지점을 가진 보를 말한다.

② 1단 고정, 타단 이동보
부재의 1단이 고정지점이고 타단이 롤러지점인 보를 말한다.

③ 양단 고정보
부재의 양단이 고정지점으로 된 보를 말한다.

④ 일반적인 부정정보
2개 이상의 힌지지점으로 되어 있거나 2개 이상의 힌지지점과 1개 이상의 롤러지점으로 된 보의 형태이다.

(2) 보에 작용하는 외력

① 구조물의 외부로부터 작용하는 힘이나 하중을 외력이라 하고, 주동외력과 수동외력이 있다.

② 주동외력이란 외부에서 보에 작용하는 모든 외력을 말한다.

③ 수동외력은 주동외력에 평형을 유지하기 위해 부재 내부에서 발생하는 힘으로 반력을 말한다. 지점에서 발생하는 반력은 특히 지점반력이라 한다.

출제 POINT

■ 부정정보의 종류

① 연속보

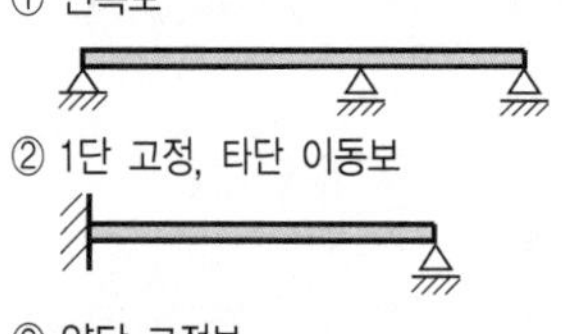

② 1단 고정, 타단 이동보

③ 양단 고정보

■ 외력

① 주동외력 : 힘, 하중
② 수동외력 : 반력

2 보의 단면력

1) 단면력의 정의

① 보에 외력이 작용할 때 외력에 저항하기 위해 부재축에 직각인 단면 내부(수직 단면)에서 발생하는 힘을 단면력이라 한다.

② 단면력에는 전단력, 휨모멘트, 축방향력과 비틀림력이 있다.

③ 어느 임의점의 단면력을 계산하는 경우에는 그 단면의 자유물체도에서 한쪽(좌측 또는 우측)만을 생각하여 계산해야 한다.

④ 자유물체도는 구조물에서 힘의 평형상태 또는 부재의 임의 단면에서 힘의 평형상태를 나타낸다.

⑤ 양쪽을 다 생각하면 평형을 이루어야 하므로 단면력은 항상 0이다.

2) 단면력의 종류

(1) 전단력

① 부재를 축의 수직방향으로 절단하려는 힘이다. 단위로는 N, kN, kgf, tf(힘의 단위와 동일) 등이 사용된다.

② 부호는 시계방향의 전단력을 (+), 반시계방향의 전단력을 (−)로 가정한다.

$$S=\int_A \tau dA$$

■ 단면력의 종류

① 전단력

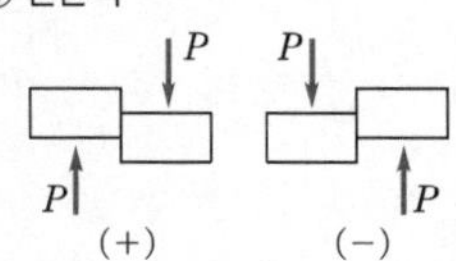

출제 POINT

② 휨모멘트

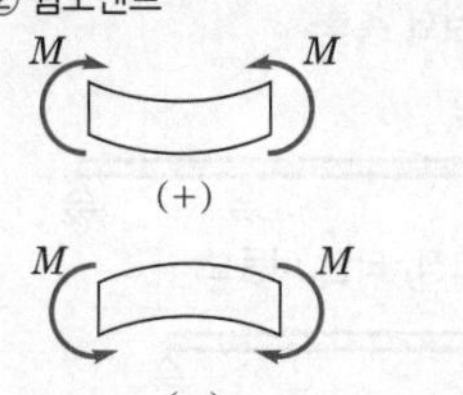

③ 축방향력

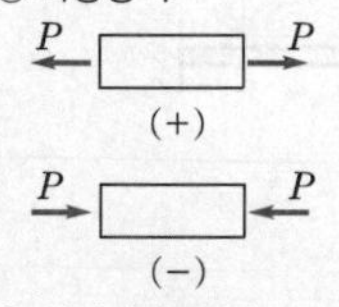

④ 단면력의 표기

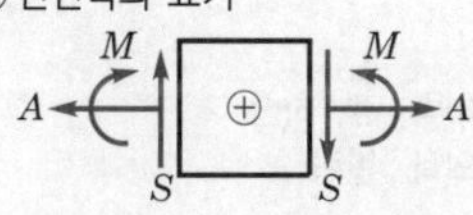

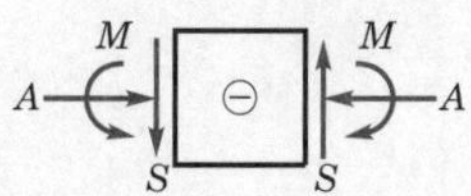

■ 변형

① 전단변형

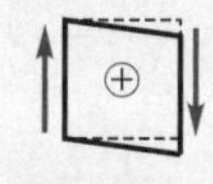

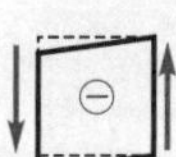

② 휨변형

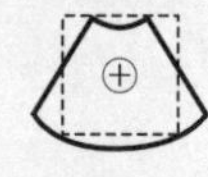

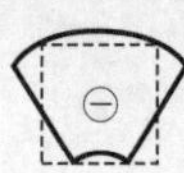

■ 미분관계

① $\frac{dS_x}{dx} = -w_x$

② $\frac{dM_x}{dx} = S_x$

$\therefore \frac{d^2M_x}{dx^2} = \frac{dS_x}{dx} = -w_x$

■ 적분관계

① $M = \int S\,dx = -\iint w\,dx\,dx$

② $S = -\int w\,dx$

(2) 휨모멘트

① 부재를 구부리거나 휘려고 하는 힘으로 굽힘모멘트라고도 한다. 단위로는 N · mm, kN · m, kgf · cm, tf · m(모멘트의 단위와 동일) 등이 사용된다.

② 부호는 부재가 아래로 볼록(위로 오목)인 경우를 (+), 위로 볼록(아래로 오목)인 경우를 (−)로 가정한다.

$$M = \int_A \sigma y\,dA$$

(3) 축방향력

① 부재의 축방향으로 작용하는 힘으로 축력이라고도 한다. 단위로는 N, kN, kgf, tf(힘의 단위와 동일) 등이 사용된다.

② 부호는 인장을 (+), 압축을 (−)로 가정한다.

$$N = \int_A \sigma\,dA$$

(4) 단면력도(Section Force Diagram, S.F.D)

① 계산된 보의 단면력을 그림으로 표시한 것이 단면력도이다.

② 전단력도(S.F.D)는 보통 기선의 상부에 (+), 하부에 (−)로 표시한다.

③ 휨모멘트도(B.M.D)는 보통의 경우 기선의 하부에 (+), 상부에 (−)로 표시한다. 그러나 반대의 경우로 표시하기도 한다.

④ 축방향력도(A.F.D)는 보통 기선의 상부에 (+), 하부에 (−)로 표시한다.

3 단면력의 관계와 보의 해석과정

1) 단면력과 하중과의 관계

(1) 미분 및 적분관계

① 전단력과 하중과의 관계

$\Sigma V = 0$으로부터 $S_x - w_x dx - (S_x + dS_x) = 0$

$$\therefore \frac{dS_x}{dx} = -w_x$$

② 전단력과 휨모멘트와의 관계

$\Sigma M_b = 0$으로부터 $M_x + S_x dx - w_x dx \times \frac{dx}{2} - (M_x + dM_x) = 0$

$$\therefore \frac{dM_x}{dx} = S_x \ (\because dx^2 \fallingdotseq 0)$$

$$\therefore \frac{d^2M_x}{dx^2} = \frac{dS_x}{dx} = -w_x$$

출제 POINT

(2) 관계의 성질

① 전단력을 미소 거리로 1차 미분하면 단위하중에 (−)의 부호를 붙인 것과 같다.

② 휨모멘트를 미소 거리로 1차 미분하면 그 단면에 작용하는 전단력이 된다.

③ 휨모멘트를 미소 거리로 2차 미분하면 단위하중에 (−)의 부호를 붙인 것과 같다.

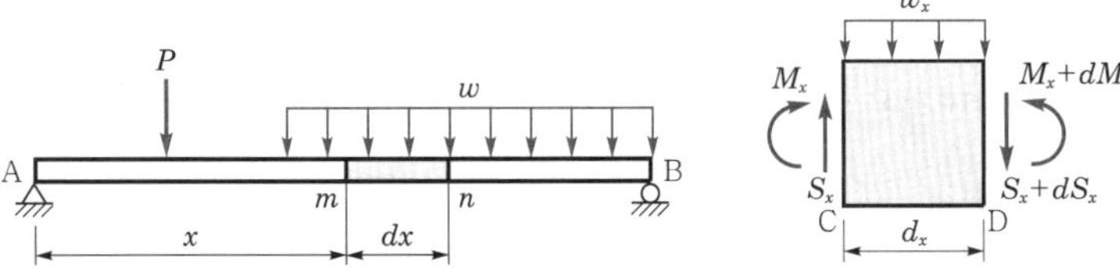

[그림 4-1] 단면력과 하중과의 관계

2) 보의 해석과정

■ 보의 해석과정
① 미지의 반력을 구한다.
② 단면력을 계산한다.
③ 단면력도를 작성한다.
④ 보의 변형을 고려한다.

(1) 미지의 반력 계산

① 지점의 상태에 따라 반력의 형태를 표시하고 반력의 방향을 가정한다.

② 이 경우 외력은 물론 구조물의 자중, 마찰력 등 모든 작용력을 표시한다.

③ 힘의 평형조건식($\sum H=0$, $\sum V=0$, $\sum M=0$)에 의하여 반력을 계산한다.

(2) 각 구간별로 자유물체도를 그려 단면력 계산

① 임의 점 x에 대한 전단력은 자유물체도에서 구간 내 하중(수직력)의 대수합이다.

② 임의 점 x에 대한 휨모멘트는 자유물체도에서 구간 내 하중에 의한 모멘트의 대수합이다.

③ 전단력은 일반적으로 좌측에서 우측으로 계산하는 것이 편리하다

④ 휨모멘트는 지점의 위치에 관계없이 자유단에서 시작하는 것이 편리하다.

(3) 단면력도와 변형

① 단면력도(S.F.D, B.M.D, A.F.D)를 그린다.

② 마지막으로 보의 변형을 생각한다.

SECTION 2 단순보

학습 POINT
- 단순보의 일반정리
- 하중상태에 따른 단순보의 해석
- 단면력도의 변화상태
- 절대 최대 단면력

1 보의 해석

1) 단순보의 일반정리

① 보의 휨모멘트의 극대 및 극소는 전단력이 0인 단면에서 생기며, 이 반대도 성립한다.

출제 POINT

② 집중하중만을 받는 극대 및 극소 휨모멘트는 그 좌우에 있어서 전단력의 부호가 바뀌는 단면에서 생긴다. 그러므로 반드시 하중이 작용하는 점에서 생긴다.

③ 하중이 없는 부분의 전단력도는 기선과 나란한 직선이 되고, 또한 이 부분의 휨모멘트도도 기선과 같다.

④ 모멘트가 아닌 하중을 받는 보의 임의의 단면에서 휨모멘트의 절대값은 그 단면의 좌측 또는 우측에서 전단력도의 넓이의 절대값과 같다.

⑤ 단순보에 모멘트하중이 작용하지 않을 경우 전단력도의 (+)의 면적과 (−)의 면적은 같다.

2) 단순보의 해석

(1) 단순보의 해석 예

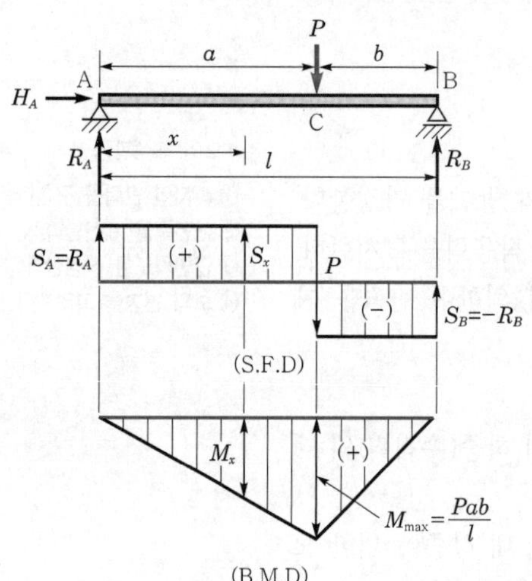

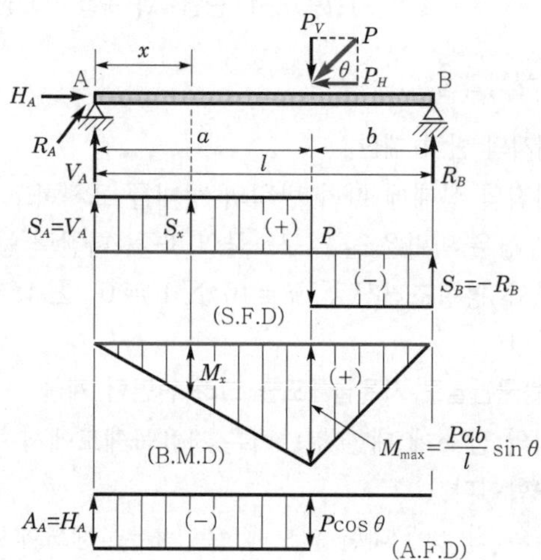

[그림 4-2] 집중하중이 작용하는 경우

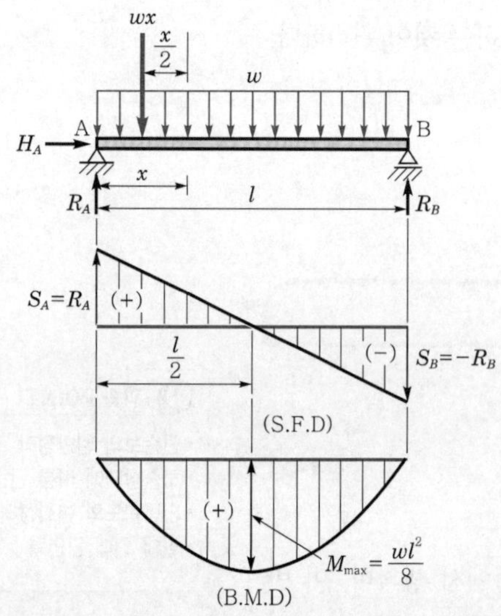

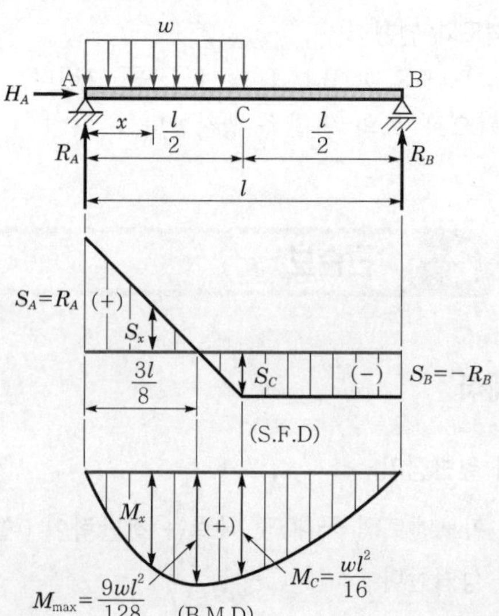

[그림 4-3] 등분포하중이 작용하는 경우

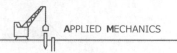

출제 POINT

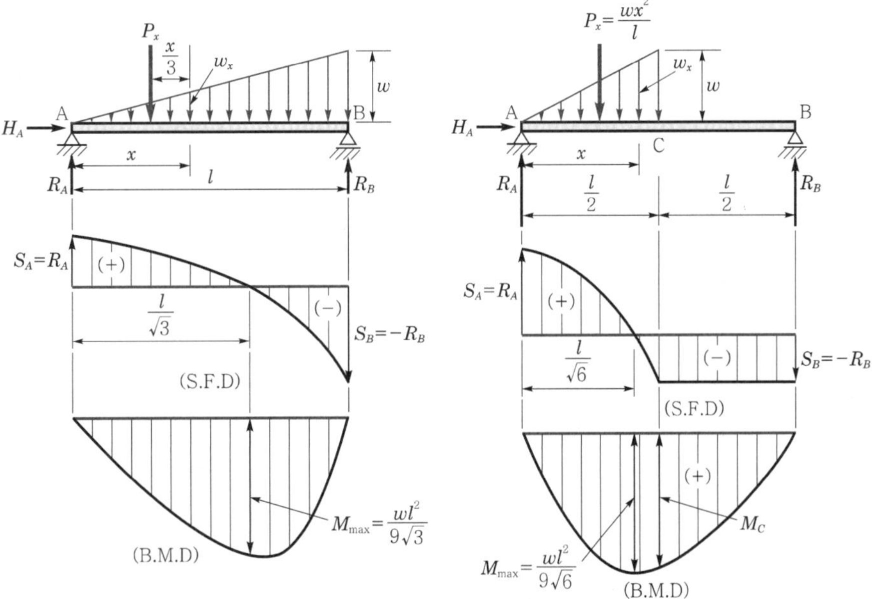

[그림 4-4] 등변분포하중이 작용하는 경우

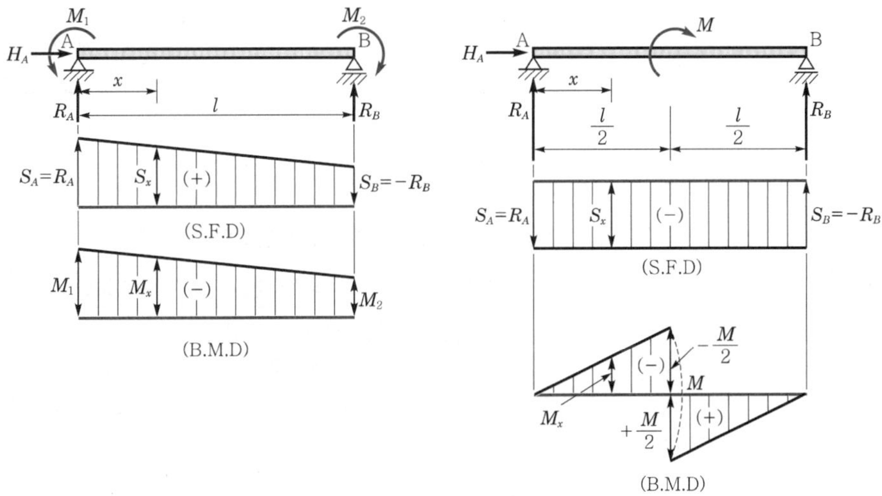

[그림 4-5] 모멘트하중이 작용하는 경우

출제 POINT

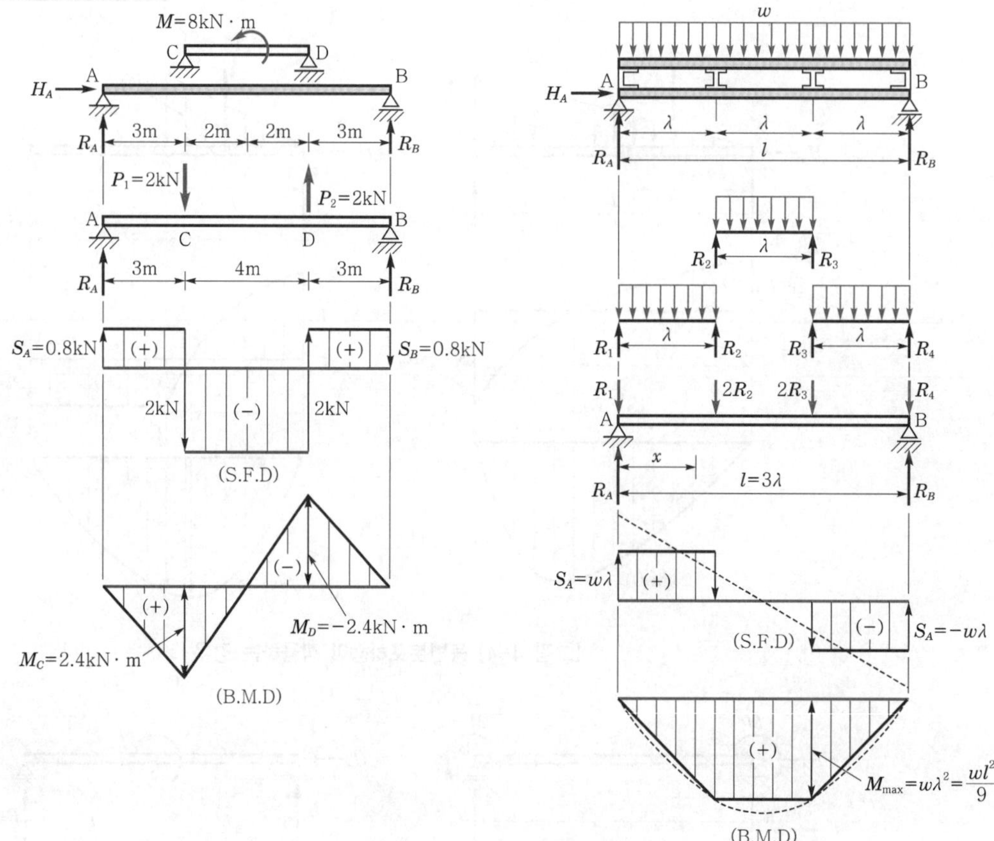

[그림 4-6] 간접하중이 작용하는 경우

(2) 작용하중에 따른 단면력도의 변화형태

단면력	집중하중	등분포하중	등변분포하중
전단력(S)	기선과 나란한 직선변화	1차 사선변화	2차 곡선변화
휨모멘트(M)	1차 사선변화	2차 곡선변화	3차 곡선변화

(3) 순수 굽힘을 받는 단순보의 특성

① 부재의 단면에 휨모멘트만 발생하는 경우를 순수 굽힘(pure bending)이라 한다. 즉, 전단력, 축력이 없고 오직 휨모멘트만 발생하는 경우를 말한다.

② 순수 굽힘의 경우에 지점반력이 생기지 않는다. 이는 단순보뿐만 아니라 캔틸레버보, 내민보, 게르버보 등 모든 정정보에 적용된다.

③ 전 구간에 걸쳐 전단력은 0이고, 휨모멘트는 전 구간에 걸쳐 일정하다.

2 이동하중과 절대 최대 단면력

1) 최대 반력과 절대 최대 전단력

① 최대 반력

단순보에 이동하중이 작용할 경우 최대 반력은 하중이 지점에 위치할 때 이다.

② 절대 최대 전단력

단순보에 이동연행하중이 작용할 때 절대 최대 전단력은 지점에 무한히 가까운 단면에서 일어나고, 그 값은 최대 반력과 같다.

절대 최대 전단력=최대 반력

2) 절대 최대 휨모멘트

① 연행하중이 단순보 위를 지날 때의 절대 최대 휨모멘트는 보에 실리는 전 하중의 합력(R)이 작용하는 점과 그와 가장 가까운 하중(또는 큰 하중)과의 1/2 되는 점이 보의 중앙(C점)에 있을 때 큰 하중 바로 밑의 단면(D점)에서 생긴다.

② 절대 최대 휨모멘트의 해석 예

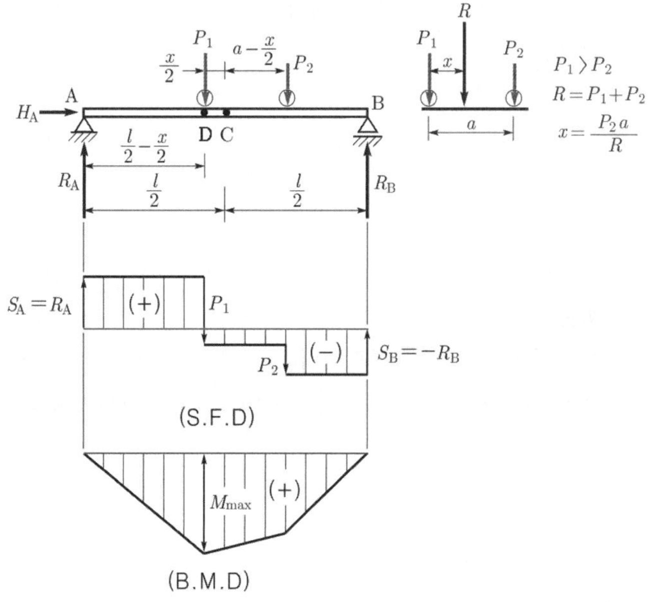

■ 절대 최대 단면력

① 이동집중하중이 1개 작용하는 경우
② 이동집중하중이 2개 작용하는 경우
③ 이동집중하중이 3개 이상 작용하는 경우
④ 이동등분포하중이 작용하는 경우

출제 POINT

학습 POINT
- 캔틸레버보의 성질
- 캔틸레버보의 해석

■ 고정단(fixed end)
고정된 끝지점을 말하며 built-in end라고도 한다.

■ 자유단(free end)
지점이 없는 끝을 말한다.

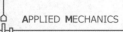

SECTION 3 캔틸레버보

1 캔틸레버보의 성질

1) 반력의 성질

① 캔틸레버보는 고정단에 수직반력, 수평반력, 모멘트반력이 생긴다.
② 수직 및 수평 반력은 지점이 하나이므로 작용하는 전체 수직 및 수평 하중의 대수합이다.
③ 모멘트하중만이 작용할 때는 모멘트반력만 생긴다.

2) 단면력의 성질

(1) 전단력
① 캔틸레버(cantilever)보의 전단력은 하중이 하향 또는 상향으로만 작용하는 경우 고정단에서 최대이다.
② 전단력의 계산은 고정단의 위치에 관계없이 좌측에서 우측으로 계산해 나간다.
③ 캔틸레버보에 모멘트하중만 작용할 경우의 전단력도는 기선과 같다.
④ 전단력의 부호는 고정단이 좌측이면 (+), 우측이면 (−)이다.

(2) 휨모멘트
① 휨모멘트 계산은 고정단의 위치에 관계없이 자유단에서 시작한다.
② 휨모멘트 부호는 하중이 하향일 경우 고정단의 위치에 관계없이 (−)이다.
③ 자유단에서 임의 단면까지 전단력의 면적은 그 단면의 휨모멘트 크기와 같다.
④ 캔틸레버보에서 하중이 하향 또는 상향일 때는 고정단에서 최대이다.

(3) 축방향력
① 수평분력의 합이 수평반력이다.
② 수평하중이 없는 경우 축방향력도(A.F.D)는 기선과 같다.

3) 캔틸레버보의 해석 예

① 집중하중과 등분포하중이 작용하는 경우

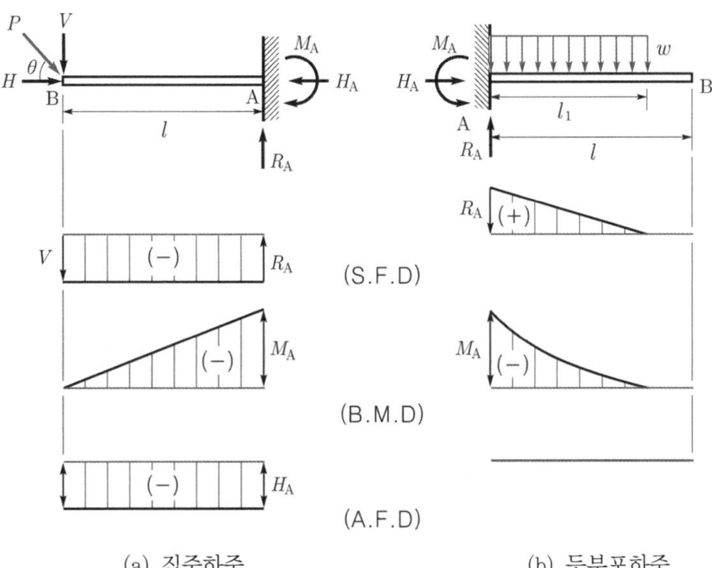

(a) 집중하중 (b) 등분포하중

② 모멘트하중과 등변분포하중이 작용하는 경우

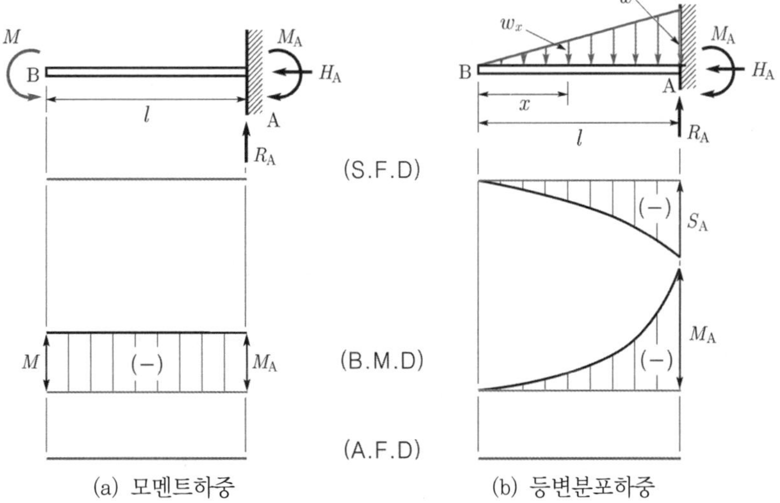

(a) 모멘트하중 (b) 등변분포하중

출제 POINT

출제 POINT

학습 POINT

- 내민보의 특성
- 내민보의 해석

■ 내민보

① 단순보+캔틸레버보
② 한쪽 내민보, 양쪽 내민보

SECTION 4 내민보

1 내민보의 성질

1) 해석방법

① 반력 계산은 내민 상태를 그대로 두고 힘의 평형조건식에 의해 구한다.

② 단면력 계산은 중앙부구간은 단순보와 같고, 내민 구간은 지점을 고정지점으로 간주하고 캔틸레버보와 같이 해석한다.

③ 내민보의 양 지점 사이의 해법은 내민 부분의 휨모멘트를 먼저 구하고, 그 휨모멘트를 지점에 작용하여 모멘트하중을 받는 단순보 해법과 같다.

④ 중앙부(단순보 구간)에만 하중이 작용할 때는 단순보와 동일하다.

2) 특성

① 한 지점의 내민 부분에 하중이 작용할 때는 반대측 지점에서 (−)반력이 생긴다.

② 내민 부분의 전단력은 하중이 하향일 경우는 캔틸레버와 같이 지점 좌측에서는 (−), 지점 우측에서는 (+)이다.

③ 내민보의 중앙부에 작용하는 하중은 단순보와 같이 (+)의 휨모멘트가 생기며, 내민 부분에 작용하는 하중은 캔틸레버보와 같이 (−)의 휨모멘트를 일으킨다.

3) 내민보의 해석 예

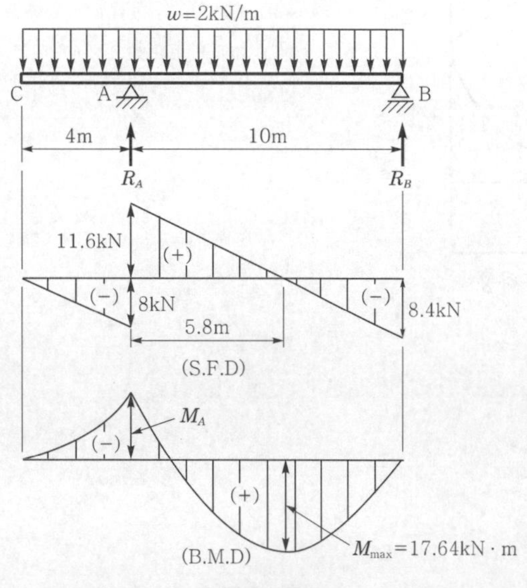

[그림 4-7] 한쪽 내민보

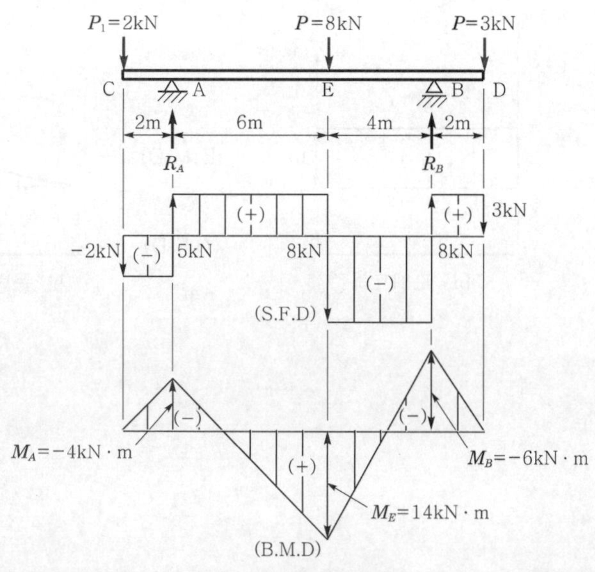

[그림 4-8] 양쪽 내민보

SECTION 5

게르버보

출제 POINT

학습 POINT
- 게르버보의 특징
- 게르버보의 해석

1 게르버보의 성질

1) 해석방법

① 부정정 연속보에 부정정차수만큼의 활절(힌지, hinge)을 넣어 정정보로 전환된 보를 말하며, 힘의 평형조건식 3개만으로 구조 해석을 할 수 있는 보를 게르버보(Gerber beam)라고 한다.

② 주어진 게르버보를 단순보 구간, 내민보 구간과 캔틸레버보 구간 등으로 구분한다.

③ 단순보 구간을 먼저 해석하여 반력을 구하고, 그 반력을 **크기**는 같고 **방향**이 반대인 외력으로 작용시켜 다른 하중과 함께 힌지를 지점으로 반력을 산정한다.

2) 특징

① 구조상 단순보에 실린 하중은 내민보 부분의 지점반력이나 단면력에 영향을 주지만, 내민보에 실린 하중은 단순보에 아무런 영향을 주지 못한다.

② 내부 활절(힌지)절점에서 전단력은 그대로 전달되며, 내부 힌지절점에서 휨모멘트는 0이다.

③ 전단력이 0이 되는 곳에서 정(+), 부(−)의 극대모멘트가 생기며, 그 중의 큰 값을 최대값으로 취한다.

④ 게르버보는 지점침하의 영향이 작기 때문에 연속보에 비해 연약지반에서 유리하지만, 힌지 부분에서 공사비가 추가된다.

■ 게르버보(Gerber beam)의 형태
① 내민보+단순보
② 캔틸레버보+단순보
③ 내민보+단순보+내민보
④ 단순보+내민보+단순보

2 게르버보의 종류

1) 게르버보의 해석

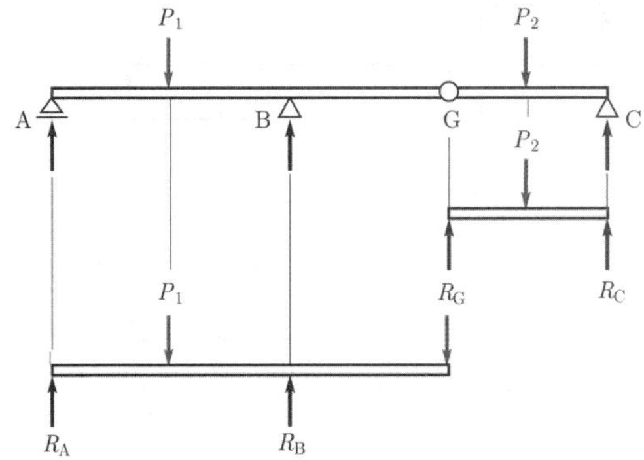

[그림 4-9] 활절(hinge)이 1개인 경우

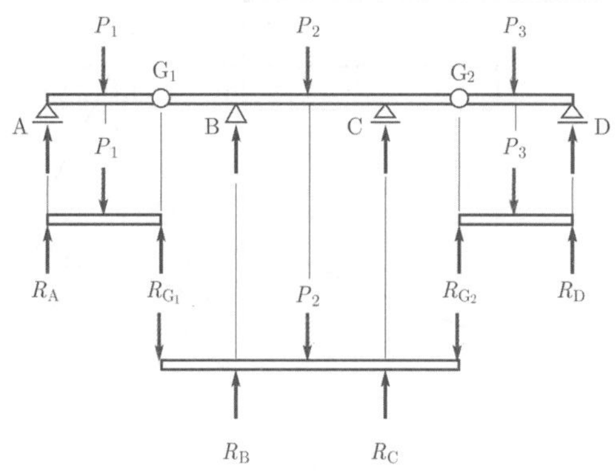

[그림 4-10] 측경간 활절이 2개인 경우

출제 POINT

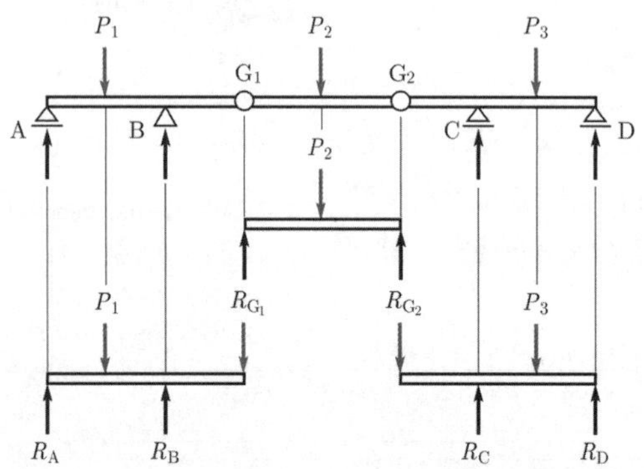

[그림 4-11] 중앙경간 활절이 2개인 경우

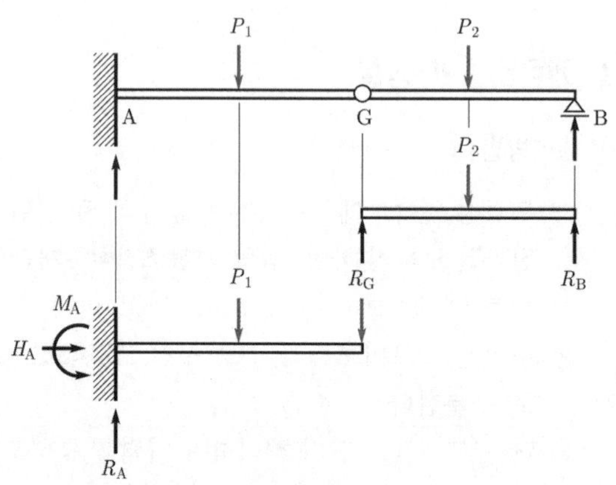

[그림 4-12] 특수 게르버보인 경우

2) 게르버보의 해석 예

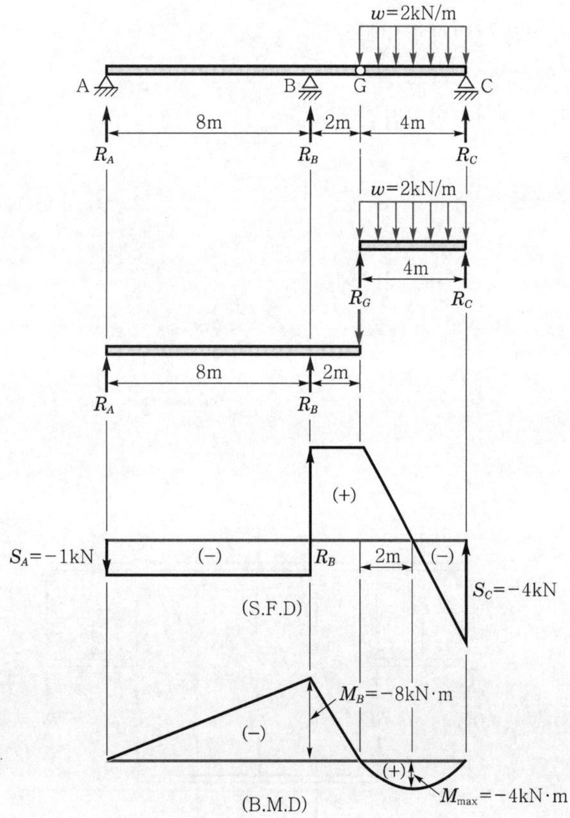

[그림 4-13] 활절이 1개 있는 게르버보

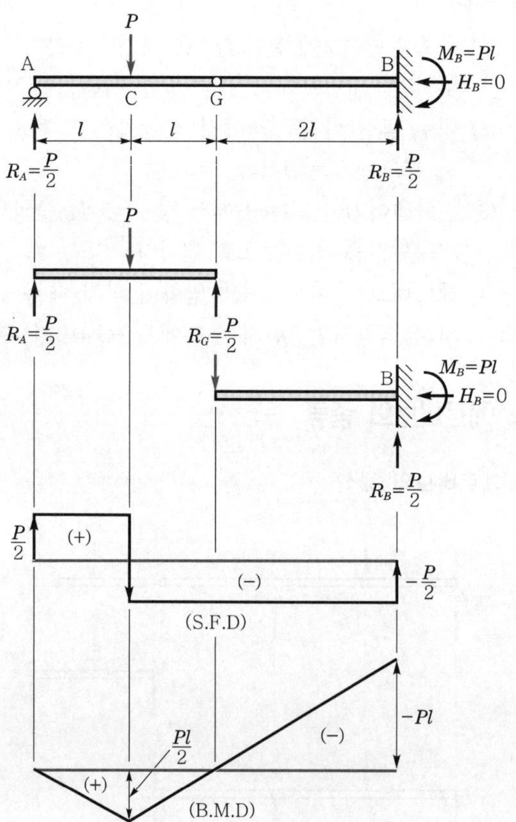

[그림 4-14] 특수 게르버보

CHAPTER 04

기출문제

APPLIED MECHANICS

10년간 출제된 빈출문제

1. 정정보의 기본

01 정정보의 종류가 아닌 것은?

① 단순보 ② 캔틸레버보
③ 내민도 ④ 연속보

해설 **정정보의 종류**
정정보는 단순보, 캔틸레버보, 내민보, 게르버보가 있고, 연속보는 부정정보이다.

02 다음 중 단면력의 종류가 아닌 것은?

① 축방향력 ② 집중하중
③ 전단력 ④ 휨모멘트

해설 **단면력의 종류**
단면력은 전단력, 휨모멘트, 축방향력, 비틀림력이 있다.

★
03 전단력과 휨모멘트의 관계식으로 맞는 것은?

① $\dfrac{d^2M_x}{dx^2}=S_x$ ② $\dfrac{dM_x}{dx}=S_x$

③ $M_x=S_x$ ④ $\dfrac{d^3M_x}{dx^3}=S_x$

해설 **단면력의 관계**
㉠ 휨모멘트를 미소 거리로 1차 미분하면 그 단면에 작용하는 전단력이 된다.
㉡ 미분관계식

$$\frac{d^2M_x}{dx^2}=\frac{dS_x}{dx}=-w_x$$

$$\therefore \frac{dM_x}{dx}=S_x$$

★
04 분포하중(w), 전단력(S) 및 굽힘모멘트(M) 사이의 관계가 옳은 것은?

① $-w=\dfrac{dS}{dx}=\dfrac{d^2M}{dx^2}$ ② $-w=\dfrac{dM}{dx}=\dfrac{d^2S}{dx^2}$

③ $w=\dfrac{dM}{dx}=\dfrac{d^2M}{dx^2}$ ④ $w=\dfrac{dM}{dx}=\dfrac{d^2S}{dx^2}$

해설 **단면력의 관계**
휨모멘트를 미소 거리로 2차 미분하면 단위하중(w)에 (−)의 부호를 붙인 것과 같다.

05 하중, 전단력, 휨모멘트의 관계식으로 옳은 것은?

① $M=\int w\,dx=-\iint S\,dx\,dx$

② $S=\int w\,dx=-\iint M\,dx\,dx$

③ $M=\int S\,dx=-\iint w\,dx\,dx$

④ $W=\int M\,dx=-\iint S\,dx\,dx$

해설 **적분관계식**

$$M=\int S_x\,dx=-\iint w_x\,dx\,dx$$

$$S_x=-\int w_x\,dx$$

★
06 처짐각, 처짐, 전단력 및 굽힘모멘트에 대한 관계식 중 잘못된 것은? (단, 적분상수는 생략한다. w : 등분포하중, θ : 처짐각, y : 처짐, S : 전단력, M : 모멘트)

① $\theta=-\int\dfrac{M}{EI}dx$

② $y=-\iint\dfrac{S}{EI}dx\,dx$

③ $S=-\int w\,dx$

④ $M=-\iint w\,dx\,dx$

해설 **단면력의 관계식**
㉠ $S=-\int w\,dx$
㉡ $M=\int S\,dx=-\iint w\,dx\,dx$
㉢ $\theta=-\int\dfrac{M}{EI}dx$
㉣ $y=-\iint\dfrac{M}{EI}dx\,dx$

정답 1. ④ 2. ② 3. ② 4. ① 5. ③ 6. ②

2. 단순보

07 단순보에 작용하는 하중과 전단력과 휨모멘트와의 관계를 나타내는 설명으로 틀린 것은?

① 하중이 없는 구간에서의 전단력의 크기는 일정하다.
② 하중이 없는 구간에서의 휨모멘트선도는 직선이다.
③ 등분포하중이 작용하는 구간에서의 전단력은 2차 곡선이다.
④ 전단력이 0인 점에서의 휨모멘트는 최대 또는 최소이다.

> 해설 등분포하중이 작용하는 구간에서 전단력은 1차 사선으로 변화한다.

★
08 보에서 휨모멘트의 크기는?

① 활절에서는 언제나 0이 된다.
② 내민 부분에서는 언제나 0이 된다.
③ 전단력의 크기와 무관하다.
④ 고정지점에서는 언제나 0이 된다.

> 해설 보의 활절(hinge)에서 휨모멘트는 항상 0이 된다.

★
09 다음 그림은 한 부재에 작용하는 작용력을 그린 것이다. 이때 모멘트 M_x는? (단, 하중 w의 단위는 kN/m, 길이 x의 단위는 m이고, V_x는 전단력을 나타낸다.)

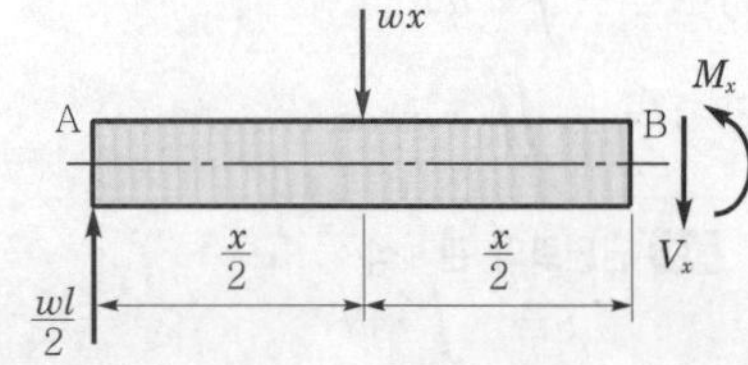

① $\frac{wl}{2}x$ ② $w\frac{x^2}{2}$
③ $\frac{wl}{2}-wx$ ④ $\frac{wl}{2}x-\frac{w}{2}x^2$

> 해설 임의 점의 휨모멘트
> $\Sigma M_B=0$
> $\frac{wl}{2}\times x-w\times x\times\frac{x}{2}-M_x=0$
> $\therefore M_x=\frac{wl}{2}x-\frac{w}{2}x^2$

★★
10 다음 그림에서 나타낸 단순보 b점에 하중 5kN이 연직방향으로 작용하면 c점에서의 휨모멘트는?

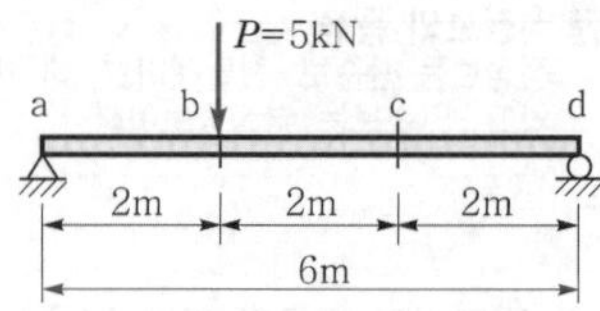

① 3.33kN · m
② 5.4kN · m
③ 6.67kN · m
④ 10.0kN · m

> 해설 C점의 휨모멘트
> $\Sigma M_a=0$
> $-R_d\times6+5\times2=0$
> $\therefore R_d=1.67\text{kN}(\uparrow)$
> $\therefore M_c=1.67\times2=3.33\text{kN}\cdot\text{m}$

11 10kN의 하중을 받는 단순보에서 4.6kN의 R_B가 발생하려면 A점으로부터 하중의 위치는?

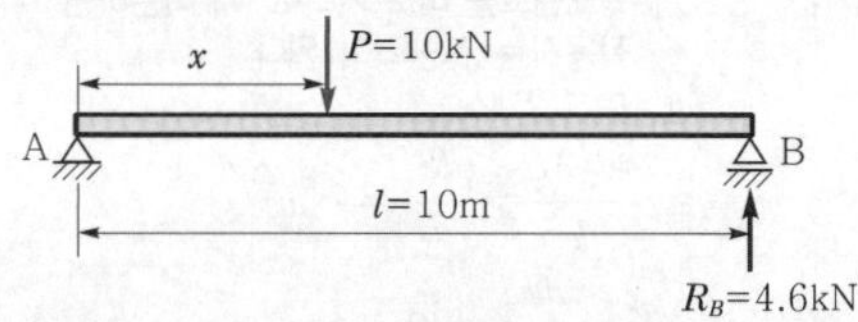

① 4.0m ② 5.4m
③ 4.6m ④ 3.6m

> 해설 하중이 작용하는 점의 위치
> $\Sigma M_A=0$
> $-4.6\times10+10\times x=0$
> $\therefore x=4.6\text{m}$

정답 7. ③ 8. ① 9. ④ 10. ① 11. ③

12 다음 그림과 같은 단순보에서 B점의 수직반력 R_B가 5kN까지의 힘을 받을 수 있다면 하중 8kN은 A점에서 몇 m까지 이동할 수 있는가?

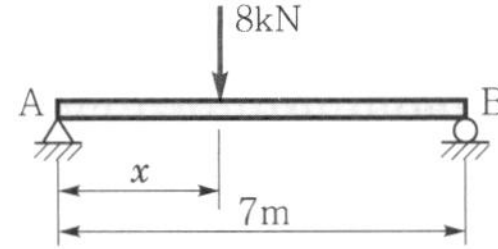

① 2.823m
② 3.375m
③ 3.823m
④ 4.375m

해설 **하중점의 위치**

$\sum M_A = 0$

$8 \times x - R_B \times 7 = 0$

$R_B = \frac{8}{7}x \le 5\text{kN}$

$\therefore x \le 5 \times \frac{7}{8} = 4.375\text{m}$

★
13 다음 그림과 같이 단순보에 하중 P가 경사지게 작용할 때 A점에서의 수직반력 V_A를 구하면?

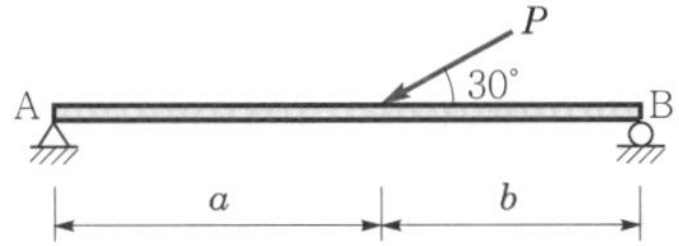

① $\frac{Pb}{(a+b)}$　② $\frac{Pa}{2(a+b)}$

③ $\frac{Pa}{(a+b)}$　④ $\frac{Pb}{2(a+b)}$

해설 **A점의 수직반력**

$\sum M_B = 0$

$V_A \times (a+b) - P \times \sin 30° \times b = 0$

$\therefore V_A = \frac{Pb}{2(a+b)}$ (↑)

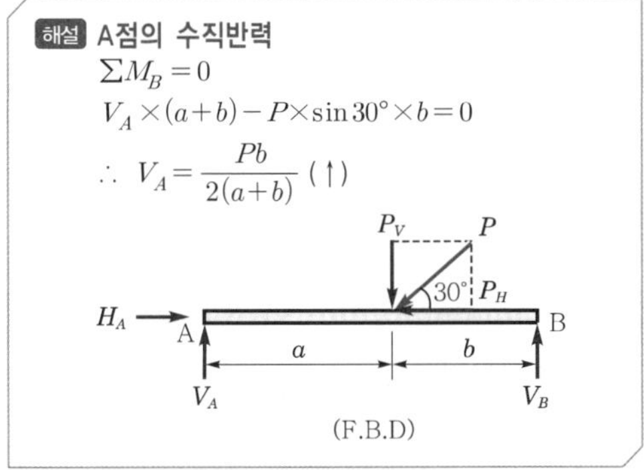

(F.B.D)

14 다음 그림과 같은 보에서 B의 수평반력 H_B는?

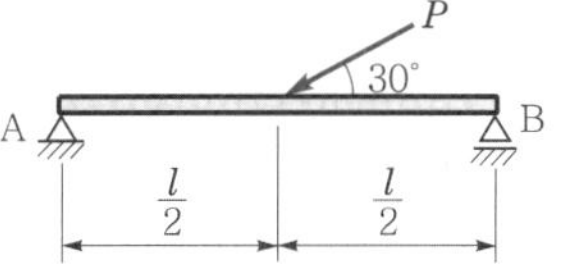

① $\frac{\sqrt{3}}{2}P$　② 0

③ $\frac{1}{2}P$　④ P

해설 **B점의 수평반력**

㉠ $\sum H = 0$

$\therefore H_A = P \times \cos 30° = \frac{\sqrt{3}}{2}P$

㉡ 이동(roller)지점에서는 수평반력이 발생하지 않는다.

$\therefore H_B = 0$

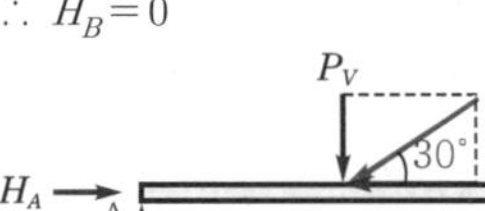
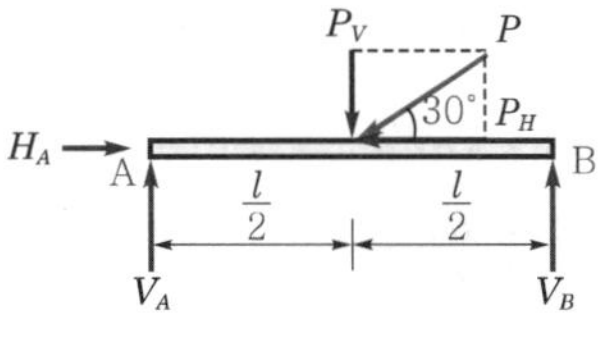

15 다음 그림과 같은 단순보에서 n점이 받는 힘은?

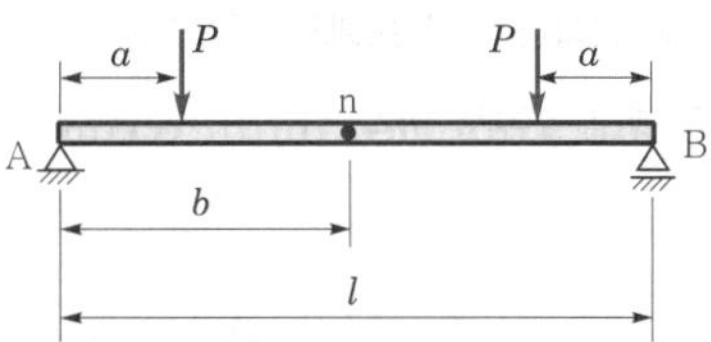

① 비틀림모멘트와 전단력을 받는다.
② 전단력과 휨모멘트를 받는다.
③ 전단력만 받는다.
④ 휨모멘트만 받는다.

해설 **단면력도**

㉠ n점의 전단력은 0이다.

㉡ 하중점 사이의 휨모멘트는 일정하다.

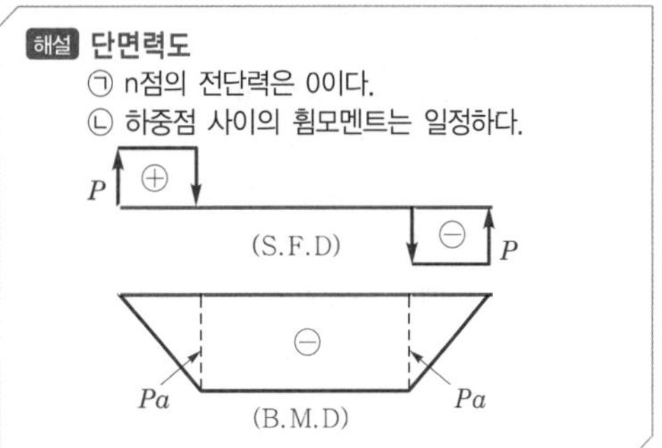

정답 12. ④ 13. ④ 14. ② 15. ④

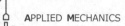

★
16 지점 A, B의 반력이 같기 위한 x 의 위치는?

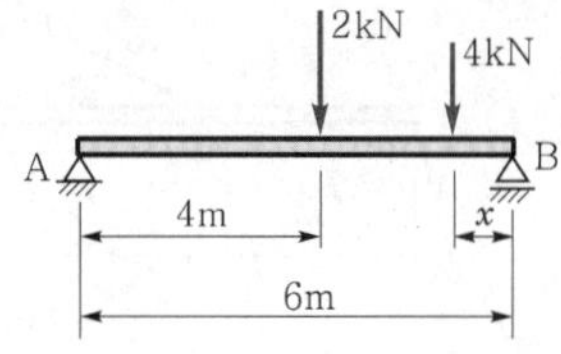

① 1.5m ② 2.5m
③ 3.5m ④ 4.5m

해설 **하중점의 위치**

㉠ A점 반력

$\Sigma M_B = 0$

$R_A \times 6 - 2\times 2 - 4\times x = 0$

$\therefore R_A = \dfrac{4+4x}{6}(\uparrow)$

㉡ B점 반력

$\Sigma M_A = 0$

$2\times 4 + 4\times(6-x) - R_B \times 6 = 0$

$\therefore R_B = \dfrac{32-4x}{6}(\uparrow)$

㉢ $R_A = R_B$

$4+4x = 32-4x$

$\therefore x = 3.5\text{m}$

17 다음 그림과 같은 보에서 A점의 반력이 B점의 반력의 두 배가 되도록 하는 거리 x 의 값으로 맞는 것은?

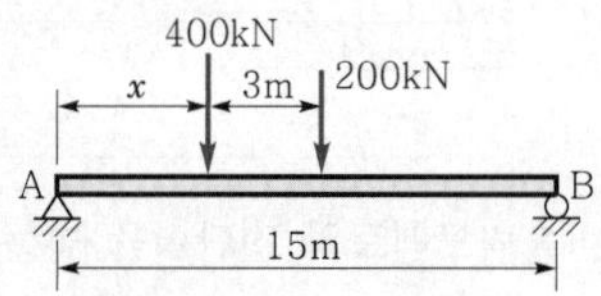

① 2.5m ② 3m
③ 3.5m ④ 4m

해설 **하중점의 위치**

㉠ $\Sigma V = 0$

$R_A + R_B - 600 = 0$

$2R_B + R_B = 600$

$\therefore R_B = 200\text{kN}(\uparrow)$

㉡ $\Sigma M_A = 0$

$400\times x + 200\times(x+3) - 200\times 15 = 0$

$\therefore x = 4\text{m}(\rightarrow)$

★★
18 다음 그림과 같은 단순보에 연행하중이 작용할 때 R_A 가 R_B의 3배가 되기 위한 x의 크기는?

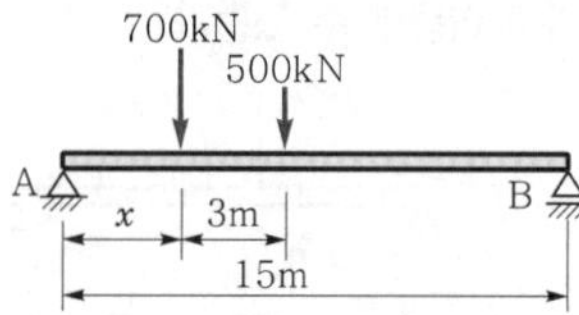

① 2.5m
② 3.0m
③ 3.5m
④ 4.0m

해설 **하중점의 위치**

㉠ $\Sigma V = 0$

$R_A + R_B = 700 + 500 = 1{,}200\text{kN}$ ········· ①

$R_A = 3R_B$ ········· ②

식 ②를 ①에 대입하면

$4R_B = 1{,}200$

$\therefore R_B = 300\text{kN}(\uparrow)$

$\therefore R_A = 3\times 300 = 900\text{kN}(\uparrow)$

㉡ $\Sigma M_A = 0$

$-300\times 15 + 700\times x + 500\times(3+x) = 0$

$\therefore x = 2.5\text{m}$

★
19 길이 6m인 단순보에 그림과 같이 집중하중 7kN, 2kN 이 작용할 때 최대 휨모멘트는?

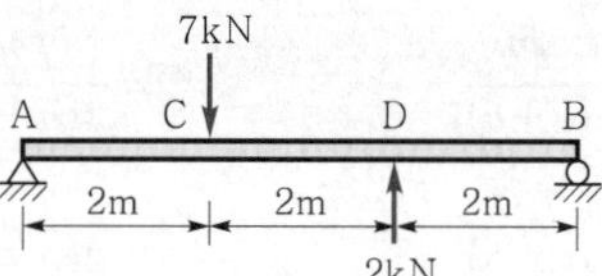

① 7kN · m
② 10.5kN · m
③ 8kN · m
④ 7.5kN · m

정답 16. ③ 17. ④ 18. ① 19. ③

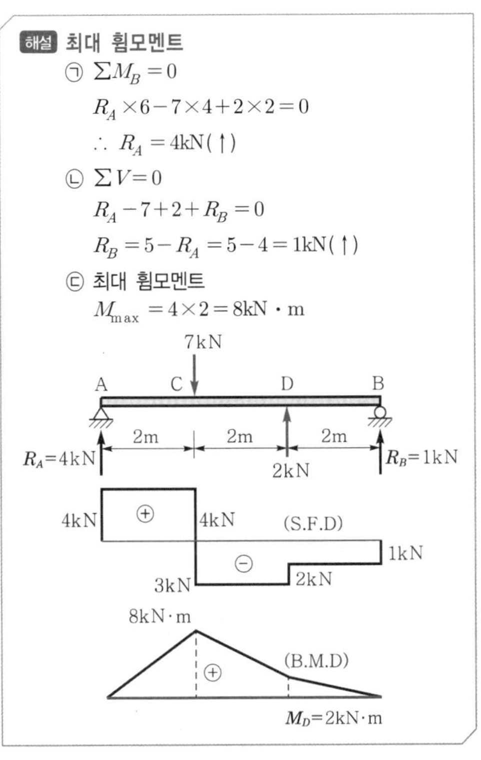

해설 최대 휨모멘트
㉠ $\Sigma M_B = 0$
$R_A \times 6 - 7\times 4 + 2\times 2 = 0$
$\therefore R_A = 4\text{kN}(\uparrow)$
㉡ $\Sigma V = 0$
$R_A - 7 + 2 + R_B = 0$
$R_B = 5 - R_A = 5 - 4 = 1\text{kN}(\uparrow)$
㉢ 최대 휨모멘트
$M_{max} = 4\times 2 = 8\text{kN}\cdot\text{m}$
7kN
A
C
D
B
2m
2m
2m
R_A=4kN
2kN
R_B=1kN
4kN
4kN
(S.F.D)
1kN
3kN
2kN
8kN·m
(B.M.D)
M_D=2kN·m

20 다음 단순보에서 지점의 반력을 계산한 값으로 옳은 것은?

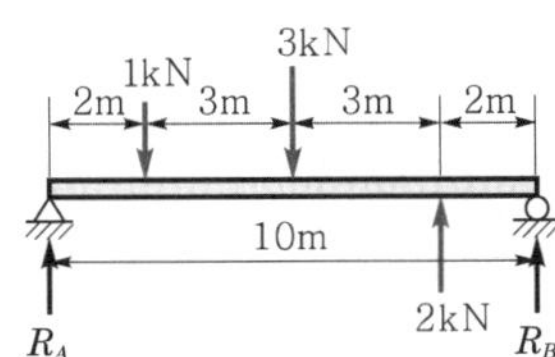

① $R_A = 1\text{kN}$, $R_B = 1\text{kN}$

② $R_A = 1.9\text{kN}$, $R_B = 0.1\text{kN}$

③ $R_A = 1.4\text{kN}$, $R_B = 0.6\text{kN}$

④ $R_A = 0.1\text{kN}$, $R_B = 1.9\text{kN}$

해설 지점반력

㉠ $\Sigma M_B = 0$

$R_A \times 10 - 1\times 8 - 3\times 5 + 2\times 2 = 0$

$\therefore R_A = 1.9\text{kN}(\uparrow)$

㉡ $\Sigma V = 0$

$R_A + 2 + R_B = 1 + 3$

$\therefore R_B = 0.1\text{kN}(\uparrow)$

★★
21 다음 그림과 같은 단순보에서 C점의 휨모멘트값은?

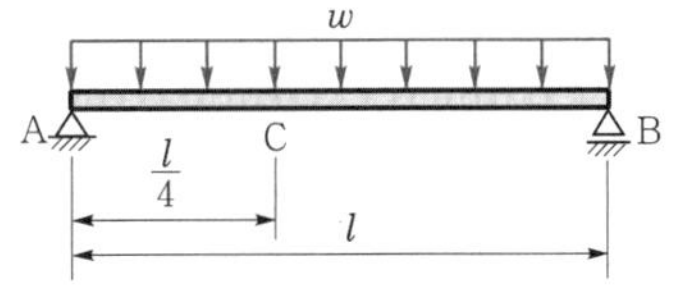

① $\dfrac{wl^2}{16}$　② $\dfrac{3wl^2}{8}$

③ $\dfrac{3wl^2}{32}$　④ $\dfrac{wl^2}{10}$

해설 C점의 휨모멘트

㉠ 좌우대칭이므로

$$R_A = \frac{wl}{2}(\uparrow)$$

㉡ C점의 휨모멘트

$$M_C = \frac{wl}{2}\times\frac{l}{4} - \frac{wl}{4}\times\frac{l}{4}\times\frac{1}{2} = \frac{3wl^2}{32}$$

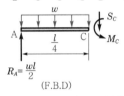

(F.B.D)

22 단순보의 전 구간에 등분포하중이 작용할 때 지점의 반력이 2kN이었다. 등분포하중의 크기는? (단, 지간 10m이다.)

① 0.1kN/m

② 0.3kN/m

③ 0.2kN/m

④ 0.4kN/m

해설 등분포하중의 크기

$$R_A = \frac{wl}{2} = \frac{w\times 10}{2} = 2\text{kN}$$

$\therefore w = 0.4\text{kN/m}$

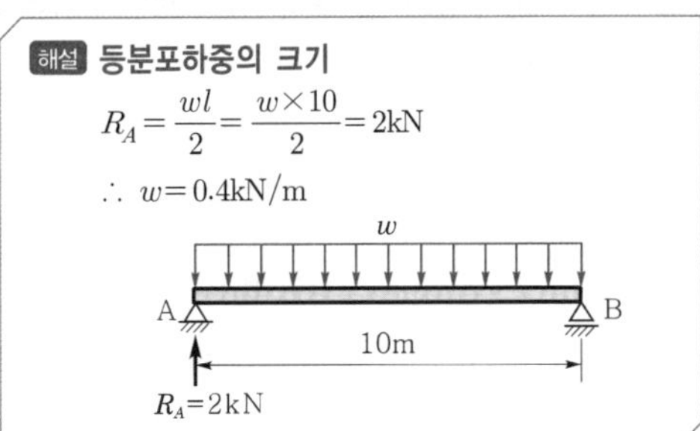

정답 20. ② 21. ③ 22. ④

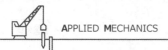

★
23 다음 보에서 지점 A부터 최대 휨모멘트가 생기는 단면은?

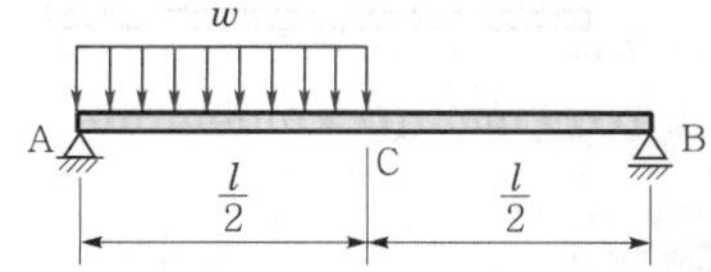

① $\frac{1}{3}l$ ② $\frac{1}{4}l$

③ $\frac{2}{5}l$ ④ $\frac{3}{8}l$

해설 최대 휨모멘트가 발생하는 위치

㉠ 단순보에서 전단력이 0인 점에서 최대 휨모멘트가 발생한다.

㉡ $\Sigma M_B = 0$

$$R_A \times l - \frac{wl}{2} \times \frac{3l}{4} = 0$$

$$\therefore R_A = \frac{3}{8}wl$$

$$S_x = \frac{3}{8}wl - wx = 0$$

$$\therefore x = \frac{3}{8}l$$

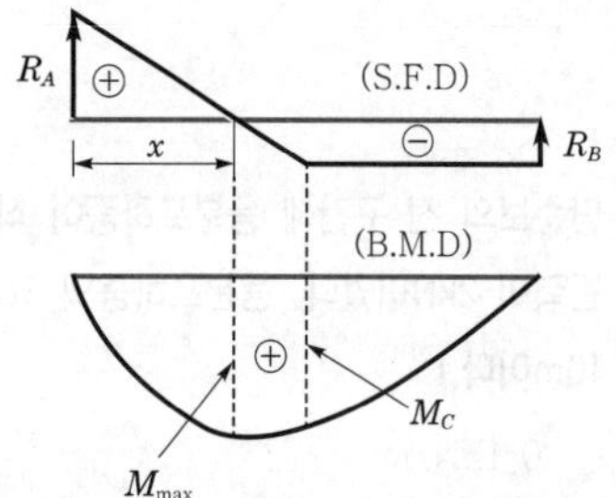

24 다음 그림과 같은 단순보의 지점 A로부터 최대 휨모멘트가 생기는 위치는?

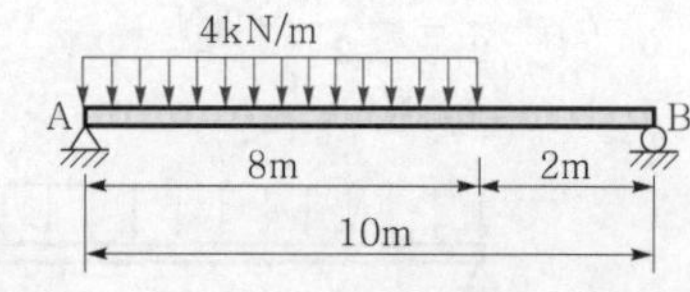

① 4.8m ② 5m

③ 5.2m ④ 5.4m

해설 최대 휨모멘트가 발생하는 위치

㉠ 반력

$\Sigma M_B = 0$

$$R_A \times 10 - 4 \times 8 \times \left(2 + 8 \times \frac{1}{2}\right) = 0$$

$\therefore R_A = 19.2\text{kN}(\uparrow)$

㉡ 전단력의 일반식

$\Sigma V = 0$

$19.2 - 4x - S_x = 0$

$\therefore S_x = 19.2 - 4x$

㉢ 최대 휨모멘트(M_{max})는 $S_x = 0$인 곳에서 발생한다.

$S_x = 19.2 - 4x = 0$

$\therefore x = 4.8\text{m}(\rightarrow)$

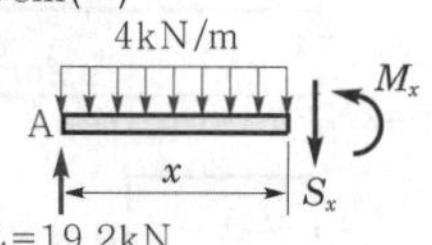

★★
25 다음 그림에서 C점의 전단력은?

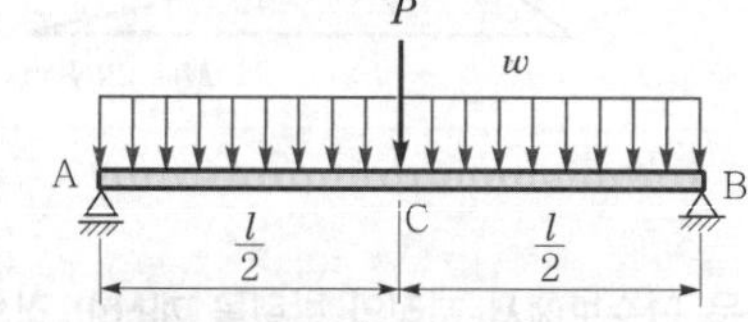

① $\frac{P}{2} + \frac{wl}{2}$ ② $\frac{wl}{2}$

③ $\frac{P}{2}$ ④ $\frac{Pl}{4} + \frac{wl^2}{3}$

해설 C점의 전단력

㉠ 반력

$\Sigma M_B = 0$

$$R_A \times l - wl \times \frac{l}{2} - P \times \frac{l}{2} = 0$$

$$\therefore R_A = \frac{wl}{2} + \frac{P}{2}$$

㉡ 전단력

$$S_{C(좌)} = \frac{wl}{2} + \frac{P}{2} - \frac{wl}{2} = \frac{P}{2}$$

$$S_{C(우)} = \frac{wl}{2} + \frac{P}{2} - \frac{wl}{2} - P = -\frac{P}{2}$$

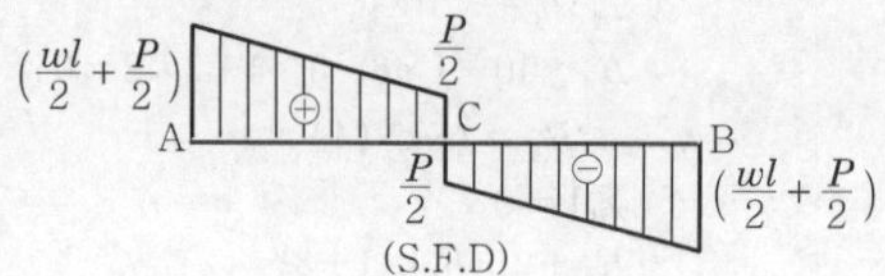

정답 23. ④ 24. ① 25. ③

26 다음 그림과 같은 보에서 C점의 휨모멘트는?

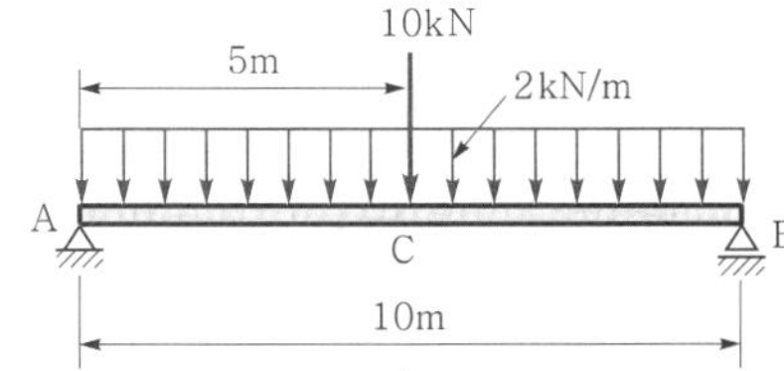

① 0kN · m ② 40kN · m
③ 45kN · m ④ 50kN · m

해설 중첩의 원리

$$M_C = \frac{wl^2}{8} + \frac{Pl}{4} = \frac{2\times10^2}{8} + \frac{10\times10}{4}$$
$$= 50\text{kN}\cdot\text{m}$$

27 중앙점 C의 휨모멘트 M_C는? (단, C는 보의 중앙임)

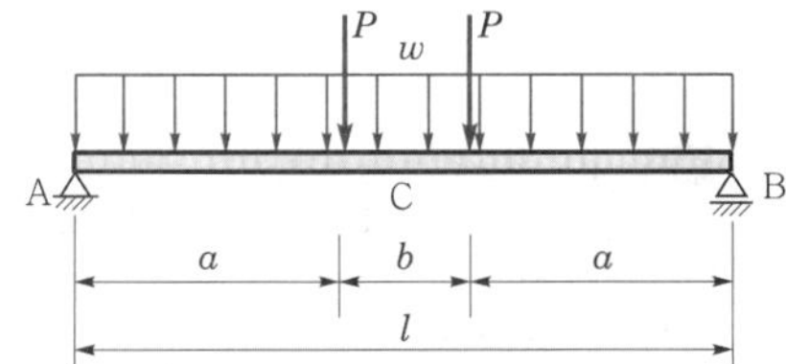

① $\dfrac{wl^2}{4}+Pa$ ② $\dfrac{wl^2}{8}+\dfrac{Pa}{2}$
③ $\dfrac{wl^2}{8}+Pa$ ④ $\dfrac{wl^2}{5}+\dfrac{Pl}{8}$

해설 중첩의 원리

$$M_C = \frac{wl^2}{8} + P\times\left(a+\frac{b}{2}\right) - P\times\frac{b}{2}$$
$$= \frac{wl^2}{8} + Pa$$

★★★
28 다음 단순보에 하중이 작용하였을 때 단면 D의 휨모멘트 M_D는?

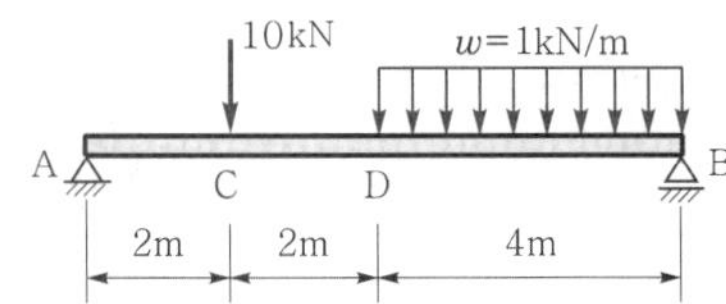

① 5.5kN · m ② 9.0kN · m
③ 11.0kN · m ④ 14.0kN · m

해설 D점의 휨모멘트

㉠ 반력
$\Sigma M_B = 0$
$R_A \times 8 - 10\times6 - 4\times2 = 0$
$\therefore R_A = 8.5\text{kN}(\uparrow)$

㉡ D점의 휨모멘트
$M_D = 8.5\times4 - 10\times2 = 14\text{kN}\cdot\text{m}$

★★
29 다음 그림과 같은 보에서 최대 휨모멘트는 A점에서 B점 쪽으로 얼마의 위치(x)에서 일어나며, 그 크기(M_{max})는?

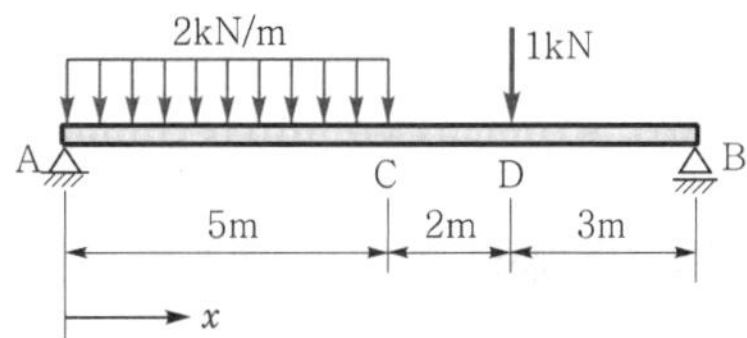

	x	M_{max}		x	M_{max}
①	2.5m	14kN · m	②	3.9m	14kN · m
③	2.5m	15.21kN · m	④	3.9m	15.21kN · m

해설 최대 휨모멘트의 발생 위치와 크기

㉠ 반력
$\Sigma M_B = 0$
$R_A \times 10 - 2\times5\times7.5 - 1\times3 = 0$
$\therefore R_A = 7.8\text{kN}$

㉡ 휨모멘트의 최댓값은 전단력이 0이 되는 곳에서 생긴다.

㉢ 전단력 일반식
$S_x = 7.8 - 2x = 0$
$\therefore x = 3.9\text{m}$

㉣ 최대 휨모멘트
$$M_{max} = 7.8\times3.9 - 2\times3.9\times\frac{3.9}{2}$$
$$= 15.21\text{kN}\cdot\text{m}$$

★
30 다음 그림은 단순보의 전단력도이다. 전단력도를 이용하여 최대 휨모멘트를 구한 값은?

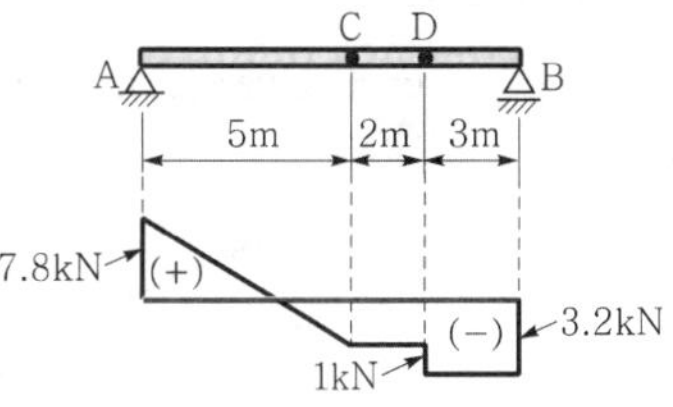

① 14.71kN · m ② 15.21kN · m
③ 16.21kN · m ④ 17.31kN · m

정답 26. ④ 27. ③ 28. ④ 29. ④ 30. ②

해설 최대 휨모멘트

㉠ 최대 휨모멘트는 전단력이 0이 되는 곳에서 생기며, 그 값은 전단력도의 넓이와 같다.

㉡ 최대 휨모멘트

$10 : 7.8 = 5 : x$

$\therefore\ x = 3.9\text{m}$

$\therefore\ M_{\max} = 7.8 \times 3.9 \times \frac{1}{2} = 15.21\text{kN}\cdot\text{m}$

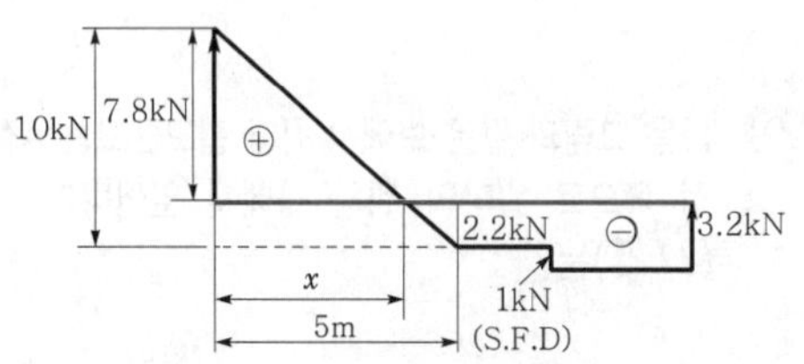

★★

31 다음 그림에서 $x = \frac{l}{2}$ 인 점의 전단력은?

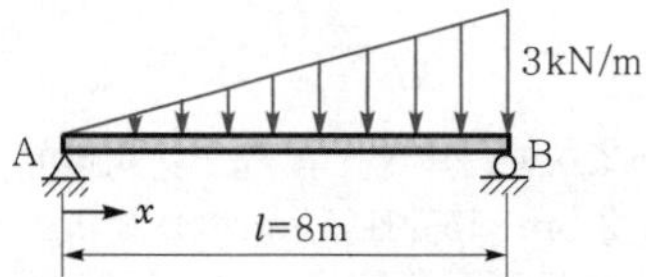

① 4kN　② 3kN

③ 2kN　④ 1kN

해설 중앙점의 전단력

㉠ 반력

$\Sigma M_B = 0$

$\therefore\ R_A = \left(\frac{1}{2} \times 8 \times 3 \times \frac{8}{3}\right) \times \frac{1}{8} = 4\text{kN}(\uparrow)$

㉡ 전단력

$S_{x=\frac{l}{2}} = 4 - \frac{1}{2} \times 4 \times 1.5 = 1\text{kN}$

32 그림 (b)는 그림 (a)와 같은 단순보에 대한 전단력선도(shear force diagram)이다. 보 AB에는 어떠한 하중이 실려 있는가?

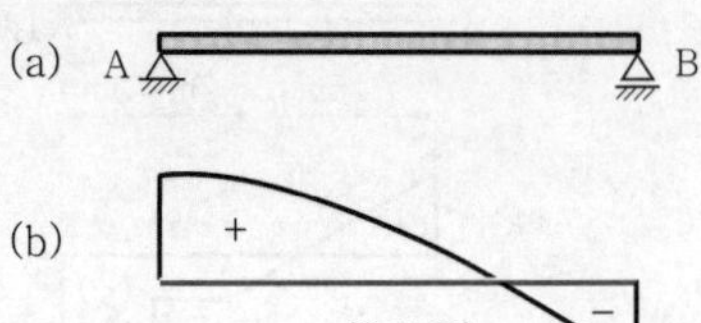

① 집중하중　② 등분포하중

③ 등변분포하중　④ 모멘트하중

해설 단면력도의 성질

등분포하중이 작용하는 구간의 전단력도는 2차 포물선변화하고, 휨모멘트도는 3차 포물선변화한다.

★

33 다음 보에서 최대 휨모멘트가 발생하는 위치는 지점 A로부터 얼마인가?

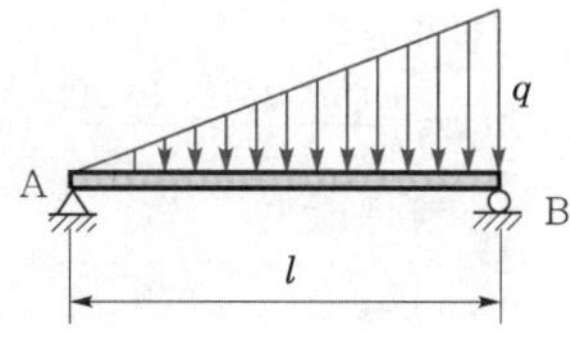

① $\frac{4}{5}l$　② $\frac{2}{3}l$

③ $\frac{l}{\sqrt{3}}$　④ $\frac{l}{\sqrt{2}}$

해설 최대 휨모멘트의 발생위치

㉠ 전단력이 0이 되는 곳에서 최대 휨모멘트가 발생한다.

㉡ 전단력 일반식

$S_x = R_A - \frac{qx^2}{2l} = \frac{ql}{6} - \frac{qx^2}{2l} = 0$

$x^2 = \frac{l^2}{3}$

$\therefore\ x = \frac{l}{\sqrt{3}}$

★

34 지간길이 l 인 단순보에 다음 그림과 같은 삼각형 분포하중이 작용할 때 발생하는 최대 휨모멘트의 크기는?

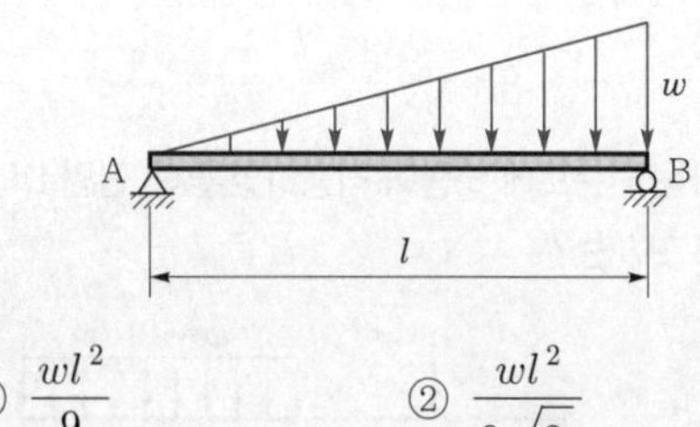

① $\frac{wl^2}{9}$　② $\frac{wl^2}{9\sqrt{2}}$

③ $\frac{wl^3}{9\sqrt{2}}$　④ $\frac{wl^2}{9\sqrt{3}}$

정답 31. ④　32. ③　33. ③　34. ④

해설 최대 휨모멘트

㉠ 전단력 일반식

$\Sigma M_B = 0$

$R_A \times l - wl \times \frac{1}{2} \times \frac{l}{3} = 0$

$\therefore R_A = \frac{wl}{6}(\uparrow)$

$S_x = \frac{wl}{6} - \frac{wx^2}{2l} = 0$

$\therefore x = \frac{l}{\sqrt{3}}$

㉡ 최대 휨모멘트

$M_x = \frac{wl}{6} \times x - \frac{wx^2}{2l} \times \frac{x}{3}$

$= \frac{wl}{6} \times \frac{l}{\sqrt{3}} - \frac{w}{6l} \times \left(\frac{l}{\sqrt{3}}\right)^3 = \frac{wl^2}{9\sqrt{3}}$

★

35 다음 그림과 같은 단순보에서 A점으로부터 0.5m 되는 C점의 휨모멘트(M_C)와 전단력(V_C)은 각각 얼마인가?

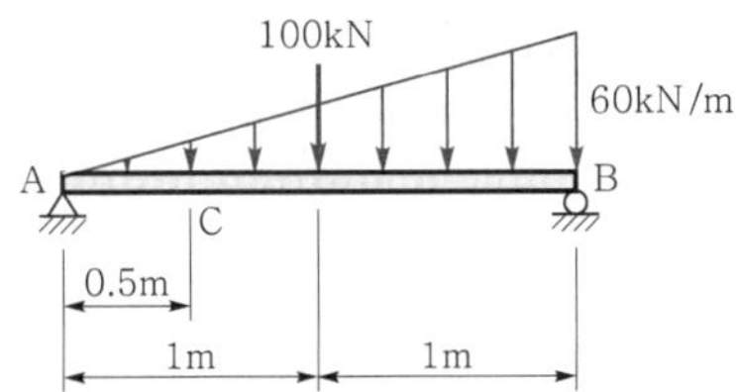

① M_C= 34.375kN · m, V_C= 66.25kN

② M_C= 44.375kN · m, V_C= 66.25kN

③ M_C= 34.375kN · m, V_C= 85.50kN

④ M_C= 44.375kN · m, V_C= 85.50kN

해설 C점의 단면력

㉠ 반력

$\Sigma M_B = 0$

$2 \times R_A - 1 \times 100 - \left(\frac{1}{2} \times 2 \times 60\right) \times \left(\frac{1}{3} \times 2\right) = 0$

$\therefore R_A = 70\text{kN}(\uparrow)$

㉡ 전단력

$V_C = 70 - \frac{1}{2} \times 0.5 \times 15 = 66.25\text{kN}$

㉢ 휨모멘트

$M_C = 70 \times 0.5 - \frac{1}{2} \times 0.5 \times 15 \times \left(\frac{1}{3} \times 0.5\right)$

$= 34.375\text{kN} \cdot \text{m}$

36 다음 단순보의 개략적인 전단력도는?

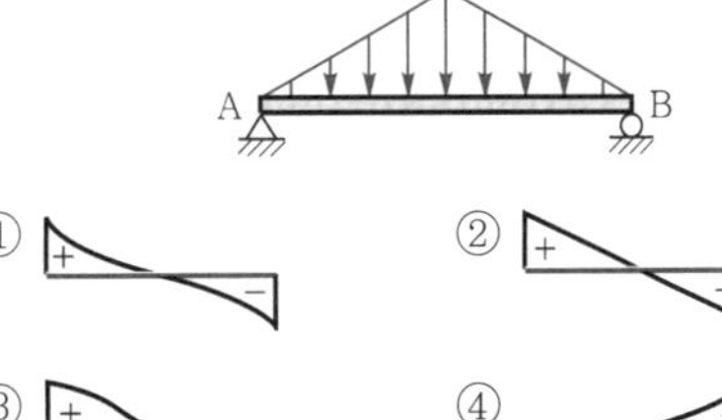

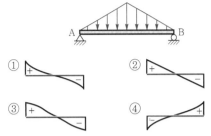

해설 단면력도의 성질

등변분포하중에서 전단력도는 2차 포물선으로 변화한다.

37 다음 그림에서 중앙점 C의 휨모멘트 M_C는?

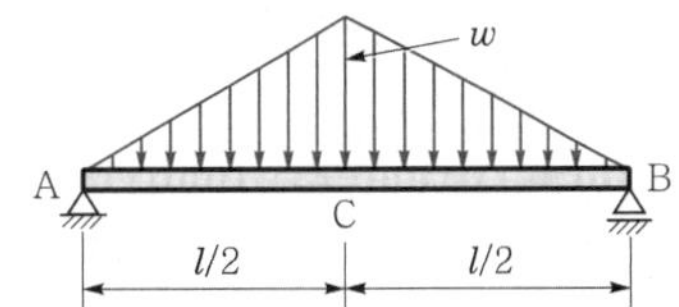

① $\frac{1}{20}wl^2$　　② $\frac{5}{96}wl^2$

③ $\frac{1}{6}wl^2$　　④ $\frac{1}{12}wl^2$

해설 C점의 휨모멘트

㉠ 반력

$R_A = \frac{1}{2} \times w \times \frac{l}{2} = \frac{wl}{4}(\uparrow)$

㉡ C점의 휨모멘트

$M_C = \frac{wl}{4} \times \frac{l}{2} - \frac{wl}{4} \times \frac{l}{2} \times \frac{1}{3} = \frac{wl^2}{12}$

★★

38 다음 단순보에서 A점에서 반력을 구한 값은?

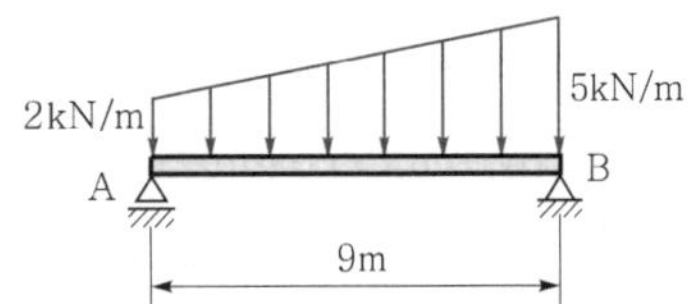

① 10.5kN　　② 11.5kN

③ 12.5kN　　④ 13.5kN

정답 35. ① 36. ① 37. ④ 38. ④

해설 중첩의 원리

$\Sigma M_B = 0$

$R_A \times 9 - 2\times9\times4.5 - 3\times9\times\frac{1}{2}\times3 = 0$

$\therefore\ R_A = \frac{121.5}{9} = 13.5\text{kN}(\uparrow)$

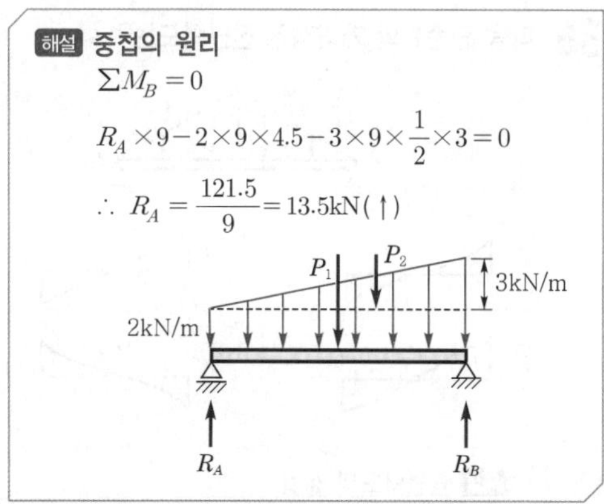

★

39 다음 그림과 같은 단순보에서 C점에 3kN · m의 모멘트가 작용할 때 A점의 반력은 얼마인가?

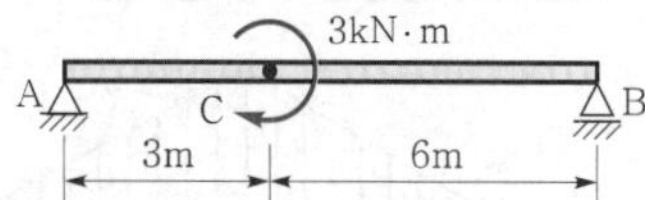

① $\frac{1}{3}$kN(↑) ② $\frac{1}{3}$kN(↓)
③ $\frac{1}{2}$kN(↑) ④ $\frac{1}{2}$kN(↓)

해설 A점의 연직반력

R_A를 하향(↓)으로 가정한다.

$\Sigma M_B = 0$

$-R_A \times 9 + 3 = 0$

$\therefore\ R_A = \frac{1}{3}$kN(↓)

40 다음과 같은 단순보에서 A점의 반력(R_A)으로 옳은 것은?

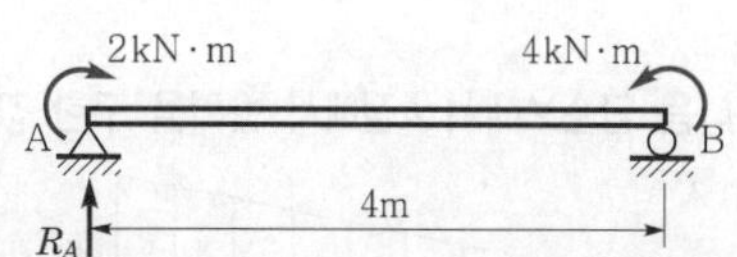

① 0.5kN(↓) ② 2.0kN(↓)
③ 0.5kN(↑) ④ 2.0kN(↑)

해설 A점의 연직반력

$\Sigma M_B = 0$

$R_A \times 4 + 2 - 4 = 0$

$\therefore\ R_A = 0.5\text{kN}(\uparrow)$

★

41 다음 그림과 같은 단순보에 모멘트하중 M_1과 M_2가 작용할 경우 C점의 휨모멘트를 구하는 식은? (단, 부호의 규약은 ⊕이다.)

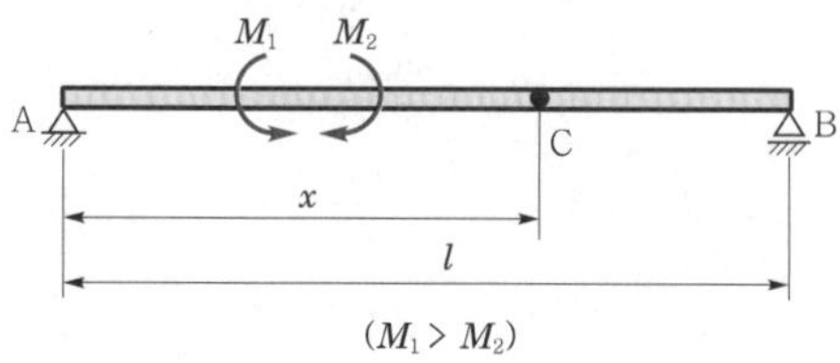

($M_1 > M_2$)

① $\left(\frac{M_1 - M_2}{l}\right)x + M_1 - M_2$

② $\left(\frac{M_2 - M_1}{l}\right)x - M_1 + M_2$

③ $\left(\frac{M_1 + M_2}{l}\right)x + M_1 - M_2$

④ $\left(\frac{M_1 - M_2}{l}\right)x - M_1 + M_2$

해설 C점의 휨모멘트

㉠ B점의 반력

$\Sigma M_A = 0$

$-R_B l - M_1 + M_2 = 0$

$\therefore\ R_B = \frac{M_2 - M_1}{l}(\uparrow)$

㉡ C점의 휨모멘트

$M_C = \frac{M_2 - M_1}{l}(l - x)$

$= \left(\frac{M_1 - M_2}{l}\right)x - M_1 + M_2$

★★

42 단순보의 양 지점에 다음 그림과 같은 모멘트가 작용할 때 이 보에 일어나는 휨모멘트도(B.M.D)가 옳게 된 것은?

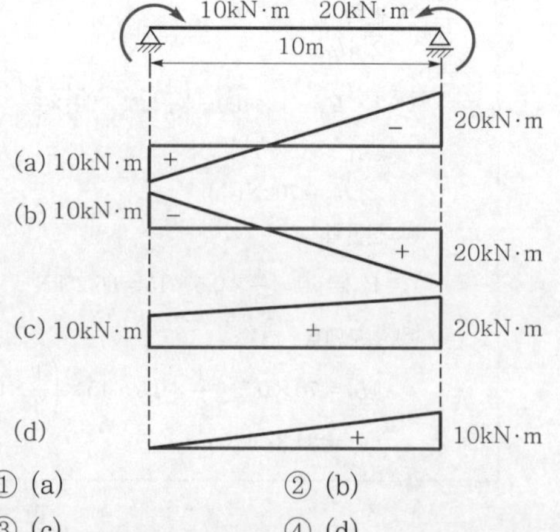

① (a) ② (b)
③ (c) ④ (d)

정답 39. ② 40. ③ 41. ④ 42. ③

해설 휨모멘트도

$\sum M_B = 0$

$\therefore R_A = \frac{20-10}{10} = 1\text{kN}(\uparrow)$

$\sum V = 0$

$\therefore R_B = R_A = 1\text{kN}(\downarrow)$

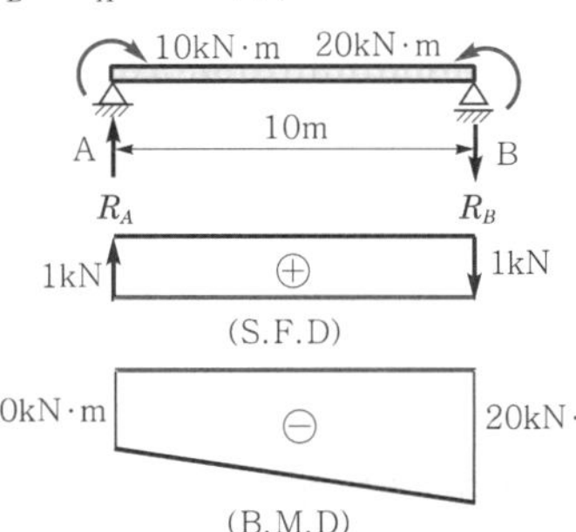

43 다음 그림과 같은 보에서 A, B, C, D점에 각각 모멘트 M이 작용할 때 C-D구간의 전단력 및 휨모멘트는?

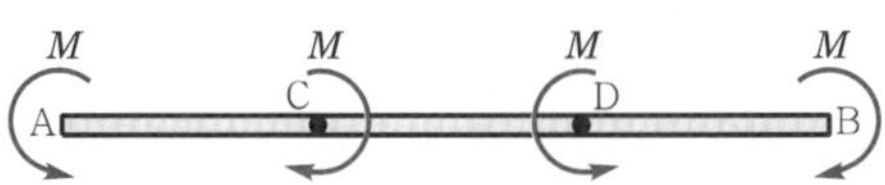

① $S=0$, $M=0$ ② $S\neq 0$, $M=0$

③ $S=0$, $M\neq 0$ ④ $S\neq 0$, $M\neq 0$

해설 단면력

$\sum M_B = 0$

$R_A l - M + M - M + M = 0$

$\therefore R_A = R_B = 0$

$\therefore S=0$, $M=0$

44 다음 보에서 D-B구간의 전단력은?

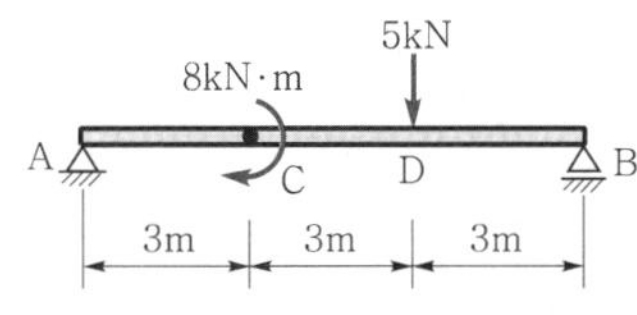

① 0.79kN ② −3.65kN

③ −4.22kN ④ 5.05kN

해설 D-B구간의 전단력

$\sum M_A = 0$

$-R_B \times 9 + 5 \times 6 + 8 = 0$

$\therefore R_B = 4.22\text{kN}(\uparrow)$

$\therefore S_{D-B} = -4.22\text{kN}$

★★

45 다음 그림과 같은 단순보에서 C점의 전단력의 크기는 얼마인가?

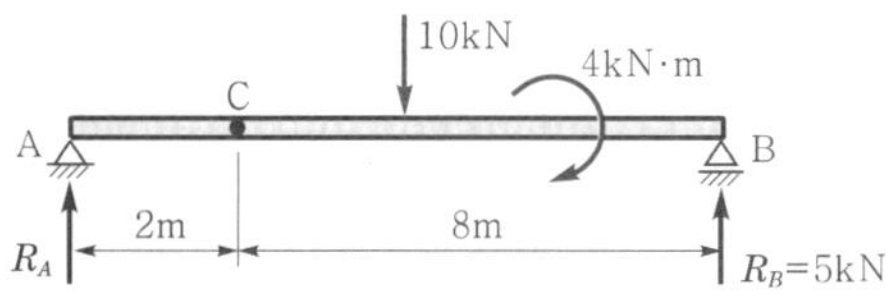

① 1kN ② 5kN

③ 9kN ④ 19kN

해설 C점의 전단력

㉠ $\sum M_A = 0$

$10 \times x + 4 - 5 \times 10 = 0$

$\therefore x = 4.6\text{m}$

㉡ $\sum V = 0$

$R_A + R_B = 10\text{kN}$

$\therefore R_A = 5\text{kN}(\uparrow)$

$\therefore S_C = 5\text{kN}$

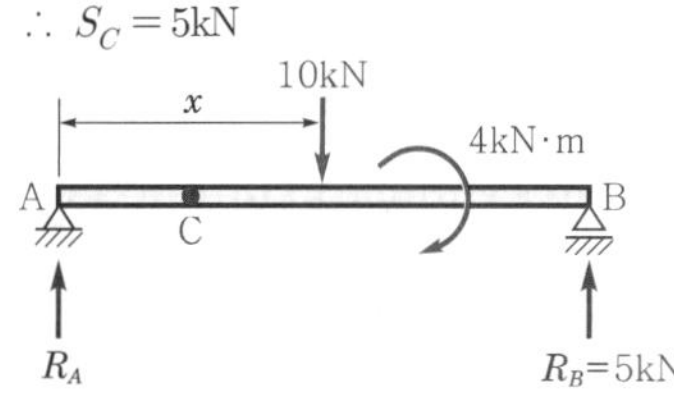

46 다음 그림과 같은 단순보의 A지점의 반력은?

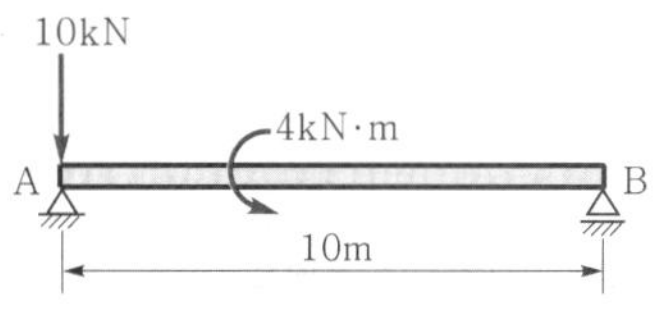

① 10kN ② 14kN

③ 10.4kN ④ 1.4kN

해설 A점의 반력

$\sum M_B = 0$

$R_A \times 10 - 10 \times 10 - 4 = 0$

$\therefore R_A = 10.4\text{kN}(\uparrow)$

정답 43. ① 44. ③ 45. ② 46. ③

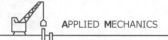

47 다음 그림에서의 지점 A의 반력을 구한 값은?

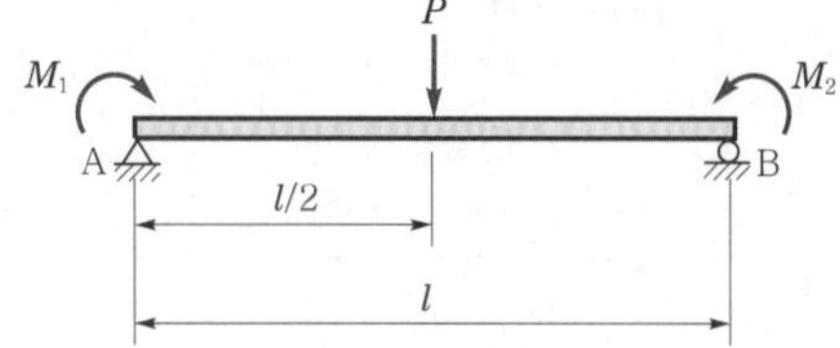

① $R_A = \dfrac{P}{3} - \dfrac{M_2 - M_1}{l}$

② $R_A = \dfrac{P}{3} + \dfrac{M_1 - M_2}{l}$

③ $R_A = \dfrac{P}{2} - \dfrac{M_2 + M_1}{l}$

④ $R_A = \dfrac{P}{2} + \dfrac{M_2 - M_1}{l}$

해설 A점의 반력

$\Sigma M_B = 0$

$R_A \times l + M_1 - P \times \dfrac{l}{2} - M_2 = 0$

$\therefore R_A = \dfrac{P}{2} + \dfrac{M_2 - M_1}{l} (\uparrow)$

★

48 다음 그림과 같은 단순보의 중앙점의 휨모멘트 M_C는?

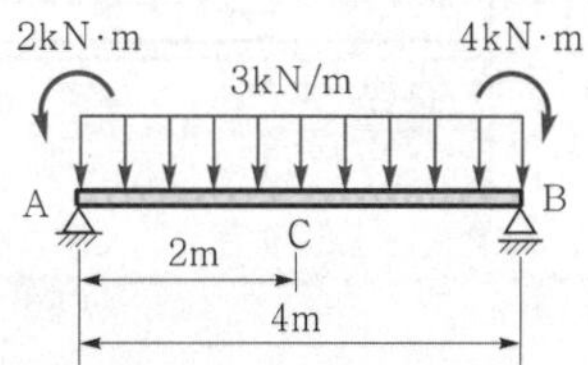

① 3kN · m

② 4kN · m

③ 5kN · m

④ 6kN · m

해설 중앙점의 휨모멘트

㉠ 반력

$\Sigma M_B = 0$

$R_A \times 4 - 2 - 12 \times 2 + 4 = 0$

$\therefore R_A = 5.5\text{kN}(\uparrow)$

㉡ C점의 휨모멘트

$M_C = 5.5 \times 2 - 2 - 6 \times 1 = 3\text{kN} \cdot \text{m}$

49 단순보에 다음 그림과 같이 하중이 작용 시 C점에서의 모멘트값은?

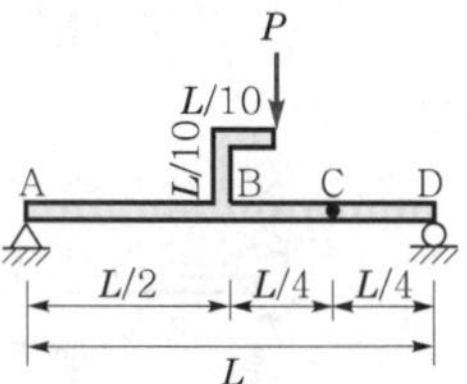

① $\dfrac{3PL}{20}$　　② $-\dfrac{3PL}{20}$

③ $\dfrac{PL}{8}$　　④ $-\dfrac{PL}{8}$

해설 C점의 휨모멘트

㉠ 반력

$\Sigma M_A = 0$

$-R_D \times L + P \times \left(\dfrac{L}{2} + \dfrac{L}{10}\right) = 0$

$\therefore R_D = \dfrac{3}{5} P(\uparrow)$

㉡ C점의 휨모멘트

$M_C = \dfrac{3}{5} P \times \dfrac{L}{4} = \dfrac{3PL}{20}$

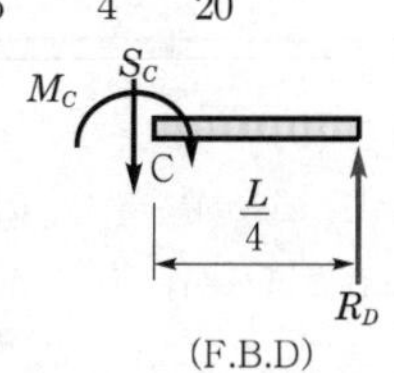

(F.B.D)

★

50 다음 그림과 같은 구조물에서 A점의 수평방향의 반력의 크기는?

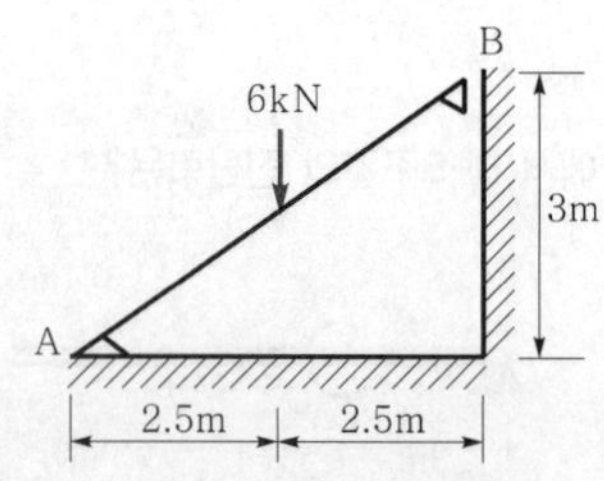

① 4kN　　② 5kN

③ 4.5kN　　④ 5.5kN

정답 47. ④ 48. ① 49. ① 50. ②

해설 A점의 수평반력
㉠ B점의 수평반력
$\Sigma M_A = 0$
$H_B \times 3 = 6 \times 2.5$
$\therefore H_B = 5\text{kN}$
㉡ A점의 수평반력
$\Sigma H = 0$
$\therefore H_A = H_B = 5\text{kN}$

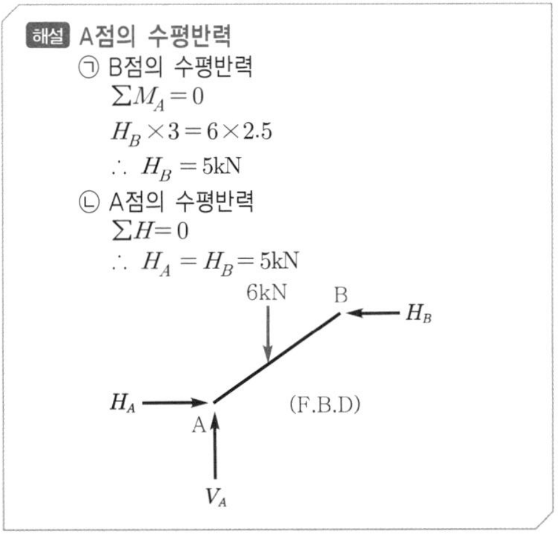

51 다음 구조물의 지점 A, B에서 받는 반력 R_A, R_B는?

	R_A	R_B
①	$0.67P$	$1.2P$
②	$1.2P$	$0.67P$
③	$0.67P$	$0.78P$
④	P	$1.2P$

해설 지점반력
㉠ A점의 반력
$\Sigma M_B = 0$
$-P \times 2 + R_A \times 3 = 0$
$\therefore R_A = \frac{2}{3}P = 0.67P = H_B(\rightarrow)$
㉡ B점의 연직반력
$\Sigma M_A = 0$
$\frac{2}{3}P \times 3 + P \times 2 - V_B \times 4 = 0$
$\therefore V_B = P(\uparrow)$
$\therefore R_B = \sqrt{1^2 + \left(\frac{2}{3}\right)^2} = 1.2019P$

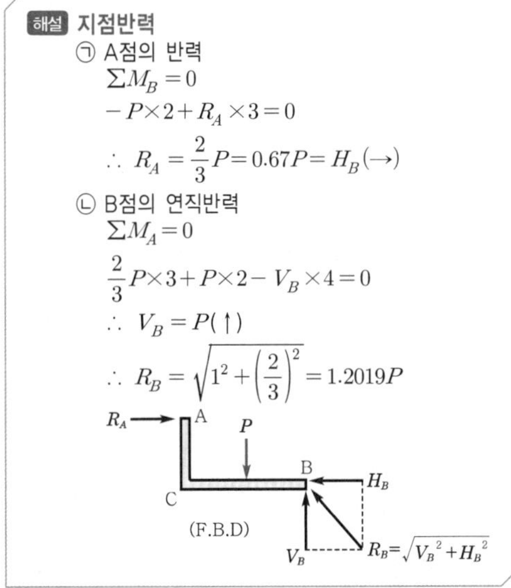

52 다음 구조물에서 A점의 지점반력은?

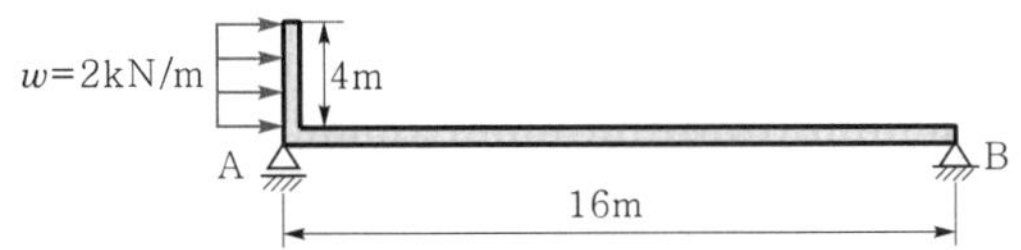

① 1.6kN(↑) ② 1.6kN(↓)
③ 1.0kN(↑) ④ 1.0kN(↓)

해설 A점의 연직반력
㉠ A점의 모멘트하중
$M_A = 2 \times 4 \times 2 = 16\text{kN} \cdot \text{m}$
㉡ A점의 연직반력
$\Sigma M_B = 0$
$R_A \times 16 + 16 = 0$
$\therefore R_A = -1\text{kN}(\downarrow)$

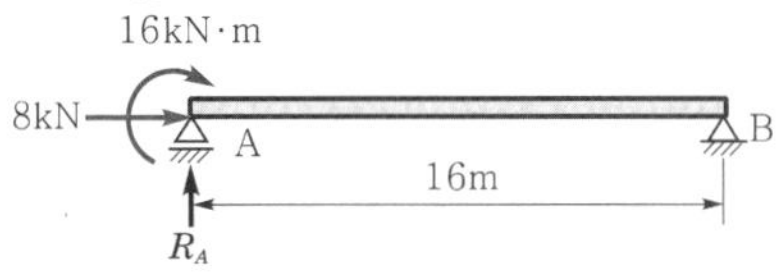

★ 53 다음 그림과 같은 단순보에서 간접하중이 작용할 경우 M_D를 구하면?

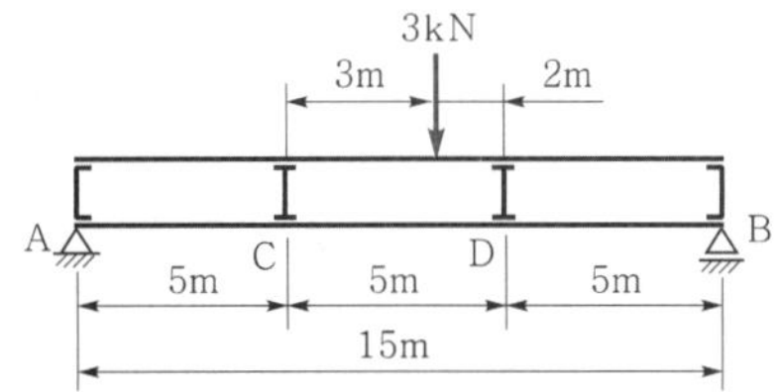

① 7kN · m ② 6kN · m
③ 9kN · m ④ 8kN · m

해설 간접하중작용 시의 단면력
㉠ CD보를 단순보로 생각하여 먼저 해석한다.
$\Sigma M_D = 0$
$R_C \times 5 - 3 \times 2 = 0$
$\therefore R_C = 1.2\text{kN}$
$\therefore R_D = 3 - 1.2 = 1.8\text{kN}$

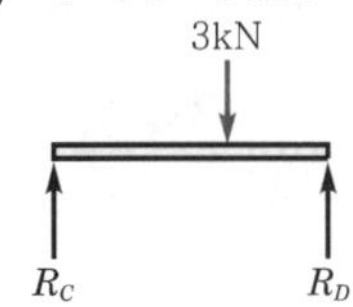

㉡ 반력을 하중으로 재하시켜 단면력을 구한다.
$\Sigma M_A = 0$
$R_B \times 15 - 1.8 \times 10 - 1.2 \times 5 = 0$
$\therefore R_B = 1.6\text{kN}$
$\therefore M_D = 1.6 \times 5 = 8\text{kN} \cdot \text{m}$

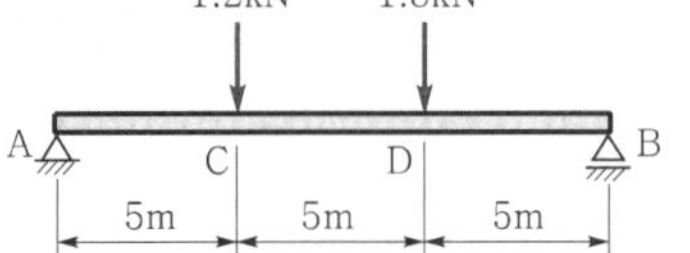

정답 51. ① 52. ④ 53. ④

54 다음 그림과 같은 간접하중을 받는 단순보에서 E점의 휨모멘트는?

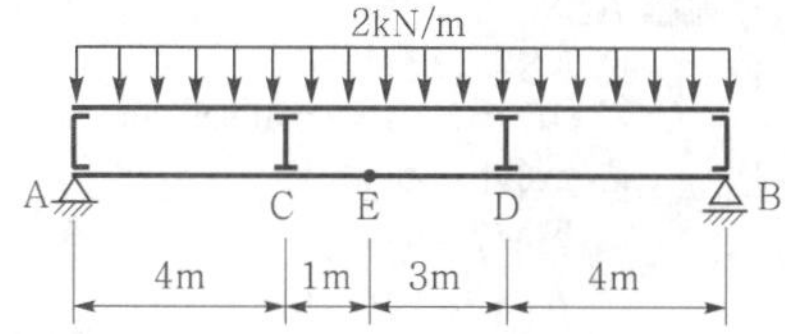

① 28kN · m ② 30kN · m

③ 32kN · m ④ 35kN · m

> **해설** 간접하중작용 시의 단면력
>
> ㉠ AC보와 DB보를 단순보로 생각하여 먼저 해석한다.
>
> $R_A = 4 + 8 = 12\text{kN}(\uparrow)$
>
> ㉡ 반력을 하중으로 재하시켜 단면력을 구한다.
>
> $M_E = 12\times5 - 4\times5 - 8\times1 = 32\text{kN}\cdot\text{m}$
>
> 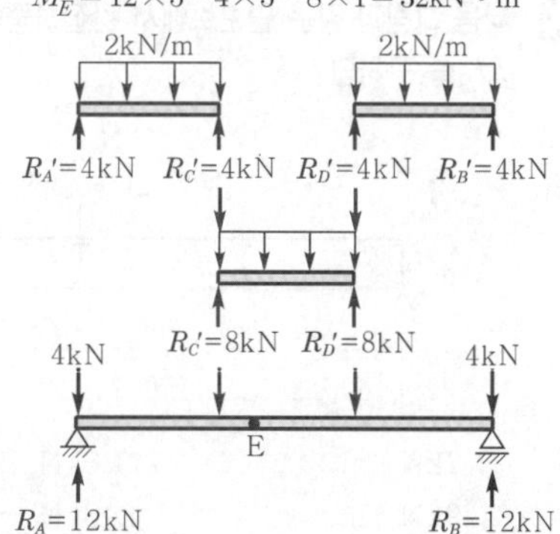
>

3. 캔틸레버보

★★

55 다음 그림은 외팔보에 힘 $P=$ 10kN이 축방향과 30°의 각을 이루며 작용한다. 이때 m점에 작용하는 전단력은? (단, 외팔보의 길이 $l=$ 2.0m이다.)

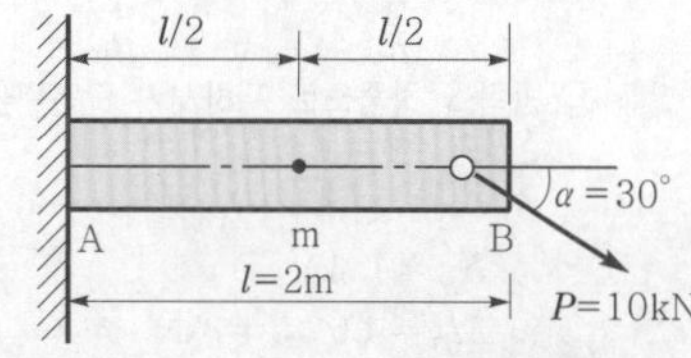

① 5.0kN ② 8.66kN

③ 10.0kN ④ 9.66kN

> **해설** m점의 단면력
>
> $S_m = P\sin\alpha = 10\times\sin30° = 5\text{kN}$
>
> $M_m = \dfrac{l}{2}P\sin\alpha = \dfrac{2}{2}\times10\times\sin30° = 5\text{kN}\cdot\text{m}$
>
> $N_m = P\cos\alpha = 10\times\cos30° = 5\sqrt{3}\,\text{kN}$

★

56 다음 그림과 같은 보에서 고정지점 A의 전단력 S_A와 휨모멘트 M_A가 옳게 된 것은?

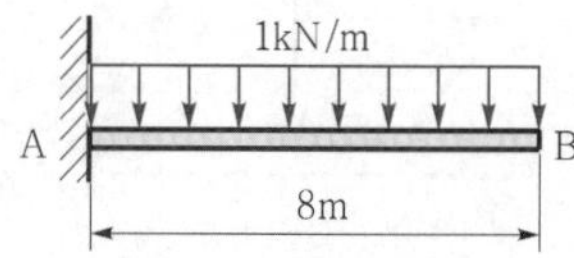

① $S_A = 4\text{kN},\ M_A = 16\text{kN}\cdot\text{m}$

② $S_A = -2\text{kN},\ M_A = 8\text{kN}\cdot\text{m}$

③ $S_A = 8\text{kN},\ M_A = -32\text{kN}\cdot\text{m}$

④ $S_A = -16\text{kN},\ M_A = 64\text{kN}\cdot\text{m}$

> **해설** A점의 단면력
>
> ㉠ $S_A = 1\times8 = 8\text{kN}$
>
> ㉡ $M_A = -1\times8\times4 = -32\text{kN}\cdot\text{m}$

57 다음 그림과 같은 캔틸레버보에서 C점의 휨모멘트는?

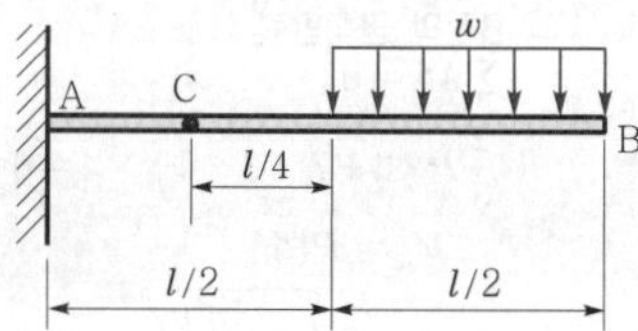

① $-\dfrac{1}{8}wl^2$ ② $-\dfrac{1}{6}wl^2$

③ $-\dfrac{1}{4}wl^2$ ④ $-\dfrac{1}{2}wl^2$

> **해설** C점의 휨모멘트
>
> $M_C = -w\times\dfrac{l}{2}\times\left(\dfrac{l}{4}+\dfrac{l}{4}\right) = -\dfrac{wl^2}{4}$

정답 54. ③ 55. ① 56. ③ 57. ③

58 다음 캔틸레버(cantilever)에서 M_A와 M_B의 비(M_A : M_B)는?

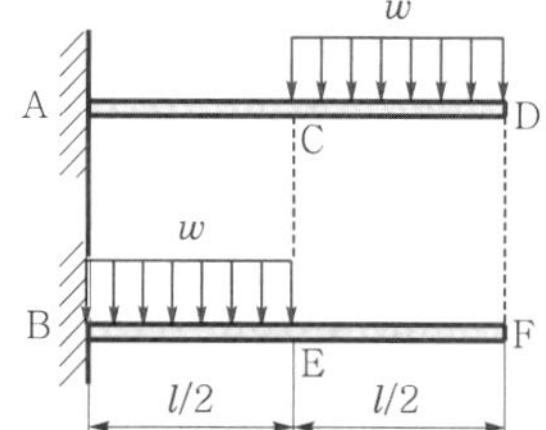

① 1 : 1
② 2 : 1
③ 3 : 1
④ 4 : 1

해설 **휨모멘트의 비**

$$M_A = w\times\frac{l}{2}\times\left(\frac{l}{2}+\frac{l}{4}\right)=\frac{3}{8}wl^2$$

$$M_B = w\times\frac{l}{2}\times\frac{l}{4}=\frac{1}{8}wl^2$$

$$\therefore\ M_A : M_B=\frac{3}{8}wl^2 : \frac{1}{8}wl^2=3 : 1$$

★
59 다음 그림과 같은 캔틸레버보의 C점의 휨모멘트는 얼마인가? (단, 자중은 무시한다.)

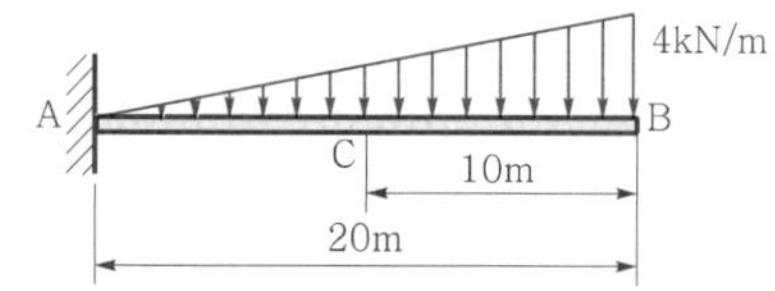

① −30.0kN · m
② −80.5kN · m
③ 120.1kN · m
④ −166.7kN · m

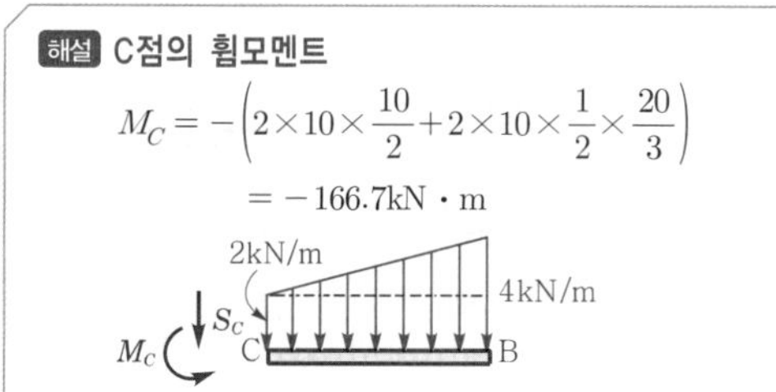
해설 **C점의 휨모멘트**

$$M_C = -\left(2\times10\times\frac{10}{2}+2\times10\times\frac{1}{2}\times\frac{20}{3}\right)$$

$$= -166.7\text{kN}\cdot\text{m}$$

60 다음 그림과 같은 캔틸레버보에서 C점의 휨모멘트는?

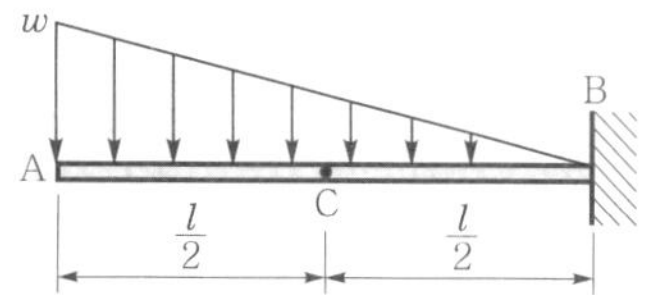

① $-\frac{wl^2}{8}$

② $-\frac{5wl^2}{12}$

③ $-\frac{5wl^2}{24}$

④ $-\frac{5wl^2}{48}$

해설 **C점의 휨모멘트**

$$P_1=\frac{1}{2}\times\frac{l}{2}\times\frac{w}{2}=\frac{wl}{8}$$

$$P_2=\frac{w}{2}\times\frac{l}{2}=\frac{wl}{4}$$

$$\therefore\ M_C=-\frac{wl}{8}\times\frac{l}{2}\times\frac{2}{3}-\frac{wl}{4}\times\frac{l}{2}\times\frac{1}{2}$$

$$=-\frac{5wl^2}{48}$$

P_1, w, $\frac{w}{2}$, M_C, A, C, $\frac{l}{2}$, (F.B.D)

★
61 다음과 같은 힘이 작용할 때 생기는 전단력도의 모양은 어떤 형태인가?

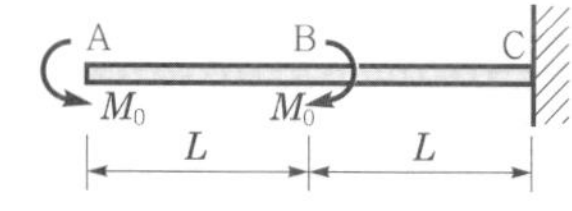

① A B C
② A B C
③ A B C
④ A C

해설 **전단력도**

캔틸레버보에 모멘트하중만 작용할 경우 모멘트반력만 생긴다. 전단력도는 기선과 같다.

정답 58. ③ 59. ④ 60. ④ 61. ④

62 다음 그림과 같은 캔틸레버보에서 휨모멘트도(B.M.D)로서 옳은 것은?

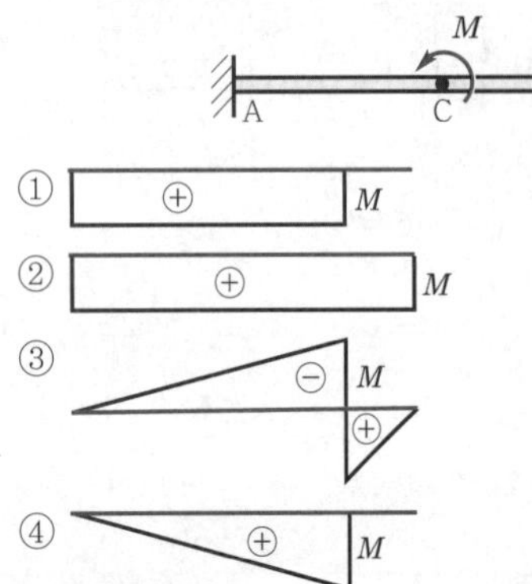

> **해설** **휨모멘트도**
> 캔틸레버보에 모멘트하중만 작용할 경우 모멘트반력만 생긴다.

★

63 다음 그림과 같이 외팔보에 수평력이 작용한다면 m점에서의 축력은?

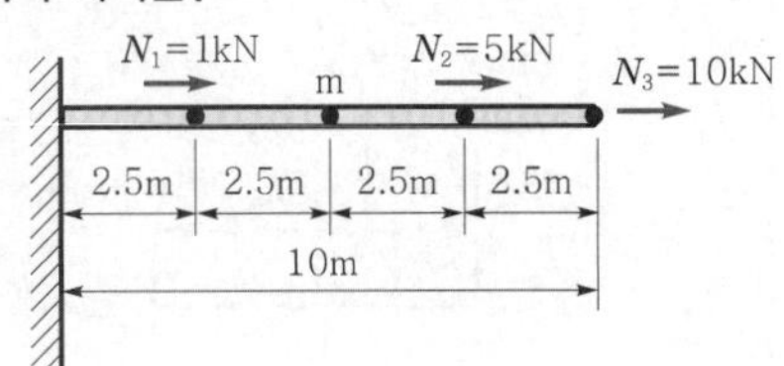

① 1kN ② 5kN
③ 10kN ④ 15kN

> **해설** **축방향력**
> m점의 축방향력은 구간 내에 작용하는 하중의 합과 같다.
> $A_m = 10+5 = 15\text{kN}$(인장)

4. 내민보

64 다음 그림과 같은 내민보에서 D점에 집중하중 3kN이 가해질 때 C점의 휨모멘트는 얼마인가?

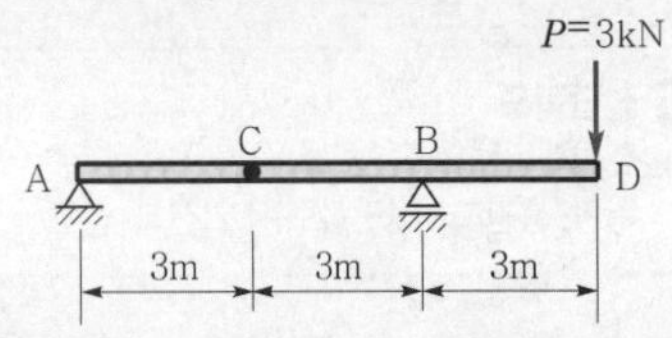

① $-4.5\text{kN}\cdot\text{m}$ ② $-9.0\text{kN}\cdot\text{m}$
③ $-3.0\text{kN}\cdot\text{m}$ ④ $-3.3\text{kN}\cdot\text{m}$

> **해설** **C점의 휨모멘트**
> ㉠ A점의 반력
> $\Sigma M_B = 0$
> $R_A \times 6 + 3 \times 3 = 0$
> $\therefore R_A = -1.5\text{kN}(\downarrow)$
> ㉡ C점의 휨모멘트
> $M_C = R_A \times 3 = -1.5 \times 3 = -4.5\text{kN}\cdot\text{m}$

★

65 다음 그림과 같은 내민보에서 D점에 집중하중 $P=5\text{kN}$이 작용할 경우 C점의 휨모멘트는 얼마인가?

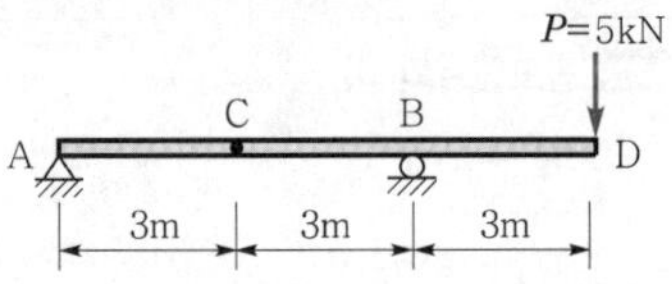

① $-2.5\text{kN}\cdot\text{m}$
② $-5\text{kN}\cdot\text{m}$
③ $-7.5\text{kN}\cdot\text{m}$
④ $-10\text{kN}\cdot\text{m}$

> **해설** **C점의 휨모멘트**
> ㉠ A점의 반력
> $\Sigma M_B = 0$
> $-R_A \times 6 + 5 \times 3 = 0$
> $\therefore R_A = 2.5\text{kN}(\downarrow)$
> ㉡ C점의 휨모멘트
> $M_C = -2.5 \times 3 = -7.5\text{kN}\cdot\text{m}$

★

66 다음 그림과 같은 내민보에서 C점의 휨모멘트가 0이 되게 하기 위해서는 x가 얼마가 되어야 하는가?

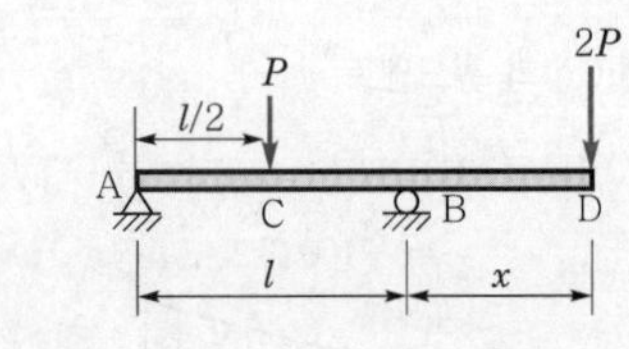

① $x=\dfrac{l}{3}$ ② $x=\dfrac{2}{3}l$
③ $x=\dfrac{l}{4}$ ④ $x=\dfrac{l}{2}$

정답 62. ① 63. ④ 64. ① 65. ③ 66. ③

해설 하중작용점의 위치

㉠ C점의 휨모멘트가 0이 되기 위해서는 A점의 반력이 0이어야 한다.

㉡ $\Sigma M_B = 0$

$$2P \times x - P \times \frac{l}{2} = 0$$

$$\therefore\ x = \frac{l}{4}$$

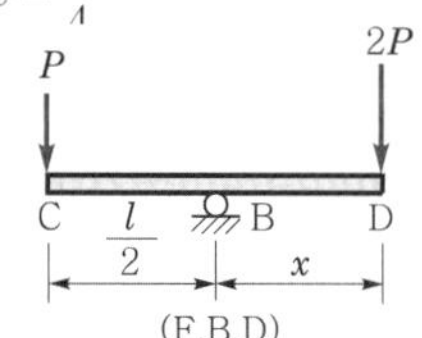

(F.B.D)

67 다음 내민보에서 B점의 모멘트와 C점의 모멘트의 절댓값의 크기를 같게 하기 위한 $\frac{l}{a}$의 값을 구하면?

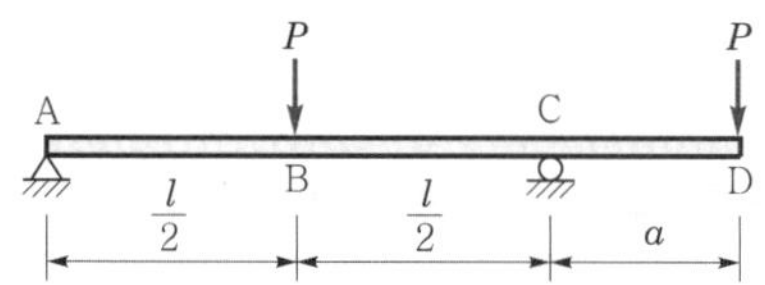

① 6　② 4.5
③ 4　④ 3

해설 휨모멘트가 같기 위한 거리의 비

㉠ B점의 휨모멘트

$\Sigma M_C = 0$

$$V_A \times l - \frac{Pl}{2} + Pa = 0$$

$$V_A = \frac{P}{2l}(l - 2a)$$

$$\therefore\ M_B = \frac{P}{2l}(l-2a) \times \frac{l}{2} = \frac{P}{4}(l-2a)$$

㉡ C점의 휨모멘트

$M_C = Pa$

㉢ $M_B = M_C$

$$a = \frac{1}{4}(l-2a)$$

$$\therefore\ \frac{l}{a} = 6$$

68 다음 그림의 보에서 지점 B의 휨모멘트가 옳게 된 것은?

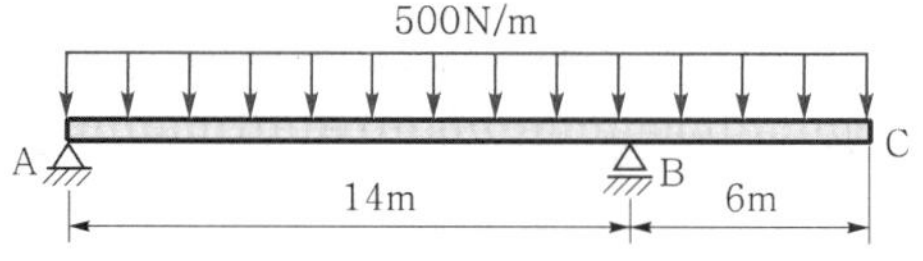

① −500N · m　② −1,500N · m
③ −3,000N · m　④ −9,000N · m

해설 B점의 휨모멘트

$M_B = -500 \times 6 \times 3 = -9{,}000\text{N} \cdot \text{m}$

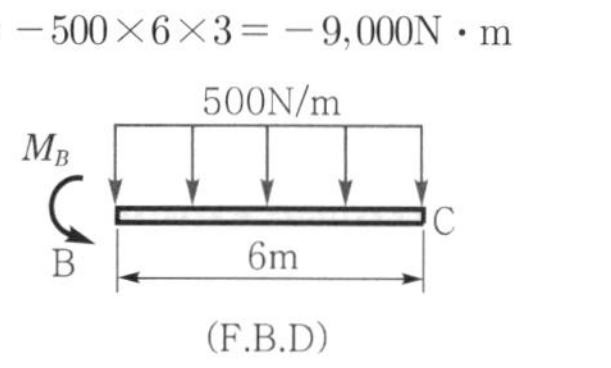

(F.B.D)

★★
69 다음 내민보에서 그림과 같은 하중이 작용할 때 지점 A의 반력(R_A)은?

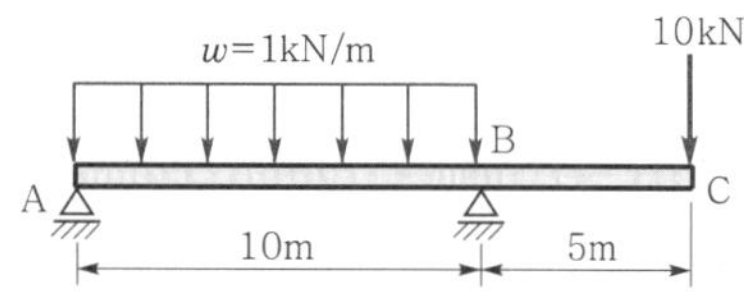

① 0kN　② 10kN
③ 15kN　④ 20kN

해설 A점의 연직반력

$\Sigma M_B = 0$

$R_A \times 10 - 1 \times 10 \times 5 + 10 \times 5 = 0$

$\therefore\ R_A = 0$

★
70 다음 그림에서 지점 C의 반력이 0이 되기 위해 B점에 작용시킬 집중하중의 크기는?

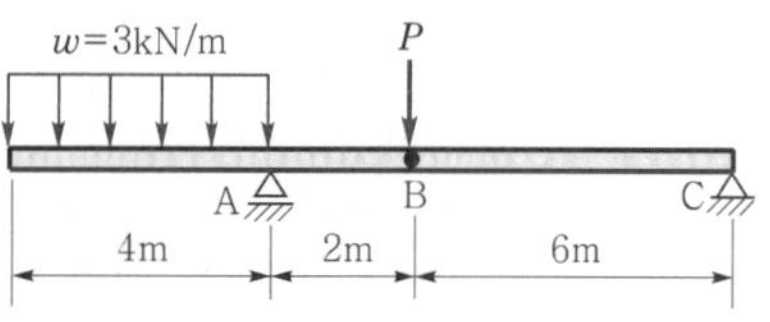

① 8kN　② 10kN
③ 12kN　④ 14kN

해설 집중하중의 크기

㉠ A점에서 하중에 의한 모멘트의 합이 0이 되면 된다.

㉡ $\Sigma M_A = 0$

$-3 \times 4 \times 2 + P \times 2 = 0$

$$\therefore\ P = \frac{3 \times 4 \times 2}{2} = 12\text{kN}$$

정답 67. ①　68. ④　69. ①　70. ③

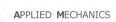

71 다음 그림과 같은 단순 지지된 보의 A점에서 수직반력이 0이 되게 하려면 C점의 하중 P는?

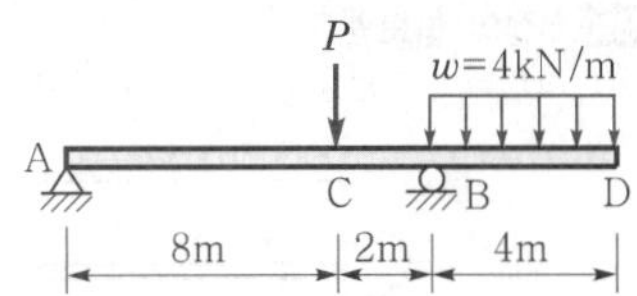

① 4kN ② 6kN
③ 8kN ④ 16kN

해설 **작용하중의 크기**
㉠ B점에서 하중에 의한 모멘트의 합이 0이 되면 된다.
㉡ $\Sigma M_B = 0$
$-P\times 2 + 4\times 4\times 2 = 0$
$\therefore P = 16\text{kN}$

★★
72 다음 내민보에서 지점 A로부터 우측으로 반곡점이 있는 점까지의 거리는?

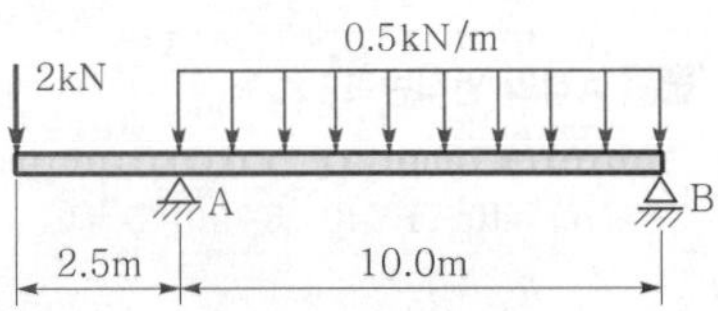

① 1.5m ② 2.0m
③ 2.5m ④ 3.0m

해설 **반곡점의 위치**
㉠ 반력
$\Sigma M_B = 0$
$R_A\times 10 - 2\times 12.5 - 0.5\times 10\times 5 = 0$
$\therefore R_A = 5.0\text{kN}(\uparrow)$
㉡ 반곡점의 위치
$M_x = -2(x+2.5) + 5x - \dfrac{0.5}{2}x^2$
$= -2x - 5 + 5x - 0.25x^2$
$= x^2 - 12x + 20 = 0$
$(x-2)(x-10) = 0$
$x = 2\text{m},\ 10\text{m}$
$\therefore x = 2\text{m}$

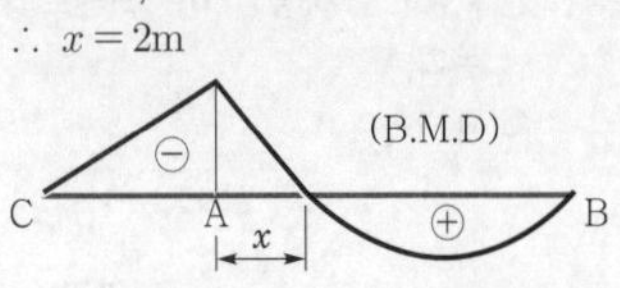

73 다음과 같은 내민보에서 C단에 힘 $P=$ 2,400N의 하중이 150°의 경사로 작용하고 있다. A단의 연직반력 R_A를 0으로 하려면 AB구간에 작용될 등분포하중 w의 크기는?

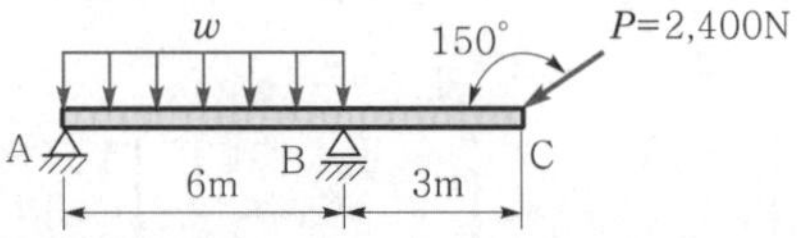

① 224.42N/m ② 300.00N/m
③ 200.00N/m ④ 346.41N/m

해설 **등분포하중의 크기**
$\Sigma M_B = 0$
$R_A\times 6 - w\times 6\times 3 + 2{,}400\times \sin 30°\times 3 = 0$
$R_A = 0$이 되려면
$\therefore w = 200\text{N/m}$

74 다음 그림과 같은 보의 지점 B의 반력 R_B는?

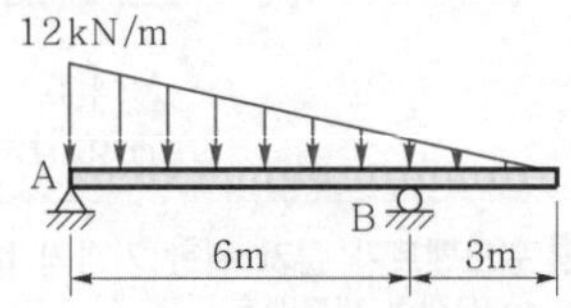

① 18.0kN ② 27.0kN
③ 36.0kN ④ 40.5kN

해설 **B점의 연직반력**
$\Sigma M_A = 0$
$-R_B\times 6 + \dfrac{1}{2}\times 9\times 12\times 3 = 0$
$\therefore R_B = 27\text{kN}(\uparrow)$

★
75 다음 그림과 같은 내민보에서 D점의 휨모멘트가 맞는 것은?

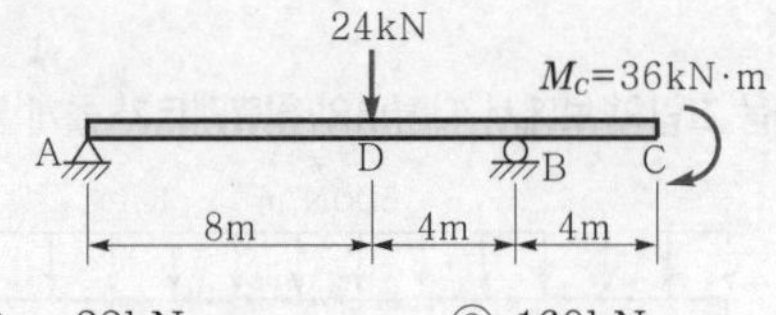

① −32kN · m ② 160kN · m
③ 88kN · m ④ 40kN · m

정답 71. ④ 72. ② 73. ③ 74. ② 75. ④

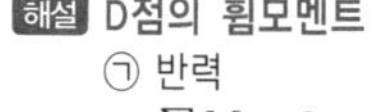

해설 D점의 휨모멘트

㉠ 반력

$\Sigma M_B = 0$

$R_A \times 12 - 24 \times 4 + 36 = 0$

$\therefore R_A = 5\text{kN}(\uparrow)$

㉡ D점의 휨모멘트

$\Sigma M_D = 0$

$5 \times 8 - M_D = 0$

$\therefore M_D = 40\text{kN} \cdot \text{m}$

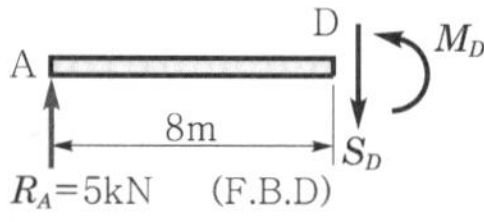

★

76 다음 그림과 같은 내민보에서 A지점에서 5m 떨어진 C점의 전단력 V_C와 휨모멘트 M_C는?

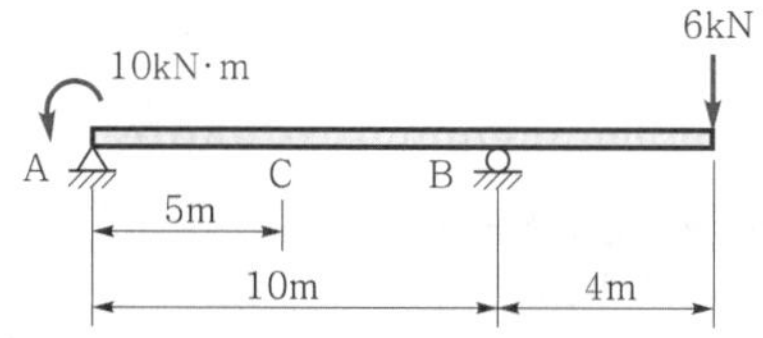

① $V_C = -1.4\text{kN}$, $M_C = -17\text{kN} \cdot \text{m}$

② $V_C = -1.8\text{kN}$, $M_C = -24\text{kN} \cdot \text{m}$

③ $V_C = 1.4\text{kN}$, $M_C = -24\text{kN} \cdot \text{m}$

④ $V_C = 1.8\text{kN}$, $M_C = -17\text{kN} \cdot \text{m}$

해설 C점의 단면력

$\Sigma M_B = 0$

$-R_A \times 10 - 10 + 6 \times 4 = 0$

$R_A = 1.4\text{kN}(\downarrow)$

$\therefore V_C = -1.4\text{kN}$

$\therefore M_C = -1.4 \times 5 - 10 = -17\text{kN} \cdot \text{m}$

77 다음 그림과 같은 내민보에서 AB점의 휨모멘트가 $-\dfrac{Pl}{8}$이면 a의 길이는?

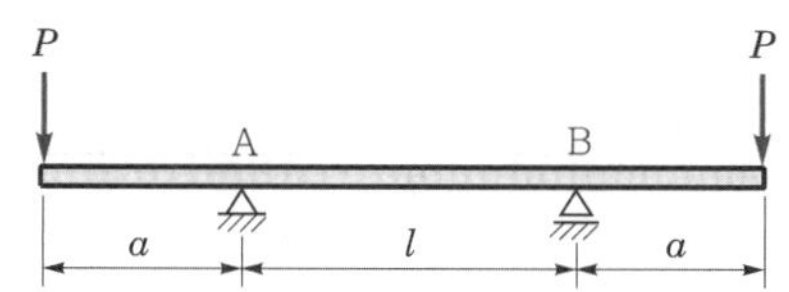

① $\dfrac{l}{2}$　　② $\dfrac{l}{6}$

③ $\dfrac{l}{4}$　　④ $\dfrac{l}{8}$

해설 a의 길이

$M_A = P \times a = \dfrac{Pl}{8}$

$\therefore a = \dfrac{l}{8}$

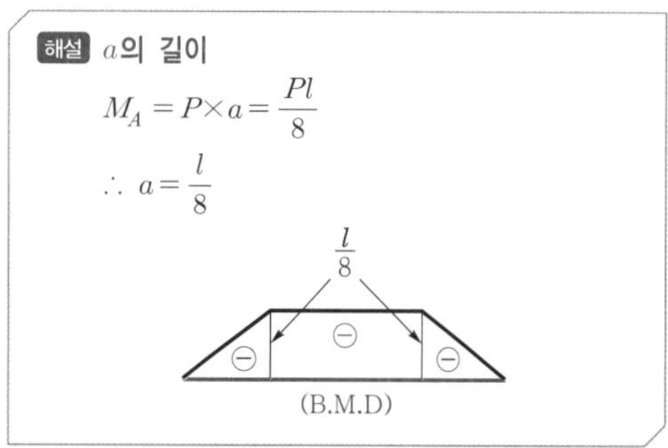

★★

78 다음 그림과 같은 양단 내민보 전 구간에 등분포하중이 균일하게 작용할 때 보의 중앙점과 두 지점에서의 절대 최대 휨모멘트가 같게 되려면 l과 a의 관계는?

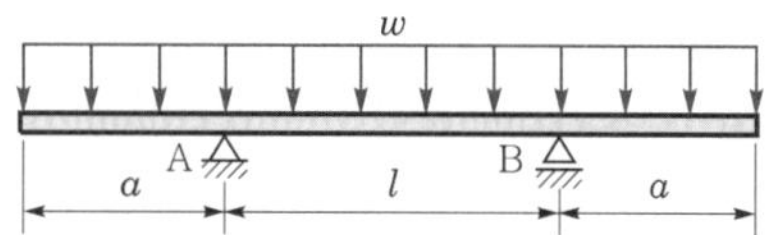

① $l = \sqrt{2a}$

② $l = \sqrt{2}\,a$

③ $l = 2\sqrt{2a}$

④ $l = 2\sqrt{2}\,a$

해설 휨모멘트가 같을 거리의 비

㉠ 각 지점의 휨모멘트

$M_A = \dfrac{wa^2}{2}$, $M_C = \dfrac{wl^2}{8} \times \dfrac{1}{2} = \dfrac{wl^2}{16}$

㉡ $M_A = M_C$가 되어야 하므로

$\dfrac{wa^2}{2} = \dfrac{wl^2}{16}$

$\therefore l = 2\sqrt{2}\,a$

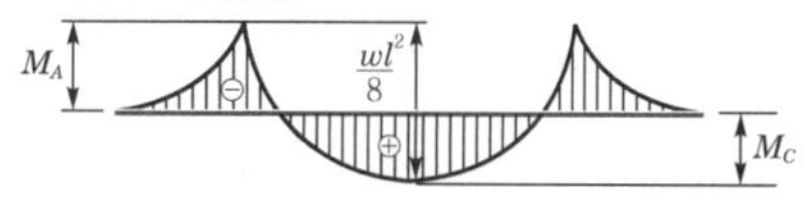

정답 76. ① 77. ④ 78. ④

79 다음 그림과 같이 단순 지지된 보에 등분포하중 q가 작용하고 있다. 지점 C의 부모멘트와 보의 중앙에 발생하는 정모멘트의 크기를 같게 하여 등분포하중 q의 크기를 제한하려고 한다. 지점 C와 D는 보의 대칭거동을 유지하기 위하여 각각 A와 B로부터 같은 거리에 배치하고자 한다. 이때 보의 A점으로부터 지점 C의 거리 x는?

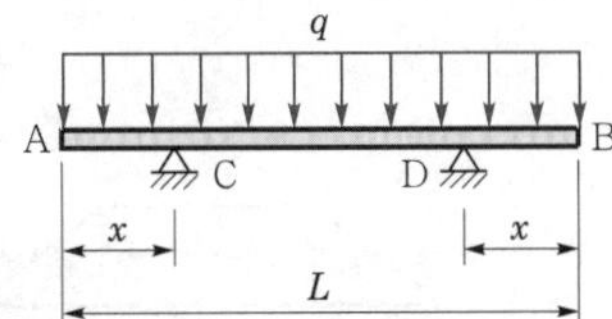

① $x=0.207L$

② $x=0.250L$

③ $x=0.333L$

④ $x=0.444L$

해설 휨모멘트가 같게 할 거리

$$M_C=-\frac{qx^2}{2}$$

$$M_E=-\frac{qx^2}{2}+\frac{q(L-2x)^2}{8}$$

$$M_C+M_E=-\frac{qx^2}{2}-\frac{qx^2}{2}+\frac{q(L-2x)^2}{8}=0$$

$$\therefore\ x=\frac{\sqrt{2}-1}{2}L=0.207L$$

80 다음 그림과 같은 보에서 $wl=P$일 때 이 보의 중앙점에서의 휨모멘트가 0으로 된다면 a/l은?

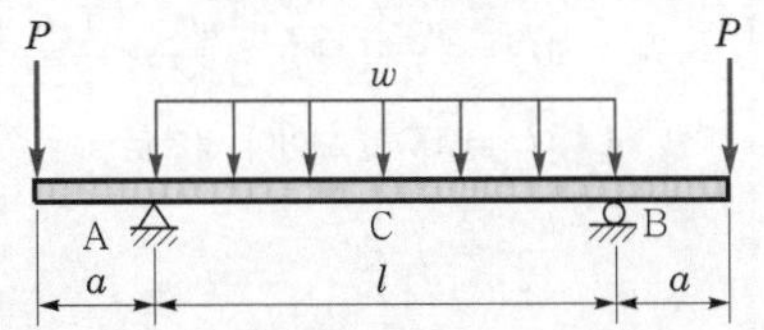

① $\frac{1}{2}$　② $\frac{1}{4}$

③ $\frac{1}{6}$　④ $\frac{1}{8}$

해설 중앙점의 휨모멘트가 0이 되기 위한 거리의 비

㉠ 지점반력

$wl=P$

$\therefore\ R_A=R_B=1.5P(\uparrow)$

㉡ $\Sigma M_C=0$

$$M_C=-P\left(a+\frac{l}{2}\right)+1.5\times P\times\frac{l}{2}-\frac{P}{2}\times\frac{l}{4}=0$$

$$a=\frac{l}{8}$$

$$\therefore\ \frac{a}{l}=\frac{1}{8}$$

81 양단 내민보에 다음 그림과 같이 등분포하중 $w=100\text{N/m}$가 작용할 때 C점의 전단력은 얼마인가?

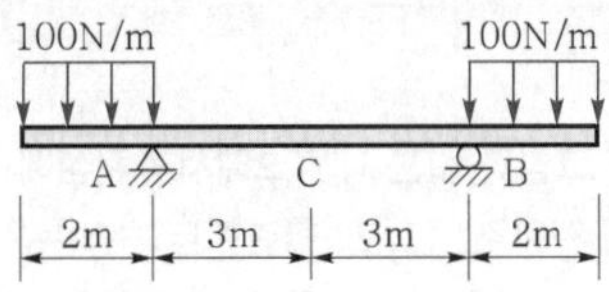

① 0N　② 50N

③ 100N　④ 150N

해설 C점의 전단력

$\Sigma M_B=0$

$-100\times2\times7+R_A\times6+100\times2\times1=0$

$\therefore\ R_A=200\text{N}(\uparrow)$

$\Sigma V=0$

$-100\times2+200-S_C=0$

$\therefore\ S_C=0$

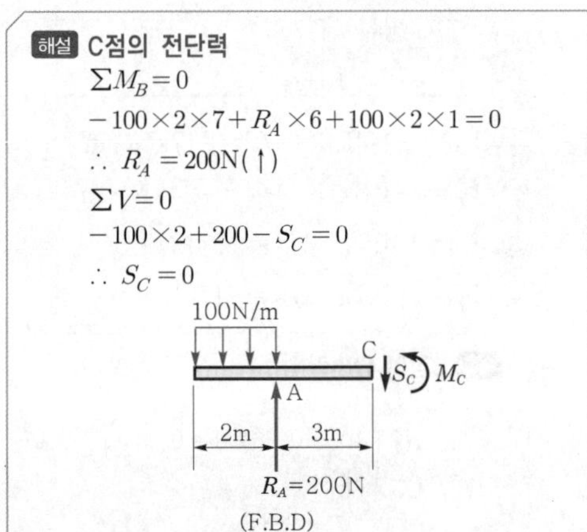

82 ★ 다음 내민보에서 B지점의 반력 R_B의 크기가 집중하중 300kN과 같게 하기 위해서는 L_1의 길이는 얼마이어야 하는가?

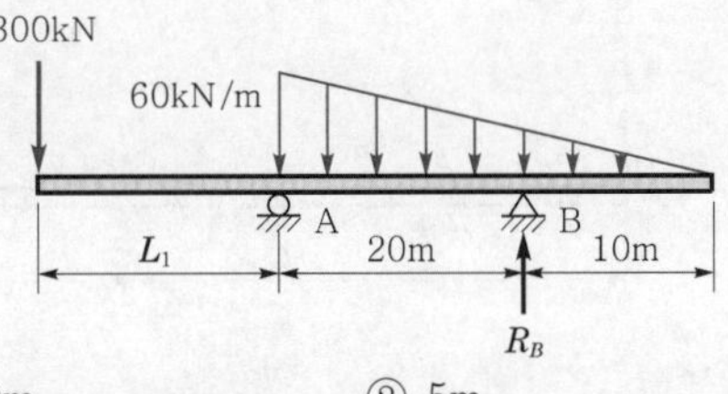

① 0m　② 5m

③ 10m　④ 20m

정답 79. ①　80. ④　81. ①　82. ③

해설 L_1의 길이

㉠ 반력

$\sum M_A = 0$

$(-300 \times L_1) + \left(\frac{1}{2} \times 60 \times 30\right) \times \frac{30}{3}$

$-(R_B \times 20) = 0$

$\therefore L_1 = 30 - \frac{20}{300} R_B$

㉡ 반력으로부터 길이(L_1)

$R_B = 300\text{kN}$이므로

$\therefore L_1 = 30 - \frac{20}{300} \times 300 = 10\text{m}$

5. 게르버보

★

83 다음 그림의 보에서 G는 힌지(hinge)이다. 지점 B에서의 휨모멘트가 옳게 된 것은?

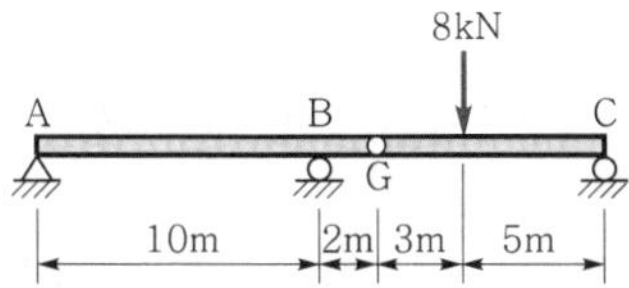

① −10kN · m

② +20kN · m

③ −40kN · m

④ +50kN · m

해설 B점의 휨모멘트

㉠ 보 GC구간

$\sum M_C = 0$

$R_G \times 8 - 8 \times 5 = 0$

$\therefore R_G = 5\text{kN}(\uparrow)$

㉡ 보 ABG구간

$M_B = -5 \times 2 = -10\text{kN} \cdot \text{m}$

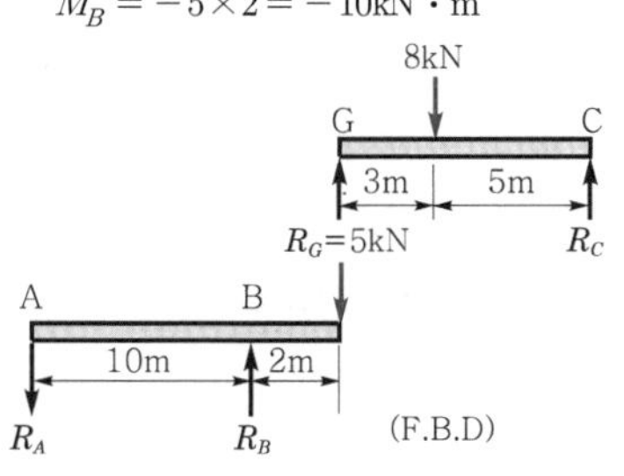

★★

84 다음 구조물에 생기는 최대 부모멘트의 크기는 얼마인가? (단, C점에 힌지가 있는 구조물이다.)

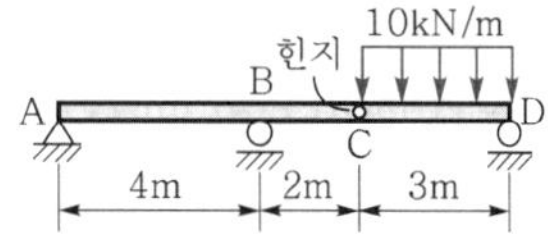

① −11.3kN · m ② −15.0kN · m

③ −30.0kN · m ④ −45.0kN · m

해설 최대 휨모멘트

㉠ 보 CD구간

$\sum M_C = 0$

$10 \times 3 \times 1.5 - R_D \times 3 = 0$

$\therefore R_D = 15\text{kN}(\uparrow)$

$\sum V = 0$

$R_C - 10 \times 3 + 15 = 0$

$\therefore R_C = 15\text{kN}(\uparrow)$

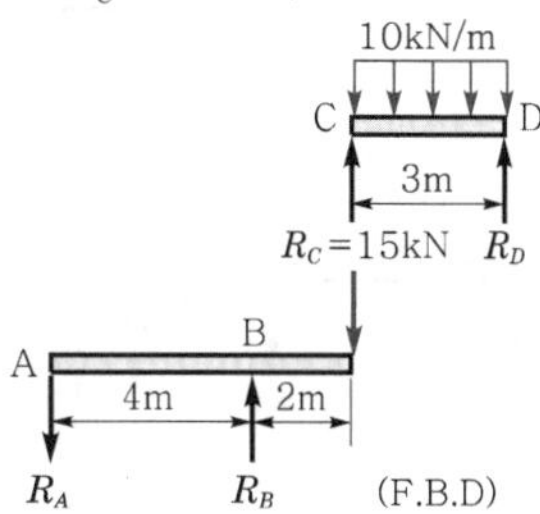

㉡ 보 ABC구간

$\sum M_B = 0$

$15 \times 2 - R_A \times 4 = 0$

$\therefore R_A = 7.5\text{kN}(\downarrow)$

$\sum V = 0$

$-7.5 + R_B - 15 = 0$

$\therefore R_B = 22.5\text{kN}(\uparrow)$

㉢ 단면력도

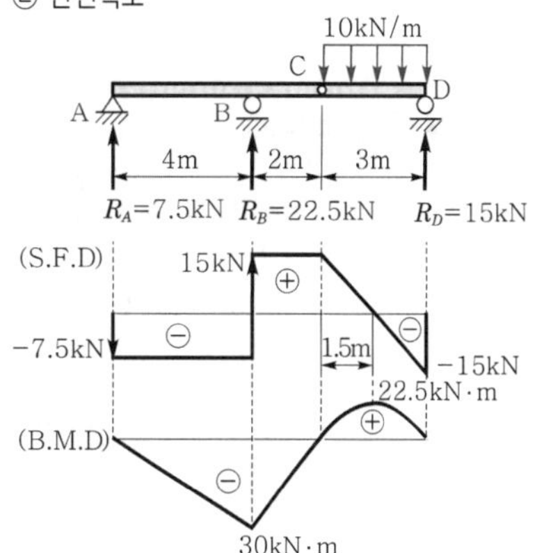

㉣ 최대 부모멘트는 B지점에서 발생되며, 크기는 −30kN · m이다.

정답 83. ① 84. ③

85 다음 그림의 게르버보에서 A점의 수직반력은?

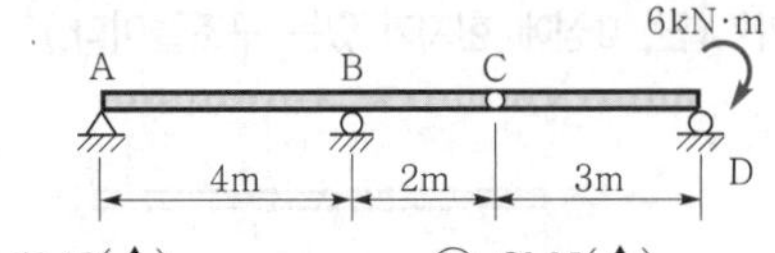

① 1kN(↑) ② 2kN(↑)
③ 3kN(↑) ④ 4kN(↑)

해설 A점의 수직반력
㉠ 보 CD구간
$\Sigma M_D = 0$
$-R_C \times 3 + 6 = 0$
$\therefore R_C = 2\text{kN}(\downarrow)$
㉡ 보 ABC구간
$\Sigma M_B = 0$
$R_A \times 4 - (2 \times 2) = 0$
$\therefore R_A = 1\text{kN}(\uparrow)$

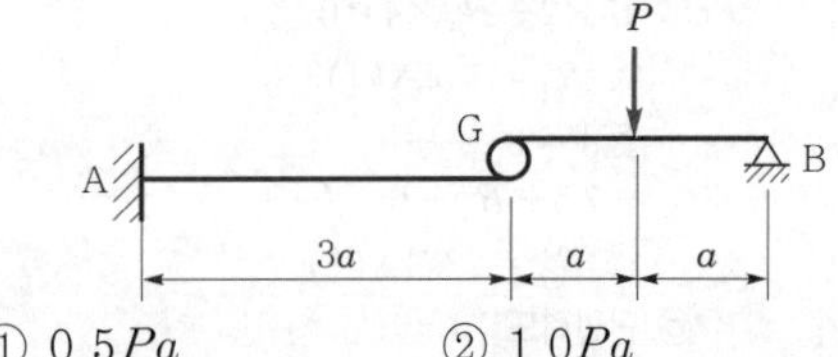

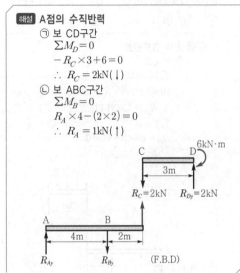

86 다음과 같은 구조물에서 A지점의 반력모멘트는?

① 0.5Pa ② 1.0Pa
③ 1.5Pa ④ 2.0Pa

해설 A점의 휨모멘트
㉠ 보 GB구간
좌우대칭이므로 $\therefore R_G = \frac{P}{2}(\uparrow)$
㉡ 보 AG구간
$M_A = \frac{P}{2} \times 3a = 1.5Pa$

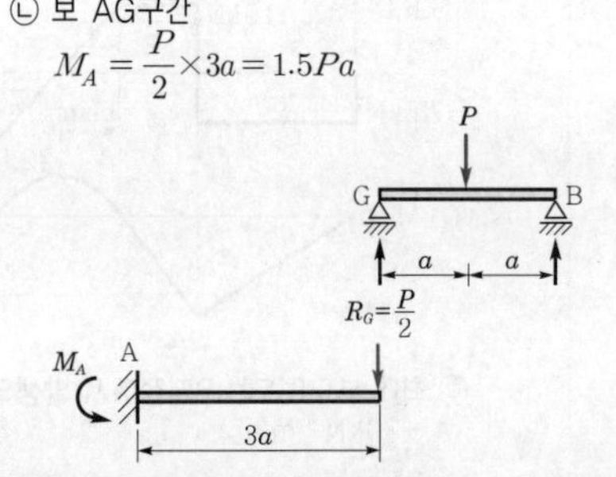

87 다음 그림과 같은 게르버보의 C점에서 전단력의 절댓값 크기는?

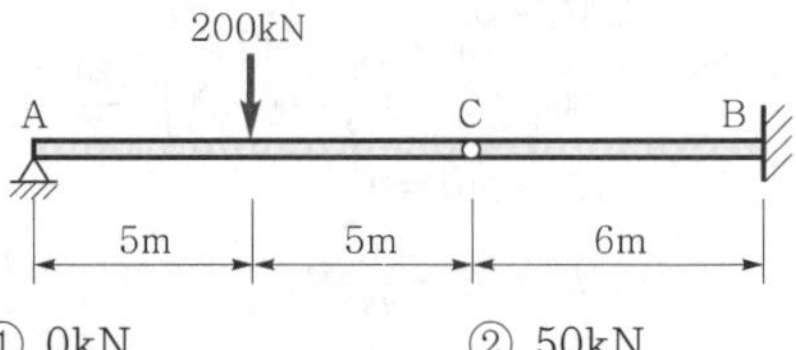

① 0kN ② 50kN
③ 100kN ④ 200kN

해설 C점의 전단력
보 AC부재에서 좌우대칭이므로
$R_A = R_C = 100\text{kN} = S_C$

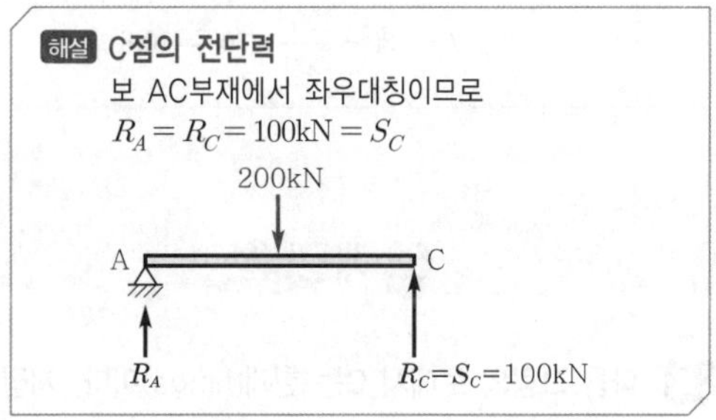

★★
88 다음 그림과 같은 정정보에서 A점의 연직반력은?

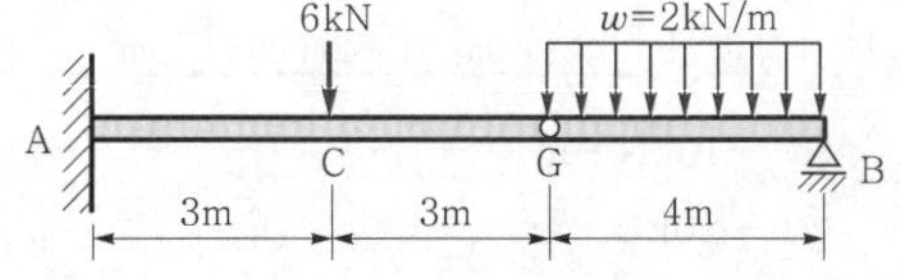

① 6kN ② 8kN
③ 10kN ④ 12kN

해설 A점의 연직반력
㉠ 보 GB구간
$\Sigma M_B = 0$
$\therefore R_G = \frac{2 \times 4 \times 2}{4} = 4\text{kN}(\uparrow)$
㉡ 보 AG구간
$R_A = 6 + 4 = 10\text{kN}(\uparrow)$

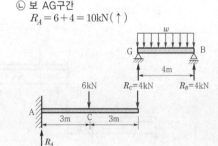

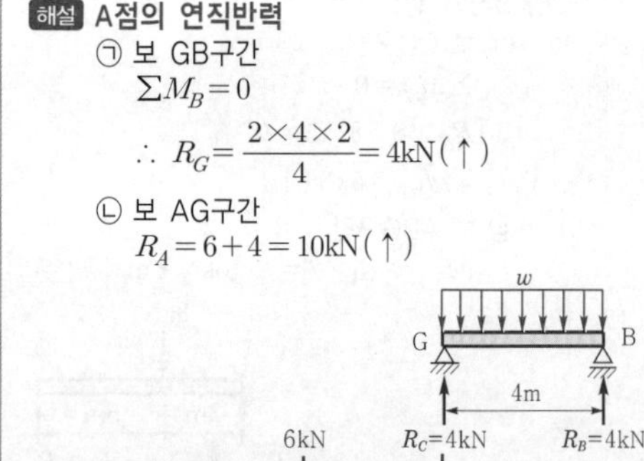

정답 85. ① 86. ③ 87. ③ 88. ③

89 다음 그림과 같은 구조물에서 B점의 휨모멘트는?

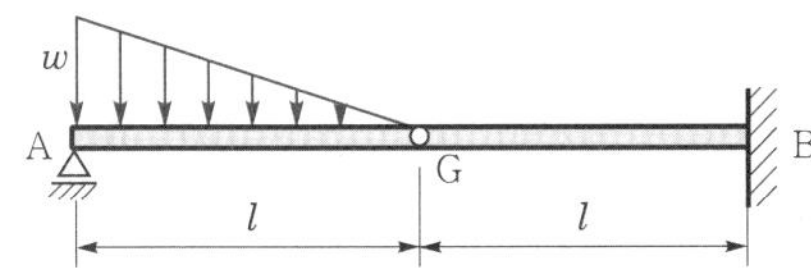

① $M_B = -\dfrac{wl^2}{2}$

② $M_B = -\dfrac{wl^2}{3}$

③ $M_B = -\dfrac{wl^2}{6}$

④ $M_B = -\dfrac{wl^2}{12}$

해설 B점의 휨모멘트

㉠ 보 AG구간

$\Sigma M_A = 0$

$-R_G \times l + \dfrac{wl}{2} \times \dfrac{l}{3} = 0$

$\therefore\ R_G = \dfrac{wl}{6}(\uparrow)$

㉡ 보 GB구간

$M_B = -\dfrac{wl}{6} \times l = -\dfrac{wl^2}{6}$

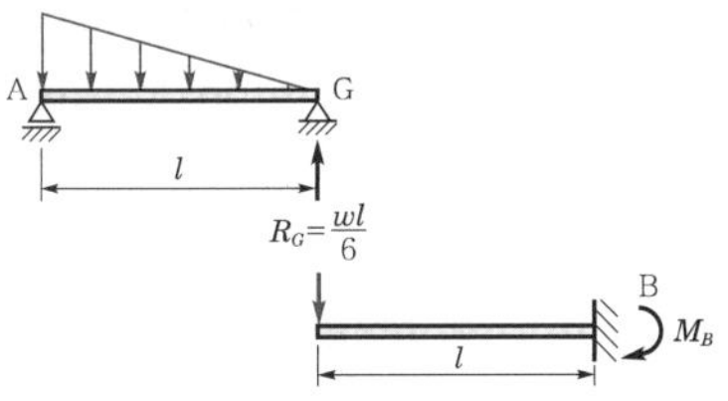

★

90 다음 그림에서 지점 A의 연직반력(R_A)과 모멘트반력(M_A)의 크기는?

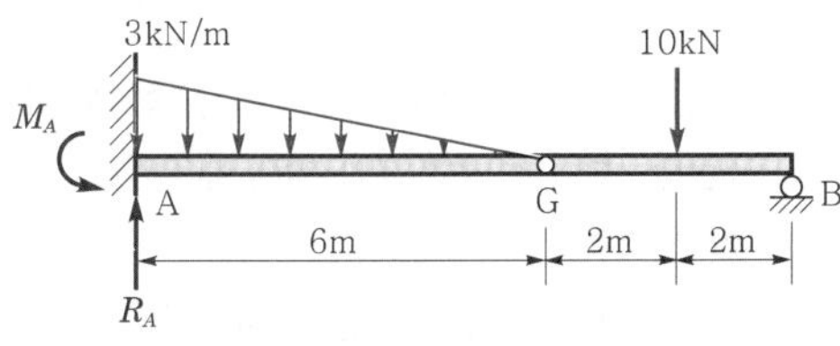

① $R_A = 9\text{kN},\ M_A = 4.5\text{kN}\cdot\text{m}$

② $R_A = 9\text{kN},\ M_A = 18\text{kN}\cdot\text{m}$

③ $R_A = 14\text{kN},\ M_A = 48\text{kN}\cdot\text{m}$

④ $R_A = 14\text{kN},\ M_A = 58\text{kN}\cdot\text{m}$

해설 A점의 반력

㉠ 보 GB구간

$\Sigma M_B = 0$

$R_G \times 4 - 10 \times 2 = 0$

$\therefore\ R_G = 5\text{kN}(\uparrow)$

㉡ 보 AG구간

$\Sigma V = 0$

$R_A - \left(\dfrac{1}{2} \times 3 \times 6\right) - 5 = 0$

$\therefore\ R_A = 14\text{kN}(\uparrow)$

$\Sigma M_A = 0$

$\left(\dfrac{1}{2} \times 3 \times 6\right) \times \left(6 \times \dfrac{1}{3}\right) + 5 \times 6 - M_A = 0$

$\therefore\ M_A = 48\text{kN}\cdot\text{m}$

★

91 다음 그림과 같은 게르버보의 A점의 전단력으로 맞는 것은?

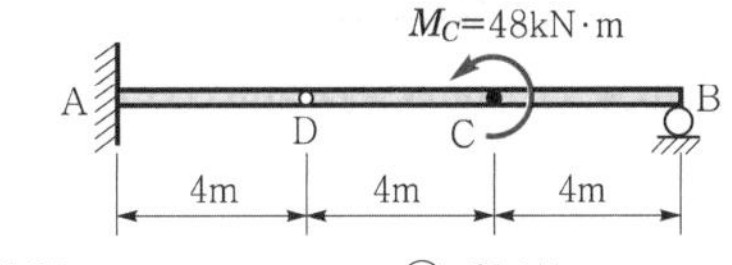

① 4kN ② 6kN

③ 12kN ④ 24kN

해설 A점의 전단력

㉠ 보 DB구간

$\Sigma M_B = 0$

$R_D \times 8 - 48 = 0$

$\therefore\ R_D = 6\text{kN}(\uparrow)$

㉡ 보

$\Sigma V = 0$

$\therefore\ R_A = 6\text{kN}(\uparrow)$

$\therefore\ S_A = 6\text{kN}$

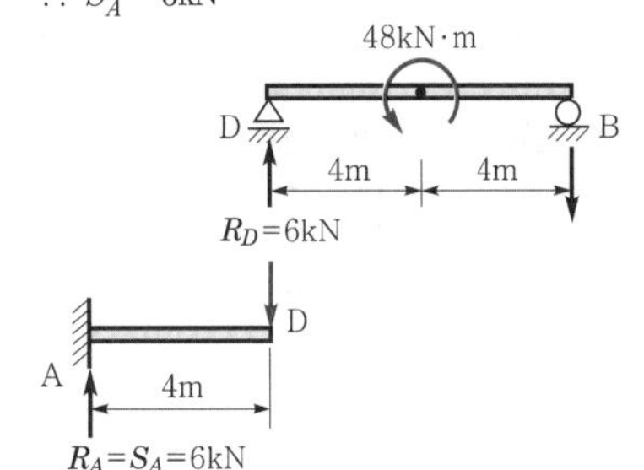

정답 89. ③ 90. ③ 91. ②

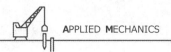

92 다음 그림과 같은 게르버보의 A점의 휨모멘트는?

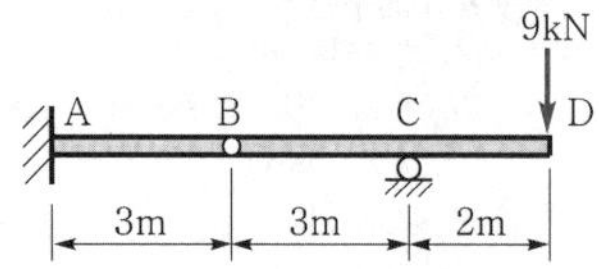

① 72kN · m　　② 36kN · m

③ 27kN · m　　④ 18kN · m

> **해설** A점의 휨모멘트
>
> ㉠ 보 BC구간
>
> $\Sigma M_C = 0$
>
> $-R_B \times 3 + 9 \times 2 = 0$
>
> $\therefore\ R_B = 6\text{kN}(\downarrow)$
>
> ㉡ 보 AB구간
>
> $\Sigma M_A = 0$
>
> $M_A - 6 \times 3 = 0$
>
> $\therefore\ M_A = 18\text{kN} \cdot \text{m}$
>
> 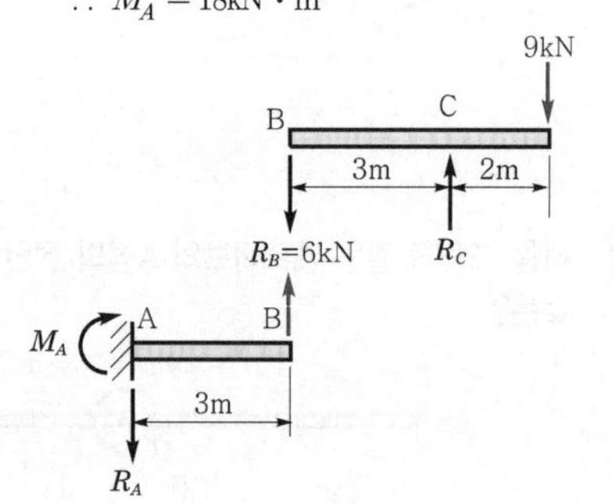
>

★★

93 다음 그림과 같은 게르버보의 A점의 휨모멘트는?

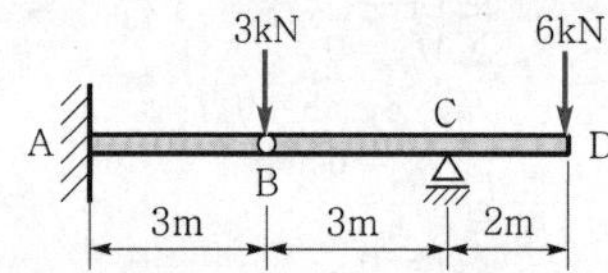

① 3.0kN · m　　② 4.5kN · m

③ 6.0kN · m　　④ 21.0kN · m

> **해설** A점의 휨모멘트
>
> ㉠ 보 BCD구간
>
> $\Sigma M_C = 0$
>
> $-R_B \times 3 + 6 \times 2 = 0$
>
> $\therefore\ R_B = 4\text{kN}(\downarrow)$
>
> ㉡ 보 AB구간
>
> $M_A = -3 \times 3 + 4 \times 3 = 3\text{kN} \cdot \text{m}$
>
> 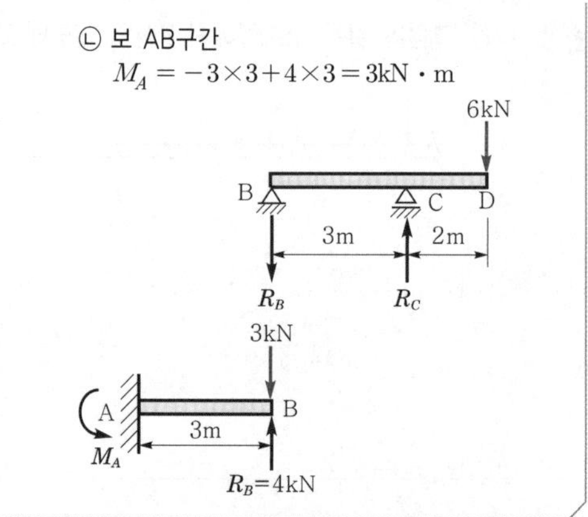
>

6. 이동하중과 절대 최대 단면력

★

94 지간 10m인 단순보 위를 1개의 집중하중 $P = 20\text{kN}$이 통과할 때 이 보에 생기는 최대 전단력 S와 휨모멘트 M이 옳게 된 것은?

① $S = 10\text{kN},\ M = 50\text{kN} \cdot \text{m}$

② $S = 10\text{kN},\ M = 100\text{kN} \cdot \text{m}$

③ $S = 20\text{kN},\ M = 50\text{kN} \cdot \text{m}$

④ $S = 20\text{kN},\ M = 100\text{kN} \cdot \text{m}$

> **해설** 최대 단면력
>
> ㉠ 최대 휨모멘트는 집중하중이 보의 중앙에 위치할 때 발생한다.
>
> $M_{\max} = \dfrac{PL}{4} = \dfrac{20 \times 10}{4} = 50\text{kN} \cdot \text{m}$
>
> ㉡ 최대 전단력은 집중하중이 보의 지점에 위치할 때 발생한다.
>
> $S_{\max} = P = 20\text{kN}$

95 길이 20m인 단순보 위를 하나의 집중하중 8kN이 통과한다. 최대 전단력 S와 최대 휨모멘트 M의 값은 얼마인가?

① $S = 4\text{kN},\ M = 40\text{kN} \cdot \text{m}$

② $S = 4\text{kN},\ M = 80\text{kN} \cdot \text{m}$

③ $S = 8\text{kN},\ M = 40\text{kN} \cdot \text{m}$

④ $S = 8\text{kN},\ M = 80\text{kN} \cdot \text{m}$

정답 92. ④　93. ①　94. ③　95. ③

해설 최대 단면력

㉠ 최대 전단력은 집중하중이 지점에 위치할 때 발생한다.

$S_{max} = P = 8\text{kN}$

㉡ 최대 휨모멘트는 집중하중이 보의 중앙에 위치할 때 발생한다.

$M_{max} = \dfrac{Pl}{4} = \dfrac{8\times20}{4} = 40\text{kN}\cdot\text{m}$

★★

96 다음 그림과 같은 단순보에 이동하중이 작용하는 경우 절대 최대 휨모멘트는 얼마인가?

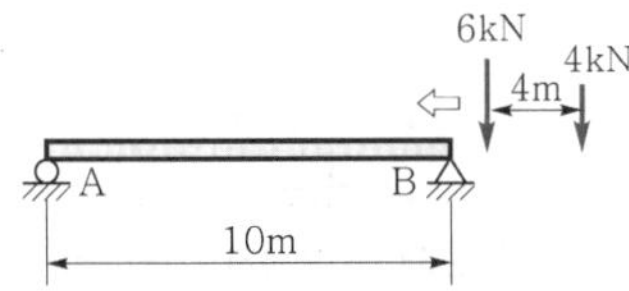

① 17.64kN · m ② 16.72kN · m

③ 16.20kN · m ④ 12.51kN · m

해설 절대 최대 휨모멘트

㉠ 합력과 작용위치

$R = 6+4 = 10\text{kN}$

$\therefore x = \dfrac{4\times4}{10} = 1.6\text{m}$

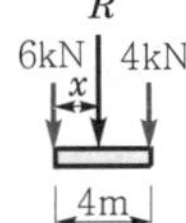

㉡ 절대 최대 휨모멘트

$\Sigma M_B = 0$

$R_A \times 10 - 6\times5.8 - 4\times1.8 = 0$

$\therefore R_A = 4.2\text{kN}(\uparrow)$

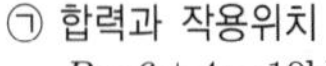

$\therefore M_{max} = 4.2\times4.2 = 17.64\text{kN}\cdot\text{m}$

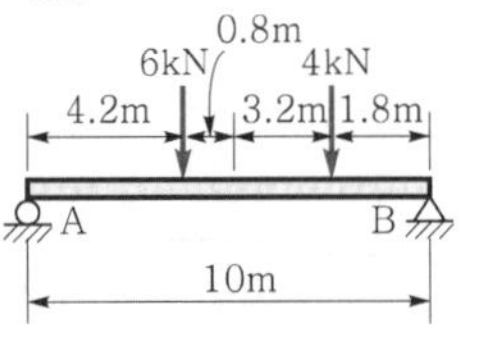

97 경간 $l = 10\text{m}$인 단순보에 다음 그림과 같은 방향으로 이동하중이 작용할 때 절대 최대 휨모멘트를 구한 값은?

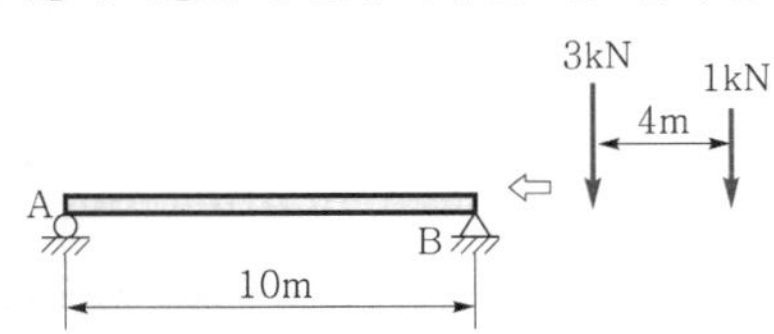

① 4.5kN · m ② 5.2kN · m

③ 6.8kN · m ④ 8.1kN · m

해설 절대 최대 휨모멘트

㉠ 합력과 작용점의 위치

$R = 3+1 = 4\text{kN}$

$x = \dfrac{1\times4}{4} = 1\text{m}$

$\therefore \bar{x} = \dfrac{x}{2} = 0.5\text{m}$

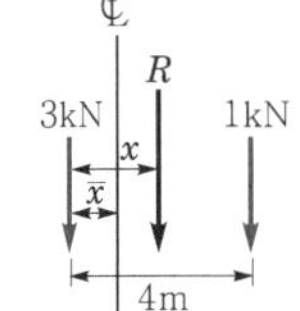

㉡ 영향선에 의한 방법

$y_1 = \dfrac{ab}{l} = \dfrac{4.5\times5.5}{10} = 2.475\text{m}$

$5.5 : y_1 = 1.5 : y_2$

$\therefore y_2 = \dfrac{y_1\times1.5}{5.5} = \dfrac{2.475\times1.5}{5.5} = 0.675\text{m}$

$\therefore M_{max} = 3\times2.475 + 1\times0.675$

$= 8.1\text{kN}\cdot\text{m}$

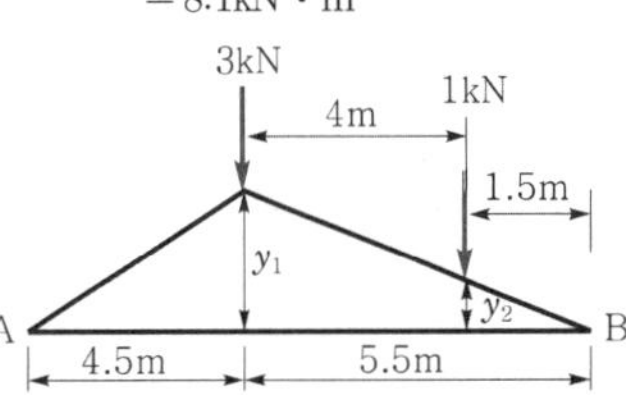

(M_{max}−inf−line)

★

98 다음 그림 (a)와 같은 하중이 그 진행방향을 바꾸지 아니하고, 그림 (b)와 같은 단순보 위를 통과할 때 이 보에 절대 최대 휨모멘트를 일어나게 하는 하중 9kN의 위치는? (단, B지점으로부터의 거리임)

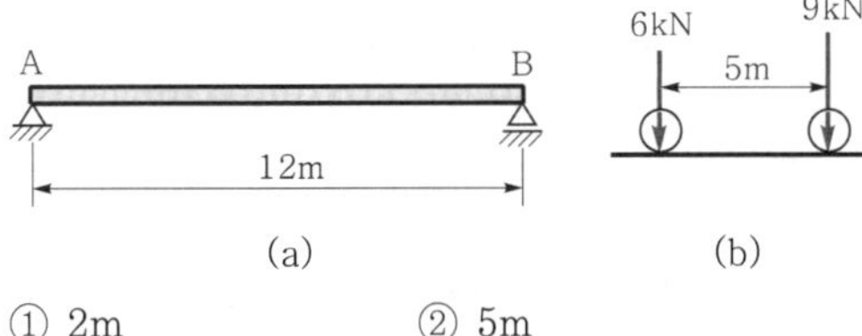

(a) (b)

① 2m ② 5m

③ 6m ④ 7m

해설 절대 최대 휨모멘트의 발생위치

㉠ 합력(R)과 가까운 하중과의 1/2점이 보의 중앙에 위치할 때 큰 하중 밑에서 절대 최대 휨모멘트가 발생한다.

㉡ 절대 최대 휨모멘트 발생위치

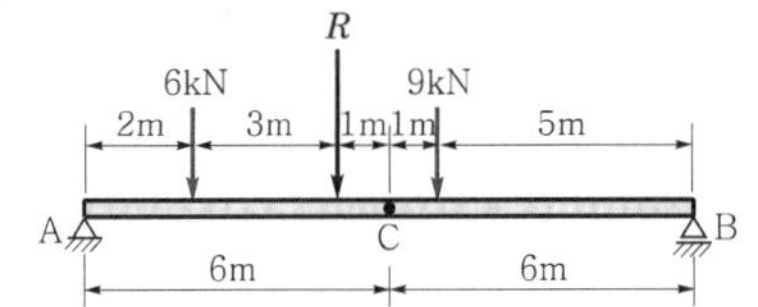

정답 96. ① 97. ④ 98. ②

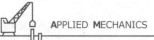

99 연행하중이 절대 최대 휨모멘트가 생기는 위치에 왔을 때 지점 A에서 하중 1kN까지의 거리는?

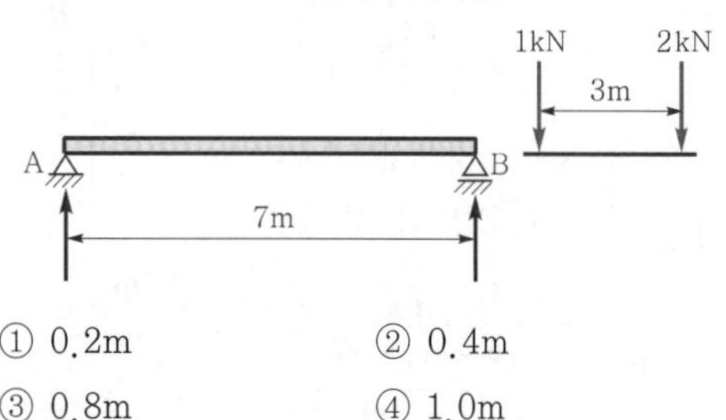

① 0.2m ② 0.4m
③ 0.8m ④ 1.0m

해설 절대 최대 휨모멘트의 발생위치
C점과 E점을 일치시킨다.

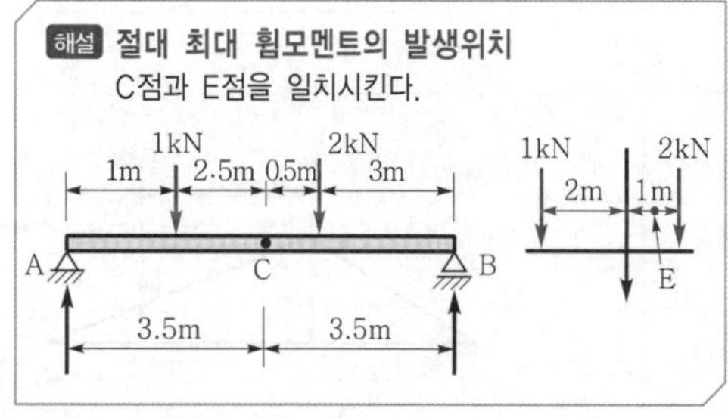

100 다음 그림과 같이 2개의 집중하중이 단순보 위를 통과할 때 절대 최대 휨모멘트의 크기와 발생위치 x는?

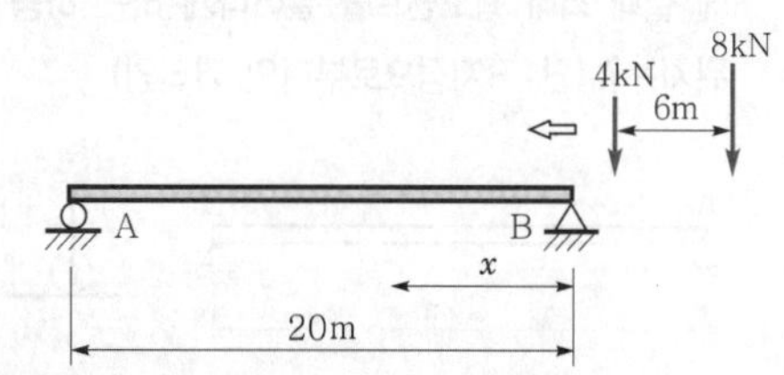

① $M_{max} = 36.2\text{kN}\cdot\text{m},\ x = 8\text{m}$
② $M_{max} = 38.2\text{kN}\cdot\text{m},\ x = 8\text{m}$
③ $M_{max} = 48.6\text{kN}\cdot\text{m},\ x = 9\text{m}$
④ $M_{max} = 50.6\text{kN}\cdot\text{m},\ x = 9\text{m}$

해설 절대 최대 휨모멘트
㉠ 합력과 작용위치
$R = 8 + 4 = 12\text{kN}$
$\therefore e = \dfrac{4\times6}{12} = 2\text{m}$

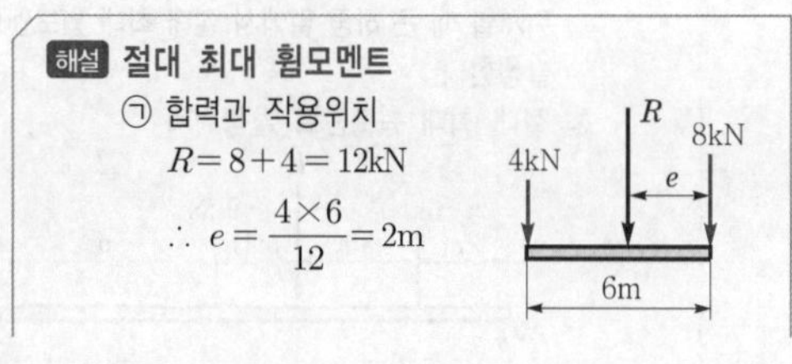

㉡ 절대 최대 휨모멘트
$\Sigma M_A = 0$
$-R_B\times20 + 4\times5 + 8\times11 = 0$
$\therefore R_B = 5.4\text{kN}(\uparrow)$
$\therefore M_{max} = 5.4\times9 = 48.6\text{kN}\cdot\text{m}$

8kN
5m 4kN 5m 1m 9m
A B
10m 10m
R_B

101 ★ 다음 그림과 같은 단순보의 하중이 우에서 좌로 이동할 때 절대 최대 휨모멘트는 얼마인가?

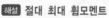

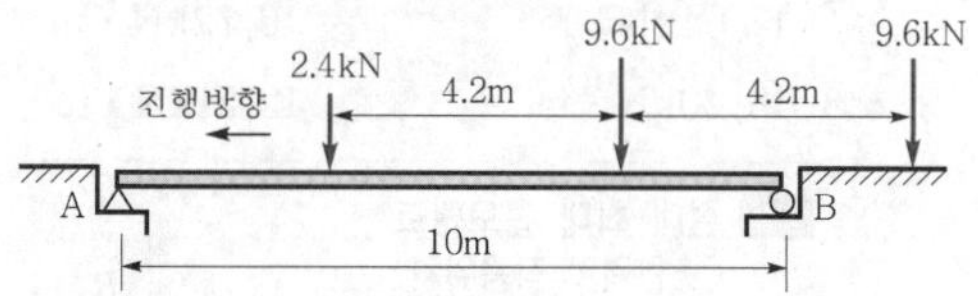

① 22.86kN · m ② 25.86kN · m
③ 29.86kN · m ④ 33.86kN · m

해설 절대 최대 휨모멘트
㉠ 합력과 작용위치
$R = 2.4 + 9.6 + 9.6 = 21.6\text{kN}$
$x = \dfrac{9.6\times4.2 - 2.4\times4.2}{21.6} = 1.4\text{m}$

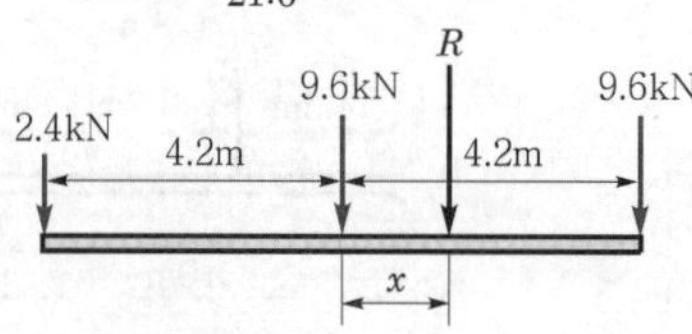

㉡ 절대 최대 휨모멘트
$\Sigma M_A = 0$
$R_B = \dfrac{2.4\times0.1 + 9.6\times4.3 + 9.6\times8.5}{10}$
$= 12.312\text{kN}(\uparrow)$
$\therefore M_{max} = 12.312\times5.7 - 9.6\times4.2$
$\fallingdotseq 29.86\text{kN}\cdot\text{m}$

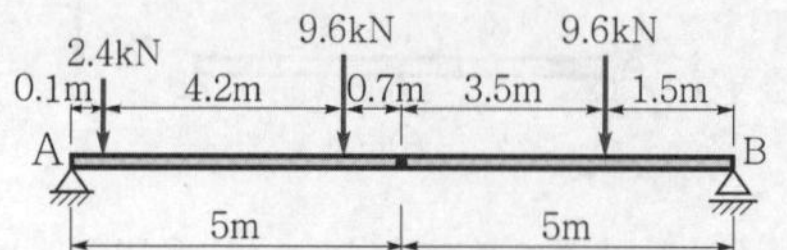

정답 99. ④ 100. ③ 101. ③

102 단순보 AB 위에 다음 그림과 같은 이동하중이 지날 때 C점의 최대 휨모멘트는?

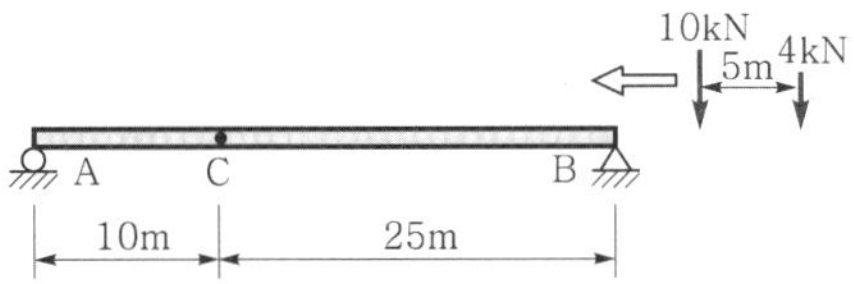

① 98.8kN · m
② 94.2kN · m
③ 80.3kN · m
④ 74.8kN · m

해설 C점의 영향선에 의한 방법

$y_1 = \dfrac{10 \times 25}{35} = 7.143\text{m}$

$25 : y_1 = 20 : y_2$

$\therefore y_2 = \dfrac{20 \times 7.143}{25} = 5.714\text{m}$

$\therefore M_{C\max} = 10 \times 7.143 + 4 \times 5.714$
$= 94.29\text{kN} \cdot \text{m}$

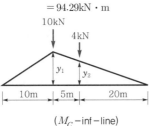

10kN
4kN
y_1 y_2
10m 5m 20m

(M_C – inf – line)

★
103 다음과 같은 이동등분포하중이 단순보 AB 위를 지날 때 C점에서 최대 휨모멘트가 생기려면 등분포하중의 앞단에서 C점까지의 거리가 얼마일 때가 되겠는가?

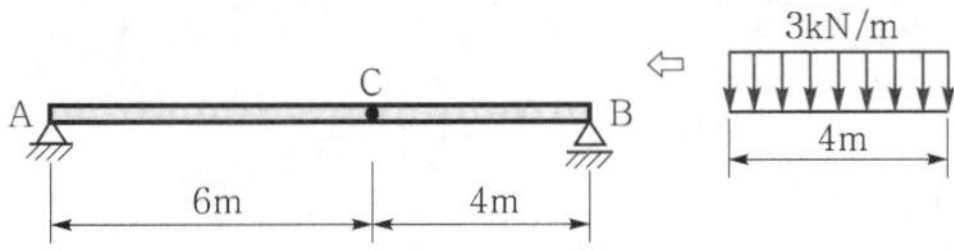

① 2.0m
② 2.4m
③ 2.7m
④ 3.0m

해설 C점의 영향선에 의한 방법

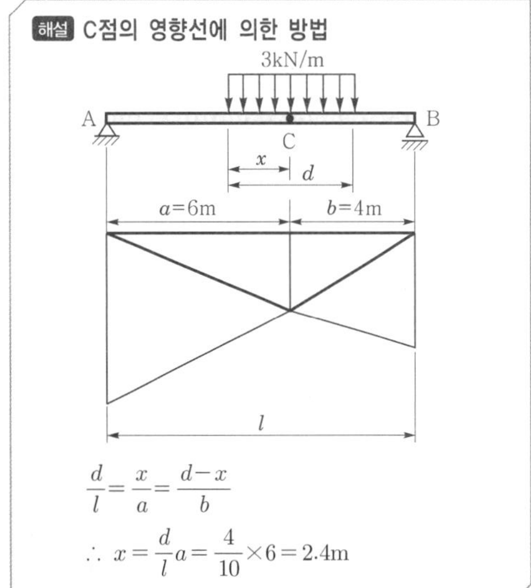

$\dfrac{d}{l} = \dfrac{x}{a} = \dfrac{d-x}{b}$

$\therefore x = \dfrac{d}{l}a = \dfrac{4}{10} \times 6 = 2.4\text{m}$

104 다음 그림에서 연행하중으로 인한 최대 반력은?

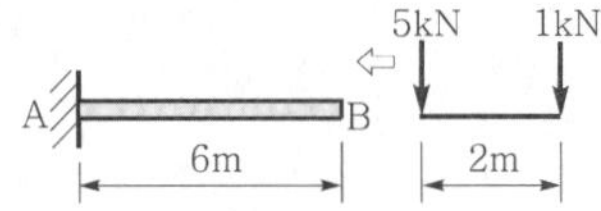

① 6kN
② 5kN
③ 3kN
④ 1kN

해설 최대 반력

캔틸레버보에 연행하중이 작용하는 경우 최대 반력은 하중의 합이다.

$\therefore R_A = 5 + 1 = 6\text{kN}(\uparrow)$

정답 102. ② 103. ② 104. ①

APPLIED MECHANICS

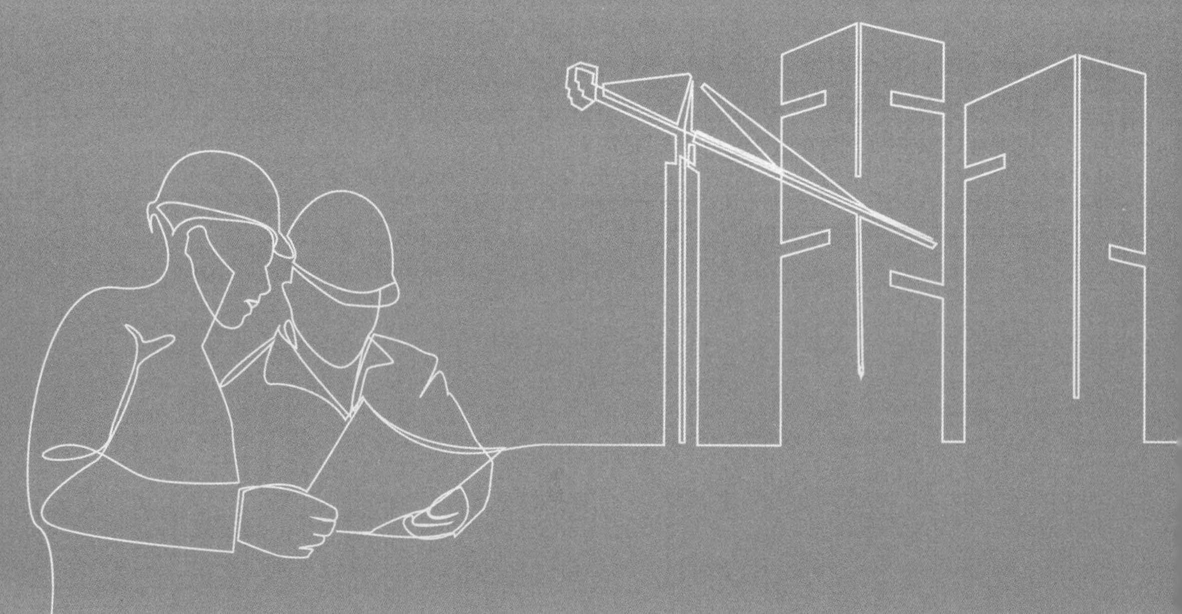

CHAPTER 5

정정 라멘과 아치, 케이블

정정 라멘과 아치, 케이블

회독 체크표

1회독	월	일
2회독	월	일
3회독	월	일

최근 10년간 출제분석표

2015	2016	2017	2018	2019	2020	2021	2022	2023	2024
5.0%	6.7%	6.7%	5.0%	6.7%	6.7%	6.7%	6.7%	6.7%	6.7%

출제 POINT

학습 POINT

- 라멘의 해석
- 라멘의 휨모멘트도(B.M.D)
- 3활절(hinge) 라멘
- 아치의 해석
- 3활절 아치

■ 단면력도의 부호

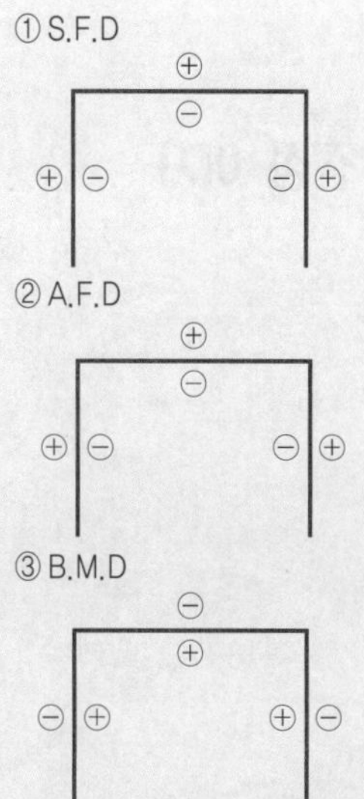

SECTION 1 정정 라멘과 정정 아치

1 정정 라멘

1) 정정 라멘(rahmen)의 정의 및 종류

① 2개 이상의 부재가 서로 고정절점으로 되어 있는 뼈대구조를 라멘구조라 하고, 구조물의 모양은 변해도 **부재각** 또는 **절점각**이 변하지 않는다고 가정한다.

② 정정 라멘의 종류
단순보형 라멘, 3이동지점 라멘, 캔틸레버형(고정지점) 라멘, 3활절(hinge) 라멘, 합성라멘 등이 있다.

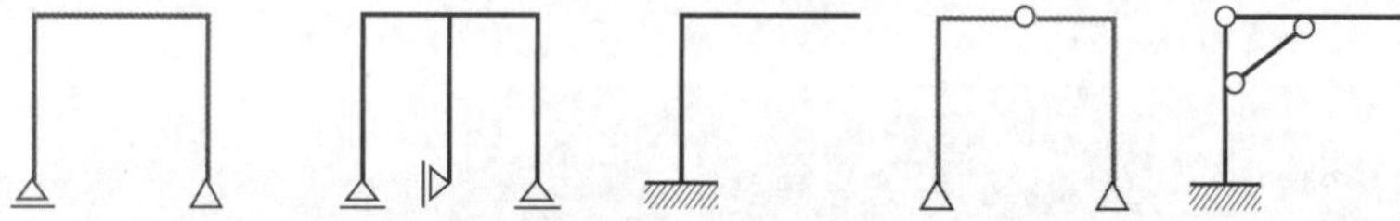

[그림 5-1] 라멘의 종류

2) 라멘의 해법과 부재각

(1) 라멘의 해법

① 힘의 평형조건($\sum H=0,\ \sum V=0,\ \sum M=0$)에 의해서 먼저 지점반력을 구한다.

② 부재의 단면력은 단순보의 해법과 같은 방법으로 구하되, 부호는 보통 **내측**(안쪽)을 기준으로 밖을 보고 정한다.

③ 다음으로 라멘의 변형을 생각하고, **자유물체도**(F.B.D)를 그려 해석한다.

④ 3활절(힌지) 라멘의 경우에는 중간 활절점의 모멘트가 0인 것을 이용한다.

(2) 부재각

① **수평변위**(가로 흔들이, sidesway)에 의해 부재가 이루는 각을 부재각이라고 한다.

② $R_1 = \dfrac{\Delta_1}{h_1}$, $R_2 = \dfrac{\Delta_2}{h_2}$ 이고, $\Delta = \Delta_1 = \Delta_2$ 이면

$$\Delta = R_1 h_1 = R_2 h_2$$

$$\therefore\ R_1 = \frac{h_2}{h_1} R_2$$

출제 POINT

■ 절점각

부재의 절점에서 이루는 각

■ 부재각

부재가 이루는 각

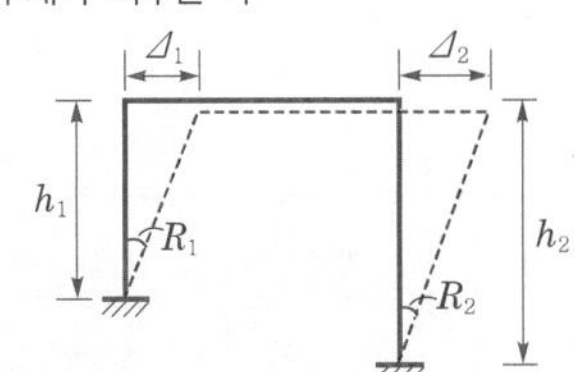

2 정정 아치

1) 정정 아치(arch)의 정의 및 종류

① 라멘에서 직선재 대신 곡선재로 형성되어 외력에 저항하는 구조물을 말하며, 휨모멘트를 감소시켜 주로 **축방향력**에 저항하는 구조물이다.

② 아치는 양단의 지점에서 중앙으로 향하는 수평반력에 의해 아치의 각 단면에서 휨모멘트가 감소한다.

③ 아치의 종류에는 단순보형 아치, 3활절형 아치, 캔틸레버형 아치, 타이드아치 등이 있다.

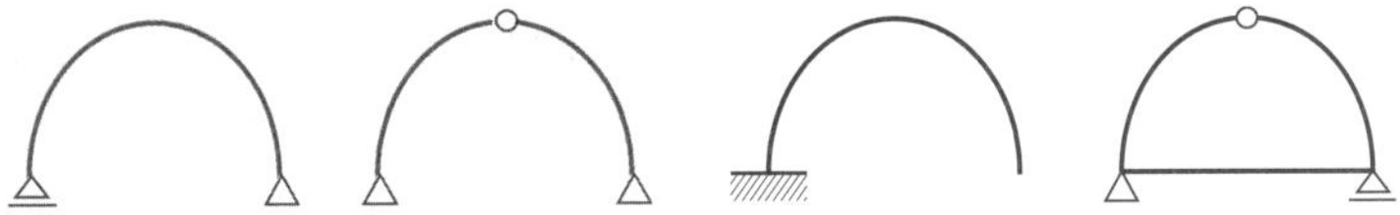

(a) 단순보형 아치 (b) 3활절형 아치 (c) 캔틸레버형 아치 (d) 타이드아치

[그림 5-2] 아치의 종류

2) 아치의 해법

① 힘의 평형조건($\sum H = 0$, $\sum V = 0$, $\sum M = 0$)에 의해서 먼저 지점반력을 구한다.

② 구하는 점을 잘라서 한쪽만 생각하여 단면력을 구한다.

③ 부재 단면에서 발생하는 단면력은 곡선재이므로 곡선경로를 따라 적분을 해야 하나, **임의의 점** D에서 그은 접선축에 대하여 계산한다.

④ 3활절(힌지) 아치의 경우에는 중간 활절(hinge)점의 모멘트가 0인 것을 이용한다.

⑤ 등분포하중을 받는 3활절 포물선아치는 전단력이나 휨모멘트가 발생하지 않으며, 축방향력(축력)만 발생한다.

출제 POINT

■ 아치의 단면력

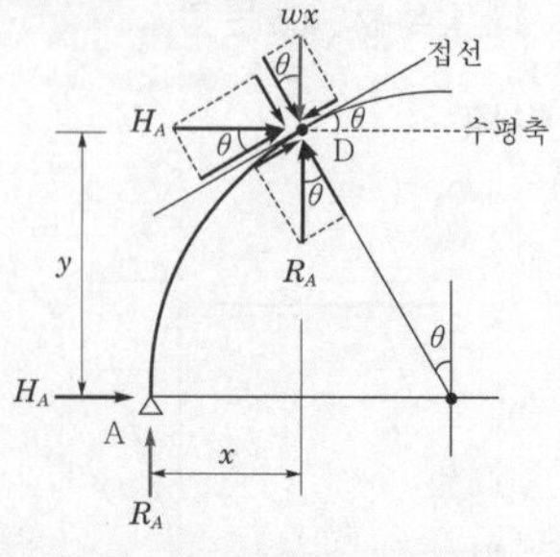

3) 임의 점 D의 단면력

① 전단력

$$S_D = R_A \cos\theta - H_A \sin\theta - wx\cos\theta$$

② 축방향력(축력)

$$A_D = R_A \sin\theta + H_A \cos\theta - wx\sin\theta$$

③ 휨모멘트

$$M_D = R_A x - H_A y - \frac{wx^2}{2}$$

SECTION 2 케이블

학습 POINT

- 케이블의 일반정리 $H \cdot y_c =$ 대등한 보의 M_c
- 케이블의 반력 산정
- 최대 장력

1 케이블의 일반

1) 케이블(cable)의 정의

① 케이블은 축방향의 인장력을 받는 부재로서, 휨모멘트나 압축에는 저항이 불가능하며 오직 장력(tension)만을 견디는 능력이 있다.

② 케이블은 현수교, 사장교, 케이블카 등에서 하중을 지지하는 주부재로서 사용되며 송신탑, 기중기 등에서 받침줄로 사용되기도 한다.

2) 케이블의 일반정리

① 수직하중을 받는 케이블의 임의의 한 점 m에서, 케이블 내력의 수평성분 H와 그 점에서 케이블 현까지의 수직거리 y_m을 곱한 값은 같은 하중을 지지하는 같은 길이의 단순보(대등한 단순보)에서 점 m의 모멘트 M_m과 같다.

케이블에서 $H \cdot y_m =$ 대등한 단순보에서 M_m

② 이 정리는 임의의 수직하중에 대하여도 성립되며, 케이블의 현이 수평이든 경사지든 간에 성립한다.

③ 보통의 경우 케이블의 자중은 무시한다.

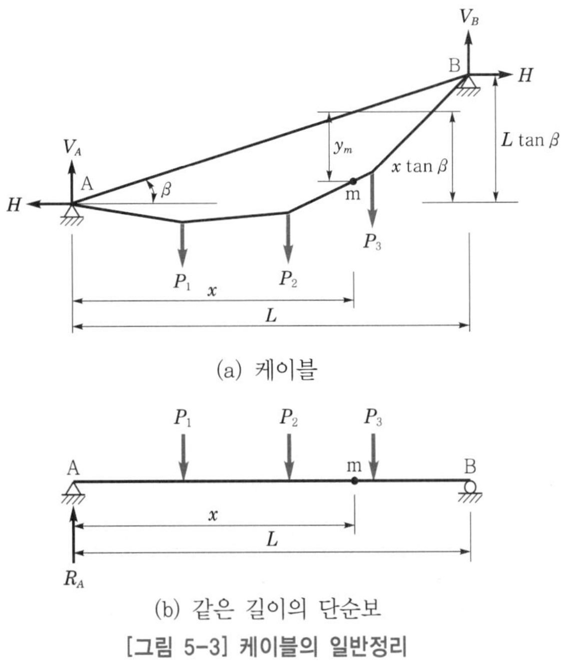

(a) 케이블

(b) 같은 길이의 단순보

[그림 5-3] 케이블의 일반정리

출제 POINT

2 집중하중을 받는 케이블

1) 케이블의 반력

(1) 케이블의 수평반력

① 같은 길이의 단순보([그림 5-3]의 (b) 참고)에서 $\sum M_B = 0$을 취하여 반력 R_A를 구한다.

② 이 단순보의 연직변위를 알고 있는 m점의 휨모멘트를 계산한다.

③ 케이블의 일반정리를 이용하여 수평반력(H)을 구한다. 이 경우 A, B점의 수평반력은 같다.

■ 케이블의 일반정리
$H \cdot y_c$ =대등한 보의 M_c

(2) 케이블의 수직반력

① 케이블([그림 5-3]의 (a) 참고)에서 $\sum M_B = 0$을 취하여 연직반력 V_A를 구한다.

② 힘의 평형조건식에 의하여 V_B를 계산한다.

2) 케이블의 최대 장력

① 케이블의 최대 장력은 수평반력이 일정하기 때문에 수직성분이 가장 큰 부재에서 발생하게 된다.

② 따라서 집중하중을 받는 케이블에서 $T_{\max}$는 경사가 가장 큰 지점에서 일어난다.

$$T_{\max} = T_i = \sqrt{H_i^{\,2} + V_i^{\,2}}$$

출제 POINT

3 등분포하중을 받는 케이블

1) 등분포하중의 가정

① 케이블의 등분포하중은 주로 케이블의 자중을 말하며, 케이블의 모양은 현수선이 된다. 그러나 처짐비(sag ratio)가 비교적 작은 경우에는 거의 포물선에 가깝다고 볼 수 있다.

② 처짐비는 케이블의 수평길이에 대한 중앙처짐(sag)의 비이다.

2) 등분포하중을 받는 케이블의 해석

① 실제 모양의 현수선은 근사적으로 포물선으로 가정하여 해석한다. 포물선의 해석이 현수선의 해석보다 간단하게 이루어진다.

② 케이블의 현이 경사진 경우와 수평인 경우가 있다.

③ 집중하중을 받는 케이블과 동일하게 계산한다.

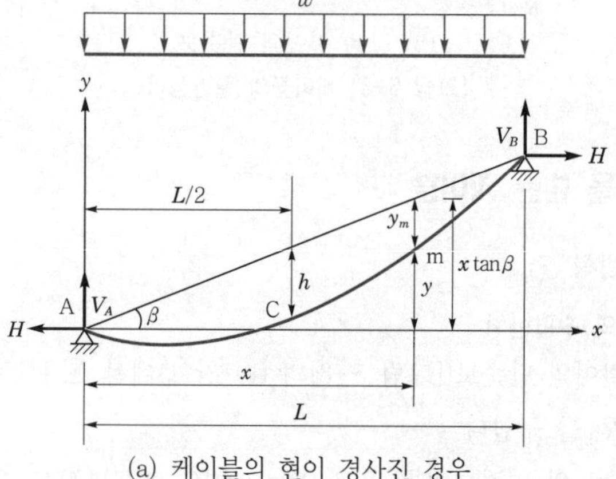

(a) 케이블의 현이 경사진 경우

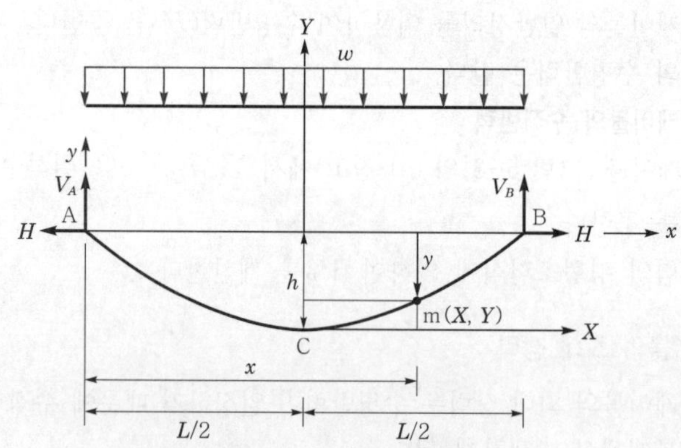

(b) 케이블의 현이 수평인 경우

[그림 5-4] 등분포하중을 받는 케이블(포물선)

기출문제

1. 정정 라멘

01 다음 그림과 같은 부정정 라멘이 외력을 받으면 기둥은 일반적으로 부재각(부재각)을 이룬다. 지금 기둥 CD의 부재각을 R이라고 하면 AB기둥의 부재각은?

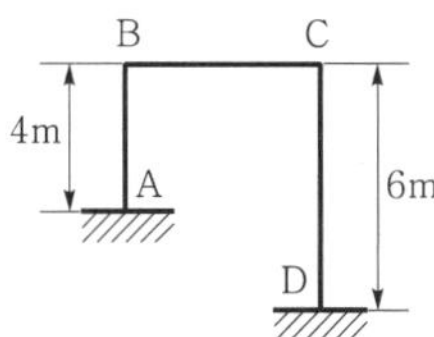

① R ② $1.5R$
③ $2R$ ④ $2.5R$

해설 부재각

$\Delta = R_1 h_1 = R_2 h_2$

$R_1 = \dfrac{h_2}{h_1} R_2$

$R_A = \dfrac{6}{4} R_B$

$\therefore R_A = 1.5 R_B$

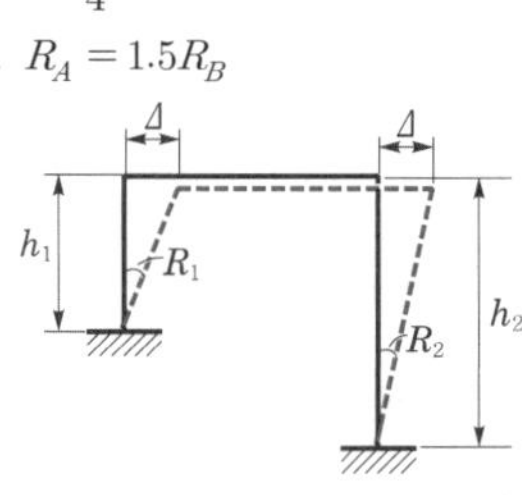

★
02 다음 그림과 같은 라멘에서 C점의 휨모멘트는?

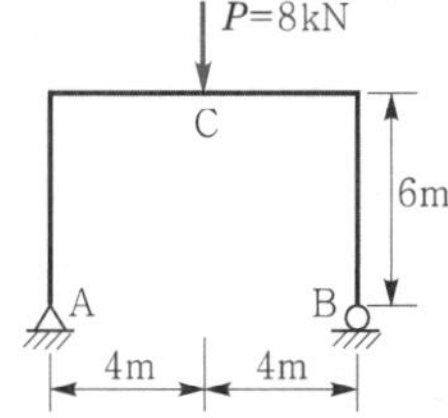

① 12kN · m ② 16kN · m
③ 24kN · m ④ 32kN · m

해설 C점의 휨모멘트

㉠ A점의 연직반력

$\Sigma M_B = 0$

$V_A \times 8 - 8 \times 4 = 0$

$\therefore V_A = 4\text{kN}(\uparrow)$

㉡ C점의 휨모멘트

$\Sigma M_C = 0$

$4 \times 4 - M_C = 0$

$\therefore M_C = 16\text{kN} \cdot \text{m}$

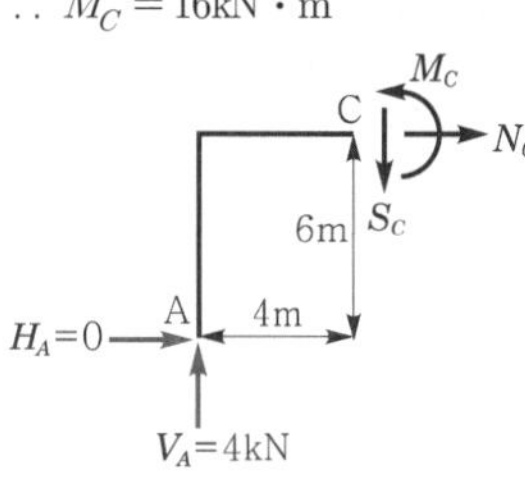

03 다음 라멘 C점의 휨모멘트가 4.5kN · m가 되기 위한 P의 크기는?

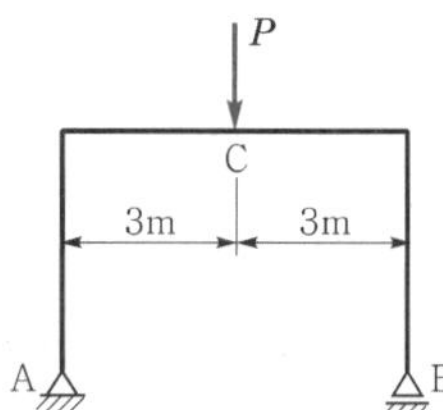

① 9kN ② 6kN
③ 5kN ④ 3kN

해설 하중의 크기

㉠ A점의 연직반력

$\Sigma M_B = 0$

$V_A \times 6 - P \times 3 = 0$

$\therefore V_A = \dfrac{P}{2}(\uparrow)$

㉡ C점의 휨모멘트

$M_C = V_A \times 3 = \dfrac{P}{2} \times 3 = 4.5\text{kN} \cdot \text{m}$

$\therefore P = 3\text{kN}$

정답 1. ② 2. ② 3. ④

★
04 다음 그림과 같은 라멘의 B점의 휨모멘트 M_B는?

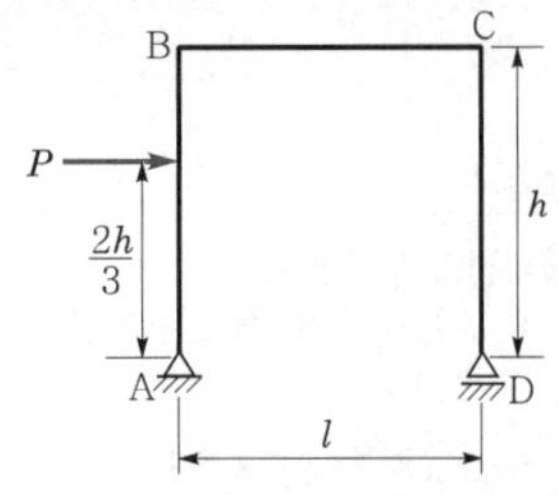

① $\frac{3Ph}{2}$ ② $\frac{2Ph}{3}$

③ $\frac{2Ph}{3l}$ ④ $\frac{3Ph}{2l}$

해설 **B점의 휨모멘트**

㉠ A점의 수평반력

$\Sigma H=0$

$\therefore H_A=P(\leftarrow)$

㉡ B점의 휨모멘트

$M_B=P\times h-P\times\frac{h}{3}=\frac{2}{3}Ph$

★
05 다음 라멘의 B.M.D를 옳게 그린 것은?

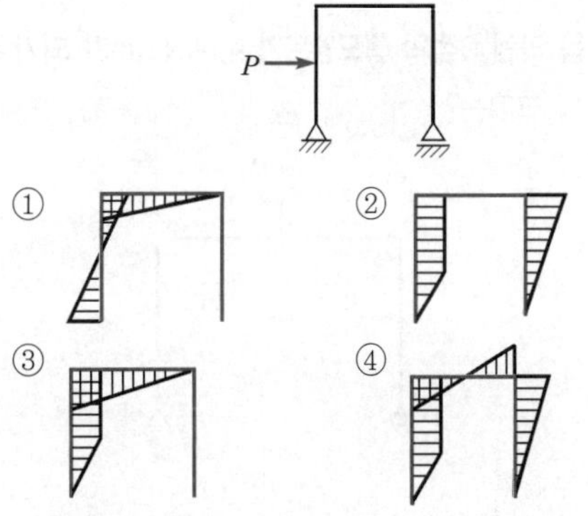

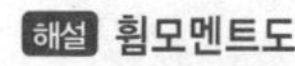

㉠ D점의 수평반력이 0이므로 $\overline{CD}$ 부재의 휨모멘트는 0이다. M_A도 힌지지점이므로 0이다.

㉡ 모멘트 M_{BA}와 모멘트 M_{BC}는 크기가 같다.

$\therefore M_{BA}=M_{BC}$

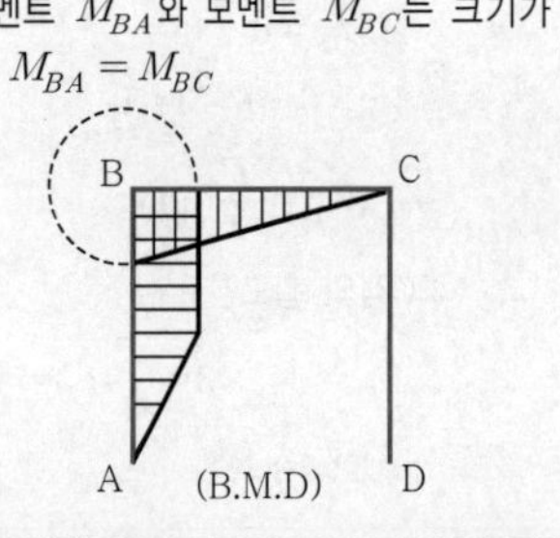

06 다음 그림에서 보이는 바와 같은 정정 라멘의 B단에 수평하중 P가 작용한다면 부재 DC의 중앙점 m에 작용하는 휨모멘트는?

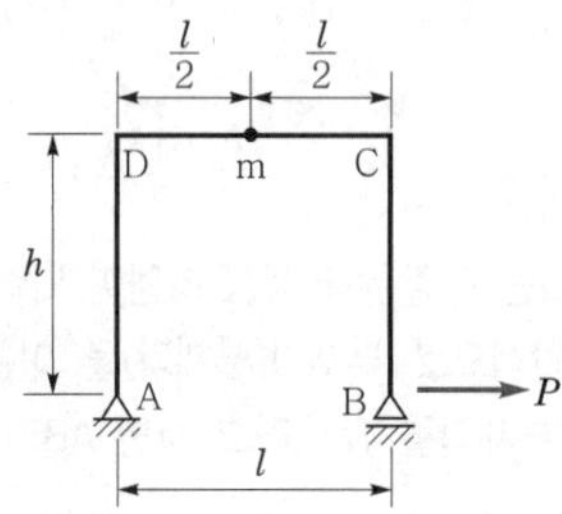

① $M_m=Pl$ ② $M_m=Ph$

③ $M_m=\frac{Pl}{2}$ ④ $M_m=0$

해설 **m점의 휨모멘트**

㉠ A점의 반력

$\Sigma H=0$

$\therefore H_A=P(\leftarrow)$

$\Sigma V=0$

$\therefore V_A=0$

㉡ m점의 휨모멘트

$M_m=Ph$

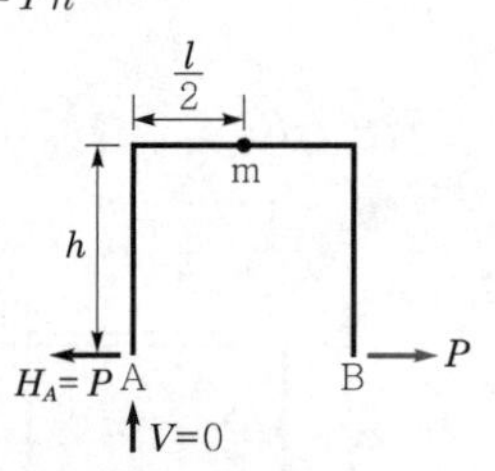

07 다음 그림과 같은 라멘에서 D지점의 반력은?

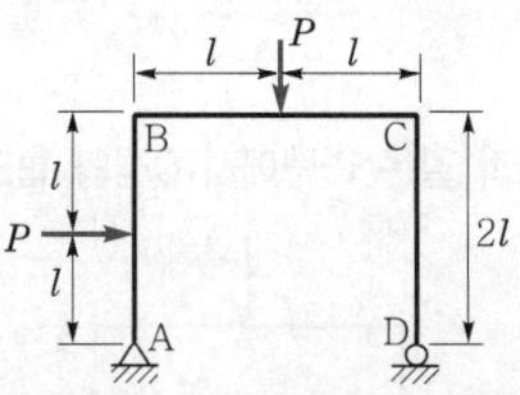

① $0.5P(\uparrow)$ ② $P(\uparrow)$

③ $1.5P(\uparrow)$ ④ $2.0P(\uparrow)$

해설 **D점의 연직반력**

$\Sigma M_A=0$

$P\times l+P\times l-V_D\times 2l=0$

$\therefore V_D=P(\uparrow)$

정답 4. ② 5. ③ 6. ② 7. ②

★★
08 다음 그림과 같은 정정 라멘에서 C점의 휨모멘트는?

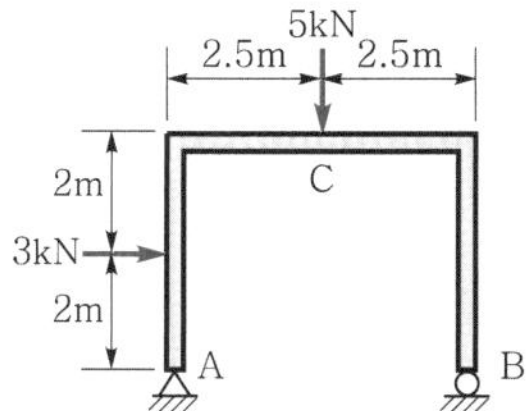

① 6.25kN · m ② 9.25kN · m
③ 12.3kN · m ④ 18.2kN · m

해설 C점의 휨모멘트

㉠ B점의 연직반력

$\Sigma M_A = 0$

$-V_B \times 5 + 5 \times 2.5 + 3 \times 2 = 0$

$\therefore V_B = 3.7\text{kN}(\uparrow)$

㉡ C점의 휨모멘트

$M_C = 3.7 \times 2.5 = 9.25\text{kN} \cdot \text{m}$

09 다음 그림과 같은 단순보형식의 정정 라멘에서 F점의 휨모멘트 M_F은 얼마인가?

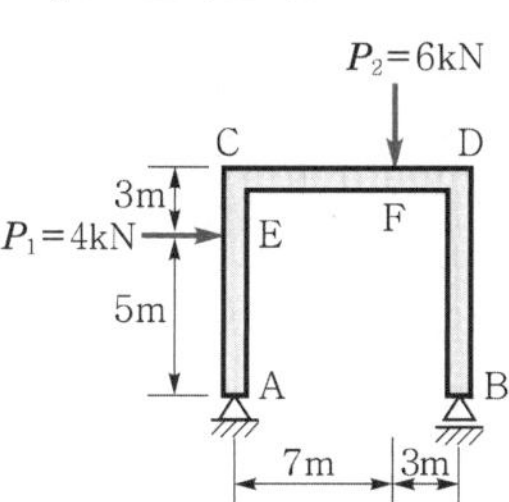

① 28.6kN · m ② 21.6kN · m
③ 12.6kN · m ④ 18.6kN · m

해설 F점의 휨모멘트

㉠ B점의 연직반력

$\Sigma M_A = 0$

$4 \times 5 + 6 \times 7$

$-V_B \times 10 = 0$

$\therefore V_B = 6.2\text{kN}(\uparrow)$

㉡ F점의 휨모멘트

$\Sigma M_F = 0$

$M_F - 6.2 \times 3 = 0$

$\therefore M_F = 18.6\text{kN} \cdot \text{m}$

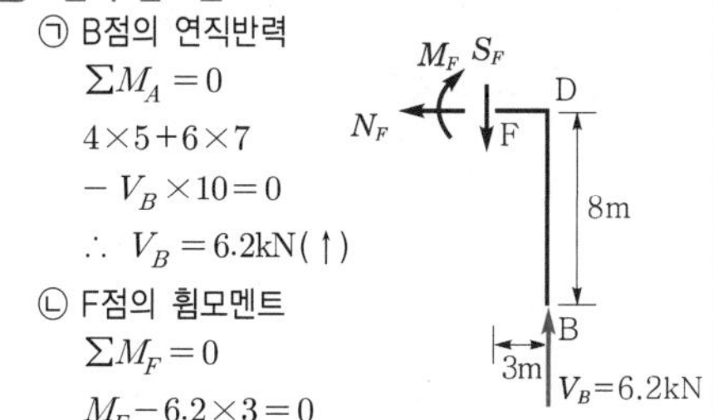

★
10 다음 그림과 같은 정정 라멘의 C점에서 휨모멘트는?

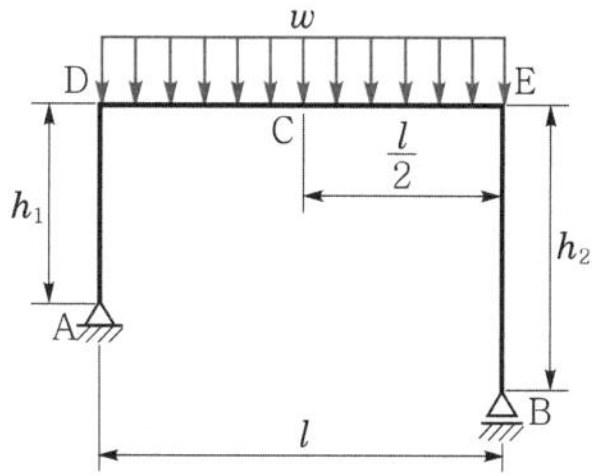

① $\frac{wl}{8}(h_1 + h_2)$

② $\frac{wl^2}{8} + \frac{wl}{2}h_1$

③ $\frac{wl^2}{4} + \frac{wl}{2}h_1$

④ $\frac{wl^2}{8}$

해설 C점의 휨모멘트

㉠ 지점 B의 연직반력

$\Sigma M_A = 0$

$-R_B \times l + \frac{wl^2}{2} = 0$

$\therefore R_B = \frac{wl}{2}(\uparrow)$

㉡ C점의 휨모멘트

$M_C = \frac{wl}{2} \times \frac{l}{2} - \frac{wl}{2} \times \frac{l}{4} = \frac{wl^2}{8}$

11 정정구조의 라멘에 분포하중 w가 작용 시 최대 모멘트를 구하면?

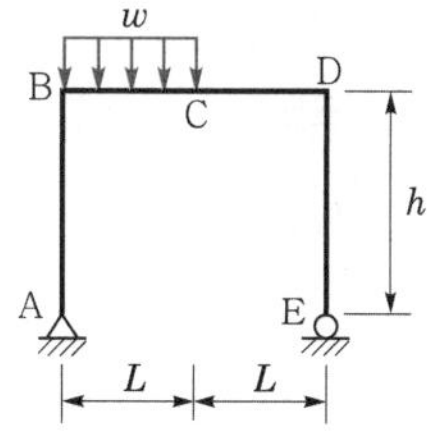

① $0.186wL^2$ ② $0.219wL^2$
③ $0.250wL^2$ ④ $0.281wL^2$

정답 8. ② 9. ④ 10. ④ 11. ④

해설 최대 휨모멘트

㉠ 반력

$\sum M_A = 0$

$wL \times \dfrac{L}{2} - V_E \times 2L = 0$

$\therefore\ V_E = \dfrac{wL}{4}(\uparrow)$

$\sum V = 0$

$V_A + V_E - wL = 0$

$\therefore\ V_A = \dfrac{3}{4}wL(\uparrow)$

㉡ 전단력이 0이 되는 곳에서 최대 휨모멘트가 발생한다.

$x : \dfrac{3wL}{4} = L : wL$

$\therefore\ x = \dfrac{3}{4}L$

$\dfrac{3wL}{4}$ ⊕ B x ⊖ D $\dfrac{wL}{4}$

(S.F.D)

㉢ 최대 휨모멘트

$M_{\max} = \dfrac{3wL}{4} \times \dfrac{3}{4}L - w \times \dfrac{3}{4}L \times \dfrac{1}{2} \times \dfrac{3}{4}L$

$= 0.281wL^2$

★

12 다음 그림과 같은 라멘의 최대 휨모멘트값은?

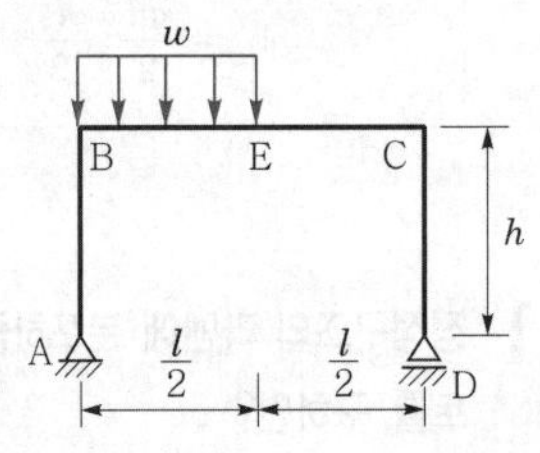

① $\dfrac{9}{16}wl^2$

② $\dfrac{9}{32}wl^2$

③ $\dfrac{9}{64}wl^2$

④ $\dfrac{9}{128}wl^2$

해설 최대 휨모멘트

㉠ 반력

$\sum M_D = 0$

$V_A \times l - \dfrac{wl}{2} \times \dfrac{3}{4}l = 0$

$\therefore\ V_A = \dfrac{3}{8}wl(\uparrow)$

㉡ 최대 휨모멘트

$M_{\max} = \dfrac{3}{8}wl \times \dfrac{3}{8}l - \dfrac{3}{8}wl \times \dfrac{3}{8}l \times \dfrac{1}{2}$

$= \dfrac{9wl^2}{128}$

13 다음 라멘의 C점의 휨모멘트값은?

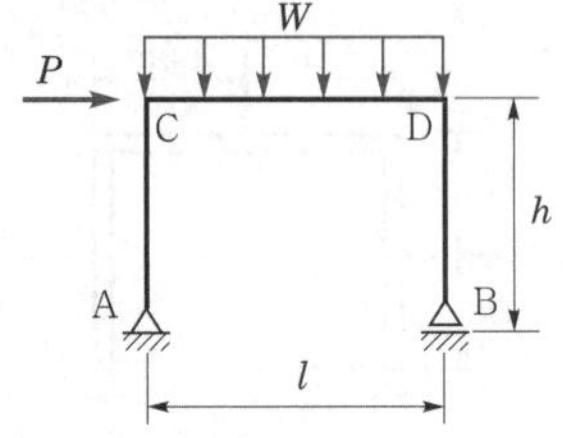

① $Pl + \dfrac{Wl^2}{2}$ ② Pl

③ Ph ④ $Ph + \dfrac{Wl^2}{2}$

해설 C점의 휨모멘트

㉠ A점의 수평반력

$\sum H = 0$

$\therefore\ H_A = P(\leftarrow)$

㉡ C점의 휨모멘트

$M_C = Ph$

★★

14 다음 그림과 같은 라멘에서 C점의 휨모멘트는?

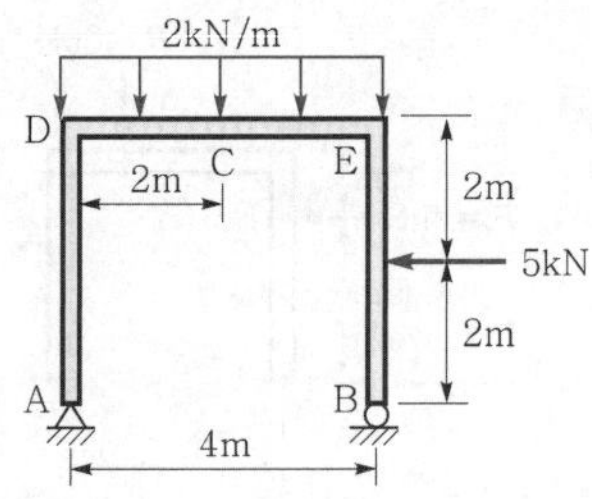

① −11kN · m

② −14kN · m

③ −17kN · m

④ −20kN · m

해설 C점의 휨모멘트

㉠ A점의 반력

$\sum M_B = 0$

$V_A \times 4 - 2 \times 4 \times 2 - 5 \times 2 = 0$

$\therefore\ V_A = 6.5\text{kN}(\uparrow)$

$\sum H = 0$

$\therefore\ H_A = 5\text{kN}(\rightarrow)$

㉡ C점의 휨모멘트

$M_C = 6.5 \times 2 - 5 \times 4 - 2 \times 2 \times 1$

$= -11\text{kN} \cdot \text{m}$

정답 12. ④ 13. ③ 14. ①

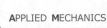

★★★
15 다음 그림과 같은 구조에서 절댓값이 최대로 되는 휨 모멘트의 값은?

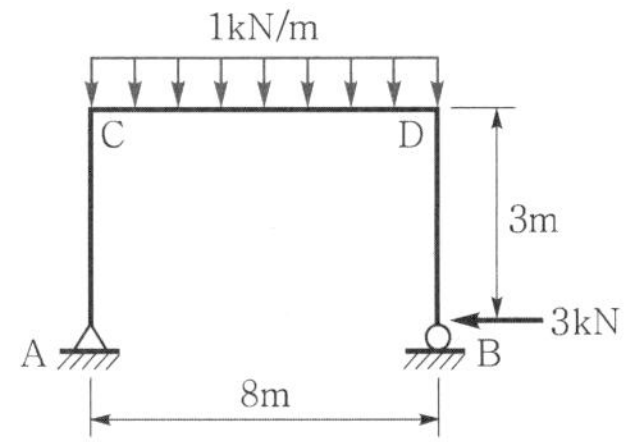

① 8kN · m ② 9kN · m
③ 4kN · m ④ 3kN · m

해설 **최대 휨모멘트**

㉠ A점의 반력

$\Sigma M_B = 0$

$V_A \times 8 - 8 \times 1 \times 4 = 0$

$\therefore V_A = 4\text{kN}(\uparrow)$

$\Sigma V = 0$

$\therefore V_B = 8 - 4 = 4\text{kN}(\uparrow)$

$\Sigma H = 0$

$\therefore H_A = 3\text{kN}(\rightarrow)$

㉡ AC부재의 단면력

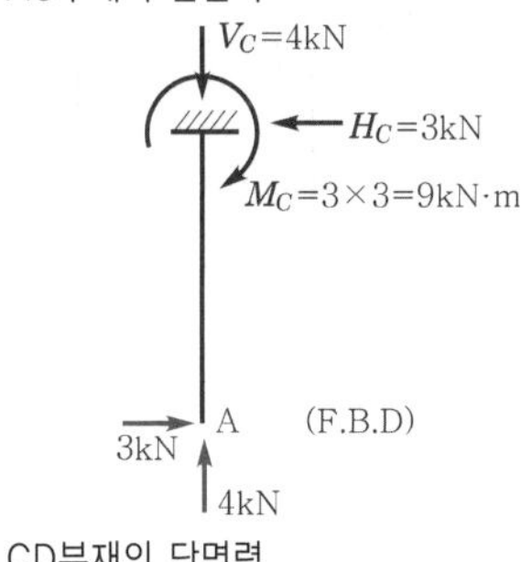

㉢ CD부재의 단면력

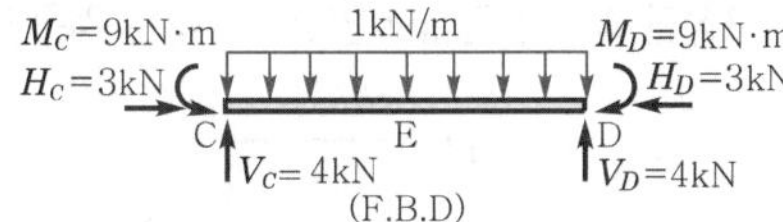

㉣ 최대 휨모멘트

$M_E = 4 \times 4 - 9 - 1 \times 4 \times 2 = -1\text{kN/m}$

$\therefore M_{\max} = 9\text{kN} \cdot \text{m}$

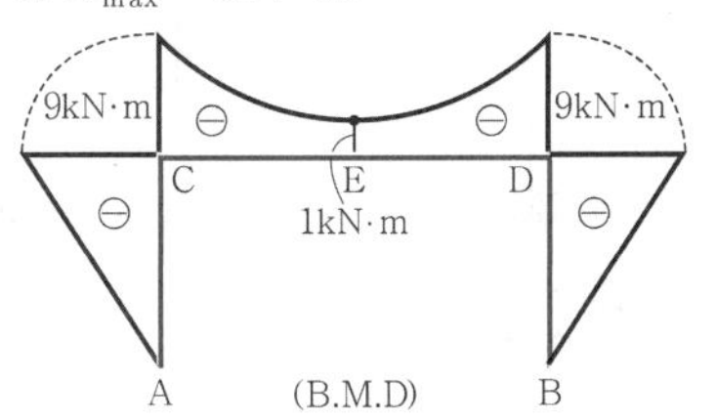

★
16 다음 그림과 같은 라멘에서 B지점의 연직반력 R_B는? (단, A지점은 힌지지점이고, B지점은 롤러지점이다.)

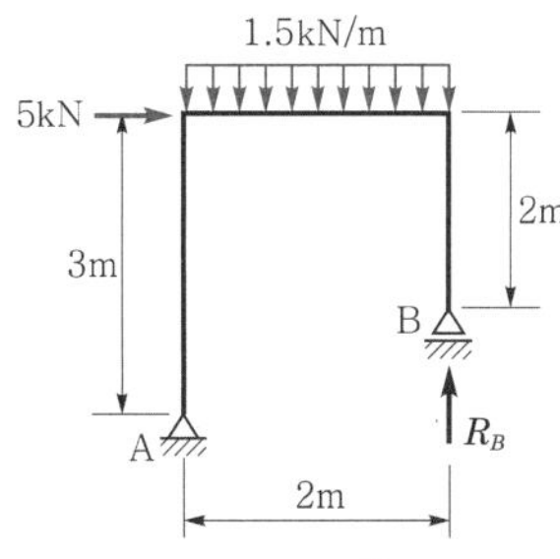

① 6kN ② 7kN
③ 8kN ④ 9kN

해설 **B지점의 연직반력**

$\Sigma M_A = 0$

$-R_B \times 2 + 1.5 \times 2 \times 1 + 5 \times 3 = 0$

$\therefore R_B = 9\text{kN}(\uparrow)$

★
17 다음 그림과 같은 라멘에서 휨모멘트도(B.M.D)가 옳게 그려진 것은?

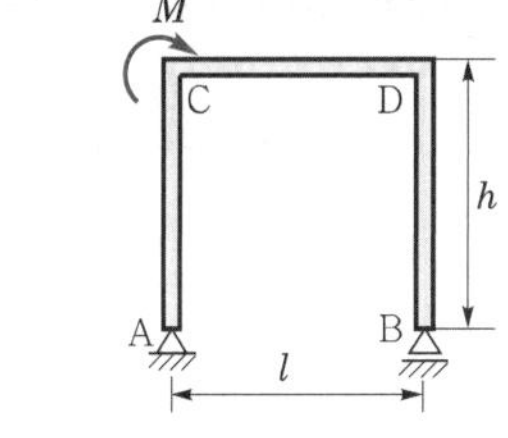

①
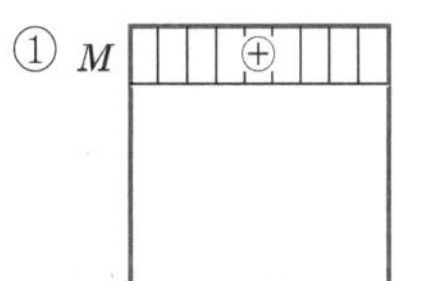

②
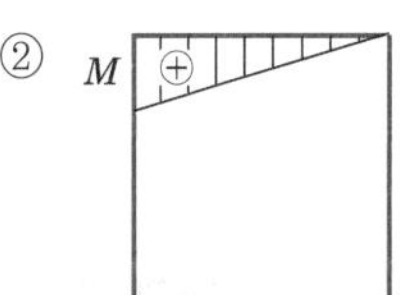

③
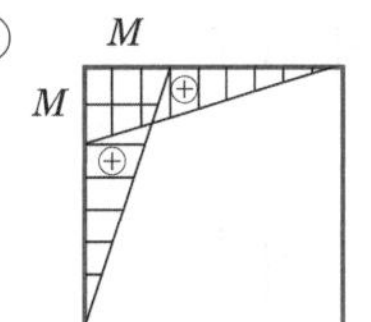

④
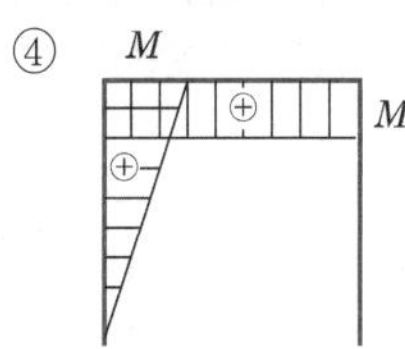

해설 **휨모멘트도**

㉠ A지점과 B지점의 수평반력은 0이다.

㉡ 지점의 경계조건은 단순지지이고, AC, BD 두 수직부재의 내력은 축방향력만 존재한다.

㉢ CD부재의 C점의 모멘트는 M이고, D점의 모멘트는 0이다.

정답 15. ② 16. ④ 17. ②

18 다음과 같은 구조물에 우력이 작용할 때 모멘트도로 옳은 것은?

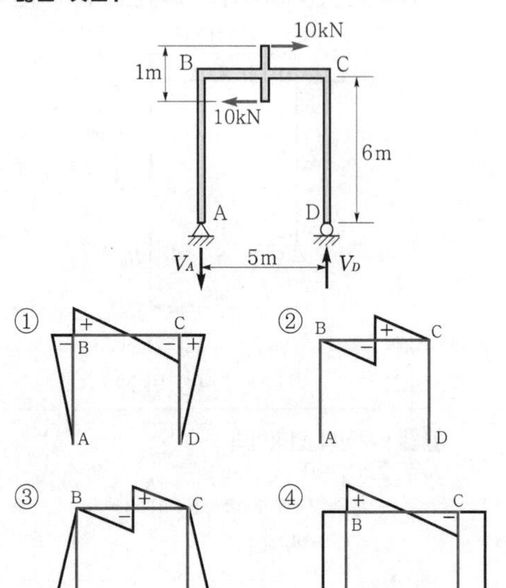

> **해설** **휨모멘트도**
> ㉠ BC부재만 휨을 받는다.
> ㉡ A, D점의 수평반력이 0이므로 AB부재와 CD부재는 축방향력만 발생하고 휨모멘트는 발생하지 않는다.
>
> 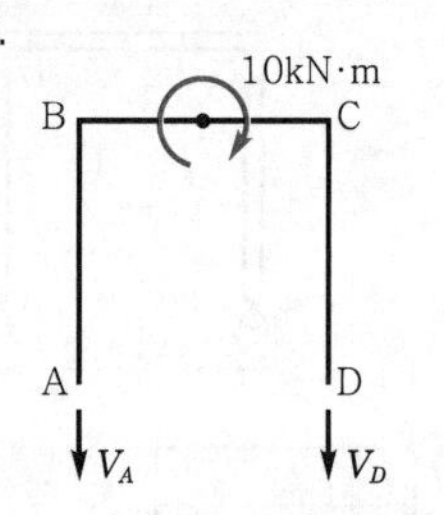
>

19 다음 그림과 같은 구조물의 D점에 5kN의 상향반력이 생길 때 모멘트크기 M의 값은?

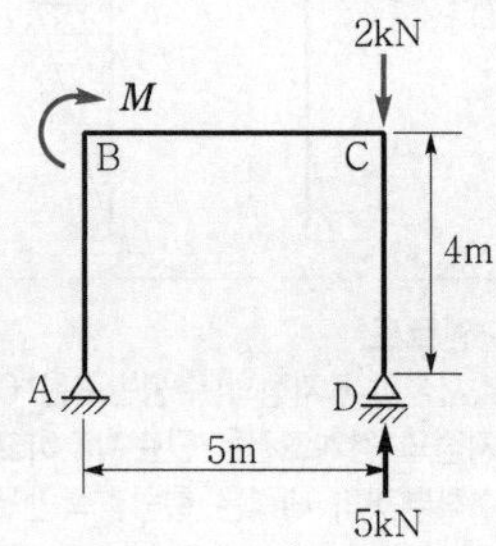

① 12kN · m ② 15kN · m
③ 20kN · m ④ 25kN · m

> **해설** **휨모멘트**
> $\Sigma M_A = 0$
> $-5\times5+2\times5+M=0$
> $\therefore\ M=15\text{kN}\cdot\text{m}$

20 다음 그림의 라멘에서 자유단인 D점에 15kN이 작용한다. A점의 휨모멘트는?

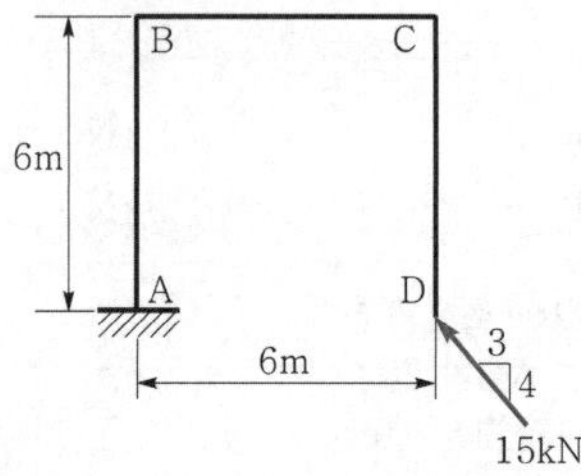

① 54kN · m ② 64kN · m
③ 72kN · m ④ 70kN · m

> **해설** **A점의 휨모멘트**
> $V_D = 15\times\dfrac{4}{5} = 12\text{kN}(\uparrow)$
> $H_D = 15\times\dfrac{3}{5} = 9\text{kN}(\leftarrow)$
> $\therefore\ M_A = 12\times6+9\times0 = 72\text{kN}\cdot\text{m}$
>
> 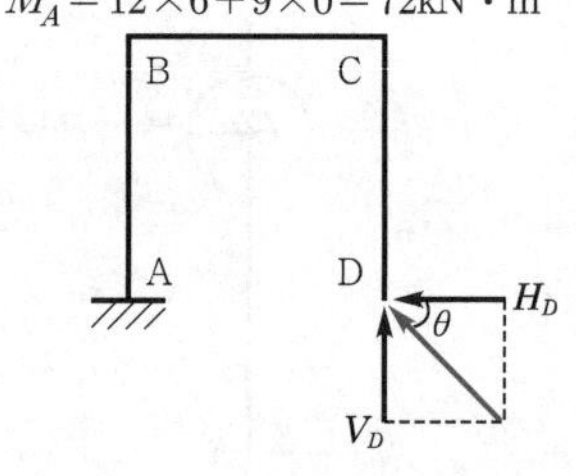
>

★★
21 고정단 A점의 굽힘모멘트로서 옳은 것은?

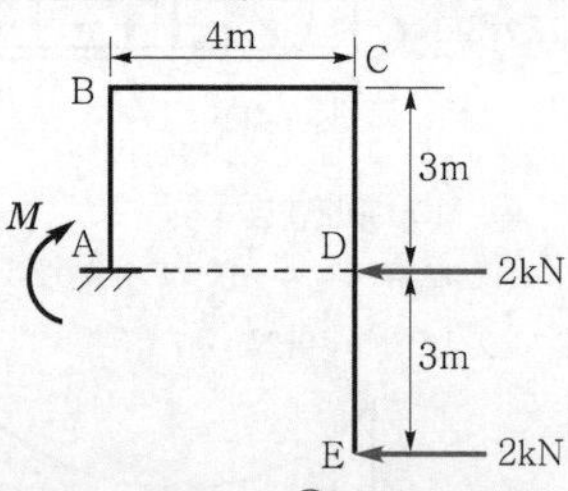

① −6kN · m ② 6kN · m
③ −12kN · m ④ 12kN · m

> **해설** **A점의 휨모멘트**
> $\Sigma M_A = 0$
> $M_A + 2\times3 = 0$
> $\therefore\ M_A = -6\text{kN}\cdot\text{m}$

정답 18. ② 19. ② 20. ③ 21. ①

★
22 다음 그림에서 A~D점에 작용하는 6개의 힘에 대한 E점의 모멘트의 합은? (단, 부호의 규약은 ⊕↻로 한다.)

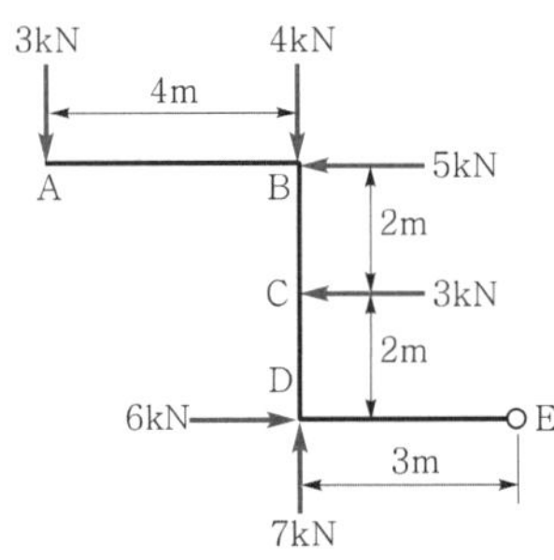

① $-26\text{kN}\cdot\text{m}$　② $-38\text{kN}\cdot\text{m}$
③ $26\text{kN}\cdot\text{m}$　④ $38\text{kN}\cdot\text{m}$

해설 E점 모멘트의 합

$$M_E = -3\times7-4\times3-5\times4-3\times2 +7\times3+6\times0 = -38\text{kN}\cdot\text{m}$$

★
23 다음 구조물에서 C점의 휨모멘트는? (단, 휨모멘트의 부호규약은 ⊕ ⊖이다.)

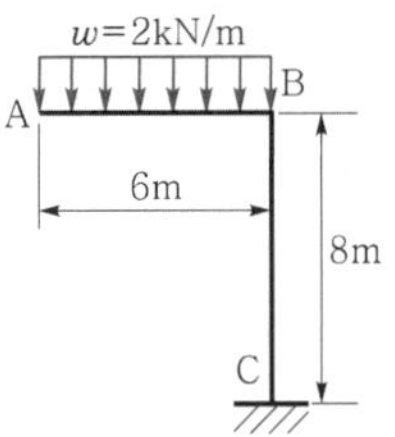

① $32\text{kN}\cdot\text{m}$
② $-36\text{kN}\cdot\text{m}$
③ $42\text{kN}\cdot\text{m}$
④ $-48\text{kN}\cdot\text{m}$

해설 C점의 휨모멘트

$$M_C = -2\times6\times3 = -36\text{kN}\cdot\text{m}$$

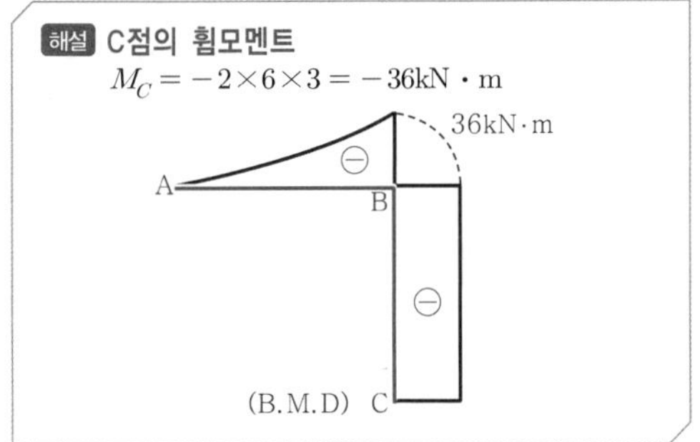

24 다음 라멘에서 AB부재의 중간점인 C점의 휨모멘트는?

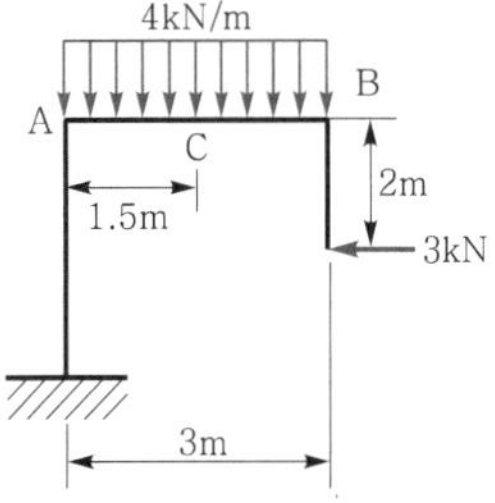

① $-6.5\text{kN}\cdot\text{m}$　② $-8.5\text{kN}\cdot\text{m}$
③ $-10.5\text{kN}\cdot\text{m}$　④ $-12.5\text{kN}\cdot\text{m}$

해설 C점의 휨모멘트

$$M_C = -3\times2-4\times1.5\times\frac{1.5}{2} = -10.5\text{kN}\cdot\text{m}$$

★
25 다음 구조물에서 A점의 모멘트크기를 구한 값은?

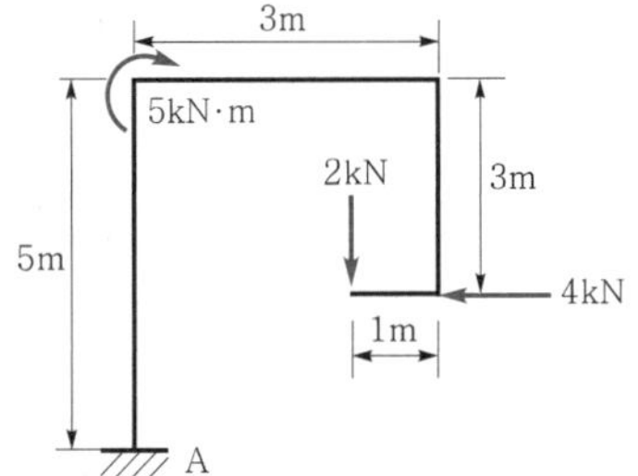

① $1\text{kN}\cdot\text{m}$　② $2\text{kN}\cdot\text{m}$
③ $7\text{kN}\cdot\text{m}$　④ $9\text{kN}\cdot\text{m}$

해설 A점의 휨모멘트

$$M_A = 2\times2+5-4\times2 = 1\text{kN}\cdot\text{m}$$

★★
26 다음 그림과 같은 3활절 라멘의 지점 A의 수평반력 (H_A)은?

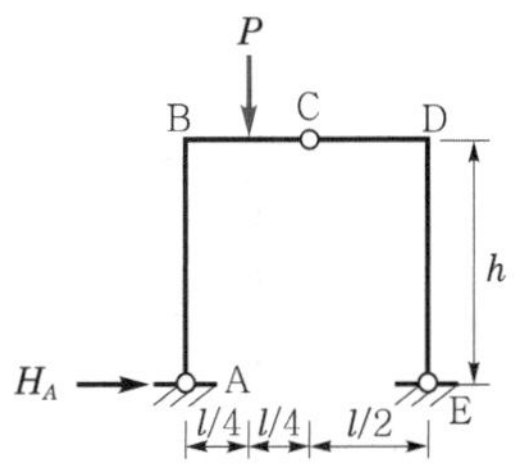

① $\dfrac{Pl}{h}$　② $\dfrac{Pl}{2h}$
③ $\dfrac{Pl}{4h}$　④ $\dfrac{Pl}{8h}$

정답 22. ② 23. ② 24. ③ 25. ① 26. ④

해설 A점의 반력

㉠ A점의 연직반력

$\Sigma M_E = 0$

$V_A \times l - P \times \frac{3}{4} l = 0$

$\therefore V_A = \frac{3P}{4} (\uparrow)$

㉡ A점의 수평반력

$\Sigma M_C = 0$

$\frac{3P}{4} \times \frac{l}{2} - H_A \times h - P \times \frac{l}{4} = 0$

$\therefore H_A = \frac{Pl}{8h} (\rightarrow)$

27 다음 그림의 라멘에서 수평반력 H를 구한 값은?

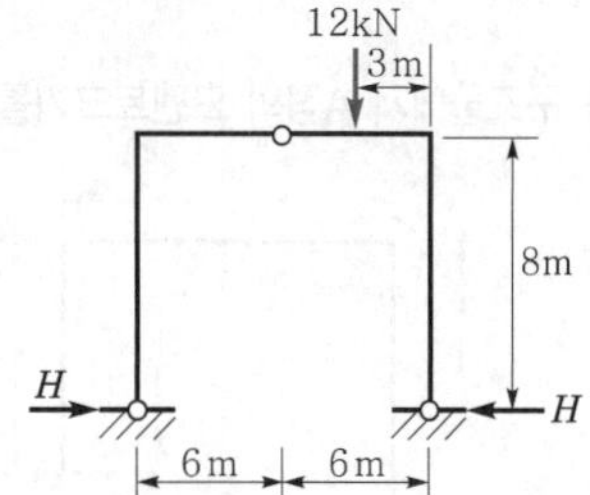

① 9.0kN

② 4.5kN

③ 3.0kN

④ 2.25kN

해설 A점의 수평반력

㉠ A점의 연직반력

$\Sigma M_B = 0$

$-12 \times 3 + V_A \times 12 = 0$

$\therefore V_A = 3\text{kN}(\uparrow)$

㉡ A점의 수평반력

$\Sigma M_C = 0$

$3 \times 6 - H_A \times 8 = 0$

$\therefore H_A = 2.25\text{kN}(\rightarrow)$

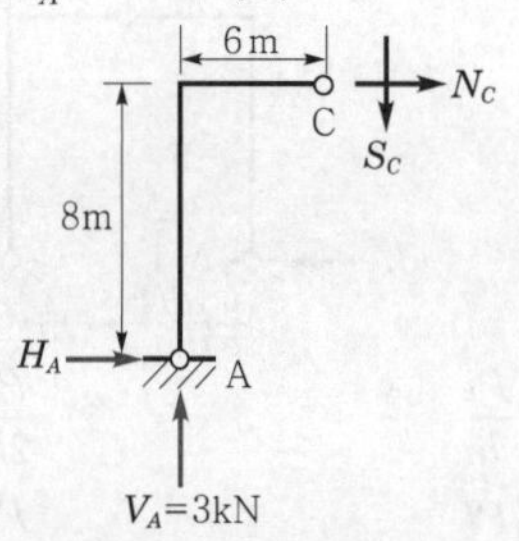

28 다음 그림과 같은 3활절 라멘에서 B점의 휨모멘트가 −6kN · m이면 P의 크기는?

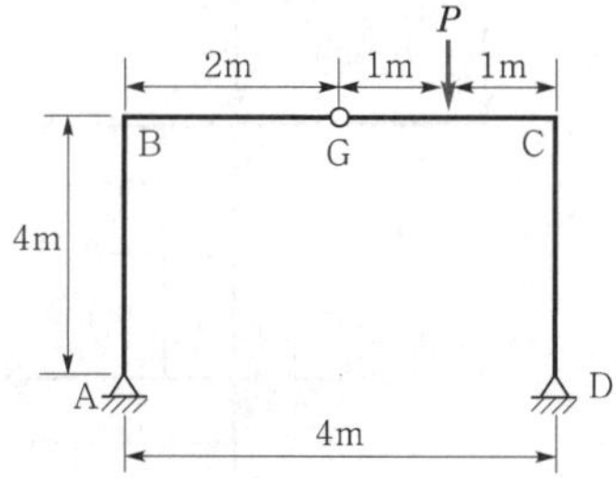

① 9kN

② 10kN

③ 11kN

④ 12kN

해설 하중의 크기

㉠ 반력

$\Sigma M_B = 0$

$H_A \times 4 + 6 \times 1 = 0$

$\therefore H_A = 1.5\text{kN}(\rightarrow)$

$\therefore H_D = 1.5\text{kN}(\leftarrow)$

$\Sigma M_G = 0$

$V_A \times 2 - 1.5 \times 4 = 0$

$\therefore V_A = 3\text{kN}(\uparrow)$

㉡ 하중

$\Sigma M_D = 0$

$3 \times 4 - P \times 1 = 0$

$\therefore P = 12\text{kN}$

★★

29 다음 그림과 같은 3활절 문형 라멘에 일어나는 최대 휨모멘트는?

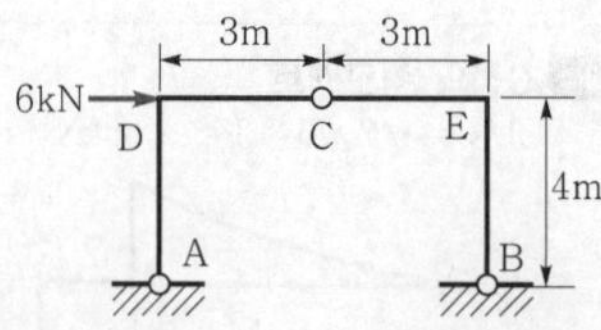

① 9kN · m ② 12kN · m

③ 15kN · m ④ 18kN · m

정답 27. ④ 28. ④ 29. ②

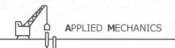

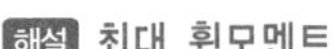

해설 최대 휨모멘트

㉠ 반력

$\Sigma M_B=0$

$-V_A\times6+6\times4=0$

$\therefore V_A=4\text{kN}(\downarrow)$

$\Sigma M_C=0$

$-4\times3+H_A\times4=0$

$\therefore H_A=3\text{kN}(\leftarrow)$

㉡ 최대 휨모멘트

$M_D=M_E=3\times4=12\text{kN}\cdot\text{m}$

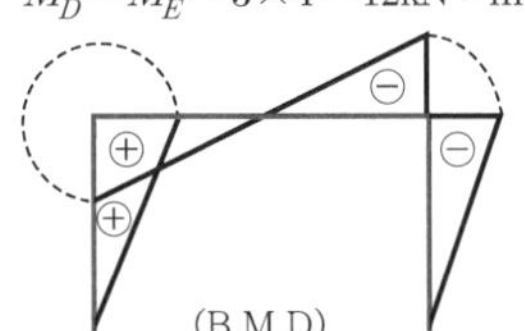

★

30 다음 라멘의 B.M.D가 옳게 그려진 것은?

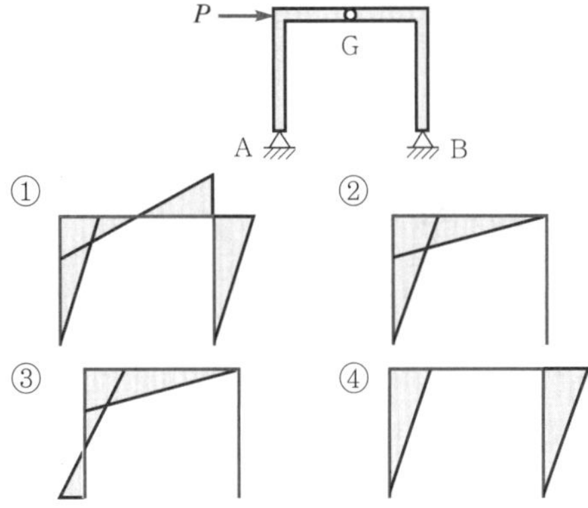

해설 휨모멘트도

㉠ 지점의 경계조건이 단순지지이므로

$\therefore M_A=M_B=0$

㉡ 수평부재가 내부 힌지이므로

$\therefore M_G=0$

㉢ 강절점에서 수직·수평 각 부재의 M은 동일하다.

★

31 다음 그림과 같은 3힌지 라멘의 수평지점 반력 H_A는 얼마인가?

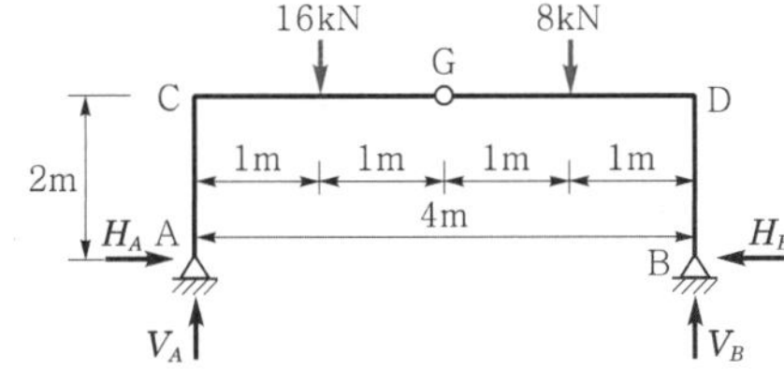

① 2kN ② 4kN
③ 6kN ④ 8kN

해설 A점의 수평반력

㉠ A점의 연직반력

$\Sigma M_B=0$

$V_A\times4-16\times3-8\times1=0$

$\therefore V_A=14\text{kN}(\uparrow)$

㉡ A점의 수평반력

$\Sigma M_G=0$

$14\times2-H_A\times2-16\times1=0$

$\therefore H_A=6\text{kN}(\rightarrow)$

32 다음 3힌지 라멘에서 B점의 휨모멘트의 크기를 구한 값은?

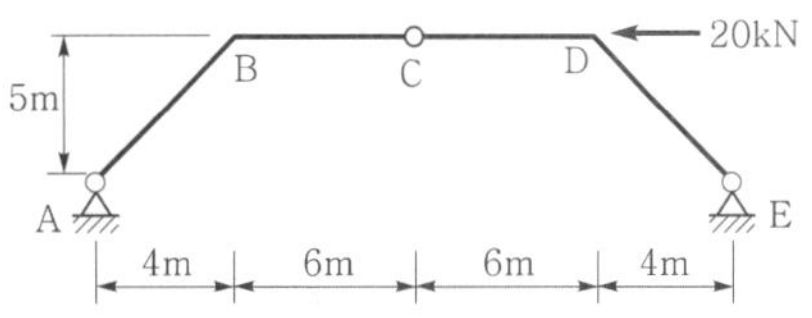

① 20kN · m ② 25kN · m
③ 30kN · m ④ 35kN · m

해설 B점의 휨모멘트

㉠ A점의 반력

$\Sigma M_E=0$

$V_A\times20-20\times5=0$

$\therefore V_A=5\text{kN}(\uparrow)$

$\Sigma M_C=0$

$5\times10-H_A\times5=0$

$\therefore H_A=10\text{kN}(\rightarrow)$

㉡ B점의 휨모멘트

$M_B=5\times4-10\times5=-30\text{kN}\cdot\text{m}$

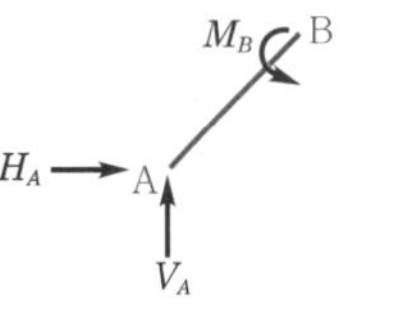

★

33 다음 그림은 좌우대칭인 라멘의 모멘트도이다. 어느 경우의 모멘트도인가?

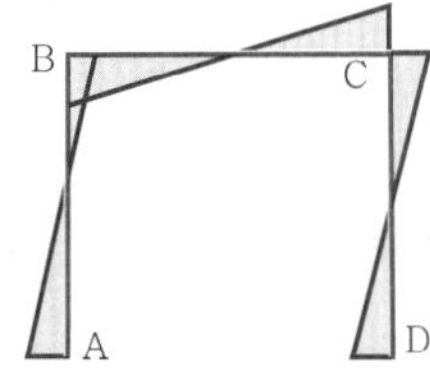

① A와 D 고정, AB, BC 및 CD에 등분포하중
② A와 D 고정, B에 수평집중하중
③ A와 D 고정, AB, BC에 등분포하중
④ A 및 D에 힌지지점, B에 수평집중하중

정답 30. ① 31. ③ 32. ③ 33. ②

해설 **휨모멘트도**

㉠ A점과 D점은 모멘트반력이 생기므로 고정지점이다.

㉡ B절점에 수평하중이 작용하는 경우이다.

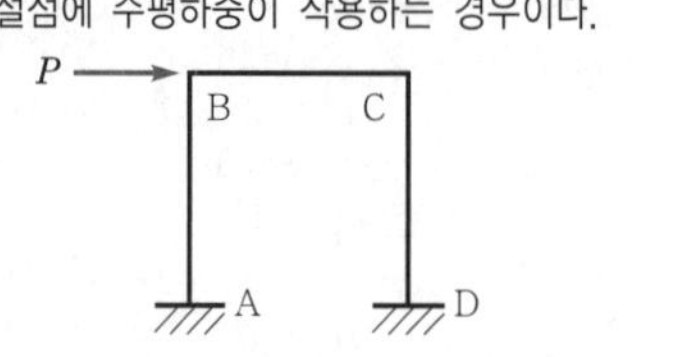

34 다음 그림과 같은 3힌지 라멘에 등분포하중이 작용할 경우 A점의 수평반력은?

① 0

② $\dfrac{wl^2}{8}(\rightarrow)$

③ $\dfrac{wl^2}{4h}(\rightarrow)$

④ $\dfrac{wl^2}{8h}(\rightarrow)$

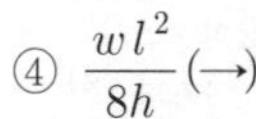

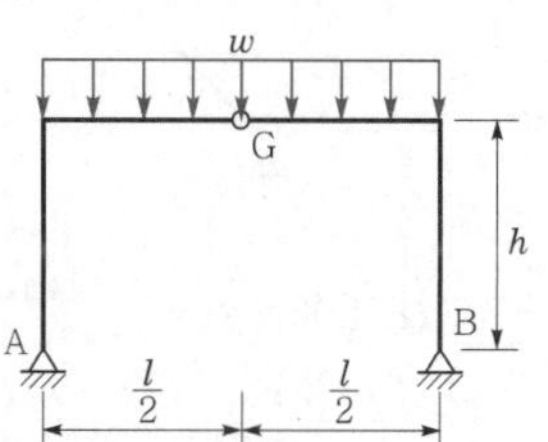

해설 **A점의 수평반력**

㉠ A점의 연직반력

$\Sigma M_B = 0$

$V_A \times l - wl \times \dfrac{l}{2} = 0$

$\therefore\ V_A = \dfrac{wl}{2}(\uparrow)$

㉡ A점의 수평반력

$\Sigma M_G = 0$

$\dfrac{wl}{2} \times \dfrac{l}{2} - H_A \times h - \dfrac{wl}{2} \times \dfrac{l}{4} = 0$

$\therefore\ H_A = \dfrac{wl^2}{8h}(\rightarrow)$

★

35 다음 그림과 같은 3힌지 라멘의 휨모멘트선도(B.M.D)는 어느 것인가?

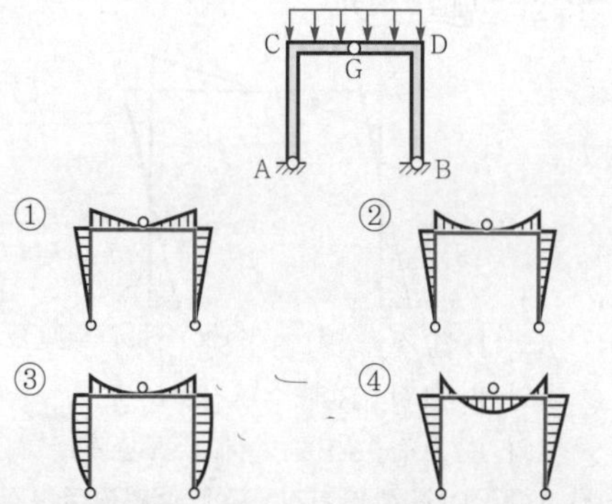

해설 **휨모멘트도**

㉠ A지점, B지점과 G절점은 휨모멘트가 발생하지 않는다.

㉡ C점과 D점의 고정절점에서만 휨모멘트가 발생한다.

㉢ CD부재는 등분포하중이므로 2차 포물선으로 변화한다.

★★

36 다음 그림과 같은 3활절 라멘의 수평반력 H_A값은?

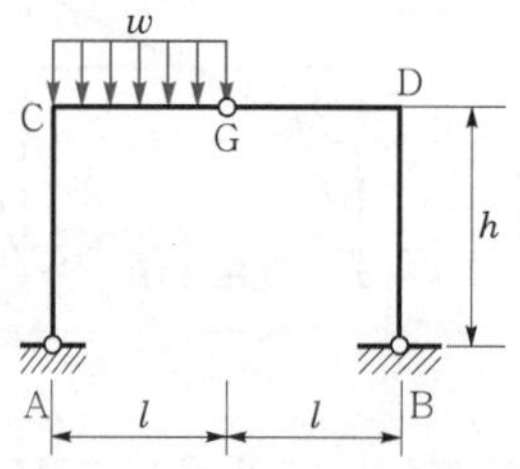

① $\dfrac{wl^2}{4h}$　　② $\dfrac{wl^2}{8h}$

③ $\dfrac{wl^2}{16h}$　　④ $\dfrac{wl^2}{24h}$

해설 **A점의 수평반력**

㉠ A점의 연직반력

$\Sigma M_B = 0$

$V_A \times 2l - w \times l \times \left(\dfrac{l}{2} + l\right) = 0$

$\therefore\ V_A = \dfrac{3}{4}wl(\uparrow)$

㉡ A점의 수평반력

$\Sigma M_G = 0$

$\dfrac{3}{4}wl \times l - H_A \times h - \dfrac{wl^2}{2} = 0$

$\therefore\ H_A = \dfrac{wl^2}{4h}(\rightarrow)$

★

37 다음 그림과 같은 라멘구조에서 반력 H_D의 크기는?

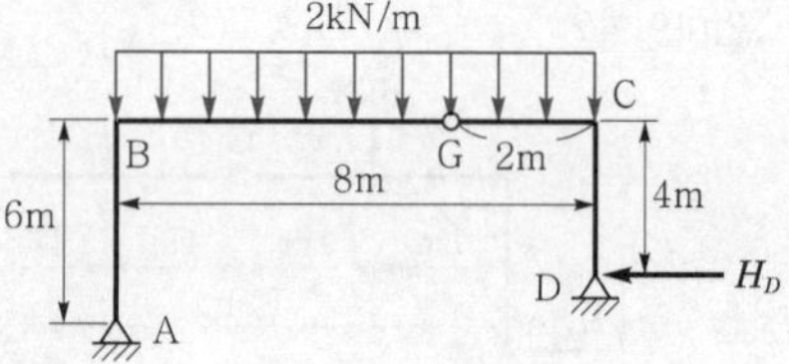

① 2.67kN　　② 4kN

③ 7.33kN　　④ 8.67kN

정답 34. ④　35. ②　36. ①　37. ①

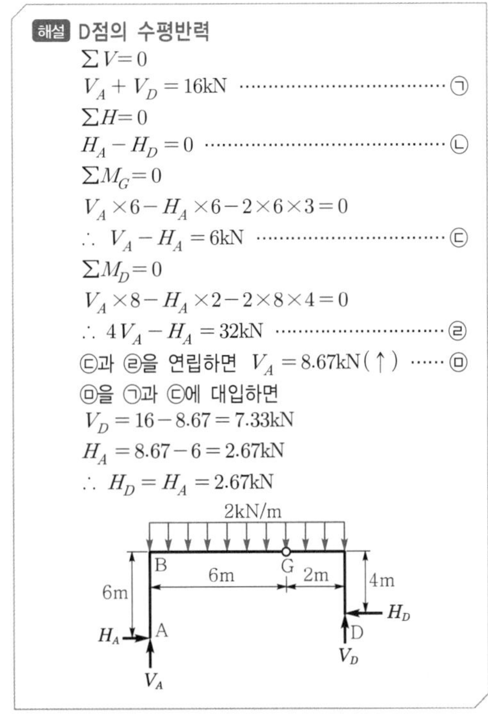

해설 D점의 수평반력

$\sum V=0$

$V_A+V_D=16\text{kN}$ ……………… ㉠

$\sum H=0$

$H_A-H_D=0$ ……………… ㉡

$\sum M_G=0$

$V_A\times6-H_A\times6-2\times6\times3=0$

$\therefore\ V_A-H_A=6\text{kN}$ ……………… ㉢

$\sum M_D=0$

$V_A\times8-H_A\times2-2\times8\times4=0$

$\therefore\ 4V_A-H_A=32\text{kN}$ ……………… ㉣

㉢과 ㉣을 연립하면 $V_A=8.67\text{kN}(\uparrow)$ …… ㉤

㉤을 ㉠과 ㉢에 대입하면

$V_D=16-8.67=7.33\text{kN}$

$H_A=8.67-6=2.67\text{kN}$

$\therefore\ H_D=H_A=2.67\text{kN}$

★

38 다음 그림과 같은 정정 라멘구조에서 H_A의 크기는?

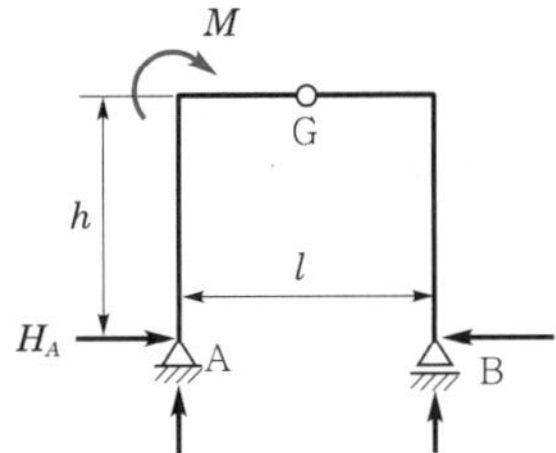

① $\dfrac{M}{l}$ ② 0

③ $\dfrac{-M}{l}$ ④ $\dfrac{M}{2h}$

해설 A점의 수평반력

㉠ A점의 연직반력

$\sum M_B=0$

$V_A\times l+M=0$

$\therefore\ V_A=-\dfrac{M}{l}(\downarrow)$

㉡ A점의 수평반력

$\sum M_G=0$

$-\dfrac{M}{l}\times\dfrac{l}{2}-H_A\times h+M=0$

$\therefore\ H_A=\dfrac{M}{2h}(\rightarrow)$

39 다음 라멘의 B.M.D는?

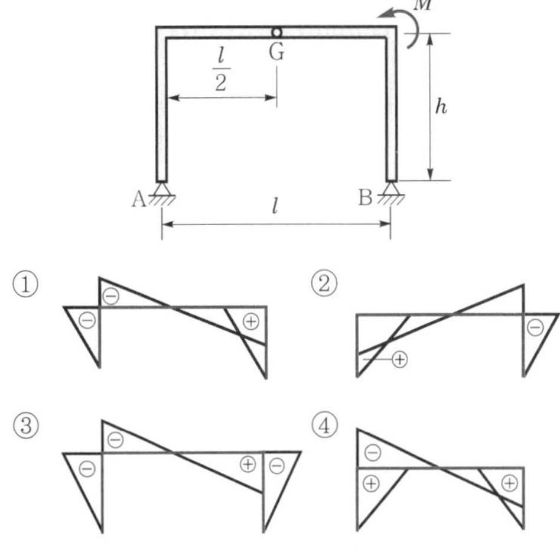

해설 단면력도

㉠ 연직반력

$\sum M_B=0$

$V_A\times l-M=0$

$\therefore\ V_A=\dfrac{M}{l}(\uparrow)$

$\sum V=0$

$V_A-V_B=0$

$\therefore\ V_B=\dfrac{M}{l}(\downarrow)$

㉡ 수평반력

$\sum M_G=0$

$\dfrac{M}{l}\times\dfrac{l}{2}-H_A\times h=0$

$\therefore\ H_A=\dfrac{M}{2h}(\rightarrow)$

$\sum H=0$

$\dfrac{M}{2h}-H_B=0$

$\therefore\ H_B=\dfrac{M}{2h}(\leftarrow)$

㉢ 단면력도

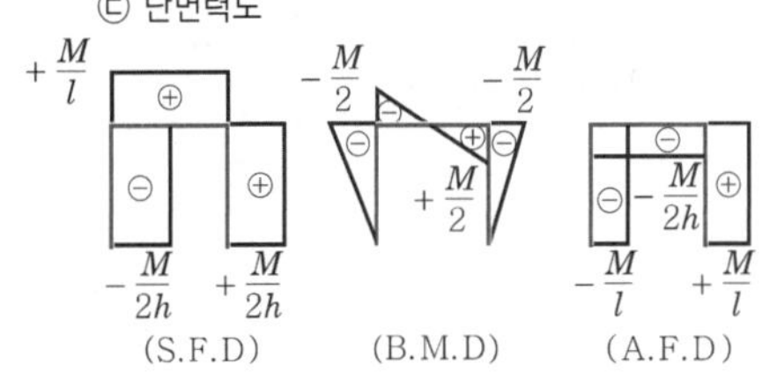

정답 38. ④ 39. ③

2. 정정 아치

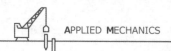

★
40 다음 아치(arch)의 특성에 대하여 잘못 설명한 것은?

① 부재는 곡선이며 주로 축방향 압축력을 지지한다.
② 강재로 된 3활절 아치는 지간의 길이가 180m 이내인 교량에 많이 사용한다.
③ 수평반력은 각 단면에서의 휨모멘트를 감소시킨다.
④ 휨모멘트나 압축에는 저항이 불가능하며, 오직 장력만을 견딘다.

> **해설** 아치(arch)
> 곡선부재로 형성된 구조물로서, 단면내력으로는 축방향력, 전단력, 휨모멘트가 발생할 수 있지만 주로 축방향 압축력에 저항하도록 만든 구조물이다.

41 다음 그림과 같은 지간 10m인 반원형 단순 아치(arch)에서 크라운 C점의 전단력 S_C의 크기는?

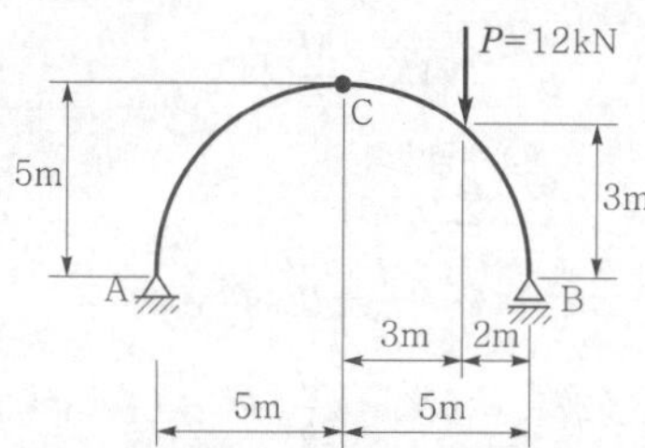

① 2.2kN
② 2.4kN
③ 6.3kN
④ 9.6kN

> **해설** C점의 전단력
> ㉠ 반력
> $\Sigma M_B = 0$
> $V_A \times 10 - 12 \times 2 = 0$
> $\therefore V_A = 2.4\text{kN}(\uparrow)$
> ㉡ C점의 전단력
> $S_C = V_A = 2.4\text{kN}$

★★
42 다음 그림과 같은 반원형 3힌지 아치에서 A점의 수평반력은?

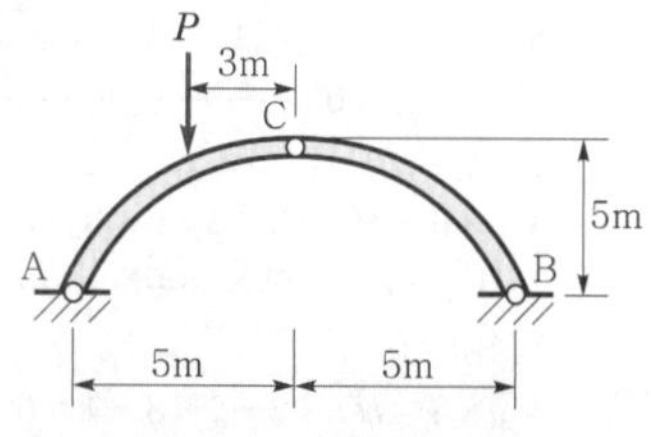

① P ② $P/2$
③ $P/4$ ④ $P/5$

> **해설** A점의 수평반력
> ㉠ 연직반력
> $\Sigma M_B = 0$
> $V_A \times 10 - P \times 8 = 0$
> $\therefore V_A = \frac{4}{5}P(\uparrow)$
> ㉡ 수평반력
> $\Sigma M_C = 0$
> $\frac{4}{5}P \times 5 - H_A \times 5 - P \times 3 = 0$
> $\therefore H_A = \frac{P}{5}(\rightarrow)$

43 다음 그림과 같은 3활절 아치에서 D점에 연직하중 20kN이 작용할 때 A점에 작용하는 수평반력 H_A는?

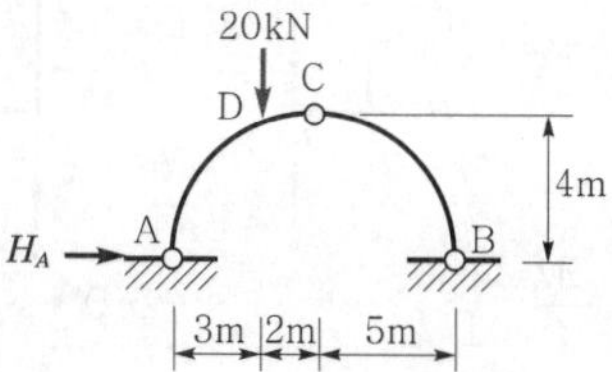

① 5.5kN ② 6.5kN
③ 7.5kN ④ 8.5kN

> **해설** A점의 수평반력
> ㉠ 연직반력
> $\Sigma M_B = 0$
> $V_A \times 10 - 20 \times 7 = 0$
> $\therefore V_A = 14\text{kN}(\uparrow)$
> ㉡ 수평반력
> $\Sigma M_C = 0$
> $14 \times 5 - 20 \times 2 - H_A \times 4 = 0$
> $\therefore H_A = 7.5\text{kN}(\rightarrow)$

정답 40. ④ 41. ② 42. ④ 43. ③

★
44 다음 아치에서 A점의 수평반력은?

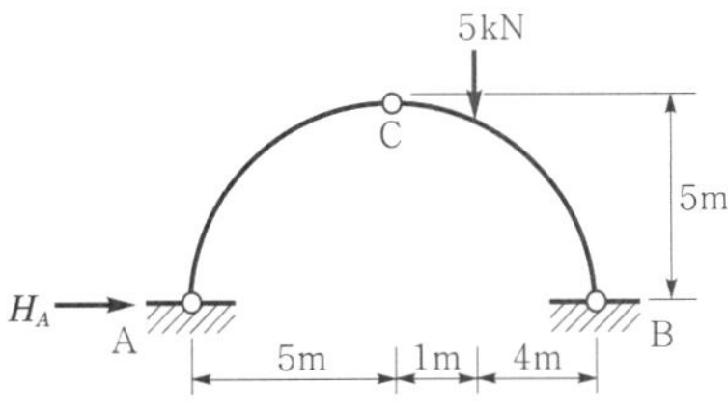

① 1kN ② 2kN

③ 2.5kN ④ 3kN

해설 A점의 수평반력

㉠ 연직반력

$\Sigma M_B = 0$

$V_A \times 10 - 5 \times 4 = 0$

$\therefore V_A = 2\text{kN}(\uparrow)$

㉡ 수평반력

$\Sigma M_C = 0$

$2 \times 5 - H_A \times 5 = 0$

$\therefore H_A = 2\text{kN}(\rightarrow)$

45 다음 그림과 같은 3힌지(hinge) 아치가 $P=$ 10kN의 하중을 받고 있다. B지점에서 수평반력은?

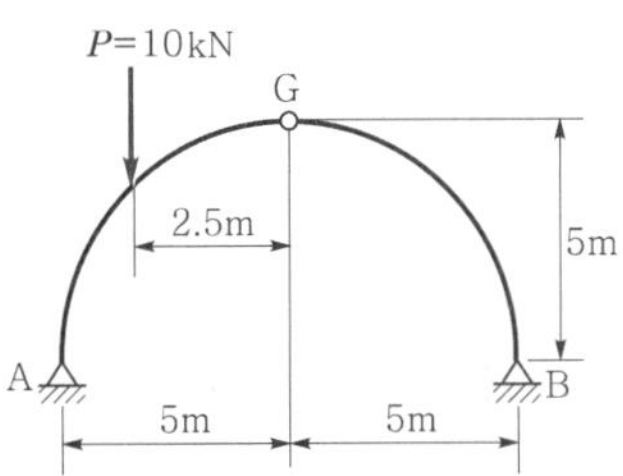

① 2.0kN ② 2.5kN

③ 3.0kN ④ 3.5kN

해설 B점의 수평반력

㉠ 연직반력

$\Sigma M_A = 0$

$-V_B \times 10 + 10 \times 2.5 = 0$

$\therefore V_B = 2.5\text{kN}(\uparrow)$

㉡ 수평반력

$\Sigma M_G = 0$

$-H_B \times 5 + V_B \times 5 = 0$

$\therefore H_B = 2.5\text{kN}(\leftarrow)$

★★
46 다음 하중을 받고 있는 아치에서 A지점 반력의 합력을 구한 값은?

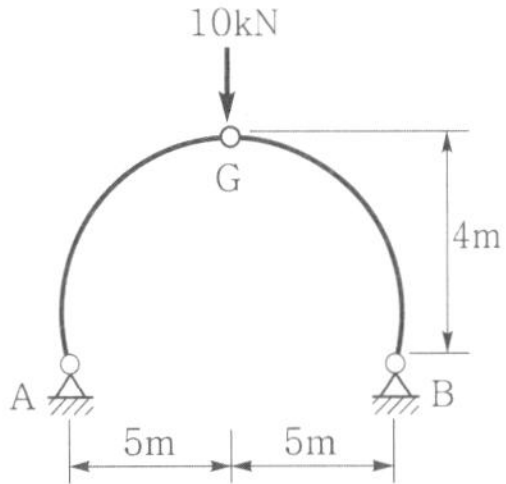

① 5.0kN

② 6.25kN

③ 8.0kN

④ 9.35kN

해설 A점의 반력

㉠ 연직반력

좌우대칭이므로

$\therefore V_A = 5\text{kN}(\uparrow)$

㉡ 수평반력

$\Sigma M_G = 0$

$5 \times 5 - H_A \times 4 = 0$

$\therefore H_A = 6.25\text{kN}(\rightarrow)$

㉢ A지점 반력

$R_A = \sqrt{{V_A}^2 + {H_A}^2} = \sqrt{5^2 + 6.25^2}$

$= 8.004\text{kN}$

★
47 다음 그림과 같은 3힌지 아치에 힌지인 G점에 집중하중이 작용하고 있다. 중심각도가 45°일 때 C점에서의 전단력은 얼마인가?

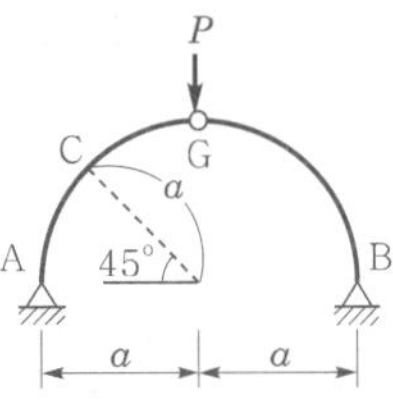

① $\dfrac{P}{2}$ ② $-\dfrac{P}{2}$

③ $\dfrac{\sqrt{2}}{2}P$ ④ 0

정답 44. ② 45. ② 46. ③ 47. ④

해설 C점의 전단력

㉠ 연직반력

$\Sigma M_B = 0$

$V_A \times 2a - P \times a = 0$

$\therefore V_A = \frac{P}{2}(\uparrow)$

㉡ 수평반력

$\Sigma M_G = 0$

$\frac{P}{2} \times a - H_A \times a = 0$

$\therefore H_A = \frac{P}{2}(\rightarrow)$

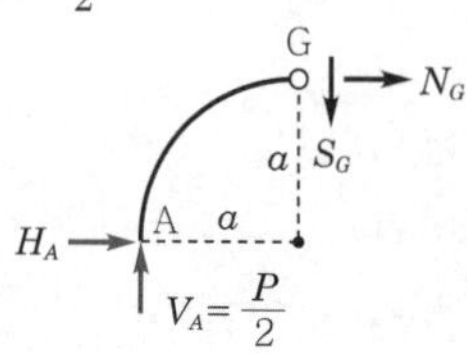

㉢ C점의 전단력

$\Sigma H = 0$

$\frac{P}{2} + N_C \cos 45° + S_C \cos 45° = 0$

$\frac{P}{2} + \frac{\sqrt{2}}{2} N_C + \frac{\sqrt{2}}{2} S_C = 0$ ·············· ①

$\Sigma V = 0$

$\frac{P}{2} + N_C \sin 45° - S_C \sin 45° = 0$

$\frac{P}{2} + \frac{\sqrt{2}}{2} N_C - \frac{\sqrt{2}}{2} S_C = 0$ ·············· ②

식 ①과 ②를 연립하여 풀면

$\therefore S_C = 0$

$\therefore N_C = -\frac{1}{\sqrt{2}} P$

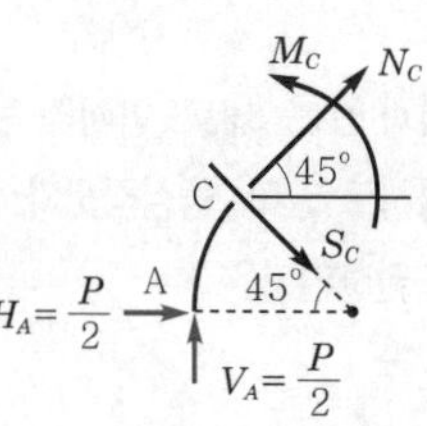

48 다음과 같은 아치의 휨모멘트도로 옳은 것은?

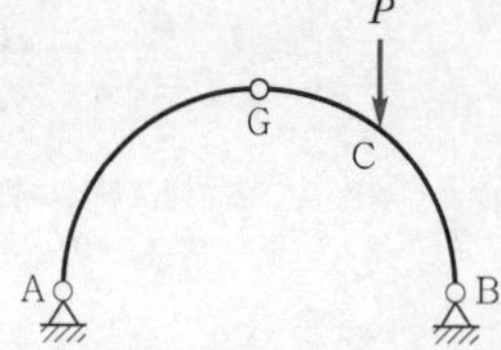

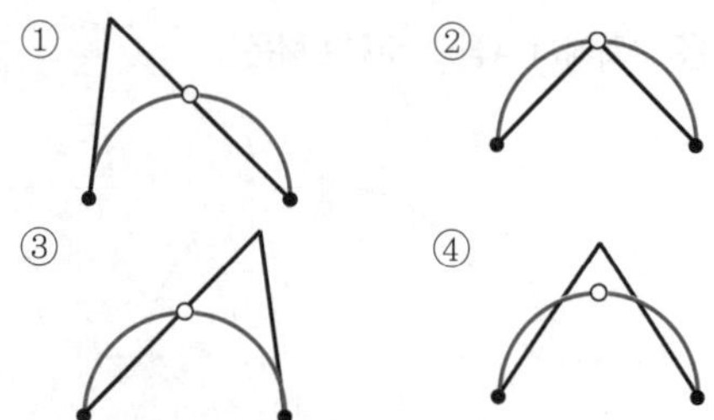

해설 아치의 휨모멘트도

AG부재는 (−)휨모멘트를 갖으며, GB부재는 (+) 휨모멘트를 갖는다.

★ 49 다음 그림과 같은 반경이 r 인 반원아치에서 D점의 축방향력 N_D의 크기는 얼마인가?

① $N_D = \frac{P}{2}(\cos\theta - \sin\theta)$

② $N_D = \frac{P}{2}(r\cos\theta - \sin\theta)$

③ $N_D = \frac{P}{2}(\cos\theta - r\sin\theta)$

④ $N_D = \frac{P}{2}(\sin\theta + \cos\theta)$

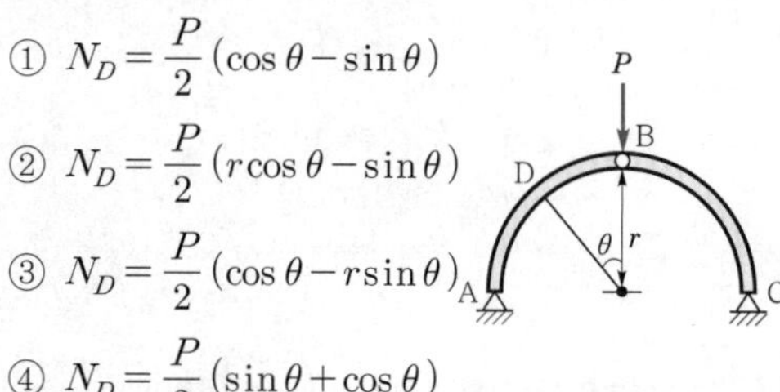

해설 D점의 축방향력

㉠ 연직반력

$\Sigma V = 0$

$\therefore V_A = \frac{P}{2}(\uparrow)$

㉡ 수평반력

$\Sigma M_G = 0$

$\frac{P}{2} \times r - H_A \times r = 0$

$\therefore H_A = \frac{P}{2}(\rightarrow)$

㉢ D점의 축방향력

$N_D = V_A \sin\theta + H_A \cos\theta - wx\sin\theta$

$= \frac{P}{2}\sin\theta + \frac{P}{2}\cos\theta - 0$

$= \frac{P}{2}(\sin\theta + \cos\theta)$(압축)

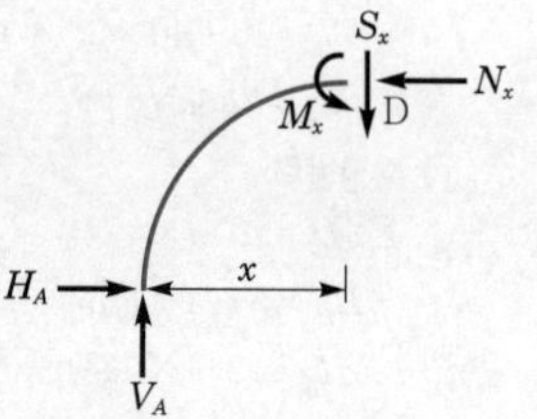

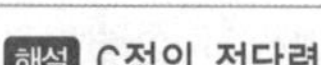

정답 48. ③ 49. ④

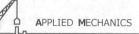

★
50 다음 그림과 같은 3활절 정정 아치 구조물에서 A점의 수평반력 H_A를 구하면?

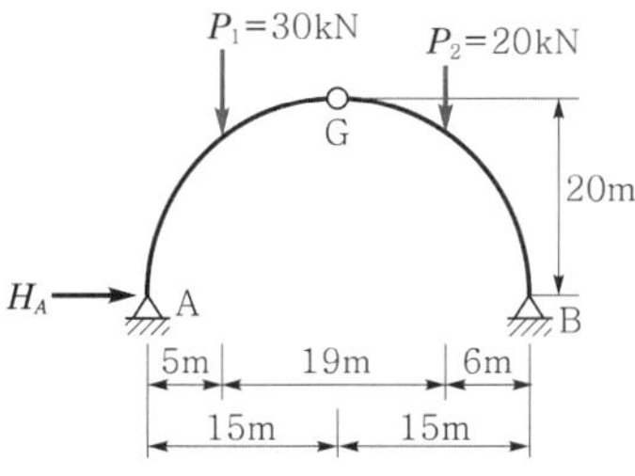

① 6.35kN ② 6.55kN
③ 6.75kN ④ 6.95kN

해설 A점의 수평반력
㉠ 연직반력
$\Sigma M_B = 0$
$V_A \times 30 - 30 \times 25 - 20 \times 6 = 0$
$\therefore V_A = 29\text{kN}(\uparrow)$
㉡ 수평반력
$\Sigma M_G = 0$
$29 \times 15 - 30 \times 10 - H_A \times 20 = 0$
$\therefore H_A = 6.75\text{kN}(\rightarrow)$

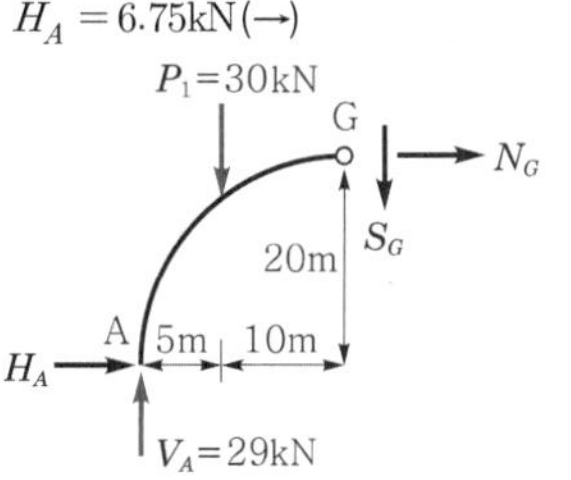

51 축선이 포물선인 3활절 아치가 등분포하중을 받을 때 이 아치에 일어나는 단면력이 옳게 된 것은?

① 축압력만 작용한다.
② 휨모멘트만 작용한다.
③ 전단력만 작용한다.
④ 축압력, 휨모멘트, 전단력이 작용한다.

해설 아치의 단면력
3활절(hinged) 아치에서 발생하는 단면력은 전단력, 휨모멘트, 축방향력이 발생한다.

52 다음 그림과 같은 3활절 포물선아치의 수평반력의 크기는?

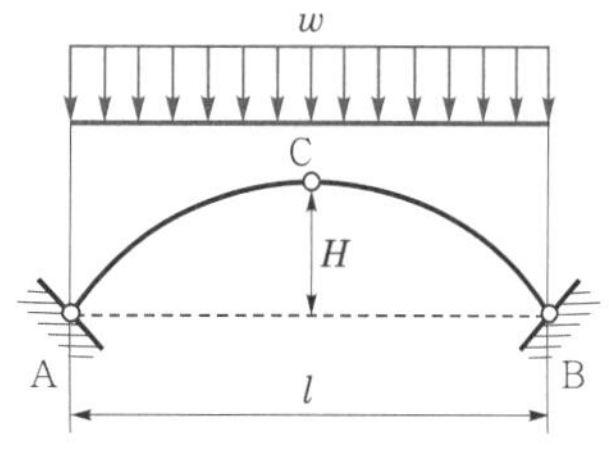

① 0 ② $\dfrac{wl^2}{8H}$
③ $\dfrac{3wl^2}{8H}$ ④ $\dfrac{5wl^2}{8H}$

해설 A점의 수평반력
㉠ 연직반력
$\Sigma M_B = 0$
$V_A \times l - \dfrac{wl^2}{2} = 0$
$\therefore V_A = \dfrac{wl}{2}(\uparrow)$
㉡ 수평반력
$\Sigma M_C = 0$
$\dfrac{wl}{2} \times \dfrac{l}{2} - H_A \times H - \dfrac{wl}{2} \times \dfrac{l}{4} = 0$
$\therefore H_A = \dfrac{wl^2}{8H}(\rightarrow)$

★★
53 다음 그림과 같은 3-hinge 아치의 수평반력 H_A는?

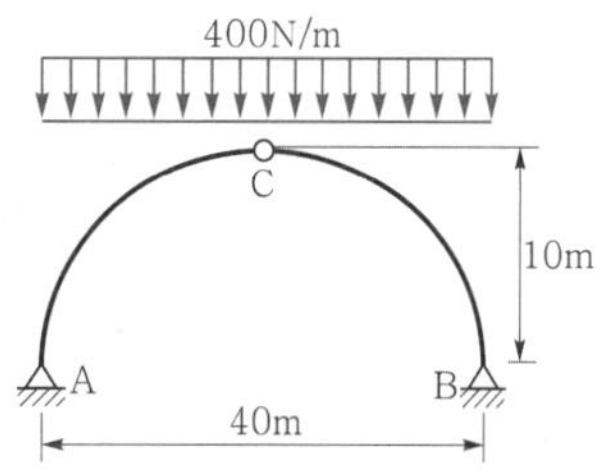

① 6kN ② 8kN
③ 10kN ④ 12kN

해설 A점의 수평반력
㉠ 연직반력
$P = wl = 0.4 \times 40 = 16\text{kN}$
좌우대칭이므로
$\therefore V_A = 8\text{kN}(\uparrow)$
㉡ 수평반력
$\Sigma M_C = 0$
$8 \times 20 - H_A \times 10 - 8 \times 10 = 0$
$\therefore H_A = 8\text{kN}(\rightarrow)$

정답 50. ③ 51. ④ 52. ② 53. ②

★
54 다음 그림과 같은 3힌지 아치에서 있어서 A점의 수직 반력 V_A= 11.4kN으로 된다. 이때 A점의 수평반력 H_A는?

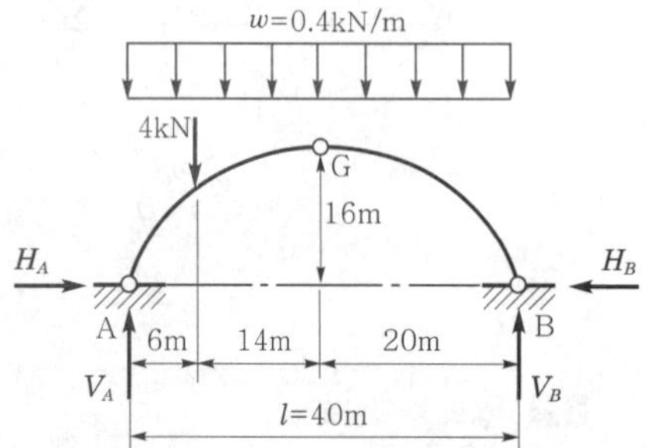

① 11.40kN ② 12.00kN
③ 6.25kN ④ 5.75kN

해설 A점의 수평반력
$\Sigma M_G = 0$
$-H_A \times 16 + 11.4 \times 20 - 4 \times 14$
$-0.4 \times 20 \times 10 = 0$
$\therefore H_A = 5.75\text{kN}(\rightarrow)$

55 다음 3활절 아치에서 등분포하중이 수평으로 작용할 때의 수평반력의 H_A는?

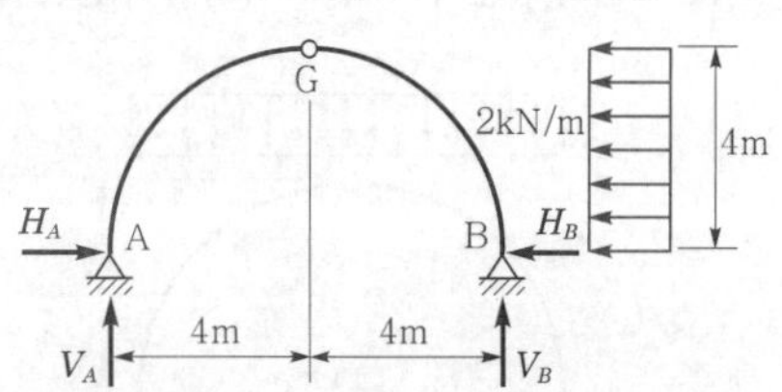

① 4kN ② 2kN
③ 6kN ④ 0

해설 A점의 수평반력
㉠ A점의 연직반력
$\Sigma M_B = 0$
$V_A \times 8 - 2 \times 4 \times \frac{4}{2} = 0$
$\therefore V_A = 2\text{kN}(\uparrow)$
㉡ A점의 수평반력
$\Sigma M_G = 0$
$H_A \times 4 - 2 \times 4 = 0$
$\therefore H_A = 2\text{kN}(\rightarrow)$

★★
56 다음 3활절 아치에서 A점의 수평반력은?

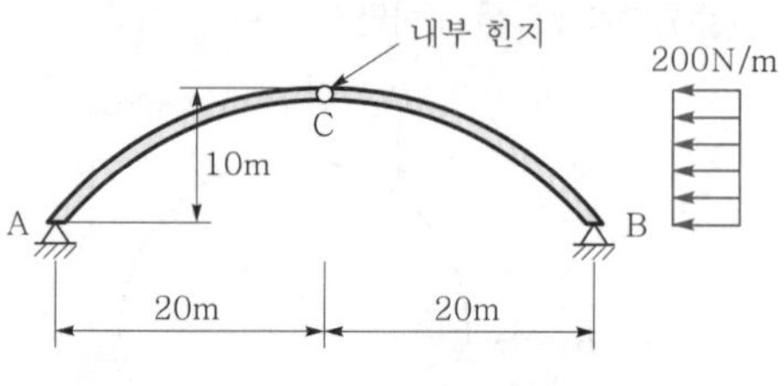

① 500N ② 750N
③ 1,000N ④ 1,500N

해설 A점의 수평반력
㉠ A점의 연직반력
$\Sigma M_B = 0$
$V_A \times 40 - 200 \times 10 \times 5 = 0$
$\therefore V_A = 250\text{N}(\uparrow)$
㉡ A점의 수평반력
$\Sigma M_C = 0$
$250 \times 20 - H_A \times 10 = 0$
$\therefore H_A = 500\text{N}(\rightarrow)$

57 다음 3힌지 아치에서 수평반력 H_B를 구하면?

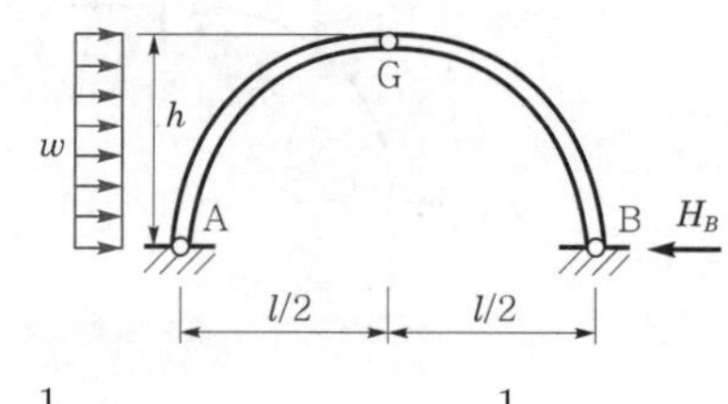

① $\dfrac{1}{4wh}$ ② $\dfrac{1}{2wh}$
③ $\dfrac{wh}{4}$ ④ $2wh$

해설 B점의 수평반력
㉠ B점의 연직반력
$\Sigma M_A = 0$
$-V_B \times l + wh \times \frac{h}{2} = 0$
$\therefore V_B = \frac{wh^2}{2l}(\uparrow)$
㉡ B점의 수평반력
$\Sigma M_G = 0$
$H_B \times h - \frac{wh^2}{2l} \times \frac{l}{2} = 0$
$\therefore H_B = \frac{wh}{4}(\leftarrow)$

정답 54. ④ 55. ② 56. ① 57. ③

★
58 다음 그림과 같은 비대칭 3힌지 아치에서 힌지 C에 $P=$ 20kN이 수직으로 작용한다. A지점의 수평반력 R_H는?

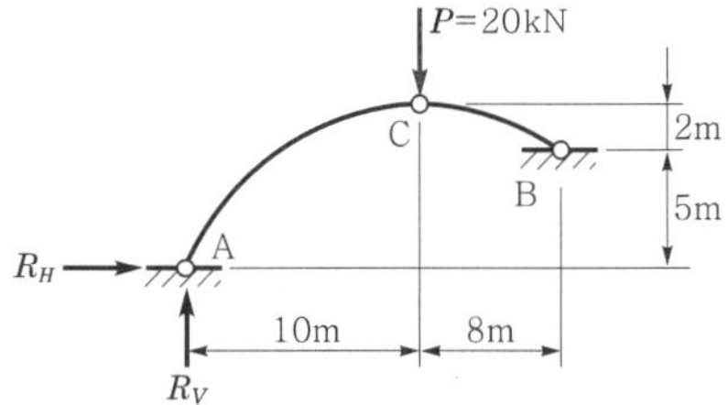

① 21.05kN　　② 22.05kN
③ 23.05kN　　④ 24.05kN

해설 A점의 수평반력

$\Sigma M_B=0$

$18\times R_V-5\times R_H=20\times 8$ ……… ①

$\Sigma M_C=0$

$10\times R_V-7\times R_H=0$ ……… ②

연립방정식을 풀면

$\therefore\ R_H=21.05\text{kN}(\rightarrow)$

3. 케이블

★
59 다음 그림과 같은 케이블에서 C, D점에 각각 10kN의 집중하중이 작용하여 C점이 지점 A보다 1m 아래로 처졌다. 지점 A에 대한 수평반력(kN)과 케이블에 걸리는 최대 장력(kN)은? (단, 케이블의 자중은 무시한다.)

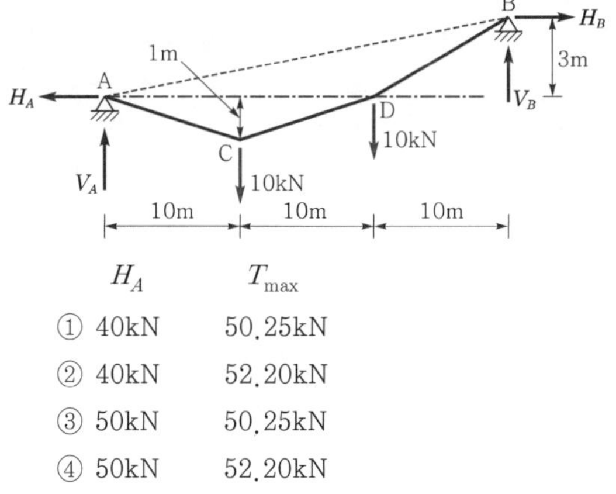

	H_A	T_{max}
①	40kN	50.25kN
②	40kN	52.20kN
③	50kN	50.25kN
④	50kN	52.20kN

해설 케이블의 장력

㉠ 수평반력

케이블의 일반정리로부터

$H_A y_C=M_C$

$H_A\times(1+1)=10\times 10$

$\therefore\ H_A=50\text{kN}(\leftarrow)$

$\therefore\ H_B=50\text{kN}(\rightarrow)$

㉡ 최대 장력은 B점에서 발생한다.

$\Sigma M_B=0$

$V_A\times 30+50\times 3-10\times 20-10\times 10=0$

$\therefore\ V_A=5\text{kN}(\uparrow)$

$\therefore\ V_B=20-5=15\text{kN}(\uparrow)$

㉢ 최대 장력

$T_{\max}=\sqrt{{H_B}^2+{V_B}^2}=\sqrt{50^2+15^2}$

$=52.20\text{kN}$

60 다음 그림과 같은 케이블에서 수평반력(H_A)의 크기(kN)는? (단, C는 중앙점이고, 케이블의 자중은 무시한다.)

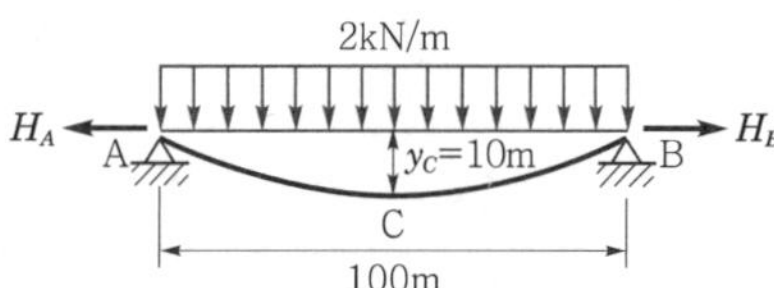

① 100kN　　② 150kN
③ 200kN　　④ 250kN

해설 케이블의 일반정리

$H_A y_C=M_C$

$H_A\times 10=\dfrac{2\times 100^2}{8}$

$\therefore\ H_A=250\text{kN}(\leftarrow)$

정답 58. ① 59. ④ 60. ④

APPLIED MECHANICS

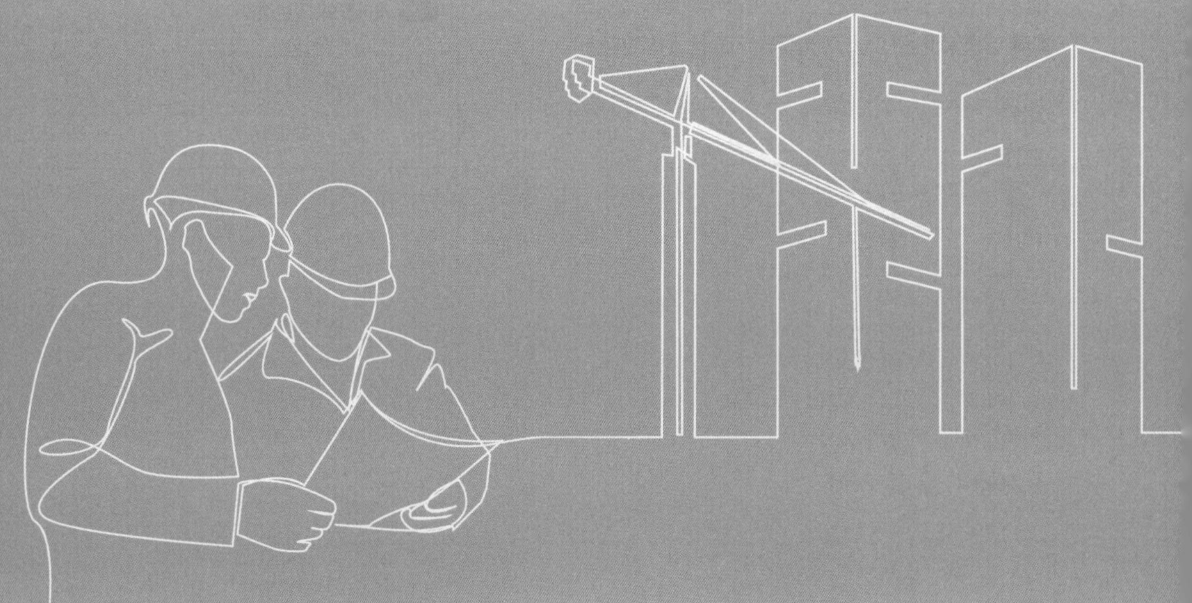

CHAPTER 6

정정 트러스

정정 트러스

회독 체크표

1회독	월	일
2회독	월	일
3회독	월	일

최근 10년간 출제분석표

2015	2016	2017	2018	2019	2020	2021	2022	2023	2024
5.0%	8.3%	6.7%	5.0%	3.3%	5.0%	3.3%	8.3%	6.7%	5.0%

출제 POINT

학습 POINT

- 트러스 부재의 명칭
- 트러스의 종류

SECTION 1 트러스의 일반

1 트러스의 정의 및 부재의 명칭

1) 트러스(truss)의 정의

① 트러스란 최소 3개 이상의 직선부재의 양단을 전혀 마찰이 없는 힌지(hinge)에 의하여 1개 또는 그 이상의 가장 안정된 삼각형 형상으로 결합하여 만든 구조물을 말한다.

② 해법상 가정에 의하여 전단력 및 휨모멘트는 받지 않고 축방향력(인장, 압축)만을 부담하게 되는데, 이 축방향력(축력)을 특히 부재력이라 한다.

③ 실제 트러스는 입체트러스이나 해석상 이것을 평면으로 분해하여 해석한다.

■ 부재력
트러스 부재에서 발생하는 축방향력

2) 트러스 부재의 명칭

① 현재(chord member)
트러스의 상 · 하에 수평으로 놓여 있는 부재를 말하고, 상현재(uppor chord, U)와 하현재(lower chord, L)가 있다.

② 복부재(web member)
상 · 하현재를 수직하게 또는 경사지게 연결하는 부재로 수직재(vertical member, V)와 사재(diagonal member, D)가 있다.

③ 단사재(단주)
트러스의 좌 · 우측단의 사재를 말한다.

④ 격점(panel point, 절점)
부재의 결합점인 힌지지점(A, B, C, D 등)을 말한다.

⑤ 격간장(panel length)
격간의 길이(λ)를 말한다.

■ 현재(chord member)
① 상현재(uppor chord) : U
② 하현재(lower chord) : L

■ 복부재(web member)
① 수직재(vertical member) : V
② 사재(diagonal member) : D

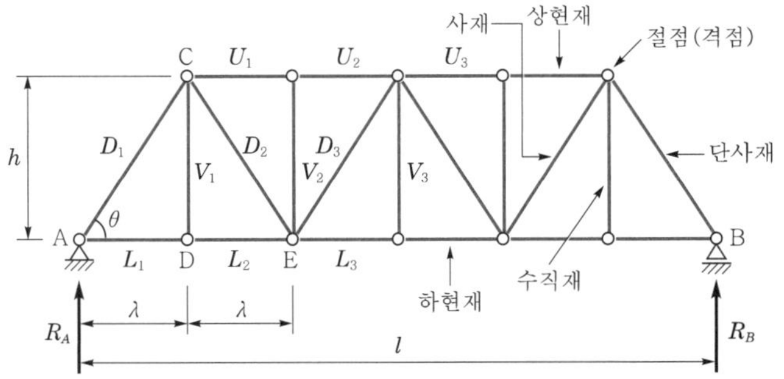

[그림 6-1] 트러스 부재의 명칭

2 트러스의 종류

1) 공간에 따른 분류

① 평면트러스(plane truss) : 모든 부재가 한 평면에 놓여 있는 트러스를 말한다.

② 입체트러스(space truss) : 부재가 모두 동일 평면 내에 놓여 있지 않은 트러스를 말한다.

2) 모양에 따른 분류

① 단순트러스(simple truss)

가장 간단한 트러스는 3개의 부재를 연결한 삼각형구조이다. 이에 부재 2개를 더할 때마다 1개의 삼각형이 증가된다. 이렇게 가장 간단한 부재 배열로 이루어진 트러스를 말한다.

② 합성트러스(compound truss)

2개 이상의 단순트러스를 연결하여 구조적 기능을 수행하는 하나의 트러스로 이루어진 뼈대 구조물을 말하고, 단순트러스를 하나의 부재로 간주하여 계산한 뒤 중첩하여 해석한다.

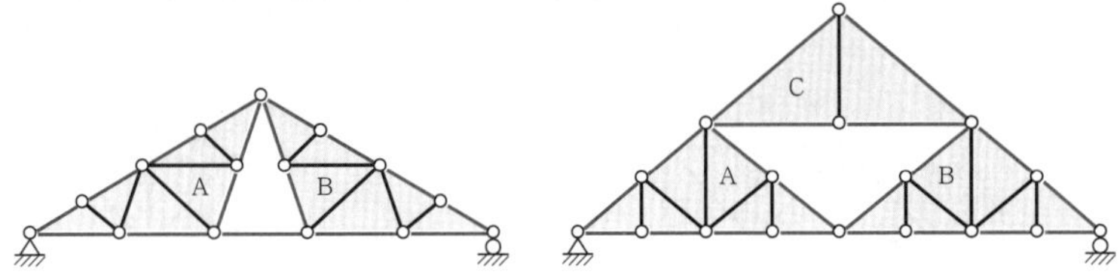

[그림 6-2] 합성트러스의 종류

③ 복합트러스(complex truss)

단순트러스나 합성트러스 어디에도 속하지 않는 트러스로 정정인 트러스를 말하며 정정 트러스이더라도 모든 절점에서 3개의 부재가 연결되어 있어 해석이 어려운 트러스이다.

출제 POINT

■ 공간에 따른 분류
① 평면트러스(plane truss)
② 입체트러스(space truss)

■ 모양에 따른 분류
① 단순트러스(simple truss)
② 합성트러스(compound truss)
③ 복합트러스(complex truss)

출제 POINT

■ 복재의 배치에 따른 분류

① 프랫(pratt)트러스

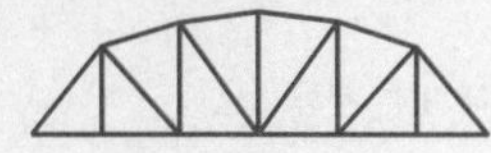

② 하우(howe)트러스

③ 와렌(warren)트러스

■ 기타 분류

① 수직재가 있는 와렌트러스

② 지붕트러스

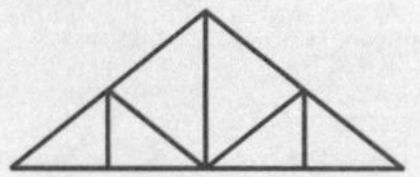

③ 어형(lenticular)트러스

④ K-truss

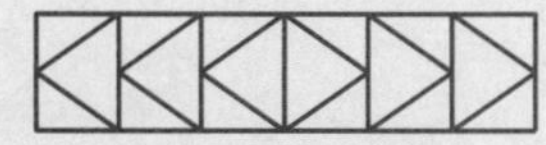

⑤ 롬빅(rhombic)트러스

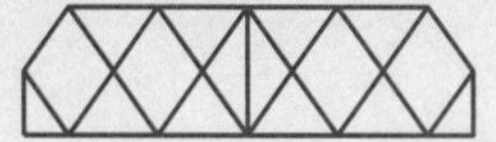

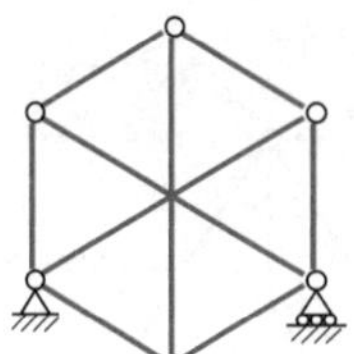

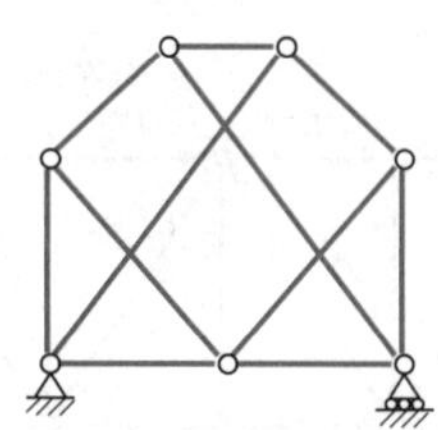

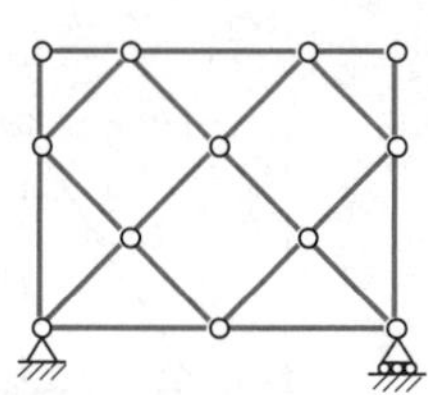

[그림 6-3] 복합트러스의 종류

3) 복재의 배치에 따른 분류

① 프랫트러스(pratt truss)

하중이 아래로 작용하는 경우 상현재는 압축에, 하현재는 인장에 저항하며, 사재는 주로 인장에, 수직재는 압축에 저항하는 트러스를 말한다.

② 하우트러스(howe truss)

하중이 아래로 작용하는 경우 상현재는 압축에, 하현재는 인장에 저항하며, 사재는 주로 압축에, 수직재는 인장에 저항하는 트러스를 말한다.

③ 와렌트러스(warren truss)

수직재가 없는 경우 타 트러스에 비하여 부재수가 적고 구조가 간단하며 연속 교량트러스에 많이 사용된다. 그러나 현재의 길이가 과대하여 강성을 감소시킨다. 이것을 보완하기 위하여 수직재를 사용하기도 한다.

4) 기타 분류

① 사용용도(사용면)에 따른 분류 : 교량트러스, 바닥트러스, 지붕트러스, 지주트러스 등이 있다.

② 외력의 작용위치에 따른 분류 : 하중이 상현에 작용하는 상현 재하트러스(상로교 형식), 하중이 하현에 작용하는 하현 재하트러스(하로교 형식)가 있다.

③ 현재의 형상에 따른 분류 : 상 · 하현재가 평행한 직현트러스(parallel-chord truss), 현재가 평행하지 않은 곡현트러스(curved-chord truss)가 있다.

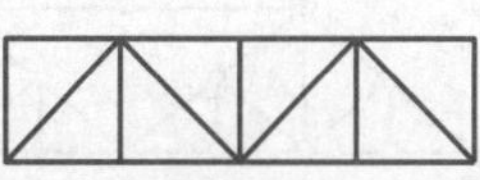

(a) 직현트러스

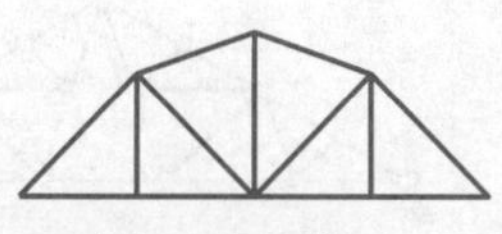

(b) 곡현트러스

[그림 6-4] 현재의 형상에 따른 트러스

④ 기타 트러스 : 지붕트러스, K-truss, 어형(lenticular)트러스, 위플(Whipple)트러스, 롬빅(rhombic)트러스, 핑크(Fink)트러스, 포롱소(Polonceau)트러스, 지주트러스 등이 있다.

SECTION 2 트러스의 해석

1 트러스의 해석 일반

1) 트러스 해석의 전제조건(가정)

① 각 부재는 마찰이 없는 힌지로 결합되어 있다. 핀(pin) 트러스는 실제와 같으나, 리벳 또는 용접된 트러스에서는 실제와 같지 않다($\Sigma M=0$).

② 각 부재는 직선재이다. 곡선재는 아치(arch)구조에 사용된다.

③ 격점이 중심을 맺는 직선은 부재의 축과 일치한다($\Sigma M=Pe=0$).

④ 외력은 모두 격점(절점)에 집중하여 작용한다($\Sigma V=0$).

⑤ 모든 외력의 작용선은 트러스와 동일 평면 내에 있다. 면외하중이 작용하지 않는다($\Sigma T=0$).

⑥ 부재응력은 그 구조재료의 탄성한도 이내에 있다($\sigma=E\varepsilon$).

⑦ 트러스의 변형은 미소하여 이것을 무시한다. 따라서 하중이 작용한 후에도 격점의 위치에는 변화가 없다(미소 변위의 가정).

⑧ 트러스 해법상 가정에 의해 발생하는 응력을 1차 응력이라 하고, 가정된 트러스와 같지 않아서 발생하는 응력을 2차 응력이라고 한다. 실용상 1차 응력만 생각한다.

2) 트러스 해법

① 트러스의 지점반력은 단순보나 라멘과 같이 힘의 평형조건식($\Sigma M=0$, $\Sigma V=0$, $\Sigma H=0$)으로 구한다.

② 트러스의 부재력은 축방향력으로 인장력, 압축력만 생기며, 편의상 인장력을 (+), 압축력을 (−)로 생각한다.

③ 절점법의 부호는 절점을 향하여 들어가는 부재력을 압축(−), 절점에서 밖으로 나오는 부재력을 인장(+)으로 약속한다.

2 트러스의 해석방법

1) 절점법(격점법)

① 절점법은 격점법이라고도 하며, 부재의 한 절점을 중심으로 자유물체도를 그리고, 힘의 평형조건식을 이용해 미지의 부재력을 구하는 방법이다.

② 부재의 한 절점에 대하여 $\Sigma V=0$, $\Sigma H=0$를 적용하여 미지의 부재력을 구하는 방법이므로 미지의 부재력이 3개 이상의 경우는 적용이 불가능하다. 따라서 비교적 간단한 트러스에 적용한다.

출제 POINT

학습 POINT
- 트러스 해석의 전제조건
- 트러스의 해석방법
- 트러스 응력의 특징
- 영부재

■ 부재력의 부호 약속

① 압축 : 절점을 향하여 들어가는 부재력 (−)
② 인장 : 절점에서 밖으로 나오는 부재력 (+)

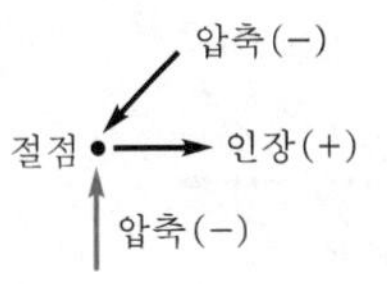

■ 트러스의 해법

① 절점(격점)법
② 단면법(절단법) : 모멘트법, 전단력법
③ 도해법 : Cremona의 방법, Culmann의 방법
④ 영향선에 의한 방법
⑤ 부재(단면)치환법
⑥ 응력계수법
⑦ 기타

출제 POINT

■ 트러스 응력의 특징

① $N_1 = 0,\ N_2 = 0$

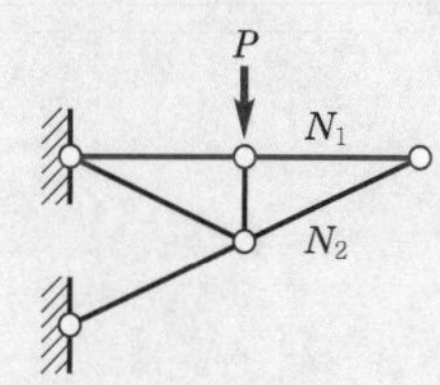

② $N_1 = P,\ N_2 = 0$

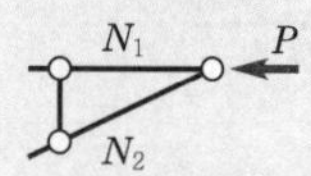

③ $N_1 = 0,\ N_2 = P$

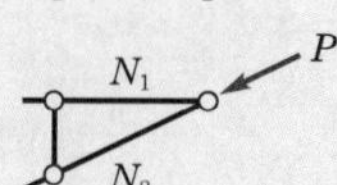

④ $N_1 = N_2,\ N_3 = 0$

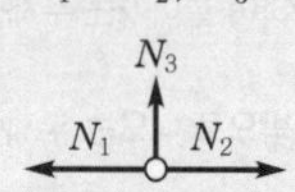

⑤ $N_1 = N_2,\ N_3 = P$

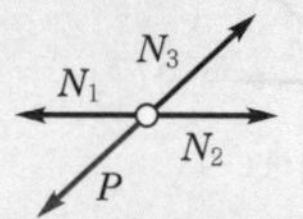

⑥ $N_1 = N_2,\ N_3 = N_4$

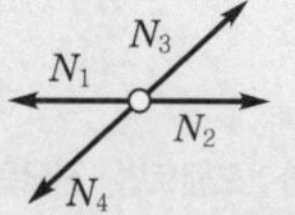

2) 단면법(절단법)

① 단면법은 절단법이라고도 하며, 절단된 단면을 하나의 구조체로 보고 자유물체도를 그린 다음, 힘의 평형조건식을 적용하여 미지의 부재력을 구하는 방법이다. 모멘트법과 전단력법이 있다.

② **모멘트법**(A. Ritter법)은 상현재나 하현재의 부재력을 구할 때 적용하는 방법으로 $\sum M = 0$을 취하여 구한다.

③ **전단력법**(Karl Culmann법)은 수직재나 사재의 부재력을 구할 때 적용하는 방법으로 $\sum V = 0$을 취하여 구한다.

3) 절점법과 단면법의 특징

① 절점법은 임의 부재의 부재력을 바로 구할 수 없고, 한 부재의 잘못 계산된 부재력이 다른 부재에 영향을 미친다.

② 절점법은 평형조건식이 2개가 성립하므로 미지의 부재력이 2개 이하가 되도록 절단하여야 한다.

③ 단면법은 임의 부재의 부재력을 바로 구할 수 있고, 잘못 계산된 부재력이 다른 부재에 전달되지 않는다.

4) 기타 방법

① 도해법으로 Cremona의 방법, Culmann의 방법이 있다.

② 기타 영향선에 의한 방법, 부재(단면)치환법, 응력계수법 등이 있다.

3 트러스 응력상의 여러 특징

1) 트러스 응력의 특징

① 두 개의 부재가 모이는 절점에 외력이 작용하지 않을 때는 이 두 부재의 응력은 0이다.

② 두 개의 부재가 모이는 절점에 외력이 한 부재의 방향으로 작용할 때는 그 부재의 응력은 외력과 같고, 다른 부재의 응력은 0이다.

③ 한 절점에 3개의 부재가 교차하고, 그 중 2개의 부재가 동일 직선상에 있을 경우 2개 부재의 응력은 같고, 다른 한 부재의 응력은 0이 된다.

④ ③의 경우에 동일 직선상에 있지 않은 부재에 외력 P가 그 부재의 축방향으로 작용할 때, 이 부재의 응력은 외력 P와 같고, 동일 직선상에 있는 두 개의 부재 응력은 서로 같다.

⑤ 한 절점에 4개의 부재가 교차해 있고, 그 절점에 외력이 작용하지 않을 때, 동일 선상에 있는 두 개의 부재 응력은 서로 같다.

2) 영(zero)부재의 특성과 판별

(1) 영부재의 특성

① 트러스 해석의 가정에서 변형을 무시하므로 계산상 부재력이 영(zero)이 되는 부재가 존재한다. 이 부재를 영(zero)부재라고 한다.

② 영부재를 설치하는 이유는 역학적 의미가 있어서 넣는다.

(2) 영부재의 판별법

① 트러스 응력의 특징을 고려하여, 절점을 중심으로 절단하여 고립시킨 후 판정한다.

② 외력이나 반력이 작용하지 않는 절점을 기준으로 판정한다.

③ 3개 이하의 부재가 만나는 절점을 기준으로 판정한다.

④ 4개의 부재가 만나는 절점이라도 일직선상에 있는 한 부재가 영부재이면 나머지 한 부재도 영부재이다. 단, 각각 서로의 부재는 일직선에 있어야 하고, 부재가 이루는 각은 관계없다.

⑤ 영부재로 판정되면 이 부재를 제거하고, 다시 절점을 중심으로 절단하여 위의 과정을 반복한다.

출제 POINT

■ **영부재 설치이유(역학적 의미)**

① 변형을 감소시키기 위해서
② 처짐을 감소시키기 위해서
③ 구조적 안정(이동하중)을 유지하기 위해서

CHAPTER 06 기출문제

APPLIED MECHANICS

10년간 출제된 빈출문제

1. 트러스 일반

★

01 다음 부재의 종류와 단면력과의 관계 중 옳지 않은 것은?

① 보에는 휨모멘트와 전단력이 작용한다.

② 트러스의 부재에 축방향력과 전단력이 작용한다.

③ 편심하중을 받는 기둥에는 축방향력과 휨모멘트가 작용한다.

④ 라멘의 부재에는 휨모멘트, 전단력, 축방향력이 작용한다.

해설 **트러스의 부재력**
트러스에서 단면력은 축방향력만 작용한다. 이 축력을 트러스에서 부재력이라 한다.

02 다음의 트러스 중 프랫(pratt)트러스는?

① 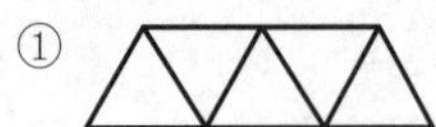
② 

③ 
④ 

해설 **트러스의 종류**
① 와렌트러스(warren truss)
② 하우트러스(howe truss)
④ 수직재가 있는 와렌트러스

03 다음 트러스의 부정정차수는?

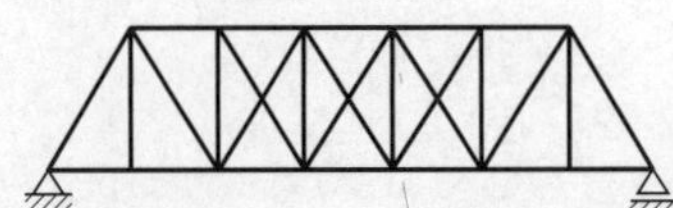

① 내적 1차, 외적 1차

② 내적 2차

③ 내적 3차

④ 내적 2차, 외적 1차

해설 **트러스의 차수**
㉠ 전체 부정정차수(내외적차수)
$n=m+r+2j=28+3-2\times 14$
$=3$차 부정정
㉡ 외적차수
$n_e=r-3=3-3=0$
㉢ 내적차수
$n_i=n-n_e=3-0=3$차 부정정

04 트러스의 부재력은 다음과 같은 가정하에서 계산된다. 틀린 것은?

① 부재는 고정 결합되어 있다고 본다.

② 트러스의 부재축과 외력은 동일 평면 내에 있다.

③ 외력은 격점에만 작용하고, 격점을 연결하는 직선은 부재의 축과 일치한다.

④ 외력에 의한 트러스의 변형은 무시한다.

해설 **트러스의 해법상 가정**
트러스의 각 부재는 힌지로 결합되어 있다고 가정한다. 따라서 절점에서 모멘트가 발생하지 않는다.

05 트러스 해법의 기본가정으로 틀린 것은?

① 절점을 연결하는 직선은 재축과 일치한다.

② 외력은 모두 절점에 작용하는 것으로 한다.

③ 부재를 연결하는 절점은 강절점으로 간주한다.

④ 외력은 모두 트러스를 포함한 평면 안에 있는 것으로 한다.

해설 **트러스의 해법상 가정**
트러스 부재의 각 절점은 힌지절점으로 가정한다.

★★

06 트러스를 해석하기 위한 기본가정 중 옳지 않은 것은?

① 부재들은 마찰이 없는 힌지로 연결되어 있다.

② 부재 양단의 힌지 중심을 연결한 직선은 부재축과 일치한다.

③ 모든 외력은 절점에 집중하중으로 작용한다.

④ 하중작용으로 인한 트러스 각 부재의 변형을 고려한다.

정답 1. ② 2. ③ 3. ③ 4. ① 5. ③ 6. ④

해설 트러스의 해법상 가정
하중작용으로 인한 트러스 각 부재의 변형은 무시한다.

07 트러스를 정적으로 1차 응력을 해석하기 위한 다음 가정사항 중 틀린 것은?

① 절점을 잇는 직선은 부재축과 일치한다.
② 하중은 절점과 부재 내부에 작용하는 것으로 한다.
③ 모든 하중조건은 Hooke의 법칙에 따른다.
④ 각 부재는 마찰이 없는 핀 또는 힌지로 결합되어 자유로이 회전할 수 있다.

해설 트러스의 해법상 가정
모든 하중은 절점에만 작용하는 것으로 가정한다.

08 트러스 해법이 아닌 것은?

① 격점법 ② 단면법
③ 도해법 ④ 휨응력법

해설 트러스 해법
㉠ 절점법(격점법)
㉡ 단면법(절단법) : 전단력법, 모멘트법
㉢ 도해법
㉣ 부재치환법
㉤ 응력계수법
㉥ 영향선에 의한 법

09 정정 트러스 해법 중 맞지 않는 것은?

① 크레모나법 ② 바리농법
③ 쿨만법 ④ 리터법

해설 트러스 해법
절점법(격점법), 절단법(리터법), 응력계수법, 영향선에 의한 방법, 도해에 의한 방법(크레모나법, 쿨만법) 등

★★
10 트러스의 임의의 상 · 하현재의 부재력을 구할 때 가장 편리한 방법은?

① 격점법 ② 단면법의 전단력법
③ 도해법 ④ 단면법의 모멘트법

해설 단면법(절단법)
㉠ 모멘트법 : 상현재나 하현재의 부재를 구할 때 가장 편리한 방법으로 $\Sigma M=0$을 취하여 구한다.
㉡ 전단력법 : 수직재나 사재의 부재력을 구할 때 가장 편리한 방법으로 $\Sigma V=0$을 취하여 구한다.

2. 트러스 부재력의 산정

★
11 다음 그림과 같은 트러스에서 AC의 부재력은?

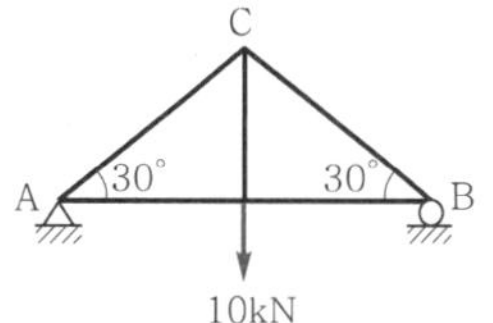

① 5kN(인장) ② 5kN(압축)
③ 10kN(인장) ④ 10kN(압축)

해설 $\overline{AC}$의 부재력(절점법)
㉠ A지점의 반력
$\Sigma M_B=0$
$\therefore\ V_A=5\text{kN}(\uparrow)$
㉡ 절점 A에서
$\Sigma V=0$
$\overline{AC}\times\sin 30°=5\text{kN}$
$\therefore\ \overline{AC}=10\text{kN}$(압축)

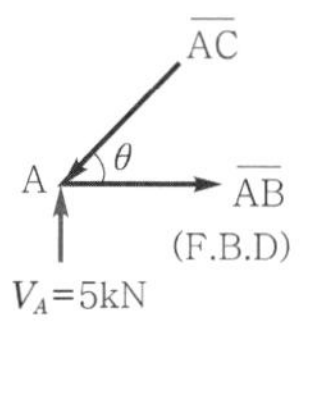

★
12 다음 그림의 트러스에서 부재 DC의 부재력은 얼마인가?

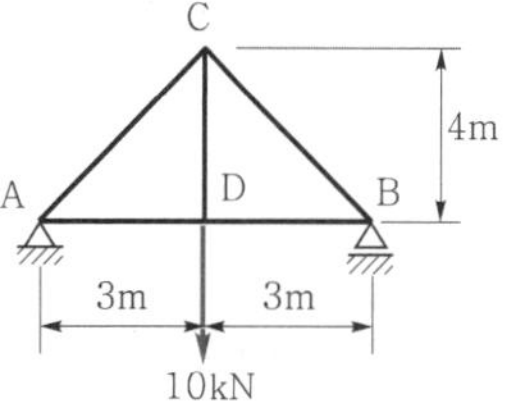

① +5kN(인장) ② −5kN(압축)
③ +10kN(인장) ④ −10kN(압축)

정답 7. ② 8. ④ 9. ② 10. ④ 11. ④ 12. ③

해설 $\overline{DC}$의 부재력(절점법)

$\sum V=0$

$\therefore \overline{DC}=10kN$(인장)

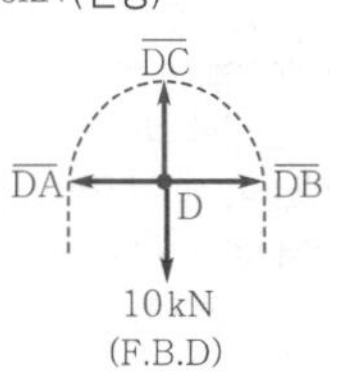

13 다음 그림에서 D가 받는 힘의 크기는?

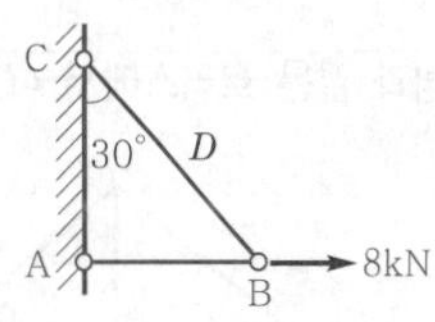

① 12kN ② 8kN
③ 4kN ④ 0kN

해설 D의 부재력

$\sum V=0$

$D\times\sin30°-0=0$

$\therefore D=0$

$\sum H=0$

$\therefore \overline{AB}=8kN$(인장)

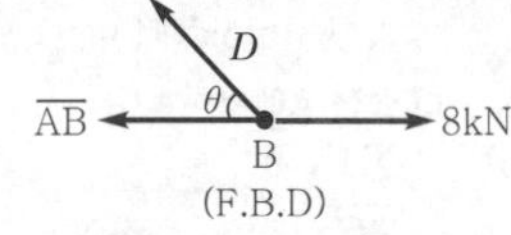

14 다음 트러스 구조물에서 CB부재의 부재력은 얼마인가?

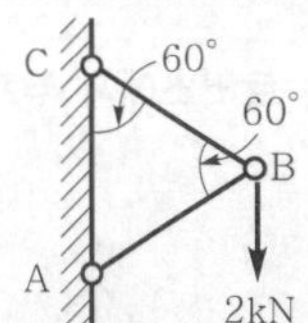

① $2\sqrt{3}$kN ② 2kN
③ 1kN ④ $2\sqrt{3}$kN

해설 $\overline{CB}$의 부재력(절점법)

$\sum V=0$

$\overline{CB}\times\sin30°+\overline{AB}\times\sin30°=2$

$2\times\overline{CB}\times\sin30°=2$

$\therefore \overline{CB}=2kN$(인장)

★★
15 다음 그림과 같은 트러스에서 B부재의 응력은?

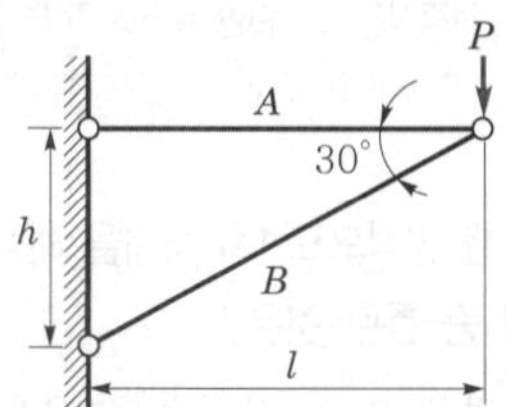

① $\dfrac{P}{\sin60°}$(압축) ② $\dfrac{P}{\cos60°}$(압축)

③ $\dfrac{Pl}{h}$(압축) ④ $\dfrac{Ph}{l}$(압축)

해설 B의 부재력(sin법칙)

$$\frac{B}{\sin90°}=\frac{P}{\sin30°}$$

$$\therefore B=\frac{P}{\sin30°}=\frac{P}{\cos60°}\text{(압축)}$$

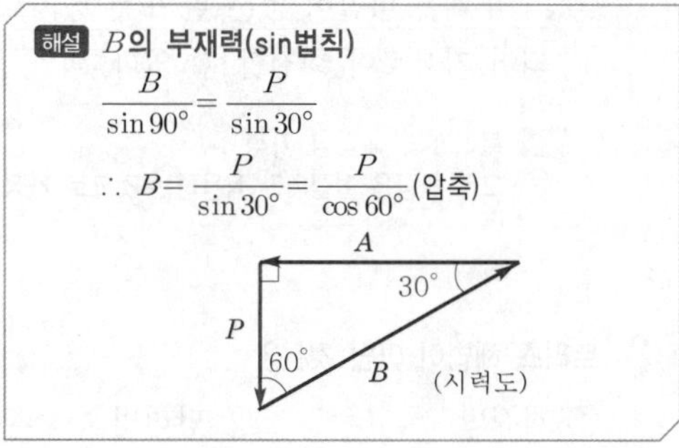

★
16 다음 그림과 같은 정정 트러스에 있어서 a부재에 일어나는 부재내력은?

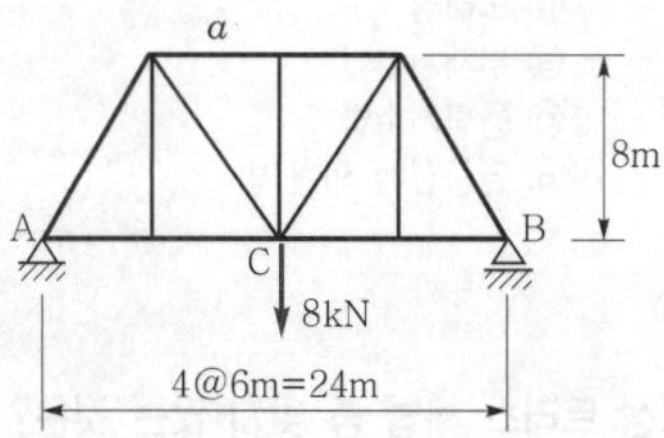

① 6kN(압축) ② 5kN(인장)
③ 4kN(압축) ④ 3kN(인장)

해설 a의 부재력

㉠ A점의 반력

$\sum M_B=0$

$V_A\times24-8\times12=0$

$\therefore V_A=4kN(\uparrow)$

㉡ 부재력

$\sum M_C=0$

$4\times12+a\times8=0$

$\therefore a=-6kN$(압축)

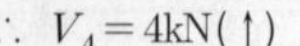
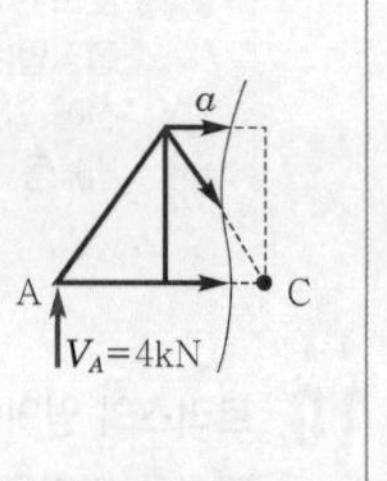

정답 13. ④ 14. ② 15. ② 16. ①

★

17 다음 그림과 같은 트러스에 있어서 D부재에 일어나는 부재내력은?

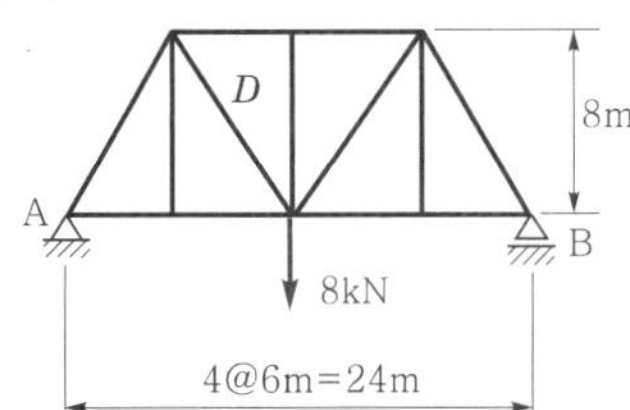

① 10kN ② 8kN
③ 6kN ④ 5kN

해설 D의 부재력
㉠ A점의 반력
$V_A = 4\text{kN}(\uparrow)$
㉡ 부재력
$\sum V = 0$
$4 - D \times \sin\theta = 0$
$\therefore D = \dfrac{4}{0.8} = 5\text{kN}$(인장)

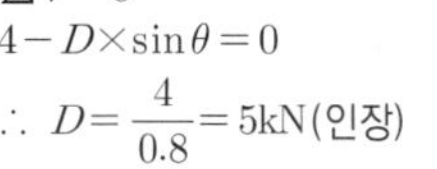

18 다음 그림의 트러스에서 연직부재 V의 부재력은?

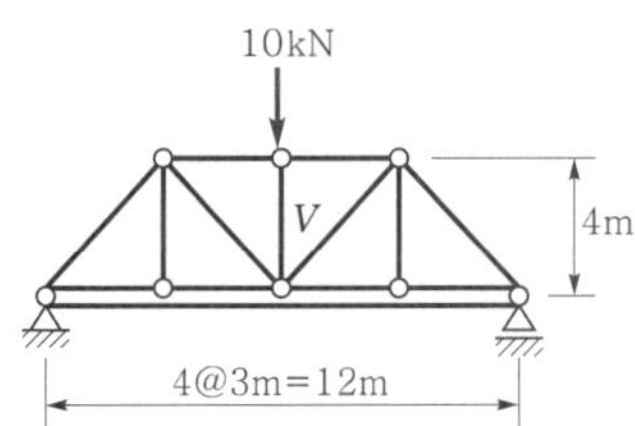

① 10kN(인장) ② 10kN(압축)
③ 5kN(인장) ④ 5kN(압축)

해설 V의 부재력
하중을 받고 있는 절점에서 절점법을 이용하면
$\sum V = 0$
$-10 - V = 0$
$\therefore V = -10\text{kN}$(압축)

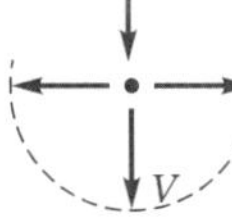

19 다음 그림과 같은 트러스에서 사재(斜材) D의 부재력은?

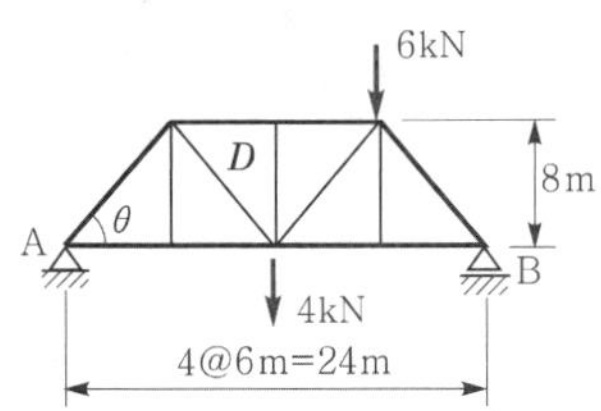

① 3.112kN ② 4.375kN
③ 5.465kN ④ 6.522kN

해설 D의 부재력
㉠ A점의 반력
$\sum M_B = 0$
$V_A \times 24 - 4 \times 12 - 6 \times 6 = 0$
$\therefore V_A = 3.5\text{kN}(\uparrow)$
㉡ 부재력
$\sum V = 0$
$3.5 - \dfrac{4}{5} D = 0$
$\therefore D = 4.375\text{kN}$(인장)

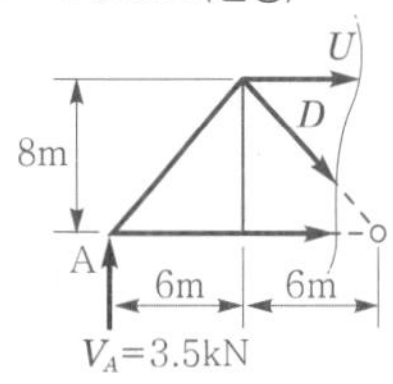

★★

20 다음 그림의 트러스에서 a부재의 부재내력을 구한 값은?

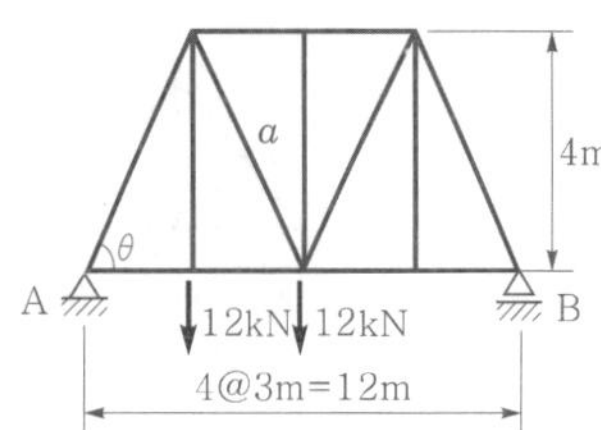

① 3.75kN ② 7.5kN
③ 11.25kN ④ 18.75kN

해설 a의 부재력
㉠ A점의 반력
$\sum M_B = 0$
$V_A \times 12 - 12 \times 9 - 12 \times 6 = 0$
$\therefore V_A = 15\text{kN}(\uparrow)$
㉡ 부재력
$\sum V = 0$
$15 - 12 - a \times \sin\theta = 0$
$\therefore a = 3 \times \dfrac{5}{4} = 3.75\text{kN}$(인장)

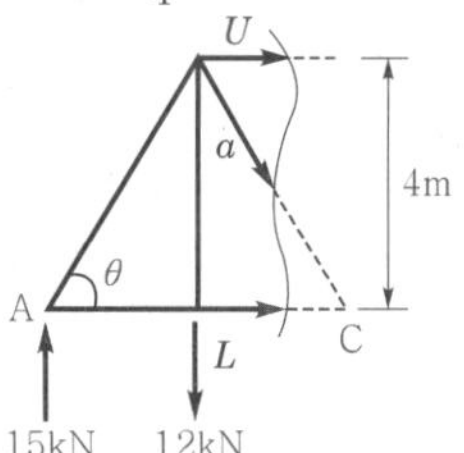

정답 17. ④ 18. ② 19. ② 20. ①

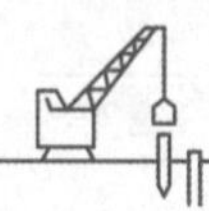

★
21 다음 그림과 같이 트러스에 하중이 작용할 때 BD의 부재력을 구한 값은?

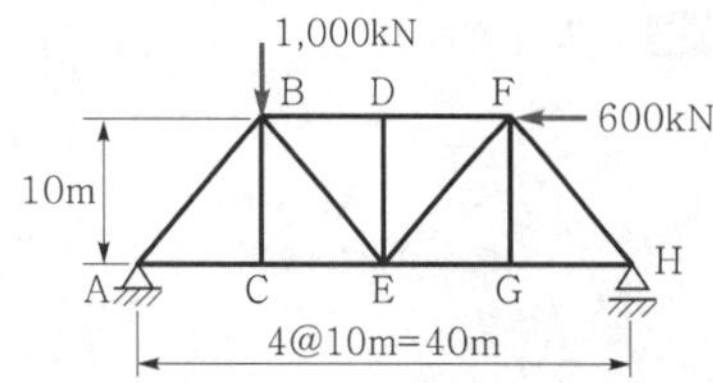

① 600kN(압축) ② 700kN(인장)
③ 800kN(압축) ④ 700kN(압축)

해설 $\overline{BD}$의 부재력
㉠ A점의 반력
$\Sigma M_H = 0$
$V_A \times 40 - 1{,}000 \times 30 - 600 \times 10 = 0$
$\therefore V_A = 900\text{kN}(\uparrow)$
㉡ 부재력
$\Sigma M_E = 0$
$900 \times 20 - 1{,}000 \times 10 + F_{BD} \times 10 = 0$
$\therefore F_{BD} = -800\text{kN}$(압축)

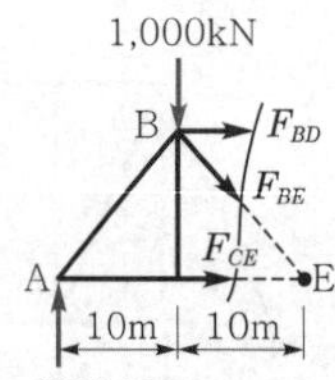

★
22 다음 그림과 같은 트러스의 부재력이 압축인 것은?

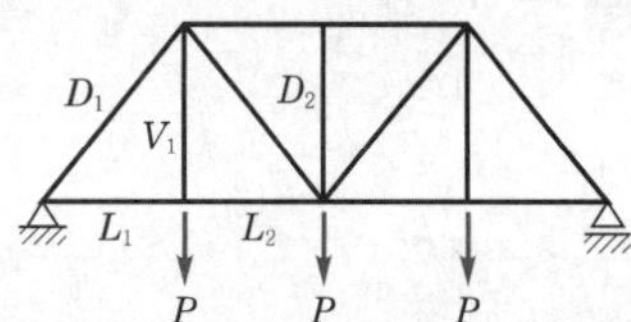

① D_1 ② D_2
③ L_1 ④ L_2

해설 트러스의 부재력
㉠ 하중이 하향으로 작용하는 경우 상현재(U)는 압축을 받고, 하현재(L_1)는 인장을 받는다.
㉡ 중앙을 향한 사재(D_1)는 압축을 받고, 중앙에서 밖으로 향한 사재(D_2)는 인장을 받는다.

23 다음 그림과 같은 트러스의 S부재의 부재력은?

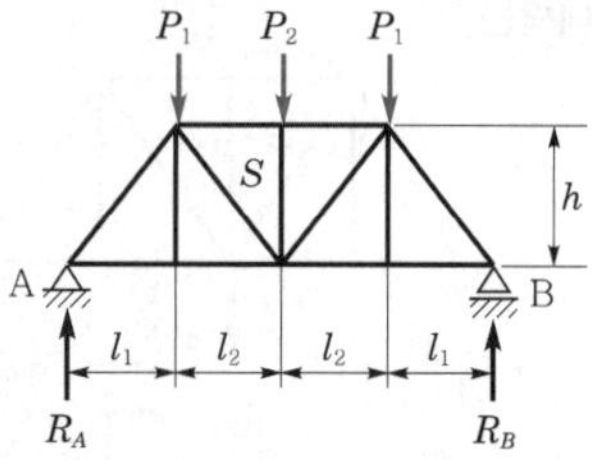

① $R_A - P_2$ ② $P_2 - R_A$
③ $P_1 + P_2 + P_1 - R_A$ ④ $-P_2$

해설 S의 부재력(절점법)
$\Sigma V = 0$
$-P_2 - S = 0$
$\therefore S = -P_2$(압축)
$\Sigma H = 0$
$-U_1 - U_2 = 0$
$\therefore U_1 = -U_2$(압축)

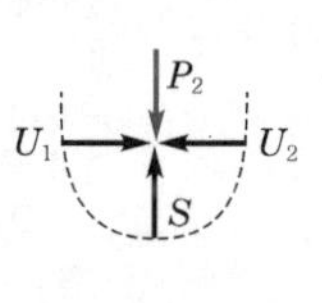

★★
24 다음 트러스의 부재 $U_1 L_2$의 부재력은?

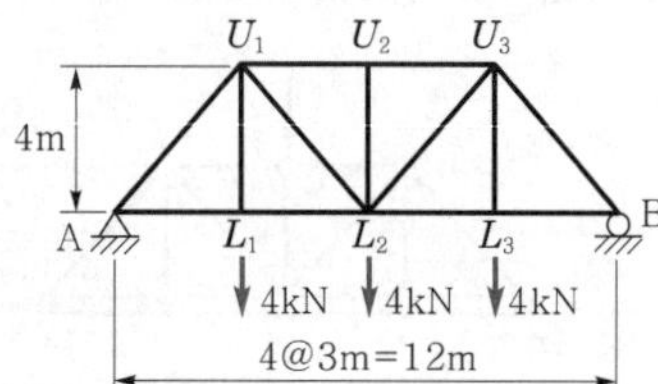

① 2.5kN(인장) ② 2kN(인장)
③ 2.5kN(압축) ④ 2kN(압축)

해설 $\overline{U_1L_2}$의 부재력
㉠ 반력
$V_A = V_B = 6\text{kN}(\uparrow)$
㉡ 부재력
$\Sigma V = 0$
$6 - 4 - \frac{4}{5} \times \overline{U_1L_2} = 0$
$\therefore \overline{U_1L_2} = 2.5\text{kN}$(인장)

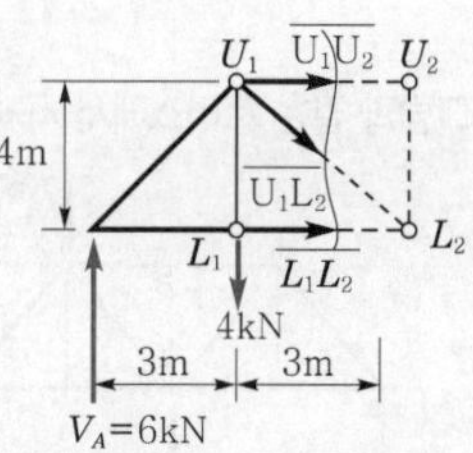

정답 21. ③ 22. ① 23. ④ 24. ①

★★
25 다음 그림과 같은 정정 트러스의 S_1, S_2, S_3부재의 부재력을 구하면 다음과 같다. 옳은 것은? (단, 인장은 (+)이다.)

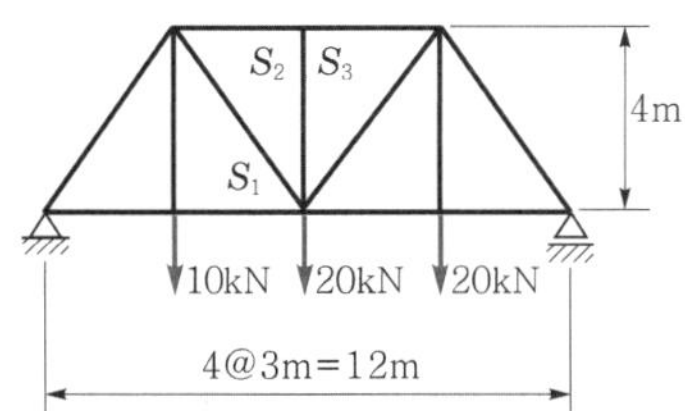

① $S_1=10kN$, $S_2=15.625kN$, $S_3=0kN$
② $S_1=-10kN$, $S_2=-15.625kN$, $S_3=10kN$
③ $S_1=10kN$, $S_2=15.625kN$, $S_3=10kN$
④ $S_1=10kN$, $S_2=-15.625kN$, $S_3=0kN$

해설 트러스의 부재력
㉠ 반력
$V_A\times12-10\times9-20\times6-20\times3=0$
$\therefore\ V_A=22.5kN(\uparrow)$
㉡ 부재력
• ①-① 단면에서 $S_1=+10kN$
• ②-② 단면에서 $22.5-10-S_2\times\sin\theta=0$
$\therefore\ S_2=+15.625kN$
• ③-③ 단면에서 $S_3=0$

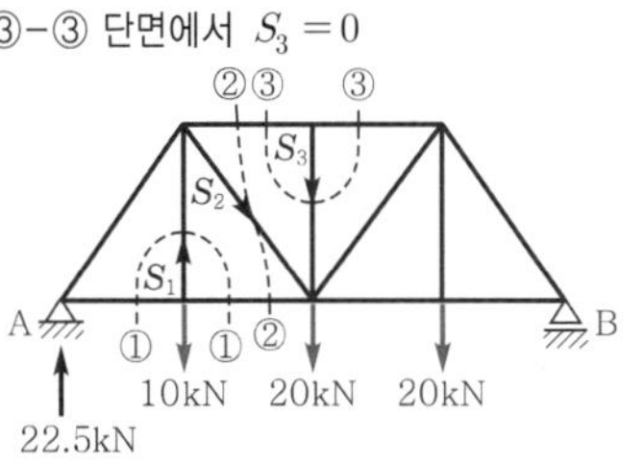

26 다음 그림과 같은 트러스의 상현재 U의 부재력은?

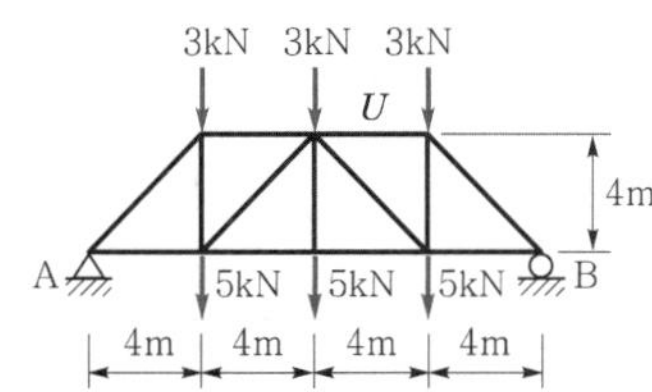

① 인장을 받으며 그 크기는 16kN이다.
② 압축을 받으며 그 크기는 16kN이다.
③ 인장을 받으며 그 크기는 12kN이다.
④ 압축을 받으며 그 크기는 12kN이다.

해설 U의 부재력
㉠ B점의 반력
$\Sigma M_A=0$
$8\times4+8\times8+8\times12-V_B\times16=0$
$\therefore\ V_B=12kN(\uparrow)$
㉡ 부재력
$\Sigma M_C=0$
$-U\times4-12\times4=0$
$\therefore\ U=-12kN$ (압축)

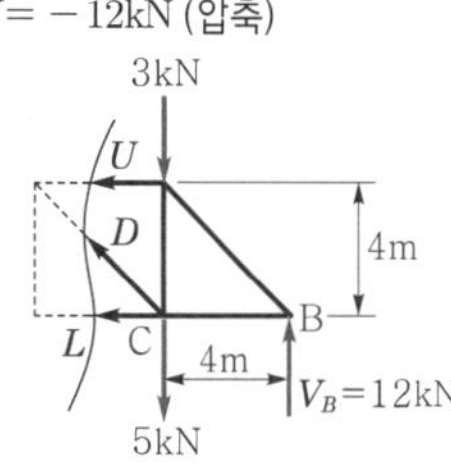

★
27 다음 트러스에서 상현재 U의 부재력은?

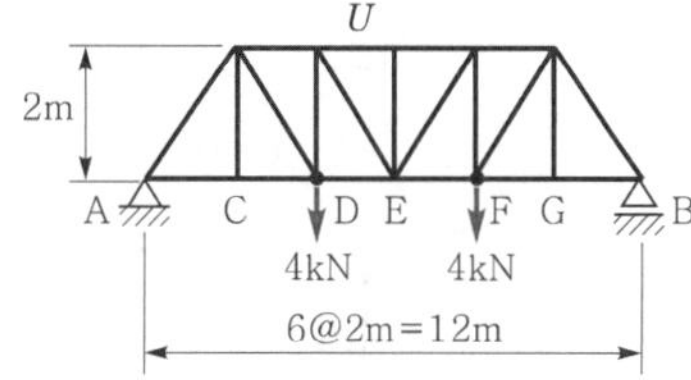

① 12kN(압축)
② 8kN(압축)
③ 8kN(인장)
④ 12kN(인장)

해설 U의 부재력
㉠ 반력
$V_A=4kN(\uparrow)$
㉡ 부재력
$\Sigma M_E=0$
$4\times6-4\times2+U\times2=0$
$\therefore\ U=-8kN$(압축)

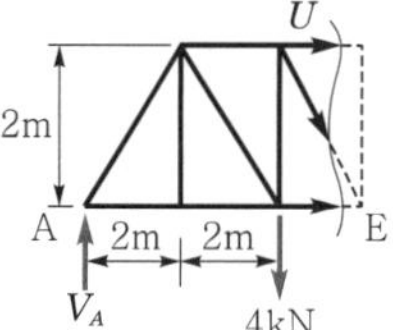

정답 25. ① 26. ④ 27. ②

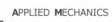

28 다음 그림과 같은 하우트러스의 bc부재의 부재력은?

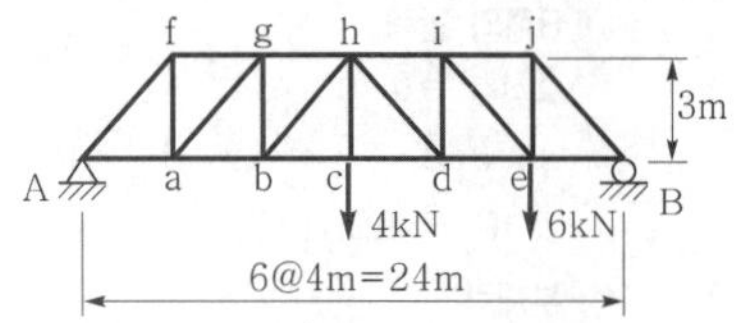

① 2kN

② 4kN

③ 8kN

④ 12kN

해설 $\overline{bc}$의 부재력

㉠ A점의 반력

$\Sigma M_B = 0$

$V_A \times 24 - 4\times 12 - 6\times 4 = 0$

$\therefore V_A = 3\text{kN}(\uparrow)$

㉡ 부재력

$\Sigma M_h = 0$

$3\times 12 - L_{bc}\times 3 = 0$

$\therefore L_{bc} = 12\text{kN}$(인장)

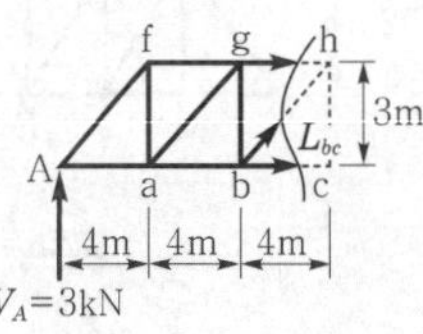

29 다음 트러스에서 하현재인 U부재의 부재력은?

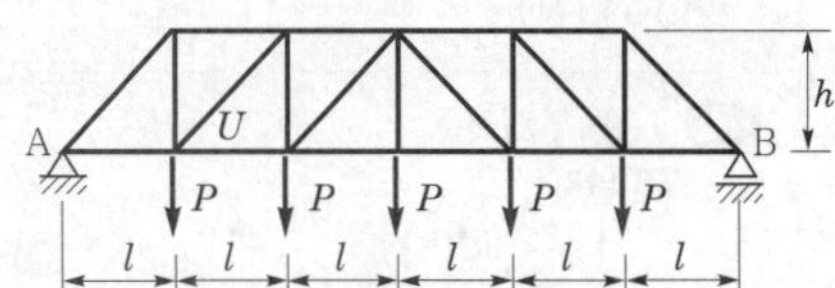

① $\dfrac{Pl}{h}$ ② $\dfrac{2Pl}{h}$

③ $\dfrac{4Pl}{h}$ ④ $\dfrac{6Pl}{h}$

해설 U의 부재력

㉠ A점의 반력

$\Sigma M_B = 0$

$V_A \times 6l - P\times(5l+4l+3l+2l+l) = 0$

$\therefore V_A = 2.5P(\uparrow)$

㉡ 부재력

$\Sigma M_D = 0$

$2.5P\times 2l - P\times l - U\times h = 0$

$\therefore U = \dfrac{4Pl}{h}$(인장)

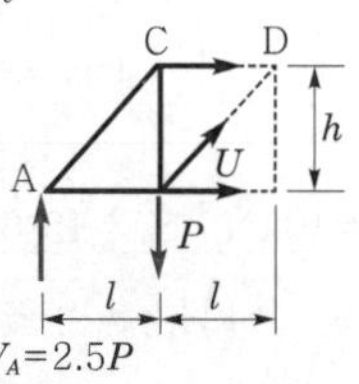

30 ★ 다음 그림과 같은 트러스에서 부재 V(중앙의 연직재)의 부재력은 얼마인가?

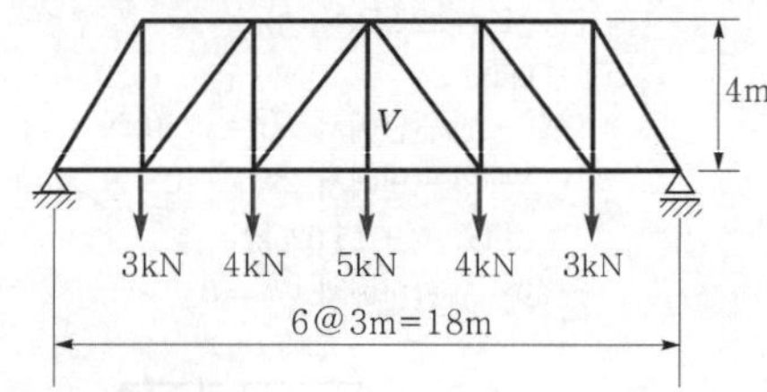

① 5kN(압축)

② 5kN(인장)

③ 4kN(압축)

④ 4kN(인장)

해설 V의 부재력(절점법)

$\Sigma H = 0$

$\therefore L_1 = L_2$

$\Sigma V = 0$

$\therefore V = 5\text{kN}$(인장)

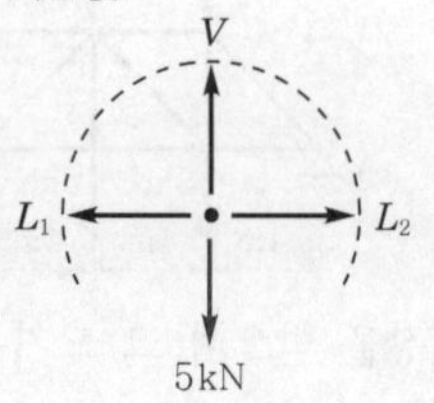

정답 28. ④ 29. ③ 30. ②

31 다음 그림과 같은 트러스의 부재 AD, AB의 부재력은 몇 kN인가? (단, 인장력은 (+)이다.)

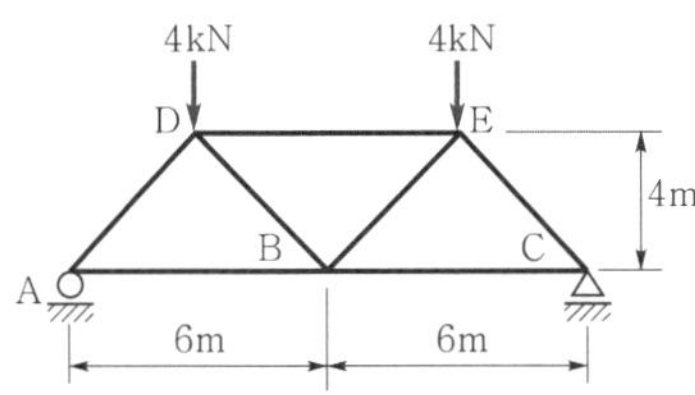

	AD부재	AB부재
①	−5kN	+4kN
②	−5kN	+3kN
③	+5kN	−3kN
④	+5kN	−4kN

해설 **트러스의 부재력(절점법)**

㉠ A점의 반력

$V_A = V_C = 4\text{kN}(\uparrow)$

㉡ 부재력

$\sum V = 0$

$\overline{AD} \times \sin\theta = -4$

$\therefore \overline{AD} = -4 \times \frac{5}{4} = -5\text{kN}$(압축)

$\sum H = 0$

$\therefore \overline{AB} = \overline{AD}\cos\theta = 5 \times \frac{3}{5} = 3\text{kN}$(인장)

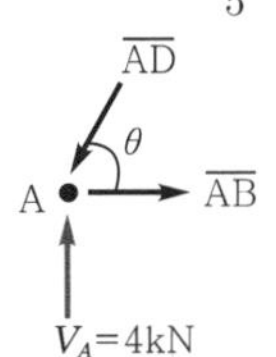

★★
32 다음 그림과 같은 와렌트러스의 부재력(U)는? (단, + : 인장, − : 압축)

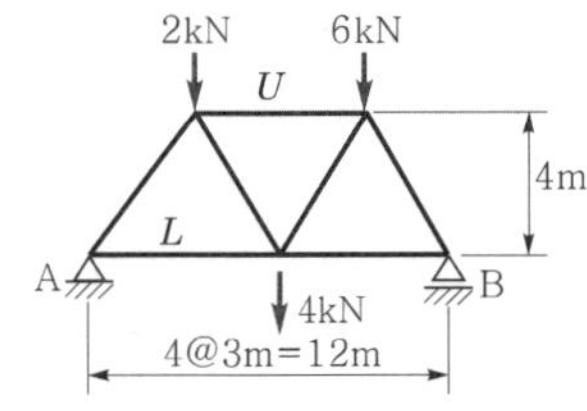

① 3.75kN ② −3.75kN
③ 6kN ④ −6kN

해설 U의 부재력(단면법)

㉠ A점의 반력

$\sum M_B = 0$

$V_A \times 12 - 2\times 9 - 4\times 6 - 6\times 3 = 0$

$\therefore V_A = 5\text{kN}(\uparrow)$

㉡ 부재력

$\sum M_C = 0$

$5\times 6 - 2\times 3 + U\times 4 = 0$

$\therefore U = -6\text{kN}$(압축)

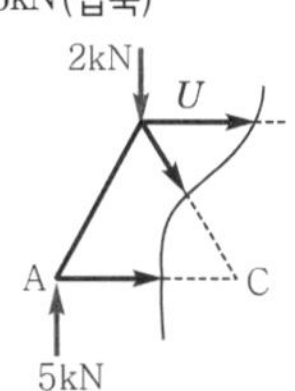

33 다음 그림과 같은 대칭 단순 트러스에서 대칭하중이 작용할 때의 $\overline{U_1U_2}$부재력을 구한 값은? (단, $\overline{U_1U_2}$의 길이는 6m이다.)

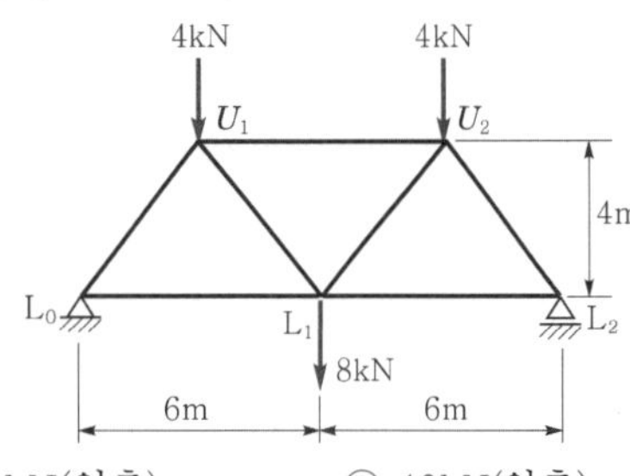

① 9kN(압축) ② 10kN(압축)
③ 11kN(압축) ④ 12kN(압축)

해설 $\overline{U_1U_2}$의 부재력(단면법)

㉠ L_0점의 반력

$\sum M_{L_2} = 0$

$V_{L_0} \times 12 - 4\times 9 - 8\times 6 - 4\times 3 = 0$

$\therefore V_{L_0} = 8\text{kN}(\uparrow)$

㉡ 부재력

$\sum M_{L_1} = 0$

$8\times 6 - 4\times 3 + \overline{U_1U_2}\times 4 = 0$

$\therefore \overline{U_1U_2} = -9\text{kN}$(압축)

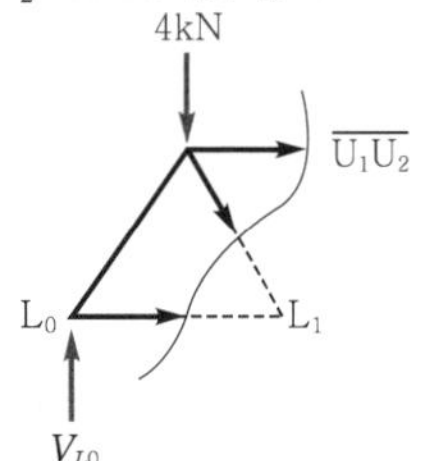

정답 31. ② 32. ④ 33. ①

★ 34 다음 그림의 트러스에서 D의 부재력은?

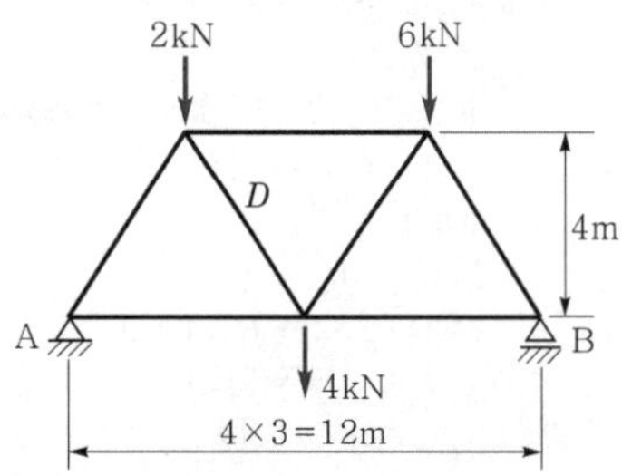

① -6kN ② 3.75kN
③ 8kN ④ 10kN

해설 D의 부재력(단면법)

㉠ 반력

$\Sigma M_B = 0$

$V_A \times 12 - 2\times 9 - 4\times 6 - 6\times 3 = 0$

$\therefore V_A = 5\text{kN}(\uparrow)$

㉡ 부재력

$\Sigma V = 0$

$5 - 2 - D\times \frac{4}{5} = 0$

$\therefore D = 3.75\text{kN}$(인장)

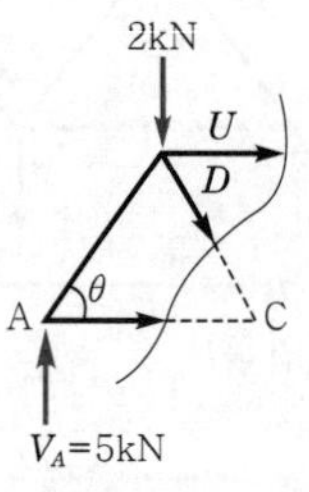

35 다음 그림과 같은 트러스에서 부재력 D는?

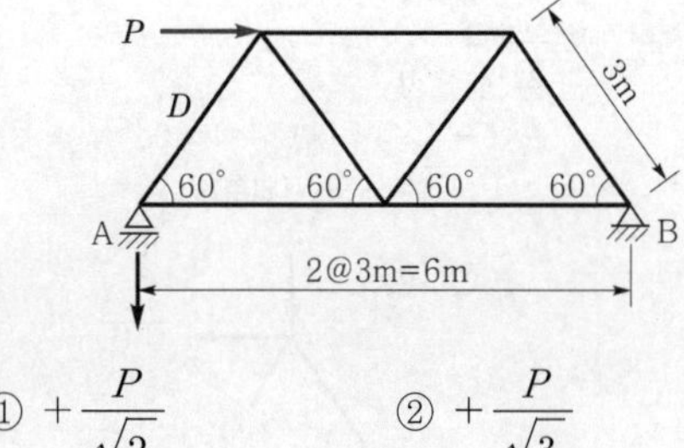

① $+\frac{P}{\sqrt{2}}$ ② $+\frac{P}{\sqrt{3}}$

③ $+\frac{P}{2}$ ④ $+\frac{P}{3}$

해설 D의 부재력(절점법)

㉠ A점의 반력

$\Sigma M_B = 0$

$-V_A \times 6 + P\times 3\sin 60° = 0$

$\therefore V_A = \frac{P\times 3\sin 60°}{6} = \frac{\sqrt{3}}{4}P(\downarrow)$

㉡ 부재력

$\Sigma V = 0$

$D\times \sin 60° = \frac{\sqrt{3}}{4}P$

$\therefore D = \frac{1}{2}P$ (인장)

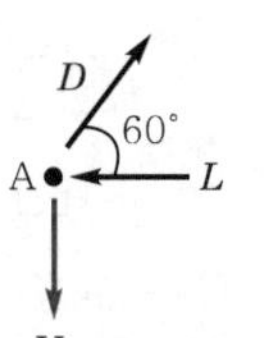

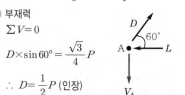

36 다음 그림과 같은 트러스에 수직하중 3kN이 작용했을 때 하현재 L_2의 부재력은 얼마인가?

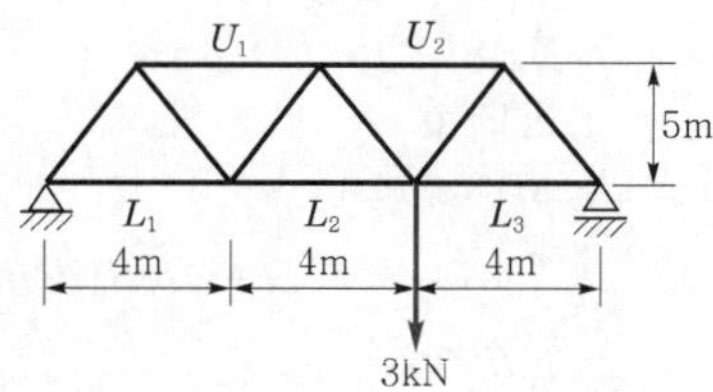

① 1.0kN
② 1.2kN
③ 1.5kN
④ 2.0kN

해설 L_2의 부재력

㉠ A점의 반력

$V_A \times 12 - 3\times 4 = 0$

$\therefore V_A = 1\text{kN}(\uparrow)$

㉡ 부재력

$\Sigma M_C = 0$

$1\times 6 - L_2 \times 5 = 0$

$\therefore L_2 = 1.2\text{kN}$(인장)

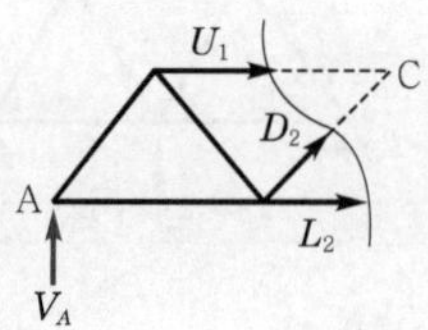

정답 34. ② 35. ③ 36. ②

★
37 다음 그림과 같은 트러스에 사하중($8wl$)이 작용할 때 A와 B의 경사부재는 각기 어떤 종류의 내력이 생기는가?

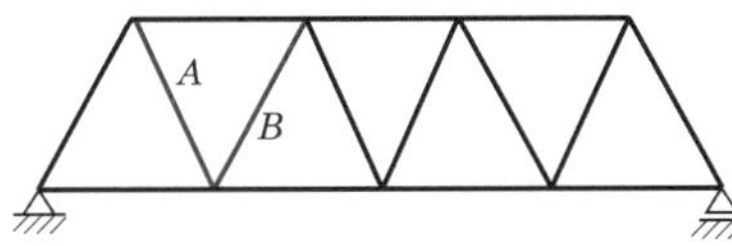

① A와 B가 모두 축장력
② A와 B가 모두 축압축
③ A는 축장력, B는 축압력
④ A와 B가 모두 휨모멘트와 전단력

해설 **트러스의 부재력**

㉠ 절점 ①에서

$\Sigma V=0$

$4wl-wl-A\sin\theta=0$

$\therefore A=\dfrac{3wl}{\sin\theta}$(축장력, 인장)

㉡ 절점 ②에서

$\Sigma V=0$

$4wl-2wl+B\sin\theta=0$

$\therefore B=-\dfrac{2wl}{\sin\theta}$(축압력, 압축)

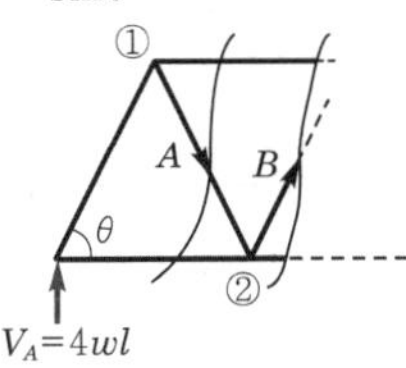

★★
38 다음 그림과 같은 하중을 받는 트러스에서 A지점은 힌지(hinge), B지점은 롤러(roller)로 되어 있을 때 A점의 반력의 합력크기는?

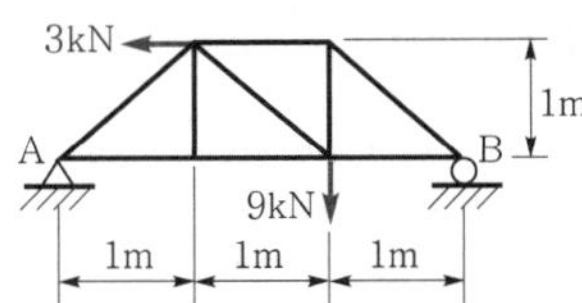

① 3kN
② 4kN
③ 5kN
④ 6kN

해설 A점의 반력

㉠ A점의 연직반력

$\Sigma M_B=0$

$V_A\times3-3\times1-9\times1=0$

$\therefore V_A=4\text{kN}(\uparrow)$

㉡ A점의 수평반력

$\Sigma H=0$

$H_A-3=0$

$\therefore H_A=3\text{kN}(\rightarrow)$

㉢ A점 반력의 합력

$R_A=\sqrt{{V_A}^2+{H_A}^2}=\sqrt{4^2+3^2}=5\text{kN}$

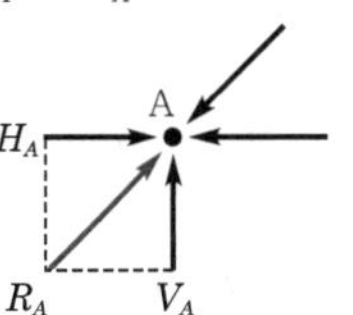

39 다음 트러스에서 a부재의 부재력은 얼마인가?

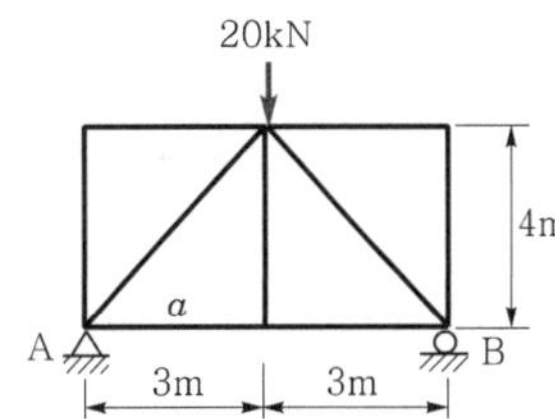

① 4.5kN　　② 6.0kN
③ 7.5kN　　④ 8.0kN

해설 L_a의 부재력

㉠ 반력

$V_A=V_B=10\text{kN}(\uparrow)$

㉡ 부재력

$\Sigma M_C=0$

$10\times3-L_a\times4=0$

$\therefore L_a=7.5\text{kN}$(인장)

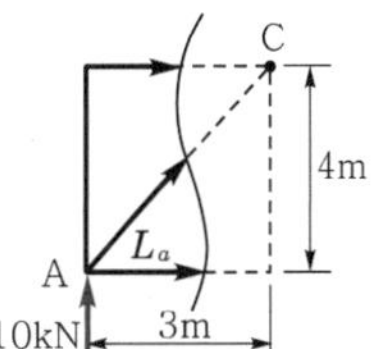

정답 37. ③ 38. ③ 39. ③

★★
40 다음 트러스에서 U_1부재의 부재력은?

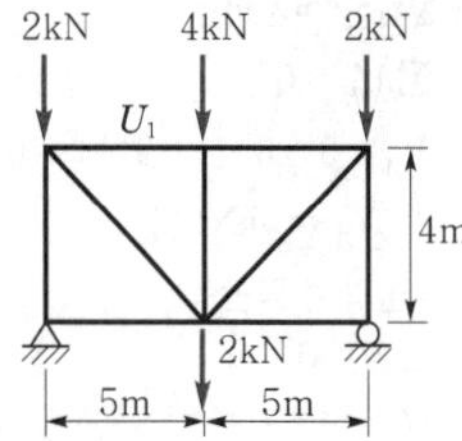

① 3.75kN(압축) ② 3.05kN(압축)
③ 2.83kN(압축) ④ 2.83kN(인장)

해설 U_1의 부재력
㉠ 반력
$V_A = 5\text{kN}(\uparrow)$
㉡ 부재력
$\Sigma M_C = 0$
$5\times5 - 2\times5 + U_1\times4 = 0$
$\therefore\ U_1 = 3.75\text{kN}$(압축)

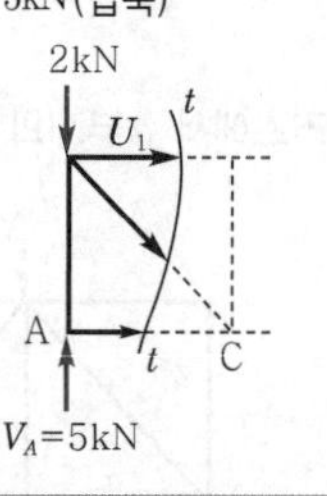

★
41 다음 트러스에서 A점의 반력의 크기(R_A)와 방향(θ)은 어느 것인가?

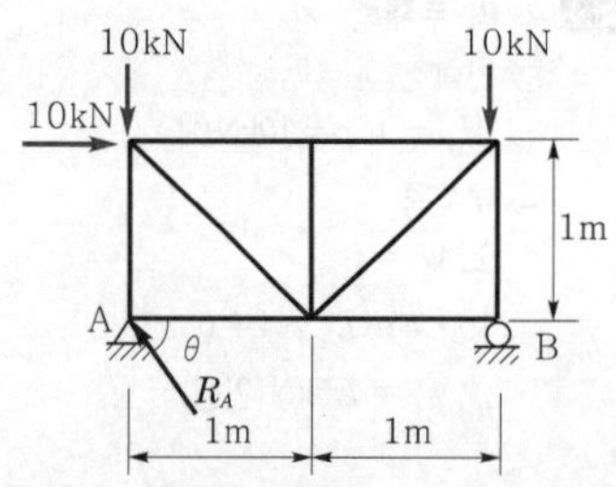

① $R_A = 5\text{kN},\ \theta = 82.36°$
② $R_A = 10\text{kN},\ \theta = 90°$
③ $R_A = 11.18\text{kN},\ \theta = 26.57°$
④ $R_A = 20.86\text{kN},\ \theta = 32.48°$

해설 A점의 반력과 방향
㉠ A점의 반력
$\Sigma M_B = 0$
$V_A\times2 - 10\times2 + 10\times1 = 0$
$\therefore\ V_A = 5\text{kN}(\uparrow)$
$\Sigma H = 0$
$H_A = 10\text{kN}(\leftarrow)$
$\therefore\ R_A = \sqrt{{H_A}^2 + {V_A}^2} = \sqrt{10^2+5^2}$
$= 11.18\text{kN}$
㉡ A점의 반력방향
$\tan\theta = \dfrac{\Sigma V}{\Sigma H} = \dfrac{5}{10}$

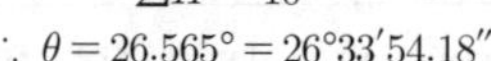
$\therefore\ \theta = 26.565° = 26°33'54.18''$

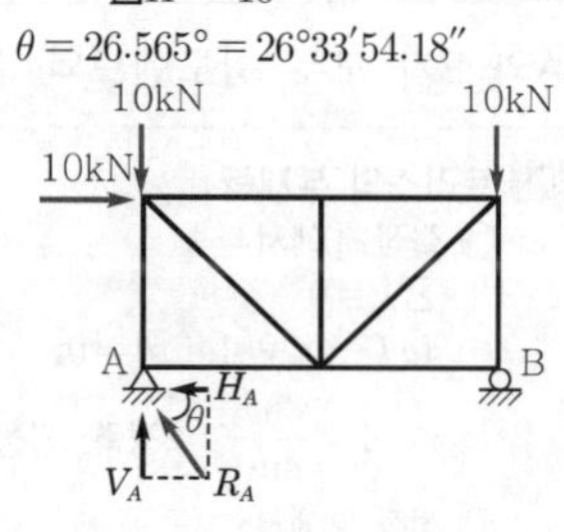

42 다음에서 T부재의 부재력은?

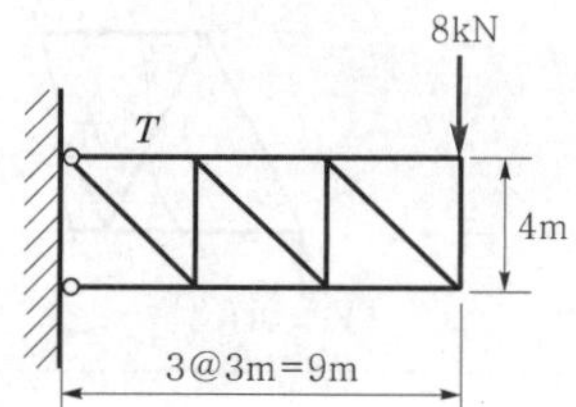

① 16kN(인장)
② 14kN(인장)
③ 12kN(인장)
④ 10kN(인장)

해설 T의 부재력
$\Sigma M_A = 0$
$-T\times4 + 8\times6 = 0$
$\therefore\ T = 12\text{kN}$(인장)

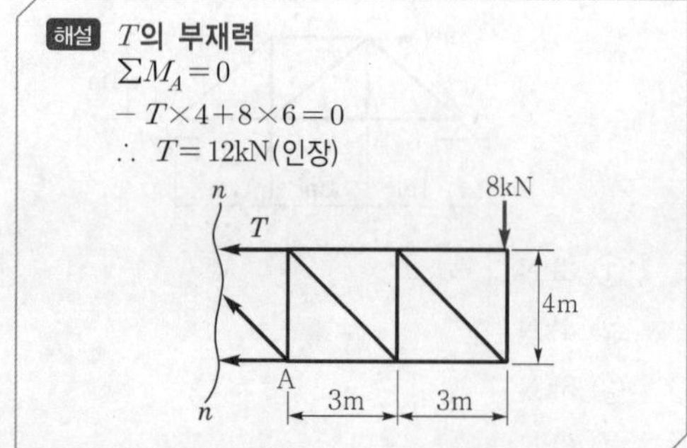

정답 40. ① 41. ③ 42. ③

★
43 다음 그림과 같은 트러스의 사재 D의 부재력은?

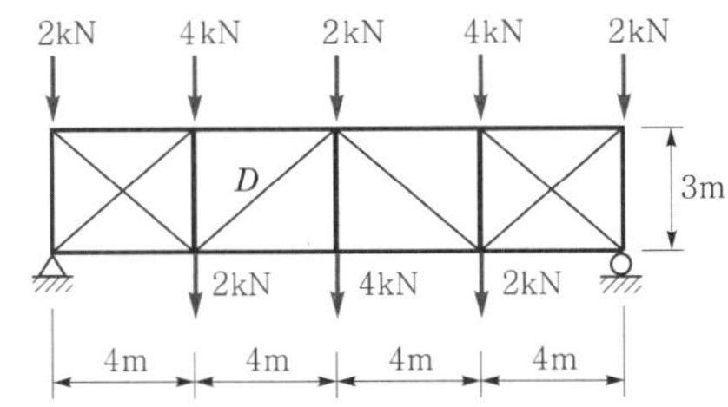

① 5kN(인장) ② 5kN(압축)
③ 3.75kN(인장) ④ 3.75kN(압축)

해설 D의 부재력
㉠ A점의 반력
$$V_A=\frac{2\times5+4\times3}{2}=11\text{kN}(\uparrow)$$
㉡ 부재력
$\Sigma V=0$
$$11-2-4-2+F_D\times\frac{3}{5}=0$$
$\therefore\ F_D=5\text{kN}$(압축)

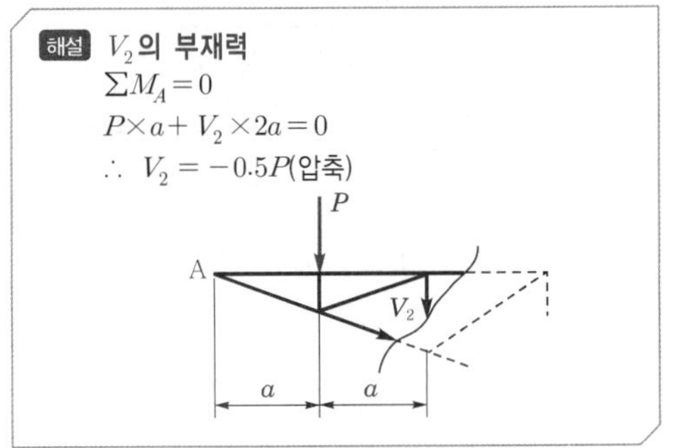

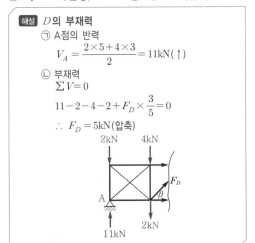

44 다음 트러스의 부재 V_2의 응력은?

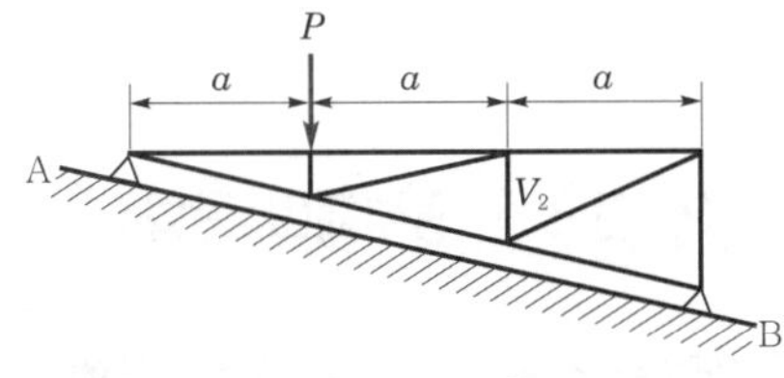

① 0 ② $-0.5P$
③ $-P$ ④ $-1.5P$

해설 V_2의 부재력
$\Sigma M_A=0$
$P\times a+V_2\times2a=0$
$\therefore\ V_2=-0.5P$(압축)

45 다음 그림과 같은 트러스에서 DE부재의 부재력값은?

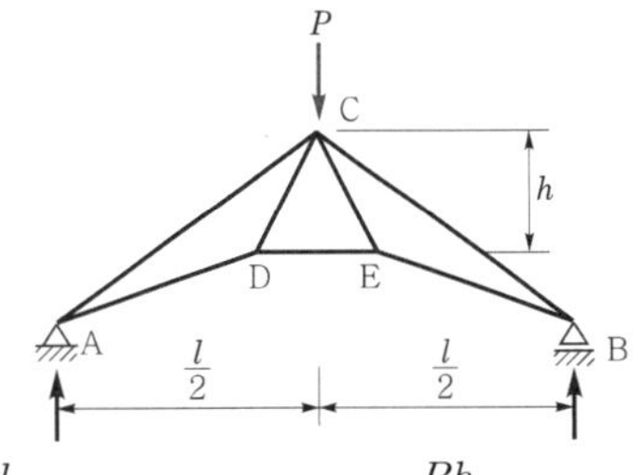

① $\dfrac{Pl}{2h}$ ② $\dfrac{Ph}{2l}$
③ $\dfrac{Pl}{4h}$ ④ $\dfrac{Ph}{4l}$

해설 $\overline{DE}$의 부재력
$\Sigma M_C=0$
$$\frac{P}{2}\times\frac{l}{2}-\overline{DE}\times h=0$$
$\therefore\ \overline{DE}=\dfrac{Pl}{4h}$(인장)

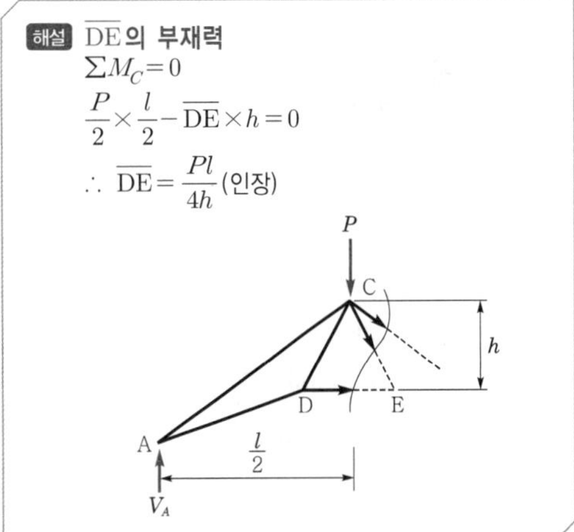

★
46 다음 그림과 같은 캔틸레버 트러스에서 DE부재의 부재력은?

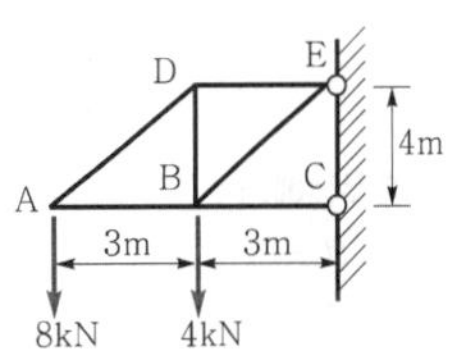

① 4kN ② 5kN
③ 6kN ④ 8kN

해설 $\overline{DE}$의 부재력
$\Sigma M_B=0$
$-8\times3+\overline{DE}\times4=0$
$\therefore\ \overline{DE}=6\text{kN}$(인장)

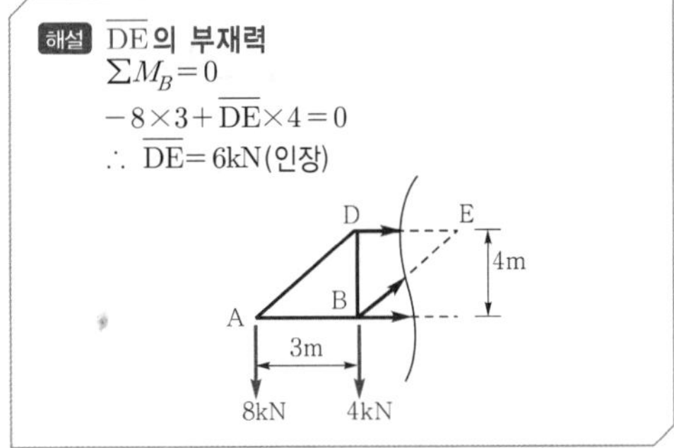

정답 43. ② 44. ② 45. ③ 46. ③

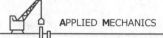

★
47 다음 트러스의 D부재의 부재력을 구하면?

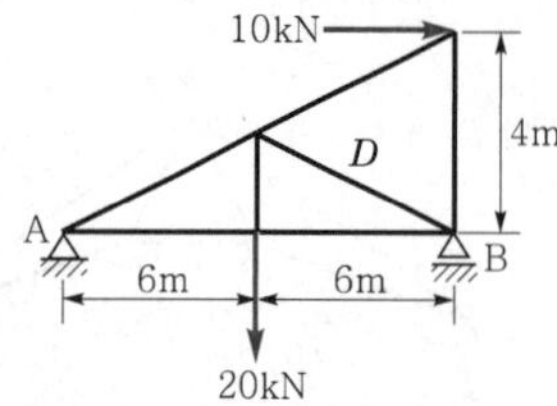

① -31.623kN
② -30.623kN
③ -27.623kN
④ -25.623kN

해설 D의 부재력

㉠ 반력

$\Sigma M_B = 0$

$V_A \times 12 + 10 \times 4 - 20 \times 6 = 0$

$\therefore\ V_A = \dfrac{20}{3}\text{kN}(\uparrow),\ \ V_B = \dfrac{40}{3}\text{kN}(\uparrow)$

㉡ A절점에서

$\Sigma V = 0$

$D_1 \times \sin\theta = \dfrac{20}{3}$

$\therefore\ D_1 = \dfrac{10\sqrt{40}}{3}\text{kN}$(압축)

$\Sigma H = 0$

$\therefore\ L = D_1 \times \cos\theta + 10 = 30\text{kN}$(인장)

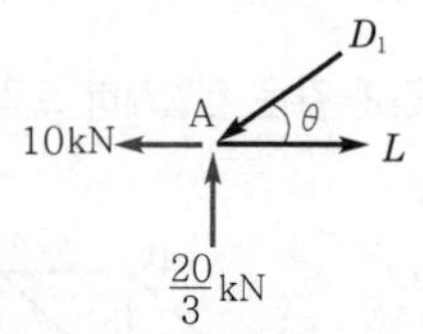

㉢ B절점에서

$\Sigma H = 0$

$-D \times \cos\theta + 30 = 0$

$\therefore\ D = 30 \times \dfrac{\sqrt{40}}{6} \fallingdotseq 31.623\text{kN}$(압축)

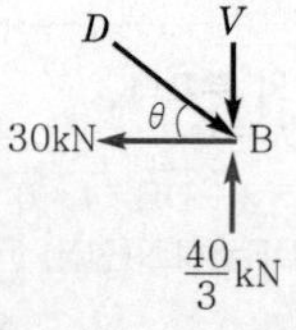

48 다음 그림과 같은 트러스의 절점 C에 작용하는 수평력 P로 인하여 부재 DF에 생기는 부재력을 구한 값은?

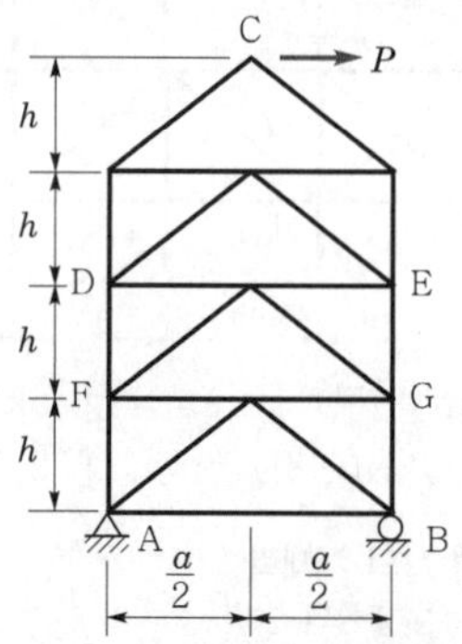

① $+\dfrac{2Ph}{a}$　　② $-\dfrac{2Ph}{a}$

③ $+\dfrac{2Pa}{h}$　　④ $-\dfrac{2Pa}{h}$

해설 $\overline{\text{DF}}$의 부재력

$\Sigma M_E = 0$

$-\overline{\text{DF}} \times a + P \times 2h = 0$

$\therefore\ \overline{\text{DF}} = \dfrac{2Ph}{a}$(인장)

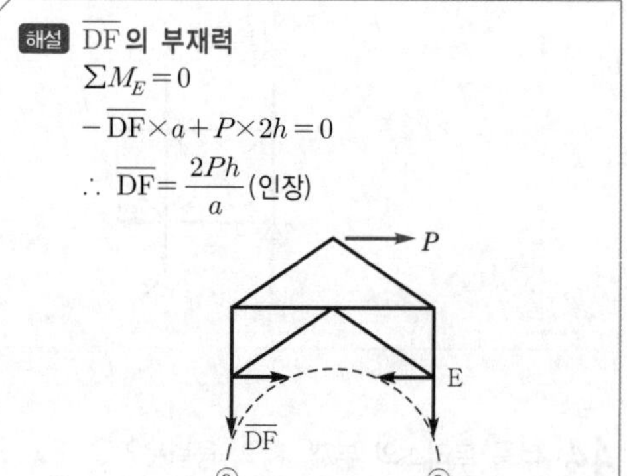

3. 트러스 영부재의 판별

★
49 다음 와렌트러스(warren truss)에서 V부재의 부재력은 "0"인데 V부재를 넣는 이유는 무엇인가?

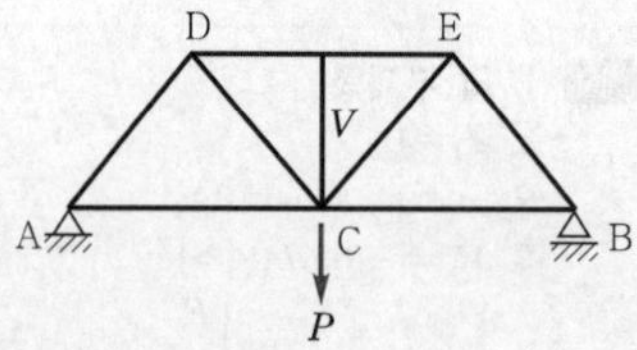

① 역학적 의미가 있어 넣는다.
② 미관상 넣는다.
③ 중심을 표시하기 위하여 넣는다.
④ 관례적으로 넣는다.

정답 47. ① 48. ① 49. ①

해설 영(zero)부재 설치이유(역학적 의미)
㉠ 변형 감소
㉡ 처짐 감소
㉢ 구조적 안정(이동하중)

50 다음 그림과 같은 와렌트러스에서 부재력이 0(영)인 부재는 몇 개인가?

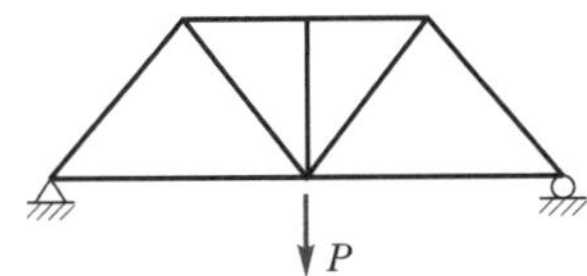

① 0개　② 1개
③ 2개　④ 3개

해설 영부재
1개

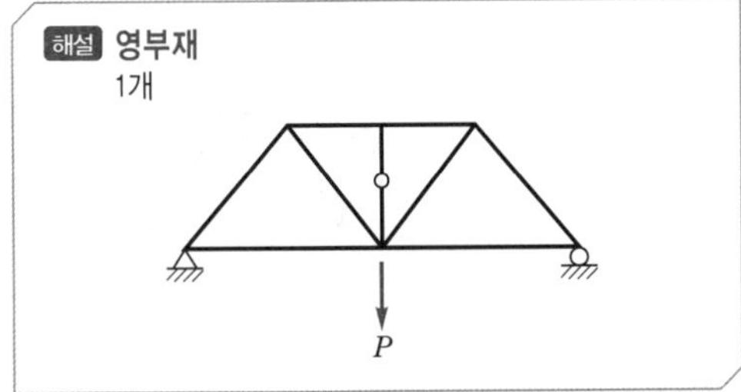

51 다음 그림과 같은 트러스의 부재력이 0인 부재수는?

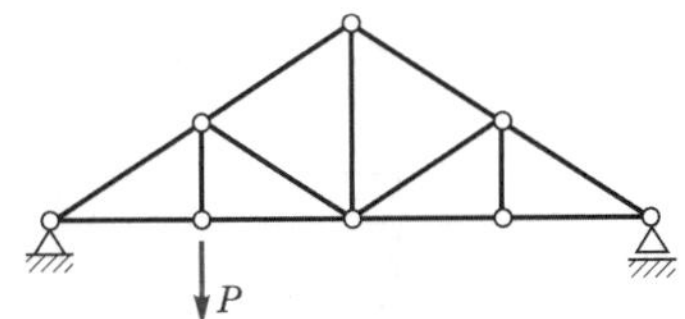

① 1개　② 2개
③ 3개　④ 4개

해설 영부재
2개

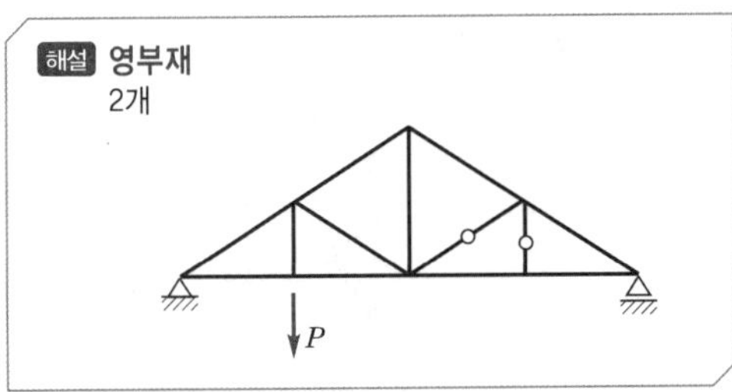

★★
52 다음 구조물의 영부재의 개수는?

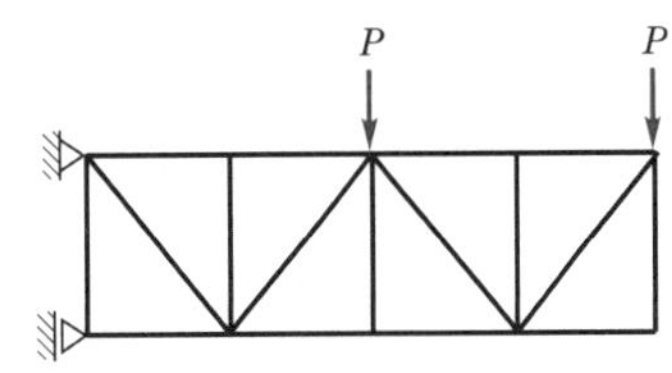

① 3개　② 4개
③ 5개　④ 6개

해설 영부재
6개

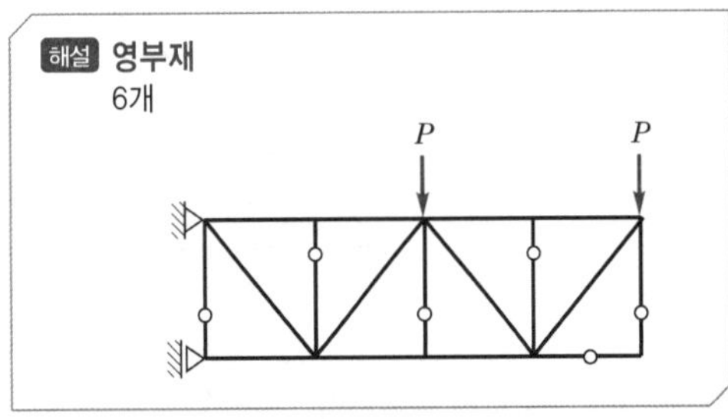

53 다음 그림과 같은 트러스에서 부재력이 0인 것은?

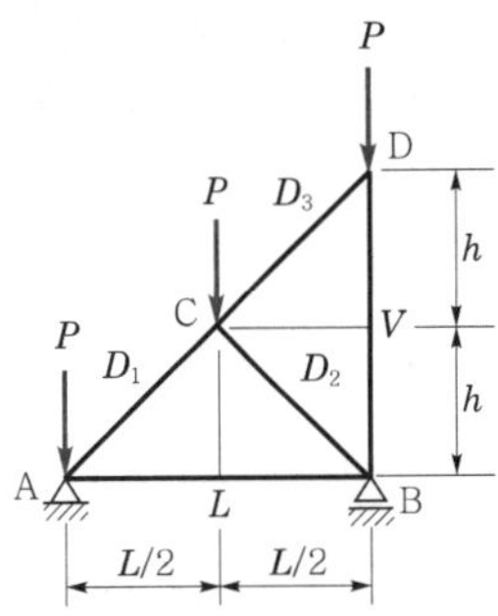

① D_3　② D_2
③ D_1　④ L

해설 영부재

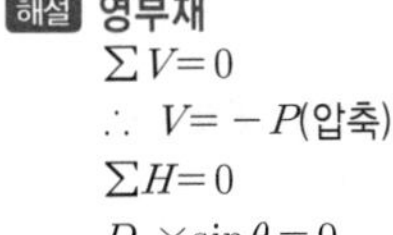

$\sum V=0$
$\therefore\ V=-P$(압축)
$\sum H=0$
$D_3\times\sin\theta=0$
$\therefore\ D_3=0$

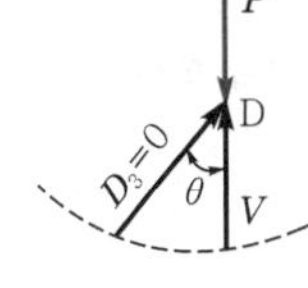

정답 50. ② 51. ② 52. ④ 53. ①

★
54 다음 그림과 같은 트러스에서 부재력이 0인 부재는?

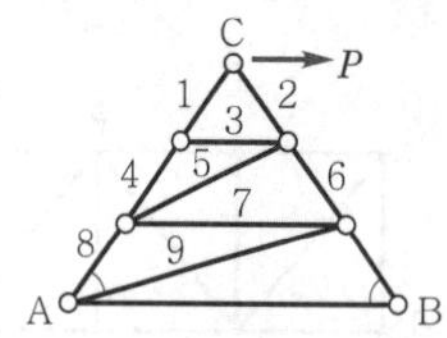

① 2, 4, 6, 8 ② 3, 5, 6, 9
③ 3, 5, 7, 9 ④ 2, 5, 7, 9

해설 영부재

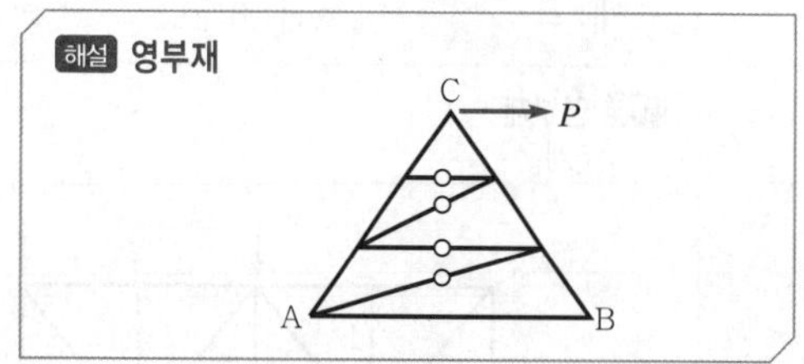

55 다음 구조물의 영부재의 개수는?

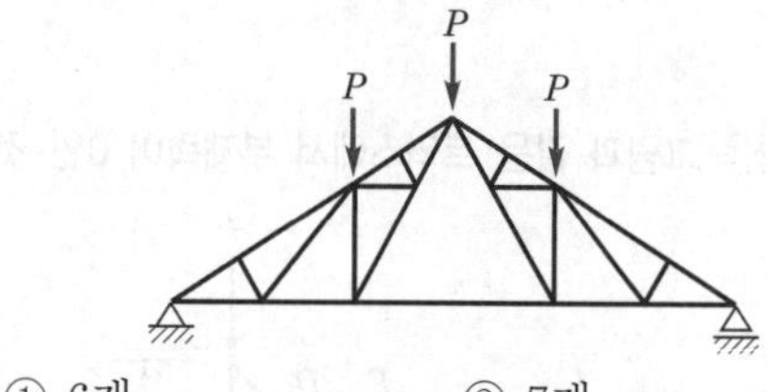

① 6개 ② 7개
③ 8개 ④ 9개

해설 영부재
8개

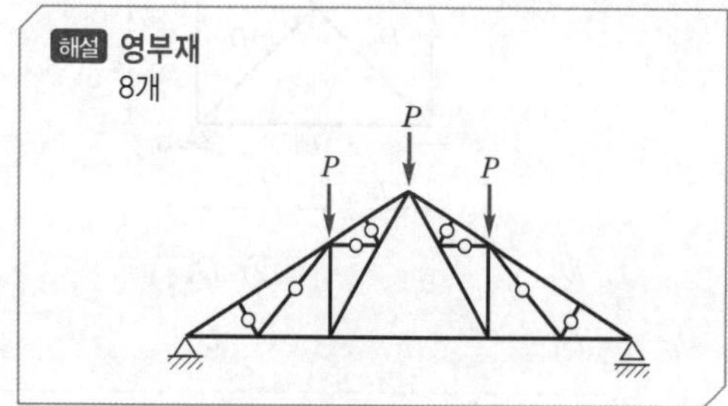

★
56 다음 트러스의 부재력이 0인 부재는?

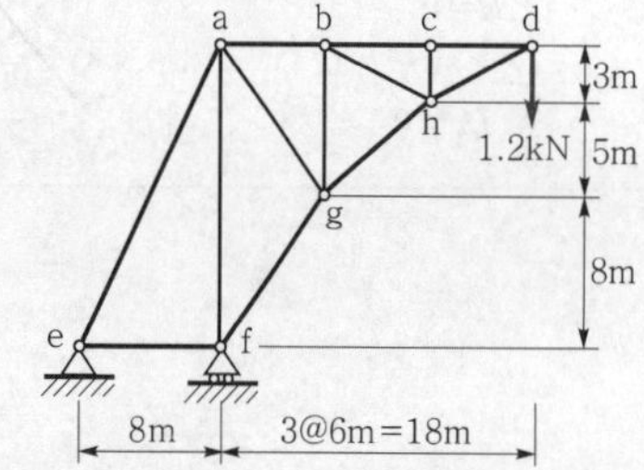

① 부재 a－e ② 부재 a－f
③ 부재 b－g ④ 부재 c－h

해설 영부재
$\Sigma H=0$
$\therefore\ \overline{bc}=\overline{cd}$
$\Sigma V=0$
$\therefore\ \overline{ch}=0$

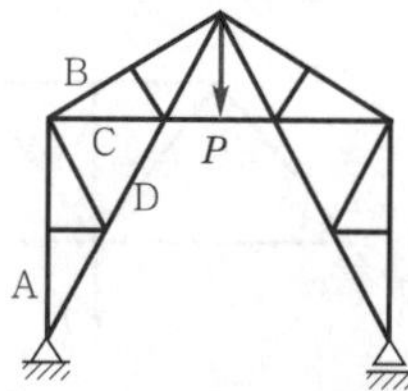

★★
57 다음 트러스에서 부재력이 0이 되는 것은?

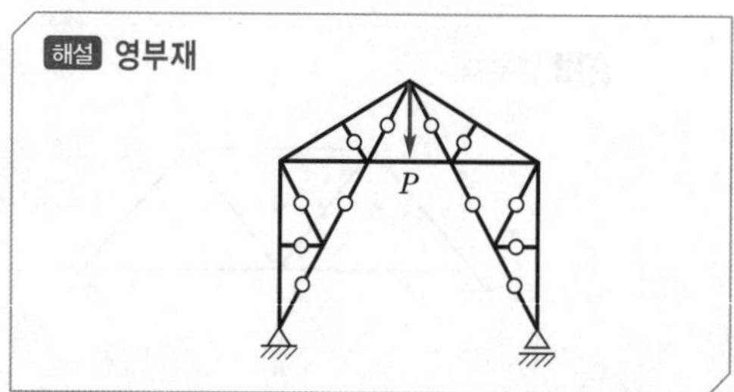

① A부재 ② B부재
③ C부재 ④ D부재

해설 영부재

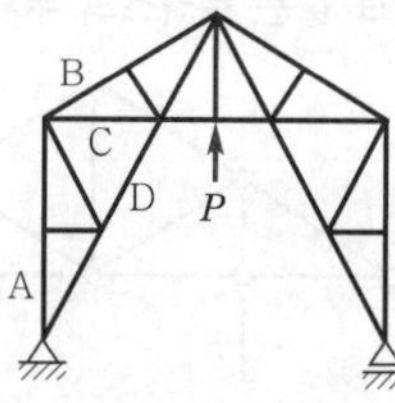

58 다음 트러스에서 부재력이 0이 되는 것은?

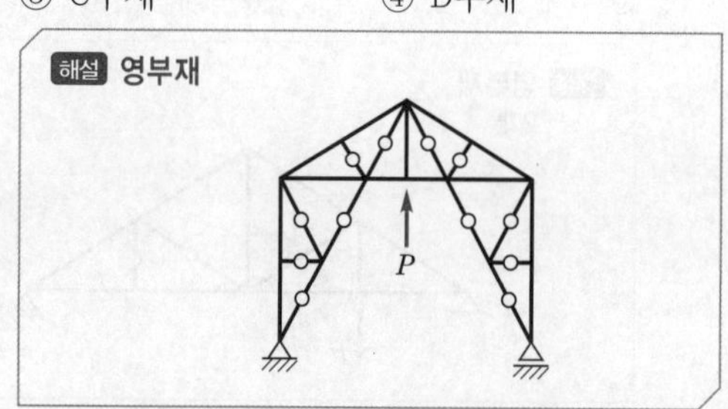

① A부재 ② B부재
③ C부재 ④ D부재

해설 영부재

정답 54. ③ 55. ③ 56. ④ 57. ④ 58. ④

CHAPTER 7

재료의 역학적 성질

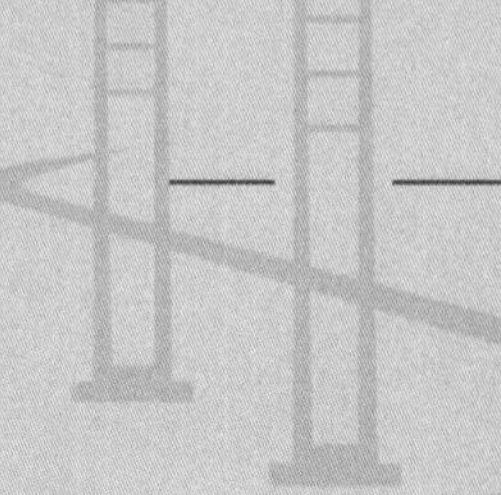

CHAPTER 07 재료의 역학적 성질

회독 체크표

1회독	월	일
2회독	월	일
3회독	월	일

최근 10년간 출제분석표

2015	2016	2017	2018	2019	2020	2021	2022	2023	2024
13.3%	11.7%	10.0%	11.7%	11.7%	13.4%	10.0%	11.7%	10.0%	11.7%

출제 POINT

학습 POINT
- 응력(강도)
- 생베낭의 원리
- 응력집중현상
- 수직응력, 전단응력, 휨응력
- 선변형률
- 푸아송비(ν), 푸아송수(m)
- 전단변형률
- 응력-변형률선도
- 탄성계수
- 훅의 법칙(Hooke's law)

■ 단면력
① 전단력
② 휨모멘트
③ 축방향력
④ 비틀림모멘트

SECTION 1 응력과 변형률

1 응력

1) 응력(stress)의 정의 및 효과

(1) 응력의 정의

① 구조물에 외력이 작용하면 임의 부재에 단면력(전단력, 휨모멘트, 축방향력, 비틀림모멘트)이 발생하게 되고, 이 단면력에 의하여 구조물의 내부에서는 평형을 유지하기 위해여 내력이 발생하는데, 이 **내력**을 응력(stress)이라고 한다.

② 단면 전체에 대한 응력을 전 응력, 단위면적에 작용하는 응력을 단위응력이라고 한다. 보통 응력이라 함은 **단위응력**을 말한다.

③ 구조물이 하중에 저항하는 능력을 강도(strength)라고 하는데, 일반적으로 **재료의 강도**는 응력으로 나타내고 재료 단면에 수직(법선방향)으로 발생하기 때문에 수직응력(normal stress)이라 한다. 보통 인장을 (+), 압축을 (−)로 한다.

$$\sigma_{\substack{t\\c}} = \pm \frac{P}{A}$$

④ 응력의 단위 : kN/m^2(=kPa), N/mm^2(=MPa), kgf/cm^2, tf/m^2, lb/in^2(=psi) 등

(2) 응력집중의 효과

① 생베낭(Saint Venant)의 원리
집중하중을 받는 점 바로 밑에서의 최고응력은 평균응력보다 매우 크게 나타나고, 하중작용점에서 멀어질수록 최대 응력은 빨리 감소한다. 하중작용점에서 폭 b만큼 떨어진 위치에서 응력분포는 거의 균일하게 된다는 원리이다. 이 원리는 집중하중이 작용하는 곳이나 단면이 급격히 변하는 곳에 적용할 수 있다.

② 응력집중(stress concentration)현상

단면의 모양이 급작스런 변화를 가지는 곳에서는 평균응력(균일응력)보다 매우 큰 응력이 국부적으로 집중하여 나타나게 되는데, 이 현상을 응력집중현상이라고 한다. 이 응력집중현상에 의해 부재의 균열이나 파괴가 나타날 수 있다.

③ 응력집중계수(stress-concentration factor, K)

통상 최대 응력과 공칭응력의 비로 나타내며, 응력집중의 세기를 말한다.

$$K = \frac{\sigma_{\max}}{\sigma_{nom}}$$

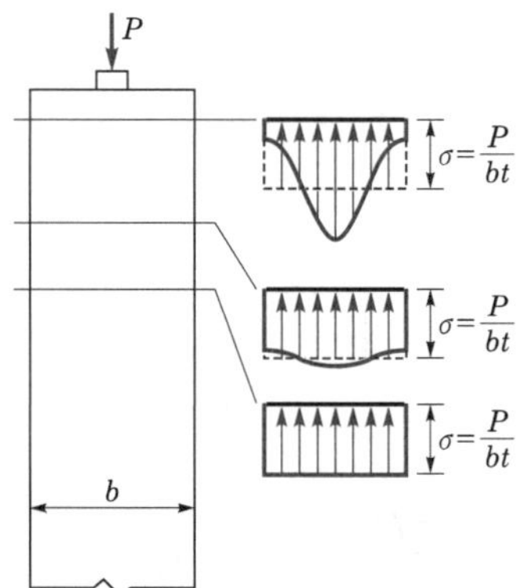

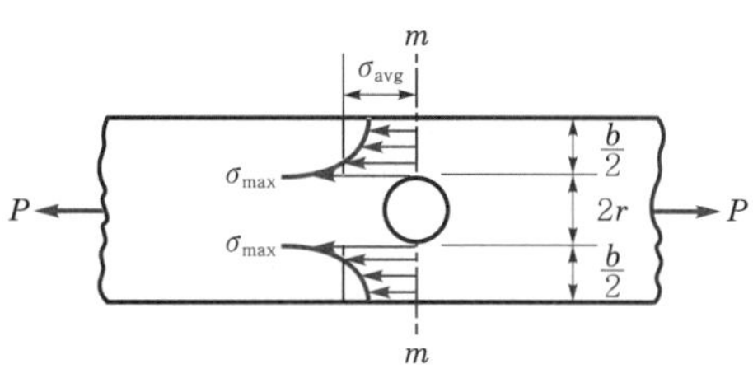

(a) Saint Venant의 원리 (b) 응력집중현상

[그림 7-1] 응력집중

2) 단순응력의 종류

■ 단순응력의 종류

① 수직응력(법선응력)
② 전단응력(접선응력)
③ 휨응력
④ 비틀림응력
⑤ 온도응력
⑥ 원환응력(원주방향 응력)
⑦ 원통응력(축방향 응력)
⑧ 막응력 등

(1) 수직응력(축응력, 법선응력)

① 부재의 축방향으로 하중이 작용하는 경우에 발생하는 응력이다.

② 인장응력 : $\sigma_t = +\frac{P}{A}$

③ 압축응력 : $\sigma_c = -\frac{P}{A}$

(2) 전단응력(접선응력)

① 부재축의 직각방향으로 하중이 작용하는 경우에 발생하는 응력이다.

② 수직 전단응력(평균) : $\tau = \frac{S}{A}$

③ 수평 전단응력(일반식) : $\tau = \frac{SG}{Ib}$

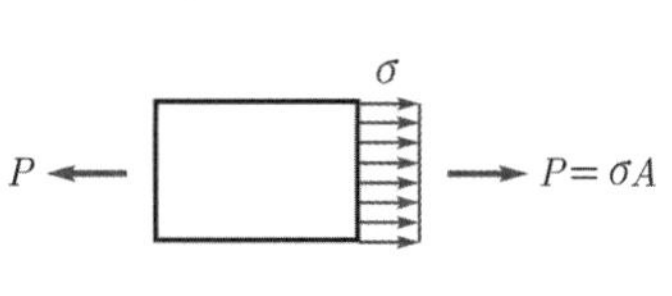

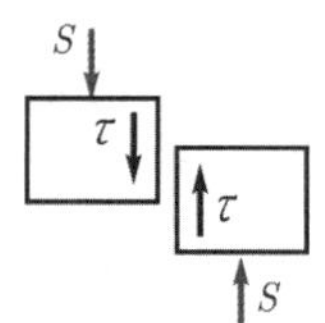

(a) 수직응력 (b) 전단응력

[그림 7-2] 수직응력과 전단응력

출제 POINT

■ 비틀림

① 단위비틀림각

$\theta = \frac{\phi}{L} = \frac{T}{GI_P}$

② 전 비틀림각

$\phi = \frac{TL}{GI_P}$

③ 비틀림응력(원형 단면)

$\tau_{\max} = Gr\theta = Gr\frac{T}{GI_P}$

$= \frac{T}{I_P}r$

(3) 휨응력

① 휨을 받는 부재의 단면에서 발생하는 응력으로, (+)의 휨을 받는 경우 상연이 **압축**, 하연이 **인장**을 받는다.

② 단면에서 임의 점의 휨응력 : $\sigma = \pm \frac{M}{I}y$

③ 단면에서 연단의 최대 휨응력 : $\sigma = \pm \frac{M}{Z}$

(4) 비틀림응력

① 비틀림모멘트를 받는 부재의 단면에서 발생하는 응력이다.

② 비틀림응력 일반식

$$\sigma = \frac{T}{J}r$$

단, 원형 단면의 경우는 $\sigma = \frac{T}{I_P}r$이다.

여기서, T : 비틀림모멘트, J : 비틀림상수

r : 원의 중심으로부터 거리

I_P : 단면2차극모멘트$\left(= I_X + I_Y = \frac{\pi D^4}{32} = \frac{\pi r^4}{2}\right)$

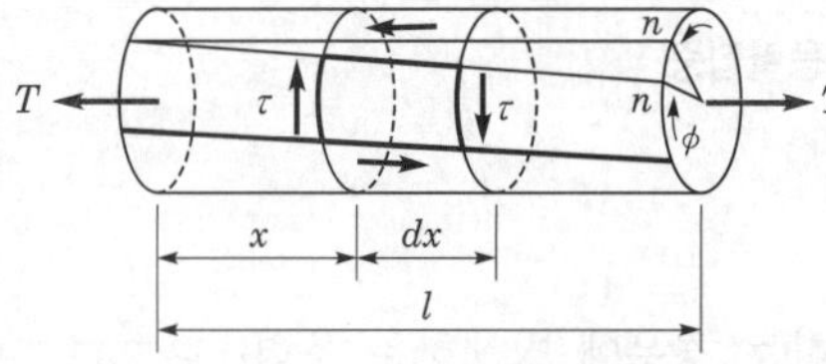

(a) 전 비틀림각

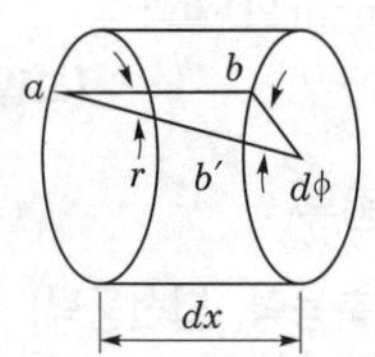

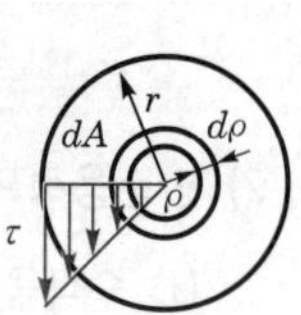

(b) 단위비틀림각

[그림 7-3] 비틀림응력

(5) 온도응력

① 온도변화에 따른 변형에 의해 부재의 단면에서 발생하는 응력을 말한다.

② 온도응력 일반식

$$\sigma = E\varepsilon_t = E\alpha\Delta t$$

(6) 원통형 얇은 압력용기

① 압력용기는 압축된 공기나 유체를 저장하기 위한 저장 구조물로 내압을 받으며, 일반적으로 원통형 또는 구형이다.

② 원환응력(횡방향응력, 원주방향응력)

원관 내의 압력에 의해 **원환** 속에서 발생하는 응력을 말한다.

$$\sigma_t = \frac{P}{A} = \frac{Pr}{t} = \frac{Pd}{2t} = \sigma_y$$

③ 원통응력(종방향 응력, 축방향 응력)

원관 내의 압력에 의해 **원통** 속에서 발생하는 응력을 말한다. 원통응력은 원환응력의 1/2 정도이다.

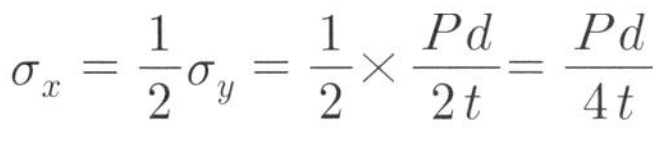

$$\sigma_x = \frac{1}{2}\sigma_y = \frac{1}{2} \times \frac{Pd}{2t} = \frac{Pd}{4t}$$

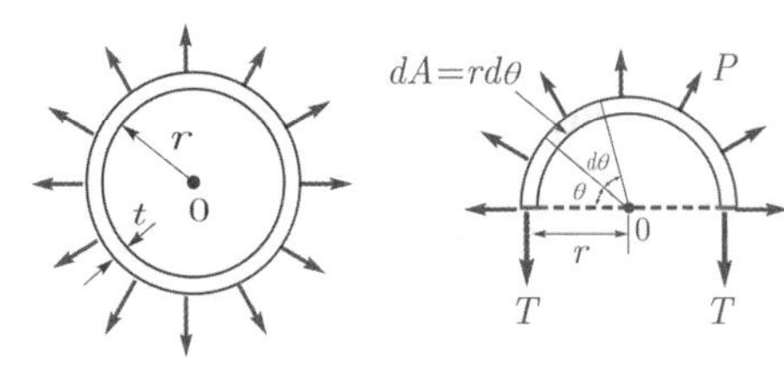

(a) 원환응력

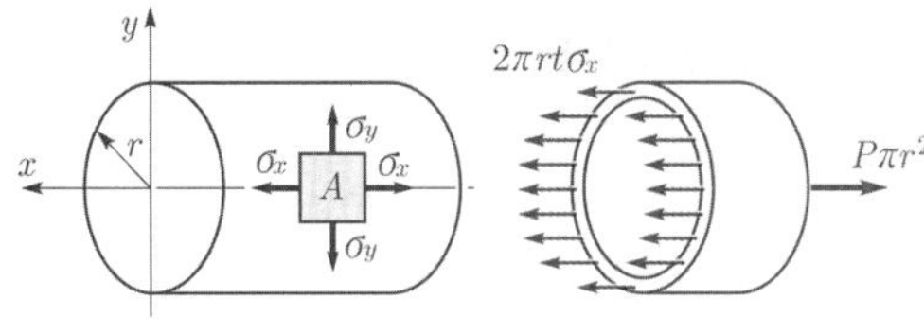

(b) 원통응력

[그림 7-4] 원통형 얇은 압력용기

2 변형률

1) 변형률(strain) 및 연신율

(1) 변형률

① 변형률은 축방향으로 하중이 작용하는 경우 축방향 변형이 발생한다. 이때 구조물 본래의 길이와 늘어나거나 줄어든 길이의 비로 나타낸다.

$$\text{변형률}(\varepsilon) = \pm \frac{\text{변형된 길이}(\Delta l)}{\text{원래 길이}(l)}$$

② 재료 단면에 수직(법선방향)으로 변형이 발생하므로 수직변형률(normal strain)이라고 한다.

③ 변형률의 단위는 **무차원량**으로 단위가 없다.

(2) 연신율(percent elongation)

① 연신율은 표시점 간의 변화량($L'-L$)을 본래의 표시점 간 거리(L)에 대한 **백분율**(%)로 나타낸 것을 연신율이라고 한다.

② 연신율의 크기

$$\text{연신율} = \frac{L'-L}{L} \times 100\%$$

여기서, L' : 파단된 시험편의 표시점 간의 거리

출제 POINT

■ **구형 압력용기(막응력)**

① 구의 대칭성으로부터 모든 방향으로 동일한 인장응력(σ)이 곡면의 접선방향으로 작용하는 응력을 막응력(membrane stress)이라 한다.

② 구형 압력용기의 벽체에 작용하는 수직응력

$$\sigma = \frac{Pr}{2t} = \frac{Pd}{4t}$$

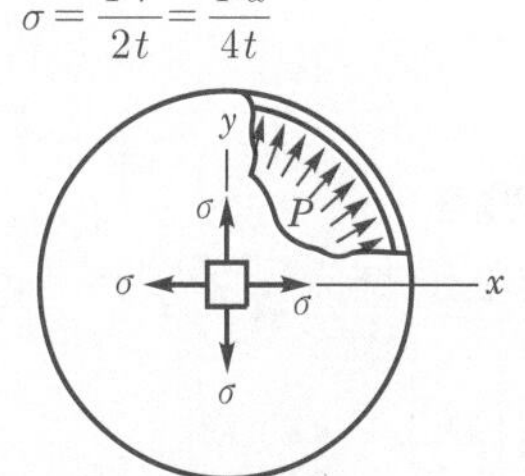

(a) 구형 압력용기

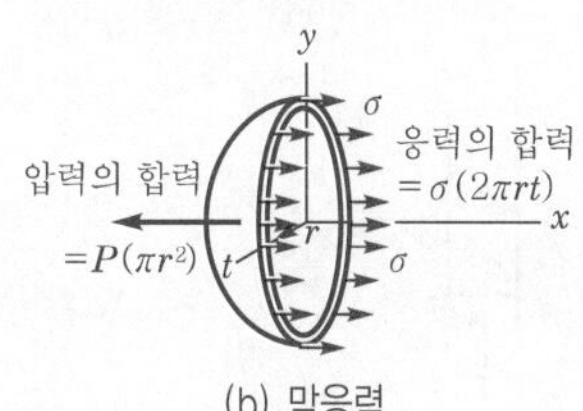

(b) 막응력

출제 POINT

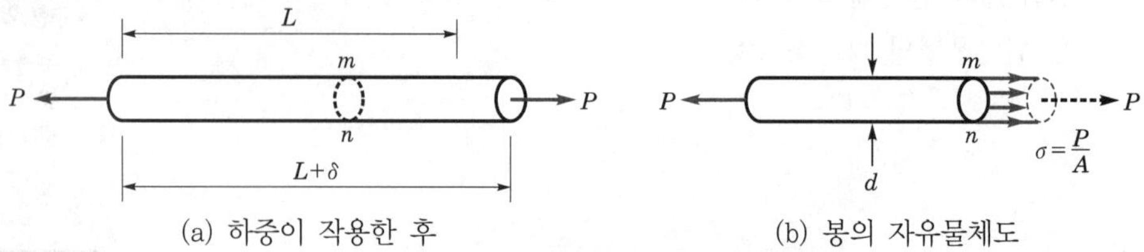

(a) 하중이 작용한 후 (b) 봉의 자유물체도

[그림 7-5] 인장을 받는 균일 단면봉

■ 선변형률

① 변형 전 단면

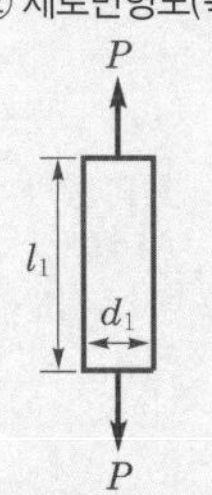

② 세로변형도(축방향)

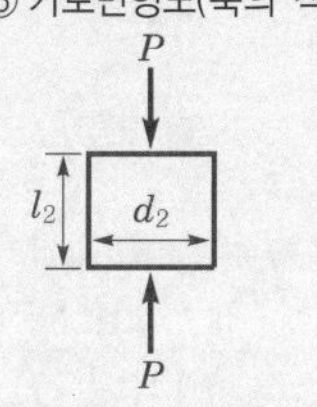

③ 가로변형도(축의 직각방향)

P
l_2 d_2
P

■ 푸아송비(ν)와 푸아송수(m)

① 강재 : ν=0.3, m=3~4

② 콘크리트 : ν=0.17, m=6~12

2) 선변형률과 기타 변형률

(1) 선변형률의 정의

① 부재의 축방향력을 받았을 때의 변형량과 변형 전 길이와의 비로 길이변형률이라고도 한다. 축방향 변형과 횡방향 변형이 있다.

② 세로변형률(축방향 변형률)

$$\varepsilon_x = \frac{\Delta l}{l}$$

③ 가로변형률(횡방향 변형률)

$$\beta = \frac{\Delta d}{d}$$

(2) 푸아송비와 푸아송수

① 푸아송비(Poisson's ratio)는 세로변형률에 대한 가로변형률의 비로 나타낸다.

$$\nu = \frac{\text{가로변형률}}{\text{세로변형률}} = -\frac{1}{m} = \frac{\beta}{\varepsilon} = \frac{\Delta d/d}{\Delta l/l} = \frac{l\Delta d}{d\Delta l}$$

② 푸아송수는 푸아송비의 역수로 나타낸다.

$$m = \frac{\varepsilon}{\beta} = \frac{\Delta l/l}{\Delta d/d} = \frac{d\Delta l}{l\Delta d}$$

③ 강재의 푸아송비는 보통 0.3 정도, 콘크리트의 푸아송비는 0.17~0.2 정도이다.

④ 푸아송비는 항상 양의 값을 가진다. (-)는 변형성질이 반대라는 의미이다.

⑤ 정상적인 재료에서 푸아송비는 0과 0.5 사이의 값을 가진다. 이론적인 푸아송비의 상한값은 0.5이다.

$\varepsilon_v = \frac{\Delta V}{V} = \frac{1-2\nu}{E}(\sigma_x + \sigma_y + \sigma_z)$에서 이론적인 변형률값은 $\varepsilon_v = 0$ 이므로

$$\therefore \ \nu \le \frac{1}{2} = 0.5$$

⑥ 푸아송비가 영(zero)인 이상적 재료는 어느 측면의 수축 없이 한 방향으로 늘어난다는 의미이다.

⑦ 푸아송비가 0.5인 이상적 재료는 **완전 비압축성**으로 체적변화율이 영(zero)이라는 의미이다.

⑧ 보통 재료의 푸아송수의 평균값은 3.4 정도이다.

⑨ 강재의 푸아송수는 3~4, 콘크리트의 푸아송수는 6~12 정도이다.

(3) 기타 변형률

① 전단변형률(shear strain)

$$\gamma_s = \frac{\lambda}{l} \fallingdotseq \tan\phi$$

② 체적변형률(bulk strain)

체적변형률은 각 방향의 변형률이 일정($\varepsilon_x = \varepsilon_y = \varepsilon_z$)한 경우 선변형률의 3배이다.

$$\varepsilon_v = \frac{\Delta V}{V} = \pm 3\frac{\Delta l}{l} = \pm 3\,\varepsilon_x$$

③ 온도변형률

온도에 의한 변형량은 $\Delta l = \alpha l \Delta t$ 이므로

$$\varepsilon_t = \frac{\Delta l}{l} = \frac{\alpha l \Delta t}{l} = \alpha \Delta t$$

④ 휨변형률

$$\varepsilon_b = ky = \frac{y}{R} = \frac{\Delta dx}{dx}$$

여기서, k : 곡률, y : 중립축으로부터 거리, R : 곡률반경

Δdx : dx의 변형량, dx : 미소 거리

⑤ 비틀림변형률

$$\gamma_t = R\theta = R\frac{\phi}{l} = \frac{\gamma\, d\phi}{dx}$$

출제 POINT

■ 전단변형률

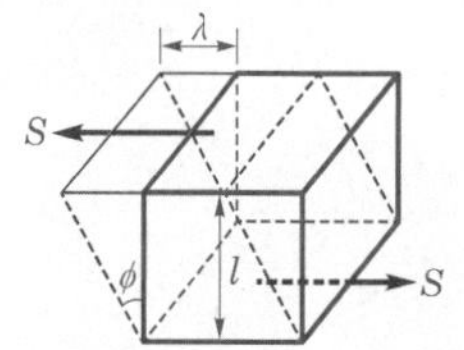

■ 보의 휨변형률

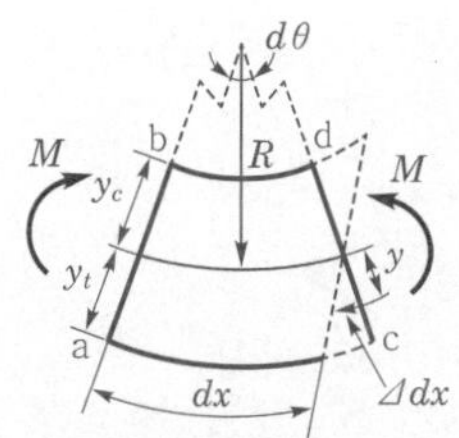

3 응력-변형률선도와 탄성계수

1) 응력-변형률선도

(1) 재료의 성질

① 탄성(elasticity)이란 힘을 가하면 변형되었다가 힘을 제거하면 원형대로 복귀되는 성질을 말한다.

출제 POINT

■ 훅의 법칙(Hooke's faw)

$\sigma = E\varepsilon$

① 탄성계수

$E = \frac{\sigma}{\varepsilon} = \frac{P/A}{\Delta l/l} = \frac{Pl}{A\Delta l}$

② 변형량

$\Delta l = \frac{Pl}{EA}$

■ 공칭응력과 실응력

① 공칭응력(Y_L - U - B)

$= \frac{\text{작용하중}}{\text{변형 전 원래 단면적}}$

② 실응력(Y_U - U′ - B′)

$= \frac{\text{작용하중}}{\text{실제 줄어든 단면적}}$

■ 탄성계수의 특성

① 재료에 따라 탄성계수의 값은 다르다.
② 재료에 따라 거의 일정한 값을 갖는다.
③ 탄성계수가 크다는 것은 외력에 대한 변형의 저항능력이 크다는 뜻이다.

② 소성(plasticity)이란 힘을 제거해도 원형대로 복귀되지 않고 변형상태로 있는 성질을 말한다.

③ 훅의 법칙(Hooke's law)이란 재료의 탄성한도 내에서 응력은 변형률에 비례한다는 원리이다.

(2) 응력 - 변형률선도

① 어떤 재료의 인장 또는 압축시험결과로 얻어진 응력과 변형률관계를 그림으로 나타낸 것을 응력-변형률선도(stress-strain diagram)라고 한다.

② 비례한도(P)

응력과 변형률이 비례하는 점으로 Hooke의 법칙이 완전히 성립되는 한도이다.

③ 탄성한도(E)

하중을 제거하면 원상태로 회복하는 점을 말하며, 탄성한도가 뚜렷하게 나타나지 않으면 0.02%의 잔류변형이 발생하는 점으로 나타낸다.

④ 항복점(상항복점 Y_U, 하항복점 Y_L)

하중을 제거해도 변형이 급격히 증가하는 점으로, 항복점이 뚜렷하게 나타나지 않는 경우 0.2%의 잔류변형이 발생하는 점으로 나타낸다.

⑤ 극한강도(U)

하중이 감소해도 변형이 증가되는 점으로 최대 응력이 발생하는 점을 말한다.

⑥ 파괴점(B)

재료가 파괴되는 점을 말한다.

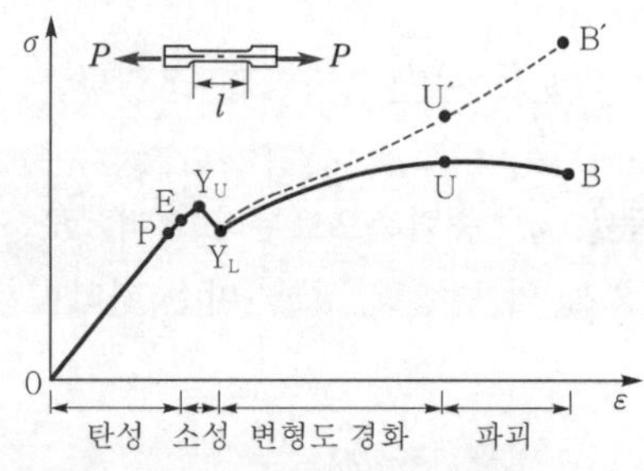

[그림 7-6] 연강의 응력-변형률선도

2) 탄성계수

(1) 탄성계수의 정의

① $\sigma - \varepsilon$선도의 탄성범위에서의 기울기를 의미한다. 즉, 훅의 법칙에서 비례상수 E를 탄성계수(elastic modulus)라고 한다.

$$E = \frac{\sigma}{\varepsilon}$$

② 단위 : kPa(=kN/m^2), MPa(=N/mm^2), kgf/cm^2

(2) 탄성계수의 종류

① 탄성계수(영계수, 종탄성계수)

일반적으로 사용하는 탄성계수로 **종방향 탄성계수**를 의미한다.

$$E=\frac{\sigma}{\varepsilon}=\frac{P/A}{\Delta l/l}=\frac{Pl}{A\Delta l}[\mathrm{MPa}(=\mathrm{N/mm^2})]$$

② 전단탄성계수(횡탄성계수)

$$G=\frac{\tau}{\gamma_s}=\frac{S/A}{\lambda/l}=\frac{Sl}{A\lambda}[\mathrm{MPa}(=\mathrm{N/mm^2})]$$

③ 체적탄성계수

$$K=\frac{\sigma}{\varepsilon_v}=\frac{P/A}{\Delta V/V}=\frac{PV}{A\Delta V}[\mathrm{MPa}(=\mathrm{N/mm^2})]$$

(3) 각 탄성계수의 관계

① G, E, ν의 관계(2축응력 변형관계)

$$G=\frac{mE}{2(m+1)}=\frac{E}{2\left(1+\frac{1}{m}\right)}=\frac{E}{2(1+\nu)}$$

$$E=2G(1+\nu)$$

$$\nu=\frac{1}{m}=\frac{E-2G}{2G}$$

② K, E, ν의 관계(3축응력 변형관계)

$$K=\frac{E}{3(1-2\nu)}$$

$$E=3K(1-2\nu)$$

$$\nu=\frac{1}{m}=\frac{3K-E}{6K}$$

출제 POINT

■ 탄성계수의 종류

① 탄성계수(영계수, 종탄성계수)
② 전단탄성계수(횡탄성계수)
③ 체적탄성계수

■ 탄성계수의 관계

① $G=\frac{E}{2(1+\nu)}$
② $K=\frac{E}{3(1-2\nu)}$

SECTION 2 합성재와 구조물 이음

1 합성재

1) 합성재의 정의

① 탄성계수가 다른 2개 이상의 합성된 재료가 하중을 받을 경우 동일한 변형이 일어나도록 만든 부재로, 재질이 서로 다른 2개 이상의 부재가 일체가 되어 거동하는 부재를 합성부재 또는 조합부재라고 한다.

학습 POINT

• 합성재의 합성응력
• 리벳이음의 세기

출제 POINT

■ 세 가지 이상의 재료가 합성된 합성응력

① 각 부재의 응력

$$\sigma_i = \frac{PE_i}{\Sigma E_i A_i}$$

② 합성부재의 변형률

$$\varepsilon = \frac{P}{\Sigma E_i A_i}$$

③ 각 부재의 분담하중

$$P_i = \frac{PE_i A_i}{\Sigma E_i A_i}$$

■ 합성재

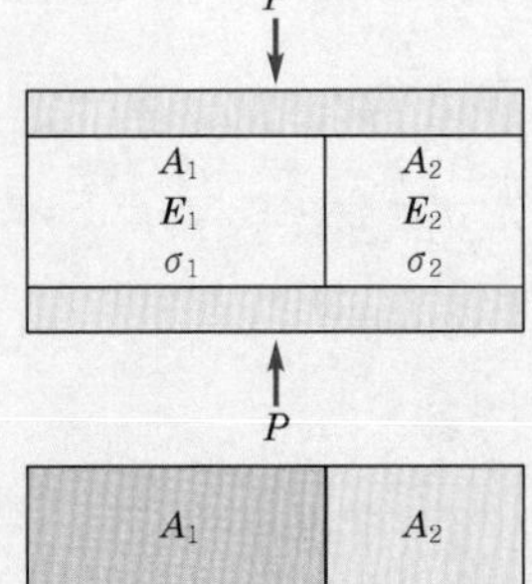

■ 구조물의 이음

① 리벳이음
② 볼트이음
③ 용접이음

② 주로 재료를 절감하고, 자중을 줄이기 위하여 개발되었다.

③ 합성부재의 변형률(ε)은 동일하다고 가정한다.

2) 두 재료가 합성된 합성응력

① 각 부재의 응력(일반적인 경우)

$$\sigma_1 = \frac{PE_1}{E_1A_1 + E_2A_2} = \frac{P}{A_1 + nA_2}$$

$$\sigma_2 = \frac{PE_2}{E_1A_1 + E_2A_2} = \frac{nP}{A_1 + nA_2}$$

여기서, n : 탄성계수비$\left(= \dfrac{E_2}{E_1}\right)$

② 합성부재의 변형률

$$\varepsilon = \frac{P}{E_1A_1 + E_2A_2}$$

③ 각 부재의 분담하중

$$P_1 = \frac{PE_1A_1}{E_1A_1 + E_2A_2}$$

$$P_2 = \frac{PE_2A_2}{E_1A_1 + E_2A_2}$$

④ 철근콘크리트의 경우 합성응력

$$\sigma_c = \frac{PE_c}{A_cE_c + A_sE_s} = \frac{P}{A_c + nA_s}$$

$$\sigma_s = \frac{PE_s}{A_cE_c + A_sE_s} = \frac{nP}{A_c + nA_s}$$

2 구조물의 이음

1) 구조물의 이음과 리벳의 강도

(1) 구조물의 이음

① 구조물의 이음에는 리벳이음, 볼트이음, 용접이음 등이 있다.

② 리벳이음의 파괴형태는 전단파괴, 지압파괴, 할렬파괴가 있다. 그 중 전단파괴와 지압파괴가 리벳에 의한 파괴이고, 판의 지압과 리벳의 지압에 의한 지압파괴이며 모재에 의한 할렬파괴이다.

(2) 파괴의 특성

① 전단파괴에서 전단면은 1면 전단과 2면 전단을 구분하여야 한다.

② 지압파괴에서 지압은 판의 지압과 리벳의 지압을 고려하여 둘 중 작은 값을 사용한다.

③ 지압파괴에서 지압면적은 투영된 면적을 고려한다.

④ 단위 : kN, N, kgf, tf

출제 POINT

■ 강재의 파괴형태

① 전단파괴
② 지압파괴
③ 할렬파괴

2) 리벳의 강도

(1) 리벳의 세기(하중, 강도)

① 전단세기(하중, 강도)

㉠ 1면 전단 : $P_s = \tau_a \frac{\pi d^2}{4}$　　㉡ 2면 전단 : $P_s = 2\tau_a \frac{\pi d^2}{4}$

② 지압세기(하중, 강도)

$$P_b = \sigma_{ba} d t$$

■ 리벳의 전단파괴

① 1면 전단

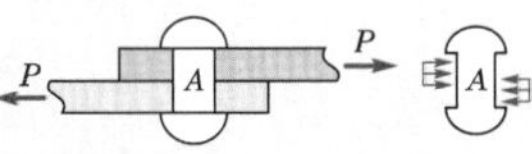

② 2면 전단

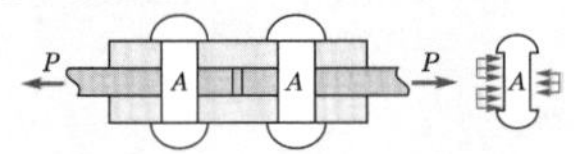

(2) 리벳강도의 특성

① 리벳값은 전단세기와 지압세기 중 작은 값을 리벳값으로 한다.

② 리벳의 소요개수는 다음 식으로 구하되, 소수점 이하 무조건 올림이다.

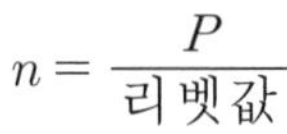

$$n = \frac{P}{리벳값}$$

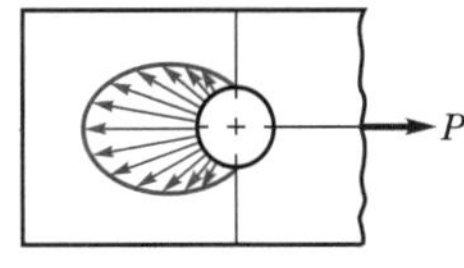

(a) 판의 지압

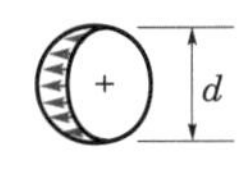

(b) 리벳의 지압

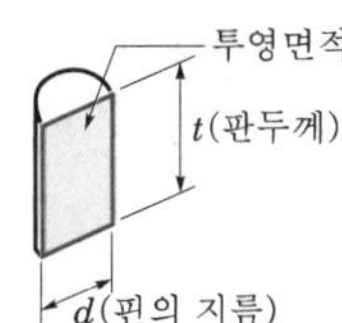

(c) 지압면적

[그림 7-7] 지압파괴

SECTION 3 축하중 부재

1 축하중 부재의 변위

학습 POINT

- 강성도와 유연도
- 축하중 부재의 변위량
- 특수 단면을 갖는 부재의 변위량
- 양단 고정보의 반력

1) 강성도와 유연도

(1) 축하중 부재의 강성도

① 축변형 $\Delta l = \delta = \frac{PL}{EA}$ 에서 $1 = \frac{PL}{EA}$ 로부터

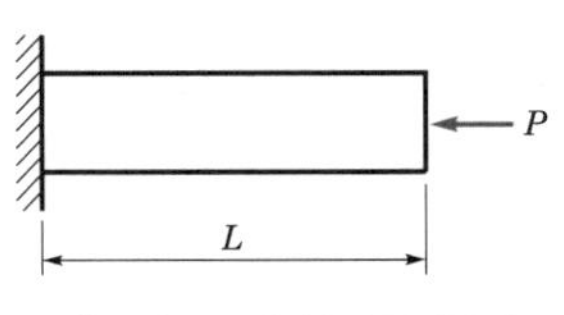

[그림 7-8] 축하중 부재

출제 POINT

■ 강성도와 유연도

① 강성도(stiffness)
단위변형($\Delta l = 1$)을 일으키는 데 필요한 힘의 크기

② 유연도(flexibility)
단위하중($P = 1$)으로 인한 변형량

$$P = \frac{EA}{L} = k$$

② 강성도 : $k = \dfrac{EA}{L}$

(2) 축하중 부재의 유연도

① 축변형 $\Delta l = \sigma = \dfrac{PL}{EA}$ 에서 $\Delta l = \dfrac{L}{EA}$ 로부터

$$\Delta l = \frac{L}{EA} = f$$

② 유연도 : $f = \dfrac{L}{EA}$

③ 강성도와 유연도는 역수관계이다.

$$k = \frac{1}{f},\ f = \frac{1}{k}$$

2) 축하중 부재의 변위

(1) 하중에 의한 봉의 변위

① 균일 단면 봉의 변위

$$\delta = \Delta l = \frac{PL}{EA},\ \delta = \frac{P_2 L_2}{EA} - \frac{P_1 L_1}{EA}$$

여기서, EA : 축강도(인장 : (+), 압축 : (−))

■ 변단면 봉의 변위

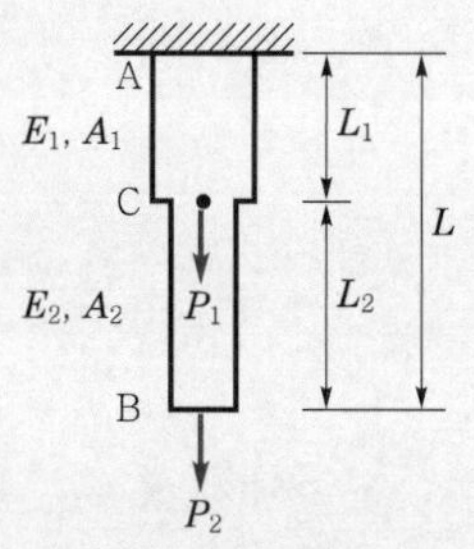

② 변단면 봉의 변위

$$\delta = \frac{(P_1 + P_2)L_1}{E_1 A_1} + \frac{P_2 L_2}{E_2 A_2}$$

(2) 봉의 자중에 의한 변위

■ 봉의 자중에 의한 변위

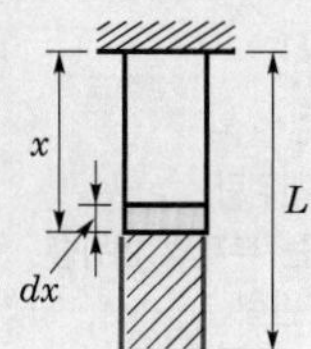

① 변위 $\delta = \dfrac{PL}{EA}$ 이고, x 점의 하중은

$$P_x = \gamma A x$$

② 봉의 변위

$$\delta = \int \frac{P_x}{EA} dx = \int_0^l \frac{\gamma A x}{EA} dx = \int_0^l \frac{\gamma x}{E} dx$$

$$= \frac{\gamma}{E} \left[\frac{x^2}{2} \right]_0^l = \frac{\gamma l^2}{2E}$$

출제 POINT

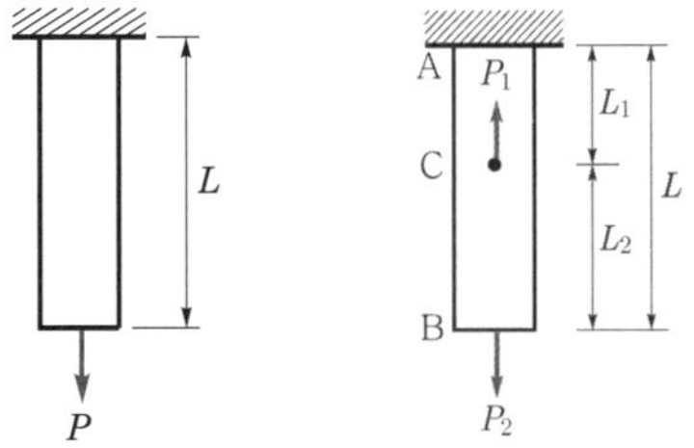

[그림 7-9] 균일 단면 봉의 변위

2 특수 단면을 갖는 부재의 변위

1) 등변 단면 원형봉의 변위

① 임의 점의 단면적

$L_1 : d_1 = L_2 : d_2 = x : d_x$ 로부터 $d_x = \dfrac{d_1}{L_1}x$ 이다.

$$\therefore \ A_x = \frac{\pi {d_x}^2}{4} = \frac{\pi}{4}\left(\frac{d_1}{L_1}x\right)^2 = \frac{\pi {d_1}^2 x^2}{4{L_1}^2}$$

② 봉의 변위

$$\delta = \int_0^L d\delta = \int_0^L \frac{P_x}{EA_x}dx = \frac{4PL}{\pi E d_1 d_2}$$

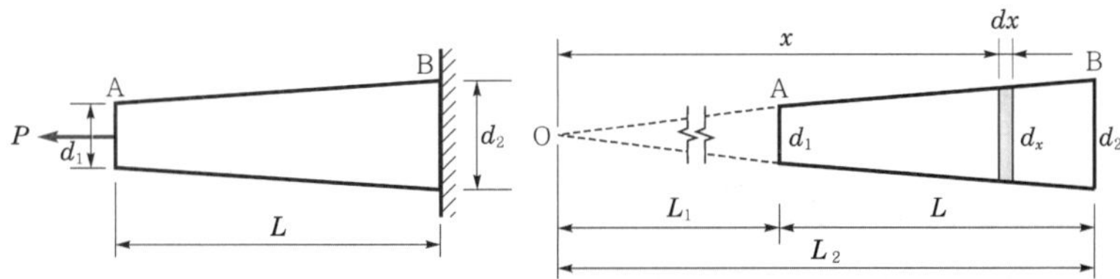

[그림 7-10] 등변 단면 원형봉의 변위

2) 축하중을 받는 부정정 구조물의 해석

(1) 부정정 기둥의 해석(유연도법)

① 힘의 평형조건식

$$R_A + R_B - P = 0$$

② 기본 구조물에 하중 P가 작용할 때의 변위(δ_1)

$$\delta_1 = \frac{Pb}{EA}(\downarrow)$$

출제 POINT

③ 기본 구조물에 R_A가 작용할 때의 변위(δ_2)

$$\delta_2 = \frac{R_A L}{EA}(\uparrow)$$

④ 변위의 적합조건식 $\delta_1 = \delta_2$로부터

$$\frac{Pb}{EA} = \frac{R_A L}{EA}$$

$$R_A = \frac{Pb}{L}, \quad R_B = \frac{Pa}{L}$$

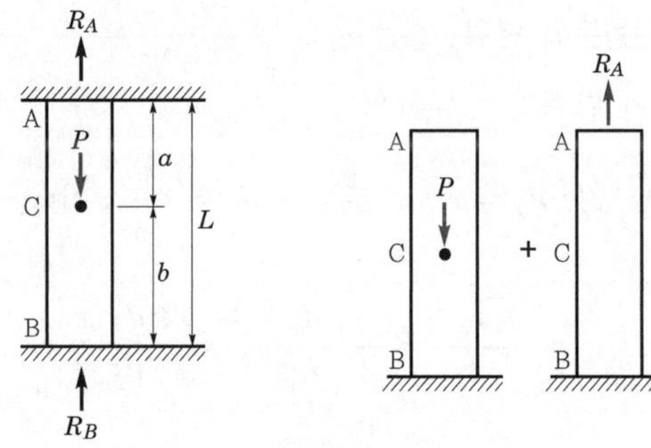

[그림 7-11] 부정정 기둥의 해석

(2) 온도변화의 양단 고정보

① Δt로 인한 B점의 변위(δ_T)

$$\delta_T = \alpha L \Delta t(\rightarrow)$$

② R_B로 인한 B점의 변위(δ_B)

$$\delta_B = \frac{R_B L}{EA}(\leftarrow)$$

③ 변위의 적합조건식으로부터 반력 계산

$$\delta_T = \delta_R$$

$$\therefore \ R_B = E\alpha \Delta t A$$

$$\therefore \ R_A = R_B$$

④ 온도응력

$$\sigma_T = \frac{R_A}{A} = E\alpha \Delta t$$

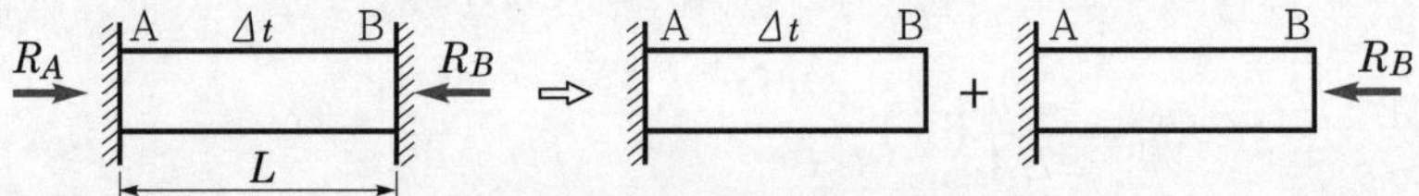

[그림 7-12] 온도변화의 양단 고정보

SECTION 4 조합응력

1 단축(1축)응력

1) 경사평면(θ)에 대한 응력

경사평면에서 $A' = \dfrac{A}{\cos\theta}$, $N = P\cos\theta$, $S = P\sin\theta$이면

① 수직응력(법선응력, σ_n)

$$\sigma_n = \frac{N}{A'} = \frac{P\cos\theta}{A/\cos\theta} = \frac{P}{A}\cos^2\theta = \sigma_x\cos^2\theta$$

② 전단응력(접선응력, τ_n)

$$\tau_n = \frac{S}{A'} = \frac{P\sin\theta}{A/\cos\theta} = \frac{P}{A}\sin\theta\cos\theta = \sigma_x\sin\theta\cos\theta$$

$$= \frac{1}{2}\sigma_x\sin2\theta$$

여기서, σ_x : x축에 대한 수직응력(축응력)

③ $\theta = 0$일 때 $\sigma_n = \sigma_{max} = \sigma_x = \dfrac{P}{A}$

$\tau_n = 0$

④ $\theta = \dfrac{\pi}{4}$일 때 $\sigma_n = \dfrac{1}{2}\sigma_x = \dfrac{P}{2A}$

$\tau_n = \tau_{max} = \dfrac{1}{2}\sigma_x = \dfrac{P}{2A}$

⑤ $\theta = \dfrac{\pi}{2}$일 때 $\sigma_n = 0$

$\tau_n = 0$

2) 공액응력

① 경사평면 θ와 경사평면 $\theta + 90°$에서 생긴 두 쌍의 응력은 서로 직교하는 두 평면상에 있다. 이것을 공액응력(complementary stress)이라 한다.

② 공액응력의 관계에서 두 축상 응력의 합은 서로 같다.

$$\sigma_n + \sigma_n{}' = \sigma_x\cos^2\theta + \sigma_x\sin^2\theta = \sigma_x = \frac{P}{A}$$

$$\tau_n + \tau_n{}' = \frac{1}{2}\sigma_x\sin2\theta - \frac{1}{2}\sigma_x\sin2\theta = 0$$

$$\therefore \tau_n = -\tau_n{}'$$

출제 POINT

학습 POINT
- 단축(1축)응력
- 2축응력과 모어의 원
- 평면응력
- 주단면과 주응력

■ 1축(단축)응력

① 수직응력(법선응력)

$\sigma_n = \dfrac{P}{A}\cos^2\theta = \sigma_x\cos^2\theta$

② 전단응력(접선응력)

$\tau_n = \sigma_x\sin\theta\cos\theta = \dfrac{1}{2}\sigma_x\sin2\theta$

■ 경사평면 $\theta + 90°$에 대한 응력

① 법선응력($\sigma_n{}'$)

$\sigma_n{}' = \sigma_x\cos^2(90° + \theta)$

$= \sigma_x\sin^2\theta$

② 접선응력($\tau_n{}'$)

$\tau_n{}' = \dfrac{1}{2}\sigma_x\sin(180° + 2\theta)$

$= -\dfrac{1}{2}\sigma_x\sin2\theta$

출제 POINT

■ 삼각함수의 관계

$\sin^2\theta + \cos^2\theta = 1$

$2\sin\theta\cos\theta = \sin 2\theta$

$\cos^2\theta = \dfrac{1+\cos 2\theta}{2}$

$\sin^2\theta = \dfrac{1-\cos 2\theta}{2}$

$\sin(\pi + 2\theta) = -\sin 2\theta$

$\cos(\pi + 2\theta) = -\cos 2\theta$

3) 단축응력의 모어의 원

① 단축응력의 공식에서

$\theta = 0$일 때 $\sigma_n = \sigma_x$, $\tau_n = 0$이므로 [그림 7-13]의 (a)에서 A점을 결정한다.

$\theta = \dfrac{\pi}{2}$일 때 $\sigma_n = 0$, $\tau_n = 0$이므로 [그림 7-13]의 (b)에서 O점을 결정한다.

② OA를 지름으로 하는 원을 그리면 된다.

③ 단축의 법선응력 σ_n과 접선응력 τ_n을 그래프로 나타내어 임의의 경사에 대한 응력값을 구할 수 있는 응력원을 **모어의 원**(Mohr's circle)이라 한다.

④ 1축응력의 모어원에서

$$\sigma_n = \overline{\mathrm{OF}} = \overline{\mathrm{OC}} + \overline{\mathrm{CF}} = \frac{1}{2}\sigma_x + \frac{1}{2}\sigma_x \cos 2\theta = \sigma_x \cos^2\theta$$

$$\tau_n = \overline{\mathrm{DF}} = \overline{\mathrm{CD}}\sin 2\theta = \frac{1}{2}\sigma_x \sin 2\theta$$

$$\sigma_n{}' = \overline{\mathrm{OF_1}} = \overline{\mathrm{OC}} - \overline{\mathrm{F_1C}} = \frac{1}{2}\sigma_x - \frac{1}{2}\sigma_x \cos 2\theta = \sigma_x \sin^2\theta$$

$$\tau_n{}' = -\overline{\mathrm{F_1D_1}} = -\overline{\mathrm{CD}}\sin 2\theta = -\frac{1}{2}\sigma_x \sin 2\theta$$

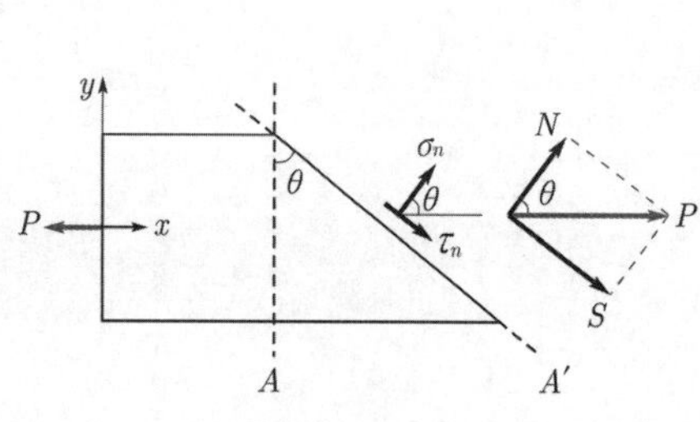

(a) 경사면의 응력

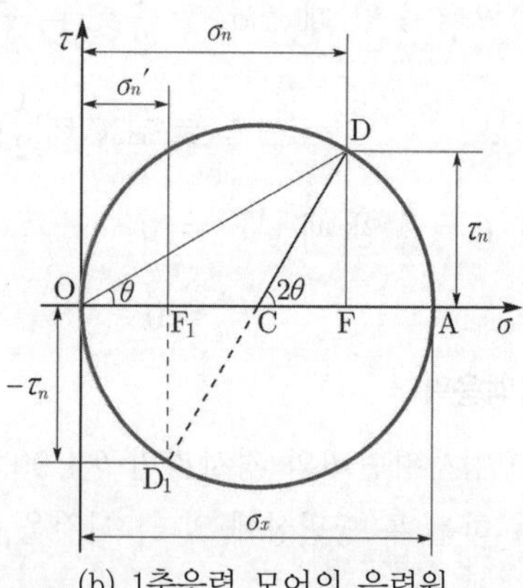

(b) 1축응력 모어의 응력원

[그림 7-13] 단축(1축)응력

2 2축응력과 모어의 원

1) 2축응력(θ)

대응하는 2축(직각방향)에서 인장 또는 압축이 동시에 작용할 때의 응력을 2축응력(biaxial stress)이라 한다.

① 수직응력(σ_θ)

쐐기요소의 경사면에서 $\cos\theta = \dfrac{A}{A'}$, $\sin\theta = \dfrac{A''}{A'}$, $A = A'\cos\theta$, $A'' = A'\sin\theta$이면 힘의 평형조건식으로부터

$$\sigma_\theta A' = (\sigma_x A)\cos\theta + (\sigma_y A'')\sin\theta$$
$$= (\sigma_x A'\cos\theta)\cos\theta + (\sigma_y A'\sin\theta)\sin\theta$$
$$\sigma_\theta = \sigma_x \cos^2\theta + \sigma_y \sin^2\theta$$
$$\therefore\ \sigma_\theta = \frac{1}{2}(\sigma_x + \sigma_y) + \frac{1}{2}(\sigma_x - \sigma_y)\cos 2\theta$$

② 전단응력(τ_θ)

$$\tau_\theta A' = (\sigma_x A)\sin\theta - (\sigma_y A'')\cos\theta$$
$$= (\sigma_x A'\cos\theta)\sin\theta - (\sigma_y A'\sin\theta)\cos\theta$$
$$\tau_\theta = (\sigma_x - \sigma_y)\sin\theta\cos\theta$$
$$\therefore\ \tau_\theta = \frac{1}{2}(\sigma_x - \sigma_y)\sin 2\theta$$

2) 2축응력($\theta + 90°$)

위의 식에 θ 대신 $\theta + 90°$를 대입하면

① 수직응력($\sigma_\theta{}'$)

$$\sigma_\theta{}' = \frac{1}{2}(\sigma_x + \sigma_y) - \frac{1}{2}(\sigma_x - \sigma_y)\cos 2\theta$$

② 전단응력($\tau_\theta{}'$)

$$\tau_\theta{}' = -\frac{1}{2}(\sigma_x - \sigma_y)\sin 2\theta$$

③ 공액응력

$$\sigma_\theta + \sigma_\theta{}' = \sigma_x + \sigma_y$$
$$\therefore\ \tau_\theta = -\tau_\theta{}'$$

④ $\theta = 0$일 때 $\quad \sigma_\theta = \sigma_{\max} = \sigma_x$

⑤ $\theta = \dfrac{\pi}{4}$일 때 $\quad \tau_\theta = \tau_{\max} = \dfrac{1}{2}(\sigma_x - \sigma_y)$

⑥ $\theta = \dfrac{\pi}{2}$일 때 $\quad \sigma_\theta = \sigma_{\min} = \sigma_y$

출제 POINT

■ 2축응력

① 수직응력(법선응력)

$$\sigma_\theta = \frac{1}{2}(\sigma_x + \sigma_y) + \frac{1}{2}(\sigma_x - \sigma_y)\cos 2\theta$$

② 전단응력(접선응력)

$$\tau_\theta = \frac{1}{2}(\sigma_x - \sigma_y)\sin 2\theta$$

출제 POINT

3) 2축응력의 모어의 원

① 원의 방정식에 의해서 원의 중심이 $\left(\frac{\sigma_x+\sigma_y}{2},\ 0\right)$이고, 반지름이 $\frac{\sigma_x-\sigma_y}{2}$인 원이다.

② 2축응력의 모어원에서

$$\sigma_\theta = \overline{\mathrm{OF}} = \overline{\mathrm{OC}} + \overline{\mathrm{CD}}\cos 2\theta$$

$$\therefore\ \sigma_\theta = \frac{1}{2}(\sigma_x+\sigma_y) + \frac{1}{2}(\sigma_x-\sigma_y)\cos 2\theta$$

$$\tau_\theta = \overline{\mathrm{DF}} = \overline{\mathrm{CD}}\sin 2\theta$$

$$\therefore\ \tau_\theta = \frac{1}{2}(\sigma_x-\sigma_y)\sin 2\theta$$

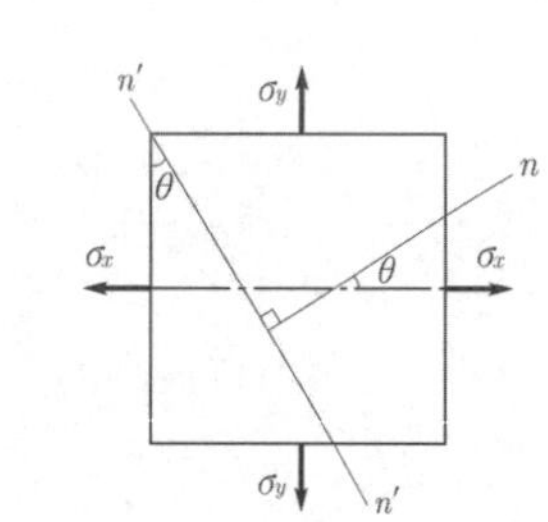

(a) 미소 요소

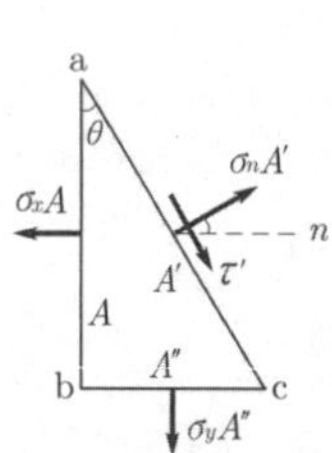

(b) 쐐기요소

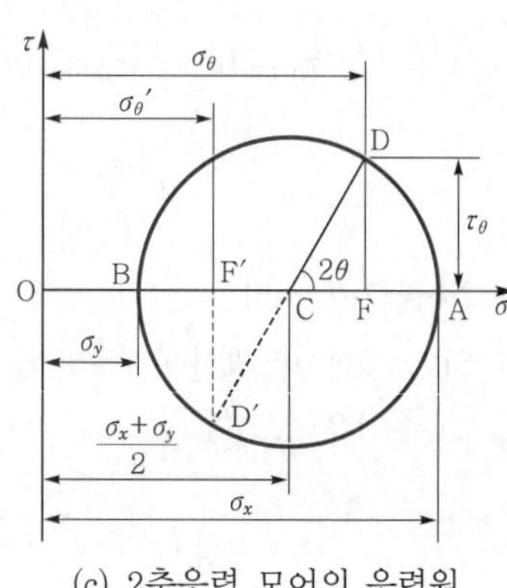

(c) 2축응력 모어의 응력원

[그림 7-14] 2축응력

3 평면응력과 주응력

1) 평면응력

(1) 평면응력의 정의

① 2축방향에서 생긴 응력 σ_x, σ_y와 동시에 τ_{xy}가 작용할 때 임의 방향에서 구한 법선응력 σ_n과 전단응력 τ_n을 평면응력(plane stress)이라 한다.

② $\tau_{xy}=0$이면 2축응력과 같다.

(2) 수직응력과 전단응력

① 수직응력(법선응력, σ_n)

$$\sigma_n A' = (\sigma_x A)\cos\theta + (\sigma_y A'')\sin\theta + (\tau_{xy}A)\sin\theta + (\tau_{xy}A'')\cos\theta$$

출제 POINT

$$\therefore\ \sigma_n = \frac{1}{2}(\sigma_x + \sigma_y) + \frac{1}{2}(\sigma_x - \sigma_y)\cos 2\theta + \tau_{xy}\sin 2\theta$$

② 전단응력(접선응력, τ_n)

$$\tau_n A' = (\sigma_x A)\sin\theta - (\sigma_y A'')\cos\theta - (\tau_{xy} A)\cos\theta + (\tau_{xy} A'')\sin\theta$$

$$\therefore\ \tau_n = \frac{1}{2}(\sigma_x - \sigma_y)\sin 2\theta - \tau_{xy}\cos 2\theta$$

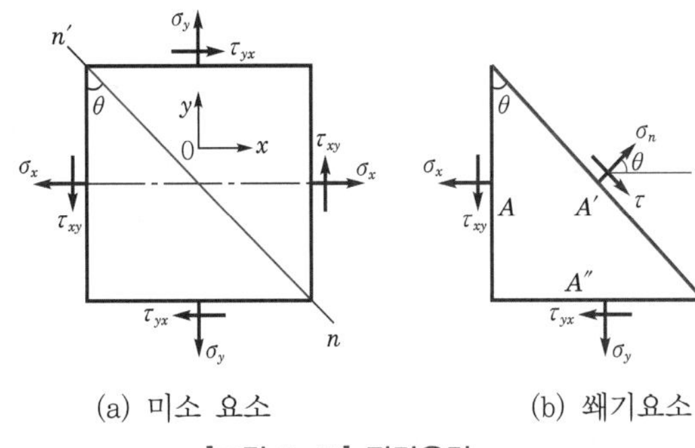

(a) 미소 요소 (b) 쐐기요소

[그림 7-15] 평면응력

2) 주단면과 주응력

(1) 정의 및 특성

① 평면응력상태에서 θ가 0°에서 360°까지 변함에 따라 σ_n이 최대 τ_n이 최소가 되는 단면을 주단면이라 하고, 이때 2축방향에서 생긴 응력을 최대, 최소 주응력이라고 한다.

② 중립축에서 주응력의 크기는 최대 전단응력과 같고, 방향은 중립축과 45° 방향이다($\sigma = 0,\ \tau = \tau_{max}$).

③ 연단에서의 주응력의 크기는 최대 휨응력과 같고, 축과 90° 방향이다($\sigma = \sigma_{max},\ \tau = 0$).

(2) 최대, 최소 주응력과 주전단응력의 크기

① 최대, 최소 주응력

$$\sigma_{max} = \frac{\sigma_x + \sigma_y}{2} + \frac{1}{2}\sqrt{(\sigma_x - \sigma_y)^2 + 4{\tau_{xy}}^2}$$

$$\sigma_{min} = \frac{\sigma_x + \sigma_y}{2} - \frac{1}{2}\sqrt{(\sigma_x - \sigma_y)^2 + 4{\tau_{xy}}^2}$$

출제 POINT

② 주응력면

$$\tan 2\theta = \frac{\overline{\text{DF}}}{\overline{\text{CF}}} = \frac{2\tau_{xy}}{\sigma_x - \sigma_y}$$

③ 최대, 최소 주전단응력

$$\tau_{\max} = \overline{\text{CD}} = \frac{1}{2}\sqrt{(\sigma_x - \sigma_y)^2 + 4\tau_{xy}^{\ 2}}$$

$$\tau_{\min} = -\overline{\text{CD}'} = -\frac{1}{2}\sqrt{(\sigma_x - \sigma_y)^2 + 4\tau_{xy}^{\ 2}}$$

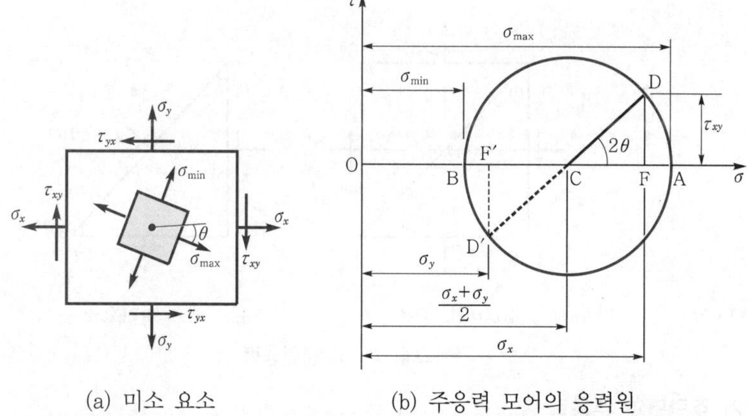

(a) 미소 요소　　　(b) 주응력 모어의 응력원

[그림 7-16] 주응력

CHAPTER 07

기출문제

APPLIED MECHANICS

10년간 출제된 빈출문제

1. 응력과 변형률, 탄성계수

★

01 허용응력에 관한 설명으로 가장 관계가 없는 것은?

① 재료의 극한강도를 안전율로 나누어 구한다.

② 허용응력은 항상 재료에 발생하는 계산응력값 이상이라야 한다.

③ 심리적으로 불안할 때는 안전율을 크게 하므로 허용응력은 작아진다.

④ 허용응력 내에서 응력은 변형률에 비례한다.

> **해설** 재료에 발생하는 계산응력값은 허용응력보다 항상 작아야 한다.

02 안전율을 생각해야 할 이유로서 적합하지 않은 것은?

① 반복하중 또는 예기하지 못한 큰 하중이 작용할 때가 있다.

② 심리적인 불안감을 해소하기 위한 것이다.

③ 실제 응력과 계산응력과는 차이가 있다.

④ 재료에는 계산하기 어려운 결함 또는 오랜 세월에 걸쳐 풍화부식이 일어나고 재료의 신뢰도가 문제가 된다.

> **해설** 안전율을 사용하는 이유
> ㉠ 재료의 신뢰성(공시체 실험결과의 불확실성)
> ㉡ 재료의 불균질
> ㉢ 이론과 실체의 차이점
> ㉣ 시공의 불완전
> ㉤ 풍화작용에 의한 단면의 축소
> ㉥ 피로파괴 및 과다하중 재하

03 지름 10mm의 강봉이 몇 kN의 인장력을 받을 수 있는가? (단, 허용인장응력은 1,200MPa)

① 62.5kN ② 74.2kN
③ 82.6kN ④ 94.2kN

> **해설** 최대 인장력
> $$\sigma = \frac{P}{A}$$
> $$\therefore P = \sigma_a A = 1,200 \times \frac{\pi \times 10^2}{4} \times 10^{-3} = 94.24\text{kN}$$

04 파괴압축응력 500MPa인 정사각형 단면의 소나무가 압축력 5kN을 안전하게 받을 수 있는 한 변의 최소 길이는? (단, 안전율은 10이다.)

① 100mm ② 10mm
③ 5mm ④ 3mm

> **해설** 한 변의 최소 길이
> ㉠ 안전율이 10이므로 압축력(P)을 50kN으로 생각하고 설계하면 된다.
> ㉡ 한 변의 최소 길이
> $$A = \frac{P}{\sigma_a} = \frac{50,000}{500} = 100\text{mm}^2 = 10\text{mm} \times 10\text{mm}$$
> $$\therefore a = 10\text{mm}$$

★★

05 40kN의 압축을 받는 강관기둥에서 바깥지름을 20mm로 하면 강관의 안지름은 얼마이면 되는가? (단, 허용응력을 1,200MPa로 한다.)

① 15.9mm ② 16.9mm
③ 17.9mm ④ 18.9mm

> **해설** 강관의 안지름
> ㉠ 소요면적
> $$\sigma = \frac{P}{A}$$
> $$\therefore A = \frac{P}{\sigma_a} = \frac{40,000}{1,200} = 33.33\text{mm}^2$$
> ㉡ 강관의 안지름
> $$A = \frac{\pi}{4}(D^2 - d^2) = \frac{\pi}{4}(20^2 - d^2)$$
> $$314 - 0.785d^2 = 33.33$$
> $$\therefore d = 18.9\text{mm}$$

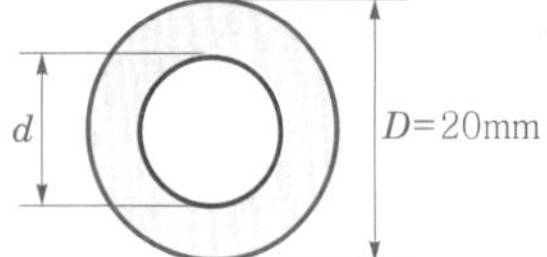

정답 1.② 2.② 3.④ 4.② 5.④

★
06 폭 50mm, 높이 100mm인 직사각형 단면의 보에 5kN · m의 휨모멘트가 작용하면 연응력의 크기는?

① 30MPa　　② 60MPa
③ 90MPa　　④ 120MPa

> **해설** 최대 휨응력
>
> $$\sigma = \frac{M}{I}y = \frac{M}{Z} = \frac{6M}{bh^2} = \frac{6\times5\times10^6}{50\times100^2} = 60\text{MPa}$$

★
07 다음 그림과 같은 보 위를 2kN/m의 이동하중이 지나갈 때 보에 생기는 최대 휨응력은? (단, 보의 단면은 8cm×12cm인 사각형이고, 자중은 무시한다.)

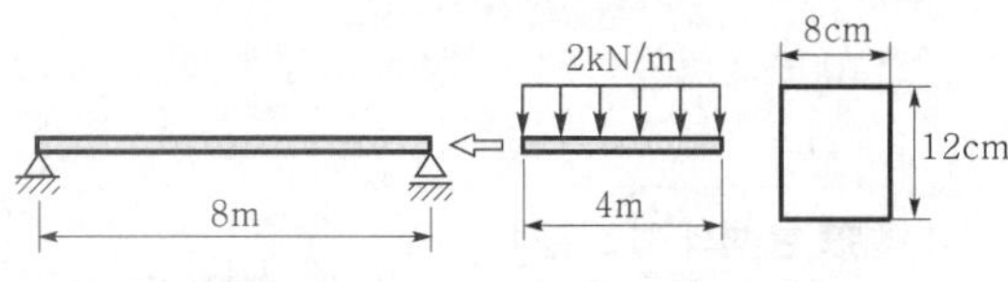

① 31.25MPa　　② 41.25MPa
③ 55.25MPa　　④ 62.50MPa

> **해설** 최대 휨응력
>
> ㉠ 최대 휨모멘트
> 하중이 보의 중앙에 위치할 때
> $R_A = 4\text{kN}(\uparrow)$
> $\therefore M_C = 4\times4 - 2\times2\times1 = 12\text{kN}\cdot\text{m}$
>
> ㉡ 최대 휨응력
>
> $$\sigma = \frac{M}{Z} = \frac{6M}{bh^2} = \frac{6\times12\times10^6}{80\times120^2} = 62.50\text{MPa}$$
>
> 2kN/m
> A　C　B
> 2m　2m　2m　2m
> R_A

★
08 지름 30mm의 원형 단면을 가지는 강봉을 최대 휨응력이 1,800MPa을 넘지 않도록 하여 원형으로 휘게 할 수 있는 가능한 최소 반지름은? (단, 탄성계수 E= 2.1×10^{5}MPa)

① 1.75m　　② 3.50m
③ 5.00m　　④ 5.45m

> **해설** 최소 반지름(반경)
>
> $$\sigma = \frac{M}{I}y,\quad \frac{1}{R} = \frac{M}{EI}$$
>
> $$M = \frac{\sigma I}{y} = \frac{EI}{R}$$
>
> $$\therefore R = \frac{Ey}{\sigma} = \frac{2.1\times10^5\times15}{1{,}800}$$
>
> $$= 1{,}750\text{mm} = 1.75\text{m}$$

09 길이 10m인 단순보 중앙에 집중하중 P= 2kN이 작용할 때 중앙에서 곡률반지름 R은? (단, I= 40,000mm^2, E= 2.1×10^{5}MPa)

① 168cm　　② 100cm
③ 68cm　　④ 34cm

> **해설** 곡률반지름
>
> ㉠ 최대 휨모멘트
>
> $$M = \frac{PL}{4} = \frac{2\times10}{4} = 5\text{kN}\cdot\text{m}$$
>
> ㉡ 곡률반지름
>
> $$\frac{1}{R} = \frac{M}{EI}$$
>
> $$\therefore R = \frac{EI}{M} = \frac{2.1\times10^5\times40{,}000}{5{,}000{,}000}$$
>
> $$= 1{,}680\text{mm} = 168\text{cm}$$

10 비틀림력 T를 받는 반지름 r인 원형봉의 최대 전단응력 $\tau_{\max} = T\dfrac{r}{J}$에서 식 중 J에 대한 다음 사항 중 옳은 것은?

① 단면의 도심축에 대한 단면2차모멘트이다.
② 단면의 극관성모멘트이다.
③ $\pi r^4/4$이다.
④ $5\pi r^4/4$이다.

> **해설** 비틀림상수
> 비틀림응력에서 비틀림상수 J는 원형 단면에서의 단면2차극모멘트(극관성모멘트) I_P와 같다.

정답 6.② 7.④ 8.① 9.① 10.②

★★
11 다음 그림과 같은 원형 및 정사각형 관이 동일 재료로서 관의 두께(t) 및 둘레($4b=2\pi r$)가 동일하고, 두 관의 길이가 일정할 때 비틀림 T에 의한 두 관의 전단응력의 비($\tau_{(a)}/\tau_{(b)}$)는 얼마인가?

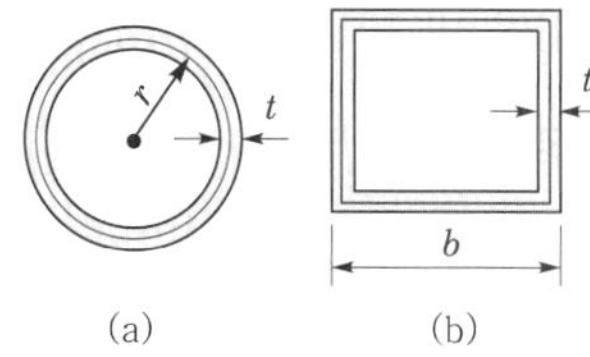

(a) (b)

① 0.683 ② 0.786
③ 0.821 ④ 0.859

> **해설** 전단응력의 비
> ㉠ 원형 단면관의 전단응력
> $I_p=2\pi r^3 t$
> $\therefore \tau_a=\dfrac{Tr}{I_p}=\dfrac{T}{2\pi r^2 t}$
> ㉡ 정사각형 관의 전단응력
> $4b=2\pi r \rightarrow b=\dfrac{\pi r}{2}$
> $A_m=b^2=\dfrac{\pi^2 r^2}{4}$
> $\therefore \tau_b=\dfrac{T}{2tA_m}=\dfrac{2T}{t\pi^2 r^2}$
> ㉢ 전단응력의 비
> $\dfrac{\tau_a}{\tau_b}=\dfrac{\pi}{4}=0.786$

12 열응력에 대한 설명 중 틀린 것은?

① 재료의 선팽창계수에 관계있다.
② 세로탄성계수에 관계있다.
③ 재료의 치수에 관계가 있다.
④ 온도차에 관계가 있다.

> **해설** 열응력
> ㉠ 온도응력(열응력) : $\sigma=E\alpha\Delta t$
> ㉡ 재료의 치수에 관계가 없다.

★
13 양단에 고정되어 있는 지름 4cm의 강봉을 처음 10℃에서 20℃까지 가열했을 때 온도응력값은? (단, 탄성계수=2.1×10^5MPa, 선팽창계수=12×10^{-5}/℃이다.)

① 120MPa ② 240MPa
③ 420MPa ④ 252MPa

> **해설** 온도응력
> $\sigma=E\varepsilon=E\alpha(t_2-t_1)$
> $=2.1\times10^5\times12\times10^{-5}\times(20-10)$
> $=252\text{MPa}$

★
14 지름이 20mm인 환강봉을 상온보다 10℃ 상승시켜 양단을 벽에 고정시켰을 때 봉의 단면에서 벽에 영향을 주는 힘은? (단, E=2.1×10^5MPa, α=0.0001)

① 52.34kN
② 65.97kN
③ 72.04kN
④ 75.44kN

> **해설** 온도하중
> ㉠ 온도응력
> $\sigma=E\alpha\Delta t$
> $=2.1\times10^5\times0.0001\times10=210\text{MPa}$
> ㉡ 벽에 주는 힘
> $P=\sigma A=210\times\dfrac{\pi\times20^2}{4\times10^{-3}}=65.973\text{kN}$

15 다음 그림과 같이 양단이 고정된 강봉이 상온에서 20℃만큼 온도가 상승했다면 강봉에 작용하는 압축력의 크기는? (단, 강봉의 단면적 A=50mm², E=2.0×10^5MPa, 열팽창계수 $\alpha=1.0\times10^{-4}$/℃)

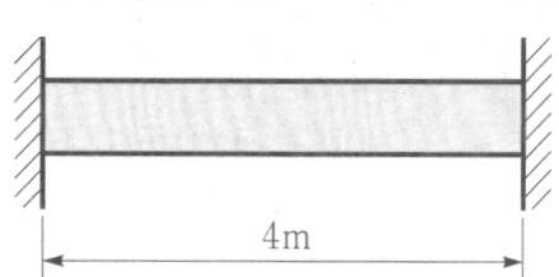

① 10kN ② 15kN
③ 20kN ④ 25kN

> **해설** 온도하중
> $R=E\alpha\Delta tA$
> $=2.0\times10^5\times1.0\times10^{-4}\times20\times50$
> $=20{,}000\text{N}=20\text{kN}$

정답 11. ② 12. ③ 13. ④ 14. ② 15. ③

16 다음 그림과 같이 부재의 자유단이 옆의 벽과 1mm 떨어져 있다. 부재의 온도가 현재보다 20℃ 상승할 때 부재 내에 생기는 열응력의 크기는? (단, E= 20,000MPa, α =1.0×10^{-5}/℃)

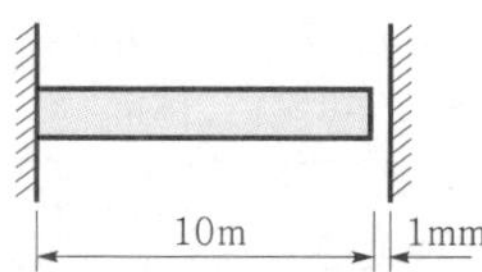

① 1MPa ② 2MPa
③ 3MPa ④ 4MPa

> **해설** 온도(열)응력
> ㉠ 처음 1mm에 대한 온도차
> $\Delta l = \alpha l \Delta t$
> $\therefore \ \Delta t = \dfrac{\Delta l}{\alpha l} = \dfrac{1}{1.0\times10^{-5}\times10{,}000} = 10℃$
> ㉡ 나중 10℃ 변화에 의한 응력
> $\sigma_T = E\alpha\Delta t$
> $= 20{,}000\times1.0\times10^{-5}\times(20-10)$
> $= 2\text{MPa}$

17 지름 500mm, 두께 5mm의 원형 파이프에 단위면적당 내부 압력이 10MPa일 때 원응력(hoop stress)은?

① 250MPa ② 500MPa
③ 750MPa ④ 900MPa

> **해설** 원환응력(원주방향 응력)
> $\sigma_t = \dfrac{pd}{2t} = \dfrac{pr}{t} = \dfrac{10\times250}{5} = 500\text{MPa}$

★
18 지름 d= 1,200mm, 벽두께 t= 6mm인 긴 강관이 q= 20MPa의 내압을 받고 있다. 이 관벽 속에 발생하는 원환응력 σ 의 크기는?

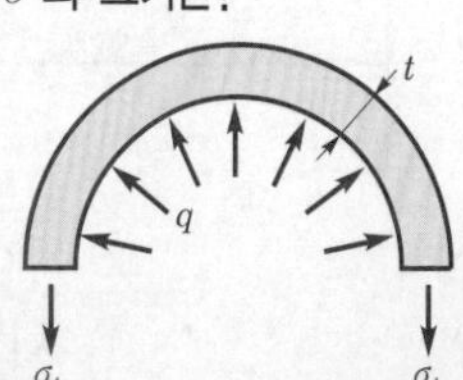

① 300MPa ② 900MPa
③ 1,800MPa ④ 2,000MPa

> **해설** 원환응력
> $\sigma_t = \dfrac{qd}{2t} = \dfrac{20\times1{,}200}{2\times6} = 2{,}000\text{MPa}$

19 단면이 일정한 강봉을 인장응력 210MPa로 당길 때 0.2mm 늘어났다면 이 강봉의 처음 길이는? (단, 강봉의 탄성계수는 2,100,000MPa이다.)

① 3.5m ② 3.0m
③ 2.5m ④ 2.0m

> **해설** 강봉의 처음 길이
> $\sigma = \dfrac{P}{A} = E\varepsilon = E\dfrac{\Delta l}{l}$
> $\therefore \ l = \dfrac{E\Delta l}{\sigma} = \dfrac{2{,}100{,}000\times0.2}{210}\times10^{-3} = 2.0\text{m}$

★
20 다음 그림과 같은 봉이 20℃의 온도 증가가 있을 때 변형률은? (단, 봉의 선팽창계수는 0.00001/℃이고, 봉의 단면적은 A[mm^2]이다.)

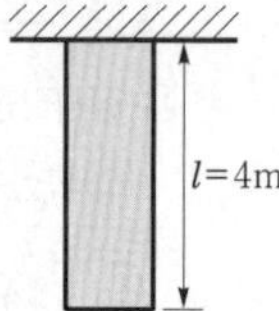

① 0.0002
② 0.0001
③ 0.002
④ 0.001

> **해설** 온도변형률
> $\Delta l = \alpha\Delta t\, l = 0.00001\times20\times4 = 0.0008\text{m}$
> $\therefore \ \varepsilon = \dfrac{\Delta l}{l} = \dfrac{0.0008}{4} = 0.0002$

★★
21 푸아송비(Poisson's ratio)가 0.2일 때 푸아송수는?

① 2 ② 3
③ 5 ④ 8

> **해설** 푸아송수
> ㉠ 푸아송비(ν)와 푸아송수(m)는 역수관계이다.
> ㉡ 푸아송수
> $\nu = -\dfrac{1}{m}$
> $\therefore \ m = \dfrac{1}{\nu} = \dfrac{1}{0.2} = 5$

★
22 지름 10mm, 길이 25mm인 재료에 인장력을 작용시켰더니 지름이 9.98mm로 길이는 25.2mm로 변하였다. 이 재료의 푸아송(Poisson)수는?

① 2.0 ② 3.0
③ 4.0 ④ 5.0

정답 16. ② 17. ② 18. ④ 19. ④ 20. ① 21. ③ 22. ③

> **해설** 푸아송수
> ㉠ 세로변형률(축방향 변형률) : $\varepsilon_x = \dfrac{\Delta l}{l}$
> ㉡ 가로변형률(축의 직각방향 변형률) : $\beta = \dfrac{\Delta d}{d}$
> ㉢ 푸아송비 : $\nu = -\dfrac{1}{m} = \dfrac{\beta}{\varepsilon_x} = \dfrac{l\Delta d}{d\Delta l}$
> ㉣ 푸아송수
> $m = \dfrac{d\Delta l}{l\Delta d} = \dfrac{10\times(25.2-25)}{25\times(10-9.98)} = 4$

23 지름이 50mm, 길이가 800mm인 둥근 막대가 인장력을 받아서 5mm 늘어나고 동시에 지름이 0.06mm만큼 줄었을 때 이 재료의 푸아송수는 얼마인가?

① 3.2　② 4.2
③ 5.2　④ 6.2

> **해설** 푸아송수
> $m = \dfrac{\varepsilon}{\beta} = \dfrac{\Delta l/l}{\Delta d/d} = \dfrac{0.5/80}{0.006/5} = 5.2$

24 길이 50mm, 지름 10mm의 강봉을 당겼더니 5mm 늘어났다면 지름의 줄어든 값은 얼마인가? (단, 푸아송비 $\nu = \dfrac{1}{3}$)

① $\dfrac{1}{3}$mm　② $\dfrac{1}{4}$mm
③ $\dfrac{1}{5}$mm　④ $\dfrac{1}{6}$mm

> **해설** 줄어든 지름
> ㉠ 푸아송비
> $\nu = -\dfrac{1}{m} = \dfrac{\beta}{\varepsilon} = \dfrac{\frac{\Delta d}{d}}{\frac{\Delta l}{l}} = \dfrac{\frac{\Delta d}{10}}{\frac{5}{50}} = \dfrac{1}{3}$
> ㉡ 줄어든 지름
> $\Delta d = \dfrac{1}{3}\text{mm}$

★
25 직경 50mm, 길이 2m의 봉이 힘을 받아 길이가 2mm 늘어났다면, 이때 이 봉의 직경은 얼마나 줄어드는가? (단, 이 봉의 푸아송(Poisson)비는 0.3이다.)

① 0.015mm　② 0.030mm
③ 0.045mm　④ 0.060mm

> **해설** 줄어든 지름
> $\nu = -\dfrac{1}{m} = \dfrac{\beta}{\varepsilon} = \dfrac{\Delta d/d}{\Delta l/l} = \dfrac{l\Delta d}{d\Delta l}$
> $\therefore\ \Delta d = \dfrac{\Delta l \nu d}{l} = \dfrac{2\times0.3\times50}{2{,}000} = 0.015\text{mm}$

26 지름 25mm, 길이 1m인 원형 강철부재에 3kN의 인장력을 주었을 때 축방향 변형률이 0.0003이라면 지름의 줄어든 값은? (단, 탄성계수는 2.1×10^5MPa이고, 푸아송의 수는 3이다.)

① 0.03cm　② 0.01cm
③ 0.00075cm　④ 0.00025cm

> **해설** 줄어든 지름
> $\nu = -\dfrac{1}{m} = \dfrac{\beta}{\varepsilon} = \dfrac{l\Delta d}{d\Delta l} = \dfrac{\Delta d}{\varepsilon d}$
> $\therefore\ \Delta d = \dfrac{\varepsilon d}{m} = \dfrac{0.0003\times25}{3}$
> $= 0.0025\text{mm} = 0.00025\text{cm}$

27 훅(Hooke)의 법칙과 관계가 있는 것은?

① 소성　② 연성
③ 탄성　④ 취성

> **해설** 훅의 법칙(Hooke's law)
> 탄성한도 내에서 응력은 변형률에 비례하므로 탄성과 관계가 있다.
> $\therefore\ \sigma = E\varepsilon$

★★★
28 다음 그림과 같은 어떤 재료의 인장시험도에서 점으로 표시된 위치의 명칭을 기록한 순서로 맞는 것은?

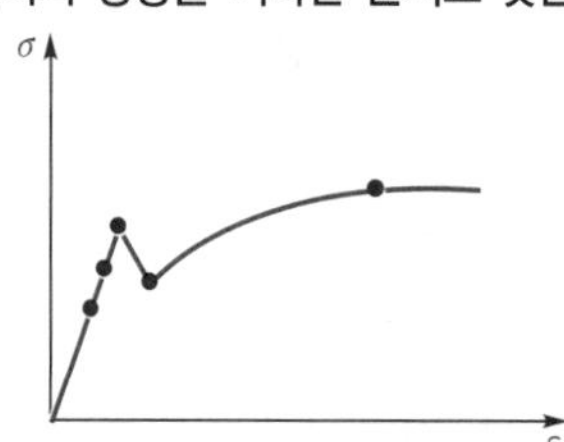

① 탄성한도, 비례한도, 상항복점, 하항복점, 극한응력
② 비례한도, 상항복점, 탄성한도, 하항복점, 극한응력
③ 비례한도, 탄성한도, 상항복점, 하항복점, 극한응력
④ 탄성한도, 하항복점, 비례한도, 하항복점, 극한응력

정답 23. ③ 24. ① 25. ① 26. ④ 27. ③ 28. ③

해설 응력-변형률선도(재료의 인장시험결과)

㉠ P : 비례한도
㉡ E : 탄성한도
㉢ Y_u : 상항복점
㉣ Y_L : 하항복점
㉤ U : 극한응력
㉥ B : 파괴점

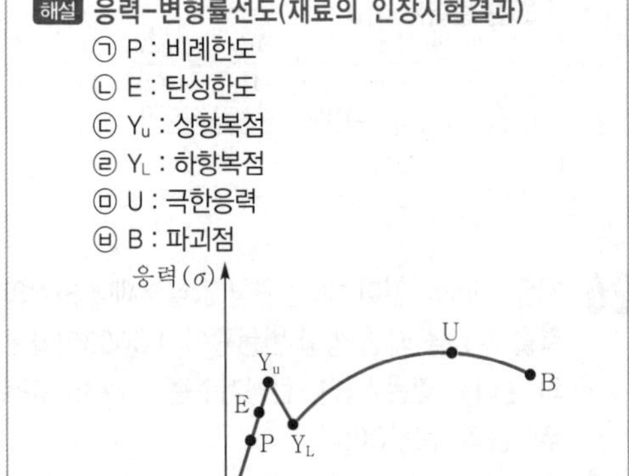

★★
29 변형률이 0.015일 때 응력이 1,200MPa이면 탄성계수(E)는?

① 6×10^4MPa ② 7×10^4MPa
③ 8×10^4MPa ④ 9×10^4MPa

해설 탄성계수(훅(Hooke)의 법칙)

$$E=\frac{\sigma}{\varepsilon}=\frac{1,200}{0.015}=8\times10^4\text{MPa}$$

30 다음 그림은 응력-변형도곡선을 나타낸 것이다. 강재의 탄성계수 E값은?

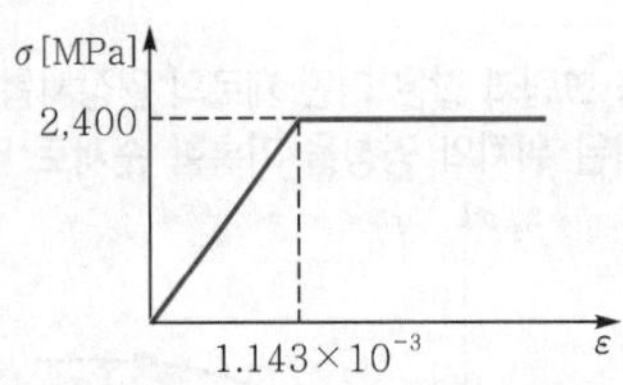

① 8.1×10^5MPa
② 2.1×10^5MPa
③ 8.1×10^6MPa
④ 2.1×10^6MPa

해설 강재의 탄성계수

$$E_s=\frac{\sigma}{\varepsilon}=\frac{2,400}{1.143\times10^{-3}}=2.0997\times10^6\text{MPa}$$

★★★
31 P를 횡단면에 있어서 수직하중, l은 원래의 길이, A를 횡단면적, E를 탄성계수라 할 때 변형량 Δl은?

① $\Delta l=\dfrac{Pl}{EA}$ ② $\Delta l=\dfrac{PA}{El}$
③ $\Delta l=\dfrac{EA}{Pl}$ ④ $\Delta l=\dfrac{Al}{PE}$

해설 축방향 변형량

㉠ Hooke의 법칙에서 $\sigma=E\varepsilon$,

$$\sigma=\frac{P}{A},\ \varepsilon=\frac{\Delta l}{l}$$

㉡ 축방향 변형량

$$\frac{P}{A}=E\frac{\Delta l}{l}$$

$$\therefore\ \Delta l=\frac{Pl}{EA}$$

32 다음 그림에서 AB부재에 210kN의 하중이 작용할 때 AB부재가 늘어나는 양은? (단, AB의 단면적은 100mm^2, 탄성계수는 21,000MPa)

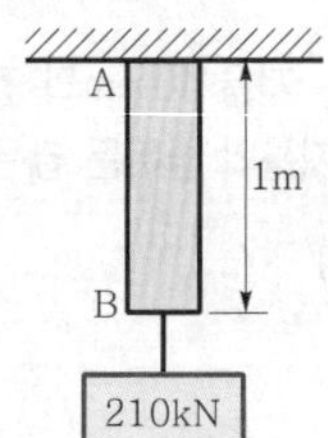

① 10cm ② 15cm
③ 20cm ④ 25cm

해설 축방향 변형량

$$\Delta l=\frac{PL}{EA}=\frac{210,000\times1,000}{21,000\times100}=100\text{mm}=10\text{cm}$$

★
33 지름 10mm, 길이 1m, 탄성계수 10,000MPa의 철선에 무게 10kN의 물건을 매달았을 때 철선의 늘어나는 양은?

① 12.7mm ② 16.0mm
③ 22.4mm ④ 26.3mm

정답 29. ③ 30. ④ 31. ① 32. ① 33. ①

> **해설** 축방향 변형량
>
> $$\Delta l=\frac{PL}{EA}=\frac{PL}{E\frac{\pi d^2}{4}}=\frac{4PL}{E\pi d^2}$$
> $$=\frac{4\times 10,000\times 1,000}{10,000\times\pi\times 10^2}=12.7\text{mm}$$

★

34 직경 10mm, 길이 5m의 강봉에 10kN의 인장력을 가하면 이 강봉의 길이는 얼마나 늘어나는가? (단, 이 강재의 탄성계수 $E=$ 2,000,000MPa)

① 0.22mm　② 0.26mm
③ 0.29mm　④ 0.32mm

> **해설** 강봉의 변형량(인장)
>
> $$\Delta l=\frac{PL}{EA}=\frac{10,000\times 5,000\times 4}{2.0\times 10^6\times\pi\times 10^2}=0.319\text{mm}$$

35 길이 5m, 단면적 100mm²의 강봉을 0.5mm 늘이는 데 필요한 인장력은? (단, $E=2\times10^5$MPa)

① 2kN　② 3kN
③ 4kN　④ 5kN

> **해설** 강봉의 변형량(인장)에 의한 탄성계수
>
> $$\Delta l=\frac{PL}{EA}$$
> $$\therefore P=\frac{\Delta lEA}{L}=\frac{0.5\times 2\times 10^5\times 100}{5,000}\times 10^{-3}$$
> $$=2\text{kN}$$

★★

36 단면이 15cm×15cm인 정사각형이고, 길이 1m인 강재에 12kN의 압축력을 가했더니 1mm가 줄어들었다. 이 강재의 탄성계수는?

① 53.3MPa　② 63.3MPa
③ 73.3MPa　④ 83.3MPa

> **해설** 강봉의 변형량(압축)에 의한 탄성계수
>
> $$\Delta l=\frac{PL}{EA}$$
> $$\therefore E=\frac{PL}{A\Delta l}=\frac{12,000\times 1,000}{150^2\times 10}=53.33\text{MPa}$$

37 길이가 l인 균일한 단면적 A를 가진 봉의 인장시험결과 탄성한도 내에서 변형 U는 인장력 P에 비례하며 $P=KU$로 나타낼 수 있다. 이때 계수 K의 값은? (단, 탄성계수 E, 단면2차모멘트는 I이다.)

① $\frac{12EI}{l^3}$　② $\frac{6EI}{l^2}$
③ $\frac{EI}{l}$　④ $\frac{EA}{l}$

> **해설** 비례상수(계수, 강성도)
>
> $$\Delta l=\frac{Pl}{EA}$$
> $$P=\frac{EA}{l}\Delta l=KU$$
> $$\therefore K=\frac{EA}{l}$$

★

38 지름 25mm의 강봉을 10MN으로 당길 때 강봉의 지름이 줄어든 값은? (단, 푸아송비는 1/5, 탄성계수는 2.1×10^5MPa이다.)

① 0.049cm　② 0.054cm
③ 0.0054cm　④ 0.067cm

> **해설** 강봉지름의 수축량
>
> ㉠ 강봉의 변형률
>
> $$\varepsilon=\frac{\sigma}{E}=\frac{P}{EA}=\frac{10,000,000\times 4}{2.1\times 10^5\times\pi\times 25^2}$$
> $$=0.097$$
>
> ㉡ 강봉지름의 수축량
>
> $$\nu=\frac{\beta}{\varepsilon}=\frac{1}{5}$$
> $$\beta=\varepsilon\nu=0.097\times\frac{1}{5}=0.0194$$
> $$\therefore \Delta d=\beta d=0.0194\times 25$$
> $$=0.485\text{mm}$$
> $$=0.0485\text{cm}(\text{수축})$$

★★

39 지름 50mm의 강봉을 8kN으로 당길 때 지름은 약 얼마나 줄어들겠는가? (단, 푸아송비는 $\nu=0.3$, 탄성계수는 $E=2.1\times10^5$MPa)

① 0.00029mm　② 0.0057mm
③ 0.000012mm　④ 0.003mm

정답 34. ④　35. ①　36. ①　37. ④　38. ①　39. ①

해설 강봉지름의 수축량

㉠ 강봉의 변형률

$\sigma = \frac{P}{A} = E\varepsilon$

$\therefore \varepsilon = \frac{P}{EA}$

$= \frac{8\times10^3\times4}{2.1\times10^5\times\pi\times50^2} = 0.0000194$

㉡ 강봉지름의 수축량

$\nu = \frac{\beta}{\varepsilon} = \frac{\frac{\Delta d}{d}}{\frac{\Delta l}{l}} = \frac{\frac{\Delta d}{d}}{\varepsilon} = \frac{\Delta d}{d\varepsilon}$

$\therefore \Delta d = \nu d\varepsilon = 0.3\times50\times0.0000194$

$= 0.000291\text{mm}$(수축)

★
40 지름 $d=$ 30mm인 강봉을 $P=$ 628kN의 축방향력으로 당길 때 봉의 횡방향 수축량 δ를 구한 값은? (단, 이 재료의 푸아송비 $\nu=$ 1/3, 탄성계수 $E=$ 2.0×10^{5}MPa)

① 0.0073mm
② 0.0053mm
③ 0.0044mm
④ 0.0032mm

해설 봉의 횡방향 수축량

$\nu = -\frac{1}{m} = \frac{\beta}{\varepsilon} = \frac{l\Delta d}{d\Delta l}$, $\varepsilon = \frac{\beta}{\nu}$

훅의 법칙 $\sigma = \frac{P}{A} = E\varepsilon$에서

$\frac{P}{A} = E\frac{\beta}{\nu}$

$\therefore \Delta d = \frac{Pd\nu}{EA} = \frac{628,000\times3\times\frac{1}{3}\times4}{2\times10^5\times\pi\times30^2}$

$= 0.00444\text{mm}$

41 지름 15mm, 길이 500mm의 원봉이 인장력을 받아 0.32mm가 늘어났다. 이때 푸아송의 수를 $3\frac{1}{3}$ 이라 하면 가로방향의 신장(Δd)은?

① 0.00029mm ② 0.0029mm
③ 0.00036mm ④ 0.0036mm

해설 원형봉의 신장량

$\nu = -\frac{1}{m} = \frac{\beta}{\varepsilon} = \frac{l\Delta d}{d\Delta l}$

$m = \frac{d\Delta l}{l\Delta d}$

$\therefore \Delta d = \frac{d\Delta l}{lm} = \frac{15\times0.32}{50\times\frac{10}{3}} = 0.00288\text{mm}$

★
42 탄성계수 E, 전단탄성계수 G, 푸아송의 수 m 사이의 관계를 옳게 표시한 것은?

① $G = \frac{E}{2(m+1)}$ ② $G = \frac{mE}{2(m+1)}$
③ $G = \frac{E}{2(m-1)}$ ④ $G = \frac{m}{2(m+1)}$

해설 전단탄성계수

$G = \frac{E}{2(1+\nu)} = \frac{E}{2\left(1+\frac{1}{m}\right)} = \frac{mE}{2(m+1)}$

43 푸아송의 수가 3인 강재의 전단탄성계수와 영계수의 관계는?

① $G = \frac{E}{6.0}$ ② $G = \frac{E}{4.5}$
③ $G = \frac{E}{3.0}$ ④ $G = \frac{E}{2.7}$

해설 전단탄성계수

$G = \frac{E}{2\left(1+\frac{1}{m}\right)} = \frac{E}{2\times\left(1+\frac{1}{3}\right)} = \frac{E}{2.67}$

44 탄성계수 $E=$ 2.1×10^{5}MPa, 푸아송비 ν=0.25일 때 전단탄성계수의 값은?

① 8.4×10^{4}MPa ② 10.5×10^{4}MPa
③ 16.8×10^{4}MPa ④ 21.0×10^{4}MPa

해설 전단탄성계수

$G = \frac{E}{2(1+\nu)} = \frac{2.1\times10^5}{2\times(1+0.25)}$

$= 8.4\times10^4\text{MPa}$

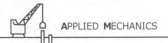

정답 40. ③ 41. ② 42. ② 43. ④ 44. ①

★★

45 세로탄성계수 $E=2.1\times10^5$MPa, 푸아송비 $\mu=0.3$일 때 전단탄성계수 G를 구한 값은? (단, 등방이고 균질인 탄성체임)

① 0.72×10^5MPa ② 3.23×10^5MPa
③ 1.5×10^5MPa ④ 0.81×10^5MPa

해설 전단탄성계수

$$G=\frac{E}{2(1+\mu)}=\frac{2.1\times10^5}{2\times(1+0.3)}$$
$$=8.0769\times10^4=0.81\times10^5\text{MPa}$$

★

46 지름 D=60mm, 길이 $l=$2m인 강봉에 축방향 인장력 $P=$14kN을 작용시켰더니 길이가 1mm 늘어났고 지름이 0.009mm 줄었다. 이때 전단탄성계수 G의 값은? (단, 강봉의 탄성계수 $E=2.04\times10^5$MPa)

① 6.85×10^5MPa ② 7.85×10^5MPa
③ 6.85×10^4MPa ④ 7.85×10^4MPa

해설 전단탄성계수

㉠ 푸아송비

$$\nu=\frac{\beta}{\varepsilon}=\frac{\Delta d/d}{\Delta l/l}=\frac{0.009/60}{1/2,000}=0.3$$

㉡ 전단탄성계수

$$G=\frac{E}{2(1+\nu)}=\frac{2.04\times10^5}{2\times(1+0.3)}$$
$$=7.85\times10^4\text{MPa}$$

47 단면적 A=200mm², 길이 L=500mm인 강봉에 인장력 P=8kN을 가하였더니 길이가 0.1mm 늘어났다. 이 강봉의 푸아송수 m=3이라면 전단탄성계수 G는 얼마인가?

① 750,000MPa ② 75,000MPa
③ 250,000MPa ④ 25,000MPa

해설 전단탄성계수

㉠ 탄성계수

$$\Delta l=\frac{PL}{EA}$$
$$\therefore E=\frac{PL}{A\Delta l}=\frac{8,000\times500}{200\times0.1}=2\times10^5\text{MPa}$$

㉡ 푸아송비

$$\nu=-\frac{1}{m}=\frac{1}{3}$$

㉢ 전단탄성계수

$$G=\frac{E}{2(1+\nu)}=\frac{2\times10^5}{2\times\left(1+\frac{1}{3}\right)}$$
$$=75,000\text{MPa}$$

48 지름 20mm, 길이 3m의 연강원축(軟鋼圓軸)에 3,000kN의 인장하중을 작용시킬 때 길이가 1.4mm가 늘어났고, 지름이 0.0027mm 줄어들었다. 이때 전단탄성계수는 약 얼마인가?

① 2.63×10^3MPa ② 3.37×10^3MPa
③ 5.57×10^3MPa ④ 7.94×10^3MPa

해설 전단탄성계수

㉠ 탄성계수

$$\sigma=E\varepsilon$$
$$\therefore E=\frac{PL}{A\Delta l}=\frac{4\times3,000\times3,000}{\pi\times20^2\times1.4}$$
$$=2.0473\times10^4\text{MPa}$$

㉡ 푸아송비

$$\nu=-\frac{1}{m}=\frac{l\Delta d}{d\Delta l}=\frac{3,000\times0.0027}{20\times1.4}=0.29$$

㉢ 전단탄성계수

$$G=\frac{E}{2(1+\nu)}=\frac{2.0473\times10^4}{2\times(1+0.29)}$$
$$=7.94\times10^3\text{MPa}$$

★★

49 단면적이 10mm²이고 길이 2m인 강봉이 80kN의 축방향인 장력을 받을 때 8mm 늘어났다. 이 봉재의 탄성계수(E)와 전단탄성계수(G)의 값을 구하면? (단, 푸아송비는 0.3이다.)

① $E=2.0\times10^6$MPa, $G=8.1\times10^5$MPa
② $E=2.1\times10^6$MPa, $G=8.1\times10^5$MPa
③ $E=2.1\times10^6$MPa, $G=7.7\times10^5$MPa
④ $E=2.0\times10^6$MPa, $G=7.7\times10^5$MPa

해설 탄성계수와 전단탄성계수

㉠ 봉의 탄성계수

$$\sigma=\frac{P}{A}=\frac{80,000}{10}=8,000\text{MPa}$$
$$\varepsilon=\frac{\Delta l}{l}=\frac{8}{2,000}=0.004$$
$$\therefore E=\frac{\sigma}{\varepsilon}=\frac{8,000}{0.004}=2,000,000\text{MPa}$$

㉡ 봉의 전단탄성계수

$$G=\frac{E}{2(1+\nu)}=\frac{2,000,000}{2\times(1+0.3)}$$
$$=7.7\times10^5\text{MPa}$$

정답 45. ④ 46. ④ 47. ② 48. ④ 49. ④

50 단면 40mm×40mm의 부재에 5kN의 전단력을 작용시켜 전단변형도가 0.001rad일 때 전단탄성계수(G)는?

① 312.5MPa ② 3,125MPa
③ 31,250MPa ④ 312,500MPa

해설 전단탄성계수

$$G=\frac{\tau}{\gamma}=\frac{S}{\gamma A}=\frac{5,000}{0.001\times40\times40}=3,125\text{MPa}$$

★
51 길이 20mm, 단면 20mm×20mm인 부재에 100kN의 전단력이 가해졌을 때 전단변형량은? (단, 전단탄성계수 $G=80,000$MPa)

① 0.0625mm ② 0.00625mm
③ 0.0725mm ④ 0.00725mm

해설 전단변형량

$$G=\frac{\tau}{\gamma}=\frac{S/A}{\lambda/l}=\frac{Sl}{A\lambda}$$

$$\therefore \lambda=\frac{Sl}{GA}=\frac{100,000\times20}{80,000\times20\times20}=0.0625\text{mm}$$

52 어떤 재료의 탄성계수 E가 2,100,000MPa, 푸아송비 $\nu=0.25$, 전단변형률 $\gamma=0.1$이라면 전단응력 τ는 얼마인가?

① 84,000MPa ② 168,000MPa
③ 410,000MPa ④ 368,000MPa

해설 전단응력

$$G=\frac{\tau}{\gamma_s}=\frac{E}{2(1+\nu)}$$

$$\therefore \tau=\frac{E\gamma_s}{2(1+\nu)}=\frac{2,100,000\times0.1}{2\times(1+0.25)}=84,000\text{MPa}$$

53 탄성계수가 E, 푸아송비가 ν인 재료의 체적탄성계수 K는?

① $K=\frac{E}{2(1-\nu)}$ ② $K=\frac{E}{2(1-2\nu)}$
③ $K=\frac{E}{3(1-\nu)}$ ④ $K=\frac{E}{3(1-2\nu)}$

해설 체적탄성계수

$$K=\frac{E}{3(1-2\nu)}=\frac{E}{3\left(1-\frac{2}{m}\right)}=\frac{mE}{3(m-2)}$$

2. 합성재와 구조물 이음

54 다음 그림과 같이 단면적과 탄성계수가 서로 다른 재료가 압축력을 받을 때 각 재료의 응력과 탄성계수의 관계식을 옳게 표시한 것은?

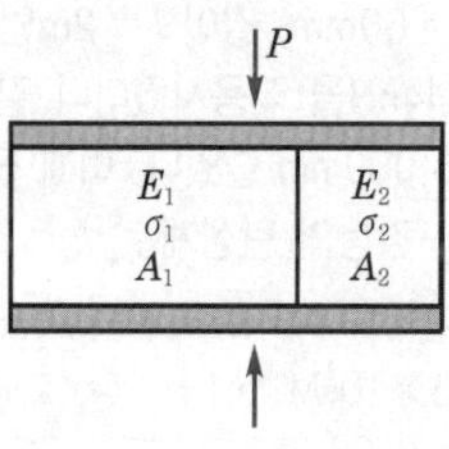

① $\sigma_1 E_1=\sigma_2 E_2$ ② $\sigma_1 E_2=\sigma_2 E_1$
③ $\sigma_1+E_1=\sigma_2+E_2$ ④ $\sigma_1+E_2=\sigma_2+E_1$

해설 응력과 탄성계수의 관계식

㉠ 훅의 법칙

$\sigma_1=E_1\varepsilon_1$

$\sigma_2=E_2\varepsilon_2$

㉡ 적합조건식

$\varepsilon_1=\varepsilon_2,\ \frac{\sigma_1}{E_1}=\frac{\sigma_2}{E_2}$

$\therefore \sigma_1 E_2=\sigma_2 E_1$

★★
55 다음 그림과 같이 강선과 동선으로 조립되어 있는 구조물에 200kN의 하중이 작용하면 동선에 발생하는 힘은? (단, 강선과 동선의 단면적은 같고, 각각의 탄성계수는 강선이 2.0×10⁵MPa이고, 동선이 1.0×10⁵MPa이다.)

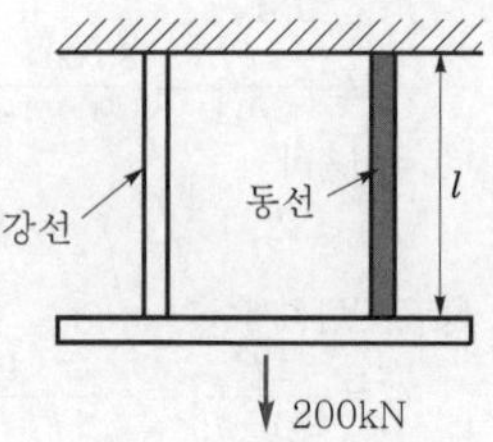

① 100.0kN ② 133.3kN
③ 66.7kN ④ 33.3kN

정답 50. ② 51. ① 52. ① 53. ④ 54. ② 55. ③

> **해설** 동선에 발생하는 힘
> ㉠ 탄성계수비
> $$n = \frac{E_s}{E_c} = \frac{2.0\times10^5}{1.0\times10^5} = 2$$
> $$A_c = A_s$$
> ㉡ 동선에 발생하는 힘
> $$\sigma_c = \frac{P}{A_c + nA_s} = \frac{200}{A_c + 2A_c} = \frac{200}{3A_c}$$
> $$\therefore\ P_c = \sigma_c A_c = \frac{200}{3A_c}\times A_c = 66.7\text{kN}$$

56 무게 30kN인 물체를 단면적이 20mm^{2}인 1개의 동선과 양쪽에 단면이 10mm^{2}인 2개의 철선으로 매달았다면 동선의 인장응력 σ_c값은? (단, 철선의 탄성계수 E_s는 210,000MPa, 동선의 탄성계수 E_c는 106,000MPa 이다.)

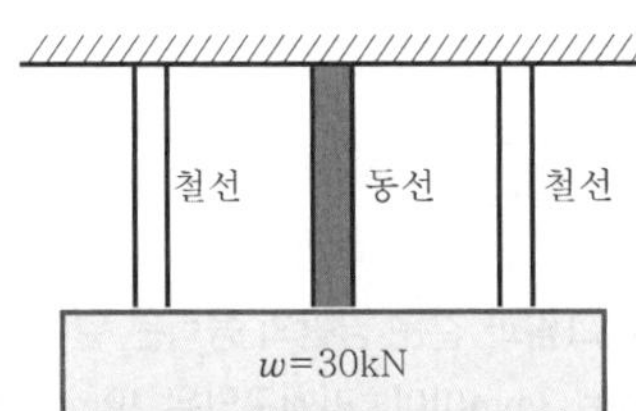

① 1,993.67MPa
② 1,006.33MPa
③ 996.84MPa
④ 503.16MPa

> **해설** 동선의 인장응력
> $$\sigma_c = \frac{PE_c}{A_cE_c + A_sE_s} = \frac{30,000\times106,000}{20\times106,000 + 10\times2\times210,000} = 503.165\text{MPa}$$

57 무게 30kN인 물체를 단면적이 20mm^{2}인 1개의 동선과 양쪽에 단면적이 10mm^{2}인 철선으로 매달았다면 철선과 동선의 인장응력 σ_s, σ_c는 얼마인가? (단, 철선의 탄성계수 $E_s = 2.1\times10^5$MPa, 동선의 탄성계수 $E_c = 1.05\times10^5$MPa이다.)

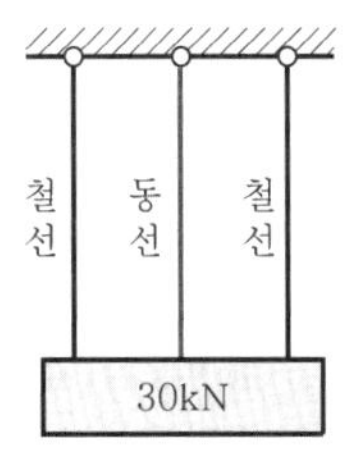

① σ_s =1,000MPa, σ_c =1,000MPa
② σ_s =1,000MPa, σ_c =500MPa
③ σ_s =500MPa, σ_c =1,500MPa
④ σ_s =500MPa, σ_c =500MPa

> **해설** 철선과 동선의 인장응력
> ㉠ 탄성계수비
> $$n = \frac{E_s}{E_c} = \frac{2.1\times10^5}{1.05\times10^5} = 2$$
> ㉡ 철선의 인장응력
> $$\sigma_s = \frac{nP}{A_c + nA_s} = \frac{2\times30,000}{20 + 2\times10\times2} = 1,000\text{MPa}$$
> ㉢ 동선의 인장응력
> $$\sigma_c = \frac{P}{A_c + nA_s} = \frac{30,000}{20 + 2\times10\times2} = 500\text{MPa}$$

★
58 다음 그림과 같이 두 개의 재료로 이루어진 합성 단면이 있다. 이 두 재료의 탄성계수비가 $\frac{E_2}{E_1}$=5일 때 이 합성 단면의 중립축의 위치 C를 단면 상단으로부터의 거리로 나타낸 것은?

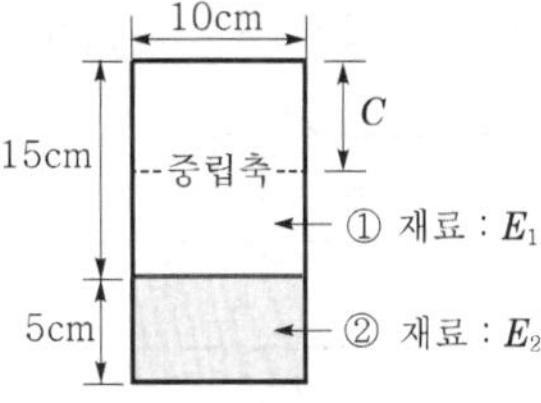

① 7.75cm ② 10.00cm
③ 12.25cm ④ 13.75cm

정답 56. ④ 57. ② 58. ④

해설 중립축의 위치

㉠ 단면1차모멘트와 환산 단면적

$$n=\frac{E_2}{E_1}=5$$

$$G_x=A_1y_1+nA_2y_2$$
$$=10\times15\times7.5+5\times10\times5\times17.5$$
$$=5{,}500\text{cm}^3$$

$$A=A_1+nA_2$$
$$=10\times15+5\times10\times5$$
$$=400\text{cm}^2$$

㉡ 중립축의 위치

$$C=\frac{G_x}{A}=\frac{5{,}500}{400}=13.75\text{cm}$$

59 다음 리벳이음에서 $P=62.8$kN의 힘으로 인장할 때 리벳에 생기는 전단응력은? (단, 리벳공의 지름은 20mm이다.)

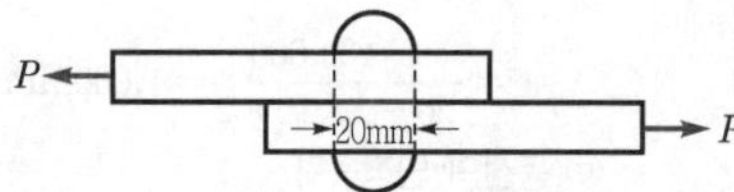

① 200MPa ② 250MPa
③ 300MPa ④ 350MPa

해설 리벳의 전단응력(단전단)

$$\tau=\frac{P}{A}=\frac{P}{\frac{\pi d^2}{4}}=\frac{62{,}800\times4}{\pi\times20^2}=200\text{MPa}$$

60 다음 그림과 같이 인장판이 전단을 받을 때 리벳은 몇 개가 필요한가? (단, 판의 허용인장응력 : $\sigma_{ta}=$ 1,200MPa, 리벳의 허용전단응력 : $\tau_{sa}=$800MPa, 리벳의 허용지압응력 : $\sigma_{ba}=$1,600MPa)

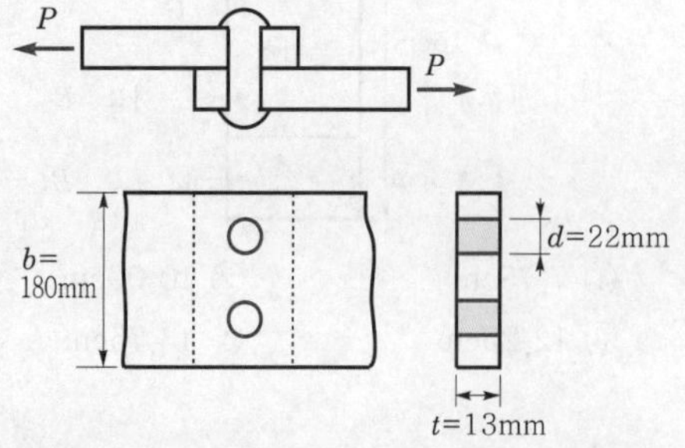

① 6개 ② 7개
③ 8개 ④ 10개

해설 리벳의 소요개수

㉠ 판의 인장강도

$$P_t=\sigma_{ta}t(b_g-2d)$$
$$=1{,}200\times13\times(180-2\times22)\times10^{-3}$$
$$=2{,}121.60\text{kN}$$

㉡ 리벳강도(P_R)

- 전단강도 : $P_s=\tau_a\frac{\pi d^2}{4}$

$$=800\times\frac{\pi\times22^2}{4}\times10^{-3}$$
$$=304.11\text{kN}$$

- 지압강도 : $P_b=\sigma_b t d$

$$=1{,}600\times13\times22\times10^{-3}$$
$$=457.60\text{kN}$$

$\therefore P_R=304.11$kN(최소값)

㉢ 리벳개수

$$n=\frac{P_t}{P_R}=\frac{2{,}121.6}{304.11}=6.98\fallingdotseq7\text{개}$$

2열 배열이므로
$\therefore n=8$개

61 다음 그림과 같은 강판의 응력은 얼마인가? (단, 판의 두께는 3mm이며, 리벳구멍은 19mm이다.)

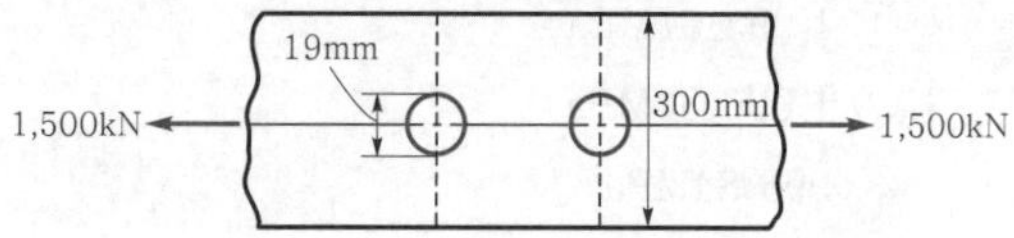

① 1,280MPa
② 1,480MPa
③ 1,580MPa
④ 1,780MPa

해설 강판의 응력

㉠ 인장응력은 순단면을 사용하여 구한다.

$$A_n=b_nt=(300-19)\times3=843\text{mm}^2$$

㉡ 강판의 응력

$$\sigma=\frac{P}{A_n}=\frac{1{,}500{,}000}{843}=1{,}779.36\text{MPa}$$

정답 59. ① 60. ③ 61. ④

3. 축하중 부재

62 부재 AB의 강성도(stiffness)를 바르게 나타낸 것은?

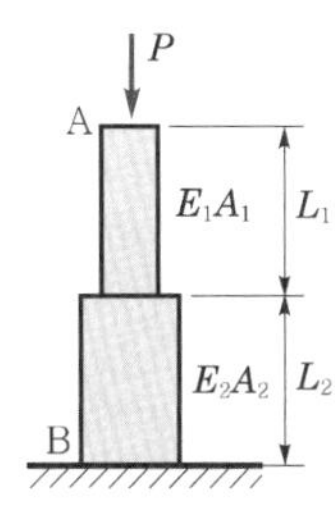

① $\dfrac{1}{\dfrac{L_1}{E_1A_1}+\dfrac{L_2}{E_2A_2}}$

② $\dfrac{E_1A_1}{L_1}+\dfrac{E_2A_2}{L_2}$

③ $\dfrac{E_1A_1+E_2A_2}{L_1+L_2}$

④ $\dfrac{L_1}{E_1A_1}+\dfrac{L_2}{E_2A_2}$

해설 AB부재의 강성도

㉠ AB구간의 변형량

$$\Delta l_1=\frac{PL_1}{E_1A_1},\ \Delta l_2=\frac{PL_2}{E_2A_2}$$

$$\therefore\ \Delta l=\Delta l_1+\Delta l_2=\frac{PL_1}{E_1A_1}+\frac{PL_2}{E_2A_2}=\frac{P(L_1E_2A_2+L_2E_1A_1)}{E_1A_1E_2A_2}$$

㉡ AB부재의 강성도

$\Delta l=1$이고 $P=k$이므로

$$\therefore\ k=\frac{A_1E_1A_2E_2}{A_1E_1L_2+A_2E_2L_1}=\frac{1}{\dfrac{L_1}{E_1A_1}+\dfrac{L_2}{E_2A_2}}$$

★

63 다음 인장부재의 수직변위를 구하는 식으로 옳은 것은? (단, 탄성계수는 E이다.)

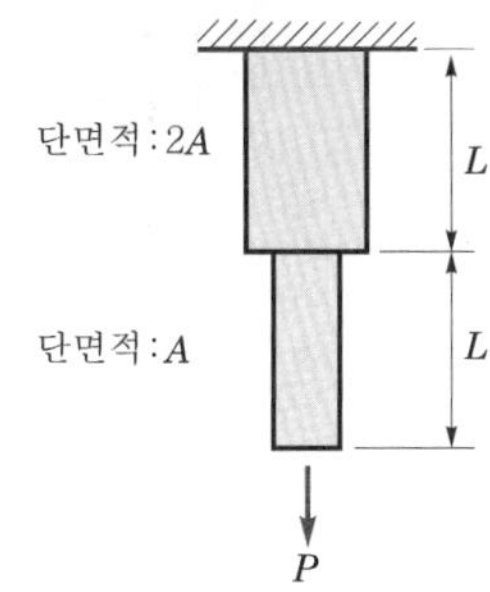

① $\dfrac{PL}{EA}$ ② $\dfrac{3PL}{2EA}$

③ $\dfrac{2PL}{EA}$ ④ $\dfrac{5PL}{2EA}$

해설 신장량(수직변위)

$$\Delta l=\Delta l_1+\Delta l_2=\frac{PL}{E\times 2A}+\frac{PL}{EA}=\frac{3PL}{2EA}(\downarrow)$$

★★

64 다음 그림과 같은 봉(棒)이 천장에 매달려 B, C, D점에서 하중을 받고 있다. 전 구간의 축강도 EA가 일정할 때 이 같은 하중하에서 BC구간이 늘어나는 길이는?

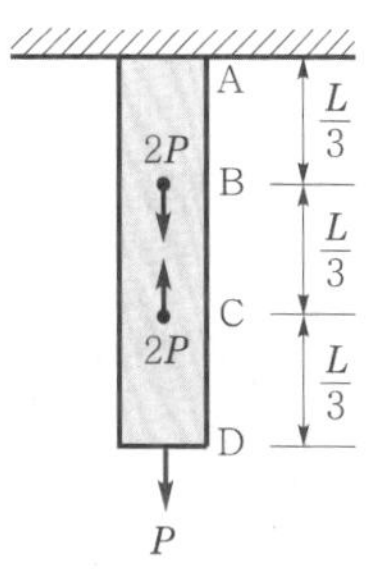

① $-\dfrac{2PL}{3EA}$ ② 0

③ $-\dfrac{PL}{3EA}$ ④ $-\dfrac{3PL}{2EA}$

해설 BC구간의 신장량

㉠ A점의 연직반력

$V_A=2P-2P+P=P(\uparrow)$

㉡ 각 구간별 변형량

A–B 구간 (⊕, 양단 P 인장)

$$\Delta l_{AB}=\frac{P}{EA}\left(\frac{L}{3}\right)=\frac{PL}{3EA}\text{(인장)}$$

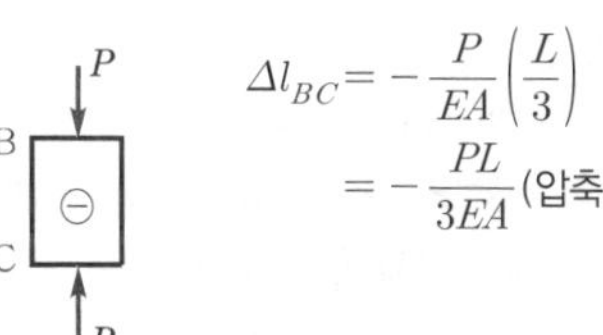

$$\Delta l_{BC}=-\frac{P}{EA}\left(\frac{L}{3}\right)=-\frac{PL}{3EA}\text{(압축)}$$

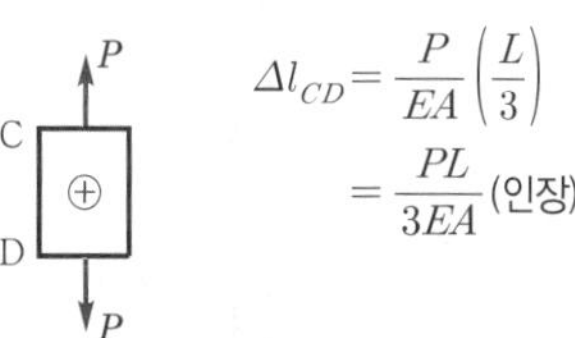

$$\Delta l_{CD}=\frac{P}{EA}\left(\frac{L}{3}\right)=\frac{PL}{3EA}\text{(인장)}$$

㉢ BC구간의 변형량

$$\Delta l_{BC}=-\frac{PL}{3EA}\text{(압축)}$$

정답 62. ① 63. ② 64. ③

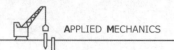

65 다음 봉재의 단면적이 A이고, 탄성계수가 E일 때 C점의 수직처짐은?

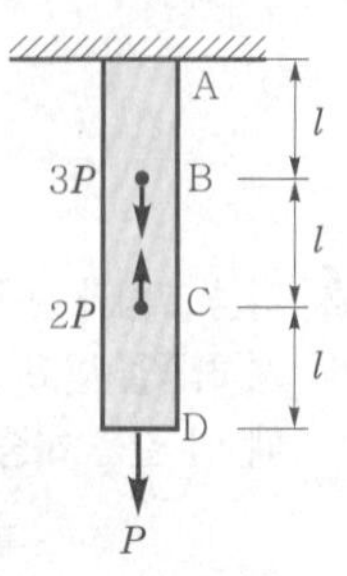

① $\dfrac{4Pl}{EA}$

② $\dfrac{3Pl}{EA}$

③ $\dfrac{2Pl}{EA}$

④ $\dfrac{Pl}{EA}$

해설 C점의 수직처짐

㉠ A점의 연직반력

$V_A = 3P - 2P + P = 2P(\uparrow)$

㉡ 각 구간별 변형량

$\Delta l_{AB} = \dfrac{2Pl}{EA}$ (인장)

$\Delta l_{BC} = -\dfrac{Pl}{EA}$ (압축)

㉢ C점의 변형량

$\Delta l_C = \Delta l_{AB} + \Delta l_{BC} = \dfrac{2Pl}{EA} - \dfrac{Pl}{EA} = \dfrac{Pl}{EA}$

★

66 균질한 균일 단면봉이 다음 그림과 같이 P_1, P_2, P_3의 하중을 B, C, D점에서 받고 있다. 각 구간의 거리 a=1.0m, b=0.4m, c=0.6m이고, P_2=10kN, P_3=5kN의 하중이 작용할 때 D점에서의 수직방향 변위가 일어나지 않기 위한 하중 P_1은 얼마인가?

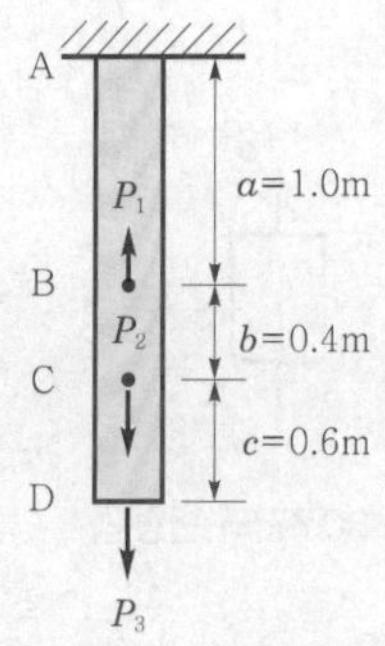

① 5kN ② 6kN

③ 8kN ④ 24kN

해설 작용해야 할 하중

㉠ 봉의 자유물체도(F.B.D)

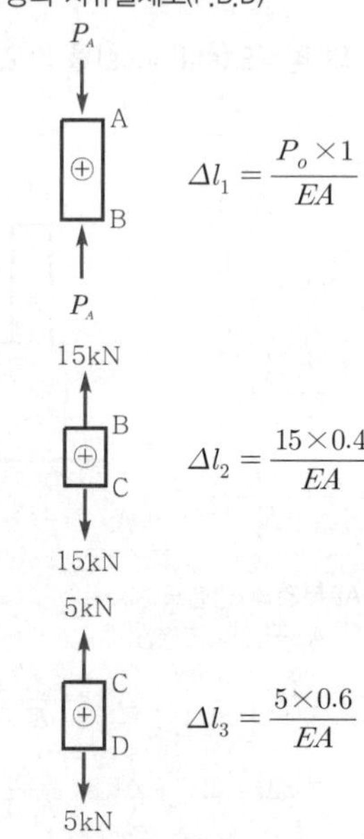

$\Delta l_1 = \dfrac{P_o \times 1}{EA}$

$\Delta l_2 = \dfrac{15 \times 0.4}{EA}$

$\Delta l_3 = \dfrac{5 \times 0.6}{EA}$

㉡ $\delta_D = 0$이 되기 위한 조건

$\Delta l_1 = \Delta l_2 + \Delta l_3$

$\dfrac{P_A \times 1}{EA} = \dfrac{15 \times 0.4}{EA} + \dfrac{5 \times 0.6}{EA}$

$\therefore P_A = 9\text{kN}$

㉢ 작용해야 할 하중

$P_1 = P_A + 15 = 9 + 15 = 24\text{kN}$

67 다음 그림과 같은 봉에서 작용하는 힘들에 의한 봉 전체의 수직처짐은 얼마인가?

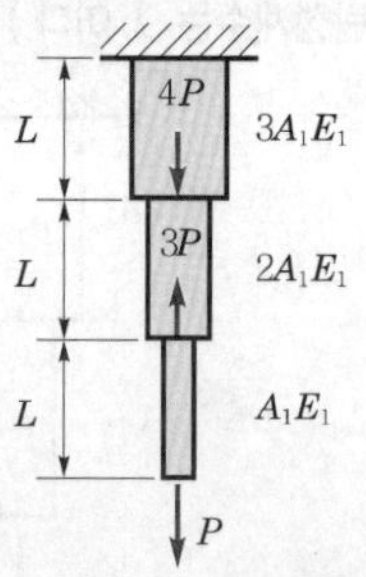

① $\dfrac{3PL}{4E_1A_1}(\downarrow)$ ② $\dfrac{2PL}{3E_1A_1}(\downarrow)$

③ $\dfrac{4PL}{3E_1A_1}(\downarrow)$ ④ $\dfrac{3PL}{2E_1A_1}(\downarrow)$

정답 65. ④ 66. ④ 67. ②

해설 봉의 수직처짐

㉠ 봉의 자유물체도(F.B.D)

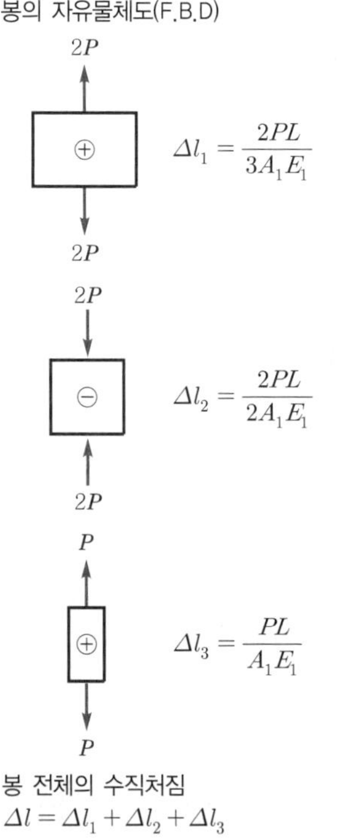

$\Delta l_1 = \dfrac{2PL}{3A_1E_1}$

$\Delta l_2 = \dfrac{2PL}{2A_1E_1}$

$\Delta l_3 = \dfrac{PL}{A_1E_1}$

㉡ 봉 전체의 수직처짐

$\Delta l = \Delta l_1 + \Delta l_2 + \Delta l_3$

$= \dfrac{2PL}{3E_1A_1} - \dfrac{2PL}{2E_1A_1} + \dfrac{PL}{E_1A_1}$

$= \dfrac{2PL}{3E_1A_1}(\downarrow)$

★ 68 다음과 같은 부재에서 길이의 변화량 δ는 얼마인가? (단, 보는 균일하며, 단면적 A와 탄성계수 E는 일정하다고 가정한다.)

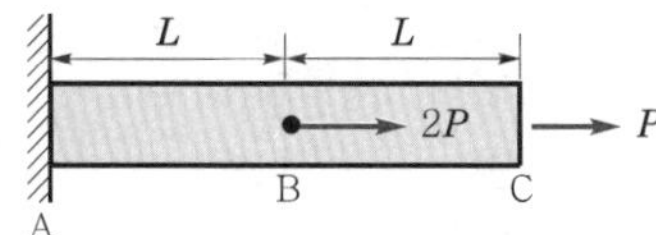

① $\dfrac{PL}{EA}$ ② $\dfrac{1.5PL}{EA}$

③ $\dfrac{3PL}{EA}$ ④ $\dfrac{4PL}{EA}$

해설 봉의 변위

㉠ A점의 수평반력

$H_A = 2P + P = 3P(\leftarrow)$

㉡ 길이의 변위량(δ)

$\Delta L_1 = \dfrac{3PL}{EA}$, $\Delta L_2 = \dfrac{PL}{EA}$

$\therefore \Delta L = \Delta L_1 + \Delta L_2 = \dfrac{3PL}{EA} + \dfrac{PL}{EA} = \dfrac{4PL}{EA}$

3P ← [⊕] → 3P
A Δl_1 B

P ← [⊕] → P
B Δl_2 C

★ 69 다음 그림과 같은 강봉이 2개의 다른 정사각형 단면적을 가지고 하중 P를 받고 있을 때 AB가 1,500kPa의 응력(normal stress)을 가지면 BC에서의 응력은 얼마인가?

① 1,500kPa
② 3,000kPa
③ 4,500kPa
④ 6,000kPa

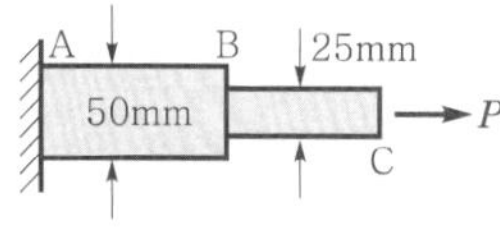

해설 BC의 응력

$\sigma = \dfrac{P}{A}$

$P = \sigma_{AB}A_{AB} = \sigma_{BC}A_{BC}$

$\therefore \sigma_{BC} = \dfrac{A_{AB}}{A_{BC}}\sigma_{AB}$

$= \dfrac{50^2}{25^2} \times 1,500 = 6,000\text{kPa}$

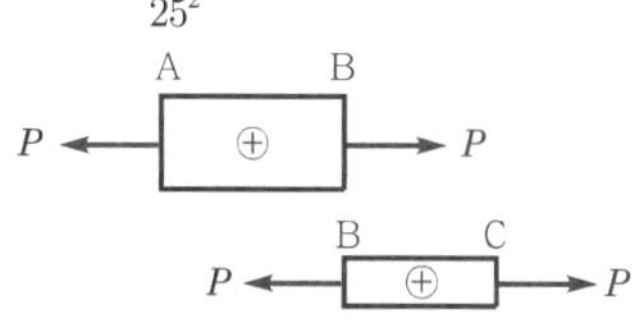

70 다음 부재의 전체 축방향 변위는? (단, E는 탄성계수, A는 단면적이다.)

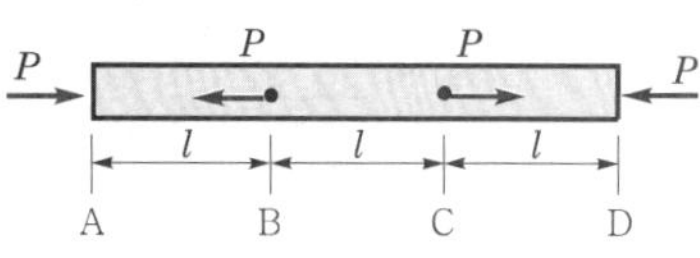

① $\dfrac{Pl}{EA}$ ② $\dfrac{2Pl}{EA}$

③ $\dfrac{3Pl}{EA}$ ④ 0

정답 68. ④ 69. ④ 70. ②

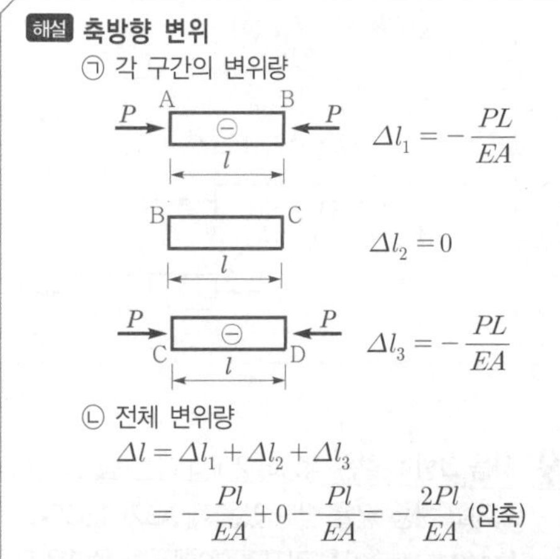

해설 **축방향 변위**

㉠ 각 구간의 변위량

$\Delta l_1 = -\frac{PL}{EA}$

$\Delta l_2 = 0$

$\Delta l_3 = -\frac{PL}{EA}$

㉡ 전체 변위량

$\Delta l = \Delta l_1 + \Delta l_2 + \Delta l_3$

$= -\frac{Pl}{EA} + 0 - \frac{Pl}{EA} = -\frac{2Pl}{EA}$ (압축)

★★
71 단면적이 $20mm^2$인 강봉이 다음 그림과 같은 하중을 받는다면 이 강봉이 늘어난 값은 몇 mm인가? (단, 강봉의 탄성계수 $= 2 \times 10^5$MPa)

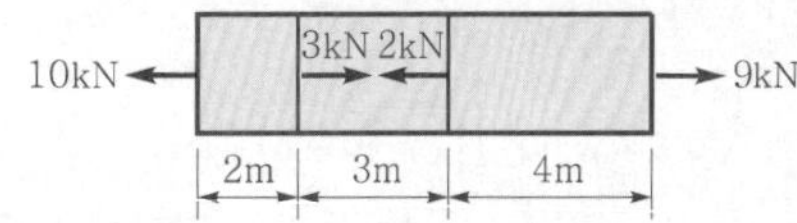

① 19.3mm ② 18.3mm
③ 17.3mm ④ 16.3mm

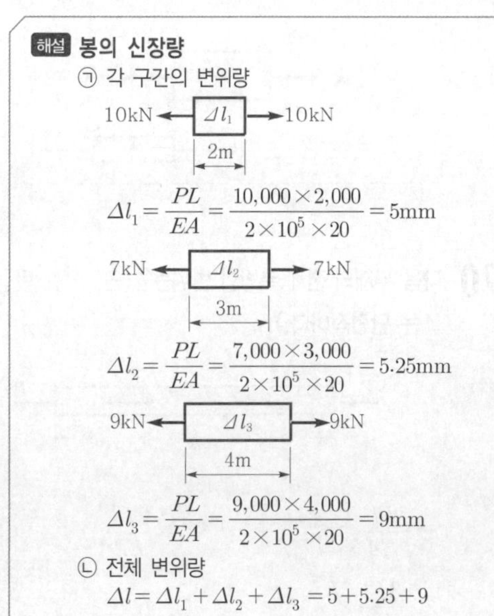

해설 **봉의 신장량**

㉠ 각 구간의 변위량

$\Delta l_1 = \frac{PL}{EA} = \frac{10,000 \times 2,000}{2 \times 10^5 \times 20} = 5mm$

$\Delta l_2 = \frac{PL}{EA} = \frac{7,000 \times 3,000}{2 \times 10^5 \times 20} = 5.25mm$

$\Delta l_3 = \frac{PL}{EA} = \frac{9,000 \times 4,000}{2 \times 10^5 \times 20} = 9mm$

㉡ 전체 변위량

$\Delta l = \Delta l_1 + \Delta l_2 + \Delta l_3 = 5 + 5.25 + 9$

$= 19.25mm$

★
72 단면적이 $100mm^2$인 강봉이 다음 그림과 같은 힘을 받을 때 이 강봉이 늘어난 길이는? (단, $E = 2.0 \times 10^5$MPa)

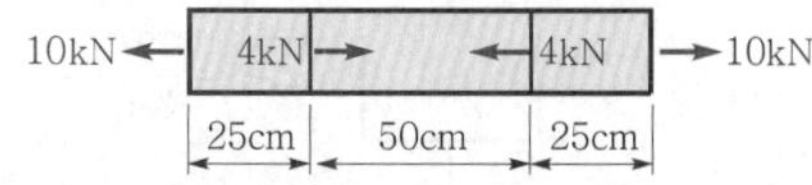

① 0.5mm ② 0.4mm
③ 0.3mm ④ 0.2mm

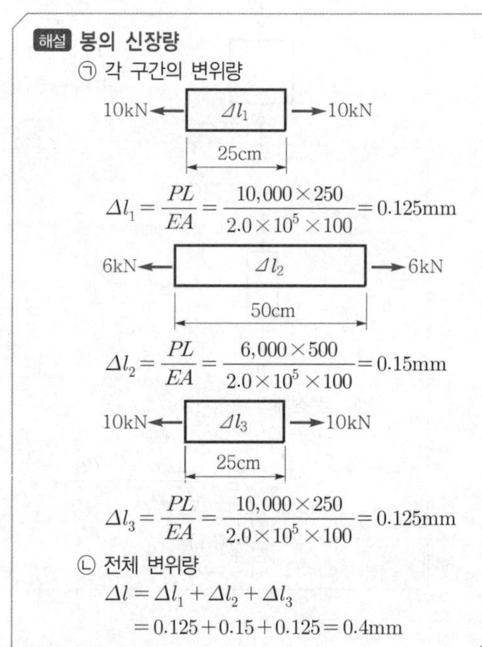

해설 **봉의 신장량**

㉠ 각 구간의 변위량

$\Delta l_1 = \frac{PL}{EA} = \frac{10,000 \times 250}{2.0 \times 10^5 \times 100} = 0.125mm$

$\Delta l_2 = \frac{PL}{EA} = \frac{6,000 \times 500}{2.0 \times 10^5 \times 100} = 0.15mm$

$\Delta l_3 = \frac{PL}{EA} = \frac{10,000 \times 250}{2.0 \times 10^5 \times 100} = 0.125mm$

㉡ 전체 변위량

$\Delta l = \Delta l_1 + \Delta l_2 + \Delta l_3$

$= 0.125 + 0.15 + 0.125 = 0.4mm$

★
73 상 · 하단이 고정인 기둥에 다음 그림과 같이 힘 P가 작용한다면 반력 R_A, R_B값은?

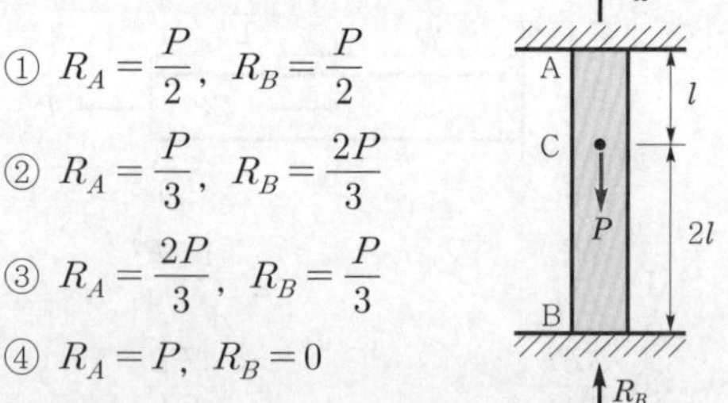

① $R_A = \frac{P}{2}$, $R_B = \frac{P}{2}$

② $R_A = \frac{P}{3}$, $R_B = \frac{2P}{3}$

③ $R_A = \frac{2P}{3}$, $R_B = \frac{P}{3}$

④ $R_A = P$, $R_B = 0$

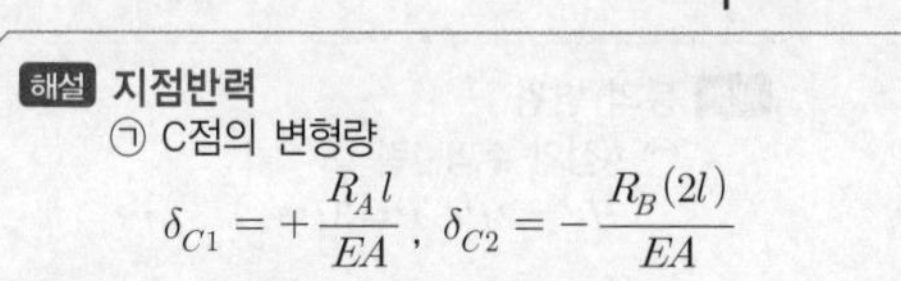

해설 **지점반력**

㉠ C점의 변형량

$\delta_{C1} = +\frac{R_A l}{EA}$, $\delta_{C2} = -\frac{R_B(2l)}{EA}$

정답 71. ① 72. ② 73. ③

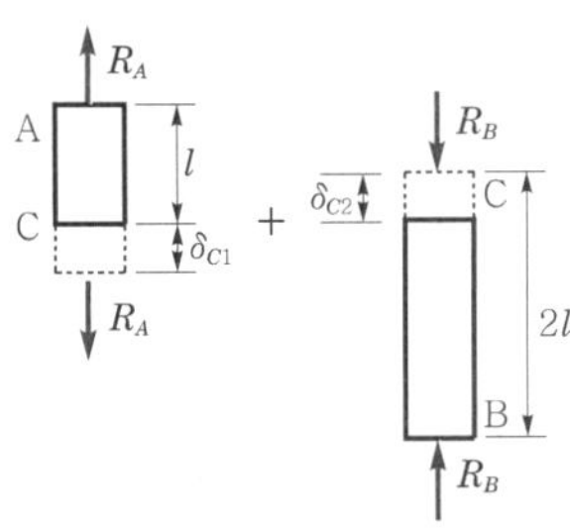

㉡ 변위의 적합조건식

$|\delta_{C1}| = |\delta_{C2}|$

$\therefore R_A = 2R_B$

㉢ 평형방정식

$R_A + R_B = P$

$2R_B + R_B = P$

$\therefore R_B = \dfrac{P}{3}(\uparrow),\ R_A = 2R_B = \dfrac{2P}{3}(\uparrow)$

74 다음 그림에서 점 C에 하중 P가 작용할 때 A점에 작용하는 반력 R_A는? (단, 재료의 단면적은 A_1, A_2이고, 기타 재료의 성질은 동일하다.)

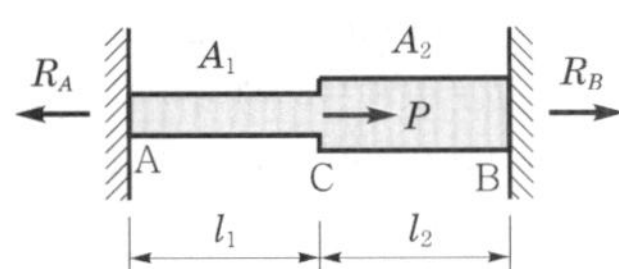

① $\dfrac{A_1 l_1 P}{A_1 l_1 + A_2 l_2}$　② $\dfrac{A_1 l_2 P}{A_1 l_1 + A_2 l_2}$

③ $\dfrac{A_1 l_2 P}{A_1 l_2 + A_2 l_1}$　④ $\dfrac{A_2 l_1 P}{A_1 l_2 + A_2 l_1}$

해설 **지점반력**

㉠ 평형조건식

$\sum H = 0$

$P + R_B - R_A = 0$

$\therefore R_B = R_A - P$

㉡ 변형량

A A_1 C, R_A ← ① → R_A, l_1　$\Delta l_1 = \dfrac{R_A l_1}{EA_1}$

C A_2 B, R_B ← ② → R_B, l_2　$\Delta l_2 = \dfrac{R_B l_2}{EA_2}$

$$\Delta l = \Delta l_1 + \Delta l_2 = \frac{R_A l_1}{EA_1} + \frac{R_B l_2}{EA_2} = 0$$

$$R_A = -\frac{A_1 l_2}{A_2 l_1} R_B = -\frac{A_1 l_2}{A_2 l_1}(R_A - P)$$

$$\therefore R_A = \frac{A_1 l_2}{A_1 l_2 + A_2 l_1} P$$

75 다음과 같은 단면의 지름이 $2d$에서 d로 선형적으로 변하는 원형 단면부에 하중 P가 작용할 때 전체 축방향 변위를 구하면? (단, 탄성계수 E는 일정하다.)

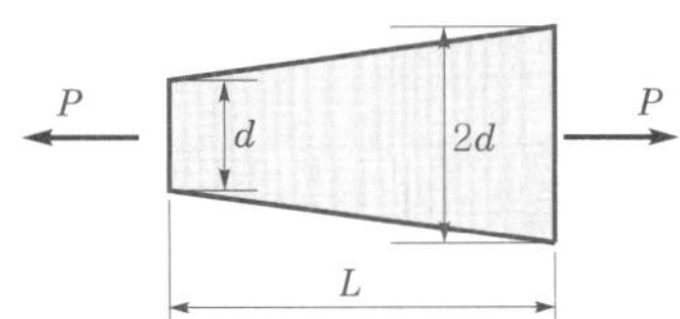

① $\dfrac{2PL}{3\pi d^2 E}$　② $\dfrac{3PL}{2\pi d^2 E}$

③ $\dfrac{2PL}{\pi d^2 E}$　④ $\dfrac{3PL}{3\pi d^2 E}$

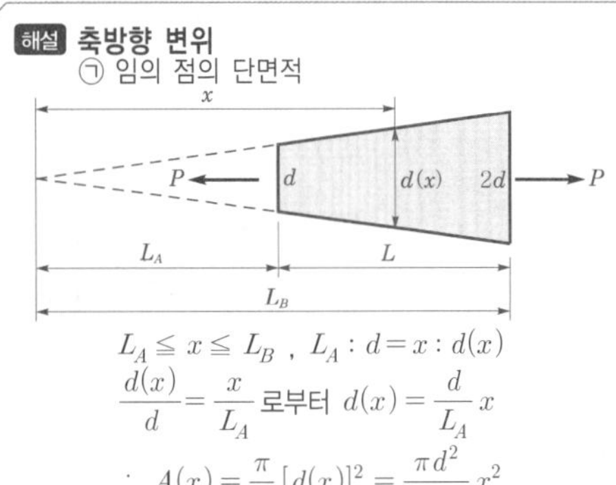

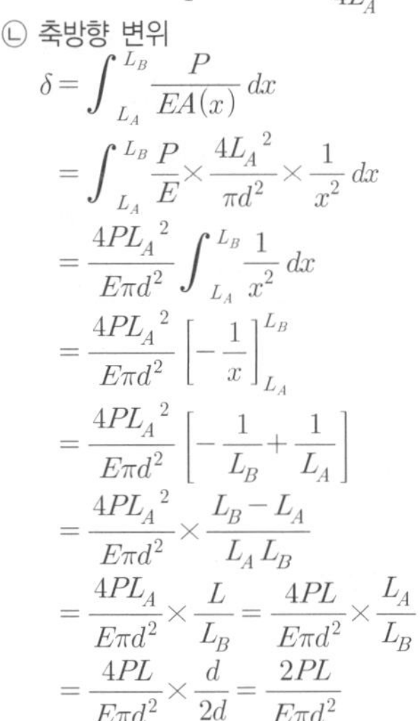

$L_A \leq x \leq L_B$, $L_A : d = x : d(x)$

$\dfrac{d(x)}{d} = \dfrac{x}{L_A}$ 로부터 $d(x) = \dfrac{d}{L_A} x$

$\therefore A(x) = \dfrac{\pi}{4}[d(x)]^2 = \dfrac{\pi d^2}{4L_A^{\ 2}} x^2$

㉡ 축방향 변위

$$\delta = \int_{L_A}^{L_B} \frac{P}{EA(x)} dx$$

$$= \int_{L_A}^{L_B} \frac{P}{E} \times \frac{4L_A^{\ 2}}{\pi d^2} \times \frac{1}{x^2} dx$$

$$= \frac{4PL_A^{\ 2}}{E\pi d^2} \int_{L_A}^{L_B} \frac{1}{x^2} dx$$

$$= \frac{4PL_A^{\ 2}}{E\pi d^2} \left[-\frac{1}{x} \right]_{L_A}^{L_B}$$

$$= \frac{4PL_A^{\ 2}}{E\pi d^2} \left[-\frac{1}{L_B} + \frac{1}{L_A} \right]$$

$$= \frac{4PL_A^{\ 2}}{E\pi d^2} \times \frac{L_B - L_A}{L_A L_B}$$

$$= \frac{4PL_A}{E\pi d^2} \times \frac{L}{L_B} = \frac{4PL}{E\pi d^2} \times \frac{L_A}{L_B}$$

$$= \frac{4PL}{E\pi d^2} \times \frac{d}{2d} = \frac{2PL}{E\pi d^2}$$

정답 74. ③ 75. ③

★
76 길이 3m인 ABC막대가 하중을 받으면서 수평을 유지하고 있다. 수직재 BD의 단면적이 50mm^2이다. BD부재의 수직응력이 450MPa일 때 하중 P는?

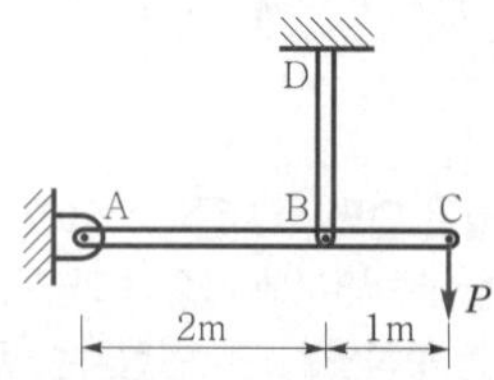

① 10kN ② 12kN
③ 15kN ④ 8kN

해설 하중의 크기
㉠ 수직재 BD에 걸리는 하중
$\sum M_A = 0$
$-F\times 2 + P\times 3 = 0$
$\therefore F = \frac{3}{2}P$
㉡ 하중의 크기
$\sigma = \frac{F}{A} = \frac{3P}{2A}$
$\therefore P = \frac{2A\sigma}{3} = \frac{2\times 50\times 450}{3}$
$= 15{,}000\text{N} = 15\text{kN}$

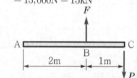

77 다음 그림과 같은 구조물에서 수평봉은 강체이고, 두 개의 수직강선은 동일한 탄소성 재료로 만들어졌다. 이 구조물의 A점에 연직으로 작용할 수 있는 극한하중은 얼마인가? (단, 수직강선의 σ_y =2,000MPa이고, 단면적은 모두 100mm^2이다.)

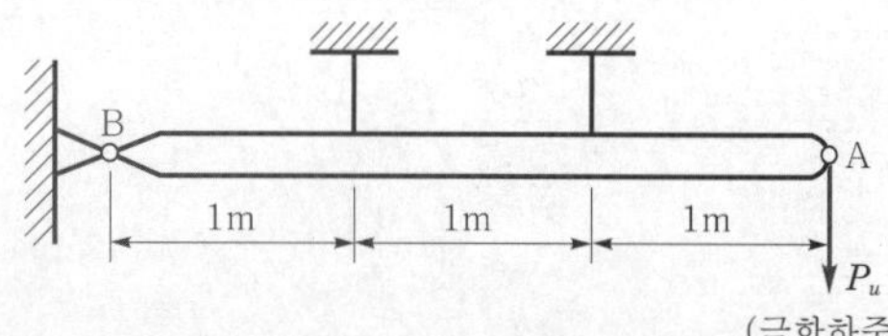

① 200kN ② 300kN
③ 400kN ④ 500kN

해설 극한하중(P_u)
$\sum M_B = 0$
$-F\times 1 - F\times 2 + P_u\times 3 = 0$
$\sigma_y\times A\times(1+2) = P_u\times 3$
$\therefore P_u = \sigma_u A = 2{,}000\times 100\times 10^{-3} = 200\text{kN}$

78 다음 그림과 같은 탄소성 재료로 만들어진 두 개의 강선 AB 및 CB에 대한 항복하중 P_y는 얼마인가? (단, 두 개의 강선은 단면적이 모두 0.25m^2이고, 항복응력은 모두 2,500kPa이다.)

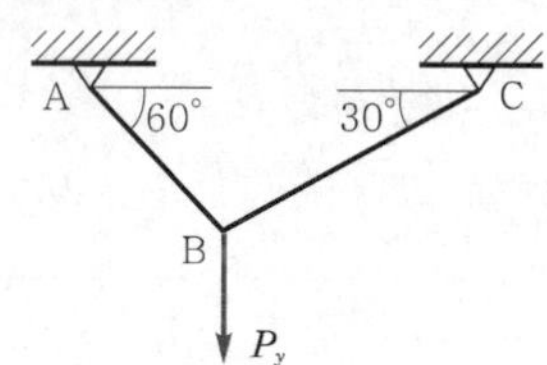

① 427.5kN ② 526.8kN
③ 647.2kN ④ 721.7kN

해설 항복하중(P_y)
㉠ 강선이 받을 수 있는 힘
$P = \sigma_y A = 2{,}500\times 0.25 = 625\text{kN}$
㉡ $\overline{\text{AB}}$강선이 부담하는 하중
$P_y\times\sin 60° = 625\text{kN}$
$\therefore P_y = 721.7\text{kN}$
㉢ $\overline{\text{BC}}$강선이 부담하는 하중
$P_y\times\sin 30° = 625\text{kN}$
$\therefore P_y = 1{,}250.0\text{kN}$
㉣ 약한 쪽이 먼저 항복하므로
$\therefore P_y = 721.7\text{kN}$

★
79 다음 그림과 같은 옹벽 구조물에 하중 30kN이 작용할 경우 최대 압축응력은?

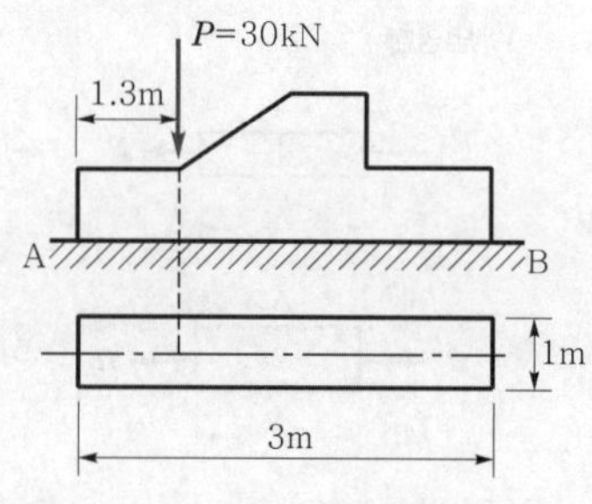

① 14kPa ② 18kPa
③ 20kPa ④ 22kPa

정답 76. ③ 77. ① 78. ④ 79. ①

해설 최대 압축응력

$$\sigma = \frac{P}{A} + \frac{M}{Z} = \frac{30}{1\times3} + \frac{6\times30\times0.2}{1\times3^2} = 14\text{kPa}$$

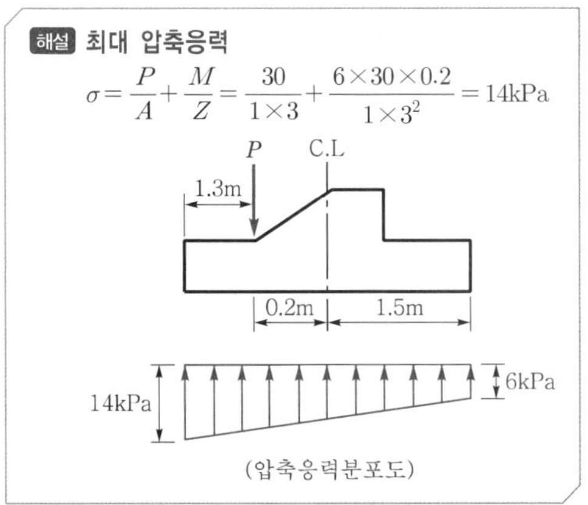

(압축응력분포도)

4. 조합응력

80 σ_x가 다음 그림과 같이 작용할 때 1-2 단면에서 작용하는 σ_n(normal stress)의 값은 얼마인가?

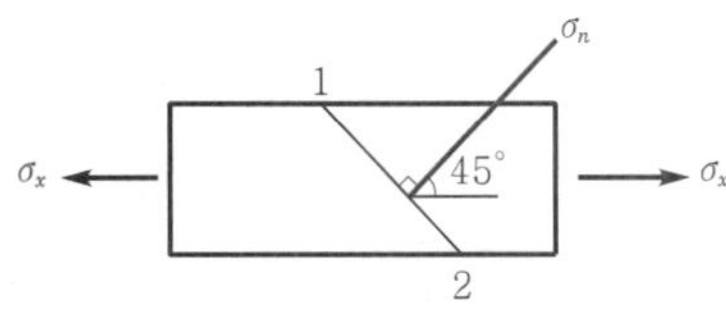

① σ_x ② $2\sigma_x$
③ $\dfrac{\sigma_x}{2}$ ④ $3\sigma_x$

해설 1축(단축)응력
㉠ 수직(법선)응력

$$\sigma_n = \sigma_x\cos^2\theta = \sigma_x\cos^2 45° = \frac{\sigma_x}{2}$$

㉡ 전단(접선)응력

$$\tau_n = \frac{1}{2}\sigma_x \sin2\theta$$

★★
81 한 변의 길이가 10mm인 정사각형 단면의 직선부재에 축방향 인장력 $P=$ 120kN이 작용할 때 부재축과 60° 경사진 평면상에 일어나는 수직응력도 σ는?

① 300MPa
② 600MPa
③ 900MPa
④ 1,600MPa

해설 수직응력
㉠ 축방향 응력

$$\sigma_x = \frac{P}{A} = \frac{120,000}{10\times10} = 1,200\text{MPa}$$

㉡ 수직응력 : 부재축과 60°이므로 $\theta = 30°$이다.

$$\sigma_\theta = \sigma_x\cos^2\theta = 1,200\times\cos^2 30° = 900\text{MPa}$$

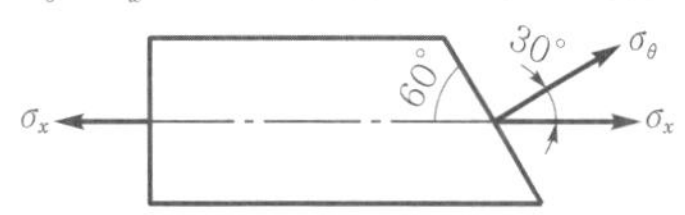

82 단면적 20mm^{2}인 구형봉에 $P=$ 10kN인 수직하중이 작용할 때 다음 그림과 같은 45° 경사면에 생기는 전단응력의 크기는?

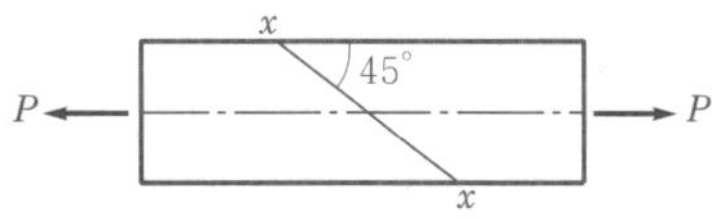

① 750MPa ② 500MPa
③ 250MPa ④ 633MPa

해설 전단(접선)응력
㉠ 축방향 응력

$$\sigma_x = \frac{P}{A} = \frac{10,000}{20} = 500\text{MPa}$$

㉡ 전단(접선)응력

$$\tau = \frac{1}{2}\sigma_x\sin2\theta$$

$$= \frac{1}{2}\times500\times\sin90° = 250\text{MPa}$$

★
83 축의 인장하중 $P=$2kN을 받고 있는 지름 10mm의 원형봉 속에 발생하는 최대 전단응력은 얼마인가?

① 12.73MPa ② 15.15MPa
③ 17.56MPa ④ 19.98MPa

해설 최대 전단응력
㉠ 최대 전단응력은 $\tau_n = \frac{1}{2}\sigma_x\sin2\theta$에서 $\theta = 45°$인 경우 발생한다.
㉡ 최대 전단응력

$$\tau_{\max} = \frac{1}{2}\sigma_x = \frac{1}{2}\frac{P}{A}$$

$$= \frac{4P}{2\pi d^2} = \frac{4\times2,000}{2\times\pi\times10^2} = 12.7324\text{MPa}$$

정답 80. ③ 81. ③ 82. ③ 83. ①

★
84 다음 그림과 같이 단면적이 10mm²인 균일 단면봉에 축의 인장하중 1,000N이 작용하고 있다. 이때 경사 단면 ab에 작용하는 수직응력(σ_θ) 및 전단응력(τ_θ)을 구한 값은?

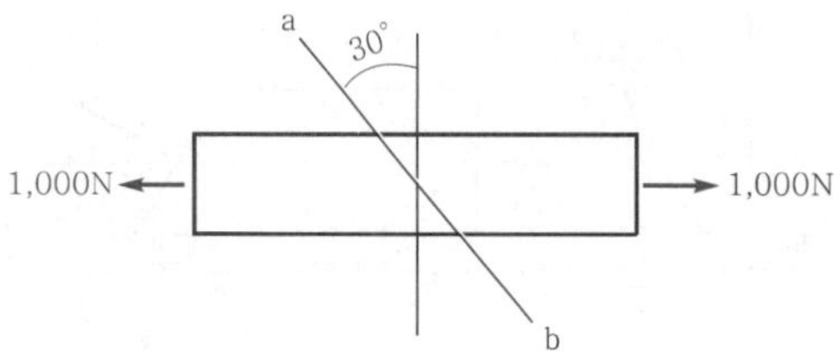

① 64.3MPa, 39.8MPa ② 75.0MPa, 43.3MPa
③ 83.6MPa, 64.5MPa ④ 86.8MPa, 76.0MPa

> **해설** **단축(1축)응력**
> ㉠ 수직(법선)응력
> $$\sigma_\theta = \sigma_x \cos^2\theta = \frac{P}{A}\cos^2\theta = \frac{1,000}{10}\times\cos^2 30° = 75.0\text{MPa}$$
> ㉡ 전단(접선)응력
> $$\tau_\theta = \frac{\sigma_x}{2}\sin 2\theta = \frac{P}{2A}\sin 2\theta = \frac{1,000}{2\times10}\times\sin(2\times30°) = 43.3\text{MPa}$$

85 인장력 P를 받고 있는 막대에서 $t-t$ 단면의 수직응력과 전단응력의 크기가 같은 값을 가지는 경사각 α의 크기는? (단, 막대의 단면적은 A[mm²]이다.)

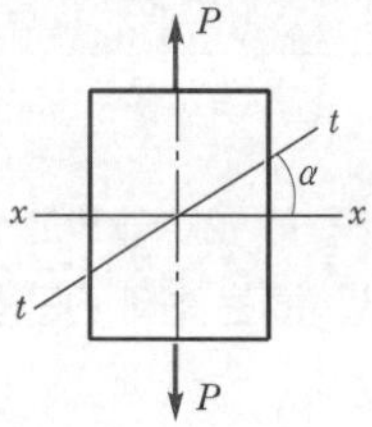

① 60° ② 45°
③ 30° ④ 25°

> **해설** **경사각(α)**
> ㉠ 수직(법선)응력
> $$\sigma_\alpha = \sigma_x \cos^2\alpha$$
> ㉡ 전단(접선)응력
> $$\tau_\alpha = \frac{1}{2}\sigma_x \sin 2\alpha$$
> ㉢ 경사각
> $$\sigma_\alpha = \tau_\alpha$$
> $$2\cos^2\alpha = \sin 2\alpha$$
> $$\therefore \alpha = 45°$$

★
86 ϕ150mm×300mm의 다음 그림과 같은 콘크리트공시체가 450kN의 축의 압축하중을 받을 때 이 공시체에 일어나는 최대 전단응력을 구한 값은?

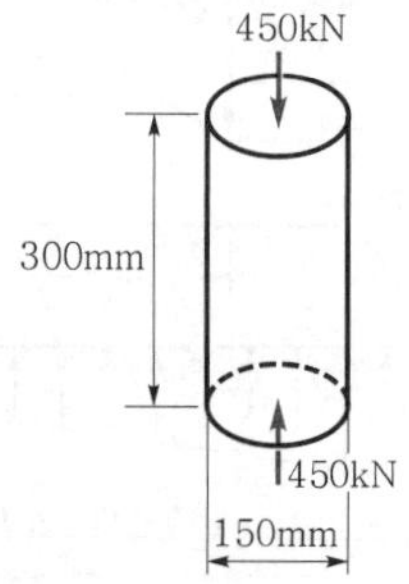

① 63.6MPa
② 84.9MPa
③ 12.74MPa
④ 25.48MPa

> **해설** **단축응력에서 최대 전단응력($\theta = 45°$)**
> $$\tau_{\max} = \frac{\sigma_x}{2} = \frac{P}{2A} = \frac{4\times450,000}{2\times\pi\times150^2} = 12.7323\text{MPa}$$

★★★
87 다음 그림과 같이 한 탄성체 내의 한 점 A에서 응력이 $\sigma_x = -400$MPa(압축), $\sigma_y = 400$MPa(인장), $\tau_{xy} = 0$이다. x축에서 그림과 같이 45° 기울어진 단면에서의 응력 45°(수직응력) 및 45°(전단응력)은?

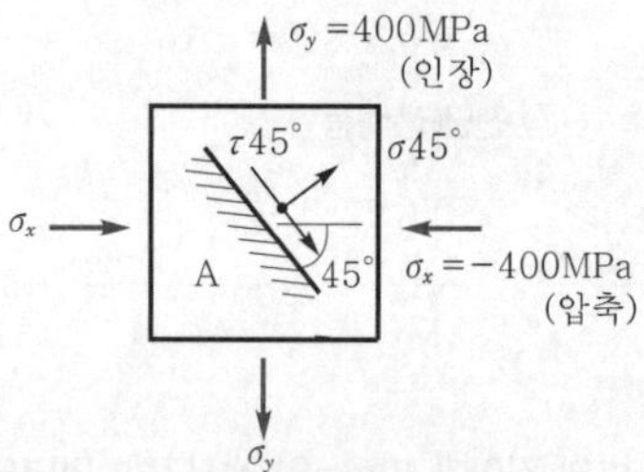

	σ	τ
①	45°=0,	45°=400MPa
②	45°=0,	45°=−400MPa
③	45°=400MPa,	45°=0
④	45°=−400MPa,	45°=0

정답 84. ② 85. ② 86. ③ 87. ②

해설 2축응력

㉠ $\tau_{xy}=0$이므로 2축응력과 같다.

㉡ 수직(법선)응력

$$\sigma_\theta=\frac{\sigma_x+\sigma_y}{2}+\frac{\sigma_x-\sigma_y}{2}\cos 2\theta$$
$$=\frac{-400+400}{2}+\frac{-400-400}{2}\times\cos(2\times45°)$$
$$=0$$

㉢ 전단(접선)응력

$$\tau_\theta=\frac{\sigma_x-\sigma_y}{2}\sin 2\theta$$
$$=\frac{-400-400}{2}\times\sin(2\times45°)$$
$$=-400\text{MPa}$$

88 두 주응력의 크기가 다음 그림과 같다. 이 면과 $\theta=45°$를 이루고 있는 면의 응력은?

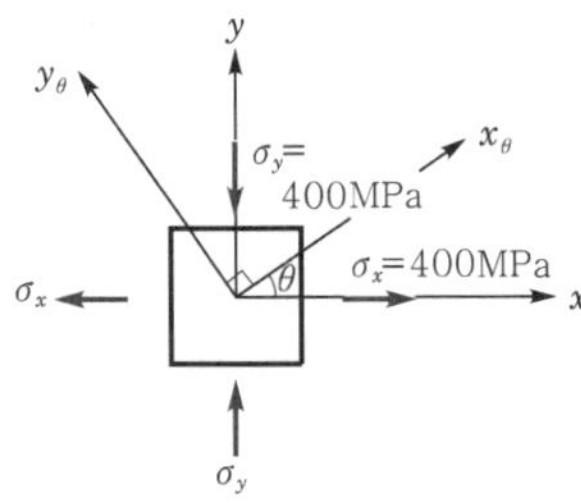

① $\sigma_\theta=0$, $\tau=0$
② $\sigma_\theta=800$MPa, $\tau=0$
③ $\sigma_\theta=0$, $\tau=400$MPa
④ $\sigma_\theta=400$MPa, $\tau=400$MPa

해설 2축응력

㉠ 수직(법선)응력

$$\sigma_\theta=\frac{\sigma_x+\sigma_y}{2}+\frac{\sigma_x-\sigma_y}{2}\cos 2\theta$$
$$=\frac{400-400}{2}+\frac{400+400}{2}\times\cos(2\times45°)$$
$$=0$$

㉡ 전단(접선)응력

$$\tau_\theta=\frac{\sigma_x-\sigma_y}{2}\sin 2\theta$$
$$=\frac{400+400}{2}\times\sin(2\times45°)=400\text{MPa}$$

★

89 다음 그림과 같은 단면에 $\sigma_x=400$MPa, $\sigma_y=-400$MPa 이 작용할 때 단면 내부에 생기는 최대 전단응력의 값은?

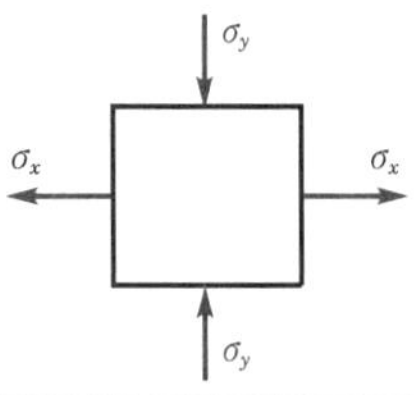

① 0
② 400MPa
③ 800MPa
④ 200MPa

해설 최대 전단응력

㉠ 최대 전단응력이 되기 위해서는 $\theta=45°$일 때이다.

㉡ 최대 전단응력

$$\tau_{max}=\frac{\sigma_x-\sigma_y}{2}\sin 2\theta$$
$$=\frac{400-(-400)}{2}\times\sin(2\times45°)$$
$$=400\text{MPa}$$

★★

90 다음 그림과 같은 2축응력의 Mohr응력원의 σ_θ 및 τ_θ의 표현 중 옳은 것은?

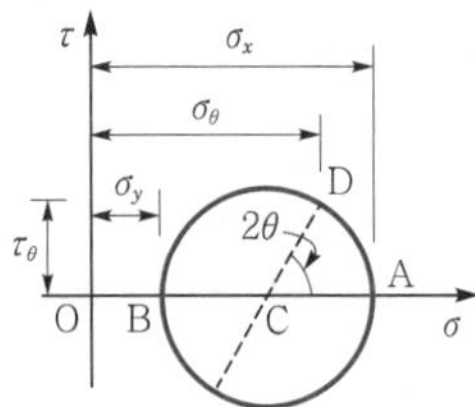

① $\sigma_\theta=\text{OC}+\text{CD}\cos 2\theta$, $\tau_\theta=\text{CD}\sin 2\theta$
② $\sigma_\theta=\text{OC}+\text{CD}\sin 2\theta$, $\tau_\theta=\text{CD}\cos 2\theta$
③ $\sigma_\theta=\text{OC}+\text{CD}\cos\theta$, $\tau_\theta=\text{CD}\sin\theta$
④ $\sigma_\theta=\text{OC}+\text{CD}\sin\theta$, $\tau_\theta=\text{CD}\cos\theta$

해설 2축응력

㉠ 수직(법선)응력

$\sigma_\theta=\text{OC}+\text{CE}=\text{OC}+\text{CD}\cos 2\theta$

㉡ 전단(접선)응력

$\tau_\theta=\text{DE}=\text{CD}\sin 2\theta$

91 순수 전단을 유발하는 응력상태의 Mohr원은?

① 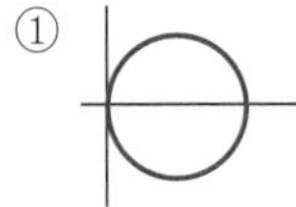
② 

③ 
④ 

정답 88. ③ 89. ② 90. ① 91. ②

해설 **순수 전단응력상태**
순수 전단응력상태는 수직응력이 $\sigma = 0$, 전단응력이 $\tau = R$ 인 경우이다.

★
92 다음 그림과 같이 2축응력을 받고 있는 요소의 체적변화율은? (단, 이 요소의 탄성계수 $E = 2\times10^5$MPa, 푸아송비 $\nu = 0.3$이다.)

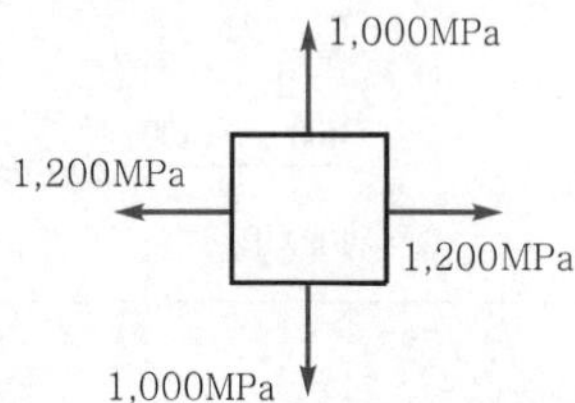

① 3.6×10^{-3}　② 4.6×10^{-3}
③ 4.4×10^{-3}　④ 4.8×10^{-3}

해설 **체적변화율**

$$\varepsilon_v = \frac{\Delta V}{V} = \frac{1-2\nu}{E}(\sigma_x + \sigma_y + \sigma_z)$$
$$= \frac{1-2\times0.3}{2\times10^5}\times(1{,}000+1{,}200+0)$$
$$= 0.0044$$

93 다음 그림과 같은 2축응력을 받고 있는 요소의 체적변형률은? (단, 탄성계수 $E = 2\times10^5$MPa, 푸아송비 $\nu = 0.2$이다.)

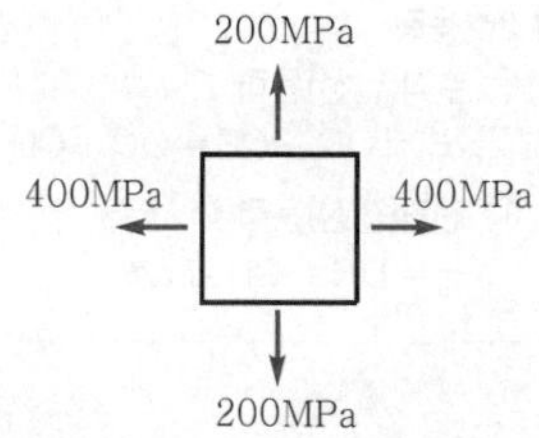

① 1.8×10^{-3}　② 3.6×10^{-3}
③ 4.4×10^{-3}　④ 6.2×10^{-3}

해설 **체적변형률**

$$\varepsilon_v = \frac{1-2\nu}{E}(\sigma_x + \sigma_y + \sigma_z)$$
$$= \frac{1-2\times0.2}{2\times10^5}\times(400+200+0)$$
$$= 1.8\times10^{-3}$$

★
94 다음 그림과 같이 한 탄성체 내부의 0점 부근의 응력상태가 전단응력만 존재하고 수직응력은 모두 0일 때 법선이 x축에서 45° 되는 단면(아래 그림 참조)에서의 수직응력 δ의 값은? (단, δ는 인장응력을 (+)로 본다.)

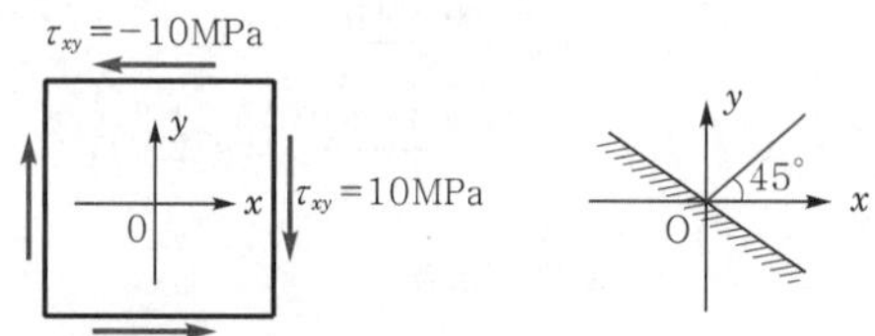

① $10\sqrt{2}$ MPa
② $-10\sqrt{2}$ MPa
③ -10MPa
④ 10MPa

해설 **평면응력**
㉠ 평면응력공식

$$\sigma_\theta = \frac{\sigma_x + \sigma_y}{2} + \frac{\sigma_x - \sigma_y}{2}\cos 2\theta + \tau_{xy}\sin 2\theta$$
$$\tau_\theta = \frac{\sigma_x - \sigma_y}{2}\sin 2\theta - \tau_{xy}\cos 2\theta$$

㉡ $\sigma_x = \sigma_y = 0$이므로
$\tau_{xy} = -10$MPa
$\therefore\ \sigma_\theta = -10\times\sin(2\times45°) = -10$MPa

★
95 평면응력(plane stress)상태에서의 주응력(principal stress)에 관한 설명 중 옳은 것은?

① 전단응력이 0인 경사평면에서의 법선응력으로 최대 및 최소 법선응력을 말한다.
② 최대 전단응력이 작용하는 경사평면에서의 법선응력을 말한다.
③ 주평면에 작용하는 응력으로서 최대 법선응력과 최소 법선응력의 산술평균응력을 말한다.
④ 순수 전단응력이 작용하는 경사평면에서의 법선응력으로서 최대 법선응력을 말한다.

해설 **주응력의 특성**
주응력은 임의 평면에서의 최대 및 최소 수직(법선)응력을 의미하며, 주응력면에서 전단(접선)응력은 0이다.

정답 92. ③　93. ①　94. ③　95. ①

96 평면응력상태하에서의 모어(Mohr)의 응력원에 대한 설명 중 옳지 않은 것은?

① 최대 전단응력의 크기는 두 주응력의 차이와 같다.
② 모어원의 중심의 x좌표값은 직교하는 두 축의 수직응력의 평균값과 같고 y좌표값은 0이다.
③ 모어원이 그려지는 두 축 중 연직(y)축은 전단응력의 크기를 나타낸다.
④ 모어원으로부터 주응력의 크기와 방향을 구할 수 있다.

> 해설 최대 전단응력
> 최대 전단응력의 크기는 두 주응력의 차를 2로 나눈 값이다.
> $\tau_{\max} = \frac{1}{2}(\sigma_x - \sigma_y)$

★★
97 다음 그림에 보이는 것과 같이 한 요소에 x, y방향의 법선응력 σ_x, σ_y, 전단응력 τ_{xy}가 작용한다면 이때 생기는 주응력은?

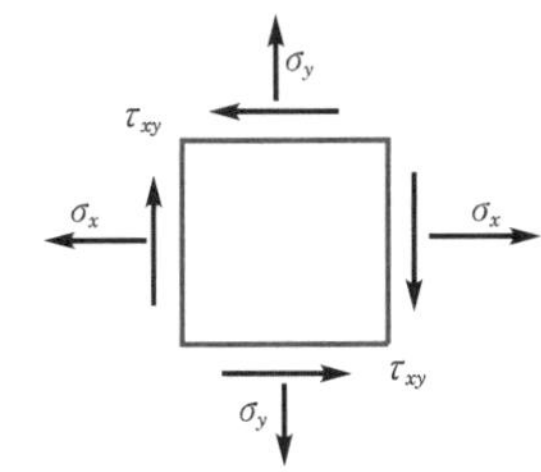

① $\sigma_{1,2} = \frac{\sigma_x + \sigma_y}{2} \pm \sqrt{\left(\frac{\sigma_x - \sigma_y}{2}\right)^2 + \tau_{xy}^2}$

② $\sigma_{1,2} = \frac{\sigma_x - \sigma_y}{2} \pm \sqrt{\left(\frac{\sigma_x + \sigma_y}{2}\right)^2 + \tau_{xy}^2}$

③ $\sigma_{1,2} = \frac{\sigma_x}{2} \pm \sqrt{\left(\frac{\sigma_x}{2}\right)^2 + \tau_{xy}^2}$

④ $\sigma_{1,2} = \frac{\sigma_y}{2} \pm \sqrt{\left(\frac{\sigma_x}{2}\right)^2 + \tau_{xy}^2}$

> 해설 주응력의 크기
> $\sigma_{1,2} = \frac{\sigma_x + \sigma_y}{2} \pm \sqrt{\left(\frac{\sigma_x - \sigma_y}{2}\right)^2 + \tau_{xy}^2}$
> $= \frac{\sigma_x + \sigma_y}{2} \pm \frac{1}{2}\sqrt{(\sigma_x - \sigma_y)^2 + 4\tau_{xy}^2}$

98 보의 주응력값을 구하는 식은?

① $\frac{\sigma}{2} \pm \frac{1}{2}\sqrt{\sigma^2 \tau^2}$ ② $\frac{\sigma}{2} \pm \sqrt{\frac{\sigma^2}{4} + \tau^2}$
③ $\frac{\sigma}{2} \pm \sqrt{\sigma^2 + 4\tau^2}$ ④ $\frac{\sigma}{2} \pm \frac{1}{2}\sqrt{4\sigma^2 + \tau^2}$

> 해설 주응력의 크기
> $\sigma_{1,2} = \frac{\sigma}{2} \pm \frac{1}{2}\sqrt{\sigma^2 + 4\tau^2} = \frac{\sigma}{2} \pm \sqrt{\frac{\sigma^2}{4} + \tau^2}$

99 보의 중립축에서의 전단응력을 τ라 할 때 주응력의 크기는?

① $\pm 2\tau$ ② $\pm \tau$
③ $\pm \frac{\tau}{2}$ ④ 0

> 해설 주응력의 크기
> $\sigma_{1,2} = \frac{\sigma_x}{2} \pm \sqrt{\left(\frac{\sigma_x}{2}\right)^2 + \tau^2}$ 에서 중립축이므로
> $\sigma_x = 0$
> $\therefore \sigma_{1,2} = \pm \tau$

★
100 다음 그림과 같은 정사각형 미소 단면에 응력이 작용할 때 주응력은 얼마인가? (단, $\sigma_x = 400\text{MPa}$, $\sigma_y = 800\text{MPa}$, $\tau_{xy} = \tau_{yx} = 100\text{MPa}$)

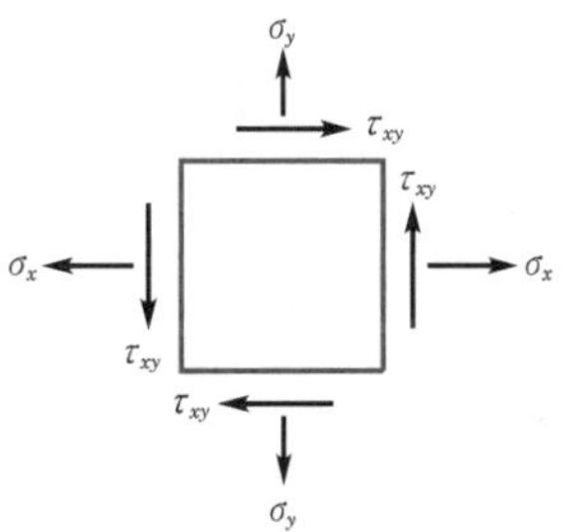

① 200±447.2MPa ② 600±223.6MPa
③ 1,200±400MPa ④ 1,300±100MPa

> 해설 주응력의 크기
> $\sigma_{1,2} = \frac{\sigma_x + \sigma_y}{2} \pm \sqrt{\left(\frac{\sigma_x - \sigma_y}{2}\right)^2 + \tau_{xy}^2}$
> $= \frac{400 + 800}{2} \pm \sqrt{\left(\frac{400 - 800}{2}\right)^2 + 100^2}$
> $= 600 \pm 223.6\text{MPa}$

정답 96. ① 97. ① 98. ② 99. ② 100. ②

101 평면응력을 받는 요소가 다음과 같이 응력을 받고 있다. 최대 주응력은 어느 것인가?

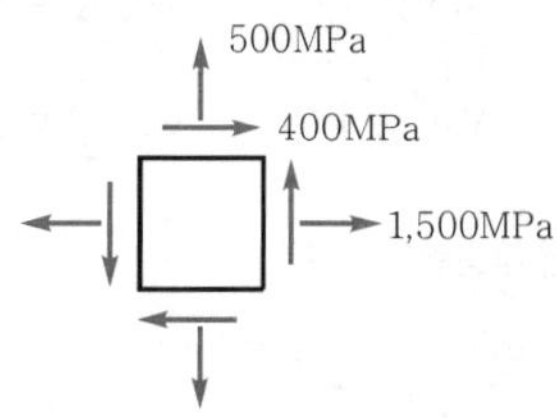

① 640MPa ② 1,640MPa
③ 3,600MPa ④ 1,360MPa

해설 최대 주응력

$$\sigma_{\max} = \frac{\sigma_x + \sigma_y}{2} + \sqrt{\left(\frac{\sigma_x - \sigma_y}{2}\right)^2 + {\tau_{xy}}^2}$$

$$= \frac{1,500+500}{2} + \sqrt{\left(\frac{1,500-500}{2}\right)^2 + 400^2}$$

$$= 1,640.31\text{MPa}$$

★

102 수직응력 $\sigma_x = 10$MPa, $\sigma_y = 20$MPa와 전단응력 $\tau_{xy} = 5$MPa을 받고 있는 다음 그림과 같은 평면응력요소의 최대 주응력을 구하면?

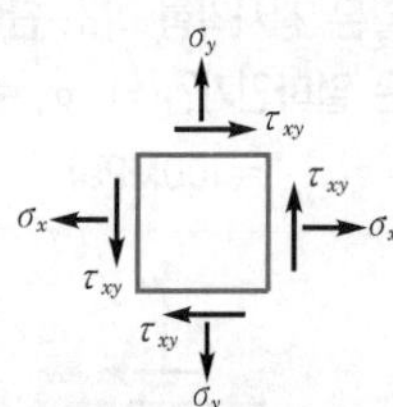

① 22.1MPa ② 23.1MPa
③ 24.1MPa ④ 25.1MPa

해설 최대 주응력

$$\sigma_{\max} = \frac{\sigma_x + \sigma_y}{2} + \frac{1}{2}\sqrt{(\sigma_x - \sigma_y)^2 + 4{\tau_{xy}}^2}$$

$$= \frac{10+20}{2} + \frac{1}{2}\sqrt{(10-20)^2 + 4\times 5^2}$$

$$= 22.1\text{MPa}$$

103 주응력과 주전단응력의 설명 중 잘못된 것은?

① 주응력면은 서로 직교한다.
② 주전단응력면은 서로 직교한다.
③ 주응력면과 주전단응력면은 45°의 차이가 있다.
④ 주전단응력면에서는 주응력은 생기지 않는다.

해설 주응력의 특성
㉠ $\theta = 0$일 때
$\therefore \tau_1 = \tau_{\max}$
㉡ 주전단응력면에서는 주응력은 최대 전단응력과 같다.

104 모어(Mohr)의 응력원이 다음 그림과 같이 하나의 점으로 나타난다면 이때의 응력상태 중 옳은 것은?

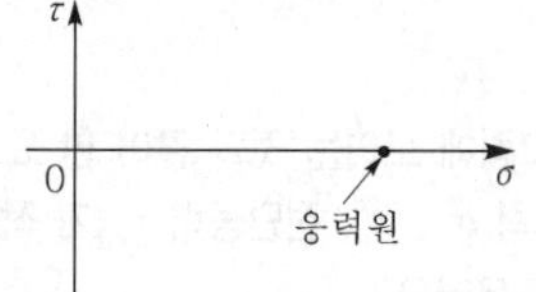

① $\sigma_1 = \sigma_2$, $\tau > 0$ ② $\sigma_1 < \sigma_2$, $\tau = 0$
③ $\sigma_1 = \sigma_2$, $\tau = 0$ ④ $\sigma_1 > \sigma_2$, $\tau = 0$

해설 주응력의 특성
㉠ 단면에 동일한 수직인장응력만 존재하는 상태로, 이때의 응력은 주응력이다.
㉡ 수직응력이 $\sigma_1 = \sigma_2$이고, 전단응력이 $\tau = 0$인 경우이다.

정답 101. ② 102. ① 103. ④ 104. ③

보의 응력

SECTION 1 | 보의 휨응력

SECTION 2 | 보의 전단응력

SECTION 3 | 전단중심

SECTION 4 | 보의 소성 해석

보의 응력

회독 체크표

1회독	월	일
2회독	월	일
3회독	월	일

최근 10년간 출제분석표

2015	2016	2017	2018	2019	2020	2021	2022	2023	2024
10.0%	8.3%	6.7%	10.0%	6.7%	8.3%	10.0%	8.3%	6.7%	8.3%

출제 POINT

학습 POINT
- 베르누이-오일러의 가정
- 상 · 하연응력
- 휨응력의 특성

SECTION 1 보의 휨응력

1 휨응력의 정의 및 기본가정

1) 휨응력의 정의 및 중립축

(1) 휨응력의 정의

① 보에 하중이 작용하면 부재가 평면을 유지하기 위하여 단면력이 발생한다.

② 이 단면력에 의해 단면의 중립축을 경계로 하여 단면의 상측은 압축하여 압축응력이 생기고, 하측은 늘어나서 인장응력이 생길 때 발생하는 응력을 보의 휨응력(σ)이라고 한다.

(2) 중립축과 중립면

① 휨부재에서 휨변형이 발생한 후에 축방향의 길이변화가 없는 축으로 축방향 변형률이 0인 축을 중립축(neutral axis)이라고 한다. 중립축에서는 변형률이 0이므로 휨응력은 0이 된다.

② 이 경우 중립축이 이루는 면을 중립면(Neutral surface)이라고 한다.

■ 중립축(neutral axis)
축방향의 길이변화가 없는 축으로 축방향 변형률이 0인 축

2) 베르누이(Bernoulli)-오일러(Euler)의 가정

① 부재의 축에 직각인 단면은 휨모멘트를 받아 휨 후에도 축에 직각인 평면을 가진다. 즉, 평면 보존의 법칙이 성립한다.

② 탄성한도 이내에서는 응력과 변형률은 비례한다. 즉, 훅의 법칙이 성립한다.

③ 재질은 균질(homogeneous)하고 등방성(isotropic)이다.

④ 하중은 충격하중(impact load)이 작용하지 않는 것으로 한다.

⑤ 보는 비틀림(torsion), 좌굴(buckling)로 변형되지 않고, 순수 휨(pure bending)에 의한 변형을 고려한다.

2 보의 휨응력

1) 보의 휨응력의 일반식

(1) 휨응력 일반식의 유도

① 순수 휨(pure bending, 순수 굽힘)상태는 보에 외력이 작용할 때 단면에 전단력이 생기지 않고, 균일한 휨모멘트만 발생하는 상태를 말한다.

② 순수 굽힘을 받는 단순보에서 단면의 중립축을 경계로, 단면의 상측은 압축하여 압축응력이 발생하고, 하측은 늘어나서 인장응력이 발생한다.

$$\therefore \frac{1}{R} = \frac{M}{EI}$$

$$\therefore \sigma_x = \frac{M}{I} y$$

(2) 상 · 하연의 응력

① 축방향력이 작용하지 않을 때 인장은 (+)이고, 압축은 (−)이면

㉠ 상연응력 : $\sigma_x = -\dfrac{M}{I_x} y = -\dfrac{M}{Z}$

㉡ 하연응력 : $\sigma_x = +\dfrac{M}{I_x} y = +\dfrac{M}{Z}$

② 축방향력(N)이 작용할 때 인장력이 작용하면

㉠ 상연응력 : $\sigma_x = -\dfrac{M}{I_x} y + \dfrac{N}{A}$

㉡ 하연응력 : $\sigma_x = +\dfrac{M}{I_x} y + \dfrac{N}{A}$

③ 압축의 축방향력이 작용하면 위 공식의 부호는 반대가 된다.

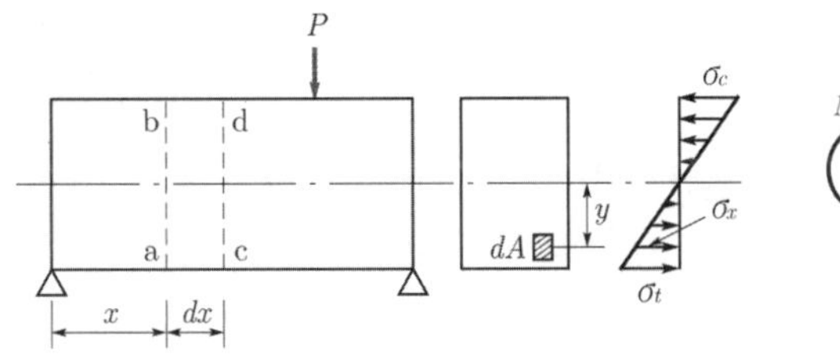

[그림 8-1] 보의 휨응력

2) 휨응력의 특성

① 휨응력은 부재축의 직각 단면에서 수직하게 발생하는 응력이다. 축하중이 작용하는 경우는 이를 고려하여 응력을 산정해야 한다.

② 휨응력은 중립축에서 0이다.

③ 상 · 하연에서 최대가 된다.

출제 POINT

■ 휨응력 공식의 유도

$\varepsilon_x = \dfrac{\Delta dx}{dx}$, $\sigma_x = E\varepsilon_x$ 로부터

$\Delta dx = \dfrac{\sigma_x}{E} dx$ ·········· ①

$R : dx = y : \Delta dx$ 로부터

$\Delta dx = \dfrac{y}{R} dx$ ·········· ②

식 ①, ②로부터

$\therefore \sigma_x = \dfrac{E}{R} y$ ·········· ③

$M = \int \sigma_x y dA = \sigma_x \int_A y dA$

$= \dfrac{E}{R} \int_A y^2 dA = \dfrac{EI}{R}$

$\therefore \dfrac{1}{R} = \dfrac{M}{EI}$ ·········· ④

식 ④를 ③에 대입하면

$\therefore \sigma_x = \dfrac{M}{I} y$

출제 POINT

④ 휨응력은 중간에서 직선변화한다. 즉, 중립축으로부터 거리에 비례한다.
⑤ 휨모멘트만 작용할 때의 중립축은 도심축과 일치한다.
⑥ 축하중이 작용하는 경우는 중립축과 도심축은 일치하지 않는다.

SECTION 2 보의 전단응력

학습 POINT

- 평균 전단응력(수직 전단)
- 수평 전단응력(일반식)
- 전단응력의 특성
- 최대 전단응력
- 전단응력분포도

1 전단응력의 정의 및 일반식

1) 전단응력의 정의

① 보의 임의 단면에 외력이 작용하면 휨모멘트(M)와 동시에 전단력(S)이 작용한다. 이 전단력에 의하여 발생하는 응력을 전단응력(τ)이라 한다.
② 하중에 의하여 보를 수직으로 전단하려고 하는 수직 전단력이 생기고, 휨에 의한 수평 전단력이 생긴다. 이에 대하여 수직 · 수평 전단응력이 발생한다.

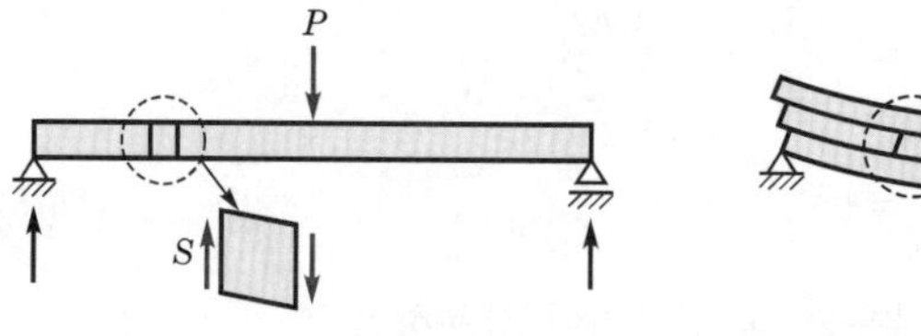

(a) 수직 전단응력 (b) 수평 전단응력

[그림 8-2] 전단응력

2) 전단응력의 일반식

① 전단응력의 일반식(수평 전단응력)

$$\tau = \frac{SG_x}{Ib}$$

② 평균 전단응력(수직 전단응력)

$$\tau = \frac{S}{A}$$

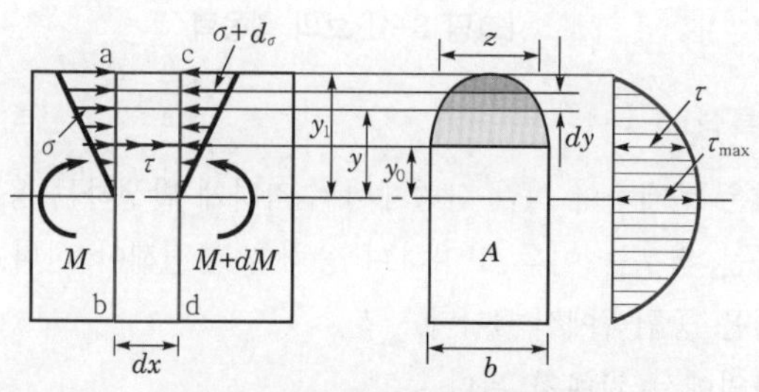

[그림 8-3] 보의 전단응력

■ 전단응력 공식의 유도

$$\tau b dx = \int_{y_0}^{y_1} (\sigma + d\sigma) z\, dy - \int_{y_0}^{y_1} \sigma z\, dy = \int_{y_0}^{y_1} \frac{M+dM}{I} y z\, dy - \int_{y_0}^{y_1} \frac{dM}{I} y z\, dy$$

$$\tau = \int_{y_0}^{y_1} \frac{dM}{dx} \frac{1}{Ib} y z\, dy = \frac{S}{Ib} \int_{y_0}^{y_1} y z\, dy \ \left(\because \frac{dM}{dx} = S\right)$$

$$\therefore \tau = \frac{S}{Ib} G_z \ \left(\because \int y z\, dy = G_z\right)$$

3) 전단응력의 특성

① 전단응력은 부재의 임의 단면에 평행으로 작용한다.
② 전단응력은 보통 **중립축**에서 최대이다.
③ 상하 양단에서는 0이다.
④ 전단응력은 중립축으로부터 거리에 **곡선**으로 변화한다.
⑤ 임의 단면에서 수평 전단응력과 수직 전단응력의 크기는 같다.
⑥ 순수 굽힘이 작용하는 단면에서의 전단응력은 0이다.

2 최대 전단응력

1) 기본 단면의 최대 전단응력

① 구형 단면

$$\tau = \frac{S}{Ib}G_z = \frac{3}{2}\frac{S}{bh^3}(h^2 - 4{y_0}^2)$$

$$\therefore\ \tau_{\max} = \frac{3}{2}\times\frac{S}{bh^3}\times h^2 = \frac{3}{2}\frac{S}{bh} = \frac{3}{2}\frac{S}{A}$$

② 원형 단면

$$\tau = \frac{S}{Ib}G_z$$

$$G_x = \frac{2}{3}r^3\sin^3\alpha,\ \ b = 2r\sin\alpha$$

$$\sin\alpha = \frac{b}{2r} = \frac{2}{3}r^3\left(\frac{b}{2r}\right)^3 = \frac{b^3}{12}$$

$$\therefore\ \tau_{\max} = \frac{4}{3}\frac{S}{\pi r^2} = \frac{4}{3}\frac{S}{A}$$

③ 삼각형 단면

$$\tau = \frac{S}{Ib}G_x,\ \ I = \frac{bh^3}{36}$$

$$\therefore\ \tau_{\max} = \frac{12S}{bh^3}\left(\frac{h^2}{2} - \frac{h^2}{4}\right) = \frac{12S}{4bh} = 3\frac{S}{bh} = \frac{3}{2}\frac{S}{A}$$

$$\therefore\ \tau_G = \frac{12S}{bh^3}\left(\frac{2h^2}{3} - \frac{4h^2}{9}\right) = \frac{24}{9}\frac{S}{bh} = \frac{4}{3}\frac{S}{A}$$

출제 POINT

■ 최대 전단응력

① 직사각형(구형)

$$\tau_{\max} = \frac{3}{2}\frac{S}{A}$$

② 원형

$$\tau_{\max} = \frac{4}{3}\frac{S}{A}$$

③ 삼각형

$$\tau_G = \frac{4}{3}\frac{S}{A}$$

$$\tau_{\max} = \frac{3}{2}\frac{S}{A}$$

출제 POINT

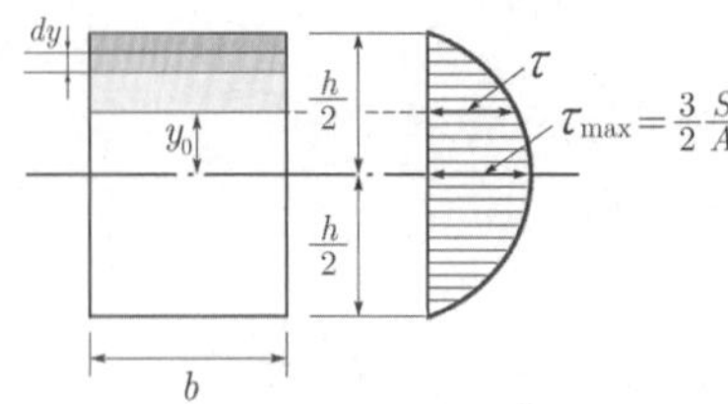

(a) 직사각형 단면

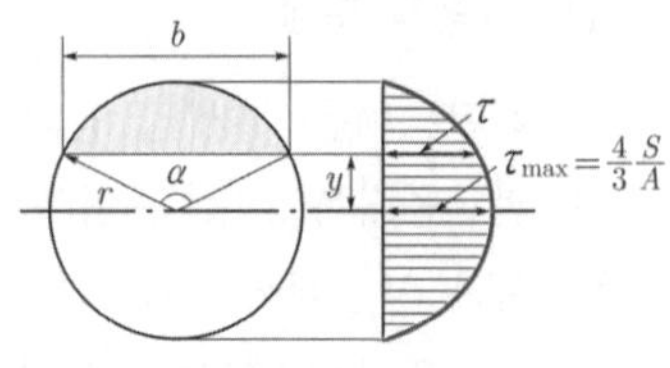

(b) 원형 단면

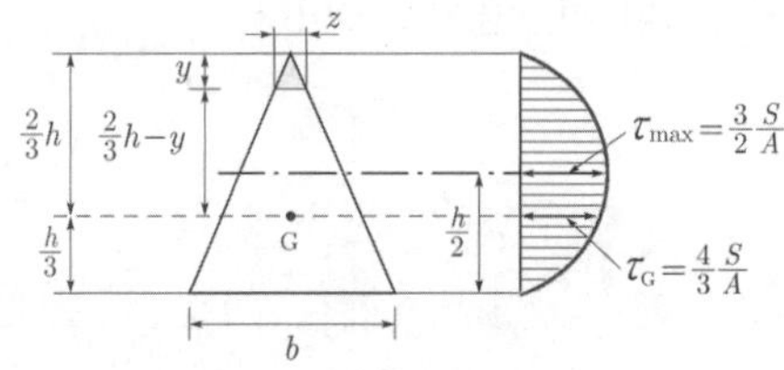

(c) 삼각형 단면

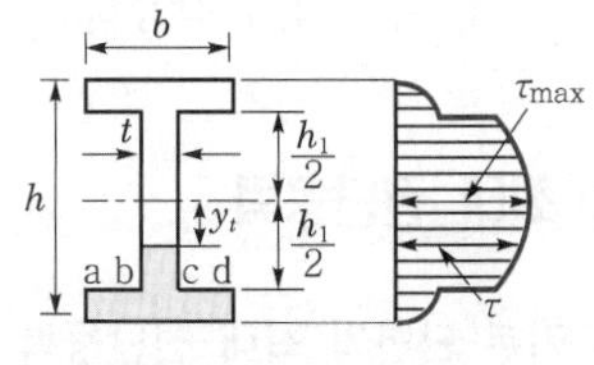

(d) I형 단면

[그림 8-4] 기본 단면의 최대 전단응력분포도

■ 기타 단면의 전단응력분포도

2) I형 단면의 최대 전단응력

$$\tau = \frac{S}{Ib}\left[\frac{b}{2}\left(\frac{h^2}{4} - \frac{{h_1}^2}{4}\right) + \frac{t}{2}\left(\frac{{h_1}^2}{4} - {y_1}^2\right)\right]$$

단면1차모멘트는 $G_x = \frac{b}{2}\left(\frac{h^2}{4} - \frac{{h_1}^2}{4}\right) + \frac{t}{2}\left(\frac{{h_1}^2}{4} - {y_1}^2\right)$이므로

$$\therefore\ \tau = \frac{S}{It}\left[\frac{b}{8}(h^2 - {h_1}^2) + \frac{t}{8}{h_1}^2\right]$$

$$\therefore\ \tau_{min} = \frac{S}{Ib}\frac{b}{8}(h - {h_1}^2)$$

$$\therefore\ \tau_{max} = \frac{S}{th_1}\text{(복부의 최대 전단응력 근사값)}$$

SECTION 3 전단중심

학습 POINT
- ㄷ(channel) 단면의 전단흐름
- 폐쇄된 단면의 전단흐름
- 전단중심의 위치
- 전단중심의 거리

1 전단흐름

1) 전단흐름의 정의

① 전단응력을 단위길이에 대한 것으로 표시한 것 즉, 단위길이당 전단응력을 **전단흐름**(shear flow, 전단류)이라고 한다. 다음 그림의 ㄷ(channel) 단면을 이용하면

$$F = \tau t = \frac{S}{I} G = \frac{1}{2} \tau t b = \frac{1}{2} b t \times \frac{bhP}{2I} = \frac{b^2 htP}{4I}$$

여기서, τt : 전단흐름(N/mm)

S : 전단력(N)

G : 단면1차모멘트(mm^3)

I : 단면2차모멘트(mm^4)

② 전단흐름은 그 점에서의 전단응력에 두께를 곱하여 구한다. 여기서, 판의 두께가 얇기 때문에 $b = t$이다.

2) 폐쇄된 단면의 전단흐름

① 폐쇄된 단면에서는 단면의 두께에 관계없이 전단흐름은 항상 일정하다.

$$f = \tau_1 t_1 = \tau_2 t_2 = \frac{T}{2A} = \text{일정}$$

$$\therefore\ f = \tau t = \frac{T}{2A}$$

여기서, T : 비틀림모멘트(kN · m)

A : 전단흐름 내부의 면적(m^2)

② 가장 큰 전단응력은 두께가 가장 얇은 곳에서 생긴다.

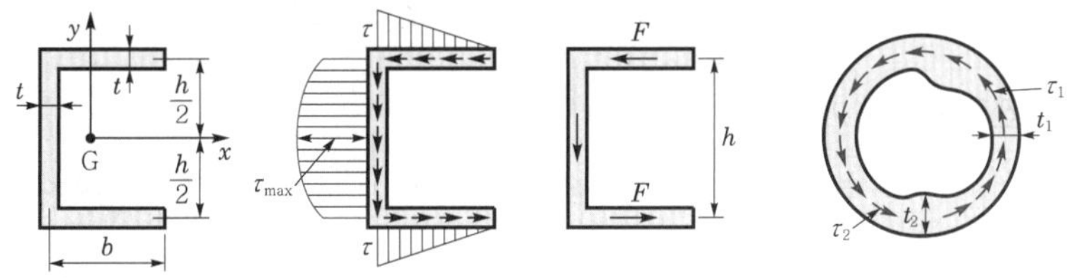

(a) channel 단면 (b) 폐쇄된 단면

[그림 8-5] 전단흐름(전단류)

2 전단중심

1) 전단중심의 정의 및 위치

(1) 전단중심의 정의

① 임의 단면에 하중이 작용할 때 비틀림이 없는 단순 굽힘상태(순수 휨상태)를 유지하기 위한 각 단면에서의 전단응력의 합력이 통과하는 위치나 점을 전단중심(shear center)이라고 한다.

② 하중이 전단중심에 작용하면 순수 휨만 생긴다. 그러나 하중이 전단중심에 작용하지 않으면 단면에서 휨과 비틀림이 동시에 발생한다.

(2) 전단중심의 위치

① 양축에 대칭(2축 대칭)인 단면의 전단중심은 **도심**과 **일치**한다.

② 어느 한 축에 대칭(1축 대칭)인 단면의 전단중심은 **대칭축상**에 존재한다.

출제 POINT

■ **전단흐름(shear flow, 전단류)**

① 단위길이당 전단응력을 말한다.

② 전단흐름

$$\therefore\ F = \tau t = \frac{b^2 htP}{4I}$$

출제 POINT

③ 어느 축에도 대칭이 아닌 경우(비대칭)의 전단중심은 축상에 위치하지 않을 경우가 많다. 두 개의 직사각형 단면으로 구성된 경우 두 단면의 연결부에 위치하나, 대부분 비대칭의 단면의 전단중심은 일정치 않다.

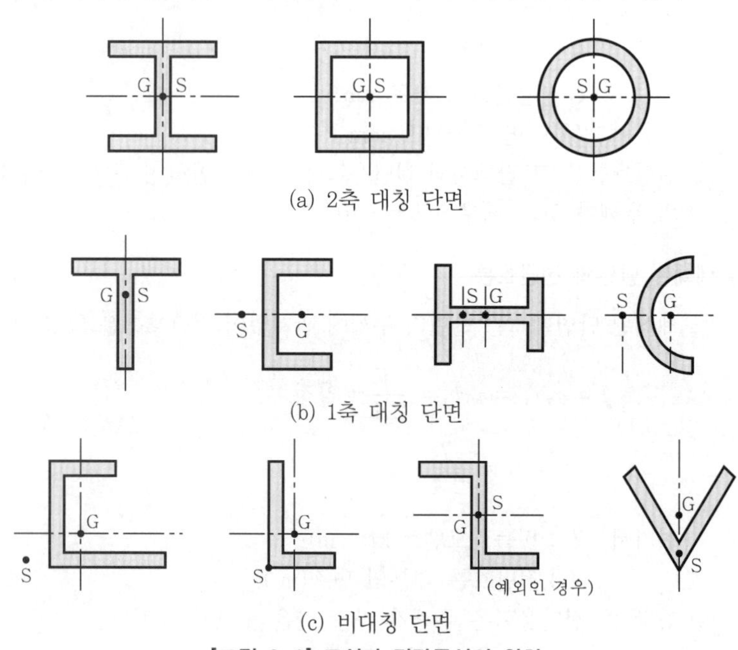

(a) 2축 대칭 단면

(b) 1축 대칭 단면

(c) 비대칭 단면

[그림 8-6] 도심과 전단중심의 위치

2) 전단중심의 거리

① 전단류에 의한 우력모멘트와 하중에 의한 모멘트는 서로 같아야 단면이 회전하지 않는다.

② 전단중심의 거리

$$Pe = Fh$$

$$\therefore\ e = \frac{Fh}{P} = \frac{h}{P} \times \frac{b^2htP}{4I} = \frac{b^2h^2t}{4I}$$

■ ㄷ(channel) 단면의 전단중심거리

$e = \dfrac{b^2h^2t}{4I}$

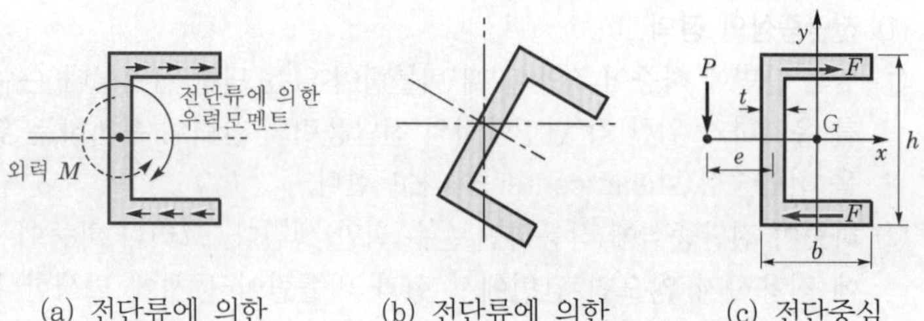

(a) 전단류에 의한 우력모멘트　(b) 전단류에 의한 단면의 회전　(c) 전단중심

[그림 8-7] 전단중심의 거리

출제 POINT

SECTION 4 보의 소성 해석

1 소성 해석 일반 및 형상계수

학습 POINT
- 항복모멘트와 소성모멘트
- 탄성단면계수와 소성단면계수
- 형상계수
- 소성힌지와 소성영역

1) 소성 해석 일반

(1) 소성 해석의 정의

① 보의 응력이 재료의 비례한도를 넘을 때까지 하중을 가하여 재료가 훅의 법칙을 따르지 않을 때 일어나는 보의 휨을 비탄성 휨이라 한다. 이 현상의 가장 간단한 경우는 보가 탄소성 재료일 때 발생하는 **소성 휨**(plastic bending)이다.

② 탄소성 재료는 선형 탄성 부분과 완전 소성 부분을 가지고 있고, 인장과 압축에 대해 동일한 항복응력과 동일한 탄성계수를 갖는다.

③ 소성 해석의 목적은 구조물 파괴 시의 최대 하중 즉, **극한하중**(종국하중)을 알기 위해 소성 해석을 하며, 소성힌지를 사용하여 구한다.

■ **탄소성 재료의** $\sigma-\varepsilon$**선도**

$\sigma_y=-\sigma_y$, $\varepsilon_y=-\varepsilon_y$

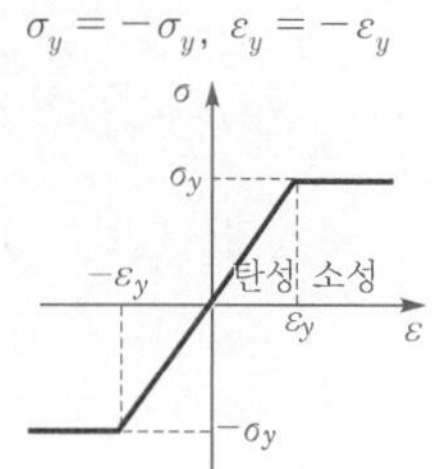

(2) 소성 휨의 해법상 가정

① 변형률은 중립축으로부터 비례한다.

② 응력-변형률의 관계는 정적 항복점 σ_y에 도달할 때까지는 탄성이며, σ_y에 도달한 후에는 일정 응력 σ_y에 무제한 소성흐름이 생긴다.

③ 압축측의 응력-변형률의 관계는 인장측과 동일한 것으로 한다.

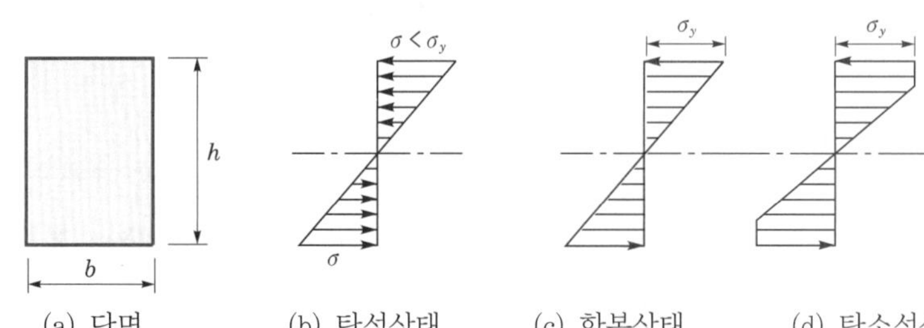

(a) 단면 (b) 탄성상태 (c) 항복상태 (d) 탄소성상태 (e) 완전 소성상태

[그림 8-8] 하중 증가에 따른 단면의 응력변화

2) 단면의 형상계수

(1) 항복모멘트(M_y)와 소성모멘트(M_P)

① 항복모멘트 계산

항복상태일 때의 모멘트로 탄성설계, 허용응력 설계에서 기준으로 한다. 전압축력(인장력)은 $T=C=\sigma_y\dfrac{bh}{4}$이고, 팔길이는 $y_1+y_2=\dfrac{2}{3}h$로부터

$$M_y=\sigma_y\frac{bh}{4}\times\frac{2}{3}h=\sigma_y\frac{bh^2}{6}$$

$$\therefore\ M_y=\sigma_y Z$$

■ **단면계수**

① 탄성단면계수 : $Z=\dfrac{bh^2}{6}$

② 소성단면계수 : $Z_P=\dfrac{bh^2}{4}$

② 소성모멘트 계산

소성상태일 때의 모멘트로 소성설계, 강도설계에서 기준으로 한다. 이 소성모멘트가 보의 한계모멘트(최대 모멘트)가 된다. 전 압축력(인장력)은

$T = C = \sigma_y \dfrac{bh}{2}$ 이고, 팔길이는 $y_1 + y_2 = \dfrac{h}{2}$ 로부터

$$M_P = \sigma_y \frac{bh}{2} \times \frac{h}{2} = \sigma_y \frac{bh^2}{4}$$

$$\therefore\ M_P = \sigma_y Z_p$$

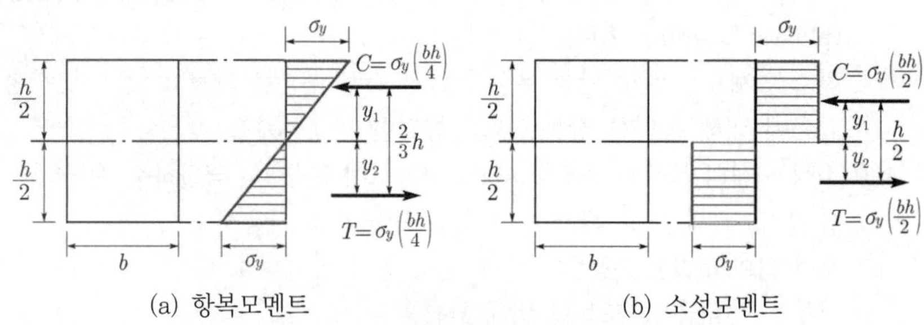

(a) 항복모멘트　　(b) 소성모멘트

[그림 8-9] 항복모멘트와 소성모멘트

(2) 소성단면계수

① 단면에서 면적이 같은 점의 위치를 소성축이라고 하며, 소성단면계수는 소성상태에서 소성축에 대한 단면계수이다.

② 직사각형 단면의 소성단면계수

$M_p = Cy_1 + Ty_2 = \sigma_y \dfrac{A}{2}(y_1 + y_2)$ 이고 $M_P = \sigma_y Z_P$ 로부터

$$\therefore\ Z_P = \frac{A}{2}(y_1 + y_2) = A_c y_c + A_t y_t$$

$$= \frac{bh}{2}\left(\frac{h}{4} + \frac{h}{4}\right) = \frac{bh^2}{4}$$

③ 원형 단면의 소성단면계수

$$I = \frac{\pi D^4}{64},\ Z = \frac{I}{D/2} = \frac{\pi D^3}{32}$$

$$\therefore\ Z_P = \left(\frac{\pi D^2}{8} \times \frac{2D}{3\pi}\right) \times 2 = \frac{D^3}{6}$$

④ 마름모형 단면의 소성단면계수

$$I = \frac{a^4}{12},\ Z = \frac{a^4/12}{\sqrt{2}\,a/2} = \frac{a^3}{6\sqrt{2}}$$

$$\therefore\ Z_P = \left(\frac{a^2}{2} \times \frac{\sqrt{2}}{6} a\right) \times 2 = \frac{\sqrt{2}\,a^3}{6}$$

출제 POINT

■ **소성단면계수(Z_P)**

① 단면의 소성계수

$Z_P = \dfrac{A}{2}(y_1 + y_2)$

여기서, A : 단면적(cm^2)

y_1, y_2 : 상부, 하부 단면도심

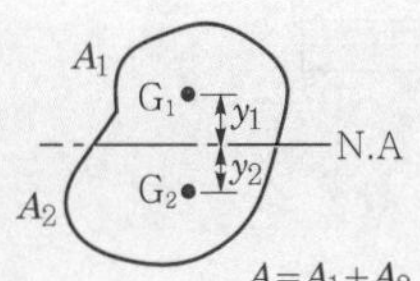

② 직사각형 단면

$Z_P = \dfrac{bh^2}{4}$

③ 원형 단면

$Z_P = \dfrac{D^3}{6}$

④ 마름모형 단면

$Z_P = \dfrac{\sqrt{2}\,a^3}{6}$

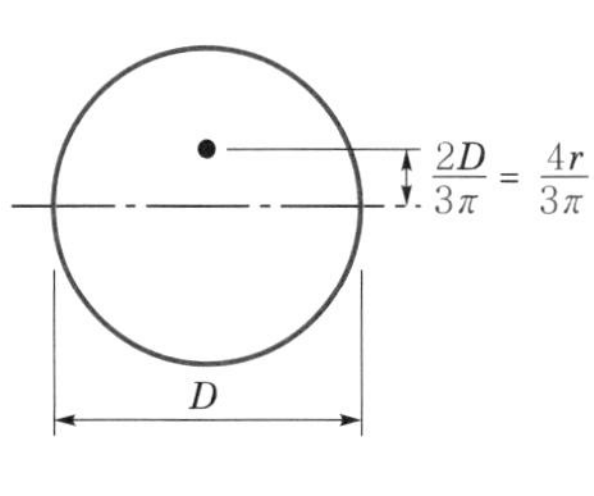

(a) 원형 단면

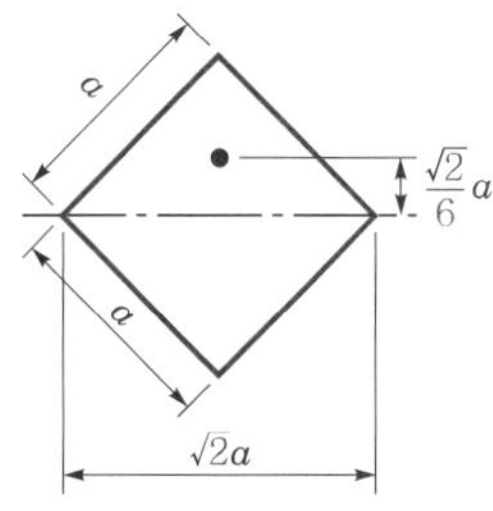

(b) 마름모형 단면

[그림 8-10] 소성단면계수와 형상계수

(3) 형상계수(f)

① 형상계수의 정의

부재 단면의 소성모멘트(M_P)와 항복모멘트(M_y)와의 비로 표시하며, 단면의 모양에 따라 달라진다. 또는 소성단면계수(Z_P)와 탄성단면계수(Z)와의 비로 나타내기도 한다.

② 구형 단면의 형상계수

$$f = \frac{\text{소성모멘트}}{\text{항복모멘트}} = \frac{M_P}{M_y} = \frac{\sigma_y \frac{bh^2}{4}}{\sigma_y \frac{bh^2}{6}} = \frac{3}{2} = 1.5$$

③ 원형 단면의 형상계수

$$f = \frac{M_P}{M_y} = \frac{Z_P}{Z_y} = \frac{\frac{D^3}{6}}{\frac{\pi D^3}{32}} = \frac{16}{3\pi} = 1.7$$

④ 마름모형 단면의 형상계수

$$f = \frac{M_P}{M_y} = \frac{Z_P}{Z_y} = \frac{\frac{\sqrt{2}\,a^3}{6}}{\frac{a^3}{6\sqrt{2}}} = 2$$

⑤ I형 단면의 형상계수

$f = 1.1 \sim 1.2$(평균 1.15)

2 소성 해석과 붕괴기구

1) 소성 해석

(1) 소성힌지

① 소성 해석은 탄소성 보에서 극한하중(P_u, w_u, 종국하중)을 계산하고 소성힌지의 위치를 결정하는 것이다.

출제 POINT

■ **형상계수**

$f = \frac{P_u}{P_y} = \frac{M_u}{M_y} = \frac{Z_P}{Z}$

■ **각 단면의 형상계수**

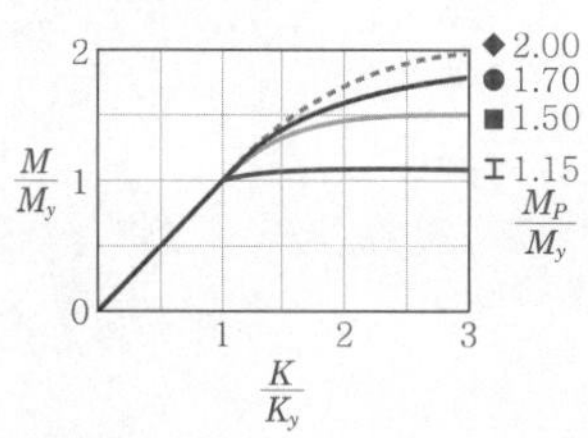

① 구형 $f = 1.5$

② 원형 $f = \frac{16}{3\pi} = 1.7$

③ 마름모형 $f = 2$

④ I형 $f = 1.1 \sim 1.2$(평균 1.15)

출제 POINT

■ 소성영역(L_P)

소성으로 이루어지는 영역 즉, 소성힌지의 범위

■ 직사각형 단면의 소성영역

① 단순보의 집중하중

$L_P = L\left(1-\frac{1}{f}\right) = \frac{L}{3}$

② 단순보의 등분포하중

$L_P = L\sqrt{1-\frac{1}{f}} = \frac{L}{\sqrt{3}}$

③ 캔틸레버보의 집중하중

$L_P = L\left(1-\frac{1}{f}\right) = \frac{L}{3}$

④ 캔틸레버보의 등분포하중

$L_P = L\left(1-\sqrt{\frac{1}{f}}\right) = 0.184L$

② 보에 하중을 점차적으로 증가시키면 보의 상·하면이 항복하게 되고, 항복점에 도달하게 된다. 이후 하중을 계속 증가시키면 가장자리로부터 안쪽으로 소성영역이 확대되어 응력도의 분포는 사다리꼴이 된다.

③ 이때 저항모멘트는 증가하지만 소성화한 부분에서는 탄성계수(E)가 0이 되기 때문에 휨강성은 점차 저하되어 전 단면이 소성화되는 경우에는 단면의 휨강성이 0이 되어 힌지(핀)와 같이 회전을 일으키게 된다.

④ 이 점을 기준으로 강체로 남은 좌우 두 부재가 마치 힌지로 연결된 것처럼 작용한다. 이 힌지를 소성힌지(plastic hinge)라고 한다.

(2) 소성힌지가 발생하는 점

① 소성힌지는 하중작용점 또는 **최대 휨모멘트**(절대값)가 발생하는 점에서 생긴다.

② 소성힌지의 위치는 중첩법을 적용하여 구할 수 없다.

③ 정정 구조물에서는 소성힌지가 발생하면 바로 파괴된다.

④ 정정 구조물에서는 n(차수)개의 소성힌지가 형성되면 구조물이 파괴된다.

⑤ 부정정 구조물은 $n+1$개의 소성힌지가 형성되면 구조물은 안정성을 상실하게 된다. 즉, 부정정 구조물에서는 2개 이상의 소성힌지가 발생하면 파괴된다.

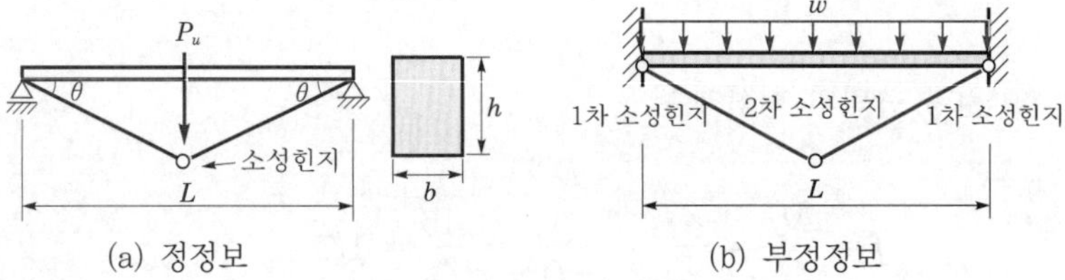

[그림 8-11] 소성힌지

(3) 단순보의 소성영역

① 집중하중이 작용하는 경우

$M_{max} = \frac{PL}{4} = M_P$로부터 $\frac{P}{4} = \frac{M_P}{L}$이다.

$M_y = \frac{P}{2} \times \frac{1}{2}(L-L_P) = \frac{P}{4}(L-L_P) = \frac{M_P}{L}(L-L_P)$에서

$\frac{M_y}{M_P}L = L - L_P$이다.

$$\therefore\ L_P = L\left(1-\frac{M_y}{M_P}\right) = L\left(1-\frac{1}{f}\right)$$

구형 단면의 경우 $f = 1.5$이므로

$$\therefore\ L_P = L\left(1-\frac{1}{1.5}\right) = \frac{L}{3}$$

② 등분포하중이 작용하는 경우

$M_{\max} = \dfrac{wL^2}{8} = M_P$로부터 $\dfrac{w}{8} = \dfrac{M_P}{L^2}$이다.

$M_y = \dfrac{wL}{2} \times \dfrac{1}{2}(L - L_P) = \dfrac{M_P}{L^2}(L^2 - L_P{}^2)$에서 $\dfrac{M_y}{M_P}L^2 = L^2 - L_P{}^2$

이다.

$$\therefore\ L_P = L\sqrt{1 - \frac{M_y}{M_P}} = L\sqrt{1 - \frac{1}{f}}$$

구형 단면(직사각형 단면)의 경우 $f = 1.5$이므로

$$\therefore\ L_P = L\sqrt{1 - \frac{1}{1.5}} = \frac{L}{\sqrt{3}} = 0.577L$$

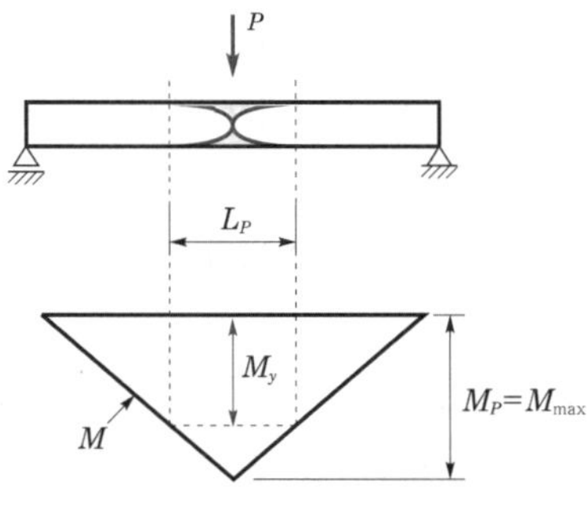

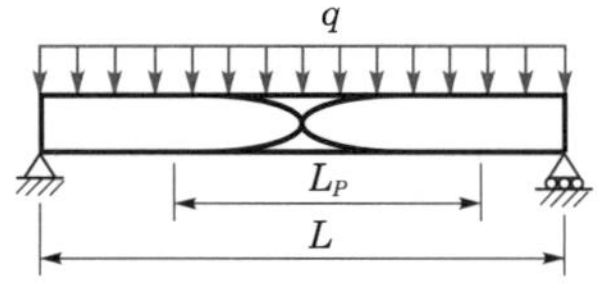

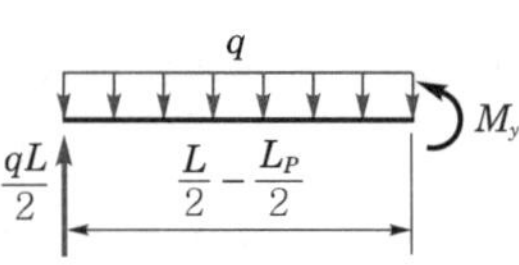

(a) 집중하중이 작용하는 경우 (b) 등분포하중이 작용하는 경우

[그림 8-12] 단순보의 소성영역

(4) 캔틸레버보의 소성영역

① 집중하중이 작용하는 경우

$$\therefore\ L_P = L\left(1 - \frac{M_y}{M_P}\right) = L\left(1 - \frac{1}{f}\right)$$

구형 단면의 경우 $f = 1.5$이므로

$$\therefore\ L_P = L\left(1 - \frac{1}{1.5}\right) = \frac{L}{3}$$

② 등분포하중이 작용하는 경우

$$\therefore\ L_P = L\left(1 - \sqrt{\frac{M_y}{M_P}}\right) = L\left(1 - \sqrt{\frac{1}{f}}\right)$$

구형 단면(직사각형 단면)의 경우 $f = 1.5$이므로

$$\therefore\ L_P = L\left(1 - \sqrt{\frac{1}{1.5}}\right) = 0.184L$$

출제 POINT

■ 소성영역의 일반식

보의 구분	집중하중	등분포하중
단순보	$L\left(1-\frac{1}{f}\right)$	$L\sqrt{1-\frac{1}{f}}$
캔틸레버보	$L\left(1-\frac{1}{f}\right)$	$L\left(1-\sqrt{\frac{1}{f}}\right)$

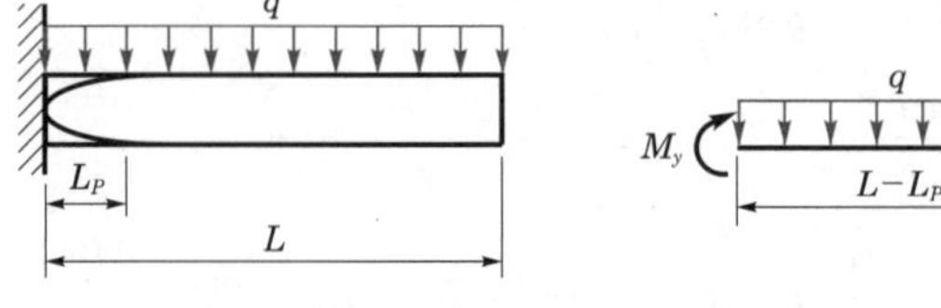

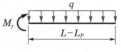

[그림 8-13) 캔틸레버보의 소성영역

2) 붕괴기구

(1) 붕괴기구(파괴기구)의 의미

① 붕괴기구(collapse mechanism, 파괴기구; failure mechanism)란 구조물이 소성힌지를 형성하여 붕괴에 이르는 과정을 의미한다.

② 정정 구조물에서 하중이 증가하여 최대 휨모멘트가 소성모멘트에 도달하면 소성힌지가 생기게 된다.

③ 정정 구조물에 하나의 힌지가 도입되면 불안정구조로 되기 때문에 소성힌지가 생기는 것은 부재의 붕괴를 뜻하게 된다.

④ 부정정 구조물에서는 하중의 증가에 따라 최대 휨모멘트가 발생하는 단면에서 1차 소성힌지가 생기고, 이후 소성이론상 단순보의 형태로 바뀌나 부재의 안정상태를 유지하면서 더 큰 휨모멘트를 지지할 수 있는 여력을 가진 구조물이 된다.

⑤ 여기에 하중을 더 증가시키면 1차 소성힌지가 발생한 지점은 소성모멘트(M_P)를 일정하게 유지하면서 단순보형태로 모멘트 재분배가 이루어져 다른 점의 모멘트가 소성모멘트에 이르기까지 단순보의 기능을 하게 된다.

⑥ 다른 점에도 소성힌지가 생기면 2차 소성힌지가 발생하여 구조물은 불안정구조가 되어 붕괴하게 된다.

(2) 보의 소성 해석

① 평형조건법

소성 해석에서 평형조건법은 소성힌지가 생긴 상태에서 소성모멘트를 계산하고, 하중의 재분배를 고려한 후 붕괴기구가 이루어졌을 때의 극한하중(종국하중)을 계산하는 방법이다.

② 가상일법

소성 해석에서 가상일법은 구조물의 하중이 종국상태에 이른 후 가상변위를 고려하여 '가상변위에 대한 외력이 한 일과 힌지에서 흡수하는 내적인 일이 같다'는 것을 이용한 해석법이다.

③ 가상일법은 평형조건법보다 계산이 간편하고 빠른 장점을 가지고 있다. 그러나 중간 과정의 극한하중을 구하기는 어렵고, 최종의 극한하중을 구할 때만 유리하다.

④ 여기서는 붕괴기구의 상태를 기준으로 가상일의 원리를 적용한다. 극한하중은 계산된 값 중에서 가장 작은 값으로 한다.

출제 POINT

■ **붕괴기구 성립조건**

① 붕괴기구조건 : 붕괴기구 형성을 위한 충분한 소성힌지가 형성되어야 한다.
② 평형조건 : 구조물에서 발생하는 휨모멘트는 외부하중과 평형조건을 만족해야 한다.
③ 항복조건 : 부재의 어떠한 부분에서도 휨모멘트가 소성모멘트(M_P)를 초과하지 않아야 한다.

■ **소성 해석의 기본정리**

① 상계정리(=붕괴기구조건+평형조건)
② 하계정리(=평형조건+항복조건)
③ 유일정리(=상계정리+하계정리)로 해석한 붕괴하중의 값은 실제 파괴하중과 같다.

■ **보의 소성 해석**

① 극한하중(P_u) : 소성힌지를 일으킬 수 있는 하중
② 소성 해석법 : 평형조건법, 가상일법 등

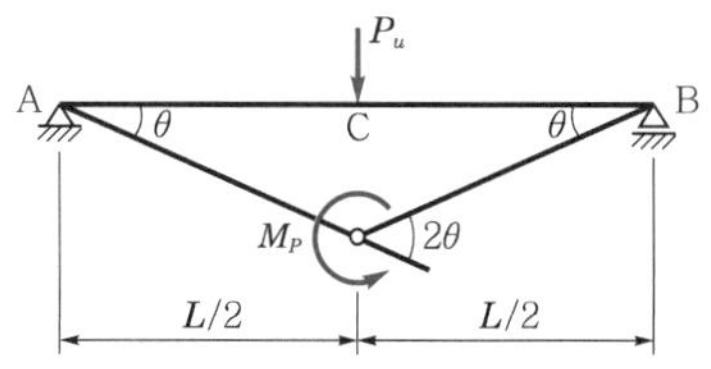

(a) 집중하중이 작용하는 정정보

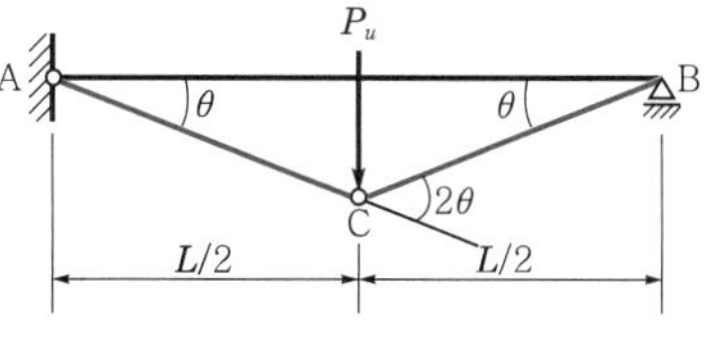

(b) 집중하중이 작용하는 부정정보

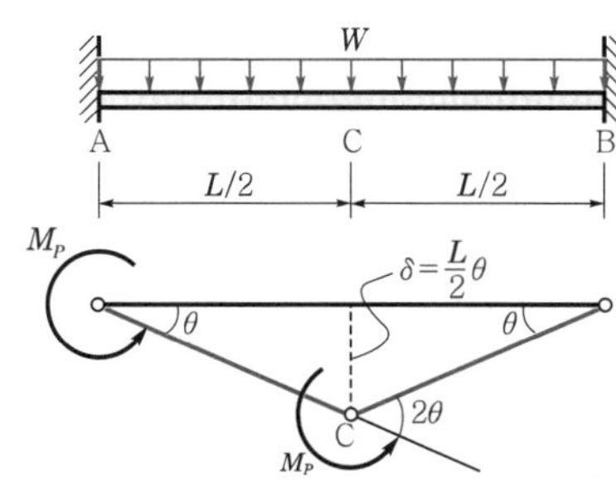

(c) 등분포하중이 작용하는 부정정보

[그림 8-14] 가상일법에 의한 보의 소성 해석

(3) 보의 소성 해석 예

① 집중하중이 작용하는 정정보의 경우([그림 8-14]의 (a) 참고)

붕괴기구(파괴메커니즘)에서 외력일은 $W_e = \dfrac{L}{2}\theta P_u$, 내력일은 $W_i = 2\theta M_P$이다. $W_e = W_i$로부터

$$\frac{L}{2}\theta P_u - 2\theta M_P = 0$$

$$\therefore\ P_u = \frac{4M_P}{L}$$

② 집중하중이 작용하는 부정정보의 경우([그림 8-14]의 (b) 참고)

외력일은 $W_e = \dfrac{L}{2}\theta P_u$, 내력일은 A점에서 $W_i = \theta M_P$, C점에서 $W_i = 2\theta M_P$이다. $W_e = W_i$로부터

$$\frac{L}{2}\theta P_u - \theta M_P - 2\theta M_P = 0$$

$$\therefore\ P_u = \frac{6M_P}{L}$$

③ 등분포하중이 작용하는 부정정보의 경우([그림 8-14]의 (c) 참고)

외력일은 삼각형의 면적을 고려하면

$$W_e = \frac{1}{2}L\left(\frac{L}{2}\theta\right)w_u = \frac{L^2 w_u}{4}\theta$$

출제 POINT

■ **극한하중(P_u)**

① 집중하중의 정정보

$$P_u = \frac{4M_P}{L}$$

② 집중하중의 부정정보

$$P_u = \frac{6M_P}{L}$$

③ 등분포하중의 부정정보

$$w_u = \frac{16M_P}{L^2}$$

출제 POINT

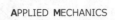

내력일은 A, B점에서 각각 $W_i = \theta M_P$, C점에서 $W_i = 2\theta M_P$이다.

$W_e = W_i$로부터

$$\frac{L^2 w_u}{4} - 4\theta M_P = 0$$

$$\therefore \ w_u = \frac{16M_P}{L^2}$$

기출문제

APPLIED MECHANICS

10년간 출제된 빈출문제

1. 보의 휨응력

01 휨응력의 공식을 유도하는데 있어서 가정으로 잘못된 것은 어느 것인가?

① 훅의 법칙이 성립하는 탄성한도 내에서 변형과 응력을 생각한다.
② 보에는 축방향력이 작용하지 않는다.
③ 보의 임의 단면이 변형하면 곡면이 된다.
④ 하중에 의한 휨모멘트만을 생각한다.

> **해설** **평면 보존의 법칙**
> 부재축에 직각을 이루고 있는 단면은 휨 후에도 축에 직각인 평면을 이룬다.

★
02 다음은 보의 응력에 대한 설명이다. 틀린 것은?

① 보의 휨응력은 중립축에서 0이고, 상하 양단에서 최대이다.
② 보의 단면의 임의의 점의 휨응력도 σ를 구하는 식은 $\sigma = \dfrac{M}{I}y$이다.
③ 중립축에 대하여 대칭인 단면의 전단응력도는 단면의 형상에 관계없이 모두 중립축에서 최대이다.
④ 전단응력도의 분포는 포물선이다.

> **해설** **보의 응력분포도**
> ㉠ 휨응력분포도
> ㉡ 전단응력분포도
>
> 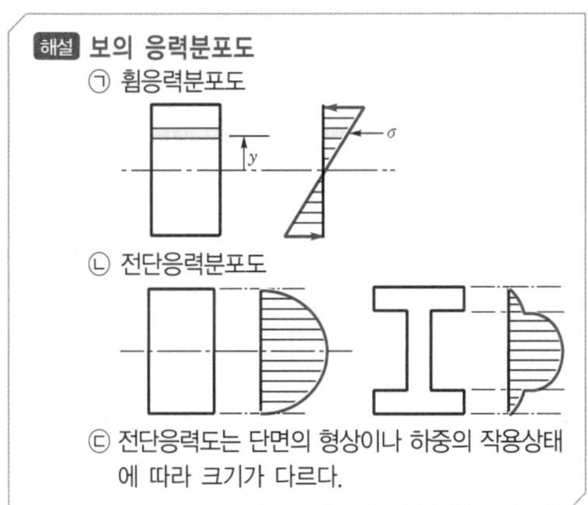
>
>
> ㉢ 전단응력도는 단면의 형상이나 하중의 작용상태에 따라 크기가 다르다.

★★
03 다음 보의 응력에 관한 설명 중 옳지 않은 것은?

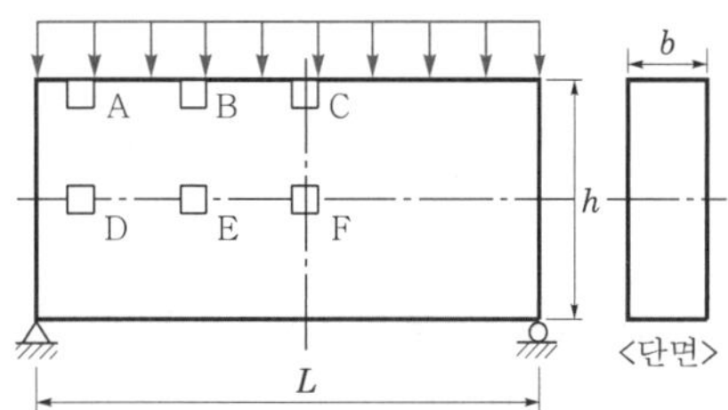

① 휨응력을 가장 크게 받는 부분은 C 부분이다.
② 전단응력을 가장 크게 받는 부분은 A 부분이다.
③ F 부분은 휨응력과 전단응력이 최소가 되는 점이다.
④ D 부분에서 응력상태를 표시하면 ㅁ꼴이 된다.

> **해설** **보 응력의 특징**
> 전단응력을 가장 크게 받는 부분은 D 부분이다.

04 보를 해석하거나 설계하는 데 사용되는 기본식 중에 $\sigma = \dfrac{M}{I}y$가 있다. 이 식에 대한 설명 중 옳지 않은 것은?

① σ는 단면 내 임의의 점에서 휨응력으로 단위는 MPa이다.
② 휨모멘트 M의 단위는 kN · m이다.
③ I는 중립축에 대한 단면2차모멘트로 단위는 mm^4이다.
④ y는 중립축으로부터 최대 휨모멘트까지의 거리로 단위는 mm이다.

> **해설** **보 응력의 특징**
> y는 단면의 최상단, 최하단 또는 구하고자 하는 점까지의 거리이다.

정답 1. ③ 2. ③ 3. ② 4. ④

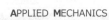

★
05 보의 휨응력(bending stress)에 대하여 틀린 것은?

① 휨모멘트의 크기에 비례
② 보의 중립축에서 0
③ 단면2차모멘트에 반비례
④ 보의 중립축에서 최대

해설 보의 휨응력

$$\sigma = \frac{M}{I}y = \frac{M}{Z} = \frac{6M}{bh^2}\text{[kPa, MPa]}$$

06 보에서 휨모멘트로 인한 최대 휨응력이 생기는 위치는 어느 곳인가?

① 중립축
② 중립축과 상단의 중간점
③ 상 · 하단
④ 중립축과 하단의 중간점

해설 최대 휨응력
최대 휨모멘트가 발생하는 위치의 중립축에서 0이고, 상 · 하단에서 그 최대값이 나타난다.

$$\sigma_{max} = \frac{M_{max}}{I}y = \frac{M_{max}}{Z}$$

★
07 경간 l, 단면의 폭 b, 높이 h인 직사각형 단면의 단순보가 최대 휨모멘트 M일 때 단면의 최대 휨응력은 얼마인가?

① $\pm\dfrac{M}{b^2h}$　　② $\pm\dfrac{6M}{bh^2}$
③ $\pm\dfrac{M}{bh^2}$　　④ $\pm\dfrac{M}{6bh^2}$

해설 최대 휨응력

$$\sigma_{max} = \pm\frac{M}{I}y = \pm\frac{M}{Z} = \pm\frac{6M}{bh^2}$$

★★
08 다음 그림과 같은 단순보에서 A점으로부터 x만큼 떨어진 C점의 휨응력은? (단, y : 도심축에서의 거리)

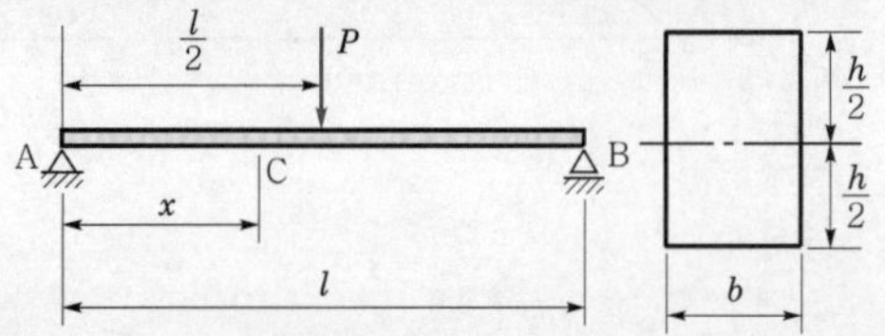

① $\dfrac{6Px}{bh^3}y$　　② $\dfrac{3Px}{bh^2}y$
③ $\dfrac{Px}{6bh^3}y$　　④ $\dfrac{Px}{3bh^2}y$

해설 임의 점의 휨응력
㉠ C점의 휨모멘트

$$V_A = \frac{P}{2},\ I = \frac{bh^3}{12}$$

$$\therefore M_x = V_A x = \frac{P}{2}x$$

㉡ C점의 휨응력

$$\sigma = \frac{M}{I}y = \frac{\frac{P}{2}x}{\frac{bh^3}{12}}y = \frac{6Px}{bh^3}y$$

09 경간 l = 8m, 단면 30mm×40mm 되는 단순보의 중앙에 10kN 되는 집중하중이 작용할 때 최대 휨응력은?

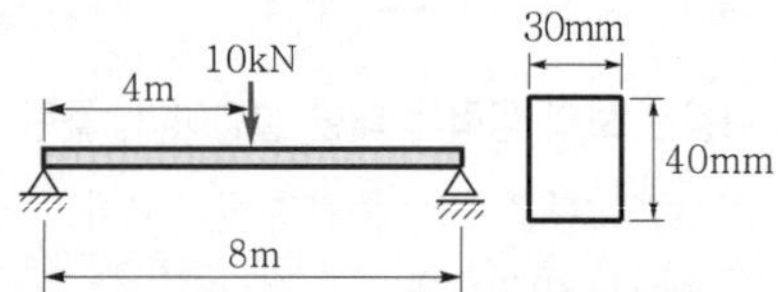

① 2,000MPa　　② 2,100MPa
③ 2,500MPa　　④ 2,700MPa

해설 최대 휨응력
㉠ 최대 휨모멘트

$$M = \frac{PL}{4} = \frac{10\times8}{4} = 20\text{kN}\cdot\text{m}$$

㉡ 최대 휨응력

$$\sigma = \frac{M}{Z} = \frac{6M}{bh^2} = \frac{6\times20\times10^6}{30\times40^2} = 2{,}500\text{MPa}$$

★★
10 단면계수가 W인 단면에 휨모멘트 M이 작용할 때 이 단면에 생기는 휨응력 σ는?

① $\sigma = \pm\dfrac{W}{M}$　　② $\sigma = \pm\dfrac{M}{W}$
③ $\sigma = \pm(M \pm W)$　　④ $\sigma = \pm WM$

해설 최대 휨응력

$$\sigma = \pm\frac{M}{I}y = \pm\frac{M}{W}$$

정답 5. ④ 6. ③ 7. ② 8. ① 9. ③ 10. ②

11 폭 20mm, 높이 30mm인 사각형 단면의 목재보가 있다. 이 보에 작용하는 최대 휨모멘트가 1.8kN · m일 때 최대 휨응력은?

① 600MPa ② 120MPa
③ 260MPa ④ 300MPa

> **해설** 최대 휨응력
> $$\sigma = \frac{M}{Z} = \frac{6M}{bh^2} = \frac{6 \times 1.8 \times 10^6}{20 \times 30^2} = 600\text{MPa}$$

12 한 변의 길이가 1m인 정사각형 단면에서 중립축이 도형의 도심축과 일치할 때 여기에 외부모멘트 M이 5kN · m 크기를 가지고 이 부재에 작용한다면 이 단면의 최연단, 즉 A점이나 B점에 생기는 휨응력의 크기는 얼마인가?

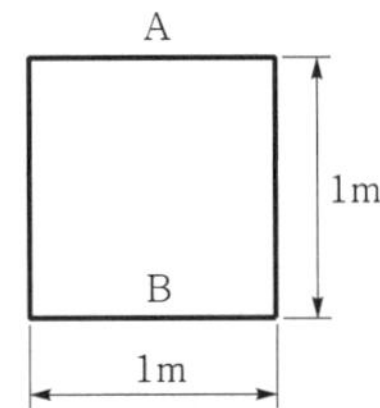

① 30kPa ② 15kPa
③ 3kPa ④ 5kPa

> **해설** 최대 휨응력
> $$\sigma = \frac{M}{Z} = \frac{6M}{bh^2} = \frac{6 \times 5}{1 \times 1^2} = 30\text{kPa}$$

★
13 다음 그림과 같은 목재로 된 보의 휨응력에 대한 내력의 가장 적당한 단면의 높이는 얼마로 하는 것이 좋은가? (단, 단면의 폭은 15mm, 목재의 허용휨응력은 900MPa이다.)

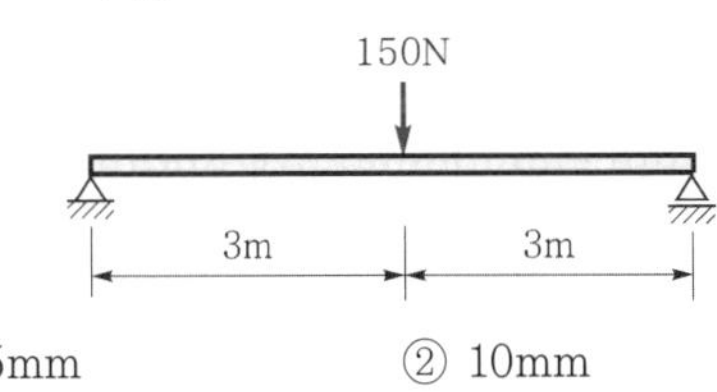

① 5mm ② 10mm
③ 50mm ④ 100mm

> **해설** 보의 높이
> $$M = \frac{PL}{4} = \frac{150 \times 6}{4} = 225\text{N} \cdot \text{m}$$
> $$\sigma = \frac{M}{Z} = \frac{6M}{bh^2}$$
> $$\therefore h = \sqrt{\frac{6M}{\sigma b}} = \sqrt{\frac{6 \times 225{,}000}{900 \times 15}} = 10\text{mm}$$

14 다음 그림의 보에서 단면의 폭을 구한 값은? (단, 보의 높이는 40mm, 허용휨응력은 187.5MPa이다.)

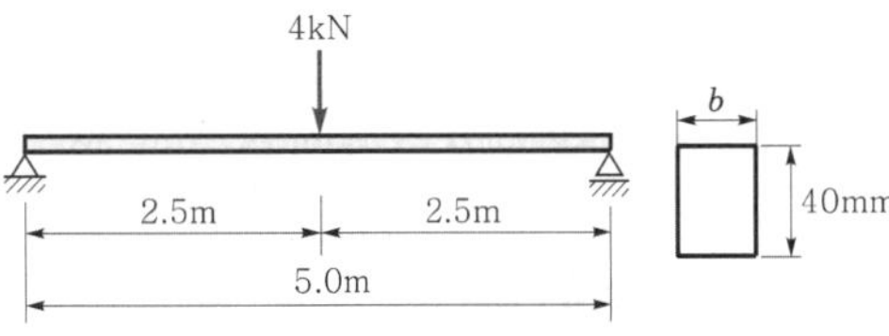

① 100mm ② 120mm
③ 160mm ④ 190mm

> **해설** 단면의 폭
> $$M = \frac{PL}{4} = \frac{4 \times 5}{4} = 5\text{kN} \cdot \text{m}$$
> $$\sigma = \frac{M}{Z} = \frac{6M}{bh^2}$$
> $$\therefore b = \frac{6M}{\sigma h^2} = \frac{6 \times 5 \times 10^6}{187.5 \times 40^2} = 100\text{mm}$$

15 BM = 64,000N · mm를 받는 단순보에서 구형 단면보의 높이가 20mm일 때 단면의 폭은? (단, σ_a = 80MPa)

① 12mm ② 15mm
③ 18mm ④ 20mm

> **해설** 단면의 폭
> $$\sigma = \frac{M}{Z} = \frac{6M}{bh^2}$$
> $$\therefore b = \frac{6M}{\sigma h^2} = \frac{6 \times 64{,}000}{80 \times 20^2} = 12\text{mm}$$

★
16 길이 100mm이고 폭 40mm, 높이 60mm의 직사각형 단면을 가진 단순보의 허용휨응력이 400MPa이라면 이 단순보의 중앙에 작용시킬 수 있는 최대 집중하중은?

① 136kN ② 242kN
③ 384kN ④ 420kN

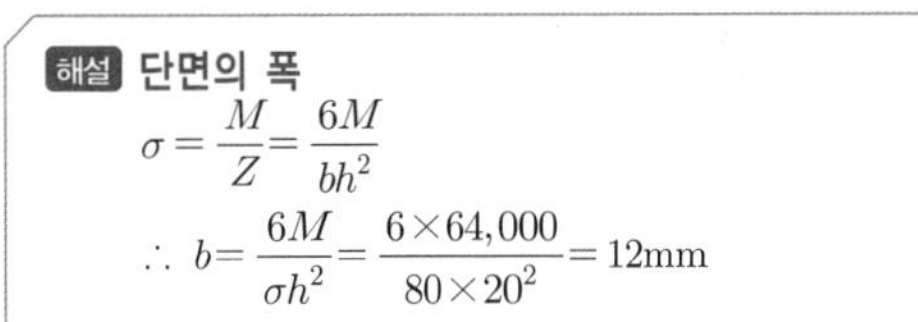

정답 11. ① 12. ① 13. ② 14. ① 15. ① 16. ③

해설 최대 집중하중

$$M=\frac{PL}{4}$$

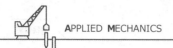

$$\sigma=\frac{M}{Z}=\frac{6}{bh^2}\times\frac{PL}{4}=\frac{3PL}{2bh^2}$$

$$\therefore P=\frac{2\sigma bh^2}{3L}=\frac{2\times400\times40\times60^2}{3\times100}\times10^{-3}$$

$$=384\text{kN}$$

17 폭 $b=$ 20mm, 높이 $h=$30mm 되는 직사각형 단면보의 적당한 저항휨모멘트는? (단, 허용휨응력도는 800MPa이다.)

① 1.2kN · m ② 2.4kN · m
③ 3.6kN · m ④ 4.8kN · m

해설 저항휨모멘트

$$\sigma=\frac{M}{Z}=\frac{6M}{bh^2}$$

$$\therefore M=\frac{\sigma bh^2}{6}=\frac{800\times20\times30^2}{6}$$

$$=2{,}400{,}000\text{N}\cdot\text{mm}=2.4\text{kN}\cdot\text{m}$$

★★
18 폭 b, 높이 h인 단순보에 등분포하중이 만재했을 때 보의 중앙지점 단면에서 최대 휨응력은? (단, 스팬은 l)

① $\sigma_{\max}=\dfrac{5wl^2}{4bh^2}$

② $\sigma_{\max}=\dfrac{3wl^2}{4bh^2}+\dfrac{3wl}{bh}$

③ $\sigma_{\max}=\dfrac{wl^2}{bh^2}$

④ $\sigma_{\max}=\dfrac{3wl^2}{4bh^2}$

해설 최대 휨응력

$$M_{\max}=\frac{wl^2}{8},\ Z=\frac{bh^2}{6}$$

$$\therefore \sigma_{\max}=\frac{M}{Z}=\frac{6\times wl^2}{bh^2\times8}=\frac{3wl^2}{4bh^2}$$

19 다음 그림에서 최대 휨응력도는?

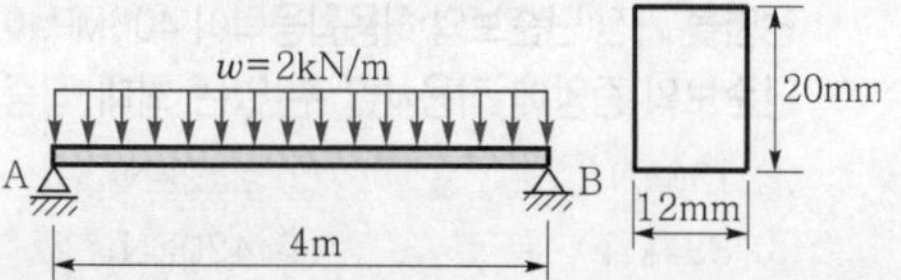

① 2,500MPa
② 5,000MPa
③ 7,500MPa
④ 10,000MPa

해설 최대 휨응력

$$M=\frac{wl^2}{8}=\frac{2\times4^2}{8}=4\text{kN}\cdot\text{m}$$

$$Z=\frac{bh^2}{6}=\frac{12\times20^2}{6}=800\text{mm}^3$$

$$\therefore \sigma=\frac{M}{Z}=\frac{4\times10^6}{800}=5{,}000\text{MPa}$$

★
20 길이 l 인 단순보에 등분포하중이 만재되었을 때 휨응력이 σ이면 하중강도 w는? (단, 보의 단면은 폭 b, 높이 h 인 구형이다.)

① $\dfrac{3\sigma bh^2}{4l^2}$ ② $\dfrac{4\sigma b^2h}{3l^2}$

③ $\dfrac{4\sigma bh^2}{3l^2}$ ④ $\dfrac{3\sigma b^2h}{4l^2}$

해설 등분포하중(w)

$$M=\frac{wl^2}{8},\ Z=\frac{bh^2}{6}$$

$$\sigma=\frac{M}{Z}=\frac{3wl^2}{4bh^2}$$

$$\therefore w=\frac{4\sigma bh^2}{3l^2}$$

21 만재 등분포하중을 받는 길이 8m의 단순보에서 다음 그림과 같은 단면을 사용하고 허용응력이 $\sigma_a=$ 1,000MPa일 때 재하 가능한 최대 하중강도 w의 크기를 구한 값은?

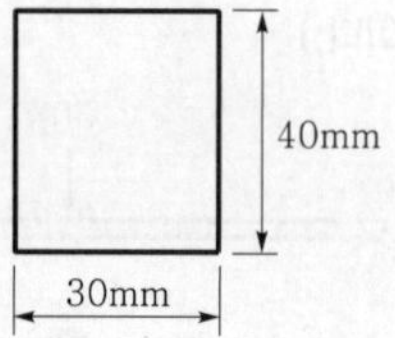

① 2.0kN/m ② 1.5kN/m
③ 1.0kN/m ④ 0.5kN/m

정답 17. ② 18. ④ 19. ② 20. ③ 21. ③

> **해설** 등분포하중
>
> $M=\dfrac{wl^2}{8}$, $Z=\dfrac{bh^2}{6}$
>
> $\sigma=\dfrac{6M}{bh^2}=\dfrac{3wl^2}{4bh^2}$
>
> $\therefore\ w=\dfrac{4bh^2\sigma}{3l^2}=\dfrac{4\times30\times40^2\times1,000}{3\times8,000^2}$
>
> $=1\text{N/mm}=1\text{kN/m}$

★★

22 다음 그림에서 보의 허용휨응력도가 10,000MPa일 때 필요 단면계수는?

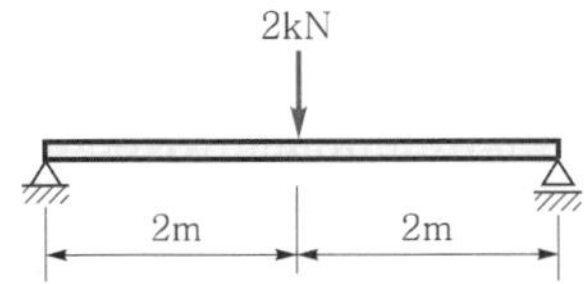

① 100mm^3

② 200mm^3

③ 300mm^3

④ 400mm^3

> **해설** 소요 단면계수
>
> $M=\dfrac{PL}{4}=\dfrac{2\times4}{4}=2\text{kN}\cdot\text{m}$
>
> $\sigma=\dfrac{M}{Z}$
>
> $\therefore\ Z=\dfrac{M}{\sigma}=\dfrac{2,000,000}{10,000}=200\text{mm}^3$

23 단순보에 다음 그림과 같이 집중하중 500N이 작용하는 경우 허용휨응력이 2,000MPa일 때 최소로 요구되는 단면계수는?

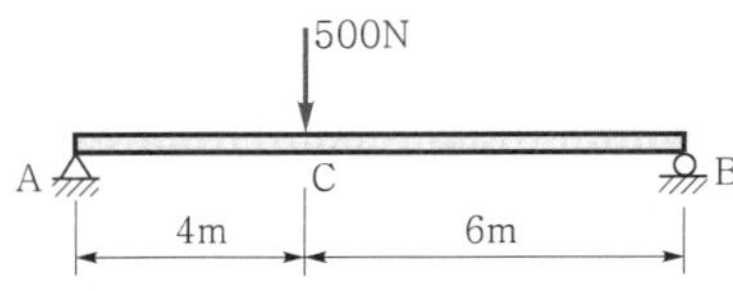

① 300mm^2

② 600mm^2

③ 625mm^2

④ 500mm^2

> **해설** 소요 단면계수
>
> ㉠ 최대 반력
>
> $\sum M_B=0$
>
> $V_A\times10-500\times6=0$
>
> $\therefore\ V_A=300\text{N}(\uparrow)$
>
> ㉡ 최대 휨모멘트
>
> $M_{\max}=M_C=300\times4=1,200\text{N}\cdot\text{m}$
>
> ㉢ 단면계수
>
> $Z=\dfrac{M}{\sigma}=\dfrac{1,200,000}{2,000}=600\text{mm}^3$

★

24 다음 그림과 같은 등분포하중에서 최대 휨모멘트가 생기는 위치에서 휨응력이 12,000MPa라고 하면 단면계수는?

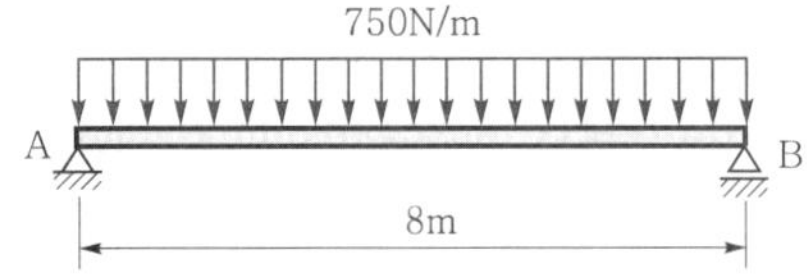

① 400mm^3　　② 450mm^3

③ 500mm^3　　④ 550mm^3

> **해설** 소요 단면계수
>
> $M=\dfrac{wl^2}{8}=\dfrac{0.75\times8^2}{8}=6\text{kN}\cdot\text{m}$
>
> $\sigma=\dfrac{M}{Z}$
>
> $\therefore\ Z=\dfrac{M}{\sigma}=\dfrac{6\times10^6}{12,000}=500\text{mm}^3$

25 다음 그림과 같은 단순보에서 최대 휨응력의 값은?

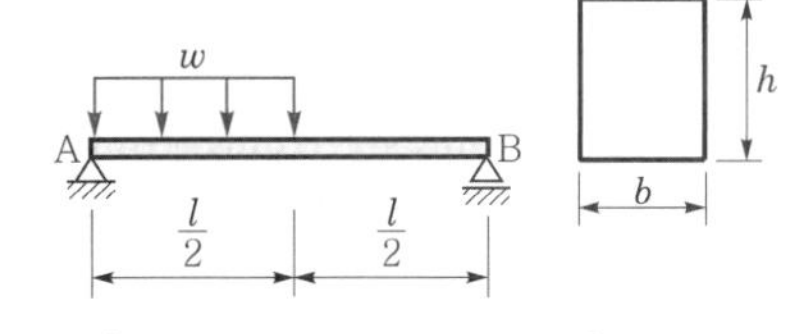

① $\dfrac{3wl^2}{4bh^2}$　　② $\dfrac{3wl^2}{8bh^2}$

③ $\dfrac{27wl^2}{32bh^2}$　　④ $\dfrac{27wl^2}{64bh^2}$

정답 22. ② 23. ② 24. ③ 25. ④

해설 최대 휨응력

$$M_{max}=\frac{9wl^2}{128}$$

$$\therefore \sigma=\frac{M_{max}}{Z}=\frac{6M_{max}}{bh^2}=\frac{6\times 9wl^2}{bh^2\times 128}$$

$$=\frac{27wl^2}{64bh^2}$$

26 다음은 축방향력과 휨모멘트를 동시에 받고 있는 보의 합성응력에 관한 설명이다. 틀린 것은?

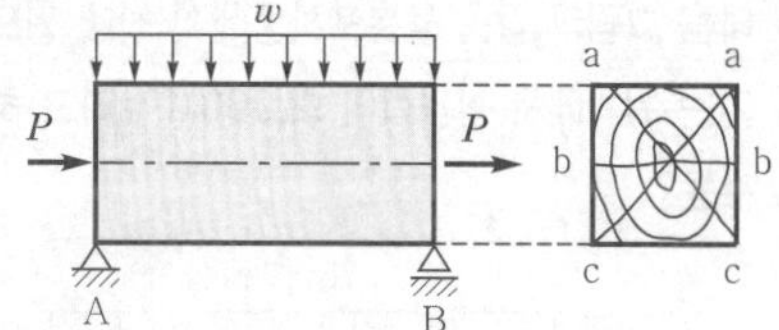

① 축방향력 P가 인장력일 때 보의 상연 $a-a$ 면에서의 휨압축응력이 감소한다.

② 축방향력 P가 압축력이면 보의 하연 $c-c$면에서는 휨인장응력이 감소한다.

③ P가 압축력이든 인장력이든 중립축을 통과하는 $b-b$면에서는 합성응력이 항상 0이다.

④ 휨모멘트에 의한 연단응력과 축방향력에 의한 응력이 같으면 보의 상연 또는 하연 중 어느 하나의 합성응력은 0이 된다.

해설 합성응력의 특징
$b-b$면에서 합성응력은 축방향력에 따라 인장응력이나 압축응력이 발생할 수 있다.

★
27 폭 b= 15mm, 높이 h =30mm인 직사각형 단면보에 다음 그림과 같이 하중이 작용했을 때 보의 최대 인장응력은? (단, P는 수직하중, N은 축방향력이다.)

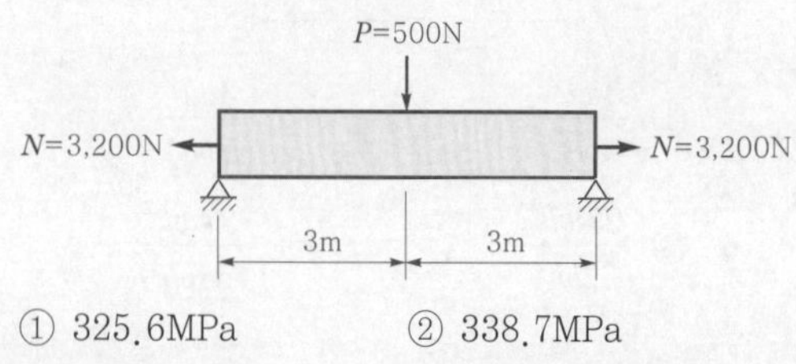

① 325.6MPa　② 338.7MPa
③ 335.7MPa　④ 340.4MPa

해설 보의 최대 인장응력

㉠ 단면의 성질

$$M=\frac{PL}{4}=\frac{500\times 6,000}{4}$$

$$=750,000\text{N}\cdot\text{mm}$$

$$Z=\frac{bh^2}{6}=\frac{15\times 30^2}{6}=2,250\text{mm}^3$$

$$A=bh=15\times 30=450\text{mm}^2$$

$$N=3,200\text{N}$$

㉡ 인장응력은 하연에서 발생한다.

㉢ 최대 인장응력

$$\sigma=\frac{N}{A}+\frac{M}{Z}=\frac{3,200}{450}+\frac{750,000}{2,250}$$

$$=340.44\text{MPa}$$

28 높이 20mm, 폭 10mm인 직사각형 단면의 단순보에 다음 그림과 같이 등분포하중과 축방향 인장력이 작용할 때 이 보 속에 발생하는 최대 휨응력은 얼마인가? (단, 자중은 무시)

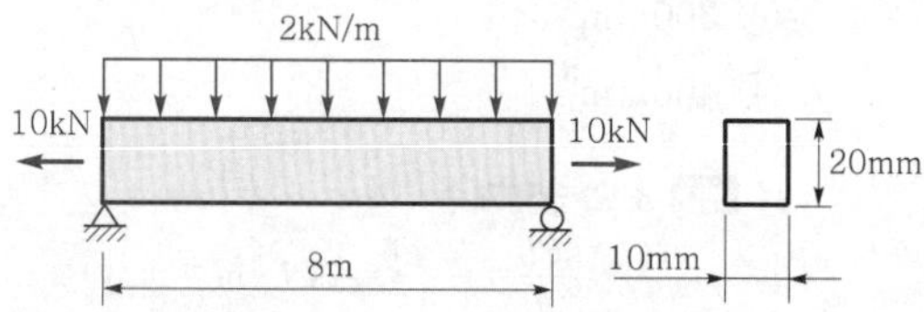

① 30,000MPa　② 27,050MPa
③ 24,050MPa　④ 20,000MPa

해설 최대 휨응력

$$M=\frac{wl^2}{8}=\frac{2\times 8^2}{8}=16\text{kN}\cdot\text{m}$$

$$\therefore \sigma=\frac{N}{A}+\frac{M}{Z}=\frac{10,000}{10\times 20}+\frac{6\times 16,000,000}{10\times 20^2}$$

$$=24,050\text{MPa}$$

★★
29 지름 D인 원형 단면보에 휨모멘트 M이 작용할 때 휨응력은?

① $\frac{16M}{\pi D^3}$　② $\frac{6M}{\pi D^3}$
③ $\frac{32M}{\pi D^3}$　④ $\frac{64M}{\pi D^3}$

정답 26. ③　27. ④　28. ③　29. ③

> **해설** 최대 휨응력
>
> $$I=\frac{\pi D^4}{64}=\frac{\pi r^4}{4},\ y=\frac{D}{2}$$
>
> $$\therefore\ \sigma=\frac{M}{I}y=\frac{64M}{\pi D^4}\times\frac{D}{2}=\frac{32M}{\pi D^3}$$

30 지름 30cm의 원형 단면을 가진 보가 다음 그림과 같이 하중을 받을 때 이 보에 생기는 최대 휨응력은?

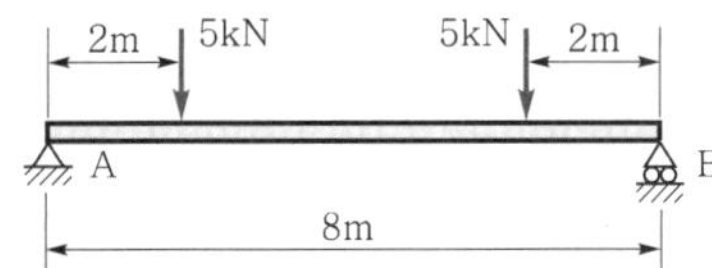

① 4,856MPa ② 3,773MPa
③ 2,459MPa ④ 1,942MPa

> **해설** 최대 휨응력
>
> ㉠ 최대 휨모멘트
>
> $\Sigma M_B=0$
>
> $R_A\times 8-5\times 6-5\times 2=0$
>
> $\therefore\ R_A=5\text{kN}(\uparrow)$
>
> $\therefore\ M_{\max}=5\times 2=10\text{kN}\cdot\text{m}$
>
> ㉡ 최대 휨응력
>
> $$\sigma_{\max}=\frac{M}{I}y=\frac{64\times 10\times 10^6}{\pi\times 30^4}\times\frac{30}{2}$$
>
> $$=3{,}772.5016\text{MPa}$$

31 휨모멘트가 M인 다음과 같은 직사각형 단면에서 $A-A$에서의 휨응력은?

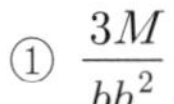

① $\dfrac{3M}{bh^2}$

② $\dfrac{3M}{4bh^2}$

③ $\dfrac{3M}{2bh^2}$

④ $\dfrac{M}{4b^2h^2}$

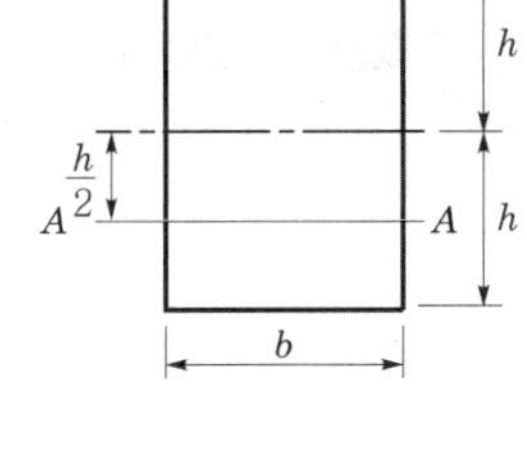

> **해설** $A-A$ 단면의 휨응력
>
> $$I=\frac{bh^3}{12},\ y=\frac{h}{2}$$
>
> $$\therefore\ \sigma=\frac{M}{I}y=\frac{12M}{b(2h)^3}\times\frac{h}{2}=\frac{3M}{4bh^2}$$

32 다음 그림과 같은 보의 단면이 2.7kN · m의 휨모멘트를 받고 있을 때 중립축에서 10mm 떨어진 곳의 휨응력은 얼마인가?

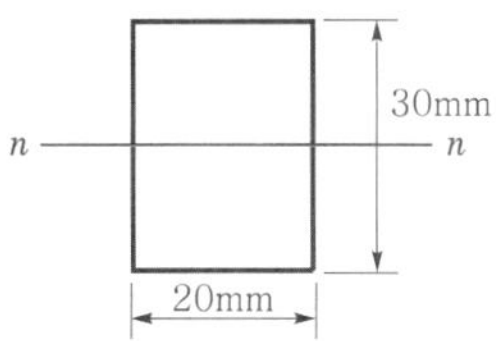

① 600MPa ② 750MPa
③ 800MPa ④ 950MPa

> **해설** 임의 단면의 휨응력
>
> $$\sigma=\frac{M}{I}y=\frac{12\times 2.7\times 10^6}{20\times 30^3}\times 10=600\text{MPa}$$
>
> 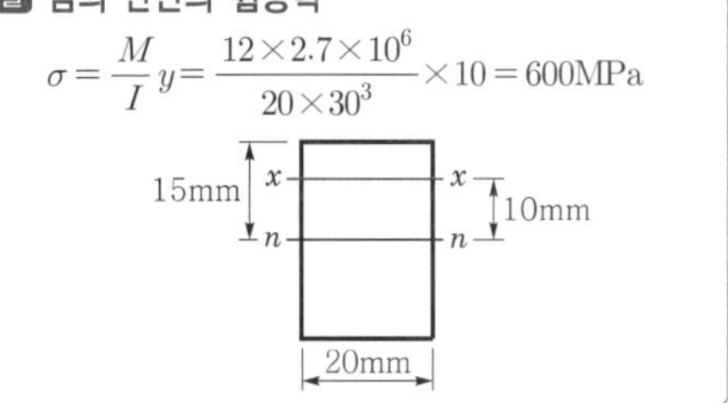
>

★
33 다음 그림과 같은 직사각형 단면의 보가 최대 휨모멘트 $M_{\max}$=2kN · m를 받을 때 $a-a$ 단면의 휨응력은?

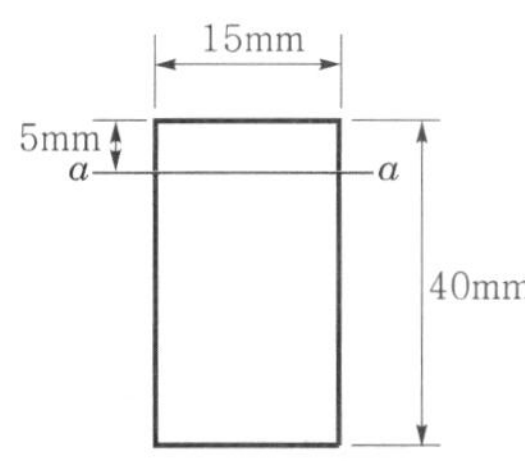

① 225MPa
② 375MPa
③ 425MPa
④ 465MPa

> **해설** $a-a$ 단면의 휨응력
>
> $$I_x=\frac{bh^3}{12}=\frac{15\times 40^3}{12}=80{,}000\text{mm}^4$$
>
> $$\therefore\ \sigma=\frac{M}{I}y=\frac{2{,}000{,}000}{80{,}000}\times(20-5)$$
>
> $$=375\text{MPa}$$

정답 30. ② 31. ② 32. ① 33. ②

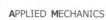

★★
34 다음 그림에서 보의 단면이 12mm×20mm일 때 최대 휨응력 σ_{max}은?

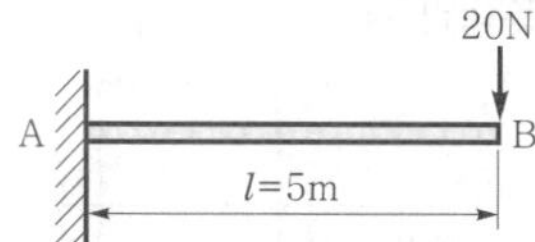

① 50MPa ② 150MPa
③ 125MPa ④ 200MPa

해설 최대 휨응력

$M_{max} = Pl = 20\times 5{,}000 = 100{,}000\text{N}\cdot\text{mm}$

$I = \frac{bh^3}{12} = \frac{12\times 20^3}{12} = 8{,}000\text{mm}^4$

$y = \frac{h}{2} = \frac{20}{2} = 10\text{mm}$

$\therefore\ \sigma = \frac{M}{I}y = \frac{100{,}000}{8{,}000}\times 10 = 125\text{MPa}$

35 다음의 직사각형 단면을 갖는 캔틸레버보에서 최대 휨응력 σ는 얼마인가?

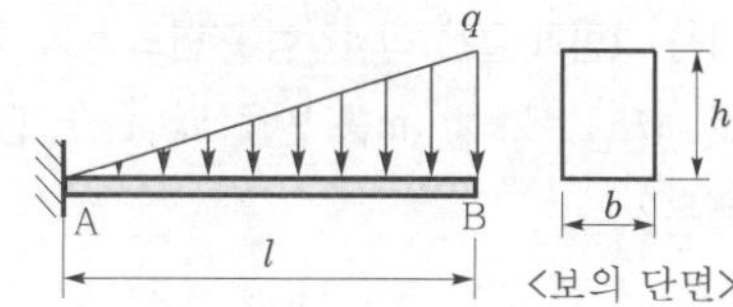

① $\frac{ql^2}{bh^2}$ ② $\frac{1.5ql^2}{bh^2}$
③ $\frac{2ql^2}{bh^2}$ ④ $\frac{2.5ql^2}{bh^2}$

해설 최대 휨응력

$M_{max} = \frac{1}{2}ql\times\frac{2}{3}l = \frac{ql^2}{3}$

$\therefore\ \sigma_{max} = \frac{M_{max}}{Z} = \frac{\frac{ql^2}{3}}{\frac{bh^2}{6}} = \frac{2ql^2}{bh^2}$

★
36 다음 그림과 같은 단면이 267.5kN · m의 휨모멘트를 받을 때 플랜지와 복부의 경계면 $m-n$에 일어나는 휨응력이 옳게 된 것은?

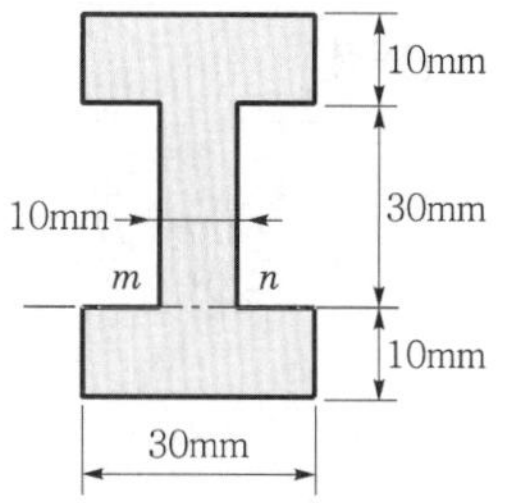

① 12,840MPa ② 15,000MPa
③ 25,000MPa ④ 28,160MPa

해설 $m-n$ 단면의 휨응력

$I = \frac{BH^3}{12} - \frac{bh^3}{12} = \frac{30\times 50^3}{12} - \frac{20\times 30^3}{12}$

$= 267{,}500\text{mm}^4$

$M = 267.5\times 10^6\text{N}\cdot\text{mm}$

$y = \frac{h}{2} = \frac{30}{2} = 15\text{mm}$

$\therefore\ \sigma = \frac{M}{I}y = \frac{267.5\times 10^6}{267{,}500}\times 15 = 15{,}000\text{MPa}$

37 다음 그림과 같은 지간 $l=$ 12m인 용접 I형 단면강의 단순보의 중앙에 실릴 수 있는 안전한 최대 집중하중 P는? (단, 자중은 무시하고, 허용휨응력 $\sigma_a=$ 1,300MPa이다.)

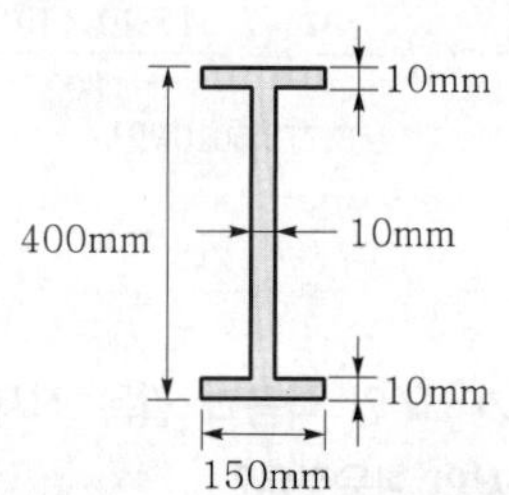

① 346kN ② 396kN
③ 446kN ④ 449kN

해설 최대 집중하중

$M = \frac{PL}{4} = \frac{P\times 12{,}000}{4} = 3{,}000P[\text{N}\cdot\text{mm}]$

$I = \frac{1}{12}(BH^3 - bh^3)$

$= \frac{1}{12}\times(150\times 400^3 - 140\times 380^3)$

$= 159{,}826{,}666.7\text{mm}^4$

$\therefore\ Z = \frac{I}{y} = \frac{159{,}826{,}666.7}{200} = 799{,}133.33\text{mm}^3$

$M = \sigma_a Z$

$3{,}000P = 1{,}300\times 799{,}133.33$

$\therefore\ P = 346{,}291.11\text{N} = 346.3\text{kN}$

정답 34. ③ 35. ③ 36. ② 37. ①

★★
38 다음 그림과 같은 보가 중앙점에 집중하중 P를 받고 있다. 이 재료의 허용휨응력 σ_a =800MPa이고, 허용 전단응력 τ_a =8MPa이다. 이 보가 받을 수 있는 최대 하중은?

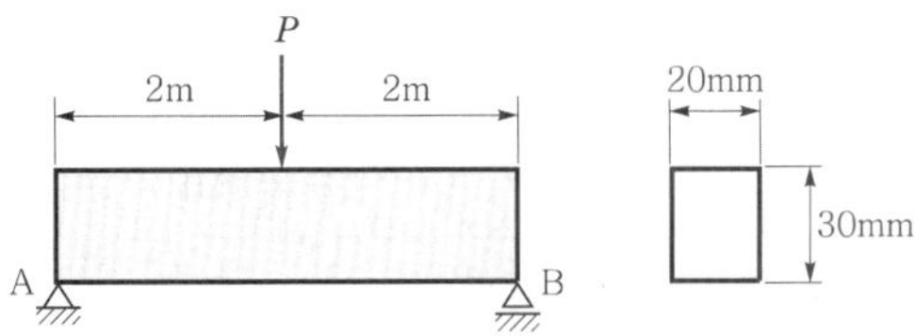

① 240,000N ② 6,400N
③ 2,400N ④ 1,800N

해설 최대 하중

㉠ 허용휨응력에 의한 최대 하중

$M=\frac{Pl}{4}$, $Z=\frac{bh^2}{6}$

$M=\sigma Z$

$\frac{Pl}{4}=\sigma\frac{bh^2}{6}$

$\frac{P\times 4,000}{4}=800\times\frac{20\times 30^2}{6}$

$\therefore P=2,400\text{N}$

㉡ 허용전단응력에 의한 최대 하중

$S=\frac{P}{2}$, $\tau=\frac{3}{2}\frac{S}{A}$

$S=\frac{2}{3}\tau A$

$\frac{P}{2}=\frac{2}{3}\times 8\times(20\times 30)$

$\therefore P=6,400\text{N}$

㉢ 최대 하중

$P=2,400\text{N}$(최소값)

39 다음 그림과 같은 단순보에서 허용휨응력 f_{ba} = 50MPa, 허용전단응력 τ_a =5MPa일 때 하중 P의 한계치는?

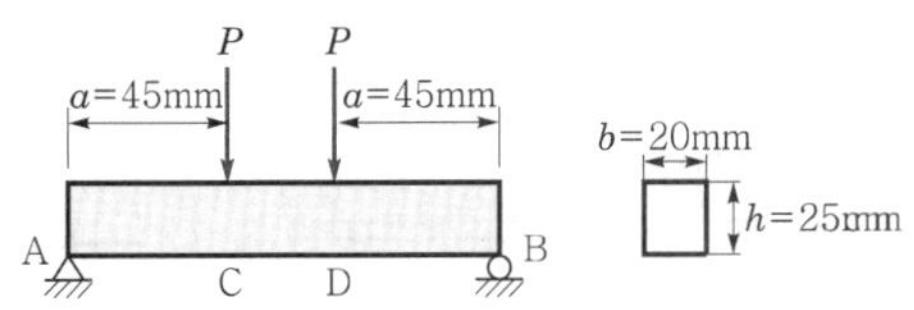

① 1,666.7N ② 2,516.7N
③ 2,500.0N ④ 2,314.8N

해설 최대 허용하중

㉠ 휨응력 검토

$f_{ba}\geq f_{\max}=\frac{M_{\max}}{Z}=\frac{6P_b a}{bh^2}$

$P_b\leq\frac{bh^2 f_{ba}}{6a}=\frac{20\times 25^2\times 50}{6\times 45}=2,314.8\text{N}$

㉡ 전단응력 검토

$\tau_a\geq\tau_{\max}=\frac{3}{2}\frac{S_{\max}}{A}=\frac{3P_s}{2bh}$

$P_s\leq\frac{2bh\tau_a}{3}=\frac{2\times 20\times 25\times 5}{3}=1,666.7\text{N}$

㉢ 허용하중

$P_a=[P_b,\ P_s]_{\min}=1,666.7\text{N}$

2. 보의 전단응력

★★
40 보 속의 전단응력의 크기는?

① 보에 작용하는 하중의 영향을 받지 않는다.
② 보에 작용하는 하중의 영향을 받는다.
③ 고정지점에서는 언제나 0이 된다.
④ 활절에서는 언제나 0이 된다.

해설 보의 전단응력

㉠ 평균 전단응력 : $\tau=\frac{S}{A}=\frac{GS}{Ib}$[kPa, MPa]

㉡ 최대 전단응력 : $\tau_{\max}=k\frac{S}{A}$[kPa, MPa]

★
41 단면적 A =10mm^2, 길이 l = 100cm인 직봉에 전단력 P= 1,000N이 작용할 때 전단응력은?

① 100MPa
② 50MPa
③ 10MPa
④ 0

해설 평균 전단응력

$\tau=\frac{S}{A}=\frac{1,000}{10}=100\text{MPa}$

정답 38. ③ 39. ① 40. ② 41. ①

42 각각 10mm의 폭을 가진 3개의 나무토막이 다음 그림과 같이 아교풀로 접착되어 있다. 4,500N의 하중이 작용할 때 접착부에 생기는 평균 전단응력은?

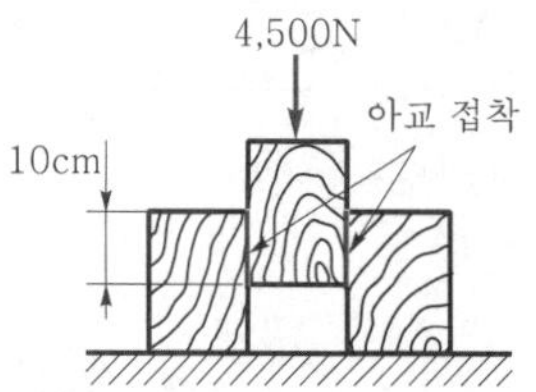

① 20.00MPa ② 22.50MPa
③ 40.25MPa ④ 45.00MPa

해설 평균 전단응력
㉠ 접착면에 작용하는 전단력과 단면적
$$S=\frac{P}{2}=\frac{4,500}{2}=2,250\text{N}$$
$$A=bh=10\times10=100\text{mm}^2$$
㉡ 평균 전단응력
$$\tau=\frac{S}{A}=\frac{2,250}{100}=22.5\text{MPa}$$

★★
43 폭 10mm, 높이 20mm인 직사각형 단면의 단순보에서 전단력 S=4kN가 작용할 때 최대 전단응력은?

① 10MPa ② 20MPa
③ 30MPa ④ 40MPa

해설 최대 전단응력
$$\tau_{\max}=\frac{3}{2}\frac{S}{A}=\frac{3}{2}\times\frac{4,000}{10\times20}=30\text{MPa}$$

44 구형 단면의 최대 전단응력은 평균 전단응력의 몇 배인가?

① 같다. ② 1.5배
③ 2.0배 ④ 2.5배

해설 최대 전단응력
$$\tau_a=\frac{S}{A}$$
$$\therefore\ \tau_{\max}=\frac{3}{2}\frac{S}{A}=1.5\tau_a$$

45 다음 그림과 같은 단순보의 중앙에 집중하중이 작용할 때 단면에 생기는 최대 전단응력은 얼마인가?

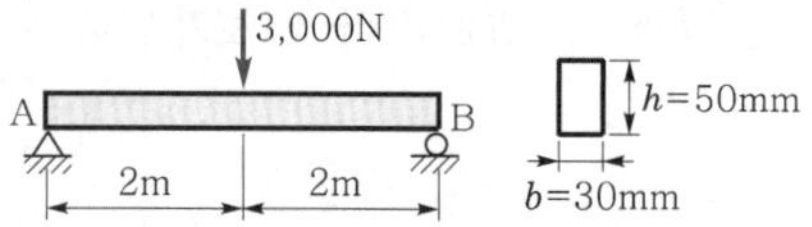

① 1.0MPa ② 1.5MPa
③ 2.0MPa ④ 2.5MPa

해설 최대 전단응력
$$S_{\max}=\frac{P}{2}=\frac{3,000}{2}=1,500\text{N}$$
$$\therefore\ \tau_{\max}=\frac{3}{2}\frac{S_{\max}}{A}=\frac{3}{2}\frac{S_{\max}}{bh}=\frac{3\times1,500}{2\times30\times50}$$
$$=1.5\text{MPa}$$

46 다음과 같은 부재에 발생할 수 있는 최대 전단응력은?

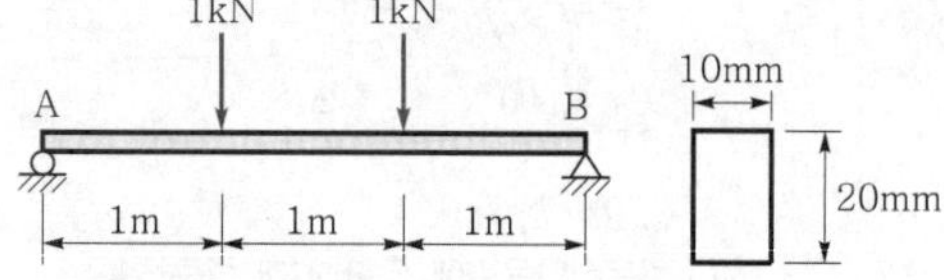

① 6.0MPa
② 6.5MPa
③ 7.0MPa
④ 7.5MPa

해설 최대 전단응력
$$S_{\max}=V_A=1\text{kN}$$
$$\therefore\ \tau_{\max}=\frac{3}{2}\frac{S_{\max}}{A}=\frac{3S_{\max}}{2bh}=\frac{3\times1\times10^3}{2\times10\times20}$$
$$=7.5\text{MPa}$$

★★
47 다음 그림과 같은 단순보에서 최대 전단응력을 구한 값은?

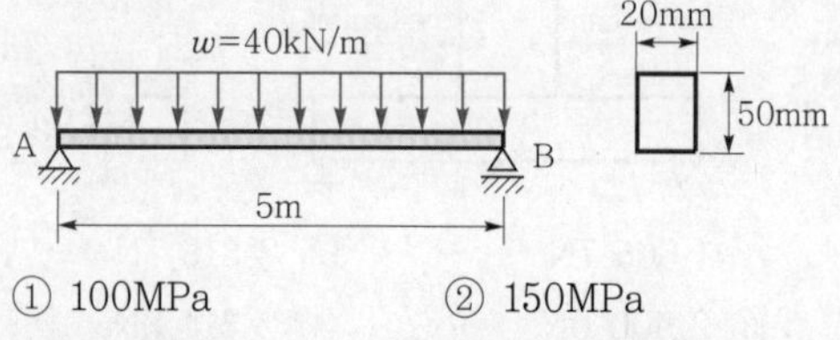

① 100MPa ② 150MPa
③ 66.7MPa ④ 133.2MPa

정답 42. ② 43. ③ 44. ② 45. ② 46. ④ 47. ②

> **해설** 최대 전단응력
>
> $$S_{max} = V_A = \frac{wl}{2} = \frac{40 \times 5}{2} = 100\text{kN}$$
>
> $$\therefore \tau_{max} = \frac{3S}{2A} = \frac{3 \times 100,000}{2 \times 20 \times 50} = 150\text{MPa}$$

★
48 지간이 10m이고, 폭이 20mm, 높이가 30mm인 직사각형 단면의 단순보에서 전 지간에 등분포하중 $w=$ 2kN/m가 작용할 때 최대 전단응력은?

① 25MPa
② 30MPa
③ 35MPa
④ 40MPa

> **해설** 최대 전단응력
>
> $$S_{max} = V_{max} = \frac{wl}{2} = \frac{2 \times 10}{2} = 10\text{kN}$$
>
> $$\therefore \tau_{max} = \frac{3}{2}\frac{S_{max}}{A} = \frac{3}{2} \times \frac{10,000}{20 \times 30} = 25\text{MPa}$$

49 다음 그림과 같이 단면의 폭이 b이고, 높이가 h인 단순보에서 발생하는 최대 전단응력 τ_{max}를 구하면?

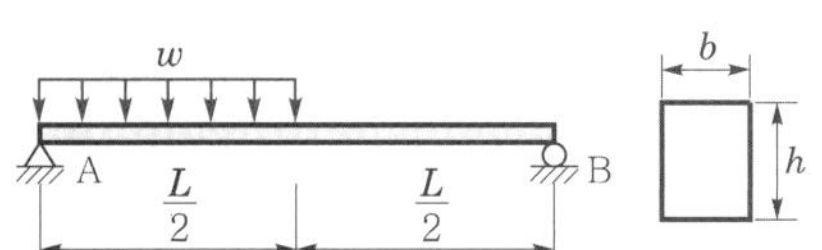

① $\dfrac{wL}{2bh}$　② $\dfrac{3wL}{8bh}$
③ $\dfrac{3wL}{4bh}$　④ $\dfrac{9wL}{16bh}$

> **해설** 최대 전단응력
>
> ㉠ 반력
>
> $$\Sigma M_B = 0$$
>
> $$V_A \times L - \frac{wL}{2} \times \frac{3}{4}L = 0$$
>
> $$\therefore V_A = \frac{3wL}{8}(\uparrow) = S_{max}$$
>
> ㉡ 최대 전단응력
>
> $$\tau_{max} = \frac{3}{2}\frac{S_{max}}{A} = \frac{3}{2} \times \frac{3wL}{8bh} = \frac{9wL}{16bh}$$

50 다음 그림과 같은 단순보에서 전단력에 충분히 안전하도록 하기 위한 지간 l을 계산한 값은? (단, 최대 전단응력도는 7MPa이다.)

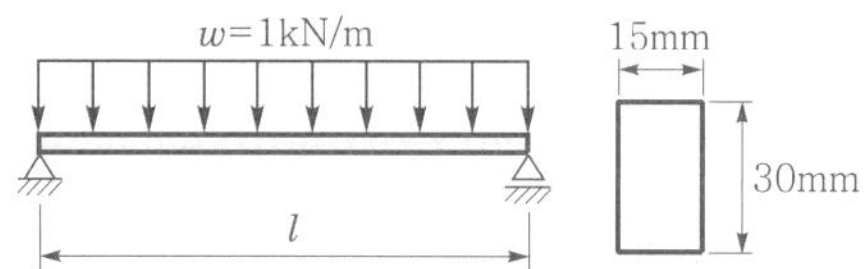

① 450mm　② 440mm
③ 430mm　④ 420mm

> **해설** 보의 경간(지간)
>
> $$S = \frac{wl}{2} = 5l \ (\because w = 1\text{kN/m} = 1\text{N/mm})$$
>
> $$\tau_{max} = \frac{3}{2}\frac{S}{A} = \frac{3}{2} \times \frac{5l}{15 \times 30} \le 7\text{MPa}$$
>
> $$\therefore l \le 420\text{mm}$$

51 사각형 단면으로 된 보의 최대 전단력이 10kN이었다. 허용전단응력이 10MPa이고 보의 높이가 30mm일 때 이 전단력을 견딜 수 있게 하기 위해서는 보의 폭은 얼마 이상이 되어야 하는가?

① 30mm　② 40mm
③ 50mm　④ 60mm

> **해설** 보의 폭
>
> $$\tau_{max} = \frac{3}{2}\frac{S_{max}}{A} = \frac{3}{2} \times \frac{10,000}{b \times 30} = 10\text{MPa}$$
>
> $$\therefore b = 50\text{mm}$$

★
52 다음 하중을 받고 있는 캔틸레버상에서 발생되는 최대 전단응력의 크기를 구한 값은? (단, 부재는 균질의 직사각형(5mm×10mm) 강철보이며, 자중은 무시한다.)

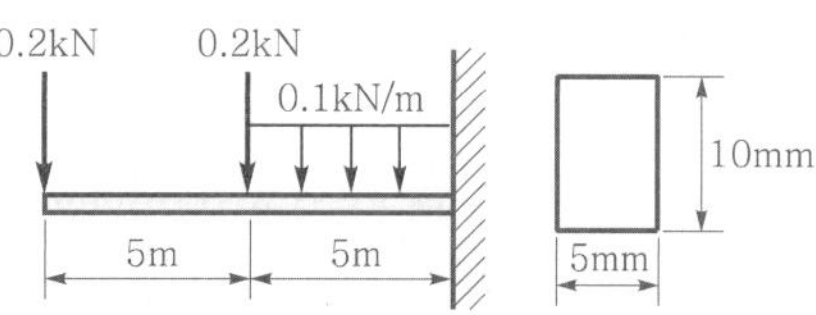

① 30MPa　② 27MPa
③ 22MPa　④ 18MPa

정답 48. ① 49. ④ 50. ④ 51. ③ 52. ②

해설 최대 전단응력

$S_{max} = 0.2+0.2+0.1\times5 = 0.9\text{kN}$

$\therefore \tau_{max} = \frac{3}{2}\frac{S_{max}}{A} = \frac{3}{2}\times\frac{900}{5\times10} = 27\text{MPa}$

53 다음의 캔틸레버보에서 허용하중 P_w는 얼마인가? (단, 이 보의 단면은 폭 10mm, 높이 20mm의 직사각형 단면이고 허용굽힘응력 σ_w =430MPa, 허용전단응력 τ_w =65MPa이다.)

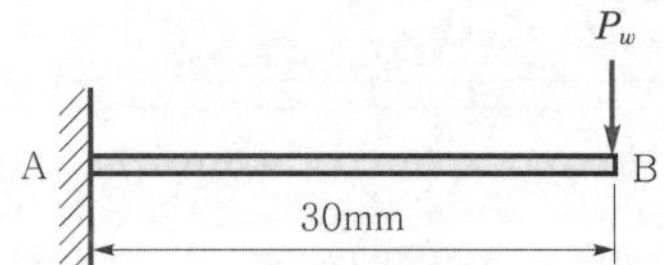

① 6.9kN ② 7.8kN
③ 8.7kN ④ 9.6kN

해설 보의 허용하중

㉠ 허용휨응력이 부담하는 하중

$\sigma = \frac{M}{Z} = \frac{6M}{bh^2} = \frac{6Pl}{bh^2}$

$\therefore P = \frac{\sigma bh^2}{6l} = \frac{430\times10\times20^2}{6\times30}$

$= 9,555.56\text{N} = 9.56\text{kN}$

㉡ 허용전단응력이 부담하는 하중

$\tau = \frac{3}{2}\frac{S}{A}$

$\therefore P = \frac{2}{3}\tau A = \frac{2}{3}\times65\times10\times20$

$= 8,666.67\text{N} = 8.67\text{kN}$

㉢ 허용하중

$P = 8.67\text{kN}$(최소값)

54 반지름이 r인 원형 단면에 전단력 S가 작용할 때 최대 전단응력 τ_{max}의 값은?

① $\frac{3S}{4\pi r^2}$ ② $\frac{4S}{3\pi r^2}$
③ $\frac{3S}{2\pi r^2}$ ④ $\frac{2S}{3\pi r^2}$

해설 최대 전단응력

$\tau_{max} = \frac{4}{3}\frac{S}{A} = \frac{4}{3}\frac{S}{\pi r^2}$

★
55 지름이 d인 원형 단면의 도심축에 대한 최대 전단응력 값은? (단, S : 최대 전단력)

① $\frac{4S}{3\pi d^2}$
② $\frac{2S}{3\pi d^2}$
③ $\frac{16S}{3\pi d^2}$
④ $\frac{3S}{4\pi d^2}$

x — G — x, d

해설 최대 전단응력

$\tau_{max} = \frac{4}{3}\frac{S}{A} = \frac{4}{3}\times\frac{4S}{\pi d^2} = \frac{16S}{3\pi d^2}$

★
56 다음 그림과 같은 봉 단면의 단순보가 중앙에 20kN의 하중을 받을 때 최대 전단력에 의한 최대 전단응력은 얼마인가? (단, 자중은 무시한다.)

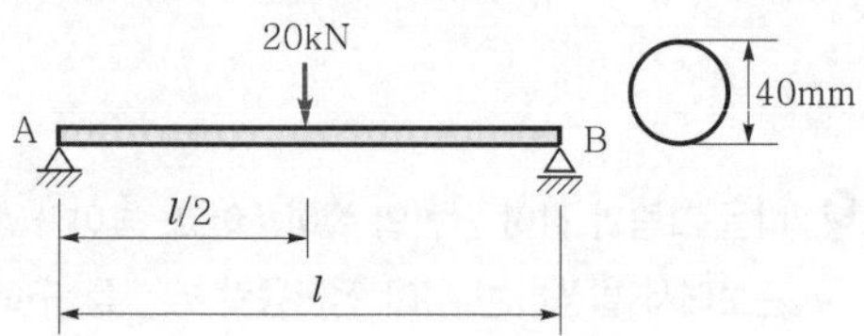

① 10.62MPa ② 11.94MPa
③ 42.46MPa ④ 47.77MPa

해설 최대 전단응력

$S_{max} = V_A = 10\text{kN}$

$\therefore \tau_{max} = \frac{4}{3}\frac{S_{max}}{A}$

$= \frac{4}{3}\times\frac{4\times10,000}{\pi\times40^2} = 10.62\text{MPa}$

★★
57 지름 32mm의 원형 단면보에서 3.14kN의 전단력이 작용할 때 최대 전단응력은?

① 6.0MPa ② 5.21MPa
③ 12.2MPa ④ 21.8MPa

정답 53. ③ 54. ② 55. ③ 56. ① 57. ②

해설 최대 전단응력

$$\tau_{max} = \frac{4}{3}\frac{S_{max}}{A} = \frac{4}{3}\times\frac{4S}{\pi d^2} = \frac{16S}{3\pi d^2}$$

$$= \frac{16\times 3.14\times 10^3}{3\times\pi\times 32^2} = 5.21\text{MPa}$$

58 지간이 10m이고 지름 2cm인 원형 단면 단순보에 w_x =200N/m의 등분포하중이 작용한다. 최대 전단응력 τ_{max}의 값은?

① 550MPa
② 425MPa
③ 600MPa
④ 375MPa

해설 최대 전단응력

$$S_{max} = \frac{wl}{2} = \frac{200\times 10}{2} = 1{,}000\text{N}$$

$$\therefore \tau_{max} = \frac{4}{3}\frac{S_{max}}{A} = \frac{4}{3}\times\frac{4\times 1{,}000}{\pi\times 2^2}$$

$$= 424.6\text{MPa}$$

59 지간 8m인 원형 단면(지름 10cm)을 가진 단순보가 있다. 자중에 의한 최대 전단응력은? (단, 자중은 80kN/m^{3}이다.)

① 0.363MPa
② 0.470MPa
③ 0.543MPa
④ 0.426MPa

해설 최대 전단응력

㉠ 자중에 의한 등분포하중

$$w = 80{,}000\times\frac{\pi\times 0.1^2}{4} = 628\text{N/m}$$

㉡ 최대 전단력

$$S_{max} = \frac{wl}{2} = \frac{628\times 8}{2} = 2{,}512\text{N}$$

㉢ 최대 전단응력

$$\tau_{max} = \frac{4}{3}\frac{S_{max}}{A} = \frac{4}{3}\times\frac{4\times 2{,}512}{\pi\times 100^2}$$

$$= 0.4267\text{MPa}$$

60 다음 그림과 같은 단순보의 최대 전단응력 τ_{max}를 구하면? (단, 보의 단면은 지름이 D인 원이다.)

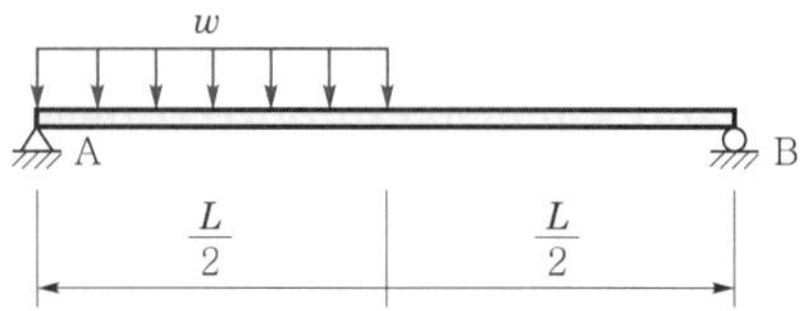

① $\dfrac{wL}{2\pi D^2}$
② $\dfrac{9wL}{4\pi D^2}$
③ $\dfrac{3wL}{2\pi D^2}$
④ $\dfrac{2wL}{\pi D^2}$

해설 최대 전단응력

㉠ 최대 전단력

$$\Sigma M_B = 0$$

$$V_A\times L - \frac{wL}{2}\times\frac{3}{4}L = 0$$

$$\therefore V_A = \frac{3}{8}wL(\uparrow) = S_{max}$$

㉡ 최대 전단응력

$$\tau_{max} = \frac{4}{3}\frac{S_{max}}{A} = \frac{4}{3}\times\frac{4}{\pi D^2}\times\frac{3wL}{8}$$

$$= \frac{2wL}{\pi D^2}$$

★ **61** 다음 그림과 같은 단면에 전단력 V가 작용할 때 구형 단면 (a)와 원형 단면 (b)에 작용하는 최대 전단응력들의 비, 즉 $\dfrac{\text{직사각형 단면의 최대 전단응력}}{\text{원형 단면의 최대 전단응력}}$을 구한 값은 어느 것인가?

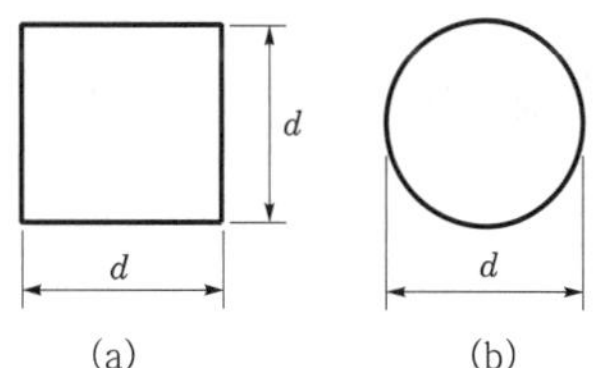

① $\dfrac{3}{32}\pi$
② $\dfrac{3\pi}{16}$
③ $\dfrac{9}{16}\pi$
④ $\dfrac{9}{32}\pi$

정답 58. ② 59. ④ 60. ④ 61. ④

해설 최대 전단응력의 비

$\tau_a = \frac{3S}{2A} = \frac{3V}{2d^2}$

$\tau_b = \frac{4S}{3A} = \frac{16V}{3\pi d^2}$

$\therefore \frac{\tau_a}{\tau_b} = \frac{3V \times 3\pi d^2}{2d^2 \times 16V} = \frac{9}{32}\pi$

★

62 전단응력 S, 단면2차모멘트 I, 단면1차모멘트 Q, 단면의 폭을 b라 할 때 전단응력도의 크기는? (단, 직사각형 단면임)

① $\frac{QS}{Ib}$　② $\frac{IS}{Qb}$

③ $\frac{Ib}{QS}$　④ $\frac{Qb}{IS}$

해설 수평 전단응력(일반식)

$\tau = \frac{S}{Ib}Q$[kPa, MPa]

여기서, S : 전단력(N, kN)

I : 단면2차모멘트(mm⁴, m⁴)

Q : 단면1차모멘트(mm³, m³)

b : 단면의 폭(mm, m)

63 다음 단면에서 직사각형 단면의 최대 전단응력도는 원형 단면의 최대 전단응력도의 몇 배인가? (단, 두 단면의 단면적과 작용하는 전단력의 크기는 같다.)

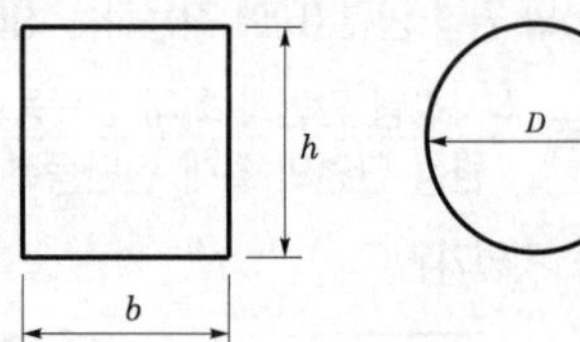

① $\frac{9}{8}$배　② $\frac{5}{6}$배

③ $\frac{8}{9}$배　④ $\frac{6}{5}$배

해설 최대 전단응력의 비

$\tau = \frac{S}{Ib}G_x$, $A_{직} = A_{원}$, $S_{직} = S_{원}$

$\tau_{직} = \frac{3}{2}\frac{S}{A}$, $\tau_{원} = \frac{4}{3}\frac{S}{A}$

$\therefore \frac{\tau_{직}}{\tau_{원}} = \frac{\frac{3}{2}}{\frac{4}{3}} = \frac{9}{8}$배

★★

64 다음 그림은 보의 단면에 일어나는 전단응력의 분포성상을 표시한 것이다. 이 단면의 모양은?

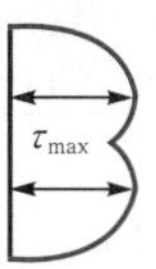

① □형　② ○형

③ ◇형　④ ✚형

해설 전단응력의 분포형태

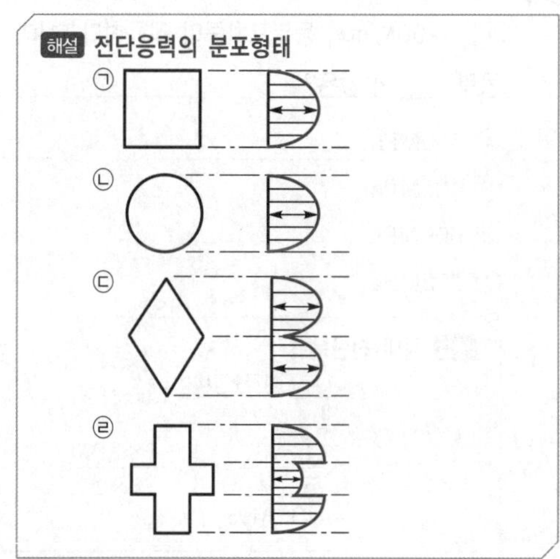

★

65 속이 빈 정사각형 단면에 전단력 600kN가 작용하고 있다. 단면에 발생하는 최대 전단응력은?

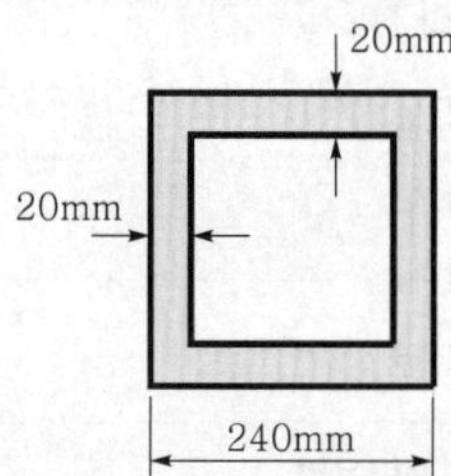

① 54.8MPa

② 76.3MPa

③ 98.6MPa

④ 126.2MPa

정답 62. ① 63. ① 64. ③ 65. ②

해설 최대 전단응력

$$G_x = (240\times20)\times\left(100+\frac{20}{2}\right) + 100\times20\times50\times2 = 728,000\text{mm}^3$$

$$I_x = \frac{BH^3}{12} - \frac{bh^3}{12} = \frac{240^4}{12} - \frac{200^4}{12} = 143,146,666.7\text{mm}^4$$

$$\therefore\ \tau_{\max} = \frac{SG}{Ib} = \frac{600,000\times728,000}{143,146,666.7\times40} = 76.283\text{MPa}$$

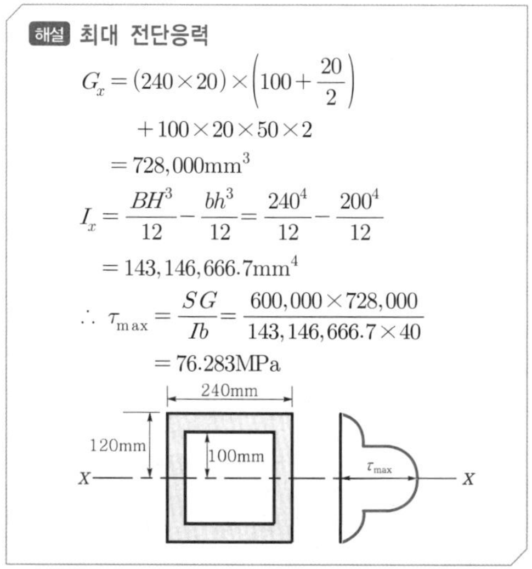

66 대칭 I형강 보의 어느 단면의 전단응력분포도는 다음의 그림과 같다. 복판과 플랜지와의 접합면에서 전단응력의 크기는? (단, 단위는 mm이다.)

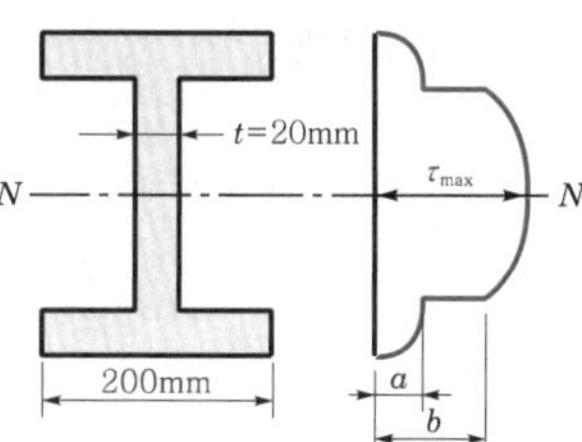

① 2층으로 되며 b는 a의 4배이다.
② 2층으로 되며 b는 a의 6배이다.
③ 2층으로 되며 b는 a의 8배이다.
④ 2층으로 되며 b는 a의 10배이다.

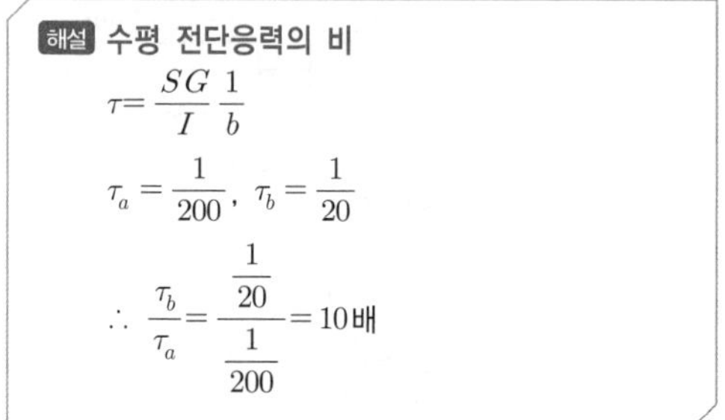

해설 수평 전단응력의 비

$$\tau = \frac{SG}{I}\frac{1}{b}$$

$$\tau_a = \frac{1}{200},\ \tau_b = \frac{1}{20}$$

$$\therefore\ \frac{\tau_b}{\tau_a} = \frac{\frac{1}{20}}{\frac{1}{200}} = 10\text{배}$$

67 다음 단면에 전단력 V=75kN이 작용할 때 최대 전단응력은?

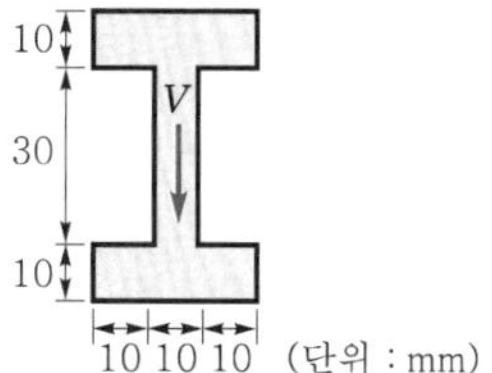

① 83MPa
② 150MPa
③ 200MPa
④ 250MPa

해설 최대 전단응력

$$G_x = (30\times10)\times\left(15+\frac{10}{2}\right) + (10\times15)\times\frac{15}{2} = 7,125\text{mm}^3$$

$$I_x = \frac{BH^3}{12} - \frac{bh^3}{12} = \frac{30\times50^3}{12} - \frac{2\times10\times30^3}{12} = 267,500\text{mm}^4$$

$$\therefore\ \tau_{\max} = \frac{VG}{Ib} = \frac{(75\times10^3)\times7,125}{267,500\times10} \fallingdotseq 200\text{MPa}$$

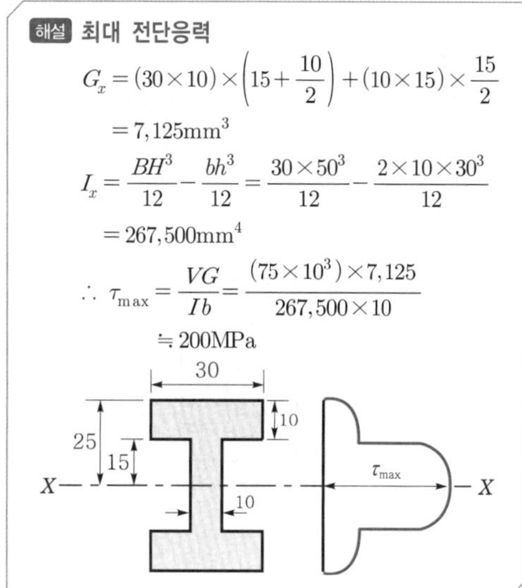

★★
68 다음 그림과 같은 단면에 1,500N의 전단력이 작용할 때 최대 전단응력의 크기는?

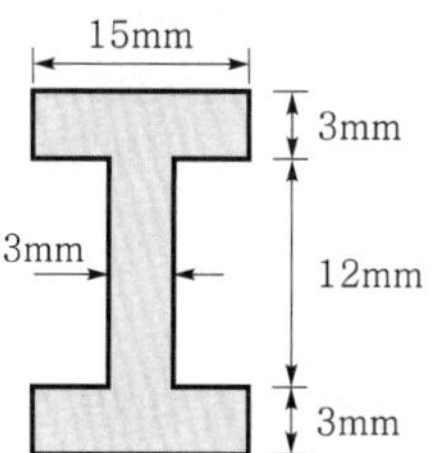

① 35.2MPa ② 43.6MPa
③ 49.8MPa ④ 56.4MPa

정답 66. ④ 67. ③ 68. ①

해설 최대 전단응력

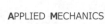

$G_X = 15\times3\times7.5+3\times6\times3 = 391.5\text{mm}^3$

$I_X = \dfrac{15\times18^3}{12} - \dfrac{12\times12^3}{12} = 5{,}562\text{mm}^4$

$\therefore \tau_{\max} = \dfrac{SG_X}{I_X b} = \dfrac{1{,}500\times391.5}{5{,}562\times3} = 35.19\text{MPa}$

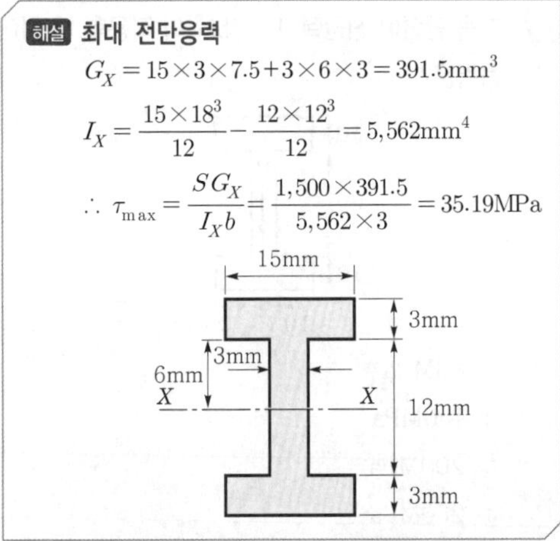

69 다음 그림과 같은 I형 단면보에 8kN의 전단력이 작용할 때 상연(上緣)에서 5mm 아래인 지점에서의 전단응력은? (단, 단면2차모멘트는 100,000mm⁴이다.)

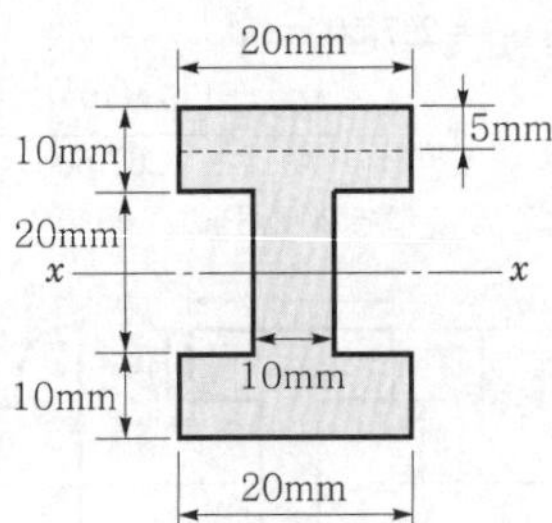

① 5.25MPa ② 7.0MPa
③ 12.25MPa ④ 16.0MPa

해설 임의 점의 전단응력

$G_x = 20\times5\times17.5 = 1{,}750\text{mm}^3$

$I_x = \dfrac{20\times40^3}{12} - \dfrac{10\times20^3}{12} = 100{,}000\text{mm}^4$

$b = 20\text{mm},\ S = 8{,}000\text{N}$

$\therefore \tau = \dfrac{SG_x}{I_x b} = \dfrac{8{,}000\times1{,}750}{100{,}000\times20} = 7\text{MPa}$

70 다음 그림과 같은 T형 단면을 가진 단순보가 있다. 이 보의 경간은 3m이고, 지점으로부터 1m 떨어진 곳에 하중 $P=$ 4,500kN이 작용하고 있다. 이 보에 발생하는 최대 전단응력은?

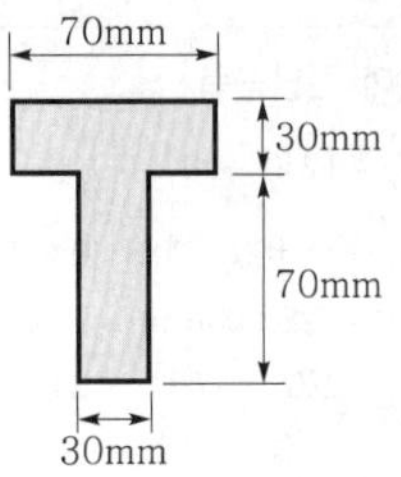

① 14.8MPa ② 24.8MPa
③ 34.8MPa ④ 44.8MPa

해설 최대 전단응력

㉠ 최대 전단력

$V_A = \dfrac{2}{3}\times4{,}500 = 3{,}000\text{kN}$

$V_B = \dfrac{1}{3}\times4{,}500 = 1{,}500\text{kN}$

$\therefore S_{\max} = V_A = 3{,}000\text{kN}$

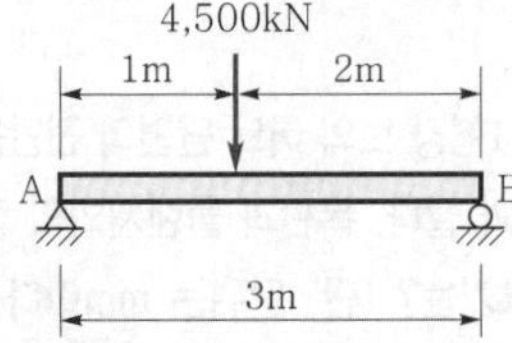

㉡ 단면의 성질

$G_x = 30\times70\times35+70\times30\times85$
$= 252{,}000\text{mm}^3$

$\therefore y_C = \dfrac{G_x}{A} = \dfrac{252{,}000}{30\times70+70\times30} = 60\text{mm}$

$G_C = 30\times60\times30 = 54{,}000\text{mm}^3$

$I_C = \left(\dfrac{70\times30^3}{12}+70\times30\times25^2\right) + \left(\dfrac{30\times70^3}{12}+30\times70\times25^2\right)$
$= 3{,}640{,}000\text{mm}^4$

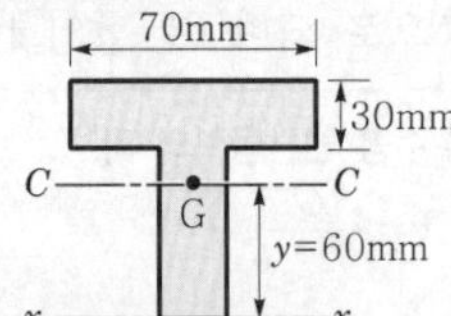

㉢ 최대 전단응력

$\tau_{\max} = \dfrac{S_{\max}\,G_C}{I_C\,b}$

$= \dfrac{3{,}000\times54{,}000}{3{,}640{,}000\times30} = 14.8\text{MPa}$

정답 69. ② 70. ①

★
71 주어진 T형보 단면의 캔틸레버에서 최대 전단응력을 구하면 얼마인가? (단, T형보 단면의 $I_{N.A}=86.8\text{mm}^4$이다.)

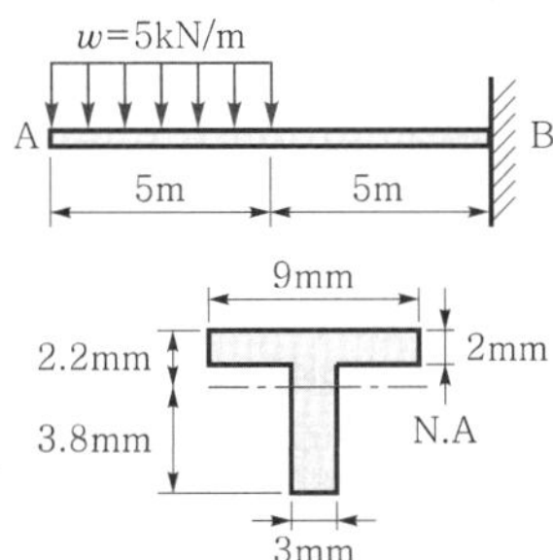

① 1,256.8MPa ② 1,797.2MPa
③ 2,079.5MPa ④ 2,432.2MPa

해설 **최대 전단응력**
㉠ 단면의 성질
$I_G=86.8\text{mm}^4$, $b=3\text{mm}$
$S_{max}=wl_1=5\times5=25\text{kN}$
$G=3\times3.8\times\frac{3.8}{2}=21.66\text{mm}^3$
㉡ 최대 전단응력
$\tau_{max}=\frac{S_{max}G}{I_G b}=\frac{25\times10^3\times21.66}{86.8\times3}$
$=2,079.5\text{MPa}$

3. 전단중심

★
72 다음 그림과 같은 사각형 모양으로 형성된 박판 단면에서 전단흐름은? (단, 이 단면에 작용하는 비틀림모멘트는 T이다.)

① 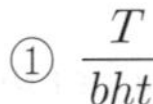 $\frac{T}{bht}$
② 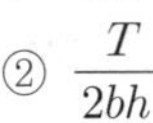 $\frac{T}{2bh}$
③ 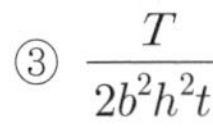 $\frac{T}{2b^2h^2t}$
④ 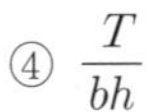 $\frac{T}{bh}$

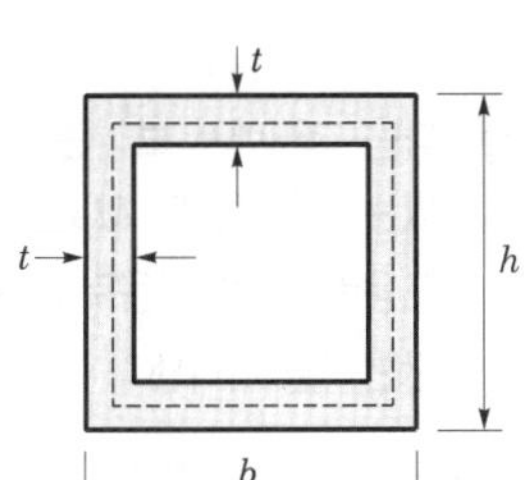

해설 **전단흐름(전단류)**
㉠ ㄷ 단면(channel)의 전단흐름 : $F=\tau t=\frac{SG}{I}$
㉡ 폐쇄 단면의 전단흐름 : $F=\tau t=\frac{T}{2A}$

73 다음 그림과 같이 두 개의 나무판이 못으로 조립된 T형 보에서 V=155N이 작용할 때 한 개의 못이 전단력 70N을 전달할 경우 못의 허용 최대 간격은 약 얼마인가? (단, $I=11,354\times10^3\text{mm}^4$)

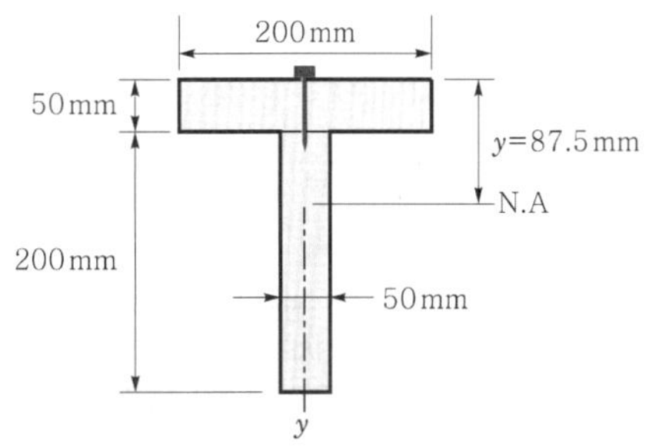

① 7.5mm
② 8.2mm
③ 8.9mcm
④ 9.7mm

해설 **최대 간격**
㉠ 단면의 전단류
$G=200\times50\times(87.5-25)=625,000\text{mm}^3$
$f=\frac{VG}{I}=\frac{155\times625,000}{11,354,000}$
$=8.53224\text{N/mm}$
㉡ 못의 최대 간격
$f=\frac{F}{s}$
$\therefore\ s=\frac{F}{f}=\frac{70}{8.53224}=8.2042\text{mm}$

★
74 전단중심에 대한 설명 중 옳은 것은?

① 전단중심은 힘의 크기에 따라 변한다.
② 전단중심에 수직힘이 작용하면 비틀림이 생긴다.
③ 2축 대칭 단면은 도심과 전단중심이 일치한다.
④ ㄱ형 단면(angle)의 전단중심은 무게중심이다.

해설 **전단중심의 특징**
2축 대칭 단면의 전단중심과 도심은 일치한다.

정답 71. ③ 72. ② 73. ② 74. ③

75 구조부재 단면의 도심(C)과 전단중심(S)을 표시한 것으로 옳지 않은 것은?

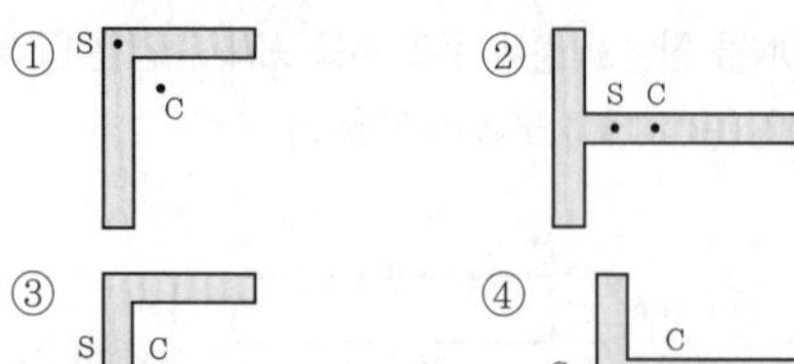

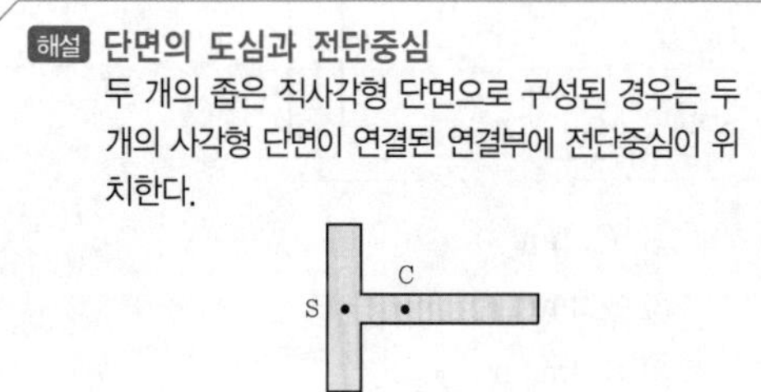

해설 **단면의 도심과 전단중심**
두 개의 좁은 직사각형 단면으로 구성된 경우는 두 개의 사각형 단면이 연결된 연결부에 전단중심이 위치한다.

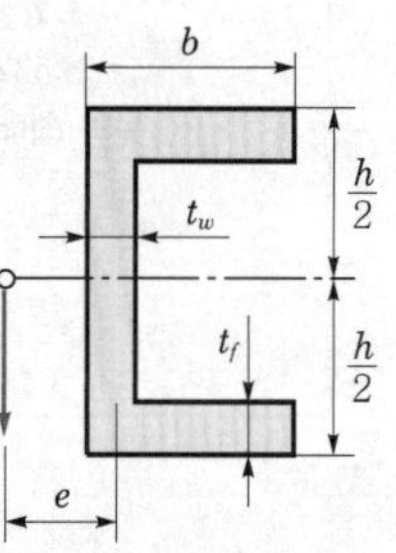

★
76 다음 그림과 같은 얇은 단면에서 전단중심까지의 거리 e의 값이 옳은 것은?

① $\dfrac{b^2h^2t}{I}$

② $\dfrac{b^2ht}{4I}$

③ $\dfrac{bh^2t}{4I}$

④ $\dfrac{b^2h^2t}{4I}$

해설 **전단중심의 거리**
㉠ 전단흐름(shear flow)

$$F=\tau t=\int_0^b \tau_o d_s t=\frac{Pht}{2I}\int_0^b s\,d_s$$
$$=\frac{Pb^2ht}{4I}$$

㉡ 전단중심(shear center)

$$e=\frac{Fh}{P}=\frac{(Phtb^2)h}{4IP}=\frac{b^2h^2t}{4I}$$

4. 보의 소성 해석

77 강재에 탄성한도보다 큰 응력을 가한 후 그 응력을 제거한 다음 장시간 방치하여도 얼마간의 변형이 남게 되는데, 이러한 변형을 무엇이라 하는가?

① 탄성변형 ② 피로변형
③ 소성변형 ④ 취성변형

해설 **소성변형**
강재에 탄성한도 이상으로 큰 응력을 가한 후 그 응력을 제거한 다음 장시간 방치하여도 얼마간의 변형이 남게 되는 변형을 소성변형(잔류변형)이라 한다.

78 다음 그림과 같이 배치된 H형 거더에서 H형 단면의 높이(h)는 500mm이고, 단면2차모멘트는 2×10^8mm^{4}이며, 항복강도는 250MPa이다. 단면의 항복모멘트(M_y)의 크기는?

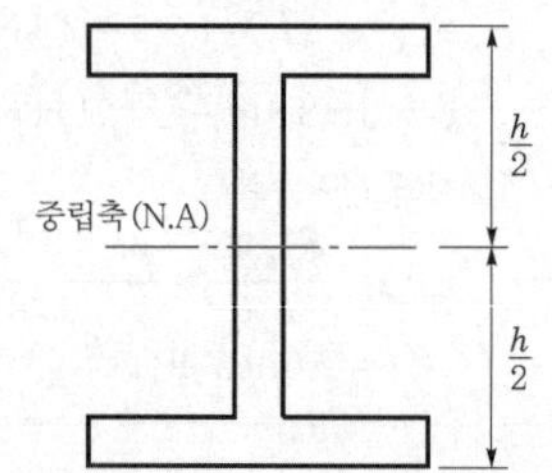

① 100kN · m ② 150kN · m
③ 175kN · m ④ 200kN · m

해설 **단면의 항복모멘트**

$$M_y=\sigma_y Z=\sigma_y\frac{I_x}{y}=250\times\frac{2.0\times10^8}{250}$$
$$=2\times10^8\text{N}\cdot\text{mm}=200\text{kN}\cdot\text{m}$$

★
79 다음 그림에서 보이는 바와 같은 구형 단면이 받을 수 있는 소성모멘트 M_P는? (단, 재료의 성질에서 탄성한도응력과 항복점응력 σ_y는 일치한다고 가정하고, A는 단면적을 나타낸다.)

① $M_P=\dfrac{1}{12}Ah\sigma_y$

② $M_P=\dfrac{1}{6}Ah\sigma_y$

③ $M_P=\dfrac{1}{4}Ah\sigma_y$

④ $M_P=\dfrac{1}{2}Ah\sigma_y$

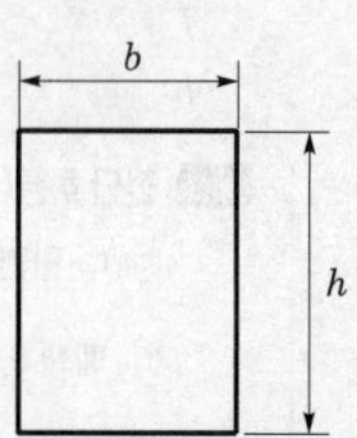

정답 75. ④ 76. ④ 77. ③ 78. ④ 79. ③

해설 소성모멘트

㉠ 소성계수

$$J=\frac{bh^2}{4}$$

㉡ 소성모멘트

$$M_P=\sigma_y J=\sigma_y \frac{bh^2}{4}=\sigma_y A \frac{h}{4}$$

★

80 다음 그림에 보이는 것과 같은 직사각형 단면의 소성단면계수(plastic section modulus)는?

① 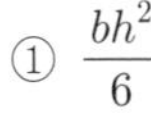 $\frac{bh^2}{6}$

② $\frac{bh^2}{4}$

③ 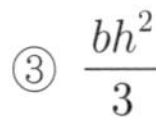 $\frac{bh^2}{3}$

④ 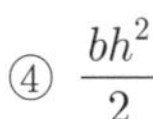 $\frac{bh^2}{2}$

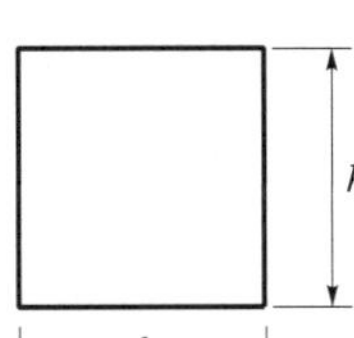

해설 소성단면계수

$$Z_P=\frac{A}{2}(y_1+y_2)=\frac{bh}{2}\left(\frac{h}{4}+\frac{h}{4}\right)=\frac{bh^2}{4}$$

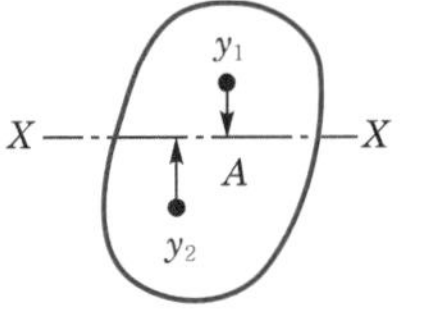

81 다음 그림과 같은 직사각형 단면의 도심을 지나는 X축에 대한 단면계수와 소성계수의 비(단면계수 : 소성계수)는?

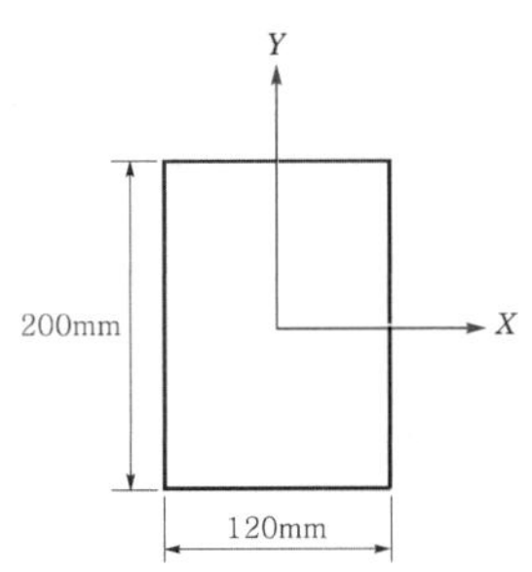

① 1 : 2　　② 2 : 3

③ 1 : 4　　④ 4 : 1

해설 형상계수비 이용

$$f=\frac{Z_P}{Z}=\frac{3}{2}$$

$$3Z=2Z_P$$

$$\therefore\ Z : Z_P=2:3$$

82 정정보에서 형상계수(f)는? (단, M_P는 소성모멘트, M_y는 항복모멘트이다.)

① $f=M_P M_y$　　② $f=\frac{M_P}{2M_y}$

③ $f=\frac{M_y}{2M_P}$　　④ $f=\frac{M_P}{M_y}$

해설 형상계수(f)

$$f=\frac{\text{소성계수}}{\text{단면계수}}=\frac{M_P}{M_y}=\frac{Z_P}{Z}$$

83 순수 휨을 받고 있는 탄소성재료로 된 보에 대한 다음 설명 중 옳지 않은 것은?

① 항복모멘트를 받는 상황에서의 중립축위치와 완전 소성상태에 있는 단면의 중립축위치는 단면형태에 따라 다를 수 있다.

② 소성모멘트란 전 단면이 항복응력에 이르렀을 때 가해진 휨모멘트를 말한다.

③ 형상계수란 단면형상의 종류에 따른 소성계수(또는 소성단면계수)의 비를 뜻한다.

④ 소성계수란 단면의 중립축 상 · 하 부분의 각 단면적들을 중립축에 관하여 취한 단면1차모멘트의 합이다.

해설 형상계수(f)

형상계수란 소성모멘트와 항복모멘트와의 비를 말하며, 이는 단면형상만의 함수가 된다.

★

84 폭이 b, 높이가 h인 직사각형 단면의 형상계수는?

① 2.0　　② 1.8

③ 1.5　　④ 1.2

정답 80. ②　81. ②　82. ④　83. ③　84. ③

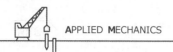

> **해설** 단면의 형상계수
> ㉠ 직사각형 단면 : $f=1.5$
> ㉡ 원형 단면 : $f=1.7$
> ㉢ 마름모 단면 : $f=2.0$
> ㉣ I형 단면 : $f=1.1\sim1.2$

★★
85 소성힌지에 대한 설명으로 틀린 것은?

① 최대 휨모멘트의 점에서 발생한다.
② 소성힌지에서 완전 소성영역이 된다.
③ 소성 해석으로 소성힌지의 위치를 구할 때 중첩의 원리를 적용한다.
④ 집중하중이 작용할 때 소성힌지는 하중과 지점에서 발생한다.

> **해설** 소성 해석은 비탄성 해석이므로 중첩의 원리가 적용되지 않는다.

86 다음 보에서 극한하중 P_u는? (단, M_P는 소성모멘트이다.)

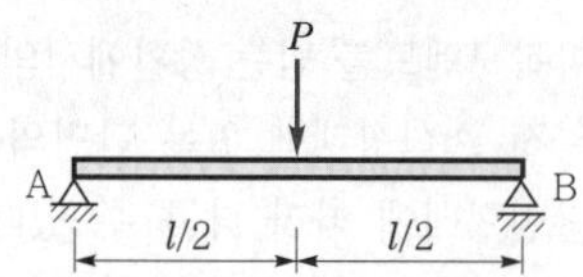

① $\dfrac{2M_P}{l}$　　② $\dfrac{3M_P}{l}$
③ $\dfrac{4M_P}{l}$　　④ $\dfrac{5M_P}{l}$

> **해설** 가상일법
> $$P_u \times \frac{l}{2}\theta = M_P \times 2\theta$$
> $$\therefore P_u = \frac{4M_P}{l}$$

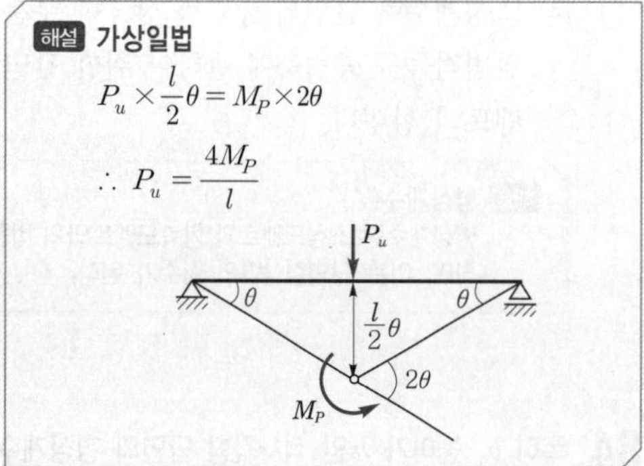

87 다음과 같이 등분포하중 w가 작용하는 단순보에서 소성붕괴 등분포하중 w_u는?

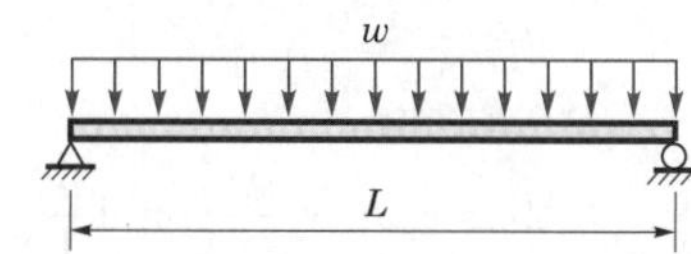

① $\dfrac{M_P}{L^2}$　　② $\dfrac{2M_P}{L^2}$
③ $\dfrac{4M_P}{L^2}$　　④ $\dfrac{8M_P}{L^2}$

> **해설** 가상일법
> $$M_{\max} = \frac{w_u L^2}{8} = M_P$$
> $$\therefore w_u = \frac{8M_P}{L^2}$$

정답 85. ③　86. ③　87. ④

기둥

CHAPTER 09 기둥

회독 체크표

1회독	월	일
2회독	월	일
3회독	월	일

최근 10년간 출제분석표

2015	2016	2017	2018	2019	2020	2021	2022	2023	2024
8.3%	8.3%	10.0%	8.3%	10.0%	10.0%	10.0%	8.3%	10.0%	10.0%

출제 POINT

학습 POINT
- 기둥의 정의
- 기둥의 세장비
- 단주와 장주의 구분

SECTION 1 기둥의 일반

1 기둥의 정의 및 판별

1) 기둥의 정의

① 기둥이란 축방향 압축력을 주로 받는 부재로, 교대, 교각, 옹벽, 댐, 라멘 구조 및 트러스 압축부재 등이 있다. 기둥이란 길이가 단면 최소 치수의 3배 이상인 것을 말하고, 3배 미만인 것은 받침대(pedestal)라고 한다.

② 기둥은 중심축하중만을 받는 경우는 드물고, 대부분의 기둥은 편심축하중을 받는 경우가 많다. 이 경우에 기둥 단면은 **축응력**과 **휨응력**이 동시에 발생한다.

2) 기둥의 판별

(1) 기둥의 판별기준

① 기둥의 세장비를 이용하여 판별한다. 세장비(λ)는 기둥이 가늘고 긴 정도의 비를 말한다.

② 기둥에는 단주와 장주가 있다. 압축응력이 한계에 도달하여 파괴되는 기둥을 **단주**(짧은 기둥)라 하고, 압축응력이 한계에 도달하기 전에 부재가 휘어서 파괴되는 기둥을 **장주**(긴 기둥)라 한다.

(2) 기둥의 세장비(λ)

① 구형 단면의 세장비

$$r=\sqrt{\frac{I}{A}}=\frac{h}{\sqrt{12}}$$

$$\therefore \lambda=\frac{l}{r_{\min}}=\frac{\sqrt{12}}{h}l$$

여기서, h : 두 변 중 작은 값

■ 세장비(λ)

① 직사각형 단면

$I=\frac{bh^3}{12}$, $A=bh$

$r=\sqrt{\frac{I}{A}}=\frac{h}{\sqrt{12}}=\frac{h}{2\sqrt{3}}$

$\therefore \lambda=\frac{l}{r}=\frac{\sqrt{12}}{h}l$

② 원형 단면

$I=\frac{\pi D^4}{64}$, $A=\frac{\pi D^4}{4}$

$r=\sqrt{\frac{I}{A}}=\frac{D}{4}$

$\therefore \lambda=\frac{l}{r}=\frac{4l}{D}$

② 원형 단면의 세장비

$$r=\sqrt{\frac{I}{A}}=\frac{D}{4}$$

$$\therefore \lambda=\frac{l}{r_{min}}=\frac{4}{D}l$$

2 단주와 장주

1) 단주

① 부재 단면의 압축응력이 재료의 압축강도에 도달하여 압축에 의한 파괴(압축파괴)가 나타나는 기둥으로, 기둥의 길이에 비하여 단면이 크고 비교적 길이가 짧은 압축재의 기둥을 단주라고 한다.

② 세장비 $\lambda=\frac{l}{r}\leq 100$인 경우로, 축응력을 계산한다.

2) 장주

① 부재 단면의 압축응력이 재료의 압축강도에 도달하기 전에 부재가 좌굴(buckling)되어 파괴(좌굴파괴)가 나타나는 기둥으로, 기둥의 길이가 그 단면의 최소 회전반지름에 비하여 상당히 큰 기둥으로서 좌굴현상이 발생하는 기둥이다.

② $\lambda>100$인 경우로, 기둥이 휘어지기 직전까지 견딜 수 있는 하중(좌굴하중)을 계산한다. 오일러(Euler)의 이론식에 의한다.

3) 오일러(Euler)의 이론식

(1) 기둥의 종류

종류	세장비(λ)	파괴형태	해석
단주	30~45	압축파괴, 좌굴 없음 $(\sigma \leq \sigma_y)$	Hooke의 법칙
중간주	45~100	비탄성 좌굴파괴 $(0.5\sigma_y<\sigma<\sigma_y)$	실험공식
장주	100 이상	탄성좌굴파괴 $(\sigma \leq 0.5\sigma_y)$	오일러의 공식

(2) 응력–세장비곡선

① 오일러공식을 적용할 수 있는 범위는 $\lambda \geq 100$인 경우이다. 즉, 장주에 적용한다.

출제 POINT

■ 실제 기둥의 종류

① 단주 : $\lambda=\frac{l}{r}\leq 100$

② 장주 : $\lambda>100$

■ 오일러(Euler)의 장주조건

$\lambda=\frac{l}{r}=\frac{4l}{D}\geq 100$

$\therefore l\geq 25D$

출제 POINT

② 지름 D인 원형 단면기둥의 경우는 $I=\frac{\pi D^4}{64}$, $A=\frac{\pi D^2}{4}$이므로

$r=\frac{D}{4}$이다. 따라서 장주의 경우

$$\lambda=\frac{l}{r}=\frac{4l}{D}\geq 100$$

따라서 $l \geq 25D$일 경우에만 장주이다.

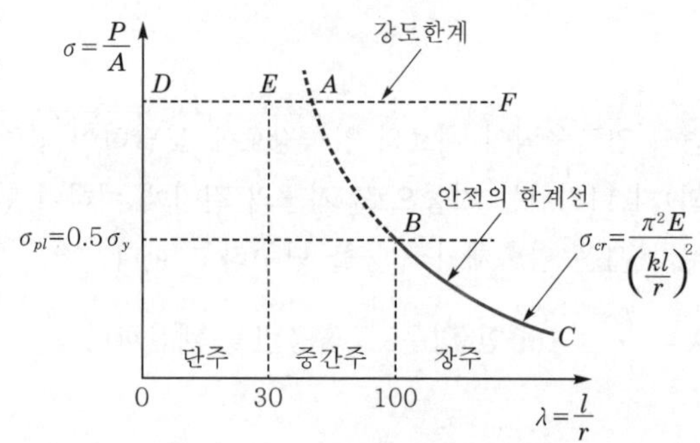

[그림 9-1] 오일러의 응력-세장비곡선

SECTION 2 단주의 해석

학습 POINT
- 중심축하중의 축응력
- 1축 편심축하중의 축응력
- 2축 편심축하중의 축응력
- 핵과 핵점
- 핵거리

1 축응력

1) 중심축하중이 작용하는 경우

① 압축응력이 극한강도에 도달하여 압축에 의한 파괴(압축파괴)가 나타나는 기둥으로, 전 단면에 걸쳐 균일한 압축응력만 발생한다.

② 압축을 (+), 인장을 (−)로 한다.

$$\sigma_c=\frac{P}{A}$$

여기서, σ_c : 압축응력

P : 중심축하중

A : 단면적$(=bh)$

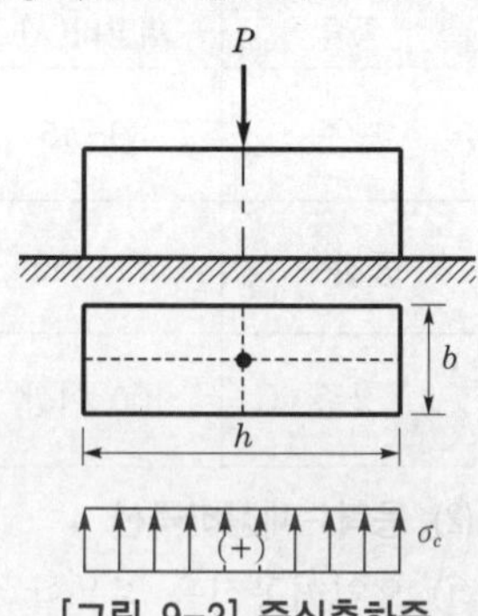

[그림 9-2] 중심축하중

2) 편심축하중이 작용하는 경우

(1) 1축 편심축하중이 작용하는 경우

① 하중이 중심축에 작용하지 않고 어느 한쪽에 편심되어 작용하면 축방향 응력을 받는 동시에 편심모멘트에 의한 휨응력도 같이 받는다.

② x축으로 편심된 경우

$$\sigma = \frac{P}{A} \pm \frac{Pe_x}{I_y}x$$

③ y축으로 편심된 경우

$$\sigma = \frac{P}{A} \pm \frac{Pe_y}{I_x}y$$

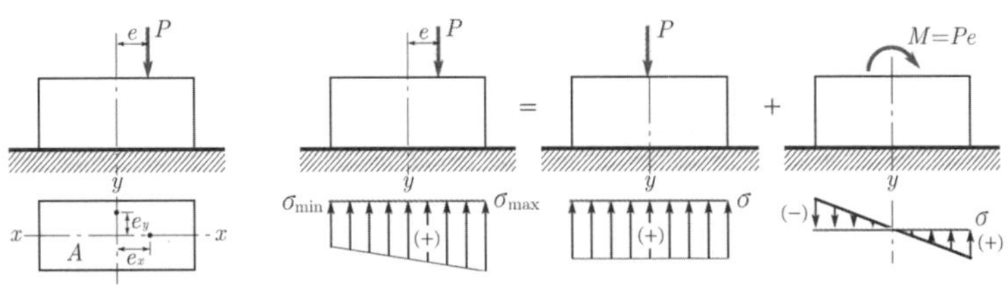

(a) 기둥 단면 (b) 응력분포도

[그림 9-3] 1축 편심축하중이 작용하는 경우

(2) 2축 편심축하중이 작용하는 경우

① 하중이 두 방향으로 편심되어 작용할 경우는 각 점의 응력이 각각 달라진다. 즉, 압축에 의한 응력, x축으로 편심되어 생기는 휨응력, y축으로 편심되어 생기는 휨응력이 합성되어 나타난다.

② 축응력공식

$$\sigma = \frac{P}{A} \pm \frac{Pe_x}{I_y}x \pm \frac{Pe_y}{I_x}y$$

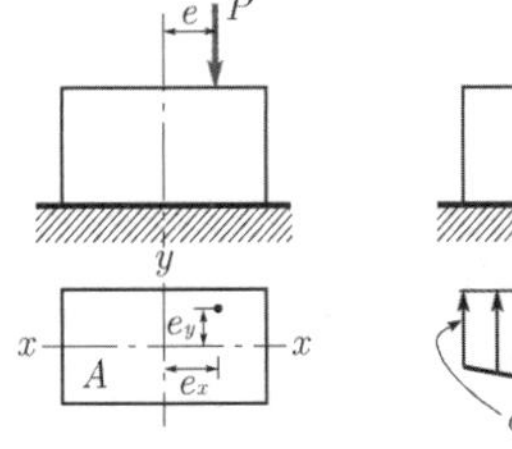

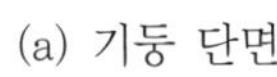

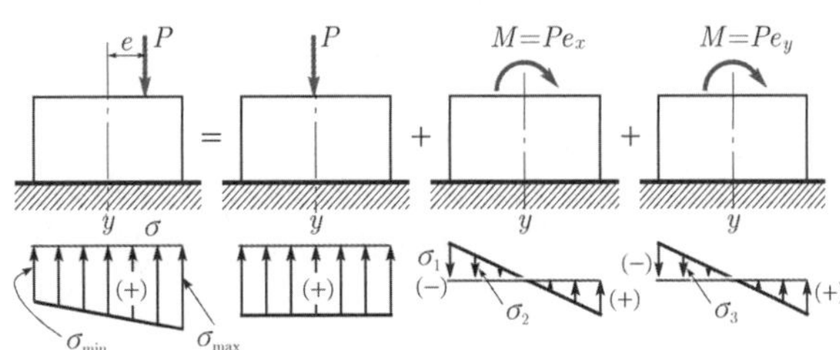

(a) 기둥 단면 (b) 응력분포도

[그림 9-4] 2축 편심축하중이 작용하는 경우

출제 POINT

■ **편심축응력**

① 1축 편심축응력=축응력±휨응력

② 2축 편심축응력=축응력±x축에 대한 휨응력±y축에 대한 휨응력

■ **편심축하중의 변형도**

① 1축 편심의 변형도

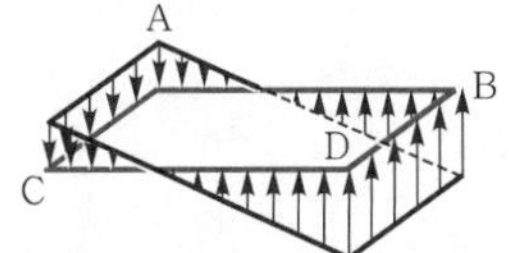

② 2축 편심의 변형도

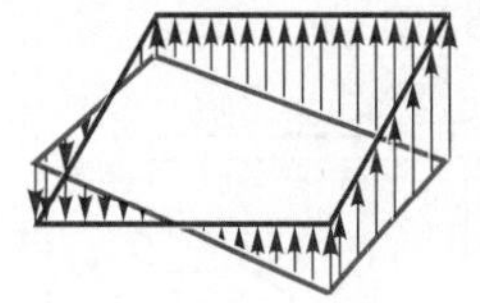

■ **각 점의 응력(압축 (+), 인장 (−))**

$$\sigma_A = \frac{P}{A} - \frac{Pe_y}{I_x}y - \frac{Pe_x}{I_y}x$$

$$\sigma_B = \frac{P}{A} + \frac{Pe_y}{I_x}y - \frac{Pe_x}{I_y}x$$

$$\sigma_C = \frac{P}{A} + \frac{Pe_y}{I_x}y + \frac{Pe_x}{I_y}x$$

$$\sigma_D = \frac{P}{A} - \frac{Pe_y}{I_x}y + \frac{Pe_x}{I_y}x$$

출제 POINT

■ 각 단면의 핵거리

① 구형 단면

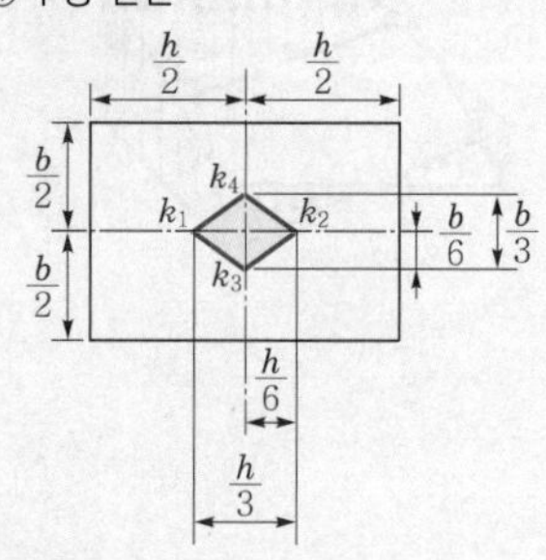

② 원형 단면

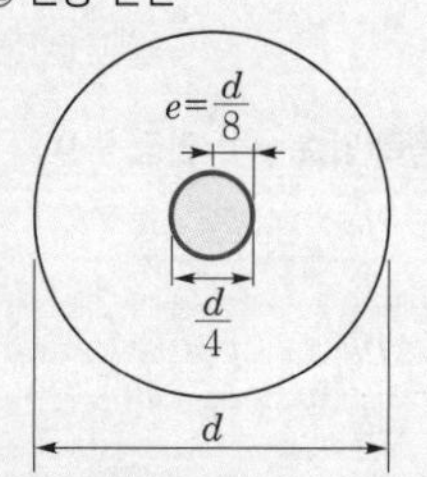

③ 삼각형 단면

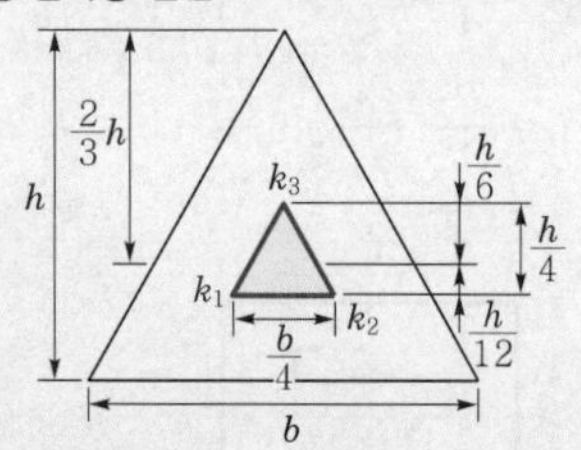

④ I형 단면

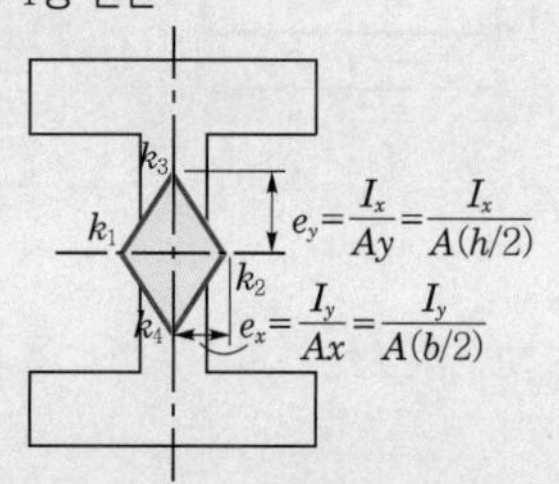

2 단면의 핵과 핵점

1) 핵과 핵점

(1) 핵과 핵점의 정의

① 단주에서 하중의 작용위치에 따라 응력상태가 달라진다. 하중 P가 어떤 점에 작용할 때 반대편 단부의 응력이 0으로 되는 어떤 점이 있는데, 이를 핵점(core point)이라 하고, 이 점들의 내면을 핵이라 한다.

② 핵점($k_1 \sim k_4$)과 핵(core)

단면 내에 압축응력만이 일어나는 하중의 편심거리의 한계점을 핵점이라 하고, 핵점에 의하여 둘러싸인 부분을 핵이라 한다.

(2) 각 단면의 핵거리

① 핵거리란 인장응력이 생기지 않는 편심거리로, 단면의 핵 내부에 하중이 작용하면 기둥의 어느 부분에도 인장응력이 생기지 않는다.

$$\sigma_{\min} = 0 \text{인 경우 } 0 = \frac{P}{A} - \frac{Pe}{I}y$$

$$\therefore\ e = \frac{I}{Ay} = \frac{r^2}{y}$$

여기서, r : 최소 회전반지름$\left(=\sqrt{\frac{I}{A}}\right)$

y : 도심거리

② 구형 단면

㉠ x축에 대한 핵거리

$$I_x = \frac{hb^3}{12},\ A = bh,\ y = \frac{b}{2},\ {r_x}^2 = \frac{I_x}{A} = \frac{b^2}{12}$$

$$\therefore\ e_y = \frac{{r_x}^2}{y} = \frac{\frac{b^2}{12}}{\frac{b}{2}} = \frac{b}{6}$$

㉡ y축에 대한 핵거리

$$I_y = \frac{bh^3}{12},\ A = bh,\ x = \frac{h}{2},\ {r_y}^2 = \frac{I_y}{A} = \frac{h^2}{12}$$

$$\therefore\ e_x = \frac{{r_y}^2}{x} = \frac{\frac{h^2}{12}}{\frac{h}{2}} = \frac{h}{6}$$

③ 직경 d인 원형 단면의 핵거리

$$I=\frac{\pi d^4}{64},\ A=\frac{\pi d^2}{4},\ y=\frac{d}{2},\ r^2=\frac{I}{A}=\frac{d^2}{16}$$

$$\therefore\ e=\frac{r^2}{y}=\frac{\frac{d^2}{16}}{\frac{d}{2}}=\frac{d}{8}$$

④ 삼각형 단면

㉠ 도심축 x에 대한 핵거리

$$I_x=\frac{bh^3}{36},\ A=\frac{bh}{2},\ y_1=\frac{2h}{3},\ y_2=\frac{h}{3},\ {r_x}^2=\frac{I_x}{A}=\frac{h^2}{18}$$

$$\therefore\ e_{y1}=\frac{{r_x}^2}{y_1}=\frac{\frac{h^2}{18}}{\frac{2h}{3}}=\frac{h}{12},\ e_{y2}=\frac{{r_x}^2}{y_2}=\frac{\frac{h^2}{18}}{\frac{h}{3}}=\frac{h}{6}$$

㉡ 도심축 y에 대한 핵거리

$$I_y=\frac{h\left(\frac{b}{2}\right)^3}{12}\times 2=\frac{hb^3}{48},\ A=\frac{bh}{2},\ x=\frac{b}{2}\times\frac{2}{3}=\frac{b}{3},$$

$${r_y}^2=\frac{I_y}{A}=\frac{b^2}{24}$$

$$\therefore\ e_x=\frac{{r_y}^2}{x}=\frac{\frac{b^2}{24}}{\frac{b}{3}}=\frac{b}{8}$$

2) 핵의 면적(A_c)과 주변 길이(둘레길이, L_c)

(1) 핵면적(A_c)

직사각형 단면	원형 단면	삼각형 단면
$\frac{bh}{18}$	$\frac{\pi d^2}{64}$	$\frac{bh}{32}$

(2) 핵의 주변 길이(둘레길이, L_c)

직사각형 단면	원형 단면	삼각형 단면
$\frac{2}{3}\sqrt{b^2+h^2}$	$\frac{\pi d}{4}$	$\frac{1}{4}\sqrt{4h^2+b^2+2b}$

출제 POINT

⑤ T형 단면

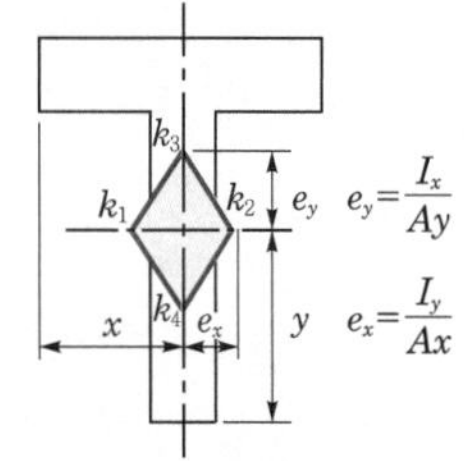

출제 POINT

(3) 편심거리에 따른 응력분포도

① $c=0$일 때 ② $e<\frac{b}{6}$일 때 ③ $e=\frac{b}{6}$일 때 ④ $e>\frac{b}{6}$일 때

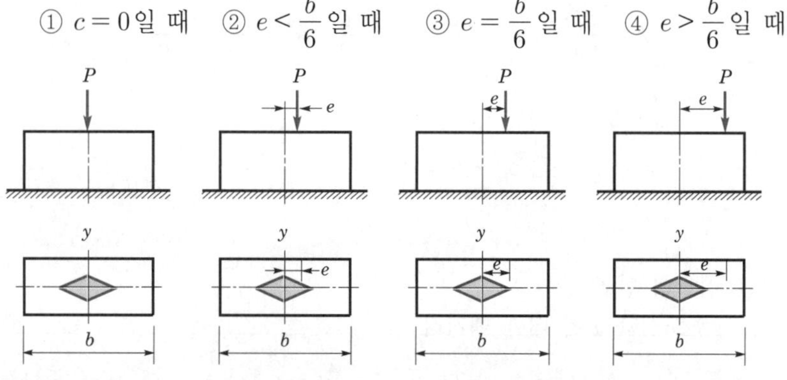

SECTION 3 장주의 해석

학습 POINT

- 좌굴현상과 좌굴방향
- 좌굴하중
- 좌굴응력
- 좌굴유효길이계수
- 강도계수

1 오일러(Euler)의 장주공식

1) 좌굴현상(buckling)

① 장주에 축하중이 증가하여 그 기둥의 고유한 임계값(극한값)에 도달하면 휘어져 있는 위치에서 평행상태를 유지하며, 즉 중립평형상태를 조금이라도 초과하는 하중이 작용하면 기둥은 무한대로 휘어져 그 기능을 상실한다. 이런 현상을 좌굴(buckling)이라 한다.

② 좌굴이 발생할 때 축하중의 임계값을 좌굴하중(P_b) 또는 임계하중(P_{cr})이라 하고, 이 하중에 의해 발생하는 응력을 좌굴응력(임계응력)이라 한다.

2) 오일러(Euler)의 장주공식

(1) 좌굴하중(임계하중)과 좌굴응력(임계응력)

① 좌굴하중(임계하중)

$$P_b = \frac{n\pi^2 EI}{l^2} = \frac{\pi^2 EI}{(kl)^2}$$

② 좌굴응력(임계응력)

$$\sigma_b = \frac{P_b}{A} = \frac{n\pi^2 E}{\lambda^2} = \frac{\pi^2 E}{\left(\frac{kl}{r}\right)^2}$$

■ 좌굴방향

① 단면2차모멘트가 최대인 축의 방향
② 단면2차모멘트가 최소인 축의 직각방향

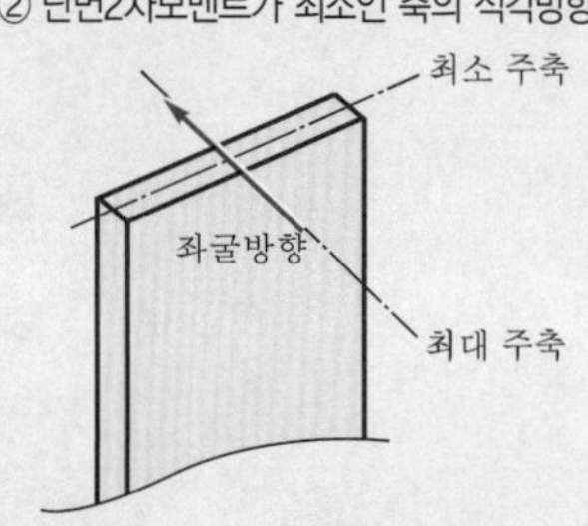

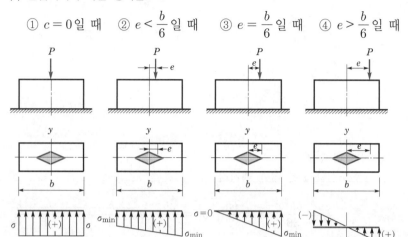

(2) 장주의 계수와 관계

① 장주의 계수

종류	1단 자유, 타단 고정	양단 힌지	1단 힌지, 타단 고정	양단 고정
양단 지지상태	P_b, l	P_b, l	P_b, $0.7l$, l	P_b, $0.5l$, l
좌굴유효길이(l_k)	$2l$	l	$0.7l$	$0.5l$
강도계수(n)	1/4	1	2	4

② 유효길이계수와 강도계수의 관계

$$k = \frac{1}{\sqrt{n}}, \quad n = \frac{1}{k^2}$$

출제 POINT

■ 기둥의 유효길이

장주의 처짐곡선에서 변곡점과 변곡점 사이의 거리로, 모멘트가 0인 점의 사이 거리

2 기타 장주의 실험공식

1) 테트마이어(Tetmajer)와 골든－랭킨(Gordon－Rankine)의 공식

(1) 테트마이어(Tetmajer)의 공식

① 많은 파괴시험의 결과 직선식을 제안하였다.

$$\sigma_b = \sigma_y - a\lambda$$

② $10 \leq \lambda \leq 100$인 중간주에 잘 적용된다.

(2) 골든－랭킨(Gordon－Rankine)의 공식

① 양단 힌지의 경우 실험과 이론에 의한 공식을 제안하였다.

$$\sigma_b = \frac{\sigma_y}{1 + a\lambda^2}$$

② 단주, 중간주, 장주에 모두 적용된다.

■ 기타 장주의 실험공식

① 테트마이어(Tetmajer)의 공식
② 골든－랭킨(Gordon－Rankine)의 공식
③ 존슨(Johnson)의 공식
④ 시컨트(Secant)의 공식

2) 존슨(Johnson)과 시컨트(Secant)의 공식

(1) 존슨(Johnson)의 공식

① 많은 실험을 통하여 포물선식을 제안하였다.

$$\sigma_b = \sigma_y - a\lambda^2$$

여기서, σ_b : 장주의 좌굴응력

σ_y : 재료의 항복응력

출제 POINT

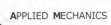

a : 지지상태에 따른 상수 또는 재료의 성질에 따른 계수

λ : 세장비$\left(=\frac{l}{r}\right)$

② 단주, 중간주에 모두 적용된다.

(2) 시컨트(Secant)의 공식

① 편심축하중을 받는 장주에 적용된다.

② 단주, 중간주, 장주에 모두 적용되는 합리적인 유도식이나, 초월함수로 되어 있어 실용적이지 못하다.

1. 기둥의 일반

01 기둥에 관한 사항 중 옳지 않은 것은?

① 기둥은 단주, 중간주, 장주로 구분할 수 있다.
② 기둥은 길이가 최소 단면치수의 3배 이상을 말한다.
③ 일반적으로 기둥의 재하능력은 기둥의 상·하 단부조건과 단면의 형태와 기둥의 길이에 따라서도 달라진다.
④ 압축응력보다는 인장응력에 의해서 결정된다.

> 해설 **기둥의 특성**
> 보통 $\lambda \leq 100$인 경우는 인장응력보다 압축응력을 받는다.

02 기둥에 편심축하중이 작용할 때 다음의 어느 상태가 맞는가?

① 압축력만 작용하며, 휨모멘트는 없다.
② 휨모멘트만 작용하며, 압축력은 작용하지 않는다.
③ 압축력과 휨모멘트가 작용하며, 인장력이 작용하는 경우도 있다.
④ 압축력 및 인장력이 작용하며, 휨모멘트는 작용하지 않는다.

> 해설 **기둥의 특성**
> 기둥은 압축부재이지만 편심으로 작용하는 하중에 의하여 압축력과 인장력뿐만 아니라 휨모멘트도 작용한다.

★
03 세장비(slenderness ratio)라 함은?

① 압축부재에서 단면의 최소 폭을 부재의 길이로 나눈 비이다.
② 압축부재에서 단면의 2차 모멘트를 부재의 길이로 나눈 비이다.
③ 압축부재에서 단면의 최소 2차 모멘트를 부재의 길이로 나눈 비이다.
④ 압축부재에서 부재의 길이를 단면의 최소 2차 반지름으로 나눈 비이다.

> 해설 **세장비(λ)**
> ㉠ 기둥이 가늘고 긴 정도의 비를 말한다.
> ㉡ 세장비$(\lambda)=\dfrac{\text{부재길이}}{\text{최소 회전반지름}}=\dfrac{l}{r}$

04 세장비를 바르게 표시한 것은?

① $\dfrac{\text{부재길이}}{\text{최대 회전반지름}}$
② $\dfrac{\text{부재길이}}{\text{최소 회전반지름}}$
③ $\dfrac{\text{최소 회전반지름}}{\text{부재길이}}$
④ $\dfrac{\text{단면계수}}{\text{도심거리}}$

> 해설 **세장비(λ)**
> $\lambda=\dfrac{\text{부재길이}}{\text{최소 회전반지름}}=\dfrac{l}{r}=\dfrac{l}{\sqrt{\dfrac{I}{A}}}$

05 높이 l, 단면적 A인 장주의 세장비를 표시하는 식은?

① $\dfrac{l}{I/A}$　② $\dfrac{l}{A/I}$
③ $\dfrac{l}{\sqrt{A/I}}$　④ $\dfrac{l}{\sqrt{I/A}}$

> 해설 **세장비**
> ㉠ 최소 회전반지름
> $r=\sqrt{\dfrac{I}{A}}$
> ㉡ 세장비
> $\lambda=\dfrac{\text{부재길이}}{\text{최소 회전반지름}}=\dfrac{l}{r}=\dfrac{l}{\sqrt{\dfrac{I}{A}}}$

정답 1. ④ 2. ③ 3. ④ 4. ② 5. ④

★
06 다음 그림에서 세장비를 옳게 나타낸 것은?

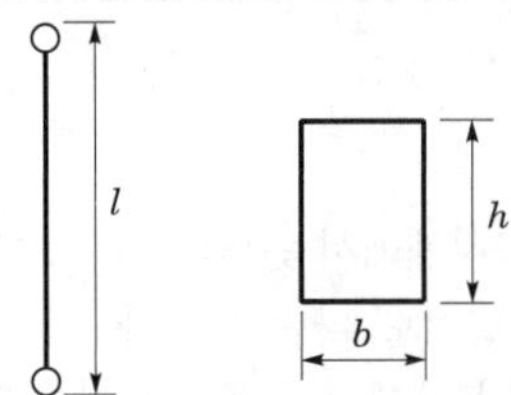

① $3.46\dfrac{l}{h}$　　② $3.46\dfrac{h}{l}$

③ $3.46l$　　④ $3.46h$

> **해설** 세장비(구형 단면)
>
> $$\lambda=\frac{l}{r}=\frac{l}{\sqrt{\dfrac{I}{A}}}=\frac{l}{\sqrt{\dfrac{bh^3}{bh\times 12}}}$$
> $$=\sqrt{12}\,\frac{l}{h}=3.464\frac{l}{h}$$

★★
07 길이가 3m이고, 가로 20cm, 세로 30cm인 직사각형 단면의 기둥이 있다. 이 기둥의 세장비는?

① 1.6　　② 3.3

③ 52.0　　④ 60.7

> **해설** 기둥의 세장비
>
> ㉠ 최소 회전반지름(h : 작은 값)
> $$r=\sqrt{\frac{I}{A}}=\frac{h}{\sqrt{12}}=\frac{20}{\sqrt{12}}=5.7735\text{cm}$$
> ㉡ 세장비
> $$\lambda=\frac{L}{r}=\frac{300}{5.7735}\fallingdotseq 52\le 100$$
> ∴ 단주

★
08 가로 8cm, 세로 12cm의 직사각형 단면을 가진 길이 3.45m의 양단 힌지기둥의 세장비(λ)는?

① 99.6　　② 69.7

③ 149.4　　④ 104.6

> **해설** 기둥의 세장비
>
> $$\lambda=\frac{l}{r_{\min}}=\frac{l}{\sqrt{\dfrac{I_{\min}}{A}}}=\frac{l}{\dfrac{h}{2\sqrt{3}}}=\frac{2\sqrt{3}\,l}{h}$$
> $$=\frac{2\sqrt{3}\times 3.45\times 10^2}{8}=149.389>100$$
> ∴ 장주

09 정사각형의 목재기둥에서 길이가 5m라면 세장비가 100이 되기 위한 기둥 단면 한 변의 길이로서 옳은 것은?

① 8.66cm　　② 10.38cm

③ 15.82cm　　④ 17.32cm

> **해설** 한 변의 길이
>
> ㉠ 최소 회전반지름
> $$r=\sqrt{\frac{I}{A}}=\sqrt{\frac{\dfrac{bh^3}{12}}{bh}}=\frac{h}{\sqrt{12}}$$
> ㉡ 세장비
> $$\lambda=\frac{l}{r}=\frac{l}{\dfrac{h}{\sqrt{12}}}=\frac{\sqrt{12}\,l}{h}$$
> ㉢ 기둥 단면 한 변의 길
> $$h=\frac{\sqrt{12}\,l}{\lambda}=\frac{\sqrt{12}\times 500}{100}=17.32\text{cm}$$

10 다음 그림과 같이 가운데가 비어 있는 직사각형 단면 기둥의 길이가 L=10m일 때 이 기둥의 세장비는?

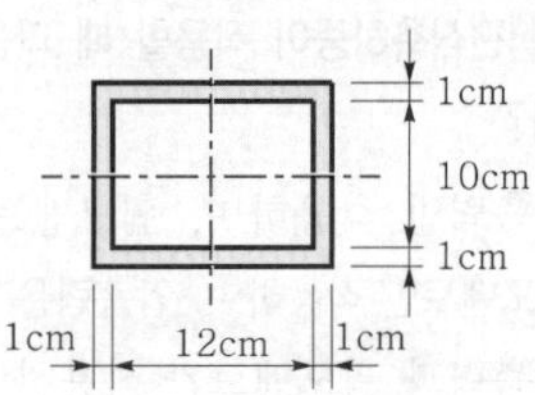

① 1.9　　② 191.9

③ 2.2　　④ 217.3

> **해설** 기둥의 세장비
>
> ㉠ 최소 회전반지름
> $$I_{\min}=\frac{14\times 12^3}{12}-\frac{12\times 10^3}{12}=1{,}016\text{cm}^4$$
> $$\therefore r_{\min}=\sqrt{\frac{I_{\min}}{A}}=\sqrt{\frac{1{,}016}{14\times 12-12\times 10}}$$
> $$=4.6\text{cm}$$
> ㉡ 세장비
> $$\lambda=\frac{L}{r}=\frac{1{,}000}{4.6}=217.39>100$$
> ∴ 장주

정답 6. ① 7. ③ 8. ③ 9. ④ 10. ④

11 길이가 l 인 원형기둥의 단면이 다음 그림과 같다. 단면의 도심을 지나는 축 $x-x$에 대한 세장비는?

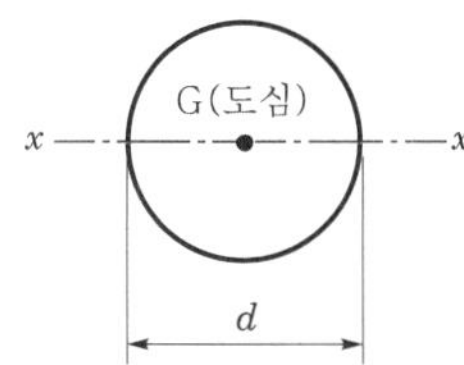

① $\dfrac{8l}{d}$　② $\dfrac{2\sqrt{2}\,l}{d}$

③ $\dfrac{2l}{d}$　④ $\dfrac{4l}{d}$

> **해설** 세장비(원형 단면)
> $$\lambda=\frac{l}{\sqrt{\frac{I}{A}}}=\frac{l}{\sqrt{\frac{\pi d^4/64}{\pi d^2/4}}}=\frac{l}{\frac{d}{4}}=\frac{4l}{d}$$

★★

12 기둥의 길이가 6m이고, 단면의 지름은 30cm일 때 이 기둥의 세장비는?

① 50　② 60

③ 70　④ 80

> **해설** 세장비(원형 단면)
> $$r=\sqrt{\frac{I}{A}}=\frac{D}{4}$$
> $$\therefore\ \lambda=\frac{L}{r}=\frac{4L}{D}=\frac{4\times600}{30}=80\le100$$
> ∴ 단주

★

13 지름이 D이고 길이가 $50D$인 원형 단면으로 된 기둥의 세장비를 구하면?

① 200　② 150

③ 100　④ 50

> **해설** 세장비(원형 단면)
> $$\lambda=\frac{L}{r_{\min}}=\frac{L}{\sqrt{\frac{I_{\min}}{A}}}=\frac{L}{\sqrt{\frac{\frac{\pi D^4}{64}}{\frac{\pi D^2}{4}}}}=\frac{L}{\frac{D}{4}}$$
> $$=\frac{4L}{D}=\frac{4\times50D}{D}=200>100$$
> ∴ 장주

14 지름 d 의 원형 단면인 장주가 있다. 길이가 4m일 때 세장비를 100으로 하려면 적당한 지름 d는?

① 8cm　② 10cm

③ 16cm　④ 18cm

> **해설** 원형 단면의 지름
> $$\lambda=\frac{L}{r_{\min}}=\frac{L}{\sqrt{\frac{I_{\min}}{A}}}=\frac{L}{\sqrt{\frac{\frac{\pi d^4}{64}}{\frac{\pi d^2}{4}}}}=\frac{4L}{d}$$
> $$\therefore\ d=\frac{4L}{\lambda}=\frac{4\times400}{100}=16\text{cm}$$

2. 단주의 해석

15 다음 단주에 대한 설명 중 옳지 않은 것은?

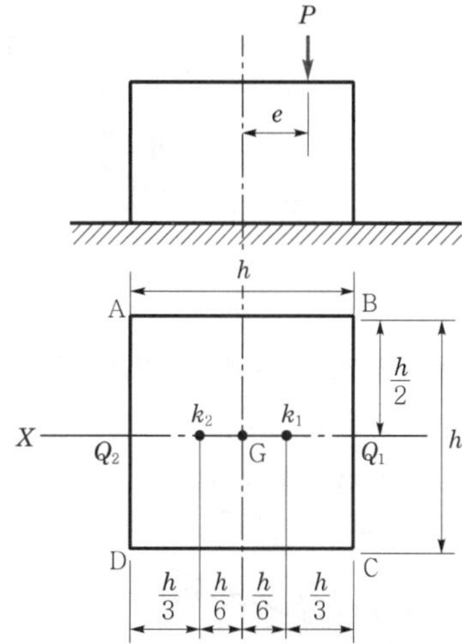

① 하중 P가 도심 G에 작용할 때 단면에서 일어나는 압축력은 같으며, 그 값은 P/A이다.

② 하중 P가 k_1 위치에 작용할 때 AD면에서의 응력은 0이다.

③ 하중 P가 $k_2\sim Q_2$ 간에 작용할 때 BC면에서는 인장응력이 일어난다.

④ 하중 P가 $k_2\sim Q_2$ 간에 작용할 때 AD면의 응력도는 $\sigma_{AD}=\dfrac{P}{A}\left(1-\dfrac{6e}{h}\right)$ 이다.

> **해설** AD면의 응력
> $$\sigma_{AD}=\frac{P}{A}+\frac{M}{Z}=\frac{P}{A}+\frac{6Pe}{bh^2}=\frac{P}{A}\left(1+\frac{6e}{h}\right)$$

정답 11. ④　12. ④　13. ①　14. ③　15. ④

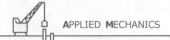

★
16 다음 그림과 같이 $a \times 2a$의 단면을 갖는 기둥에 편심거리 $\frac{a}{2}$만큼 떨어져서 P가 작용할 때 기둥에 발생할 수 있는 최대 압축응력은? (단, 기둥은 단주이다.)

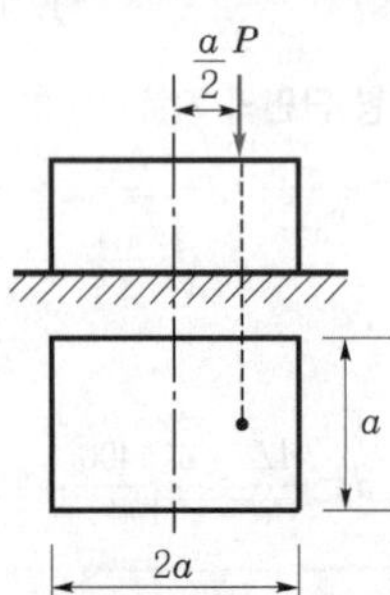

① $\frac{4P}{7a^2}$ ② $\frac{7P}{8a^2}$
③ $\frac{5P}{4a^2}$ ④ $\frac{13P}{2a^2}$

해설 최대 압축응력

$$\sigma_{\max} = \frac{P}{A}\left(1+\frac{6e_x}{h}\right) = \frac{P}{bh}\left(1+\frac{6e_x}{h}\right)$$
$$= \frac{P}{2a \times a}\left(1+\frac{6\times\frac{a}{2}}{2a}\right) = \frac{5P}{4a^2}\text{(압축)}$$

17 기둥의 밑면에서 응력이 그림과 같을 때 하중의 편심거리가 가장 큰 단주는?

①
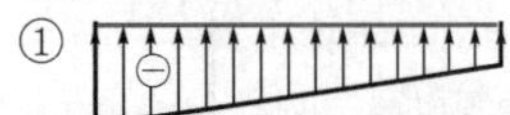

②
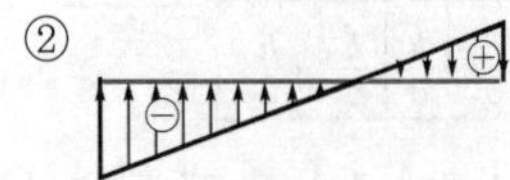

③
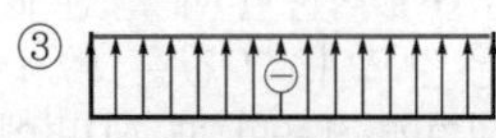

④
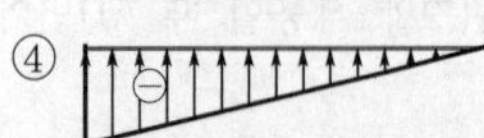

해설 하중의 작용점
① 하중이 중심과 핵점 사이에 작용한다.
② 하중이 핵 밖에 작용한다. 반대쪽 상대변위에서 인장이 발생한다.
③ 하중이 중심점에 작용한다.
④ 하중이 핵점에 작용한다.

$$\therefore \sigma = \frac{P}{A} \pm \frac{Pe}{I}y$$

★★
18 다음과 같은 직사각형 단면의 짧은 기둥의 응력에 관하여 옳은 것은?

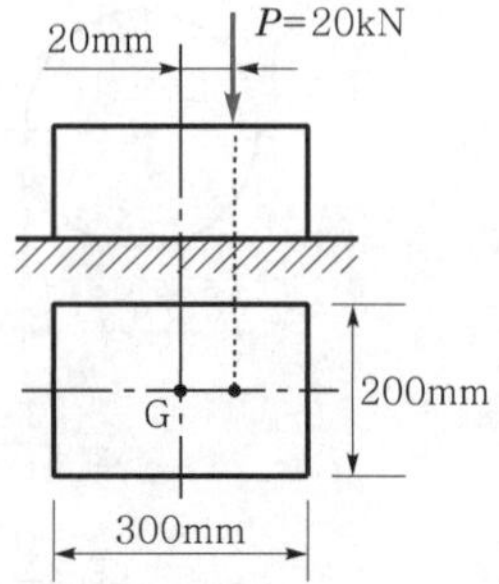

① $\sigma_{\max}$은 인장, $\sigma_{\min}$은 압축
② $\sigma_{\max}$, $\sigma_{\min}$ 모두 인장
③ $\sigma_{\max}$, $\sigma_{\min}$ 모두 압축
④ $\sigma_{\min}$은 0

해설 기둥 응력의 특성(1축편심)
㉠ 핵거리

$$e = \frac{b}{6} = \frac{300}{6} = 50\text{mm} > e_x = 20\text{mm}$$

㉡ 하중이 단면의 핵 내부에 작용하므로 단면 모두에 압축이 생긴다.

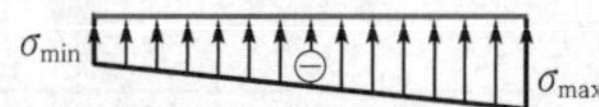

19 다음 그림과 같이 편심하중을 받고 있는 단주에서 최대 압축응력은?

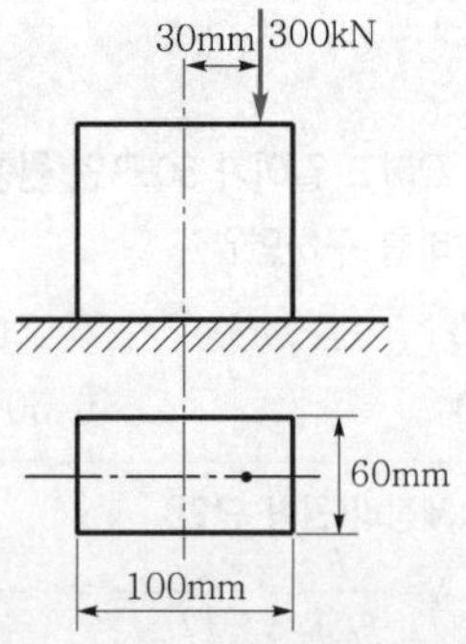

① 40MPa ② 50MPa
③ 90MPa ④ 140MPa

정답 16. ③ 17. ② 18. ③ 19. ④

해설 최대 압축응력(1축편심)

$$\sigma_{max}=\frac{P}{A}\pm\frac{M}{Z}$$
$$=\frac{300,000}{60\times100}+\frac{6\times30\times300,000}{60\times100^2}$$
$$=140\text{MPa}$$

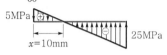

★
20 다음 그림과 같은 직사각형 단면의 기둥에서 $e=$ 120mm의 편심거리에 P=10,000kN의 압축하중이 작용할 때 발생하는 최대 압축응력은? (단, 기둥은 단주이다.)

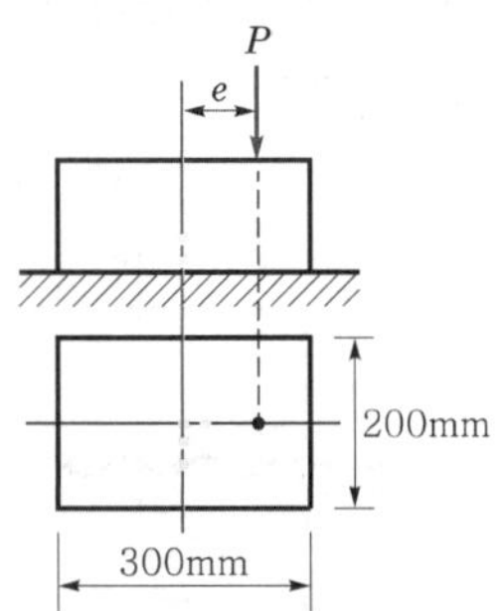

① 153MPa ② 180MPa
③ 453MPa ④ 567MPa

해설 최대 압축응력(1축편심)

$$\sigma_{max}=\frac{P}{A}\left(1+\frac{6e}{h}\right)$$
$$=\frac{10,000\times10^3}{300\times200}\times\left(1+\frac{6\times120}{300}\right)$$
$$=566.67\text{MPa}$$

★
21 다음 그림과 같이 단주에 편심하중 $P=$ 18kN이 작용할 때 단면 내에 응력이 0인 위치는 A점으로부터 얼마인가?

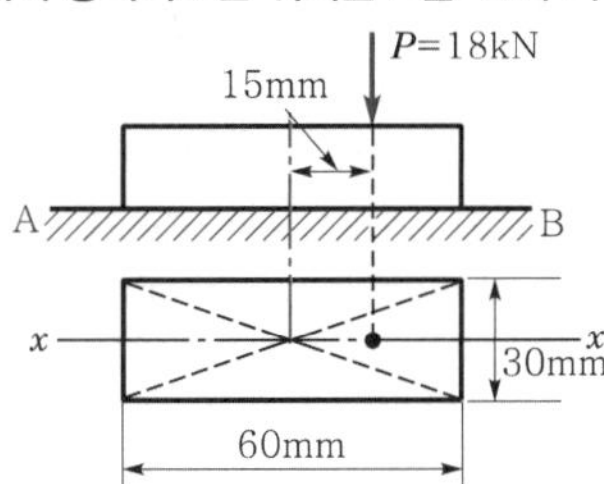

① 6mm ② 8mm
③ 10mm ④ 18mm

해설 응력이 0인 위치

㉠ $\sigma=\frac{P}{A}\pm\frac{M}{I}y$
$$=\frac{18,000}{30\times60}\pm\frac{12\times18,000\times15}{30\times60^3}\times30$$
$$=10\pm15\text{MPa}$$
$\therefore\ \sigma_{max}=25\text{MPa},\ \sigma_{min}=-5\text{MPa}$

㉡ $x:5=60:30$
$\therefore\ x=\frac{30}{60}\times5=10\text{mm}$

5MPa
25MPa
x=10mm

22 다음의 짧은 기둥에 편심하중이 작용할 때 CD 부분의 연응력(緣應力)을 계산한 값은?

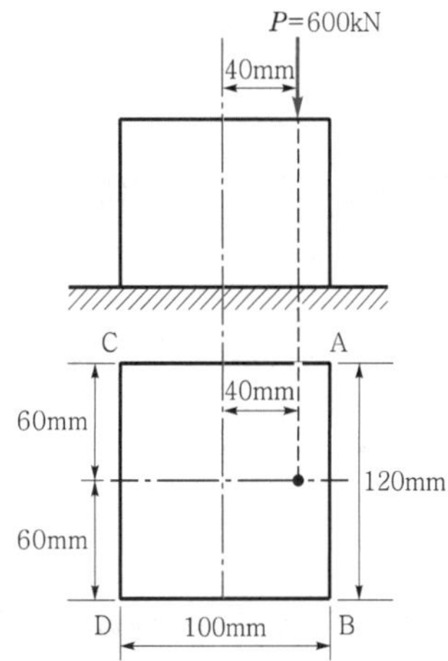

① 50MPa(압축)
② 70MPa(압축)
③ 50MPa(인장)
④ 70MPa(인장)

해설 CD면의 연응력(1축편심)

$$\sigma=\frac{P}{A}-\frac{M}{Z}=\frac{600,000}{120\times100}-\frac{6\times600,000\times40}{120\times100^2}$$
$$=-70\text{MPa}(인장)$$

정답 20. ④ 21. ③ 22. ④

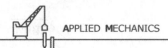

★
23 다음 그림과 같은 단주에 $P=$ 840kN, $M=$ 16.8kN · m가 작용할 때에 기둥의 최대 응력(σ_{max})과 최소 응력(σ_{min})은 각각 얼마인가?

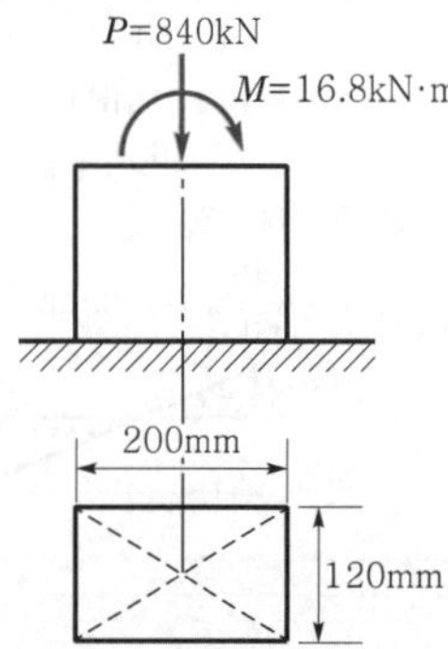

	σ_{max}	σ_{min}
①	35MPa	35MPa
②	35MPa	14MPa
③	56MPa	35MPa
④	56MPa	14MPa

해설 최대, 최소 응력(1축편심)

$$\sigma=\frac{P}{A}\pm\frac{M}{Z}$$
$$=\frac{840,000}{120\times200}\pm\frac{6\times16.8\times10^6}{120\times200^2}$$
$$=35\pm21\text{MPa}$$
$$\therefore\ \sigma_{max}=56\text{MPa},\ \sigma_{min}=14\text{MPa}$$

24 편심축하중을 받는 다음 기둥에서 B점의 응력을 구한 값은? (단, 기둥 단면의 지름 $d=$20mm, 편심거리 $e=$5mm, 편심하중 $P=$ 10kN)

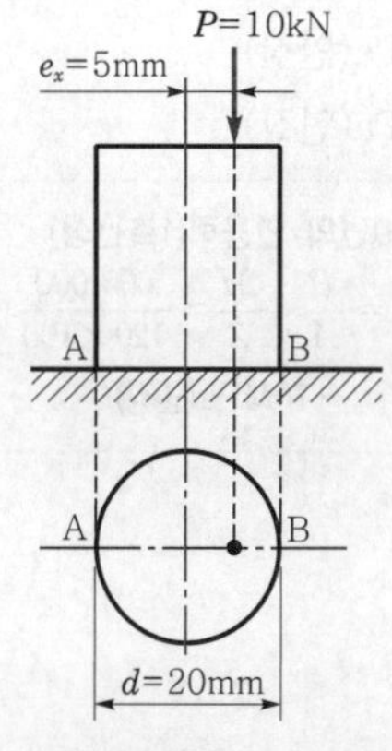

① 31.84MPa
② 94.46MPa
③ 95.54MPa
④ 97.76MPa

해설 최대 압축응력(1축편심)

$$\sigma_B=\frac{P}{A}+\frac{M}{Z}$$
$$=\frac{4\times10,000}{\pi\times20^2}+\frac{32\times10,000\times5}{\pi\times20^3}$$
$$=95.54\text{MPa}$$

★
25 다음 그림과 같은 편심하중을 받는 직사각형 단면의 단주의 최대 응력도는?

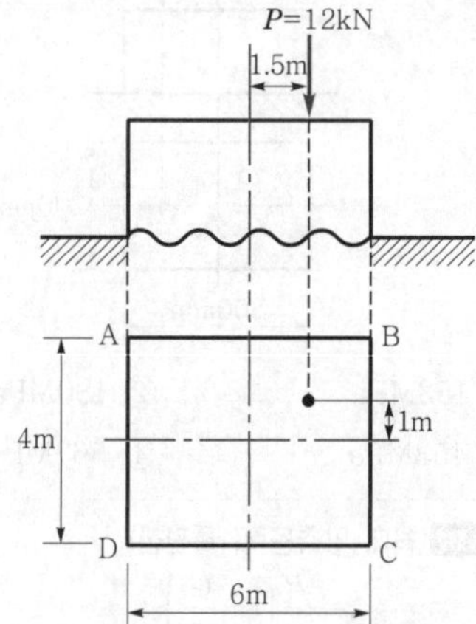

① -0.5kN/m^2
② -1.0kN/m^2
③ -1.5kN/m^2
④ -2.0kN/m^2

해설 최대 압축응력(2축편심)

$$\sigma_B=-\frac{P}{A}-\frac{M_x}{Z_x}-\frac{M_y}{Z_y}$$
$$=-\frac{12}{24}-\frac{6\times12\times1}{6\times4^2}-\frac{6\times12\times1.5}{4\times6^2}$$
$$=-2.0\text{kN/m}^2(=\text{kPa})$$

정답 23. ④ 24. ③ 25. ④

★★
26 편심축하중을 받는 다음 기둥에서 B점의 응력을 구한 값은? (단, 기둥 단면의 지름 $d=$ 20mm, 편심거리 $e=$7.5mm, 편심하중 $P=$ 20kN)

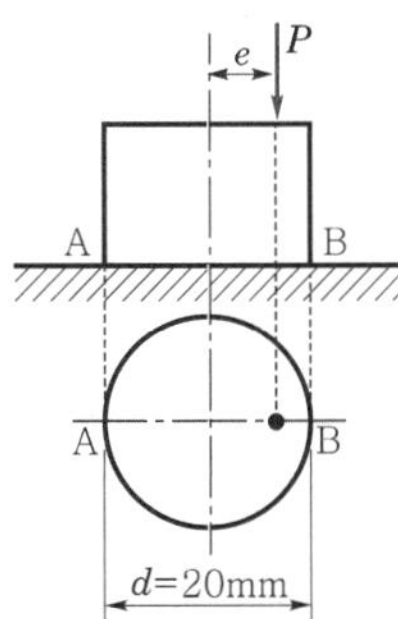

① 131.84MPa ② 254.65MPa
③ 357.47MPa ④ 426.91MPa

해설 최대 압축응력(1축편심)

$$\sigma_B=\frac{P}{A}+\frac{Pe}{I}y$$
$$=\frac{4\times20{,}000}{\pi\times20^2}+\frac{64\times20{,}000\times7.5}{\pi\times20^4}\times10$$
$$=254.6479\text{MPa}$$

27 지름 800mm의 원형 단면기둥의 중심으로부터 100mm 떨어진 곳에 5kN의 집중하중이 작용할 때 A점에 발생되는 응력의 크기를 구한 값은? (단, 기둥은 단주이다.)

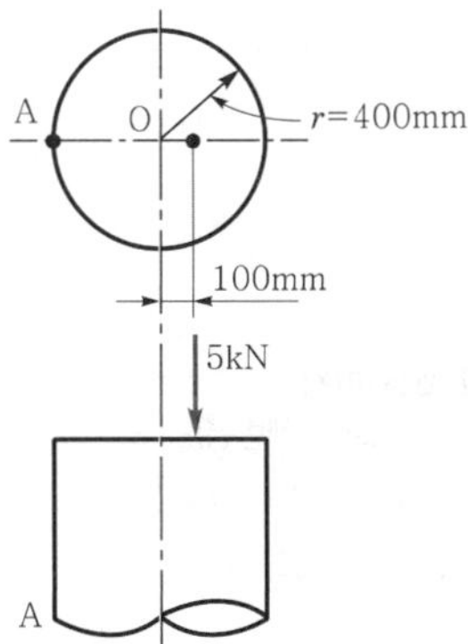

① 2.352MPa(압축) ② 1.990MPa(인장)
③ 0.995MPa(압축) ④ 0

해설 A점의 응력
㉠ 핵거리
$$e=\frac{d}{8}=\frac{800}{8}=100\text{mm}$$
㉡ 하중이 핵점에 작용한다.
$$\therefore\ \sigma_A=0$$

★
28 강관으로 된 기둥이 있다. 이 기둥의 축방향에 30kN의 압축을 주면 외경을 10mm로 할 때 내경은? (단, σ_{ca} =1,200MPa)

① 6.65mm
② 7.35mm
③ 8.25mm
④ 8.75mm

해설 강관의 내경

$$\sigma=\frac{P}{A}=\frac{4P}{\pi(D^2-d^2)}$$
$$\therefore\ d=\sqrt{D^2-\frac{4P}{\sigma\pi}}=\sqrt{10^2-\frac{4\times30{,}000}{1{,}200\times\pi}}$$
$$=8.256\text{mm}$$

★
29 다음 그림과 같은 원형 단주가 기둥의 중심으로부터 10mm 편심하여 32kN의 집중하중이 작용하고 있다. A점의 응력을 $\sigma_A=0$으로 하려면 기둥의 지름 d의 크기는?

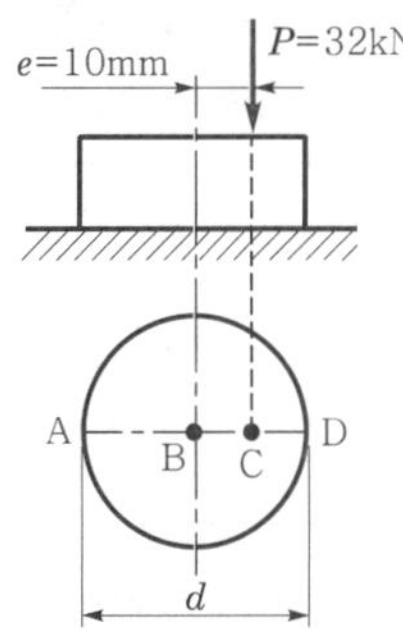

① 60mm ② 80mm
③ 100mm ④ 120mm

해설 기둥지름의 크기
㉠ $\sigma_A=\frac{P}{A}-\frac{Pe}{I}y=0$에서 핵점에 P가 작용하면 $\sigma_A=0$이다.
㉡ 핵거리
$$e=\frac{d}{8}$$
$$\therefore\ d=8e=8\times10=80\text{mm}$$

정답 26. ② 27. ④ 28. ③ 29. ②

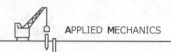

30 다음 그림과 같은 단주에서 편심거리 e에 $P=$ 800kN이 작용할 때 단면에 인장력이 생기지 않기 위한 e의 한계는?

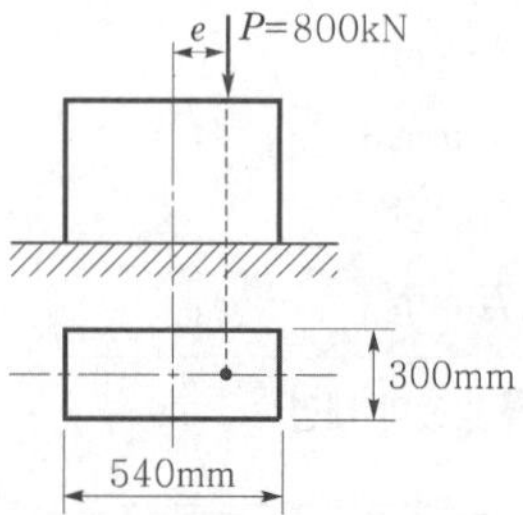

① 10cm ② 8cm
③ 9cm ④ 5cm

해설 **핵거리(핵반경)**
㉠ 하중이 핵점에 작용하면 인장력이 생기지 않는다.
㉡ 핵거리

$$e=\frac{h}{6}=\frac{540}{6}=90\text{mm}=9\text{cm}$$

★★
31 다음 그림에서 ◇acbd는 □ABCD의 핵점(core)을 나타낸 것이다. x, y가 옳게 된 것은?

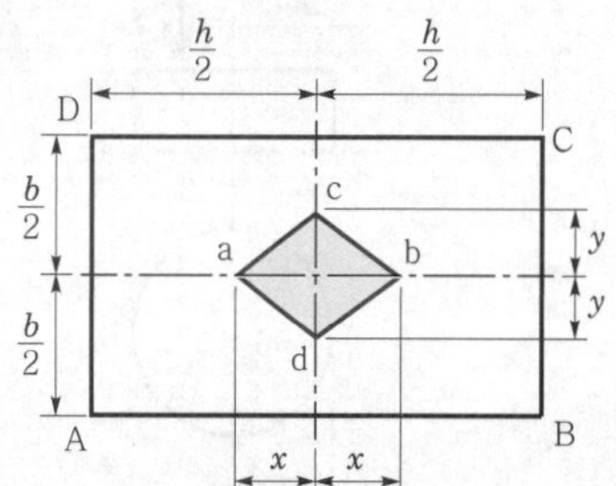

① $x=\frac{h}{6}$, $y=\frac{b}{6}$ ② $x=\frac{h}{6}$, $y=\frac{b}{3}$
③ $x=\frac{h}{3}$, $y=\frac{b}{6}$ ④ $x=\frac{h}{3}$, $y=\frac{b}{3}$

해설 **핵거리(핵반경)**
㉠ 핵지름(ab)

$$2x=\frac{h}{3}$$

㉡ 핵지름(cd)

$$2y=\frac{b}{3}$$

㉢ 핵반지름(핵거리)

$$x=\frac{h}{6},\ y=\frac{b}{6}$$

★
32 다음 그림과 같은 4각형 단면의 단주에 있어서 핵거리 e 는?

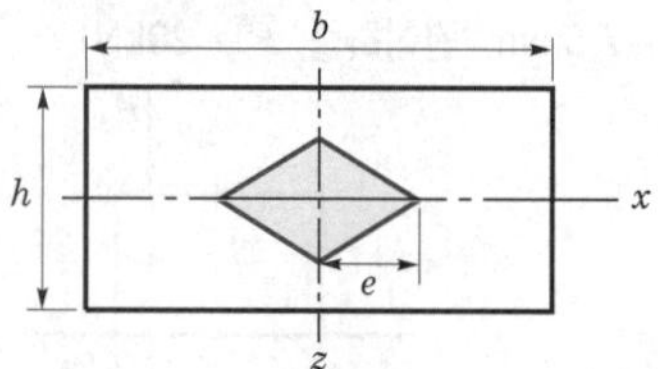

① $\frac{b}{3}$ ② $\frac{b}{6}$
③ $\frac{h}{3}$ ④ $\frac{h}{6}$

해설 **핵거리(핵반경)**

$$e=\frac{I}{Ay}=\frac{r^2}{y}$$

$$\therefore\ e=\frac{b}{6}$$

33 다음 그림과 같은 단면을 가지는 단주에서 핵의 면적은?

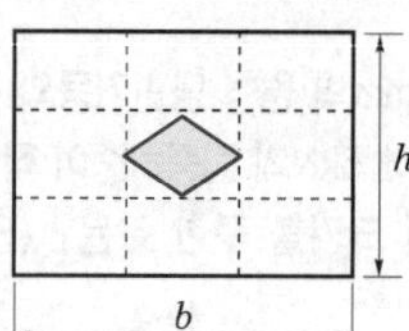

① $\frac{bh}{6}$ ② $\frac{bh}{18}$
③ $\frac{bh}{36}$ ④ $\frac{bh}{72}$

해설 **핵의 면적**
㉠ 핵거리(핵반경)

$$k_x=\frac{b}{6},\ k_y=\frac{h}{6}$$

㉡ 핵의 면적

$$A=\frac{1}{2}\times 2k_x\times 2k_y=2k_x\,k_y$$

$$=2\times\frac{b}{6}\times\frac{h}{6}=\frac{bh}{18}$$

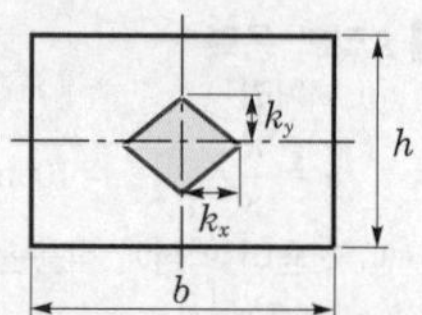

정답 30. ③ 31. ① 32. ② 33. ②

34 지름이 d 인 원형 단면의 핵거리 e는?

① $\dfrac{d}{4}$　　② $\dfrac{d}{6}$

③ $\dfrac{d}{8}$　　④ $\dfrac{d}{12}$

> **해설** 핵거리(핵반경)
>
> $r=\sqrt{\dfrac{I}{A}}$ 에서 $r^2=\dfrac{I}{A}$
>
> $\therefore\ e=\dfrac{I}{Ay}=\dfrac{r^2}{y}=\dfrac{d}{8}$

35 기둥에서 단면의 핵이란 단주에서 인장응력이 발생되지 않도록 재하되는 편심거리로 정의된다. 반지름이 100mm인 원형 단면의 핵은 중심에서 얼마인가?

① 2.5cm　　② 5.0cm

③ 7.5cm　　④ 10.0cm

> **해설** 핵거리(핵반경)
>
> $e=\dfrac{d}{8}=\dfrac{100\times 2}{8}=25\text{mm}=2.5\text{cm}$

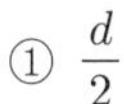

★ **36** 지름이 d 인 원형 단면의 핵(core)의 지름은?

① $\dfrac{d}{2}$

② $\dfrac{d}{3}$

③ $\dfrac{d}{4}$

④ $\dfrac{d}{6}$

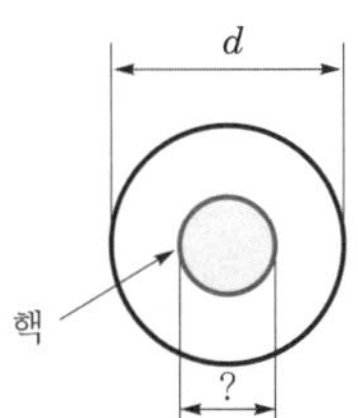

> **해설** 핵지름
>
> ㉠ 원형 단면의 핵거리(핵반지름)
>
> $k_x=\dfrac{d}{8}$
>
> ㉡ 핵지름(핵전경)
>
> $e=2k_x=2\times\dfrac{d}{8}=\dfrac{d}{4}$

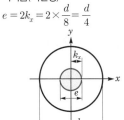

37 반지름 R 인 원형 단면의 단주에 있어서 핵반경 e 는?

① $R/2$　　② $R/3$

③ $R/4$　　④ $R/6$

> **해설** 핵거리(핵반경, 핵점의 위치)
>
> $\sigma=\dfrac{P}{A}-\dfrac{M}{Z}=\dfrac{P}{\pi R^2}-\dfrac{4Pe}{\pi R^3}=0$
>
> $\therefore\ e=\dfrac{R}{4}$

★ **38** 다음 그림과 같이 지름 $2R$인 원형 단면의 단주에서 핵거리 k 의 값은?

① R

② $R/2$

③ $R/3$

④ $R/4$

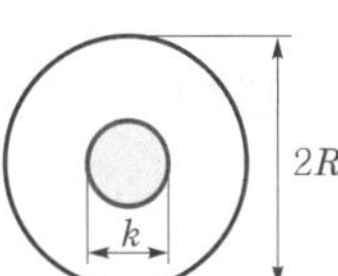

> **해설** 핵지름(핵전경)
>
> 핵지름=2×핵반지름
>
> $k=2\times\dfrac{d}{8}=2\times\dfrac{2R}{8}=\dfrac{R}{2}$

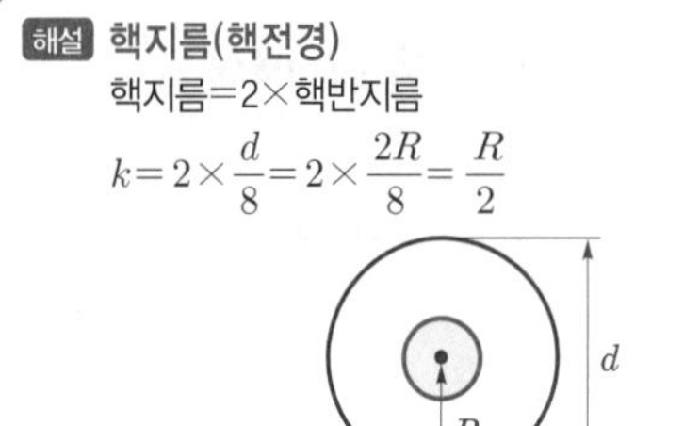

★ **39** 외반지름 R_1, 내반지름 R_2인 중공(中空)원형 단면의 핵은? (단, 핵의 반지름을 e로 표시함)

① $e=\dfrac{{R_1}^2+{R_2}^2}{4{R_1}^2}$　　② $e=\dfrac{{R_1}^2-{R_2}^2}{4{R_1}^2}$

③ $e=\dfrac{{R_1}^2+{R_2}^2}{4R_1}$　　④ $e=\dfrac{{R_1}^2-{R_2}^2}{4R_1}$

> **해설** 핵거리(핵반경)
>
> $r^2=\dfrac{I}{A}=\dfrac{{R_1}^2+{R_2}^2}{4}$
>
> $\therefore\ e=\dfrac{I}{Ay}=\dfrac{r^2}{y}=\dfrac{{R_1}^2+{R_2}^2}{4R_1}$

정답 34. ③ 35. ① 36. ③ 37. ③ 38. ② 39. ③

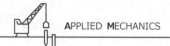

40 다음 그림에서 핵을 표시하였다. K_1과 K_2의 값은?

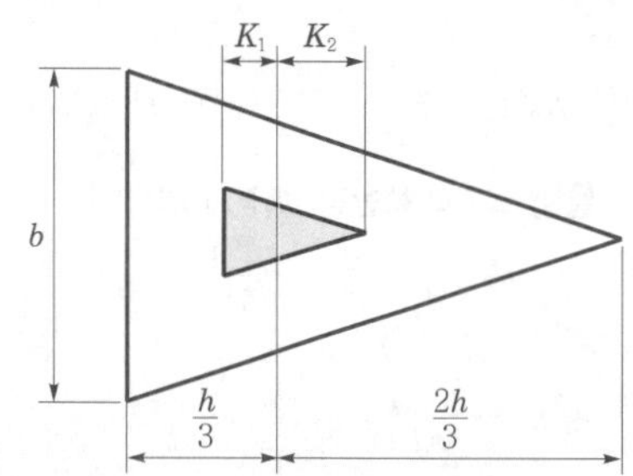

	K_1	K_2		K_1	K_2
①	$\frac{h}{6}$	$\frac{h}{12}$	②	$\frac{h}{12}$	$\frac{h}{6}$
③	$\frac{h}{4}$	$\frac{h}{3}$	④	$\frac{h}{3}$	$\frac{2}{3}h$

> **해설 삼각형 단면의 핵거리**
> $K_1 = \frac{h}{12}$, $K_2 = \frac{h}{6}$

3. 장주의 해석

★
41 좌굴현상에 대한 설명으로 옳은 것은?

① 단면에 비해서 길이가 짧은 기둥에서 단순한 압축에 견디지 못하여 파괴되는 현상
② 단면에 비해서 길이가 짧은 기둥에서 축과 직교하는 하중을 받아 휘어져 파괴되는 현상
③ 단면에 비해서 길이가 긴 기둥에 중심축하중이 증가하여 임계하중을 초과하면 압축강도에 도달하기 전 불안정상태가 되어 기둥이 휘어져 파괴되는 현상
④ 단면에 비해서 길이가 긴 기둥에서 편심하중을 받아 휘어져서 파괴되는 현상

> **해설 좌굴현상(buckling)**
> 중립평형상태를 초과하는 하중이 작용하면 기둥이 무한대로 휘어져 그 기능을 상실하는 현상을 말한다.

42 장주의 좌굴방향은?

① 최대 주축과 같은 방향
② 최소 주축과 같은 방향
③ 최대 주축과 직각방향
④ 방향이 일정하지 않다.

> **해설 장주의 좌굴방향**
> 단면2차모멘트가 최대인 축이거나 최소인 축의 직각방향으로 좌굴이 발생한다.

★★
43 기둥의 임계하중에 대한 설명 중에서 옳지 않은 것은?

① 기둥의 탄성계수에 정비례한다.
② 기둥 단면의 단면2차모멘트에 정비례한다.
③ 기둥의 휨강도에 반비례한다.
④ 기둥의 길이의 제곱에 반비례한다.

> **해설 기둥(장주)의 좌굴하중과 좌굴응력**
> ㉠ 좌굴하중(임계하중) : $P_b = \frac{n\pi^2 EI}{l^2} = \frac{\pi^2 EI}{(kl)^2}$
> ㉡ 좌굴응력(임계응력) : $\sigma_b = \frac{n\pi^2 E}{\lambda^2} = \frac{\pi^2 E}{\left(\frac{kl}{r}\right)^2}$

44 다음 그림과 같은 양단 힌지의 기둥의 좌굴하중이 옳은 것은? (단, I는 중립축에 대한 단면2차모멘트, E는 탄성계수이다.)

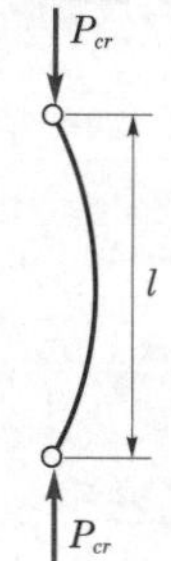

① $P_{cr} = \frac{1}{4}\frac{\pi^2 EI}{l^2}$ ② $P_{cr} = 4\frac{\pi^2 EI}{l^2}$
③ $P_{cr} = \frac{\pi^2 EI}{l^2}$ ④ $P_{cr} \fallingdotseq \frac{\pi^2 EI}{(0.7l)^2}$

> **해설 좌굴하중(양단 힌지)**
> $P = \frac{n\pi^2 EI}{l^2} = \frac{\pi^2 EI}{(kl)^2}$
> 강도계수 $n = 1.0$
> $\therefore P_{cr} = \frac{\pi^2 EI}{l^2}$

정답 40. ② 41. ③ 42. ① 43. ③ 44. ③

★

45 다음 그림에 보이는 기둥의 임계하중 P_{cr}은?

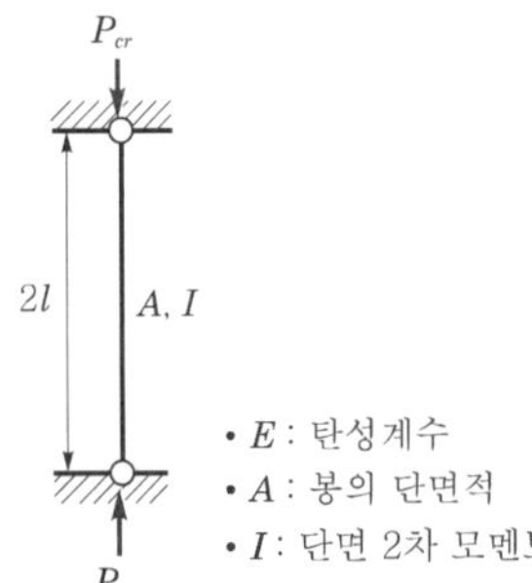

- E : 탄성계수
- A : 봉의 단면적
- I : 단면 2차 모멘트

① $P_{cr}=\dfrac{\pi^2EI}{l^2}$　② $P_{cr}=\dfrac{\pi^2EI}{2l^2}$

③ $P_{cr}=\dfrac{\pi^2EI}{3l^2}$　④ $P_{cr}=\dfrac{\pi^2EI}{4l^2}$

> **해설** 좌굴하중(임계하중)
> 양단 힌지의 강도계수 $n=1.0$
> $\therefore\ P_{cr}=\dfrac{n\pi^2EI}{l^2}=\dfrac{1.0\times\pi^2EI}{(2l)^2}=\dfrac{\pi^2EI}{4l^2}$

46 다음 그림과 같은 홈형강을 양단 활절(hinge)로 지지할 때 좌굴하중을 구한 것은 어느 것인가? (단, E=2.1×10^{5}MPa, A=12mm^2, I_x=190mm^4, I_y=27mm^4)

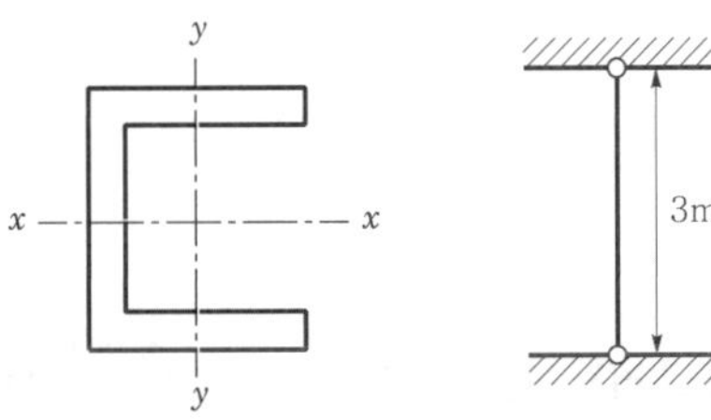

① 4.4N　② 6.2N

③ 62.2N　④ 43.7N

> **해설** 좌굴하중(임계하중)
> $n=1.0,\ I_{\min}=I_y=27\text{mm}^4$
> $\therefore\ P_b=\dfrac{n\pi^2EI_{\min}}{l^2}$
> $=\dfrac{1.0\times\pi^2\times2.1\times10^5\times27}{3{,}000^2}$
> $=6.2179\text{N}$

★★

47 길이 30cm의 I형강(250×125×10,555kN/m)을 양단 힌지의 기둥으로 사용한다. Euler의 공식에 의하면 좌굴하중은 얼마인가? (단, 단면 2차 반지름 r_y= 2.81mm, r_x=10.2mm, 단면적 A=707.3mm^2, E= 2.1×10^{5}MPa)

① 94kN　② 105kN

③ 114kN　④ 128kN

> **해설** 좌굴하중(오일러공식)
> ㉠ 단면2차모멘트
> $r=\sqrt{\dfrac{I}{A}}$
> $\therefore\ I=r^2A=2.81^2\times707.3=5{,}584.9\text{mm}^4$
> ㉡ 좌굴하중
> $n=1.0$
> $\therefore\ P_b=\dfrac{n\pi^2EI}{l^2}$
> $=\dfrac{1.0\times\pi^2\times2.1\times10^5\times5{,}584.9}{300^2}$
> $=128{,}615\text{N}=128.6\text{kN}$

48 길이가 60cm인 양단 힌지기둥은 I-250×125×10×19mm의 단면으로 세워졌다. 이 기둥이 좌굴에 대해서 지지하는 임계하중은 얼마인가? (단, 주어진 I형강의 I_1과 I_2는 각각 7,340mm^{4}와 560mm^{4}이며, 탄성계수 E= 2×10^{5}MPa이다.)

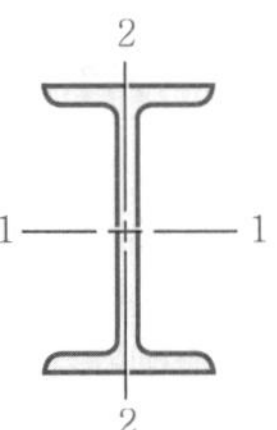

① 3.07kN　② 4.26kN

③ 30.7kN　④ 40.26kN

> **해설** 좌굴하중(임계하중)
> ㉠ 단면이 약한 쪽으로 좌굴하므로 단면2차모멘트는 작은 값을 사용한다.
> ㉡ 임계하중
> $n=1.0$
> $\therefore\ P_{cr}=\dfrac{n\pi^2EI_{\min}}{l^2}$
> $=\dfrac{1.0\times\pi^2\times2\times10^5\times560}{600^2}$
> $=3{,}070.5\text{N}=3.07\text{kN}$

정답 45. ④　46. ②　47. ④　48. ①

49 길이 90cm인 원목에 1kN의 축하중을 받을 때 지름 d는 얼마로 하여야 하는가? (단, E= 84,000MPa, 안전율=3, 지지상태는 양단 힌지이다.)

① 10mm ② 12mm
③ 14mm ④ 16mm

> **해설** 기둥의 지름
> $n=1.0$
> $P_b=\dfrac{n\pi^2 EI}{l^2}$
> $3\times 1{,}000=\dfrac{1.0\times\pi^2\times 84{,}000}{900^2}\times\dfrac{\pi d^4}{64}$
> $\therefore\ d=16\text{mm}$

50 다음 그림과 같은 장주의 최소 좌굴하중을 옳게 나타낸 것은?

① $\dfrac{\pi EI}{2l^2}$

② $\dfrac{\pi^2 EI}{2l^2}$

③ $\dfrac{\pi EI}{4l^2}$

④ $\dfrac{\pi^2 EI}{4l^2}$

P_{cr}, l, EI=일정

> **해설** 좌굴하중(1단 자유, 타단 고정)
> 유효길이계수(k)= 2 or $n=\dfrac{1}{4}$
> $\therefore\ P_{cr}=\dfrac{\pi^2 EI}{(kl)^2}=\dfrac{\pi^2 EI}{(2l)^2}=\dfrac{\pi^2 EI}{4l^2}$

★
51 다음 그림과 같이 길이가 5m이고, 휨강도(EI)가 100kN · m²인 기둥의 최소 임계하중은?

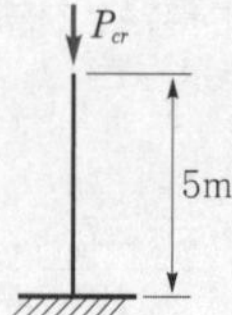

① 8.4kN ② 9.9kN
③ 11.4kN ④ 12.9kN

> **해설** 좌굴하중(임계하중)
> $k=2$ or $n=\dfrac{1}{4}$
> $\therefore\ P_{cr}=\dfrac{\pi^2 EI}{(kl)^2}=\dfrac{\pi^2\times 100}{(2\times 5)^2}=9.8696\text{kN}$

52 다음 1단 고정, 1단 자유인 기둥 상단에 20kN의 하중이 작용한다면 기둥이 좌굴하는 높이 l은? (단, 기둥의 단면적은 폭 5mm, 높이 10mm인 직사각형이고, 탄성계수 E는 2,100,000MPa이며, 20kN의 하중은 단면 중앙에 작용한다.)

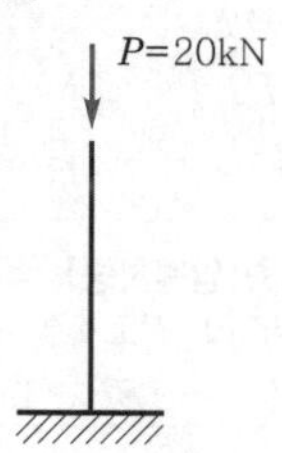

① 164mm ② 256mm
③ 329mm ④ 350mm

> **해설** 기둥의 좌굴길이
> $n=\dfrac{1}{4}$ or $k=2$
> $P_b=\dfrac{n\pi^2 EI}{l^2}=\dfrac{\pi^2 EI}{4l^2}$
> $\therefore\ l=\sqrt{\dfrac{\pi^2 EI}{4P_b}}$
> $=\sqrt{\dfrac{\pi^2\times 2.1\times 10^6}{4\times 20{,}000}\times\dfrac{10\times 5^3}{12}}$
> $=164.28\text{mm}$

★
53 오일러의 좌굴하중공식은 $P_{cr}=\dfrac{\pi^2 EI}{(kl)^2}$ 이다. 다음 기둥의 좌굴하중공식에서 k 값은?

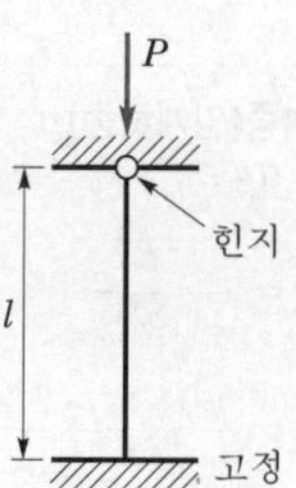

① $2l$ ② l
③ $0.7l$ ④ $0.5l$

정답 49. ④ 50. ④ 51. ② 52. ① 53. ③

해설 강도계수와 좌굴유효길이

n	$\frac{1}{4}$	1	2	4
l_k	$2l$	l	$0.7l$	$0.5l$

$n=\frac{1}{k^2}$, $l_k=kl$

★
54 길이 0.15m, 지름 30mm의 원형 단면을 가진 1단 고정, 타단 자유인 기둥의 좌굴하중을 Euler의 공식으로 구하면? (단, $E=2.1\times10^5$MPa, $\pi=3.14$)

① 914kN ② 785kN
③ 826kN ④ 697kN

해설 좌굴하중(임계하중)

$$I=\frac{\pi d^4}{64}=\frac{3.14\times30^4}{64}=39,740\text{mm}^4$$

$$n=\frac{1}{4}$$

$$\therefore\ P_b=\frac{n\pi^2EI}{l^2}$$

$$=\frac{1.0\times3.14^2\times2.1\times10^5\times39,740}{4\times150^2}$$

$$=914,247.8\text{N}=914\text{kN}$$

55 다른 조건이 같을 때 양단 고정기둥의 좌굴하중은 양단 힌지기둥의 좌굴하중의 몇 배인가?

① 1.5배 ② 2배
③ 3배 ④ 4배

해설 좌굴하중의 비

$c=\frac{\pi^2EI}{l^2}$이면

$$P_{cr}=\frac{\pi^2EI}{(kl)^2}=\frac{c}{k^2}$$

㉠ 양단 고정 $P_{cr}=\frac{c}{0.5^2}=4c$

㉡ 양단 힌지 $P_{cr}=\frac{c}{1^2}=c$

$$\therefore\ \frac{P_{cr㉠}}{P_{cr㉡}}=\frac{4c}{c}=4\text{배}$$

별해 강도계수 $n=\frac{1}{4}:1:2:4=1:4:8:16$

★
56 오일러의 장주공식에서 좌굴응력은 $\sigma_{cr}=\frac{\pi^2E}{\left(\frac{kL}{r}\right)^2}$이다. 여기서 kL은 장주의 유효길이이다. 다음 설명 중 잘못된 것은?

① 양단 고정의 경우 : $\sigma_{cr}=\frac{\pi^2E}{(L/2r)^2}$

② 양단 힌지의 경우 : $\sigma_{cr}=\frac{\pi^2E}{(L/r)^2}$

③ 1단 고정, 타단 힌지의 경우 : $\sigma_{cr}=\frac{\pi^2E}{(0.7L/r)^2}$

④ 1단 고정, 타단 자유의 경우 : $\sigma_{cr}=\frac{\pi^2E}{(4L/r)^2}$

해설 좌굴유효길이

1단 고정, 타단 자유 기둥의 좌굴유효길이(l_k)는 $2L$이다.

★
57 장주에서 좌굴응력에 대한 설명 중 틀린 것은?

① 탄성계수에 비례한다.
② 세장비에 비례한다.
③ 좌굴길이의 제곱에 반비례한다.
④ 단면2차모멘트에 비례한다.

해설 좌굴응력

㉠ $\lambda=\frac{l}{r}=\frac{l}{\sqrt{\frac{I}{A}}}$에서 $\lambda^2=\frac{Al^2}{I}$이므로

$$\therefore\ \sigma_{cr}=\frac{P_{cr}}{A}=\frac{1}{A}\frac{\pi^2EI}{(kl)^2}=\frac{\pi^2E}{(k\lambda)^2}$$

㉡ 장주에서 좌굴응력은 탄성계수, 단면2차모멘트에 비례하고, 면적, 좌굴길이의 제곱, 세장비의 제곱에 반비례한다.

58 기둥의 중심에 축방향으로 연직하중 P=120kN이 기둥의 휨방향으로 풍하중이 역삼각형 모양으로 분포하여 작용할 때 기둥에 발생하는 최대 압축응력은?

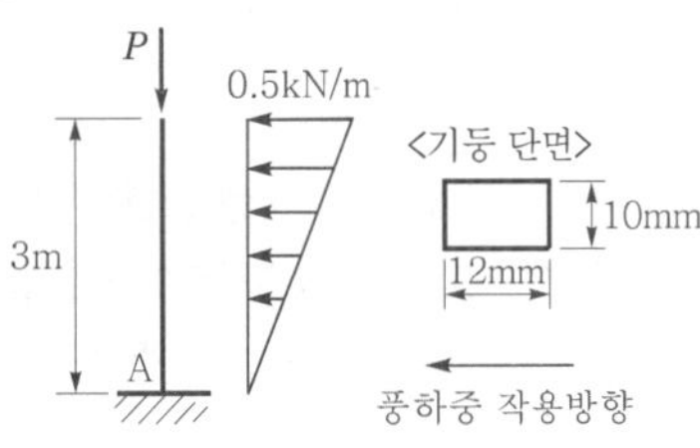

① 3,750MPa ② 6,250MPa
③ 1,000MPa ④ 7,250MPa

정답 54. ① 55. ④ 56. ④ 57. ② 58. ④

해설 최대 압축응력

㉠ 기둥 A점에 발생하는 휨모멘트

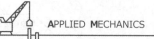

$$M_{\max}=\left(\frac{1}{2}\times0.5\times3\right)\times\left(\frac{2}{3}\times3\right)$$
$$=1.5\text{kN}\cdot\text{m}$$

㉡ 최대 압축응력

$$\sigma_{\max}=\frac{P}{A}+\frac{M_{\max}}{I}y$$
$$=\frac{120\times10^3}{12\times10}+\frac{12\times1.5\times10^6}{10\times12^3}\times6$$
$$=7,250\text{MPa}$$

59 다음 그림과 같이 일단 고정, 타단 힌지의 장주에 P_a라는 압축력이 작용할 때 이 단면의 좌굴응력값은? (단, $E=21\times10^5$MPa)

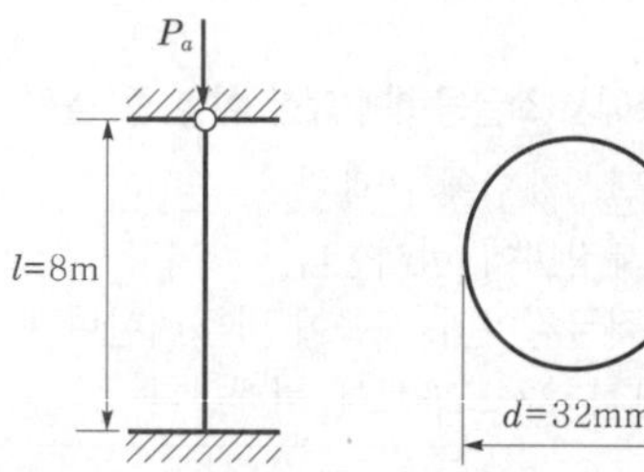

① 332.8MPa
② 284.5MPa
③ 51.4MPa
④ 41.4MPa

해설 좌굴응력

$$n=2,\ r=\sqrt{\frac{I}{A}}=\frac{d}{4}$$
$$\lambda=\frac{l}{r}=\frac{4l}{d}=\frac{4\times8,000}{32}=1,000$$
$$\therefore\ \sigma_b=\frac{n\pi^2E}{\lambda^2}=\frac{2\times\pi^2\times21\times10^5}{(10^3)^2}$$
$$=41.45\text{MPa}$$

60 길이 2m, 지름 40mm의 원형 단면을 가진 일단 고정, 타단 힌지의 장주에 중심축하중이 작용할 때 이 단면의 좌굴응력은? (단, $E=2\times10^6$MPa)

① 769MPa ② 987MPa
③ 1,254MPa ④ 1,487MPa

해설 좌굴응력

$$n=2,\ r=\sqrt{\frac{I}{A}}=\frac{d}{4}=\frac{40}{4}=10$$
$$\lambda=\frac{l}{r}=\frac{2,000}{10}=200$$
$$\therefore\ \sigma_b=\frac{n\pi^2E}{\lambda^2}=\frac{2\times\pi^2\times2\times10^6}{200^2}$$
$$=986.96\text{MPa}$$

61 다음 그림과 같은 긴 기둥의 좌굴응력을 구하는 식은? (단, 기둥의 길이 l, 탄성계수 E, 세장비를 λ라 한다.)

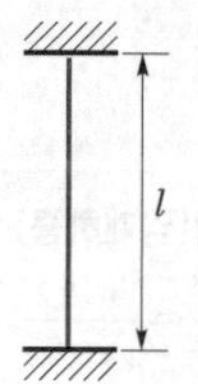

① $\dfrac{\pi^2E}{4\lambda^2}$ ② $\dfrac{2\pi^2E}{\lambda^2}$
③ $\dfrac{4\pi^2E}{\lambda^2}$ ④ $\dfrac{\pi^2El}{l^2}$

해설 좌굴응력

강도계수 $n=4.0$

$$\therefore\ \sigma_b=\frac{n\pi^2E}{\lambda^2}=\frac{\pi^2E}{\left(\dfrac{kl}{r}\right)^2}=\frac{4\pi^2E}{\lambda^2}$$

★
62 다음 그림과 같이 양단 고정인 기둥의 좌굴응력을 오일러(Euler)의 공식에 의하여 계산한 값은? (단, 기둥 단면은 그림과 같으며 $E=4.0\times10^5$MPa)

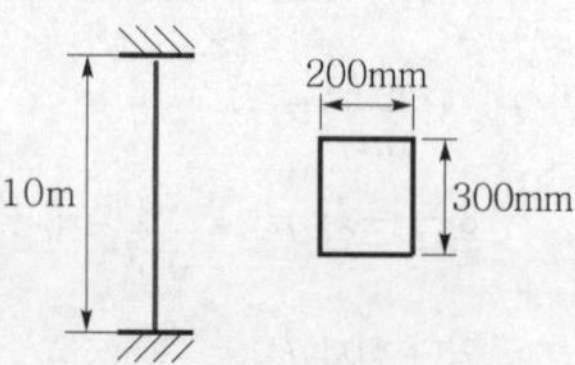

① 635MPa
② 458MPa
③ 783MPa
④ 526MPa

정답 59. ④ 60. ② 61. ③ 62. ④

해설 좌굴응력

㉠ 세장비

강도계수 $n=4.0$

$$r_{\min}=\sqrt{\frac{I_{\min}}{A}}=\sqrt{\frac{\frac{hb^3}{12}}{bh}}$$

$$=\frac{b}{2\sqrt{3}}=\frac{200}{2\sqrt{3}}=57.735\text{mm}$$

$$\therefore\ \lambda=\frac{l}{r_{\min}}=\frac{10\times1{,}000}{57.735}=173.2$$

㉡ 좌굴응력

$$\sigma_{cr}=\frac{n\pi^2E}{\lambda^2}=\frac{4\times\pi^2\times4\times10^5}{173.2^2}=526\text{MPa}$$

63 양단 고정의 장주에 중심축하중이 작용할 때 이 기둥의 좌굴응력은? (단, $E=2.1\times10^6$MPa이고 기둥은 지름이 40mm인 원형 기둥이다.)

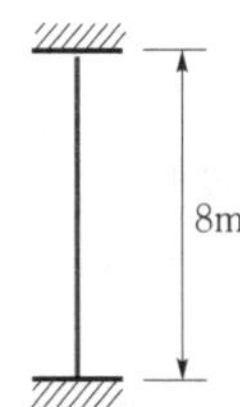

① 33.5MPa

② 67.2MPa

③ 129.5MPa

④ 259.1MPa

해설 좌굴응력

$$\lambda=\frac{l}{r}=\frac{4l}{d}=\frac{4\times8{,}000}{40}=800$$

$n=4.0$

$$\therefore\ \sigma=\frac{n\pi^2E}{\lambda^2}=\frac{4\times\pi^2\times2.1\times10^6}{800^2}$$

$$=129.54\text{MPa}$$

64 재료의 단면적과 길이가 서로 같은 장주에서 양단 활절기둥의 좌굴하중과 양단 고정기둥의 좌굴하중과의 비는?

① 1 : 2 ② 1 : 4

③ 1 : 8 ④ 1 : 16

해설 양단 지지상태에 따른 강도계수

$$n=\frac{1}{4}:1:2:4=1:4:8:16$$

★★

65 오일러의 탄성곡선이론에 의한 기둥공식에서 좌굴하중의 비는?

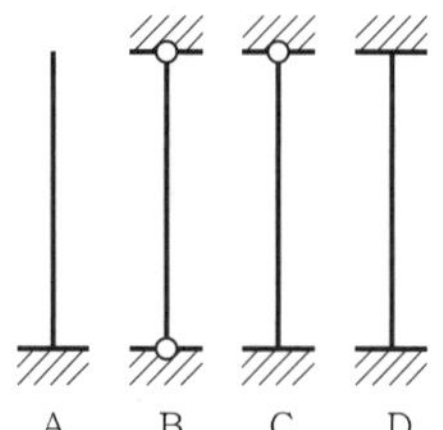

	A B C D		A B C D
①	1 : 4 : 8 : 16	②	1 : 4 : 8 : 12
③	1 : 2 : 4 : 12	④	1 : 2 : 4 : 16

해설 강도계수의 비

$$\text{A:B:C:D}=\frac{1}{4}:1:2:4=1:4:8:16$$

66 다음 4가지 종류의 기둥에 강도의 크기순으로 옳게 된 것은? (단, 부재는 동일, 등단면이고, 길이는 같다.)

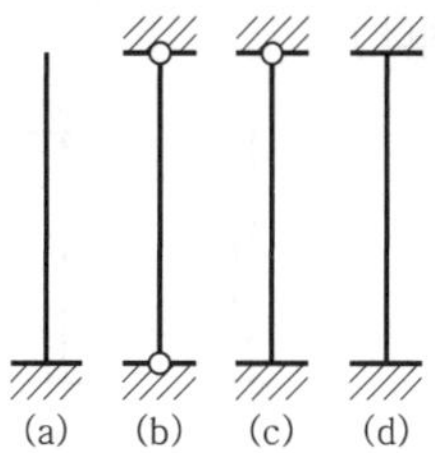

① (a) > (b) > (c) > (d)

② (a) > (c) > (b) > (d)

③ (d) > (b) > (c) > (a)

④ (d) > (c) > (b) > (a)

정답 63. ③ 64. ② 65. ① 66. ④

해설 좌굴하중의 크기

㉠ 좌굴하중

$$P_b = \frac{n\pi^2 EI}{l^2} = \frac{\pi^2 EI}{(kl)^2}$$

㉡ 강도계수

$$n = \frac{1}{4} : 1 : 2 : 4 = 1 : 4 : 8 : 16$$

67 단면의 길이가 같으나 지지조건이 다른 다음 그림과 같은 2개의 장주가 있다. 장주 (a)가 3kN의 하중을 받을 수 있다면 장주 (b)가 받을 수 있는 하중은?

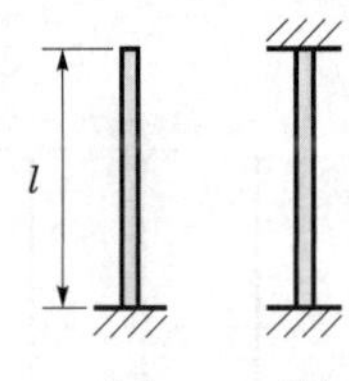

① 12kN ② 24kN
③ 36kN ④ 48kN

해설 좌굴하중

$$P_{cr} = \frac{n\pi^2 EI}{l^2},\ n = \frac{1}{4} : 1 : 2 : 4$$

$$P_a : P_b = \frac{1}{4} : 4$$

$$\therefore\ P_b = 16P_a = 16 \times 3 = 48\text{kN}$$

★

68 다음 그림과 같이 장주의 길이가 같을 경우 기둥 (a)의 임계하중이 4kN라면 기둥 (b)의 임계하중은? (단, EI는 일정하다.)

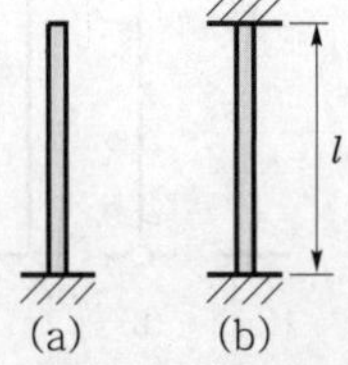

① 4kN ② 16kN
③ 32kN ④ 64kN

해설 좌굴하중

$$P_b = \frac{n\pi^2 EI}{l^2},\ n = \frac{1}{4} : 1 : 2 : 4$$

$$P_a : P_b = \frac{1}{4} : 4$$

$$\therefore\ P_b = 16P_a = 16 \times 4 = 64\text{kN}$$

69 동일 재료, 동일 단면, 동일 길이를 가지는 다음 두 기둥이 중심축하중을 받을 때 (b)의 한계좌굴하중은 (a)의 몇 배인가?

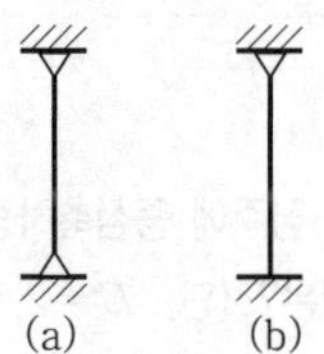

① 0.5배 ② 약 4배
③ 약 3배 ④ 약 2배

해설 좌굴하중의 비

$$n = \frac{1}{4} : 1 : 2 : 4$$

$$P_a : P_b = 1 : 2$$

$\therefore\ P_b = 2P_a$, 즉 (b)는 (a)의 2배이다.

70 다음 그림 (a)와 같은 장주가 10kN의 하중에 견딜 수 있다면 (b)의 장주가 견딜 수 있는 하중의 크기는? (단, 기둥은 등질, 등단면이다.)

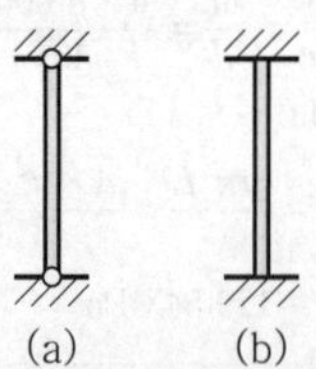

① 10kN ② 20kN
③ 30kN ④ 40kN

해설 좌굴하중

$$n = \frac{1}{4} : 1 : 2 : 4$$

$$P_a : P_b = 1 : 4$$

$$\therefore\ P_b = 4P_a = 4 \times 10 = 40\text{kN}$$

정답 67. ④ 68. ④ 69. ④ 70. ④

71 다음 그림과 같은 등질, 등단면의 장주의 강도가 옳게 표시된 것은?

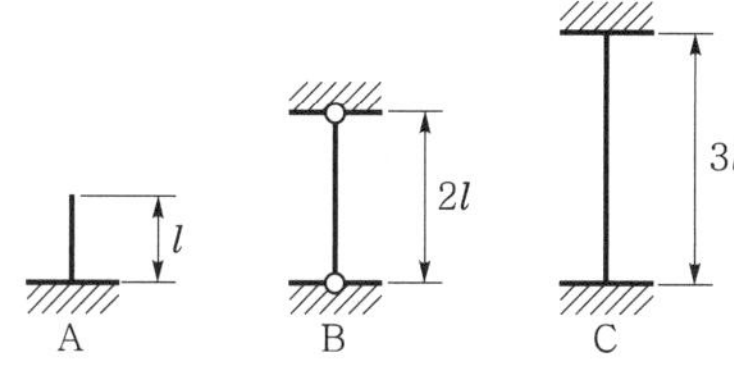

① A>B>C ② A>B=C
③ A=B=C ④ A=B<C

> **해설** 좌굴하중의 크기
>
> $n=\frac{1}{4}:1:2:4,\ P_b=\frac{n\pi^2 EI}{l^2}$
>
> ㉠ A : $P_b=\frac{\frac{1}{4}}{l^2}=\frac{1}{4l^2}=0.25$
>
> ㉡ B : $P_b=\frac{1}{(2l)^2}=\frac{1}{4l^2}=0.25$
>
> ㉢ C : $P_b=\frac{4}{(3l)^2}=\frac{4}{9l^2}=0.44$
>
> ∴ A=B<C

★ **72** 다음 그림과 같은 장주의 강도를 옳게 표시한 것은? (단, 재질 및 단면은 같다.)

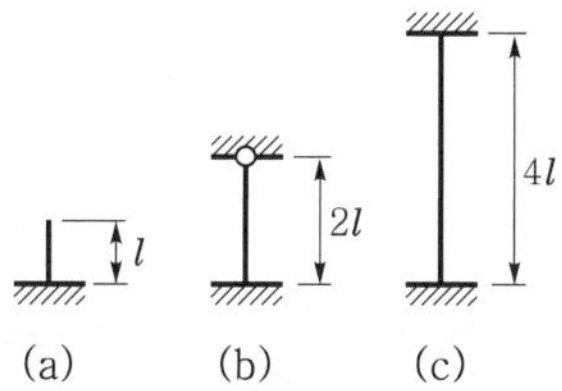

① (a) > (b) > (c) ② (a) < (b) = (c)
③ (c) > (b) > (a) ④ (a) = (c) < (b)

> **해설** 좌굴하중의 크기
>
> $c=\pi^2 EI$
>
> $P_{cr}=\frac{\pi^2 EI}{(kl)^2}=\frac{c}{(kl)^2}$
>
> $P_{cr(a)}:P_{cr(b)}:P_{cr(c)}$
>
> $=\frac{c}{(2\times l)^2}:\frac{c}{(0.7\times 2l)^2}:\frac{c}{(0.5\times 4l)^2}$
>
> $=0.25:0.51:0.25$
>
> ∴ (a)=(c)<(b)

73 단면의 형상과 재료가 같은 다음 그림의 장주에 축하중이 작용할 때 강도가 큰 순서로 된 것은? (단, (a), (b), (c), (d)기둥의 길이는 같다.)

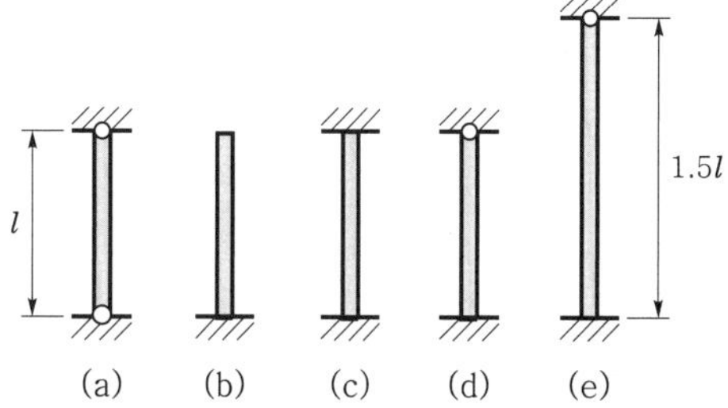

① (a) > (b) > (c) > (d) > (e)
② (b) > (c) > (a) > (d) > (e)
③ (c) > (d) > (a) > (b) > (e)
④ (c) > (d) > (a) > (e) > (b)

> **해설** 좌굴하중의 크기
>
> ㉠ 강도계수의 비
>
> $P_{cr}=\frac{n\pi^2 EI}{l^2}$
>
> $\therefore n_a:n_b:n_c:n_d:n_e$
>
> $=1:\frac{1}{4}:4:2:2$
>
> $=4:1:16:8:8$
>
> ㉡ P_{cr}의 크기
>
> a : b : c : d : e
>
> $=4:1:16:8:\frac{8}{1.5^2}(=3.56)$
>
> ∴ (c) > (d) > (a) > (e) > (b)

정답 71. ④ 72. ④ 73. ④

APPLIED MECHANICS

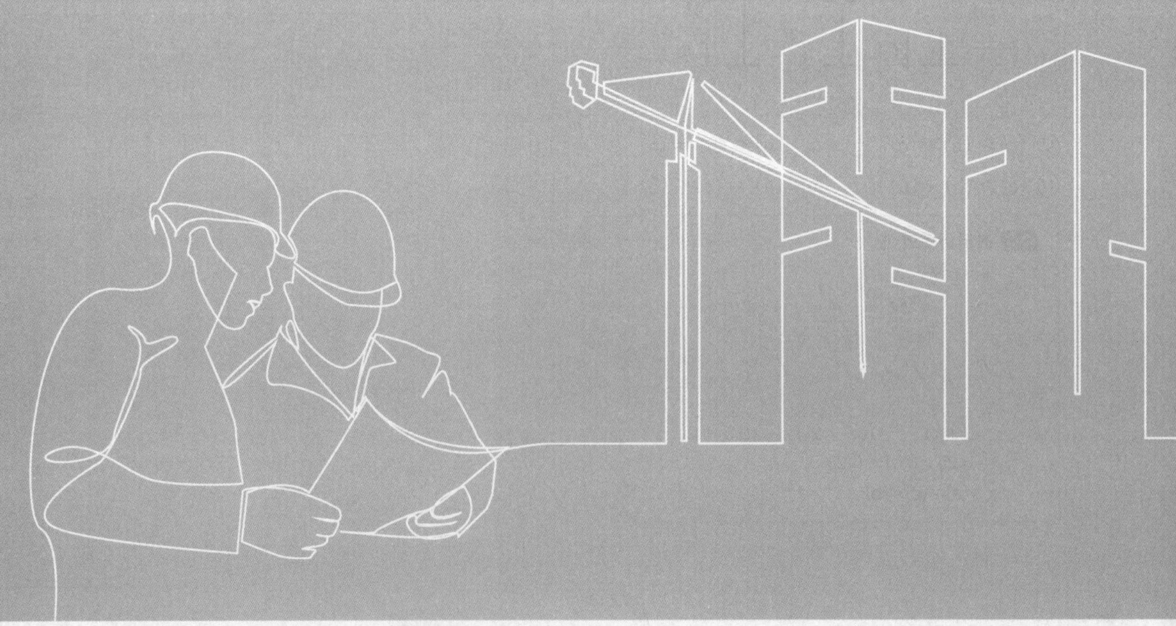

CHAPTER 10

탄성변형에너지

SECTION 1 | 일과 에너지

SECTION 2 | 탄성변형에너지

CHAPTER 10 탄성변형에너지

회독 체크표

1회독	월	일
2회독	월	일
3회독	월	일

최근 10년간 출제분석표

2015	2016	2017	2018	2019	2020	2021	2022	2023	2024
3.3%	5.0%	5.0%	5.0%	1.7%	5.0%	3.3%	5.0%	5.0%	5.0%

출제 POINT

학습 POINT
- 외적일(W_e)과 내적일(W_i)
- 집중하중 P가 행한 일
- 모멘트하중 M이 행한 일
- 에너지의 분류

■ 일의 종류
① 외적일(external work, W_e)
: 외력이 한 일
② 내적일(internal work, W_i)
: 내력이 한 일

■ 단위 환산
① 힘의 단위 환산
1N=1kg · m/sec^2=10^{5}dyn
1dyn=1g · cm/sec^2
1kN=1,000N
1kgf=9.8N
1gf=980dyn
② 일의 단위=에너지의 단위

SECTION 1 일과 에너지

1 일과 에너지의 정의 및 분류

1) 일(work)의 정의 및 크기

(1) 일의 정의

① 물체에 힘 P가 작용하여 힘이 가해진 방향으로 물체의 변위가 생기는 것을 일이라 하며, 거리 S만큼 이동했을 때 일(work)을 했다고 한다.

② 아무리 큰 힘을 가해도 물체가 이동하지 않으면 한 일은 없다.

(2) 일의 크기

① 힘이 작용한 방향으로 이동한 경우

$$W = PS = \text{힘} \times \text{이동거리}$$

② 힘이 θ의 각으로 작용할 경우

$$W = (P\cos\theta)S = PS\cos\theta$$

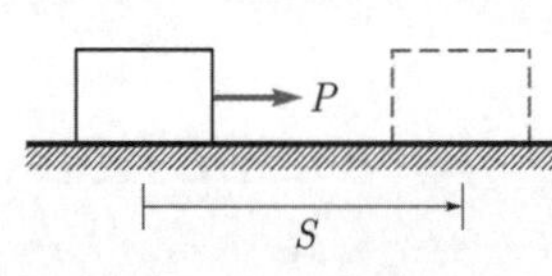

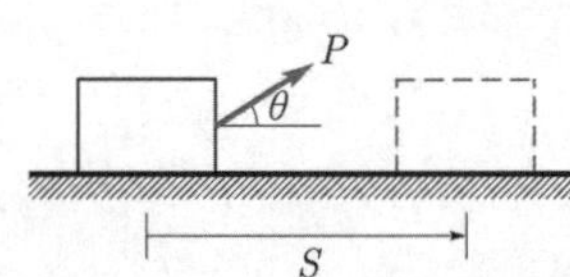

[그림 10-1] 일

2) 일과 에너지의 단위

(1) 절대단위계

① MKS단위 : 1J=1N · m=1kg · m^2/sec^2=10^{7}erg

② CGS단위 : 1erg=1dyne · cm=1g · cm^2/sec^2

(2) 중력단위계

① MKS단위 : 1kgf · m=9.8N · m=9.8J

② CGS단위 : 1gf · cm=980dyne · cm=980erg

3) 에너지(energy)의 정의 및 분류

(1) 에너지의 정의

① 물체가 일을 할 수 있는 능력을 에너지(energy)라고 말한다.

② 에너지는 일의 양으로 표시되고, 단위도 일의 단위와 같다.

(2) 에너지의 분류

① 위치에너지(potential energy)는 물체의 위치나 변형 때문에 가지는 에너지를 말한다.

$$W = Fs = mgh = E_p$$

② 운동에너지(kinetic energy)는 물체가 운동하기 때문에 갖는 에너지를 말한다.

$$W = Fs = mas = m\frac{V^2}{2s}s = \frac{1}{2}mV^2 = E_k$$

③ 탄성에너지(elastic energy)는 물체의 변위와 탄성 때문에 갖는 에너지를 말한다.

$$W = \frac{1}{2}Fx = \frac{1}{2}kx^2 = E_e \quad (\because F = kx)$$

출제 POINT

■ 에너지의 분류

① 위치에너지(E_p)

② 운동에너지(E_k)

③ 탄성에너지(E_e)

2 외력일과 내력일

1) 외력이 하는 일(external work, W_e)

(1) 외력 P가 행한 일(가변적인 힘 F에 의한 일)

① 일의 정의 $dW = Fds = ks\,ds$ ($\because F = ks$)로부터

$$W = \int_0^{\delta} ks\,ds = \frac{1}{2}k\delta^2 = \frac{1}{2}P\delta(\triangle\text{OAB의 면적})$$

∴ 선형탄성체 내에서 외적일=외력의 평균치×변위

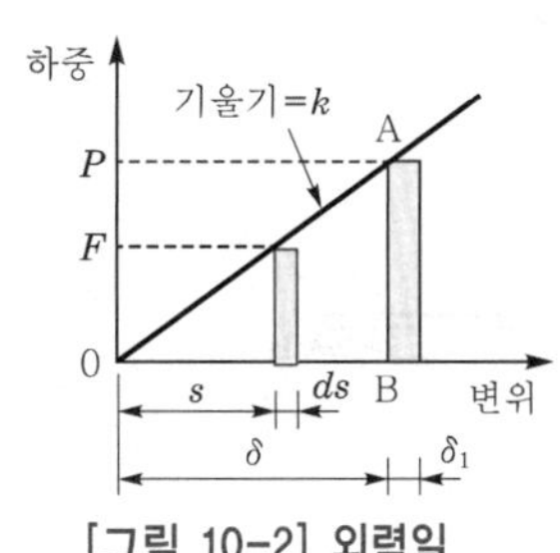

[그림 10-2] 외력일

■ 일의 원리

1. 지레

① 1종 지레 : 지렛대, 가위

② 2종 지레 : 작두, 병뚜껑 따개

③ 3종 지레 : 핀셋, 집게

2. 도르래

① 고정도르래 : $F = W$

② 움직도르래 : $F = \frac{W}{2}$

③ 복합도르래

출제 POINT

■ 하중의 분류

1. 정하중
   ① 가변하중 : 일정하게 변하는 하중
   ② 유지하중(고정하중) : 일정하게 작용하는 하중
2. 동하중

■ 외력일(W_e)

① 가변하중 P가 행한 일

$W_e = \frac{1}{2}P\delta$

② 모멘트하중 M이 행한 일

$W_e = \frac{1}{2}M\theta$

② 수직하중 P가 행한 일([그림 10-3]의 (a) 참고)

$$W_e = \frac{1}{2}P\delta$$

③ 축방향 하중 P가 행한 일([그림 10-3]의 (b) 참고)

$$W_e = \frac{1}{2}P\delta = \frac{P}{2} \times \frac{PL}{EA} = \frac{P^2L}{2EA} = \frac{\sigma PL}{2E} = \frac{\sigma^2 AL}{2E}$$

$$\left(\because \ \delta = \Delta l = \frac{PL}{EA}\right)$$

④ P_1이 작용한 후에 P_2가 작용한 경우의 P_1이 행한 일([그림 10-3]의 (c) 참고)

$$W_e = \frac{1}{2}P_1\delta_1 + P_1\delta_2$$

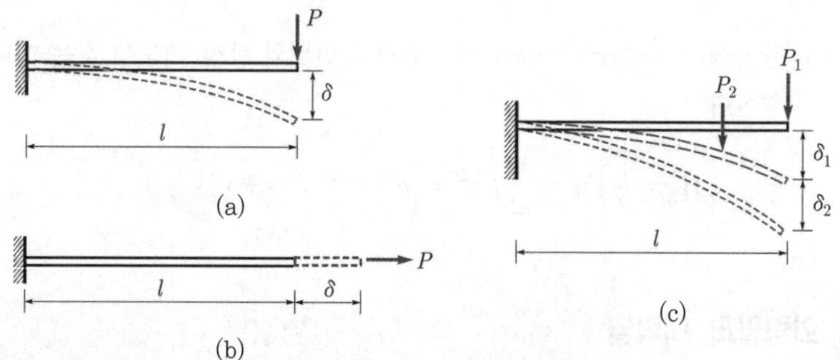

[그림 10-3] 외력일이 행한 일

(2) 모멘트하중 M이 행한 일

① 수직하중 P가 행한 일과 원리가 같다.

② 외력 P(가변하중)가 행한 일과 같다. $dW = \int_0^{\theta} M d\theta$ 로부터

$$\therefore \ W_e = \frac{1}{2}M\theta$$

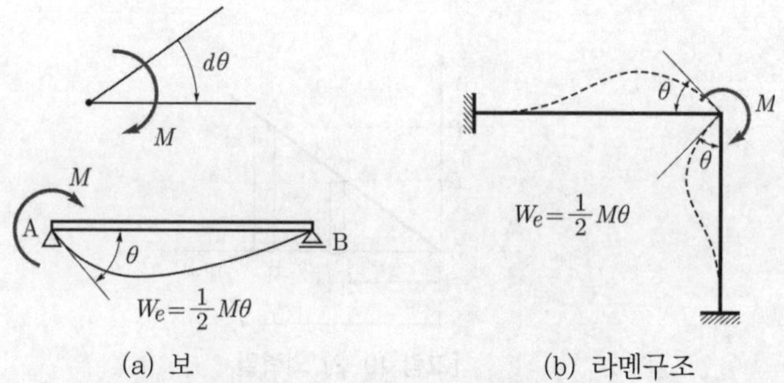

[그림 10-4] 모멘트가 행한 일

2) 내력이 하는 일(internal work, W_i)

(1) 내력일의 정의와 종류

① 구조물에 외력이 작용하면 내력(응력)이 발생한다. 이때 내력(응력)이 한 일을 내력일이라 한다.

② 휨응력이 하는 일

$$W = \frac{1}{2}M\theta,\ dW = \frac{1}{2}Md\theta = \frac{M}{2}\frac{M}{EI}dx = \frac{M^2}{2EI}dx \text{로부터}$$

$$\therefore\ W_{iM} = \int_0^l \frac{M^2}{2EI}dx$$

③ 축응력이 하는 일

$$dW = \frac{1}{2}N\delta = \frac{N}{2}\frac{N}{EA}l = \frac{N^2 l}{2EA} \text{로부터}$$

$$\therefore\ W_{iN} = \Sigma\frac{N^2 l}{2EA} = \int_0^l \frac{N^2}{2EA}dx$$

④ 전단응력이 하는 일

$$dW = \frac{1}{2}S\delta = \frac{S}{2}\frac{kS}{GA}l = \frac{kS^2}{2GA}l \text{로부터}$$

$$\therefore\ W_{iS} = \int_0^l \frac{kS^2}{2GA}dx$$

⑤ 비틀림응력이 하는 일

$$dW = \frac{1}{2}Td\phi = \frac{T}{2}\frac{Tl}{GI_P} = \frac{T^2 l}{2GI_P} \text{로부터}$$

$$\therefore\ W_{iT} = \int_0^l \frac{T^2}{2GI_P}dx$$

(2) 내력일

① 내력일은 '휨응력이 하는 일+축응력이 하는 일+전단응력이 하는 일+비틀림응력이 하는 일'이다. 즉

$$W_i = W_{iM} + W_{iN} + W_{iS} + W_{iT}$$
$$= \int_0^l \frac{M^2}{2EI}dx + \int_0^l \frac{N^2}{2AE}dx + \int_0^l \frac{kS^2}{2GA}dx + \int_0^l \frac{T^2}{2GI_P}dx$$

② 보의 전단력, 축력, 비틀림력에 의한 변형은 휨에 의한 변형에 비하여 매우 작으므로 무시하는 것이 보통이다.

출제 POINT

■ 휨변형

$d\theta = \frac{dx}{R}$, $\frac{1}{R} = \frac{M}{EI}$

$\therefore\ d\theta = \frac{M}{EI}dx$

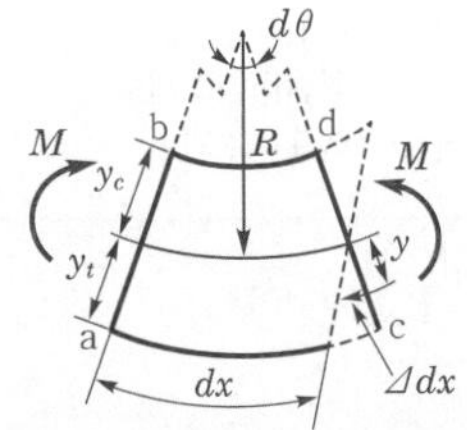

■ 축방향 변형

$\sigma = \frac{N}{A}$, $\varepsilon = \frac{\delta}{l}$에서

$\delta = \varepsilon l = \frac{\sigma}{E}l = \frac{N}{EA}l$

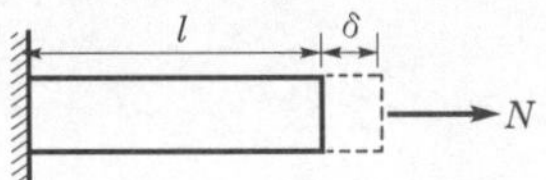

■ 전단변형

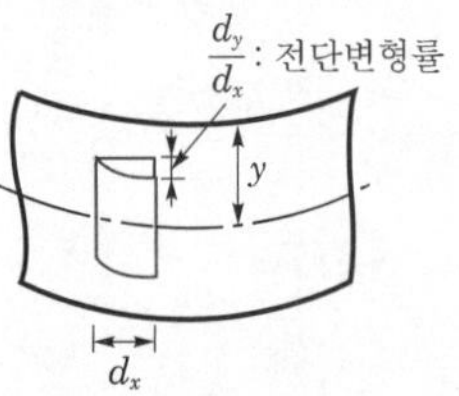

■ 구조물별 고려하는 내력일

① 보 : W_{iM}만 고려

② 트러스 : W_{iN}만 고려

③ 라멘 : $W_{iM} + W_{iN}$

출제 POINT

학습 POINT

- 휨모멘트에 의한 탄성에너지
- 축방향력에 의한 탄성에너지
- 축하중 부재의 탄성에너지
- 변형에너지 밀도
- 복원계수(레질리언스계수)
- 인성계수(터프니스계수)

■ 전단계수(k)

① 직사각형 단면 : $k=\frac{6}{5}=1.2$

② 원형 단면 : $k=\frac{10}{9}$

■ 축하중 부재의 변형에너지

① 하중에 의한 봉의 변형에너지

$U=\frac{P^2L}{2EA}$

② 봉의 자중에 의한 변형에너지

$U=\frac{A\gamma^2L^3}{6E}$

SECTION 2 탄성변형에너지

1 탄성변형에너지(elastic strain energy, U)의 일반

1) 탄성변형에너지의 정의 및 종류

(1) 탄성변형에너지의 정의

① 내력일은 외력으로 인한 변형에 저항하기 위하여 부재가 지니고 있는 에너지이므로, 이를 탄성변형에너지 또는 변형에너지(strain energy)라 한다.

② 탄성변형에너지는 하중이 제거될 때 원형으로 회복 가능한 에너지이다.

(2) 보의 탄성변형에너지의 종류

① 휨모멘트에 의한 변형에너지(휨응력이 하는 일)

$$U_M = W_{iM} = \int_0^l \frac{M^2}{2EI}dx$$

② 축방향력에 의한 변형에너지(축응력이 하는 일)

$$U_N = W_{iN} = \Sigma\frac{N^2l}{2AE} = \int_0^l \frac{N^2}{2AE}dx$$

③ 전단력에 의한 변형에너지(전단응력이 하는 일)

$$U_S = W_{iS} = \int_0^l \frac{kS^2}{2GA}dx$$

④ 비틀림력에 의한 변형에너지(비틀림응력이 하는 일)

$$U_T = W_{iT} = \int_0^l \frac{T^2}{2GI_P}dx$$

2) 축하중 부재의 변형에너지와 에너지보존법칙

(1) 축하중 부재의 변형에너지

① 하중에 의한 봉의 변형에너지

축방향 변형량 $\delta=\Delta l=\frac{PL}{EA}$으로부터

$$\therefore\ U=\frac{1}{2}P\delta=\frac{P}{2}\times\frac{PL}{EA}=\frac{P^2L}{2EA}$$

② 봉의 자중에 의한 변형에너지

$$U=\frac{P^2L}{2EA}\text{에서 } dU=\int\frac{{P_x}^2}{2EA}dx\text{로부터}$$

출제 POINT

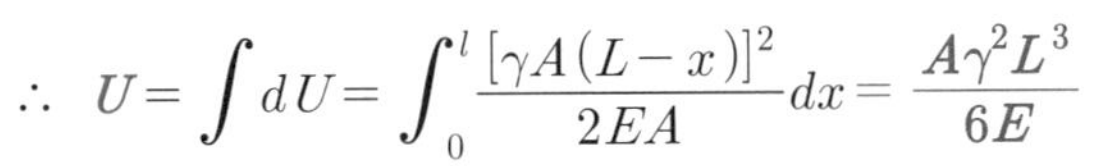

$$\therefore\ U = \int dU = \int_0^l \frac{[\gamma A(L-x)]^2}{2EA} dx = \frac{A\gamma^2 L^3}{6E}$$

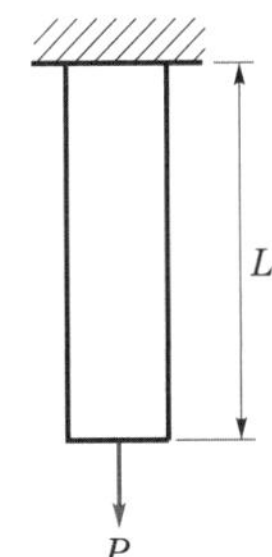

(a) 하중에 의한 변형에너지

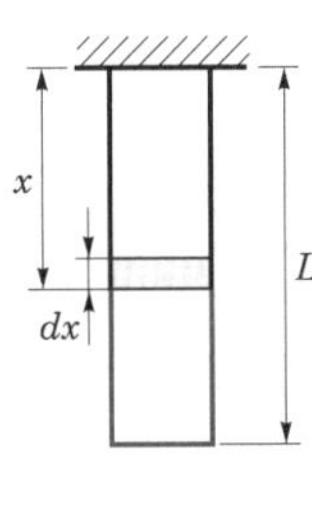

(b) 자중에 의한 변형에너지

[그림 10-5] 봉의 탄성변형에너지

(2) 에너지보존법칙 및 중첩의 원리

① 외력이 한 일과 내력이 한 일은 같다는 원리이다. 탄성변형의 정리라고 도 한다.

② 탄성변형에너지(U)는 중첩의 원리가 성립하지 않는다. 따라서 2개 이상의 하중이 작용하는 경우 작용하는 하중을 동시에 재하시켜 계산해야 한다.

> ■ 에너지보존법칙
> 외력일=내력일
> $\therefore\ W_e = W_i$

2 탄성변형에너지의 성질

1) 변형에너지 밀도와 복원계수

(1) 변형에너지 밀도(strain energy density)

① 단위체적에 해당하는 변형에너지를 변형에너지 밀도(u)라고 한다.

② 휨모멘트의 변형에너지 밀도

$$u = \frac{W_{iM}}{V} = \frac{\sigma PL}{2E} \times \frac{1}{V} = \frac{\sigma^2 AL}{2E} \times \frac{1}{AL} = \frac{\sigma^2}{2E}$$

$$= \frac{(E\varepsilon)^2}{2E} = \frac{1}{2}E\varepsilon^2 = \frac{1}{2}\sigma\varepsilon$$

③ 축방향력의 변형에너지 밀도

$$u = \frac{W_{iN}}{AL} = \frac{N^2 L}{2EA} \times \frac{1}{AL} = \frac{\sigma^2}{2E} = \frac{(E\varepsilon)^2}{2E} = \frac{1}{2}E\varepsilon^2 = \frac{1}{2}\sigma\varepsilon$$

> ■ 변형에너지 밀도
> ① 휨모멘트의 변형에너지 밀도
> $u = \frac{\sigma^2}{2E}$
> ② 축방향력의 변형에너지 밀도
> $u = \frac{1}{2}E\varepsilon^2 = \frac{1}{2}\sigma\varepsilon$

(2) 복원계수(modulus of resilience, **레질리언스계수**, u_r)

① 부재가 비례한도(또는 탄성한도)에 해당하는 응력(σ)을 받고 있을 때의 최대 변형에너지 밀도를 말한다.

출제 POINT

② 복원(레질리언스)이란 재료가 탄성범위 내에서 에너지를 흡수할 수 있는 능력을 말하며, 레질리언스계수의 단위는 응력의 단위(kPa, MPa, kgf/cm^2)와 같다.

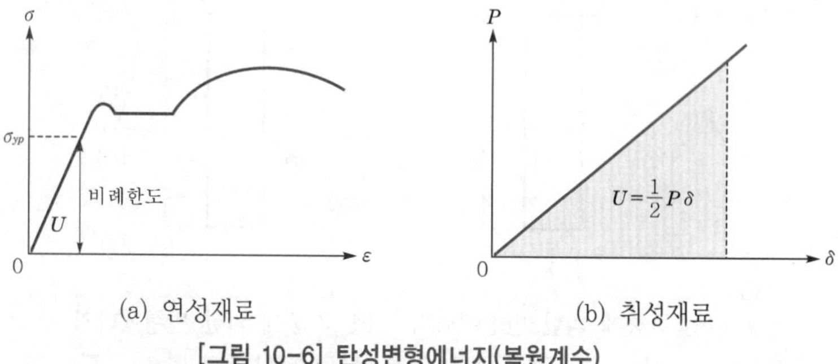

(a) 연성재료 (b) 취성재료

[그림 10-6] 탄성변형에너지(복원계수)

2) 인성계수와 변형에너지의 적용 예

(1) 인성계수(modulus of toughness, 터프니스계수, u_t)

① 인성이란 재료가 파괴 시까지 에너지를 흡수할 수 있는 능력을 말한다.

② 인성계수란 재료가 파괴점까지의 응력을 받았을 때의 변형에너지 밀도를 말한다.

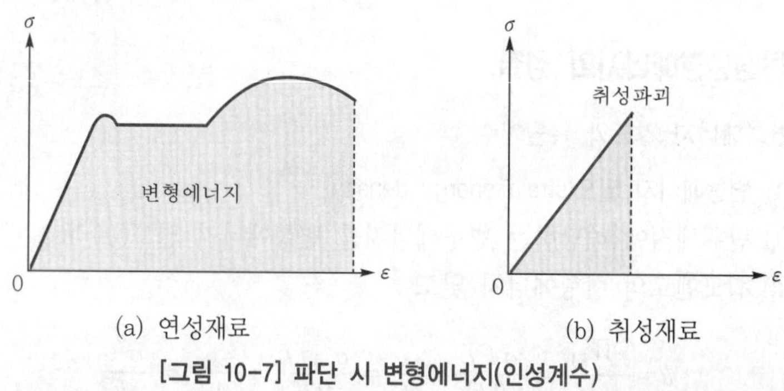

(a) 연성재료 (b) 취성재료

[그림 10-7] 파단 시 변형에너지(인성계수)

(2) 탄성변형에너지(한 개의 하중이 작용하는 경우)

① 축응력과 비틀림응력에 대한 변형에너지는 무시하고, 휨응력과 전단응력에 대한 변형에너지만 고려한다.

② 각 부재의 탄성변형에너지 적용 예

연번	하중상태	휨모멘트에 대한 변형에너지	전단력에 대한 변형에너지
1	A, B, P, l	$M_x = -Px$ $\dfrac{P^2 l^3}{6EI}$	$S_x = P$ $\dfrac{kP^2 l}{2GA}$
2	A, B, w, l	$M_x = -\dfrac{\omega}{2}x^2$ $\dfrac{\omega^2 l^5}{40EI}$	$S_x = \omega x$ $\dfrac{k\omega^2 l^3}{6GA}$

연번	하중상태	휨모멘트에 대한 변형에너지	전단력에 대한 변형에너지
3	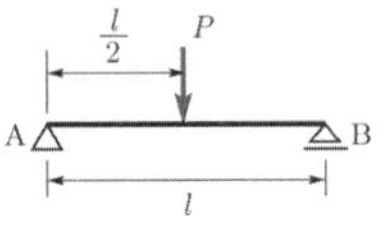 A, B 단순보, 중앙 집중하중 P ($\frac{l}{2}$), 경간 l	$M_x = \frac{P}{2}x$ $\frac{P^2 l^3}{96EI}$	$S_x = \frac{P}{2}$ $\frac{kP^2 l}{8GA}$
4	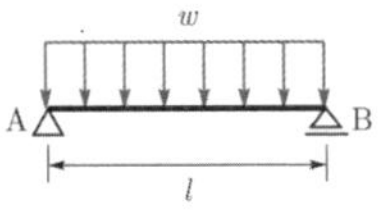 A, B 단순보, 등분포하중 w, 경간 l	$M_x = \frac{\omega l}{2}x - \frac{\omega}{2}x^2$ $\frac{\omega^2 l^5}{240EI}$	$S_x = \frac{\omega l}{2} - \omega x$ $\frac{k\omega^2 l^3}{24GA}$
5	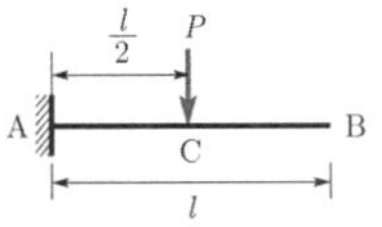 A 고정 캔틸레버, C점($\frac{l}{2}$) 집중하중 P, 길이 l	$M_x = -Px$ $\frac{P^2 l^3}{48EI}$	$S_x = P$ $\frac{kP^2 l}{4GA}$
6	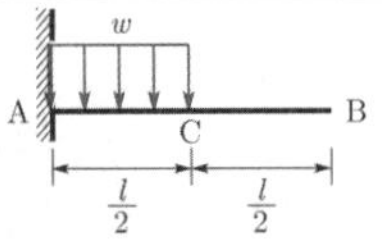 A 고정 캔틸레버, AC 구간 등분포하중 w, $\frac{l}{2}$, $\frac{l}{2}$	$M_x = -\frac{\omega}{2}x^2$ $\frac{\omega^2 l^5}{1,280EI}$	$S_x = \omega x$ $\frac{k\omega^2 l^3}{48GA}$
7	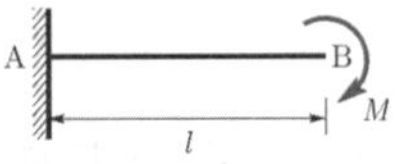 A 고정 캔틸레버, B단 모멘트 M, 길이 l	$M_x = -M$ $\frac{M^2 l}{2EI}$	$S_x = 0$ 0
8	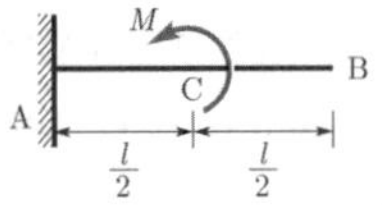 A 고정 캔틸레버, C점 모멘트 M, $\frac{l}{2}$, $\frac{l}{2}$	$M_x = M$ $\frac{M^2 l}{4EI}$	$S_x = 0$ 0
9	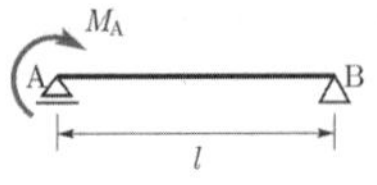 A, B 단순보, A단 모멘트 M_A, 경간 l	$M_x = \frac{M}{l}x$ $\frac{M^2 l}{6EI}$	$S_x = -\frac{M}{l}$ $\frac{kM^2}{2GAl}$

출제 POINT

CHAPTER 10

기출문제

APPLIED MECHANICS

10년간 출제된 빈출문제

1. 일과 에너지

01 가상변위 및 가상일의 원리에 대한 설명 중 잘못된 것은?

① 가상변위를 주었을 때 일의 합은 일정하다.
② 외력에 의한 가상일과 내력의 가상일은 같다.
③ 힘의 상대적인 관계는 조금도 변화하지 않은 임의의 미소 변위이다.
④ 가상변위의 원인은 작용하는 힘과 전혀 관계가 없는 것으로 본다.

해설 **가상일의 원리**
가상변위에 의한 일의 합은 일정하지 않다.

02 다음 중 변형에너지(strain energy)에 속하지 않는 것은?

① 외력의 일(external work)
② 축방향 내력의 일
③ 휨모멘트에 의한 내력의 일
④ 전단력에 의한 내력의 일

해설 **탄성변형에너지(내력일)**
㉠ 일은 외력의 일(W_e)과 내력의 일(W_i)로 구분할 수 있다.
㉡ 내력일은 휨모멘트, 축방향력, 전단력 및 축방향에 의한 내력일로 구분할 수 있다.

$$W_i = W_{iM} + W_{iN} + W_{iS} + W_{iT}$$
$$= \int \frac{M^2}{2EI}dx + \int \frac{N^2}{2EA}dx + \int \frac{kS^2}{2GA}dx + \int \frac{T^2}{2GI_P}dx$$

★ **03** 다음은 완성되지 않은 내적 가상일의 식이다. 괄호 안을 완성한 것은? (단, N : 축방향력, M : 모멘트, S : 전단력, A : 단면적, I : 중립축을 지나는 축에 대한 단면2차모멘트, E : 일반탄성계수, G : 전단탄성계수, k : 상수)

$$W_i = \int_l \frac{\overline{N}N}{(1)}dx + \int_l \frac{\overline{M}M}{(2)}dx + k\int_l \frac{\overline{S}S}{(3)}dx$$

(1) (2) (3)
① EI, EA, GA
② EA, EI, GA
③ EI, GA, EA
④ EA, GA, EI

해설 **내력이 한 일**

$$W_i = \int_l \frac{\overline{N}N}{EA}dx + \int_l \frac{\overline{M}M}{EI}dx + k\int_l \frac{\overline{S}S}{GA}dx$$

★ **04** 탄성에너지에 대한 다음 설명으로 옳은 것은?

① 응력에 반비례하고, 탄성계수에 비례한다.
② 응력의 자승에 반비례하고, 탄성계수에 비례한다.
③ 응력에 비례하고, 탄성계수의 자승에 비례한다.
④ 응력의 자승에 비례하고, 탄성계수에 반비례한다.

해설 **탄성변형에너지**
㉠ 외력일(W_e)은 탄성에너지=변형에너지= U = W이다.
㉡ 외력일

$$\delta = \frac{PL}{EA}$$
$$\therefore U = \frac{1}{2}P\delta = \frac{1}{2}\frac{P^2L}{EA} = \frac{1}{2}\sigma^2 A\frac{L}{E} = \frac{\sigma^2 AL}{2E}$$

05 길이 l 인 부재의 단면2차모멘트 I인 균일 단면봉에서 휨모멘트 M에 의한 내부 변형에너지에 관한 사항 중 옳지 않은 것은?

① M의 제곱에 비례한다.
② E에 반비례한다.
③ l 에 반비례한다.
④ I에 반비례한다.

정답 1. ① 2. ① 3. ② 4. ④ 5. ③

> **해설** 휨모멘트를 받는 보의 내력일
> $W_i = \int \frac{M_x^{\ 2}}{2EI} dx$

★

06 휨모멘트 M을 받는 보에 생기는 탄성변형에너지(strain energy)를 옳게 표시한 것은? (단, EI : 휨강성, A : 단면적)

① $\int \frac{M^2}{2EI} dx$

② $\int \frac{M^2}{EI} dx$

③ $\int \frac{M^2}{EA} dx$

④ $\int \frac{2M^2}{EI} dx$

> **해설** 휨모멘트를 받는 보의 탄성에너지
> $U = \int_0^L \frac{M^2}{2EI} dx$

07 에너지 불변의 법칙을 옳게 기술한 것은?

① 탄성체에 외력이 작용하면 이 탄성체에 생기는 외력의 일과 내력이 한 일의 크기는 같다.
② 탄성체에 외력이 작용하면 외력의 일과 내력이 한 일의 크기의 비가 일정하게 변화한다.
③ 외력의 일과 내력의 일이 일으키는 $P.M$의 값이 불변이다.
④ 외력과 내력에 의한 처짐비가 불변이다.

> **해설** 에너지 보존의 법칙(탄성변형의 정리)
> 외력이 한 일과 내력이 한 일은 같다.
> $\therefore W_e = W_i$

2. 캔틸레버보의 탄성에너지

★★

08 다음 그림과 같은 캔틸레버에 저장되는 탄성변형에너지는?

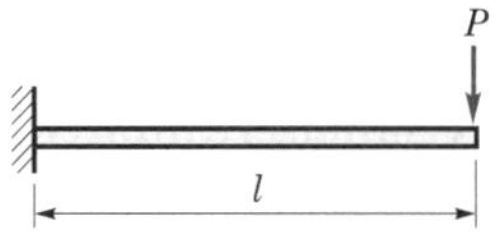

① $\frac{P^2 l^3}{2EI}$　② $\frac{P^2 l^3}{3EI}$

③ $\frac{P^2 l^3}{4EI}$　④ $\frac{P^2 l^3}{6EI}$

> **해설** 탄성변형에너지(외력일)
> $\delta = \frac{Pl^3}{3EI}(\downarrow)$
> $\therefore U = W_e = \frac{1}{2}P\delta = \frac{P}{2} \times \frac{Pl^3}{3EI} = \frac{P^2 l^3}{6EI}$

★

09 다음 보의 휨변형에너지는? (단, EI는 일정)

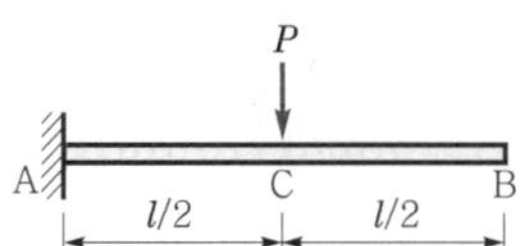

① $\frac{P^2 l^3}{48EI}$　② $\frac{P^2 l^3}{24EI}$

③ $\frac{P^2 l^3}{16EI}$　④ $\frac{P^2 l^3}{8EI}$

> **해설** 휨에 의한 변형에너지(내력일)
> $M_x = -Px$
> $$\therefore W_{iM} = \int \frac{M_x^{\ 2}}{2EI} dx = \int_0^{l/2} \frac{(-Px)^2}{2EI} dx = \frac{P^2}{2EI}\int_0^{l/2} x^2 dx = \frac{P^2}{2EI}\left[\frac{x^3}{3}\right]_0^{l/2} = \frac{P^2 l^3}{48EI}$$
>
> 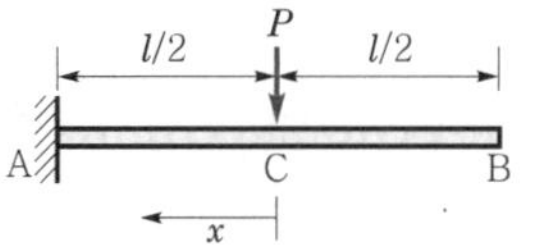
>

정답 6. ① 7. ① 8. ④ 9. ①

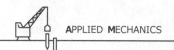

10 다음 그림과 같이 재료와 단면이 같은 두 개의 외팔보가 있다. 이때 보 (A)에 저장되는 변형에너지는 보 (B)에 저장되는 변형에너지의 몇 배인가?

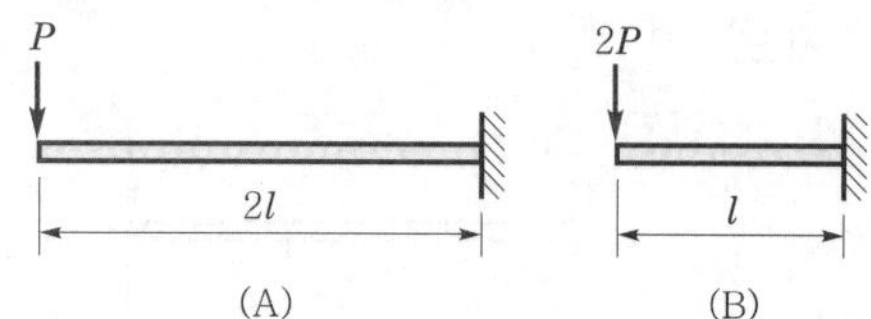

① 0.5배
② 1배
③ 2배
④ 4배

> **해설** **탄성변형에너지**
>
> ㉠ 보 (A)에 저장되는 변형에너지
>
> $$U_A = W_e = \frac{1}{2}P\delta_A = \frac{P}{2}\times\frac{P\times(2l)^3}{3EI}$$
>
> $$= \frac{4P^2l^3}{3EI}$$
>
> ㉡ 보 (B)에 저장되는 변형에너지
>
> $$U_B = W_e = \frac{1}{2}P'\delta_B = \frac{2P}{2}\times\frac{2Pl^3}{3EI}$$
>
> $$= \frac{2P^2L^3}{3EI}$$
>
> $\therefore\ U_A = 2U_B$

★★
11 다음 그림에서 처음에 P_1이 작용했을 때 자유단의 처짐 δ_1이 생기고, 다음에 P_2를 가했을 때 자유단의 처짐이 δ_2만큼 증가되었다고 한다. 이때 외력 P_1이 행한 일은?

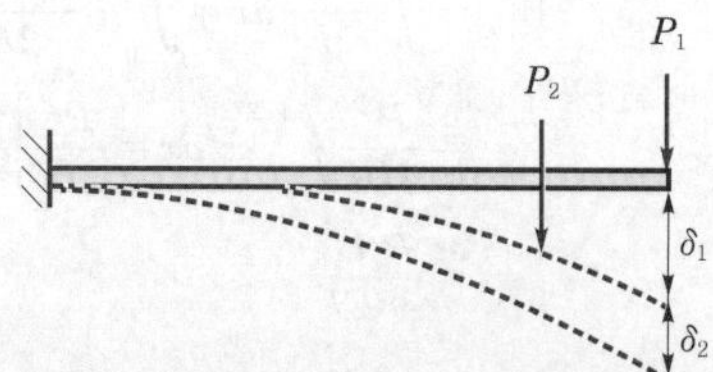

① $\frac{1}{2}P_1\delta_1 + P_1\delta_2$　② $\frac{1}{2}P_1\delta_1 + P_2\delta_2$

③ $\frac{1}{2}(P_1\delta_1 + P_1\delta_2)$　④ $\frac{1}{2}(P_1\delta_1 + P_2\delta_2)$

> **해설** **P_1이 행한 일**
>
> ㉠ 처음 P_1이 작용하는 동안은 가변하중에 의한 일이고, P_2가 작용하는 동안의 P_1하중은 고정(유지)하중이므로 고정하중에 의한 외력일이다.
>
> ㉡ 가변하중 P_1에 의한 일
>
> $$W_1 = \frac{1}{2}P_1\delta_1$$
>
> ㉢ 고정(유지)하중 P_1에 의한 일
>
> $$W_2 = P_1\delta_2$$
>
> $$\therefore\ W = W_1 + W_2 = \frac{1}{2}P_1\delta_1 + P_1\delta_2$$

12 P_1, P_2가 0으로부터 작용하였다. B점의 처짐이 P_1으로 인하여 δ_1, P_2로 인하여 δ_2가 생겼다면 P_1이 먼저 작용하였을 때 P_1이 하는 일은?

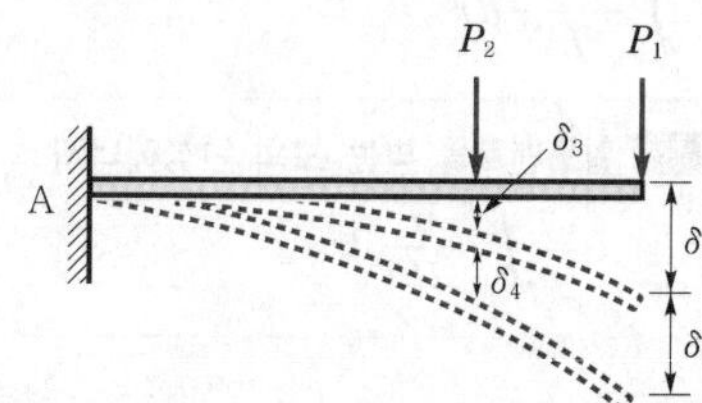

① $\frac{1}{2}P_1\delta_1 + \frac{1}{2}P_2\delta_2$

② $\frac{1}{2}P_1\delta_1 + \frac{1}{2}P_1\delta_2$

③ $\frac{1}{2}P_1\delta_1 + P_2\delta_2$

④ $\frac{1}{2}P_1\delta_1 + P_1\delta_2$

> **해설** **P_1이 행한 일**
>
> ㉠ 가변하중 P_1에 의한 일
>
> $$W_1 = \frac{1}{2}P_1\delta_1$$
>
> ㉡ 고정(유지)하중 P_1에 의한 일
>
> $$W_2 = P_1\delta_2$$
>
> $$\therefore\ W = W_1 + W_2 = \frac{1}{2}P_1\delta_1 + P_1\delta_2$$

정답 10. ③ 11. ① 12. ④

★
13 다음 그림과 같은 구조물에서 P_1으로 인하여 B점의 처짐 $\delta_1=3\text{mm}$, P_2로 인하여 B점의 처짐 $\delta_2=2\text{mm}$이었다. P_1이 작용한 후 P_2가 작용할 때 P_1이 하는 일은?

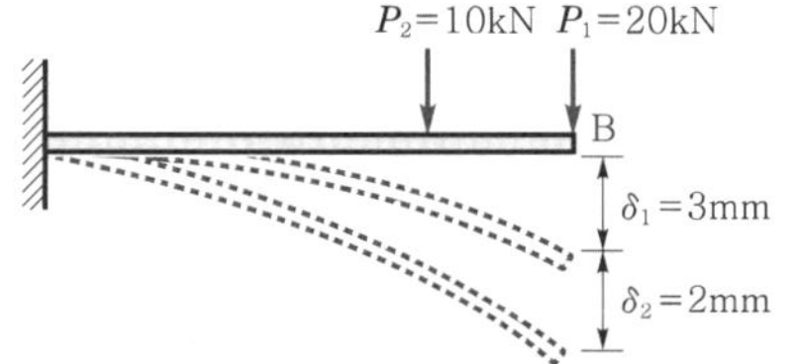

① 70,000N · mm ② 100,000N · mm
③ 120,000N · mm ④ 150,000N · mm

해설 P_1이 행한 일

$$W_e=\frac{1}{2}P_1\delta_1+P_1\delta_2$$
$$=\frac{1}{2}\times20\times10^3\times3+20\times10^3\times2$$
$$=70{,}000\text{N}\cdot\text{mm}$$

★
14 다음 그림과 같은 캔틸레버에서 변형에너지를 옳게 구한 것은? (단, E : 탄성계수, I : 단면2차모멘트)

① $\dfrac{w^2l^5}{20EI}$

② $\dfrac{w^2l^5}{40EI}$

③ $\dfrac{w^2l^5}{96EI}$

④ $\dfrac{w^2l^5}{128EI}$

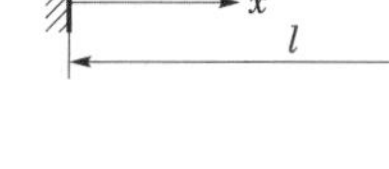

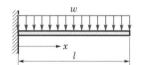

해설 탄성변형에너지(내력일)

㉠ 휨에 의한 탄성에너지만 고려하고, 나머지는 무시한다. B점부터 적분해도 결과는 같다.

㉡ 탄성변형에너지

$$M_x=\frac{w}{2}x^2$$
$$\therefore W_{iM}=\int_0^l\frac{M_x^{\ 2}}{2EI}dx=\int_0^l\frac{1}{2EI}\frac{w^2x^4}{4}dx$$
$$=\frac{w^2}{8EI}\int_0^l x^4\,dx=\frac{w^2}{8EI}\left[\frac{x^5}{5}\right]_0^l$$
$$=\frac{w^2l^5}{40EI}$$

15 다음 캔틸레버보의 휨변형에너지는? (단, EI는 일정)

① $\dfrac{w^2l^5}{40EI}$

② $\dfrac{w^2l^5}{80EI}$

③ $\dfrac{w^2l^5}{1{,}280EI}$

④ $\dfrac{w^2l^5}{96EI}$

해설 휨에 의한 탄성변형에너지(내력일)

$$M_x=-\frac{w}{2}x^2$$
$$\therefore W_{iM}=\int\frac{M_x^{\ 2}}{2EI}dx=\int_0^{l/2}\frac{\left(-\frac{w}{2}x^2\right)^2}{2EI}dx$$
$$=\frac{w^2}{8EI}\int_0^{l/2}x^4\,dx=\frac{w^2}{8EI}\left[\frac{x^5}{5}\right]_0^{l/2}$$
$$=\frac{w^2l^5}{1{,}280EI}$$

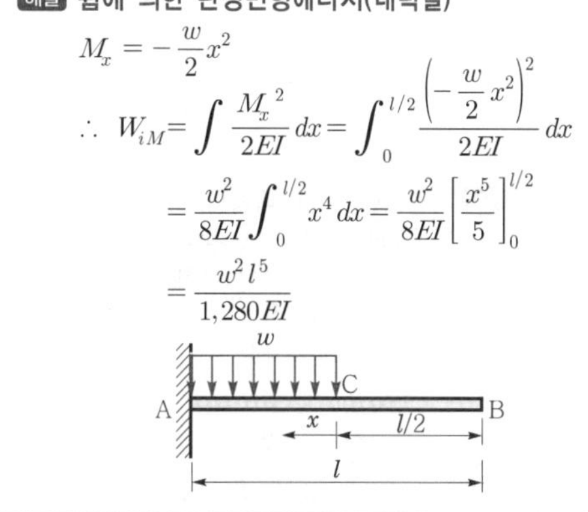

★
16 다음 그림과 같은 자유단에 휨모멘트 M이 작용할 때 캔틸레버보에 저장되는 탄성변형에너지는?

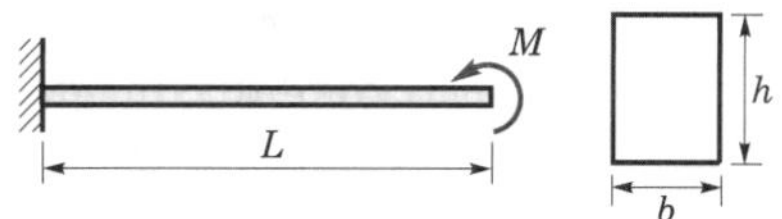

① $\dfrac{M^2L}{2EI}$ ② $\dfrac{ML^2}{EI}$

③ $\dfrac{M^2L}{3EI}$ ④ $\dfrac{M^2L}{EI}$

해설 탄성변형에너지(내력일)

$$M_x=M$$
$$\therefore W_i=\int_0^L\frac{N^2}{2EA}dx+\int_0^L\frac{M_x^{\ 2}}{2EI}dx+\int_0^L\frac{kS^2}{2GA}dx$$
$$=0+\int_0^L\frac{M_x^{\ 2}}{2EI}dx+0=\frac{M^2L}{2EI}$$

정답 13. ① 14. ② 15. ③ 16. ①

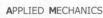

★★
17 다음 그림과 같은 캔틸레버의 끝단에 수직하중 P와 모멘트 M이 작용하는 경우 이 보에 저장되는 탄성에너지는 다음 중 어느 식으로 주어지는가? (단, 전단변형에 의한 에너지는 무시한다.)

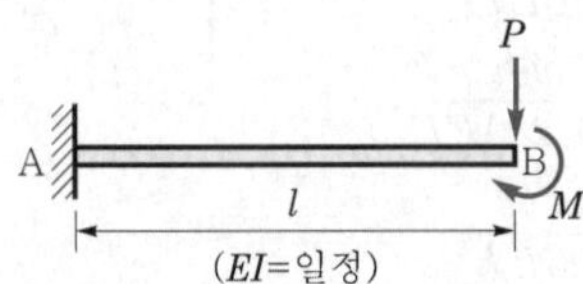

① $U=\dfrac{P^2l^2}{2EI}+\dfrac{M^2l}{2EI}$ ② $U=\dfrac{P^2l^3}{3EI}+\dfrac{M^2l}{2EI}$

③ $U=\dfrac{P^2l^3}{EI}+\dfrac{M^2l}{EI}$ ④ $U=\dfrac{P^2l^3}{6EI}+\dfrac{M^2l}{2EI}$

해설 **탄성변형에너지(내력일)**

㉠ 탄성변형에너지는 중첩의 원리가 성립되지 않는다. 따라서 하중을 동시에 재하시켜 계산해야 한다.

㉡ 탄성변형에너지

$$M_x=-Px-M$$

$$\therefore W_i=\int\frac{{M_x}^2}{2EI}dx$$

$$=\frac{1}{2EI}\int(-Px-M)^2\,dx$$

$$=\frac{1}{2EI}\int_0^l(-Px)^2\,dx+\frac{1}{2EI}\int_0^l(-M)^2\,dx+\frac{1}{2EI}\int_0^l 2PMx\,dx$$

$$=\frac{P^2}{2EI}\left[\frac{x^3}{3}\right]_0^l+\frac{M^2}{2EI}[x]_0^l+\frac{PM}{EI}\left[\frac{x^2}{2}\right]_0^l$$

$$=\frac{P^2l^3}{6EI}+\frac{M^2l}{2EI}+\frac{PMl^2}{2EI}$$

18 다음 보에 저장되는 탄성에너지는?

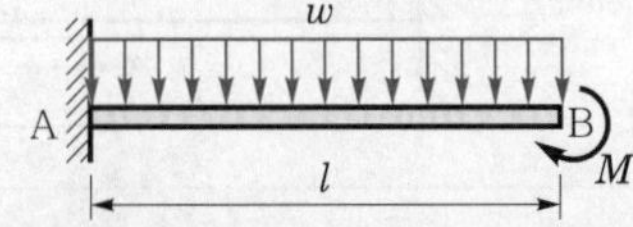

① $\dfrac{w^2l^5}{40EI}+\dfrac{wMl^3}{3EI}+\dfrac{M^2l}{2EI}$

② $\dfrac{w^2l^5}{40EI}+\dfrac{wMl^3}{4EI}+\dfrac{M^2l}{2EI}$

③ $\dfrac{w^2l^5}{40EI}+\dfrac{wMl^3}{6EI}+\dfrac{M^2l}{2EI}$

④ $\dfrac{w^2l^5}{40EI}+\dfrac{wMl^3}{8EI}+\dfrac{M^2l}{2EI}$

해설 **탄성변형에너지(내력일)**

$$M_x=-\frac{wx^2}{2}-M$$

$$\therefore W_i=\int_0^l\frac{{M_x}^2}{2EI}dx$$

$$=\frac{1}{2EI}\int_0^l\left(-\frac{wx^2}{2}-M\right)^2dx$$

$$=\frac{1}{2EI}\int_0^l\left(\frac{w^2}{4}x^4+wMx^2+M^2\right)dx$$

$$=\frac{1}{2EI}\left[\frac{w^2}{20}x^5+\frac{wM}{3}x^3+M^2x\right]_0^l$$

$$=\frac{w^2l^5}{40EI}+\frac{wMl^3}{6EI}+\frac{M^2l}{2EI}$$

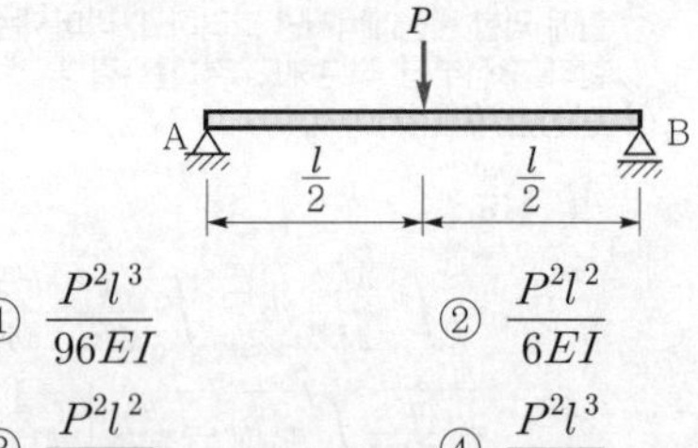

3. 단순보의 탄성에너지

★★
19 다음 그림과 같은 보에 저장되는 탄성에너지는? (단, 전단변형에 의한 에너지는 무시)

① $\dfrac{P^2l^3}{96EI}$ ② $\dfrac{P^2l^2}{6EI}$

③ $\dfrac{P^2l^2}{96EI}$ ④ $\dfrac{P^2l^3}{6EI}$

해설 **휨에 의한 탄성변형에너지(외력일)**

$$\delta=\frac{Pl^3}{48EI}$$

$$\therefore U=W_e=\frac{1}{2}P\delta=\frac{P}{2}\times\frac{Pl^3}{48EI}=\frac{P^2l^3}{96EI}$$

정답 17. ④ 18. ③ 19. ①

20 다음 보에서 휨변형에너지는? (단, EI는 일정하다.)

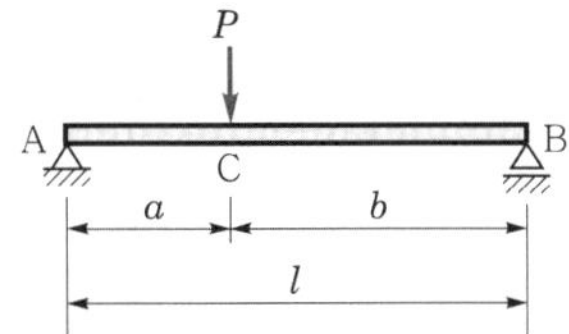

① $\dfrac{P^2a^2b^2}{3l\,EI}$　② $\dfrac{P^2a^2b^2}{12l\,EI}$

③ $\dfrac{P^2ab}{6l\,EI}$　④ $\dfrac{P^2a^2b^2}{6l\,EI}$

해설 휨에 의한 탄성변형에너지(외력일)

$$\delta_C = \frac{Pa^2b^2}{3EIl}$$

$$\therefore U = W_e = \frac{1}{2}P\delta_C = \frac{P}{2}\times\frac{Pa^2b^2}{3EIl} = \frac{P^2a^2b^2}{6EIl}$$

★
21 다음 그림과 같은 단순보에서 휨모멘트에 의한 변형에너지를 옳게 구한 것은? (단, E : 탄성계수, I : 단면2차모멘트)

① $\dfrac{w^2l^5}{385EI}$　② $\dfrac{w^2l^5}{240EI}$

③ $\dfrac{w^2l^5}{96EI}$　④ $\dfrac{w^2l^5}{40EI}$

해설 휨에 의한 변형에너지(내력일)

$$M_x = \frac{wl}{2}x - \frac{w}{2}x^2$$

$$\therefore W_{iM} = \int_0^l \frac{M_x^{\ 2}}{2EI}dx$$

$$= \frac{1}{2EI}\int_0^l \left(\frac{wl}{2}x - \frac{w}{2}x^2\right)^2 dx$$

$$= \frac{w^2l^5}{240EI}$$

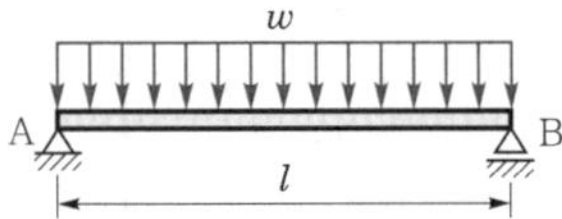

★
22 다음 그림과 같은 단순보에 축적되는 변형에너지는?

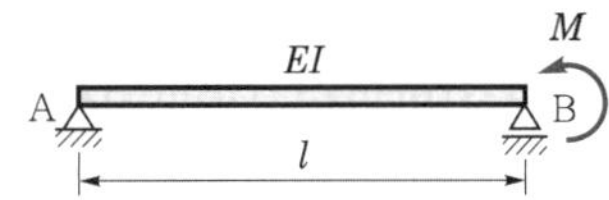

① $\dfrac{M^2l}{12EI}$　② $\dfrac{M^2l}{6EI}$

③ $\dfrac{M^2l}{4EI}$　④ $\dfrac{M^2l}{3EI}$

해설 회전변위에 의한 변형에너지(외력일)

$$\theta_B = \frac{Ml}{3EI}$$

$$\therefore U = W_e = \frac{1}{2}M\theta_B = \frac{M}{2}\times\frac{Ml}{3EI} = \frac{M^2l}{6EI}$$

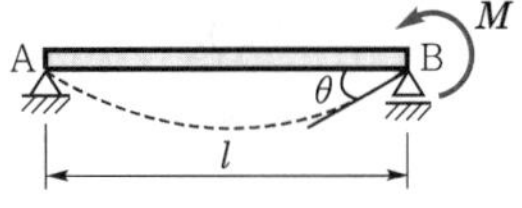

별해 $M_x = \dfrac{M}{l}x$

$$\therefore W_{iM} = \int_0^l \frac{M_x^{\ 2}}{2EI}dx = \int_0^l \frac{1}{2EI}\frac{M^2}{l^2}x^2 dx$$

$$= \frac{M^2}{2EIl^2}\left[\frac{x^3}{3}\right]_0^l = \frac{M^2l}{6EI}$$

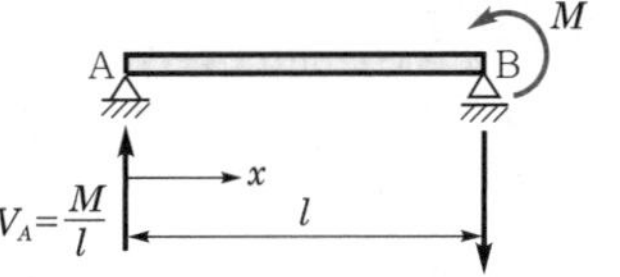

23 다음 그림과 같은 단순보에 저장되는 변형에너지는?

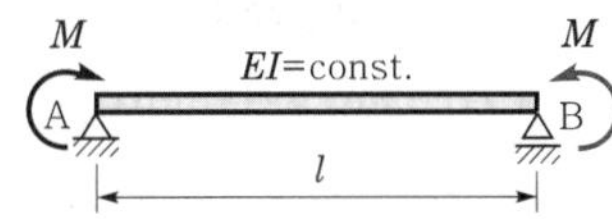

① $\dfrac{M^2l}{2EI}$　② $\dfrac{M^2l}{4EI}$

③ $\dfrac{M^2l}{6EI}$　④ $\dfrac{M^2l}{8EI}$

해설 휨에 의한 탄성변형에너지(내력일)

$M_x = M$

$$\therefore U = W_e = \int_0^l \frac{M_x^{\ 2}}{2EI}dx$$

$$= \frac{1}{2EI}\int_0^l M^2 dx = \frac{M^2l}{2EI}$$

정답 20. ④ 21. ② 22. ② 23. ①

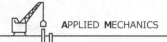

★
24 양단 고정보의 지간 중앙에 집중하중 P가 작용할 때의 변형에너지는? (단, EI는 일정)

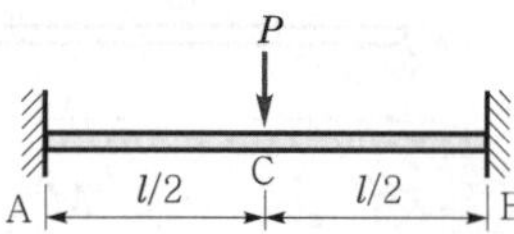

① $\dfrac{P^2l^3}{96EI}$　② $\dfrac{P^2l^3}{240EI}$

③ $\dfrac{P^2l^3}{576EI}$　④ $\dfrac{P^2l^3}{384EI}$

해설 휨에 의한 변형에너지(외력일)

$$\delta_C = \frac{Pl^3}{192EI}$$

$$\therefore W_e = \frac{1}{2}P\delta_C = \frac{P}{2}\times\frac{Pl^3}{192EI} = \frac{P^2l^3}{384EI}$$

4. 축하중 부재의 탄성에너지

★
25 축방향력 N, 단면적 A, 탄성계수 E일 때 축방향 변형에너지는?

① $\displaystyle\int_0^l \frac{N^2}{2EA}dx$　② $\displaystyle\int_0^l \frac{N}{2EA}dx$

③ $\displaystyle\int_0^l \frac{N^2}{EA}dx$　④ $\displaystyle\int_0^l \frac{N}{EA}dx$

해설 축방향 변형에너지

$$U = W_{iN} = \int_0^l \frac{N^2}{2EA}dx$$

26 다음 그림과 같은 봉의 내부에 저장되는 변형에너지(strain energy)는? (단, P : 인장하중, A : 봉의 단면적, E : 탄성계수, δ : 이때 생기는 신장의 크기, U : 변형에너지)

① $U = \dfrac{P\delta}{2}$

② $U = P\delta$

③ $U = \dfrac{P^2l}{2EA}$

④ $U = \dfrac{PEA\delta^2}{2l}$

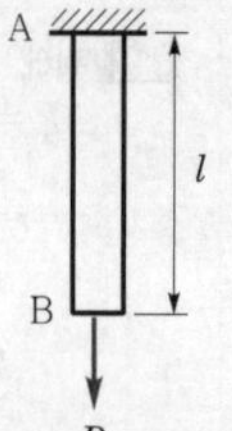

해설 축방향 변형에너지

㉠ 하중에 의한 축방향 변형량

$$\delta = \Delta l = \frac{Pl}{EA}$$

㉡ 축방향 변형에너지

$$U = \frac{1}{2}P\delta = \frac{P}{2}\times\frac{Pl}{EA} = \frac{P^2l}{2EA}$$

★
27 단면적 A, 길이 l의 강철 사각보가 수직으로 매달려 있다. 단위중량이 γ일 때 자중에 의한 탄성에너지는?

① $\dfrac{\gamma}{2AE}$　② $\dfrac{\gamma^2A}{2E}$

③ $\dfrac{\gamma^2Al^3}{6E}$　④ $\dfrac{\gamma^2A^2l^2}{6E}$

해설 봉의 자중에 의한 탄성에너지

축방향력 $N_x = Ax\gamma$

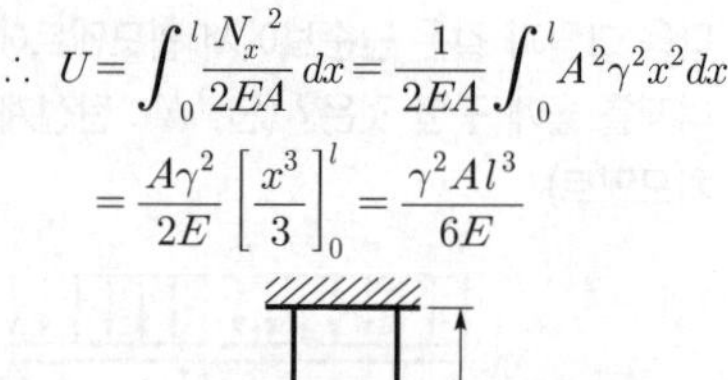

$$\therefore U = \int_0^l \frac{{N_x}^2}{2EA}dx = \frac{1}{2EA}\int_0^l A^2\gamma^2x^2dx$$

$$= \frac{A\gamma^2}{2E}\left[\frac{x^3}{3}\right]_0^l = \frac{\gamma^2Al^3}{6E}$$

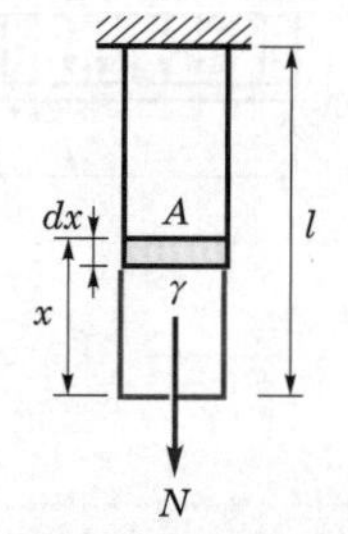

28 다음 그림과 같은 정사각형 막대 단면의 변형에너지는?

① $\dfrac{P^2l}{2a^2E}$

② $\dfrac{2P^2l}{a^2E}$

③ $\dfrac{2a^2l}{P^2E}$

④ $\dfrac{2El}{a^2P^2}$

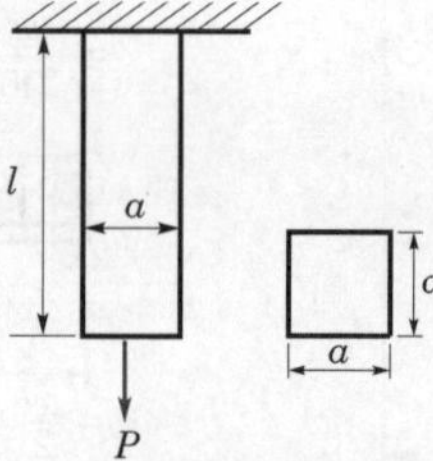

정답 24. ④ 25. ① 26. ③ 27. ③ 28. ①

해설 하중에 의한 축방향 변형에너지

$$U=\frac{1}{2}P\delta=\frac{P}{2}\times\frac{Pl}{EA}=\frac{P^2l}{2EA}=\frac{P^2l}{2a^2E}$$

29 길이 l, 직경 d인 원형 단면봉이 인장하중 P를 받고 있다. 응력이 단면에 균일하게 분포한다고 가정할 때 이 봉에 저장되는 변형에너지를 구한 값은? (단, E : 봉의 탄성계수)

① $\frac{4P^2l}{\pi d^2E}$ ② $\frac{2P^2l}{\pi d^2E}$

③ $\frac{4Pl^2}{\pi d^2E}$ ④ $\frac{4Pl^2}{\pi d^2E}$

해설 하중에 의한 축방향 변형에너지

$$U=W_e=\frac{1}{2}P\delta=\frac{P^2l}{2EA}=\frac{P^2l}{2E\left(\frac{\pi d^2}{4}\right)}=\frac{2P^2l}{\pi d^2E}$$

★★
30 강봉에 400N의 축하중이 작용하여 축방향으로 0.4mm가 변형되었다면 탄성변형에너지는?

① 60N · mm
② 80N · mm
③ 100N · mm
④ 120N · mm

해설 축하중 부재의 탄성변형에너지

$$U=W_e=\frac{1}{2}P\delta=\frac{1}{2}\times400\times0.4=80\text{N}\cdot\text{mm}$$

31 봉의 변형에너지를 신장량의 함수로 표시한 식은? (단, L : 봉의 길이, EA : 봉의 축강성, δ : 신장량)

① $V=\frac{EA\delta}{L}$ ② $V=\frac{EA\delta^2}{2L^2}$

③ $V=\frac{EA\delta^2}{2L}$ ④ $V=\frac{E^2A\delta}{L}$

해설 신장량의 함수

$$\delta=\frac{PL}{EA}\rightarrow P=\frac{EA\delta}{L}$$

$$\therefore V=U=\frac{1}{2}P\delta=\frac{\delta}{2}\times\frac{EA\delta}{L}=\frac{EA\delta^2}{2L}$$

32 길이 20mm이고 단면적이 10mm^{2}인 균일 단면봉이 2,000N의 압축하중을 받고 있다. 이 봉의 탄성계수가 2.0×10^{5}MPa일 때 이 봉 속에 저장되는 변형에너지는?

① 10N · mm
② 20N · mm
③ 40N · mm
④ 50N · mm

해설 압축부재의 변형에너지

$$U=\frac{P^2l}{2EA}=\frac{2{,}000^2\times20}{2\times10\times2\times10^5}=20\text{N}\cdot\text{mm}$$

★
33 다음 봉에서 변형에너지는? (단, EA는 일정하다.)

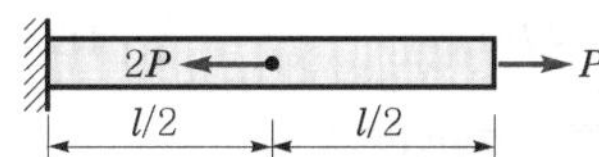

① $\frac{P^2l}{5EA}$ ② $\frac{P^2l}{4EA}$

③ $\frac{P^2l}{3EA}$ ④ $\frac{P^2l}{2EA}$

해설 축방향 변형에너지

$$W_{iN}=\Sigma\frac{N^2l}{2EA}=\frac{(-P)^2(l/2)}{2EA}+\frac{P^2(l/2)}{2EA}=\frac{P^2l}{2EA}$$

정답 29. ② 30. ② 31. ③ 32. ② 33. ④

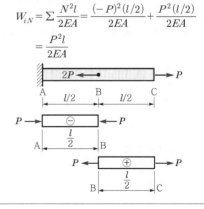

5. 비틀림탄성에너지와 성질

34 비틀림모멘트 T를 받는 길이 L인 봉의 비틀림에너지는? (단, GJ : 비틀림강성)

① $U=\dfrac{TL}{2GJ}$　② $U=\dfrac{T^2L}{2GJ}$

③ $U=\dfrac{TL^2}{2GJ}$　④ $U=\dfrac{T^2L^2}{2GJ}$

> **해설** 비틀림변형에너지
> $$U=W_E=\frac{1}{2}T\phi=\frac{T}{2}\times\frac{TL}{GI_P}=\frac{T^2L}{2GI_P}$$
> 여기서, GI_P : 비틀림강성

35 다음 동일 재질의 봉의 비틀림변형에너지는? (단, T : 비틀림모멘트, GJ : 비틀림강도)

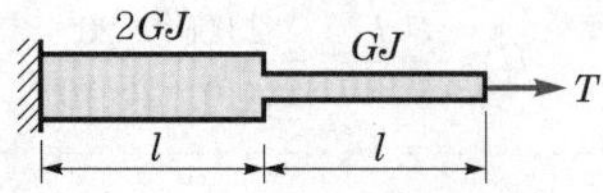

① $\dfrac{3T^2l}{GJ}$　② $\dfrac{3T^2l}{2GJ}$

③ $\dfrac{T^2l}{GJ}$　④ $\dfrac{3T^2l}{4GJ}$

> **해설** 비틀림변형에너지
> $$U=W_{iT}=\frac{T^2l}{2GJ}+\frac{T^2l}{2G\times 2J}=\frac{3T^2l}{4GJ}$$

36 레질리언스계수란?

① 재료의 항복 시의 응력에 해당하는 변형에너지이다.
② 재료의 비례한도의 응력에 해당하는 변형에너지이다.
③ 재료의 파괴 시의 응력에 해당하는 변형에너지 밀도이다.
④ 재료의 극한응력에 응력에 해당하는 변형에너지 밀도이다.

> **해설** 복원(레질리언스)계수
> 복원(레질리언스)계수는 재료의 비례한도(또는 탄성한도)에 해당하는 응력을 받고 있을 때의 변형에너지 밀도이다.

★
37 다음 중 레질리언스계수를 나타낸 식은 어느 것인가?

① $\dfrac{\varepsilon^2}{2E}$　② $\dfrac{\sigma^2}{2E}$

③ $\dfrac{\delta^2}{2E}$　④ $\dfrac{\gamma^2}{2E}$

> **해설** 복원(레질리언스)계수
> ㉠ 단위체적에 해당하는 변형에너지(변형에너지 밀도)로서 비례한도(탄성한도)에 해당하는 최대 밀도를 말한다.
> ㉡ 레질리언스계수
> $$U_r=\frac{W_i}{AL}=\frac{W_i}{V}=\frac{\sigma^2}{2E}$$

38 재료의 파단 시에 해당하는 응력을 받고 있을 때의 변형에너지 밀도를 무엇이라고 하는가?

① 레질리언스
② 레질리언스계수
③ 인성
④ 인성계수

> **해설** 인성(터프니스)계수
> 인성이란 파단 시까지 에너지를 흡수할 수 있는 능력을 의미하며, 재료의 파단 시 변형에너지 밀도를 인성계수(터프니스계수)라고 한다.

정답 34. ② 35. ④ 36. ② 37. ② 38. ④

CHAPTER 11

구조물의 변위

SECTION 1 | 구조물 변위의 일반

SECTION 2 | 처짐의 해법

SECTION 3 | 상반작용의 정리

CHAPTER 11

구조물의 변위

회독 체크표

1회독	월	일
2회독	월	일
3회독	월	일

최근 10년간 출제분석표

2015	2016	2017	2018	2019	2020	2021	2022	2023	2024
20.0%	13.3%	13.3%	6.7%	13.3%	10.0%	11.7%	13.3%	13.3%	10.0%

출제 POINT

학습 POINT

- 탄성곡선
- 처짐
- 처짐각
- 곡률과 곡률반경

■용어정리

① 탄성곡선(처짐곡선) : 하중에 의해 변형된 곡선

② 변형(deformation) : 구조물의 형태가 변하는것

③ 변위(displacement) : 임의의 점의 이동량

④ 처짐(deflection) : 변위의 연직성분 (≒변위)

⑤ 처짐각(deflection angle)

$\tan\theta = \dfrac{dy}{dx} \fallingdotseq \theta$

SECTION 1 구조물 변위의 일반

1 처짐과 처짐각

1) 탄성곡선(처짐곡선)과 처짐

(1) 탄성곡선(처짐곡선)

① 직선이었던 보가 하중을 받게 되면 부재축은 변형되어 곡선을 이룬다. 이 곡선을 탄성곡선(elastic curve) 또는 처짐곡선(deflection curve)이라고 한다.

② 구조물의 형태가 변하는 것을 변형(deformation)이라 하고, 하중에 의해 변형된 곡선(처짐곡선)상 임의 점에서의 이동량을 변위(displacement)라고 한다.

③ 변위는 변위의 연직성분과 수평성분으로 구분할 수 있다.

(2) 처짐

① 보가 하중을 받아 변형하였을 때 그 축상 임의 점의 변위에 대한 연직방향의 거리(연직성분)를 처짐(deflection, δ_{CC_2})이라고 한다. 이 경우 수평변위 $\delta_{C_1C_2}$는 미소하므로 보통 무시한다.

② 부호 : 하향(↓)일 때 (+), 상향(↑)일 때 (−)

2) 처짐각과 부재각

(1) 처짐각

① 탄성곡선상의 한 점에서 그은 접선이 변형 전 보의 축과 이루는 각을 처짐각(deflection angle)이라고 한다.

$$\tan\theta = \frac{dy}{dx} \fallingdotseq \theta$$

② 부호 : 시계방향(↻)일 때 (+), 반시계방향(↺)일 때 (−)

(2) 부재각

① 지점침하 또는 절점의 이동으로 변위가 발생하였을 때 부재가 이루는 각을 부재각(joint translation angle)이라고 한다.

② 부재각의 크기

$$R = \frac{\delta}{l} = \frac{\Delta}{h}$$

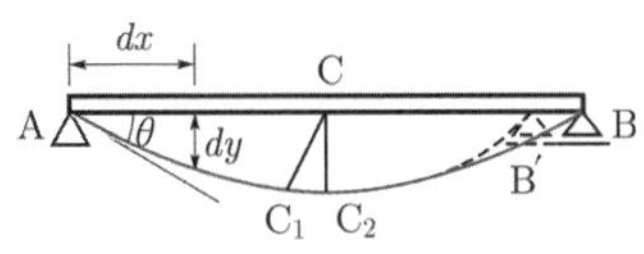

(a) 탄성(처짐)곡선

(b) 부재각

[그림 11-1] 처짐각과 부재각

2 처짐을 구하는 목적과 해법의 종류

1) 휨상태에서 곡률과 휨모멘트와의 관계

(1) 곡률식의 유도

① 변형률 $\varepsilon_x = \dfrac{\Delta dx}{dx}$, Hooke의 법칙 $\sigma_x = E\,\varepsilon_x$로부터

$$\Delta dx = \frac{\sigma_x}{E} dx$$

곡률의 비례식 $R : dx = y : \Delta dx$로부터

$$\Delta dx = \frac{y}{R} dx$$

$$\therefore\ \sigma_x = \frac{E}{R} y$$

② 여기서 $M = \int \sigma_x\, y\, dA = \sigma_x \int_A y\, dA = \dfrac{E}{R}\int_A y^2\, dA = \dfrac{E}{R} I$를 정리하면

$$\therefore\ \frac{1}{R} = \frac{M}{EI} = \rho = k$$

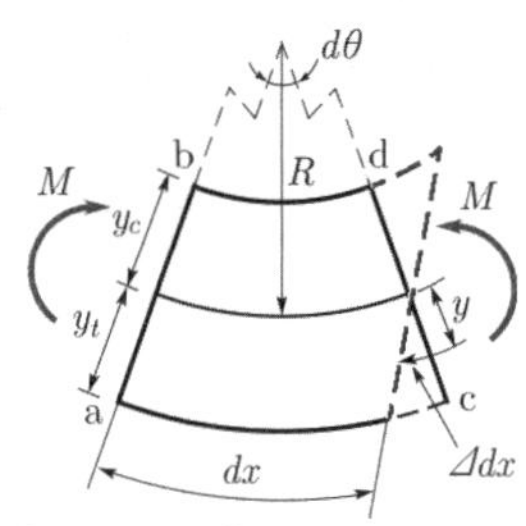

[그림 11-2] $R-M$관계

출제 POINT

■ 곡률과 곡률반경

① 곡률

$$\rho = k = \frac{1}{R} = \frac{M}{EI}$$

② 곡률반경(곡률반지름)

$$R = \frac{EI}{M}$$

출제 POINT

■ 처짐을 구하는 목적

① 사용성 문제
② 부정정 구조물의 해석

■ 처짐이 생기는 원인

① 하중, 온도, 제작오차, 지점침하 등의 요인
② 단면력(휨모멘트, 전단력, 축방향력, 비틀림력) 같은 여러 종류의 내력

(2) 곡률과 휨모멘트와의 관계

① 곡률반경(R)은 휨모멘트(M)에 반비례하고 휨강성(EI)에 비례한다.
② 곡률($\rho = k$)은 휨모멘트(M)에 비례하고 휨강성(EI)에 반비례한다.
③ EI가 무한대(∞)이면 곡률반경(R)도 무한대가 되어 처짐이 발생하지 않는다.

2) 처짐을 구하는 목적과 원인

(1) 사용성 문제와 구조물 해석

① 구조물이 허용처짐량을 넘으면 구조물의 미관을 해치고 구조물에 부착된 다른 부분이 손상을 받는다.
② 구조물 처짐의 허용한계점을 결정하기 위하여 변위(처짐, 처짐각)를 계산한다.
③ 부정정 구조물을 해석할 때에 이용한다.

(2) 처짐이 생기는 원인

① 하중, 온도, 제작오차, 지점침하 등의 요인으로 발생한다.
② 단면력(휨모멘트, 전단력, 축방향력, 비틀림력) 같은 여러 종류의 내력에 의해 생긴다.

3) 처짐을 구하는 해법의 종류

(1) 기하학적 방법

① 탄성곡선식법(처짐곡선식법, 2중적분법, 미분방정식법) : 보, 기둥에 적용
② 모멘트 면적법(Greene의 정리) : 보, 라멘에 적용
③ **탄성하중법**(Mohr의 정리) : 보, 라멘에 적용
④ **공액보법** : 모든 보에 적용
⑤ Newmark의 방법 : 비균일변 단면의 보에 적용
⑥ 부재열법 : 트러스에만 적용
⑦ Willot Mohr도에 의한법 : 트러스에만 적용
⑧ 중첩법(겹침법)

(2) Energy방법

① 실제 일의 방법(탄성변형, 에너지 불변의 정리) : 보, 트러스에 적용
② **가상일의 방법**(단위하중법) : 모든 구조물에 적용
③ Castigiliano의 제2정리 : 모든 구조물에 적용

(3) 수치 해석법

① 유한차분법
② Rayleigh : Ritz method
③ 유한요소법
④ 경계요소법
⑤ 매트릭스법(matrix method)

SECTION 2 처짐의 해법

출제 POINT

학습 POINT
- 탄성하중법(Mohr의 정리)
- 공액보법
- 가상일의 방법(단위하중법)

1 처짐을 구하는 해법

1) 탄성곡선식법과 모멘트 면적법

(1) 탄성곡선식법(처짐곡선식법, 2중적분법, 미분방정식법)

① 탄성곡선식(미분방정식)

$$\frac{d^2y}{dx^2} = -\frac{M_x}{EI}$$

② 처짐각

$$\theta = \frac{dy}{dx} = -\int \frac{M_x}{EI} dx + C_1$$

$$\therefore\ EI\theta = -\int M_x dx + C_1$$

③ 처짐

$$y = -\int\left(\int \frac{M_x}{EI} dx\right) dx + C_1 x + C_2$$

$$= -\iint \frac{M_x}{EI} dx dx + C_1 x + C_2$$

$$\therefore\ EIy = -\iint M_x dx dx + C_1 x + C_2$$

여기서, C_1, C_2 : 적분상수

EI : 휨강성(굴곡강성)

④ 적분상수 C_1, C_2는 경계조건의 원리에 의해 계산할 수 있다.

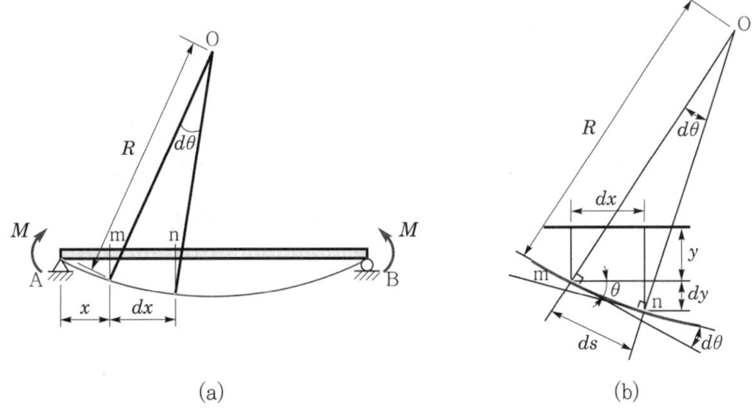

[그림 11-3] 처짐과 곡률의 관계

■ 곡률 관계식

$$\frac{1}{R} = \frac{M}{EI}$$

■ 탄성곡선식에서

$$y = -\iint \frac{M}{EI} dx dx + C_1 x + C_2$$

$$y' = \theta = \frac{dy}{dx} = -\int \frac{M}{EI} dx + C_1$$

$$y'' = \frac{d^2y}{dx^2} = -\frac{M}{EI}$$

$$y''' = \frac{d^3y}{dx^3} = -\frac{S}{EI}$$

$$y'''' = \frac{d^4y}{dx^4} = \frac{w}{EI}\text{(등분포하중)}$$

$$y'''' = \frac{d^4y}{dx^4} = 0\text{(집중하중)}$$

출제 POINT

■ 모멘트 면적법

① 모멘트 면적 제1정리 : 처짐각(접선을 이루는 각)

② 모멘트 면적 제2정리 : 처짐(수직거리)

(2) 모멘트 면적법(Greene의 정리)

① 모멘트 면적 제1정리

탄성곡선상에서 임의의 점 m과 n에서의 접선이 이루는 각은 이 두 점 간의 휨모멘트도의 면적을 EI로 나눈 값과 같다.

$$\theta = \int \frac{M}{EI}dx = \frac{A}{EI}$$

② 모멘트 면적 제2정리

탄성곡선상에서 임의의 점 m에서 탄성곡선에 접하는 접선으로부터 그 탄성곡선상에서 다른 점 n까지의 수직거리는, 이들 두 점 간의 휨모멘트도 면적의 점 m을 지나는 축에 대한 단면1차모멘트를 EI로 나눈 값과 같다.

$$y_m = \int \frac{M}{EI}x_1 dx = \frac{A}{EI}x_1$$

$$y_n = \int \frac{M}{EI}x_2 dx = \frac{A}{EI}x_2$$

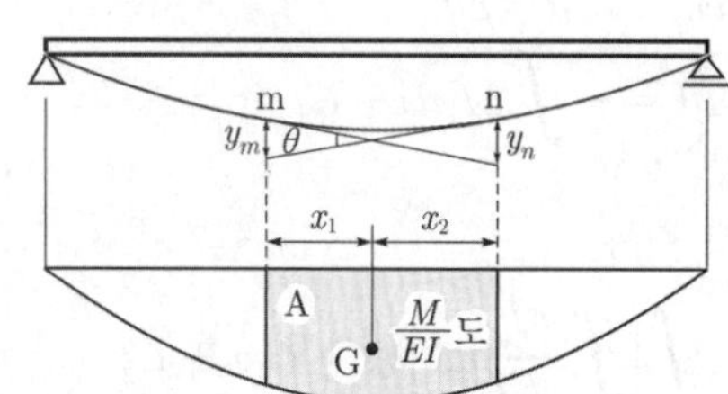

[그림 11-4] 모멘트 면적법

2) 탄성하중법과 공액보법

■ 탄성하중법

① 처짐각

$$\theta_x = \frac{S_x}{EI}$$

② 처짐

$$y_x = \frac{M_x}{EI}$$

(1) 탄성하중법(Mohr의 정리)

① 단순보의 임의 점에서의 처짐각은 휨모멘트도를 하중으로 생각할 때 그 점에서 생기는 **전단력**을 EI로 나눈 값이다.

② 단순보의 임의 점에서의 처짐은 휨모멘트도를 하중으로 생각할 때 그 점에서 생기는 **휨모멘트**를 EI로 나눈 값이다.

$$\theta_x = \frac{1}{EI}(R_A{}' - A_{AC})$$

$$y_x = \frac{1}{EI}(R_A{}'x - A_{AC}\,\overline{x})$$

③ 탄성하중법은 고정단에서 처짐과 처짐각이 생긴다는 모순이 발생한다.

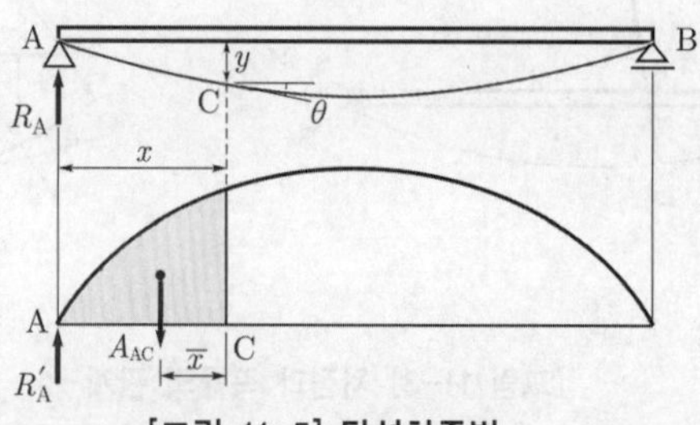

[그림 11-5] 탄성하중법

(2) 공액보법의 원리

① 탄성하중법의 모순을 보완하여 적용한다.

② 탄성하중법의 원리를 적용시킬 수 있도록 단부의 조건을 변화시킨 보를 공액보(conjugate beam)라고 하며, 공액보에 $\frac{M}{EI}$도라는 탄성하중을 재하시켜서 탄성하중법을 그대로 적용하여 처짐과 처짐각을 구하는 방법이다.

③ 실제 보를 공액보로 표시하여 해석하고, 공액보법은 **모든 보**에 적용한다.

(3) 단부조건의 변화

① 고정단 → 자유단

② 자유단 → 고정단

③ 내측 힌지절점 → 내측 힌지지점

④ 내측 힌지지점 → 내측 힌지절점

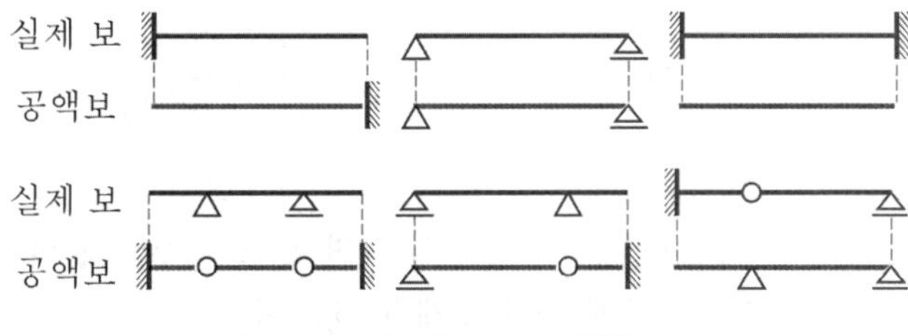

[그림 11-6] 단부조건의 변화

출제 POINT

■ 공액보에 재하시킨 탄성하중

$\therefore \frac{M}{EI}$도=탄성하중

2 가상일의 원리(단위하중법)

1) 일반부재의 변위

① 하중에 의해 이루어진 외적인 일은 구조물에 저장된 **내적 탄성에너지**와 같다.

② 휨부재의 변위

$$\theta_c = \int \frac{m_M M}{EI} dx$$

$$y_c = \int \frac{m_P M}{EI} dx$$

여기서, M : 실제 하중에 의한 임의 점의 휨모멘트

m_M : 처짐각을 구할 때 C점에 작용시킨 가상적인 단위모멘트 하중($M_n = 1$)에 의한 임의 점의 휨모멘트

m_P : 처짐을 구할 때 C점에 작용시킨 가상적인 단위집중하중($P_n = 1$)에 의한 임의 점의 휨모멘트

출제 POINT

■ 단위하중법

① 주어진 트러스

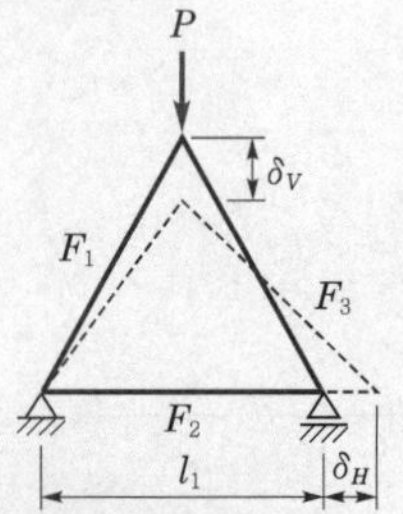

② 연직변위

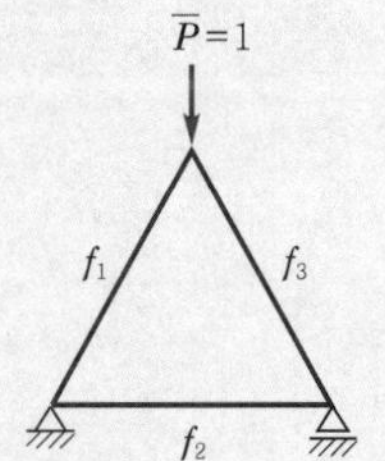

③ 수평변위

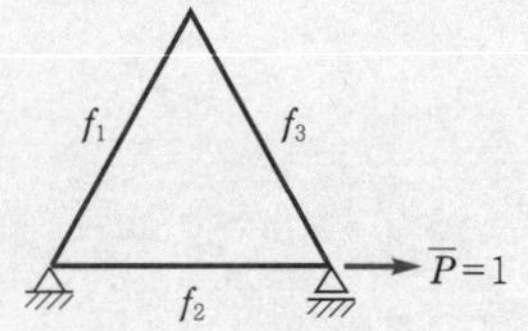

■ 변위선도법

① 트러스 부재

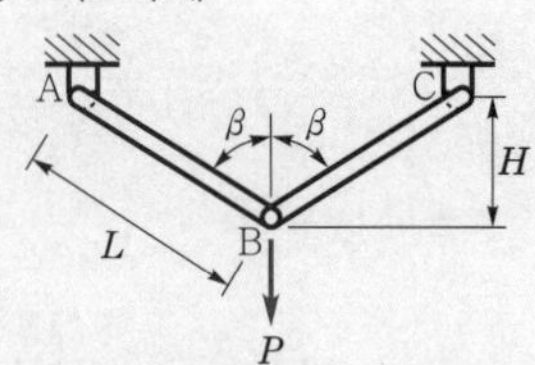

② Williot 변위선도

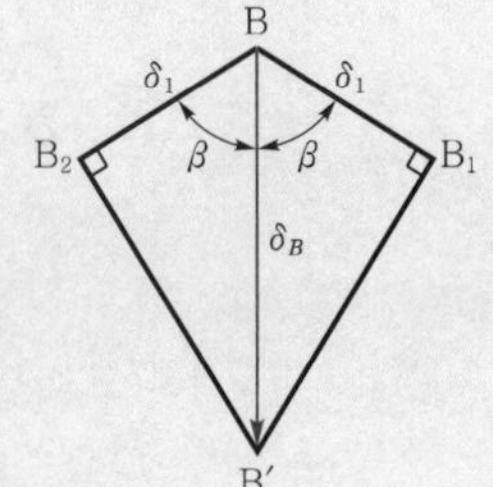

2) 트러스 부재의 변위

(1) 단위하중법

① 트러스 부재의 수직, 수평변위

$$\delta_i = \sum \frac{fF}{EA}L$$

여기서, δ_i : 구하고자 하는 점의 처짐

f : 단위하중에 의한 부재력

F : 실제 하중에 의한 부재력

L : 트러스 부재의 길이, EA : 부재의 축강성

② 부재의 변형량

$$\Delta l_1 = \frac{F_1 l_1}{EA_1},\ \Delta l_2 = \frac{F_2 l_2}{EA_2},\ \cdots$$

$$\therefore\ \delta = f_1 \Delta l_1 + f_2 \Delta l_2 + \cdots = \frac{f_1 F_1 l_1}{EA_1} + \frac{f_2 F_2 l_2}{EA_2} + \cdots$$

여기서, E : 탄성계수, l : 부재길이, F : 부재력

δ_V : 수직변위, A : 부재의 단면적, Δl : 부재의 변형량

f : 단위하중에 의한 부재력, δ_H : 수평변위

(2) Williot 변위선도법

① 부재력 산정

힘의 평형조건식에 의하여

$\sum V = 0,\ F_{AB}\cos\beta + F_{BC}\cos\beta = P$이고,

$\sum H = 0,\ F_{AB} = F_{BC} = F$이므로

$$2F\cos\beta = P$$

$$\therefore\ F = \frac{P}{2\cos\beta}$$

② 부재의 변위량(δ_1)

부재 하나의 길이는 $L\cos\beta = H$로부터

$$L = \frac{H}{\cos\beta}$$

$$\therefore\ \delta_1 = \frac{FL}{EA} = \frac{PH}{2EA\cos^2\beta}$$

③ B점의 수직처짐(δ_B)

Williot 변위선도에서

$$\delta_B = \frac{\delta_1}{\cos\beta} = \frac{PH}{2EA\cos^3\beta}$$

3 기타 원리

1) Castigliano의 제2정리

(1) Castigliano의 제2정리의 적용

① 구조물이 재료가 탄성적이고 온도변화나 지점침하가 없는 경우에 적용한다.

② 변형에너지의 어느 특정한 힘(또는 우력)에 관한 1차 **편도함수**는 그 힘의 작용점에서의 작용선방향의 처짐(또는 기울기)과 같다.

③ 서서히 작용한 외력에 의한 외적일은 구조물 안에 축적된 변형에너지와 같다.

(2) 구조물의 처짐과 처짐각

① 처짐

$\delta_i = \dfrac{\partial W_i}{\partial P_i}$에 $W_i = \displaystyle\int_0^l \frac{M^2}{2EI}dx + \Sigma\frac{F^2 l}{2EA}$을 대입하면

㉠ 라멘의 처짐 : $\delta_i = \Sigma\displaystyle\int M\left(\frac{\partial M}{\partial P_i}\right)\frac{dx}{EI} + \Sigma F\left(\frac{\partial F}{\partial P_i}\right)\frac{l}{EA}$

㉡ 보의 처짐 : $\delta_i = \Sigma\displaystyle\int M\left(\frac{\partial M}{\partial P_i}\right)\frac{dx}{EI}$

㉢ 트러스의 처짐 : $\delta_i = \Sigma F\left(\dfrac{\partial F}{\partial P_i}\right)\dfrac{l}{EA}$

② 기울기(처짐각)

$$\theta_i = \Sigma\int M\left(\frac{\partial M}{\partial M_A}\right)\frac{dx}{EI}$$

(3) 특성

① 모든 구조물에 적용하여 처짐, 기울기(처짐각)을 구할 수 있다.

② **지점침하나 온도변화** 등으로 일어나는 처짐의 계산에는 이용할 수 없다.

2) 중첩의 원리 적용

① 중첩의 원리

선형탄성 구조물에서 2개 이상의 하중이 작용하는 경우 작용순서에 관계없이 각각의 하중에 대한 변위를 계산하여 합한 것은 동시에 작용하는 경우의 변위와 같다.

② 중첩의 원리를 적용하여 변위를 구하는 방법을 **중첩법**(superposition method)이라고 한다.

출제 POINT

■ 카스틸리아노의 제2정리

① 보의 처짐

$\delta_i = \Sigma\displaystyle\int M\left(\frac{\partial M}{\partial P_i}\right)\frac{dx}{EI}$

② 처짐각

$\theta_i = \Sigma\displaystyle\int M\left(\frac{\partial M}{\partial M_A}\right)\frac{dx}{EI}$

출제 POINT

학습 POINT

- Betti의 정리(상반일의 정리)
- Maxwell의 정리(상반변위의 정리)
- Müller-Breslau의 정리
- 각 하중상태에서 처짐과 처짐각

■ 상반작용의 정리
=상반일의 정리+상반변위의 정리
=Betti의 정리+Maxwell의 정리

SECTION 3 상반작용의 정리

1 상반일의 정리와 상반변위의 정리

1) Betti의 정리(상반일의 정리)

(1) Betti의 정리의 원리

① 재료가 탄성적이고 Hooke의 법칙을 따르는 구조물에서 지점침하와 온도변화가 없을 경우로 생각한다.

② 한 역계 P_j에 의해 변형하는 동안에 다른 역계 P_i가 한 외적인 가상일은 P_i 역계에 의해 변형하는 동안에 P_j 역계가 한 외적인 가상일과 같다.

(2) Betti의 정리의 적용

① P_1을 먼저 작용시키고 나중에 P_2를 작용시킬 경우 외력의 일

$$W_{12} = \frac{1}{2}P_1\delta_{11} + P_1\delta_{12} + \frac{1}{2}P_2\delta_{22}$$

② P_2를 먼저 작용시키고 나중에 P_1을 작용시킬 경우 외력의 일

$$W_{21} = \frac{1}{2}P_2\delta_{22} + P_2\delta_{21} + \frac{1}{2}P_1\delta_{11}$$

③ 하중의 재하 순서에 관계없이 외력이 한 일은 같다. $W_{12} = W_{21}$로부터

$$\therefore\ P_1\delta_{12} = P_2\delta_{21}$$

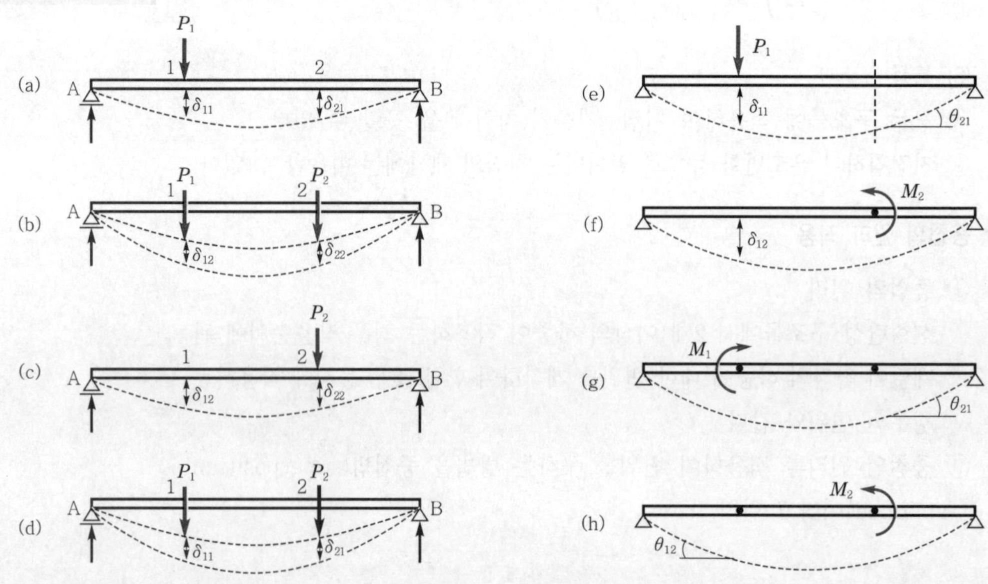

[그림 11-7] Betti의 정리

④ 이는 모멘트와 처짐각에 대해서도 성립하며, 모멘트와 모멘트관계에서도 성립한다. 일반적인 경우 다음과 같다.

$$P_i\delta_{ij} = P_j\delta_{ji}$$
$$P_i\delta_{ij} = M_j\theta_{ji}$$
$$M_i\theta_{ij} = M_j\theta_{ji}$$

2) Maxwell의 정리(상반변위의 정리)

(1) Maxwell의 정리(상반변위의 정리)의 원리

① 재료가 탄성적이고 Hooke의 법칙을 따르는 구조물에서 지점침하와 온도변화가 없을 경우로 생각한다.

② j점에 작용하는 P로 인한 i점의 처짐 δ_{ij}는 i점에 작용하는 다른 하중 P로 인한 j점의 처짐 δ_{ji}와 값이 같다.

(2) Maxwell의 정리의 적용

① 1점에 작용하는 하중 P에 의한 2점의 처짐은 2점에 하중 P를 작용시켰을 때의 1점의 처짐과 같다.

$$\delta_{21} = \delta_{12}$$

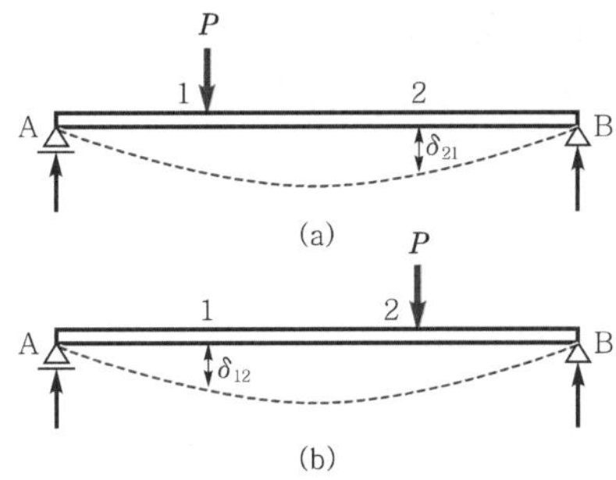

[그림 11-8] Maxwell의 정리

② Betti의 법칙의 **특수한 경우**로 Betti의 법칙에서 P_i, P_j, M_i, M_j 모두 단위하중 또는 단위모멘트($P_i = P_j = M_i = M_j = 1$)로 생각한 경우이다.

$$\delta_{ij} = \delta_{ji}$$
$$\delta_{ij} = \theta_{ji}$$
$$\theta_{ij} = \theta_{ji}$$

출제 POINT

출제 POINT

(3) 상반정리의 응용

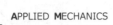

① 위의 Betti의 정리(상반일의 정리)와 Maxwell의 정리(상반변위의 정리)를 합하여 상반작용의 정리(reciprocal theorem)라고 한다.

② 상반정리는 부정정 구조물 해석 시 변형일치법으로 적용하고, 부정정 구조물의 영향선을 그릴 때 적용한다.

2 Müller－Breslau의 정리와 보의 처짐

1) Müller－Breslau의 정리

(1) Müller－Breslau의 정리의 원리

① 구조물의 어떤 한 응력요소(반력, 축방향력, 전단력, 휨모멘트, 처짐)에 대한 영향선 종거는 구조물에서 그 응력요소에 대응하는 구속을 제거하고, 그 점에 응력요소에 대응하는 단위변위를 일으켰을 때의 처짐곡선의 종거와 같다.

② 구조물의 어떤 반력(또는 모멘트)의 영향선은 반력이 생기는 지점을 제거하고(모멘트의 경우는 고정지점을 힌지로) 그 점에 단위변위가 생기게 하는 처짐곡선이다.

③ 어느 특정 기능(응력요소)의 영향선은 그 기능이 단위변위만큼 움직였을 때 구조물의 처짐 모양이다.

(2) R_B의 영향선(Müller－Breslau의 원리)

① 변위의 적합조건식으로부터

$$\delta_{B1} - R_B\delta_{BB} = 0$$

$$\therefore\ R_B = \frac{\delta_{B1}}{\delta_{BB}}$$

상반정리에 의하여 $\delta_{B1} = \delta_{1B}$이므로

$$\therefore\ R_B = \frac{\delta_{B1}}{\delta_{BB}} = \frac{\delta_{1B}}{\delta_{BB}}$$

② 위의 정리로부터 R_B의 영향선을 그리면 [그림 11-9]의 (e)의 점선과 같은 곡선이다.

출제 POINT

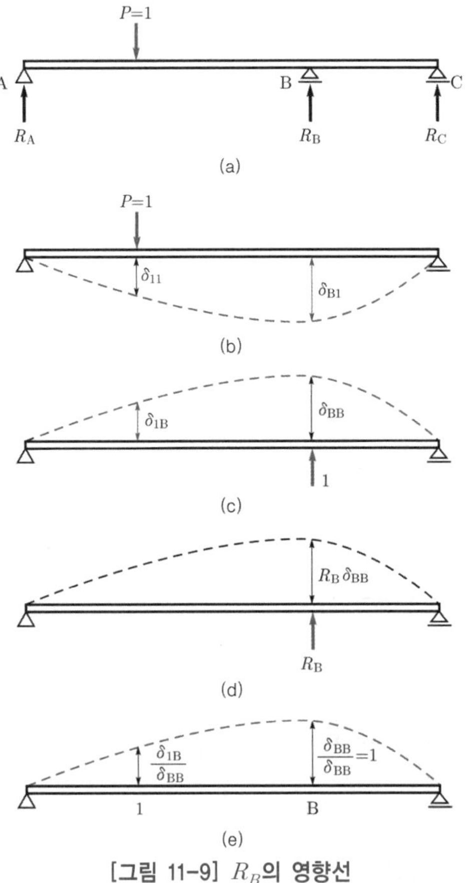

[그림 11-9] R_B의 영향선

2) 보의 처짐 및 처짐각

(1) 정정 구조물의 처짐과 처짐각

연번	하중상태	처짐각	처짐
1	$\frac{l}{2}$, P, A, B, l	$\theta_A = -\theta_B$ $\frac{Pl^2}{16EI}$	$y_{max} = \frac{Pl^3}{48EI}$
2	P, a, b, A, B, l	$\theta_A = \frac{Pb}{6EIl}(l^2 - b^2)$ $\theta_B = -\frac{Pa}{6EIl}(l^2 - a^2)$	$y_C = \frac{Pa^2b^2}{3EIl}$
3	w, A, B, l	$\theta_A = -\theta_B$ $\frac{wl^3}{24EI}$	$y_{max} = \frac{5wl^4}{384EI}$

출제 POINT

연번	하중상태	처짐각	처짐
4	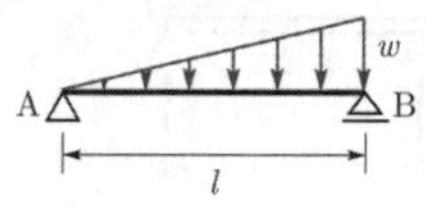	$\theta_A = \frac{7wl^3}{360EI}$ $\theta_B = -\frac{8wl^3}{360EI}$	$y_{\max} = 0.0062\frac{wl^4}{EI}$
5	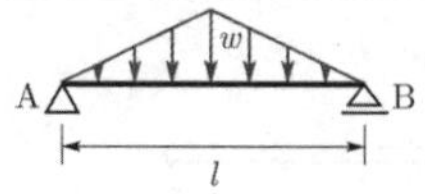	$\theta_A = -\theta_B$ $\frac{5wl^4}{192EI}$	$y_{\max} = \frac{wl^4}{120EI}$
6	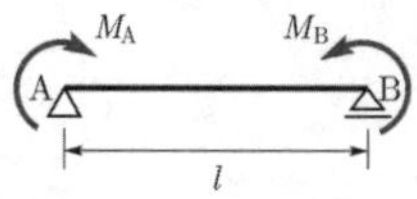	$\theta_A = \frac{l}{6EI}(2M_A + M_B)$ $\theta_B = -\frac{l}{6EI}(M_A + 2M_B)$	$M_A = M_B = M$ $y_{\max} = \frac{Ml^2}{8EI}$
7	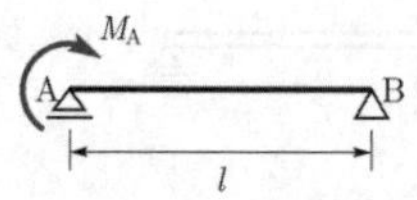	$\theta_A = \frac{M_A l}{3EI}$ $\theta_B = -\frac{M_A l}{6EI}$	–
8	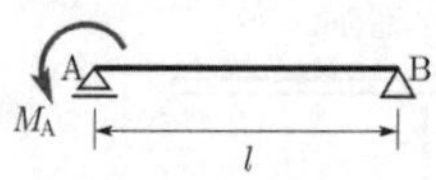	$\theta_A = -\frac{M_A l}{3EI}$ $\theta_B = \frac{M_A l}{6EI}$	–
9	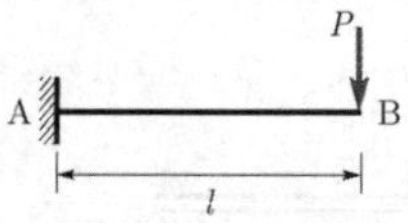	$\theta_B = \frac{Pl^2}{2EI}$	$y_B = \frac{Pl^3}{3EI}$
10	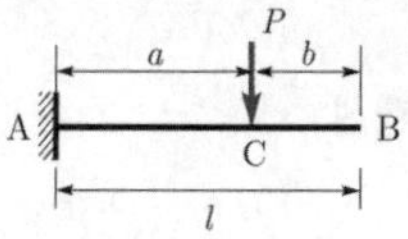	$\theta_C = \theta_B = \frac{Pa^2}{2EI}$	$y_B = \frac{Pa^2}{6EI}(3l - a)$
11	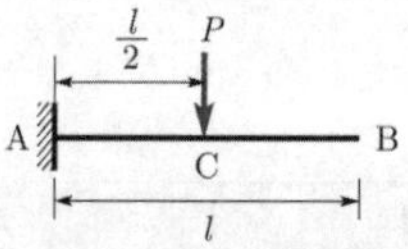	$\theta_C = \theta_B = \frac{Pl^2}{8EI}$	$y_B = \frac{5Pl^2}{48EI}$
12	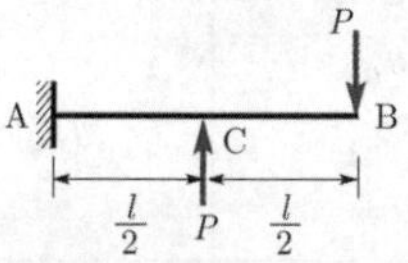	$\theta_B = \frac{3Pl^2}{8EI}$	$y_B = \frac{11Pl^3}{48EI}$
13	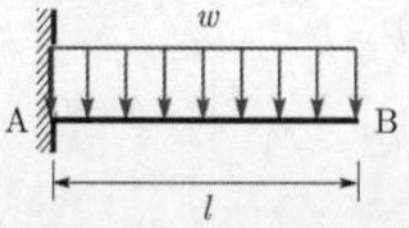	$\theta_B = \frac{wl^3}{6EI}$	$y_B = \frac{wl^4}{8EI}$
14	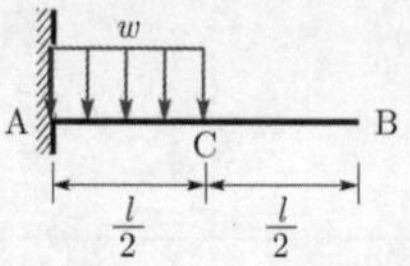	$\theta_C = \theta_B = \frac{wl^3}{48EI}$	$y_B = \frac{7wl^4}{8EI}$

연번	하중상태	처짐각	처짐
15	A B M l	$\theta_B = \dfrac{Ml}{EI}$	$y_B = \dfrac{Ml^2}{2EI}$
16	M A C B $\frac{l}{2}$ $\frac{l}{2}$	$\theta_B = \dfrac{Ml}{2EI}$	$y_B = \dfrac{3Ml^2}{8EI}$

(2) 부정정 구조물의 처짐과 처짐각

연번	하중상태	처짐각	처짐
1	$\frac{l}{2}$ P A C B l	$\theta_B = -\dfrac{Pl^2}{32EI}$	$y_C = \dfrac{7Pl^3}{786EI}$
2	w A B l	$\theta_B = -\dfrac{wl^3}{8EI}$	$y_{\max} = \dfrac{wl^4}{185EI}$
3	$\frac{l}{2}$ P A B l	–	$y_{\max} = \dfrac{Pl^3}{192EI}$
4	w A B l	–	$y_{\max} = \dfrac{wl^4}{384EI}$
5	M A B l	$\theta_B = -\dfrac{Ml}{4EI}$	–

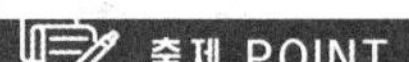
출제 POINT

CHAPTER 11 기출문제

APPLIED MECHANICS

10년간 출제된 빈출문제

1. 구조물 변위의 일반

★

01 처짐을 구하는 방법과 가장 관계가 먼 것은?

① 탄성하중법
② 3연 모멘트법
③ 모멘트 면적법
④ 탄성곡선의 미분방정식

해설 **처짐을 구하는 방법**
㉠ 탄성곡선법(처짐곡선식법, 미분방정식법, 2중적분법)
㉡ 모멘트 면적법
㉢ 탄성하중법(★)
㉣ 공액보법(★)
㉤ 가상일의 원리(★)

02 다음 처짐을 계산하는 방법이 아닌 것은?

① 가상일의 방법
② 2중적분법
③ 공액보법
④ Müler−Breslau의 원리

해설 **처짐의 해석법**
Müler-Breslau의 원리는 부정정 구조물의 영향선을 그릴 때 적용한다.

03 보의 휨(굴곡)강성은 다음 중 어느 것인가?

① $\dfrac{I}{EI}$　② $\dfrac{I}{E}$
③ $\dfrac{E}{I}$　④ EI

해설 **강성(rigidity)**
㉠ EA : 축강도(축강성)
EI : 휨강성
GA : 전단강성
GI_P : 비틀림강성
㉡ $\dfrac{EA}{l}$: 강성도(stiffness)
$\dfrac{l}{EA}$: 유연도(flexibility)

04 보에 하중이 작용하게 되면 처짐을 일으키게 되어 보가 탄성곡선을 야기하게 된다. 이 탄성곡선의 곡률(曲率) k에 대한 설명 중에서 옳은 것은?

① k는 보의 탄성계수에 정비례한다.
② k는 보의 단면2차모멘트에 정비례한다.
③ k는 휨모멘트에 반비례한다.
④ k는 보의 휨강도에 반비례한다.

해설 **처짐곡선(탄성곡선)에서의 곡률**
$k(\rho)=\dfrac{1}{R}=\dfrac{M}{EI}$
∴ 곡률(ρ)은 휨강도(EI)에 반비례한다.

★★

05 균질한 단면을 가진 보에 작용하는 휨모멘트를 M, 보의 탄성계수를 E, 단면2차모멘트를 I라고 하면 보 중립축의 곡률반지름 R은?

① $R=\dfrac{M}{EI}$　② $\dfrac{1}{R}=\dfrac{MI}{E}$
③ $R=\dfrac{I}{EM}$　④ $\dfrac{1}{R}=\dfrac{M}{EI}$

해설 **곡률반경과 휨강성**
㉠ 훅의 법칙
$\varepsilon=\dfrac{\sigma_1}{E}=\dfrac{\Delta dx}{dx}$ ………………… ①
비례식 $R : dx = y : \Delta dx$
$\therefore \dfrac{\Delta dx}{dx}=\dfrac{y}{R}$ ………………… ②
식 ②를 ①에 대입하면
$\therefore \sigma_1=\dfrac{E}{R}y$
㉡ 휨응력
$\sigma_2=\dfrac{M}{I}y$
㉢ $\sigma_1=\sigma_2$
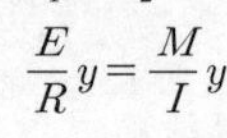
$\dfrac{E}{R}y=\dfrac{M}{I}y$
$\therefore \dfrac{1}{R}=\dfrac{M}{EI}$

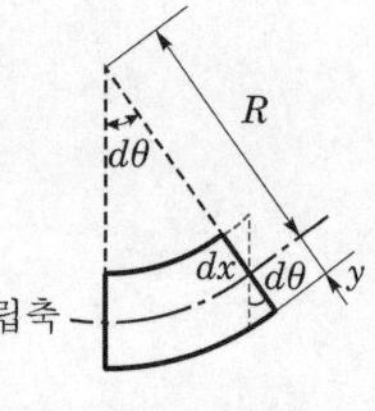

정답 1. ② 2. ④ 3. ④ 4. ④ 5. ④

06 보의 탄성곡선의 곡률반지름 $R=1$일 때 휨강성 EI와 휨모멘트 M의 관계를 옳게 표시한 것은?

① $M=EI$　② $M=\dfrac{I}{E}$
③ $M=\dfrac{E}{I}$　④ $M=\sqrt{\dfrac{I}{EI}}$

해설 곡률과 휨강성
$\dfrac{1}{R}=\dfrac{M}{EI}$, $M=\dfrac{EI}{R}$, $R=1$이면
$\therefore M=EI$

★
07 다음 그림과 같은 단순보에 등분포하중 W가 만재하여 작용할 경우 이 보의 처짐곡선에 대한 곡률반지름의 최솟값은 다음 중 어느 점에서 발생되는가?

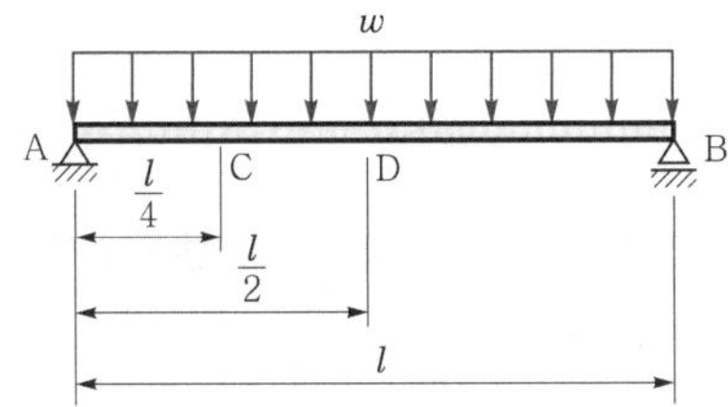

① A　② B
③ C　④ D

해설 곡률반지름
$R=\dfrac{EI}{M_x}$
∴ D점의 모멘트가 가장 크므로 D점의 곡률반지름이 최소이다.

★
08 폭이 20mm, 높이가 30mm인 직사각형 단면의 단순보에서 최대 휨모멘트가 0.2kN · m일 때 처짐곡선의 곡률반지름의 크기는? (단, E=100,000MPa)

① 450m　② 45.0m
③ 225m　④ 22.5m

해설 곡률반지름
$\dfrac{1}{R}=\dfrac{M}{EI}=\rho=k$
$\therefore R=\dfrac{EI}{M}=\dfrac{100,000\times 20\times 30^3}{200,000\times 12}$
$=22,500\text{mm}=22.5\text{m}$

09 길이 10m인 단순보 중앙에 집중하중 $P=2$kN이 작용할 때 중앙에서 곡률반지름 R은? (단, $I=$ 400,000mm^4, $E=2.1\times 10^5$MPa)

① 16.8m　② 10m
③ 6.8m　④ 3.4m

해설 곡률반지름
㉠ 최대 휨모멘트
$M=\dfrac{PL}{4}=\dfrac{2\times 10}{4}=5\text{kN}\cdot\text{m}$
㉡ 곡률반지름
$\dfrac{1}{R}=\dfrac{M}{EI}$
$\therefore R=\dfrac{EI}{M}=\dfrac{2.1\times 10^5\times 400}{5,000,000}$
$=16,800\text{mm}=16.8\text{m}$

★
10 지름 300mm의 원형 단면을 가지는 강봉을 최대 휨응력이 1,800MPa를 넘지 않도록 하여 원형으로 휘게 할 수 있는 가능한 최소 반지름은? (단, 탄성계수 $E=2.1\times 10^5$MPa)

① 17.5m　② 35.0m
③ 50.0m　④ 54.5m

해설 곡률반지름
$\sigma=\dfrac{M}{I}y$, $\dfrac{1}{R}=\dfrac{M}{EI}$
$M=\dfrac{\sigma I}{y}=\dfrac{EI}{R}$
$\therefore R=\dfrac{Ey}{\sigma}=\dfrac{2.1\times 10^5\times 150}{1,800}$
$=17,500\text{mm}=17.5\text{m}$

★
11 지름이 d인 강선이 반지름이 r인 원통 위로 구부러져 있다. 이 강선 내의 최대 굽힘모멘트 M_{max}를 계산하면? (단, 강선의 탄성계수 E=2×10^{4}MPa, d=20mm, r=100mm)

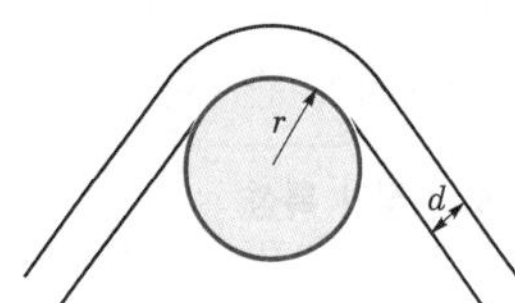

① 1.2×10^6N · mm　② 1.4×10^6N · mm
③ 2.0×10^6N · mm　④ 2.2×10^6N · mm

정답 6.① 7.④ 8.④ 9.① 10.① 11.②

해설 **최대 휨모멘트**

㉠ 단면의 성질

$$I=\frac{\pi\times 20^4}{64}=7,854\text{mm}^4$$

$$R=r+\frac{d}{2}=100+\frac{20}{2}=110\text{mm}$$

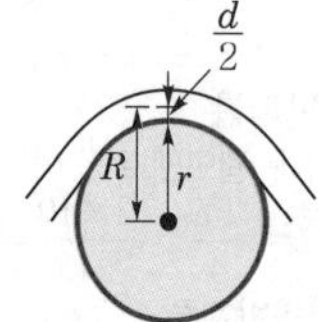

㉡ 최대 굽힘모멘트

$$\frac{1}{R}=\frac{M_{\max}}{EI}$$

$$\therefore M_{\max}=\frac{EI}{R}=\frac{2\times 10^4\times 7,854}{110}=1.428\times 10^6\text{N}\cdot\text{mm}$$

12 보의 처짐과 EI와의 관계가 옳게 된 것은?

① 보의 처짐은 EI에 비례한다.
② 보의 처짐은 EI에 반비례한다.
③ 보의 처짐은 EI에 비례할 때도 있고 반비례할 때도 있다.
④ 보의 처짐은 EI와는 관계가 없다.

해설 **보의 처짐**

$$\delta=\int\frac{M_x}{EI}dx$$

∴ 보의 처짐은 EI가 클수록 작아진다.

13 EI(E는 탄성계수, I는 단면2차모멘트)가 커짐에 따라 보의 처짐은?

① 커진다.
② 작아진다.
③ 커질 때고 있고 작아질 때도 있다.
④ EI는 처짐에 관계하지 않는다.

해설 **보 처짐의 특성**

보의 휨(굴곡)강성 EI가 작을수록 처짐은 커진다.

14 탄성곡선의 미분방정식으로 맞는 것은?

① $\frac{d^2y}{dx^2}=-\frac{M}{EI}$

② $\frac{d^2y}{dx^2}=\frac{M}{EI}$

③ $\frac{d^2y}{dx^2}=-\frac{M}{E}I$

④ $\frac{d^2y}{dx^2}=\frac{M}{I}$

해설 **탄성곡선식**

$$\frac{d^2y}{dx^2}=-\frac{M_x}{EI}$$

$$\therefore \theta=\frac{dy}{dx}=-\int\frac{M_x}{EI}dx+C_1$$

$$\therefore y=-\iint\frac{M_x}{EI}dx\,dx+C_1x+C_2$$

15 처짐각, 처짐, 전단력 및 휨모멘트에 대한 관계식 중 틀리는 것은?

① $\theta=-\int\frac{M}{EI}dx$

② $S=-\int w\,dx$

③ $y=-\iint\frac{S}{EI}dx\,dx$

④ $M=-\iint w\,dx\,dx$

해설 **미분관계식**

$$\frac{d^2M_x}{dx^2}=\frac{dS_x}{dx}=-w_x$$

$$\therefore M_x=\int S_x\,dx=-\iint w_x\,dx\,dx$$

$$\therefore \theta=-\int\frac{M_x}{EI}dx+C_1$$

$$\therefore y=-\iint\frac{M_x}{EI}dx\,dx+C_1x+C_2$$

정답 12. ② 13. ② 14. ① 15. ③

16 A에서의 접선으로부터 이탈된 B점의 처짐량(그림 참조)은 A와 B 사이에 있는 휨모멘트선도의 면적의 B에 관한 1차모멘트를 EI로 나눈 값과 같다. 이러한 정리의 명칭은?

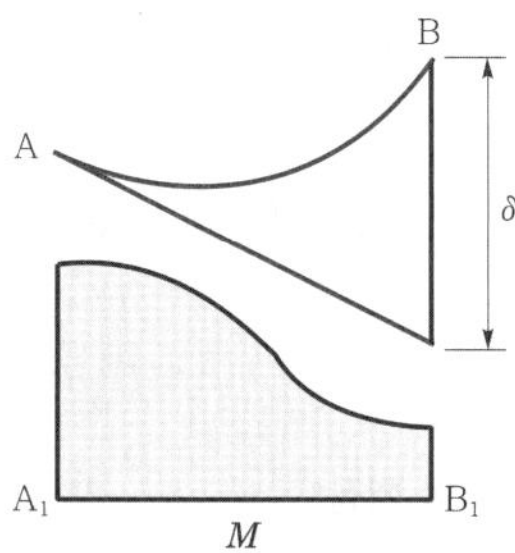

① 모멘트 면적법의 정리
② 3연 모멘트의 정리
③ Castigliano의 제2정리
④ 탄성변형의 정리

> **해설** 모멘트 면적법(Greene의 정리)
> ㉠ 모멘트 면적 제1정리(처짐각)
> $$\theta = \int \frac{M}{EI} dx = \frac{A}{EI}$$
> ㉡ 모멘트 면적 제2정리(처짐)
> $$y = \int \frac{M}{EI} x\, dx = \frac{A}{EI} x$$

17 휨모멘트도를 하중으로 한 보를 무엇이라 하는가?

① 탄성하중보 ② 공액보
③ 모어(Mohr)의 보 ④ 응력보

> **해설** 공액보법
> ㉠ 공액보 : 휨모멘트도를 하중으로 재하시켜 단부의 조건을 변화시킨 보
> ㉡ 처짐각과 처짐
> $$\theta_A = \frac{S_A'}{EI} = \frac{R_A'}{EI},\ \theta_C = \frac{S_C'}{EI}$$
> $$\delta_C = \frac{M_C'}{EI}$$

★

18 다음 그림과 같은 보의 처짐을 공액보의 방법에 의하여 풀려고 한다. 주어진 실제의 보에 대한 공액보(가상적인 보)는?

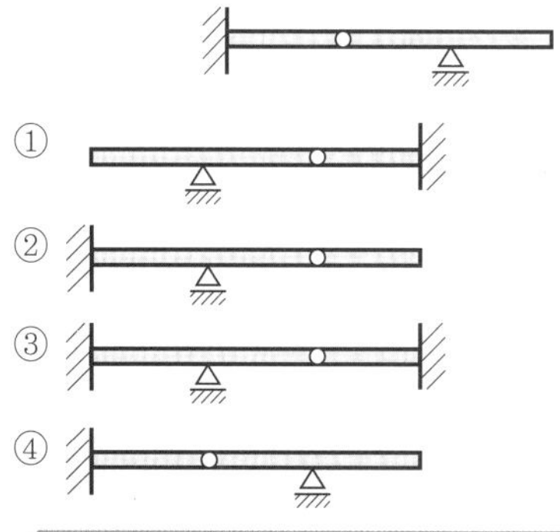

> **해설** 단부조건의 변화
> ㉠ 고정단 → 자유단
> ㉡ 자유단 → 고정단
> ㉢ 내측 힌지절점 → 내측 힌지지점
> ㉣ 내측 힌지지점 → 내측 힌지절점

2. 단순보의 변위

★★★

19 다음 그림과 같은 보의 최대 처짐은? (단, EI는 일정)

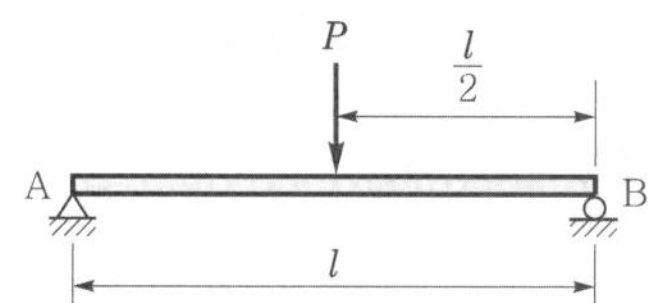

① $\dfrac{Pl^3}{36EI}$ ② $\dfrac{Pl^3}{16EI}$
③ $\dfrac{Pl^2}{24EI}$ ④ $\dfrac{Pl^3}{48EI}$

> **해설** 공액보법
> ㉠ 처짐각
> $$R_A' = \frac{Pl}{4} \times \frac{l}{2} \times \frac{1}{2} = \frac{Pl^2}{16} = S_A$$
> $$\therefore \theta_A = \frac{S_A}{EI} = \frac{Pl^2}{16EI}$$
> ㉡ 처짐
> $$M_C' = \frac{Pl^2}{16} \times \left(\frac{l}{2} - \frac{l}{6}\right) = \frac{Pl^3}{48}$$
> $$\therefore y_C = \frac{M_C'}{EI} = \frac{Pl^3}{48EI}$$
>
> 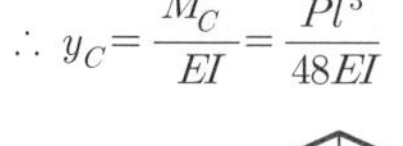
> 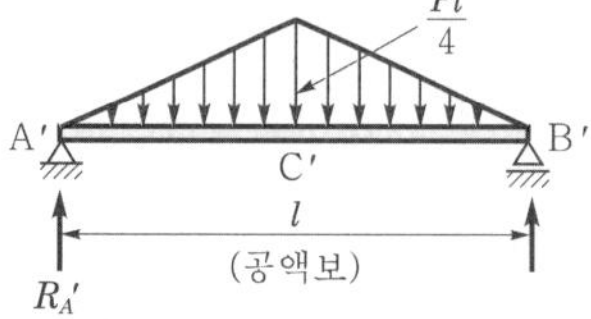
>

정답 16. ① 17. ② 18. ① 19. ④

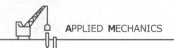

20 중앙에 집중하중을 받는 직사각형 단면의 단순보에서 최대 처짐에 대한 설명 중 옳지 않은 것은?

① 보의 폭에 반비례한다.
② 지간의 3제곱에 정비례한다.
③ 탄성계수에 반비례한다.
④ 보 높이의 제곱에 반비례한다.

> **해설** **단순보의 처짐**
>
> $$\delta_{\max} = \frac{Pl^3}{48EI} = \frac{12Pl^3}{48Ebh^3} = \frac{Pl^3}{4Ebh^3}$$
>
> ∴ 처짐은 보 높이의 세제곱에 반비례한다.

★★
21 폭 b, 높이 h 인 단면을 가진 길이 l 의 단순보 중앙에 집중하중 P가 작용할 경우에 대한 다음 설명 중 옳지 않은 것은? (단, E : 탄성계수)

① 최대 처짐은 E에 반비례
② 최대 처짐은 h의 세제곱에 반비례
③ 지점의 처짐각은 l의 세제곱에 비례
④ 지점의 처짐각은 b에 반비례

> **해설** **처짐과 처짐각**
>
> ㉠ 처짐각
>
> $$\theta_A = \frac{Pl^2}{16EI} = \frac{12Pl^2}{16Ebh^3} = \frac{3Pl^2}{4Ebh^2}$$
>
> ∴ 처짐각은 길이 l의 제곱에 비례한다.
>
> ㉡ 처짐
>
> $$\delta_C = \frac{Pl^3}{48EI} = \frac{12Pl^3}{48Ebh^3} = \frac{Pl^3}{4Ebh^3}$$
>
> ∴ 처짐은 길이 l의 세제곱에 비례한다.

22 중앙 단면에서 3kN의 집중하중을 받는 단순보의 최대 처짐은 얼마인가? (단, EI는 일정하다.)

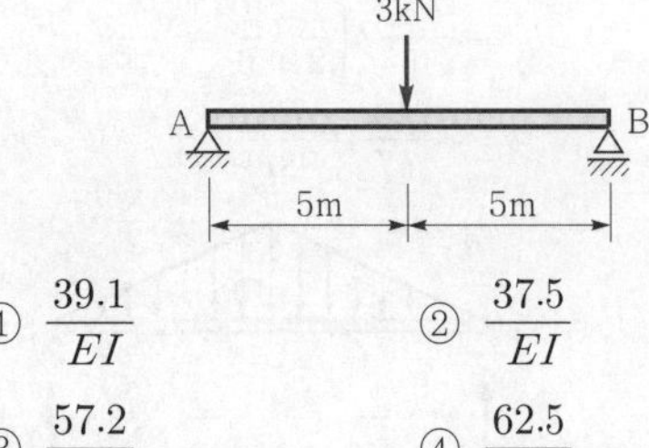

① $\dfrac{39.1}{EI}$ ② $\dfrac{37.5}{EI}$

③ $\dfrac{57.2}{EI}$ ④ $\dfrac{62.5}{EI}$

> **해설** **최대 처짐**
>
> $$\delta_{\max} = \frac{Pl^3}{48EI} = \frac{3\times10^3}{48EI} = \frac{62.5}{EI}$$

23 길이가 6m인 단순보의 중앙에 3kN의 집중하중이 연직으로 작용하고 있다. 이때 이 단순보의 최대 처짐은 몇 cm인가? (단, E= 2,000,000MPa, I= 1,500,000mm^4)

① 4.5cm ② 0.45cm
③ 0.045cm ④ 0.0045cm

> **해설** **최대 처짐**
>
> $$y = \frac{Pl^3}{48EI} = \frac{3{,}000\times6{,}000^3}{48\times2{,}000{,}000\times1{,}500{,}000}$$
> $$= 4.5\text{mm} = 0.45\text{cm}$$

★
24 단면 200mm×300mm, 길이 6m의 나무로 된 단순보의 중앙에 20kN의 집중하중이 작용할 때 최대 처짐은? (단, E= 1.0×10^{5}MPa)

① 1mm ② 2mm
③ 3mm ④ 4mm

> **해설** **최대 처짐**
>
> $$y = \frac{Pl^3}{48EI} = \frac{12\times20{,}000\times6{,}000^3}{48\times1\times10^5\times200\times300^3} = 2\text{mm}$$

25 다음 단순보의 m점에 생기는 하중방향의 처짐변위 δ를 가상일의 원리를 이용하여 구하는 방법은? (단, M : 하중에 의한 휨모멘트, $\overline{M}$: 단위하중에 의한 휨모멘트)

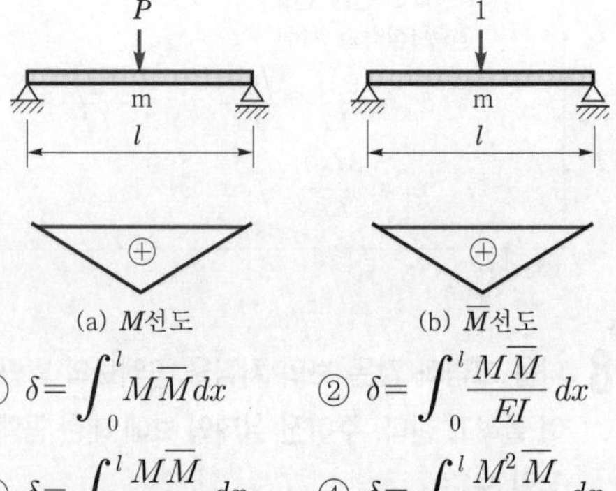

(a) M선도 (b) $\overline{M}$선도

① $\delta = \displaystyle\int_0^l M\overline{M}dx$ ② $\delta = \displaystyle\int_0^l \frac{M\overline{M}}{EI}dx$

③ $\delta = \displaystyle\int_0^l \frac{M\overline{M}}{2EI}dx$ ④ $\delta = \displaystyle\int_0^l \frac{M^2\overline{M}}{EI}dx$

정답 20. ④ 21. ③ 22. ④ 23. ② 24. ② 25. ②

해설 가상일의 원리(단위하중법)

㉠ 처짐각

$$\theta = \int \frac{mM}{EI} dx$$

여기서, m : 단위모멘트하중(M_n =1) 재하 시 휨모멘트

㉡ 처짐

$$y = \int \frac{mM}{EI} dx$$

여기서, m : 단위집중하중(P_n =1) 재하 시 휨모멘트

★

26 보의 단면이 다음 그림과 같고 지간이 같은 단순보에서 중앙에 집중하중 P가 작용할 경우 처짐 y_1은 y_2의 몇 배인가?

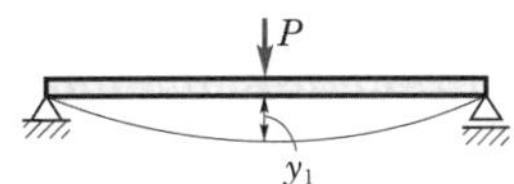

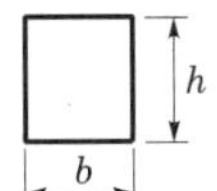

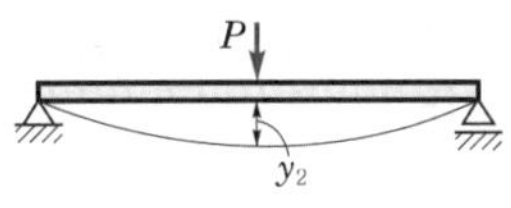

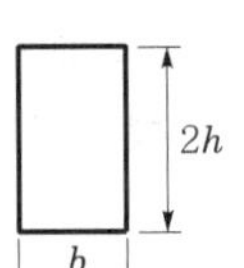

① 1배 ② 2배
③ 4배 ④ 8배

해설 중앙점 처짐

$$y = \frac{Pl^3}{48EI} = \frac{12Pl^3}{48Ebh^3} = \frac{1}{bh^3}$$

$$y_1 : y_2 = \frac{1}{h^3} : \frac{1}{(2h)^3} = \frac{1}{1} : \frac{1}{8} = 8 : 1$$

$$\therefore\ y_1 = 8y_2$$

27 다음 그림과 같은 보에서 C점의 처짐을 구하면? (단, EI= 2×10¹¹N · mm²)

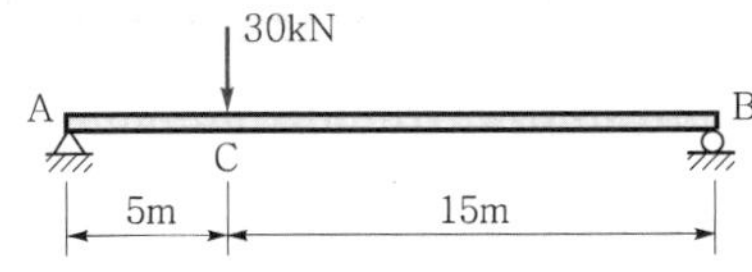

① 0.821cm ② 1.406cm
③ 1.641cm ④ 2.812cm

해설 C점의 처짐

㉠ 처짐각

$$\theta_A = \frac{Pab}{6EIl}(l+b) = \frac{Pb}{6EIl}(l^2 - b^2)$$

㉡ 처짐

$$y_C = \frac{Pa^2b^2}{3EIl} = \frac{30 \times 5{,}000^2 \times 15{,}000^2}{3 \times 2 \times 10^{11} \times 20{,}000}$$

$$= 14.0625\text{mm} = 1.40625\text{cm}$$

★

28 다음 그림에서 처짐각 θ_A는?

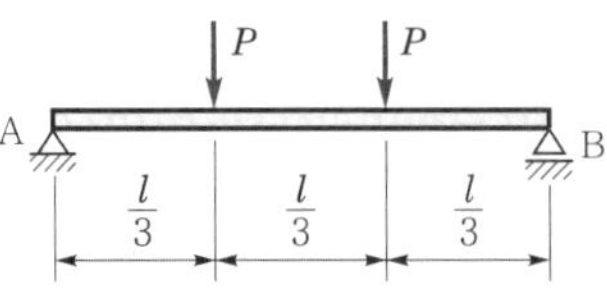

① $\dfrac{Pl^2}{16EI}$ ② $\dfrac{Pl^2}{24EI}$

③ $\dfrac{Pl^2}{9EI}$ ④ $\dfrac{Pl^2}{48EI}$

해설 공액보법

$$R_A{}' = \frac{Pl}{3} \times \frac{l}{3} \times \frac{1}{2} + \frac{Pl}{3} \times \frac{l}{3} \times \frac{1}{2}$$

$$= \frac{Pl^2}{9} = S_A$$

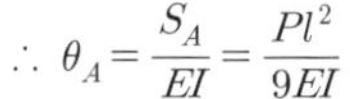

$$\therefore\ \theta_A = \frac{S_A}{EI} = \frac{Pl^2}{9EI}$$

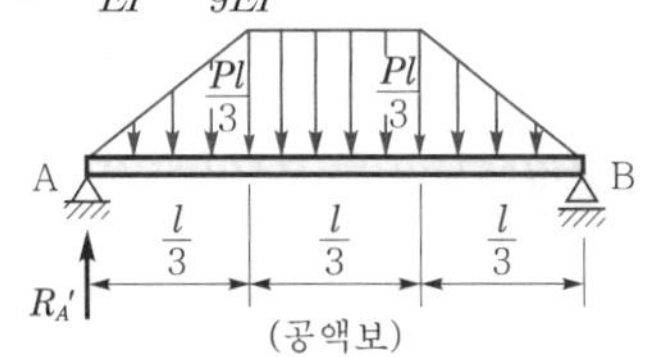

(공액보)

29 다음 그림과 같은 단순보에서 A에서 x 거리의 처짐을 V라 할 때 $EI\dfrac{d^2V}{dx^2} = C_1x^2 + C_2x$ 의 관계가 성립한다. C_1, C_2의 옳은 값은? (단, EI는 보의 휨강도이다.)

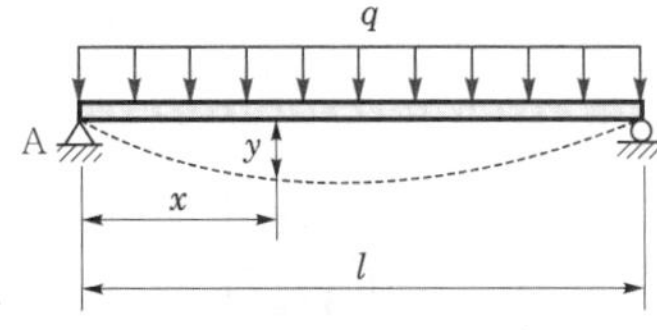

① $C_1 = \dfrac{q}{2}$, $C_2 = \dfrac{ql}{2}$ ② $C_1 = \dfrac{ql}{2}$, $C_2 = \dfrac{q}{2}$

③ $C_1 = \dfrac{q}{2}$, $C_2 = -\dfrac{ql}{2}$ ④ $C_1 = \dfrac{ql}{2}$, $C_2 = -\dfrac{q}{2}$

정답 26. ④ 27. ② 28. ③ 29. ③

해설 **탄성곡선식법**

㉠ 탄성곡선의 일반식

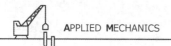

$$M_x = \frac{wl}{2}x - \frac{w}{2}x^2$$

$$\frac{d^2y}{dx^2} = -\frac{M_x}{EI} = \frac{1}{EI}\left(\frac{w}{2}x^2 - \frac{wl}{2}x\right)$$

$$\therefore EI\frac{d^2y}{dx^2} = \frac{w}{2}x^2 - \frac{wl}{2}x$$

$$\therefore C_1 = \frac{q}{2},\ C_2 = -\frac{ql}{2}$$

㉡ 처짐각

$$EI\theta = \frac{dy}{dx} = -\frac{wl}{4}x^2 + \frac{wx^3}{6} + C_1$$

㉢ 처짐

$$EIy = -\frac{wl}{12}x^3 + \frac{w}{24}x^4 + C_1x + C_2$$

★★★

30 다음 그림과 같은 보의 최대 처짐은?

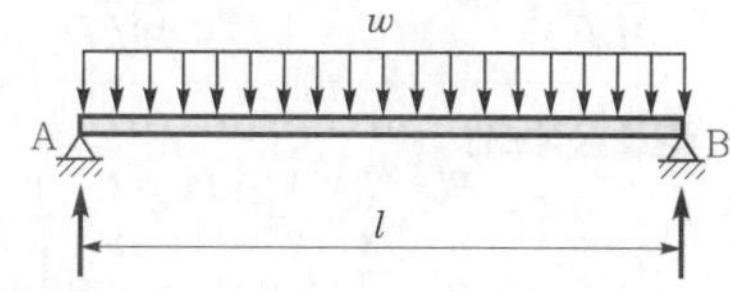

① $\frac{2wl^4}{384EI}$　② $\frac{3wl^4}{384EI}$

③ $\frac{4wl^4}{384EI}$　④ $\frac{5wl^4}{384EI}$

해설 **공액보법**

㉠ 처짐각

$$R_A' = \frac{3wl}{8} \times \frac{l}{2} \times \frac{2}{3} = \frac{wl^3}{24} = S_A$$

$$\therefore \theta = \frac{S_A}{EI} = \frac{wl^3}{24EI}$$

㉡ 처짐

$$M_{\max} = \frac{wl^3}{24} \times \frac{l}{2} - \frac{wl^3}{24} \times \frac{l}{2} \times \frac{3}{8}$$

$$= \frac{5wl^4}{384}$$

$$\therefore y_{\max} = \frac{M_{\max}}{EI} = \frac{5wl^4}{384EI}$$

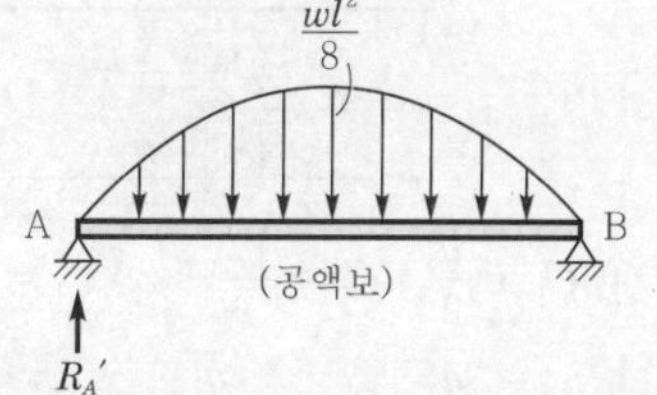

★

31 등분포하중을 받는 단순보에서 지점 A의 처짐각으로 써 옳은 것은?

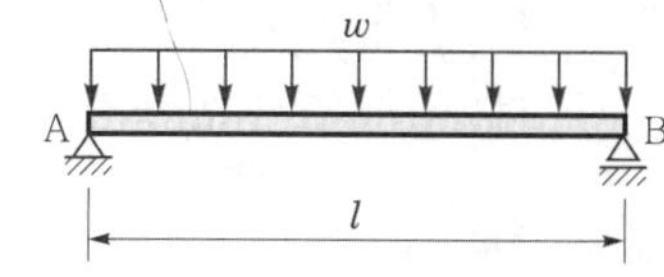

① $\frac{wl^3}{384EI}$　② $\frac{wl^3}{48EI}$

③ $\frac{wl^3}{24EI}$　④ $\frac{wl^3}{16EI}$

해설 **공액보법**

㉠ 지점 A의 처짐각

$$\theta = \frac{S}{EI} = \frac{wl^3}{24EI}$$

㉡ 최대 처짐

$$\delta = \frac{M_{\max}}{EI} = \frac{5wl^4}{384EI}$$

32 보의 최대 처짐에 대한 다음 설명 중 틀린 것은? (단, 등분포하중 만재 시)

① 하중 W에 정비례한다.

② 지간 l의 제곱에 정비례한다.

③ 탄성계수 E에 반비례한다.

④ 단면2차모멘트 I에 반비례한다.

해설 **최대 처짐**

$$y = \frac{5wl^4}{384EI}$$

∴ 처짐은 지간의 4제곱에 비례한다.

33 폭 b, 높이 h인 직사각형 단면의 단순보에 등분포하중이 작용할 때 다음 설명 중 옳지 않은 것은?

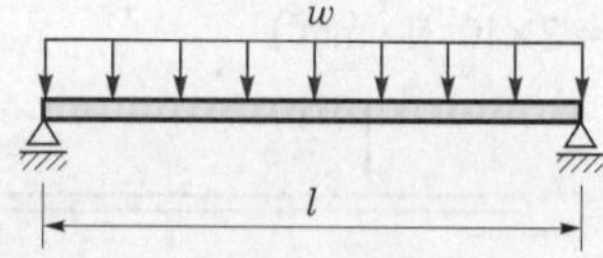

① 휨모멘트는 중앙에서 최대이다.

② 전단력은 단부에서 최대이다.

③ 처짐은 보의 높이 h의 4승에 반비례한다.

④ 처짐(δ)은 하중의 크기에 비례한다.

정답 30. ④　31. ③　32. ②　33. ③

해설 최대 처짐

$$\delta_{max}=\frac{5wl^2}{384EI}=\frac{5\times12wl^4}{384Ebh^3}$$

∴ 처짐은 보의 높이 h의 세제곱에 반비례한다.

★

34 직사각형 단면의 단순보가 등분포하중 w를 받을 때 발생되는 최대 처짐각(지점의 처짐각)에 대한 설명 중 옳은 것은?

① 보의 높이의 3승에 비례한다.
② 보의 폭에 비례한다.
③ 보의 길이의 4승에 비례한다.
④ 보의 탄성계수에 반비례한다.

해설 최대 처짐각

$$\theta=\frac{wl^3}{24EI}=\frac{12wl^3}{24Ebh^3}$$

∴ 처짐각은 보의 높이의 세제곱에 반비례하고, 보의 폭에 반비례하며, 보의 길이의 세제곱에 비례한다.

35 $E=2.0\times10^9$MPa인 재료로 된 경간이 10m인 단순보에 w_x=200N/m의 등분포하중을 만재시켰다. 최대 처짐은? (단, I_n : 중립축에 관한 단면2차모멘트)

① $\frac{5}{384}\times10^6/I_n$[mm]
② $\frac{5}{384}\times10^4/I_n$[mm]
③ $\frac{5}{384}\times2\times10^6/I_n$[mm]
④ $\frac{5}{384}\times4.5\times10^5/I_n$[mm]

해설 최대 처짐

$$\delta_{max}=\frac{5wl^4}{384EI}=\frac{5\times0.2\times10{,}000^4}{384\times2\times10^9\times I_n}=\frac{5}{384}\times10^6/I_n\text{[mm]}$$

36 지간 8m, 높이 30mm, 폭 20mm의 단면을 갖는 단순보에 등분포하중 w=400N/m가 만재하여 있을 때 최대 처짐은? (단, $E=1.0\times10^7$MPa)

① 4.74cm ② 2.10cm
③ 0.90cm ④ 0.009cm

해설 최대 처짐

$w=400\text{N/m}=0.4\text{N/mm}$

$$\therefore y_{max}=\frac{5wl^4}{384EI}=\frac{5wl^4}{32Ebh^3}=\frac{5\times0.4\times(8\times1{,}000)^4}{32\times1.0\times10^7\times20\times30^3}=47.4074\text{mm}=4.74\text{cm}$$

★★

37 다음 그림과 같은 단순보에 등분포하중(w)이 작용하여 최대 처짐이 30mm이었다. 이때 작용한 w의 값은? (단, $I=15\times10^7\text{mm}^4$, $E=1\times10^6$MPa)

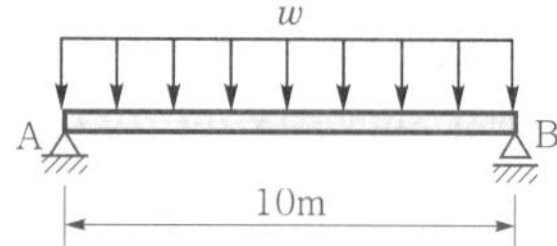

① 34.56kN/m
② 38.56kN/m
③ 40.56kN/m
④ 41.56kN/m

해설 최대 처짐

$$\delta=\frac{5wl^4}{384EI}$$

$$30=\frac{5\times w\times10{,}000^4}{384\times1\times10^6\times15\times10^7}$$

∴ $w=34.56\text{N/mm}=34.56\text{kN/m}$

★

38 길이가 같고 EI가 일정한 단순보 (a), (b)에서 (a)의 중앙처짐 ΔC는 (b)의 중앙처짐 ΔC의 몇 배인가?

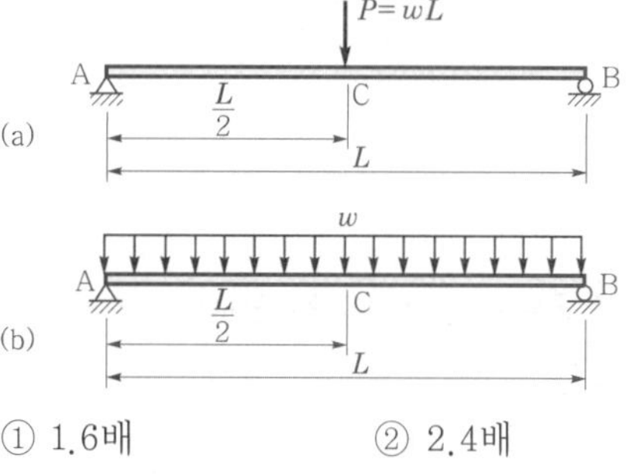

① 1.6배 ② 2.4배
③ 3.2배 ④ 4.8배

정답 34. ④ 35. ① 36. ① 37. ① 38. ①

해설 보 중앙점 처짐의 비

㉠ 보 (a)의 중앙처짐

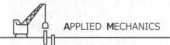

$$\Delta C_1 = \frac{PL^3}{48EI} = \frac{wL^4}{48EI}$$

㉡ 보 (b)의 중앙처짐

$$\Delta C_2 = \frac{5wL^4}{384EI}$$

㉢ 처짐의 비

$$(a) : \frac{1}{48} = (b) : \frac{5}{384}$$

$$\therefore (a) = \frac{1}{48} \times \frac{384}{5}(b) = 1.6(b)$$

39 다음 그림 (a)와 (b)의 중앙점의 처짐이 같아지도록 그림 (b)의 등분포하중 w를 그림 (a)의 하중 P의 함수로 나타내면 얼마인가? (단, 재료는 같다.)

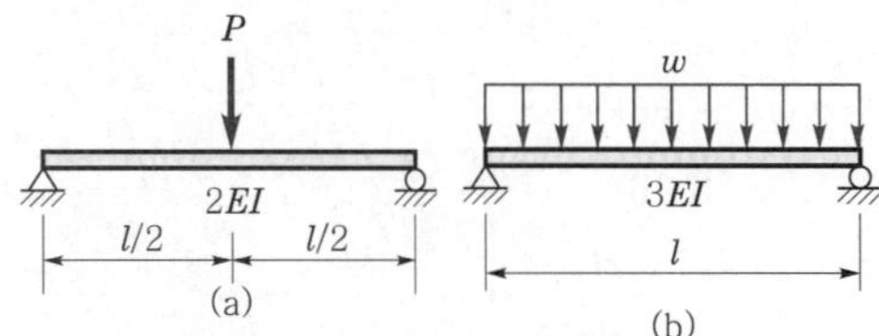

① $1.2\frac{P}{l}$　② $2.1\frac{P}{l}$

③ $4.2\frac{P}{l}$　④ $2.4\frac{P}{l}$

해설 ㉠ 보 (a)의 중앙처짐

$$y_{(a)} = \frac{Pl^3}{48 \times 2EI} = \frac{Pl^3}{96EI}$$

㉡ 보 (b)의 중앙처짐

$$y_{(b)} = \frac{5wl^4}{384 \times 3EI} = \frac{5wl^4}{1,152EI}$$

㉢ 처짐의 비

$$y_{(a)} = y_{(b)}$$

$$\frac{Pl^3}{96EI} = \frac{5wl^4}{1,152EI}$$

$$\therefore w = \frac{12P}{5l} = 2.4\frac{P}{l}$$

40 ★ 다음 균일한 단면을 가진 단순보의 A지점의 회전각은?

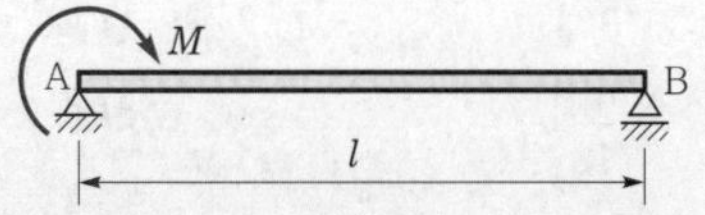

① $\frac{Ml}{3EI}$　② $\frac{Ml}{4EI}$

③ $\frac{Ml}{5EI}$　④ $\frac{Ml}{6EI}$

해설 공액보법

$$\theta_A = \frac{R_A'}{EI} = \frac{S_A}{EI} = \frac{Ml}{3EI}$$

$$\theta_B = \frac{R_B'}{EI} = \frac{S_B}{EI} = \frac{Ml}{6EI}$$

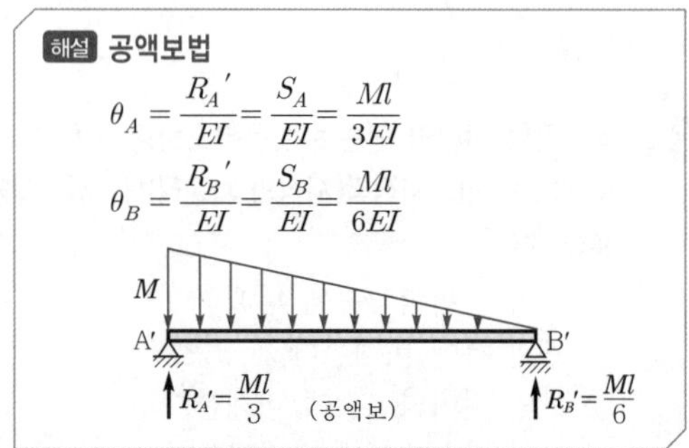

41 다음 그림과 같은 단순보에서 지점 B에 모멘트하중이 작용할 때 B의 처짐각 크기로 옳은 것은? (단, EI는 일정하다.)

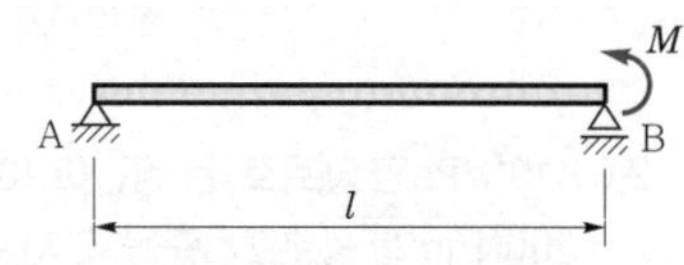

① $\frac{Ml}{6EI}$　② $\frac{Ml}{4EI}$

③ $\frac{Ml}{3EI}$　④ $\frac{Ml}{EI}$

해설 공액보법

$$\theta_A = \frac{S_A}{EI} = \frac{Ml}{6EI}$$

$$\theta_B = \frac{S_B}{EI} = \frac{Ml}{3EI}$$

$$\therefore \theta_A = \frac{1}{2}\theta_B$$

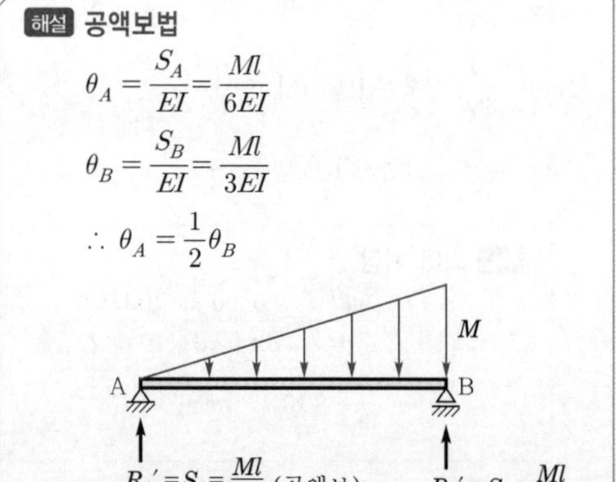

정답 39. ④ 40. ① 41. ③

42 다음 그림과 같은 단순보에서 B점에 모멘트하중이 작용할 때 A점과 B점의 처짐각의 비($\theta_A : \theta_B$)는?

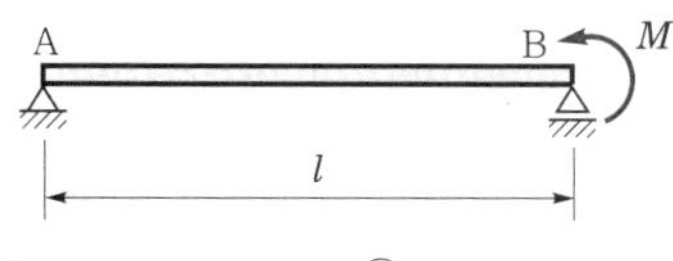

① 1 : 2　　② 2 : 1
③ 1 : 3　　④ 3 : 1

해설 처짐각의 비

㉠ 처짐각 일반식

$$\theta_A = \frac{l}{6EI}(2M_A + M_B)$$

$$\theta_B = \frac{l}{6EI}(M_A + 2M_B)$$

㉡ $M_A = 0$, $M_B = M$

$$\theta_A = \frac{l}{6EI}M$$

$$\theta_B = \frac{l}{6EI}2M$$

$$\therefore \theta_A : \theta_B = 1 : 2$$

★ **43** 다음 그림과 같은 단순보에서 B단에 모멘트하중 M이 작용할 때 경간 AB 중에서 수직처짐이 최대가 되는 지점의 거리 x는? (단, EI는 일정하다.)

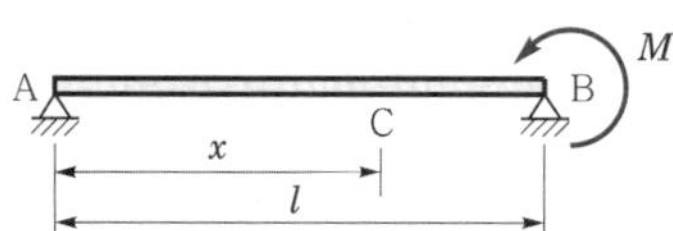

① $x = 0.500l$　　② $x = 0.577l$
③ $x = 0.667l$　　④ $x = 0.750l$

해설 공액보법

$\Sigma V = 0$

$$\frac{Ml}{6EI} - \frac{1}{2} \times \frac{Mx}{EIl} \times x - S_x' = 0$$

$$S_x' = \frac{Ml}{6EI} - \frac{Mx^2}{EIl} = \theta_x$$

$S_x' = \theta_x = 0$인 곳에서 최대 처짐($y_{\max}$)이 발생한다.

$$\frac{Ml}{6EI} - \frac{Mx^2}{2EIl} = 0$$

$$\therefore x = \frac{l}{\sqrt{3}} = 0.577l$$

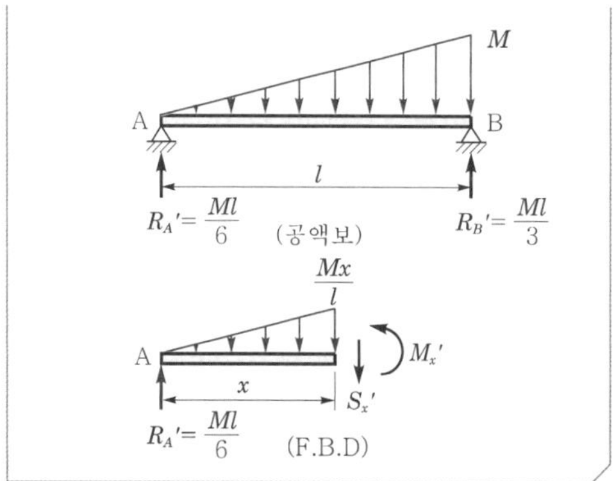

44 단순보의 중앙에 수평하중 P가 작용할 때 B점에서의 처짐각을 구하면?

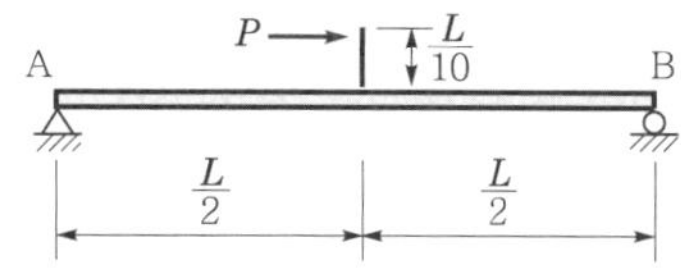

① $-\frac{PL^2}{240EI}$　　② $-\frac{PL^2}{120EI}$
③ $-\frac{3PL^2}{80EI}$　　④ $-\frac{3PL^2}{40EI}$

해설 공액보법(처짐각)

$\Sigma M_A = 0$

$$-R_B' \times L + \frac{1}{2} \times \frac{M}{2} \times \frac{L}{2} \times \left(\frac{L}{2} + \frac{1}{3} \times \frac{L}{2}\right)$$

$$-\frac{1}{2} \times \frac{M}{2} \times \frac{L}{2} \times \frac{L}{2} \times \frac{2}{3} = 0$$

$$R_B' = \left(\frac{ML}{8} \times \frac{2L}{3} - \frac{ML^2}{24}\right)\frac{1}{L} = \frac{ML}{24} = S_B$$

$$\therefore \theta_B = \frac{S_B}{EI} = \frac{ML}{24EI} = \frac{PL^2}{240EI}$$ (반시계방향)

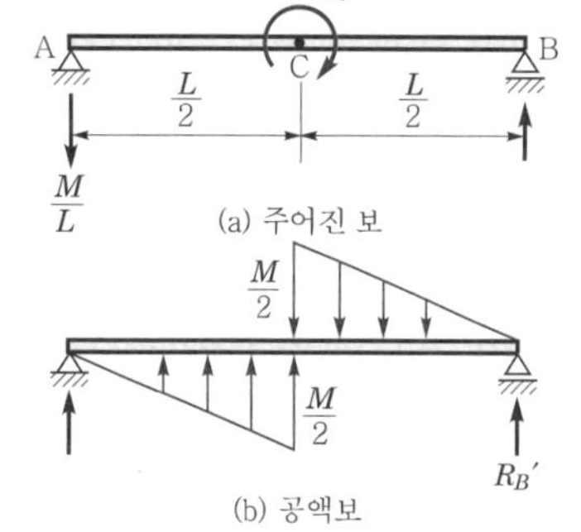

(a) 주어진 보

(b) 공액보

정답 42. ① 43. ② 44. ①

★★

45 단순보의 양단에 모멘트하중 M이 작용할 경우 최대 처짐은? (단, EI는 일정하다.)

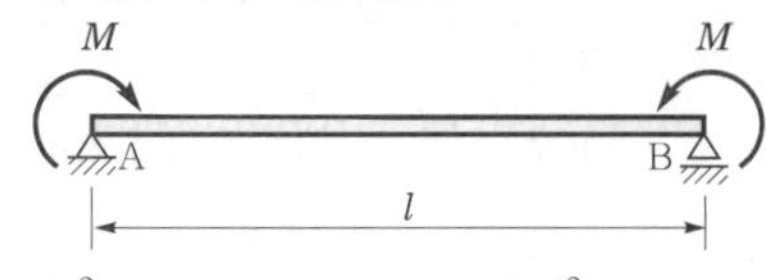

① $\dfrac{Ml^2}{4EI}$　② $\dfrac{Ml^2}{16EI}$

③ $\dfrac{Ml^2}{8EI}$　④ $\dfrac{Ml^2}{32EI}$

해설 **최대 처짐**

$$M_{\max} = \frac{Ml^2}{8}$$

$$\therefore y_{\max} = \frac{M_{\max}}{EI} = \frac{Ml^2}{8EI}$$

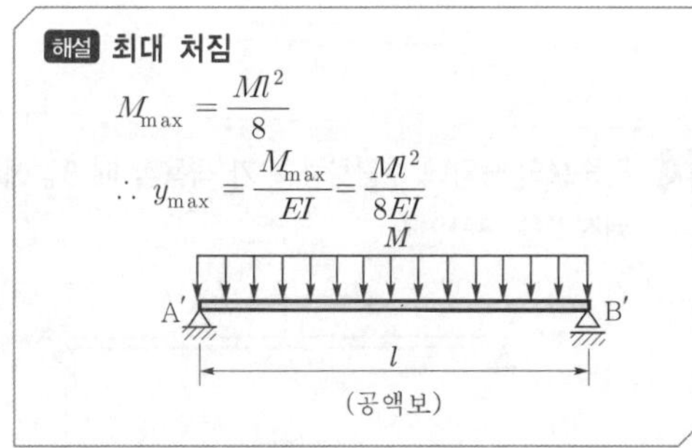

(공액보)

★

46 다음 그림과 같은 단순보의 A단에 M_A(↻), B단에 M_B(↺)가 작용한다. A 및 B단의 처짐각을 계산한 식은? (단, 회전각의 부호는 시침방향 회전을 플러스(+)로 생각하고, 보의 단면은 일정하다.)

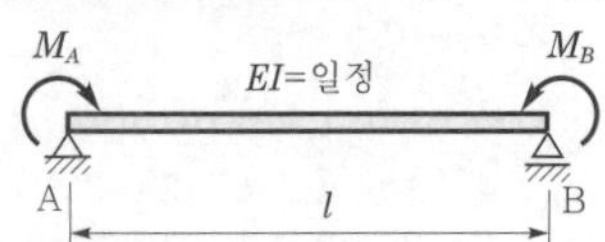

① $\theta_A = \dfrac{l}{6EI}(2M_A + M_B)$

$\theta_B = -\dfrac{l}{6EI}(2M_B + M_A)$

② $\theta_A = \dfrac{l}{6EI}(M_B - 2M_A)$

$\theta_B = \dfrac{l}{6EI}(M_A - 2M_B)$

③ $\theta_A = \dfrac{l}{3EI}(2M_A + M_B)$

$\theta_B = \dfrac{l}{3EI}(2M_B + 2M_A)$

④ $\theta_A = \dfrac{l}{3EI}(M_B - 2M_A)$

$\theta_B = -\dfrac{l}{3EI}(M_A - 2M_B)$

해설 **공액보법**

㉠ 처짐각

$$R_A{}' = \frac{1}{2}M_B l + \frac{1}{3}(M_A - M_B)l = \frac{M_B l}{2} + \frac{M_A l}{3} - \frac{M_B l}{3} = \frac{l}{6}(2M_A + M_B)$$

$$\therefore \theta_A = \frac{S_A}{EI} = \frac{R_A{}'}{EI} = \frac{l}{6EI}(2M_A + M_B)$$

$$R_B{}' = \frac{1}{2}M_B l + \frac{1}{6}(M_A - M_B)l = \frac{M_B l}{2} + \frac{M_A l}{6} - \frac{M_B l}{6} = \frac{l}{6}(M_A + 2M_B)$$

$$\therefore \theta_B = -\frac{S_B}{EI} = -\frac{R_B{}'}{EI} = -\frac{l}{6EI}(M_A + 2M_B)$$

㉡ 중앙점의 처짐($x = \dfrac{l}{2}$)

$$y_C = \frac{l^2}{16EI}(M_A + M_B)$$

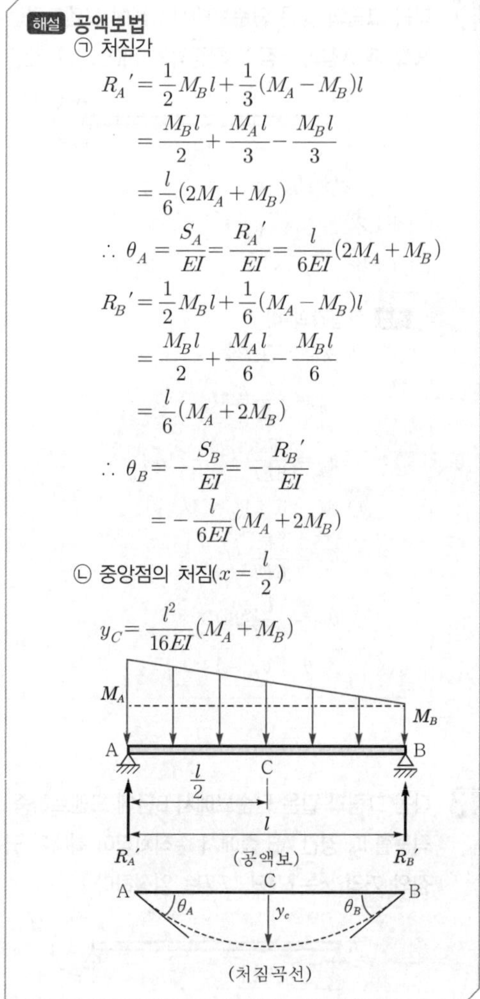

47 다음 그림과 같은 단순보에 양단 모멘트 M_A, M_B가 작용할 때 지점 A에서의 처짐각 θ_A는?

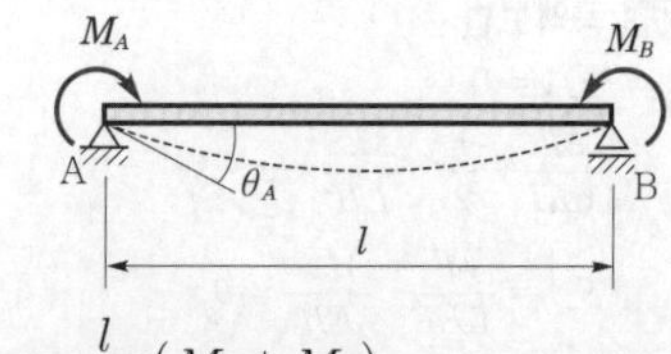

① $\theta_A = \dfrac{l}{6EI}(M_A + M_B)$

② $\theta_A = \dfrac{l}{6EI}(2M_A + M_B)$

③ $\theta_A = \dfrac{l}{6EI}(M_A - 2M_B)$

④ $\theta_A = \dfrac{l}{6EI}(2M_A - 2M_B)$

정답 45. ③ 46. ① 47. ②

해설 공액보법

$$\theta_A = \frac{l}{6EI}(2M_A + M_B)$$

$$\theta_B = \frac{l}{6EI}(M_A + 2M_B)$$

3. 캔틸레버보의 변위

★★★

48 다음 그림과 같은 캔틸레버빔에서의 자유단의 처짐을 구하는 공식은? (단, EI는 일정하다.)

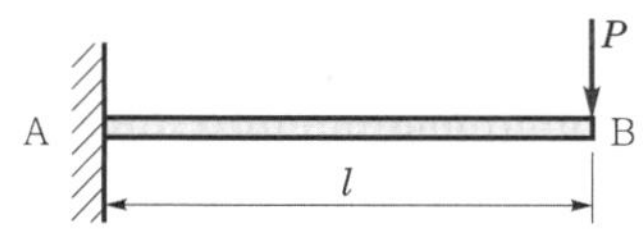

① $\frac{Pl^3}{8EI}$ ② $\frac{Pl^3}{6EI}$

③ $\frac{Pl^3}{3EI}$ ④ $\frac{2Pl^3}{3EI}$

해설 공액보법

$$M_B' = Pl \times l \times \frac{1}{2} \times \frac{2}{3}l = \frac{Pl^3}{3}$$

$$\therefore y_B = \frac{M_B'}{EI} = \frac{Pl^3}{3EI}$$

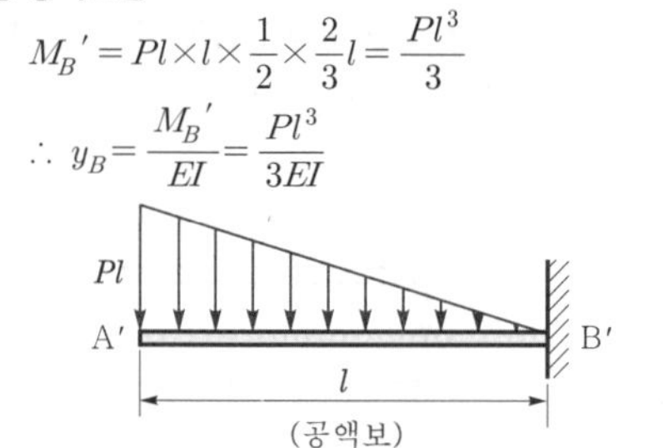

49 다음 그림과 같은 보에 일정한 단면적을 가진 길이 l의 B에 집중하중 P가 작용하여 B점의 처짐 δ가 4δ가 되려면 보의 길이는?

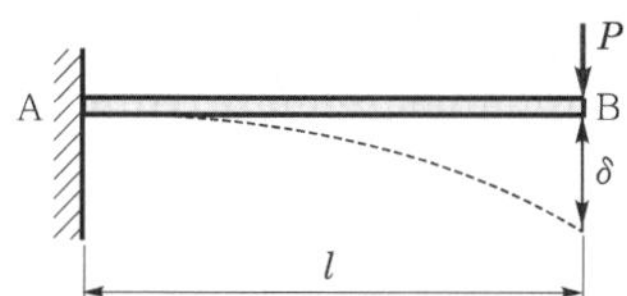

① l의 1.2배가 되어야 한다.
② l의 1.6배가 되어야 한다.
③ l의 2.0배가 되어야 한다.
④ l의 2.2배가 되어야 한다.

해설 처짐공식

$$\delta_B = \frac{Pl^3}{3EI} \text{에서 } 4\delta = l^3$$

$$\therefore l = \sqrt[3]{4} = 1.5874$$

★

50 균일한 단면을 가진 캔틸레버보의 자유단에 집중하중 P가 작용한다. 보의 길이가 L일 때 자유단의 처짐이 Δ라면 처짐이 약 9Δ가 되려면 보의 길이 L은 몇 배가 되겠는가?

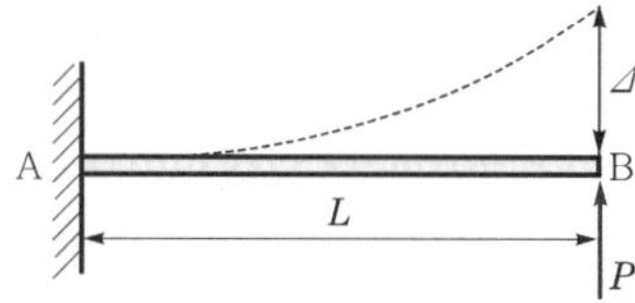

① 1.6배 ② 2.1배

③ 2.5배 ④ 3.0배

해설 보의 처짐

$$\Delta = \frac{PL^3}{3EI},\ 9\Delta = L^3$$

$$\therefore L = \sqrt[3]{9} = 2.08$$

★

51 다음 그림과 같은 캔틸레버보의 최대 처짐이 옳게 된 것은?

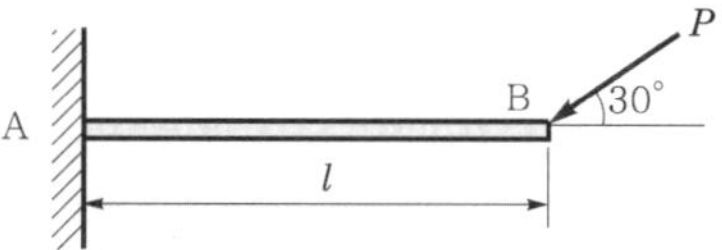

① $y_{\max} = \frac{Pl^3}{2EI}$

② $y_{\max} = \frac{Pl^3}{3EI}$

③ $y_{\max} = \frac{Pl^3}{6EI}$

④ $y_{\max} = \frac{Pl^3}{8EI}$

해설 최대 처짐

㉠ 사방향의 하중은 직각분력으로 나누어 생각한다.

$$P_V = P\sin 30° = \frac{P}{2}$$

㉡ B점의 처짐

$$y_B = \frac{P_V l^3}{3EI} = \frac{Pl^3}{6EI}$$

정답 48. ③ 49. ② 50. ② 51. ③

★★

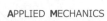

52 다음 그림과 같은 캔틸레버보에서 자유단(B점)의 수직 처짐(δ_{VB})과 처짐각(θ_C)은? (단, EI는 일정하다.)

① $\delta_{VB}=\dfrac{Pb^2}{6EI}(3l-a)$, $\theta_C=\dfrac{Pa^2}{2EI}$

② $\delta_{VB}=\dfrac{Pa^2}{6EI}(3l-a)$, $\theta_C=\dfrac{Pa^2}{2EI}$

③ $\delta_{VB}=\dfrac{Pa^2}{6EI}(2l+b)$, $\theta_C=\dfrac{Pb^2}{3EI}$

④ $\delta_{VB}=\dfrac{Pb^2}{6EI}(3l-b)$, $\theta_C=\dfrac{Pb^2}{2EI}$

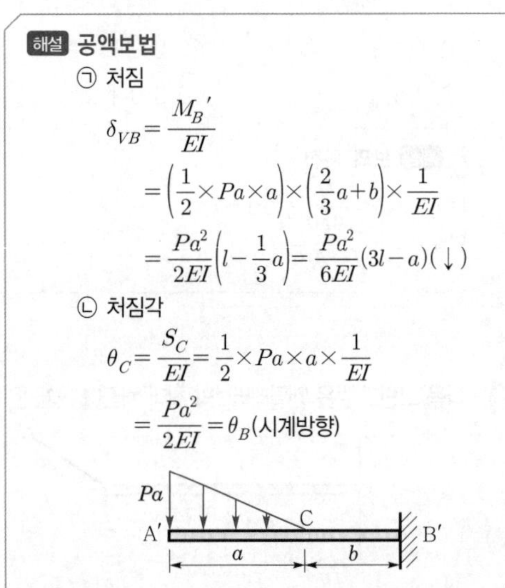
해설 공액보법

㉠ 처짐

$$\delta_{VB}=\frac{M_B{}'}{EI}=\left(\frac{1}{2}\times Pa\times a\right)\times\left(\frac{2}{3}a+b\right)\times\frac{1}{EI}=\frac{Pa^2}{2EI}\left(l-\frac{1}{3}a\right)=\frac{Pa^2}{6EI}(3l-a)(\downarrow)$$

㉡ 처짐각

$$\theta_C=\frac{S_C}{EI}=\frac{1}{2}\times Pa\times a\times\frac{1}{EI}=\frac{Pa^2}{2EI}=\theta_B(\text{시계방향})$$

★

53 다음 그림과 같은 캔틸레버보에서 처짐 δ_{max}는 어느 것인가? (단, 보의 휨강성은 EI이다.)

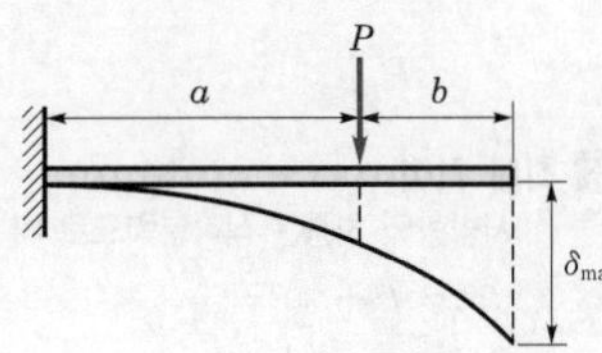

① $\delta_{max}=\dfrac{Pa^2}{6EI}(3l-a)$

② $\delta_{max}=\dfrac{Pa^2}{3EI}(3l+a)$

③ $\delta_{max}=\dfrac{P^2a}{3EI}(3l-a)$

④ $\delta_{max}=\dfrac{P^2a}{6EI}(3l+a)$

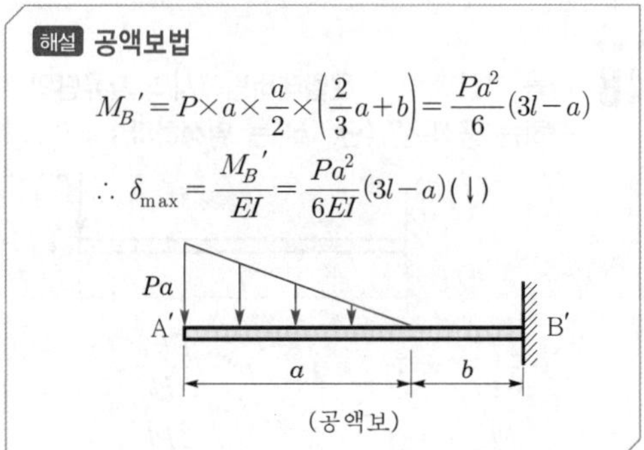
해설 공액보법

$$M_B{}'=P\times a\times\frac{a}{2}\times\left(\frac{2}{3}a+b\right)=\frac{Pa^2}{6}(3l-a)$$

$$\therefore\ \delta_{max}=\frac{M_B{}'}{EI}=\frac{Pa^2}{6EI}(3l-a)(\downarrow)$$

(공액보)

54 다음 그림과 같은 보의 C점에 대한 처짐은? (단, EI는 전체 경간에 걸쳐 일정하다.)

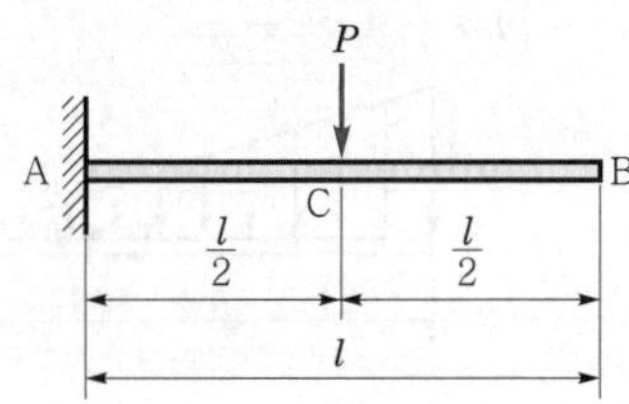

① $y_C=\dfrac{Pl^3}{12EI}$ ② $y_C=\dfrac{Pl^3}{24EI}$

③ $y_C=\dfrac{Pl^3}{48EI}$ ④ $y_C=\dfrac{Pl^3}{96EI}$

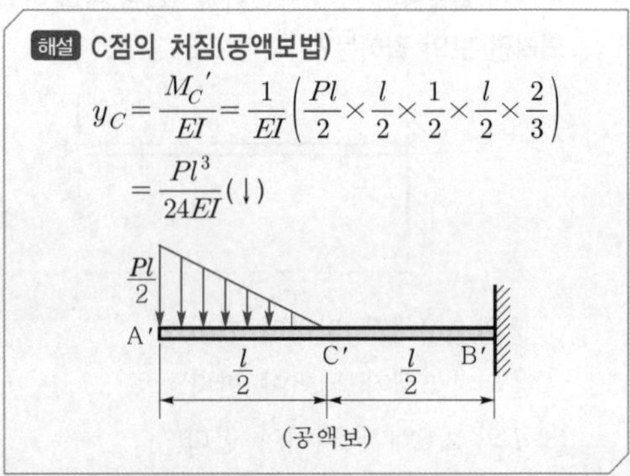
해설 C점의 처짐(공액보법)

$$y_C=\frac{M_C{}'}{EI}=\frac{1}{EI}\left(\frac{Pl}{2}\times\frac{l}{2}\times\frac{1}{2}\times\frac{l}{2}\times\frac{2}{3}\right)=\frac{Pl^3}{24EI}(\downarrow)$$

(공액보)

정답 52. ② 53. ① 54. ②

★
55 다음 그림과 같은 캔틸레버 중앙에 2kN의 집중하중이 작용할 때 A점의 처짐량은? (단, $E=2\times10^5$MPa, $I=200\times10^6\text{mm}^4$)

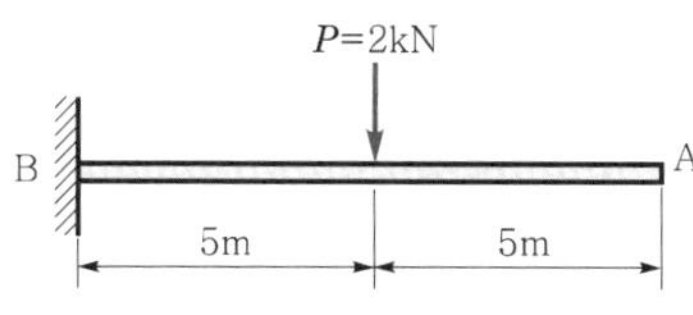

① 3.03mm　　② 4.55mm
③ 5.21mm　　④ 6.08mm

> **해설** A점의 처짐(공액보법)
>
> $$y_A=\frac{M_A{}'}{EI}$$
> $$=\frac{1}{EI}\left[\frac{Pl}{2}\times\frac{l}{2}\times\frac{1}{2}\times\left(\frac{l}{2}\times\frac{2}{3}+\frac{l}{2}\right)\right]$$
> $$=\frac{5Pl^3}{48EI}=\frac{5\times2{,}000\times10{,}000^3}{48\times2\times10^5\times200\times10^6}$$
> $$=5.208\text{mm}(\downarrow)$$
>
> $\frac{Pl}{2}$, B′, A′, $\frac{l}{2}$, $\frac{l}{2}$
>
> (공액보)

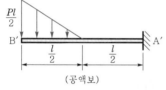

56 다음 그림과 같은 집중하중이 작용하는 캔틸레버보의 A점의 처짐은? (단, EI는 일정하다.)

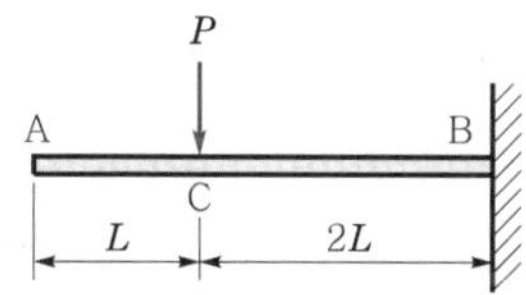

① $\dfrac{14PL^3}{3EI}$　　② $\dfrac{2PL^3}{EI}$
③ $\dfrac{8PL^3}{3EI}$　　④ $\dfrac{10PL^3}{3EI}$

> **해설** A점의 처짐(공액보법)
>
> $$P_1=\frac{1}{2}\times2L\times2PL=2PL^2$$
> $$M_A{}'=2PL^2\times\left(L+2L\times\frac{2}{3}\right)=\frac{14PL^3}{3}$$
> $$\therefore\ \delta_A=\frac{M_A{}'}{EI}=\frac{14PL^3}{3EI}(\downarrow)$$
>
> 2PL, A′, B′, C′, L, 2L
>
> (공액보)

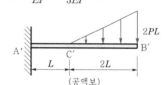

57 다음 중 처짐각 θ_B, θ_C, θ_A에 관하여 옳은 것은? (단, EI는 일정하다.)

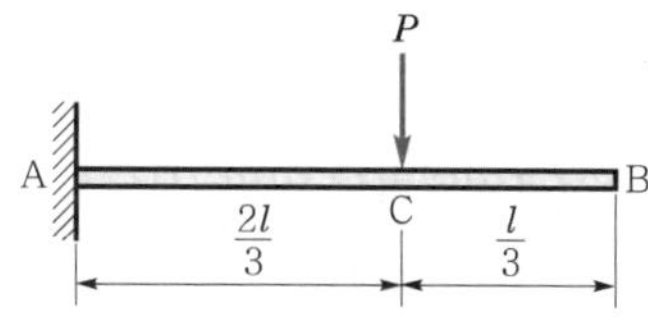

① $\theta_A>\theta_B$
② $\theta_C>\theta_B$
③ $\theta_C<\theta_B$
④ $\theta_C=\theta_B$

> **해설** 공액보법
>
> 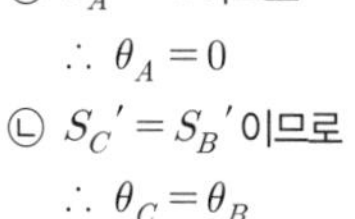
>
> ㉠ $S_A{}'=0$이므로
> 　$\therefore\ \theta_A=0$
> ㉡ $S_C{}'=S_B{}'$이므로
> 　$\therefore\ \theta_C=\theta_B$
>
> 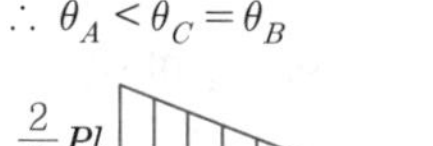
>
> $\therefore\ \theta_A<\theta_C=\theta_B$
>
> 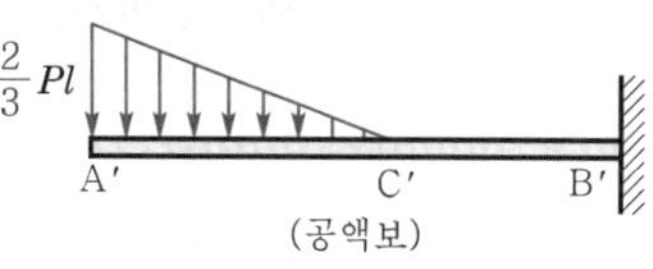
>
>
> (공액보)

정답 55. ③　56. ①　57. ④

★★
58 다음 그림과 같은 외팔보가 B점에서 5kN의 연직방향 하중을 받고 있다. C점의 연직방향 처짐은 B점의 연직방향 처짐보다 얼마나 큰가? (단, $E=2.1\times10^6$MPa, $I=2\times10^6$mm^{4}로 모든 단면에서 일정하다.)

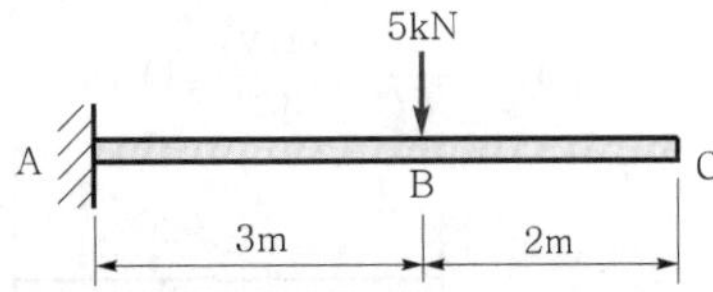

① 약 2cm ② 약 0.6cm
③ 약 1cm ④ 약 1.5cm

해설 처짐의 크기

㉠ B점의 처짐

$$M_B{}'=\left(15\times3\times\frac{1}{2}\right)\times\left(3\times\frac{2}{3}\right)$$
$$=45\text{kN}\cdot\text{m}^3$$
$$\therefore y_B=\frac{M_B{}'}{EI}=\frac{45\times10^{12}}{2.1\times10^6\times2\times10^6}$$
$$=10.7\text{mm}$$

㉡ C점의 처짐

$$M_C{}'=\left(15\times3\times\frac{1}{2}\right)\times\left(3\times\frac{2}{3}+2\right)$$
$$=90\text{kN}\cdot\text{m}^3$$
$$\therefore y_C=\frac{M_C{}'}{EI}=\frac{90\times10^{12}}{2.1\times10^6\times2\times10^6}$$
$$=21.4\text{mm}$$
$$\therefore y_C-y_B=21.4-10.7=10.7\text{mm}$$

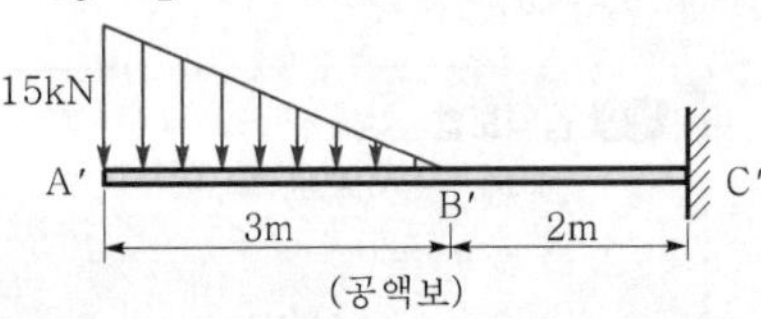

(공액보)

59 다음 구조물에서 A점의 처짐이 0일 때 힘 Q의 크기는?

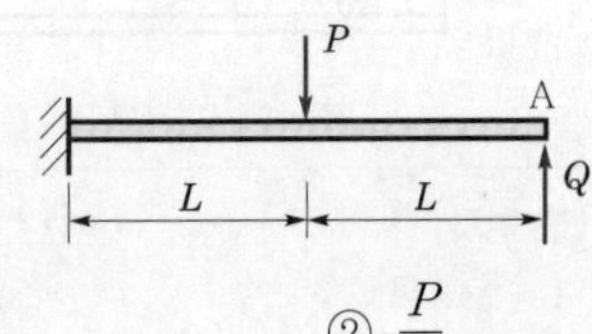

① $\frac{5P}{16}$ ② $\frac{P}{2}$
③ $2P$ ④ $\frac{2P}{3}$

해설 중첩의 원리

㉠ $\delta_{AP}=\frac{5P(2L)^3}{48EI}$ (↓), $\delta_{AQ}=\frac{Q(2L)^3}{3EI}$ (↑)

㉡ $\delta_{AP}-\delta_{AQ}=0$

$\delta_{AP}=\delta_{AQ}$

$\frac{40PL^3}{48EI}=\frac{80QL^3}{3EI}$

$\therefore Q=\frac{5}{16}P$

60 캔틸레버보 AB에 등간격으로 집중하중이 작용하고 있다. 자유단 B점에서의 연직변위 δ_B는? (단, 보의 EI는 일정하다.)

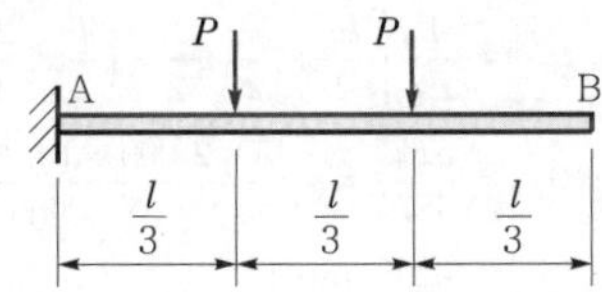

① $\delta_B=\frac{Pl^3}{9EI}$ ② $\delta_B=\frac{16Pl^3}{81EI}$
③ $\delta_B=\frac{14Pl^3}{81EI}$ ④ $\delta_B=\frac{2Pl^3}{9EI}$

해설 공액보법

$$P_1=\frac{1}{2}\times\frac{l}{3}\times\frac{2}{3}Pl=\frac{Pl^2}{9}$$
$$P_2=\frac{l}{3}\times\frac{Pl}{3}=\frac{Pl^2}{9}$$
$$P_3=\frac{1}{2}\times\frac{l}{3}\times\frac{Pl}{3}=\frac{Pl^2}{18}$$
$$M_B{}'=\frac{Pl^2}{9}\times\left(\frac{l}{3}\times\frac{2}{3}+\frac{2l}{3}\right)+\frac{Pl^2}{9}\times\left(\frac{l}{3}\times\frac{1}{2}+\frac{2l}{3}\right)+\frac{Pl^2}{18}\times\left(\frac{l}{3}\times\frac{2}{3}+\frac{l}{3}\right)$$
$$=\frac{2Pl^3}{9}$$
$$\therefore \delta_B=\frac{M_B{}'}{EI}=\frac{2Pl^3}{9EI}\ (\downarrow)$$

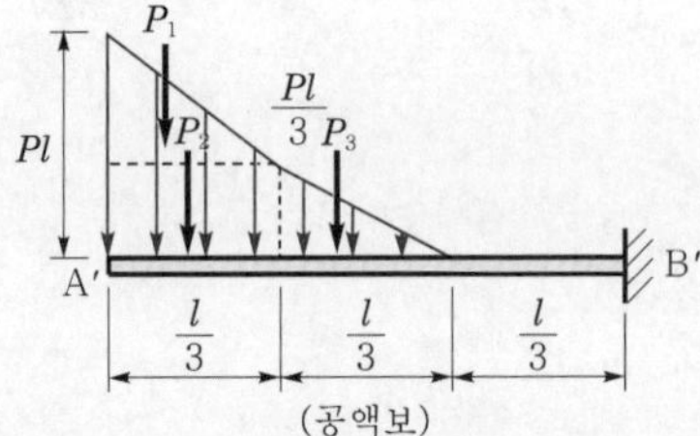

(공액보)

정답 58. ③ 59. ① 60. ④

★★
61 재질, 단면이 같은 2개의 캔틸레버의 자유단의 처짐을 같게 하려면 P_1/P_2의 값은?

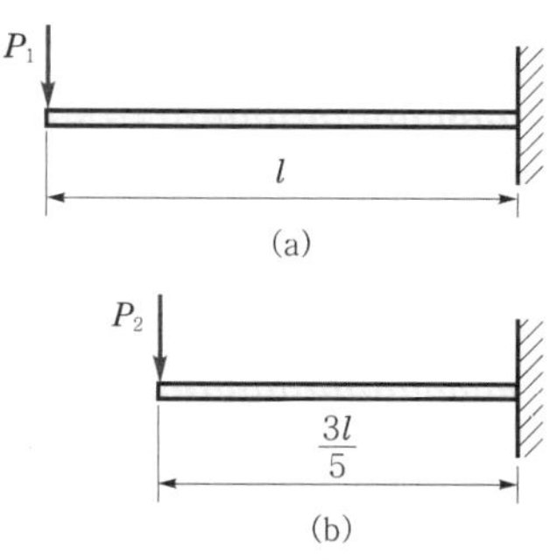

① 0.217　② 0.216
③ 0.215　④ 0.214

해설 최대 처짐

$$y=\frac{Pl^3}{3EI}$$

$$y_{(a)}=y_{(b)}$$

$$P_1\times l^3=P_2\times\left(\frac{3}{5}l\right)^3$$

$$\therefore\ \frac{P_1}{P_2}=\frac{(0.6l)^3}{l^3}=0.216$$

62 전 단면이 균일하고 재질이 같은 2개의 캔틸레버보가 자유단의 처짐값이 동일하다. 이때 캔틸레버보 (B)의 휨강성 EI 값은?

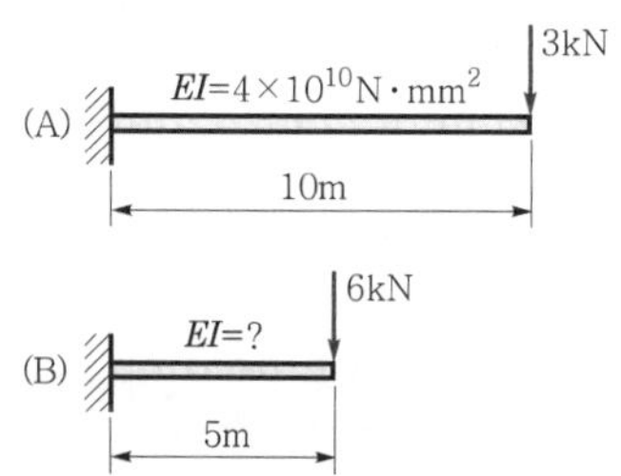

① 0.5×10^{10}N · mm²　② 1.0×10^{10}N · mm²
③ 2.0×10^{10}N · mm²　④ 3.0×10^{10}N · mm²

해설 최대 처짐

$$\delta=\frac{Pl^3}{3EI}$$

$$\delta_A=\delta_B$$

$$\frac{3{,}000\times10{,}000^3}{3\times4\times10^{10}}=\frac{6{,}000\times5{,}000^3}{3EI'}$$

$$\therefore\ EI'=1\times10^{10}\text{N}\cdot\text{mm}^2$$

★★★
63 휨강성이 EI인 균일 단면의 캔틸레버에 강도가 w인 등분포하중이 만재되었을 때 자유단의 처짐(deflection)은?

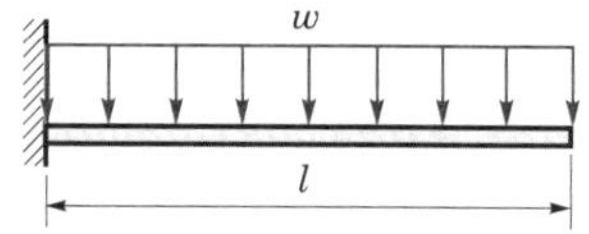

① $\dfrac{wl^4}{3EI}$　② $\dfrac{wl^4}{8EI}$
③ $\dfrac{wl^4}{24EI}$　④ $\dfrac{wl^4}{48EI}$

해설 공액보법

$$M_A{}'=\frac{wl^2}{2}\times l\times\frac{1}{3}\times\frac{3}{4}l=\frac{wl^4}{8}$$

$$\therefore\ y=\frac{M_A{}'}{EI}=\frac{wl^4}{8EI}\ (\downarrow)$$

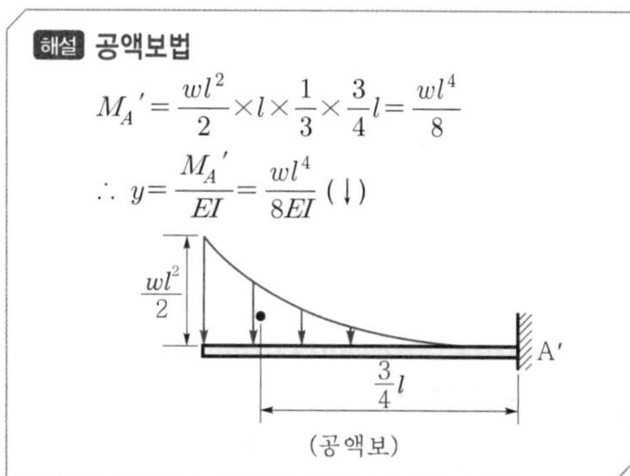

64 다음 그림과 같은 캔틸레버의 최대 처짐은?

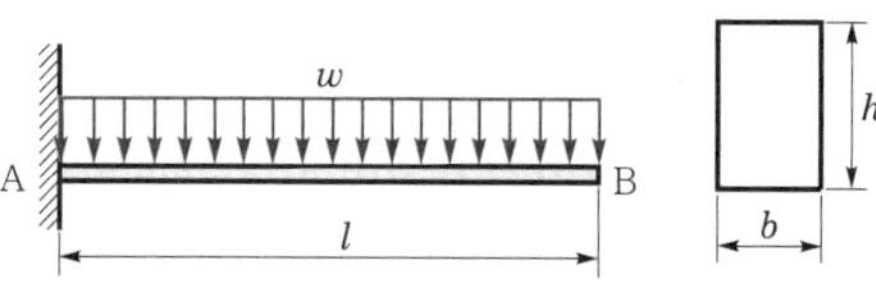

① $\dfrac{3wl^4}{2Ebh^3}$　② $\dfrac{3wl^4}{4Ebh^3}$
③ $\dfrac{4wl^4}{3Ebh^3}$　④ $\dfrac{1wl^4}{8Ebh^3}$

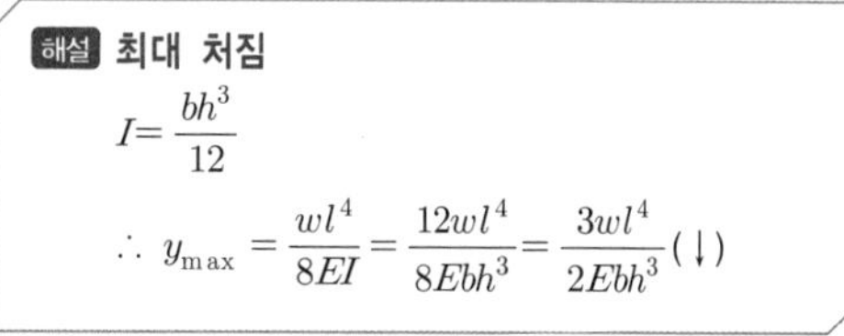

해설 최대 처짐

$$I=\frac{bh^3}{12}$$

$$\therefore\ y_{max}=\frac{wl^4}{8EI}=\frac{12wl^4}{8Ebh^3}=\frac{3wl^4}{2Ebh^3}\ (\downarrow)$$

정답 61. ② 62. ② 63. ② 64. ①

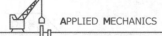

65 다음 그림과 같은 캔틸레버보의 자유단에 단위처짐이 발생하도록 하는데 필요한 등분포하중 w의 크기는? (단, EI는 일정하다.)

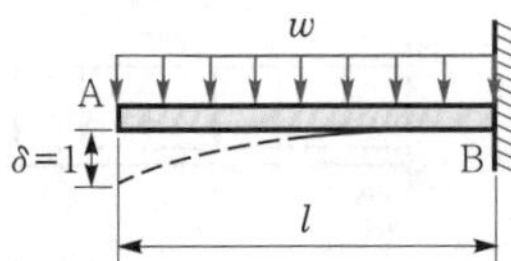

① $\dfrac{6EI}{l^3}$ ② $\dfrac{8EI}{l^4}$

③ $\dfrac{3EI}{l^3}$ ④ $\dfrac{12EI}{l^4}$

해설 **등분포하중**

$\delta_A = \dfrac{wl^4}{8EI}$

$\therefore w = \dfrac{8EI}{l^4}\delta_A = \dfrac{8EI}{l^4}\times 1 = \dfrac{8EI}{l^4}$

★★

66 다음 그림과 같은 캔틸레버보에서 B점의 처짐과 처짐각은? (단, EI는 일정하다.)

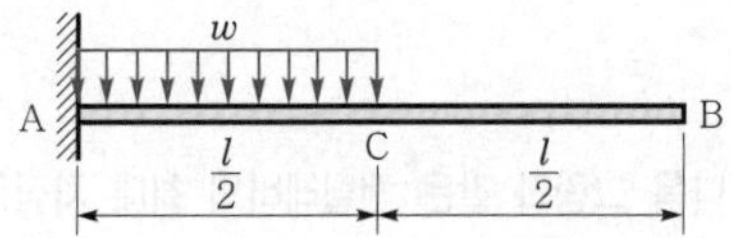

① $\dfrac{3wl^4}{384EI}$, $\dfrac{7wl^4}{384EI}$

② $\dfrac{5wl^4}{384EI}$, $\dfrac{9wl^4}{384EI}$

③ $\dfrac{11wl^4}{384EI}$, $\dfrac{7wl^3}{48EI}$

④ $\dfrac{7wl^4}{384EI}$, $\dfrac{wl^3}{48EI}$

해설 **공액보법**

㉠ $M_B' = \dfrac{wl^2}{8}\times\dfrac{l}{2}\times\dfrac{1}{3}\times\dfrac{7}{8}l = \dfrac{7wl^4}{384}$

$\therefore y_B = \dfrac{M_B'}{EI} = \dfrac{7wl^4}{384EI}$ (↓)

㉡ $S_B = \dfrac{wl^2}{8}\times\dfrac{l}{2}\times\dfrac{1}{3} = \dfrac{wl^3}{48}$

$\therefore \theta_B = \dfrac{S_B}{EI} = \dfrac{wl^3}{48EI}$ (시계방향)

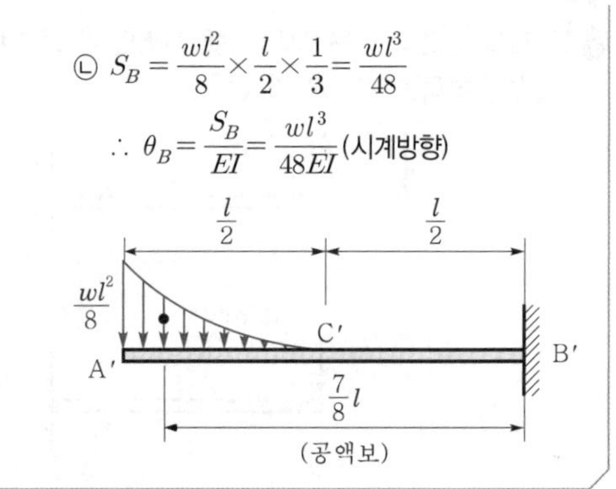

(공액보)

★

67 다음 그림과 같은 캔틸레버보에서 최대 처짐각(θ_B)은? (단, EI는 일정하다.)

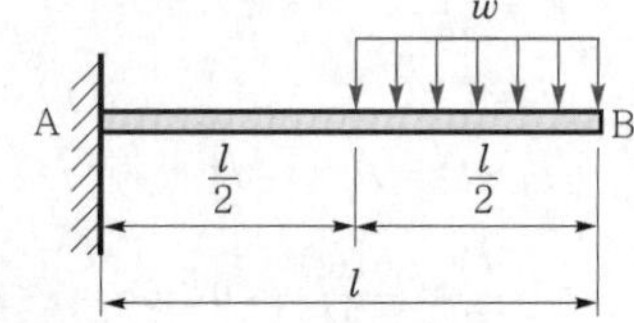

① $\dfrac{3wl^3}{48EI}$ ② $\dfrac{7wl^3}{48EI}$

③ $\dfrac{9wl^3}{48EI}$ ④ $\dfrac{5wl^3}{48EI}$

해설 **공액보법**

$$S_B = \frac{wl^2}{8}\times\frac{l}{2}+\frac{1}{2}\times\frac{2wl^2}{8}\times\frac{l}{2} + \frac{1}{3}\times\frac{wl^2}{8}\times\frac{l}{2} = \frac{7wl^3}{48}$$

$\therefore \theta_B = \dfrac{S_B}{EI} = \dfrac{7wl^3}{48EI}$ (시계방향)

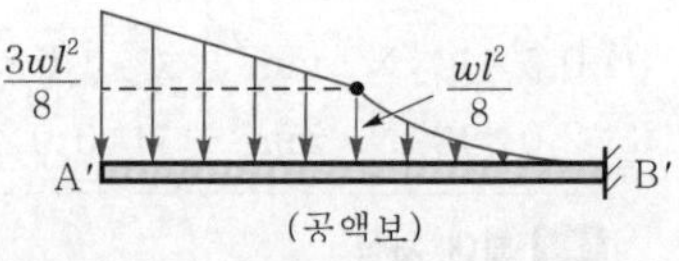

(공액보)

정답 65. ② 66. ④ 67. ②

68 다음 그림에서 최대 처짐각의 비(θ_B : θ_D)는?

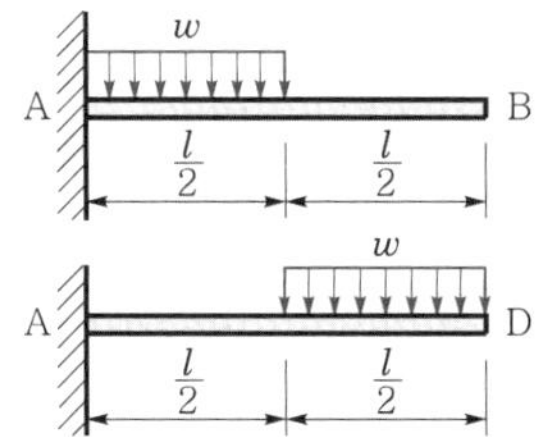

① 1 : 2

② 1 : 3

③ 1 : 5

④ 1 : 7

해설 최대 처짐각

$$\theta_B = \frac{wl^3}{48EI},\ \theta_D = \frac{7wl^3}{48EI}$$

$\therefore\ \theta_B : \theta_D = 1 : 7$

★★

69 다음 그림과 같은 캔틸레버보의 단부에 휨모멘트하중 M이 작용할 경우 최대 처짐 $\delta_{\max}$의 값은? (단, EI : 보의 휨강성)

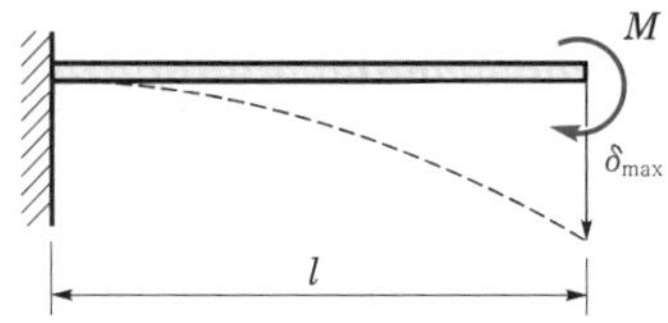

① $\dfrac{Ml}{EI}$ ② $\dfrac{Ml^2}{2EI}$

③ $\dfrac{M^2l}{2EI}$ ④ $\dfrac{Ml^2}{6EI}$

해설 공액보법

$$M_B' = Ml \times \frac{l}{2} = \frac{Ml^2}{2}$$

$$\therefore\ \delta_{\max} = \frac{M_B'}{EI} = \frac{Ml^2}{2EI}(\downarrow)$$

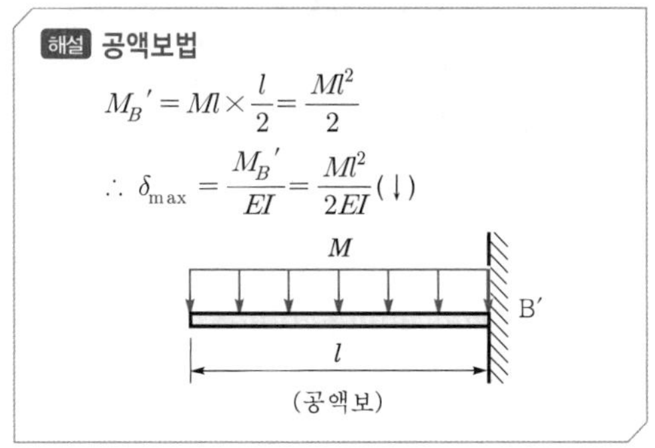

70 다음 그림과 같은 캔틸레버에 모멘트하중이 작용할 때 B점의 처짐은? (단, 탄성계수 $E=2.1\times10^6$MPa)

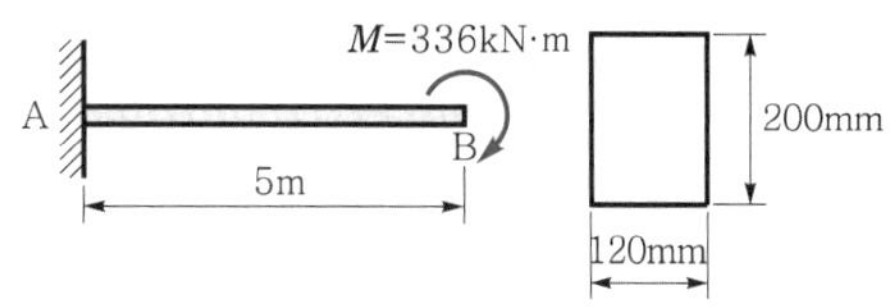

① 1.5cm

② 2.5cm

③ 3.5cm

④ 4.5cm

해설 최대 처짐

$$y_B = \frac{Ml^2}{2EI} = \frac{336\times10^6\times5{,}000^2\times12}{2\times2.1\times10^6\times120\times200^3}$$

$= 25\text{mm} = 2.5\text{cm}(\downarrow)$

71 다음 그림과 같은 외팔보에서 C점의 처짐 y의 값은? (단, $E=1\times10^6$MPa, $I=1\times10^7\text{mm}^4$)

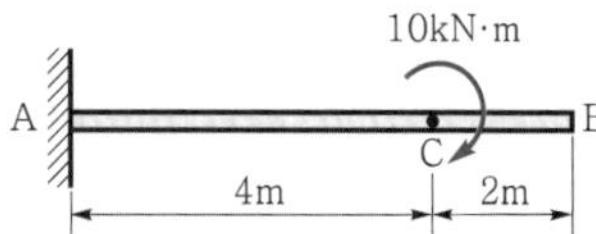

① 0.4cm

② 0.6cm

③ 0.8cm

④ 1.0cm

해설 공액보법

$$y_C = \frac{M_C'}{EI} = \frac{10\times10^6\times4{,}000\times2{,}000}{1\times10^6\times1\times10^7}$$

$= 8\text{mm} = 0.8\text{cm}(\downarrow)$

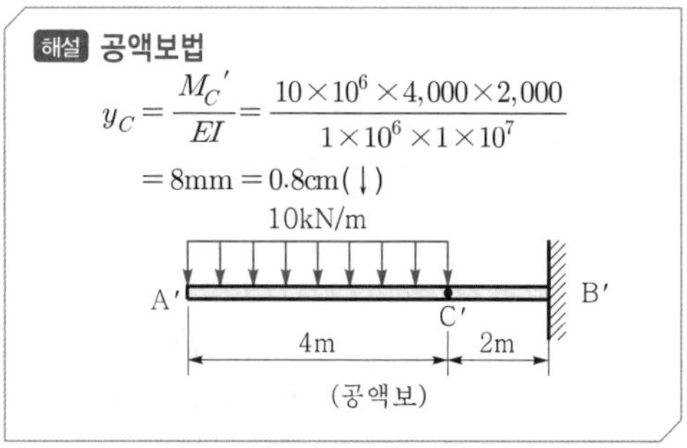

정답 68. ④ 69. ② 70. ② 71. ③

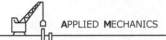

★
72 다음 두 캔틸레버에 M_1, M_2가 각각 작용하고 있다. (a), (b)의 A점의 처짐을 같게 하려 할 때 M_1과 M_2의 크기비로 옳은 것은? (단, (a)와 (b)의 EI는 일정하다.)

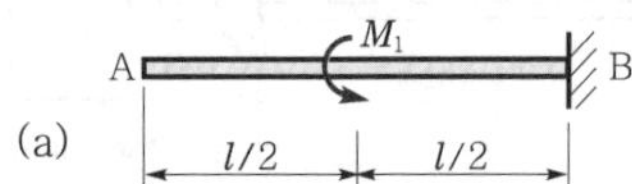

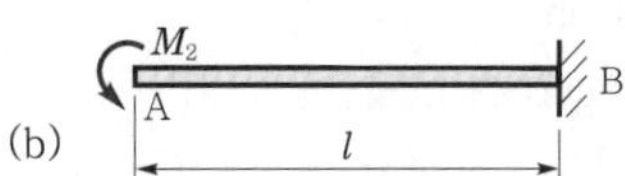

① $M_1 : M_2 = 4 : 3$　　② $M_1 : M_2 = 3 : 4$

③ $M_1 : M_2 = 5 : 3$　　④ $M_1 : M_2 = 3 : 5$

해설 **공액보법**

㉠ (a)의 처짐

$$y_{(a)} = \left(\frac{l}{2} \times \frac{M_1}{EI}\right) \times \frac{3}{4}l = \frac{3M_1 l^2}{8EI}$$

M_1, A′, B′, $\frac{l}{2}$, $\frac{l}{2}$

(공액보)

㉡ (b)의 처짐

$$y_{(b)} = \left(l \times \frac{M_2}{EI}\right) \times \frac{l}{2} = \frac{M_2 l^2}{2EI}$$

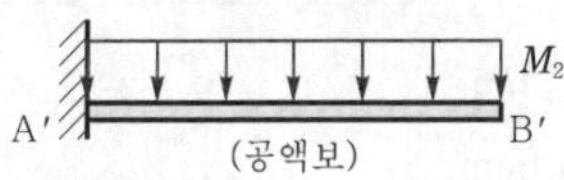

(공액보)

㉢ M크기의 비

$$y_{(a)} = y_{(b)}$$

$$\frac{3M_1 l^2}{8EI} = \frac{M_2 l^2}{2EI}$$

$$M_1 = \frac{4}{3}M_2$$

$$\therefore M_1 : M_2 = 4 : 3$$

★★
73 캔틸레버보에서 보의 B점에 집중하중 P와 우력모멘트가 작용하고 있다. B점에서 처짐각(θ_B)은 얼마인가?

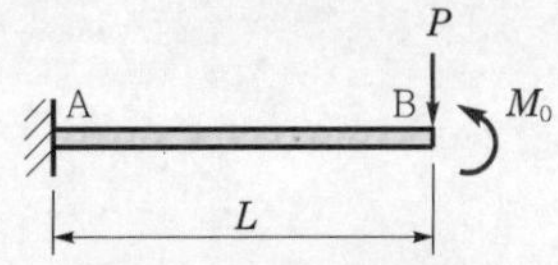

① $\theta_B = \dfrac{PL^2}{4EI} - \dfrac{M_o L}{EI}$

② $\theta_B = \dfrac{PL^2}{2EI} + \dfrac{M_o L}{EI}$

③ $\theta_B = \dfrac{PL^2}{2EI} - \dfrac{M_o L}{EI}$

④ $\theta_B = \dfrac{PL^2}{4EI} + \dfrac{M_o L}{EI}$

해설 **중첩의 원리**

㉠ 집중하중에 의한 처짐각

$$\theta_P = \frac{PL^2}{2EI} \text{ (시계방향)}$$

㉡ 모멘트하중에 의한 처짐각

$$\theta_M = -\frac{M_o L}{EI} \text{ (반시계방향)}$$

$$\therefore \theta_B = \theta_P + \theta_M = \frac{PL^2}{2EI} - \frac{M_o L}{EI}$$

74 다음 캔틸레버보에서 $M_o = \dfrac{Pl}{2}$이면 자유단의 처짐 δ는? (단, EI는 일정)

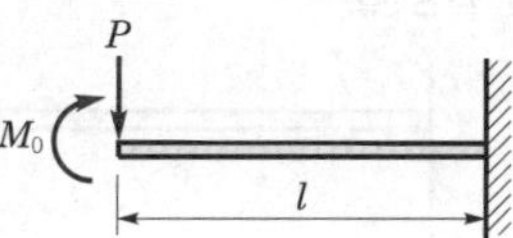

① $\dfrac{Pl^3}{12EI}$　　② $\dfrac{Pl^3}{24EI}$

③ $\dfrac{Pl^3}{8EI}$　　④ $\dfrac{Pl^3}{16EI}$

해설 **중첩의 원리**

㉠ 모멘트하중에 의한 처짐

$$\delta_M = -\frac{M_o l^2}{2EI} = -\frac{Pl^3}{4EI} (\uparrow)$$

㉡ 집중하중에 의한 처짐

$$\delta_P = \frac{Pl^3}{3EI} (\downarrow)$$

$$\therefore \delta = \delta_M + \delta_P = -\frac{Pl^3}{4EI} + \frac{Pl^3}{3EI} = \frac{Pl^3}{12EI} (\downarrow)$$

정답 72. ① 73. ③ 74. ①

75 다음 외팔보의 자유단에 힘 P와 C점 모멘트 M이 작용한다. 자유단에 발생하는 처짐과 처짐각을 구하면? (단, EI는 일정하다.)

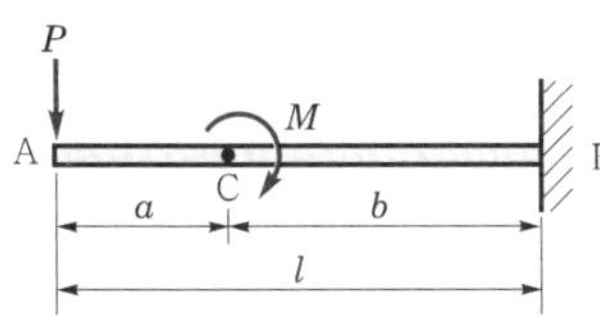

① $\theta_A = \dfrac{Pl^2}{2EI} - \dfrac{Mb}{EI}$, $y_A = \dfrac{Mb^2}{2EI} + \dfrac{Pl^2}{6EI}$

② $\theta_A = \dfrac{Pl^2}{2EI} - \dfrac{Mb}{EI}$, $y_A = \dfrac{Mb}{2EI} + \dfrac{Pl^3}{3EI}$

③ $\theta_A = \dfrac{Mb}{2EI} - \dfrac{Pl^2}{6EI}$, $y_A = \dfrac{Mb^2}{2EI} + \dfrac{Pl^3}{3EI}$

④ $\theta_A = \dfrac{Mb}{EI} - \dfrac{Pl^2}{2EI}$, $y_A = \dfrac{Mb}{2EI}(1+a) + \dfrac{Pl^3}{3EI}$

해설 중첩의 원리

㉠ 처짐각

$$R_A' = Pl \times \frac{l}{2} - M \times b = \frac{Pl^2}{2} - Mb = S_A'$$

$$\therefore \theta_A = -\frac{S_A'}{EI} = \frac{Mb}{EI} - \frac{Pl^2}{2EI}$$

㉡ 처짐

$$M_A' = Pl \times \frac{l}{2} \times \frac{2}{3}l - M \times b \times \left(a + \frac{b}{2}\right)$$

$$= \frac{Pl^3}{3} - Mb\left(a + \frac{b}{2}\right)$$

$$\therefore y_A = \frac{M_A'}{EI} = \frac{Pl^3}{3EI} - \frac{Mb}{EI}\left(a + \frac{b}{2}\right)$$

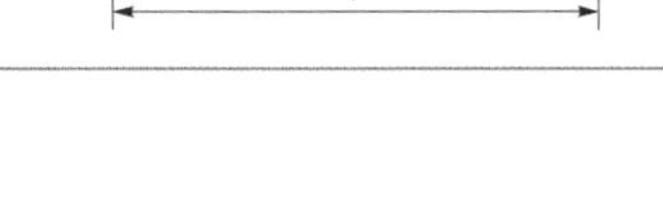

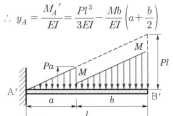

★
76 다음 내다지보의 B점에서 처짐을 구한 값은?

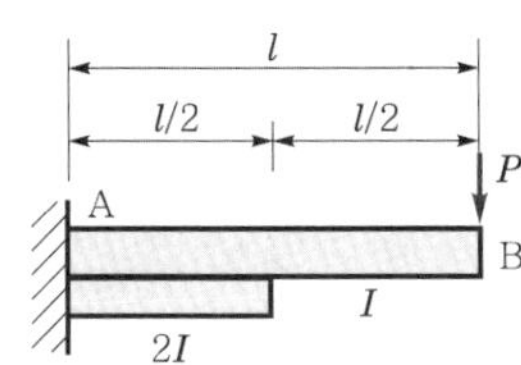

① $\dfrac{5Pl^3}{16EI}$　② $\dfrac{9Pl^3}{48EI}$

③ $\dfrac{5Pl^3}{96EI}$　④ $\dfrac{7Pl^3}{36EI}$

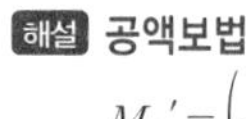

해설 공액보법

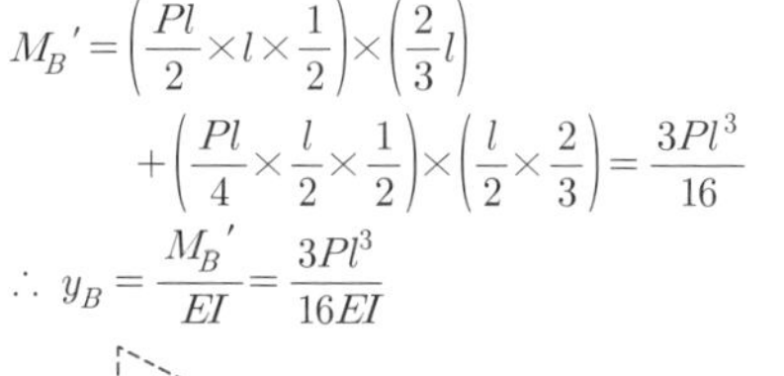

$$M_B' = \left(\frac{Pl}{2} \times l \times \frac{1}{2}\right) \times \left(\frac{2}{3}l\right) + \left(\frac{Pl}{4} \times \frac{l}{2} \times \frac{1}{2}\right) \times \left(\frac{l}{2} \times \frac{2}{3}\right) = \frac{3Pl^3}{16}$$

$$\therefore y_B = \frac{M_B'}{EI} = \frac{3Pl^3}{16EI}$$

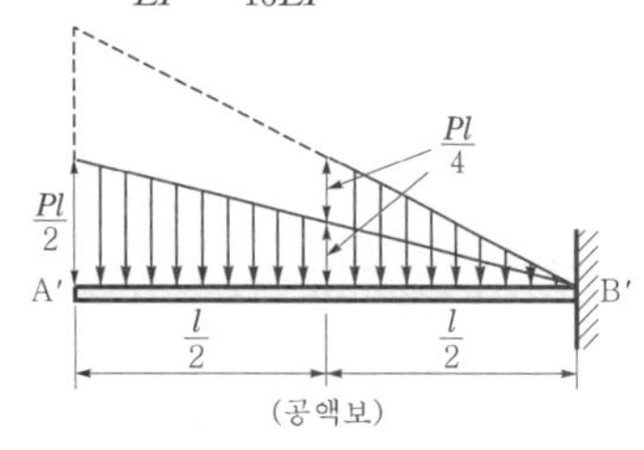

(공액보)

77 다음 그림과 같은 변단면 캔틸레버보에서 A점에서의 처짐량은? (단, E : 보의 재료의 탄성계수)

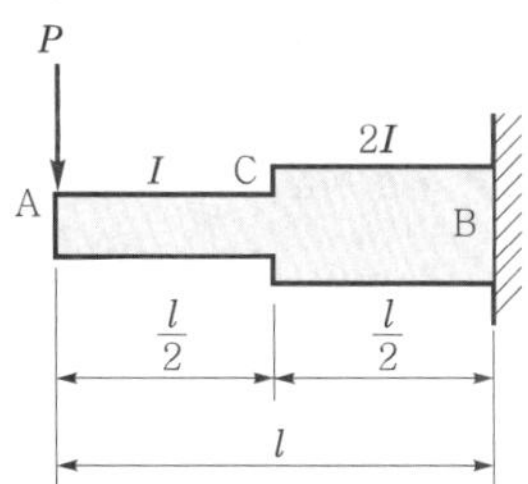

① $\dfrac{3Pl^3}{32EI}$　② $\dfrac{3Pl^3}{16EI}$

③ $\dfrac{6Pl^3}{16EI}$　④ $\dfrac{Pl^3}{8EI}$

해설 공액보법

$$M_A' = P_1'(x_1 + x_2) + P_2' x_2 = \frac{3Pl^3}{16}$$

$$\therefore y_A = \frac{M_A'}{EI} = \frac{3Pl^3}{16EI}(\downarrow)$$

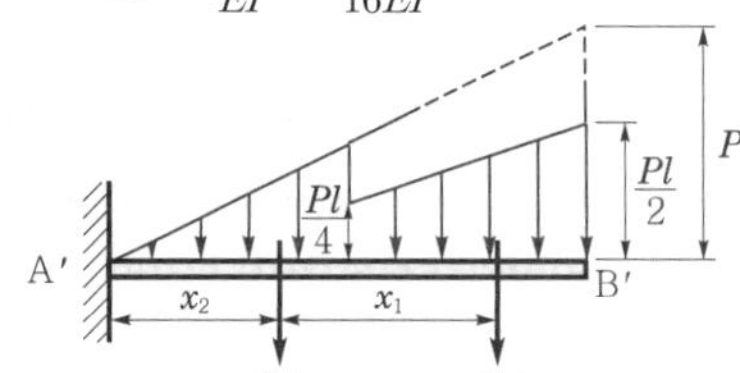

(공액보)

정답 75. ④ 76. ② 77. ②

★ 78 다음 그림과 같은 정정 라멘에서 C점의 수직처짐은?

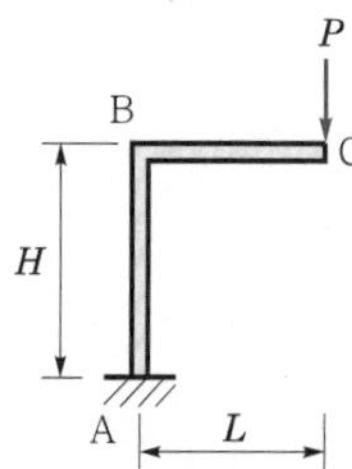

① $\dfrac{PL^3}{3EI}(L+2H)$　② $\dfrac{PL^2}{3EI}(3L+H)$

③ $\dfrac{PL^2}{3EI}(L+3H)$　④ $\dfrac{PL^3}{3EI}(2L+H)$

해설 중첩의 원리

㉠ B점의 처짐각

$M_B = PL$

$\therefore\ \theta_B = \dfrac{M_B H}{EI} = \dfrac{PLH}{EI}$

㉡ BC부재의 집중하중에 의한 처짐

$\delta_{C1} = \dfrac{PL^3}{3EI}$

㉢ 모멘트하중에 의한 처짐

$\delta_{C2} = \theta_B L$

㉣ 최종 처짐

$$\delta_C = \delta_{C1} + \delta_{C2} = \frac{PL^3}{3EI} + \theta_B L$$

$$= \frac{PL^3}{3EI} + \frac{PL^2 H}{EI} = \frac{PL^2}{3EI}(L+3H)$$

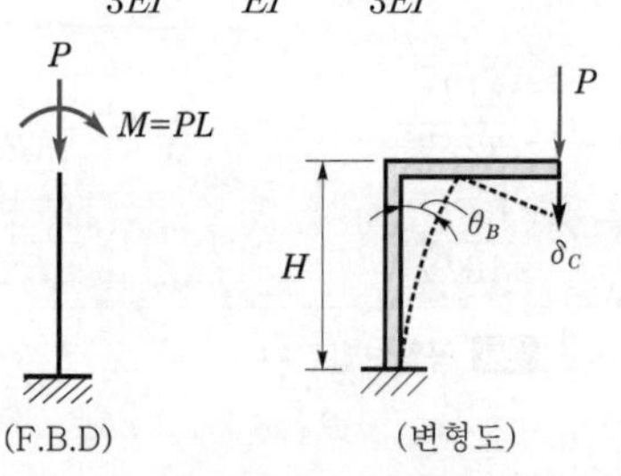

79 다음 그림과 같은 구조물에서 C점의 수직처짐을 구하면? (단, $EI = 2\times10^{11}$N · mm^{2}이며 자중은 무시한다.)

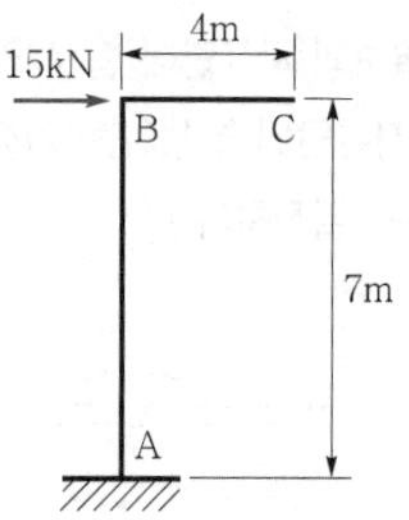

① 2.70mm　② 3.57mm

③ 6.24mm　④ 7.35mm

해설 C점의 처짐

㉠ B점의 처짐각

$$\theta_B = \frac{Pl^2}{2EI} = \frac{15\times7{,}000^2}{2\times2\times10^{11}}$$

$$= 1.8375\times10^{-3}\text{rad}$$

㉡ C점의 처짐

$$y_C = \theta_B l = 1.8375\times10^{-3}\times4{,}000$$

$$= 7.35\text{mm}(\downarrow)$$

80 다음 그림과 같은 하중, 재질, 단면 및 길이가 같은 두 구조물에서 처짐량의 비(δ_1/δ_2)는?

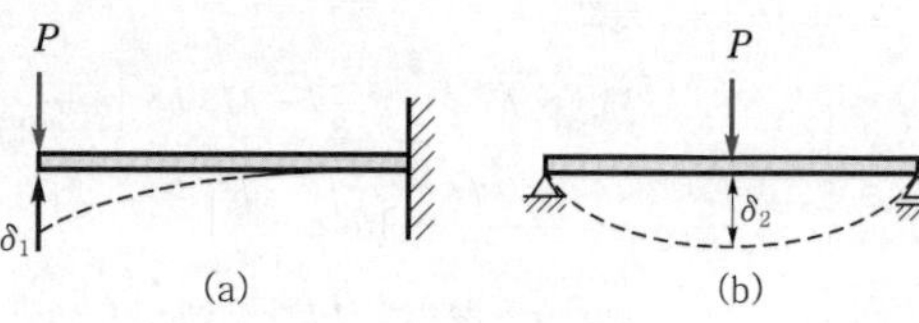

① 16　② 12

③ 8　④ 4

해설 처짐의 비

㉠ 각 보의 처짐

$$\delta_1 = \frac{PL^3}{3EI},\ \delta_2 = \frac{PL^3}{48EI}$$

㉡ 처짐의 비

$$\frac{\delta_1}{\delta_2} = \frac{\dfrac{PL^3}{3EI}}{\dfrac{PL^3}{48EI}} = 16$$

정답 78. ③　79. ④　80. ①

★
81 다음 하중을 받고 있는 보 중 최대 처짐량이 가장 큰 것은? (단, 보의 길이, 단면치수 및 재료는 동일하고 $P=wL$에서 L은 보의 길이이다.)

①
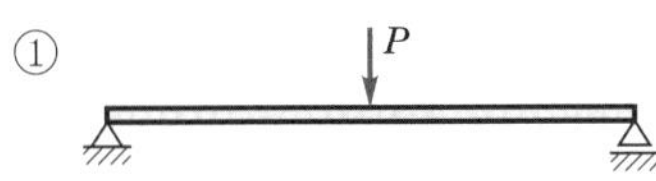

②
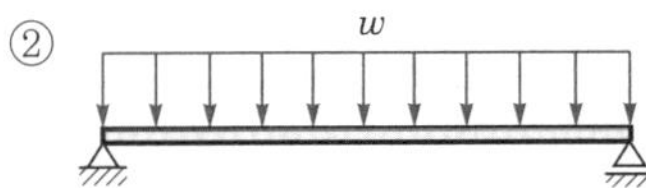

③

④

해설 최대 처짐

① $y=\dfrac{PL^3}{48EI}=0.0208\dfrac{PL^3}{EI}$

② $y=\dfrac{5wL^4}{384EI}$에 $w=\dfrac{P}{L}$를 대입하면

$\therefore\ y=\dfrac{5PL^3}{384EI}=0.0130\dfrac{PL^3}{EI}$

③ $y=\dfrac{PL^3}{3EI}=0.3333\dfrac{PL^3}{EI}$

④ $y=\dfrac{wL^4}{8EI}$에 $w=\dfrac{P}{L}$를 대입하면

$\therefore\ y=\dfrac{PL^3}{8EI}=0.125\dfrac{PL^3}{EI}$

∴ ③ > ④ > ① > ②

4. 내민보의 변위

★★
82 다음 그림과 같은 내민보에서 C점의 처짐은? (단, EI는 일정하다.)

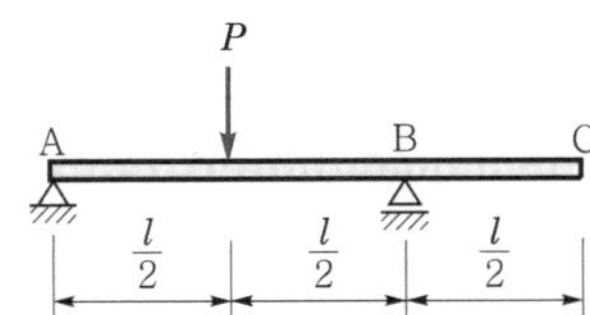

① $\dfrac{Pl^3}{16EI}$(상향) ② $\dfrac{Pl^3}{24EI}$(상향)

③ $\dfrac{Pl^3}{32EI}$(상향) ④ $\dfrac{Pl^3}{48EI}$(상향)

해설 공액보법

$R_B{}'=\dfrac{1}{2}\times\dfrac{l}{2}\times\dfrac{Pl}{4}=\dfrac{Pl^2}{16}$

$M_C{}'=\dfrac{Pl^2}{16}\times\dfrac{l}{2}=\dfrac{Pl^3}{32}$

$\therefore\ \delta_C=\dfrac{M_C{}'}{EI}=\dfrac{Pl^3}{32EI}\ (\uparrow)$

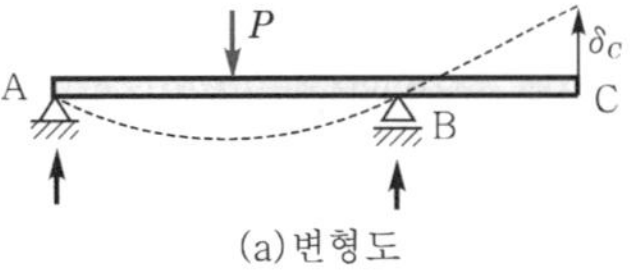

(a) 변형도

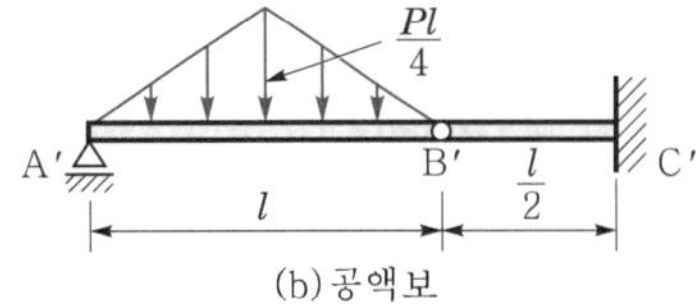

(b) 공액보

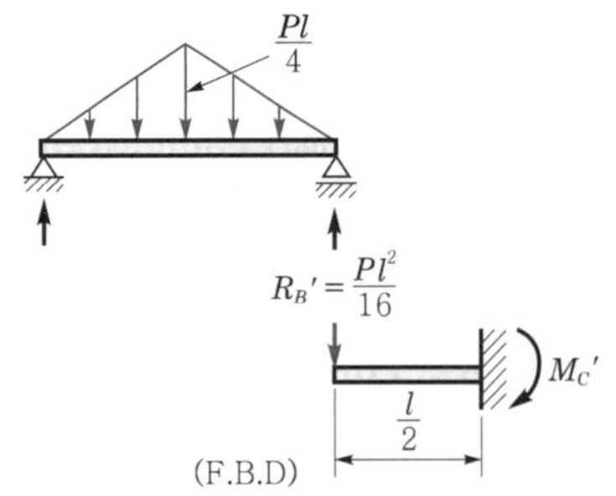

(F.B.D)

★
83 다음 그림과 같은 보의 C점의 연직처짐은? (단, $EI=2\times10^{11}\text{N}\cdot\text{mm}^2$이며 보의 자중은 무시한다.)

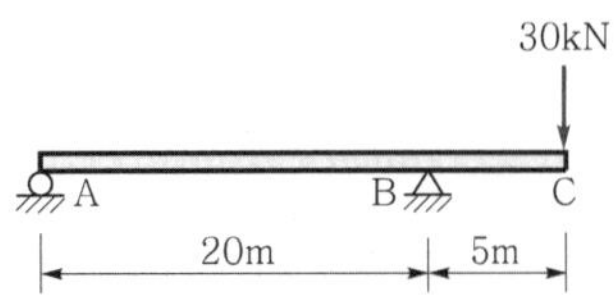

① 1.525cm

② 1.875cm

③ 2.525cm

④ 3.125cm

정답 81. ③ 82. ③ 83. ④

해설 공액보법

$$R_B' = \frac{l}{3} \times \frac{Pl}{4} = \frac{Pl^2}{12}$$

$$M_C' = \frac{Pl^2}{12} \times \frac{l}{4} + \frac{1}{2} \times \frac{Pl}{4} \times \frac{l}{4} \times \left(\frac{l}{4} \times \frac{2}{3}\right)$$

$$= \frac{5Pl^3}{192}$$

$$\therefore \delta_C = \frac{5Pl^3}{192EI} = \frac{5 \times 30 \times 20{,}000^3}{192 \times 2 \times 10^{11}}$$

$$= 31.25\text{mm}(\downarrow)$$

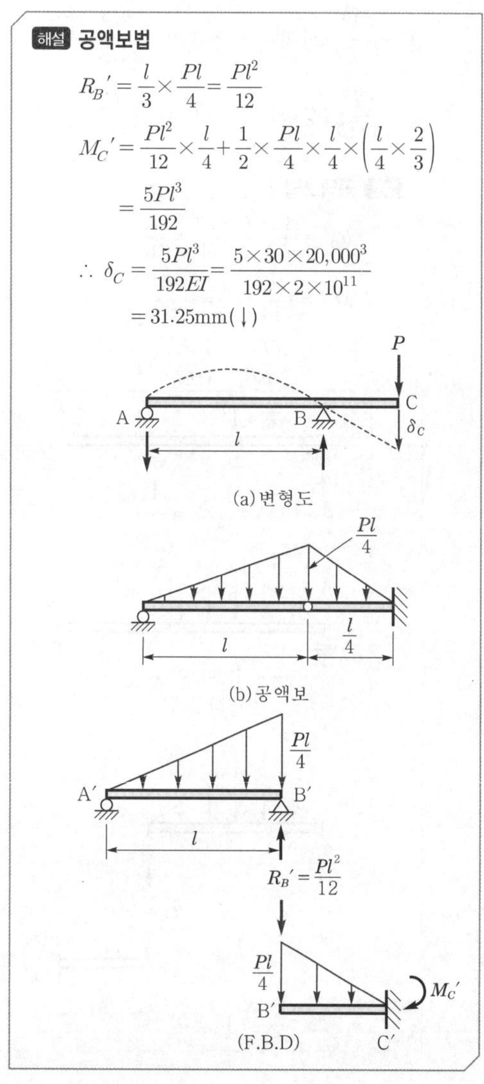

84 다음 그림과 같은 내민보에서 자유단 C점의 처짐이 0이 되기 위한 P/Q는 얼마인가? (단, EI는 일정하다.)

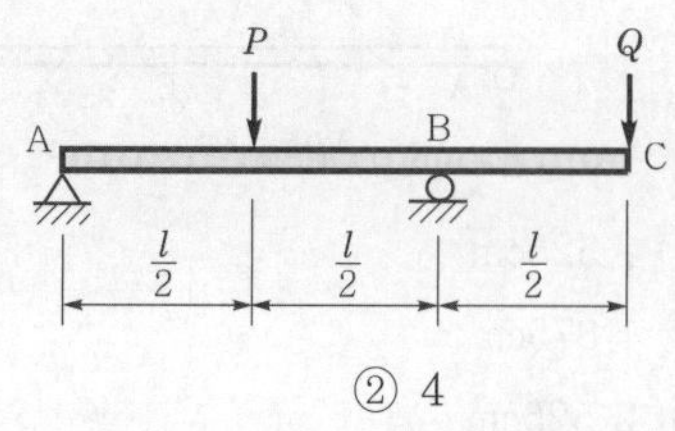

① 3　② 4
③ 5　④ 6

해설 하중의 비(P/Q)

㉠ 하중 P에 의한 C점의 상향처짐

$$\delta_{C1} = \frac{Pl^3}{32EI}(\uparrow)$$

㉡ 하중 Q에 의한 C점의 하향처짐

$$\delta_{C2} = \frac{Ql^3}{8EI}(\downarrow)$$

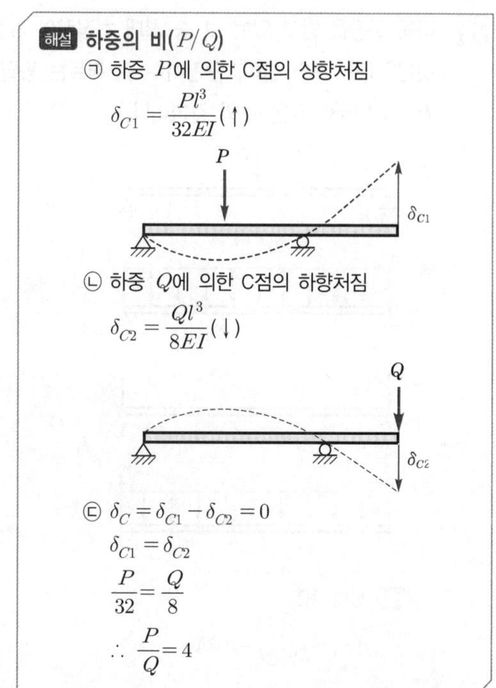

㉢ $\delta_C = \delta_{C1} - \delta_{C2} = 0$

$\delta_{C1} = \delta_{C2}$

$\frac{P}{32} = \frac{Q}{8}$

$\therefore \frac{P}{Q} = 4$

85 다음 그림과 같은 내민보에서 자유단의 처짐은? (단, $EI = 3.2 \times 10^{13}\text{N} \cdot \text{mm}^2$)

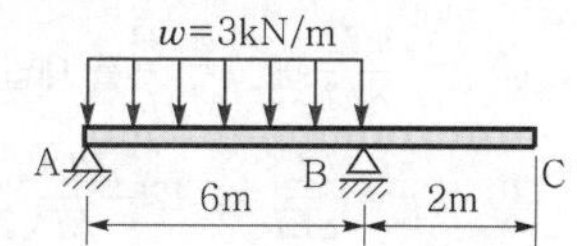

① 0.169cm　② 16.9cm
③ 0.338cm　④ 33.8cm

해설 C점의 처짐

$w = 3\text{kN/m} = 3\text{N/mm}$

$$\therefore \delta_C = \theta_B l_1 = \frac{wl^3}{24EI} l_1$$

$$= \frac{3 \times 6{,}000^3}{24 \times 3.2 \times 10^{13}} \times 2{,}000$$

$$= 1.6875\text{mm} = 0.16875\text{cm}(\uparrow)$$

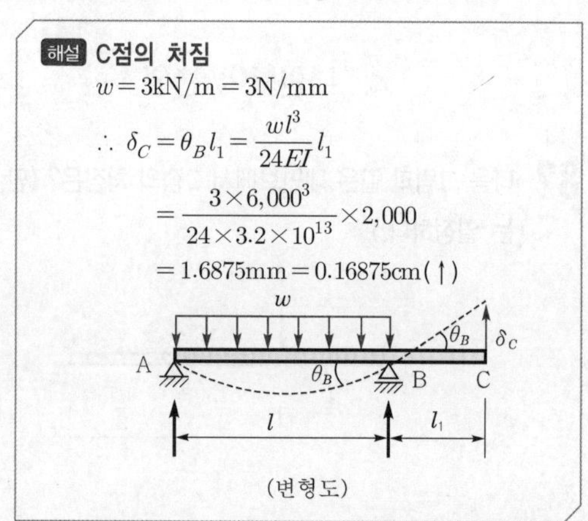

정답 84. ② 85. ①

★
86 다음 보에서 C점의 처짐각으로 옳은 것은? (단, EI는 일정하다.)

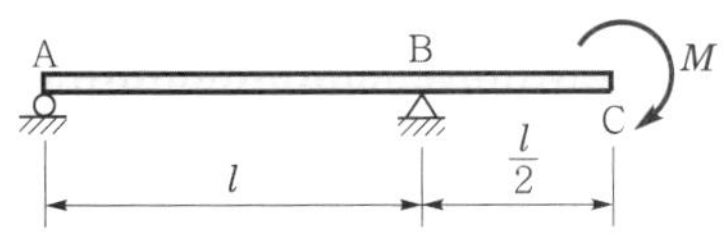

① $\dfrac{4ML}{5EI}$　② $\dfrac{8ML}{5EI}$

③ $\dfrac{5ML}{6EI}$　④ $\dfrac{5ML}{3EI}$

해설 공액보법

$$R_B{}' = \frac{Ml}{3}$$

$$R_C{}' = R_B{}' + \frac{Ml}{2} = \frac{Ml}{3} + \frac{Ml}{2} = \frac{5Ml}{6}$$

$$\therefore \theta_C = \frac{R_C{}'}{EI} = \frac{5Ml}{6EI}$$

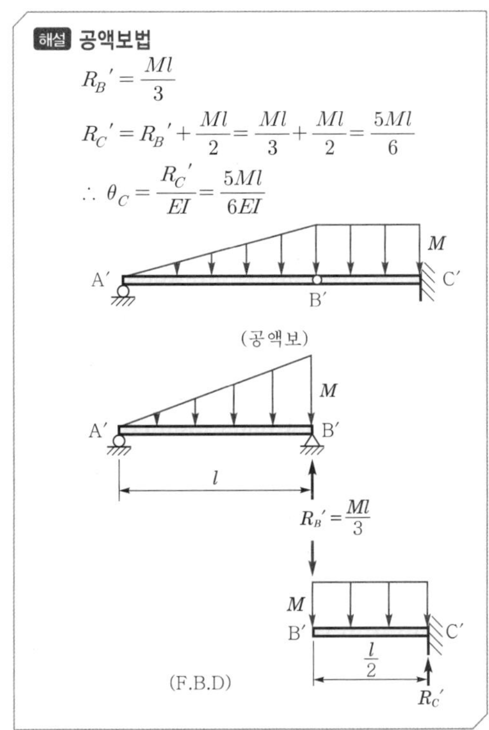

5. 게르버보의 변위

87 다음 그림과 같은 게르버보에서 하중 P에 의한 C점의 처짐은? (단, EI는 일정하고, $EI = 2.7\times10^{13}$N · mm^2 이다.)

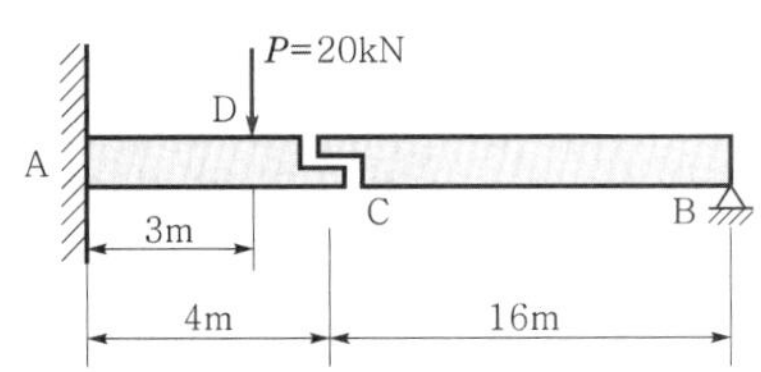

① 0.7cm

② 2.7cm

③ 1.0cm

④ 2.0cm

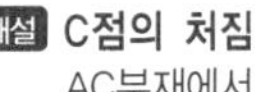
해설 C점의 처짐

AC부재에서

$$P_1 = \frac{1}{2}\times3\times60 = 90\text{kN}\cdot\text{m}^2$$

$$M_C{}' = 90\times\left(3\times\frac{2}{3}+1\right) = 270\text{kN}\cdot\text{m}^3$$

$$\therefore \delta_C = \frac{M_C{}'}{EI} = \frac{270\times10^{12}}{2.7\times10^{13}} = 10\text{mm} = 1.0\text{cm}$$

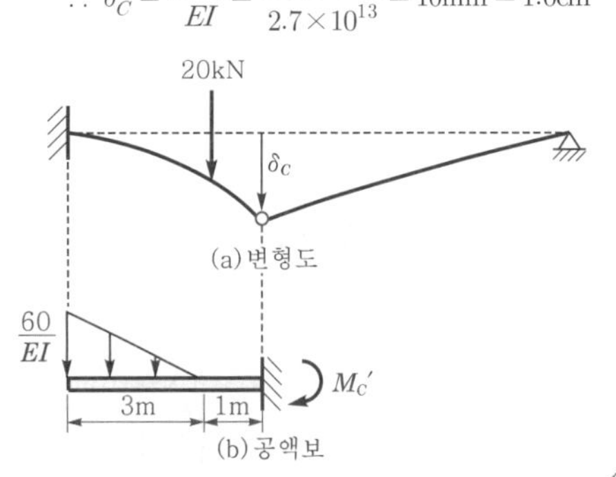

★
88 다음 게르버(Gerber)보에 등분포하중이 작용할 때 B점에서의 수직처짐은?

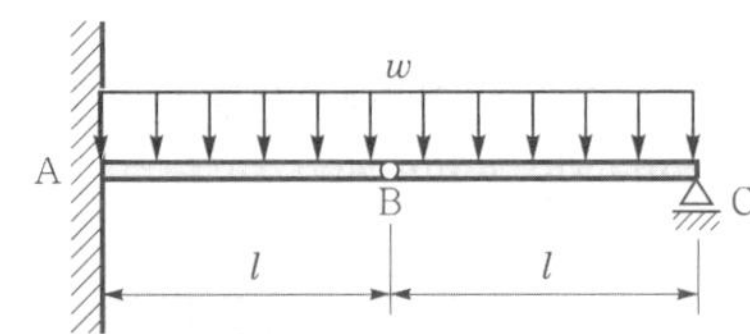

① $\dfrac{3wl^3}{32EI}$

② $\dfrac{3wl^4}{32EI}$

③ $\dfrac{7wl^3}{24EI}$

④ $\dfrac{7wl^4}{24EI}$

정답 86. ③　87. ③　88. ④

해설 중첩의 원리

㉠ R_B'에 의한 B′점의 처짐

$$\delta_{B1} = \frac{R_B' l^3}{3EI} = \frac{wl}{2} \times \frac{l^3}{3EI} = \frac{wl^4}{6EI}(\downarrow)$$

㉡ 등분포하중에 의한 B′점의 처짐

$$\delta_{B2} = \frac{wl^4}{8EI}(\downarrow)$$

㉢ 최종 처짐

$$\delta_B = \delta_{B1} + \delta_{B2} = \frac{wl^4}{6EI} + \frac{wl^4}{8EI} = \frac{7wl^4}{24EI}$$

(a) F.B.D

(b) 변형도

6. 라멘과 부정정보의 변위

89 다음 그림과 같은 라멘에 등분포하중이 작용할 때 B점의 수평처짐은 얼마인가?

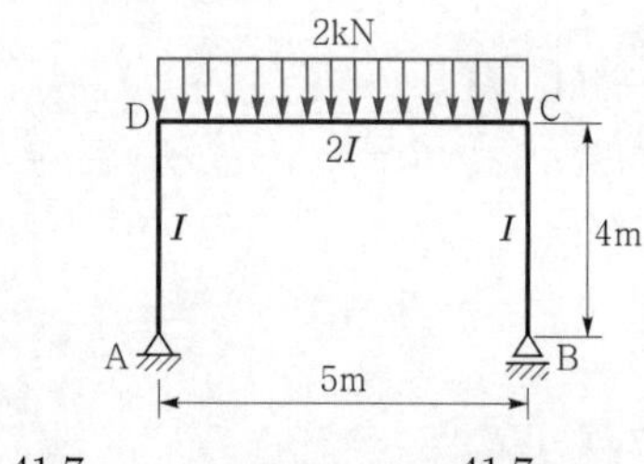

① $\frac{41.7}{4EI}$ ② $\frac{41.7}{EI}$

③ $\frac{208.3}{EI}$ ④ $\frac{208.3}{2EI}$

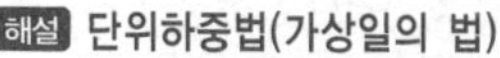

해설 단위하중법(가상일의 법)

부재	I	M	$\overline{M}$	적분 구간	$\int M\overline{M}dx$
AD	I	0	x	0~4	0
DC	$2I$	$5x-x^2$	4	0~5	$4\int_0^5 (5x-x^2)dx$
CB	I	0	x	0~4	0

$$y_B = \Sigma \frac{M\overline{M}}{EI}dx = \frac{4}{2EI}\int_0^5 (5x-x^2)dx$$
$$= \frac{2}{EI}\left[\frac{5}{2}x^2 - \frac{x^3}{3}\right]_0^5 = \frac{2}{EI}(62.5-41.67)$$
$$= \frac{41.67}{EI}(\rightarrow)$$

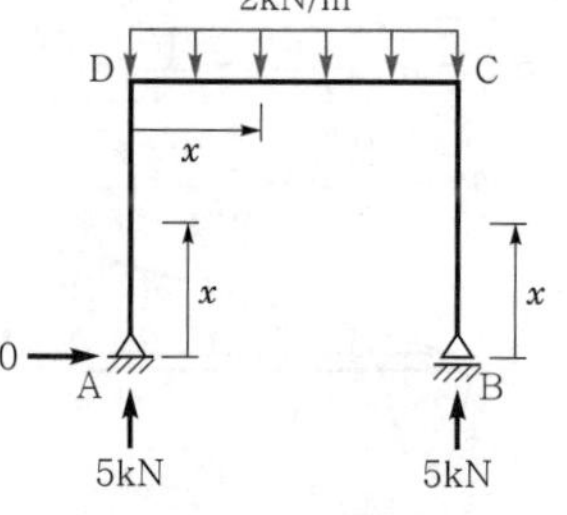

(a) 주어진 라멘

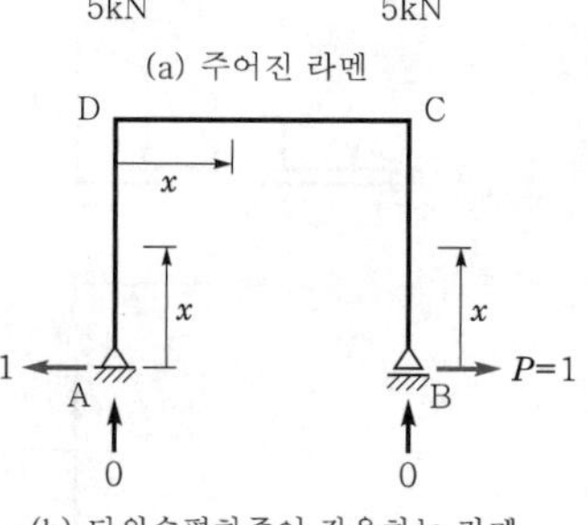

(b) 단위수평하중이 작용하는 라멘

★ **90** 다음 그림과 같은 라멘에서 A점의 수평변위 U_A의 크기를 구하는 식은 다음 중 어느 것인가? (단, 보의 단면2차모멘트와 기둥의 단면2차모멘트는 I_B와 I_C로서 각각 일정하다.)

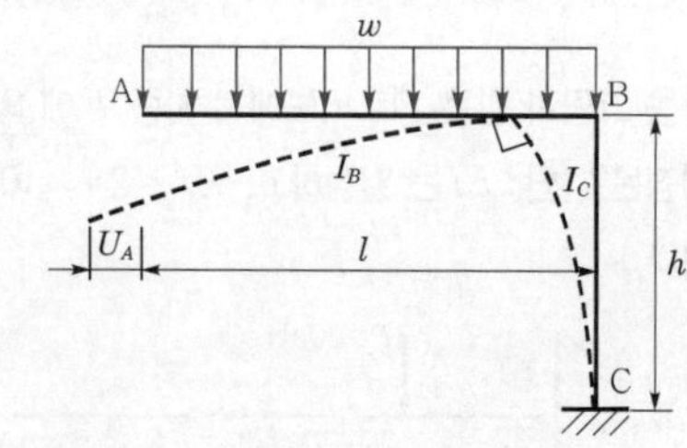

① $\frac{wl^2h^3}{2EI_B}$ ② $\frac{wl^2h^2}{2EI_C}$

③ $\frac{wl^3h^2}{2EI_B}$ ④ $\frac{wl^3h^3}{4EI_C}$

정답 89. ② 90. ④

해설 중첩법

㉠ B점에 발생하는 모멘트

$M_B = \frac{wl^2}{2}$

㉡ A점의 수평변위

$U_A = \delta_B = \frac{M_B h^2}{2EI_C}$

$= \frac{h^2}{2EI_C} \times \frac{wl^2}{2}$

$= \frac{wl^2 h^2}{4EI_C}$ (←)

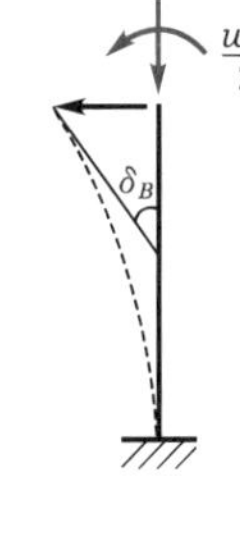

별해 가상일의 법

부재	I	M	$\overline{M}$	적분 구간	$\int M\overline{M}dx$
AB	I_B	$-\frac{wx^2}{2}$	0	$0\sim l$	0
BC	I_C	$-\frac{wl^2}{2}$	$-x$	$0\sim h$	$\int_0^h (-x)\left(-\frac{wl^2}{2}\right)dx$

$U_A = \Sigma \frac{M\overline{M}}{EI}dx = \frac{1}{EI}\int_0^h \left(\frac{wl^2}{2}x\right)dx$

$= \left[\frac{wl^2}{4EI_C}x^2\right]_0^h = \frac{wl^2h^2}{4EI_C}$ (←)

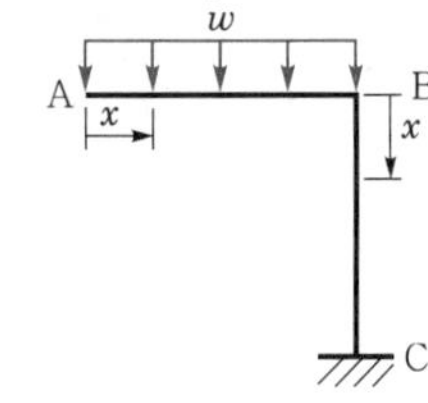

(a) 주어진 라멘

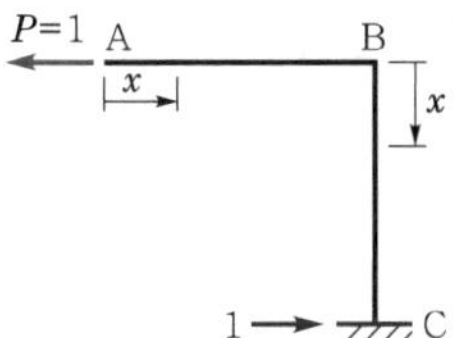

(b) 단위수평하중이 작용하는 라멘

★★

91 중앙점에서 서로 직교하는 2단순보가 있다. EI는 일정하고 지간의 길이의 비는 1 : 2이다. 교점인 중앙점에 집중하중 P가 작용할 때 2보의 하중분담률은?

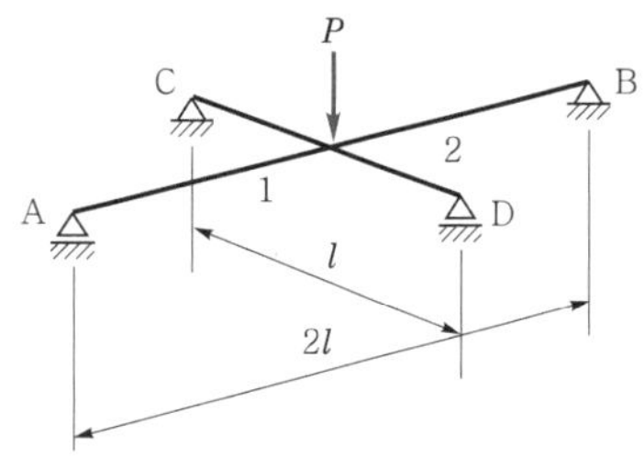

① 8 : 1 ② 9 : 1

③ 4 : 1 ④ 2 : 1

해설 중첩의 원리

㉠ $y_1 = y_2$(AB보의 최대 처짐=CD보의 최대 처짐)

$\therefore\ y_1 = \frac{P_1(2l)^2}{48EI}$, $y_2 = \frac{P_2 l^3}{48EI}$

㉡ 2보의 하중분담률

$8P_1 = P_2$

$\therefore\ P_2 : P_1 = 8 : 1$

92 다음 그림과 같이 지간의 비가 2 : 1로 서로 직교하는 중앙점에서 강결되어 있다. 두 보의 휨강성길이가 $2l$인 AB보의 중점에 대한 분담하중이 P_{AB}=4,000N이라면 CD보가 중점에서 받을 수 있는 분담하중은?

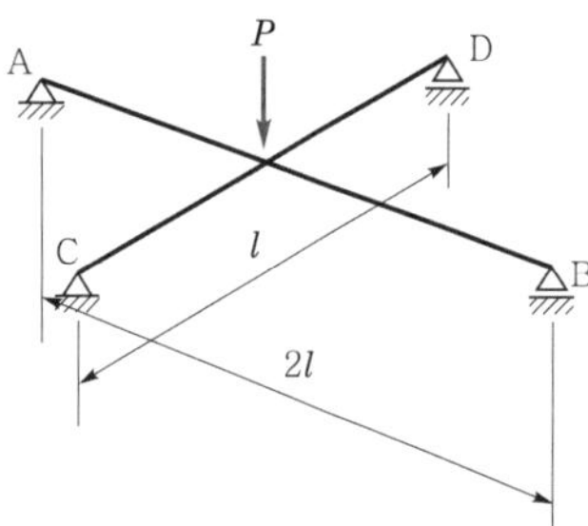

① 4,000N ② 8,000N

③ 16,000N ④ 32,000N

해설 분담하중

㉠ 중앙점의 처짐은 서로 같다.

$y = \frac{Pl^3}{48EI}$

$\frac{P_{AB}(2l)^3}{48EI} = \frac{P_{CD}l^3}{48EI}$

$\therefore\ 8P_{AB} = P_{CD}$

㉡ CD보의 분담하중

$P_{CD} = 8P_{AB} = 8\times 4,000 = 32,000\text{N}$

정답 91. ① 92. ④

★
93 단면이 일정하고 서로 똑같은 두 보가 중점에서 포개어 놓여 있다. 이 교차점 위에 수직하중 P가 작용할 때 C점의 처짐 계산식 중 옳은 것은? (단, δ_A는 B보가 없을 때 A보만에 의한 C점의 처짐이다.)

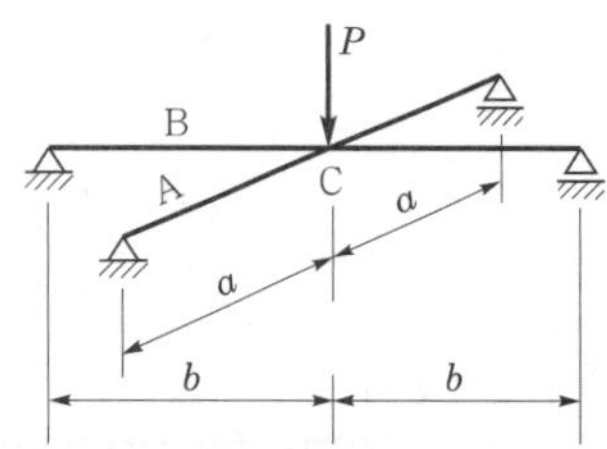

① $\delta_C = \left(\dfrac{a^4}{a^4+b^4}\right)\delta_A$　　② $\delta_C = \left(\dfrac{b^4}{a^4+b^4}\right)\delta_A$

③ $\delta_C = \left(\dfrac{a^3}{a^3+b^3}\right)\delta_A$　　④ $\delta_C = \left(\dfrac{b^3}{a^3+b^3}\right)\delta_A$

해설 **C점의 처짐**

㉠ A보의 중앙점 처짐과 B보의 중앙점 처짐은 서로 같다.

$$\frac{P_A(2a)^3}{48EI} = \frac{P_B(2b)^3}{48EI}$$

$$\therefore\ P_B = \frac{a^3}{b^3}P_A$$

㉡ 평형조건식

$$P = P_A + P_B = P_A + \frac{a^3}{b^3}P_A$$

$$= \left(\frac{a^3+b^3}{b^3}\right)P_A$$

$$\therefore\ P_A = \left(\frac{b^3}{a^3+b^3}\right)P$$

㉢ C점의 처짐 계산식

$$\delta_C = \delta_A = \frac{P_A(2a)^3}{48EI}$$

$$= \frac{b^3}{a^3+b^3} \times P \times \frac{(2a)^3}{48EI} = \left(\frac{b^3}{a^3+b^3}\right)\delta_A$$

$$\left(\because\ \delta_A = \frac{P(2a)^3}{48EI}\right)$$

94 다음 그림에서 중앙점의 최대 처짐 δ는?

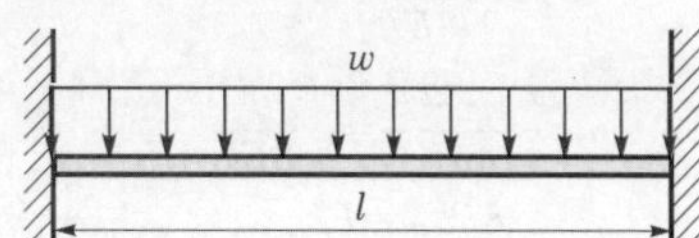

① $\dfrac{wl^4}{24EI}$　　② $\dfrac{5wl^4}{384EI}$

③ $\dfrac{wl^4}{384EI}$　　④ $\dfrac{41wl^4}{384EI}$

해설 **중첩의 원리**

㉠ 등분포하중에 의한 중앙점의 처짐

$$\delta_1 = \frac{5wl^4}{384EI}\ (\downarrow)$$

㉡ 모멘트반력에 의한 중앙점의 처짐

$$\delta_2 = \frac{-Ml^2}{8EI} = \frac{-wl^2}{96EI}\ (\uparrow)$$

㉢ 중앙점의 최대 처짐

$$\delta = \delta_1 + \delta_2$$

$$= \frac{5wl^4}{384EI} - \frac{wl^4}{96EI} = \frac{wl^4}{384EI}$$

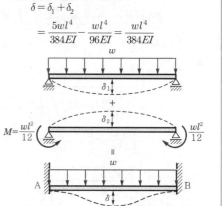

★
95 다음 그림과 같이 양단 고정보의 중앙점 C에 집중하중 P가 작용한다. C점의 처짐 δ_C는? (단, 보의 EI는 일정하다.)

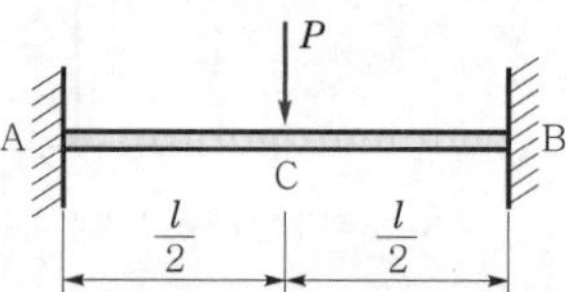

① $\delta_C = 0.00521\dfrac{Pl^3}{EI}$

② $\delta_C = 0.00511\dfrac{Pl^3}{EI}$

③ $\delta_C = 0.00501\dfrac{Pl^3}{EI}$

④ $\delta_C = 0.00491\dfrac{Pl^3}{EI}$

정답 93. ④ 94. ③ 95. ①

해설 **중첩의 원리**

㉠ 집중하중에 의한 최대 처짐

$$\delta_1 = \frac{Pl^3}{48EI}(\downarrow)$$

㉡ 모멘트반력에 의한 최대 처짐

$$\delta_2 = \frac{Ml^2}{8EI} = \frac{Pl^3}{64EI}(\uparrow)$$

㉢ 최종 처짐

$$\delta = \delta_1 - \delta_2 = \frac{Pl^3}{48EI} - \frac{Pl^3}{64EI}$$

$$= \frac{Pl^3}{192EI} = 0.0052083\frac{Pl^3}{EI}$$

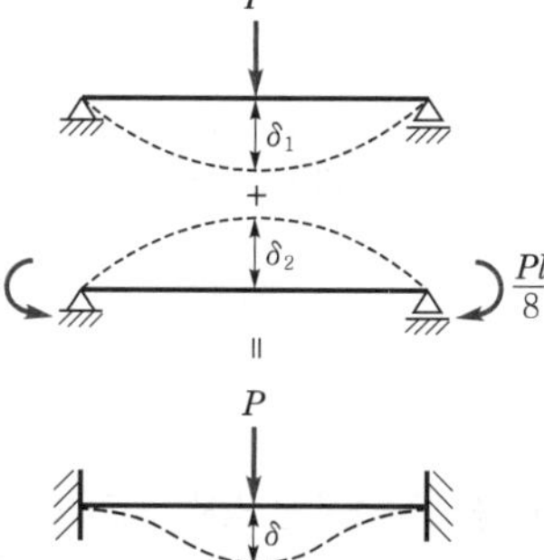

96 다음 그림과 같은 부정정 구조물에서 A점의 회전각 θ_A는 얼마인가?

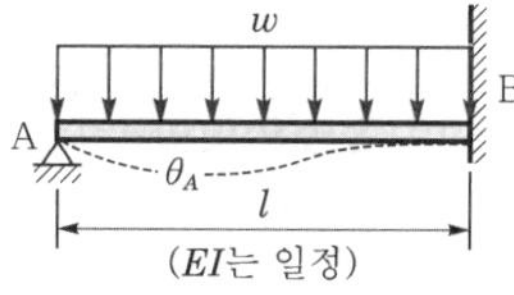

① $\frac{1}{12}\frac{wl^3}{EI}$　② $\frac{1}{16}\frac{wl^3}{EI}$

③ $\frac{1}{24}\frac{wl^3}{EI}$　④ $\frac{1}{48}\frac{wl^3}{EI}$

해설 **중첩의 원리**

㉠ 부정정보 해석

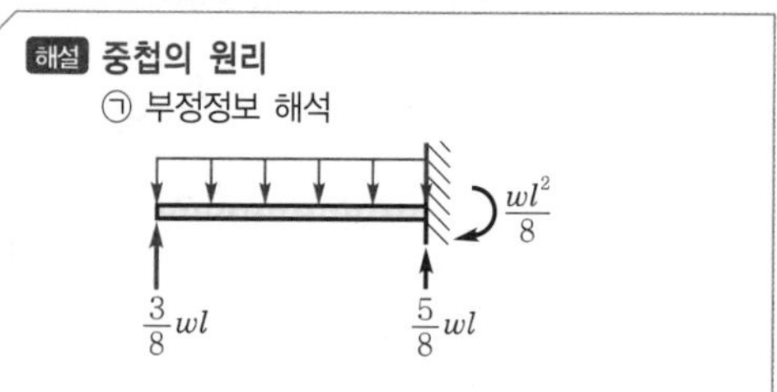

㉡ 하중에 의한 A점 회전각

$$\theta_{A1} = \frac{wl^3}{6EI}(\curvearrowleft)$$

㉢ 반력에 의한 A점 회전각

$\frac{3}{8}wl$

$$\theta_{A2} = \frac{Pl^2}{2EI} = \frac{l}{2EI} \times \frac{3wl}{8} = \frac{3wl^3}{16EI}(\curvearrowright)$$

㉣ 최종 회전각

$$\theta_A = \theta_{A1} - \theta_{A2} = \frac{wl^3}{6EI} - \frac{3wl^3}{16EI}$$

$$= \frac{wl^3}{48EI}(\curvearrowright)$$

97 다음 그림과 같은 일단 고정보에서 B단에 M_B의 단모멘트가 작용한다. 단면이 균일하다고 할 때 B단의 회전각 θ_B는?

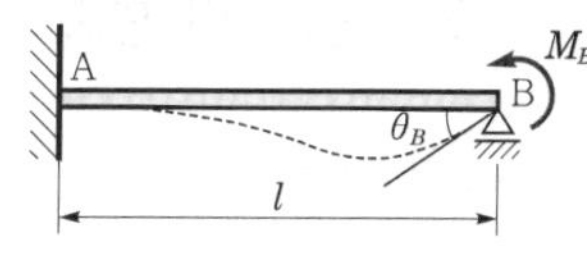

① $\theta_B = \frac{l}{4EI}M_B$　② $\theta_B = \frac{l}{3EI}M_B$

③ $\theta_B = \frac{l}{2EI}M_B$　④ $\theta_B = \frac{l}{6EI}M_B$

해설 **처짐각법**

㉠ 경계조건

$\theta_A = 0$, $\theta_B \neq 0$, $M_{BA} = M_B$, $R = 0$, $C_{BA} = 0$

㉡ 기본공식

$$M_{BA} = 2E\frac{I}{l}(\theta_A + 2\theta_B - 3R) + C_{BA}$$

$$= \frac{2EI}{l}(0 + 2\theta_B - 0) + 0 = \frac{4EI}{l}\theta_B$$

㉢ B점의 회전각

$$\theta_B = \frac{l}{4EI}M_B$$

정답 96. ④　97. ①

98 길이가 l 인 균일 단면보의 A단에 모멘트 M_{AB}를 가했을 때 A단의 회전각 θ_A는? (단, EI : 휨강성)

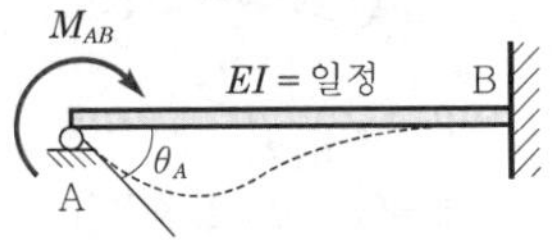

① $\dfrac{3M_{AB}l}{EI}$　② $\dfrac{4M_{AB}l}{EI}$

③ $\dfrac{M_{AB}l}{4EI}$　④ $\dfrac{M_{AB}l}{3EI}$

해설 **처짐각법**

㉠ 경계조건

$\theta_A \neq 0$, $\theta_B = 0$, $R=0$, $C_{AB}=0$

㉡ 기본공식

$$M_{AB} = 2E\frac{I}{l}(2\theta_A + \theta_B - 3R) - C_{AB}$$
$$= \frac{2EI}{l}(2\theta_A + 0 - 0) - 0 = \frac{4EI}{l}\theta_A$$

㉢ A점의 회전각

$$\theta_A = \frac{M_{AB}l}{4EI}$$

7. 트러스의 변위

99 다음은 가상일의 방법을 설명한 것이다. 틀린 것은?

① 트러스의 처짐을 구할 경우 효과적인 방법이다.
② 단위하중법(unit load method)이라고도 한다.
③ 처짐이나 처짐각을 계산하는 기하학적 방법이다.
④ 에너지 보존의 법칙에 근거를 둔 방법이다.

해설 가상일의 방법(단위하중법)은 에너지방법이다.

★
100 트러스의 격점에 외력이 작용할 때 어떤 격점 i의 특정 방향으로의 처짐성분 Δi를 가상일법으로 구하는 식은? (여기서, m, f, s는 단위하중이 작용할 때 휨모멘트, 축향력, 전단력이며, M, F, S는 실하중에 의한 휨모멘트, 축방향력, 전단력이다.)

① $\Delta i = \int \dfrac{mM}{EI}dx$

② $\Delta i = \Sigma \dfrac{fF}{EA}L$

③ $\Delta i = \int \dfrac{\alpha s S}{GA}dx$

④ $\Delta i = \Sigma\left(\int \dfrac{mM}{EI}dx + \dfrac{f/F}{EA}L\right)$

해설 **가상일의 방법**

㉠ 보의 가상일의 방법(단위하중법)

$$\theta_c = \int \frac{mM}{EI}dx$$
$$y_c = \int \frac{mM_n}{EI}dx$$

㉡ 트러스의 변위(단위하중법)

$$y = \Sigma \frac{fF}{EA}L$$

★★
101 다음 그림과 같은 강재 구조물이 있다. AC, BC부재의 단면적은 각각 100mm², 200mm²이고 연직하중 $P=$ 9kN이 작용할 때 C점의 연직처짐을 구한 값은? (단, 강재의 종탄성계수=2.05×10⁵MPa)

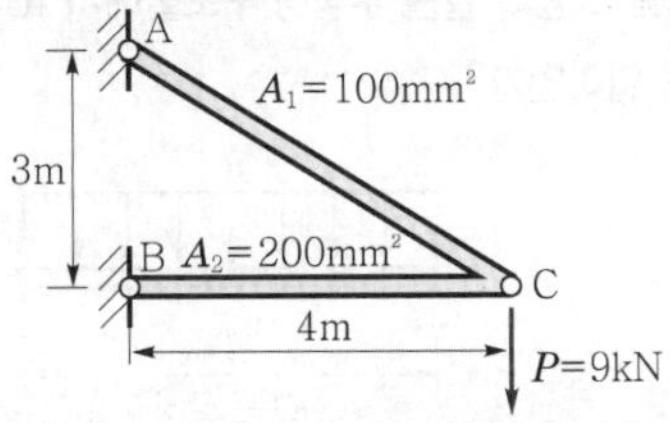

① 1.022cm　② 0.766cm

③ 0.518cm　④ 0.383cm

해설 **가상일의 방법**

㉠ 작용하는 하중에 의한 부재력(F)

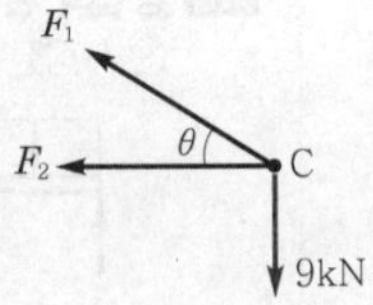

$\Sigma V = 0$

$\frac{3}{5}F_1 - 9 = 0$

$\therefore F_1 = 15\text{kN}$

$\Sigma H = 0$

$-\frac{4}{5}F_1 - F_2 = 0$

$\therefore F_2 = -\frac{4}{5}F_1 = -\frac{4}{5}\times 15 = -12\text{kN}$

정답 98. ③ 99. ③ 100. ② 101. ②

ⓛ 단위하중에 의한 부재력(f)

$\Sigma V=0$

$\frac{3}{5}f_1-1=0$

$\therefore f_1=\frac{5}{3}$

$\Sigma H=0$

$-\frac{4}{5}f_1-f_2=0$

$\therefore f_2=-\frac{4}{5}f_1=-\frac{4}{5}\times\frac{5}{3}=-\frac{4}{3}$

ⓒ C점의 연직변위

$$y_C=\Sigma\frac{fFL}{EA}=\frac{\frac{5}{3}\times 15\times 10^3\times 5{,}000}{2.05\times 10^5\times 100}+\frac{-\frac{4}{3}\times(-12)\times 10^3\times 4{,}000}{2.05\times 10^5\times 200}$$

$=7.6586\text{mm}=0.766\text{cm}(\downarrow)$

102 다음 그림과 같은 트러스의 C점에 300N의 하중이 작용할 때 C점에서의 처짐을 계산하면? (단, $E=2\times 10^5\text{N/mm}^2$, 단면적$=10\text{mm}^2$)

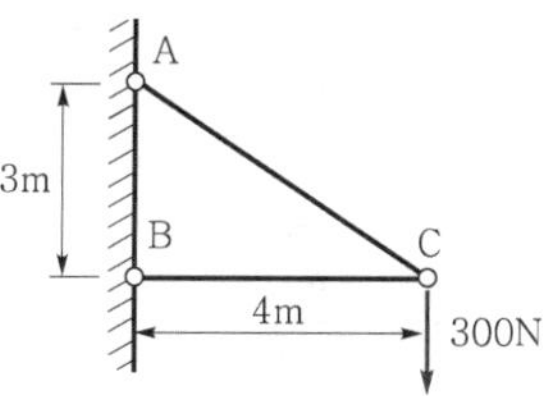

① 0.158cm ② 0.315cm

③ 0.473cm ④ 0.630cm

해설 **가상일의 방법**

㉠ 하중에 의한 부재력(F)

$F_{AC}=\frac{5}{3}\times 300=500\text{N}$

$F_{BC}=-\frac{4}{3}\times 300$

$=-400\text{N}$

ⓛ 단위하중에 의한 부재력(f)

$f_{AC}=\frac{5}{3}$

$f_{BC}=-\frac{4}{3}$

ⓒ C점의 연직처짐

$$y_C=\Sigma\frac{fFL}{EA}=\frac{\frac{5}{3}\times 500\times 5{,}000}{10\times 2\times 10^5}+\frac{-\frac{4}{3}\times(-400)\times 4{,}000}{10\times 2\times 10^5}$$

$=3.15\text{mm}=0.315\text{cm}(\downarrow)$

★

103 다음과 같이 A점에 연직으로 하중 P가 작용하는 트러스에서 A점의 수직처짐량은? (단, AB부재의 축강도는 EA, AC부재의 축강도는 $\sqrt{3}\,EA$)

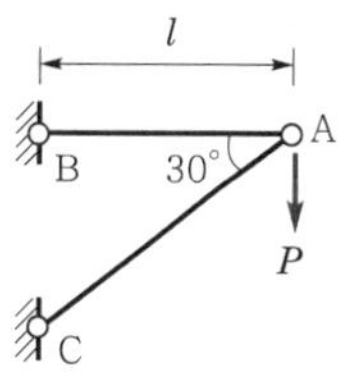

① $\frac{17}{2}\frac{Pl}{EA}$ ② $\frac{17}{3}\frac{Pl}{EA}$

③ $\frac{17}{4}\frac{Pl}{EA}$ ④ $\frac{17}{5}\frac{Pl}{EA}$

해설 **가상일의 방법**

㉠ 하중 P에 의한 부재력(F)

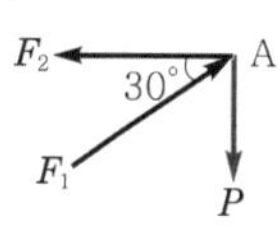

$\Sigma V=0$

$F_1\sin 30°=P$

$\therefore F_1=2P$(압축)

$\Sigma H=0$

$\therefore F_2=F_1\cos 30°=\sqrt{3}\,P$(인장)

ⓛ 단위하중($P=1$)에 의한 부재력(f)

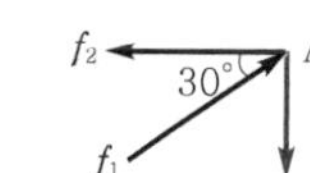

$f_1=-2$(압축)

$f_2=\sqrt{3}$(인장)

ⓒ A점의 수직처짐

$$\delta_{AV}=\Sigma\frac{fF}{EA}L=\frac{\sqrt{3}\,P\times\sqrt{3}}{EA}\times l+\frac{(-2P)\times(-2)}{\sqrt{3}\,EA}\times\frac{2l}{\sqrt{3}}=\frac{17Pl}{3EA}(\downarrow)$$

정답 102. ② 103. ②

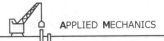

104 다음 그림과 같은 트러스에서 A점에 연직하중 P가 작용할 때 A점의 연직처짐은? (단, 부재의 축강도는 모두 EA이고, 부재의 길이는 AB$=3l$, AC$=5l$이며, 지점 B와 C의 거리는 $4l$이다.)

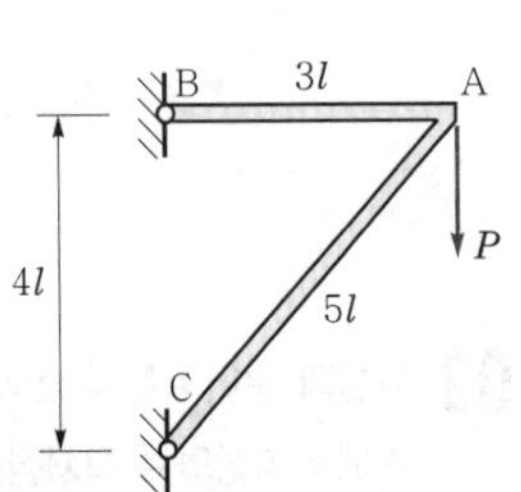

① $8.0\dfrac{Pl}{AE}$

② $8.5\dfrac{Pl}{AE}$

③ $9.0\dfrac{Pl}{AE}$

④ $9.5\dfrac{Pl}{AE}$

해설 가상일의 방법

㉠ 하중 P에 의한 부재력(F)

$\Sigma V=0$

$-F_{AC}\times\dfrac{4}{5}-P=0$

$\therefore F_{AC}=-\dfrac{5}{4}P$

$\Sigma H=0$

$-F_{AB}-F_{AC}\times\dfrac{3}{5}=0$

$\therefore F_{AB}=-F_{AC}\times\dfrac{3}{5}=-\left(-\dfrac{5}{4}P\right)\times\dfrac{3}{5}$

$=\dfrac{3}{4}P$

㉡ 단위하중($P=1$)에 의한 부재력(f)

$f_{AB}=\dfrac{3}{4}$

$f_{AC}=-\dfrac{5}{4}$

㉢ A점의 연직변위

$$\delta_A=\Sigma\frac{fF}{EA}L$$

$$=\frac{1}{EA}\left[\frac{3}{4}\times\frac{3}{4}P\times 3l+\left(-\frac{5}{4}\right)\times\left(-\frac{5}{4}P\right)\times 5l\right]$$

$$=9.5\frac{Pl}{EA}(\downarrow)$$

★ **105** 다음 그림과 같은 부재에 연직하중 P가 200N 작용할 때 변위 δ_{AB}와 δ_{BC}를 구한 값은? (단, 부재 BC는 지름 3mm의 강선이고, AB는 한 변의 길이가 30mm인 정사각형 단면의 나무기둥이며, 강선의 탄성계수 $E=2.1\times10^4$MPa, 나무의 탄성계수 $E=0.1\times10^4$MPa이다.)

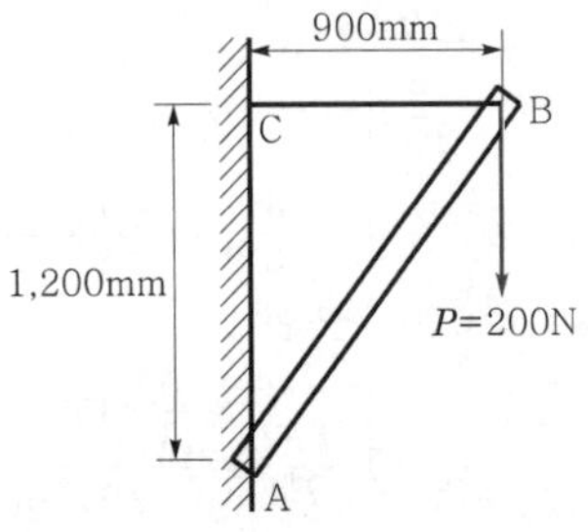

	δ_{AB}	δ_{BC}
①	0.091cm,	−0.042cm
②	−0.042cm,	0.091cm
③	0.091cm,	0.121cm
④	−0.151cm,	0.181cm

해설 부재의 변위량

㉠ 부재력

$$\frac{F_{AB}}{\sin 90^\circ}=\frac{200}{\sin\theta_1}=\frac{F_{BC}}{\sin\theta_2}$$

$$\therefore F_{AB}=\frac{200}{120/150}=250\text{N(압축)}$$

$$\therefore F_{BC}=\frac{90/150}{120/150}\times 200=150\text{N(인장)}$$

㉡ 나무기둥의 변위

$$\delta_{AB}=\frac{F_{AB}\,l_{AB}}{EA}=-\frac{250\times1{,}500}{0.1\times10^4\times30\times30}$$

$$=-0.4167\text{mm}=-0.042\text{cm(압축)}$$

㉢ 강선의 변위

$$\delta_{BC}=\frac{F_{BC}\,l_{BC}}{EA}=\frac{150\times900\times4}{2.1\times10^4\times\pi\times3^2}$$

$$=0.9099\text{mm}=0.091\text{cm(인장)}$$

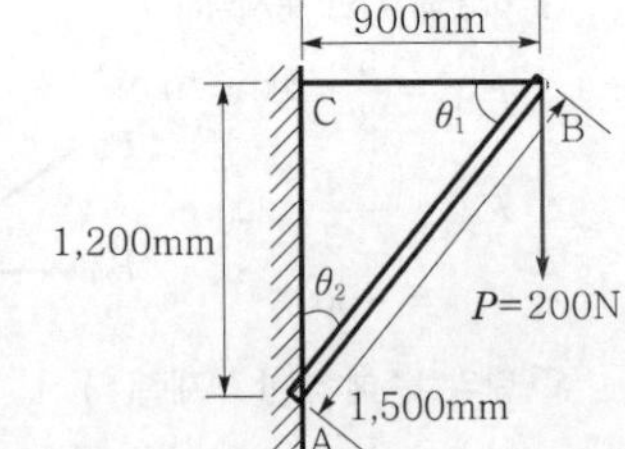

정답 104. ④ 105. ②

106 다음 그림과 같은 트러스의 점 C에 수평하중 P가 작용할 때 점 C의 수평변위량 δ_C는? (단, A : 모든 부재의 단면적, E : 탄성계수)

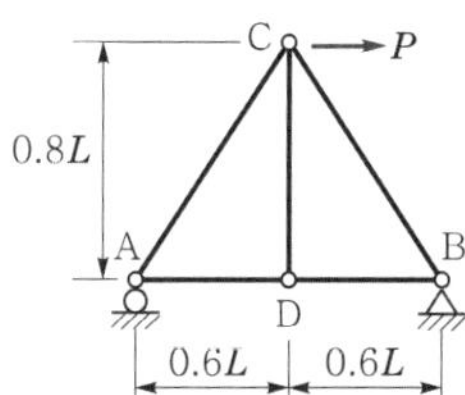

① $\dfrac{3PL}{10EA}$　　② $\dfrac{179PL}{180EA}$

③ $\dfrac{26PL}{18EA}$　　④ $\dfrac{76PL}{45EA}$

해설 단위하중법

㉠ $\overline{CD}$ 부재의 부재력은 0이다.

$\Sigma V=0$

$\therefore \overline{CD}=0$

$\Sigma H=0$

$\therefore \overline{DA}=\overline{DB}$

㉡ 절점 A에서

$\Sigma V=0$

$F_{AC}\sin\theta=\dfrac{2}{3}P$

$\therefore F_{AC}=\dfrac{5}{6}P$(인장)

$\Sigma H=0$

$\therefore F_{AD}=F_{AC}\cos\theta=\dfrac{P}{2}$(압축)

㉢ 절점 C에서

$\Sigma V=0$

$F_{CA}\cos\theta-F_{CB}\cos\theta=0$ ……………… ①

$\therefore F_{CA}=F_{CB},\ f_{CA}=f_{CB}$

$\Sigma H=0$

$F_{CA}\sin\theta+F_{CB}\sin\theta-P=0$ ……………… ②

$2F_{CA}\sin\theta=P$

$\therefore F_{CA}=\dfrac{P}{2\sin\theta}=\dfrac{5}{6}P=F_{CB}$

$\Sigma H=0$

$f_{CA}\sin\theta+f_{CB}\sin\theta-1=0$

$\therefore f_{CA}=f_{CB}=\dfrac{5}{6}$

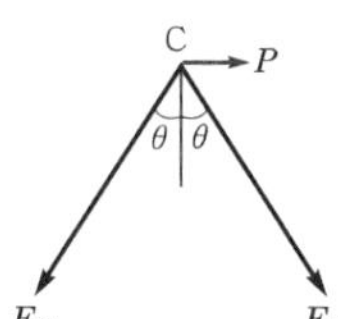

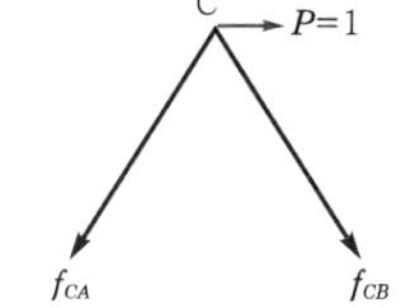

㉣ C점의 수평변위

$$\delta_{CH}=\frac{1}{EA}(2F_{AD}\times f_{AD}\times 0.6L+2F_{CA}\times f_{CA}\times L)$$

$$=\frac{1}{EA}\left(2\times\frac{P}{2}\times\frac{1}{2}\times 0.6L+2\times\frac{5}{6}P+\frac{5}{6}\times L\right)$$

$$=\frac{76PL}{45EA}(\rightarrow)$$

★★
107 다음 그림과 같은 트러스에서 절점 B의 연직변위 δ_B는? (단, 두 부재는 같은 축강도 EA를 갖는다.)

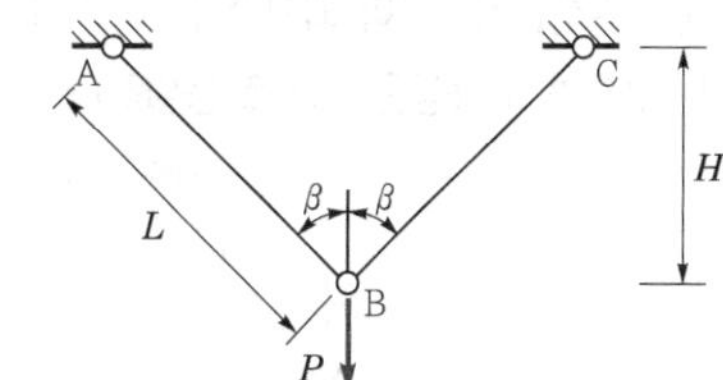

① $\dfrac{P^2H}{4EA\cos^3\beta}$　　② $\dfrac{PH}{2EA\cos^3\beta}$

③ $\dfrac{PH}{4EA\cos^3\beta}$　　④ $\dfrac{P^2H}{2EA\cos^3\beta}$

해설 트러스 부재의 변위(Williot 변위선도법)

㉠ 부재력

힘의 평형조건식에서

$\Sigma V=0$

$F_{AB}\cos\beta+F_{BC}\cos\beta=P$

$\Sigma H=0$

$F_{AB}=F_{BC}=F$

$2F\cos\beta=P$

$\therefore F=\dfrac{P}{2\cos\beta}$

㉡ 부재의 변위량

$L\cos\beta=H$

$L=\dfrac{H}{\cos\beta}$

$\therefore \delta_1=\dfrac{FL}{EA}=\dfrac{PH}{2EA\cos^2\beta}$

㉢ B점의 수직처짐

$\delta_B=\dfrac{\delta_1}{\cos\beta}=\dfrac{PH}{2EA\cos^3\beta}$

정답 106. ④ 107. ②

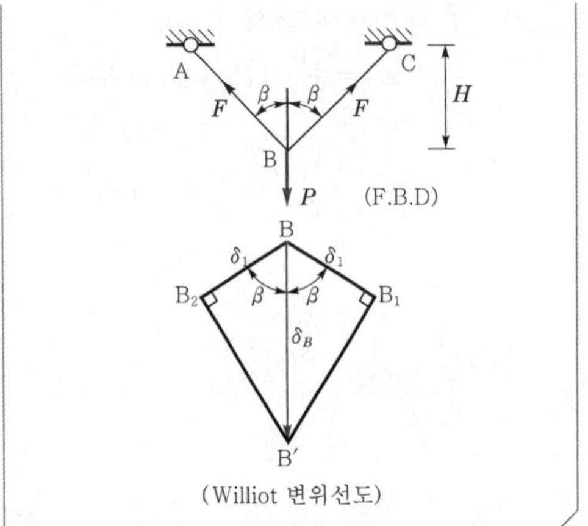

(Williot 변위선도)

★
108 B점의 수직변위가 1이 되기 위한 하중의 크기 P는? (단, 부재의 축강성은 EA로 동일하다.)

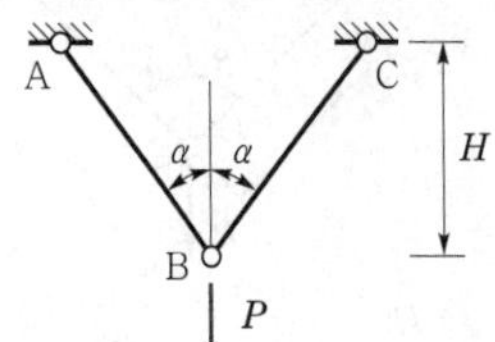

① $\dfrac{E\cos^3\alpha}{AH}$ ② $\dfrac{2E\cos^3\alpha}{AH}$

③ $\dfrac{E\cos^3\alpha}{H}$ ④ $\dfrac{2EA\cos^3\alpha}{H}$

해설 **가상일의 방법**

㉠ 하중 P에 의한 부재력(F)

$\Sigma H=0$

$-F_{AB}\sin\alpha+F_{BC}\sin\alpha=0$

$\therefore F_{AB}=F_{BC}$

$\Sigma V=0$

$F_{BC}\cos\alpha+F_{AB}\cos\alpha-P=0$

$\therefore F_{AB}=F_{BC}=\dfrac{P}{2\cos\alpha}$

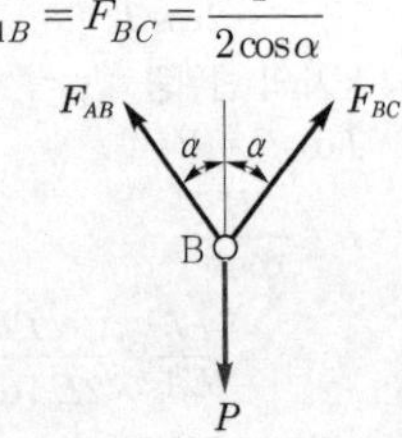

㉡ 단위하중($P=1$)에 의한 부재력(f)

$\Sigma H=0$

$-f_{AB}\sin\alpha+f_{BC}\sin\alpha=0$

$\therefore f_{AB}=f_{BC}$

$\Sigma V=0$

$f_{BC}\cos\alpha+f_{AB}\cos\alpha-1=0$

$\therefore f_{AB}=f_{BC}=\dfrac{1}{2\cos\alpha}$

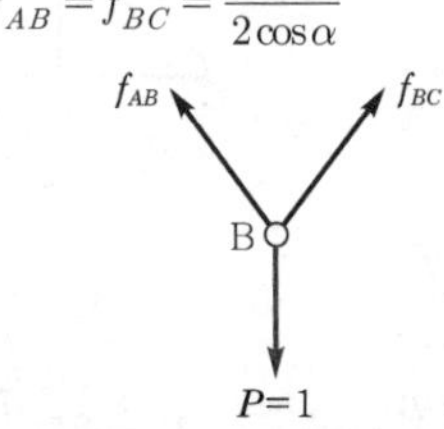

㉢ 가상일의 원리에 의한 하중

$$y_B=\Sigma\frac{fF}{EA}L$$

$$=2\times\frac{1}{AE}\times\frac{P}{2\cos\alpha}\times\frac{1}{2\cos\alpha}\times\frac{H}{\cos\alpha}$$

$$=1$$

$$\therefore P=\frac{2EA\cos^3\alpha}{H}$$

8. 상반정리

★
109 "탄성체가 가지고 있는 탄성변형에너지를 작용하고 있는 하중으로 편미분하면 그 하중점에서의 작용방향의 변위가 된다"는 것은?

① 맥스웰의 상반정리이다.

② 모어의 모멘트 면적정리이다.

③ 카스틸리아노의 제2정리이다.

④ 클라페이론의 3연 모멘트법이다.

해설 **Castigliano의 제2정리**

변형에너지의 어느 특정한 힘(또는 우력)에 관한 1차 편도함수는 그 힘의 작용점에서 작용선방향의 처짐(또는 기울기)과 같다.

$$\delta_i=\frac{\partial W_i}{\partial P_i}$$

정답 108. ④ 109. ③

★★
110 P_i를 구조물의 i점에서 어떤 방향으로 작용하는 외력 Δi를 P_i방향으로 i점의 처짐 W_i를 변형에너지라 하면 카스틸리아노(Castigliano)의 제2정리를 수식으로 옳게 표시한 것은?

① $P_i = \Delta i$
② $W_i = \Sigma \frac{1}{2} P_i \Delta i$
③ $P_i \Delta i = P_i W_i$
④ $\Delta i = \frac{\partial W_i}{\partial P_i}$

> **해설** Castigliano의 제2정리
> $\Delta i = \delta_i = \frac{\partial W_i}{\partial P_i}$

111 다음 정리들 가운데 관련성이 없는 것은?

① 상반변위의 정리
② Betti의 정리
③ Maxwell의 정리
④ 모멘트 면적의 정리

> **해설** 상반정리
> ㉠ 상반일의 정리는 Betti의 정리이고, 상반변위의 정리는 Maxwell의 정리이다.
> ㉡ 모멘트 면적법은 처짐을 구하는 고전적인 방법이다.

112 일에 관한 다음 사항 중 옳지 않은 것은?

① 카스틸리아노(Castigliano)의 정리에서 변위 "0"으로 한 것이 최소 일의 원리다.
② 맥스웰(Maxwell)의 정리에서 $P=1$로 한 것이 카스틸리아노의 정리다.
③ 베티(Betti)의 정리에서 하중을 1로 한 것이 맥스웰의 정리이다.
④ 맥스웰의 정리를 이용하여 부정정 구조물의 영향선을 구하면 편하다.

> **해설** 상반정리
> ㉠ 선형탄성 구조물에서 외력에 의한 일과 내력에 의한 일이 같다.
> ㉡ 베티(Betti)의 상반일의 정리에서 $P=1$로 한 것이 맥스웰(Maxwell)의 상반변위의 정리이다.

★
113 다음 그림의 보에서 상반작용의 원리가 옳은 것은?

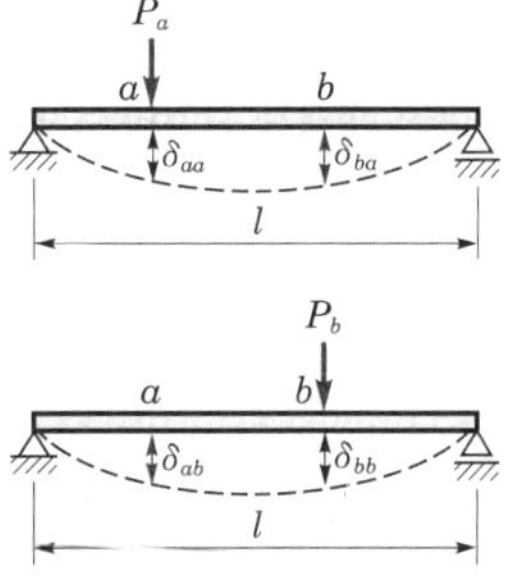

① $P_a \delta_{aa} = P_b \delta_{bb}$
② $P_a \delta_{ab} = P_b \delta_{ba}$
③ $P_a \delta_{ba} = P_b \delta_{ab}$
④ $P_a \delta_{bb} = P_b \delta_{aa}$

> **해설** Betti의 정리
> 한 역계 P_j에 의해 변형하는 동안에 다른 역계 P_i가 한 외적 가상일은 P_i 역계에 의해 변형하는 동안에 P_j 역계가 한 외적인 가상일과 같다.
> $\therefore P_a \delta_{ab} = P_b \delta_{ba}$

114 다음 그림은 동일한 선형탄성 구조물에 P_1, $2P_2$가 작용할 때 변위를 나타낸 것이다. Betti의 정리를 나타낸 식은?

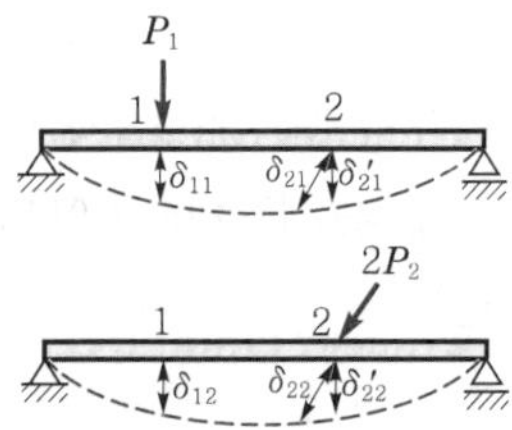

① $P_1 \delta_{11} = P_2 \delta_{22}$
② $P_1 \delta_{12} = P_2 \delta_{21}$
③ $P_1 \delta_{11} = 2P_2 \delta_{22}'$
④ $P_1 \delta_{12} = 2P_2 \delta_{21}'$

> **해설** Betti의 정리
> Betti의 상반일의 정리에서 변위는 하중작용방향의 변위를 의미한다.
> $\therefore P_1 \delta_{12} = 2P_2 \delta_{21}'$

정답 110. ④ 111. ④ 112. ② 113. ② 114. ④

115 다음 그림과 같은 단순보 내의 C, D에서 P_1 및 P_2가 각각 작용하였을 때 어느 법칙에 의하면 $P_1\delta_{12} = P_2\delta_{21}$이라는 관계가 성립한다. 무슨 법칙인가?

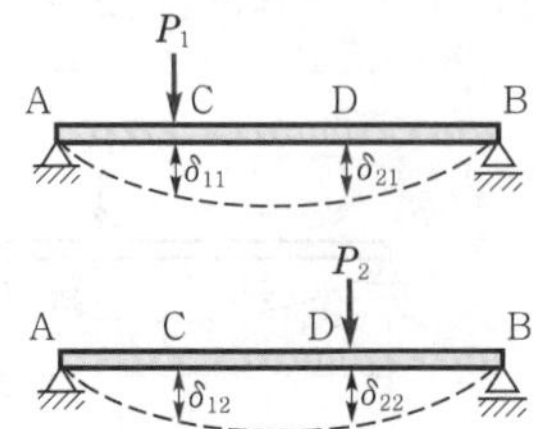

① 카스틸리아노의 법칙
② 가상일의 원리
③ 모어의 법칙
④ 맥스웰의 법칙

> **해설** Maxwell의 법칙
> 베티의 정리($\Sigma P_m\delta_{mn} = \Sigma P_n\delta_{nm}$)에서 P_m, P_n 역계를 단일하중으로 생각한 법칙을 맥스웰의 상반변위의 정리라 한다.
> $\therefore\ \delta_{mn} = \delta_{nm}$

116★ Betti–Maxwell의 법칙에 의할 때 다음 그림에서 성립되는 관계식은? (단, δ_{11} : 하중 P가 점 1에 작용했을 때 이 점에서 하중방향으로 생기는 처짐, δ_{12} : 점 2에 작용하는 하중 P에 의하여 생기는 점 1에서의 처짐, δ_{21} : 하중 P가 점 1에 작용했을 때 점 2에 생기는 처짐, δ_{22} : 점 2에 작용하는 하중 P에 의하여 생기는 점 2에서의 처짐)

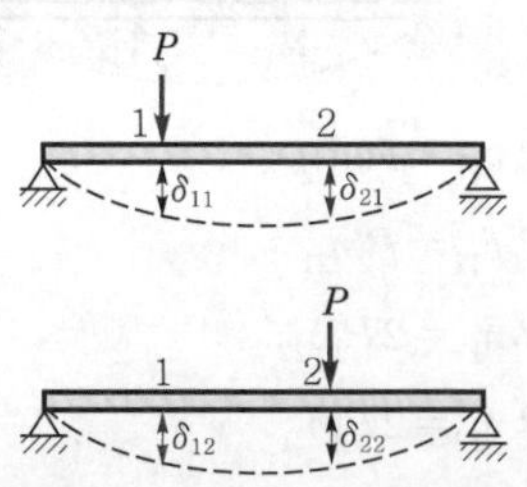

① $\delta_{11} = \delta_{12}$　　② $\delta_{11} = \delta_{22}$
③ $\delta_{21} = \delta_{22}$　　④ $\delta_{21} = \delta_{12}$

> **해설** Maxwell의 정리
> Maxwell의 법칙은 Betti의 법칙의 특수한 경우로 $P_1 = P_2 = 1$인 경우이다.
> $\therefore\ \delta_{12} = \delta_{21}$

117 다음 그림에서 P_1이 단순보의 C점에 작용하였을 때 C 및 D점의 수직변위가 각각 0.4cm, 0.3cm이고, P_2가 D점에 단독으로 작용하였을 때 C, D점의 수직변위는 0.2cm, 0.25cm이었다. P_1과 P_2가 동시에 작용하였을 때 P_1 및 P_2가 하는 일은?

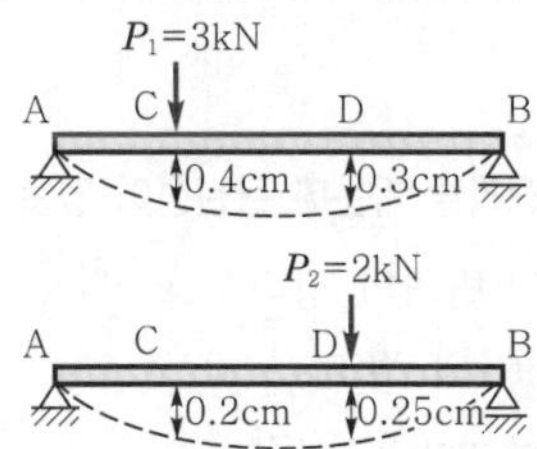

① $W=2.05\text{kN}\cdot\text{cm}$　　② $W=1.45\text{kN}\cdot\text{cm}$
③ $W=2.85\text{kN}\cdot\text{cm}$　　④ $W=1.90\text{kN}\cdot\text{cm}$

> **해설** P_1과 P_2가 행한 일
> $$W_e = \frac{1}{2}P_1\delta_1 + P_1\delta_2 + \frac{1}{2}P_2\delta_2$$
> $$= \frac{1}{2}\times3\times0.4 + 3\times0.2 + \frac{1}{2}\times2\times0.25$$
> $$= 1.45\text{kN}\cdot\text{cm}$$

118 다음 그림의 보에서 C점에 ΔC=0.2cm의 처짐이 발생하였다. 만약 D점의 P를 C점에 작용시켰을 경우 D점에 생기는 처짐 ΔD의 값은?

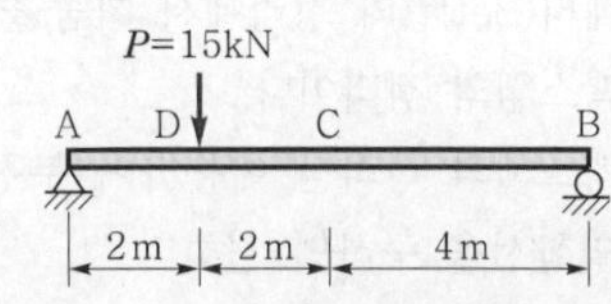

① 0.6cm　　② 0.4cm
③ 0.2cm　　④ 0.1cm

정답 115. ④ 116. ④ 117. ② 118. ③

해설 Betti의 정리

$P_C \delta_{CD} = P_D \delta_{DC}$, $P_C = P_D$

$\therefore \delta_{CD} = \delta_{DC} = 0.2\text{cm}$

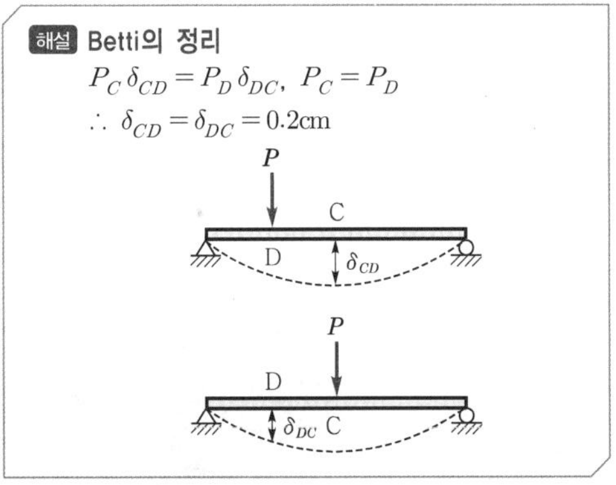

119 단순보의 D점에 10kN의 하중이 작용할 때 C점의 처짐량이 0.5cm라 하면 다음 그림과 같은 경우 D점의 처짐량을 구하면?

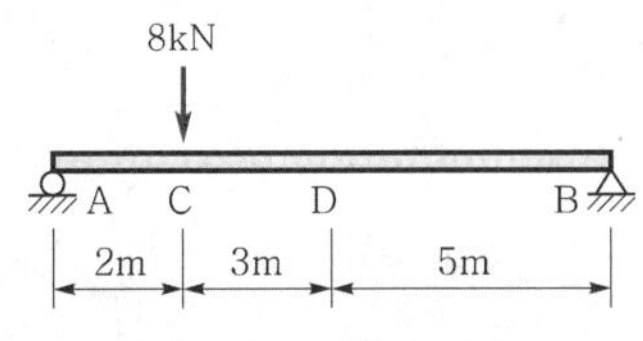

① 0.2cm ② 0.3cm
③ 0.4cm ④ 0.5cm

해설 Betti의 정리

$P_C \delta_{CD} = P_D \delta_{DC}$

$\therefore \delta_{DC} = \dfrac{P_C}{P_D} \delta_{CD} = \dfrac{8}{10} \times 0.5 = 0.4\text{cm}$

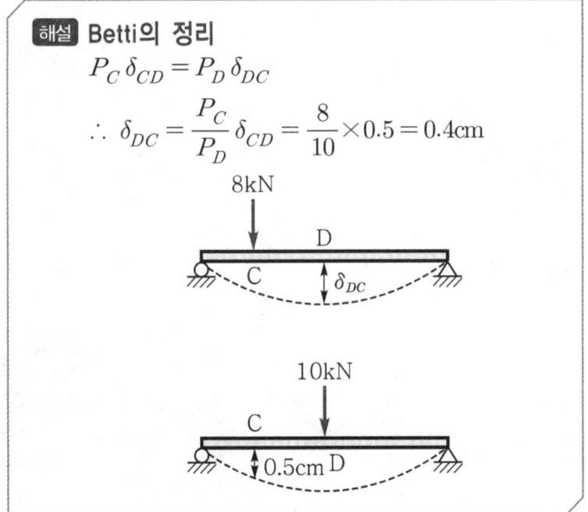

120 ★ 다음 그림과 같은 단순보의 B지점에서 $M=$ 2kN · m를 작용시켰더니 A 및 B지점에서의 처짐각이 각각 0.08rad과 0.12rad이었다. 만일 A지점에서 3kN · m의 단모멘트를 작용시킨다면 B지점에서의 처짐각은?

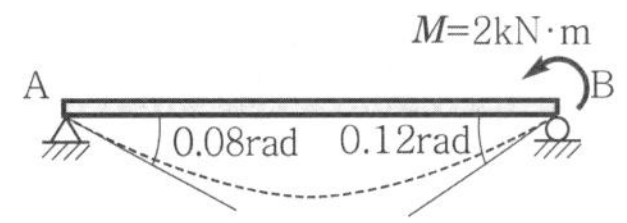

① 0.08rad ② 0.10rad
③ 0.12rad ④ 0.15rad

해설 Betti의 정리

$M_i \theta_{ik} = M_k \theta_{ki}$

$M_A \theta_{AB} = M_B \theta_{BA}$

$\therefore \theta_{BA} = \dfrac{M_A}{M_B} \theta_{AB} = \dfrac{3}{2} \times 0.08 = 0.12\text{rad}$

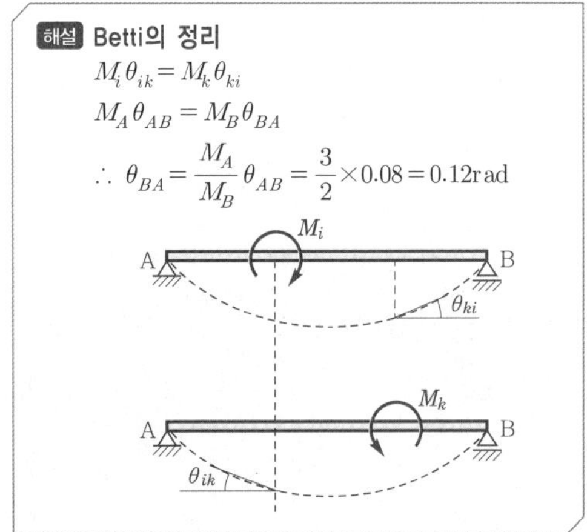

121 다음 그림과 같은 단순보 AB의 B단에 $M_B=$2kN · m(↶)의 단모멘트를 주었더니 A 및 B단에서의 기울기(slope : 처짐각)가 0.1rad 및 0.15rad이었다. A단에서 $M_A=$ 3kN · m(↷)의 단모멘트를 주었을 때 B단의 기울기는?

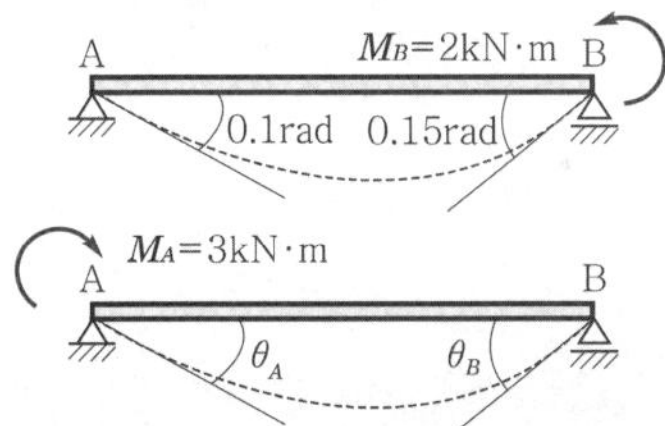

① $\theta_B=0.2\text{rad}$ ② $\theta_B=0.1\text{rad}$
③ $\theta_B=0.3\text{rad}$ ④ $\theta_B=0.15\text{rad}$

해설 Betti의 정리

$M_A \theta_{AB} = M_B \theta_{BA}$

$\therefore \theta_{BA} = \dfrac{M_A}{M_B} \theta_{AB} = \dfrac{3}{2} \times 0.1 = 0.15\text{rad}$

정답 119. ③ 120. ③ 121. ④

APPLIED MECHANICS

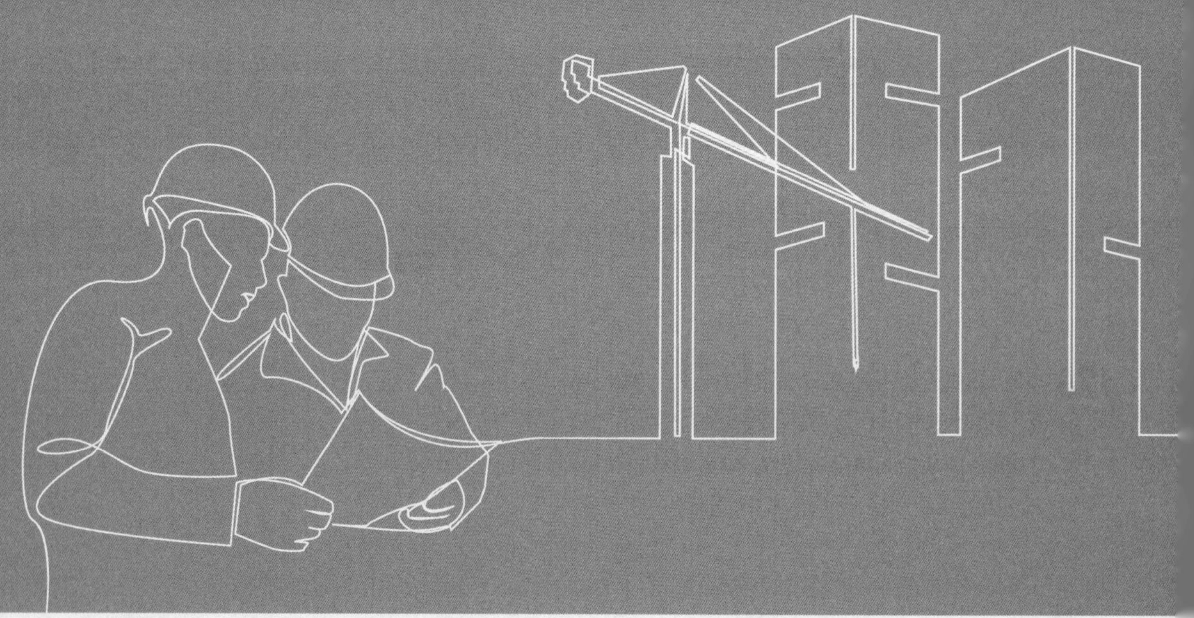

CHAPTER 12

부정정 구조물

CHAPTER 12 부정정 구조물

회독 체크표

1회독	월	일
2회독	월	일
3회독	월	일

최근 10년간 출제분석표

2015	2016	2017	2018	2019	2020	2021	2022	2023	2024
11.8%	13.4%	11.7%	8.3%	10.0%	10.0%	6.7%	13.4%	11.7%	13.3%

출제 POINT

학습 POINT

- 부정정 구조물의 특징
- 경계조건의 원리
- 층방정식
- 절점방정식
- 중요 해법

■ 구조물의 분류

- 안정
  - 정정($n=0$)
  - 부정정($n>0$)
- 불안정($n<0$)

■ 차수 판별식

① 일반 구조물 : $n=r-3m$

② 트러스 구조물 : $n=m+r-2j$

여기서, r : 반력수

m : 부재수

j : 절점수

■ 재료의 절감비율

① 연속보(강교)에서 부재 절약 : 10~20%

② 철도교에서 부재 절약 : 10%

SECTION 1 부정정 구조물의 일반

1 부정정 구조물의 특징

1) 부정정 구조물의 정의와 장단점

(1) 부정정 구조물의 정의

① 힘의 평형조건식($\sum H=0$, $\sum V=0$, $\sum M=0$)만으로는 해석할 수 없는 구조물로서 경계조건이나 층방정식, 절점방정식 등을 추가 이용함으로써 부정정 여력(부정정력)을 구하고, 완전한 단면력은 다시 정정구조로 해석하여 구한다.

② 부정정 여력(부정정력)

정역학적 평형조건으로 해석하지 못하는 미지의 반력을 **부정정력**(잉여력)이라고 한다.

(2) 부정정 구조물의 장점

① 재료의 절감으로 **경제적**이다.

② 강성이 크므로 처짐이 작게 일어난다.

③ 정정 구조물에 비하여 지간의 길이가 크므로 외관상으로 우아하고 아름답다.

④ 과대 응력을 재분배할 수 있는 기능이 있으므로 **안정성**이 있다.

(3) 부정정 구조물의 단점

① 연약지반에서 지점의 침하 등으로 인한 **응력**이 발생한다.

② 정확한 응력 해석과 최종 설계가 이루어질 때까지 예비설계를 **반복**해야 한다.

③ 응력 교체가 정정 구조물보다 많이 일어나므로 부가적인 부재가 필요하게 된다.

2) 부정정력을 구하기 위한 추가방정식

(1) 경계조건의 원리와 층방정식

① 경계조건의 원리

이동지점(roller) 또는 회전지점(hinge)은 수직방향으로 움직이지 않아 처짐이 없으나 처짐각은 있을 수 있고, 고정지점(fixed)은 처짐 및 처짐각이 없다는 원리이다.

구분(경계조건)	처짐	처짐각	단면력
단순지지(△, △)	$y=0$	$\theta=?$	$M=0$
고정지지(▐—)	$y=0$	$\theta=0$	$M=?$

② 단층 라멘의 층방정식(전단력의 평형조건식)

각 층에서 전단력의 합은 그 층에 작용하는 외력 횡하중의 합과 같다.

$$\Sigma(M_{상}+M_{하})+\text{그 층의 수평력}\times\text{기둥의 높이}=0$$

$$M_{AB}+M_{BA}+M_{CD}+M_{DC}+Ph=0$$

$$\therefore\ P=-\left(\frac{M_{AB}+M_{BA}+M_{CD}+M_{DC}}{h}\right)$$

(2) 절점방정식(모멘트의 평형조건식)

① 한 절점에 모인 각 부재의 **재단 모멘트의 합**은 0이 되어야 한다.

② 절점 0점에 대한 절점방정식

$$\Sigma M_0=0$$

$$M-(M_{01}+M_{02}+M_{03}+M_{04})=0$$

$$\therefore\ M=M_{01}+M_{02}+M_{03}+M_{04}$$

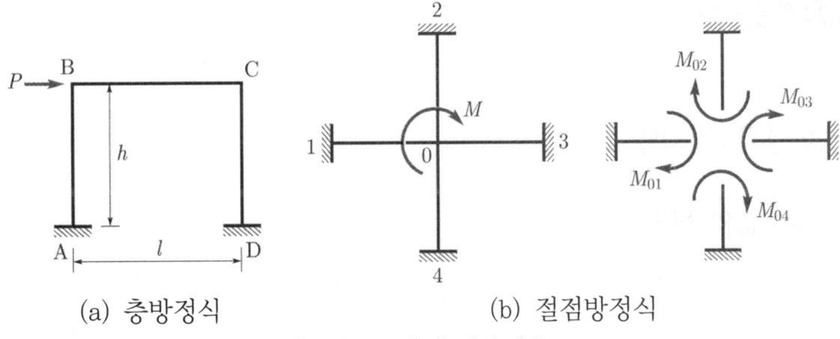

(a) 층방정식 (b) 절점방정식

[그림 12-1] 추가방정식

2 부정정 구조물의 해법

1) 정확한 해법

(1) 응력법(유연도법, 적합법)

부정정력(잉여력)을 미지수로 취급하는 해법이다.

① 변위(변형)일치법 : 처짐, 처짐각을 이용하는 방법, 모든 구조물에 적용

출제 POINT

■ 추가방정식

① 경계조건의 원리 : 변위일치법에 적용
② 층방정식 : 처짐각법에 적용
③ 절점방정식 : 모멘트 분배법에 적용

■ 방정식의 수

① 층방정식은 층수만큼 방정식이 생긴다.
② 절점방정식은 절점수만큼 방정식이 생긴다.
③ 같은 층에 속하는 기둥의 수평변위는 같다. 기둥높이가 다를 때도 성립한다.

■ 중요 해법

① 변위(변형)일치법
② 3연 모멘트법
③ 처짐각법
④ 모멘트 분배법

출제 POINT

② 에너지법 : 최소 일의 원리, 가상일의 원리
③ **3연 모멘트법** : 연속보에 적용
④ 기둥 유사법 : 연속보, 라멘에 적용

(2) 변위법(강성도법, 평형법)

변위를 미지수로 취급하는 해법이다.

① **처짐각법** : 연속보, 라멘에 적용
② **모멘트 분배법** : 연속보, 라멘에 적용
③ 모멘트 면적법

(3) 수치 해석법

① Direct matrix method
② F.E.M(유한요소법)
③ F.D.M(유한차분법)

2) 근사 해석법과 모형 해석법

(1) 근사 해석법

① 시간이 너무 많이 걸리는 경우 정해법 초기 단계의 개략 계산에 이용된다.
② 교문법(Portal method)
③ 캔틸레버법(Cantilever method)
④ 2cycle method

(2) 모형 해석법

수학적 해석이 불가능한 경우에 이용한다.

SECTION 2 고전적인 방법

학습 POINT
- 경계조건의 원리
- 3연 모멘트법(클라페이론의 정리)

1 변형(변위)일치법

■ **변형(변위)일치법**
① 경계조건의 원리 이용
② 변위의 적합조건식 이용

1) 변위일치법의 원리

① 여분의 지점반력이나 응력을 부정정력(잉여력)으로 간주하여 정정 구조물로 변환시킨 뒤, 처짐이나 처짐각의 값을 이용하여 구조물을 해석하는 방법이다.
② **경계조건의 원리**를 이용하여 해석한다. 처짐을 이용하거나 처짐각을 이용하는 방법이 있다.

2) 경계조건의 원리를 이용하여 부정정 구조물을 해석하는 방법

① 처짐을 이용하는 방법

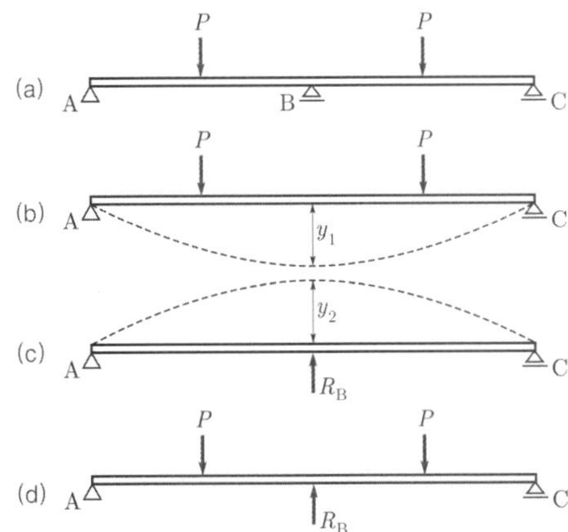

② 처짐각을 이용하는 방법

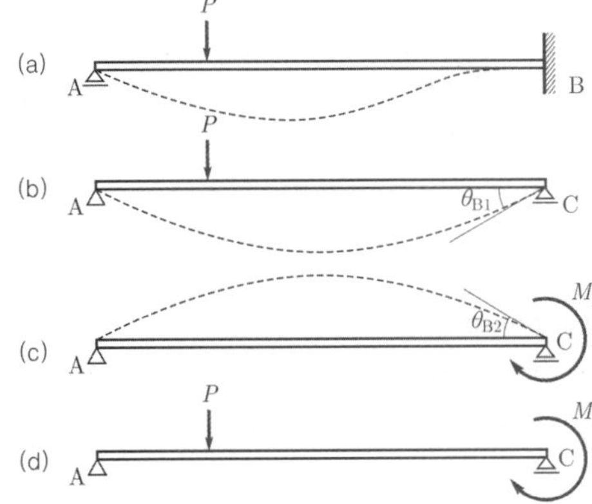

2 3연 모멘트법

1) 3연 모멘트법의 개념

① 3연 모멘트법(클라페이론의 정리)은 부정정 연속보에서 연속된 3개의 지점에 대한 휨모멘트의 관계식으로 연속된 3개의 지점에 대한 휨모멘트의 방정식을 만들어 해석한다.

② 3연 모멘트법은 **연속보 해석**에 유리한 해석법이다.

③ 3연 모멘트법은 부재 내에 내부 힌지와 같은 불연속점이 있는 경우에는 적용할 수 없다.

④ 고정단은 힌지지점으로 가정하고, **가상경간**을 만들어 3연 모멘트법을 적용하여 해석한다.

2) 해법순서

① 연속 구조물을 경간별로 분리하여 내부 휨모멘트를 부정정 여력으로 보고 해석한다.

② 고정단은 힌지지점으로 가정하여 가상경간을 만든다. $I=\infty$로 가정한다.

출제 POINT

■ 3연 모멘트방정식

① 처짐각=하중에 의한 처짐각
+지점모멘트에 의한 처짐각
+부재회전각

② 연속된 처짐곡선

$\theta_{21}{}'' = \theta_{23}{}''$

$\theta_{21}{}'' = \theta_{21} + \theta_{21}{}' + \beta_{21}$

$\theta_{23}{}'' = \theta_{23} + \theta_{23}{}' + \beta_{23}$

출제 POINT

③ 단순보에서 경간별로 하중에 의한 처짐각이나 침하에 의한 부재각을 계산한다.
④ 왼쪽부터 2경간씩 묶어 공식에 대입한다.
⑤ 연립하여 내부 휨모멘트를 계산한다.
⑥ 경간을 하나씩 구분하여 계산된 휨모멘트를 작용시켜 반력을 구한다.

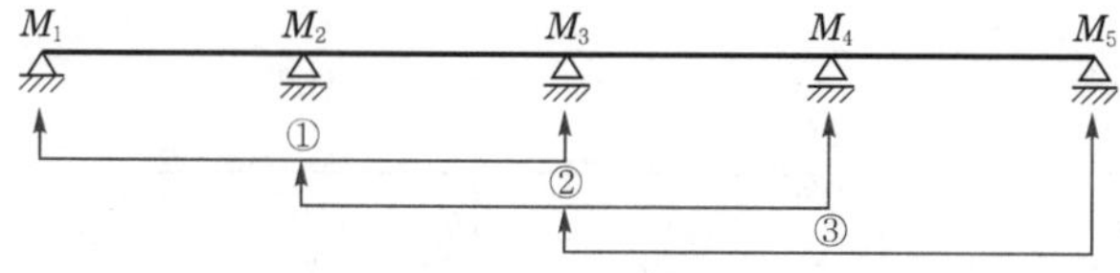

(a) 4경간 연속보

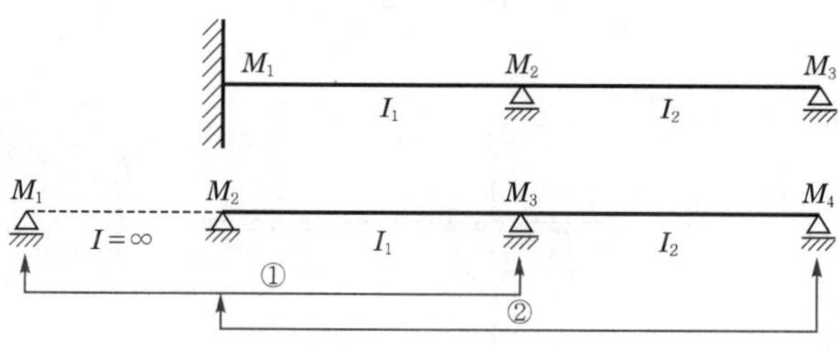

(b) 일단 고정 2경간 연속보

[그림 12-2] 3연 모멘트법의 해법

3) 3연 모멘트식(Clapeyron)

① 지점침하가 있는 경우

처짐곡선은 연속되어 있으므로 어느 한 점(②점)에서 좌우의 처짐각은 같다.

$$M_1\frac{l_1}{I_1}+2M_2\left(\frac{l_1}{I_1}+\frac{l_2}{I_2}\right)+M_3\frac{l_2}{I_2}=6E(\theta_{21}-\theta_{23})+6E(\beta_1-\beta_2)$$

여기서, θ : 구간을 단순보로 생각했을 때의 처짐각
β : 구간을 단순보로 생각했을 때의 침하에 의한 부재각

■ 부재각

$$\beta_{21}=\frac{\delta_2-\delta_1}{l_1}$$

$$\beta_{23}=\frac{\delta_3-\delta_2}{l_2}$$

② 지점침하가 없는 경우

지점침하가 없는 경우에는 β_1, β_2가 0이 되므로

$$M_1\frac{l_1}{I_1}+2M_2\left(\frac{l_1}{I_1}+\frac{l_2}{I_2}\right)+M_3\frac{l_2}{I_2}=6E(\theta_{21}-\theta_{23})$$

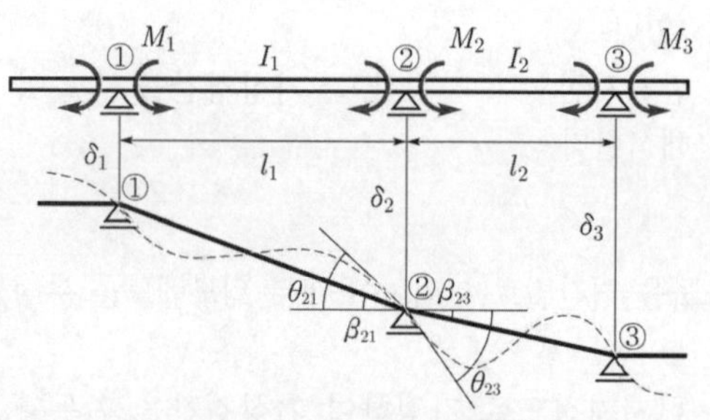

[그림 12-3] 3연 모멘트법

SECTION **3** 처짐각법(요각법)

1 처짐각법의 해법상 가정 및 계산과정

1) 처짐각법의 해법상 가정

① 직선부재에 작용하는 하중과 하중으로 인한 변형에 의해서 절점에 생기는 절점각과 부재각을 함수로 표시한 기본식을 만들어 이 기본식을 적용한 **절점방정식**과 **층방정식**에 의해서 미지수인 절점각과 부재각을 구하는 해법이다.

② 부재는 직선재이다.

③ 절점에 모인 각 부재는 모두 **완전한 강결**로 취급한다.

④ 휨모멘트에 의해서 생기는 부재의 변형은 고려한다.

⑤ 축방향력과 전단력에 의해서 생기는 부재의 변형은 무시한다.

2) 처짐각법의 계산과정

① 하중항과 강비를 계산한다.

② 처짐각기본식(재단모멘트)을 정한다.

③ 절점방정식이나 층방정식(라멘)을 세운다.

④ 방정식을 풀어 미지수(절점각, 부재각)을 구한다.

⑤ 이 미지수를 기본식에 대입하여 재단모멘트를 구한다.

⑥ 재단모멘트를 사용하여 지점반력을 구한다.

2 처짐각법의 기본식

1) 처짐각법의 기본공식

① 재단모멘트의 의미

재단모멘트 = 접선각에 의한 모멘트+부재각에 의한 모멘트+하중에 의한 모멘트

② 재단모멘트의 기본공식(양단 구속일 경우)

$$M_{AB} = 2EK_{AB}(2\theta_A + \theta_B - 3R) - C_{AB}$$
$$M_{BA} = 2EK_{BA}(\theta_A + 2\theta_B - 3R) + C_{BA}$$

여기서, E : 탄성계수, K : 강도$\left(= \dfrac{I}{l}\right)$, R : 부재각$\left(= \dfrac{\delta}{l}\right)$

C_{AB}, C_{BA} : 하중항

M_{AB}, M_{BA} : 재단모멘트

출제 POINT

학습 POINT
- 처짐각법의 해법상 가정
- 처짐각법의 기본공식
- 처짐각법의 실용공식

■ **처짐각법의 해법상 가정**

① 부재는 직선재이다.
② 절점에 모인 각 부재는 모두 완전한 강결로 취급한다.
③ 휨모멘트에 의해서 생기는 부재의 변형은 고려한다.
④ 축방향력과 전단력에 의해서 생기는 부재의 변형은 무시한다.

■ **타단이 힌지 또는 이동지점일 때**

① 재단모멘트의 기본공식
$M_{AB} = 3EK(\theta_A - R) - H_{AB}$

② 재단모멘트의 실용공식
$M_{AB} = k(1.5\rho_A + 0.5\phi) - H_{AB}$
$= \dfrac{k}{2}(3\rho_A + \phi) - H_{AB}$

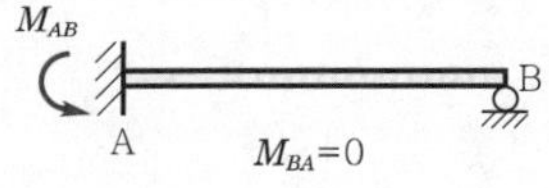

출제 POINT

■ **하중항 공식**

① 원단(far end)이 힌지 또는 이동지점인 경우

$H_{AB} = -\left(\left| C_{AB} \right| + \frac{1}{2} C_{BA}\right)$

$H_{BA} = C_{BA} + \frac{1}{2} \left| C_{AB} \right|$

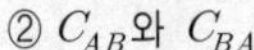

② C_{AB}와 C_{BA}

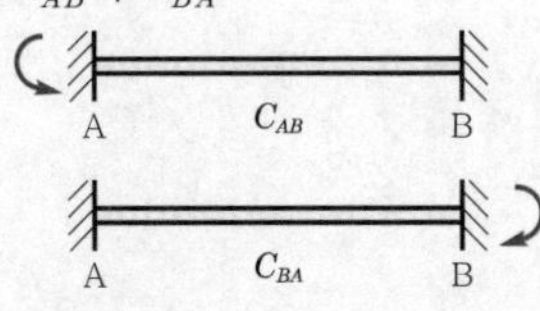

③ H_{AB}와 H_{BA}

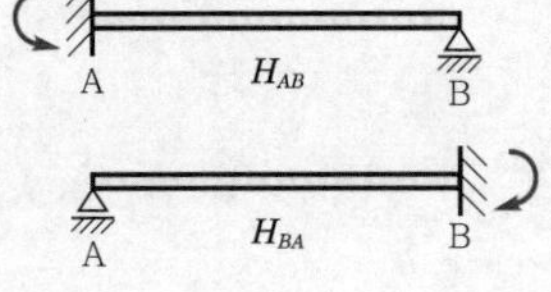

2) 처짐각법의 실용공식

① 기본공식에서 $\rho_A = 2EK_0\theta_A$, $\rho_B = 2EK_0\theta_B$, $\phi = -6EK_0R$,

$k_{ab} = \dfrac{K_{AB}}{K_0}$ 라 하면

$$M_{AB} = k_{ab}(2\rho_A + \rho_B + \phi) - C_{AB}$$
$$M_{BA} = k_{ba}(\rho_A + 2\rho_B + \phi) + C_{BA}$$

여기서, K_0 : 기준강도

② 하중항 공식

하중항이란 보의 재단모멘트 공식 중에서 하중에 의해 생기는 모멘트를 하중상태별로 구해놓은 공식을 의미한다.

연번	하중상태 (l : 지간길이)	양단 고정보의 하중항		B단 힌지단
		C_{AB}	C_{BA}	H_{AB}
1	A, B, P, $\frac{l}{2}$, l	$-\frac{Pl}{8}$	$\frac{Pl}{8}$	$-\frac{3Pl}{16}$
2	A, B, P, a, b, l	$-\frac{Pab^2}{l^2}$	$\frac{Pa^2b}{l^2}$	$-\frac{Pab(l+b)}{2l^2}$
3	A, B, w, l	$-\frac{wl^2}{12}$	$\frac{wl^2}{12}$	$-\frac{wl^2}{8}$
4	A, B, w, l	$-\frac{wl^2}{30}$	$\frac{wl^2}{20}$	$-\frac{7wl^2}{120}$
5	A, B, $\frac{l}{3}$, P, $\frac{l}{3}$, P, $\frac{l}{3}$, l	$-\frac{2Pl}{9}$	$\frac{2Pl}{9}$	$-\frac{Pl}{3}$
6	A, B, P, P, a, a, l	$-\frac{Pa(l-a)}{l}$	$\frac{Pa(l-a)}{l}$	$-\frac{3Pa(l-a)}{2l}$
7	A, B, w, $\frac{l}{2}$, $\frac{l}{2}$	$-\frac{5wl^2}{96}$	$\frac{5wl^2}{96}$	$-\frac{5wl^2}{94}$
8	A, B, w, $\frac{l}{2}$, $\frac{l}{2}$	$-\frac{wl^2}{15}$	$\frac{wl^2}{15}$	$-\frac{wl^2}{10}$
9	A, B, M, $\frac{l}{2}$, $\frac{l}{2}$	$\frac{M}{4}$	$\frac{M}{4}$	$\frac{M}{8}$

SECTION 4 모멘트 분배법

1 모멘트 분배법의 정의 및 해법순서

1) 모멘트 분배법의 정의

① 고차의 부정정 구조물을 해석하기 위해서 처짐각법을 적용할 때 미지수의 증가 때문에 계산과정을 손으로 처리하는 데는 한계가 있게 된다. 이 한계를 어느 정도 극복한 것이 모멘트 분배법(moment distribution method)이다.

② 이 방법은 일종의 반복법이며, 비교적 간단하게 손 계산으로 부정정인 보와 라멘의 재단모멘트(fixed end moment, F.E.M)를 얻을 수 있는 근사 해법이다.

2) 해법순서

① 강도(K) 및 강비(상대강도, k) 계산
② 분배율(D.F) 계산
③ 하중항(F.E.M) 계산
④ 절점에서 불균형모멘트 계산
⑤ 분배모멘트 계산
⑥ 전달모멘트 계산
⑦ 재단모멘트 계산

2 용어 정의

1) 강비(상대강도)

① 강비(stiffness ratio, 상대강도, k)
어느 부재의 강도를 표준강도(기준강도, 절대강도)로 나눈 값이다.

$$k = \frac{K}{K_0}$$

여기서, K_0 : 표준강도(여러 강도 중에서 기준을 삼기 위해 임의로 지정한 강도)

② 유효강비(effective stiffness, 등가강비)
부재의 양단이 고정된 경우를 기준으로 하여 상대 부재의 강비를 결정하여 분배율 계산에 이용한다. 즉, 수정된 강도계수이다.

출제 POINT

학습 POINT
- 강비와 유효강비
- 분배율과 전달률
- 고정단모멘트
- 분배모멘트
- 전달모멘트
- 재단모멘트

■ 강도와 강비
① 강도(stiffness, K) : 부재의 강한 정도
$K = \frac{I}{l}$
② 강비(상대강도, k)
$k = \frac{K}{K_0}$
단, 활절(힌지)인 경우는 $\frac{3}{4}$배
③ 강도가 주어진 경우에는 강비(상대강도)를 구하여 계산한다.

부재의 조건	유효강비
양단 고정(또는 탄성고정)의 부재	$1k$ (A, B 양단 고정, 하중 P)
일단 고정, 타단 활절(pin)의 부재	$\frac{3}{4}k$ (M_{iA}, θ_i, $(M_{Ai}=0)$)
절점회전각이 대칭인 부재, 대칭라멘이 대칭하중을 받을 경우의 대칭축부재	$\frac{1}{2}k$ (M_{iB}, $M_{Bi}=M_{iB}$, θ_i, θ_B, $(\theta_B=-\theta_i)$)
절점회전각이 역대칭인 부재, 대칭라멘이 역대칭하중을 받을 경우의 대칭축부재	$\frac{3}{2}k$ (M_{iC}, $M_{Ci}=M_{iC}$, θ_i, θ_C, $(\theta_C=\theta_i)$)

2) 분배율과 재단모멘트

① 고정단모멘트(fixed end moment, F.E.M)

처짐각법의 하중항 공식으로 단부의 고정지지물이 보의 단부회전을 못하게 하는 모멘트이다.

② 불균형모멘트(unbalanced moment, U.B.M)

한 점에서 고정단모멘트의 대수합이다.

③ 분배율(분배계수, distribution factor, D.F)

둘 이상의 부재가 연결된 곳에 작용하는 불균형모멘트를 각 부재에 분배하는 비율을 말한다.

$$D.F=\frac{k}{\sum k}$$

④ 분배모멘트(distribution moment, D.M)

작용(불균형)모멘트 중 각 부재에 분배되는 분배모멘트를 말한다.

$$M_{ij}=M\times D.F_{ij}$$

⑤ 전달률(도달률, 도달계수, carry-over factor, C.O.F, C.F)

상대단에 전달되는 모멘트의 비율을 말한다. 고정단의 경우 항상 $\frac{1}{2}$이다.

⑥ 전달모멘트(도달모멘트, carry-over moment, C.O.M, C.M)

전달률에 의해 상대단에 전달되는 모멘트로 같은 방향으로 반이 전달된다.

$$M_{ji}=\frac{1}{2}M_{ij}$$

출제 POINT

■ 분배율과 재단모멘트

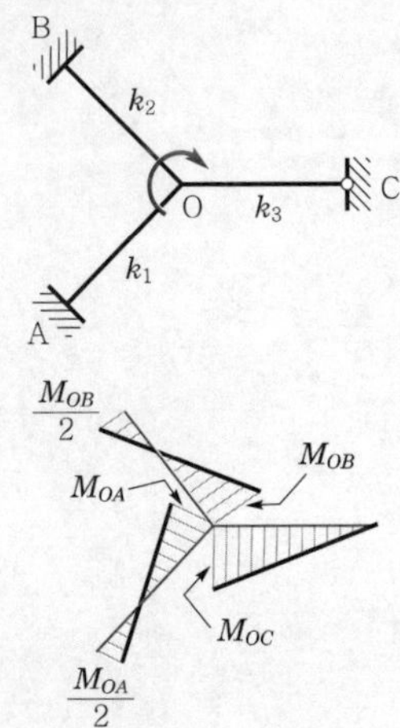

① 분배율(D.F)

$$D.F_{OA}=\frac{k_1}{k_1+k_2+\frac{3}{4}k_3}$$

$$D.F_{OB}=\frac{k_2}{k_1+k_2+\frac{3}{4}k_3}$$

$$D.F_{OC}=\frac{\frac{3}{4}k_3}{k_1+k_2+\frac{3}{4}k_3}$$

② 분배모멘트(D.M)

$M_{OA}=M\times D.F_{OA}$

$M_{OB}=M\times D.F_{OB}$

$M_{OC}=M\times D.F_{OC}$

③ 전달모멘트(C.M)

$M_{AO}=\frac{1}{2}M_{OA}$

$M_{BO}=\frac{1}{2}M_{OB}$

$M_{CO}=0$

⑦ 재단(최종)모멘트(final moment, F.M)

재단모멘트＝고정단모멘트＋분배모멘트＋전달모멘트

CHAPTER 12

기출문제

APPLIED MECHANICS

10년간 출제된 빈출문제

1. 부정정 구조물 일반

★
01 정정 구조물에 비해 부정정 구조물이 갖는 장점을 설명한 것 중 틀린 것은?

① 설계모멘트의 감소로 부재가 절약된다.
② 지점침하 등으로 인해 발생하는 응력이 적다.
③ 외관이 우아하고 아름답다.
④ 부정정 구조물은 그 연속성 때문에 처짐의 크기가 작다.

> 해설 **부정정 구조물의 단점**
> ㉠ 연약지반에서 지점의 침하 등으로 인한 응력이 발생한다.
> ㉡ 정확한 응력 해석과 최종 설계가 이루어질 때까지 예비설계를 반복해야 한다.
> ㉢ 응력 교체가 정정 구조물보다 많이 일어나므로 부가적인 재료가 필요하다.

02 다음에서 부정정보의 해법으로 옳은 것은?

① 변형일치의 방법
② 모멘트 면적법
③ 단위하중법
④ 공액보법

> 해설 모멘트 면적법, 탄성하중법, 공액보법, 단위하중법 등은 처짐과 처짐각을 구하는 해법이다.

03 다음 중 부정정 구조물의 해석방법이 아닌 것은 어느 것인가?

① 처짐각법 ② 단위하중법
③ 최소 일의 정리 ④ 모멘트 분배법

> 해설 가상일의 방법(단위하중법)은 구조물의 변위를 구하는 해법이다.

04 다음 중 부정정 구조물의 해법으로 틀린 것은?

① 3연 모멘트정리 ② 처짐각법
③ 변위일치의 방법 ④ 모멘트 면적법

> 해설 모멘트 면적법은 구조물의 변위(처짐, 처짐각)를 구하는 해법이다.

★
05 다음 부정정 구조물의 해석법에 대한 설명으로 옳지 않은 것은?

① 변위법은 변위를 미지수로 하고, 힘의 평형 방정식을 적용하여 미지수를 구하는 방법으로 강성도법이라고도 한다.
② 부정정력을 구하는 방법으로, 변위일치법과 3연 모멘트법은 응력법이며, 처짐각법과 모멘트 분배법은 변위법으로 분류된다.
③ 3연 모멘트법은 부정정 연속보의 2경간 3개 지점에 대한 휨모멘트 관계방정식을 만들어 부정정을 해석하는 방법이다.
④ 처짐각법으로 해석할 때 축방향력과 전단력에 의한 변형은 무시하고, 절점에 모인 각 부재는 모두 강절점으로 가정한다.

> 해설 **부정정보의 해석방법**
> ㉠ 처짐각법은 휨모멘트에 의해서 생기는 부재의 변형을 고려한다.
> ㉡ 절점에 모인 각 부재를 강절점으로 가정하여 해석하는 것은 3연 모멘트법이다.

06 부정정 구조물의 해석법 중 3연 모멘트법을 적용하기에 가장 적당한 것은?

① 트러스 해석 ② 연속보 해석
③ 라멘 해석 ④ 아치 해석

> 해설 3연 모멘트법은 부정정 연속보를 해석할 경우에 유리한 해석법이다.

정답 1. ② 2. ① 3. ② 4. ④ 5. ④ 6. ②

★

07 부정정 구조물의 해석법인 처짐각법에 대하여 틀린 것은?

① 보와 라멘에 모두 적용할 수 있다.
② 고정단모멘트(fixed end moment)를 계산해야 한다.
③ 모멘트 분배율의 계산이 필요하다.
④ 지점침하나 부재가 회전했을 경우에도 사용할 수 있다.

> 해설 모멘트 분배율의 계산이 필요한 것은 모멘트 분배법이다.

08 부정정 구조물의 여러 해법 중에서 연립방정식을 풀지 않고 도상에서 기계적인 계산으로 미지량을 구하는 방법은 어느 것인가?

① 처짐각법 ② 3연 모멘트법
③ 요각법 ④ 모멘트 분배법

> 해설 **모멘트 분배법**
> 일종의 반복법이며 비교적 간단하게 손 계산으로 재단모멘트(F.E.M)를 얻을 수 있는 근사 해법은 모멘트 분배법이다.

09 모멘트 분배법의 적용이 적당한 예는?

① 트러스의 처짐 계산 ② 트러스의 내력 계산
③ 아치의 해석 ④ 라멘의 해석

> 해설 모멘트 분배법은 연속보, 고정보, 부정정 라멘구조의 해석에 편리한 해법이다.

★★

10 모멘트 분배법에서 부재의 조건이 타단 핀(pin)부재일 경우 다음 중 유효강비로 옳은 것은?

① k ② $0.75k$
③ $0.5k$ ④ $1.5k$

> 해설 **모멘트 분배법**
> 부재의 타단조건이 힌지일 경우 유효강비는 $\frac{3}{4}k$ 배를 취한다.

11 다음 중 전달률을 이용하여 부정정 구조물을 풀이하는 방법은?

① 처짐각법 ② 모멘트 분배법
③ 변형일치법 ④ 3연 모멘트법

> 해설 **모멘트 분배법**
> 분배율과 전달률(도달률)을 이용하여 부정정구조를 해석하는 방법은 모멘트 분배법이다.

12 전달률을 바르게 기술한 것은?

① 회전단에 작용시킨 모멘트와 이에 의해서 생긴 고정단모멘트의 비이다.
② 배분율에 불균형모멘트를 곱한 것이다.
③ 전달될 모멘트에 배분율을 곱한 것이다.
④ 배분된 모멘트와 고정단모멘트의 대수차이다.

> 해설 **전달률(도달률, 도달계수, C.F)**
> 상대단에 전달되는 모멘트의 비율을 말한다.
> $\therefore\ C.F=\frac{1}{2}\times$고정단

★

13 분배모멘트를 바르게 표시한 것은?

① 배분율×재단모멘트
② 배분율×불균형모멘트
③ 배분율×최대 휨모멘트
④ 배분율×최소 휨모멘트

> 해설 **모멘트 분배법**
> ㉠ 분배율$(D.F)=\frac{k}{\Sigma k}$
> ㉡ 분배모멘트=작용(불균형)모멘트×$D.F$
> ㉢ 전달모멘트=$\frac{1}{2}$×분배모맨트

14 다음 설명 중에서 옳지 않은 것은?

① 분배모멘트는 부재강도에 반비례한다.
② 분배모멘트는 부재 단면의 2차모멘트에 비례한다.
③ 분배모멘트는 부재길이에 반비례한다.
④ 등단면 부재에서 전달모멘트는 분배모멘트의 1/2이다.

정답 7. ③ 8. ④ 9. ④ 10. ② 11. ② 12. ① 13. ② 14. ①

해설 **모멘트 분배법**

㉠ 분배모멘트는 부재강도에 비례한다.

㉡ 부재강도는 단면2차모멘트에 비례하고, 부재길이에 반비례한다.

$\therefore k=\frac{I}{l}$

㉢ 전달모멘트는 분배모멘트의 1/2이다.

2. 변위(변형)일치법

★★★

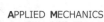

15 다음 그림과 같은 1차 부정정 구조물의 A지점의 반력은? (단, EI는 일정하다.)

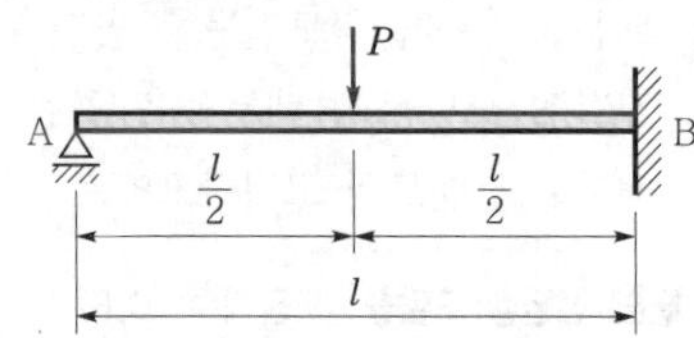

① $\frac{5P}{16}$ ② $\frac{11P}{16}$

③ $-\frac{3Pl}{16}$ ④ $-\frac{5Pl}{32}$

해설 **변위일치법**

㉠ 하중에 의한 A점의 변위

$y_1=\frac{5Pl^3}{48EI}$ (↓)

㉡ 반력에 의한 A점의 변위

$y_2=\frac{R_A l^3}{3EI}$ (↑)

㉢ 경계조건 : A점의 변위는 0이다.

$y_1=y_2$

$\frac{R_A l^3}{3EI}=\frac{5Pl^3}{48EI}$

$\therefore R_A=\frac{5}{16}P$(↑)(부정정력)

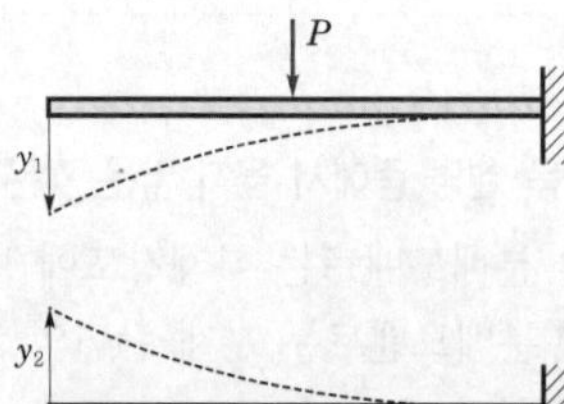

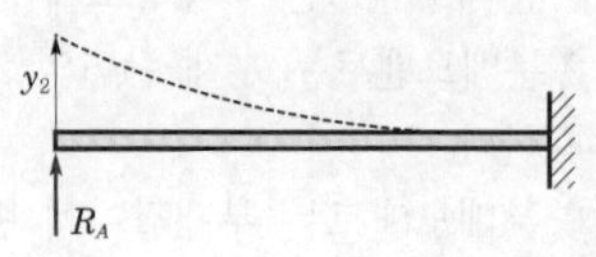

★★

16 다음 그림과 같은 하중을 받고 있는 부정정 구조물의 부재에 발생되는 최대 휨모멘트의 크기를 구한 값은?

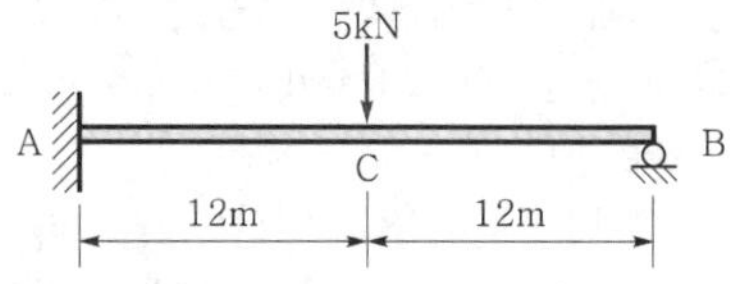

① −22.5kN · m

② 19.5kN · m

③ 17.0kN · m

④ −11.25kN · m

해설 **최대 휨모멘트**

$M_A=-\frac{3}{16}Pl$, $M_C=\frac{5}{32}Pl$

$\therefore M_{max}=-\frac{3}{16}\times5\times24=-22.5\text{kN}\cdot\text{m}$

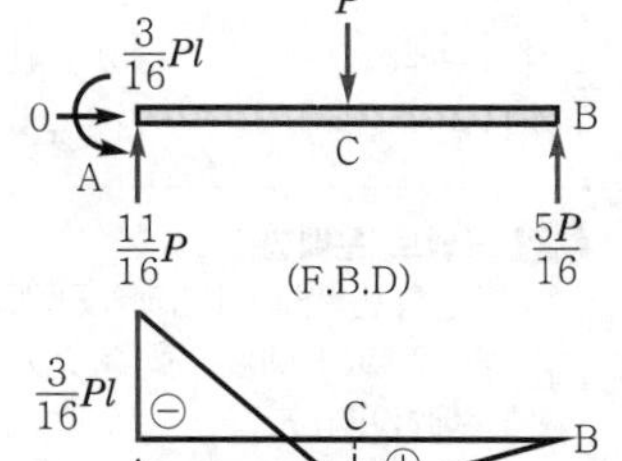

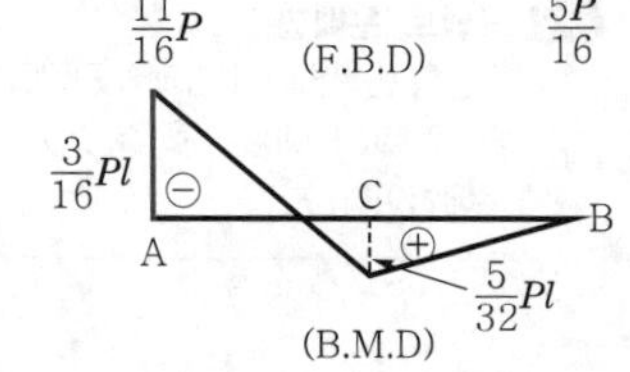

17 다음 부정정보에서 B점의 수직반력은?

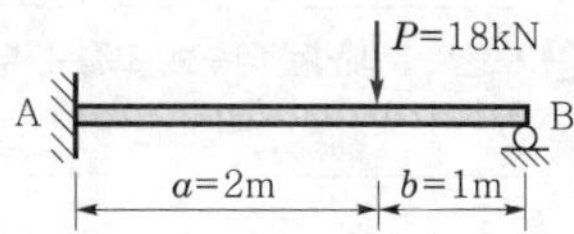

① 10.67kN

② 9.33kN

③ 8.4kN

④ 7.6kN

정답 15. ① 16. ① 17. ②

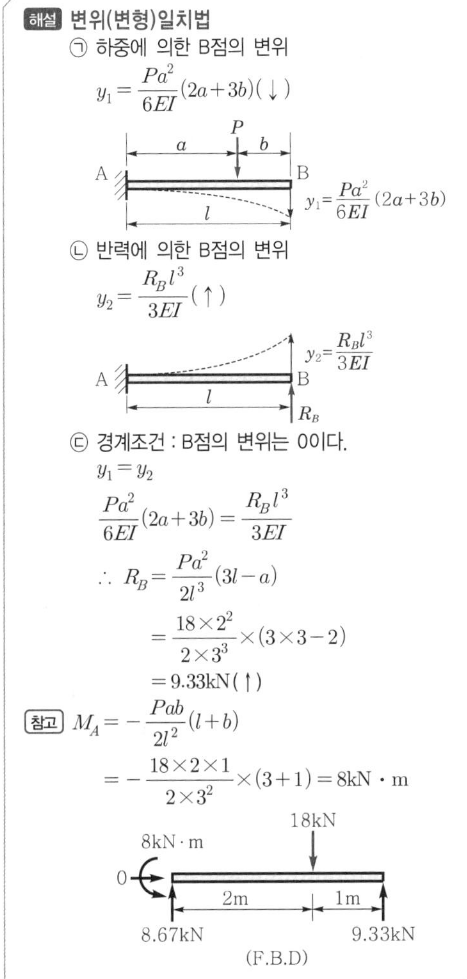

해설 변위(변형)일치법

㉠ 하중에 의한 B점의 변위

$$y_1 = \frac{Pa^2}{6EI}(2a+3b)(\downarrow)$$

㉡ 반력에 의한 B점의 변위

$$y_2 = \frac{R_B l^3}{3EI}(\uparrow)$$

㉢ 경계조건 : B점의 변위는 0이다.

$$y_1 = y_2$$

$$\frac{Pa^2}{6EI}(2a+3b) = \frac{R_B l^3}{3EI}$$

$$\therefore\ R_B = \frac{Pa^2}{2l^3}(3l-a)$$

$$= \frac{18\times2^2}{2\times3^3}\times(3\times3-2)$$

$$= 9.33\text{kN}(\uparrow)$$

참고 $M_A = -\frac{Pab}{2l^2}(l+b)$

$$= -\frac{18\times2\times1}{2\times3^2}\times(3+1) = 8\text{kN}\cdot\text{m}$$

(F.B.D)

★

18 다음 그림과 같은 부정정보의 휨모멘트도는 다음 중 어느 것인가?

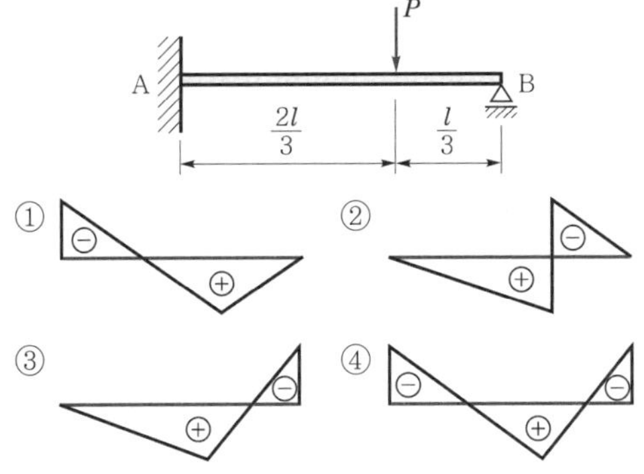

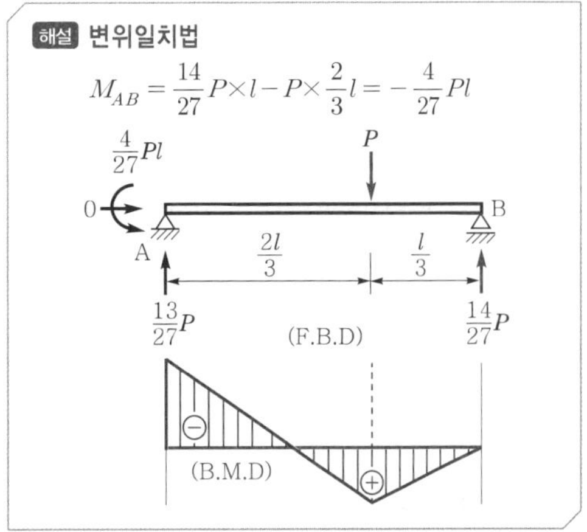

해설 변위일치법

$$M_{AB} = \frac{14}{27}P\times l - P\times\frac{2}{3}l = -\frac{4}{27}Pl$$

(F.B.D)

19 다음 그림과 같은 1차 부정정보의 부재 중에서 모멘트가 0이 되는 곳은 A점에서 얼마나 떨어진 곳인가? (단, 자중은 무시한다.)

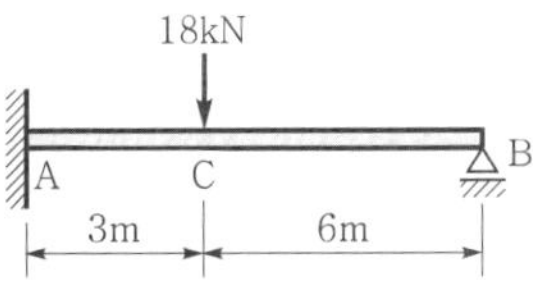

① 3m　　② 2.5m

③ 1.96m　　④ 1.5m

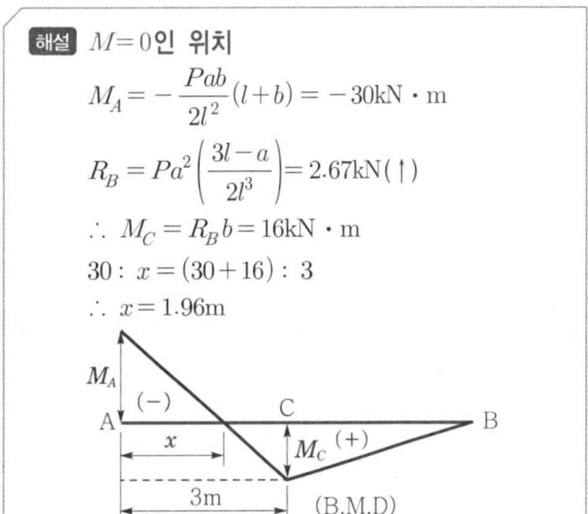

해설 $M=0$인 위치

$$M_A = -\frac{Pab}{2l^2}(l+b) = -30\text{kN}\cdot\text{m}$$

$$R_B = Pa^2\left(\frac{3l-a}{2l^3}\right) = 2.67\text{kN}(\uparrow)$$

$$\therefore\ M_C = R_B b = 16\text{kN}\cdot\text{m}$$

$$30 : x = (30+16) : 3$$

$$\therefore\ x = 1.96\text{m}$$

(B.M.D)

정답 18. ① 19. ③

20 다음 그림과 같이 1차 부정정보에 등간격으로 집중하중이 작용하고 있다. 반력 R_A와 R_B의 비는?

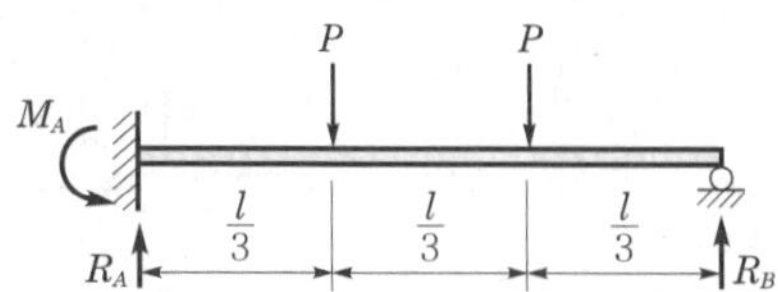

① $R_A : R_B = \frac{5}{9} : \frac{4}{9}$　② $R_A : R_B = \frac{4}{9} : \frac{5}{9}$

③ $R_A : R_B = \frac{2}{3} : \frac{1}{3}$　④ $R_A : R_B = \frac{1}{3} : \frac{2}{3}$

해설 부정정보의 해석

㉠ 부정정력

$M_A = \frac{Pl}{3}$

(F.B.D)

㉡ 반력

$\Sigma M_B = 0$

$R_A \times l - \frac{Pl}{3} - P \times \frac{2l}{3} - P \times \frac{l}{3} = 0$

$\therefore R_A = \frac{4}{3}Pl(\uparrow)$

$\Sigma V = 0$

$\therefore R_B = 2P - \frac{4}{3}Pl = \frac{2}{3}Pl(\uparrow)$

㉢ 반력의 비

$R_A : R_B = \frac{4}{3} : \frac{2}{3} = \frac{2}{3} : \frac{1}{3}$

★★
21 다음 그림과 같은 구조물에 등분포하중이 작용할 때 A점에 반력은 얼마인가?

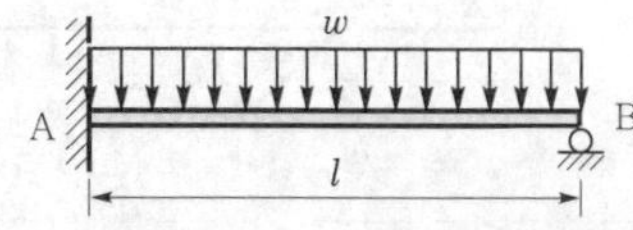

① $\frac{3}{4}wl$　② $\frac{5}{8}wl$

③ $\frac{3}{8}wl$　④ $\frac{7}{8}wl$

해설 변위일치법

㉠ 하중에 의한 B점의 변위

$y_1 = \frac{wl^4}{8EI}(\downarrow)$

㉡ 반력에 의한 B점의 변위

$y_2 = \frac{R_B l^3}{3EI}(\uparrow)$

㉢ 경계조건

$y_1 = y_2$

$\frac{wl^4}{8EI} = \frac{R_B l^3}{3EI}$

$\therefore R_B = \frac{3}{8}wl(\uparrow)$

㉣ A점의 반력

$\Sigma V = 0$

$R_A + R_B = wl$

$\therefore R_A = wl - \frac{3}{8}wl = \frac{5}{8}wl(\uparrow)$

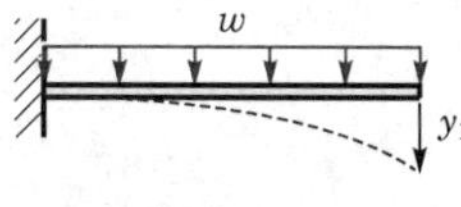

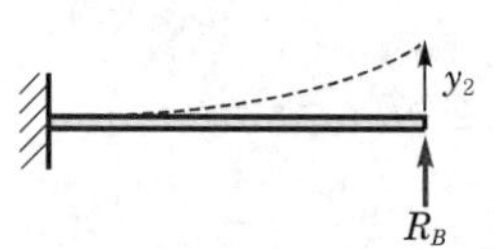

★
22 다음 부정정보에서 B점의 반력은?

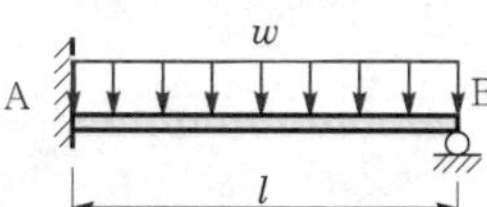

① $\frac{5}{16}wl(\uparrow)$

② $\frac{3}{4}wl(\uparrow)$

③ $\frac{3}{8}wl(\uparrow)$

④ $\frac{3}{16}wl(\uparrow)$

정답 20. ③ 21. ② 22. ③

해설 변위(변형)일치법

㉠ $R_A = \frac{5}{8}wl(\uparrow)$, $R_B = \frac{3}{8}wl(\uparrow)$

㉡ $M_A = -\frac{wl^2}{8}$

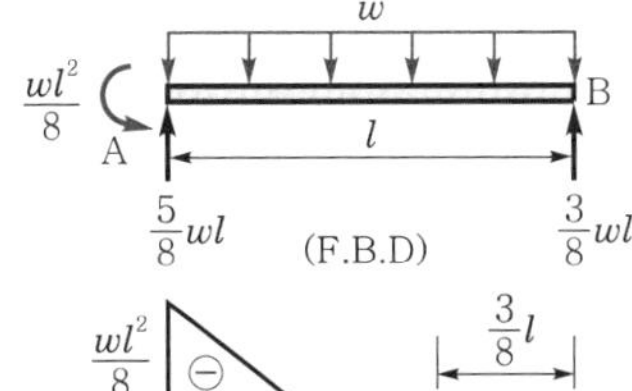

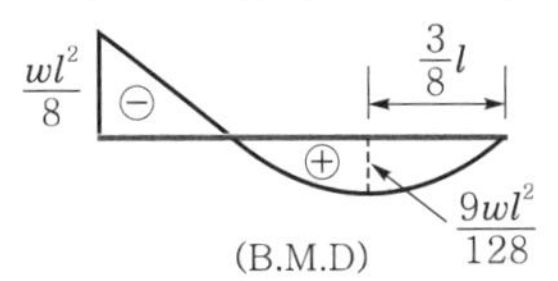

23 다음 그림과 같은 구조물에서 B점에 발생하는 수직반력값은?

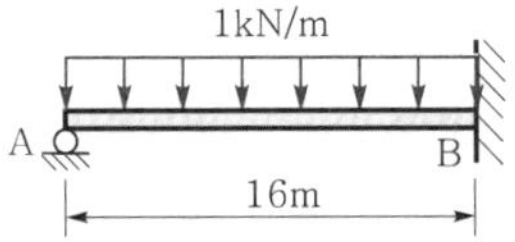

① 6kN
② 8kN
③ 10kN
④ 12kN

해설 부정정보의 해석

㉠ $R_A = \frac{3wl}{8} = \frac{3\times1\times16}{8} = 6\text{kN}(\uparrow)$

㉡ $R_B = \frac{5wl}{8} = \frac{5\times1\times16}{8} = 10\text{kN}(\uparrow)$

㉢ $M_B = -\frac{wl^2}{8} = -\frac{1\times16^2}{8} = -32\text{kN}\cdot\text{m}$

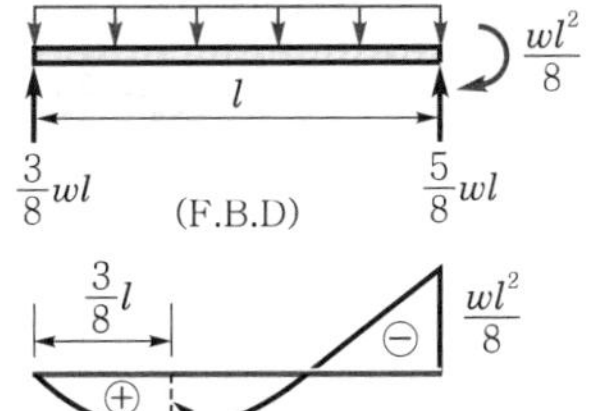

24 다음 그림과 같은 보에서 A지점의 반력은?

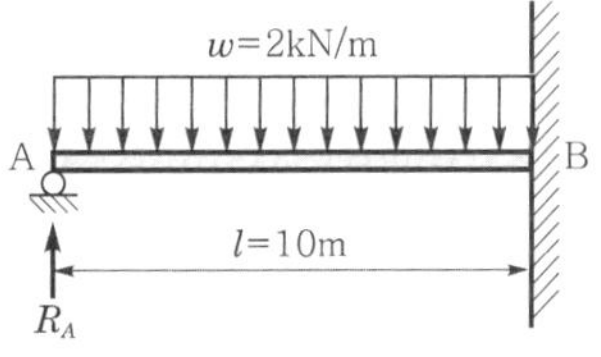

① 6.0kN
② 7.5kN
③ 8.0kN
④ 9.5kN

해설 지점반력

㉠ $R_A = \frac{3}{8}wl = \frac{3}{8}\times2\times10$
$= 7.5\text{kN}(\uparrow)$

㉡ $R_B = \frac{5}{8}wl = \frac{5}{8}\times2\times10 = 12.5\text{kN}(\uparrow)$

25 다음 그림과 같은 부정정보에서 A점으로부터 전단력이 0이 되는 위치 x 값은?

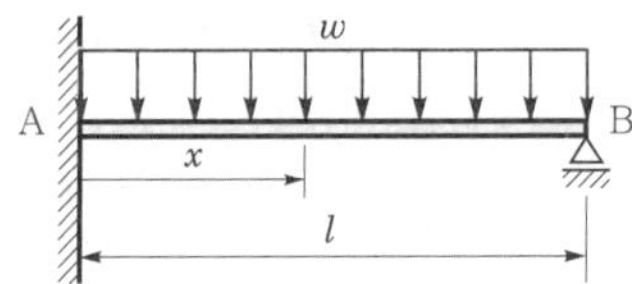

① $\frac{3}{4}l$　　② $\frac{3}{8}l$

③ $\frac{5}{8}l$　　④ $\frac{5}{11}l$

해설 전단력이 0인 점의 위치

$R_A = \frac{5}{8}wl$

$S_x = \frac{5}{8}wl - wx = 0$

$\therefore x = \frac{5}{8}l$

$\frac{5}{8}wl$ ⊕ $\frac{3}{8}l$ ⊖ $\frac{3}{8}wl$ $\frac{5}{8}wl$

(S.F.D)

정답 23. ③ 24. ② 25. ③

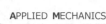

★★
26 다음 부정정보의 a단에 작용하는 모멘트는?

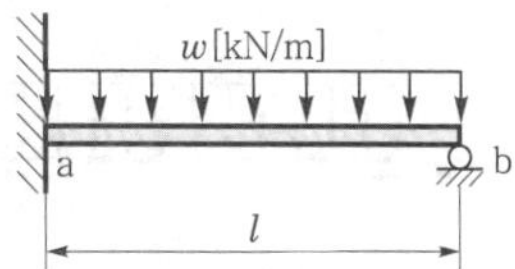

① $-\frac{1}{4}wl^2$　② $-\frac{1}{8}wl^2$

③ $-\frac{1}{12}wl^2$　④ $-\frac{1}{24}wl^2$

해설 지점반력

$R_a = \frac{5}{8}wl(\uparrow),\ R_b = \frac{3}{8}wl(\uparrow)$

$\therefore M_a = -\frac{wl^2}{8}$

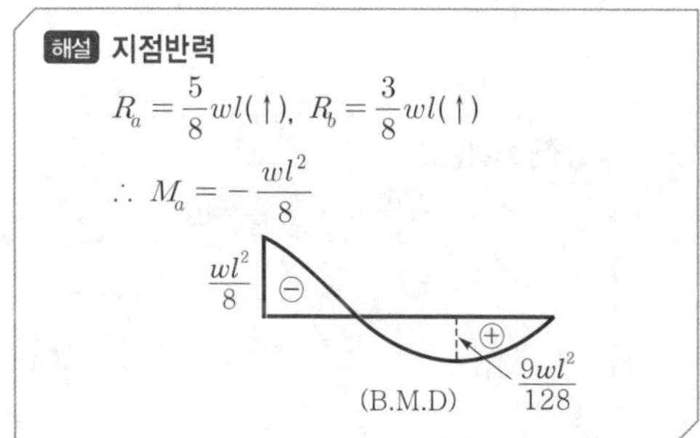

(B.M.D)

27 다음 그림과 같은 구조물에서 A점의 모멘트값은?

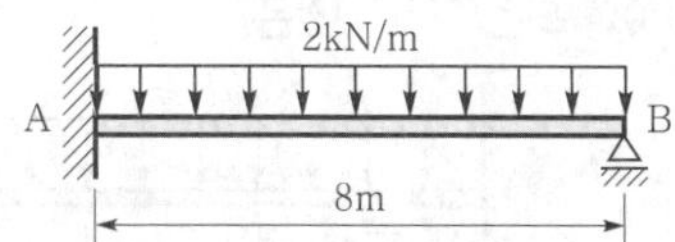

① -4kN · m　② -8kN · m

③ -12kN · m　④ -16kN · m

해설 A점의 모멘트반력

$M_A = -\frac{wl^2}{8} = \frac{-2\times 8^2}{8} = -16\text{kN}\cdot\text{m}$

★
28 다음 그림에서 반력 R_B와 M_B는?

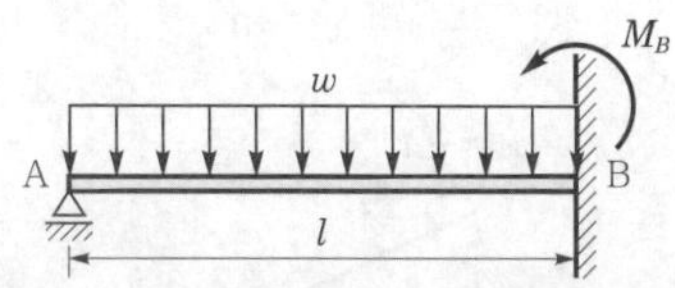

① $\frac{5}{8}wl,\ \frac{1}{6}wl^2$　② $\frac{3}{8}wl,\ \frac{1}{8}wl^2$

③ $\frac{5}{8}wl,\ \frac{1}{12}wl^2$　④ $\frac{5}{8}wl,\ \frac{1}{8}wl^2$

해설 지점반력

㉠ $R_A = \frac{3}{8}wl,\ R_B = \frac{5}{8}wl$

㉡ $M_B = -\frac{wl^2}{8}$

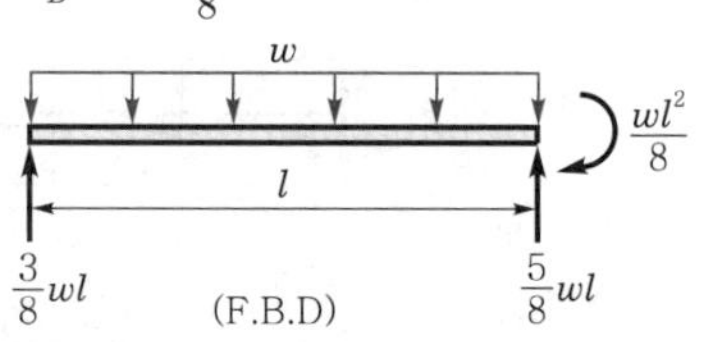

(F.B.D)

29 다음 그림과 같은 보에서 C점의 모멘트를 구하면?

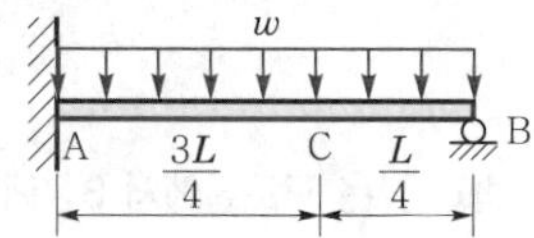

① $\frac{1}{16}wL^2$　② $\frac{1}{12}wL^2$

③ $\frac{3}{32}wL^2$　④ $\frac{1}{24}wL^2$

해설 C점의 휨모멘트

㉠ 지점반력

$R_A = \frac{5wL}{8}(\uparrow),\ R_B = \frac{3wL}{8}(\uparrow)$

$\therefore M_A = -\frac{wL^2}{8}$

㉡ C점의 휨모멘트

$M_C = \frac{3wL}{8}\times\frac{L}{4} - \frac{wL}{4}\times\frac{L}{8} = \frac{wL^2}{16}$

★★
30 다음 그림과 같은 1차 부정정보에서 지점 B의 반력은?

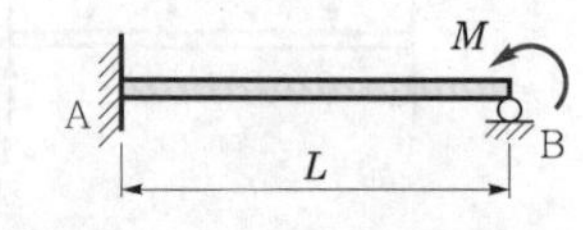

① $\frac{1M}{L}$　② $\frac{1.5M}{L}$

③ $\frac{2M}{L}$　④ $\frac{2.5M}{L}$

정답 26. ② 27. ④ 28. ④ 29. ① 30. ②

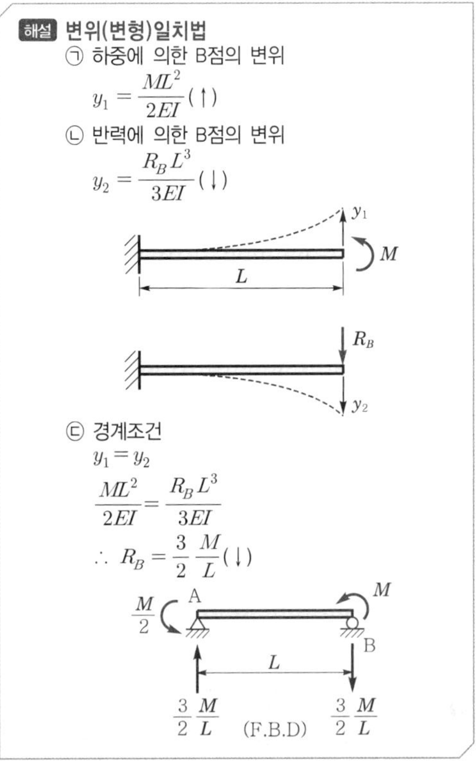

해설 **변위(변형)일치법**

㉠ 하중에 의한 B점의 변위

$$y_1 = \frac{ML^2}{2EI}(\uparrow)$$

㉡ 반력에 의한 B점의 변위

$$y_2 = \frac{R_B L^3}{3EI}(\downarrow)$$

㉢ 경계조건

$$y_1 = y_2$$

$$\frac{ML^2}{2EI} = \frac{R_B L^3}{3EI}$$

$$\therefore R_B = \frac{3}{2}\frac{M}{L}(\downarrow)$$

(F.B.D)

★

31 다음 보에서 B점의 수직반력은?

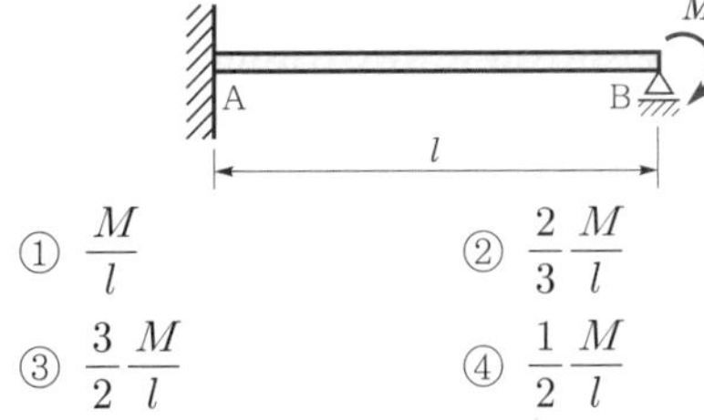

① $\frac{M}{l}$　② $\frac{2}{3}\frac{M}{l}$

③ $\frac{3}{2}\frac{M}{l}$　④ $\frac{1}{2}\frac{M}{l}$

해설 **모멘트 분배법**

㉠ A점의 전달모멘트는 $M_A = \frac{M}{2}$이다.

㉡ 전달모멘트를 하중으로 재하시켜 정정보로 해석한다.

$$\Sigma M_A = 0$$

$$-R_B l + M + \frac{M}{2} = 0$$

$$\therefore R_B = \frac{3}{2}\frac{M}{l}(\uparrow)$$

(F.B.D)

32 다음 그림과 같은 보의 지점 A에 10kN · m의 모멘트가 작용하면 B점에 발생하는 모멘트의 크기는?

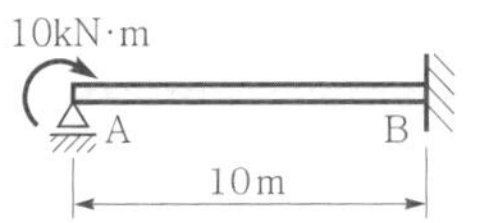

① 1kN · m　② 2.5kN · m

③ 5kN · m　④ 10kN · m

해설 **모멘트 분배법**

㉠ A점에 작용하는 모멘트가 B점에 1/2만큼 전달된다.

㉡ 전달모멘트

$$M_B = \frac{1}{2}M_A = \frac{1}{2}\times 10 = 5\text{kN}\cdot\text{m}$$

M_A=10kN·m

★★

33 다음 그림과 같은 양단 고정보의 하중점(C점)에서의 휨모멘트가 바르게 된 것은?

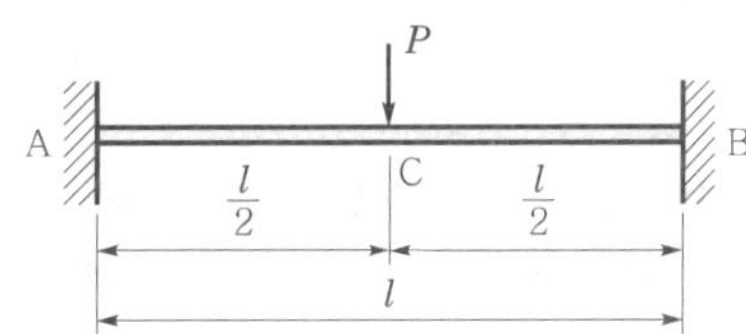

① $M_C = \frac{Pl}{8}$　② $M_C = \frac{Pl^2}{8}$

③ $M_C = \frac{Pl}{16}$　④ $M_C = \frac{Pl^2}{16}$

해설 **변위일치법**

㉠ 하중에 의한 A점의 처짐각

$$\theta_{A1} = \frac{Pl^2}{16EI}$$

㉡ 모멘트반력에 의한 A점의 처짐각

$$\theta_{A2} = \frac{M_A l}{2EI}$$

㉢ 경계조건

$$\theta_{A1} = \theta_{A2}$$

$$\frac{Pl^2}{16EI} = \frac{M_A l}{2EI}$$

$$\therefore M_A = \frac{Pl}{8}$$

정답 31. ③　32. ③　33. ①

㉣ C점의 휨모멘트

$M_C = \frac{P}{2} \times \frac{l}{2} - \frac{Pl}{8} = \frac{Pl}{8}$

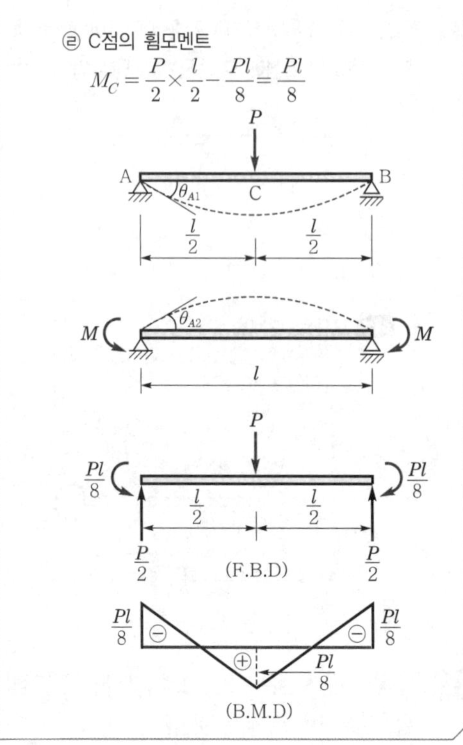

34 다음과 같은 부정정보에서 8kN · m의 최대 휨모멘트가 작용한다면 몇 kN 이상의 집중하중으로서 보가 파괴되는가?

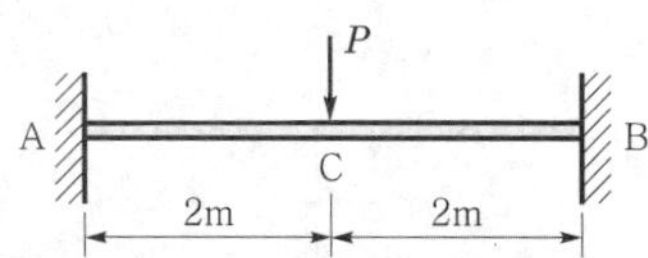

① 12kN 이상 ② 14kN 이상
③ 16kN 이상 ④ 18kN 이상

해설 최대 휨모멘트

$M_{\max} = \frac{Pl}{8} = 8\text{kN} \cdot \text{m}$

$\therefore P = \frac{8M_{\max}}{l} = \frac{8 \times 8}{4} = 16\text{kN}$

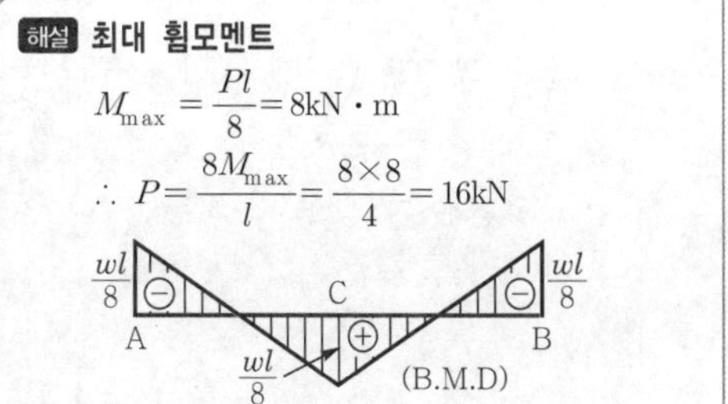

★
35 다음 그림에서 B점의 고정단모멘트는? (단, EI는 일정)

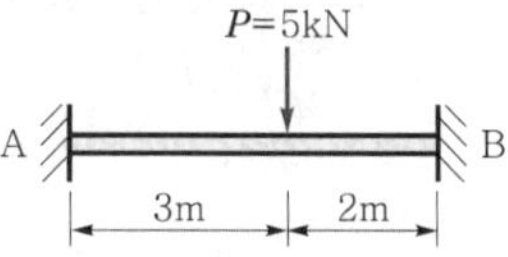

① 3kN · m
② 4kN · m
③ 2.5kN · m
④ 3.6kN · m

해설 재단모멘트(하중항)

㉠ $M_{AB} = C_{AB} = -\frac{Pab^2}{l^2} = -\frac{5 \times 3 \times 2^2}{5^2}$
$= -2.4\text{kN} \cdot \text{m}$

㉡ $M_{BA} = C_{BA} = \frac{Pa^2b}{l^2} = \frac{5 \times 3^2 \times 2}{5^2}$
$= 3.6\text{kN} \cdot \text{m}$

★
36 양단 고정보에 집중이동하중 P가 작용할 때 A점의 고정단모멘트가 최대가 되기 위한 하중 P의 위치는?

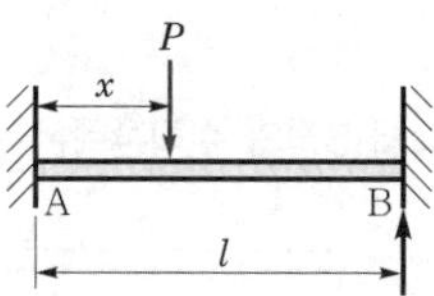

① $x = \frac{l}{2}$ ② $x = \frac{l}{3}$
③ $x = \frac{l}{4}$ ④ $x = \frac{l}{5}$

해설 하중 P의 위치

㉠ A점의 고정단모멘트

$M_A = \frac{Pab^2}{l^2} = \frac{Px(l-x)^2}{l^2}$
$= \frac{P}{l^2}(x^3 - 2lx^2 + l^2x)$

㉡ $\frac{dM_A}{dx} = 0$인 곳에 집중이동하중 P가 작용할 경우 M_A는 최대 또는 최소가 된다.

$\frac{dM_A}{dx} = \frac{P}{l^2}(3x^2 - 4lx + l^2)$
$= \frac{P}{l^2}(x-l)(3x-l) = 0$

$\therefore x = \left[\frac{l}{3},\ l\right]$

정답 34. ③ 35. ④ 36. ②

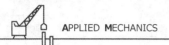

ⓒ 최대, 최소 휨모멘트

$M_{A\max} = \frac{4}{27}Pl\left(\because x = \frac{l}{3}\right)$

$M_{A\min} = 0(\because x = l)$

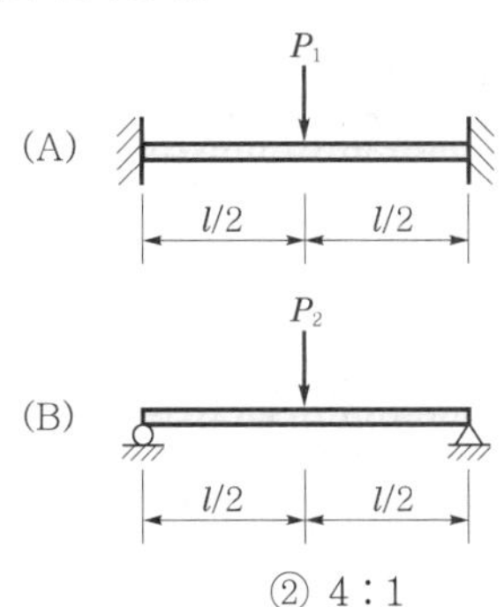

37 다음 그림과 같은 등질, 등단면인 2개의 보 (A), (B)에서 최대 휨모멘트가 같게 되기 위한 집중하중의 비 $P_1 : P_2$의 값은 얼마인가?

① 5 : 1　　② 4 : 1

③ 3 : 1　　④ 2 : 1

해설 집중하중의 비

$M_{(A)\max} = M_{(B)\max}$

$\frac{P_1 l}{8} = \frac{P_2 l}{4}$

$P_1 = 2P_2$

$\therefore P_1 : P_2 = 2P_2 : P_2 = 2 : 1$

★★

38 다음 그림과 같은 양단 고정보에 등분포하중이 작용할 때 M_{AB}는?

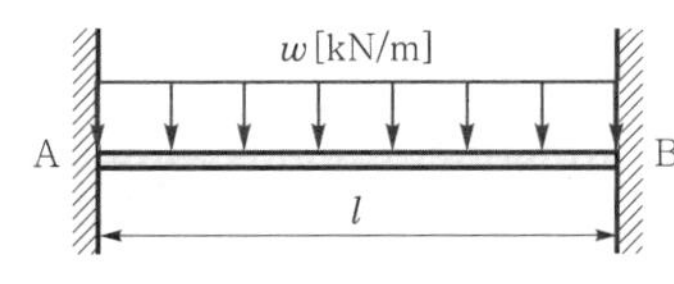

① $-\frac{wl^2}{12}$　　② $-\frac{wl^2}{16}$

③ $-\frac{wl^2}{24}$　　④ $-\frac{wl^2}{48}$

해설 변위일치법

㉠ 하중에 의한 A점의 회전각

$\theta_{A1} = \frac{wl^3}{24EI}$

㉡ 모멘트반력에 의한 A점의 회전각

$\theta_{A2} = \frac{Ml}{2EI}$

ⓒ 경계조건

$\theta_{A1} = \theta_{A2}$

$\frac{wl^3}{24EI} = \frac{Ml}{2EI}$

$\therefore M = \frac{wl^2}{12}$

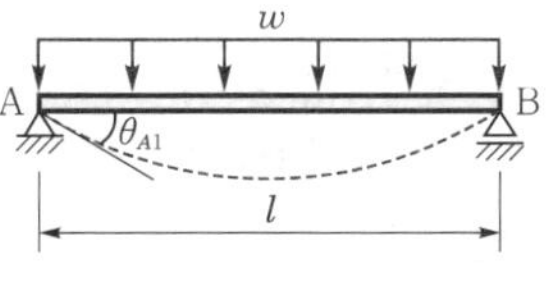

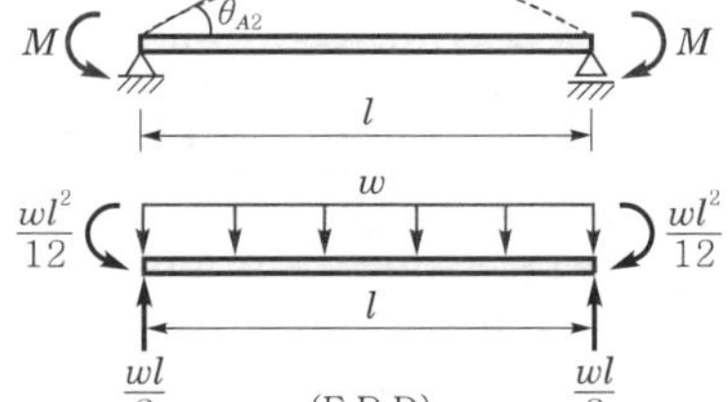

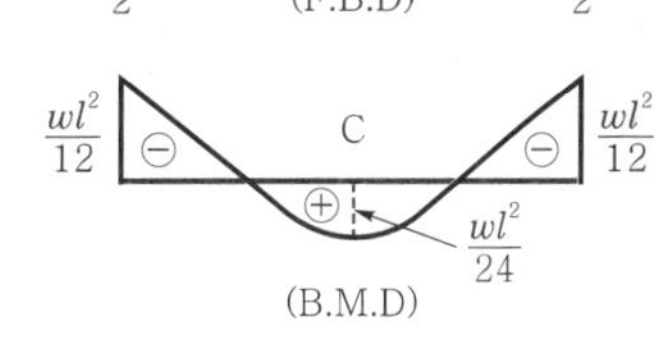

39 다음 그림과 같은 양단 고정보에 등분포하중이 작용하고 있을 때 보의 중앙점 C점의 휨모멘트 M_C는 얼마인가?

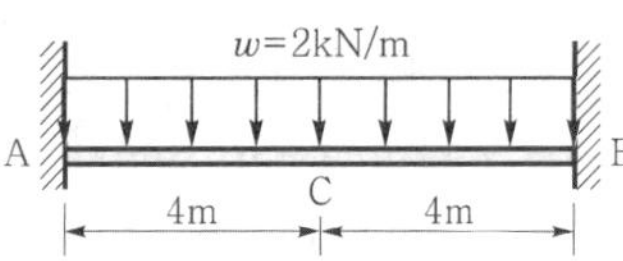

① 5.33kN · m

② 2.65kN · m

③ 4.72kN · m

④ 3.68kN · m

정답 37. ④　38. ①　39. ①

해설 중앙점의 휨모멘트

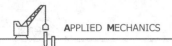

$$M_C = \frac{wl}{2}\times\frac{l}{2} - \frac{wl^2}{12} - \frac{wl}{2}\times\frac{l}{4}$$

$$= \frac{wl^2}{24} = \frac{2\times 8^2}{24} = 5.33\text{kN}\cdot\text{m}$$

(F.B.D)

★

40 다음과 같이 양단 고정보 AB에 3kN/m의 등분포하중과 10kN의 집중하중이 작용할 때 A점의 휨모멘트를 구하면?

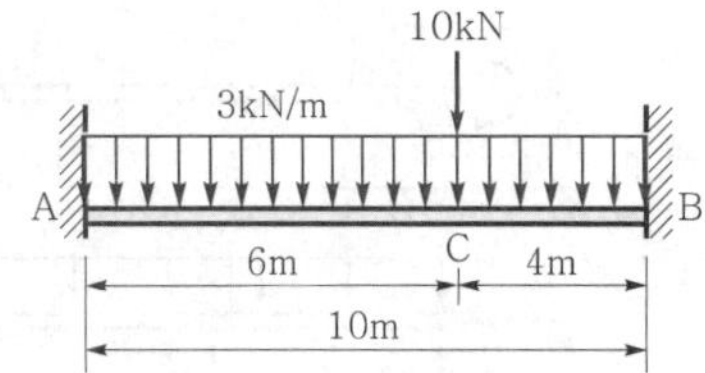

① $-31.7\text{kN}\cdot\text{m}$

② $-34.6\text{kN}\cdot\text{m}$

③ $-37.4\text{kN}\cdot\text{m}$

④ $-39.6\text{kN}\cdot\text{m}$

해설 중첩의 원리

㉠ 등분포하중에 의한 A점의 휨모멘트

$$M_{A1} = -\frac{wl^2}{12}$$

㉡ 집중하중에 의한 A점의 휨모멘트

$$M_{A2} = -\frac{Pab^2}{l^2}$$

㉢ A점의 최종 휨모멘트

$$M_A = M_{A1} + M_{A2} = -\left(\frac{wl^2}{12} + \frac{Pab^2}{l^2}\right)$$

$$= -\left(\frac{3\times 10^2}{12} + \frac{10\times 6\times 4^2}{10^2}\right)$$

$$= -34.6\text{kN}\cdot\text{m}$$

3. 3연 모멘트법

★

41 다음 그림과 같은 연속보가 있다. B점과 C점 중간에 10kN의 하중이 작용할 때 B점에서의 휨모멘트 M은? (단, 탄성계수 E와 단면2차모멘트 I는 전 구간에 걸쳐 일정하다.)

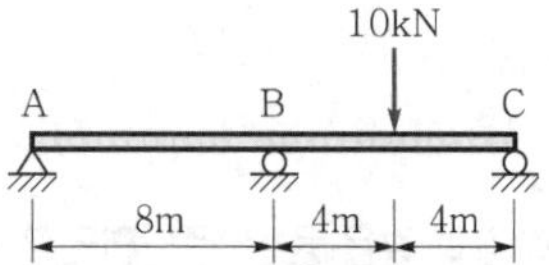

① $-5\text{kN}\cdot\text{m}$ ② $-7.5\text{kN}\cdot\text{m}$

③ $-10\text{kN}\cdot\text{m}$ ④ $-15\text{kN}\cdot\text{m}$

해설 3연 모멘트법

㉠ 경계조건

$M_A = M_C = 0$, $\delta = 0 \rightarrow \beta = 0$, $I_1 = I_2 = I$, $l_1 = l_2 = l$, $\theta_{21} = 0$

㉡ B점의 휨모멘트

$$M_1\frac{l_1}{I_1} + 2M_2\left(\frac{l_1}{I_1} + \frac{l_2}{I_2}\right) + M_3\frac{l_2}{I_2}$$

$$= 6E(\theta_{21} - \theta_{23}) + 6E(\beta_{21} - \beta_{23})$$

$$0 + 2M_B\left(\frac{l}{I} + \frac{l}{I}\right) + 0 = 6E\left(0 - \frac{Pl^2}{16EI}\right) + 0$$

$$\therefore\ M_B = -\frac{3Pl}{32} = -\frac{3\times 10\times 8}{32}$$

$$= -7.5\text{kN}\cdot\text{m}$$

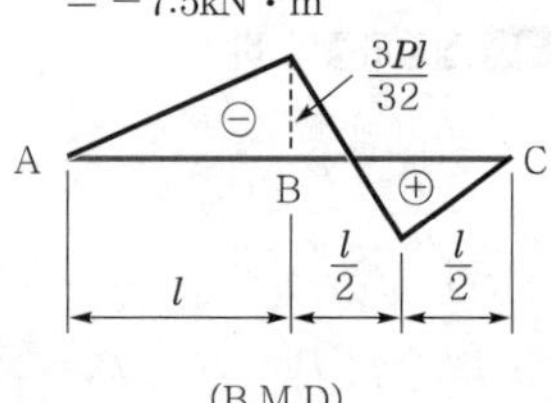

(B.M.D)

42 다음 그림과 같은 2경간 연속보에서 M_B의 크기는? (단, EI는 일정하다.)

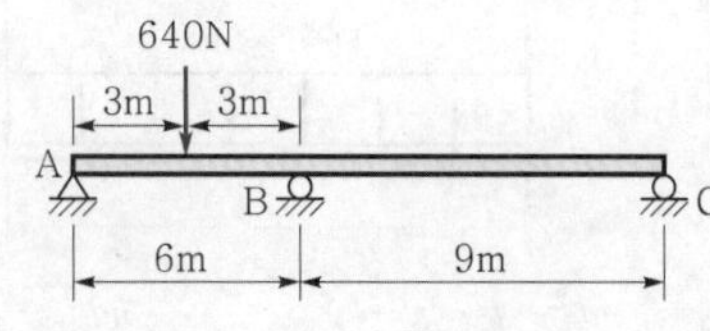

① $288\text{N}\cdot\text{m}$ ② $248\text{N}\cdot\text{m}$

③ $208\text{N}\cdot\text{m}$ ④ $168\text{N}\cdot\text{m}$

정답 40. ② 41. ② 42. ①

◆ 소방 분야

강좌명	수강료	학습일	강사
소방기술사 전과목 마스터반	620,000원	365일	유창범
[쌍기사 평생연장반] 소방설비기사 전기 x 기계 동시 대비	549,000원	합격할 때까지	공하성
소방설비기사 필기+실기+기출문제풀이	370,000원	170일	공하성
소방설비기사 필기	180,000원	100일	공하성
소방설비기사 실기 이론+기출문제풀이	280,000원	180일	공하성
소방설비산업기사 필기+실기	280,000원	130일	공하성
소방설비산업기사 필기	130,000원	100일	공하성
소방설비산업기사 실기+기출문제풀이	200,000원	100일	공하성
소방시설관리사 1차+2차 대비 평생연장반	850,000원	합격할 때까지	공하성
소방공무원 소방관계법규 문제풀이	89,000원	60일	공하성
화재감식평가기사·산업기사	240,000원	120일	김인범

◆ 위험물 · 화학 분야

강좌명	수강료	학습일	강사
위험물기능장 필기+실기	280,000원	180일	현성호,박병호
위험물산업기사 필기+실기	245,000원	150일	박수경
위험물산업기사 필기+실기[대학생 패스]	270,000원	최대4년	현성호
위험물산업기사 필기+실기+과년도	344,000원	150일	현성호
위험물기능사 필기+실기	240,000원	240일	현성호
화학분석기사 필기+실기 1트 완성반	310,000원	240일	박수경
화학분석기사 실기(필답형+작업형)	200,000원	60일	박수경
화학분석기능사 실기(필답형+작업형)	80,000원	60일	박수경

환경 분야

강좌명	수강료	학습일	강사
온실가스관리기사 필기+실기	280,000원	120일	박기학, 김서현
대기환경기사 필기	160,000원	120일	서성석

◆ 품질경영 분야

강좌명	수강료	학습일	강사
품질경영기사 필기+실기 Class[합격보장]	299,000원	180일	염경철 외
품질경영기사 필기 class	200,000원	180일	염경철 외
품질경영기사 실기 class	170,000원	120일	염경철
[품질경영 입문] 기초 통계의 이해와 적용	150,000원	90일	염경철

◆ 네트워크 · 보안 분야

강좌명	수강료	학습일	강사
영상정보관리사	250,000원	60일	서재오, 최상균, 최윤미
후니가 알려주는 기초 시스코 네트워킹	280,000원	90일	진강훈
네트워크관리사 1,2급 필기+실기	168,000원	90일	허 준
컴퓨터활용능력 2급 필기+실기	40,000원	180일	진광남
비범한 네트워크 구축하기	340,000원	60일	이중호
쉽게 배우는 시스코 랜 스위칭	102,000원	90일	이중호
CCNA	250,000원	60일	이중호
CAD 실무능력평가(CAT) 1급, 2급 실기	72,000원	90일	강민정, 홍성기
인벤터 기초부터 3D CAD 모델링 실무까지	90,000원	90일	강민정, 홍성기
디지털트랜스포메이션	80,000원	30일	주호재

◆ 안전 · 산업위생 분야

강좌명	수강료	학습일	강사
산업위생관리기술사 1차 대비반	1,000,000원	365일	임대성
산업위생관리기사 필기+실기	330,000원	240일	서영민
산업위생관리산업기사 필기+실기	330,000원	240일	서영민
산업위생관리기사·산업기사 필기+실기[청춘패스]	278,000원	365일	서영민
[1차+2차] 산업보건지도사_산업위생분야	700,000원	240일	서영민
가스기사 필기+실기	290,000원	365일	양용석
가스산업기사 필기+실기	280,000원	365일	양용석
산업안전지도사 1차 마스터 패키지	545,000원	180일	김지나, 어원석 이상국, 이준원
연구실안전관리사 1차+2차 합격 패키지	280,000원	2차 시험일까지	강지영, 강병규 이홍주
중대재해처벌법 실무	320,000원	90일	이상국

◆ 전기 · 전자 분야

강좌명	수강료	학습일	강사
전기안전기술사 1차 대비반	750,000원	365일	양재학
전기기능장 필기+실기	420,000원	240일	김영복
전기기사 핀셋특강 합격보장 패키지	380,000원	180일	전수기, 정종연, 임한규
전기산업기사 핀셋특강 합격보장 패키지	360,000원	180일	전수기, 정종연, 임한규
전기기사·실전형 0원 환급 TRACK	350,000원	3차 시험일까지	오우진, 문영철
전기산업기사 실전형 0원 환급 TRACK	320,000원	3차 시험일까지	오우진, 문영철
[전기기사·공사기사] 쌍기사 평생연장반	490,000원	합격할 때까지	전수기, 정종연, 임한규
[전기산업기사·공사산업기사] 쌍산업기사 평생연장반	450,000원	합격할 때까지	전수기, 정종연, 임한규
참! 쉬움 전기기능사 필기+실기[프리패스]	230,000원	365일	류선희, 홍성욱 외

성안당 e러닝 BEST 강의

전기/전자
전수기, 정종연, 임한규, 류선희, 김영복, 김태영 교수

전기기능장, 전기(공사)기사·산업기사
전기기능사, 전자기사

소방
공하성, 유창범 교수

소방기술사
소방설비기사·산업기사
소방시설관리사, 소방공무원

G-TELP
오정석 교수

G-TELP LEVEL 2
문법·독해&어휘, 모의고사

산업위생/환경
서영민, 임대성, 박기학, 김서현 교수

산업위생관리기술사
산업위생관리기사·산업기사
산업보건지도사, 온실가스관리기사

사회복지/교육
이시현, 김재진, 최정빈 교수

직업상담사 1급
이러닝운영관리사

품질/화학/위험물
염경철, 박수경, 현성호 교수

품질경영기사, 화학분석기사
화공기사, 위험물기능장
위험물산업기사, 위험물기능사

기계/정보통신
허원회, 김민지 교수

공조냉동기계기사·산업기사
에너지관리기사, 일반기계기사
빅데이터분석기사

건축/토목
안병관, 심진규, 최승윤, 신민석, 정하정 교수

건축기사, 건축설비기사
전산응용건축제도기능사

전자기사 필기+실기(작업형)	360,000원	240일	김태영

◆ 건축 · 토목 · 농림 분야

강좌명	수강료	학습일	강사
[정규반] 토목시공기술사 1차 대비반	1,000,000원	180일	권유동
[All PASS] 토목시공기술사 1차 대비반	700,000원	180일	장준득
건설안전기술사 1차 대비반	540,000원	365일	장두섭
건축전기설비기술사 1차 대비반	750,000원	365일	양재학
건축시공기술사 1차 대비반	567,000원	360일	심영보
도로 및 공항기술사 1차 대비반	1,400,000원	365일	박효성
건축기사 필기+실기 패키지[프리패스]	280,000원	180일	안병관 외
건축산업기사 필기	190,000원	120일	안병관 외
건축기사 필기	260,000원	90일	정하정
토목기사 필기	280,000원	210일	박경현, 박재성, 이진녕
산림기사 필기+실기 대비반	350,000원	180일	김정호
유기농업기사 필기	200,000원	90일	이영복
식물보호기사 필기+실기(필답형)	270,000원	240일	이영복
지적기사·산업기사 필기 대비반	250,000원	180일	송용희
농산물품질관리사 1차+2차 대비반	110,000원	180일	고송남, 김봉호
수산물품질관리사 1차+2차 대비반	110,000원	180일	고송남, 김봉호

◆ 정보통신 분야

강좌명	수강료	학습일	강사
[속성반] 빅데이터분석기사 필기+실기	270,000원	180일	김민지
[정규반] 빅데이터분석기사 필기+실기	370,000원	240일	김민지
정보처리기사 필기+실기	146,000원	90일	권우석

◆ 기계 · 역학 분야

강좌명	수강료	학습일	강사
건설기계기술사 1차 대비반	630,000원	350일	김순채
산업기계설비기술사 1차 대비반	495,000원	360일	김순채
기계안전기술사 1차 대비반	612,000원	360일	김순채
금형기술사 1차 대비반	630,000원	360일	이재석 외
공조냉동기계기사 필기+실기(필답형)	250,000원	180일	허원회
공조냉동기계산업기사 필기	180,000원	90일	허원회
[합격할 때까지] 공조냉동기계기사 필기+실기(필답형)	300,000원	합격할 때까지	허원회
에너지관리기사 필기+실기(필답형)	290,000원	240일	허원회
[합격할 때까지] 에너지관리기사 필기+실기(필답형)	340,000원	합격할 때까지	허원회
[스펙업 패키지] 일반기계기사 필기+실기(필답형+작업형)	280,000원	합격할 때까지	허원회
신재생에너지발전설비기사 자격 취득반	290,000원	180일	김영복
[무한연장] 전산응용기계제도기능사 필기+실기+CBT 모의고사	170,000원	60일	박미향, 탁덕기
핵심 공유압기능사 필기+과년도	210,000원	210일	김순채
공조냉동기계기능사 필기+과년도	280,000원	240일	김순채

◆ 기타 분야

강좌명	수강료	학습일	강사
지텔프 킬링 포인트 65점 목표 달성	130,000원	90일	오정석
지텔프 킬링 포인트 50점 목표 달성	99,000원	60일	오정석
지텔프 킬링 포인트 43점반	60,000원	30일	오정석
PMP 자격대비	350,000원	60일	강신봉, 김정수
이러닝운영관리사 합격 보장반	150,000원	150일	최정빈, 임호용, 이선희
업무 생산성을 확 높이는 AI 서비스	70,000원	150일	김종철

해설 3연 모멘트법

㉠ 경계조건

$M_A = M_C = 0,\ \delta = 0 \rightarrow \beta = 0,\ \theta_{23} = 0$

㉡ B점의 휨모멘트

$$M_1 \frac{l_1}{I_1} + 2M_2\left(\frac{l_1}{I_1} + \frac{l_2}{I_2}\right) + M_3 \frac{l_2}{I_2}$$
$$= 6E(\theta_{21} - \theta_{23}) + 6E(\beta_{21} - \beta_{23})$$
$$0 + 2M_B\left(\frac{6}{I} + \frac{9}{I}\right) + 0$$
$$= 6E\left(-\frac{640 \times 6^2}{16EI} - 0\right) + 0$$
$$\frac{30}{I} M_B = -\frac{8,640}{I}$$
$$\therefore\ M_B = -288\text{N} \cdot \text{m}$$

★

43 다음 그림과 같이 2경간 연속보의 첫 경간에 등분포하중이 작용한다. 중앙지점 B의 휨모멘트는?

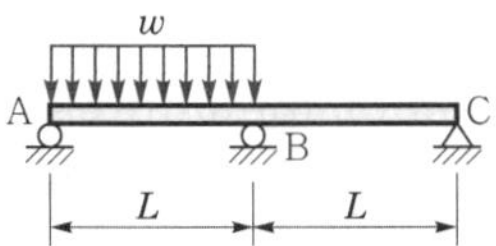

① $-\frac{1}{24}wL^2$ ② $-\frac{1}{16}wL^2$

③ $-\frac{1}{12}wL^2$ ④ $-\frac{1}{8}wL^2$

해설 3연 모멘트법

㉠ 경계조건

$M_A = M_C = 0,\ \delta = 0 \rightarrow \beta = 0,\ I_1 = I_2 = I,$
$L_1 = L_2 = L,\ \theta_{23} = 0$

㉡ 지점 B의 휨모멘트

$$M_1 \frac{l_1}{I_1} + 2M_2\left(\frac{l_1}{I_1} + \frac{l_2}{I_2}\right) + M_3 \frac{l_2}{I_2}$$
$$= 6E(\theta_{21} - \theta_{23}) + 6E(\beta_{21} - \beta_{23})$$
$$0 + 2M_B\left(\frac{L}{I} + \frac{L}{I}\right) + 0$$
$$= 6E\left(-\frac{wL^3}{24EI} - 0\right) + 0$$
$$4M_B \frac{L}{I} = \frac{-6wL^3}{24I}$$
$$\therefore\ M_B = -\frac{wL^2}{16}$$

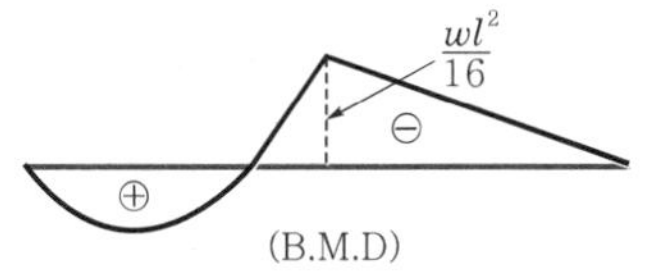

(B.M.D)

44 단면이 일정한 다음 그림과 같은 2경간 연속보의 중간 지점의 휨모멘트를 구해야 한다. 3연 모멘트방정식(three moment equation)을 세우면 다음과 같이 된다. 다음 중 옳은 것은?

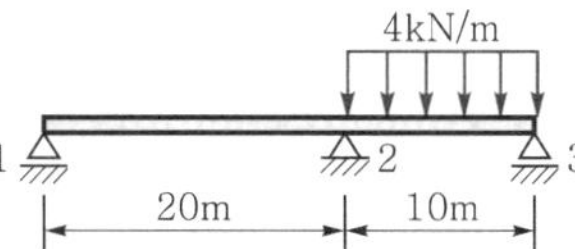

① $20M_1 + 30M_2 + 10M_3 = -\frac{4 \times 10^3}{12}$

② $0 + 60M_2 + 0 = -10^3$

③ $0 + 30M_2 + 0 = -6 \times \frac{4 \times 10^3}{12}$

④ $20M_1 + 60M_2 + 0 = -6 \times \frac{4 \times 10^3}{4}$

해설 3연 모멘트법

㉠ 경계조건

$M_1 = M_3 = 0,\ \delta = 0 \rightarrow \beta = 0,\ I_1 = I_2 = I,$
$\theta_{21} = 0$

㉡ 지점 2의 휨모멘트

$$M_1 \frac{l_1}{I_1} + 2M_2\left(\frac{l_1}{I_1} + \frac{l_2}{I_2}\right) + M_3 \frac{l_2}{I_2}$$
$$= 6E(\theta_{21} - \theta_{23}) + 6E(\beta_{21} - \beta_{23})$$
$$0 + 2M_2\left(\frac{20}{I} + \frac{10}{I}\right) + 0 = 6E\left(0 - \frac{wl_2^{\ 3}}{24EI}\right)$$
$$\therefore\ 60M_2 = -\frac{6 \times 4 \times 10^3}{24} = -10^3$$

★★

45 다음 그림에 보이는 1차 부정정보의 중앙지점에서의 휨모멘트는?

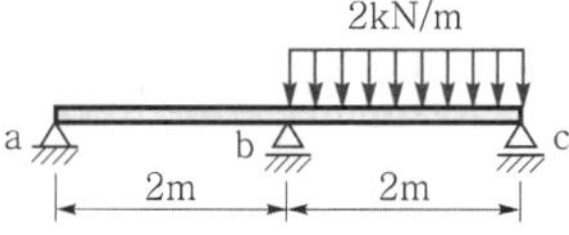

① -0.10kN · m

② -0.25kN · m

③ -0.33kN · m

④ -0.50kN · m

정답 43. ② 44. ② 45. ④

해설 3연 모멘트법

㉠ 경계조건

$M_a = M_c = 0,\ \delta = 0 \rightarrow \beta = 0,\ \theta_{21} = 0,$

$I_1 = I_2 = I,\ l_1 = l_2 = l$

㉡ b의 휨모멘트

$$M_1\frac{l_1}{I_1} + 2M_2\left(\frac{l_1}{I_1} + \frac{l_2}{I_2}\right) + M_3\frac{l_2}{I_2}$$

$$= 6E(\theta_{21} - \theta_{23}) + 6E(\beta_{21} - \beta_{23})$$

$$0 + 2M_b\left(\frac{l}{I} + \frac{l}{I}\right) + 0 = 6E\left(0 - \frac{wl^3}{24EI}\right) + 0$$

$$\therefore M_b = -\frac{wl^2}{16} = -\frac{2\times 2^2}{16}$$

$$= -0.5\text{kN}\cdot\text{m}$$

★★

46 다음 그림과 같은 연속보의 B점의 휨모멘트 M_B의 값은?

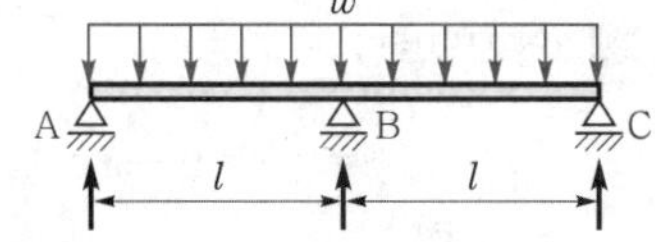

① $-\dfrac{wl^2}{24}$　　② $-\dfrac{wl^2}{16}$

③ $-\dfrac{wl^2}{12}$　　④ $-\dfrac{wl^2}{8}$

해설 3연 모멘트법

㉠ 경계조건

$M_A = M_C = 0,\ \delta = 0 \rightarrow \beta = 0,\ I_1 = I_2 = I,$

$l_1 = l_2 = l$

㉡ B점의 휨모멘트

$$M_1\frac{l_1}{I_1} + 2M_2\left(\frac{l_1}{I_1} + \frac{l_2}{I_2}\right) + M_3\frac{l_2}{I_2}$$

$$= 6E(\theta_{21} - \theta_{23}) + 6E(\beta_{21} - \beta_{23})$$

$$0 + 2M_B\left(\frac{l}{I} + \frac{l}{I}\right) + 0$$

$$= 6E\left(-\frac{wl^3}{24EI} - \frac{wl^3}{24EI}\right) + 0$$

$$4M_B\frac{l}{I} = -\frac{wl^3}{2I}$$

$$\therefore M_B = -\frac{wl^2}{8}$$

★

47 다음과 같은 연속보의 전 구간에 등분포하중 w가 만재하여 작용할 경우 B점의 연직반력 R_B의 크기는? (단, EI는 일정하다.)

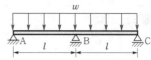

w

A　　B　　C

l　　l

① $2.0wl$　　② $1.87wl$

③ $1.25wl$　　④ $0.72wl$

해설 변위(변형)일치법

㉠ 하중에 의한 B점의 처짐

$$y_{B1} = \frac{5w(2l)^4}{384EI} = \frac{80wl^4}{384EI}(\downarrow)$$

㉡ 반력에 의한 B점의 처짐

$$y_{B2} = \frac{R_B(2l)^3}{48EI} = \frac{8R_Bl^3}{48EI}(\uparrow)$$

㉢ 경계조건

$y_{B1} = y_{B2}$

$$\frac{80wl^4}{384EI} = \frac{8R_Bl^3}{48EI}$$

$$\therefore R_B = \frac{5wl}{4}(\uparrow)$$

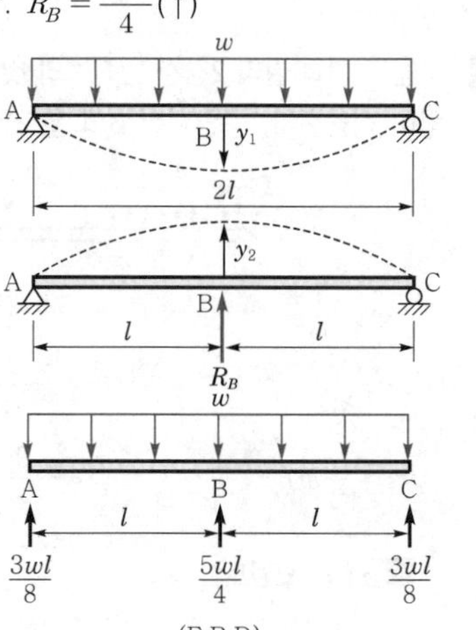

(F.B.D)

48 다음 그림과 같은 연속보에서 B점의 지점반력은?

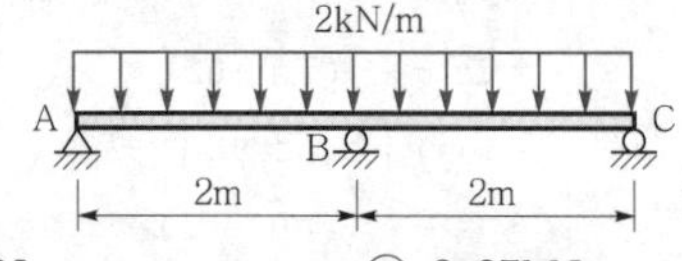

① 5kN　　② 2.67kN

③ 1.5kN　　④ 1kN

해설 부정정보의 해석

㉠ $R_B = \dfrac{5}{4}wl = \dfrac{5}{4}\times 2\times 2 = 5\text{kN}(\uparrow)$

㉡ $M_B = -\dfrac{wl^2}{8} = -\dfrac{2\times 2^2}{8} = -1\text{kN}\cdot\text{m}$

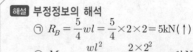

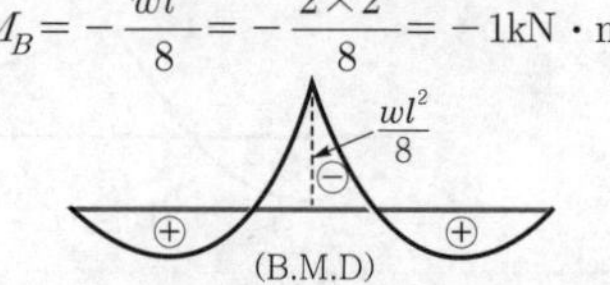

(B.M.D)

정답 46. ④ 47. ③ 48. ①

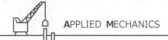

49 다음 그림과 같은 2경간 연속보에 등분포하중 $w=$ 400N/m가 작용할 때 전단력이 0이 되는 지점 A로부터의 위치(x)는?

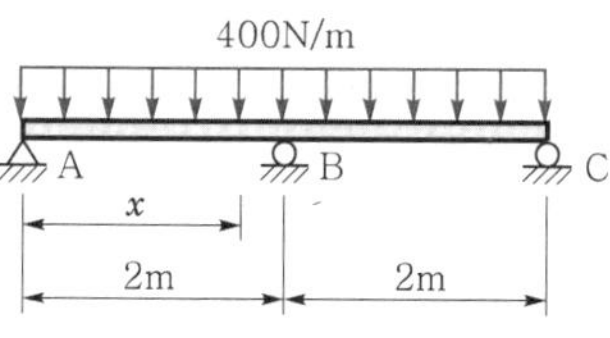

① 0.65m ② 0.75m

③ 0.85m ④ 0.95m

해설 부정정보의 해석

㉠ 지점반력

$$R_B=\frac{5}{4}wl=\frac{5}{4}\times0.4\times2=1\text{kN}(\uparrow)$$

$$R_A=\frac{3}{8}wl=\frac{3}{8}\times0.4\times2=0.3\text{kN}(\uparrow)$$

㉡ $S=0$인 위치

$S_x=R_A-wx=0.3-0.4\times x=0$

$\therefore\ x=0.75\text{m}$

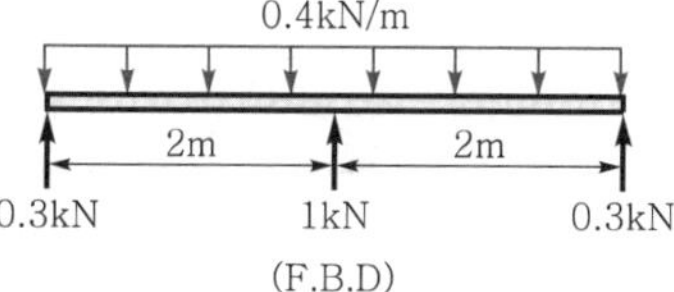

(F.B.D)

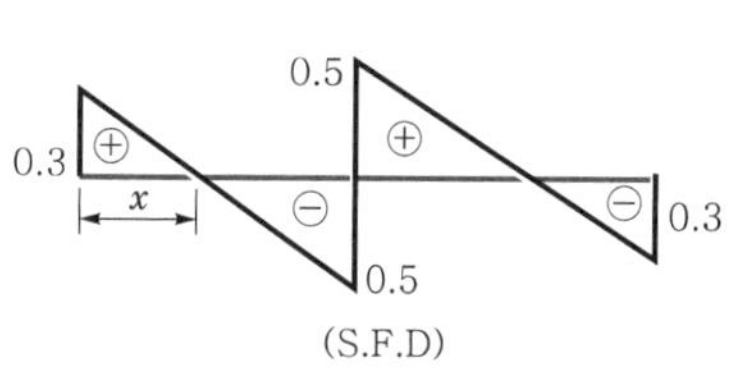

(S.F.D)

50 다음 그림과 같은 2경간 연속보의 재단모멘트가 다음 그림과 같은 크기와 방향을 가지고 있다면 이 보에서 B점의 반력은?

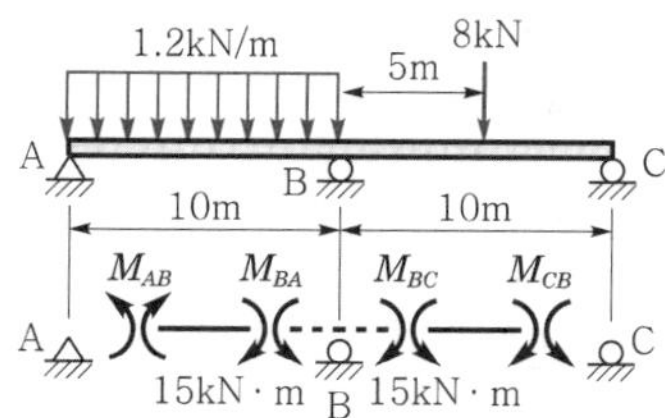

① 4.5kN ② 2.5kN

③ 13kN ④ 7kN

해설 중첩의 원리

㉠ 보 A-B

$\Sigma M_A=0$

$-R_{B1}\times10+1.2\times10\times5+15=0$

$\therefore\ R_{B1}=7.5\text{kN}(\uparrow)$

㉡ 보 B-C

$\Sigma M_C=0$

$R_{B2}\times10-8\times5-15=0$

$\therefore\ R_{B2}=5.5\text{kN}$

㉢ B점의 반력

$R_B=R_{B1}+R_{B2}=7.5+5.5=13.0\text{kN}$

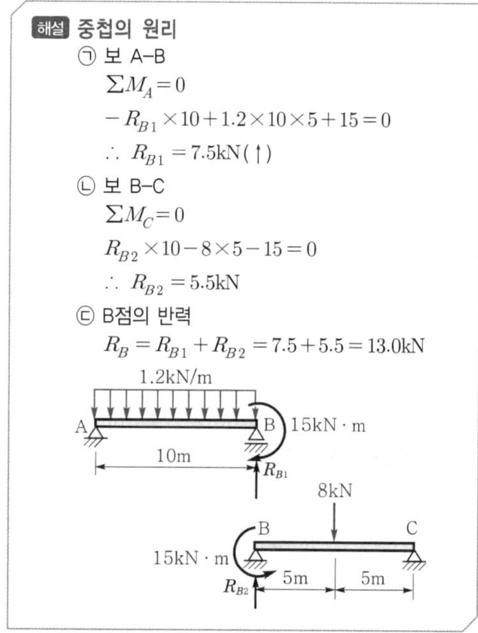

★ **51** 다음 그림 (a)와 같이 하중을 받기 전에 지점 B와 보 사이에 Δ의 간격이 있는 보가 있다. 그림 (b)와 같이 이 보에 등분포하중 q를 작용시켰을 때 지점 B의 반력이 ql이 되게 하려면 Δ의 크기를 얼마로 하여야 하는가? (단, 보의 휨강도 EI는 일정하다.)

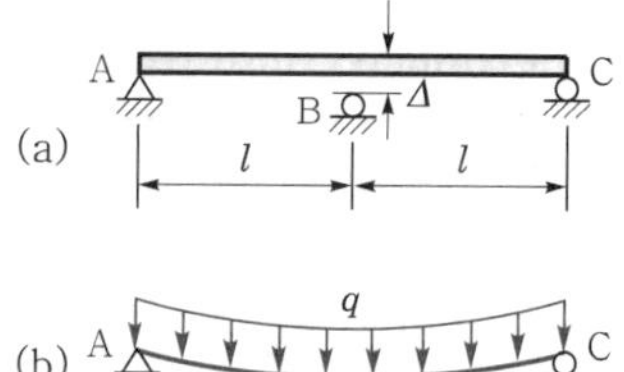

① $0.0208\dfrac{ql^4}{EI}$ ② $0.0312\dfrac{ql^4}{EI}$

③ $0.0417\dfrac{ql^4}{EI}$ ④ $0.0521\dfrac{ql^4}{EI}$

해설 B점의 경계조건(변위의 적합조건식)

$$\Delta=\frac{5q(2l)^4}{384EI}-\frac{ql(2l)^3}{48EI}=0.0417\frac{ql^4}{EI}$$

정답 49. ② 50. ③ 51. ③

52 다음 그림과 같이 길이 20m인 단순보의 중앙점 아래 10mm 떨어진 곳에 지점 C가 있다. 이 단순보가 등분포하중 w =1kN/m를 받는 경우 지점 C의 수직반력 R_{Cy}는? (단, EI=2.0×10^{14}N · mm^2)

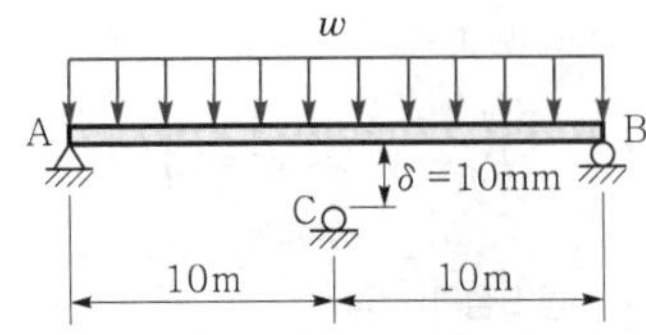

① 200N ② 300N
③ 400N ④ 500N

해설 중첩의 원리

$w = 1\text{kN/m} = 1\text{N/mm},\ l = 20\text{m}$

$\delta_C = \delta_{C1} + \delta_{C2}$

$10 = \dfrac{5wl^4}{384EI} - \dfrac{R_{Cy}l^3}{48EI}$

$\therefore\ R_{Cy} = \dfrac{240wl}{384} - \dfrac{48EI}{l^3} \times 10$

$= \dfrac{240 \times 1 \times 20{,}000}{384} - \dfrac{48 \times 2 \times 10^{14}}{20{,}000^3} \times 10$

$= 500\text{N}$

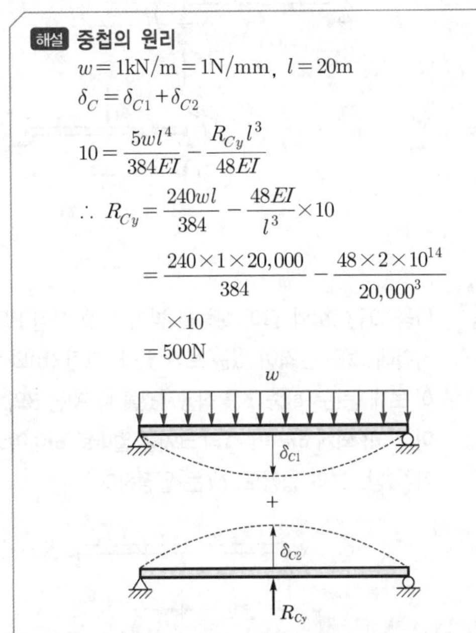

★
53 다음 그림의 보에서 지점모멘트 M_B의 크기는?

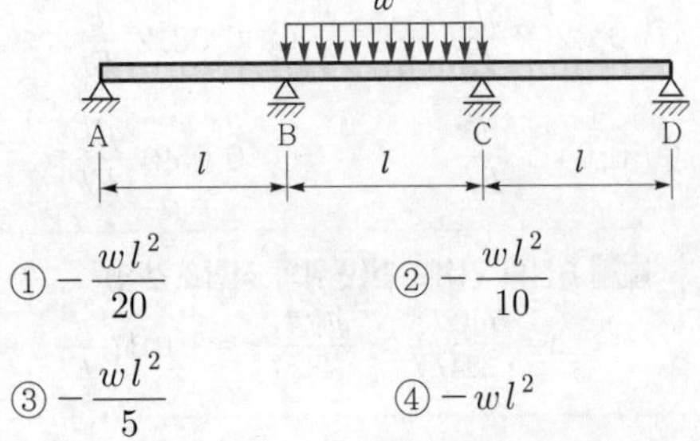

① $-\dfrac{wl^2}{20}$ ② $-\dfrac{wl^2}{10}$
③ $-\dfrac{wl^2}{5}$ ④ $-wl^2$

해설 3연 모멘트법

㉠ 경계조건

$M_A = M_D = 0,\ M_B = M_C,\ \delta = 0 \to \beta = 0,$

$\theta_{21} = 0$

㉡ B점의 휨모멘트

$M_1\dfrac{l_1}{I_1} + 2M_2\left(\dfrac{l_1}{I_1} + \dfrac{l_2}{I_2}\right) + M_3\dfrac{l_2}{I_2}$

$= 6E(\theta_{21} - \theta_{23}) + 6E(\beta_{21} - \beta_{23})$

$0 + 2M_B\left(\dfrac{l}{I} + \dfrac{l}{I}\right) + M_C\dfrac{l}{I}$

$= 6E\left(0 - \dfrac{wl^3}{24EI}\right) + 0$

$4M_B + M_C = -\dfrac{wl^2}{4}$

$\therefore\ M_B = -\dfrac{wl^2}{20}\ (\because\ M_B = M_C)$

(B.M.D)

54 다음 그림과 같은 연속보에서 B지점의 모멘트 M_B는? (단, EI는 일정하다.)

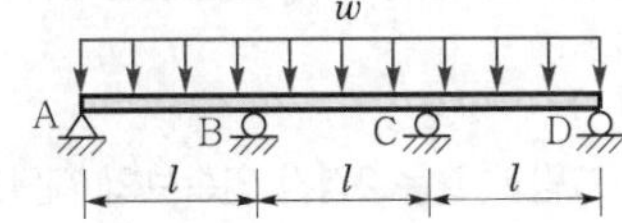

① $-\dfrac{wl^2}{4}$

② $-\dfrac{wl^2}{8}$

③ $-\dfrac{wl^2}{10}$

④ $-\dfrac{wl^2}{12}$

정답 52. ④ 53. ① 54. ③

해설 3연 모멘트법

㉠ 경계조건

$M_A = M_D = 0$, $M_B = M_C$, $\delta = 0 \rightarrow \beta = 0$

㉡ B점의 휨모멘트

$$M_1 \frac{l_1}{I_1} + 2M_2\left(\frac{l_1}{I_1} + \frac{l_2}{I_2}\right) + M_3 \frac{l_2}{I_2}$$
$$= 6E(\theta_{21} - \theta_{23}) + 6E(\beta_{21} - \beta_{23})$$

• 보 ABC

$$0 + 2M_B\left(\frac{l}{I} + \frac{l}{I}\right) + M_C \frac{l}{I}$$
$$= 6E\left(-\frac{wl^3}{24EI} - \frac{wl^3}{24EI}\right) + 0$$
$$4M_B + M_C = -\frac{wl^2}{2} \quad \cdots\cdots ①$$

• 보 BCD

$$M_B \frac{l}{I} + 2M_C\left(\frac{l}{I} + \frac{l}{I}\right) + 0$$
$$= 6E\left(-\frac{wl^3}{24EI} - \frac{wl^3}{24EI}\right) + 0$$
$$M_B + 4M_C = -\frac{wl^2}{2} \quad \cdots\cdots ②$$

• 식 ①과 ②를 연립하면

$$\therefore M_B = -\frac{wl^2}{10}$$

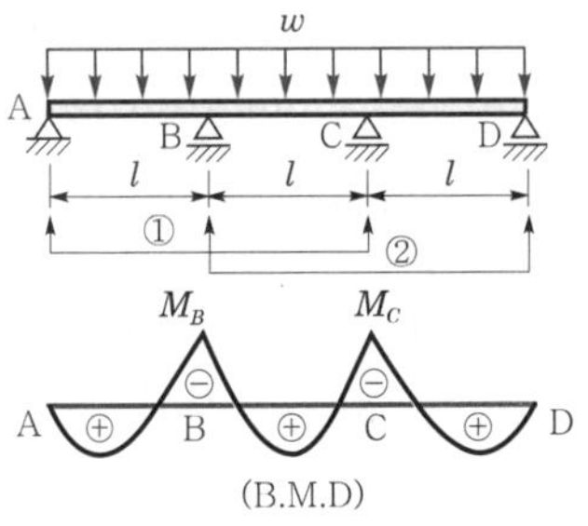

(B.M.D)

★

55 다음 그림과 같은 3경간 연속보 위에 등분포하중이 만재되었을 때 바르게 그린 휨모멘트(B.M.D)는? (단, I, l은 같고 지점침하는 없다.)

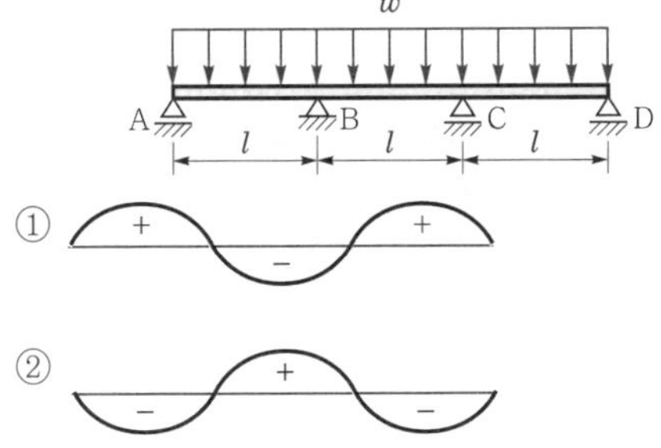

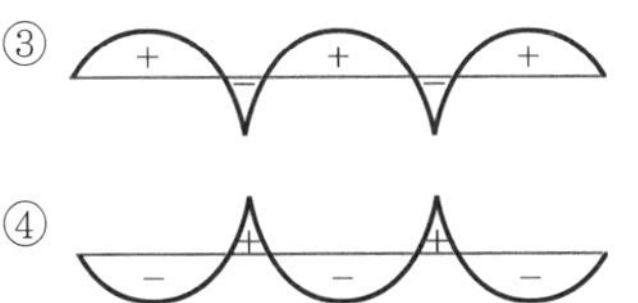

해설 부정정보의 해석

㉠ 보의 중간 지점에는 부휨모멘트(−)가 생기고, A, D지점의 휨모멘트는 0이다.

㉡ 지점모멘트

$$M_B = M_C = -\frac{wl^2}{10}$$
$$M_{BC} = +\frac{wl^2}{40}$$

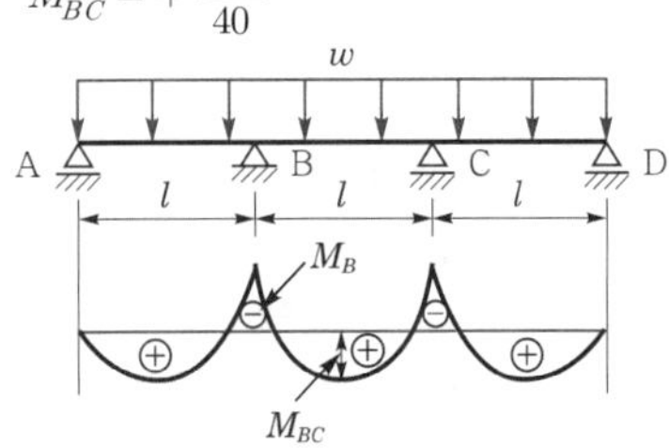

56 다음 그림과 같은 등경간 일정 단면의 3경간 연속보에서 등분포하중이 작용한다. 이 경우 다음의 설명 중에서 옳지 않은 것은?

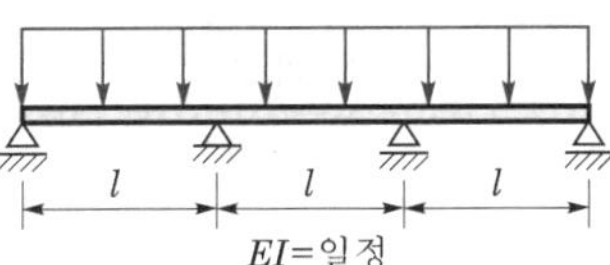

① 휨모멘트의 최댓값(절댓값)은 중간 지점위치에서 생긴다.

② 전단력의 최댓값(절댓값)은 중간 지점위치에서 생긴다.

③ 측경간의 휨모멘트가 0이 되는 곳을 힌지라고 생각하여도 반력은 불변이다.

④ 중앙경간의 휨모멘트가 0이 되는 곳을 힌지라고 보면 게르버보가 된다.

해설 부정정보의 해석

전단력의 최댓값은 지점위치에 발생한다.

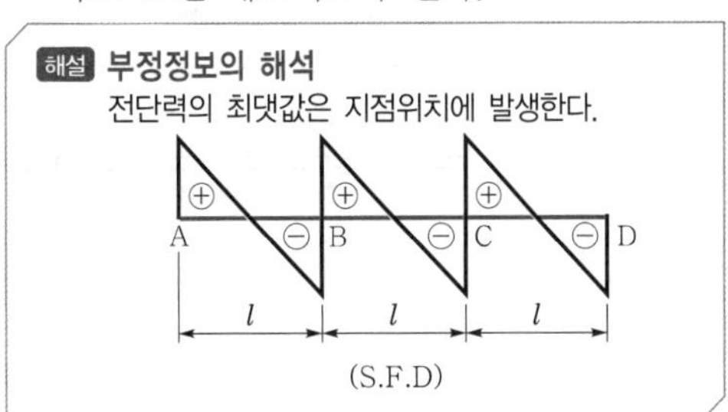

(S.F.D)

정답 55. ③ 56. ②

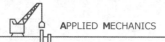

★
57 다음 그림과 같은 3경간 연속보의 B점이 50mm 아래로 침하하고 C점이 20mm 위로 상승하는 변위를 각각 했을 때 B점의 휨모멘트 M_B를 구한 값은? (단, $EI=8.87\times10^6\text{N}\cdot\text{mm}^2$로 일정하다.)

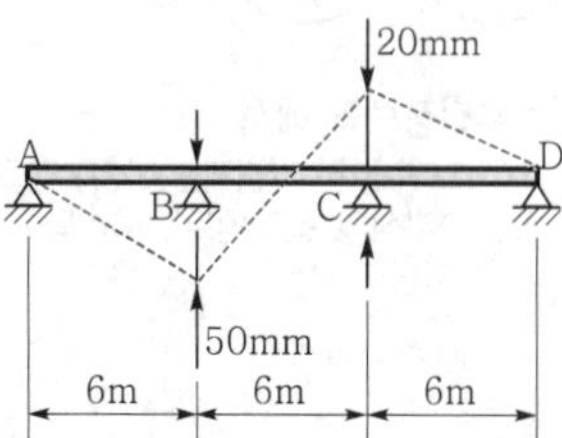

① $3.52\times10^6\text{N}\cdot\text{mm}$ ② $4.85\times10^6\text{N}\cdot\text{mm}$
③ $5.06\times10^6\text{N}\cdot\text{mm}$ ④ $6.23\times10^6\text{N}\cdot\text{mm}$

해설 3연 모멘트법

㉠ 경계조건

$M_A=M_D=0$

㉡ 보 ABC의 휨모멘트식

$$\beta_{21}=\frac{\delta_2-\delta_1}{l_1}=\frac{50-0}{l}=\frac{50}{l}$$

$$\beta_{23}=\frac{\delta_3-\delta_2}{l_2}=\frac{-20-50}{l}=-\frac{70}{l}$$

$$0+2M_B\left(\frac{l}{I}+\frac{l}{I}\right)+M_C\frac{l}{I}=0+6E\left(\frac{50}{l}+\frac{70}{l}\right)$$

$$4M_B+M_C=\frac{6EI}{l}\times\frac{120}{l}=\frac{720EI}{l^2}\cdots\cdots①$$

㉢ 보 BCD의 휨모멘트식

$$\beta_{32}=\frac{\delta_3-\delta_2}{l_2}=\frac{-20-50}{l}=-\frac{70}{l}$$

$$\beta_{34}=\frac{\delta_3-\delta_4}{l_2}=\frac{-20-0}{l}=-\frac{20}{l}$$

$$M_B\frac{l}{I}+2M_C\left(\frac{l}{I}+\frac{l}{I}\right)+0=0+6E\left(-\frac{70}{l}-\frac{20}{l}\right)$$

$$M_B+4M_C=\frac{6EI}{l}\times\left(-\frac{90}{l}\right)=-\frac{540EI}{l^2}\cdots\cdots②$$

식 ①과 ②를 연립하면

$$\therefore\ M_B=3,420\frac{EI}{l}=3,420\times\frac{8.87\times10^6}{6,000}=5.06\times10^6\text{N}\cdot\text{mm}$$

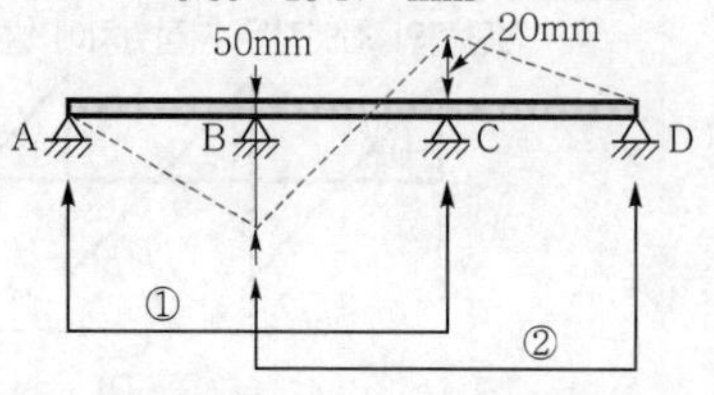

58 다음 그림의 3연 모멘트방정식이 바르게 쓰인 것은?

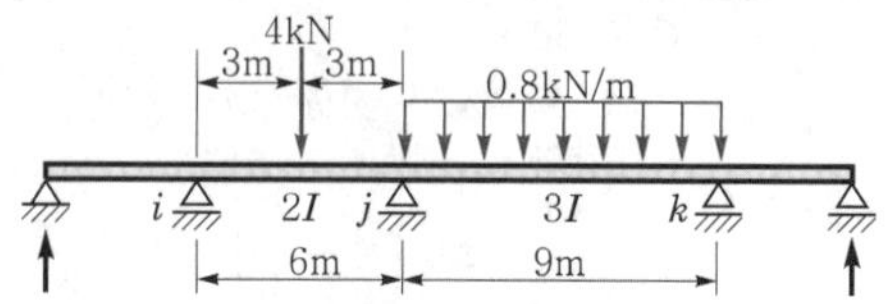

① $3M_i+12M_j+3M_k=-\dfrac{6\times4\times6^2}{2\times16}-\dfrac{6\times0.8\times9^3}{3\times24}$

② $4M_i+6M_j+3M_k=-\dfrac{6\times4\times6^3}{4\times16}-\dfrac{6\times0.8\times9^3}{3\times24}$

③ $3M_i+6M_j+6M_k=-\dfrac{6\times4\times6^3}{4\times16}-\dfrac{12\times0.8\times9^3}{3\times24}$

④ $4M_i+12M_j+3M_k=-\dfrac{6\times4\times6^2}{2\times16}-\dfrac{12\times0.8\times9^3}{3\times24}$

해설 3연 모멘트법

$$\theta_{ji}=-\frac{Pl^2}{16EI},\ \theta_{jk}=\frac{wl^3}{24EI}$$

$$M_i\frac{l_1}{I_1}+2M_j\left(\frac{l_1}{I_1}+\frac{l_2}{I_2}\right)+M_k\frac{l_2}{I_2}=6E(\theta_{ji}-\theta_{jk})+6E(\beta_{ji}-\beta_{jk})$$

$$\frac{6}{2I}M_i+2M_j\left(\frac{6}{2I}+\frac{9}{3I}\right)+\frac{9}{3I}M_k=-6E\left(\frac{4\times6^2}{16E\times2I}\right)-6E\left(\frac{0.8\times9^3}{24E\times3I}\right)+0$$

$$\therefore\ 3M_i+12M_j+3M_k=-\frac{6\times4\times6^2}{2\times16}-\frac{6\times0.8\times9^3}{3\times24}$$

59 2경간 연속보의 중앙지점 B에서의 반력은? (단, EI는 일정하다.)

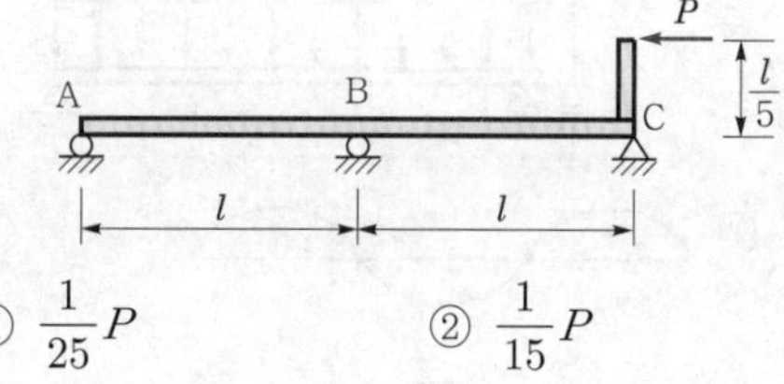

① $\dfrac{1}{25}P$ ② $\dfrac{1}{15}P$

③ $\dfrac{1}{5}P$ ④ $\dfrac{3}{10}P$

정답 57. ③ 58. ① 59. ④

해설 3연 모멘트법

㉠ 경계조건

$$\theta_{BC}=\frac{Ml}{6EI}=\frac{Pl}{5}\times\frac{l}{6EI}=\frac{Pl^2}{30EI}$$

$$M_A=M_C=0$$

㉡ 3연 모멘트식

$$0+2M_B\left(\frac{l}{I}+\frac{l}{I}\right)+0=6E\left(0-\frac{Pl^2}{30EI}\right)+0$$

$$\therefore\ M_B=-\frac{Pl}{20}$$

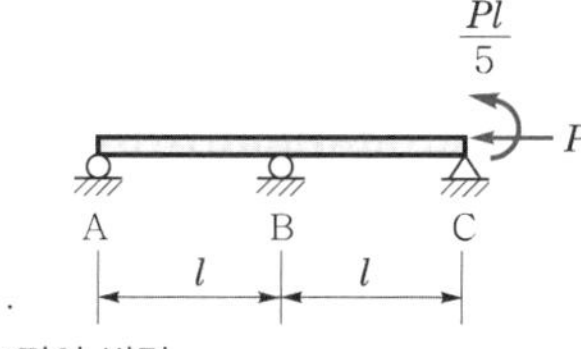

㉢ B점의 반력

$$R_B=R_{B1}+R_{B2}=\frac{P}{20}+\frac{P}{4}=\frac{3P}{10}(\uparrow)$$

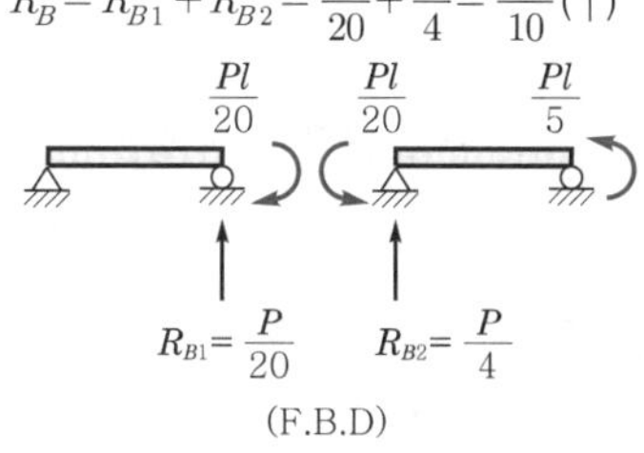

4. 처짐각법

★★

60 다음 여러 가지 부재에서 처짐각법의 기본공식을 잘못 적용한 것은 어느 것인가?

① $M_{AB}=-6EKR-C_{AB}$

② $M_{AB}=-H_{AB}$

③ $M_{BA}=3EK\theta_B+C_{BA}$

④ $M_{BA}=2EK\theta_A+C_{BA}$

해설 처짐각법(요각법)

① $\theta_A=0,\ \theta_B=0,\ R=\frac{\Delta}{l},\ C_{AB}\neq0$

$$\therefore\ M_{AB}=2EK(2\theta_A+\theta_B-3R)-C_{AB}=2EK(0+0-3R)-C_{AB}=-6EKR-C_{AB}$$

② $\theta_A=0,\ R=0,\ H_{AB}\neq0,\ M_B=0$

$$\therefore\ M_{AB}=3EK(\theta_A-R)-H_{AB}=3EK(0-0)-H_{AB}=-H_{AB}$$

③ $\theta_B=0,\ R=0,\ H_{BA}\neq0,\ M_A=0$

$$\therefore\ M_{BA}=3EA(\theta_B-R)+H_{BA}=3EA(0-0)+H_{BA}=H_{BA}$$

④ $\theta_B=0,\ R=0,\ C_{BA}\neq0$

$$\therefore\ M_{BA}=2EK(\theta_A+\theta_B-3R)+C_{BA}=2EK(\theta_A+0-0)+C_{BA}=2EK\theta_A+C_{BA}$$

★

61 다음 부정정보의 b단이 l^*만큼 아래로 처졌다면 a단에 생기는 모멘트는? (단, $l^*/l=1/600$)

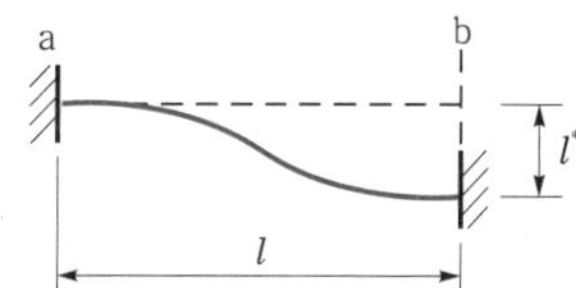

① $M_{ab}=+0.01\frac{EI}{l}$ ② $M_{ab}=-0.01\frac{EI}{l}$

③ $M_{ab}=+0.1\frac{EI}{l}$ ④ $M_{ab}=-0.1\frac{EI}{l}$

해설 처짐각법

$\theta_A=0,\ \theta_B=0,\ R=\frac{l^*}{l}=\frac{1}{600},\ C_{ab}=0,$

$K=\frac{I}{l}$

$$\therefore\ M_{ab}=2EK(2\theta_A+\theta_B-3R)-C_{ab}=\frac{2EI}{l}\left(0+0-3\times\frac{1}{600}\right)-0=-0.01\frac{EI}{l}$$

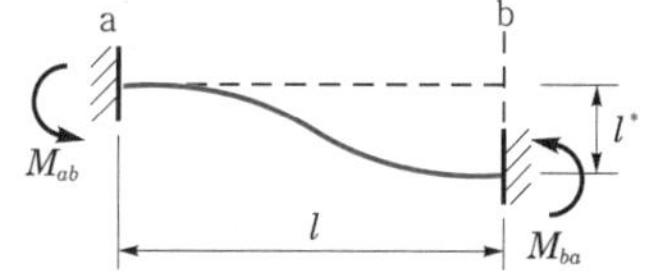

정답 60. ③ 61. ②

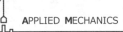

62 다음 그림과 같이 A지점이 고정이고 B지점이 힌지(hinge)인 부정정보가 어떤 요인에 의하여 B지점이 B′로 Δ 만큼 침하하게 되었다. 이때 B′의 지점반력은?

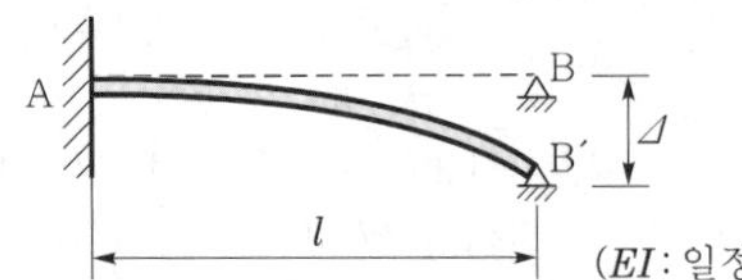

① $\dfrac{3EI\Delta}{l^3}$　② $\dfrac{4EI\Delta}{l^3}$

③ $\dfrac{5EI\Delta}{l^3}$　④ $\dfrac{6EI\Delta}{l^3}$

해설 처짐각법

㉠ 타단이 힌지인 경우 기본공식

$\theta_A=0,\ K=\dfrac{\Delta}{l},\ H_{AB}=0$

$\therefore M_{AB}=3EK(\theta_A-R)-H_{AB}$

$=\dfrac{3EI}{l}\left(0-\dfrac{\Delta}{l}\right)-0$

$=\dfrac{3EI\Delta}{l^2}$

㉡ 지점 B′의 반력

$\Sigma M_A=0$

$-\dfrac{3EI\Delta}{l^2}+R_B l=0$

$\therefore R_B=\dfrac{3EI\Delta}{l^3}(\downarrow)$

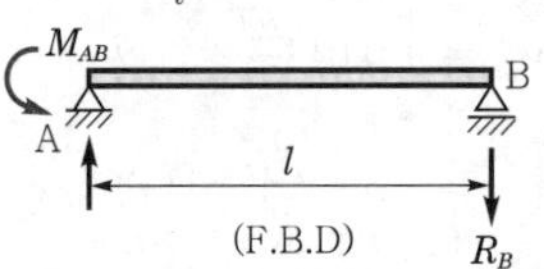

63 양단 고정보 AB의 왼쪽 지점이 다음 그림과 같이 적은 각 θ 만큼 회전할 때 생기는 반력을 구한 값은?

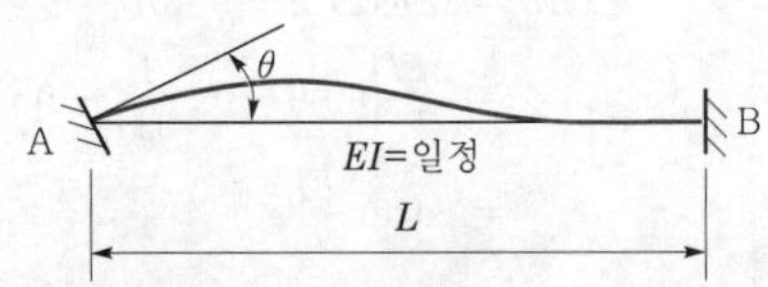

① $R_A=\dfrac{6EI}{L^2}\theta,\ M_A=\dfrac{4EI}{L}\theta$

② $R_A=\dfrac{12EI}{L^3}\theta,\ M_A=\dfrac{6EI}{L^2}\theta$

③ $R_A=\dfrac{4EI}{L}\theta,\ M_A=\dfrac{6EI}{L^2}\theta$

④ $R_A=\dfrac{2EI}{L^2}\theta,\ M_A=\dfrac{4EI}{L^2}\theta$

해설 처짐각법

$\theta_A=-\theta,\ \theta_B=0,\ R=0,\ K=\dfrac{I}{l}$

$M_{AB}=2EK(2\theta_A+\theta_B+3R)-C_{AB}$

$=\dfrac{2EI}{L}(-2\theta+0-0)-0=-\dfrac{4EI}{L}\theta$

$M_{BA}=2EK(\theta_A+2\theta_B-3R)+C_{BA}$

$=\dfrac{2EI}{L}(-\theta+0-0)+0=-\dfrac{2EI}{L}\theta$

$\Sigma M_B=0$

$R_A L-\dfrac{4EI}{L}\theta-\dfrac{2EI}{L}\theta=0$

$\therefore R_A=\dfrac{6EI}{L^2}\theta(\uparrow)$

M_{AB}　A　B　M_{BA}
L
R_A　R_B

64 다음 그림과 같은 부재 AB에 대하여 처짐각법의 공식을 사용할 때 다음 중 옳은 것은?

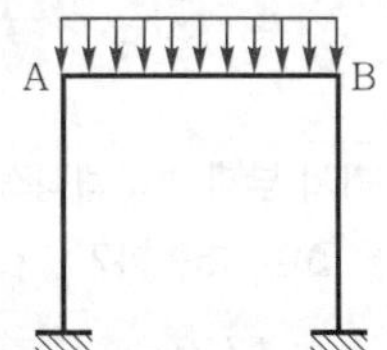

① $\theta_A=-\theta_B,\ R=0,\ C_{AB}=-C_{BA}$

② $\theta_A=\theta_B,\ R=0,\ M_{AB}=-M_{BA}$

③ $\theta_A=-\theta_B,\ R=0,\ M_{AB}=M_{BA}$

④ $\theta_A=\theta_B,\ R=0,\ C_{AB}=C_{BA}$

해설 절점회전각이 대칭인 부재

$\theta_A=-\theta_B,\ R=0,\ C_{AB}=-C_{BA}$

정답 62. ① 63. ① 64. ①

★
65 다음 라멘에서 1층에 대한 층방정식으로서 옳은 것은?

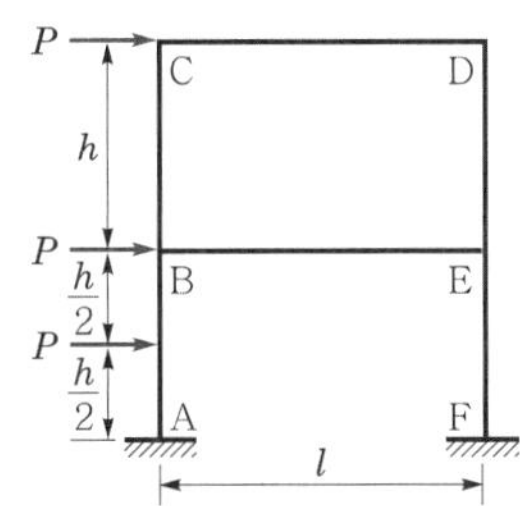

① $M_{AB}+M_{BA}+M_{EF}+M_{FE}+2Ph=0$

② $M_{AB}+M_{BA}+M_{EF}+M_{FE}+2.5Ph=0$

③ $M_{AB}+M_{BA}+M_{EF}+M_{FE}+3Ph=0$

④ $M_{AB}+M_{BA}+M_{EF}+M_{FE}+Ph=0$

해설 **층방정식(전단력의 평형방정식)**

$$M_{AB}+M_{BA}+M_{EF}+M_{FE}+Ph+Ph+P\frac{h}{2}$$
$$=M_{AB}+M_{BA}+M_{EF}+M_{FE}+2.5Ph=0$$

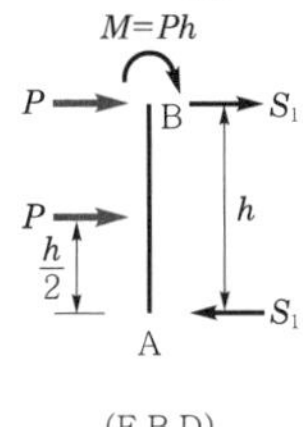

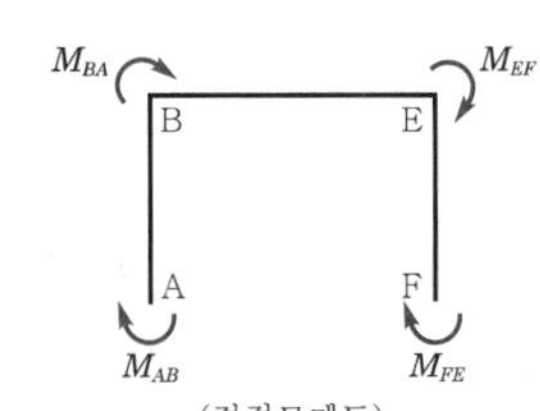

66 다음 라멘에서 미지의 절점각과 부재각을 합한 최소 수는?

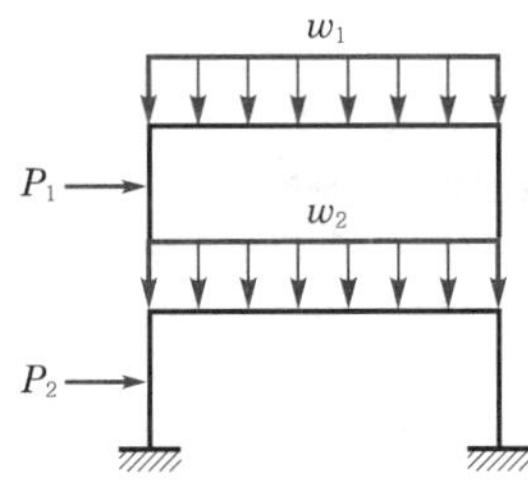

① 3개 ② 4개

③ 5개 ④ 6개

해설 **처짐각법**

㉠ 절점방정식 : 4개(B, C, D, E점)

㉡ 층방정식 : 2개(㉠-㉠, ㉡-㉡)

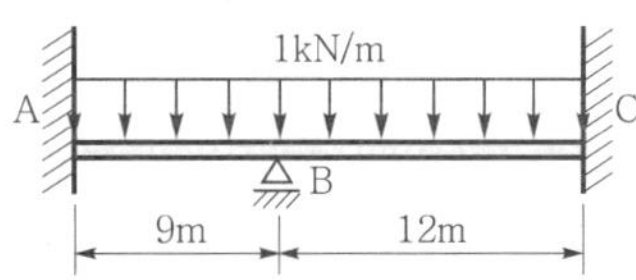

★
67 다음 그림의 보에서 지점 B의 휨모멘트는? (단, EI는 일정하다.)

① -6.75kN · m ② -9.75kN · m

③ -12kN · m ④ -16.5kN · m

해설 **처짐각법**

㉠ 유효강비(k)

$$k_{BA}=\frac{I}{9}\times\frac{36}{I}=4$$

$$k_{BC}=\frac{I}{12}\times\frac{36}{I}=3$$

㉡ 하중항

$$C_{AB}=-\frac{wl^2}{12}=-\frac{1\times9^2}{12}=-6.75\text{kN}\cdot\text{m}$$

$$C_{BA}=+6.75\text{kN}\cdot\text{m}$$

$$C_{BC}=-\frac{wl^2}{12}=-\frac{1\times12^2}{12}=-12\text{kN}\cdot\text{m}$$

$$C_{CB}=+12\text{kN}\cdot\text{m}$$

㉢ 처짐각방정식

경계조건 $\phi_A=\phi_C=0,\ R=0$

$M_{AB}=4(0+\phi_B+0)-6.75=4\phi_B-6.75$

$M_{BA}=4(0+2\phi_B+0)+6.75=8\phi_B+6.75$

$M_{BC}=3(2\phi_B+0+0)-12=6\phi_B-12$

$M_{CB}=3(\phi_B+0+0)+12=3\phi_B+12$

㉣ 절점방정식

$\Sigma M_B=0$

$M_{BA}+M_{BC}=8\phi_B+6.75+6\phi_B-12$

$=14\phi_B-5.25=0$

$\therefore\ \phi_B=0.375$

㉤ 재단모멘트

$M_{AB}=4\times0.375-6.75=-5.25\text{kN}\cdot\text{m}$

$M_{BA}=8\times0.375+6.75=9.75\text{kN}\cdot\text{m}$

$M_{BC}=6\times0.375-12=-9.75\text{kN}\cdot\text{m}$

정답 65. ② 66. ④ 67. ②

$M_{CB} = 3 \times 0.375 + 12 = 13.125\text{kN} \cdot \text{m}$

$\therefore M_B = -9.75\text{kN} \cdot \text{m}$

ⓑ 단면력도

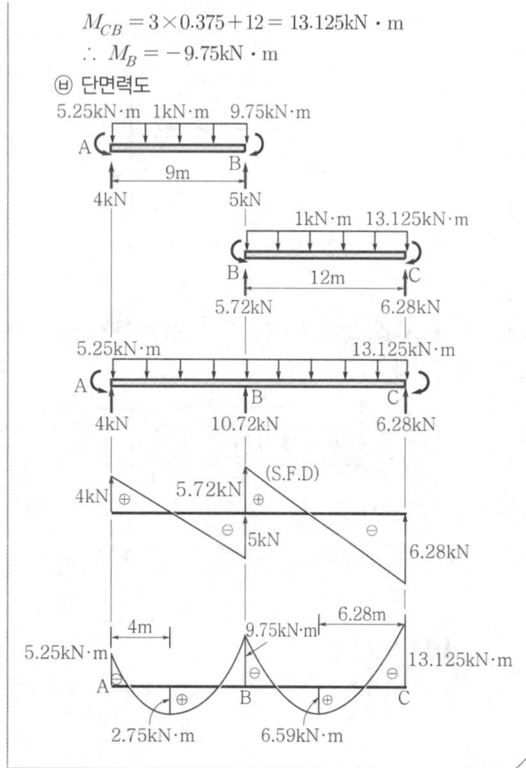

68 다음 그림과 같은 구조물에서 A점의 휨모멘트의 크기는?

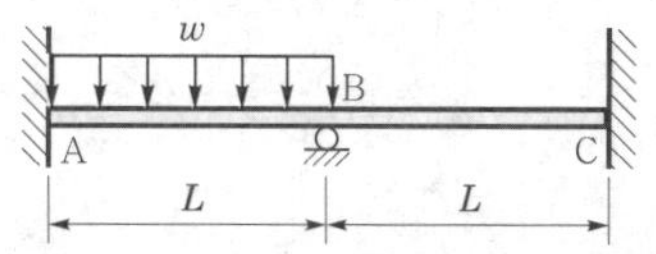

① $\frac{1}{12}wL^2$ ② $\frac{7}{24}wL^2$

③ $\frac{5}{48}wL^2$ ④ $\frac{11}{96}wL^2$

해설 처짐각법

㉠ 유효강비 및 경계조건

$k_{AB} = k_{BC} = \frac{EI}{L},\ \theta_A = \theta_C = 0$

㉡ 하중항

$C_{AB} = -\frac{wL^2}{12}$

$C_{BA} = \frac{wL^2}{12}$

$C_{BC} = C_{CB} = 0$

㉢ 처짐각방정식

$$M_{AB} = \frac{2EI}{L}(2\theta_A + \theta_B) - \frac{wL^2}{12} = \frac{2EI}{L}\theta_B - \frac{wL^2}{12}$$

$$M_{BA} = \frac{2EI}{L}(2\theta_B + \theta_A) + \frac{wL^2}{12} = \frac{4EI}{L}\theta_B + \frac{wL^2}{12}$$

$$M_{BC} = \frac{2EI}{L}(2\theta_B + \theta_C) + 0 = \frac{4EI}{L}\theta_B$$

$$M_{CB} = \frac{2EI}{L}(2\theta_C + \theta_B) + 0 = \frac{2EI}{L}\theta_B$$

㉣ 절점방정식

$M_{BA} + M_{BC} = 0$

$\frac{wL^2}{12} + \frac{4EI}{L}\theta_B + \frac{4EI}{L}\theta_B = 0$

$\therefore \theta_B = -\frac{wL^3}{96EI}$

㉤ 재단모멘트

$$M_{AB} = \frac{2EI}{L} \times \left(-\frac{wL^3}{96EI}\right) - \frac{wL^2}{12} = -\frac{5}{48}wL^2$$

5. 모멘트 분배법

★ 69 다음 그림과 같은 보에서 모멘트 분배법으로 B점에서 BC부재의 분배율은?

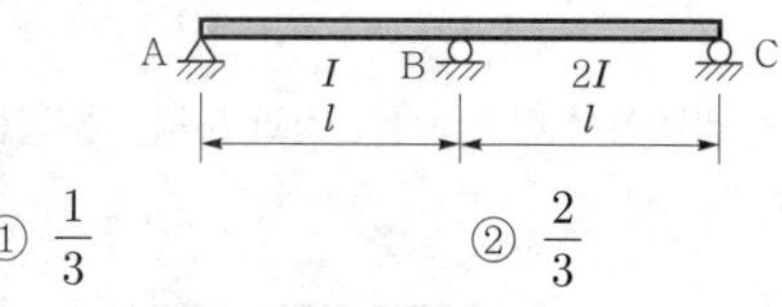

① $\frac{1}{3}$ ② $\frac{2}{3}$

③ 0.5 ④ 0.9

해설 모멘트 분배법

㉠ 유효강비(k)

$k_{BA} = \frac{I}{l} \times \frac{l}{I} = 1$

$k_{BC} = \frac{2I}{l} \times \frac{l}{I} = 2$

㉡ 분배율($D.F$)

$D.F_{BA} = \frac{k_{BA}}{\Sigma k} = \frac{1}{1+2} = \frac{1}{3}$

$D.F_{BC} = \frac{k_{BC}}{\Sigma k} = \frac{2}{1+2} = \frac{2}{3}$

1/3	2/3

A — B — C

정답 68. ③ 69. ②

70 다음 부정정보 C점에서 BC부재에 모멘트가 분배되는 분배율의 값은?

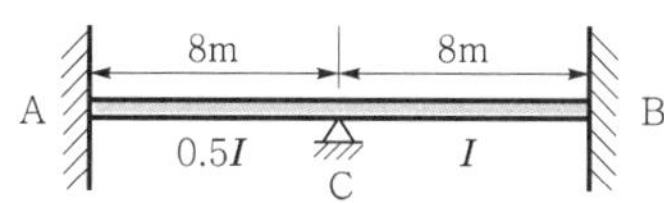

① $\frac{2}{3}$　② $\frac{1}{3}$

③ $\frac{3}{4}$　④ $\frac{1}{4}$

해설 모멘트 분배법

㉠ 유효강비(k)

$$k_{CA}=\frac{0.5I}{8}\times\frac{16}{I}=1$$

$$k_{CB}=\frac{I}{8}\times\frac{16}{I}=2$$

㉡ BC부재의 분배율($D.F$)

$$D.F_{BC}=\frac{k_{BC}}{\sum k}=\frac{2}{1+2}=\frac{2}{3}$$

1/3	2/3

A　C　B

★★
71 다음 연속보에서 B점의 분배율은?

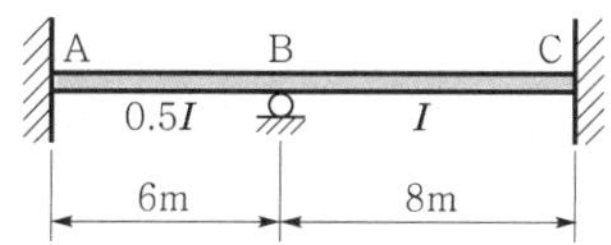

① $D.F_{BA}=\frac{2}{5}$, $D.F_{BC}=\frac{3}{5}$

② $D.F_{BA}=\frac{3}{7}$, $D.F_{BC}=\frac{4}{7}$

③ $D.F_{BA}=\frac{4}{7}$, $D.F_{BC}=\frac{3}{7}$

④ $D.F_{BA}=\frac{3}{5}$, $D.F_{BC}=\frac{2}{5}$

해설 모멘트 분배법

㉠ 유효강비(k)

$$k_{BA}=\frac{0.5I}{6}=\frac{I}{12}\times\frac{24}{I}=2$$

$$k_{BC}=\frac{I}{8}\times\frac{24}{I}=3$$

㉡ B점의 분배율($D.F$)

$$D.F_{BA}=\frac{k_{BA}}{\sum k}=\frac{2}{2+3}=\frac{2}{5}$$

$$D.F_{BC}=\frac{k_{BC}}{\sum k}=\frac{3}{2+3}=\frac{3}{5}$$

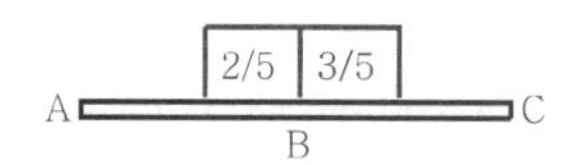

72 다음 부정정 구조물을 모멘트 분배법으로 해석하고자 한다. C점이 롤러지점임을 고려한 수정강도계수에 의하여 B점에서 C점으로 분배되는 분배율 f_{BC}를 구하면?

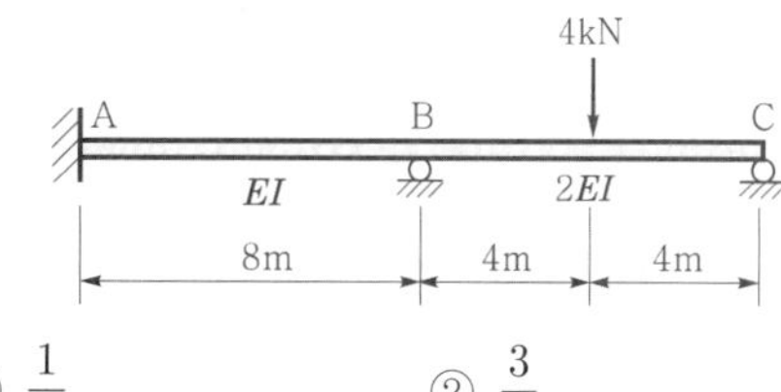

① $\frac{1}{2}$　② $\frac{3}{5}$

③ $\frac{4}{7}$　④ $\frac{5}{7}$

해설 모멘트 분배법

㉠ 유효강비(k)

$$k_{BA}=\frac{I}{8}\times\frac{16}{I}=2$$

$$k_{BC}=\frac{2I}{8}\times\frac{3}{4}\times\frac{16}{I}=3$$

㉡ BC부재의 분배율($D.F$)

$$D.F_{BA}=f_{BA}=\frac{k_{BA}}{\sum k}=\frac{2}{2+3}=\frac{2}{5}$$

$$D.F_{BC}=f_{BC}=\frac{k_{BC}}{\sum k}=\frac{3}{2+3}=\frac{3}{5}$$

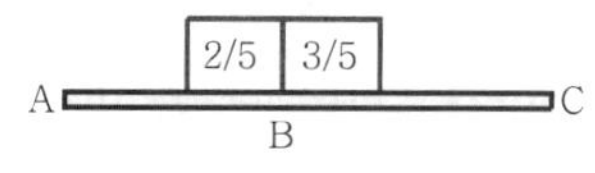

★
73 다음 그림과 같은 부정정보를 모멘트 분배법으로 해석하고자 할 때 BC부재의 분배율($D.F_{BC}$)은 얼마인가? (단, EI는 일정하다.)

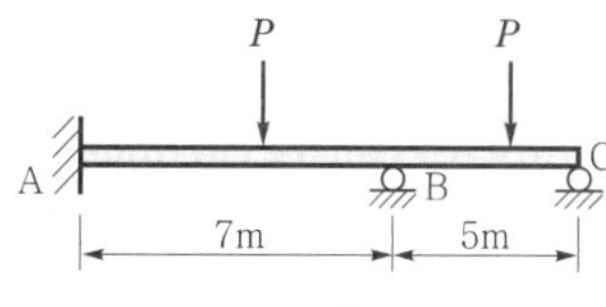

① 0.60　② 0.51

③ 0.49　④ 0.40

정답 70. ① 71. ① 72. ② 73. ②

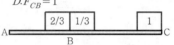

해설 **모멘트 분배법**

㉠ 유효강비(k)

$$k_{BA}=\frac{I}{l_{BA}}=\frac{I}{7}\times\frac{140}{I}=20$$

$$k_{BC}=\frac{I}{l_{BC}}=\frac{I}{5}\times\frac{3}{4}\times\frac{140}{I}=21$$

㉡ 분배율($D.F$)

$$D.F_{BA}=\frac{k_{BA}}{\sum k}=\frac{20}{20+21}=0.49$$

$$D.F_{BC}=\frac{k_{BC}}{\sum k}=\frac{21}{20+21}=0.51$$

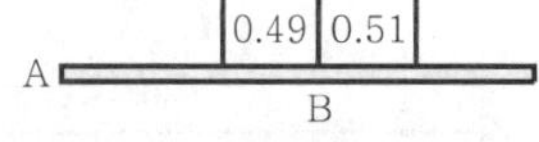

74 다음 구조물에서 모멘트 분배율을 r 이라 할 때 B에서 A로 분배되는 분배율 r_{BA}는?

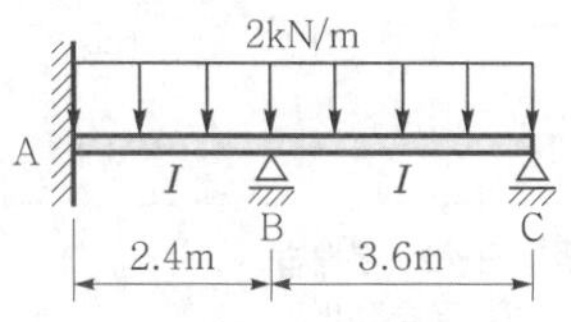

① 1 ② $\frac{2}{3}$

③ $\frac{1}{3}$ ④ $\frac{1}{2}$

해설 **모멘트 분배법**

㉠ 유효강비(k)

$$k_{BA}=\frac{I}{2.4}\times\frac{7.2}{I}=3$$

$$k_{BC}=\frac{I}{3.6}\times\frac{7.2}{I}\times\frac{3}{4}=1.5$$

㉡ 분배율($D.F$)

$$D.F_{BA}=r_{BA}=\frac{k_{BA}}{\sum k}=\frac{3}{3+1.5}=\frac{2}{3}$$

$$D.F_{BC}=r_{BC}=\frac{k_{BC}}{\sum k}=\frac{1.5}{3+1.5}=\frac{1}{3}$$

A [2/3 | 1/3] C, B

★★
75 다음 그림과 같은 연속보를 모멘트 분배법으로 해석하려고 한다. 분배율 $D.F_{BC}$, $D.F_{CB}$는? (단, EI는 일정하다.)

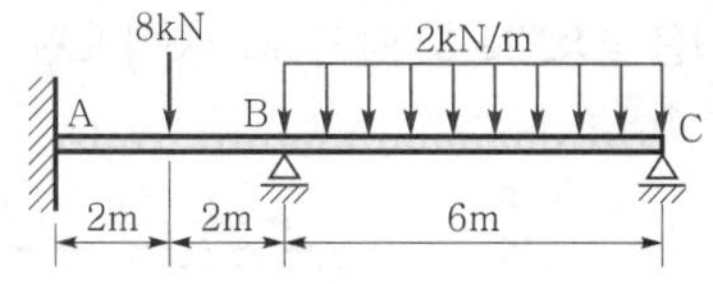

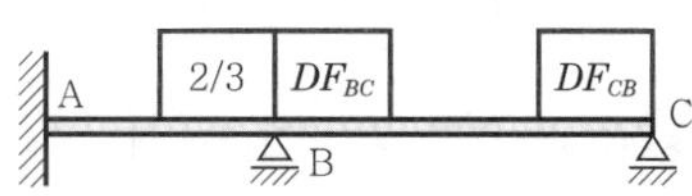

① $\frac{1}{3}$, $\frac{2}{3}$ ② 1, $\frac{1}{3}$

③ $\frac{2}{3}$, $\frac{1}{3}$ ④ $\frac{1}{3}$, 1

해설 **모멘트 분배법**

㉠ 유효강비(k)

$$k_{BA}=\frac{I}{4}\times\frac{8}{I}=2$$

$$k_{BC}=\frac{I}{6}\times\frac{3}{4}\times\frac{8}{I}=1$$

㉡ 분배율($D.F$)

$$D.F_{BC}=\frac{k_{BC}}{\sum k}=\frac{1}{2+1}=\frac{1}{3}$$

$$D.F_{CB}=1$$

A [2/3 | 1/3] B ... [1] C

76 다음과 같은 부정정 구조물에서 지점 B에서의 휨모멘트 $M_B=-\frac{wl^2}{14}$ 일 때 고정단 A에서 휨모멘트는? (단, 휨모멘트의 부호는 (+), (−)이다.)

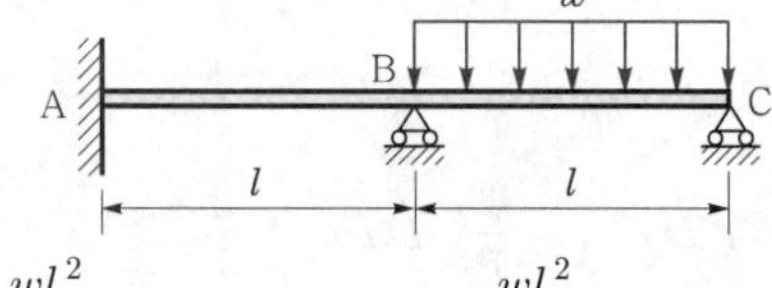

① $\frac{wl^2}{28}$ ② $\frac{wl^2}{21}$

③ $\frac{wl^2}{14}$ ④ $\frac{wl^2}{7}$

해설 **전달(도달)모멘트(CM)**

㉠ 상대단이 고정단인 경우 전달되는 모멘트비율은 1/2이다.

㉡ A점의 휨모멘트

$$M_{AB}=\frac{1}{2}M_{BA}=\frac{1}{2}\times\frac{wl^2}{14}=\frac{wl^2}{28}$$

A, $\frac{wl^2}{28}$ ⊕, ⊖ $\frac{wl^2}{14}$, B, ⊕, C

(B.M.D)

정답 74. ② 75. ④ 76. ①

77 다음 그림과 같은 등분포하중을 받는 라멘에서 D점의 휨모멘트를 40kN · m라 하면 B점의 휨모멘트는 얼마인가? (단, 40kN · m는 분배모멘트이다.)

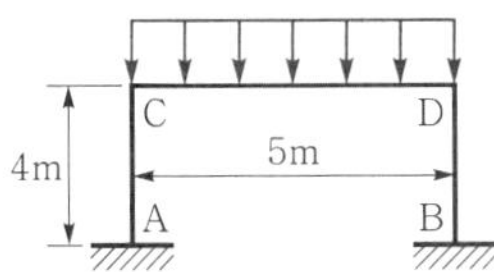

① 10kN · m ② 15kN · m
③ 20kN · m ④ 25kN · m

> **해설** 전달(도달)모멘트(CM)
> ㉠ 고정단의 전달모멘트는 분배모멘트의 1/2이다.
> ㉡ B점의 휨모멘트
> $$M_{BD}=\frac{1}{2}M_{DB}=\frac{1}{2}\times 40=20\text{kN}\cdot\text{m}$$

★★
78 다음 그림과 같은 부정정보의 자유단에 집중하중 P가 작용했을 때 고정지점 A단의 휨모멘트 M_A는?

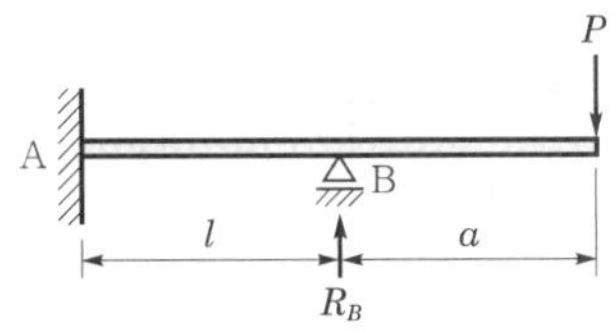

① $\dfrac{2Pa}{5}$ ② $\dfrac{Pa}{4}$
③ $\dfrac{Pa}{2}$ ④ $\dfrac{Pa}{3}$

> **해설** 모멘트 분배법
> $M_{BA}=Pa$
> $$\therefore\ M_{AB}=\frac{1}{2}M_{BA}=\frac{Pa}{2}$$

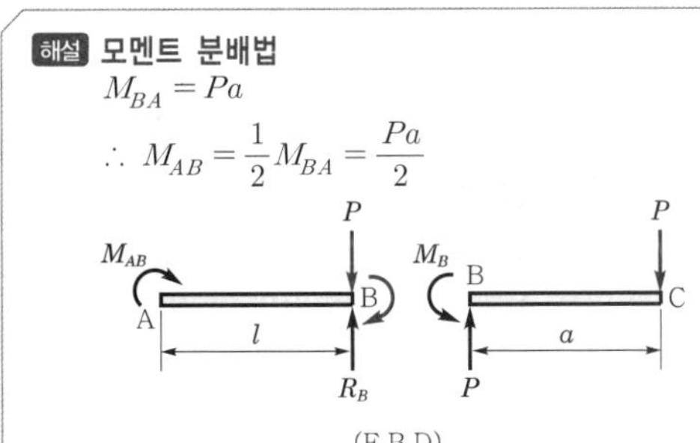

(F.B.D)

79 다음 그림과 같은 보의 고정단 A의 휨모멘트는?

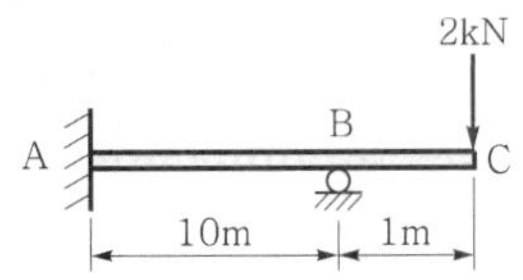

① 1kN · m
② 2kN · m
③ 3kN · m
④ 4kN · m

> **해설** 모멘트 분배법
> $\Sigma M_B=0$
> $2\times1-M_B=0$
> $\therefore\ M_B=2\text{kN}\cdot\text{m}$
> $$\therefore\ M_A=\frac{1}{2}M_B=\frac{1}{2}\times 2=1\text{kN}\cdot\text{m}$$

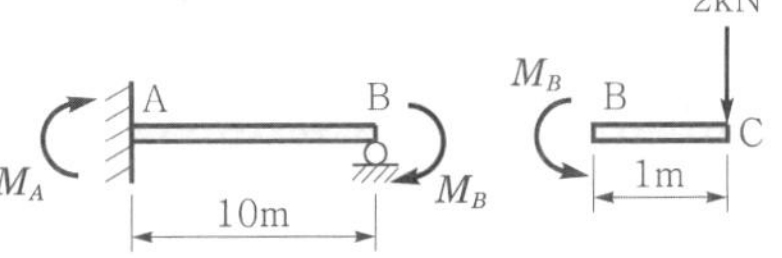

★
80 다음 그림과 같은 구조물에서 B점의 모멘트는?

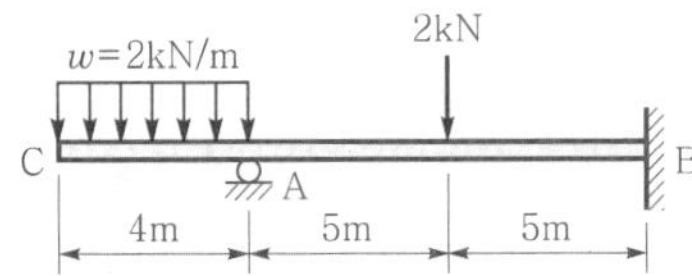

① −2.5kN · m
② −4.25kN · m
③ −5.7kN · m
④ −6.75kN · m

> **해설** 모멘트 분배법
> ㉠ 불균형모멘트($U.B.M$)
> $M_{AC}=2\times4\times2=16\text{kN}\cdot\text{m}$
> $$C_{AB}=-\frac{Pl}{8}=-\frac{2\times10}{8}=-2.5\text{kN}\cdot\text{m}$$
> $C_{BA}=+2.5\text{kN}\cdot\text{m}$
> $\therefore\ U.B.M=16-2.5=13.5\text{kN}\cdot\text{m}$
> ㉡ B점의 모멘트
> $M_{BA}=-6.75+2.5=4.25\text{kN}\cdot\text{m}$
> $\therefore\ M_B=-4.25\text{kN}\cdot\text{m}$

13.5

구분	A(C측)	AB	BA
분배율(D.F)	0	1	1
하중항(FEM)	+16	−2.5	+2.5
분배M(D.M)		−13.5	
전달M(C.M)			−6.75
최종M(F.M)	+16	−16	−4.25

정답 77. ③ 78. ③ 79. ① 80. ②

★
81 다음과 같은 부정정 구조물에서 B지점의 반력의 크기는? (단, 보의 휨강도 EI는 일정하다.)

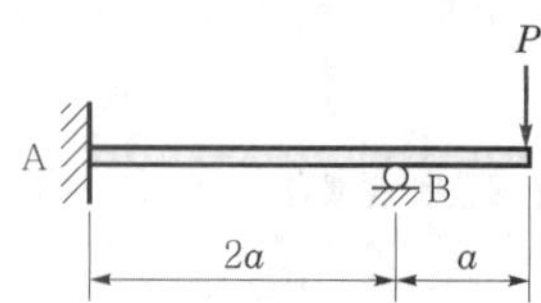

① $\frac{7}{3}P$　　② $\frac{7}{4}P$

③ $\frac{7}{5}P$　　④ $\frac{7}{6}P$

해설 **모멘트 분배법**

㉠ A점의 휨모멘트

$M_B = Pa$

$\therefore M_A = \frac{1}{2}M_B = \frac{Pa}{2}$

㉡ B점의 연직반력

$\Sigma M_A = 0$

$-R_B \times 2a + Pa + \frac{Pa}{2} + P \times 2a = 0$

$\therefore R_B = \frac{7}{4}P(\uparrow)$

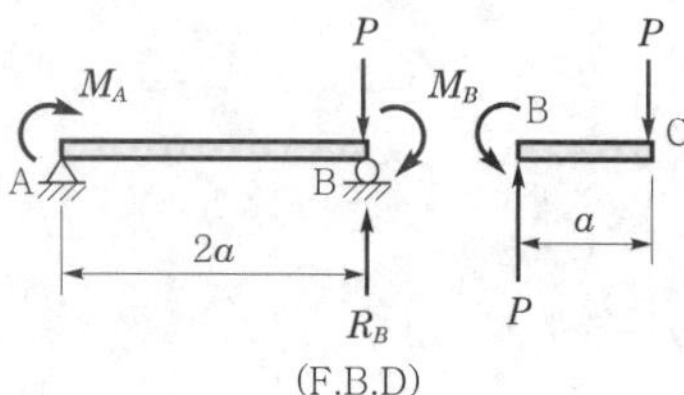

(F.B.D)

82 다음 그림과 같은 라멘에서 기둥에 모멘트가 생기지 않도록 하기 위해서 필요한 P값은? (단, EI는 일정하다.)

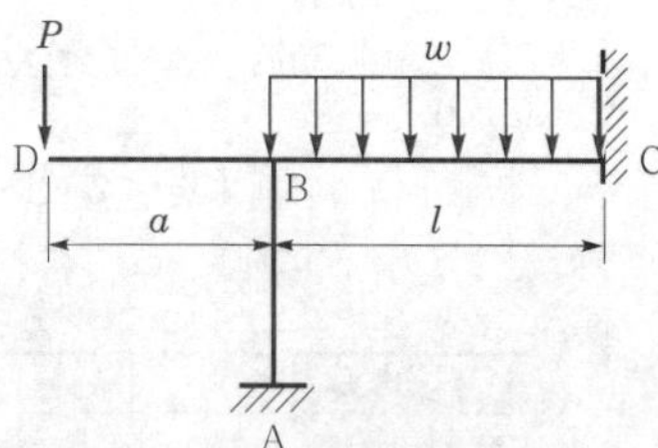

① $\frac{wl^2}{12a}$　　② $\frac{wl^2}{24a}$

③ $\frac{wl^2}{8a}$　　④ $\frac{wl^2}{4a}$

해설 **절점방정식**

㉠ $\Sigma M_B = 0,\ M_{BA} = 0,\ M_{BC} = -\frac{wl^2}{12},$

$M_{BD} = Pa$

$\therefore M_{BA} + M_{BC} + M_{BD} = 0$

㉡ 하중 결정

$0 + \left(-\frac{wl^2}{12}\right) + Pa = 0$

$\therefore P = \frac{wl^2}{12a}$

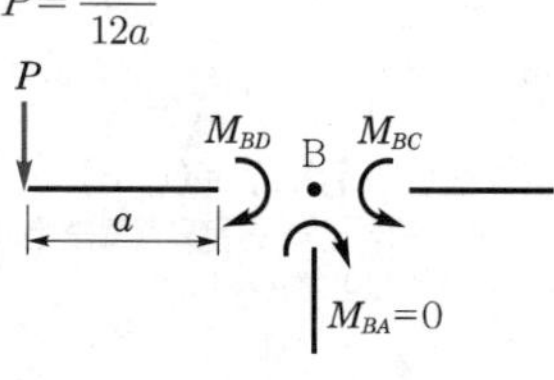

★★
83 다음 라멘에서 부재 BA에 휨모멘트가 생기지 않으려면 P의 크기는?

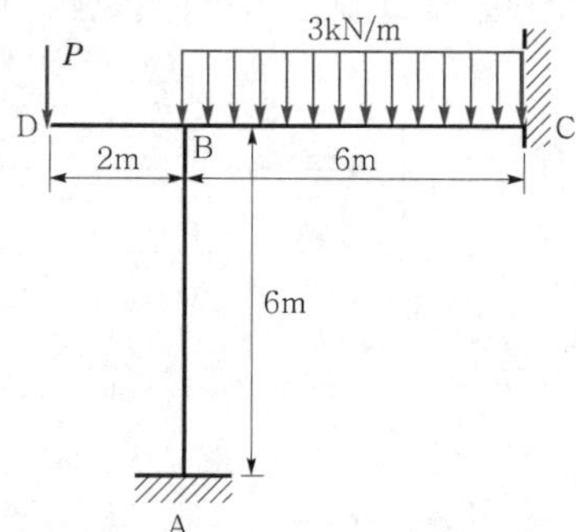

① 3.0kN　　② 4.5kN

③ 5.0kN　　④ 6.5kN

해설 **절점방정식**

㉠ $\Sigma M_B = 0,\ M_{BA} = 0,\ M_{BC} = -\frac{wl^2}{12},$

$M_{BD} = Pa$

$\therefore M_{BA} + M_{BC} + M_{BD} = 0$

㉡ 하중 결정

$0 + \left(-\frac{wl^2}{12}\right) + Pa = 0$

$\therefore P = \frac{wl^2}{12a} = \frac{3 \times 6^2}{12 \times 2} = 4.5\text{kN}$

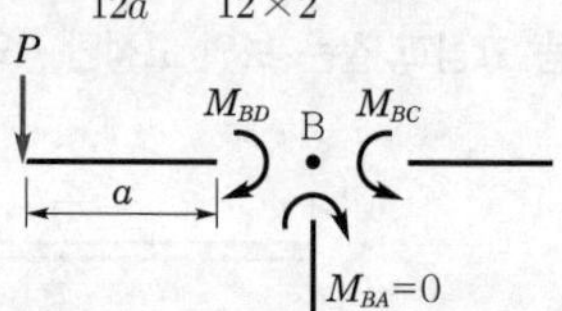

정답 81. ② 82. ① 83. ②

84 다음 그림과 같은 구조물에서 기둥 AB에 모멘트가 생기지 않게 하기 위한 l_1과 l_2의 비($l_1 : l_2$)는?

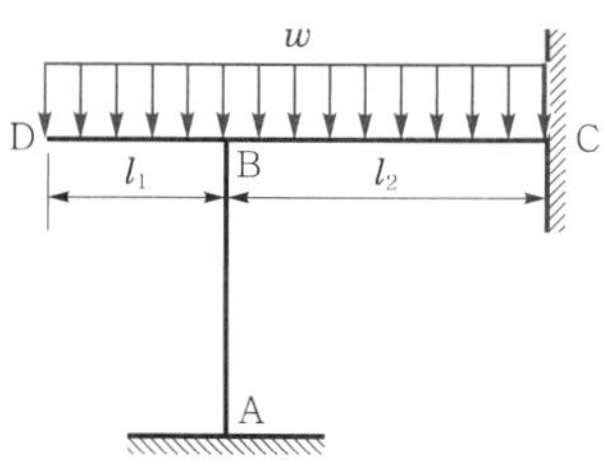

① $1 : \sqrt{2}$　② $1 : \sqrt{3}$
③ $1 : \sqrt{5}$　④ $1 : \sqrt{6}$

해설 절점방정식

㉠ $\Sigma M_B = 0$, $M_{BA} = 0$, $M_{BC} = -\dfrac{wl_2^{\,2}}{12}$,

$M_{BD} = \dfrac{wl_1^{\,2}}{2}$

$\therefore M_{BA} + M_{BC} + M_{BD} = 0$

㉡ 거리의 비

$0 + \left(-\dfrac{wl_2^{\,2}}{12}\right) + \dfrac{wl_1^{\,2}}{2} = 0$

$\left(\dfrac{l_1}{l_2}\right)^2 = \dfrac{1}{6}$

$\therefore l_1 : l_2 = 1 : \sqrt{6}$

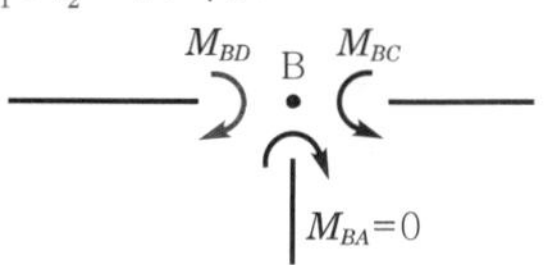

85 다음 그림과 같은 구조물에서 AD부재의 분배율을 구한 값은?

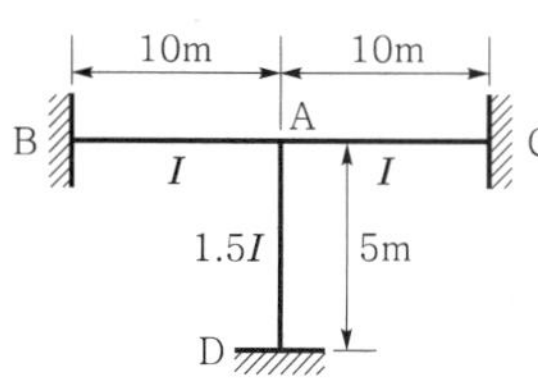

① 0.2　② 0.3
③ 0.5　④ 0.6

해설 모멘트 분배법

㉠ 강도와 강비

$K_{AB} = \dfrac{I}{l} = \dfrac{I}{10} \rightarrow k_{AB} = 1$

$K_{AC} = \dfrac{I}{10} \rightarrow k_{AC} = 1$

$K_{AD} = \dfrac{1.5I}{5} = \dfrac{3I}{10} \rightarrow k_{AD} = 3$

㉡ AD부재의 분배율

$D.F_{AD} = \dfrac{k_{AD}}{\Sigma k} = \dfrac{3}{1+1+3} = 0.6$

★

86 다음 그림의 OA부재의 분배율은? (단, I : 단면2차모멘트)

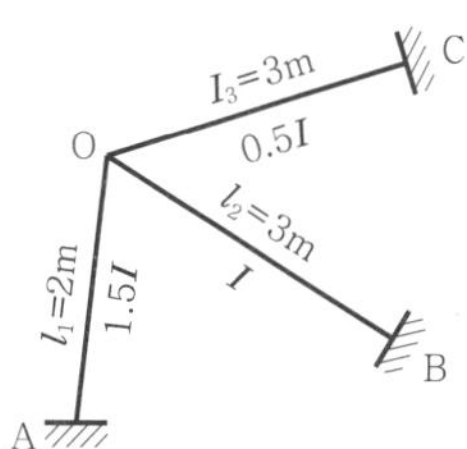

① $\dfrac{2}{7.5}$　② $\dfrac{4}{7.4}$
③ $\dfrac{2}{5}$　④ $\dfrac{3}{5}$

해설 모멘트 분배법

㉠ 강비(상대강도, k)

$k_{OA} = \dfrac{1.5I}{2} \times \dfrac{6}{I} = 4.5$

$k_{OB} = \dfrac{I}{3} \times \dfrac{6}{I} = 2$

$k_{OC} = \dfrac{0.5I}{3} \times \dfrac{6}{I} = 1$

㉡ OA부재의 분배율

$D.F_{OA} = \dfrac{k_{OA}}{\Sigma k} = \dfrac{4.5}{4.5+2+1} = \dfrac{3}{5}$

87 다음 그림의 구조물에서 유효강성계수를 고려한 부재 AC의 모멘트 분배율 $D.F_{AC}$는 얼마인가?

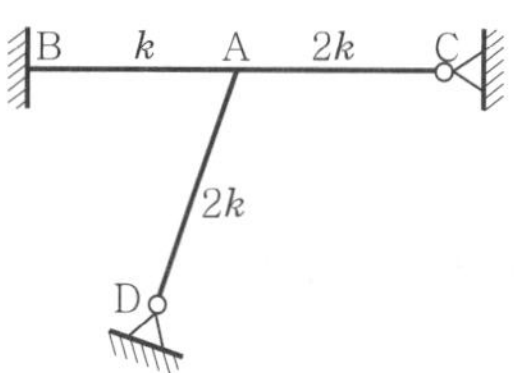

① 0.253　② 0.375
③ 0.407　④ 0.567

정답 84. ④　85. ④　86. ④　87. ②

해설 AC부재의 분배율

$$D.F_{AC}=\frac{k_{AC}}{\sum k}=\frac{2k\times\frac{3}{4}}{k+2k\times\frac{3}{4}+2k\times\frac{3}{4}}=0.375$$

88 다음 그림과 같은 부정정 구조물에서 OA, OB, OC부재의 $\frac{EI}{l}$가 모두 동일하다면 A에서의 반력모멘트는?

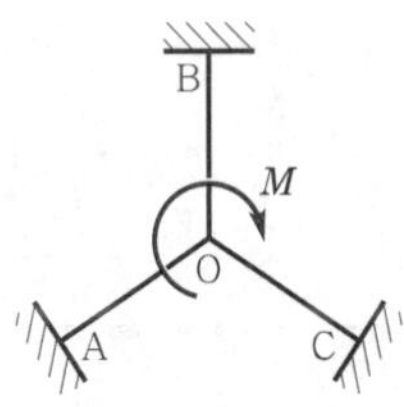

① $\frac{M}{6}$(↻)
② $\frac{M}{6}$(↺)
③ $\frac{M}{3}$(↻)
④ $\frac{M}{3}$(↺)

해설 모멘트 분배법

㉠ OA부재의 분배모멘트($D.M$)

$$D.F_{OA}=\frac{k}{\sum k}=\frac{1}{3}$$

$$\therefore\ M_{OA}=D.F_{OA}\times M=\frac{1}{3}\times M=\frac{M}{3}$$

㉡ A점의 전달모멘트($C.M$)

$$M_{AO}=\frac{1}{2}M_{OA}(\circlearrowright)=\frac{1}{2}\times\frac{M}{3}=\frac{M}{6}(\circlearrowleft)$$

★
89 절점 D는 이동하지 않고, 재단 A, B, C는 고정일 때 M_{CD}는 얼마인가? (단, k : 강비)

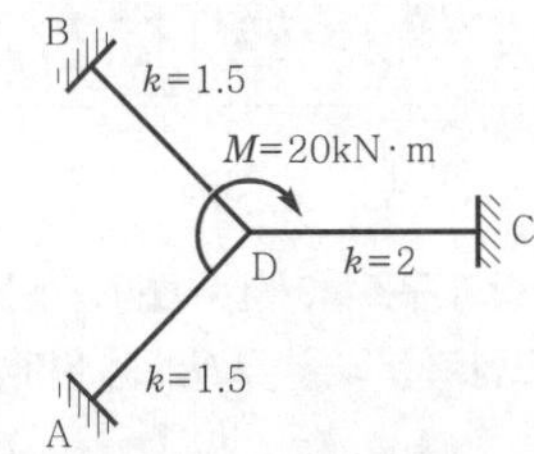

① 2.5kN · m
② 3kN · m
③ 3.5kN · m
④ 4kN · m

해설 모멘트 분배법

㉠ DC부재의 분배모멘트($D.M$)

$$D.F_{DC}=\frac{k_{DC}}{\sum k}=\frac{2}{1.5+2+1.5}=\frac{2}{5}$$

$$\therefore\ M_{DC}=D.F_{DC}\times M=\frac{2}{5}\times 20=8\text{kN}\cdot\text{m}$$

㉡ C점의 전달모멘트($C.M$)

$$M_{CD}=\frac{1}{2}M_{DC}=\frac{1}{2}\times 8=4\text{kN}\cdot\text{m}$$

90 다음 그림과 같은 구조물의 O점에 모멘트하중 8kN · m가 작용할 때 모멘트 M_{CO}의 값을 구한 것은?

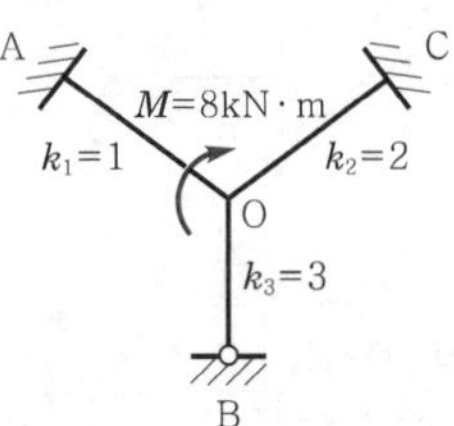

① 4.0kN · m
② 3.5kN · m
③ 2.5kN · m
④ 1.5kN · m

해설 모멘트 분배법

㉠ OC부재의 분배율

$$D.F_{OC}=\frac{k_{OC}}{\sum k}=\frac{2}{1+2+3\times\frac{3}{4}}\fallingdotseq 0.38$$

㉡ 분배모멘트($D.M$)

$$M_{OC}=D.F_{OC}\times M=0.38\times 8=3.04\text{kN}\cdot\text{m}$$

㉢ 전달모멘트($C.M$)

$$M_{CO}=\frac{1}{2}M_{OC}=\frac{1}{2}\times 3.04=1.52\text{kN}\cdot\text{m}$$

★
91 다음 그림에서 A점의 모멘트반력은? (단, 각 부재의 길이는 동일함)

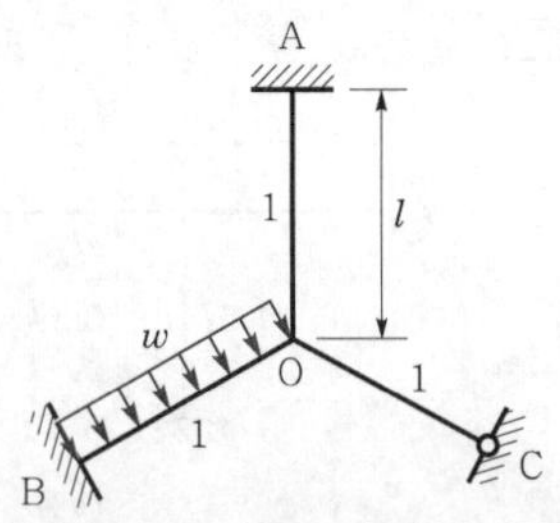

① $M_A=\frac{wl^2}{12}$
② $M_A=\frac{wl^2}{24}$
③ $M_A=\frac{wl^2}{72}$
④ $M_A=\frac{wl^2}{66}$

정답 88. ① 89. ④ 90. ④ 91. ④

해설 모멘트 분배법

㉠ O점에서 발생하는 모멘트

$$M_O = \frac{wl^2}{12}(\curvearrowleft)$$

㉡ 분배모멘트

$$D.F_{OA} = \frac{k_{OA}}{\Sigma k} = \frac{1}{1+1+\frac{3}{4}\times 1} = \frac{4}{11}$$

$$\therefore M_{OA} = D.F_{OA} \times M_O = \frac{4}{11} \times \frac{wl^2}{12} = \frac{wl^2}{33}$$

㉢ A점의 전달모멘트

$$M_{AO} = \frac{1}{2}M_{OA} = \frac{1}{2} \times \frac{wl^2}{33} = \frac{wl^2}{66}$$

★★
92 다음 그림에서 D점은 힌지이고, k는 강비이다. B점에 생기는 모멘트는?

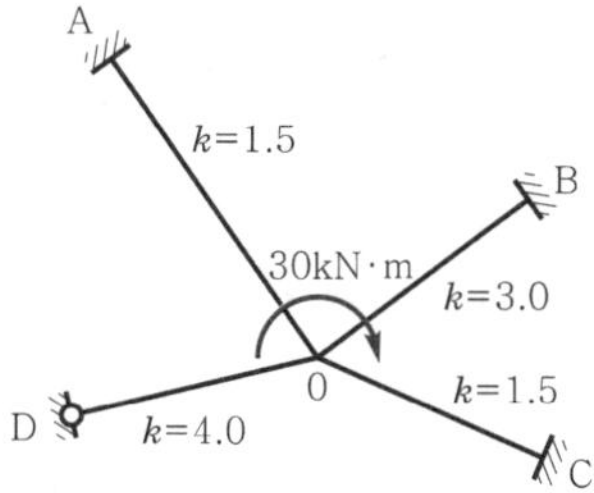

① 5.0kN · m ② 9.0kN · m
③ 10.0kN · m ④ 4.5kN · m

해설 모멘트 분배법

㉠ OB부재의 분배모멘트

$$D.F_{OB} = \frac{k_{OB}}{\Sigma k} = \frac{3}{1.5+3+1.5+4\times\frac{3}{4}} = \frac{1}{3}$$

$$\therefore M_{OB} = D.F_{OB} \times M = \frac{1}{3} \times 30 = 10\text{kN} \cdot \text{m}$$

㉡ B점의 전달모멘트

$$M_{BO} = \frac{1}{2}M_{OB} = \frac{1}{2} \times 10 = 5\text{kN} \cdot \text{m}$$

★
93 다음 구조물에서 B점의 수평방향 반력 R_B를 구한 값은? (단, EI는 일정)

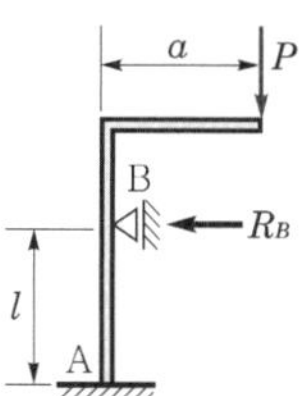

① $\frac{3Pa}{2l}$ ② $\frac{3Pl}{2a}$
③ $\frac{2Pa}{3l}$ ④ $\frac{2Pl}{3a}$

해설 부정정구조의 해석

㉠ A점의 휨모멘트

$$\Sigma M_B = 0$$

$$M_B = Pa$$

$$\therefore M_A = \frac{1}{2}M_B = \frac{Pa}{2}$$

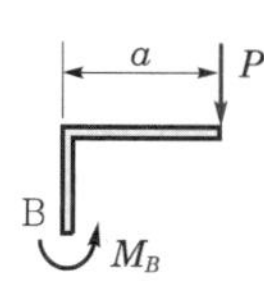

㉡ B점의 반력

$$\Sigma M_A = 0$$

$$Pa + \frac{Pa}{2} - R_B l = 0$$

$$\therefore R_B = \frac{3Pa}{2l}(\leftarrow)$$

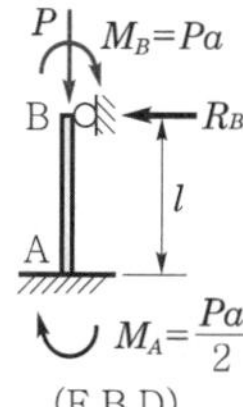

(F.B.D)

정답 92. ① 93. ①

APPLIED MECHANICS

APPENDIX

부록

| Ⅰ. 최근 과년도 기출문제

| Ⅱ. CBT 실전 모의고사

2022년 3회 기출문제부터는 CBT 전면시행으로 시험문제가 공개되지 않아서 수험생의 기억을 토대로 복원된 문제를 수록했습니다. 문제는 수험생마다 차이가 있을 수 있습니다.

2018 제1회 토목기사 기출문제

2018년 3월 4일 시행

01 탄성변형에너지는 외력을 받는 구조물에서 변형에 의해 구조물에 축적되는 에너지를 말한다. 탄성체이며 선형거동을 하는 길이 L인 캔틸레버보의 끝단에 집중하중 P가 작용할 때 굽힘모멘트에 의한 탄성변형에너지는? (단, EI는 일정)

① $\dfrac{P^2L^2}{6EI}$

② $\dfrac{P^2L^2}{2EI}$

③ $\dfrac{P^2L^3}{6EI}$

④ $\dfrac{P^2L^3}{2EI}$

> **해설** 탄성변형에너지(외적일)
>
> $\delta=\dfrac{PL^3}{3EI}$
>
> $\therefore U=W_e=\dfrac{1}{2}P\delta=\dfrac{P}{2}\times\dfrac{PL^3}{3EI}=\dfrac{P^2L^3}{6EI}$
>
> **별해** 내적일에 의한 변형에너지
>
> $M_x=-Px$
>
> $\therefore U=W_i=\displaystyle\int_0^l\frac{M_x^{\,2}}{2EI}dx$
>
> $=\dfrac{1}{2EI}\displaystyle\int_0^l P^2x^2dx$
>
> $=\dfrac{P^2}{2EI}\left[\dfrac{x^3}{3}\right]_0^l=\dfrac{P^2L^3}{6EI}$

02 다음 그림과 같은 구조물의 BD부재에 작용하는 힘의 크기는?

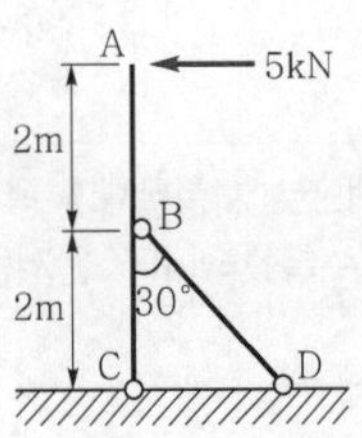

① 10kN ② 12.5kN

③ 15kN ④ 20kN

> **해설** $\overline{BD}$ 부재의 장력
>
> $\Sigma M_C=0$
>
> $-5\times4+T\times\sin30°\times2=0$
>
> $\therefore T=20\text{kN}$(인장)

03 다음 그림과 같이 A지점이 고정이고 B지점이 힌지(hinge)인 부정정보가 어떤 요인에 의하여 B지점이 B′로 Δ만큼 침하하게 되었다. 이때 B′의 지점반력은? (단, EI는 일정)

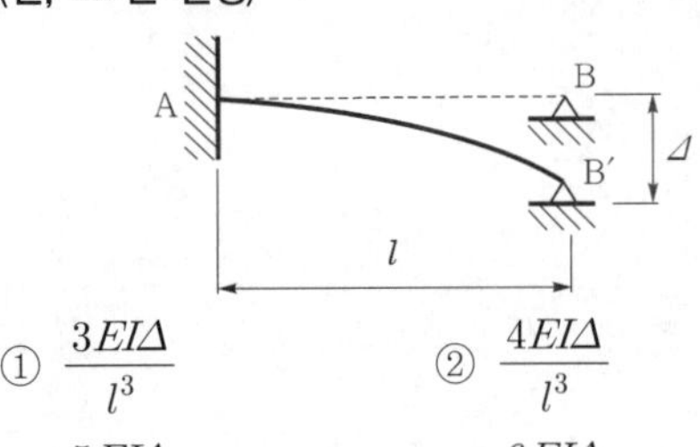

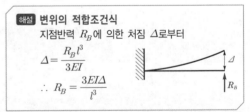

① $\dfrac{3EI\Delta}{l^3}$ ② $\dfrac{4EI\Delta}{l^3}$

③ $\dfrac{5EI\Delta}{l^3}$ ④ $\dfrac{6EI\Delta}{l^3}$

> **해설** 변위의 적합조건식
>
> 지점반력 R_B에 의한 처짐 Δ로부터
>
> $\Delta=\dfrac{R_Bl^3}{3EI}$
>
> $\therefore R_B=\dfrac{3EI\Delta}{l^3}$

04 다음 그림과 같은 구조물에서 C점의 수직처짐을 구하면? (단, $EI=2\times10^{12}$MPa이며 자중은 무시한다.)

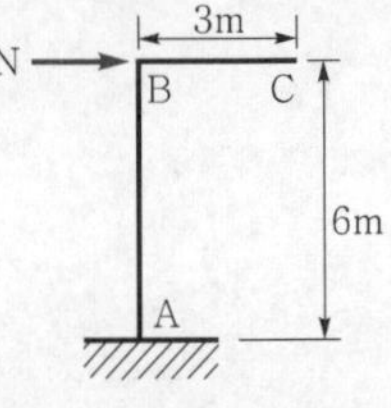

① 2.7mm

② 3.6mm

③ 5.4mm

④ 7.2mm

정답 1. ③ 2. ④ 3. ① 4. ①

해설 C점의 수직처짐

$$\theta_B = \frac{Pl^2}{2EI} = \frac{10\times 6{,}000^2}{2\times 2\times 10^{12}} = 0.0009\text{rad}$$

$$\therefore\ \delta_{VC} = \theta_B \overline{\text{BC}} = 0.0009\times 3{,}000 = 2.7\text{mm}(\downarrow)$$

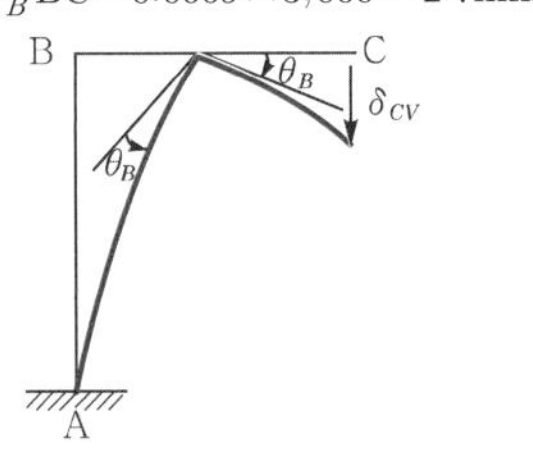

05 단면이 원형(반지름 r)인 보에 휨모멘트 M이 작용할 때 이 보에 작용하는 최대 휨응력은?

① $\frac{2M}{\pi r^3}$ ② $\frac{4M}{\pi r^3}$

③ $\frac{8M}{\pi r^3}$ ④ $\frac{16M}{\pi r^3}$

해설 최대 휨응력

$$I_X = \frac{\pi D^4}{64} = \frac{\pi r^4}{4},\ y = r$$

$$\therefore\ \sigma = \frac{M}{I}y = \frac{4M}{\pi r^4}r = \frac{4M}{\pi r^3}$$

06 다음 그림과 같은 보에서 두 지점의 반력이 같게 되는 하중의 위치(x)를 구하면?

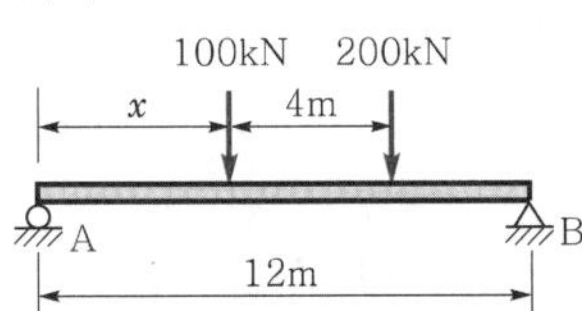

① 0.33m ② 1.33m

③ 2.33m ④ 3.33m

해설 하중위치

$R_A = R_B = 150\text{kN}(\uparrow)$

$\Sigma M_A = 0$

$-R_B\times 12 + 100\times x + 200\times(x+4) = 0$

$-150\times 12 + 100\times x + 200\times(x+4) = 0$

$\therefore\ x = 3.33\text{m}$

07 반지름이 25cm인 원형 단면을 가지는 단주에서 핵의 면적은 약 얼마인가?

① 122.7cm^2

② 168.4cm^2

③ 254.4cm^2

④ 336.8cm^2

해설 핵의 면적

㉠ 핵반지름

$$e = \frac{d}{8} = \frac{50}{8} = 6.25\text{mm}$$

㉡ 핵의 면적

$$A_e = \pi e^2 = \pi\times 6.25^2 = 122.72\text{cm}^2$$

08 같은 재료로 만들어진 반경 r인 속이 찬 축과 외반경 r이고 내반경 $0.6r$인 속이 빈 축이 동일 크기의 비틀림모멘트를 받고 있다. 최대 비틀림응력의 비는?

① 1 : 1

② 1 : 1.15

③ 1 : 2

④ 1 : 2.15

해설 비틀림응력의 비

㉠ $\sigma = \frac{T}{I_P}r$로부터 I_P에 반비례한다.

- 중실 단면 $I_{P1} = 2I_X = 2\times\frac{\pi r^4}{4} = \frac{\pi r^4}{2}$
- 중공 단면 $I_{P2} = 2\times\frac{\pi}{4}\times[r^4 - (0.6r)^4]$

$$= 0.8704\frac{\pi r^4}{2}$$

㉡ 비틀림응력의 비

$$\sigma_1 : \sigma_2 = \frac{1}{1} : \frac{1}{0.8704} = 1 : 1.1489$$

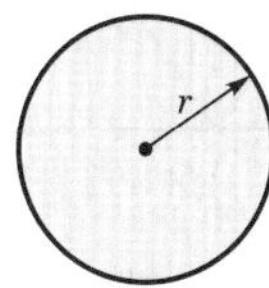

▲ 중실 단면

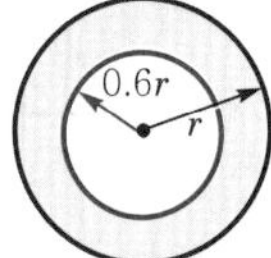

▲ 중공 단면

정답 5. ② 6. ④ 7. ① 8. ②

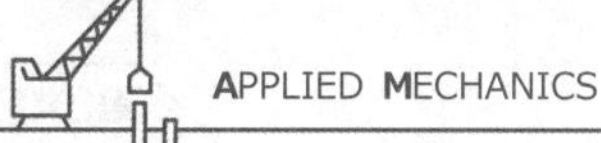

09 다음 그림과 같은 단순보에서 최대 휨모멘트가 발생하는 위치 x(A지점으로부터의 거리)와 최대 휨모멘트 M_x는?

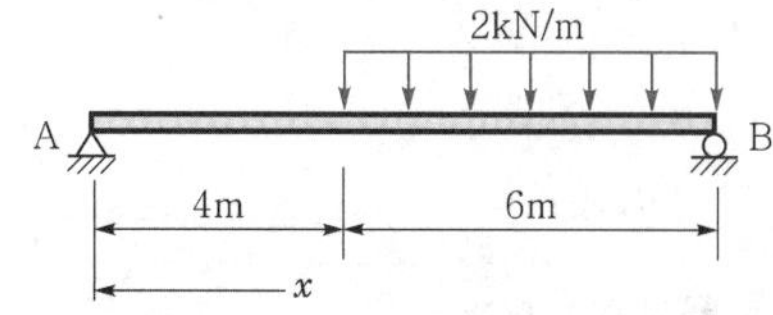

① $x=4.0\text{m},\ M_x=18.02\text{kN}\cdot\text{m}$
② $x=4.8\text{m},\ M_x=9.6\text{kN}\cdot\text{m}$
③ $x=5.2\text{m},\ M_x=23.04\text{kN}\cdot\text{m}$
④ $x=5.8\text{m},\ M_x=17.64\text{kN}\cdot\text{m}$

해설 최대 휨모멘트

㉠ 반력
$\Sigma M_A=0$
$-R_B\times10+12\times7=0$
$\therefore R_B=8.4\text{kN}(\uparrow)$

㉡ 전단력이 0인 위치
$S_{x1}=8.4-2x_1=0$
$\therefore x_1=4.2\text{m}$

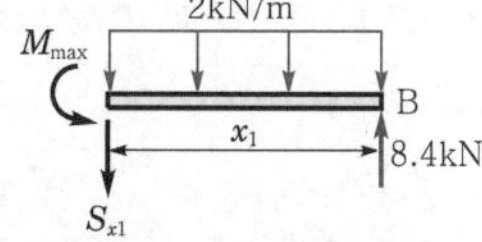

㉢ A점부터 최대 모멘트 발생위치($S_x=0$)
$x=10-4.2=5.8\text{m}$

㉣ 최대 휨모멘트
$2\times4.2\times\dfrac{4.2}{2}-8.4\times4.2+M_{\max}=0$
$\therefore M_{\max}=17.64\text{kN}\cdot\text{m}$

10 다음 그림과 같은 트러스의 상현재 U의 부재력은?

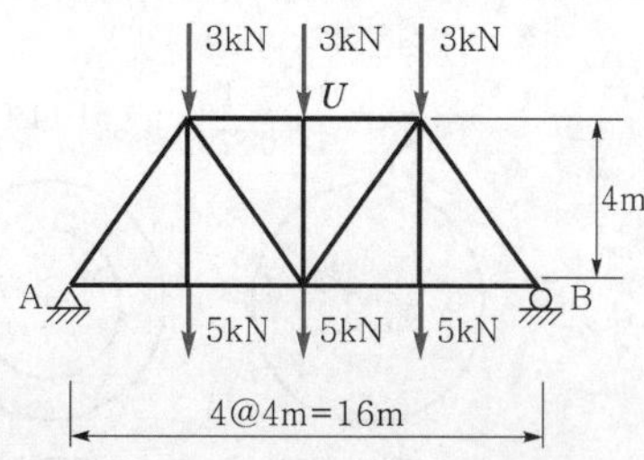

① 인장을 받으며 그 크기는 16kN이다.
② 압축을 받으며 그 크기는 16kN이다.
③ 인장을 받으며 그 크기는 12kN이다.
④ 압축을 받으며 그 크기는 12kN이다.

해설 트러스의 부재력

㉠ B점의 반력
$\Sigma M_A=0$
$-V_B\times16+3\times4+5\times4+3\times8+5\times8$
$+3\times12+5\times12=0$
$\therefore V_B=12\text{kN}(\uparrow)$

㉡ U의 부재력
$\Sigma M_C=0$
$-U\times4-12\times8+(3+5)\times4=0$
$\therefore U=-16\text{kN}$(압축)

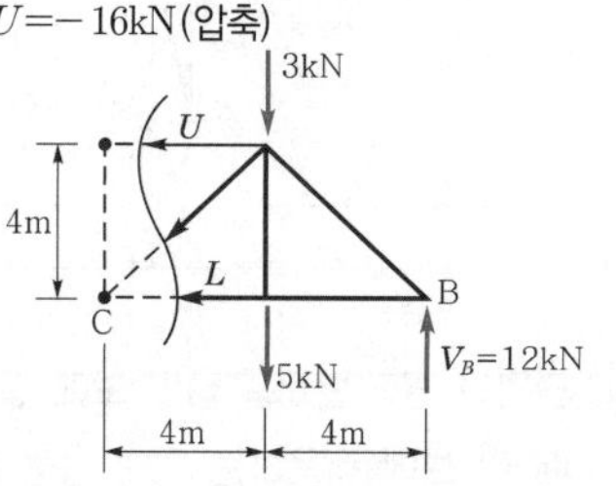

11 다음 단면에서 y축에 대한 회전반지름은?

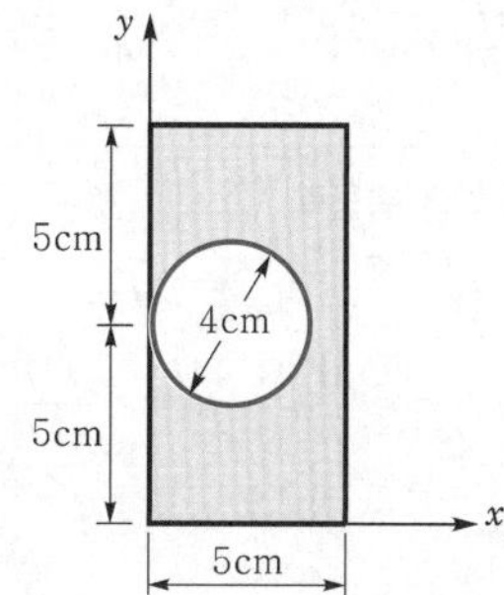

① 3.07cm ② 3.20cm
③ 3.81cm ④ 4.24cm

해설 y축의 회전반경

$I_{y_1}=\dfrac{b^3h}{3}=\dfrac{5^3\times10}{3}=416.67\text{cm}^4$

$I_{y_2}=\dfrac{5\pi D^4}{64}=\dfrac{5\pi\times4^4}{64}=62.83\text{cm}^4$

$I_y=I_{y_1}-I_{y_2}=416.67-62.83=353.84\text{cm}^4$

$A=10\times5-\dfrac{\pi\times4^2}{4}=37.43\text{cm}^2$

$\therefore r_y=\sqrt{\dfrac{I_y}{A}}=\sqrt{\dfrac{353.84}{37.43}}=3.074\fallingdotseq3.07\text{cm}$

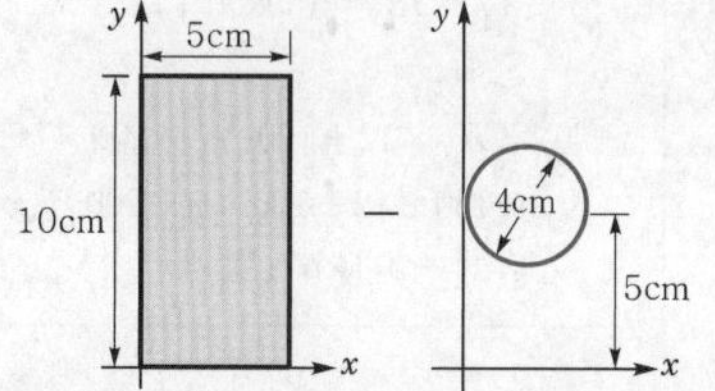

정답 9. ④ 10. ② 11. ①

12 다음 그림과 같은 단면적 A, 탄성계수 E인 기둥에서 줄음량을 구한 값은?

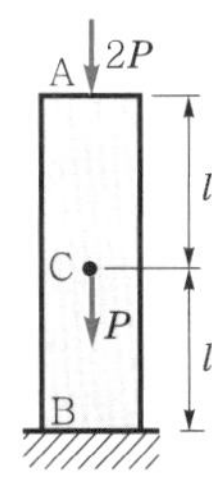

① $\frac{2Pl}{EA}$

② $\frac{3Pl}{EA}$

③ $\frac{4Pl}{EA}$

④ $\frac{5Pl}{EA}$

해설 축방향 줄음량

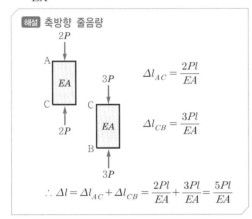

$\Delta l_{AC} = \frac{2Pl}{EA}$

$\Delta l_{CB} = \frac{3Pl}{EA}$

$\therefore \Delta l = \Delta l_{AC} + \Delta l_{CB} = \frac{2Pl}{EA} + \frac{3Pl}{EA} = \frac{5Pl}{EA}$

13 다음과 같은 3활절 아치에서 C점의 휨모멘트는?

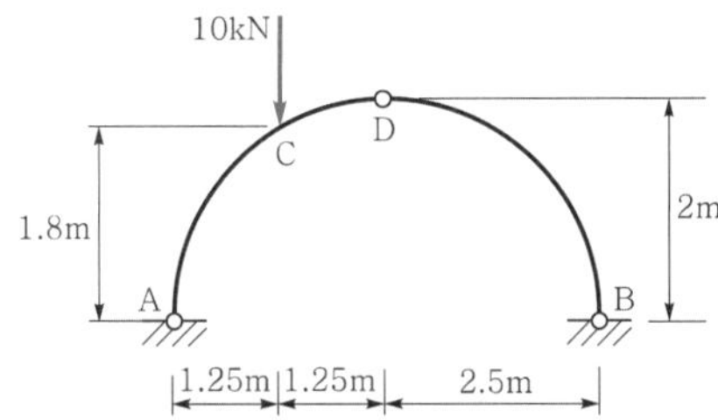

① 3.25kN · m ② 3.50kN · m
③ 3.75kN · m ④ 4.00kN · m

해설 C점의 휨모멘트

㉠ A점의 연직반력

$\Sigma M_B = 0$

$V_A \times 5 - 10 \times 3.75 = 0$

$\therefore V_A = 7.5\text{kN}(\uparrow)$

㉡ A점의 수평반력

$\Sigma M_D = 0$

$7.5 \times 2.5 - H_A \times 2 - 10 \times 1.25 = 0$

$\therefore H_A = 3.125\text{kN}(\rightarrow)$

㉢ C점의 휨모멘트

$M_C = 7.5 \times 1.25 - 3.125 \times 1.8 = 3.75\text{kN} \cdot \text{m}$

14 다음 그림과 같은 보에서 휨모멘트의 절대값이 가장 큰 곳은 어디인가?

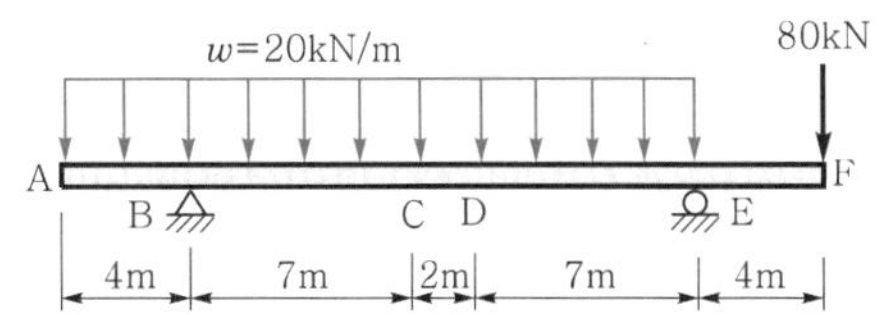

① B점 ② C점
③ D점 ④ E점

해설 최대 휨모멘트

㉠ 반력

$\Sigma M_E = 0$

$R_B \times 16 - 20 \times 20 \times 10 + 80 \times 4 = 0$

$\therefore R_B = 230\text{kN}(\uparrow)$

$\Sigma V = 0$

$\therefore R_E = 400 + 80 - 230 = 250\text{kN}(\uparrow)$

㉡ 각 점의 위치 결정

$320 : 16 = 150 : x$

$\therefore x = 7.5\text{m}$

$150 : 7.5 = y_1 : 0.5$

$\therefore y_1 = 10\text{kN}$

$170 : 8.5 = y_2 : 1.5$

$\therefore y_2 = 30\text{kN}$

㉢ 각 점의 휨모멘트

$M_C = \left(\frac{150 + y_1}{2}\right) \times 7 - 160$

$= \left(\frac{150 + 10}{2}\right) \times 7 - 160 = 400\text{kN} \cdot \text{m}$

$M_{max} = -\frac{1}{2} \times 80 \times 4 + 150 \times 7.5 \times \frac{1}{2}$

$= 402.5\text{kN} \cdot \text{m}$

$M_D = 402.5 - \frac{1}{2} \times 1.5 \times 30 = 380\text{kN} \cdot \text{m}$

$M_B = -\frac{1}{2} \times 4 \times 80 = -160\text{kN} \cdot \text{m}$

$M_E = -80 \times 4 = -320\text{kN} \cdot \text{m}$

$\therefore M_{max} = 402.5\text{kN} \cdot \text{m}$

㉣ A~F에서 최대 휨모멘트

$M_C = 402.5\text{kN} \cdot \text{m}$

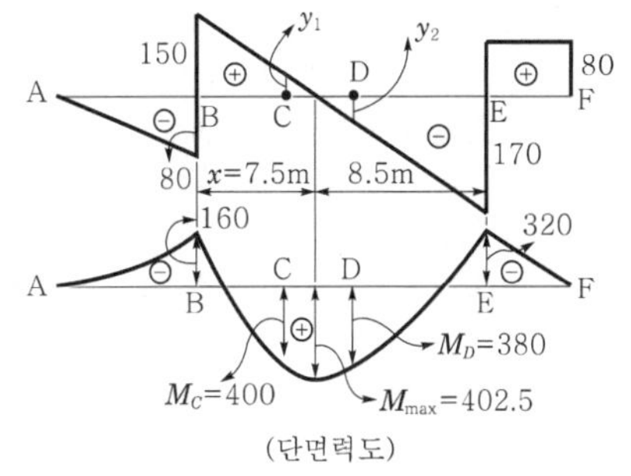

(단면력도)

정답 12. ④ 13. ③ 14. ②

15 다음 그림과 같은 뼈대 구조물에서 C점의 수직반력(↑)을 구한 값은? (단, 탄성계수 및 단면은 전 부재가 동일)

① $\frac{9wl}{16}$

② $\frac{7wl}{16}$

③ $\frac{wl}{8}$

④ $\frac{wl}{16}$

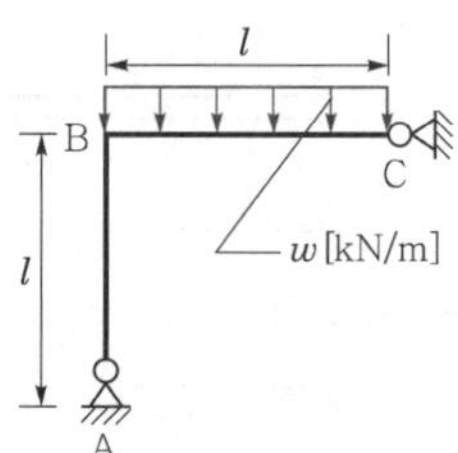

> **해설** C점의 수직반력
>
> ㉠ 분배모멘트
>
> $$M_{BC}=\frac{wl^2}{8}\times\frac{1}{2}=\frac{wl^2}{16}$$
>
> $\frac{wl^2}{16}$ B C V_C
>
> (F.B.D)
>
> ㉡ 반력
>
> $$\Sigma M_B=0$$
>
> $$-V_C\times l-\frac{wl^2}{16}+wl\times\frac{l}{2}=0$$
>
> $$\therefore\ V_C=\frac{7wl}{16}(\uparrow)$$

16 정육각형 틀의 각 절점에 다음 그림과 같이 하중 P가 작용할 때 각 부재에 생기는 인장응력의 크기는?

① P

② $2P$

③ $\frac{P}{2}$

④ $\frac{P}{\sqrt{2}}$

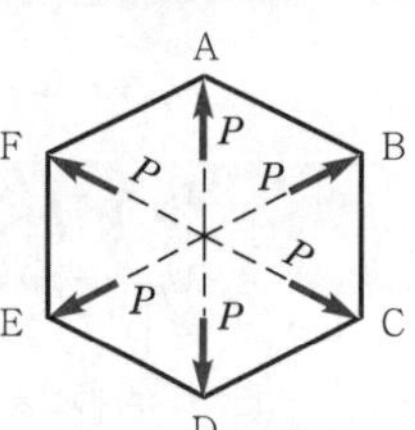

> **해설** 인장응력
>
> 내각의 합 $=180°(n-2)=180°\times(6-2)=720°$
>
> 한 점의 내각 $=\frac{720°}{6}=120°$
>
> $$\frac{P}{\sin 120°}=\frac{T}{\sin 120°}$$
>
> $\therefore\ T=P$
>
> E C 120° D P

17 다음 그림과 같은 단면에 1,000kN의 전단력이 작용할 때 최대 전단응력의 크기는?

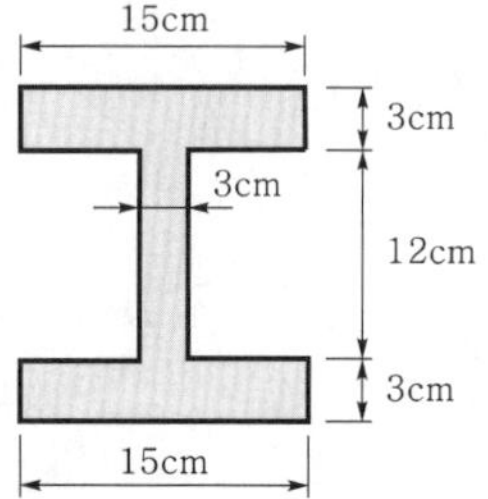

① 23.5kN/cm²

② 28.4kN/cm²

③ 35.2kN/cm²

④ 43.3kN/cm²

> **해설** 최대 전단응력
>
> $$I_X=\frac{15\times18^3}{12}-\frac{12\times12^3}{12}=5{,}562\text{cm}^4$$
>
> $$G_X=(15\times3\times7.5)+(3\times6\times3)=391.5\text{cm}^3$$
>
> $$\therefore\ \tau=\frac{SG_X}{Ib}=\frac{1{,}000\times391.5}{5{,}562\times3}\fallingdotseq 23.5\text{kN/m}^2$$

18 다음 그림과 같은 T형 단면에서 도심축 $C-C$축의 위치 y는?

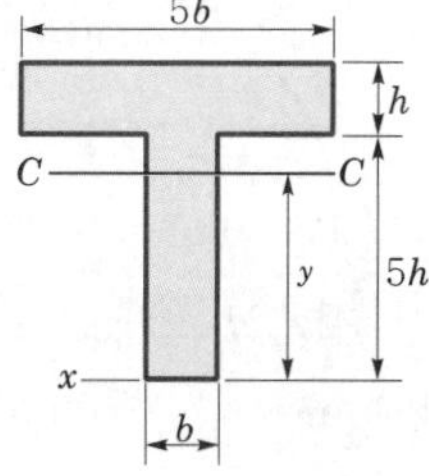

① $2.5h$

② $3.0h$

③ $3.5h$

④ $4.0h$

> **해설** 도심축위치
>
> $$A=5b\times h+b\times5h=10bh$$
>
> $$G_x=5b\times h\times5.5h+b\times5h\times2.5h=40bh^2$$
>
> $$\therefore\ y=\frac{G_x}{A}=\frac{40bh^2}{10bh}=4h$$

정답 15. ② 16. ① 17. ① 18. ④

19 다음 그림과 같은 게르버보에서 하중 P에 의한 C점의 처짐은? (단, EI는 일정하고 $EI=2.7\times10^{13}$MPa이다.)

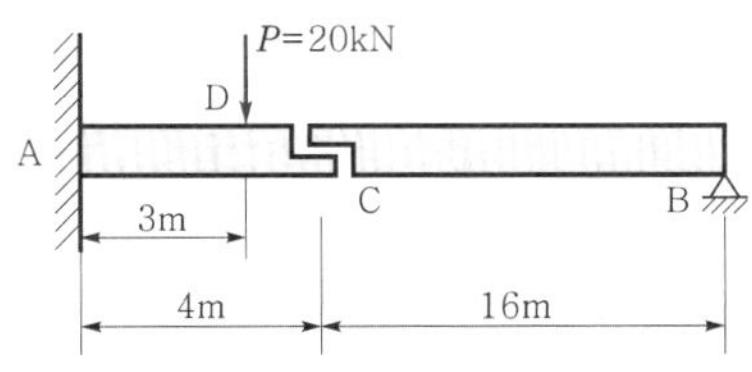

① 27mm ② 20mm
③ 10mm ④ 7mm

해설 C점의 처짐

$$\delta_C=\frac{Pa^2}{6EI}(3l-a)$$
$$=\frac{20,000\times3,000^2}{6\times2.7\times10^{13}}\times(3\times4,000-3,000)$$
$$=10\text{mm}(\downarrow)$$

20 중공원형 강봉에 비틀림력 T가 작용할 때 최대 전단변형률 $\gamma_{\max}=750\times10^{-6}$rad으로 측정되었다. 봉의 내경은 60mm이고 외경은 75mm일 때 봉에 작용하는 비틀림력 T를 구하면? (단, 전단탄성계수 $G=8.15\times10^5$MPa)

① 29.9kN · m ② 32.7kN · m
③ 35.3kN · m ④ 39.2kN · m

해설 전단응력에 의한 비틀림력

㉠ $\tau=G\gamma_s$
$$=8.15\times10^5\times750\times10^{-6}$$
$$=611.25\text{MPa}$$

㉡ $I_P=I_X+I_Y=2I_X$
$$=2\times\frac{\pi}{64}\times(75^4-60^4)$$
$$=1,833.966\text{mm}^4$$

㉢ $\tau=\frac{T}{I_P}r_o$
$$\therefore\ T=\frac{\tau I_P}{r_o}=\frac{611.25\times1,833.966}{\frac{75}{2}}\times10^{-6}$$
$$\fallingdotseq29.89\text{kN}\cdot\text{m}$$

정답 19. ③ 20. ①

2018 제 2 회 토목기사 기출문제

2018년 4월 28일 시행

01 다음 그림과 같은 직사각형 단면의 단주에 편심축하중 P가 작용할 때 모서리 A점의 응력은?

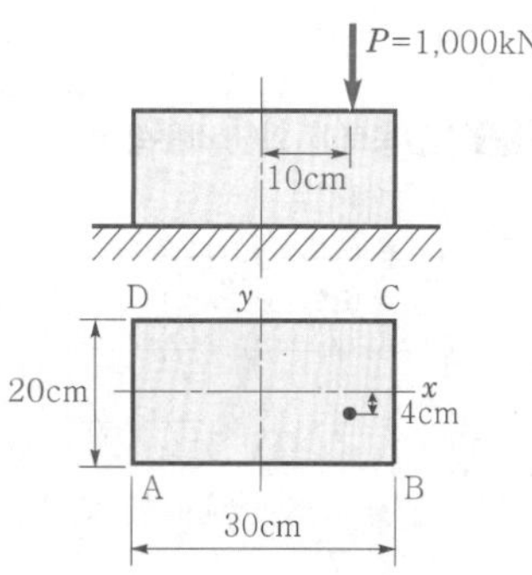

① 3.4MPa　　② 30MPa
③ 38.6MPa　　④ 70MPa

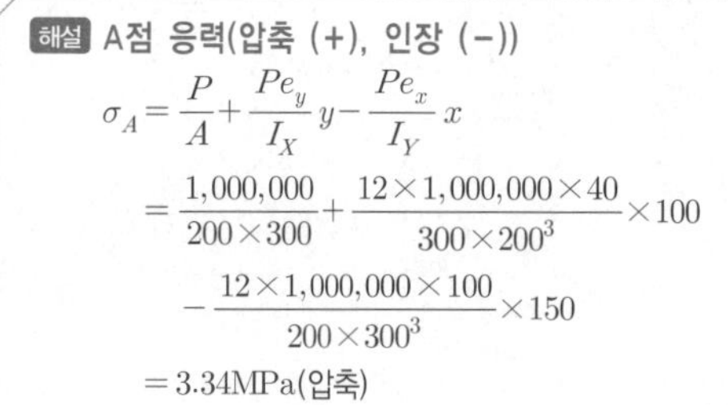

해설 A점 응력(압축 (+), 인장 (−))

$$\sigma_A = \frac{P}{A} + \frac{Pe_y}{I_X}y - \frac{Pe_x}{I_Y}x$$
$$= \frac{1,000,000}{200\times300} + \frac{12\times1,000,000\times40}{300\times200^3}\times100 - \frac{12\times1,000,000\times100}{200\times300^3}\times150$$
$$= 3.34\text{MPa}(\text{압축})$$

02 다음 그림과 같은 3힌지 아치의 중간 힌지에 수평하중 P가 작용할 때 A지점의 수직반력과 수평반력은? (단, A지점의 반력은 그림과 같은 방향을 정(+)으로 한다.)

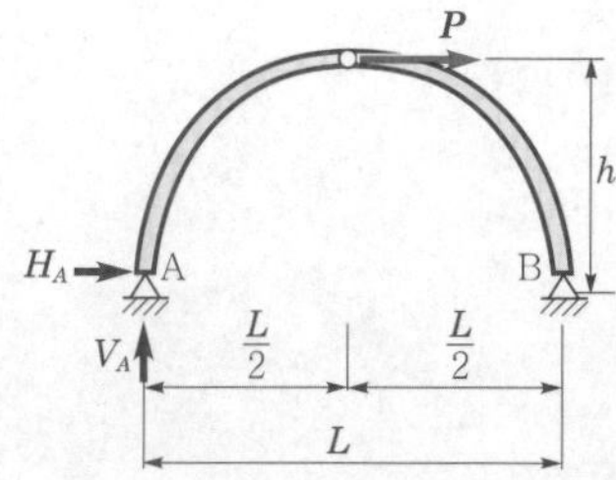

① $V_A = \frac{Ph}{l}$, $H_A = \frac{P}{2}$

② $V_A = \frac{Ph}{l}$, $H_A = -\frac{P}{2h}$

③ $V_A = -\frac{Ph}{l}$, $H_A = \frac{P}{2h}$

④ $V_A = -\frac{Ph}{l}$, $H_A = -\frac{P}{2}$

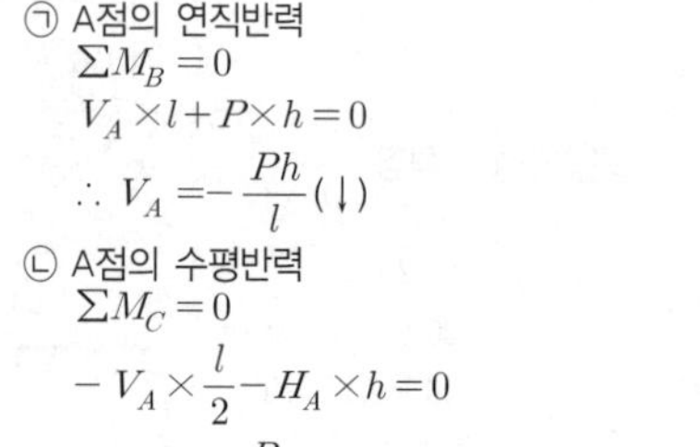

해설 A점의 반력

㉠ A점의 연직반력

$\sum M_B = 0$

$V_A \times l + P \times h = 0$

$\therefore V_A = -\frac{Ph}{l}(\downarrow)$

㉡ A점의 수평반력

$\sum M_C = 0$

$-V_A \times \frac{l}{2} - H_A \times h = 0$

$\therefore H_A = -\frac{P}{2}(\leftarrow)$

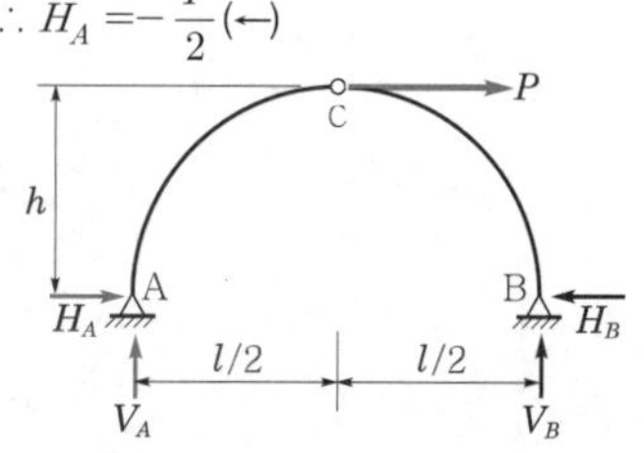

03 다음과 같은 부재에서 길이의 변화량(δ)은 얼마인가? (단, 보는 균일하며, 단면적 A와 탄성계수 E는 일정하다.)

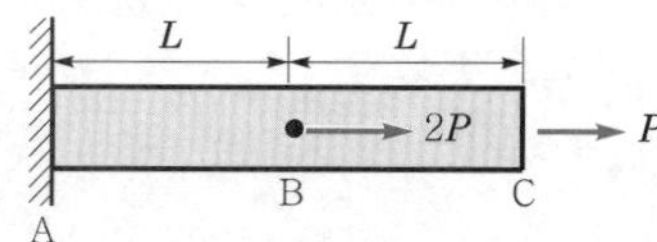

① $\frac{4PL}{EA}$　　② $\frac{3PL}{EA}$

③ $\frac{1.5PL}{EA}$　　④ $\frac{PL}{EA}$

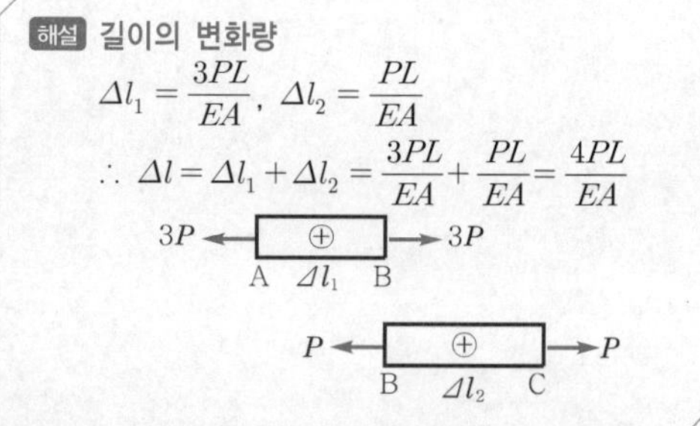

해설 길이의 변화량

$\Delta l_1 = \frac{3PL}{EA}$, $\Delta l_2 = \frac{PL}{EA}$

$\therefore \Delta l = \Delta l_1 + \Delta l_2 = \frac{3PL}{EA} + \frac{PL}{EA} = \frac{4PL}{EA}$

정답 1. ① 2. ④ 3. ①

04 단면이 원형(반지름 R)인 보에 휨모멘트 M이 작용할 때 이 보에 작용하는 최대 휨응력은?

① $\dfrac{4M}{\pi R^3}$ ② $\dfrac{12M}{\pi R^3}$

③ $\dfrac{16M}{\pi R^3}$ ④ $\dfrac{32M}{\pi R^3}$

> **해설** 최대 휨응력
> ㉠ 단면의 성질
> $I=\dfrac{\pi D^4}{64}=\dfrac{\pi R^4}{4}$, $y=R$, $Z=\dfrac{I}{y}=\dfrac{\pi R^3}{4}$
> ㉡ 최대 휨응력
> $\sigma_{\max}=\dfrac{M}{I}y=\dfrac{M}{Z}=\dfrac{4M}{\pi R^3}$

05 다음 그림과 같은 단순보의 단면에서 발생하는 최대 전단응력의 크기는?

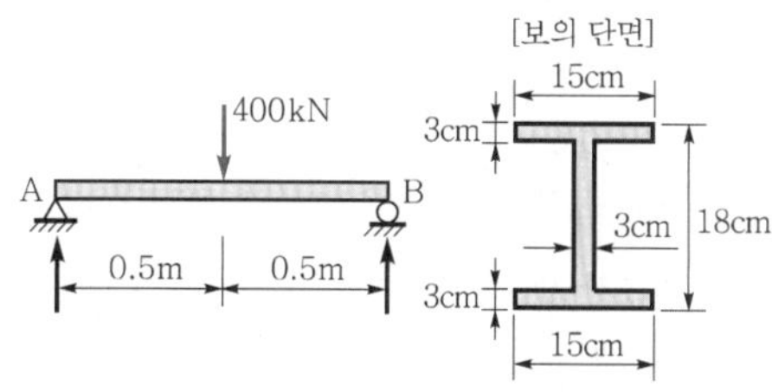

① 27.3MPa ② 35.2MPa

③ 46.9MPa ④ 54.2MPa

> **해설** 최대 전단응력
> ㉠ 단면의 성질
> $S_{\max}=200\text{kN}$
> $I_X=\dfrac{1}{12}\times(15\times18^3-12\times12^3)=5{,}562\text{cm}^4$
> $G_X=15\times3\times7.5+3\times6\times3=391.5\text{cm}^3$
> ㉡ 최대 전단응력
> $\tau_{\max}=\dfrac{SG_X}{I_Xb}=\dfrac{200{,}000\times391.5\times10^3}{5{,}562\times10^4\times30}$
> $=46.9256\text{MPa}$

06 정삼각형의 도심(G)을 지나는 여러 축에 대한 단면2차 모멘트의 값에 대한 다음 설명 중 옳은 것은?

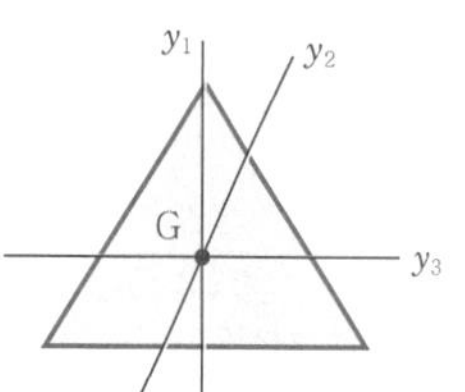

① $I_{y1}>I_{y2}$ ② $I_{y2}>I_{y1}$

③ $I_{y3}>I_{y2}$ ④ $I_{y1}=I_{y2}=I_{y3}$

> **해설** 단면2차모멘트의 특성
> 원형, 정삼각형의 도심축에 대한 단면2차모멘트는 축의 회전에 관계없이 모두 같다.

07 다음 그림과 같이 세 개의 평행력이 작용할 때 합력 R의 위치 x는?

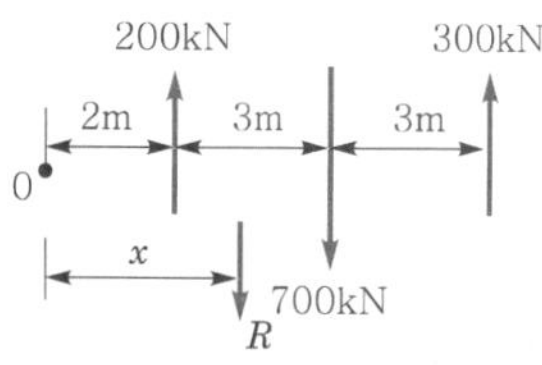

① 3.0m ② 3.5m

③ 4.0m ④ 4.5m

> **해설** 합력의 위치
> ㉠ 합력
> $\sum V=0$
> $R+200+300-700=0$
> $\therefore R=200\text{kN}(\uparrow)$
> ㉡ 작용거리
> $\sum M_o=0$
> $200\times x+200\times2-700\times5+300\times8=0$
> $\therefore x=3.5\text{m}$

08 다음 구조물에서 최대 처짐이 일어나는 위치까지의 거리 X_m을 구하면?

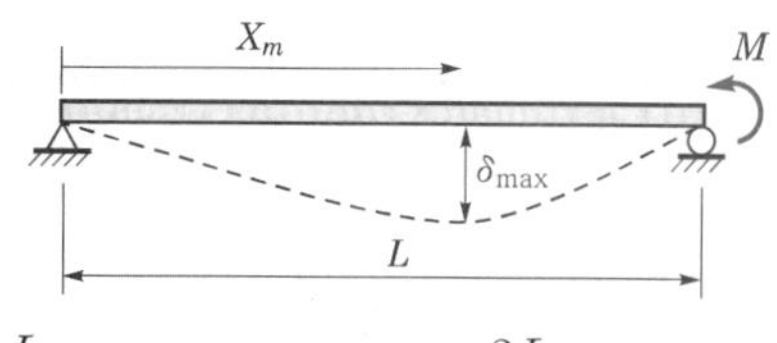

① $\dfrac{L}{2}$ ② $\dfrac{2L}{3}$

③ $\dfrac{L}{\sqrt{3}}$ ④ $\dfrac{2L}{\sqrt{3}}$

정답 4. ① 5. ③ 6. ④ 7. ② 8. ③

해설 최대 처짐과 위치

㉠ 최대 처짐

$$\delta_{max} = \frac{ML^2}{9\sqrt{3}EI}$$

㉡ 최대 처짐위치

$$X_m = \frac{L}{\sqrt{3}} = 0.577L$$

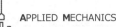

09 다음과 같은 부정정보에서 A의 처짐각 θ_A는? (단, 보의 휨강성은 EI이다.)

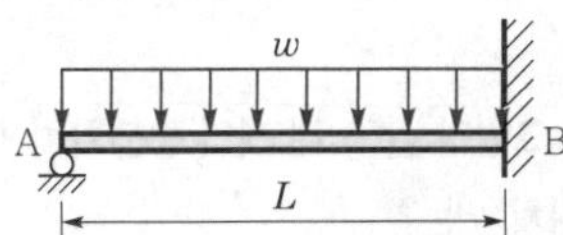

① $\frac{wL^3}{12EI}$　② $\frac{wL^3}{24EI}$

③ $\frac{wL^3}{36EI}$　④ $\frac{wL^3}{48EI}$

해설 처짐각법

㉠ 경계조건

$$M_{AB} = 0,\ \theta_B = 0,\ R = 0,\ C_{AB} = -\frac{wL^2}{12}$$

$$M_{AB} = 2EK(2\theta_A + \theta_B - 3R) - C_{AB}$$

㉡ A점의 처짐각

$$\frac{2EI}{L}(2\theta_A + 0 + 0) - \frac{wL^2}{12} = 0$$

$$\frac{4EI}{L}\theta_A = \frac{wL^2}{12}$$

$$\therefore \theta_A = \frac{wL^3}{48EI}\text{(시계방향)}$$

10 무게 10kN의 물체를 두 끈으로 늘어뜨렸을 때 한 끈이 받는 힘의 크기순서가 옳은 것은?

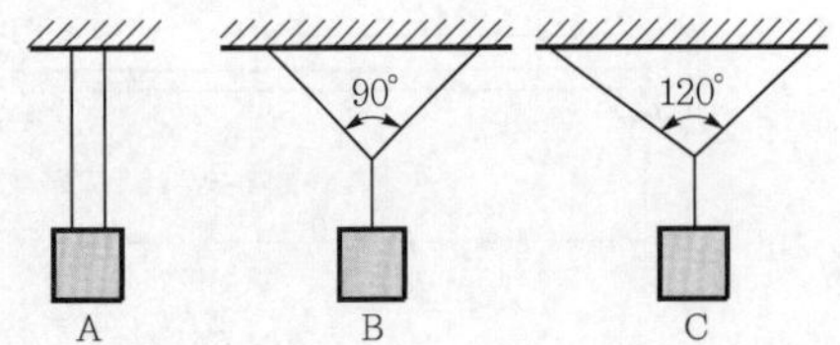

① B > A > C　② C > A > B

③ A > B > C　④ C > B > A

해설 장력의 크기

㉠ $\Sigma V = 0$

$2T_A = P$

$\therefore T_A = 0.5P$

㉡ $\Sigma V = 0$

$2T_B \cos 45° = P$

$\therefore T_B = 0.707P$

㉢ $\Sigma V = 0$

$2T_C \cos 60° = P$

$\therefore T_C = P$

$\therefore T_A < T_B < T_C$

11 다음 그림과 같은 캔틸레버보에서 휨모멘트에 의한 탄성변형에너지는? (단, EI는 일정)

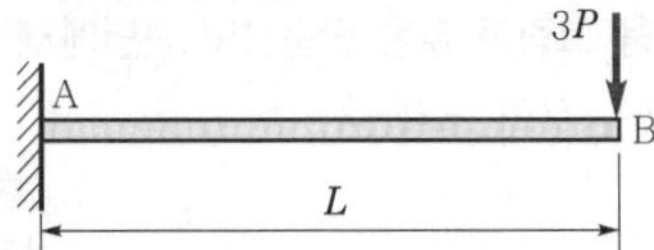

① $\frac{2P^2L^3}{3EI}$　② $\frac{3P^2L^3}{2EI}$

③ $\frac{2P^2L^3}{9EI}$　④ $\frac{9P^2L^3}{2EI}$

해설 탄성변형에너지(내적일)

$M_x = -3Px$

$$\therefore U = W_i = \int_0^L \frac{M_x^2}{2EI}dx$$

$$= \frac{1}{2EI}\int_0^L 9P^2x^2 dx$$

$$= \frac{9P^2}{2EI}\left[\frac{x^3}{3}\right]_0^L = \frac{3P^2L^3}{2EI}$$

12 다음 그림과 같은 단순보에서 C점의 휨모멘트는?

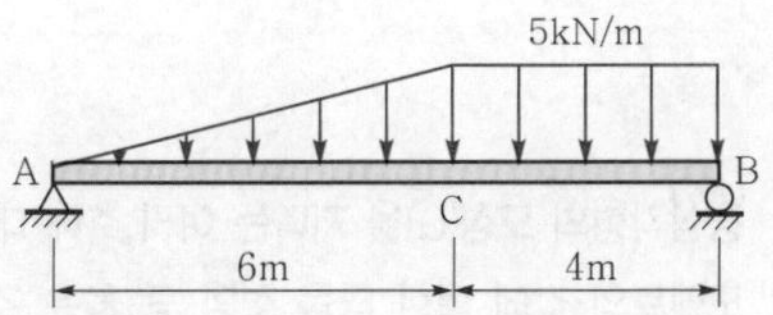

① 32kN · m　② 42kN · m

③ 48kN · m　④ 54kN · m

정답 9. ④ 10. ④ 11. ② 12. ③

해설 C점의 휨모멘트

㉠ 반력

$\Sigma M_B = 0$

$R_A \times 10 - \frac{1}{2} \times 6 \times 5 \times 6 - 5 \times 4 \times 2 = 0$

$\therefore R_A = 13\text{kN}(\uparrow)$

㉡ C점 휨모멘트

$M_C = 13 \times 6 - \frac{1}{2} \times 6 \times 5 \times 2 = 48\text{kN} \cdot \text{m}$

13 구조 해석의 기본원리인 겹침의 원리(principle of superposition)를 설명한 것으로 틀린 것은?

① 탄성한도 이하의 외력이 작용할 때 성립한다.
② 외력과 변형이 비선형관계가 있을 때 성립한다.
③ 여러 종류의 하중이 실린 경우 이 원리를 이용하면 편리하다.
④ 부정정 구조물에서도 성립한다.

해설 겹침의 원리(중첩의 원리)

탄성한도 내에서 외력과 변형이 선형탄성관계에 있을 때 성립한다.

14 다음 T형 단면에서 X축에 관한 단면2차모멘트값은?

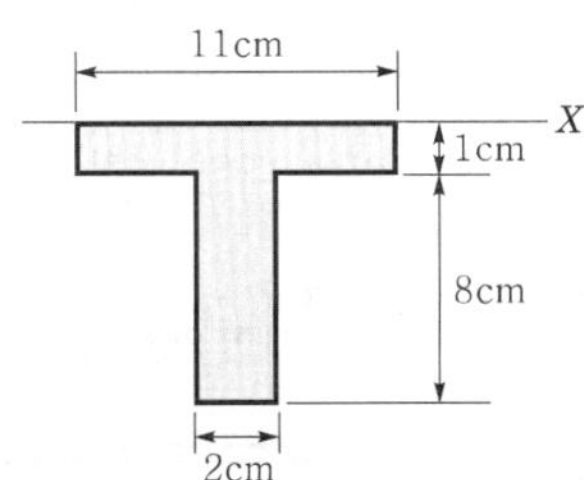

① 413cm^4 ② 446cm^4
③ 489cm^4 ④ 513cm^4

해설 단면2차모멘트(평행축정리)

$I_X = \frac{11 \times 1^3}{3} + \frac{2 \times 8^3}{12} + (2 \times 8 \times 5^2) = 489\text{cm}^4$

15 다음 그림과 같이 게르버보에 연행하중이 이동할 때 지점 B에서 최대 휨모멘트는?

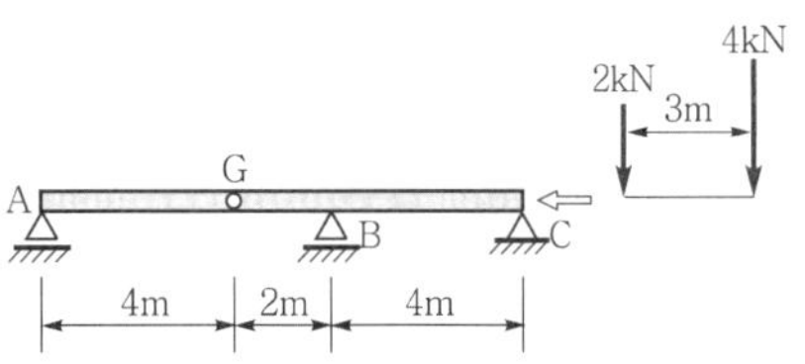

① $-9\text{kN} \cdot \text{m}$ ② $-11\text{kN} \cdot \text{m}$
③ $-13\text{kN} \cdot \text{m}$ ④ $-15\text{kN} \cdot \text{m}$

해설 B점의 휨모멘트에 대한 영향선도

$M_B = -(4 \times 2 + 2 \times 0.5) = -9\text{kN} \cdot \text{m}$

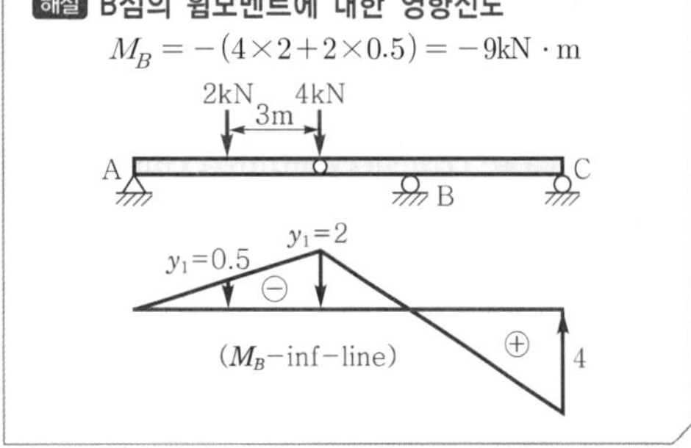

16 지름이 d인 원형 단면의 단주에서 핵(core)의 지름은?

① $\frac{d}{2}$ ② $\frac{d}{3}$
③ $\frac{d}{4}$ ④ $\frac{d}{8}$

해설 핵거리

$e = \frac{I}{Ay} = \frac{r^2}{y}$

㉠ 핵거리(핵반경)

$e = \frac{r^2}{y} = \frac{d}{8}$

㉡ 핵전경(k)

$k = 2e = \frac{d}{4}$

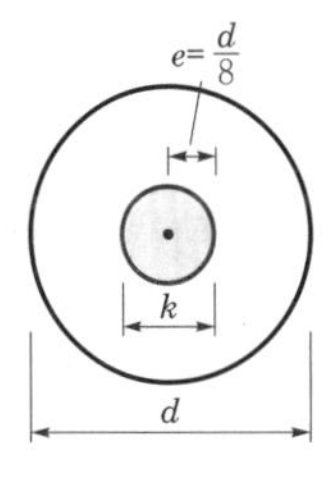

정답 13. ② 14. ③ 15. ① 16. ③

17 다음 그림과 같은 보의 A점의 수직반력 V_A는?

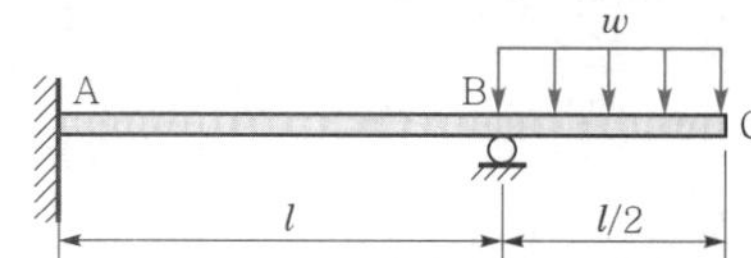

① $\frac{3}{8}wl(\downarrow)$　　② $\frac{1}{4}wl(\downarrow)$

③ $\frac{3}{16}wl(\downarrow)$　　④ $\frac{3}{32}wl(\downarrow)$

> **해설** 모멘트 분배법
>
> $\sum M_B = 0$
>
> $-R_A \times l + \frac{wl^2}{16} + \frac{wl^2}{8} = 0$
>
> $\therefore R_A = \frac{3}{16}wl(\downarrow)$
>
> $CM = \frac{wl^2}{16}$, $\frac{wl}{2}$, $\frac{wl^2}{8} = DM$
>
> (F.B.D)

18 다음 그림과 같은 트러스의 부재 EF의 부재력은?

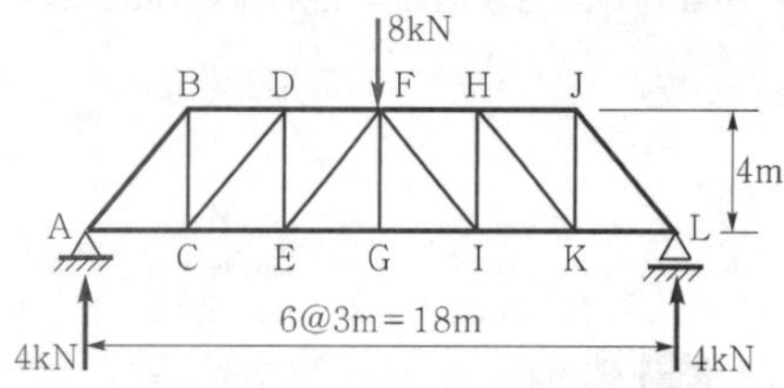

① 3kN(인장)　　② 3kN(압축)

③ 4kN(압축)　　④ 5kN(압축)

> **해설** $\overline{EF}$의 부재력(단면법)
>
> ㉠ 반력(좌우대칭)
>
> $R_A = 4\text{kN}(\uparrow)$
>
> ㉡ 부재력
>
> $\sum V = 0$
>
> $\overline{EF}\sin\theta + 4 = 0$
>
> $\therefore \overline{EF} = -4 \times \frac{5}{4} = -5\text{kN}$(압축)
>
> 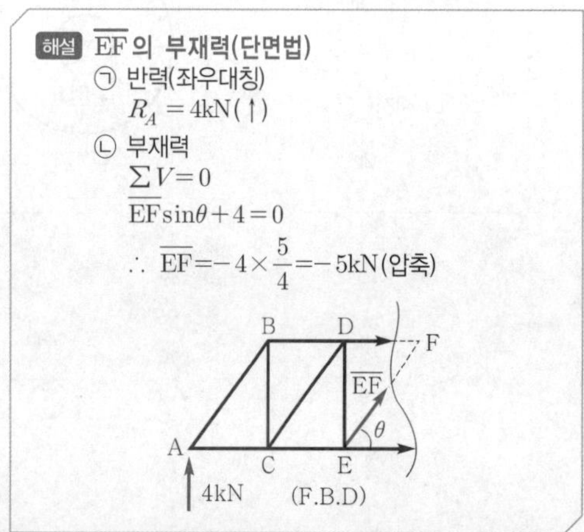
>

19 체적탄성계수 K를 탄성계수 E와 푸아송비 ν로 옳게 표시한 것은?

① $K = \frac{E}{3(1-2\nu)}$　　② $K = \frac{E}{2(1-3\nu)}$

③ $K = \frac{2E}{3(1-2\nu)}$　　④ $K = \frac{3E}{2(1-3\nu)}$

> **해설** 탄성계수의 관계
>
> ㉠ 전단탄성계수
>
> $G = \frac{E}{2(1+\nu)} = \frac{mE}{2(m+1)}$
>
> ㉡ 체적탄성계수
>
> $K = \frac{E}{3(1-2\nu)}$

20 다음 그림 (b)는 그림 (a)와 같은 게르버보에 대한 영향선이다. 다음 설명 중 옳은 것은?

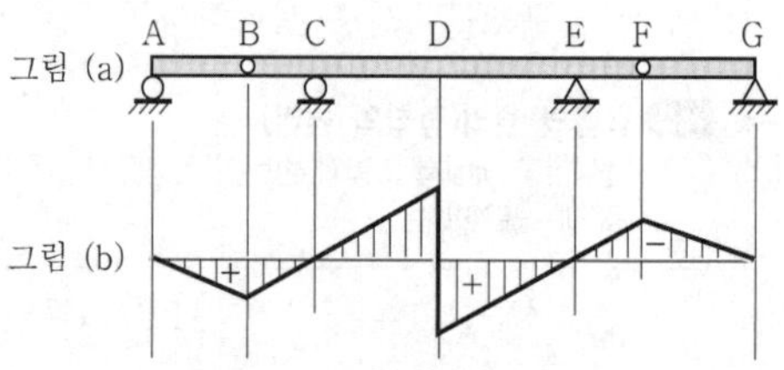

① 힌지점 B의 전단력에 대한 영향선이다.

② D점의 전단력에 대한 영향선이다.

③ D점의 휨모멘트에 대한 영향선이다.

④ C지점의 반력에 대한 영향선이다.

> **해설** D점의 영향선도
>
> D점의 전단력에 대한 영향선도이다.
>
> 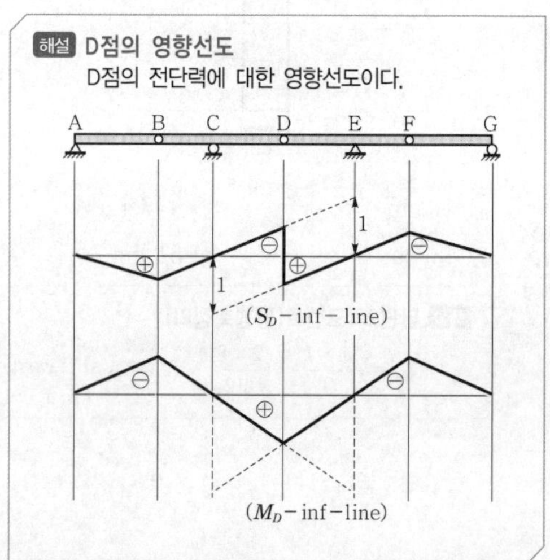
>

정답 17. ③　18. ④　19. ①　20. ②

2018 제3회 토목기사 기출문제

2018년 8월 19일 시행

01 상·하단이 고정인 기둥에 다음 그림과 같이 힘 P가 작용한다면 반력 R_A, R_B의 값은?

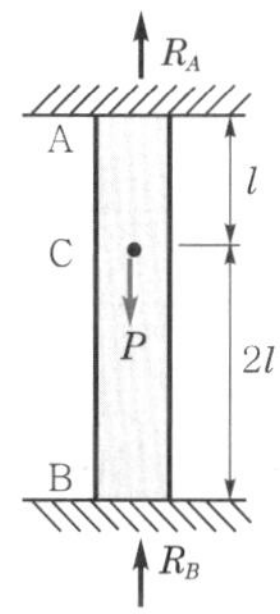

① $R_A=\dfrac{P}{2}$, $R_B=\dfrac{P}{2}$ ② $R_A=\dfrac{P}{3}$, $R_B=\dfrac{2P}{3}$

③ $R_A=\dfrac{2P}{3}$, $R_B=\dfrac{P}{3}$ ④ $R_A=P$, $R_B=0$

해설 반력(유연도법)

㉠ B점의 반력

$$\delta_{B1}=\frac{Pl}{EA}(\downarrow)$$

$$\delta_{B2}=\frac{3R_B l}{EA}(\uparrow)$$

$\delta_{B1}-\delta_{B2}=0$(변위의 적합조건)

$$\frac{Pl}{EA}=\frac{3R_B l}{EA}$$

$$\therefore R_B=\frac{P}{3}(\uparrow)$$

㉡ 평형방정식

$\sum V=0$

$R_A+R_B-P=0$

$$\therefore R_A=\frac{2P}{3}$$

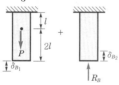

02 다음 그림과 같은 구조물에서 C점의 수직처짐을 구하면? (단, $EI=2\times10^{11}$MPa이며 자중은 무시한다.)

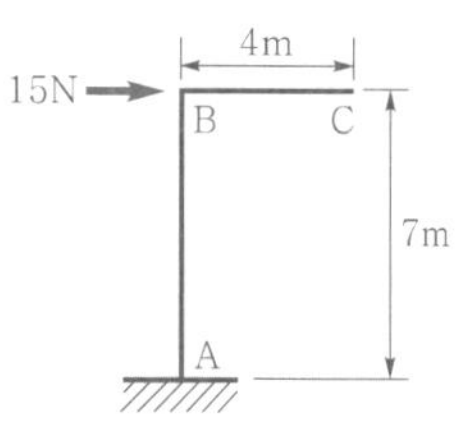

① 2.70mm ② 3.57mm

③ 6.24mm ④ 7.35mm

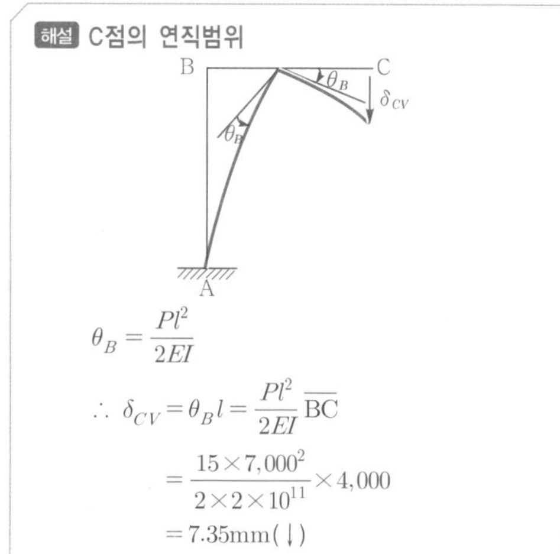

해설 C점의 연직변위

$$\theta_B=\frac{Pl^2}{2EI}$$

$$\therefore \delta_{CV}=\theta_B l=\frac{Pl^2}{2EI}\overline{BC}$$

$$=\frac{15\times7{,}000^2}{2\times2\times10^{11}}\times4{,}000$$

$$=7.35\text{mm}(\downarrow)$$

03 다음 그림과 같이 2개의 집중하중이 단순보 위를 통과할 때 절대 최대 휨모멘트의 크기(M_{max})와 발생위치(x)는?

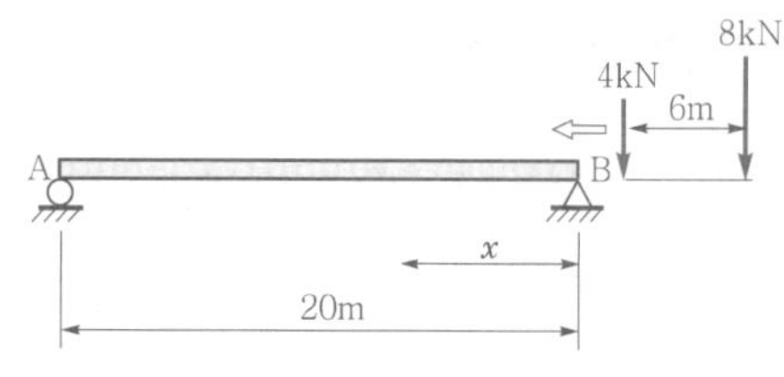

① $M_{max}=36.2\text{kN}\cdot\text{m}$, $x=8\text{m}$

② $M_{max}=38.2\text{kN}\cdot\text{m}$, $x=8\text{m}$

③ $M_{max}=48.6\text{kN}\cdot\text{m}$, $x=9\text{m}$

④ $M_{max}=50.6\text{kN}\cdot\text{m}$, $x=9\text{m}$

정답 1. ③ 2. ④ 3. ③

해설 절대 최대 휨모멘트

㉠ 발생위치

$R=4+8=12\text{kN}$

$12\times e=4\times 6$

$\therefore\ e=2\text{m}$

$\therefore\ x=10-1=9\text{m}$

㉡ 절대 최대 휨모멘트

$\Sigma M_A=0$

$-R_B\times 20+8\times 11+4\times 5=0$

$\therefore\ R_B=5.4\text{kN}(\uparrow)$

$\therefore\ M_{\max}=5.4\times 9=48.6\text{kN}\cdot\text{m}$

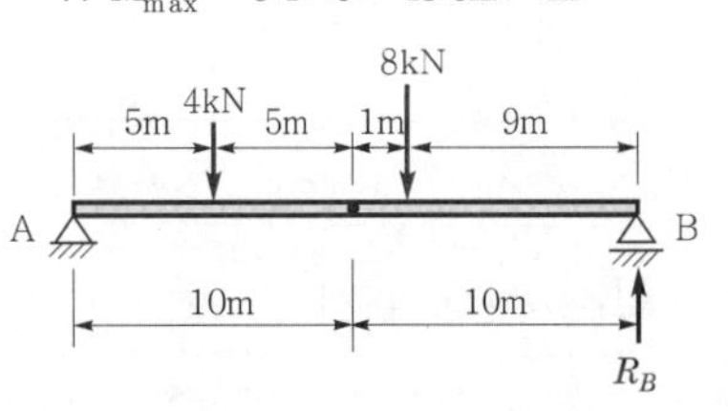

04 단면2차모멘트가 I이고 길이가 l인 균일한 단면의 직선상(直線狀)의 기둥이 있다. 지지상태가 1단 고정, 1단 자유인 경우 오일러(Euler)의 좌굴하중(P_{cr})은? (단, 이 기둥의 영(Young)계수는 E이다.)

① $\dfrac{\pi^2 EI}{4l^2}$

② $\dfrac{\pi^2 EI}{l^2}$

③ $\dfrac{2\pi^2 EI}{l^2}$

④ $\dfrac{4\pi^2 EI}{l^2}$

해설 오일러의 좌굴하중

㉠ 강도계수

일단 고정, 타단 자유일 때 $n=\dfrac{1}{4}$

㉡ 좌굴하중(임계하중)

$$P_{cr}=\frac{n\pi^2 EI}{l^2}=\frac{\pi^2 EI}{4l^2}$$

05 부양력 200kN인 기구가 수평선과 60°의 각으로 정지상태에 있을 때 기구의 끈에 작용하는 인장력(T)과 풍압(W)을 구하면?

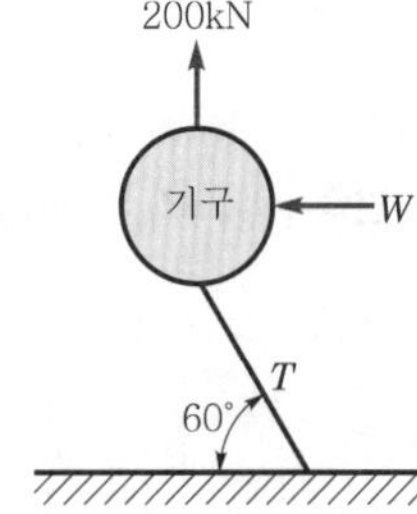

① $T=220.94\text{kN},\ W=105.47\text{kN}$

② $T=230.94\text{kN},\ W=115.47\text{kN}$

③ $T=220.94\text{kN},\ W=125.47\text{kN}$

④ $T=230.94\text{kN},\ W=135.47\text{kN}$

해설 인장력(T)과 풍압(W)

$$\frac{T}{\sin 90^\circ}=\frac{200}{\sin 60^\circ}=\frac{W}{\sin 30^\circ}$$

$$\therefore\ T=\frac{\sin 90^\circ}{\sin 60^\circ}\times 200=230.94\text{kN}$$

$$\therefore\ W=\frac{\sin 30^\circ}{\sin 60^\circ}\times 200=115.47\text{kN}$$

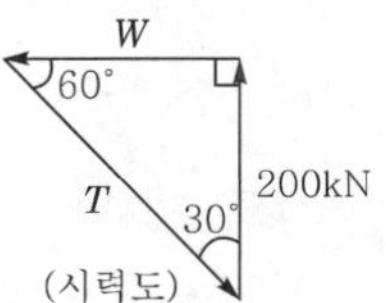

06 다음 그림과 같이 지름 d인 원형 단면에서 최대 단면계수를 갖는 직사각형 단면을 얻으려면 b/h는?

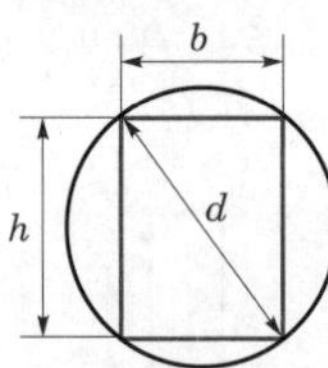

① 1

② $\dfrac{1}{2}$

③ $\dfrac{1}{\sqrt{2}}$

④ $\dfrac{1}{\sqrt{3}}$

정답 4. ① 5. ② 6. ③

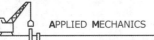

> **해설** 직사각형 단면의 비
>
> ㉠ 단면계수
>
> $d^2 = b^2 + h^2$
>
> $\therefore h^2 = d^2 - b^2$
>
> ㉡ 최대 단면계수
>
> $Z = \dfrac{bh^2}{6} = \dfrac{1}{6}b(d^2 - b^2) = \dfrac{1}{6}(d^2 b - b^3)$
>
> $\dfrac{dZ}{db} = \dfrac{1}{6}(d^2 - 3b^2) = 0$
>
> $\therefore b = \sqrt{\dfrac{1}{3}}d,\ h = \sqrt{\dfrac{2}{3}}d$
>
> $\therefore \dfrac{b}{h} = \dfrac{1}{\sqrt{2}}$
>
> **참고** $b : h : d = 1 : \sqrt{2} : \sqrt{3}$

07 다음 인장부재의 수직변위를 구하는 식으로 옳은 것은? (단, 탄성계수는 E)

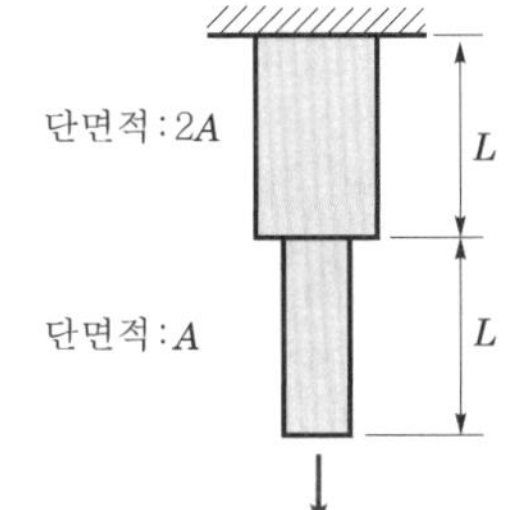

①  $\dfrac{PL}{EA}$

② $\dfrac{3PL}{2EA}$

③ $\dfrac{2PL}{EA}$

④ $\dfrac{5PL}{2EA}$

> **해설** 축방향 수직변위
>
> $\Delta l = \Delta l_1 + \Delta l_2 = \dfrac{PL}{2EA} + \dfrac{PL}{EA} = \dfrac{3PL}{2EA}$

08 다음 그림과 같이 속이 빈 직사각형 단면의 최대 전단응력은? (단, 전단력은 200kN)

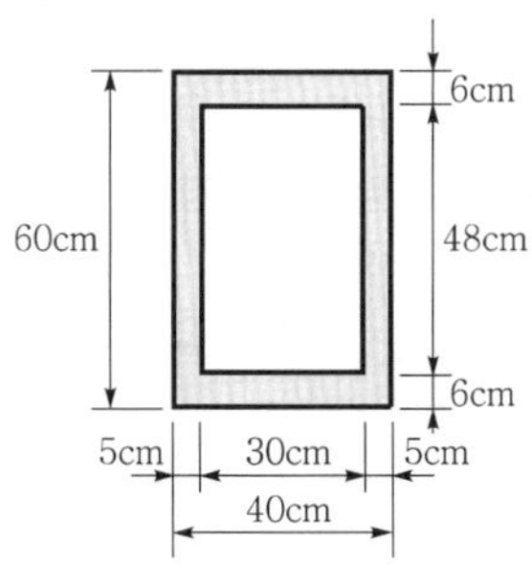

① 2.125MPa

② 3.22MPa

③ 4.125MPa

④ 4.22MPa

> **해설** 최대 전단응력
>
> ㉠ 단면의 성질
>
> $I_X = \dfrac{1}{12} \times (40 \times 60^3 - 30 \times 48^3)$
>
> $= 443,520\text{cm}^4$
>
> $G_X = 6 \times 40 \times 27 + 24 \times 5 \times 12 \times 2$
>
> $= 9.360\text{cm}^3$
>
> ㉡ 최대 전단응력
>
> $\tau_{\max} = \dfrac{SG_X}{I_X b} = \dfrac{200,000 \times 9,360 \times 10^3}{443,520 \times 10^4 \times 100}$
>
> $= 4.2208\text{MPa}$

09 다음 그림과 같은 캔틸레버보에 굽힘으로 인하여 저장된 변형에너지는? (단, EI는 일정하다.)

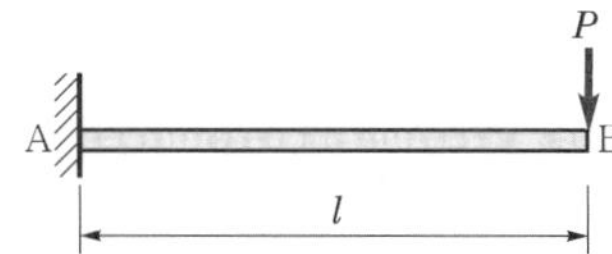

① $\dfrac{P^2 l^3}{6EI}$

② $\dfrac{P^2 l^3}{48EI}$

③ $\dfrac{P^2 l^3}{12EI}$

④ $\dfrac{P^2 l^3}{38EI}$

> **해설** 탄성병형에너지(내적일)
>
> $M_x = -Px$
>
> $\therefore U = W_i = \displaystyle\int_0^l \dfrac{{M_x}^2}{2EI}dx$
>
> $= \dfrac{1}{2EI}\displaystyle\int_0^l (-Px)^2 dx$
>
> $= \dfrac{P^2}{2EI}\left[\dfrac{1}{3}x^3\right]_0^l = \dfrac{P^2 l^3}{6EI}$
>
> **별해** 외적일에 의한 변형에너지
>
> $\delta_B = \dfrac{Pl^3}{3EI}$
>
> $\therefore U = W_e = \dfrac{1}{2}P\delta_B = \dfrac{P}{2} \times \dfrac{Pl^3}{3EI} = \dfrac{P^2 l^3}{6EI}$

정답 7. ② 8. ④ 9. ①

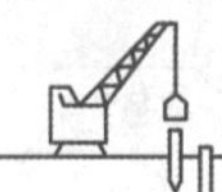

10 다음 그림과 같은 T형 단면에서 $x-x$축에 대한 회전 반지름(r)은?

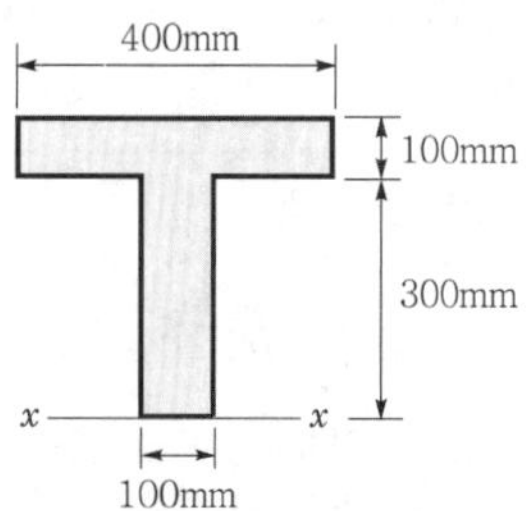

① 227mm ② 289mm
③ 334mm ④ 376mm

해설 **회전반지름**

㉠ 단면의 성질

$A = 400 \times 100 + 300 \times 100 = 70{,}000\text{mm}^2$

$I_x = \dfrac{400 \times 100^3}{12} + 400 \times 100 \times 350^2$

$+ \dfrac{100 \times 300^3}{12} + 100 \times 300 \times 150^2$

$= \dfrac{1.75}{3} \times 10^{10}\text{mm}^4$

㉡ 회전반지름

$r = \sqrt{\dfrac{I_x}{A}} = \sqrt{\dfrac{1.75 \times 10^{10}}{3 \times 70{,}000}}$

$= 288.67 ≒ 289\text{mm}$

11 어떤 재료의 탄성계수를 E, 전단탄성계수를 G라 할 때 G와 E의 관계식으로 옳은 것은? (단, 이 재료의 푸아송비는 ν이다.)

① $G = \dfrac{E}{2(1-\nu)}$

② $G = \dfrac{E}{2(1+\nu)}$

③ $G = \dfrac{E}{2(1-2\nu)}$

④ $G = \dfrac{E}{2(1+2\nu)}$

해설 **전단탄성계수**

$G = \dfrac{E}{2(1+\nu)} = \dfrac{mE}{2(m+1)}$

12 다음 내민보에서 B점의 모멘트와 C점의 모멘트의 절댓값의 크기를 같게 하기 위한 $\dfrac{l}{a}$의 값을 구하면?

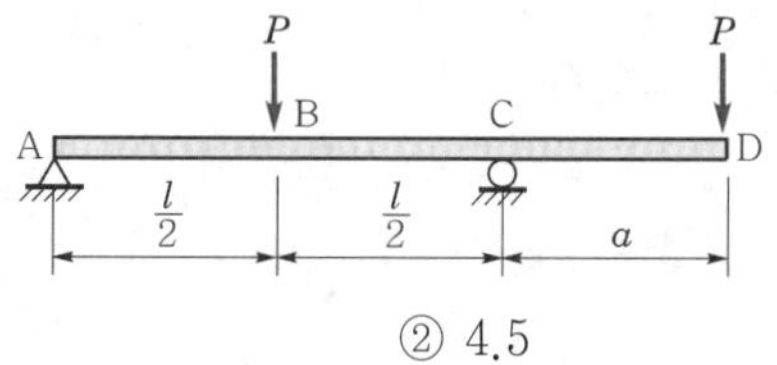

① 6 ② 4.5
③ 4 ④ 3

해설 **보 길이의 비**

㉠ $\Sigma M_C = 0$

$R_A l - \dfrac{Pl}{2} + Pa = 0$

$R_A = \dfrac{P}{2l}(l-2a)$

$M_B = \dfrac{P}{2l}(l-2a) \times \dfrac{l}{2} = \dfrac{P}{4}(l-2a)$

㉡ $M_C = Pa$

$M_B = M_C$

$a = \dfrac{1}{4}(l-2a)$

$\therefore \dfrac{l}{a} = 6$

13 다음 트러스의 부재력이 0인 부재는?

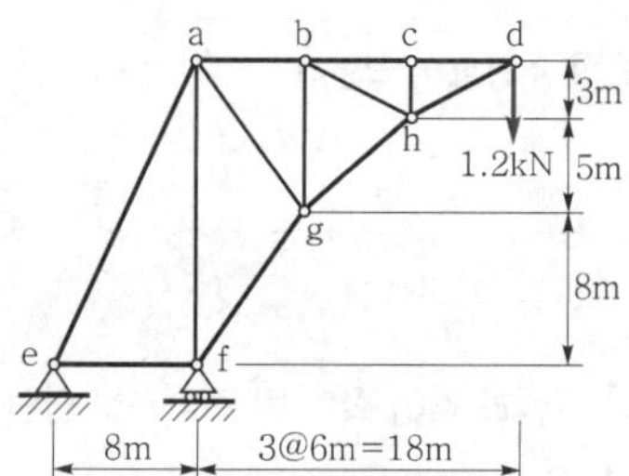

① 부재 a−e ② 부재 a−f
③ 부재 b−g ④ 부재 c−h

해설 **트러스 영(zero)부재**

$\therefore \overline{ch} = 0,\ \overline{bc} = \overline{cd}$

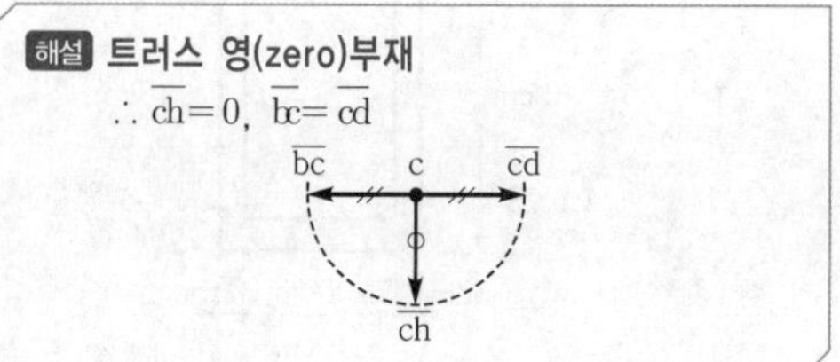

정답 10. ② 11. ② 12. ① 13. ④

14 다음 구조물은 몇 부정정차수인가?

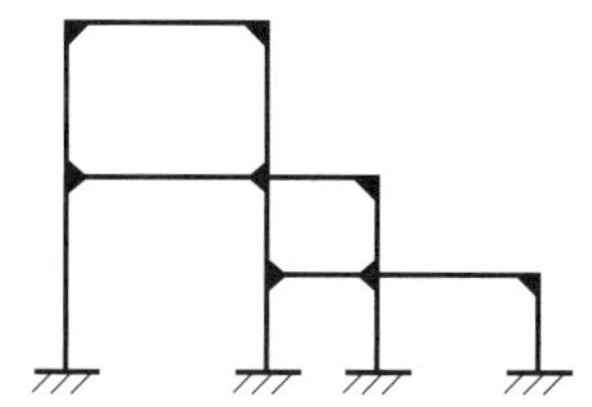

① 12차 부정정 ② 15차 부정정
③ 18차 부정정 ④ 21차 부정정

해설 **구조물의 판별**

$r=3\times 14=42$개, $m=9$개

$n=r-3m=42-3\times 9=15$

∴ 15차 부정정

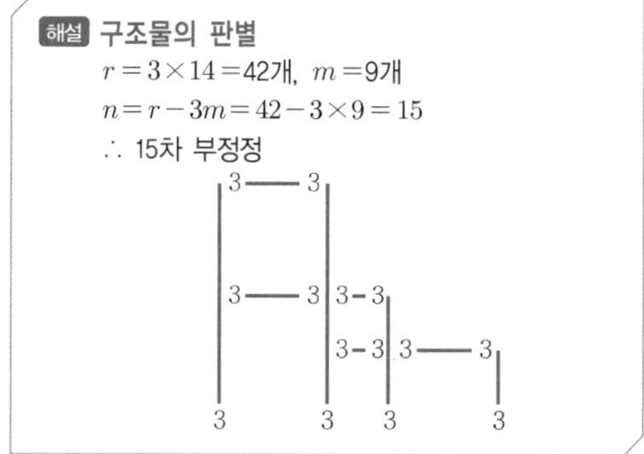

15 다음 그림과 같은 라멘 구조물의 E점에서의 불균형모멘트에 대한 부재 EA의 모멘트 분배율은?

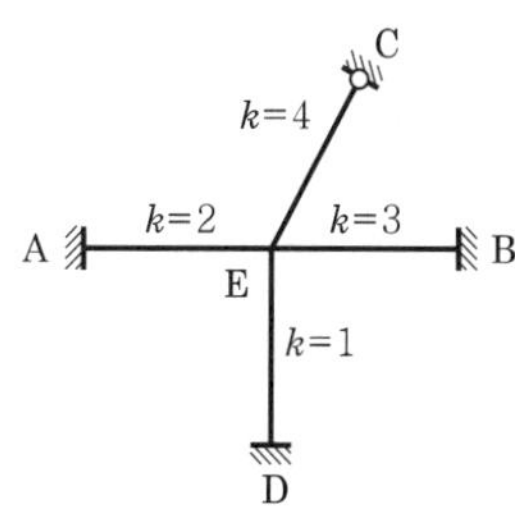

① 0.222 ② 0.1667
③ 0.2857 ④ 0.40

해설 **모멘트 분배율**

$$D.F_{EA}=\frac{k_{EA}}{\Sigma k}=\frac{2}{2+4\times\frac{3}{4}+3+1}=0.2222$$

16 다음 그림과 같은 내민보에서 정(+)의 최대 휨모멘트가 발생하는 위치 x(지점 A로부터의 거리)와 정(+)의 최대 휨모멘트(M_x)는?

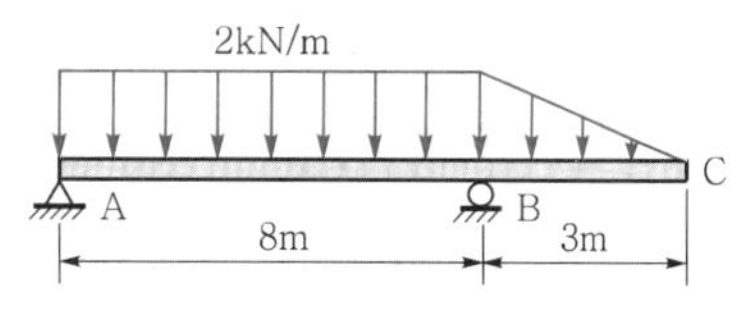

① $x=2.821$m, $M_x=11.438$kN · m
② $x=3.256$m, $M_x=17.547$kN · m
③ $x=3.813$m, $M_x=14.535$kN · m
④ $x=4.527$m, $M_x=19.063$kN · m

해설 **최대 휨모멘트**

㉠ $\Sigma M_B=0$

$V_A\times 8-2\times 8\times 4+\frac{1}{2}\times 2\times 3\times 1=0$

$\therefore V_A=7.625\text{kN}(\uparrow)$

㉡ $S_x=7.625-2x=0$

$\therefore x=3.8125\text{m}$

㉢ 최대 휨모멘트

$M_{max}=7.625\times 3.8125-2\times 3.8125\times\frac{3.8125}{2}$

$=14.5352\text{kN}\cdot\text{m}$

17 다음 그림과 같은 반원형 3힌지 아치에서 A점의 수평반력은?

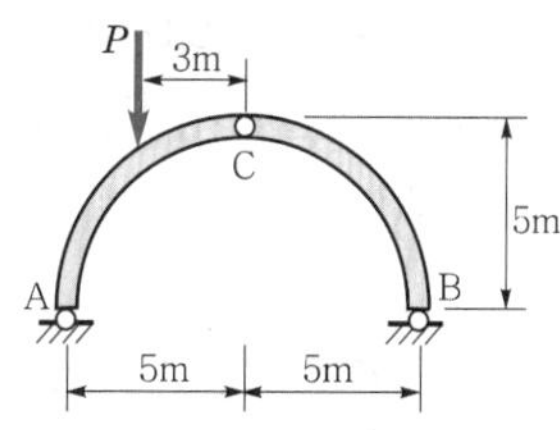

① P ② $P/2$
③ $P/4$ ④ $P/5$

해설 **A점의 수평반력**

㉠ $\Sigma M_B=0$

$+V_A\times 10-P\times 8=0$

$\therefore V_A=\frac{4}{5}P(\uparrow)$

㉡ $\Sigma M_C=0$

$+\frac{4}{5}P\times 5-H_A\times 5-P\times 3=0$

$\therefore H_A=\frac{P}{5}(\rightarrow)$

정답 14. ② 15. ① 16. ③ 17. ④

18 휨모멘트가 M인 다음과 같은 직사각형 단면에서 $A-A$에서의 휨응력은?

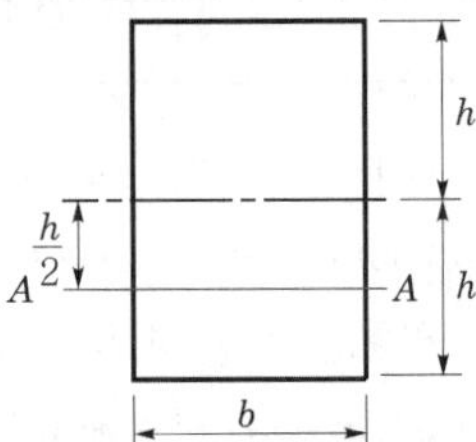

① $\dfrac{3M}{bh^2}$　　② $\dfrac{3M}{4bh^2}$

③ $\dfrac{3M}{2bh^2}$　　④ $\dfrac{M}{4b^2h^2}$

해설 **휨응력**

㉠ 단면의 성질

$$I=\frac{b\times(2h)^3}{12}=\frac{8bh^3}{12}$$

$$y=\frac{h}{2}$$

㉡ 휨응력

$$\sigma=\frac{M}{I}y=\frac{12M}{8bh^3}\times\frac{h}{2}=\frac{3M}{4bh^2}$$

19 다음 그림에서 블록 A를 뽑아내는데 필요한 힘 P는 최소 얼마 이상이어야 하는가? (단, 블록과 접촉면과의 마찰계수 μ=0.3)

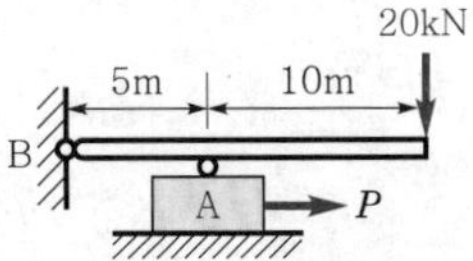

① 6kN　　② 9kN

③ 15kN　　④ 18kN

해설 **필요한 힘**

㉠ 블록에 작용하는 힘(N)

$\Sigma M_B=0$

$N\times5-20\times15=0$

$\therefore N=60\text{kN}(\downarrow)$

㉡ 블록의 마찰력

$R=\mu N=0.3\times60=18\text{kN}\leq P$

20 다음 그림과 같은 내민보에서 C점의 처짐은? (단, 전 구간의 EI=3.0×10^{11}MPa으로 일정하다.)

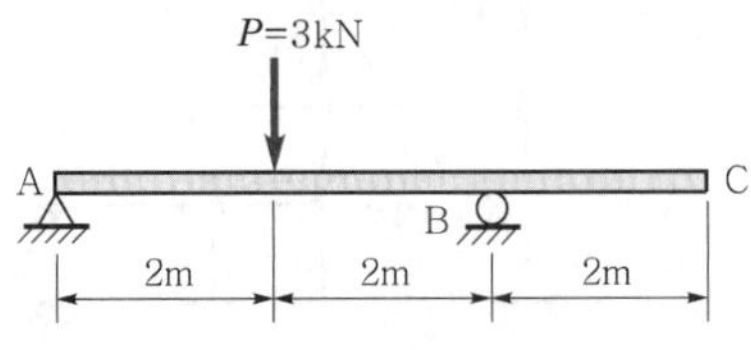

① 0.1cm　　② 0.2cm

③ 1cm　　④ 2cm

해설 **C점의 처짐**

$$y_C=\theta_B\overline{BC}=\frac{Pl^2}{16EI}\times\frac{l}{2}=\frac{Pl^3}{32EI}$$

$$=\frac{3{,}000\times4{,}000^3}{32\times3\times10^{11}}=20\text{mm}=2\text{cm}(\uparrow)$$

정답 18. ② 19. ④ 20. ④

2019 제1회 토목기사 기출문제

2019년 3월 3일 시행

01 다음 정정보에서의 전단력도(S.F.D)로 옳은 것은?

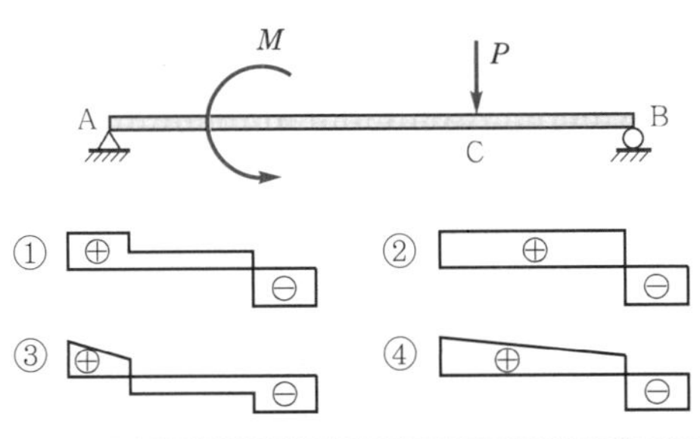

해설 **전단력도(S.F.D)**
전단력도는 모멘트하중과 직접적인 관계가 없으며 C점에 작용하는 P에 영향을 받는다.

02 각 변의 길이가 a로 동일한 그림 A, B 단면의 성질에 관한 내용으로 옳은 것은?

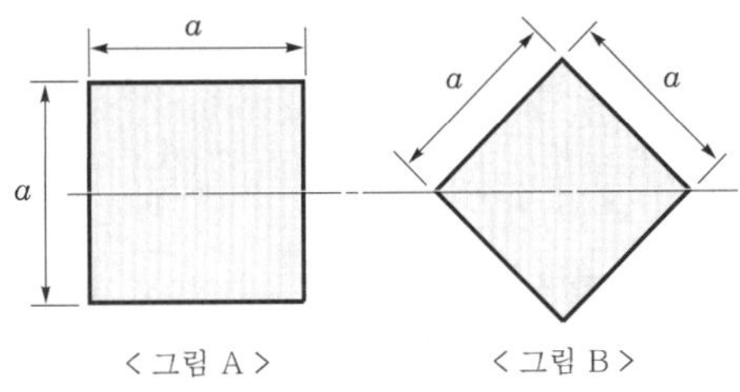

① 그림 A는 그림 B보다 단면계수는 작고, 단면 2차모멘트는 크다.
② 그림 A는 그림 B보다 단면계수는 크고, 단면 2차모멘트는 작다.
③ 그림 A는 그림 B보다 단면계수는 크고, 단면 2차모멘트는 같다.
④ 그림 A는 그림 B보다 단면계수는 작고, 단면 2차모멘트는 같다.

해설 **단면의 성질**
단면 도심으로부터 단면 연단까지 거리가 A보다 B가 더 크기 때문에 단면계수는 A가 B보다 더 크고, 단면 2차모멘트는 같다.
$\therefore Z_A > Z_B,\ I_A = I_B$

03 다음 그림과 같이 단순보에 이동하중이 재하될 때 절대 최대 모멘트는 약 얼마인가?

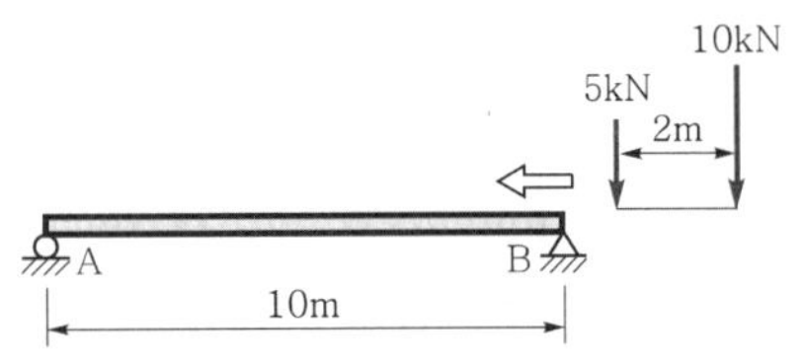

① 33kN · m　　② 35kN · m
③ 37kN · m　　④ 39kN · m

해설 **절대 최대 휨모멘트**
㉠ 합력
$R = 5 + 10 = 15\text{kN}(\uparrow)$
㉡ 합력의 작용점
$x = \dfrac{5\times 2}{15} = 0.67\text{m}$
㉢ 절대 최대 휨모멘트
$\Sigma M_A = 0$
$-R_B \times 10 + 10\times 5.33 + 5 \times 3.33 = 0$
$\therefore R_B = 6.995\text{kN}(\uparrow)$
$\therefore M_{max} = 6.995 \times (5 - 0.33)$
$= 32.66\text{kN} \cdot \text{m}$

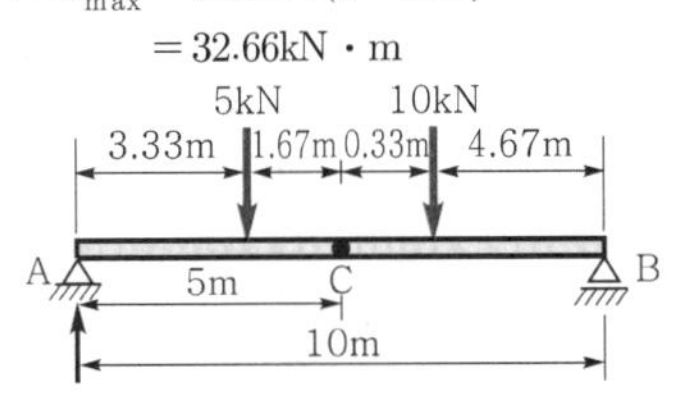

04 다음 그림과 같은 기둥에서 좌굴하중의 비 (a) : (b) : (c) : (d)는? (단, EI와 기둥의 길이(l)는 모두 같다.)

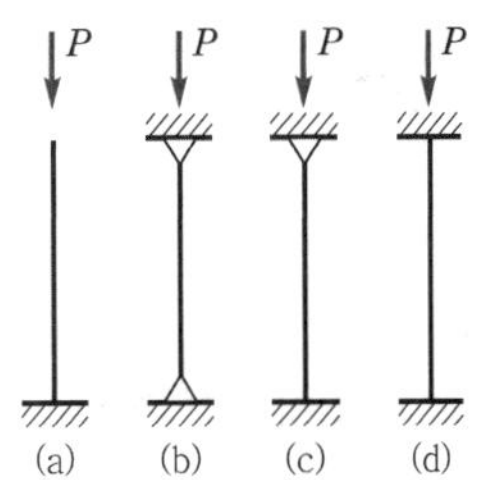

① 1 : 2 : 3 : 4　　② 1 : 4 : 8 : 12
③ $\frac{1}{4}$: 2 : 4 : 8　　④ 1 : 4 : 8 : 16

정답 1. ② 2. ③ 3. ① 4. ④

해설 좌굴하중의 비

$P_{cr}=\frac{n\pi^2 EI}{l}$, $n=\frac{1}{4}:1:2:4$

$\therefore P_a:P_b:P_c:P_d=\frac{1}{4}:1:2:4$
$=1:4:8:16$

05 양단 고정보에 등분포하중이 작용할 때 A점에 발생하는 휨모멘트는?

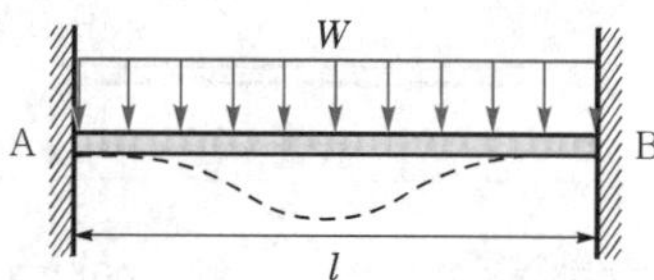

① $-\frac{Wl^2}{4}$　② $-\frac{Wl^4}{6}$
③ $-\frac{Wl^2}{8}$　④ $-\frac{Wl^2}{12}$

해설 고정단모멘트

$M_{AB}=M_{BA}=-\frac{Wl^2}{12}$

06 다음 라멘의 수직반력 R_B는?

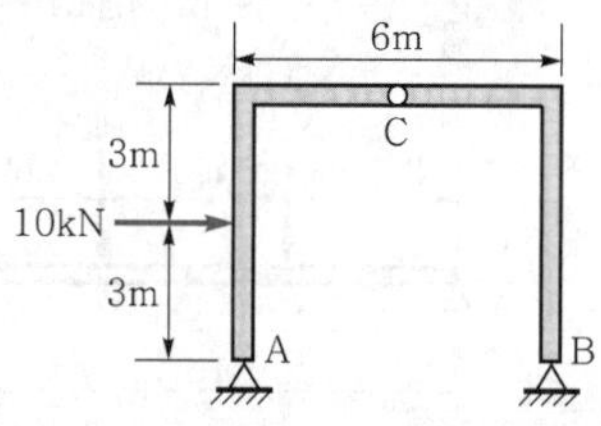

① 2kN　② 3kN
③ 4kN　④ 5kN

해설 B점의 수직반력

$\Sigma M_A=0$

$-R_B\times 6+10\times 3=0$

$\therefore R_B=5\text{kN}(\uparrow)$

07 단주에서 단면의 핵이란 기둥에서 인장응력이 발생되지 않도록 재하되는 편심거리로 정의된다. 지름 40cm인 원형 단면의 핵의 지름은?

① 2.5cm　② 5.0cm
③ 7.5cm　④ 10.0cm

해설 핵거리

㉠ 핵거리(핵반경)

$e=\frac{r^2}{y}=\frac{D}{8}=\frac{40}{8}=5\text{cm}$

㉡ 핵전경(핵지름)

$k=2e=2\times 5=10\text{cm}$

08 지름이 d인 원형 단면의 회전반경은?

① $\frac{d}{2}$　② $\frac{d}{3}$
③ $\frac{d}{4}$　④ $\frac{d}{8}$

해설 최소 회전반경

$r_{\min}=\sqrt{\frac{I}{A}}=\sqrt{\frac{\frac{\pi d^4}{64}}{\frac{\pi d^2}{4}}}=\frac{d}{4}$

09 직사각형 단면보의 단면적을 A, 전단력을 V라고 할 때 최대 전단응력 $\tau_{\max}$은?

① $\frac{2}{3}\frac{V}{A}$　② $1.5\frac{V}{A}$
② $3\frac{V}{A}$　④ $2\frac{V}{A}$

해설 최대 전단응력

$\tau_{\max}=\frac{VG}{Ib}=\frac{3}{2}\frac{V}{A}$

10 분포하중(W), 전단력(S) 및 굽힘모멘트(M) 사이의 관계가 옳은 것은?

① $W=\frac{dM}{dx}=\frac{d^2S}{dx^2}$

② $W=\frac{dM}{dx}=\frac{d^2M}{dx^2}$

③ $-W=\frac{dS}{dx}=\frac{d^2M}{dx^2}$

④ $-W=\frac{dM}{dx}=\frac{d^2S}{dx^2}$

정답 5. ④ 6. ④ 7. ④ 8. ③ 9. ② 10. ③

해설 단면력과 하중의 관계

㉠ 미분관계

$$\frac{d^2M_x}{dx^2}=\frac{dS_x}{dx}=-w_x,\quad \frac{dM_x}{dx}=S_x$$

㉡ 적분관계

$$M_x=\int S_x dx=-\iint w_x dx dx$$

$$S_x=-\int w_x dx$$

11 다음 그림과 같은 구조물에서 C점의 수직처짐은? (단, AC 및 BC부재의 길이는 L, 단면적은 A, 탄성계수는 E이다.)

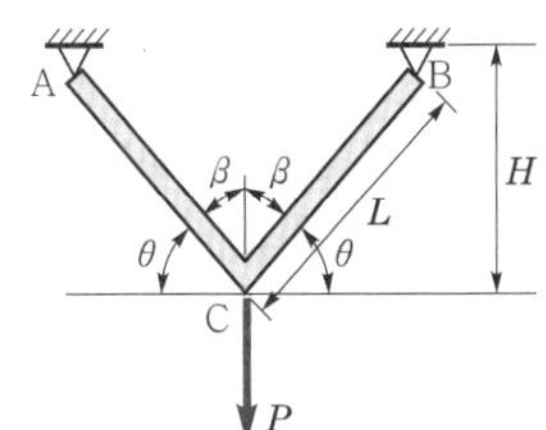

① $\dfrac{PL}{2EA\sin^2\theta}$　② $\dfrac{PL}{2EA\cos^2\theta}$

③ $\dfrac{PL}{2EA\sin\theta\cos\theta}$　④ $\dfrac{PL}{2EA\sin\theta}$

해설 C점의 수직처짐(Williot 변위선도)

㉠ 부재력

$$F=\frac{P}{2\sin\theta},\quad H=L\sin\theta$$

㉡ 부재의 변위량

$$\delta_1=\frac{FL}{EA}=\frac{PH}{2EA\sin^2\theta}$$

㉢ C점의 수직처짐

$$\delta_C=\frac{\delta_1}{\sin\theta}=\frac{PH}{2EA\sin^3\theta}=\frac{PL}{2EA\sin^2\theta}$$

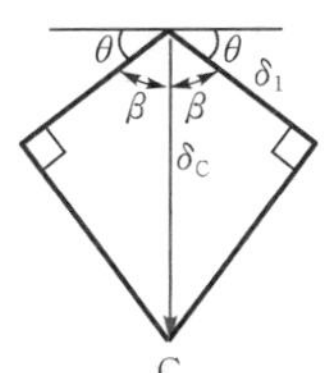

별해 $\delta_C=\dfrac{\delta_1}{\cos\beta}=\dfrac{PH}{2EA\cos^3\beta}$

12 다음에서 설명하는 정리는?

> 동일 평면상의 한 점에 여러 개의 힘이 작용하고 있는 경우에 이 평면상의 임의 점에 관한 이들 힘의 모멘트의 대수합은 동일점에 관한 이들 힘의 합력의 모멘트와 같다.

① Lami의 정리　② Green의 정리

③ Pappus의 정리　④ Varignon의 정리

해설 바리뇽(Varignon)의 정리

여러 힘의 한 점에 대한 모멘트는 그 합력의 모멘트의 크기와 같다.

∴ 합력에 의한 모멘트=분력에 의한 모멘트의 합

13 다음 그림과 같은 보에서 C점의 휨모멘트는?

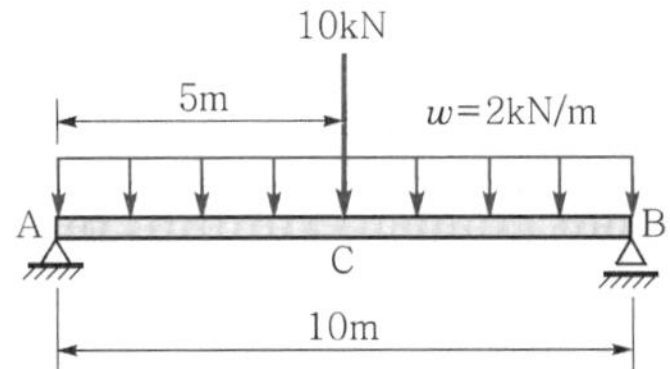

① 0kN · m　② 40kN · m

③ 45kN · m　④ 50kN · m

해설 C점의 휨모멘트

$$M_C=\frac{PL}{4}+\frac{wL^2}{8}=\frac{10\times10}{4}+\frac{2\times10^2}{8}$$

$$=50\text{kN}\cdot\text{m}$$

14 탄성계수가 2.0×10^9MPa인 재료로 된 경간 10m의 캔틸레버보에 W=1.2kN/m의 등분포하중이 작용할 때 자유단의 처짐각은? (단, IN : 중립축에 관한 단면2차 모멘트)

① $\theta=\dfrac{10^2}{IN}$　② $\theta=\dfrac{10^3}{IN}$

③ $\theta=1.5\dfrac{10^3}{IN}$　④ $\theta=\dfrac{10^4}{IN}$

해설 캔틸레버보의 처짐각

$$\theta=\frac{WL^3}{6EI}=\frac{1.2\times10{,}000^3}{6\times2\times10^9\times IN}=\frac{10^2}{IN}\text{[rad]}$$

정답 11. ① 12. ④ 13. ④ 14. ①

15 다음 그림과 같은 내민보에서 자유단의 처짐은? (단, $EI=3.2\times10^{13}$MPa)

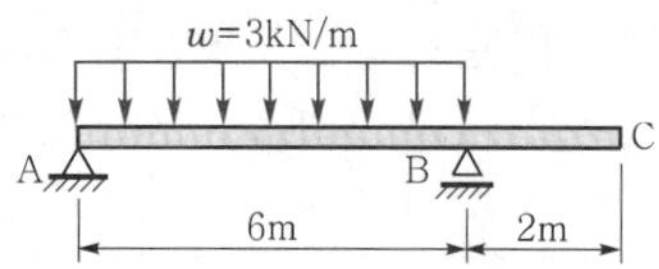

① 0.169cm ② 16.9cm
③ 0.338cm ④ 33.8cm

해설 C점의 처짐

$$\delta_C=\theta_B L_{BC}=\frac{wL_{AB}{}^3}{24EI}L_{BC}$$
$$=\frac{3\times(6\times1{,}000)^3}{24\times3.2\times10^{13}}\times2{,}000$$
$$=1.6875\text{mm}=0.169\text{cm}(\uparrow)$$

16 다음 중 단위변형을 일으키는데 필요한 힘은?

① 강성도
② 유연도
③ 축강도
④ 푸아송비

해설 강성도와 유연도

㉠ 강성도(k) : 단위변형($\Delta l=1$)을 일으키는 데 필요한 힘으로 변형에 저항하는 정도
㉡ 유연도(f) : 단위하중($P=1$)에 의한 변형량으로 늘어나는 정도

$$\therefore\ k=\frac{EA}{l},\ f=\frac{l}{EA},\ k=\frac{1}{f}$$

17 다음 그림과 같은 트러스에서 부재 U의 부재력은?

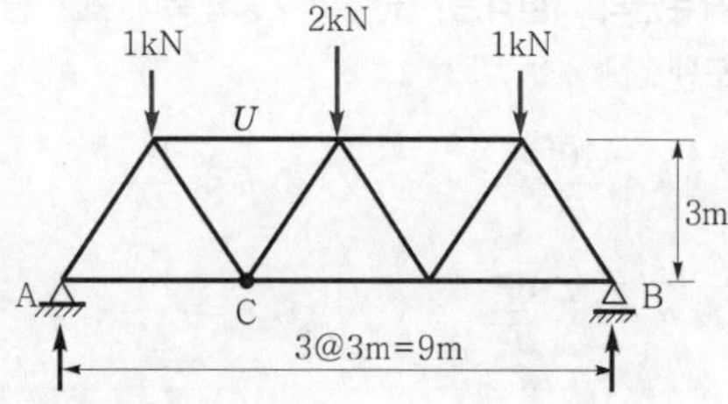

① 1.0kN(압축) ② 1.2kN(압축)
③ 1.3kN(압축) ④ 1.5kN(압축)

해설 트러스의 부재력

㉠ 반력(좌우대칭)
$R_A=R_B=2\text{kN}(\uparrow)$
㉡ 부재력
$\Sigma M_C=0$
$2\times3-1\times1.5+U\times3=0$
$\therefore\ U=-1.5\text{kN}$(압축)

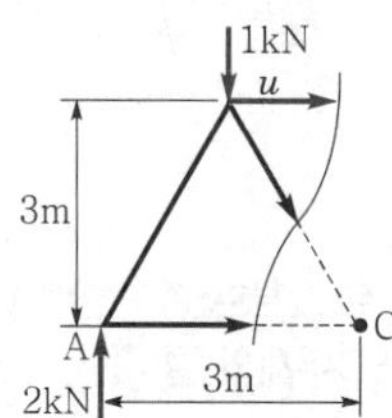

18 20cm×30cm인 단면의 저항모멘트는? (단, 재료의 허용휨응력은 70MPa이다.)

① 210kN·m ② 300kN·m
③ 450kN·m ④ 600kN·m

해설 저항모멘트

$$\sigma=\frac{M}{Z}=\frac{6M}{bh^2}$$
$$\therefore\ M=\sigma\frac{bh^2}{6}=70\times\frac{200\times300^2}{6}\times10^{-6}$$
$$=210\text{kN}\cdot\text{m}$$

19 주어진 보에서 지점 A의 휨모멘트(M_A) 및 반력(R_A)의 크기로 옳은 것은?

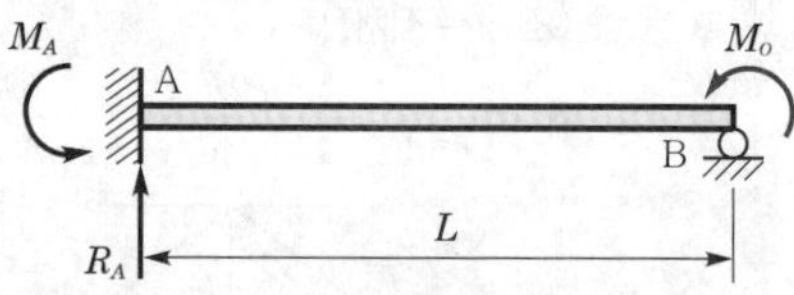

① $M_A=\dfrac{M_o}{2},\ R_A=\dfrac{3M_o}{2L}$

② $M_A=M_o,\ R_A=\dfrac{M_o}{L}$

③ $M_A=\dfrac{M_o}{2},\ R_A=\dfrac{5M_o}{2L}$

④ $M_A=M_o,\ R_A=\dfrac{2M_o}{L}$

정답 15. ① 16. ① 17. ④ 18. ① 19. ①

해설 **모멘트 분배법**

㉠ 전달모멘트(CM)

$$M_A = \frac{1}{2}M_B = \frac{M_o}{2}$$

㉡ 반력

$$\Sigma M_B = 0$$

$$R_A L - \frac{M_o}{2} - M_o = 0$$

$$\therefore\ R_A = \frac{3M_o}{2L}(\uparrow)$$

20 다음에서 부재 BC에 걸리는 응력의 크기는?

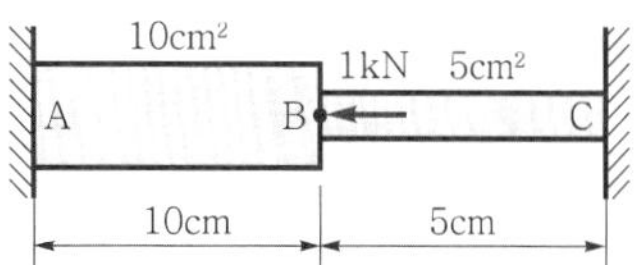

① $\frac{2}{3}$MPa　　② 1MPa

③ $\frac{3}{2}$MPa　　④ 2MPa

해설 **변위일치법**

㉠ C점의 줄음량

$$\Delta_{C1} = \frac{PL_1}{EA_1} = \frac{1{,}000 \times 100}{E \times 1{,}000} = \frac{100}{E}(\leftarrow)$$

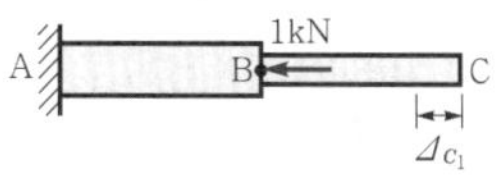

㉡ C점의 늘음량

$$\Delta_{C2} = \frac{R_C L_1}{EA_1} + \frac{R_C L_2}{EA_2} = \frac{R_C \times 100}{E \times 1{,}000} + \frac{R_C \times 50}{E \times 500} = \frac{0.2R_C}{E}(\rightarrow)$$

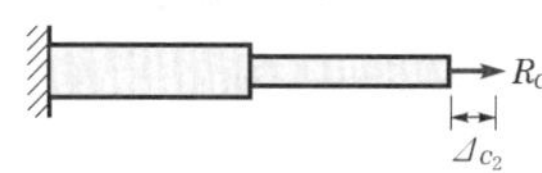

㉢ 변위의 적합조건식

$$\Delta_{C1} = \Delta_{C2}$$

$$\frac{100}{E} = \frac{0.2R_C}{E}$$

$$\therefore\ R_C = 500\text{N}(\rightarrow)$$

㉣ BC부재의 응력

$$\sigma_{BC} = \frac{R_C}{A_2} = \frac{500}{500} = 1\text{MPa(인장)}$$

정답 20.②

2019 제2회 토목기사 기출문제

2019년 4월 27일 시행

01 길이가 4m인 원형 단면기둥의 세장비가 100이 되기 위한 기둥의 지름은? (단, 지지상태는 양단 힌지로 가정한다.)

① 12cm　② 16cm
③ 18cm　④ 20cm

해설 세장비

$$\lambda = \frac{l}{r_{\min}} = \frac{l}{\sqrt{\frac{I_{\min}}{A}}} = \frac{l}{\frac{D}{4}} = \frac{4l}{D} = 100$$

$$\therefore D = \frac{4l}{\lambda} = \frac{4 \times 400}{100} = 16\text{cm}$$

02 내민보에 다음 그림과 같이 지점 A에 모멘트가 작용하고 집중하중이 보의 양 끝에 작용한다. 이 보에 발생하는 최대 휨모멘트의 절대값은?

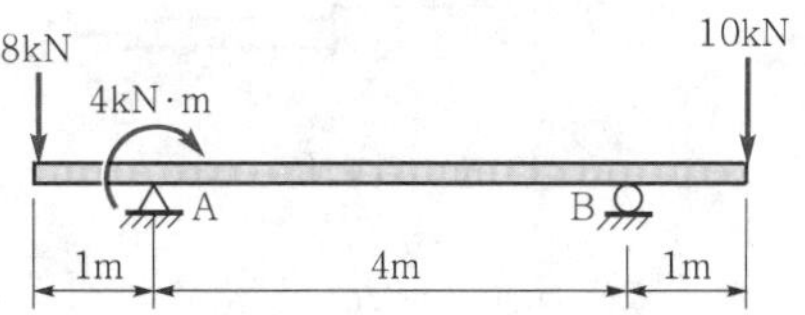

① 6kN · m　② 8kN · m
③ 10kN · m　④ 12kN · m

해설 최대 휨모멘트

㉠ 반력

$\Sigma M_B = 0$

$+R_A \times 4 - 8 \times 5 + 4 + 10 \times 1 = 0$

$\therefore R_A = 6.5\text{kN}(\uparrow)$

$\Sigma V = 0$

$R_A + R_B = 8 + 10 = 18\text{kN}$

$\therefore R_B = 11.5\text{kN}(\uparrow)$

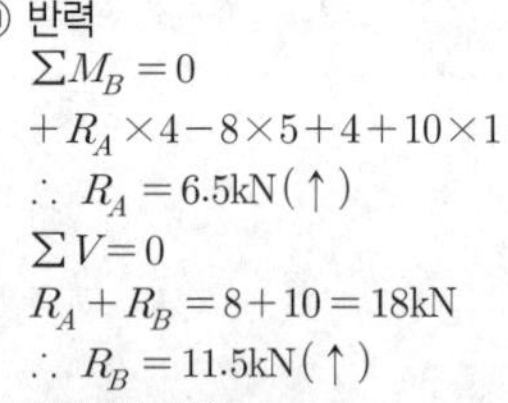

㉡ 최대 휨모멘트

$M_{\max} = -10\text{kN} \cdot \text{m}$

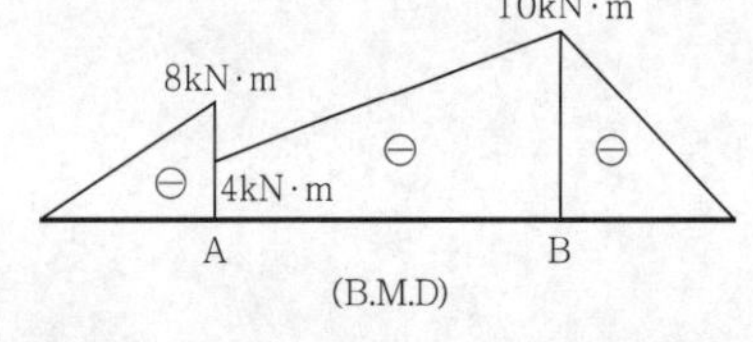

03 연속보를 3연 모멘트방정식을 이용하여 B점의 모멘트 $M_B = -92.8\text{kN} \cdot \text{m}$를 구하였다. B점의 수직반력은?

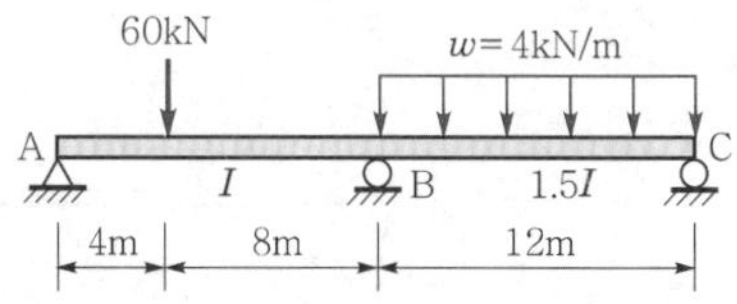

① 28.4kN
② 36.3kN
③ 51.7kN
④ 59.5kN

해설 B점의 반력

㉠ AB보에서 B점의 반력(R_{B1})

$\Sigma M_A = 0$

$-R_{B1} \times 12 + 60 \times 4 + 92.8 = 0$

$\therefore R_{B1} = 27.73\text{kN}(\uparrow)$

㉡ BC보에서 B점의 반력(R_{B2})

$\Sigma M_C = 0$

$R_{B2} \times 12 - 92.8 - 4 \times 12 \times 6 = 0$

$\therefore R_{B2} = 31.73\text{kN}(\uparrow)$

㉢ B점의 수직반력

$R_B = R_{B1} + R_{B2} = 27.73 + 31.73$

$= 59.46\text{kN}(\uparrow)$

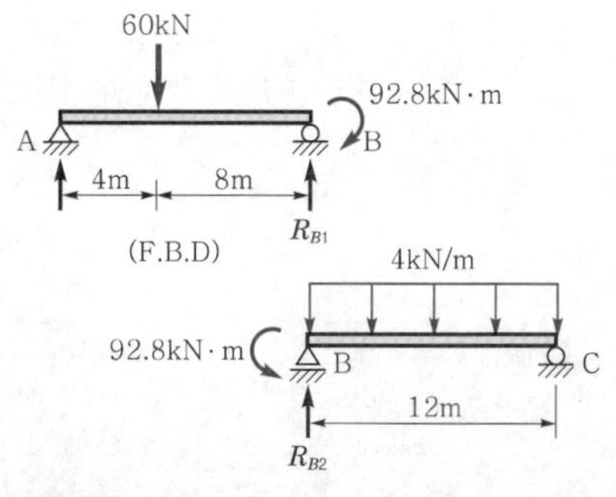

정답 1. ② 2. ③ 3. ④

04 다음 그림과 같은 캔틸레버보에서 A점의 처짐은? (단, AC구간의 단면2차모멘트는 I 이고, CB구간은 $2I$ 이며, 탄성계수 E는 전 구간이 동일하다.)

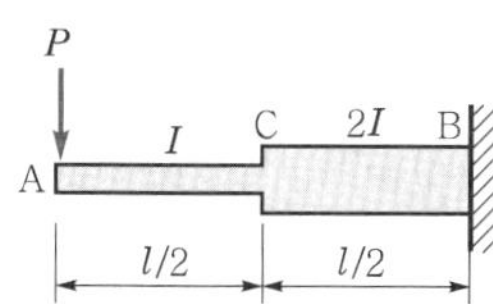

① $\dfrac{2Pl^3}{15EI}$ ② $\dfrac{3Pl^3}{16EI}$

③ $\dfrac{5Pl^3}{18EI}$ ④ $\dfrac{7Pl^3}{24EI}$

해설 공액보법

㉠ 공액보에서 휨모멘트

$$M_A' = \left(\frac{1}{2}\times\frac{Pl}{2}\times l\right)\times\frac{2}{3}l + \left(\frac{1}{2}\times\frac{Pl}{4}\times\frac{l}{2}\right)\times\left(\frac{l}{2}\times\frac{2}{3}\right) = \frac{3Pl^3}{16}$$

㉡ A점의 처짐

$$y_A = \frac{M_A'}{EI} = \frac{3Pl^3}{16EI}(\downarrow)$$

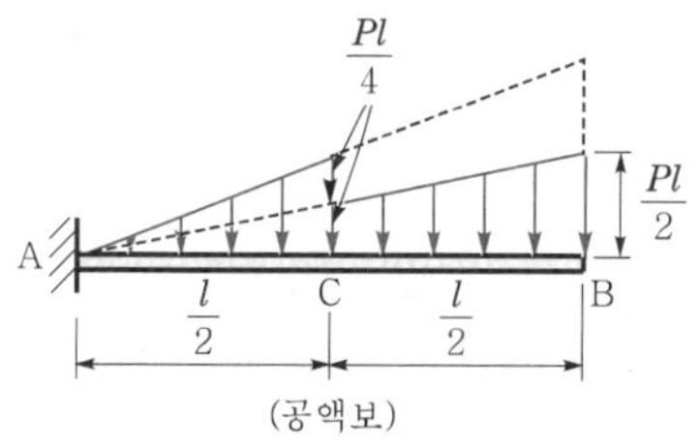

(공액보)

05 다음 그림과 같은 단주에서 800kN의 연직하중(P)이 편심거리 e에 작용할 때 단면에 인장력이 생기지 않기 위한 e의 한계는?

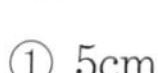

① 5cm
② 8cm
③ 9cm
④ 10cm

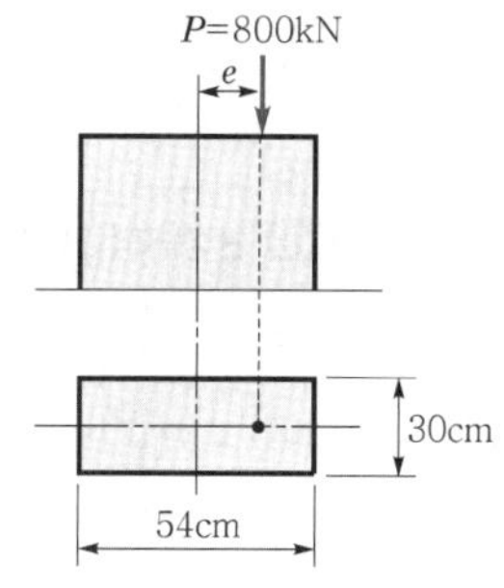

해설 핵거리(핵반경)

$$e = \frac{h}{6} = \frac{54}{6} = 9\text{cm}$$

06 다음 그림과 같은 불규칙한 단면의 $A-A$축에 대한 단면2차모멘트는 $35\times10^6\text{mm}^4$이다. 단면의 총면적이 $1.2\times10^4\text{mm}^2$이라면 $B-B$축에 대한 단면2차모멘트는? (단, $D-D$축은 단면의 도심을 통과한다.)

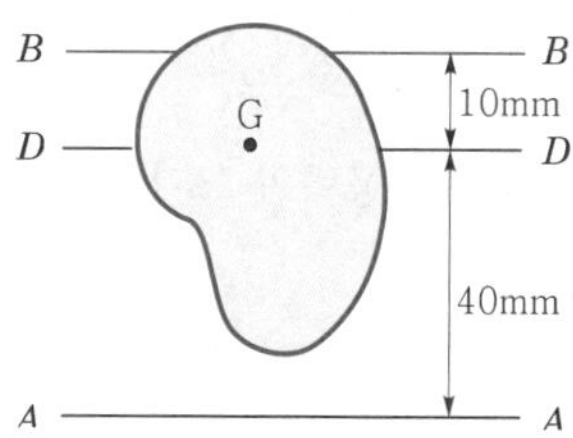

① $17\times10^6\text{mm}^4$ ② $15.8\times10^6\text{mm}^4$
③ $17\times10^5\text{mm}^4$ ④ $15.8\times10^5\text{mm}^4$

해설 평행축정리

㉠ 도심축에 대한 단면2차모멘트

$$I_A = I_D + A{y_2}^2$$
$$\therefore I_D = I_A - A{y_2}^2$$

㉡ B축에 대한 단면2차모멘트

$$I_B = I_D + A{y_1}^2 = (I_A - A{y_2}^2) + A{y_1}^2$$
$$= 35\times10^6 - (1.2\times10^4\times40^2) + (1.2\times10^4\times10^2)$$
$$= 17\times10^6\text{mm}^4$$

07 다음 그림과 같은 비대칭 3힌지 아치에서 힌지 C에 연직하중(P) 15kN가 작용한다. A지점의 수평반력 H_A는?

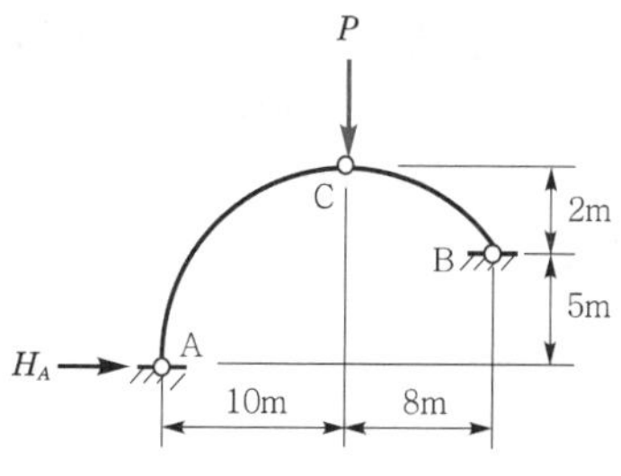

① 12.43kN ② 15.79kN
③ 18.42kN ④ 21.05kN

정답 4. ② 5. ③ 6. ① 7. ②

해설 A점의 수평반력

$\sum M_B = 0$

$V_A \times 18 - H_A \times 5 - 15 \times 8 = 0$ ·················· ㉠

$\sum M_C = 0$

$V_A \times 10 - H_A \times 7 = 0$ ································ ㉡

식 ㉠과 ㉡을 연립하면

$\therefore V_A = 11.05\text{kN}(\uparrow),\ H_A = 15.79\text{kN}(\rightarrow)$

08 평면응력상태하에서의 모어(Mohr)의 응력원에 대한 설명으로 옳지 않은 것은?

① 최대 전단응력의 크기는 두 주응력의 차이와 같다.

② 모어원으로부터 주응력의 크기와 방향을 구할 수 있다.

③ 모어원이 그려지는 두 축 중 연직(y)축은 전단응력의 크기를 나타낸다.

④ 모어원 중심의 x좌표값은 직교하는 두 축의 수직응력의 평균값과 같고, y좌표값은 0이다.

해설 최대 전단응력

$$\tau_{\substack{\max \\ \min}} = \pm\sqrt{\left(\frac{\sigma_x - \sigma_y}{2}\right)^2 + \tau_{xy}^{\ 2}} = \pm\frac{1}{2}\sqrt{(\sigma_x - \sigma_y)^2 + 4\tau_{xy}^{\ 2}}$$

09 다음 그림과 같은 트러스에서 U부재에 일어나는 부재 내력은?

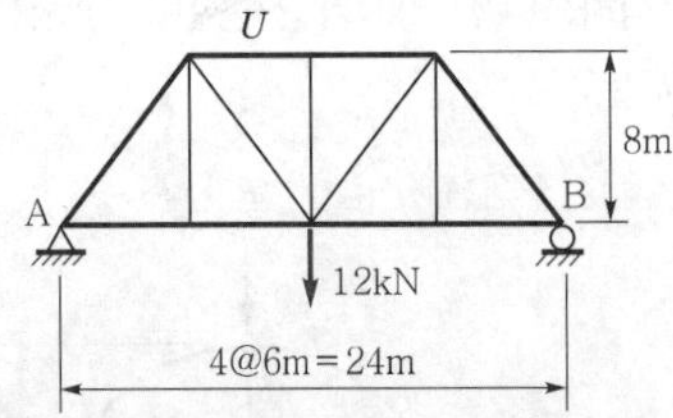

① 9kN(압축)

② 9kN(인장)

③ 15kN(압축)

④ 15kN(인장)

해설 트러스의 부재력

㉠ 반력(좌우대칭)

$V_A = V_B = 6\text{kN}(\uparrow)$

㉡ U부재력

$\sum M_C = 0$

$6 \times 12 + U \times 8 = 0$

$\therefore U = -\dfrac{6 \times 12}{8} = -9\text{kN}$(압축)

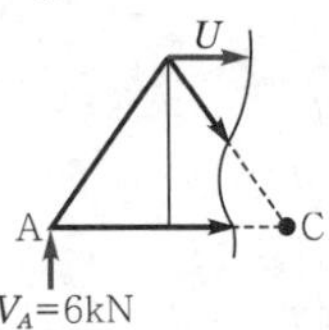

10 탄성계수 E, 전단탄성계수 G, 푸아송수 m 사이의 관계가 옳은 것은?

① $G = \dfrac{m}{2(m+1)}$ ② $G = \dfrac{E}{2(m-1)}$

③ $G = \dfrac{mE}{2(m+1)}$ ④ $G = \dfrac{E}{2(m+1)}$

해설 전단탄성계수

$$G = \frac{E}{2(1+\nu)} = \frac{E}{2\left(1+\frac{1}{m}\right)} = \frac{mE}{2(m+1)}$$

11 다음 그림과 같은 캔틸레버보에서 휨에 의한 탄성변형 에너지는? (단, EI는 일정하다.)

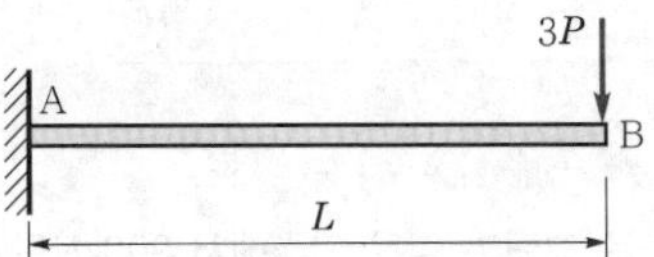

① $\dfrac{P^2L^3}{3EI}$ ② $\dfrac{P^2L^3}{2EI}$

③ $\dfrac{2P^2L^3}{3EI}$ ④ $\dfrac{3P^2L^3}{2EI}$

해설 탄성변형에너지(외적일)

$\delta_B = \dfrac{3PL^3}{3EI}(\downarrow)$

$\therefore U = W_e = \dfrac{1}{2}P\delta_B = \dfrac{1}{2} \times 3P \times \dfrac{3PL^3}{3EI} = \dfrac{3P^2L^3}{2EI}$

정답 8. ① 9. ① 10. ③ 11. ④

12 다음 그림과 같은 단순보의 중앙점 C에 집중하중 P가 작용하여 중앙점의 처짐 δ가 발생했다. δ가 0이 되도록 양쪽 지점에 모멘트 M을 작용시키려고 할 때 이 모멘트의 크기 M을 하중 P와 지간 l로 나타낸 것으로 옳은 것은? (단, EI는 일정하다.)

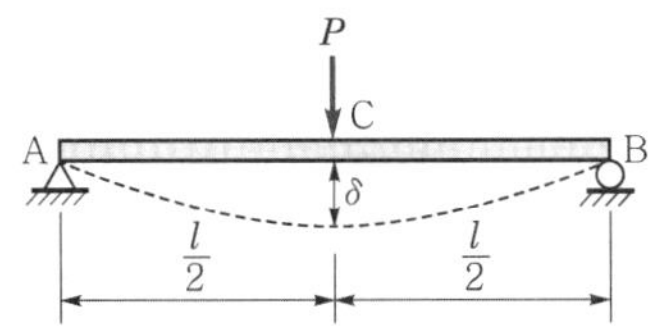

① $M=\frac{Pl}{2}$ ② $M=\frac{Pl}{4}$

③ $M=\frac{Pl}{6}$ ④ $M=\frac{Pl}{8}$

해설 **저항모멘트**

㉠ 중앙에 집중하중(P)이 작용할 경우 C점의 처짐

$$\delta_{C1}=\frac{Pl^3}{48EI}(\downarrow)$$

㉡ 양쪽 지점에 휨모멘트(M)가 작용할 경우 C점의 처짐

$$\delta_{C2}=\frac{Ml^2}{8EI}(\uparrow)$$

㉢ 중앙점 C의 처짐

$$\delta_C=\delta_{C1}+\delta_{C2}=\frac{Pl^3}{48EI}-\frac{Ml^2}{8EI}=0$$

$$\therefore M=\frac{Pl}{6}$$

13 다음 그림과 같은 단순보에 이동하중이 작용할 때 절대 최대 휨모멘트는?

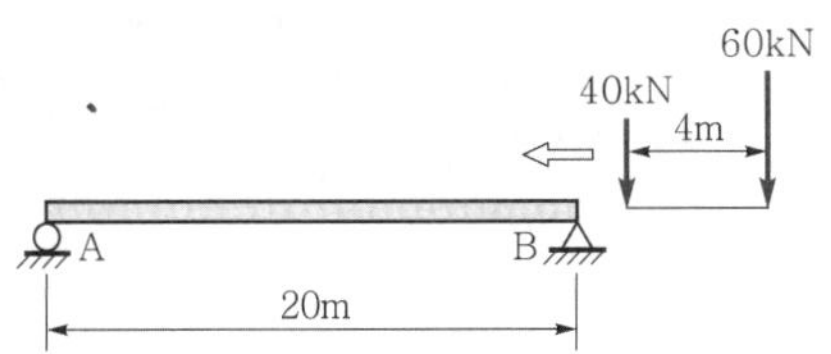

① 387.2kN · m
② 423.2kN · m
③ 478.4kN · m
④ 531.7kN · m

해설 **절대 최대 휨모멘트**

㉠ 발생위치

$R=40+60=100\text{kN}$

$100\times e=40\times4$

$\therefore e=1.6\text{m}$

$\therefore x=10-0.8=9.2\text{m}$

㉡ 절대 최대 휨모멘트

$\sum M_A=0$

$-R_B\times20+40\times6.8+60\times10.8=0$

$\therefore R_B=46\text{kN}(\uparrow)$

$\therefore M_{max}=46\times9.2=423.2\text{kN}\cdot\text{m}$

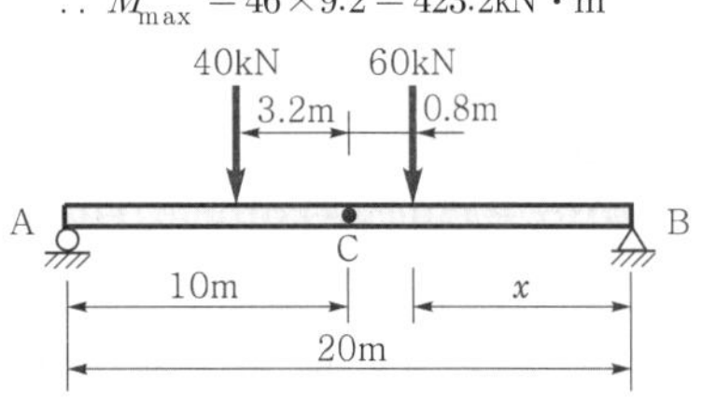

14 다음 그림과 같이 이축응력을 받고 있는 요소의 체적 변형률은? (단, 탄성계수 $E=2\times10^6$MPa, 푸아송비 $\nu=0.3$)

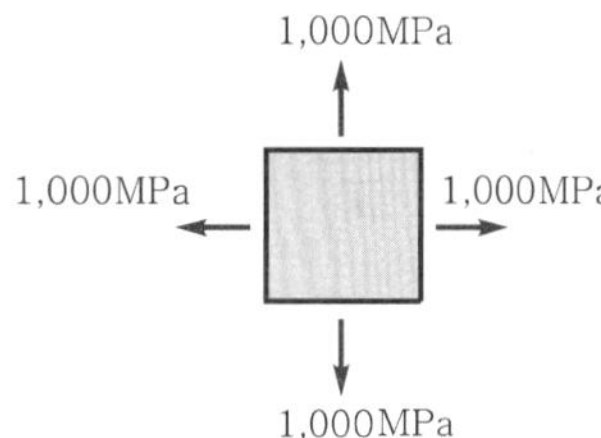

① 2.7×10^{-4}
② 3.0×10^{-4}
③ 3.7×10^{-4}
④ 4.0×10^{-4}

해설 **체적변형률**

$$\varepsilon_V=\frac{\Delta V}{V}=\frac{1-2v}{E}(\sigma_x+\sigma_y+\sigma_z)$$

$$=\frac{1-2\times0.3}{2\times10^6}\times(1{,}000+1{,}000+0)$$

$$=4.0\times10^{-4}$$

정답 12. ③ 13. ② 14. ④

15 다음 그림과 같은 구조물에서 부재 AB가 6kN의 힘을 받을 때 하중 P의 값은?

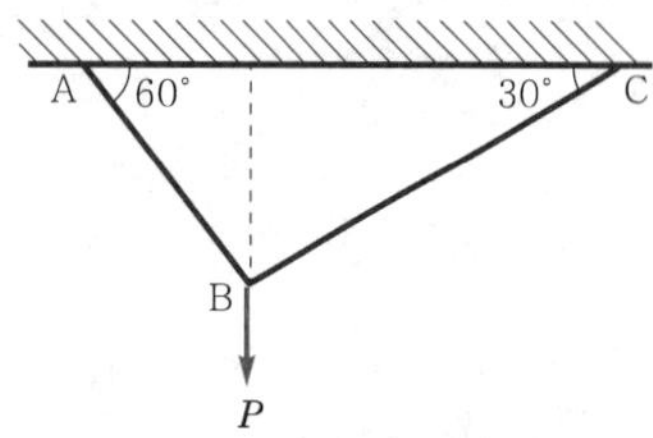

① 5.24kN ② 5.94kN
③ 6.27kN ④ 6.93kN

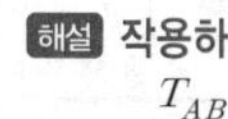 작용하중

$$\frac{T_{AB}}{\sin 60°}=\frac{P}{\sin 90°}$$

$$\frac{6}{\sin 60°}=\frac{P}{\sin 90°}$$

$\therefore P=6.93\text{kN}$

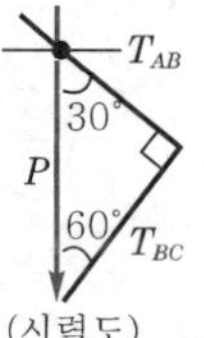

16 다음의 부정정 구조물을 모멘트 분배법으로 해석하고자 한다. C점이 롤러지점임을 고려한 수정강도계수에 의하여 B점에서 C점으로 분배되는 분배율 f_{BC}를 구하면?

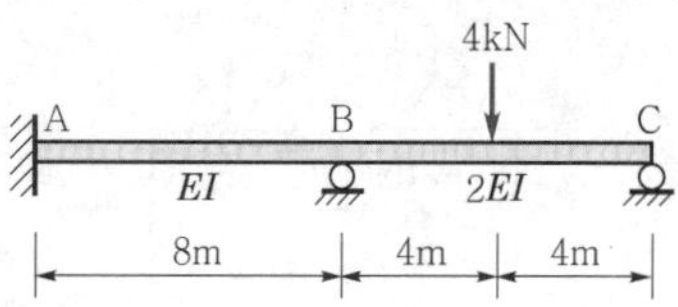

① $\frac{1}{2}$ ② $\frac{3}{5}$
③ $\frac{4}{7}$ ④ $\frac{5}{7}$

해설 분배율

㉠ 유효강비

$$k_{BA}=\frac{I}{8}\times\frac{8}{I}=1$$

$$k_{BC}=\frac{2I}{8}\times\frac{3}{4}\times\frac{8}{I}=1.5$$

㉡ 분배율

$$DF_{BC}=\frac{k}{\Sigma k}=\frac{1.5}{1+1.5}=\frac{3}{5}$$

17 어떤 보 단면의 전단응력도를 그렸더니 다음 그림과 같았다. 이 단면에 가해진 전단력의 크기는? (단, 최대 전단응력($\tau_{\max}$)은 6MPa이다.)

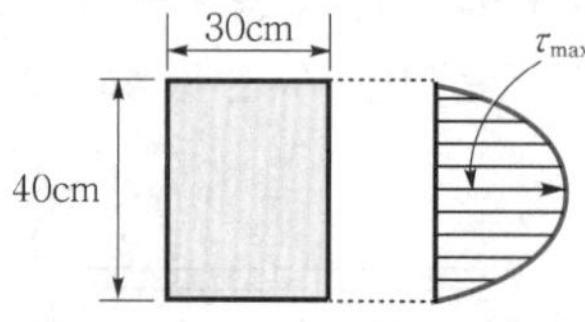

① 420kN ② 480kN
③ 540kN ④ 600kN

해설 최대 전단력

$$\tau_{\max}=\frac{3S}{2A}=\frac{3S}{2bh}$$

$$\therefore S=\frac{2\tau_{\max}bh}{3}=\frac{2\times 6\times 300\times 400}{3}\times 10^{-3}$$

$=480\text{kN}$

18 다음 그림과 같은 보에서 A점의 반력이 B점의 반력의 두 배가 되는 거리 x는?

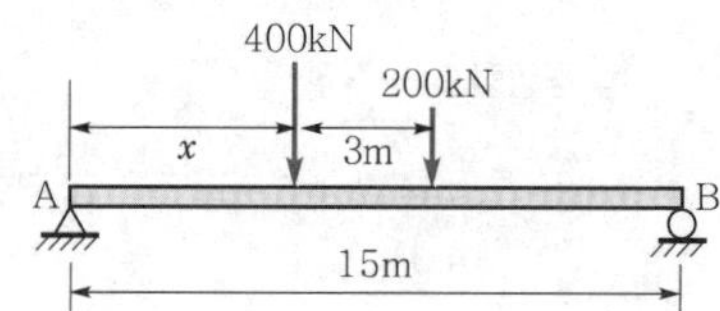

① 2.5m ② 3.0m
③ 3.5m ④ 4.0m

해설 하중점의 위치

㉠ 반력

$\Sigma V=0,\ R_A=2R_B$

$R_A+R_B=600\text{kN}$

$2R_B+R_B=600\text{kN}$

$\therefore R_B=200\text{kN}(\uparrow)$

㉡ 거리

$\Sigma M_A=0$

$400\times x+200\times(x+3)-200\times 15=0$

$\therefore x=4\text{m}$

정답 15. ④ 16. ② 17. ② 18. ④

19 다음 그림과 같이 폭(b)와 높이(h)가 모두 12cm인 이등변삼각형의 x, y축에 대한 단면상승모멘트 I_{xy}는?

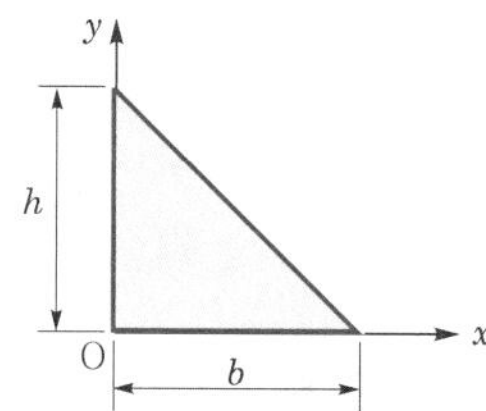

① 576cm^2 ② 642cm^2
③ 768cm^2 ④ 864cm^2

해설 **단면상승모멘트**

$$I_{xy} = \int_A xy\,dA = \frac{b^2h^2}{24}$$

$$= \frac{12^2 \times 12^2}{24} = 864\text{cm}^4$$

20 L이 10m인 다음 그림과 같은 내민보의 자유단에 $P=$ 2kN의 연직하중이 작용할 때 지점 B와 중앙부 C점에 발생되는 모멘트는?

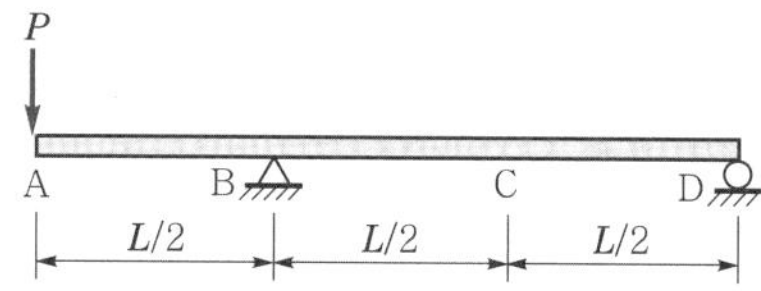

① $M_B = -8\text{kN}\cdot\text{m}$, $M_C = -5\text{kN}\cdot\text{m}$
② $M_B = -10\text{kN}\cdot\text{m}$, $M_C = -4\text{kN}\cdot\text{m}$
③ $M_B = -10\text{kN}\cdot\text{m}$, $M_C = -5\text{kN}\cdot\text{m}$
④ $M_B = -8\text{kN}\cdot\text{m}$, $M_C = -4\text{kN}\cdot\text{m}$

해설 **지점모멘트**

㉠ 반력

$\Sigma M_D = 0$

$R_B \times 10 - 2 \times 15 = 0$

$\therefore R_B = 3\text{kN}(\uparrow)$

$\Sigma V = 0$

$\therefore R_D = -1\text{kN}(\downarrow)$

㉡ 지점모멘트

$M_B = -2 \times 5 = -10\text{kN}\cdot\text{m}$

$M_C = -1 \times 5 = -5\text{kN}\cdot\text{m}$

정답 19. ④ 20. ③

2019 제3회 토목기사 기출문제

2019년 8월 4일 시행

01 **단면의 성질에 대한 설명으로 틀린 것은?**

① 단면2차모멘트의 값은 항상 0보다 크다.
② 도심축에 대한 단면1차모멘트의 값은 항상 0이다.
③ 단면상승모멘트의 값은 항상 0보다 크거나 같다.
④ 단면2차극모멘트의 값은 항상 극을 원점으로 하는 두 직교좌표축에 대한 단면2차모멘트의 합과 같다.

> **해설** **단면의 성질**
> 단면상승모멘트(I_{xy})는 좌표축에 따라 (+) 또는 (−)값을 갖는다.

02 **다음 그림과 같은 라멘에서 A점의 수직반력(R_A)은?**

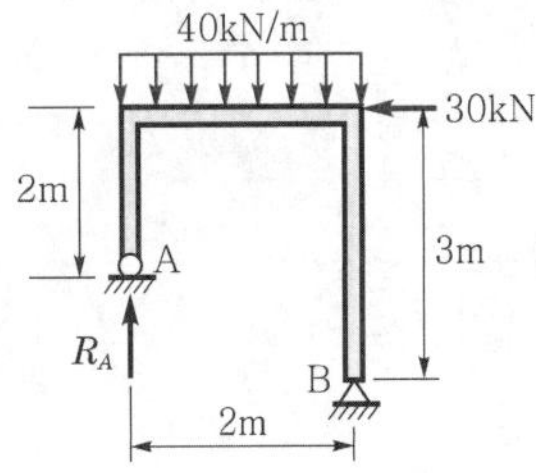

① 65kN ② 75kN
③ 85kN ④ 95kN

> **해설** **A점의 수직반력**
> $\Sigma M_B = 0$
> $+R_A \times 2 - 40 \times 2 \times 1 - 30 \times 3 = 0$
> $\therefore R_A = 85\text{kN}(\uparrow)$

03 **다음 그림에 있는 연속보의 B점에서의 반력은? (단, $E=2.1\times10^5$MPa, $I=1.6\times10^4$cm^4)**

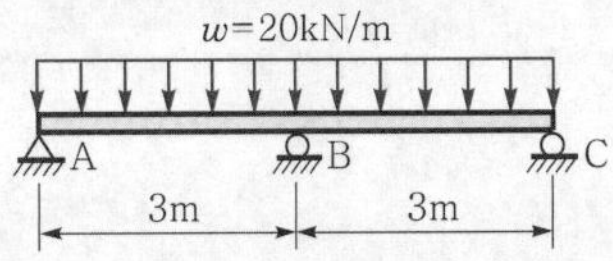

① 63kN ② 75kN
③ 97kN ④ 101kN

> **해설** **3연 모멘트법**
> 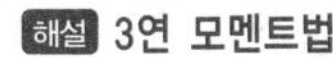
> $R_B = \dfrac{5wl}{4} = \dfrac{5\times20\times3}{4} = 75\text{kN}(\uparrow)$

04 **다음 그림과 같은 양단 내민보에서 C점(중앙점)에서 휨모멘트가 0이 되기 위한 $\dfrac{a}{L}$는? (단, $P=wL$)**

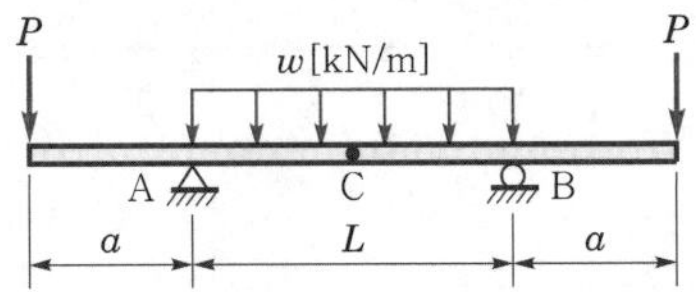

① $\dfrac{1}{2}$ ② $\dfrac{1}{4}$
③ $\dfrac{1}{7}$ ④ $\dfrac{1}{8}$

> **해설** **거리의 비**
> ㉠ 반력(좌우대칭)
> $R_A = P + \dfrac{wL}{2}(\uparrow)$
> ㉡ 거리의 비
> $\Sigma M_C = 0$
> $-P\times\left(a+\dfrac{L}{2}\right)+\left(P+\dfrac{wL}{2}\right)\times\dfrac{L}{2}-\left(\dfrac{wL}{2}\times\dfrac{L}{4}\right)=0$
> $-Pa+\dfrac{wL^2}{4}-\dfrac{wL^2}{8}=0$
> $\dfrac{wL^2}{8}=waL$
> $\therefore \dfrac{a}{L}=\dfrac{1}{8}$

05 **길이 5m, 단면적 10cm^{2}의 강봉을 0.5mm 늘이는데 필요한 인장력은? (단, 탄성계수 $E=2\times10^5$MPa이다.)**

① 20kN ② 30kN
③ 40kN ④ 50kN

정답 1. ③ 2. ③ 3. ② 4. ④ 5. ①

해설 인장력

$$\Delta L = \frac{PL}{EA}\text{(변형량)}$$

$$\therefore\ P = EA\frac{\Delta L}{L}$$

$$= 2\times10^5\times1{,}000\times\frac{0.5}{5{,}000}\times10^{-3}$$

$$= 20\text{kN}$$

06 다음 그림과 같은 단면의 단면상승모멘트 I_{xy}는?

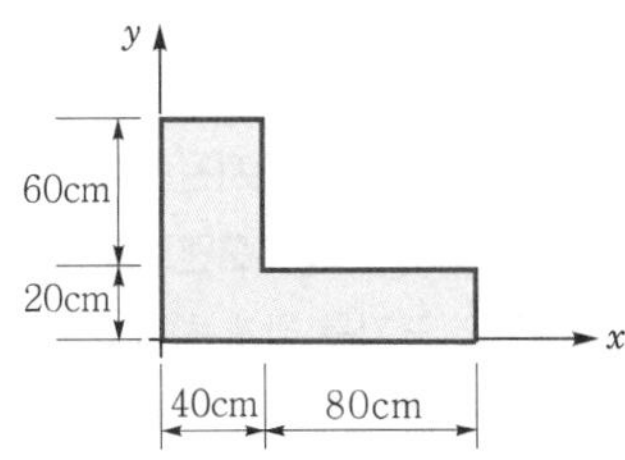

① 3,360,000cm^4　② 3,520,000cm^4
③ 3,840,000cm^4　④ 4,000,000cm^4

해설 단면상승모멘트

㉠ $I_{xy1} = Ax_0y_0$

$= 60\times40\times20\times50 = 2{,}400{,}000\text{cm}^4$

㉡ $I_{xy2} = Ax_0y_0$

$= 120\times20\times60\times10 = 1{,}440{,}000\text{cm}^4$

$\therefore\ I_{xy} =$ ㉠+㉡

$= 2{,}400{,}000 + 1{,}440{,}000$

$= 3{,}840{,}000\text{cm}^4$

07 어떤 금속의 탄성계수(E)가 21×10^4MPa이고, 전단탄성계수(G)가 8×10^4MPa일 때 금속의 푸아송비는?

① 0.3075　② 0.3125
③ 0.3275　④ 0.3325

해설 푸아송비

$$G = \frac{E}{2(1+\nu)}$$

$$\therefore\ \nu = \frac{E}{2G} - 1 = \frac{21\times10^4}{2\times8\times10^4} - 1 = 0.3125$$

08 다음 3힌지 아치에서 수평반력 H_B는?

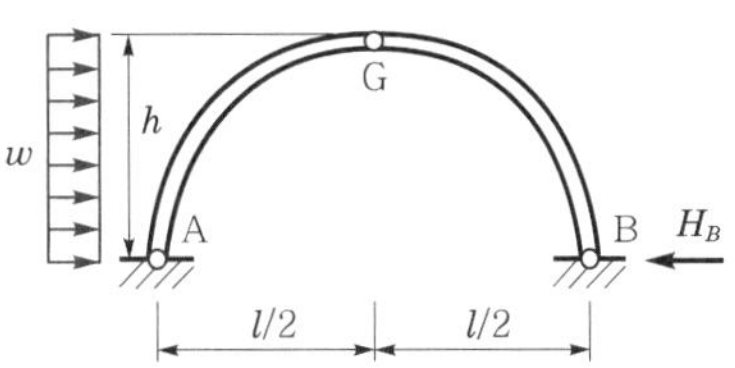

① $\dfrac{1}{4wh}$　② $\dfrac{1}{2wh}$
③ $\dfrac{wh}{4}$　④ $2wh$

해설 B점의 수평반력

㉠ B점의 수직반력

$\Sigma M_A = 0$

$-V_B\times l + wh\times\dfrac{h}{2} = 0$

$\therefore\ V_B = \dfrac{wh^2}{2l}(\uparrow)$

㉡ B점의 수평반력

$\Sigma M_G = 0$

$H_B\times h - \dfrac{wh^2}{2l}\times\dfrac{l}{2} = 0$

$\therefore\ H_B = \dfrac{wh}{4}(\leftarrow)$

09 동일한 재료 및 단면을 사용한 다음 기둥 중 좌굴하중이 가장 큰 기둥은?

① 양단 힌지의 길이가 L인 기둥
② 양단 고정의 길이가 $2L$인 기둥
③ 일단 자유, 타단 고정의 길이가 $0.5L$인 기둥
④ 일단 힌지, 타단 고정의 길이가 $1.2L$인 기둥

해설 좌굴하중

$$P_{cr} = \frac{n\pi^2EI}{l^2},\ n = 1:4:\frac{1}{4}:2$$

∴ ①:②:③:④

$$= \frac{1}{L^2}:\frac{4}{(2L)^2}:\frac{1/4}{(0.5L)^2}:\frac{2}{(1.2L)^2}$$

$= 1:1:1:1.417$

정답 6. ③　7. ②　8. ③　9. ④

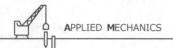

10 다음 그림과 같이 2개의 도르래를 사용하여 물체를 매달 때 3개의 물체가 평형을 이루기 위한 각 θ값은? (단, 로프와 도르래의 마찰은 무시한다.)

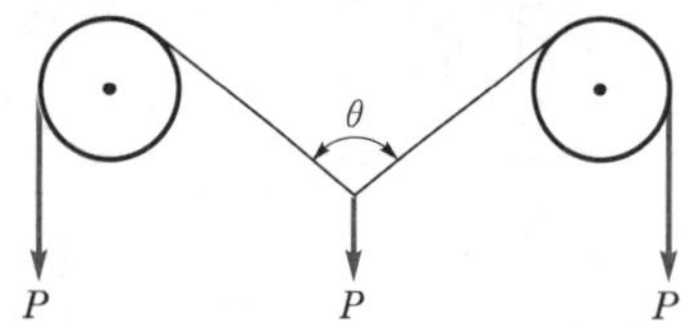

① 30°
② 45°
③ 60°
④ 120°

해설 힘의 평형
$3\theta = 360°$
$\therefore \theta = 120°$

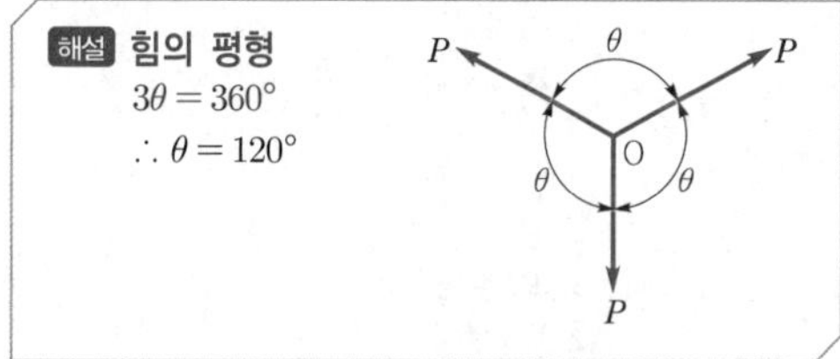

11 다음 그림에서 P_1과 R 사이의 각 θ를 나타낸 것은?

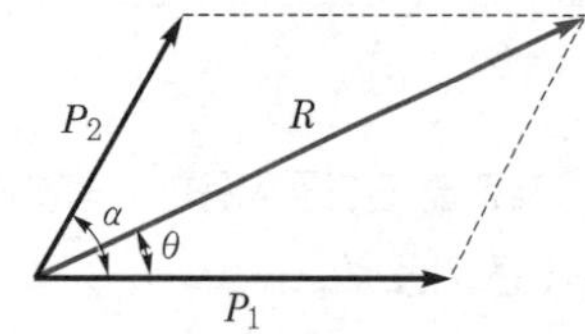

① $\theta = \tan^{-1}\left(\dfrac{P_2\cos\alpha}{P_2 + P_1\cos\alpha}\right)$

② $\theta = \tan^{-1}\left(\dfrac{P_2\cos\alpha}{P_1 + P_2\sin\alpha}\right)$

③ $\theta = \tan^{-1}\left(\dfrac{P_2\sin\alpha}{P_1 + P_2\cos\alpha}\right)$

④ $\theta = \tan^{-1}\left(\dfrac{P_2\sin\alpha}{P_1 + P_2\sin\alpha}\right)$

해설 합력이 이루는 각

$$\tan\theta = \frac{P_2\sin\alpha}{P_1 + P_2\cos\alpha}$$

$$\therefore \theta = \tan^{-1}\frac{P_2\sin\alpha}{P_1 + P_2\cos\alpha}$$

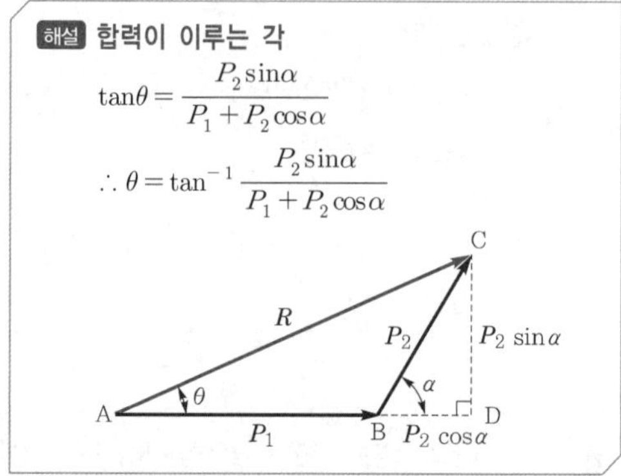

12 다음 그림과 같이 단순 지지된 보에 등분포하중 q가 작용하고 있다. 지점 C의 부모멘트와 보의 중앙에 발생하는 정모멘트의 크기를 같게 하여 등분포하중 q의 크기를 제한하려고 한다. 지점 C와 D는 보의 대칭거동을 유지하기 위하여 각각 A와 B로부터 같은 거리에 배치하고자 한다. 이때 보의 A점으로부터 지점 C의 거리 x는?

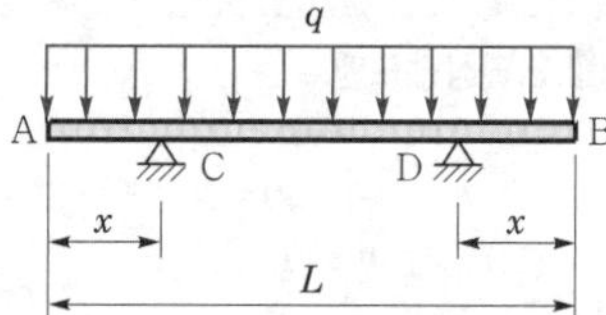

① $0.207L$　② $0.250L$
③ $0.333L$　④ $0.444L$

해설 거리의 비

㉠ C점의 휨모멘트

$$M_C = \frac{qx^2}{2}$$

㉡ 중앙점의 휨모멘트

$$M_E = \frac{q(L-2x)^2}{8} \times \frac{1}{2}$$

㉢ $M_C = M_E$

$$\frac{qx^2}{2} = \frac{q(L-2x)^2}{8} \times \frac{1}{2}$$

$$8qx^2 = q(L-2x)^2$$

$$4x^2 + 4Lx - L^2 = 0$$

$$\therefore x = \frac{-4L + \sqrt{(4L)^2 - 4\times4\times(-L)^2}}{2\times4}$$

$$= \frac{\sqrt{2}-1}{2}L = 0.207L$$

정답 10. ④ 11. ③ 12. ①

13 다음 그림과 같은 캔틸레버보에서 B점의 연직변위(δ_B)는? (단, M_o=4kN·m, P=16kN, L=2.4m, EI=6,000kN·m²이다.)

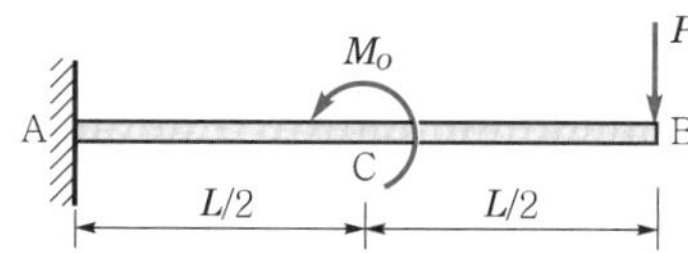

① 1.08cm(↓)
② 1.08cm(↑)
③ 1.37cm(↓)
④ 1.37cm(↑)

해설 B점의 연직변위
㉠ M_o에 의한 B점의 변위

$$\delta_{B1} = \frac{3M_oL^2}{8EI}(\uparrow)$$

㉡ P에 의한 B점의 변위

$$\delta_{B2} = \frac{PL^3}{3EI}(\downarrow)$$

㉢ B점의 연직변위

$$\delta_B = \delta_{B1} + \delta_{B2} = -\frac{3M_oL^2}{8EI} + \frac{PL^3}{3EI}$$
$$= -\frac{3\times4\times2.4^2}{8\times6,000} + \frac{16\times2.4^3}{3\times6,000}$$
$$= 0.0108\text{m} = 1.08\text{cm}(\downarrow)$$

14 외반경 R_1, 내반경 R_2인 중공(中空)원형 단면의 핵은? (단, 핵의 반경을 e로 표시함)

① $e = \dfrac{R_1^{\ 2}+R_2^{\ 2}}{4R_1}$　② $e = \dfrac{R_1^{\ 2}+R_2^{\ 2}}{4R_1^{\ 2}}$

③ $e = \dfrac{R_1^{\ 2}-R_2^{\ 2}}{4R_1}$　④ $e = \dfrac{R_1^{\ 2}-R_2^{\ 2}}{4R_1^{\ 2}}$

해설 핵거리(핵반경)

$$I = \frac{\pi(R_1^{\ 4}-R_2^{\ 4})}{4},\ y = R_1$$
$$A = \pi(R_1^{\ 2}-R_2^{\ 2})$$
$$r^2 = \frac{I}{A} = \frac{R_1^{\ 2}+R_2^{\ 2}}{4}$$
$$\therefore e = \frac{I}{Ay} = \frac{r^2}{y} = \frac{R_1^{\ 2}+R_2^{\ 2}}{4R_1}$$

15 자중이 4kN/m인 그림 (a)와 같은 단순보에 그림 (b)와 같은 차륜하중이 통과할 때 이 보에 일어나는 최대 전단력의 절대값은?

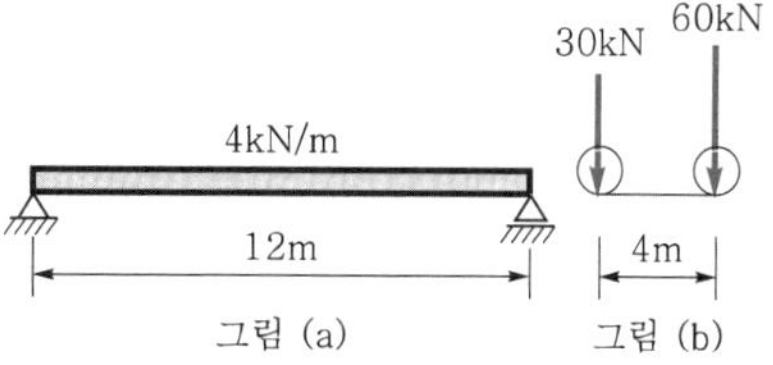

① 74kN　② 80kN
③ 94kN　④ 104kN

해설 최대 전단력
㉠ 이동하중의 큰 하중(60kN)이 지점에 위치할 때 최대 전단력이 발생한다.
㉡ 이동하중에 의한 전단력
$\Sigma M_A = 0$
$R_B \times 12 + 30\times8 + 60\times12 = 0$
$\therefore R_B = 80\text{kN}(\uparrow)$
㉢ 최대 전단력

$$S_{max} = \frac{1}{2}\times12\times4+80 = 104\text{kN}$$

16 재질과 단면이 같은 다음 2개의 외팔보에서 자유단의 처짐을 같게 하는 $\dfrac{P_1}{P_2}$의 값은?

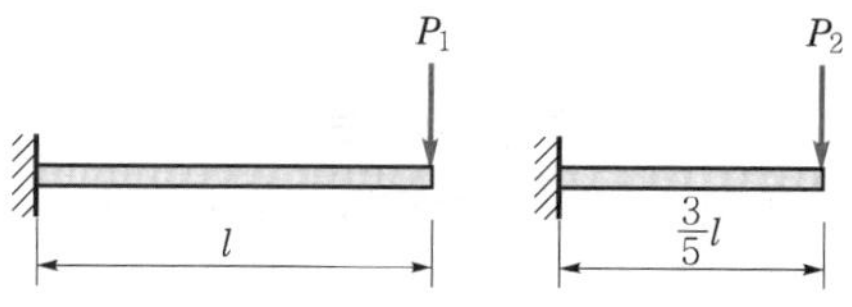

① 0.216　② 0.325
③ 0.437　④ 0.546

해설 하중의 비
㉠ P_1에 의한 처짐

$$\delta_1 = \frac{P_1l^3}{3EI}(\downarrow)$$

㉡ P_2에 의한 처짐

$$\delta_2 = \frac{P_2\left(\frac{3}{5}l\right)^3}{3EI} = \frac{9P_2l^3}{125EI}$$

㉢ 하중의 비
$\delta_1 = \delta_2$

$$\frac{P_1l^3}{3EI} = \frac{9P_2l^3}{125EI}$$
$$\therefore \frac{P_1}{P_2} = \frac{27}{125} = 0.216$$

정답 13. ① 14. ① 15. ④ 16. ①

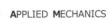

17 다음 그림과 같은 단면에 15kN의 전단력이 작용할 때 최대 전단응력의 크기는?

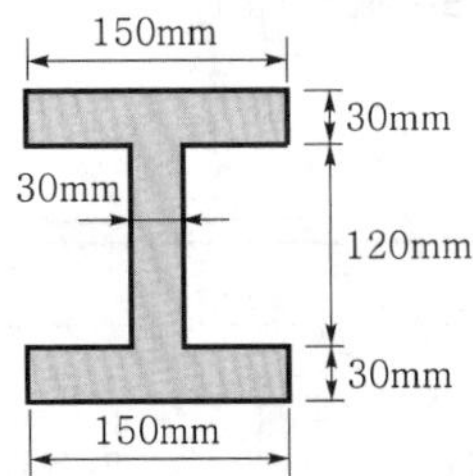

① 2.86MPa ② 3.52MPa
③ 4.74MPa ④ 5.95MPa

해설 **최대 전단응력**

㉠ 단면의 성질

$I_X = \frac{1}{12} \times (150 \times 180^3 - 120 \times 120^3)$

$= 55,620,000\text{mm}^4$

$G_X = 150 \times 30 \times 75 + 30 \times 60 \times 30$

$= 391,500\text{mm}^3$

㉡ 최대 전단응력

$\tau_{\max} = \frac{SG_X}{I_X b} = \frac{15 \times 1,000 \times 391,500}{55,620,000 \times 30}$

$= 3.52\text{MPa}$

18 다음 그림과 같은 부정정보에서 지점 A의 휨모멘트값을 옳게 나타낸 것은? (단, EI는 일정)

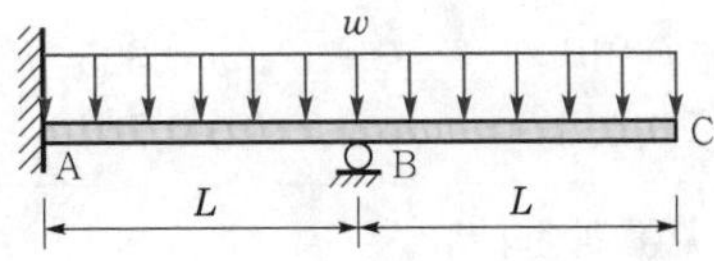

① $\frac{wL^2}{8}$ ② $-\frac{wL^2}{8}$

③ $\frac{3wL^2}{8}$ ④ $-\frac{3wL^2}{8}$

해설 **중첩법**

㉠ $M_{A1} = -\frac{wL^2}{8}$(↺)

㉡ $M_{A2} = \frac{1}{2}M_B = \frac{1}{2} \times \frac{wL^2}{2} = \frac{wL^2}{4}$(↻)

㉢ A점의 휨모멘트

$M_A = M_{A1} + M_{A2} = -\frac{wL^2}{8} + \frac{wL^2}{4}$

$= \frac{wL^2}{8}$(↻)

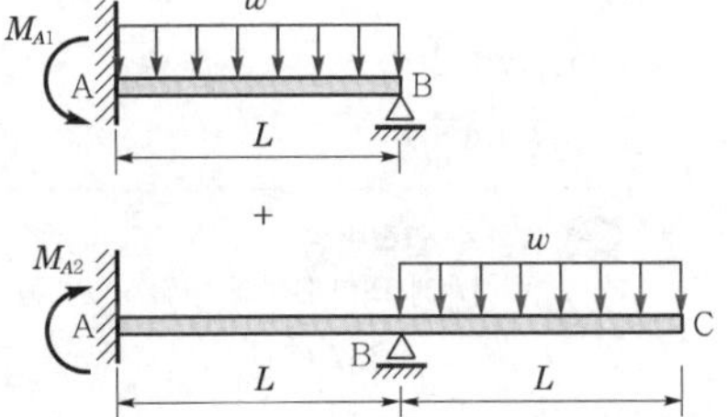

19 다음 그림과 같은 보에서 A점의 반력은?

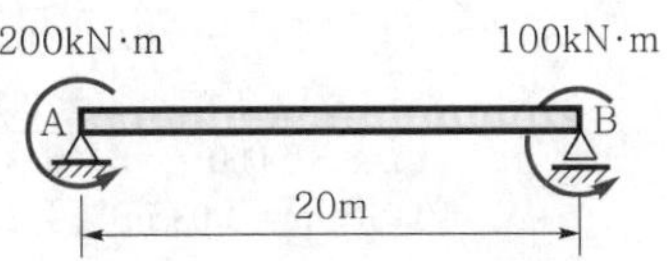

① 15kN
② 18kN
③ 20kN
④ 23kN

해설 **A점 반력**

$\Sigma M_B = 0$

$+R_A \times 20 - 200 - 100 = 0$

$\therefore R_A = 15\text{kN}(\uparrow)$

정답 17. ② 18. ① 19. ①

20 다음에서 설명하고 있는 것은?

> 탄성체에 저장된 변형에너지 U를 변위의 함수로 나타내는 경우에 임의의 변위 Δ_i에 관한 변형에너지 U의 1차 편도함수는 대응되는 하중 P_i와 같다. 즉, $P_i = \dfrac{\partial U}{\partial \Delta_i}$로 나타낼 수 있다.

① 중첩의 원리
② Castigliano의 제1정리
③ Betti의 정리
④ Maxwell의 정리

해설 **카스틸리아노의 정리**

㉠ 제1정리 : 탄성체에 외력 또는 모멘트가 작용할 때 전체 변형에너지 U_i를 하중 작용점에서의 힘의 방향의 변위(처짐), 변위각(처짐각, 회전각)으로 1차 편미분한 것은 그 점의 힘 또는 모멘트라 한다.

$$P_i = \frac{\partial U_i}{\partial \delta_j},\ M_j = \frac{\partial U_i}{\partial \theta_j}$$

㉡ 제2정리 : 처짐과 처짐각을 구할 때 이용한다. 구조물이 외력을 받을 때(온도가 변하지 않고 지점 변화가 없는 경우) 구조물의 한 점 m이 그 점에 작용하는 하중 P_m의 방향으로 일으키는 변위(δ_m)는 변형에너지를 P_m에 대해 편미분한 것과 같다.

$$\delta_i = \frac{\partial U_i}{\partial P_j},\ \theta_i = \frac{\partial U_i}{\partial M_j}$$

정답 20. ②

2020

제1·2회 통합 토목기사 기출문제

2020년 6월 6일 시행

01 다음 그림과 같은 보에서 B지점의 반력이 $2P$가 되기 위한 $\frac{b}{a}$는?

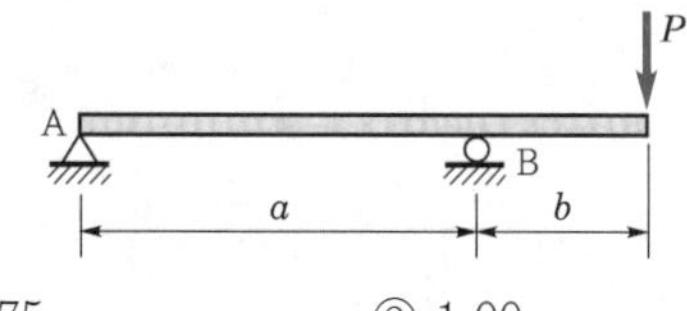

① 0.75 ② 1.00
③ 1.25 ④ 1.50

해설 거리의 비

$\Sigma M_A=0$

$+P\times(a+b)-2P\times a=0$

$-Pa+Pb=0$

$\therefore\ a=b$

$\therefore\ \frac{b}{a}=1$

02 다음 그림의 트러스에서 수직부재 V의 부재력은?

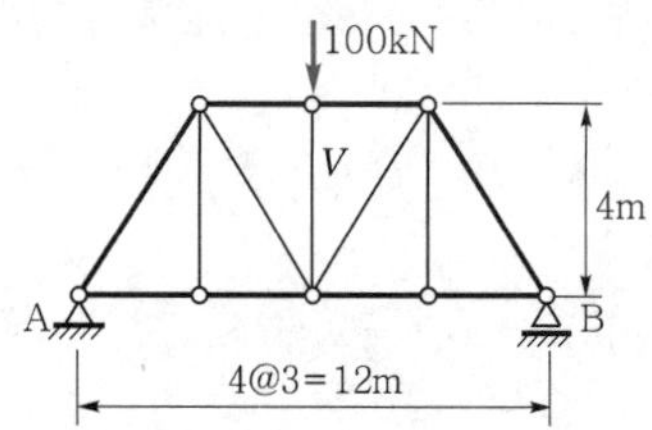

① 100kN(인장)
② 100kN(압축)
③ 50kN(인장)
④ 50kN(압축)

해설 트러스의 부재력

$\Sigma Y=0$

$-V-100=0$

$\therefore\ V=-100\text{kN}$(압축)

$\Sigma X=0$

$\therefore\ U_1=U_2$(압축)

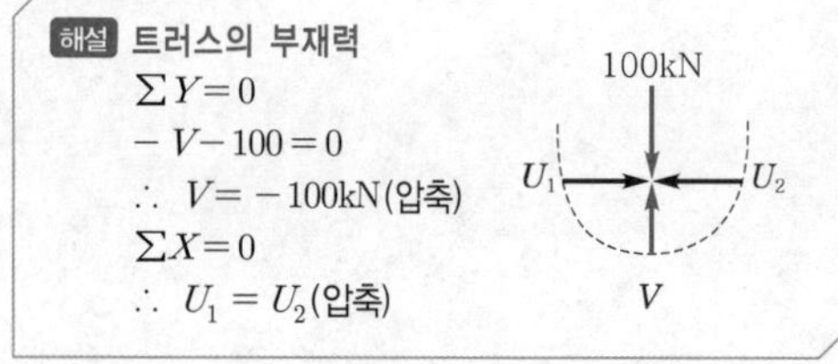

03 탄성계수(E)가 2.1×10^5MPa, 푸아송비(ν)가 0.25일 때 전단탄성계수(G)의 값은?

① 8.4×10^4MPa ② 9.8×10^4MPa
③ 1.7×10^6MPa ④ 2.1×10^6MPa

해설 전단탄성계수

$$G=\frac{E}{2(1+\nu)}=\frac{2.1\times10^5}{2\times(1+0.25)}$$

$$=8.4\times10^4\text{MPa}$$

04 다음 그림과 같은 구조물에 하중 W가 작용할 때 P의 크기는? (단, $0°<\alpha<180°$이다.)

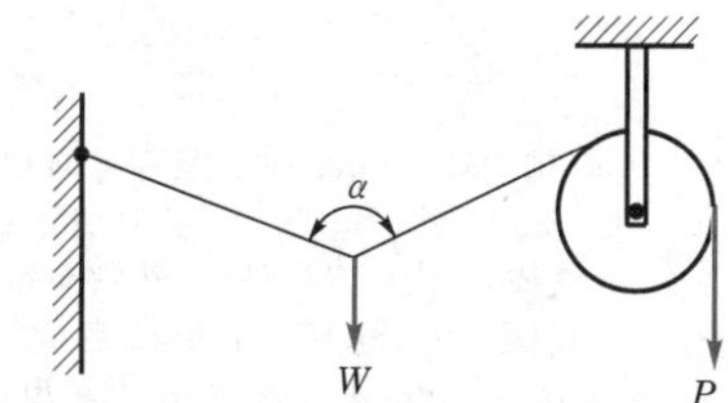

① $P=\frac{W}{2\cos\frac{\alpha}{2}}$ ② $P=\frac{W}{2\cos\alpha}$

③ $P=\frac{W}{\cos\frac{\alpha}{2}}$ ④ $P=\frac{2W}{\cos\frac{\alpha}{2}}$

해설 하중 P의 크기

$\Sigma V=0$

$2T\cos\frac{\alpha}{2}-W=0$

$\therefore\ T=P=\frac{W}{2\cos\frac{\alpha}{2}}=\frac{W}{2}\sec\frac{\alpha}{2}$

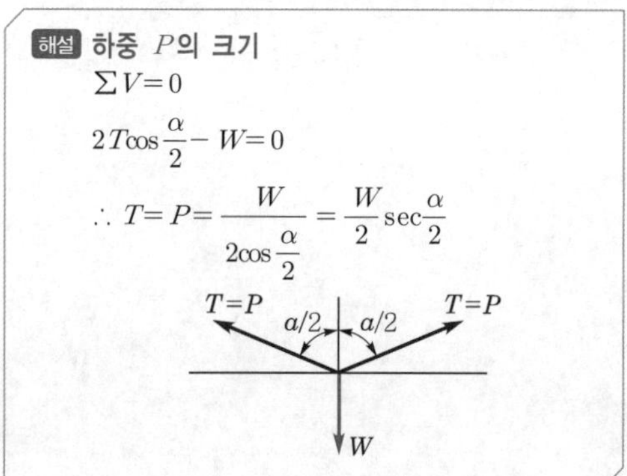

정답 1. ② 2. ② 3. ① 4. ①

05 다음 그림과 같은 단순보의 단면에서 최대 전단응력은?

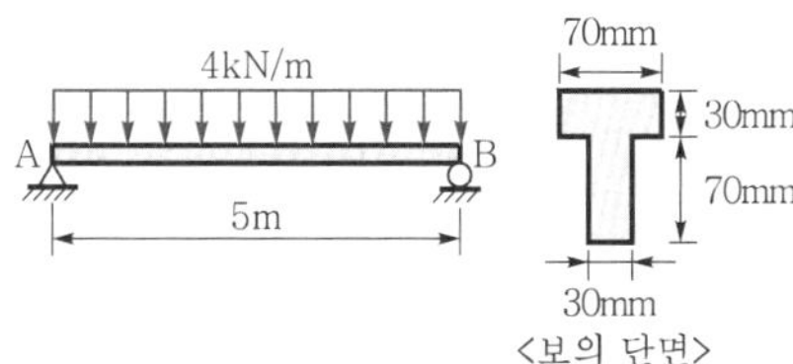

<보의 단면>

① 2.47MPa　　② 2.96MPa
③ 3.64MPa　　④ 4.95MPa

해설 최대 전단응력

㉠ 도심위치

$$y=\frac{G_x}{A}=\frac{(70\times30\times85)+(30\times70\times35)}{(70\times30)+(70\times30)}$$

$=60\text{mm}$

㉡ 단면의 성질

$$I_X=\frac{70\times30^3}{12}+(70\times30\times25^2)+\frac{30\times70^3}{12}+(30\times70\times25^2)$$

$=3.64\times10^6\text{mm}^4$

$G_X=30\times60\times30=5.4\times10^4\text{mm}^3$

㉢ 최대 전단응력

$S=V_A=10\text{kN}$

$$\therefore\ \tau_{\max}=\frac{SG_X}{I_Xb}=\frac{10\times10^3\times5.4\times10^4}{3.64\times10^6\times30}$$

$=4.95\text{MPa}$

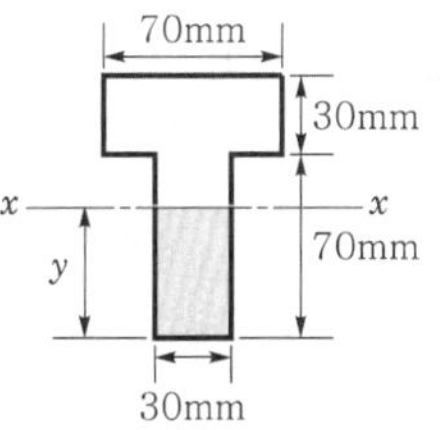

06 다음 그림과 같은 부정정보에 집중하중 50kN이 작용할 때 A점의 휨모멘트(M_A)는?

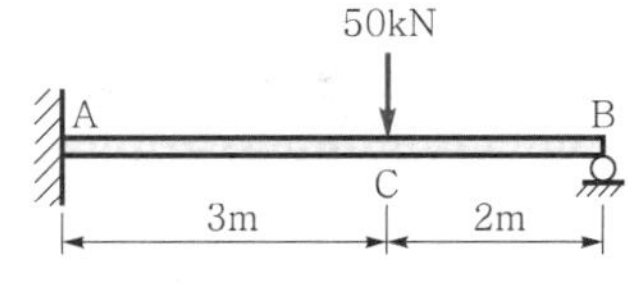

① $-26\text{kN}\cdot\text{m}$　　② $-36\text{kN}\cdot\text{m}$
③ $-42\text{kN}\cdot\text{m}$　　④ $-57\text{kN}\cdot\text{m}$

해설 A점의 휨모멘트

㉠ 지점반력 및 단면력

$$R_A=P-R_B,\ R_B=\frac{Pa^2(3l-a)}{2l^3}$$

$$\therefore\ M_A=-\frac{Pab}{2l^2}(l+b)$$

㉡ A점의 휨모멘트

$$M_A=-\frac{Pab}{2l^2}(l+b)$$

$$=-\frac{50\times3\times2}{2\times5^2}\times(5+2)=-42\text{kN}\cdot\text{m}$$

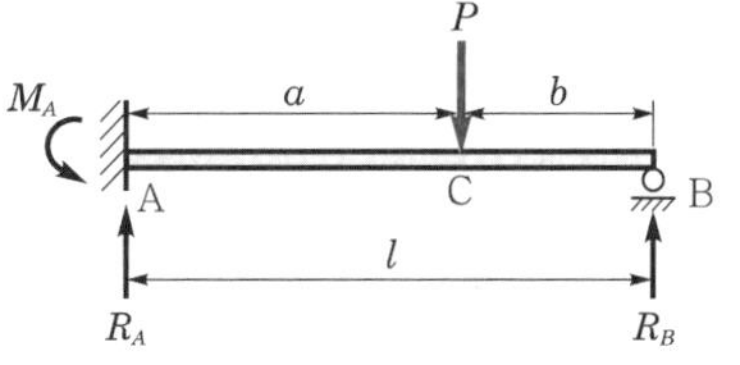

07 길이 5m의 철근을 200MPa의 인장응력으로 인장하였더니 그 길이가 5mm만큼 늘어났다고 한다. 이 철근의 탄성계수는? (단, 철근의 지름은 20mm이다.)

① 2×10^4MPa　　② 2×10^5MPa
③ 6.37×10^4MPa　　④ 6.37×10^5MPa

해설 철근의 탄성계수

㉠ 철근의 변형률

$$\varepsilon=\frac{\Delta l}{l}=\frac{5}{5{,}000}=0.001$$

㉡ 철근의 탄성계수

$\sigma=E\varepsilon$

$$\therefore\ E=\frac{\sigma}{\varepsilon}=\frac{200}{0.001}=2.0\times10^5\text{MPa}$$

08 단순보에서 다음 그림과 같이 하중 P가 작용할 때 보의 중앙점의 단면 하단에 생기는 수직응력의 값은? (단, 보의 단면에서 높이는 h, 폭은 b이다.)

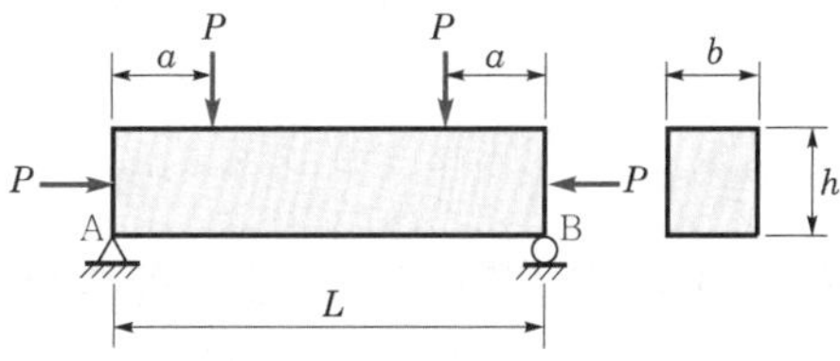

① $\dfrac{P}{bh^2}\left(1+\dfrac{6a}{h}\right)$　　② $\dfrac{P}{bh}\left(1-\dfrac{6a}{h}\right)$
③ $\dfrac{P}{b^2h^2}\left(1-\dfrac{6a}{h}\right)$　　④ $\dfrac{P}{b^2h}\left(1-\dfrac{a}{h}\right)$

정답 5. ④　6. ③　7. ②　8. ②

해설 **수직응력(하연)**

㉠ 단면의 상 · 하연응력

$$\sigma_{\substack{c\\t}} = \text{축응력} + \text{휨응력} = \pm\frac{P}{A} \pm \frac{M}{I}y$$

㉡ 하연응력(압축 +, 인장 −)

$$\sigma_t = \frac{P}{A} - \frac{M}{Z} = \frac{P}{bh} - \frac{6M}{bh^2} = \frac{P}{bh} - \frac{6Pa}{bh^2} = \frac{P}{bh}\left(1 - \frac{6a}{h}\right)$$

09 다음 그림과 같은 게르버보에서 E점의 휨모멘트값은?

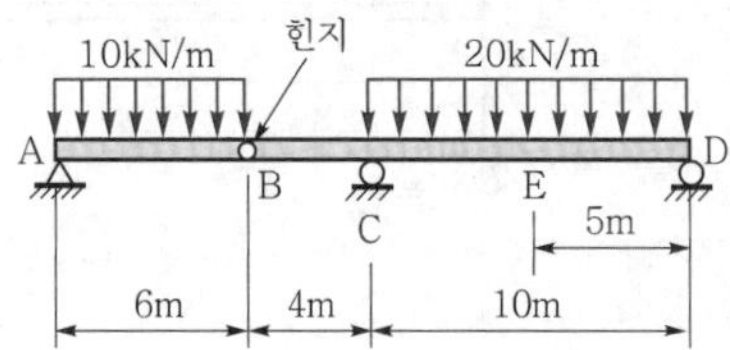

① 190kN · m ② 240kN · m
③ 310kN · m ④ 710kN · m

해설 **E점의 휨모멘트**

㉠ $\overline{AB}$보의 반력(좌우대칭)

$R_A = R_B = 30\text{kN}(\uparrow)$

㉡ $\overline{CD}$보의 반력

$\Sigma M_C = 0$

$-30\times4 + 20\times10\times5 - R_D\times10 = 0$

$\therefore\ R_D = 88\text{kN}(\uparrow)$

㉢ E점의 휨모멘트

$M_E = 88\times5 - 20\times5\times2.5 = 190\text{kN}\cdot\text{m}$

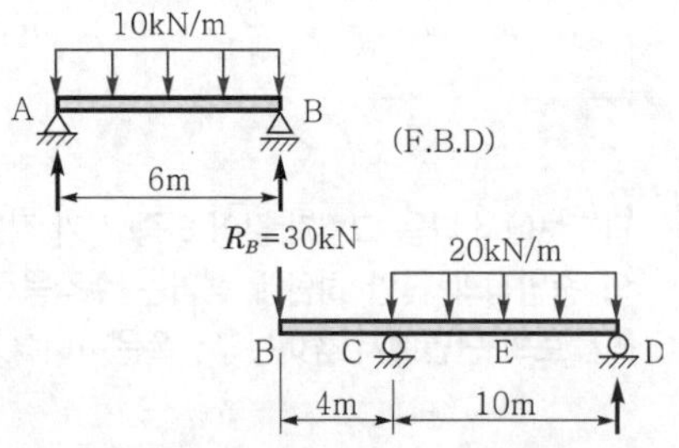

10 양단 고정의 장주에 중심축하중이 작용할 때 이 기둥의 좌굴응력은? (단, $E=2.1\times10^5$MPa이고, 기둥은 지름이 4cm인 원형기둥이다.)

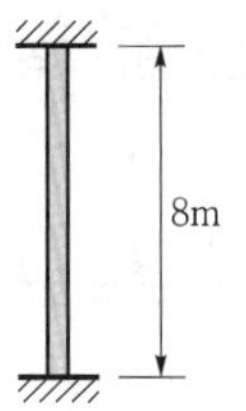

① 3.35MPa ② 6.72MPa
③ 12.95MPa ④ 25.91MPa

해설 **좌굴응력**

㉠ 강도계수와 세장비

$$n=4,\ \lambda = \frac{l}{r} = \frac{4l}{D} = \frac{4\times800}{4} = 800$$

㉡ 좌굴응력

$$\sigma_{cr} = \frac{n\pi^2E}{\lambda^2} = \frac{4\times\pi^2\times2.1\times10^5}{800^2} = 12.95\text{MPa}$$

11 휨모멘트를 받는 보의 탄성에너지를 나타내는 식으로 옳은 것은?

① $U=\int_0^L \frac{M^2}{2EI}dx$ ② $U=\int_0^L \frac{2EI}{M^2}dx$

③ $U=\int_0^L \frac{EI}{2M^2}dx$ ④ $U=\int_0^L \frac{M^2}{EI}dx$

해설 **탄성변형에너지**

$$U = W_i = W_{iM} + W_{iN} + W_{iS} + W_{iT}$$
$$\fallingdotseq W_{iM} + W_{iN}$$
$$= \int_0^L \frac{M^2}{2EI}dx + \int_0^L \frac{N^2}{2EA}dx$$

12 다음 그림과 같은 단순보에서 B단에 모멘트하중 M이 작용할 때 경간 AB 중에서 수직처짐이 최대가 되는 곳의 거리 x는? (단, EI는 일정하다.)

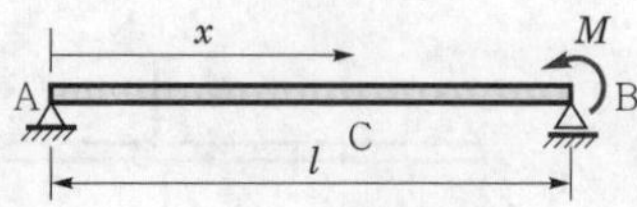

① $0.500l$ ② $0.577l$
③ $0.667l$ ④ $0.750l$

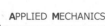

정답 9. ① 10. ③ 11. ① 12. ②

해설 공액보법

㉠ 지점반력(공액보)

$$R_A = \frac{Ml}{6}(\uparrow),\ R_B = \frac{Ml}{3}(\uparrow)$$

㉡ 전단력이 0인 점의 위치

A점으로부터 $x = \frac{l}{\sqrt{3}} = 0.577l$

㉢ 최대 휨모멘트

$$M_{\max} = \frac{Ml^2}{9\sqrt{3}}$$

㉣ 최대 처짐

$$\delta_{\max} = \frac{M_{\max}}{EI} = \frac{Ml^2}{9\sqrt{3}\,EI}(\downarrow)$$

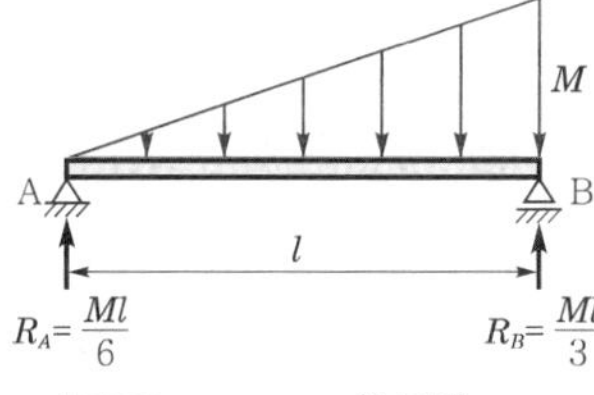

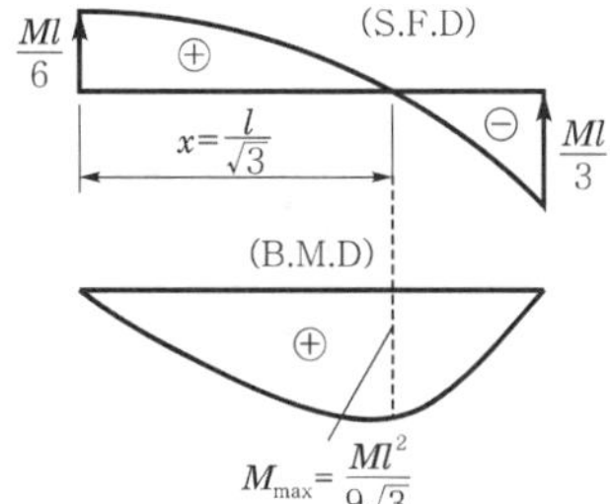

13 다음 그림의 캔틸레버보에서 C점, B점의 처짐비 ($\delta_C : \delta_B$)는? (단, EI는 일정하다.)

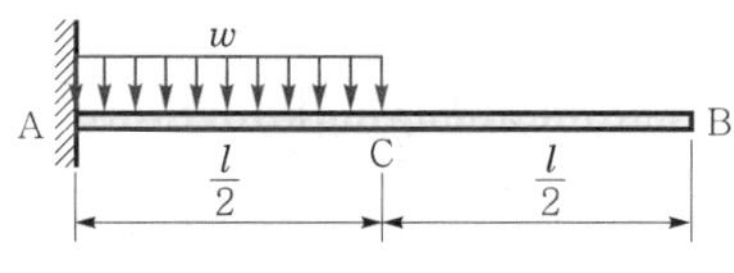

① 3 : 8　　② 3 : 7
③ 2 : 5　　④ 1 : 2

해설 처짐과 처짐각의 비

㉠ C점과 B점의 처짐비

$$\delta_C : \delta_B = \frac{wl^4}{128EI} : \frac{7wl^4}{384EI} = 3:7$$

㉡ C점과 B점의 처짐각의 비

$$\theta_C : \theta_B = \frac{wl^3}{48EI} : \frac{wl^3}{48EI} = 1:1$$

14 다음 그림과 같은 단면을 갖는 부재 A와 부재 B가 있다. 동일 조건의 보에 사용하고 재료의 강도도 같다면 휨에 대한 강성을 비교한 설명으로 옳은 것은?

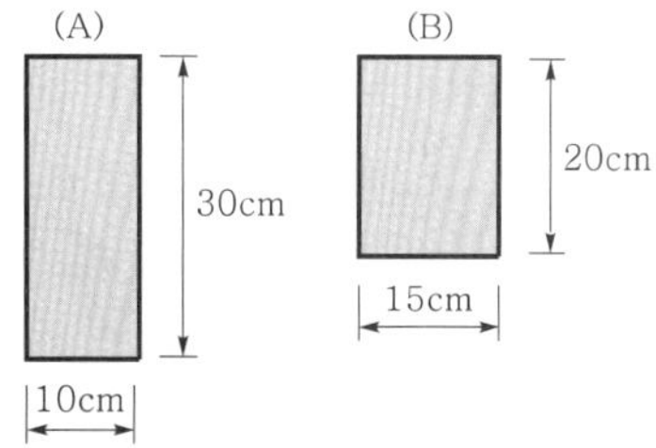

① 보 A는 보 B보다 휨에 대한 강성이 2.0배 크다.
② 보 B는 보 A보다 휨에 대한 강성이 2.0배 크다.
③ 보 A는 보 B보다 휨에 대한 강성이 1.5배 크다.
④ 보 B는 보 A보다 휨에 대한 강성이 1.5배 크다.

해설 휨강성의 비

㉠ 휨에 대한 강성은 단면계수로 비교한다.

$$Z_A = \frac{bh^2}{6} = \frac{10\times30^2}{6} = 1{,}500\text{cm}^3$$

$$Z_B = \frac{bh^2}{6} = \frac{15\times20^2}{6} = 1{,}000\text{cm}^3$$

$$\therefore\ Z_A : Z_B = 3:2$$

㉡ 보 A는 보 B보다 휨에 대한 강성이 1.5배 크다.

15 다음 그림과 같은 3힌지 아치에서 A지점의 반력은?

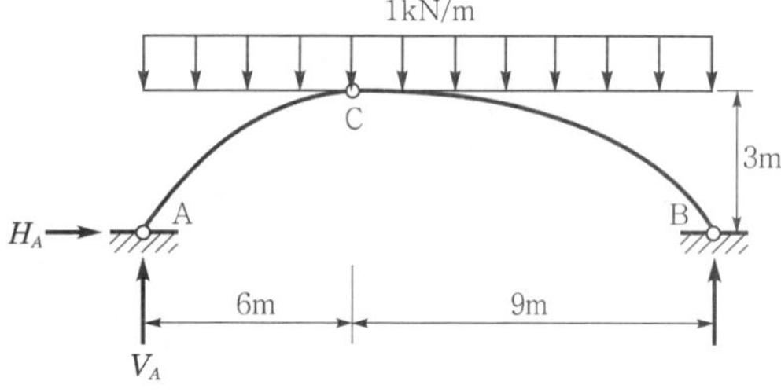

① V_A =6.0kN(↑), H_A =9.0kN(→)
② V_A =6.0kN(↑), H_A =12.0kN(→)
③ V_A =7.5kN(↑), H_A =9.0kN(→)
④ V_A =7.5kN(↑), H_A =12.0kN(→)

정답 13. ② 14. ③ 15. ③

해설 A점의 반력

㉠ A점의 연직반력

$\sum M_B = 0$

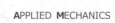

$+V_A \times 15 - 1 \times 15 \times \frac{15}{2} = 0$

$\therefore V_A = 7.5\text{kN}(\uparrow)$

㉡ A점의 수평반력

$\sum M_C = 0$

$+V_A \times 6 - H_A \times 3 - 1 \times 6 \times 3 = 0$

$\therefore H_A = \frac{1}{3} \times (7.5 \times 6 - 6 \times 3) = 9\text{kN}(\rightarrow)$

16 길이가 l인 양단 고정보 AB의 왼쪽 지점이 다음 그림과 같이 작은 각 θ만큼 회전할 때 생기는 반력(R_A, M_A)은? (단, EI는 일정하다.)

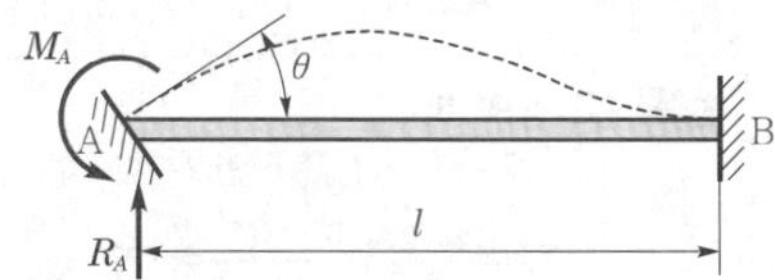

① $R_A = \frac{6EI\theta}{l^2}$, $M_A = \frac{4EI\theta}{l}$

② $R_A = \frac{12EI\theta}{l^3}$, $M_A = \frac{6EI\theta}{l^2}$

③ $R_A = \frac{4EI\theta}{l^2}$, $M_A = \frac{6EI\theta}{l}$

④ $R_A = \frac{2EI\theta}{l}$, $M_A = \frac{4EI\theta}{l^2}$

해설 처짐각법

㉠ 경계조건

$\theta_A = -\theta$, $\theta_B = 0$, $R = 0$, $K = \frac{I}{l}$,

$C_{AB} = C_{BA} = 0$

㉡ 재단모멘트

$M_{AB} = 2EK(2\theta_A + \theta_B - 3R) + C_{AB}$

$= \frac{2EI}{l} \times (-2\theta) = -\frac{4EI}{l}\theta$

$M_{BA} = 2EK(\theta_A + 2\theta_B - 3R) + C_{AB}$

$= -\frac{2EI}{l}\theta$

㉢ 반력

$+R_A l - \frac{4EI}{l}\theta - \frac{2EI}{l}\theta = 0$

$\therefore R_A = \frac{6EI}{l^2}\theta(\uparrow)$

17 반지름이 30cm인 원형 단면을 가지는 단주에서 핵의 면적은 약 얼마인가?

① 44.2cm^2 ② 132.5cm^2

③ 176.7cm^2 ④ 228.2cm^2

해설 핵의 면적

㉠ 핵거리(핵반경)

$e = \frac{r}{4} = \frac{d}{8}$

㉡ 핵의 면적

$A_c = \pi e^2 = \pi\left(\frac{r}{4}\right)^2 = \pi \times \left(\frac{30}{4}\right)^2 = 176.7\text{cm}^2$

18 다음 중 정(+)의 값뿐만 아니라 부(−)의 값도 갖는 것은?

① 단면계수 ② 단면2차반지름

③ 단면2차모멘트 ④ 단면상승모멘트

해설 단면의 성질

(+) 또는 (−)값을 갖을 수 있는 것은 단면1차모멘트 또는 단면상승모멘트이다.

19 다음 그림과 같은 삼각형 물체에 작용하는 힘 P_1, P_2를 AC면에 수직한 방향의 성분으로 변환할 경우 힘 P의 크기는?

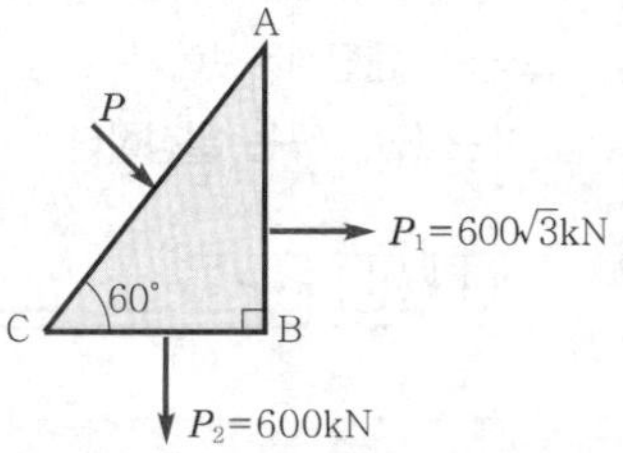

① 1,000kN ② 1,200kN

③ 1,400kN ④ 1,600kN

해설 힘의 크기

㉠ P의 방향으로 직각분력을 생각한다.

㉡ 힘의 크기

$P = P_1 \cos 30° + P_2 \cos 60°$

$= 600\sqrt{3} \times \frac{\sqrt{3}}{2} + 600 \times \frac{1}{2}$

$= 1,200\text{kN}$

정답 16. ① 17. ③ 18. ④ 19. ②

20 지간 10m인 단순보 위를 1개의 집중하중 $P=200$kN이 통과할 때 이 보에 생기는 최대 전단력(S)과 최대 휨모멘트(M)는?

① $S=100\text{kN}$, $M=500\text{kN}\cdot\text{m}$
② $S=100\text{kN}$, $M=1{,}000\text{kN}\cdot\text{m}$
③ $S=200\text{kN}$, $M=500\text{kN}\cdot\text{m}$
④ $S=200\text{kN}$, $M=1{,}000\text{kN}\cdot\text{m}$

해설 최대 단면력
㉠ 최대 전단력은 하중이 지점에 놓일 때이다.
$S_{max}=100\text{kN}$
㉡ 최대 휨모멘트는 하중이 중앙에 놓일 때이다.
$M_{max}=\dfrac{Pl}{4}=\dfrac{200\times10}{4}=500\text{kN}\cdot\text{m}$

정답 20.③

2020 제3회 토목기사 기출문제

2020년 8월 22일 시행

01 지름 $d=120$cm, 벽두께 $t=0.6$cm인 긴 강관이 $q=$ 2MPa의 내압을 받고 있다. 이 관벽 속에 발생하는 원환응력(σ)의 크기는?

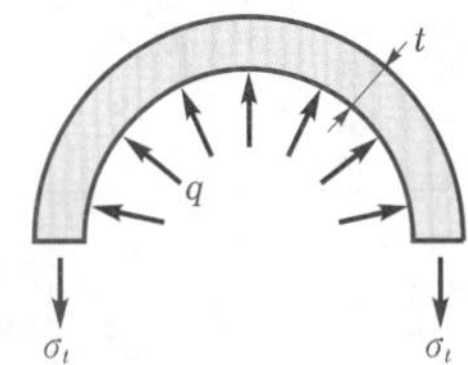

① 50MPa
② 100MPa
③ 150MPa
④ 200MPa

해설 **원환응력**

$$\sigma_t = \frac{qr}{t} = \frac{qd}{2t} = \frac{2\times 1,200}{2\times 60} = 200\text{MPa}$$

02 다음 그림과 같은 연속보에서 B점의 지점반력은?

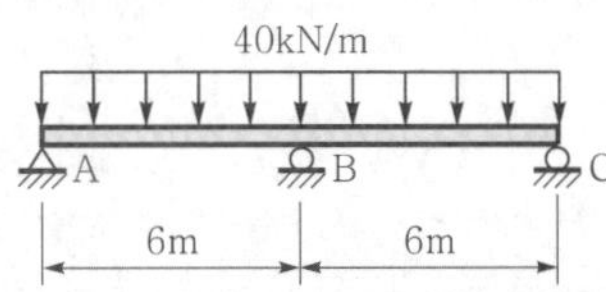

① 240kN ② 280kN
③ 300kN ④ 320kN

해설 **부정정보(변위일치법)의 해석**

㉠ 각 점의 반력과 휨모멘트

$$R_A = R_C = \frac{3}{8}wl(\uparrow),\ R_B = \frac{5}{4}wl(\uparrow),$$

$$M_B = -\frac{wl^2}{8}$$

㉡ B점의 연직반력

$$R_B = \frac{5}{4}wl = \frac{5}{4}\times 40\times 6 = 300\text{kN}(\uparrow)$$

03 다음 그림과 같은 보에서 A점의 수직반력은?

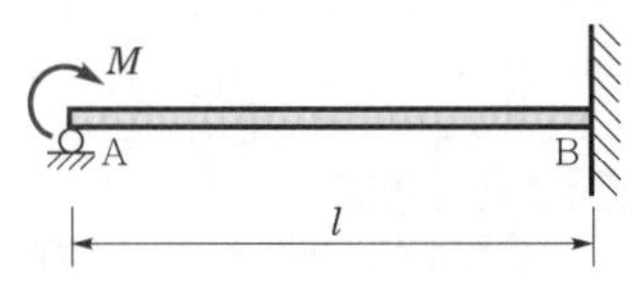

① $\frac{M}{l}(\uparrow)$ ② $\frac{M}{l}(\downarrow)$
③ $\frac{3M}{2l}(\uparrow)$ ④ $\frac{3M}{2l}(\downarrow)$

해설 **모멘트 분배법**

㉠ B점의 전달모멘트($C.M$)

$$M_B = \frac{M}{2}(\circlearrowright)$$

㉡ A점의 수직반력

$$\Sigma M_B = 0$$

$$-R_A\times l + M + \frac{M}{2} = 0$$

$$\therefore\ R_A = \frac{3M}{2l}(\downarrow)$$

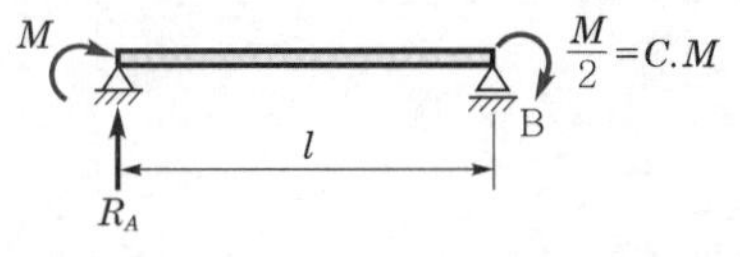

04 전단중심(shear center)에 대한 설명으로 틀린 것은?

① 1축이 대칭인 단면의 전단중심은 도심과 일치한다.
② 1축이 대칭인 단면의 전단중심은 그 대칭축 선상에 있다.
③ 하중이 전단 중심점을 통과하지 않으면 보는 비틀린다.
④ 전단중심이란 단면이 받아내는 전단력의 합력점의 위치를 말한다.

정답 1. ④ 2. ③ 3. ④ 4. ①

> **해설** 전단중심
> ㉠ 1축 대칭인 단면의 전단중심은 도심과 일치하지 않는다.
> ㉡ 각 단면의 도심(G)과 전단중심(S)

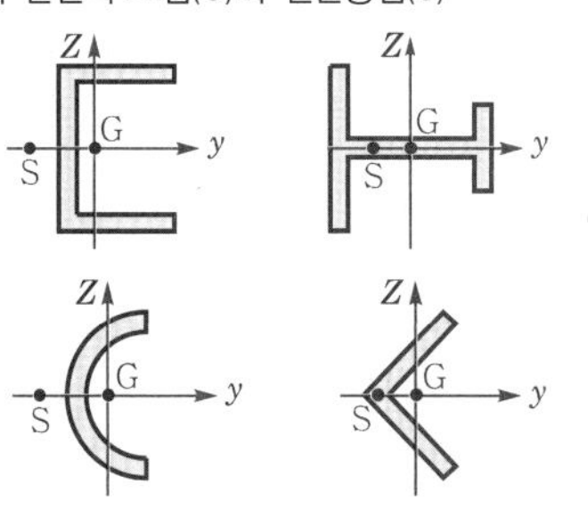

05 다음 그림과 같은 1/4원 중에서 음영 부분의 도심까지 위치 y_o는?

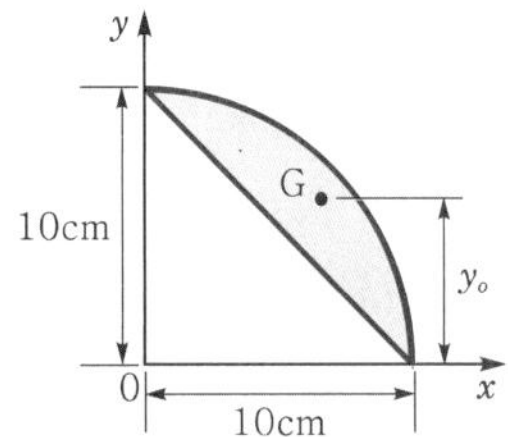

① 4.94cm ② 5.20cm
③ 5.84cm ④ 7.81cm

> **해설** 도심의 위치
> $$y_o=\frac{G_x}{A}=\frac{\frac{\pi r^2}{4}\times\frac{4r}{3\pi}-\frac{r^2}{2}\times\frac{r}{3}}{\frac{\pi r^2}{4}-\frac{r^2}{2}}$$
> $$=\frac{r}{3\left(\frac{\pi}{2}-1\right)}=\frac{10}{3\left(\frac{\pi}{2}-1\right)}≒5.84\text{cm}$$

06 다음 그림과 같이 단순보의 A점에 휨모멘트가 작용하고 있을 경우 A점에서 전단력의 절대값은?

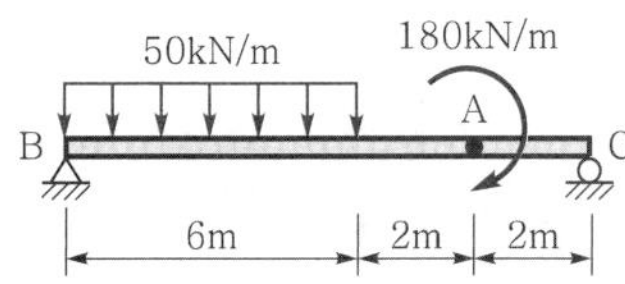

① 72kN ② 108kN
③ 126kN ④ 252kN

> **해설** A점의 전단력
> ㉠ A점의 전단력은 C점 반력의 절댓값과 같다.
> ㉡ C점 반력
> $\sum M_B=0$
> $-R_C\times10+50\times6\times3+180=0$
> $\therefore R_C=108\text{kN}(\uparrow)$
> $\therefore S_A=R_C=108\text{kN}$

07 다음 그림과 같은 3힌지 라멘의 휨모멘트도(B.M.D)는?

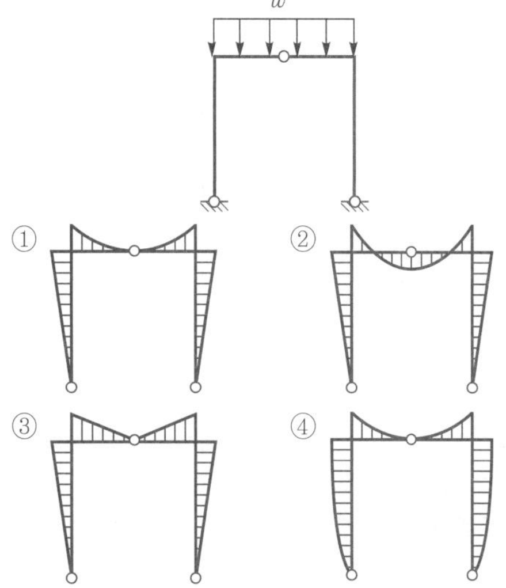

> **해설** 휨모멘트도
> ㉠ 힌지지점이나 절점에서는 휨모멘트가 발생하지 않는다.
> ㉡ 휨모멘트도

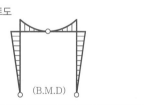

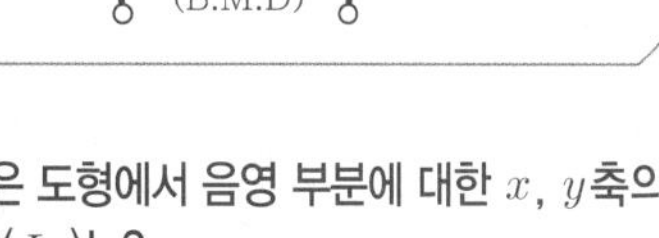

08 다음 그림과 같은 도형에서 음영 부분에 대한 x, y축의 단면상승모멘트(I_{xy})는?

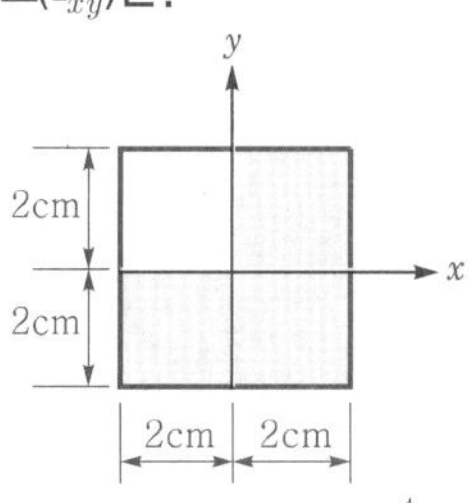

① 2cm^4 ② 4cm^4
③ 8cm^4 ④ 16cm^4

정답 5. ③ 6. ② 7. ① 8. ②

해설 단면상승모멘트

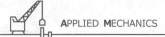

$$I_{xy}=I_{xy1}+I_{xy2}+I_{xy3}$$
$$=2\times2\times1\times1+2\times2\times1\times(-1)$$
$$+2\times2\times(-1)\times(-1)=4\text{cm}^4$$

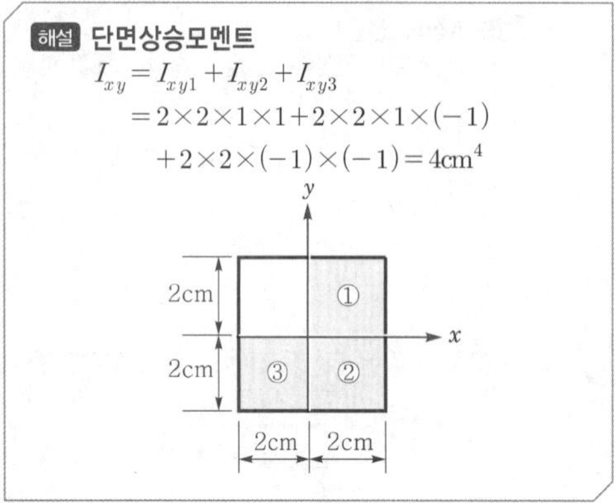

09 등분포하중을 받는 단순보에서 중앙점의 처짐을 구하는 공식은? (단, 등분포하중은 W, 보의 길이는 L, 보의 휨강성은 EI이다.)

① $\dfrac{WL^3}{24EI}$ ② $\dfrac{WL^3}{48EI}$

③ $\dfrac{WL^4}{8EI}$ ④ $\dfrac{5WL^4}{384EI}$

해설 공액공법

㉠ 공액보의 반력

$$R_A'=\frac{2}{3}\times\frac{L}{2}\times\frac{wL^2}{8}=\frac{wL^3}{24}$$

㉡ C점의 휨모멘트

$$M_C'=\frac{wL^3}{24}\times\frac{L}{2}-\frac{wL^3}{24}\times\frac{L}{2}\times\frac{3}{8}$$
$$=\frac{5wL^4}{384}$$

㉢ C점의 처짐

$$\delta_C=\delta_{\max}=\frac{M_C'}{EI}=\frac{5wL^4}{384EI}(\downarrow)$$

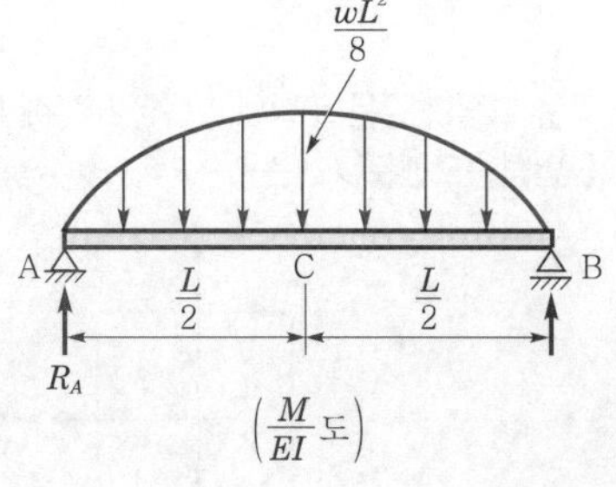

$\left(\dfrac{M}{EI}\text{도}\right)$

10 다음 그림과 같은 3힌지 아치에서 B점의 수평반력 (H_B)은?

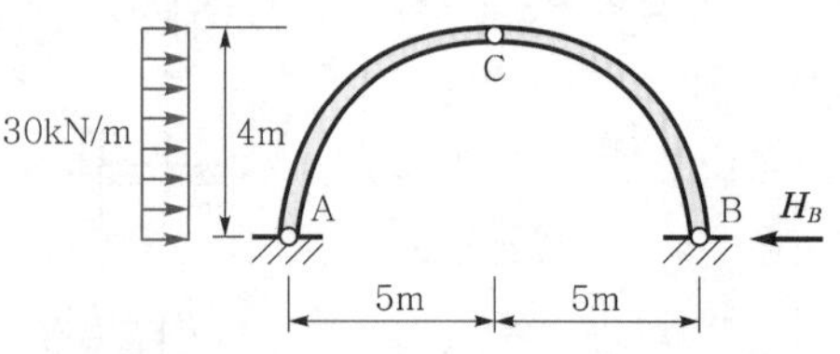

① 20kN ② 30kN

③ 40kN ④ 60kN

해설 B점의 수평반력

㉠ B점의 연직반력

$$\Sigma M_A=0$$
$$-V_B\times l+wh\times\frac{h}{2}=0$$
$$\therefore V_B=\frac{wh^2}{2l}(\uparrow)$$

㉡ B점의 수평반력

$$\Sigma M_G=0$$
$$+H_B\times h-\frac{wh^2}{2l}\times\frac{l}{2}=0$$
$$\therefore H_B=\frac{wh}{4}=\frac{30\times4}{4}=30\text{kN}(\leftarrow)$$

11 다음 그림과 같은 보의 허용휨응력이 80MPa일 때 보에 작용할 수 있는 등분포하중(w)은?

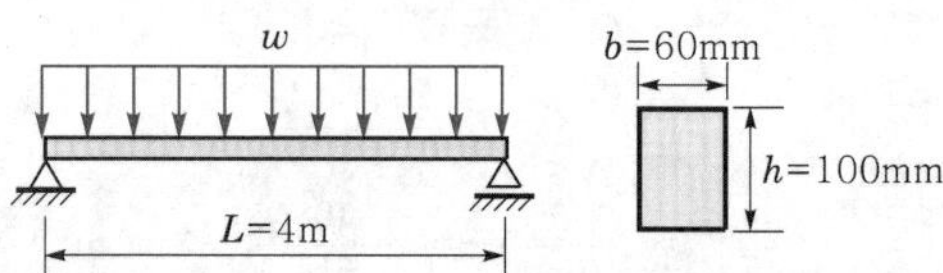

① 50kN/m ② 40kN/m

③ 5kN/m ④ 4kN/m

해설 등분포하중

㉠ 최대 휨모멘트와 단면계수

$$M=\frac{wL^2}{8},\ Z=\frac{bh^2}{6}$$
$$\therefore \sigma=\frac{M}{Z}=\frac{3wL^2}{4bh^2}$$

㉡ 등분포하중

$$w=\frac{4\sigma bh^2}{3L^2}=\frac{4\times80\times60\times100^2}{3\times4{,}000^2}$$
$$=4\text{kN/m}$$

정답 9. ④ 10. ② 11. ④

12 다음 그림은 정사각형 단면을 갖는 단주에서 단면의 핵을 나타낸 것이다. x의 거리는?

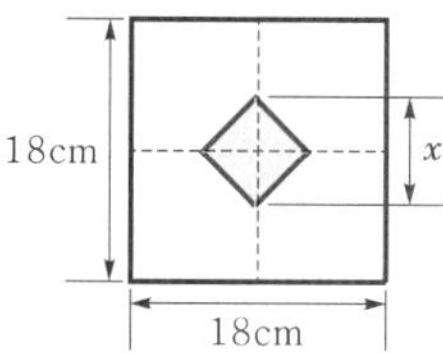

① 3cm ② 4.5cm
③ 6cm ④ 9cm

해설 핵거리
㉠ 핵거리(핵반경)
$$e=\frac{h}{6}$$
㉡ 핵전경
$$k=x=2e=2\times\frac{18}{6}=6\text{cm}$$

13 다음 그림과 같이 속이 빈 단면에 전단력 V=150kN이 작용하고 있다. 단면에 발생하는 최대 전단응력은?

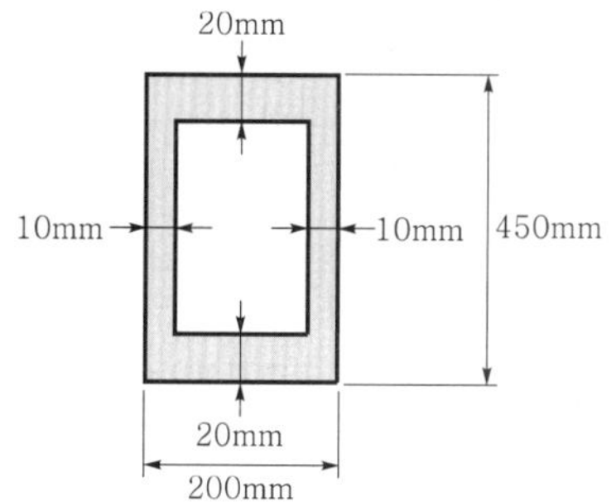

① 9.9MPa ② 19.8MPa
③ 99MPa ④ 198MPa

해설 최대 전단응력
㉠ 단면의 성질
$$I_X=\frac{1}{12}\times(200\times450^3-180\times410^3)$$
$$=484,935,000\text{mm}^4$$
$$G_X=(200\times20)\times215$$
$$+(10\times205)\times102.5\times2$$
$$=1,280,250\text{mm}^3$$
$$b=10+10=20\text{mm}$$
$$S=150\text{kN}=150\times10^3\text{N}$$
㉡ 최대 전단응력
$$\tau=\frac{SG_X}{I_Xb}=\frac{150\times10^3\times1,280,250}{484,935,000\times20}$$
$$=19.8\text{MPa}$$

14 다음 그림과 같은 캔틸레버보에서 자유단에 집중하중 $2P$를 받고 있을 때 휨모멘트에 의한 탄성변형에너지는? (단, EI는 일정하고, 보의 자중은 무시한다.)

① $\frac{3P^2L^3}{2EI}$ ② $\frac{2P^2L^3}{3EI}$
③ $\frac{P^2L^3}{3EI}$ ④ $\frac{P^2L^3}{6EI}$

해설 탄성변형에너지(외력일)
$$U=W_e=\frac{1}{2}P\delta=\frac{1}{2}\times2P\times\frac{2PL^3}{3EI}$$
$$=\frac{2P^2L^3}{3EI}$$

15 지름 50mm, 길이 2m의 봉을 길이방향으로 당겼더니 길이가 2mm 늘어났다면 이때 봉의 지름은 얼마나 줄어드는가? (단, 이 봉의 푸아송비는 0.3이다.)

① 0.015mm ② 0.030mm
③ 0.045mm ④ 0.060mm

해설 줄어든 지름
$$\nu=-\frac{1}{m}=\frac{\beta}{\varepsilon}=\frac{L\Delta d}{d\Delta L}$$
$$\therefore\ \Delta d=\frac{\nu d\Delta L}{L}=\frac{0.3\times50\times2}{2,000}$$
$$=0.015\text{mm}$$

16 다음 그림과 같은 크레인의 D_1부재의 부재력은?

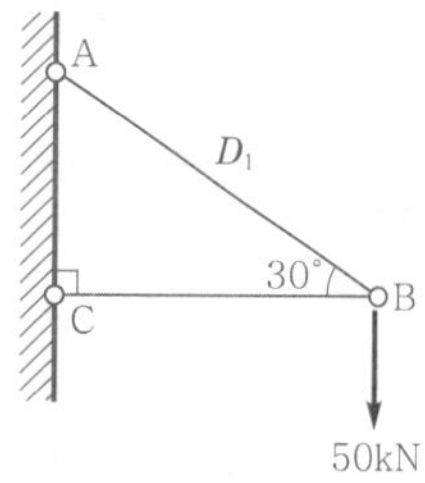

① 43kN ② 50kN
③ 75kN ④ 100kN

정답 12. ③ 13. ② 14. ② 15. ① 16. ④

해설 **절점법**

$\sum V=0$

$D_1 \times \sin 30° = 50$

$\therefore D_1 = 100\text{kN}$

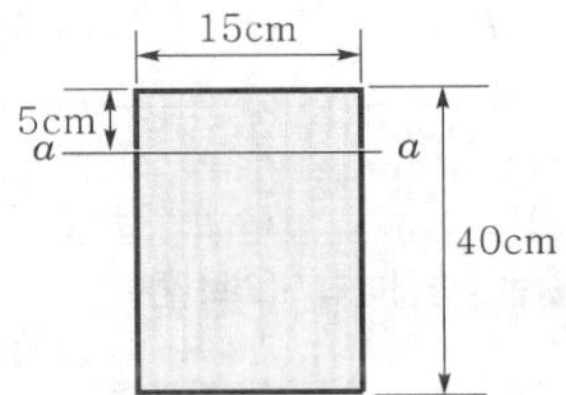

17 다음 그림과 같은 직사각형 단면의 보가 최대 휨모멘트 $M_{max}=20\text{kN}\cdot\text{m}$를 받을 때 $a-a$ 단면의 휨응력은?

① 2.25MPa ② 3.75MPa
③ 4.25MPa ④ 4.65MPa

해설 **임의 점의 휨응력**

$\sigma = \frac{M}{I}y = \frac{12\times20\times1,000\times1,000}{150\times400^3}\times150$

$=3.75\text{MPa}$

18 다음 그림과 같은 캔틸레버보에서 최대 처짐각(θ_B)은? (단, EI는 일정하다.)

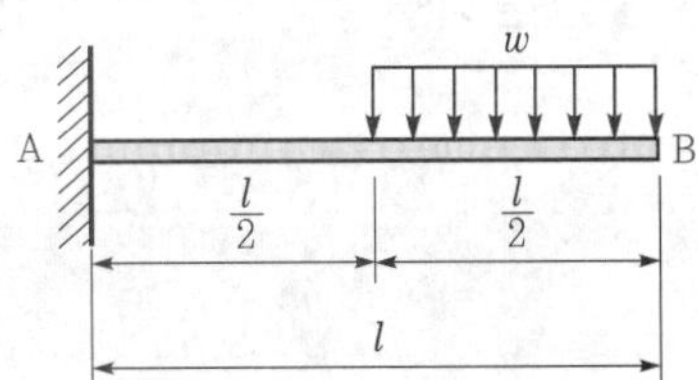

① $\frac{3wl^3}{48EI}$ ② $\frac{5wl^3}{48EI}$
③ $\frac{7wl^3}{48EI}$ ④ $\frac{9wl^3}{48EI}$

해설 **공액보법**

㉠ B′점의 반력

$R_B{}' = \frac{l}{2}\times\frac{wl^2}{8}+\frac{1}{2}\times\frac{l}{2}\times\frac{wl^2}{4}$

$+\frac{1}{3}\times\frac{l}{2}\times\frac{wl^2}{8}$

$=\frac{7wl^3}{48}=S_B{}'$

㉡ B점의 최대 처짐각

$\theta_B = \frac{S_B{}'}{EI} = \frac{7wl^3}{48EI}$

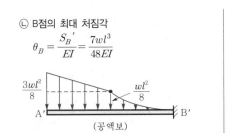

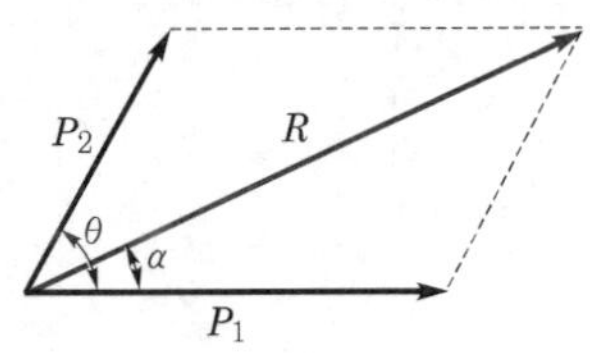

19 다음 그림에서 합력 R과 P_1 사이의 각을 α라고 할 때 $\tan\alpha$를 나타낸 식으로 옳은 것은?

① $\tan\alpha = \frac{P_2\sin\theta}{P_1+P_2\cos\theta}$

② $\tan\alpha = \frac{P_1\sin\theta}{P_1+P_2\cos\theta}$

③ $\tan\alpha = \frac{P_2\cos\theta}{P_1+P_2\sin\theta}$

④ $\tan\alpha = \frac{P_1\cos\theta}{P_1+P_2\sin\theta}$

해설 **합력의 방향**

㉠ 합력

$R=\sqrt{P_1{}^2+P_2{}^2+2P_1P_2\cos\theta}$

㉡ 합력의 방향

$\tan\alpha = \frac{P_2\sin\theta}{P_1+P_2\cos\theta}$

$\therefore \alpha = \tan^{-1}\frac{P_2\sin\theta}{P_1+P_2\cos\theta}$

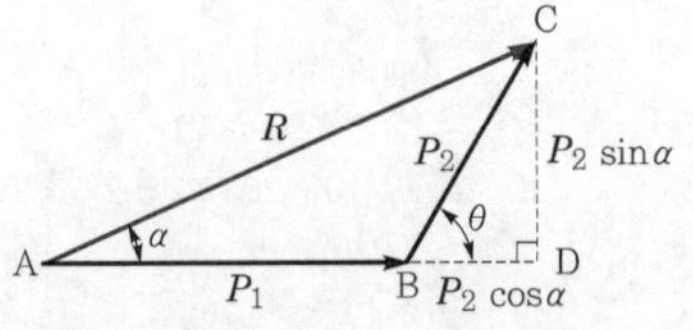

정답 17. ② 18. ③ 19. ①

20 길이가 3m이고 가로 200mm, 세로 300mm인 직사각형 단면의 기둥이 있다. 지지상태가 양단 힌지인 경우 좌굴응력을 구하기 위한 이 기둥의 세장비는?

① 34.6　　② 43.3

③ 52.0　　④ 60.7

해설 **세장비**

$b=300$mm, $h=200$mm(min), $l=3$m$=3{,}000$mm

$$\therefore \lambda=\frac{l}{r_{\min}}=\frac{l}{\sqrt{\frac{I_{\min}}{A}}}$$

$$=\frac{\sqrt{12}\,l}{h}=\frac{\sqrt{12}\times 3{,}000}{200}$$

$$=51.96$$

정답 20. ③

2020 제4회 토목기사 기출문제

2020년 9월 27일 시행

01 다음 그림과 같은 구조물에서 단부 A, B는 고정, C지점은 힌지일 때 OA, OB, OC부재의 분배율로 옳은 것은?

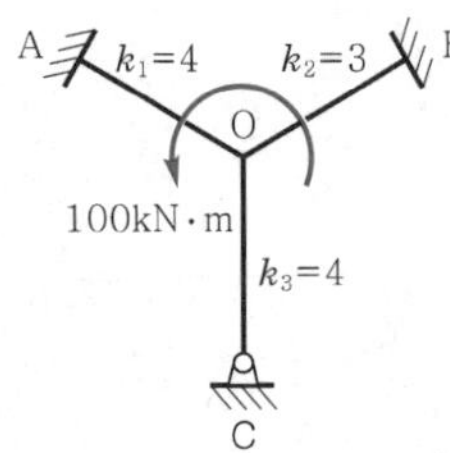

① $D.F_{OA}=\frac{4}{10}$, $D.F_{OB}=\frac{3}{10}$, $D.F_{OC}=\frac{4}{10}$

② $D.F_{OA}=\frac{4}{10}$, $D.F_{OB}=\frac{3}{10}$, $D.F_{OC}=\frac{3}{10}$

③ $D.F_{OA}=\frac{4}{11}$, $D.F_{OB}=\frac{3}{11}$, $D.F_{OC}=\frac{4}{11}$

④ $D.F_{OA}=\frac{4}{11}$, $D.F_{OB}=\frac{3}{11}$, $D.F_{OC}=\frac{3}{11}$

해설 **분배율**

㉠ $D.F_{OA}=\frac{k_{OA}}{\Sigma k}=\frac{4}{4+3+4\times\frac{3}{4}}=\frac{4}{10}$

㉡ $D.F_{OB}=\frac{k_{OB}}{\Sigma k}=\frac{3}{4+3+4\times\frac{3}{4}}=\frac{3}{10}$

㉢ $D.F_{OC}=\frac{k_{OC}}{\Sigma k}=\frac{4\times\frac{3}{4}}{4+3+4\times\frac{3}{4}}=\frac{3}{10}$

02 다음 그림과 같은 캔틸레버보에서 집중하중(P)이 작용할 경우 최대 처짐(δ_{max})은? (단, EI는 일정하다.)

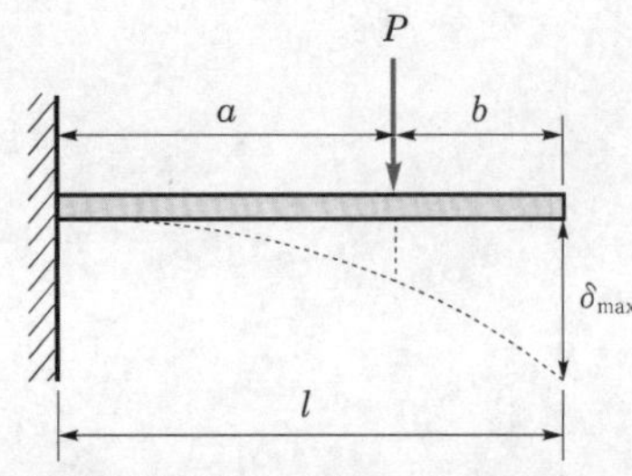

① $\delta_{max}=\frac{Pa^2}{3EI}(3l+a)$ ② $\delta_{max}=\frac{P^2a}{3EI}(3l-a)$

③ $\delta_{max}=\frac{P^2a}{6EI}(3l+a)$ ④ $\delta_{max}=\frac{Pa^2}{6EI}(3l-a)$

해설 **공액보법**

㉠ 공액보 B점의 반력

$$R_B=S_B=\frac{1}{2}\times a\times Pa=\frac{Pa^2}{2}$$

$$M_B=\frac{Pa^2}{2}\times\left(\frac{2}{3}a+b\right)=\frac{Pa^2}{6}(3l-a)$$

㉡ B점의 처짐각과 처짐

$$\theta_B=\frac{S_B}{EI}=\frac{Pa^2}{2EI}$$

$$\delta_B=\frac{M_B}{EI}=\frac{Pa^2}{6EI}(3l-a)$$

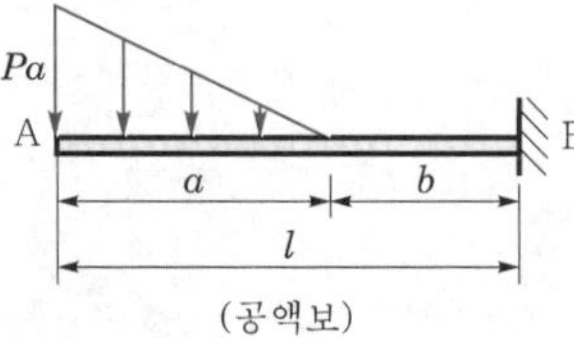

(공액보)

03 동일 평면상의 한 점에 여러 개의 힘이 작용하고 있을 때 여러 개의 힘의 어떤 점에 대한 모멘트의 합은 그 합력의 동일점에 대한 모멘트와 같다는 것은 무슨 정리인가?

① Mohr의 정리

② Lami의 정리

③ Varignon의 정리

④ Castigliano의 정리

해설 **바리뇽(Varignon)의 정리**

여러 힘의 한 점에 대한 모멘트는 그 합력의 모멘트의 크기와 같다.

∴ 합력에 의한 모멘트=분력에 의한 모멘트의 합

정답 1. ② 2. ④ 3. ③

04 다음 그림과 같이 A점과 B점에 모멘트하중(M_o)이 작용할 때 생기는 전단력도의 모양은 어떤 형태인가?

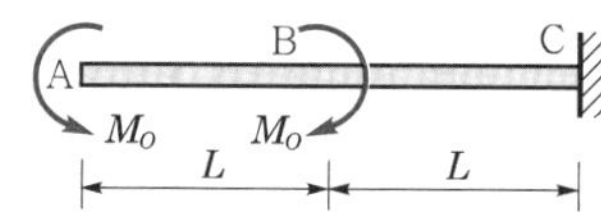

① A B C

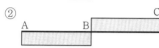

② A B C

③ A B C

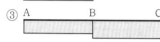

④ A C

> **해설** 전단력도(S.F.D)
> 모멘트하중에 의한 전단력은 발생하지 않는다. 전단력도(S.F.D)는 기선과 같다.

05 탄성계수(E), 전단탄성계수(G), 푸아송수(m) 간의 관계를 옳게 표시한 것은?

① $G=\dfrac{mE}{2(m+1)}$

② $G=\dfrac{m}{2(m+1)}$

③ $G=\dfrac{E}{2(m+1)}$

④ $G=\dfrac{E}{2(m-1)}$

> **해설** 전단탄성계수
> $$G=\frac{E}{2(1+\nu)}=\frac{E}{2\left(1+\dfrac{1}{m}\right)}=\frac{mE}{2(m+1)}$$

06 다음 그림과 같은 연속보에서 B점의 반력(R_B)은? (단, EI는 일정하다.)

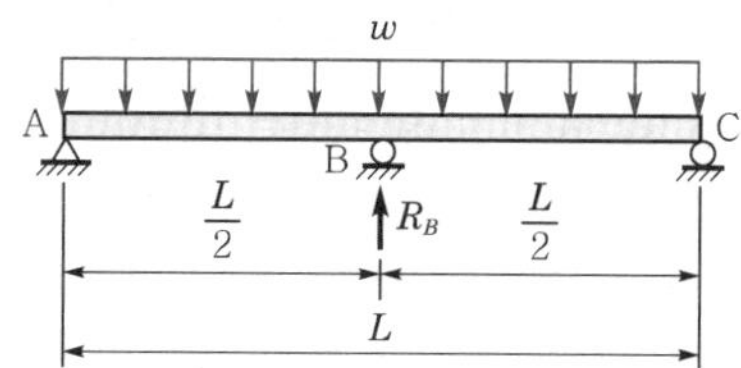

① $\dfrac{3}{10}wL$　② $\dfrac{3}{8}wL$

③ $\dfrac{5}{8}wL$　④ $\dfrac{5}{4}wL$

> **해설** 변형일치법
> ㉠ 각 점의 연직반력
> $$R_A=R_C=\frac{3}{8}w\times\frac{L}{2}=\frac{3}{16}wL(\uparrow)$$
> $$R_B=\frac{5}{4}w\times\frac{L}{2}=\frac{5}{8}wL(\uparrow)$$
> ㉡ B점의 휨모멘트
> $$M_B=-\frac{wL^2}{8}$$
>
> 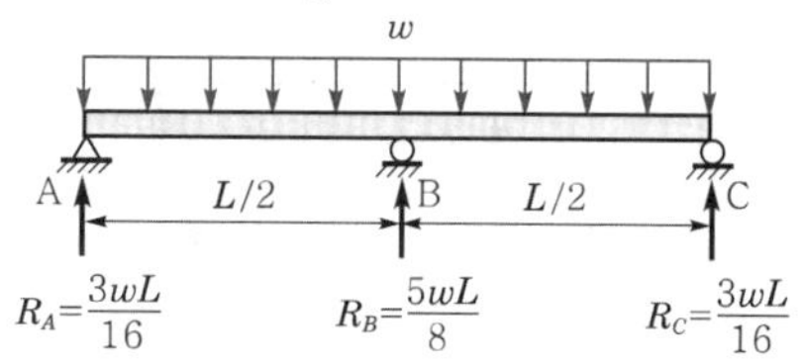
>

07 탄성변형에너지는 외력을 받는 구조물에서 변형에 의해 구조물에 축적되는 에너지를 말한다. 탄성체이며 선형거동을 하는 길이 L인 캔틸레버보의 끝단에 집중하중 P가 작용할 때 굽힘모멘트에 의한 탄성변형에너지는? (단, EI는 일정하다.)

① $\dfrac{P^2L^2}{2EI}$　② $\dfrac{P^2L^3}{2EI}$

③ $\dfrac{P^2L^2}{6EI}$　④ $\dfrac{P^2L^3}{6EI}$

> **해설** 탄성변형에너지(외적일)
> $$\delta_{\max}=\frac{PL^3}{3EI}$$
> $$\therefore U=W_e=\frac{1}{2}P\delta=\frac{P}{2}\times\frac{PL^3}{3EI}=\frac{P^2L^3}{6EI}$$

08 지름 D인 원형 단면보에 휨모멘트 M이 작용할 때 최대 휨응력은?

① $\dfrac{64M}{\pi D^3}$　② $\dfrac{32M}{\pi D^3}$

③ $\dfrac{16M}{\pi D^3}$　④ $\dfrac{8M}{\pi D^3}$

정답 4. ④　5. ①　6. ③　7. ④　8. ②

해설 **최대 휨응력**

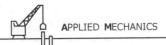

$$Z=\frac{I}{y}=\frac{\pi D^3}{32}$$

$$\therefore\ \sigma=\frac{M}{I}y=\frac{M}{Z}=\frac{32M}{\pi D^3}$$

09 다음 그림과 같은 트러스의 사재 D의 부재력은?

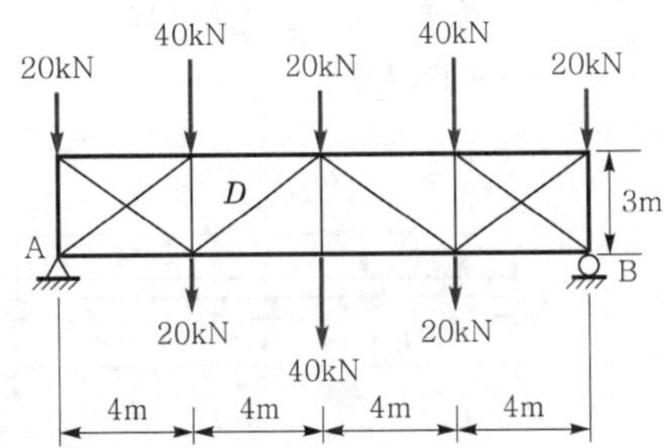

① 50kN(인장) ② 50kN(압축)
③ 37.5kN(인장) ④ 37.5kN(압축)

해설 **트러스의 부재력**

㉠ 반력(좌우대칭)

$$R_A=\frac{220}{2}=110\text{kN}(\uparrow)$$

㉡ 사재(D)의 부재력

$\sum V=0$

$110+D\times\sin\theta-20-40-20=0$

$\therefore\ D=\frac{5}{3}\times(-30)=-50\text{kN}$(압축)

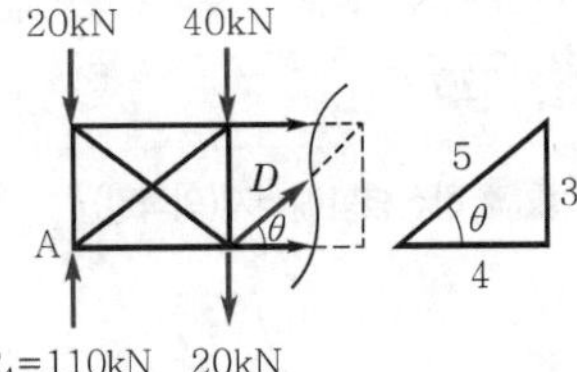

10 다음 중 정(+)의 값뿐만 아니라 부(−)의 값도 갖는 것은?

① 단면계수 ② 단면2차반지름
③ 단면상승모멘트 ④ 단면2차모멘트

해설 **단면의 성질**

(+) 또는 (−)값을 갖을 수 있는 것은 단면1차모멘트 또는 단면상승모멘트이다.

11 다음 그림과 같은 단면의 $A-A$축에 대한 단면2차모멘트는?

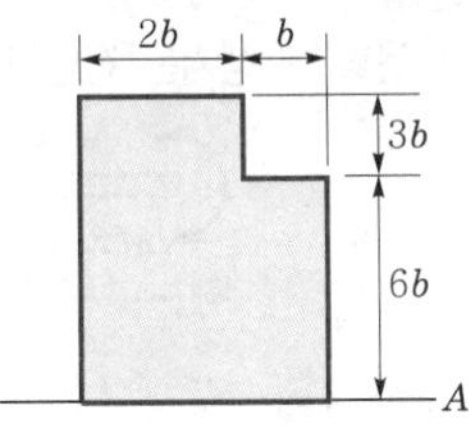

① $558b^4$
② $623b^4$
③ $685b^4$
④ $729b^4$

해설 **단면2차모멘트**

$$I_A=I_{A1}+I_{A2}$$

$$=\frac{2b\times(9b)^3}{3}+\frac{b\times(6b)^3}{3}=558b^4$$

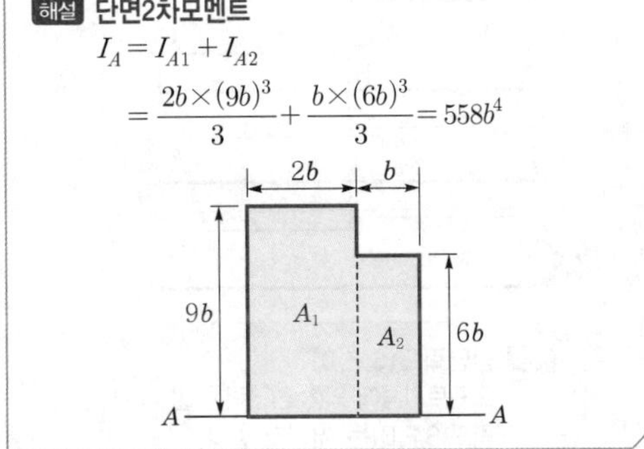

12 다음 그림과 같은 단순보에 일어나는 최대 전단력은?

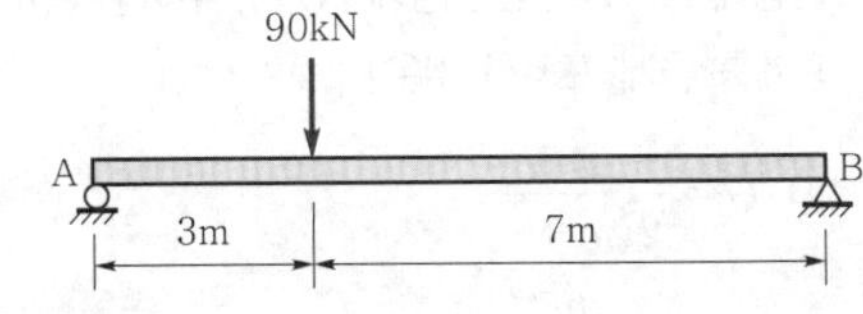

① 27kN ② 45kN
③ 54kN ④ 63kN

해설 **최대 전단력**

㉠ 최대 전단력은 최대 반력과 같다.

㉡ 최대 반력

$\sum M_B=0$

$+R_A\times10-90\times7=0$

$\therefore\ R_A=S_{max}=63\text{kN}(\uparrow)$

13 다음 그림과 같이 단순보 위에 삼각형 분포하중이 작용하고 있다. 이 단순보에 작용하는 최대 휨모멘트는?

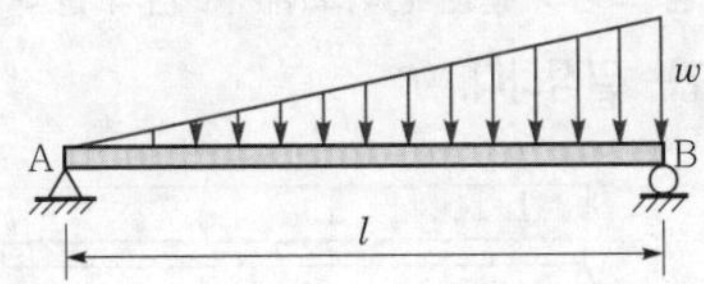

① $0.03214wl^2$ ② $0.04816wl^2$
③ $0.05217wl^2$ ④ $0.06415wl^2$

정답 9. ② 10. ③ 11. ① 12. ④ 13. ④

해설 등변분포하중 작용 시

㉠ 지점반력

$$R_A = \frac{wl}{6}(\uparrow),\ R_B = \frac{wl}{3}(\uparrow)$$

㉡ 전단력이 0인 점의 위치

$$x = \frac{l}{\sqrt{3}} = 0.577l$$

㉢ 최대 휨모멘트

$$M_{\max} = \frac{wl^2}{9\sqrt{3}} = 0.06415wl^2$$

14 다음 그림과 같이 단순보에 이동하중이 작용하는 경우 절대 최대 휨모멘트는?

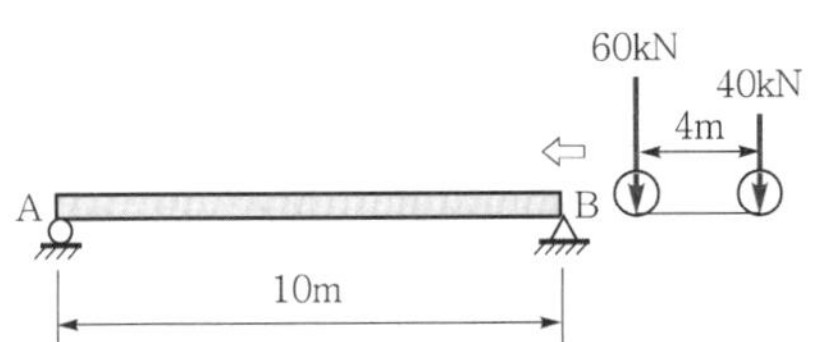

① 176.4kN · m ② 167.2kN · m
③ 162.0kN · m ④ 125.1kN · m

해설 절대 최대 휨모멘트

㉠ 합력 및 작용점위치

$R = 60 + 40 = 100\text{kN}$

$100 \times e = 40 \times 4$

$\therefore\ e = 1.6\text{m}$

$\therefore\ x = 5 - 0.8 = 4.2\text{m}$

㉡ 절대 최대 휨모멘트

$\Sigma M_B = 0$

$+R_A \times 10 - 60 \times 5.8 - 40 \times 1.8 = 0$

$\therefore\ R_A = 42\text{kN}(\uparrow)$

$\therefore\ M_{\max} = 42 \times 4.2 = 176.4\text{kN} \cdot \text{m}$

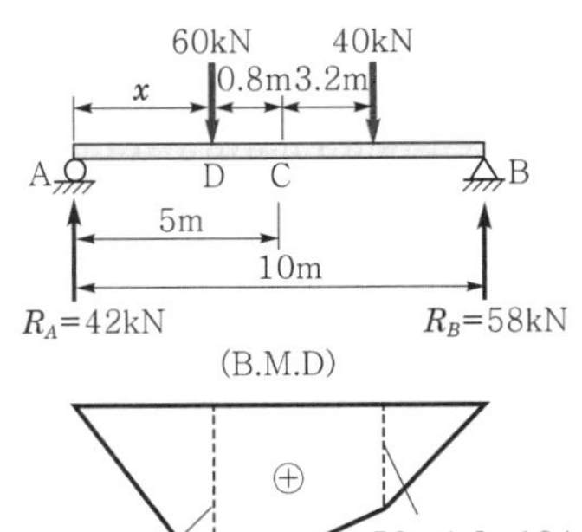

15 다음 그림과 같은 단순보에 등분포하중(q)이 작용할 때 보의 최대 처짐은? (단, EI는 일정하다.)

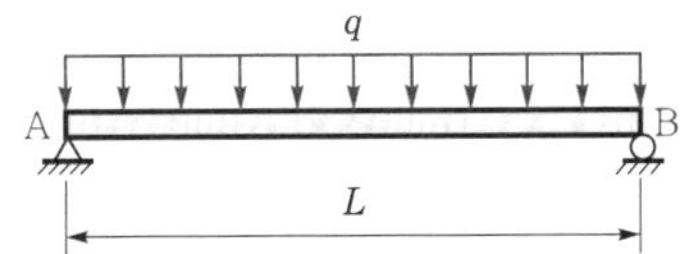

① $\frac{qL^4}{128EI}$ ② $\frac{qL^4}{64EI}$
③ $\frac{qL^4}{38EI}$ ④ $\frac{5qL^4}{384EI}$

해설 보의 최대 처짐

㉠ 최대 처짐

$$\delta_{\max} = \frac{5qL^4}{384EI}(\downarrow)$$

㉡ 최대 처짐각

$$\theta_{\max} = \frac{qL^3}{24EI}$$

16 15cm×30cm의 직사각형 단면을 가진 길이가 5m인 양단 힌지기둥이 있다. 이 기둥의 세장비(λ)는?

① 57.7 ② 74.5
③ 115.5 ④ 149.0

해설 세장비

b=30cm, h=15cm(min), l=5m=500cm

$$\therefore\ \lambda = \frac{l}{r_{\min}} = \frac{l}{\sqrt{\frac{I_{\min}}{A}}} = \frac{\sqrt{12}\,l}{h} = \frac{\sqrt{12} \times 500}{15} = 115.47$$

17 반지름이 25cm인 원형 단면을 가지는 단주에서 핵의 면적은 약 얼마인가?

① 122.7cm² ② 168.4cm²
③ 254.4cm² ④ 336.8cm²

해설 핵면적

㉠ 핵거리(핵반경)

$$e = \frac{d}{8} = \frac{50}{8} = 6.25\text{cm}$$

㉡ 핵면적

$$A_c = \pi e^2 = \pi \times 6.25^2 = 122.7\text{cm}^2$$

정답 14. ① 15. ④ 16. ③ 17. ①

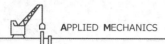

18 다음 그림과 같은 3힌지 아치에서 C점의 휨모멘트는?

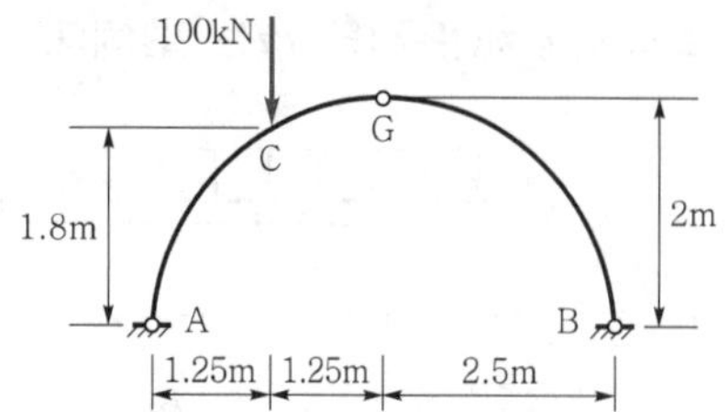

① 32.5kN · m ② 35.0kN · m
③ 37.5kN · m ④ 40.0kN · m

해설 C점의 휨모멘트

㉠ A점의 연직반력

$\Sigma M_B = 0$

$+V_A \times 5 - 100 \times 3.75 = 0$

$\therefore V_A = 75\text{kN}(\uparrow)$

㉡ A점의 수평반력

$\Sigma M_G = 0$

$+75 \times 2.5 - H_A \times 2 - 100 \times 1.25 = 0$

$\therefore H_A = 31.25\text{kN}(\rightarrow)$

㉢ C점의 휨모멘트

$M_C = +75 \times 1.25 - 31.25 \times 1.8$

$= 37.5\text{kN} \cdot \text{m}$

19 다음 그림과 같은 이축응력(二軸應力)을 받는 정사각형 요소의 체적변형률은? (단, 이 요소의 탄성계수 $E=2.0\times10^5$MPa, 푸아송비 $\nu=0.3$이다.)

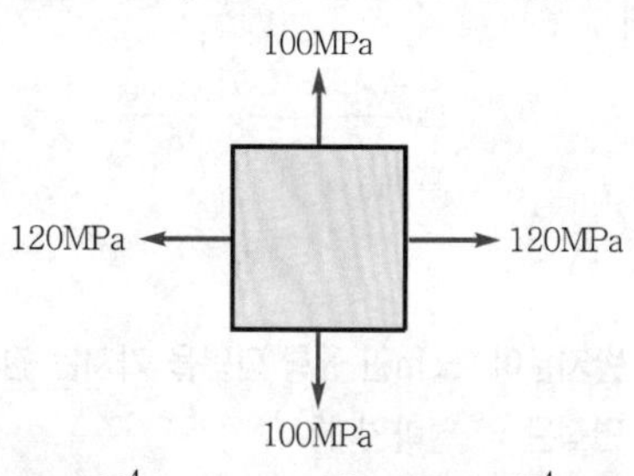

① 3.6×10^{-4} ② 4.4×10^{-4}
③ 5.2×10^{-4} ④ 6.4×10^{-4}

해설 체적변형률

$$\varepsilon_V = \frac{\Delta V}{V} = \frac{1-2\nu}{E}(\sigma_x + \sigma_y + \sigma_z)$$

$$= \frac{1-2\times0.3}{2.0\times10^5}\times(120+100+0)$$

$$= 4.4\times10^{-4}$$

20 다 그림에 표시된 힘들의 x방향의 합력으로 옳은 것은?

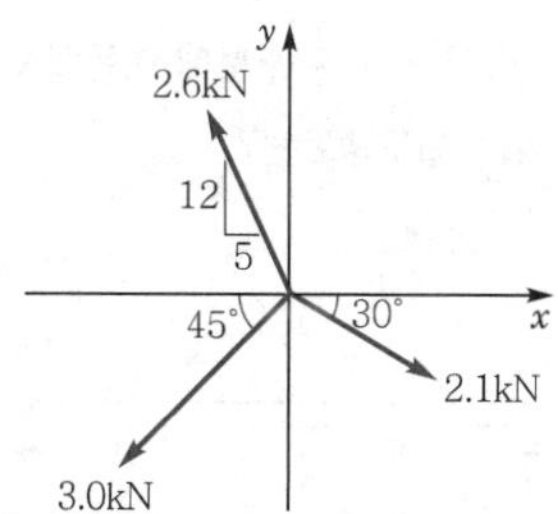

① 0.4kN(←) ② 0.7kN(→)
③ 1.0kN(→) ④ 1.3kN(←)

해설 x방향의 분력

$\Sigma H = 0$

$$\therefore H_x = -2.6\times\frac{5}{13} - 3.0\times\cos45° + 2.1\times\cos30° = -1.302\text{kN}(\leftarrow)$$

정답 18. ③ 19. ② 20. ④

2021 제 1 회 토목기사 기출문제

2021년 3월 7일 시행

01 다음 그림과 같이 x, y축에 대칭인 음영 부분 단면에 비틀림우력 50kN·m가 작용할 때 최대 전단응력은?

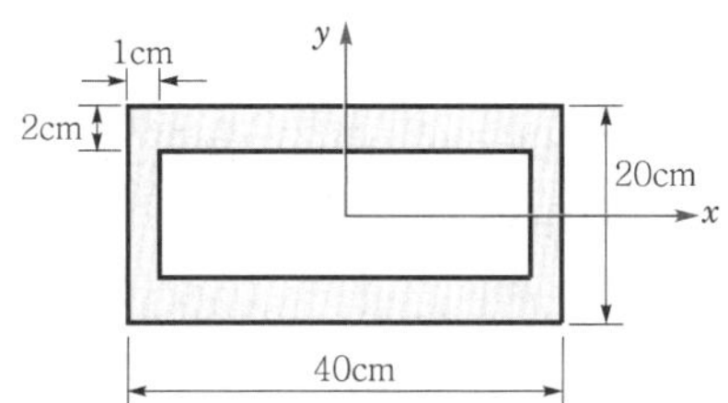

① 15.63MPa
② 17.81MPa
③ 31.25MPa
④ 35.61MPa

해설 비틀림에 의한 최대 전단응력

$A_m = (20-2)\times(40-1) = 702\text{cm}^2$

$\therefore \tau = \dfrac{T}{2A_m t} = \dfrac{50\times10^6}{2\times70,200\times10}$

$= 35.61\text{MPa}$

02 다음 그림에서 두 힘 P_1, P_2에 대한 합력(R)의 크기는?

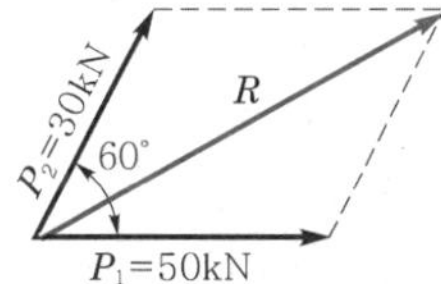

① 60kN ② 70kN
③ 80kN ④ 90kN

해설 합력의 크기

$R = \sqrt{{P_1}^2 + {P_2}^2 + 2P_1P_2\cos\theta}$

$= \sqrt{50^2 + 30^2 + 2\times50\times30\times\cos60°}$

$= 70\text{kN}$

03 다음 그림에서 직사각형의 도심축에 대한 단면상승모멘트(I_{xy})의 크기는?

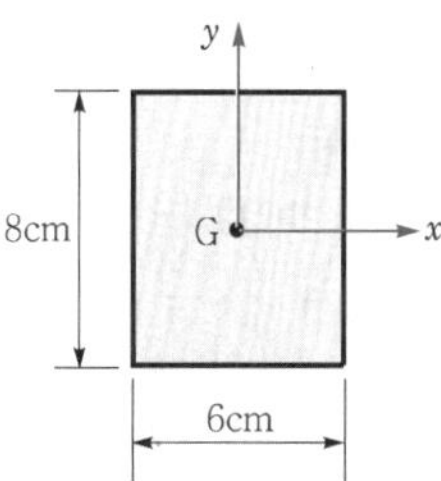

① 0cm^4 ② 142cm^4
③ 256cm^4 ④ 576cm^4

해설 단면의 성질

도심축에 관한 단면 상승모멘트는 0이다.

04 다음 그림과 같은 직사각형 단면의 단주에서 편심하중이 작용할 경우 발생하는 최대 압축응력은? (단, 편심거리(e)는 100mm이다.)

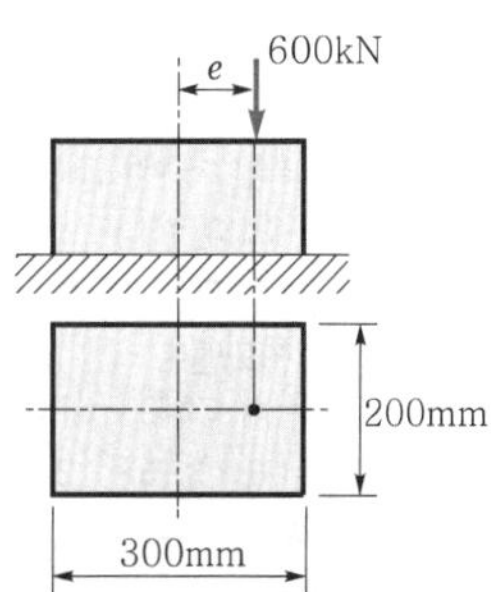

① 30MPa ② 35MPa
③ 40MPa ④ 60MPa

해설 최대 압축응력(1축편심)

$\sigma_c = \dfrac{P}{A} + \dfrac{M}{I}y$

$= \dfrac{600\times1,000}{200\times300} + \dfrac{12\times600\times1,000\times100}{200\times300^3}$

$\times\dfrac{300}{2}$

$= 30\text{MPa}$

정답 1. ④ 2. ② 3. ① 4. ①

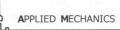

05 다음 그림과 같은 보에서 지점 B의 휨모멘트 절대값은? (단, EI는 일정하다.)

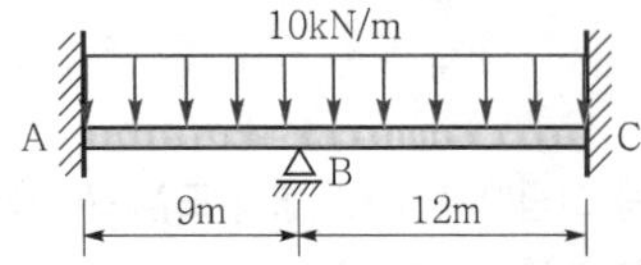

① 67.5kN · m　② 97.5kN · m
③ 120kN · m　④ 165kN · m

해설 처짐각법

㉠ 유효강비(k)와 경계조건

$k_{BA}=\frac{I}{9}\times\frac{36}{I}=4$

$k_{BC}=\frac{I}{12}\times\frac{36}{I}=3$

$\theta_A=\theta_C=0,\ R=0$

㉡ 고정단모멘트(하중항)

$C_{AB}=-\frac{wl^2}{12}=-\frac{10\times 9^2}{12}=-67.5\text{kN}\cdot\text{m}$

$C_{BA}=+67.5\text{kN}\cdot\text{m}$

$C_{BC}=-\frac{wl^2}{12}=-\frac{10\times 12^2}{12}=-120\text{kN}\cdot\text{m}$

$C_{CB}=+120\text{kN}\cdot\text{m}$

㉢ 처짐각방정식

$M_{AB}=4(0+\theta_B+0)-67.5=4\theta_B-67.5$

$M_{BA}=4(0+2\theta_B+0)+67.5=8\theta_B+67.5$

$M_{BC}=3(2\theta_B+0+0)-120=6\theta_B-120$

$M_{CB}=3(\theta_B+0+0)+120=3\theta_B+120$

㉣ 절점방정식

$\Sigma M_B=0$

$M_{BA}+M_{BC}=0$

$14\theta_B-52.5=0$

$\therefore\ \theta_B=3.75$

㉤ B점의 휨모멘트

$M_{BA}=8\times 3.75+67.5=97.5\text{kN/m}$

$M_{BC}=6\times 3.75-120=-97.5\text{kN/m}$

06 다음 그림과 같은 라멘 구조물에서 A점의 수직반력(R_A)은?

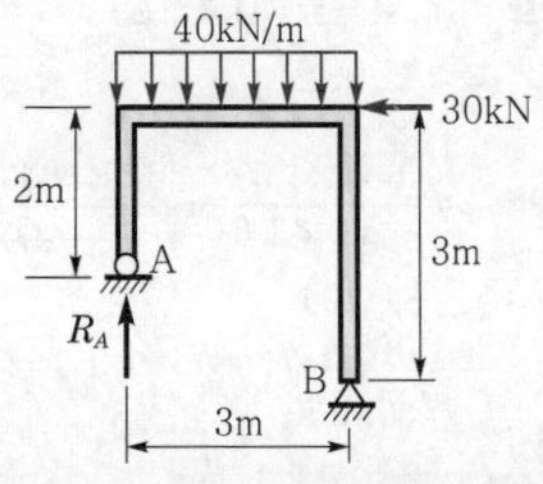

① 30kN　② 45kN
③ 60kN　④ 90kN

해설 A점의 수직반력

$\Sigma M_B=0$

$+R_A\times 3-40\times 3\times 1.5-30\times 3=0$

$\therefore\ R_A=90\text{kN}(\uparrow)$

07 다음 그림과 같이 하중을 받는 단순보에 발생하는 최대 전단응력은?

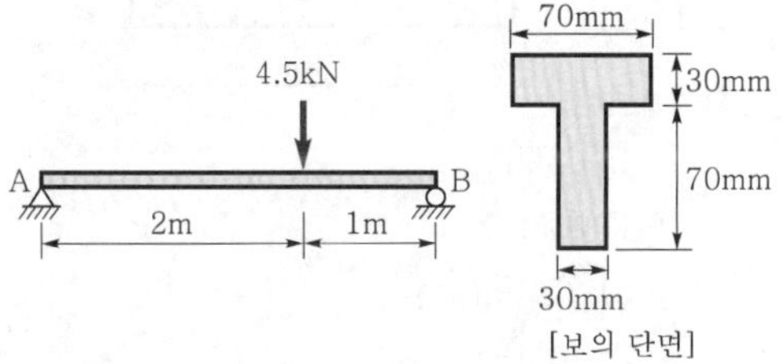

① 1.48MPa　② 2.48MPa
③ 3.48MPa　④ 4.48MPa

해설 최대 전단응력

㉠ 도심과 단면의 성질

$y_o=\frac{G_x}{A}=\frac{70\times 30\times 85+30\times 70\times 35}{70\times 30\times 20}$

$=60\text{mm}$

$G_X=Ay=30\times 60\times 30=54{,}000\text{mm}^3$

$I_X=\frac{70\times 30^3}{12}+70\times 30\times 25^2+\frac{30\times 70^3}{12}$

$+30\times 70\times 25^2$

$=3{,}640{,}000\text{mm}^4$

㉡ 최대 전단응력

$S_{\max}=S_B=\frac{4.5}{3}\times 2=3\text{kN}$

$\therefore\ \tau_{\max}=\frac{S_{\max}G_X}{I_x b}$

$=\frac{3\times 1{,}000\times 54{,}000}{3{,}640{,}000\times 30}$

$=1.484\text{MPa}$

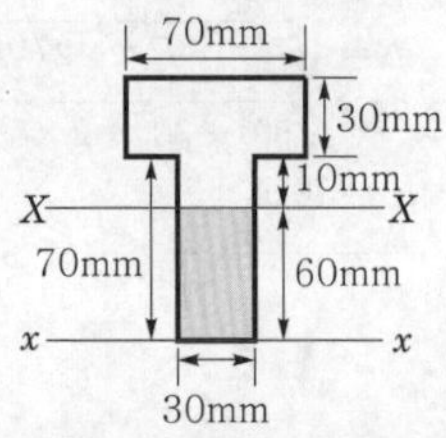

정답 5. ② 6. ④ 7. ①

08 단면과 길이가 같으나 지지조건이 다른 다음 그림과 같은 2개의 장주가 있다. 장주 (a)가 30kN의 하중을 받을 수 있다면 장주 (b)가 받을 수 있는 하중은?

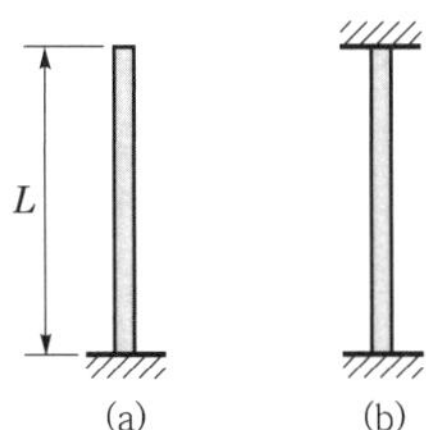

① 120kN ② 240kN
③ 360kN ④ 480kN

해설 작용 가능한 하중

$n = \frac{1}{4} : 4 = 1 : 16$

$\therefore P_{(b)} = 16P_{(a)} = 16 \times 30 = 480\text{kN}$

09 다음 그림과 같이 단순보에 이동하중이 작용할 때 절대 최대 휨모멘트가 생기는 위치는?

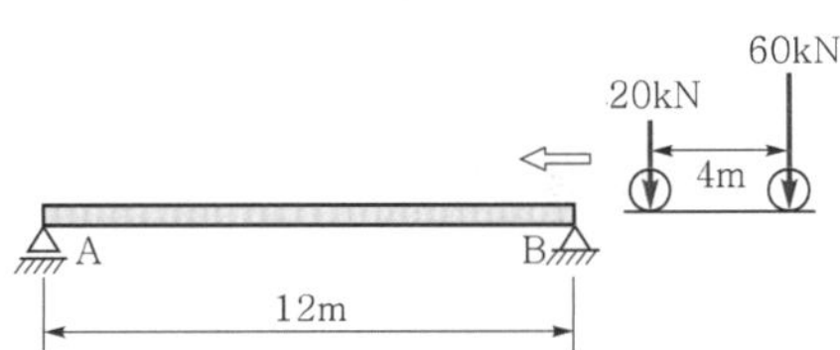

① A점으로부터 6m인 점에 20kN의 하중이 실릴 때 60kN의 하중이 실리는 점
② A점으로부터 7.5m인 점에 60kN의 하중이 실릴 때 20kN의 하중이 실리는 점
③ B점으로부터 5.5m인 점에 20kN의 하중이 실릴 때 60kN의 하중이 실리는 점
④ B점으로부터 9.5m인 점에 20kN의 하중이 실릴 때 60kN의 하중이 실리는 점

해설 절대 최대 휨모멘트의 발생위치

$20 \times 4 = 80 \times e$

$\therefore e = 1\text{m}$

$\therefore x = \frac{l}{2} - \frac{e}{2} = \frac{12}{2} - \frac{1}{2} = 5.5\text{m}$

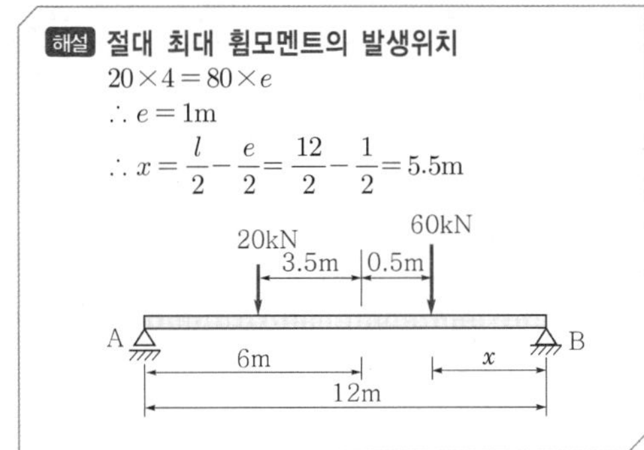

10 다음 그림과 같은 평면도형의 $x - x'$ 축에 대한 단면2차반경(r_x)과 단면2차모멘트(I_x)는?

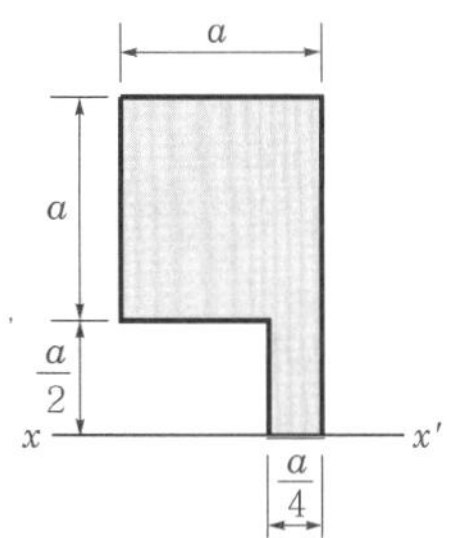

① $r_x = \frac{\sqrt{35}}{6}a$, $I_x = \frac{35}{32}a^4$

② $r_x = \frac{\sqrt{139}}{12}a$, $I_x = \frac{139}{128}a^4$

③ $r_x = \frac{\sqrt{129}}{12}a$, $I_x = \frac{129}{128}a^4$

④ $r_x = \frac{\sqrt{11}}{12}a$, $I_x = \frac{11}{128}a^4$

해설 단면의 성질

㉠ 단면적과 단면2차모멘트

$A = (a \times a) + \left(\frac{a}{2} \times \frac{a}{4}\right) = \frac{9}{8}a^2$

$I_x = \frac{1}{3} \times a \times \left(\frac{3a}{2}\right)^3 - \frac{1}{3} \times \frac{3a}{4} \times \left(\frac{a}{2}\right)^3$

$= \frac{35a^4}{32}$

㉡ 최소 회전반경

$r_x = \sqrt{\frac{I_x}{A}} = \sqrt{\frac{\frac{35}{32}a^4}{\frac{9}{8}a^2}} = \frac{\sqrt{35}}{6}a$

11 다음 그림과 같은 구조물에서 지점 A에서의 수직반력은?

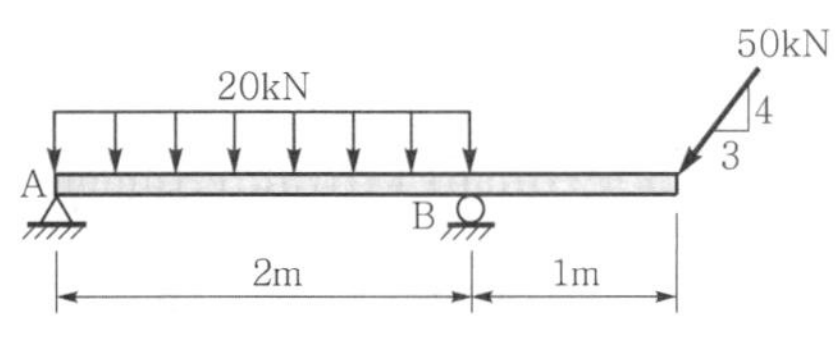

① 0kN ② 10kN
③ 20kN ④ 30kN

정답 8. ④ 9. ④ 10. ① 11. ①

> **해설** A점의 수직반력
> $\Sigma M_B = 0$
> $+V_A \times 2 - 20 \times 2 \times 1 + 50 \times \frac{4}{5} \times 1 = 0$
> $\therefore V_A = 0$

12 다음 그림과 같이 밀도가 균일하고 무게가 W인 구(球)가 마찰이 없는 두 벽면 사이에 놓여 있을 때 반력 R_b의 크기는?

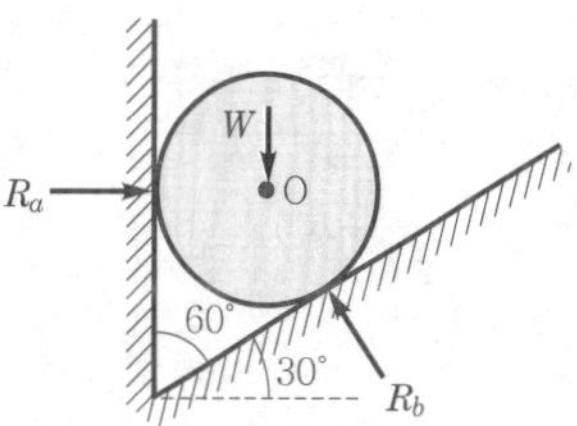

① $0.500\,W$　② $0.577\,W$
③ $0.866\,W$　④ $1.155\,W$

> **해설** sin법칙
> $\frac{R_b}{\sin 90°} = \frac{W}{\sin 60°}$
> $\therefore R_b = \frac{\sin 90°}{\sin 60°} W = \frac{2}{\sqrt{3}} W$
> $= 1.1547\,W$
>
> (W, 30°, R_b, R_a)

13 다음 그림과 같은 단순보에 등분포하중 w가 작용하고 있을 때 이 보에서 휨모멘트에 의한 탄성변형에너지는? (단, 보의 EI는 일정하다.)

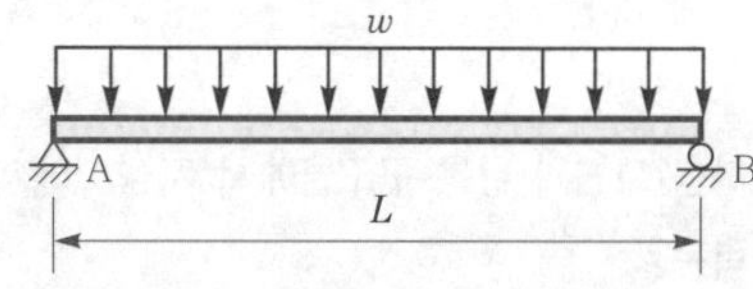

① $\frac{w^2L^5}{384EI}$　② $\frac{w^2L^5}{240EI}$
③ $\frac{7w^2L^5}{384EI}$　④ $\frac{w^2L^5}{48EI}$

> **해설** 탄성변형에너지(내적일)
> $M_x = R_A \times x - wx \times \frac{x}{2} = \frac{wl}{2}x - \frac{wx^2}{2}$
> $\therefore U = W_i = \int_0^l \frac{{M_x}^2}{2EI} dx$
> $= \frac{1}{2EI} \int_0^l \left[\frac{w}{2}(lx - x^2) \right]^2 dx$
> $= \frac{w^2}{8EI} \int_0^l (l^2x^2 - 2lx^3 + x^4) dx$
> $= \frac{w^2 l^5}{240EI}$

14 폭 100mm, 높이 150mm인 직사각형 단면의 보가 $S=$ 7kN의 전단력을 받을 때 최대 전단응력과 평균 전단응력의 차이는?

① 0.13MPa
② 0.23MPa
③ 0.33MPa
④ 0.43MPa

> **해설** 전단응력의 차이
> $\tau_{\max} = \frac{3}{2}\frac{S}{A}$, $\tau_a = \frac{S}{A}$
> $\therefore \tau_{\max} - \tau_a = \left(\frac{3}{2} - 1\right)\frac{S}{A} = \frac{1}{2}\frac{S}{A}$
> $= \frac{1}{2} \times \frac{7{,}000}{100 \times 150} = 0.2333\text{MPa}$

15 다음 그림과 같은 단순보에서 A점의 처짐각(θ_A)은? (단, EI는 일정하다.)

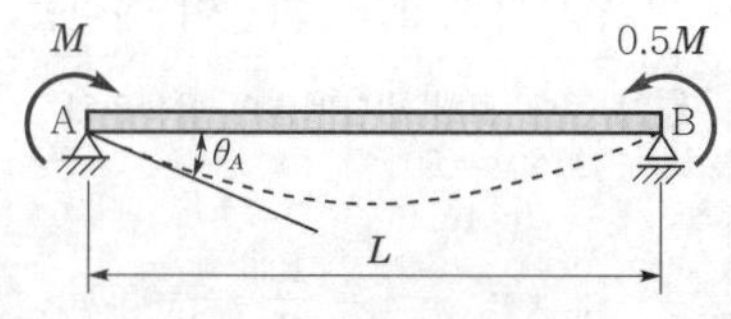

① $\frac{ML}{2EI}$　② $\frac{5ML}{6EI}$
③ $\frac{5ML}{12EI}$　④ $\frac{5ML}{24EI}$

정답 12. ④　13. ②　14. ②　15. ③

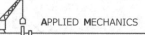

해설 A점의 처짐각

㉠ A점에 작용하는 하중에 의한 A점의 처짐각

$\theta_{A1} = \dfrac{ML}{3EI}$(시계방향)

㉡ B점에 작용하는 하중에 의한 A점의 처짐각

$\theta_{A2} = \dfrac{0.5ML}{6EI}$(시계방향)

㉢ A점의 처짐각

$\theta_A = \theta_{A1} + \theta_{A2}$

$= \dfrac{ML}{3EI} + \dfrac{0.5ML}{6EI} = \dfrac{5ML}{12EI}$(시계방향)

16 재질과 단면이 동일한 캔틸레버보 A와 B에서 자유단의 처짐을 같게 하는 $\dfrac{P_2}{P_1}$의 값은?

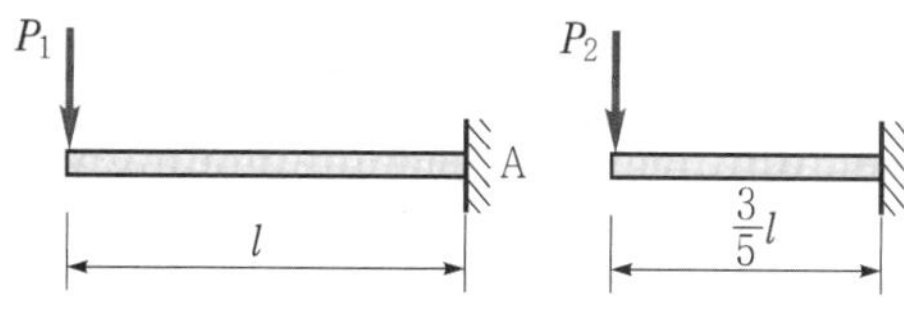

① 0.129 ② 0.216
③ 4.63 ④ 7.72

해설 하중의 비

$\delta = \dfrac{Pl^3}{3EI}$, $\delta_1 = \delta_2$

$\dfrac{P_1 l^3}{3EI} = \dfrac{P_2\left(\frac{3}{5}l\right)^3}{3EI}$

$\therefore \dfrac{P_2}{P_1} = \dfrac{125}{27} = 4.63$

17 다음 그림과 같이 균일 단면봉이 축인장력(P)을 받을 때 단면 $a-b$에 생기는 전단응력(τ)은? (단, 여기서 $m-n$은 수직 단면이고, $a-b$는 수직 단면과 $\phi=45°$의 각을 이루고, A는 봉의 단면적이다.)

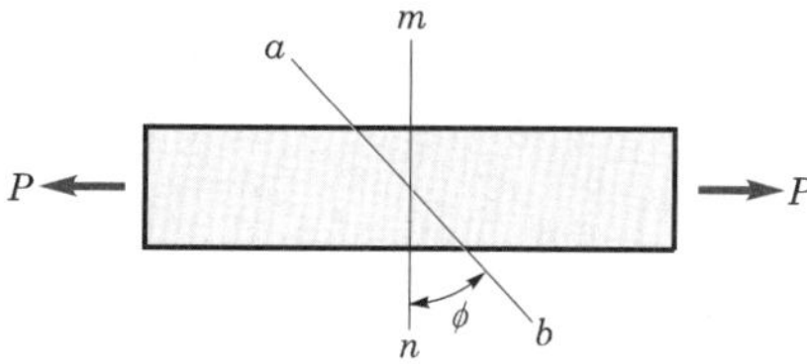

① $\tau = 0.5\dfrac{P}{A}$ ② $\tau = 0.75\dfrac{P}{A}$
③ $\tau = 1.0\dfrac{P}{A}$ ④ $\tau = 1.5\dfrac{P}{A}$

해설 전단응력(접선응력)

$\tau_n = \sigma_x \sin\theta\cos\theta = \dfrac{1}{2}\sigma_x \sin 2\theta (\because \theta = 45°)$

$= \dfrac{1}{2}\sigma_x = 0.5\dfrac{P}{A}$

18 다음 그림과 같은 단순보에서 최대 휨모멘트가 발생하는 위치 x(A점으로부터의 거리)와 최대 휨모멘트 M_x는?

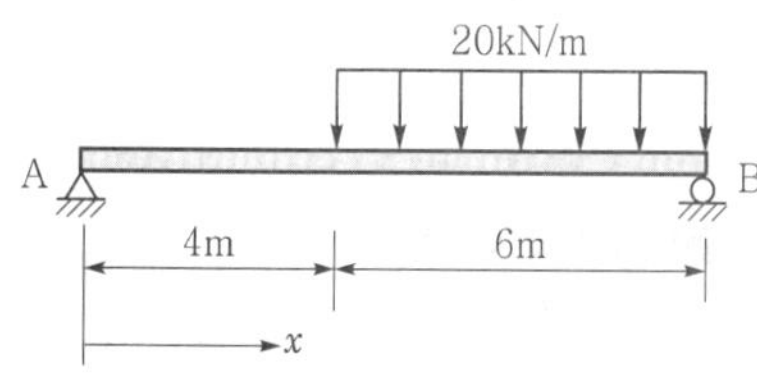

① $x = 5.2$m, $M_x = 230.4$kN · m
② $x = 5.8$m, $M_x = 176.4$kN · m
③ $x = 4.0$m, $M_x = 180.2$kN · m
④ $x = 4.8$m, $M_x = 96$kN · m

해설 최대 휨모멘트와 발생위치

㉠ 반력

$\Sigma M_B = 0$

$R_A \times 10 - 20 \times 6 \times 3 = 0$

$\therefore R_A = 36\text{kN}(\uparrow)$

$\Sigma V = 0$

$\therefore R_B = 20 \times 6 - 36 = 84\text{kN}(\uparrow)$

㉡ 전단력이 0인 위치

$S_x = 84 - 20x_1 = 0$

$\therefore x_1 = 4.2\text{m}$

$\therefore x = l - x_1 = 10 - 4.2 = 5.8\text{m}$

㉢ 최대 휨모멘트

$M_x = M_{max} = \dfrac{1}{2} \times 4.2 \times 84 = 176.4\text{kN} \cdot \text{m}$

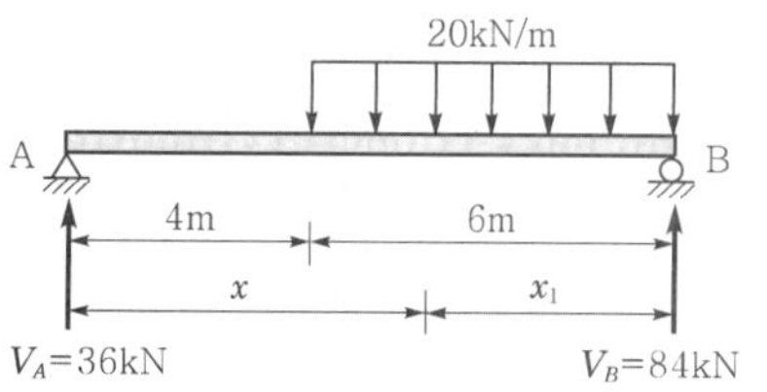

정답 16. ③ 17. ① 18. ②

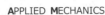

19 다음 그림과 같은 3힌지 아치의 C점에 연직하중(P) 400kN이 작용한다면 A점에 작용하는 수평반력(H_A)은?

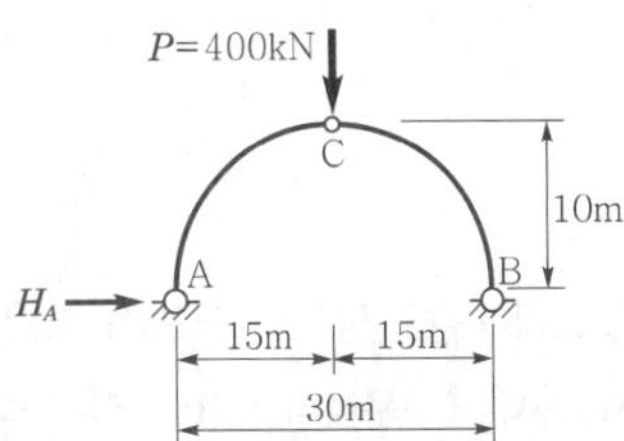

① 100kN　　② 150kN
③ 200kN　　④ 300kN

해설 **A점의 수평반력**

㉠ 반력(좌우대칭)

$V_A = V_B = 200\text{kN}(\uparrow)$

㉡ A점의 수평반력

$\Sigma M_C = 0$

$+V_A \times 15 - H_A \times 10 = 0$

$\therefore H_A = \dfrac{200 \times 15}{10} = 300\text{kN}(\rightarrow)$

20 다음 그림과 같은 라멘의 부정정차수는?

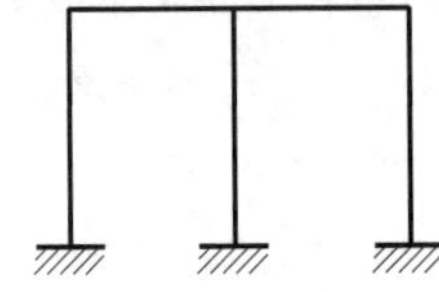

① 3차　　② 5차
③ 6차　　④ 7차

해설 **구조물의 판별**

$r = 3 \times 6 = 18$개, $m = 4$개

$n = r - 3m = 18 - 3 \times 4 = 6$

∴ 6차 부정정

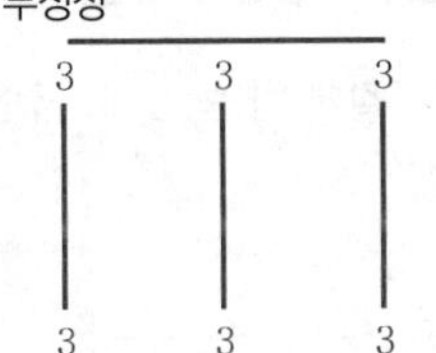

정답 19. ④　20. ③

2021 제 2 회 토목기사 기출문제

2021년 5월 15일 시행

01 다음 그림과 같이 케이블(cable)에 5kN의 추가 매달려 있다. 이 추의 중심을 수평으로 3m 이동시키기 위해 케이블길이 5m 지점인 A점에 수평력 P를 가하고자 한다. 이때 힘 P의 크기는?

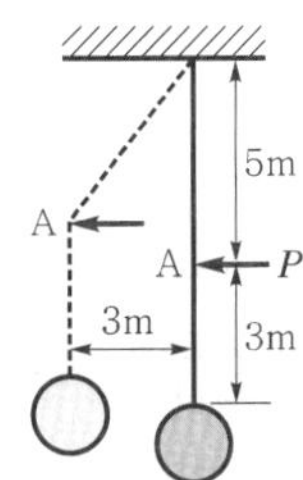

① 3.75kN ② 4.00kN
③ 4.25kN ④ 4.50kN

> **해설** 시점에 작용할 수평력
>
> $$\frac{5}{\sin\theta_2} = \frac{P}{\sin\theta_1} = \frac{T}{\sin 90^\circ}$$
>
> $$\therefore P = \frac{\sin\theta_1}{\sin\theta_2} \times 5 = \frac{3/5}{4/5} \times 5 = 3.75\text{kN}(\leftarrow)$$
>
> 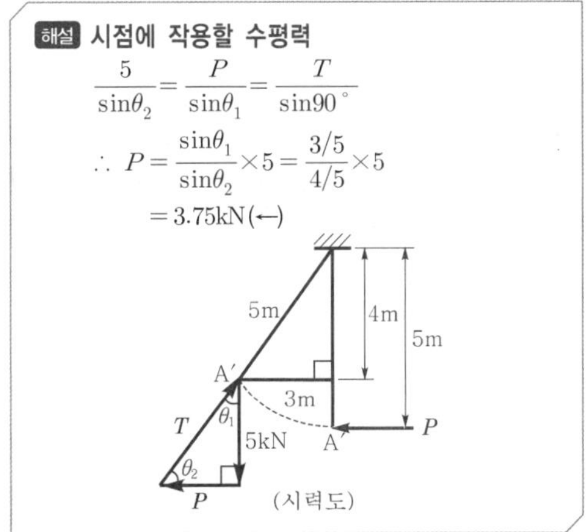
>

02 다음 그림과 같은 3힌지 아치에서 A점의 수평반력 (H_A)은?

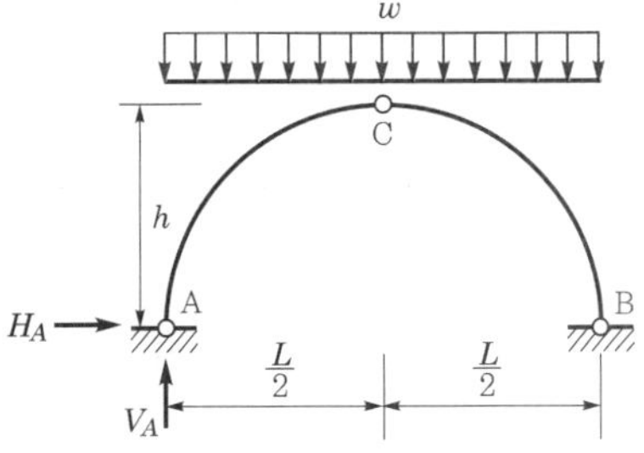

① $\dfrac{wL^2}{16h}$ ② $\dfrac{wL^2}{8h}$
③ $\dfrac{wL^2}{4h}$ ④ $\dfrac{wL^2}{2h}$

> **해설** A점의 수평반력
>
> ㉠ 연직반력(좌우대칭)
>
> $$V_A = V_B = \frac{wL}{2}(\uparrow)$$
>
> ㉡ A점의 수평반력
>
> $$\Sigma M_C = 0$$
>
> $$+\frac{wL}{2} \times \frac{L}{2} - H_A \times h - \frac{wL}{2} \times \frac{L}{4} = 0$$
>
> $$\therefore H_A = \frac{wL^2}{8h}(\rightarrow)$$

03 지름이 D인 원형 단면의 단면2차극모멘트(I_P)의 값은?

① $\dfrac{\pi D^4}{64}$ ② $\dfrac{\pi D^4}{32}$
③ $\dfrac{\pi D^4}{16}$ ④ $\dfrac{\pi D^4}{8}$

> **해설** 단면2차극모멘트
>
> $$I_P = I_x + I_y = 2I_x = \frac{\pi D^4}{32}$$

04 단면2차모멘트가 I, 길이가 L인 균일한 단면의 직선상(直線狀)의 기둥이 있다. 기둥의 양단이 고정되어 있을 때 오일러(Euler)의 좌굴하중은? (단, 이 기둥의 탄성계수는 E이다.)

① $\dfrac{4\pi^2 EI}{L^2}$ ② $\dfrac{\pi^2 EI}{(0.7L)^2}$
③ $\dfrac{\pi^2 EI}{L^2}$ ④ $\dfrac{\pi^2 EI}{4L^2}$

정답 1. ① 2. ② 3. ② 4. ①

해설 좌굴하중

$$n = \frac{1}{4} : 1 : 2 : 4 = 1 : 4 : 8 : 16$$

$$\therefore P_{cr} = \frac{n\pi^2 EI}{L^2} = \frac{4\pi^2 EI}{L^2}$$

05 다음 그림과 같은 집중하중이 작용하는 캔틸레버보에서 A점의 처짐은? (단, EI는 일정하다.)

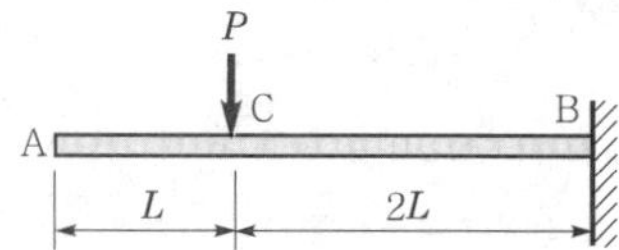

① $\dfrac{14PL^3}{3EI}$ ② $\dfrac{2PL^3}{EI}$

③ $\dfrac{8PL^3}{3EI}$ ④ $\dfrac{10PL^3}{3EI}$

해설 공액보법

㉠ 공액보에서 A점의 휨모멘트

$$M_A = \frac{1}{2} \times 2PL \times 2L \times \left(2L \times \frac{2}{3} + L\right) = \frac{14PL^3}{3}$$

㉡ A점의 처짐

$$\delta_A = \frac{M_A}{EI} = \frac{14PL^3}{3EI} (\downarrow)$$

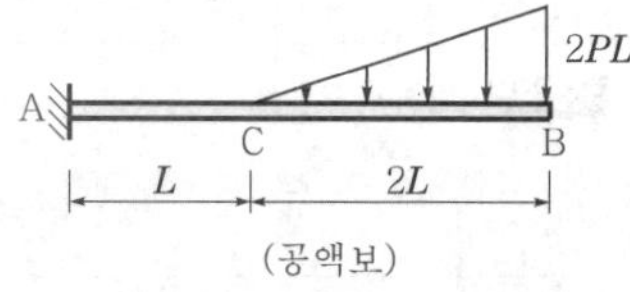

(공액보)

06 다음에서 설명하는 것은?

> 탄성체에 저장된 변형에너지 U를 변위의 함수로 나타내는 경우에 임의의 변위 Δ_i에 관한 변형에너지 U의 1차 편도함수는 대응되는 하중 P_i와 같다. 즉, $P_i = \dfrac{\partial U}{\partial \Delta_i}$이다.

① Castigliano의 제1정리
② Castigliano의 제2정리
③ 가상일의 원리
④ 공액보법

해설 카스틸리아노의 정리

㉠ 제1정리 : 탄성체에 외력 또는 모멘트가 작용할 때 전체 변형에너지 U_i를 하중 작용점에서의 힘의 방향의 변위(처짐), 변위각(처짐각, 회전각)으로 1차 편미분한 것은 그 점의 휨 또는 모멘트라 한다.

$$P_i = \frac{\partial U_i}{\partial \delta_j},\ M_j = \frac{\partial U_i}{\partial \theta_j}$$

㉡ 제2정리 : 처짐과 처짐각을 구할 때 이용한다. 구조물이 외력을 받을 때(온도가 변하지 않고 지점 변화가 없는 경우) 구조물의 한 점 m이 그 점에 작용하는 하중 P_m의 방향으로 일으키는 변위(δ_m)는 변형에너지를 P_m에 대해 편미분한 것과 같다.

$$\delta_i = \frac{\partial U_i}{\partial P_j},\ \theta_i = \frac{\partial U_i}{\partial M_j}$$

07 재료의 역학적 성질 중 탄성계수를 E, 전단탄성계수를 G, 푸아송수를 m이라 할 때 각 성질의 상호관계식으로 옳은 것은?

① $G = \dfrac{E}{2(m-1)}$ ② $G = \dfrac{E}{2(m+1)}$

③ $G = \dfrac{mE}{2(m-1)}$ ④ $G = \dfrac{mE}{2(m+1)}$

해설 전단탄성계수

$$G = \frac{E}{2(1+\nu)} = \frac{E}{2\left(1+\frac{1}{m}\right)} = \frac{mE}{2(m+1)}$$

08 다음 그림과 같은 단순보에서 C점의 휨모멘트는?

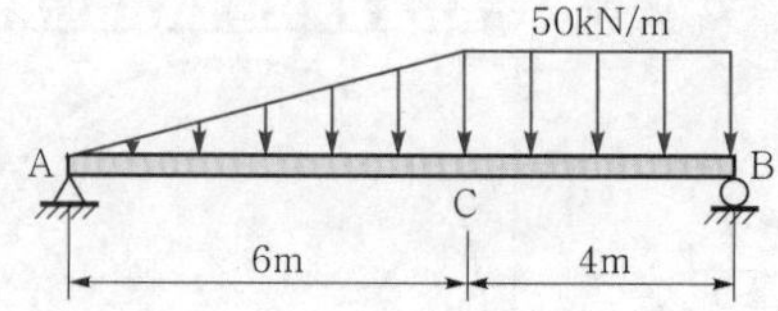

① 320kN · m ② 420kN · m
③ 480kN · m ④ 540kN · m

정답 5. ① 6. ① 7. ④ 8. ③

> **해설** C점의 휨모멘트
> ㉠ A점의 반력
> $\Sigma M_B = 0$
> $+V_A \times 10 - \frac{1}{2} \times 50 \times 6 \times \left(6 \times \frac{1}{3} + 4\right)$
> $-50 \times 4 \times 2 = 0$
> $\therefore V_A = 130\text{kN}(\uparrow)$
> ㉡ C점의 휨모멘트
> $M_C = 130 \times 6 - \frac{1}{2} \times 50 \times 6 \times \left(6 \times \frac{1}{3}\right)$
> $= 480\text{kN}\cdot\text{m}$

09 다음 그림과 같이 2개의 집중하중이 단순보 위를 통과할 때 절대 최대 휨모멘트의 크기(M_{max})와 발생위치(x)는?

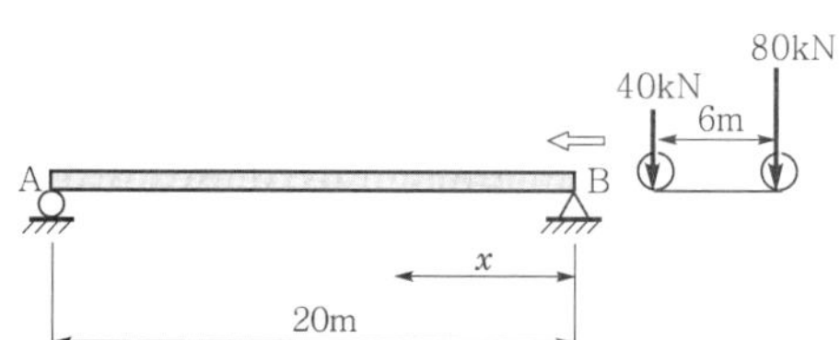

① M_{max} =362kN · m, x =8m
② M_{max} =382kN · m, x =8m
③ M_{max} =486kN · m, x =9m
④ M_{max} =506kN · m, x =9m

> **해설** 절대 최대 휨모멘트
> ㉠ 합력과 작용점의 위치
> $R = 80 + 40 = 120\text{kN}$
> $120 \times e = 40 \times 60$
> $\therefore e = 2\text{m}$
> $\therefore x = \frac{l}{2} - \frac{e}{2} = \frac{20}{2} - \frac{2}{2} = 9\text{m}$
> ㉡ 절대 최대 휨모멘트
> $\Sigma M_A = 0$
> $-R_B \times 20 + 40 \times 5 + 80 \times 11 = 0$
> $\therefore R_B = 54\text{kN}(\uparrow)$
> $\therefore M_{max} = M_D = 54 \times 9 = 486\text{kN}\cdot\text{m}$
>
> 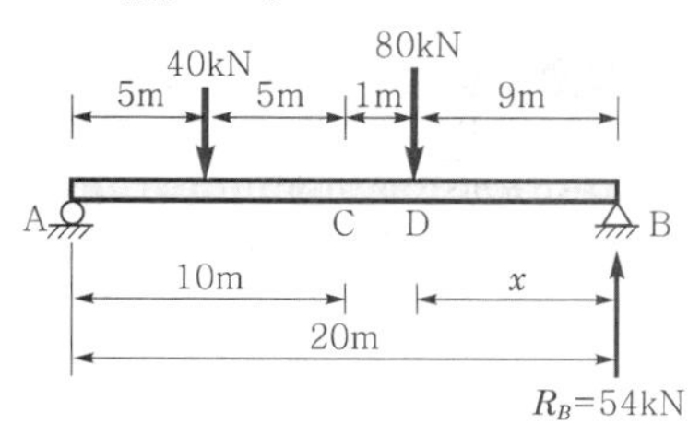
>

10 다음 그림과 같은 보에서 두 지점의 반력이 같게 되는 하중의 위치(x)는 얼마인가?

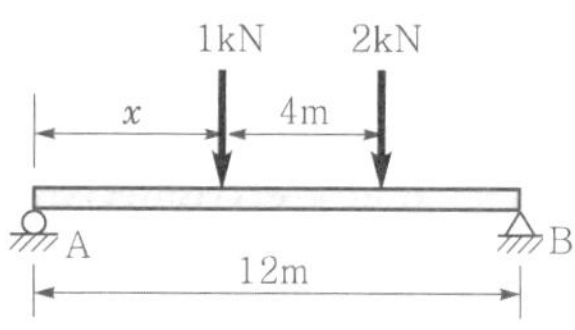

① 0.33m ② 1.33m
③ 2.33m ④ 3.33m

> **해설** 하중점의 위치
> ㉠ 반력
> $\Sigma V = 0$
> $\therefore R_A = R_B = \frac{1+2}{2} = 1.5\text{kN}(\uparrow)$
> ㉡ 하중의 위치(x)
> $\Sigma M_A = 0$
> $-R_B \times 12 + 2 \times (x+4) + 1 \times x = 0$
> $\therefore x = 3.33\text{m}$

11 폭 20mm, 높이 50mm인 균일한 직사각형 단면의 단순보에 최대 전단력이 10kN 작용할 때 최대 전단응력은?

① 6.7MPa ② 10MPa
③ 13.3MPa ④ 15MPa

> **해설** 최대 전단응력
> $\tau_{max} = \frac{3}{2}\frac{S}{A} = \frac{3}{2} \times \frac{10,000}{20 \times 50} = 15\text{MPa}$

12 다음 그림과 같은 부정정보에서 A점의 처짐각(θ_A)은? (단, 보의 휨강성은 EI이다.)

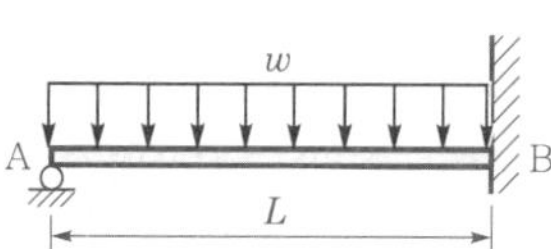

① $\frac{wL^3}{12EI}$ ② $\frac{wL^3}{24EI}$
③ $\frac{wL^3}{36EI}$ ④ $\frac{wL^3}{48EI}$

정답 9. ③ 10. ④ 11. ④ 12. ④

해설 처짐각법

㉠ 경계조건

$M_{AB}=0,\ \theta_B=0,\ R=0,\ K=\dfrac{I}{L},$

$C_{AB}=-\dfrac{wL^2}{12}$

㉡ A점의 처짐각

$M_{AB}=2EK(2\theta_A+\theta_B-3R)-C_{AB}$

$=\dfrac{2EI}{L}(2\theta_A+0+0)-\dfrac{wL^2}{12}=0$

$\dfrac{4EI}{L}\theta_A=\dfrac{wL^2}{12}$

$\therefore\ \theta_A=\dfrac{wL^3}{48EI}$ (시계방향)

13 길이가 같으나 지지조건이 다른 2개의 장주가 있다. 다음 그림 (a)의 장주가 40kN에 견딜 수 있다면 그림 (b)의 장주가 견딜 수 있는 하중은? (단, 재질 및 단면은 동일하며, EI는 일정하다.)

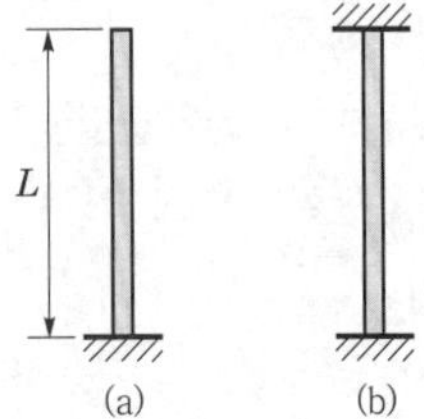

① 40kN
② 160kN
③ 320kN
④ 640kN

해설 작용 가능한 하중

$n=\dfrac{1}{4}:4=1:16$

$\therefore\ P_{(b)}=16P_{(a)}=16\times40=640\text{kN}$

14 다음 그림에서 표시한 것과 같은 단면의 변화가 있는 AB부재의 강성도(stiffness factor)는?

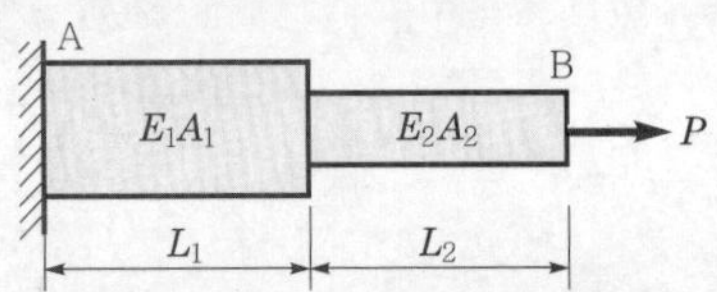

① $\dfrac{PL_1}{E_1A_1}+\dfrac{PL_2}{E_2A_2}$

② $\dfrac{E_1A_1}{PL_1}+\dfrac{E_2A_2}{PL_2}$

③ $\dfrac{E_1A_1}{L_1}+\dfrac{E_2A_2}{L_2}$

④ $\dfrac{E_1E_2A_1A_2}{L_1(E_2A_2)+L_2(E_1A_1)}$

해설 AB부재의 강성도

㉠ 강성도 : 단위변위($\Delta l=1$)을 일으키는데 필요한 힘의 크기

$\Delta l=\dfrac{PL}{EA}\ \rightarrow\ P=\dfrac{EA}{L}=k$

㉡ 강성도(k)

$\delta=P\left(\dfrac{L_1}{E_1A_1}+\dfrac{L_2}{E_2A_2}\right)$

$=P\left(\dfrac{L_1E_2A_2+L_2E_1A_1}{E_1A_1E_2A_2}\right)$

$P=\dfrac{\delta}{\dfrac{L_1E_2A_2+L_2E_1A_1}{E_1A_1E_2A_2}}$

$\therefore\ k=\dfrac{1}{\dfrac{L_1E_2A_2+L_2E_1A_1}{E_1A_1E_2A_2}}$

$=\dfrac{E_1A_1E_2A_2}{L_1(E_2A_2)+L_2(E_1A_1)}$

15 다음 그림과 같이 밀도가 균일하고 무게가 W인 구(球)가 마찰이 없는 두 벽면 사이에 놓여 있을 때 반력 R_a의 크기는?

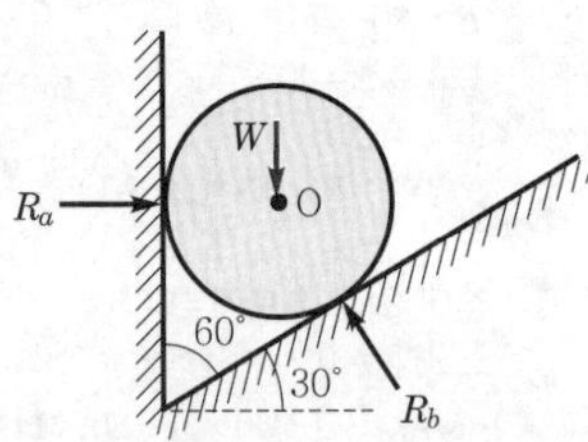

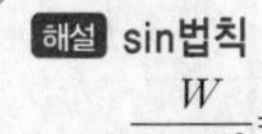

① 0.500 W　② 0.577 W
③ 0.707 W　④ 0.866 W

해설 sin법칙

$\dfrac{W}{\sin60°}=\dfrac{R_a}{\sin30°}$

$\therefore\ R_a=\dfrac{\sin30°}{\sin60°}W$

$=\dfrac{1}{\sqrt{3}}W=0.577W$

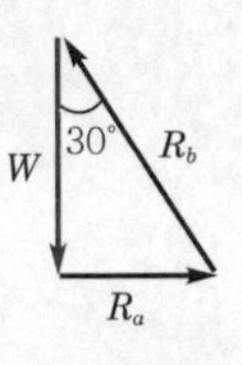

정답 13. ④ 14. ④ 15. ②

16 다음 그림과 같은 단순보의 최대 전단응력($\tau_{\max}$)을 구하면? (단, 보의 단면은 지름이 D인 원이다.)

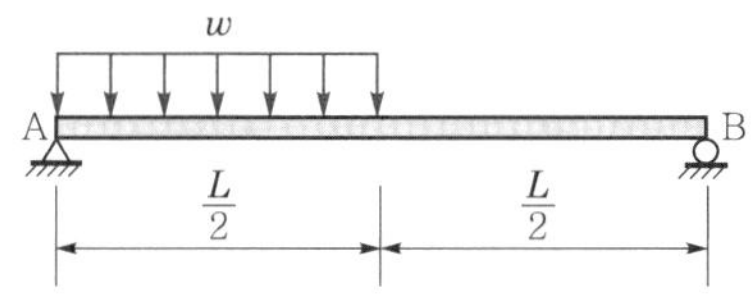

① $\dfrac{9wL}{4\pi D^2}$ ② $\dfrac{3wL}{2\pi D^2}$

③ $\dfrac{2wL}{\pi D^2}$ ④ $\dfrac{wL}{2\pi D^2}$

> **해설** 최대 전단응력
> ㉠ 반력
> $\Sigma M_B = 0$
> $+R_A \times L - \dfrac{wL}{2} \times \dfrac{3}{4}L = 0$
> $\therefore R_A = S_{\max} = \dfrac{3}{8}wL(\uparrow)$
> ㉡ 최대 전단응력
> $\tau_{\max} = \dfrac{4}{3}\dfrac{S_{\max}}{A} = \dfrac{4}{3} \times \dfrac{4}{\pi D^2} \times \dfrac{3}{8}wL$
> $= \dfrac{2wL}{\pi D^2}$

17 다음 그림에서 $A-A$축과 $B-B$축에 대한 음영 부분의 단면2차모멘트가 각각 8×10^8mm^4, 16×10^8mm^{4}일 때 음영 부분의 면적은?

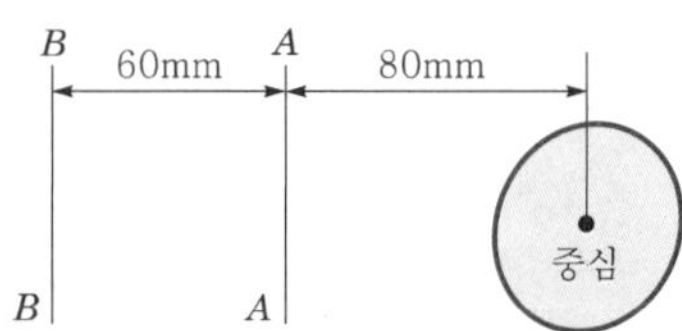

① 8.00×10^4mm^2 ② 7.52×10^4mm^2
③ 6.06×10^4mm^2 ④ 5.73×10^4mm^2

> **해설** 평행축의 정리
> ㉠ $I_A = I_X + Ay_1^{\,2}$
> $8\times10^8 = I_X + A\times80^2$ ……………… ①
> ㉡ $I_B = I_X + Ay_2^{\,2}$
> $16\times10^8 = I_X + A\times140^2$ ……………… ②
> ㉢ 식 ①과 ②를 연립하면
> $A = 6.06\times10^4\text{mm}^2$

18 다음 그림과 같은 연속보에서 B점의 지점반력을 구한 값은?

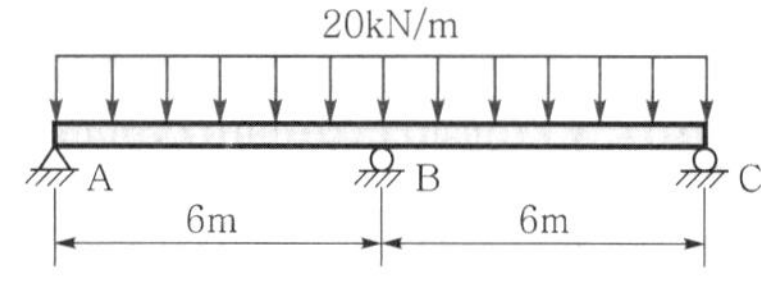

① 100kN ② 150kN
③ 200kN ④ 250kN

> **해설** 부정정보(변위일치법)의 해석
> ㉠ 각 점의 반력과 휨모멘트
> $R_A = R_C = \dfrac{3}{8}wl(\uparrow),\ R_B = \dfrac{5}{4}wl(\uparrow)$
> $M_B = -\dfrac{wl^2}{8}$
> ㉡ B점의 반력
> $R_B = \dfrac{5}{4}wl = \dfrac{5}{4}\times20\times6 = 150\text{kN}(\uparrow)$

19 다음 그림과 같은 캔틸레버보에서 B점의 처짐각은? (단, EI는 일정하다.)

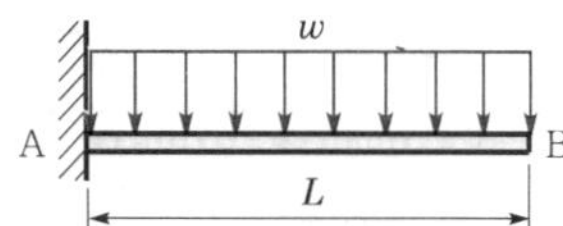

① $\dfrac{wL^3}{3EI}$ ② $\dfrac{wL^3}{6EI}$

③ $\dfrac{wL^3}{8EI}$ ④ $\dfrac{2wL^3}{3EI}$

> **해설** 공액보법
> ㉠ 공액보에서 단면력
> $R_B = S_B = \dfrac{wL^2}{2}\times L\times\dfrac{1}{3} = \dfrac{wL^3}{6}$
> $M_B = \dfrac{wL^3}{6}\times\dfrac{3}{4}L = \dfrac{wL^4}{8}$
> ㉡ 처짐과 처짐각
> $\theta_B = \dfrac{S_B}{EI} = \dfrac{wL^3}{6EI}(\curvearrowright)$
> $\delta_B = \dfrac{M_B}{EI} = \dfrac{wL^4}{8EI}(\downarrow)$
>
> 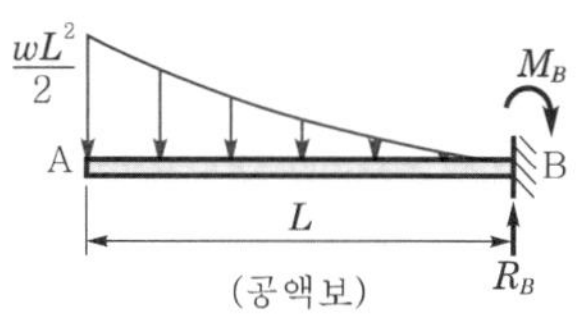
>

정답 16. ③ 17. ③ 18. ② 19. ②

20 다음 그림과 같은 트러스에서 L_1U_1부재의 부재력은?

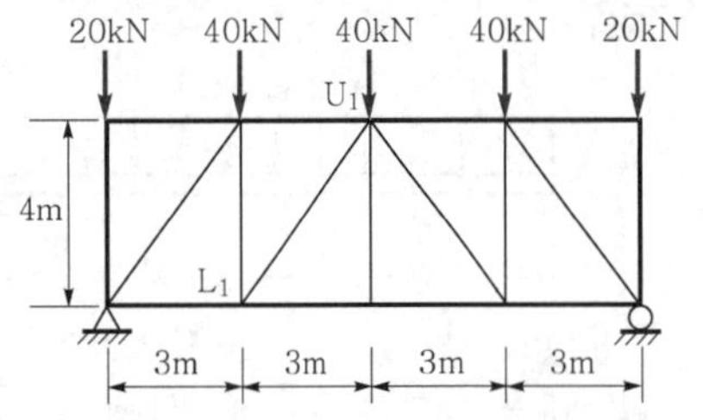

① 22kN(인장) ② 25kN(인장)
③ 22kN(압축) ④ 25kN(압축)

해설 **트러스의 부재력**

㉠ 반력(좌우대칭)

$R_A = R_B = 80\text{kN}(\uparrow)$

㉡ 부재력

$\sum V = 0$

$80 - 20 - 40 + \overline{L_1U_1}\sin\theta = 0$

$\therefore \overline{L_1U_1} = -25\text{kN}$(압축)

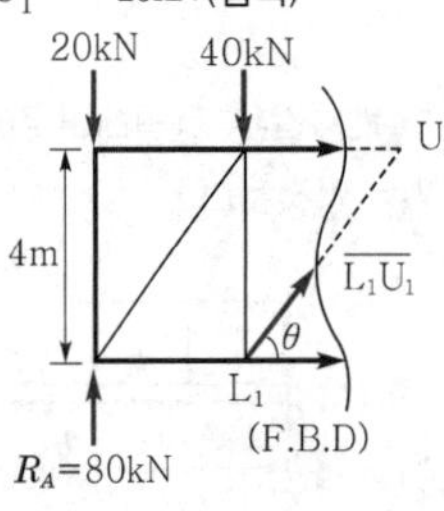

정답 20. ④

2021 제 3 회 토목기사 기출문제

2021년 8월 14일 시행

01 다음 그림과 같은 구조물의 C점에 연직하중이 작용할 때 AC부재가 받는 힘은?

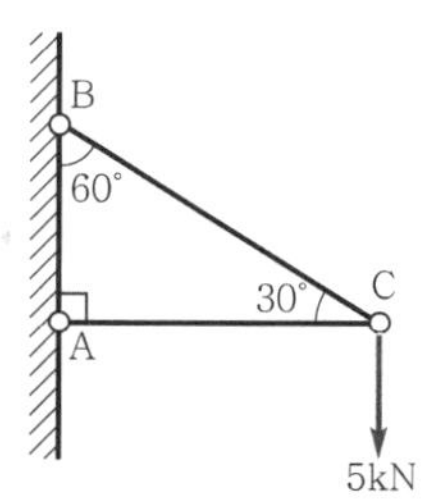

① 2.5kN ② 5.0kN
③ 8.7kN ④ 10.0kN

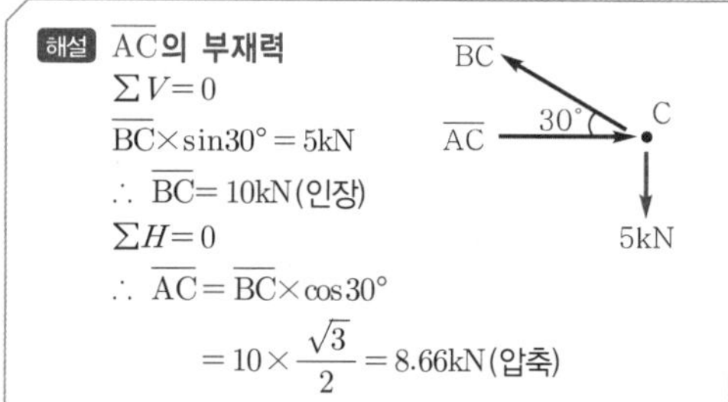

해설 $\overline{AC}$의 부재력

$\Sigma V=0$

$\overline{BC}\times\sin 30^\circ=5\text{kN}$

$\therefore\ \overline{BC}=10\text{kN}$(인장)

$\Sigma H=0$

$\therefore\ \overline{AC}=\overline{BC}\times\cos 30^\circ$

$=10\times\dfrac{\sqrt{3}}{2}=8.66\text{kN}$(압축)

02 다음 그림과 같은 인장부재의 수직변위를 구하는 식으로 옳은 것은? (단, 탄성계수는 E이다.)

① $\dfrac{PL}{EA}$
② $\dfrac{3PL}{2EA}$
③ $\dfrac{2PL}{EA}$
④ $\dfrac{5PL}{2EA}$

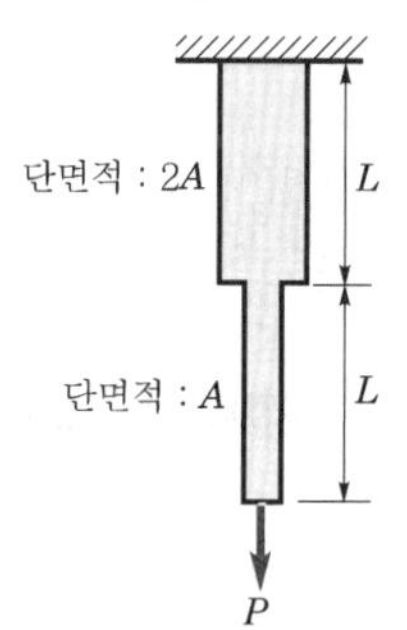

해설 축방향 변위

$\Delta l=\Delta l_1+\Delta l_2$

$=\dfrac{PL}{E(2A)}+\dfrac{PL}{EA}=\dfrac{3PL}{2EA}(\downarrow)$

03 다음 그림과 같은 트러스에서 AC부재의 부재력은?

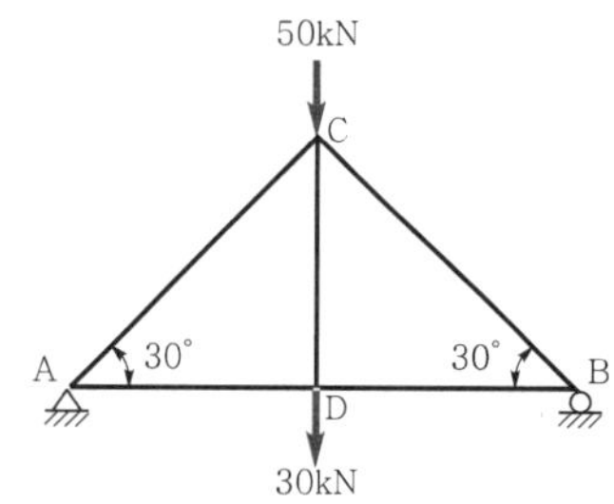

① 인장 40kN ② 압축 40kN
③ 인장 80kN ④ 압축 80kN

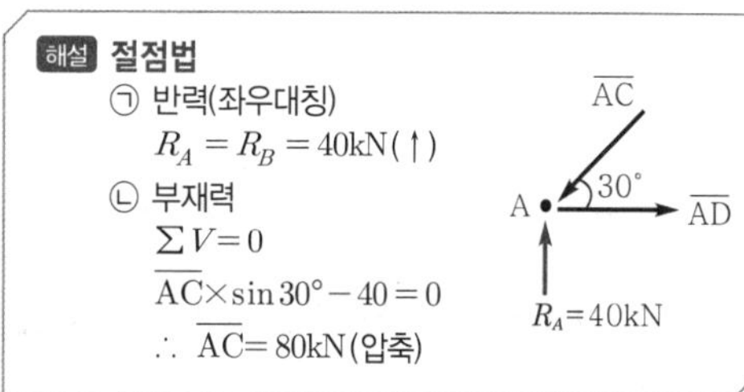

해설 절점법

㉠ 반력(좌우대칭)

$R_A=R_B=40\text{kN}(\uparrow)$

㉡ 부재력

$\Sigma V=0$

$\overline{AC}\times\sin 30^\circ-40=0$

$\therefore\ \overline{AC}=80\text{kN}$(압축)

04 다음 그림과 같은 단순보에서 C점에 30kN·m의 모멘트가 작용할 때 A점의 반력은?

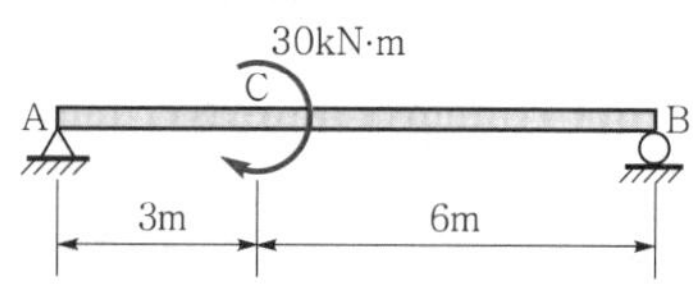

① $\dfrac{10}{3}\text{kN}(\downarrow)$ ② $\dfrac{10}{3}\text{kN}(\uparrow)$
③ $\dfrac{20}{3}\text{kN}(\downarrow)$ ④ $\dfrac{20}{3}\text{kN}(\uparrow)$

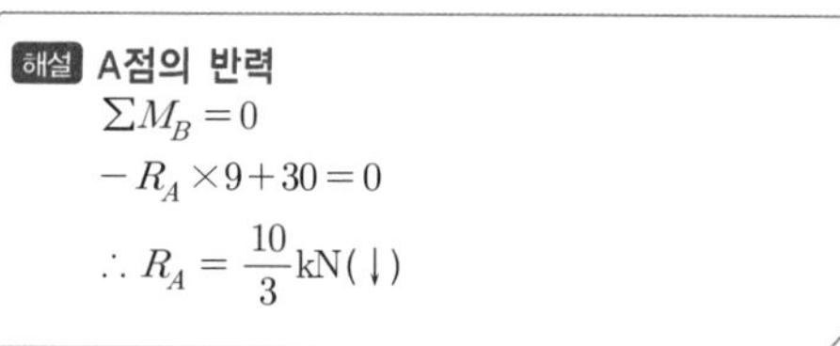

해설 A점의 반력

$\Sigma M_B=0$

$-R_A\times 9+30=0$

$\therefore\ R_A=\dfrac{10}{3}\text{kN}(\downarrow)$

정답 1. ③ 2. ② 3. ④ 4. ①

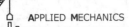

05 다음 그림과 같은 기둥에서 좌굴하중의 비 (a) : (b) : (c) : (d)는? (단, EI와 기둥의 길이는 모두 같다.)

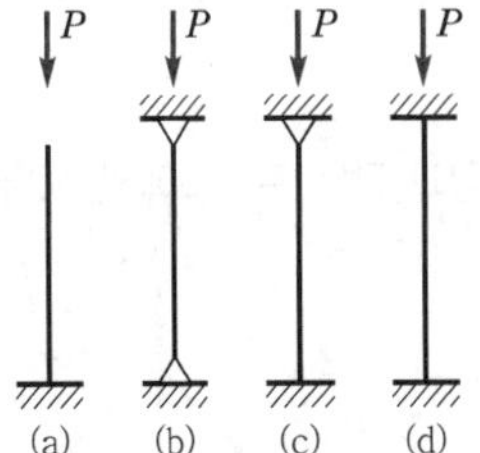

① 1 : 2 : 3 : 4　　② 1 : 4 : 8 : 12
③ 1 : 4 : 8 : 16　　④ 1 : 8 : 16 : 32

해설 **좌굴하중의 비**

$$n = \frac{1}{4} : 1 : 2 : 4 = 1 : 4 : 8 : 16$$

$$P_{cr} = \frac{n\pi^2 EI}{l^2} = \frac{\pi^2 EI}{{l_k}^2}$$

$$\therefore P_{(a)} : P_{(b)} : P_{(c)} : P_{(d)} = 1 : 4 : 8 : 16$$

06 다음 그림과 같은 2개의 캔틸레버보에 저장되는 변형에너지를 각각 $U_{(1)}$, $U_{(2)}$라고 할 때 $U_{(1)} : U_{(2)}$의 비는? (단, EI는 일정하다.)

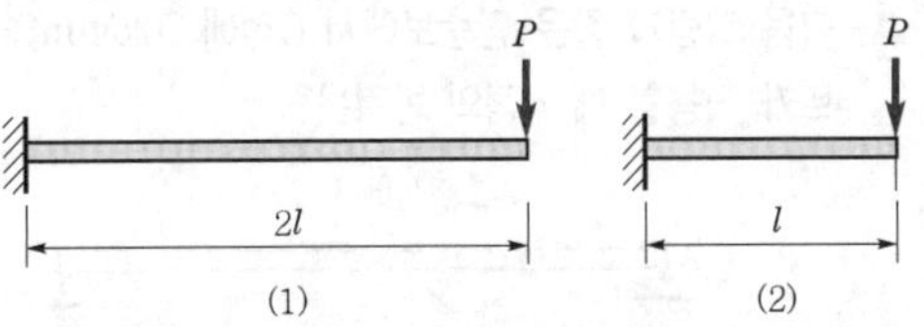

① 2 : 1　　② 4 : 1
③ 8 : 1　　④ 16 : 1

해설 **탄성변형에너지**

㉠ 각 보의 처짐량

$$\delta_{(1)} = \frac{P(2l)^3}{3EI} = \frac{8Pl^3}{3EI}(\downarrow)$$

$$\delta_{(2)} = \frac{Pl^3}{3EI}(\downarrow)$$

㉡ 탄성변형에너지(외적일)의 비

$$U_{(1)} = W_e = \frac{1}{2}P\delta_{(1)} = \frac{P}{2} \times \frac{8Pl^3}{3EI} = \frac{8P^2l^3}{6EI}$$

$$U_{(2)} = W_e = \frac{1}{2}P\delta_{(2)} = \frac{P}{2} \times \frac{Pl^3}{3EI} = \frac{P^2l^3}{6EI}$$

$$\therefore U_{(1)} : U_{(2)} = 8 : 1$$

07 다음 그림과 같은 사다리꼴 단면에서 $x-x'$ 축에 대한 단면2차모멘트값은?

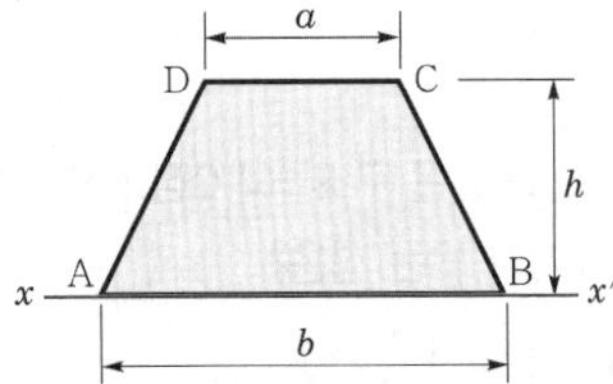

① $\frac{h^3}{12}(b+3a)$　　② $\frac{h^3}{12}(b+2a)$
③ $\frac{h^3}{12}(3b+a)$　　④ $\frac{h^3}{12}(2b+a)$

해설 **단면2차모멘트**

$$I_x = I_{x1} + I_{x2} = \frac{ah^3}{4} + \frac{bh^3}{12} = \frac{h^3}{12}(3a+b)$$

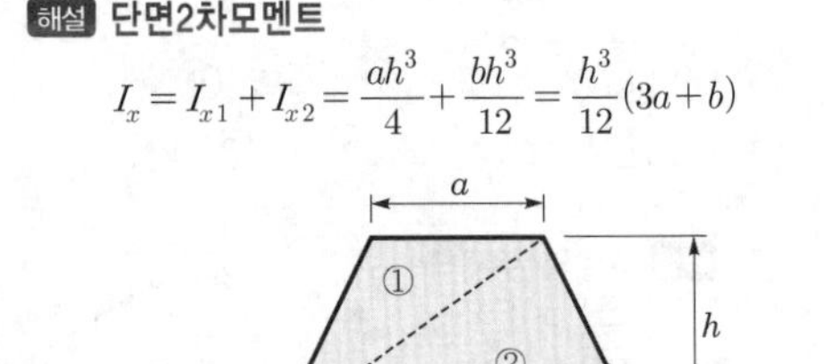

08 다음 그림과 같은 단순보에서 CD구간의 전단력 값은?

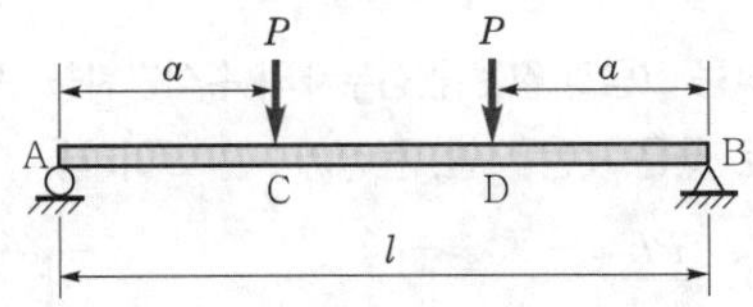

① P　　② $2P$
③ $\frac{P}{2}$　　④ 0

해설 **CD구간의 전단력**

㉠ 반력(대칭구조)

$$R_A = R_B = P(\uparrow)$$

㉡ CD구간의 전단력

$$S_{CD} = 0$$

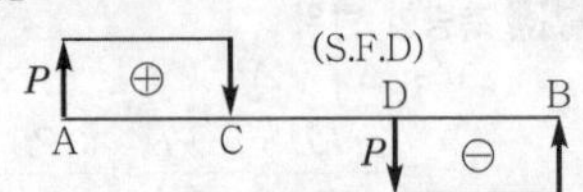

정답 5. ③　6. ③　7. ①　8. ④

09 다음 그림과 같은 구조물의 부정정차수는?

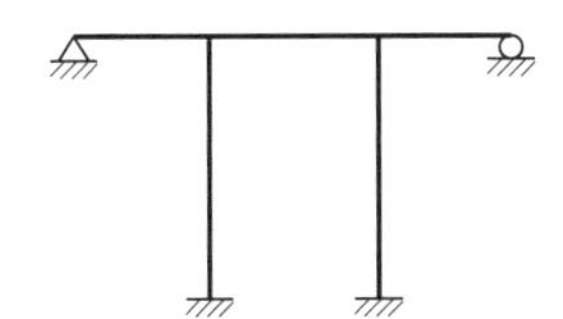

① 6차 부정정 ② 5차 부정정
③ 4차 부정정 ④ 3차 부정정

해설 구조물의 판별
$r=15$개, $m=3$개
$n=r-3m=15-3\times3=6$
∴ 6차 부정정

2 3 3 1

3 3

10 다음 그림과 같은 하중을 받는 보의 최대 전단응력은?

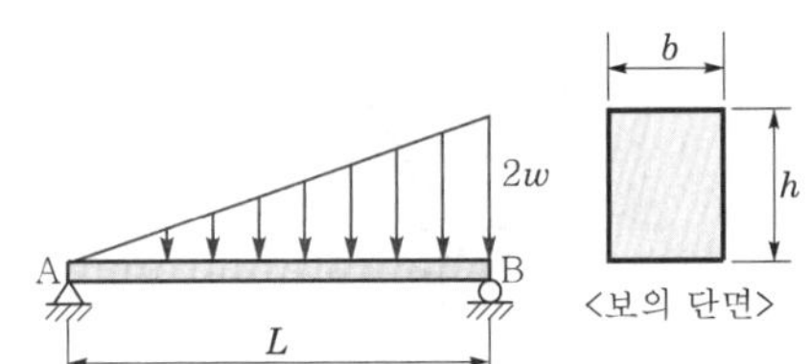

① $\dfrac{2wL}{3bh}$ ② $\dfrac{3wL}{2bh}$
③ $\dfrac{2wL}{bh}$ ④ $\dfrac{wL}{bh}$

해설 최대 전단응력
㉠ 최대 전단력

$$S_{\max}=R_B=\frac{2wL}{3}(\uparrow)$$

㉡ 최대 전단응력

$$\tau_{\max}=\frac{3}{2}\frac{S_{\max}}{A}=\frac{3}{2}\times\frac{2wL}{3bh}=\frac{wL}{bh}$$

11 다음 중 정(+)과 부(−)의 값을 모두 갖는 것은?

① 단면계수 ② 단면2차모멘트
③ 단면2차반지름 ④ 단면상승모멘트

해설 단면상승모멘트(I_{xy})는 좌표축의 위치에 따라 (+), (−)값을 모두 갖는다.

12 다음 그림과 같은 캔틸레버보에서 C점의 처짐은? (단, EI는 일정하다.)

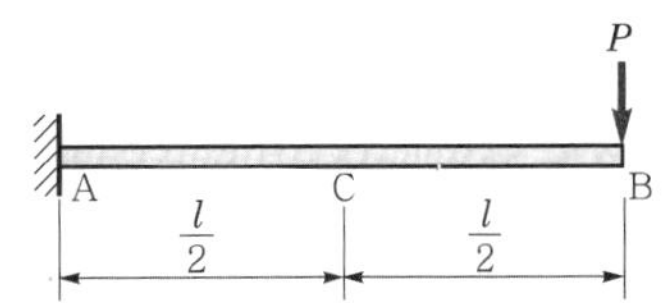

① $\dfrac{Pl^3}{24EI}$ ② $\dfrac{5Pl^3}{24EI}$
③ $\dfrac{Pl^3}{48EI}$ ④ $\dfrac{5Pl^3}{48EI}$

해설 C점의 처짐(공액공법)
㉠ C점의 휨모멘트

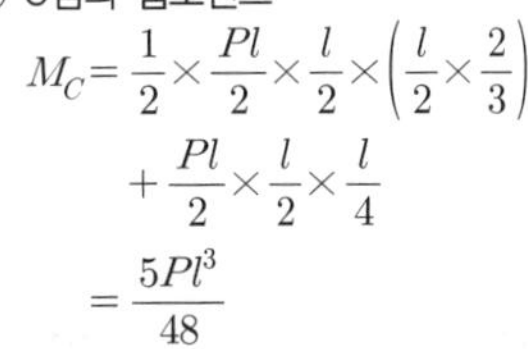

$$M_C=\frac{1}{2}\times\frac{Pl}{2}\times\frac{l}{2}\times\left(\frac{l}{2}\times\frac{2}{3}\right)+\frac{Pl}{2}\times\frac{l}{2}\times\frac{l}{4}=\frac{5Pl^3}{48}$$

㉡ C점의 처짐

$$\delta_C=\frac{M_C}{EI}=\frac{5Pl^3}{48EI}(\downarrow)$$

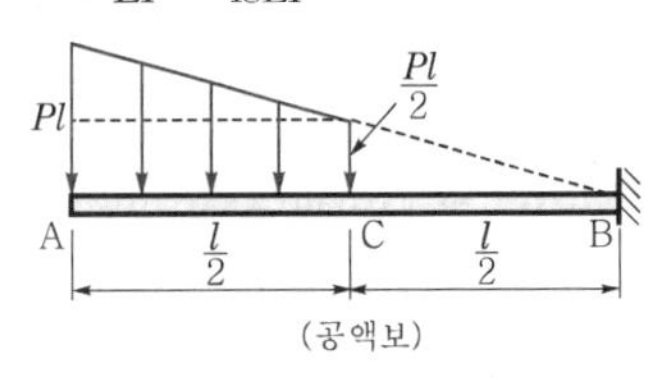

(공액보)

13 다음 그림과 같은 단면에 600kN의 전단력이 작용할 때 최대 전단응력의 크기는? (단위 : mm)

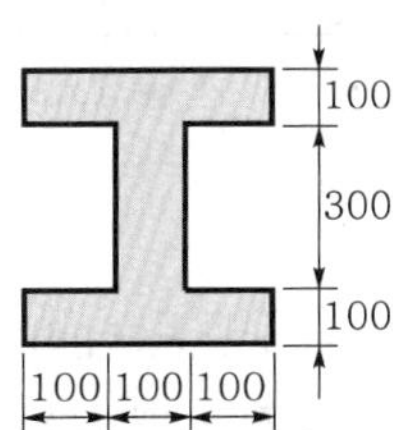

① 12.71MPa ② 15.98MPa
③ 19.83MPa ④ 21.32MPa

정답 9. ① 10. ④ 11. ④ 12. ④ 13. ②

해설 최대 전단응력

㉠ 단면의 성질

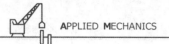

$G_X = (300\times100\times200)+(100\times150\times75)$

$=7{,}125\times10^3\text{mm}^3$

$I_X = \frac{300\times500^3}{12} - \frac{200\times300^3}{12}$

$=2{,}675\times10^6\text{mm}^4$

㉡ 최대 전단응력

$\tau_{\max} = \frac{SG_X}{I_X b} = \frac{600\times10^3\times7{,}125\times10^3}{2{,}675\times10^6\times100}$

$=15.98\text{MPa}$

14 다음 그림과 같은 단순보에서 B점에 모멘트 M_B가 작용할 때 A점에서의 처짐각(θ_A)은? (단, EI는 일정하다.)

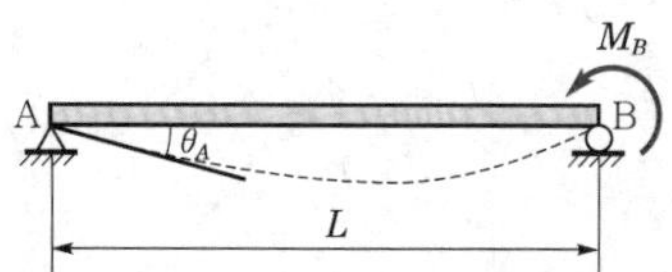

① $\frac{M_B L}{2EI}$　② $\frac{M_B L}{3EI}$

③ $\frac{M_B L}{6EI}$　④ $\frac{M_B L}{8EI}$

해설 공액보법

$R_A = \frac{M_B L}{6} = S_A$

$\therefore \theta_A = \frac{S_A}{EI} = \frac{M_B L}{6EI}(\frown)$

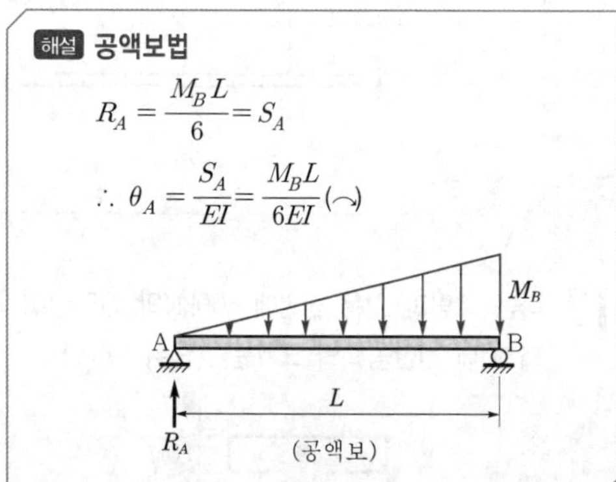

15 다음 그림과 같은 r=4m인 3힌지 원호아치에서 지점 A에서 2m 떨어진 E점에 발생하는 휨모멘트의 크기는?

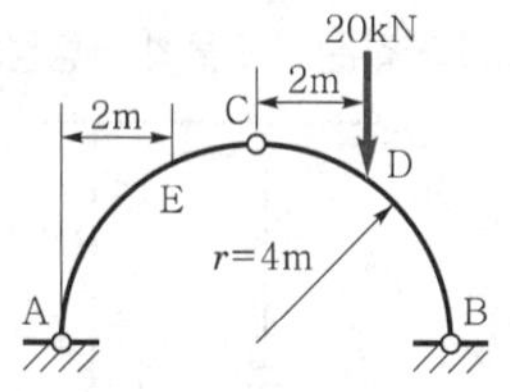

① 6.13kN · m　② 7.32kN · m

③ 8.27kN · m　④ 9.16kN · m

해설 E점의 휨모멘트

㉠ A점의 연직반력

$\Sigma M_B = 0$

$+V_A\times8-20\times2=0$

$\therefore V_A = 5\text{kN}(\uparrow)$

㉡ A점의 수평반력

$\Sigma M_C = 0$

$+5\times4-H_A\times4=0$

$\therefore H_A = 5\text{kN}(\rightarrow)$

㉢ E점의 휨모멘트

$M_E = V_A\times2-H_A\times y$

$=5\times2-5\times\sqrt{4^2-2^2}$

$=7.32\text{kN}\cdot\text{m}$

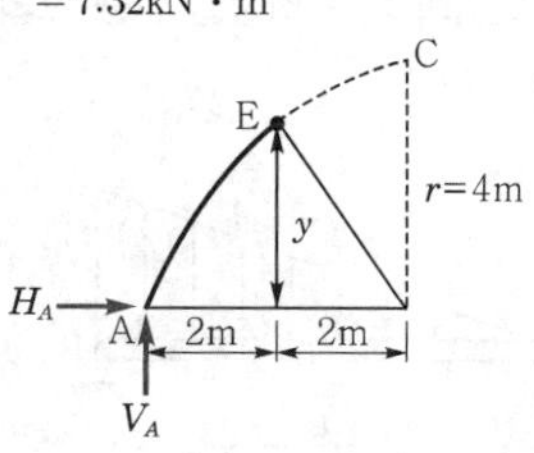

16 다음 그림과 같은 30° 경사진 언덕에 40kN의 물체를 밀어 올릴 때 필요한 힘 P는 최소 얼마 이상이어야 하는가? (단, 마찰계수는 0.25이다.)

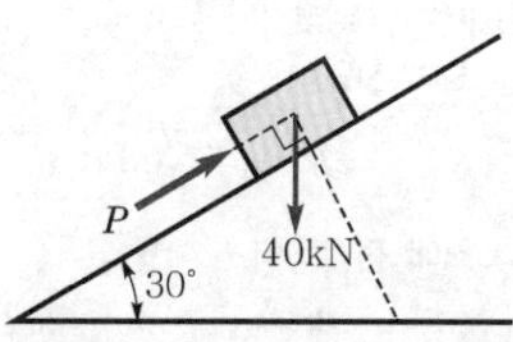

① 28.7kN　② 30.2kN

③ 34.7kN　④ 40.0kN

해설 밀어 올리기 위한 힘

$P = mg(\sin\theta+\mu\cos\theta)$

$=40\times(\sin30°+0.25\times\cos30°)$

$=28.66\text{kN}$

정답 14. ③　15. ②　16. ①

17 다음 그림과 같은 부정정 구조물에서 B지점의 반력의 크기는? (단, 보의 휨강도 EI는 일정하다.)

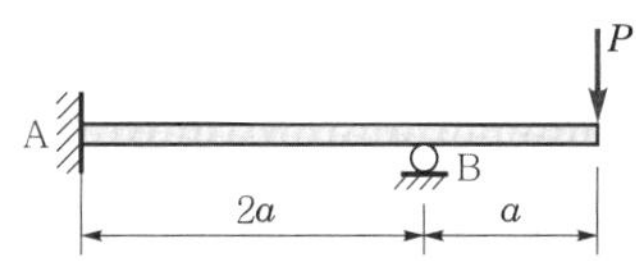

① $\frac{7}{3}P$　② $\frac{7}{4}P$

③ $\frac{7}{5}P$　④ $\frac{7}{6}P$

해설 **모멘트 분배법**

$\sum M_A = 0$

$\frac{Pa}{2} + P\times 2a + Pa - R_B\times 2a = 0$

$\therefore R_B = \frac{7}{4}P(\uparrow)$

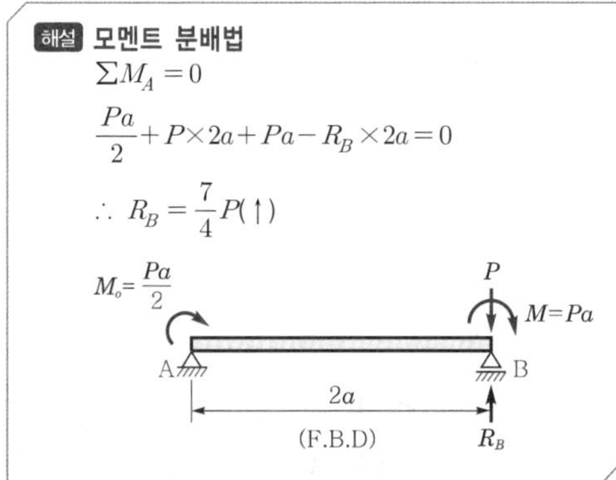

18 단면이 100mm×200mm인 장주의 길이가 3m일 때 이 기둥의 좌굴하중은? (단, 기둥의 E=2.0×10⁴MPa, 지지상태는 일단 고정, 타단 자유이다.)

① 45.8kN　② 91.4kN

③ 182.8kN　④ 365.6kN

해설 **좌굴하중**

일단 고정, 타단 자유일 때 $n = \frac{1}{4}$

$\therefore P_{cr} = \frac{n\pi^2 EI}{l^2} = \frac{\pi^2 EI}{4l^2}$

$= \frac{\pi^2\times 2\times 10^4\times 200\times 100^3}{4\times 3{,}000^2\times 12}\times 10^{-3}$

$= 91.3852\text{kN}$

19 다음 그림과 같은 단순보에서 A점의 반력이 B점의 반력의 2배가 되도록 하는 거리 x는? (단, x는 A점으로부터의 거리이다.)

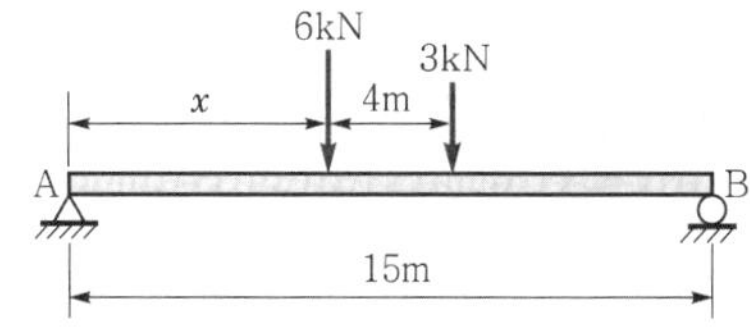

① 1.67m　② 2.67m

③ 3.67m　④ 4.67m

해설 **하중점의 위치**

㉠ 반력

$R_A = 2R_B$

$R_A + R_B = 3R_B = 9\text{kN}$

$\therefore R_B = 3\text{kN}(\uparrow)$

㉡ 작용점의 위치(x)

$\sum M_A = 0$

$-3\times 15 + 3(4+x) + 6x = 0$

$\therefore x = 3.67\text{m}$

20 다음 그림과 같이 이축응력(二軸應力)을 받고 있는 요소의 체적변형률은? (단, 이 요소의 탄성계수 E=2×10⁵MPa, 푸아송비 ν=0.3이다.)

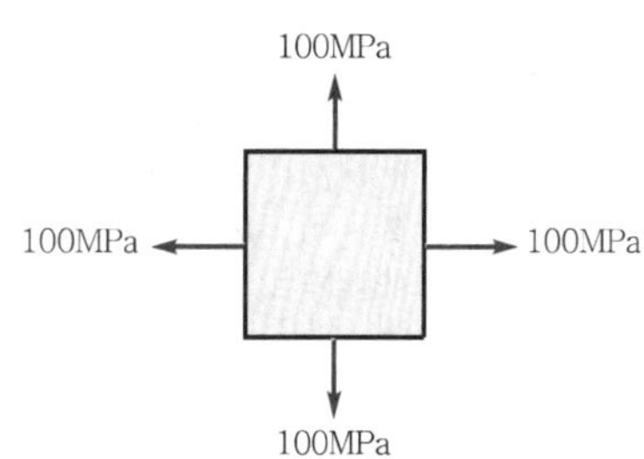

① 3.6×10^{-4}　② 4.0×10^{-4}

③ 4.4×10^{-4}　④ 4.8×10^{-4}

해설 **체적변형률**

$\varepsilon_V = \frac{\Delta V}{V} = \frac{1-2\nu}{E}(\sigma_x + \sigma_y + \sigma_z)$

$= \frac{1-2\times 0.3}{2\times 10^5}\times(100+100+0)$

$= 4.0\times 10^{-4}$

정답 17. ② 18. ② 19. ③ 20. ②

2022 제 1 회 토목기사 기출문제

2022년 3월 5일 시행

01 다음 그림과 같이 중앙에 집중하중 P를 받는 단순보에서 지점 A로부터 $\frac{l}{4}$ 인 지점(점 D)의 처짐각(θ_D)과 처짐량(δ_D)은? (단, EI는 일정하다.)

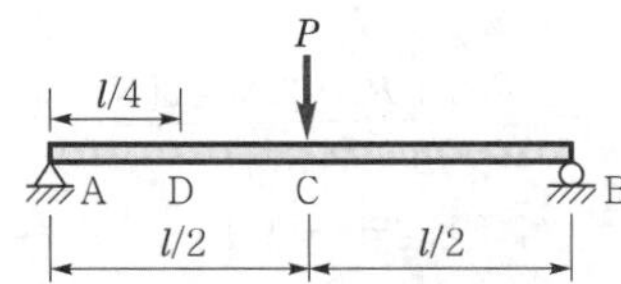

① $\theta_D = \frac{3Pl^2}{128EI}$, $\delta_D = \frac{11Pl^3}{384EI}$

② $\theta_D = \frac{3Pl^2}{128EI}$, $\delta_D = \frac{5Pl^3}{384EI}$

③ $\theta_D = \frac{5Pl^2}{64EI}$, $\delta_D = \frac{3Pl^3}{768EI}$

④ $\theta_D = \frac{3Pl^2}{64EI}$, $\delta_D = \frac{11Pl^3}{768EI}$

해설 공액보법

㉠ 공액보의 반력

$$R_A' = \frac{1}{2} \times \frac{Pl}{4} \times \frac{l}{2} = \frac{Pl^2}{16}$$

㉡ D점의 처짐각

$$S_D = \frac{Pl^2}{16} - \left(\frac{1}{2} \times \frac{l}{4} \times \frac{Pl}{8}\right) = \frac{3Pl^2}{64}$$

$$\therefore\ \theta_D = \frac{S_D}{EI} = \frac{3Pl^2}{64EI}$$

㉢ D점의 처짐

$$M_D = \frac{Pl^2}{16} \times \frac{l}{4} - \frac{Pl^2}{64} \times \frac{l}{4} \times \frac{1}{3} = \frac{11Pl^3}{768}$$

$$\therefore\ \delta_D = \frac{M_D}{EI} = \frac{11Pl^3}{768EI}$$

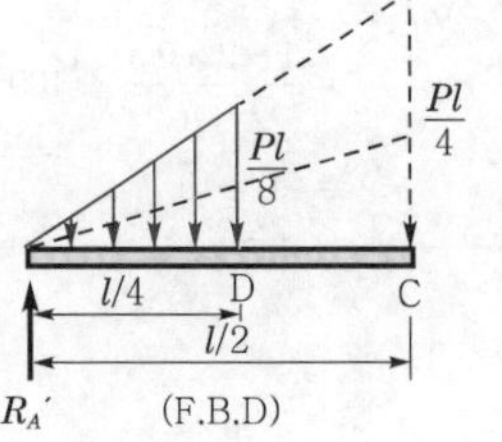

02 길이가 4m인 원형 단면기둥의 세장비가 100이 되기 위한 기둥의 지름은? (단, 지지상태는 양단 힌지로 가정한다.)

① 20cm ② 18cm

③ 16cm ④ 12cm

해설 기둥의 지름

$$\lambda = \frac{l}{r_{\min}} = \frac{l}{\sqrt{\frac{I_{\min}}{A}}} = \frac{l}{\frac{D}{4}} = \frac{4l}{D}$$

$$\therefore\ D = \frac{4l}{\lambda} = \frac{4 \times 400}{100} = 16\text{cm}$$

03 단면2차모멘트가 I이고 길이가 L인 균일한 단면의 직선상(直線狀)의 기둥이 있다. 지지상태가 일단 고정, 타단 자유인 경우 오일러(Euler)의 좌굴하중(P_{cr})은? (단, 이 기둥의 영(Young)계수는 E이다.)

① $\frac{4\pi^2 EI}{L^2}$ ② $\frac{2\pi^2 EI}{L^2}$

③ $\frac{\pi^2 EI}{L^2}$ ④ $\frac{\pi^2 EI}{4L^2}$

해설 오일러의 좌굴하중

일단 고정, 타단 자유일 때 $n = \frac{1}{4}$

$$\therefore\ P_{cr} = \frac{n\pi^2 EI}{L^2} = \frac{\pi^2 EI}{(kL)^2} = \frac{\pi^2 EI}{4L^2}$$

04 직사각형 단면보의 단면적을 A, 전단력을 V라고 할 때 최대 전단응력($\tau_{\max}$)은?

① $\frac{2}{3}\frac{V}{A}$ ② $1.5\frac{V}{A}$

③ $3\frac{V}{A}$ ④ $2\frac{V}{A}$

정답 1. ④ 2. ③ 3. ④ 4. ②

해설 최대 전단응력

㉠ 단면의 성질

$$G_x = Ay = \frac{bh}{2} \times \frac{h}{4} = \frac{bh^2}{8},\ I_x = \frac{bh^3}{12}$$

㉡ 최대 전단응력

$$\tau_{\max} = \frac{VG_x}{I_x b} = \frac{V\left(\frac{bh^2}{8}\right)}{\left(\frac{bh^3}{12}\right)b} = \frac{3}{2}\left(\frac{V}{bh}\right)$$

$$= 1.5\frac{V}{A}$$

05 단면2차모멘트의 특성에 대한 설명으로 틀린 것은?

① 단면2차모멘트의 최소값은 도심에 대한 것이며 "0"이다.
② 정삼각형, 정사각형 등과 같이 대칭인 단면의 도심축에 대한 단면2차모멘트값은 모두 같다.
③ 단면2차모멘트는 좌표축에 상관없이 항상 양(+)의 부호를 갖는다.
④ 단면2차모멘트가 크면 휨강성이 크고 구조적으로 안전하다.

해설 단면의 성질

도심에 대한 단면2차모멘트는 최소값이 되며 0은 아니다.

06 다음 그림과 같은 단순보에서 휨모멘트에 의한 탄성변형에너지는? (단, EI는 일정하다.)

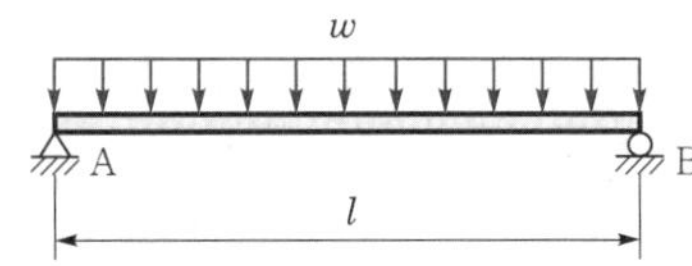

① $\frac{w^2l^5}{40EI}$　② $\frac{w^2l^5}{96EI}$
③ $\frac{w^2l^5}{240EI}$　④ $\frac{w^2l^5}{384EI}$

해설 탄성변형에너지(내적일)

$$M_x = \frac{wl}{2}x - \frac{w}{2}x^2$$

$$\therefore U = W_i = \int_0^l \frac{{M_x}^2}{2EI}dx$$

$$= \frac{1}{2EI}\int_0^l \left(\frac{wl}{2}x - \frac{w}{2}x^2\right)^2 dx$$

$$= \frac{w^2l^5}{240EI}$$

07 다음 그림과 같은 모멘트하중을 받는 단순보에서 B지점의 전단력은?

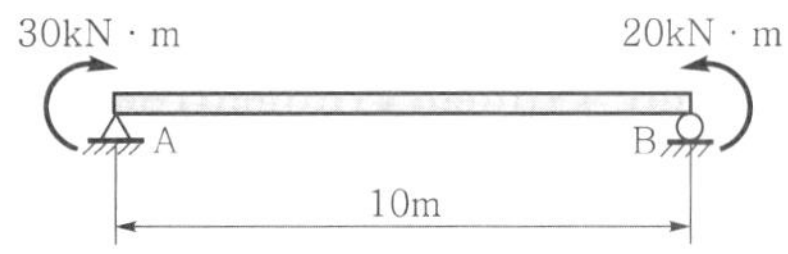

① −1.0kN　② −10kN
③ −5.0kN　④ −50kN

해설 B점의 전단력

㉠ 반력

$\Sigma M_B = 0$

$-R_A \times 10 + 30 - 20 = 0$

$\therefore R_A = 1.0\text{kN}(\downarrow)$

㉡ 전단력(전 구간 일정)

$S_A = S_B = 1.0\text{kN}(\downarrow)$

08 다음 그림과 같이 양단 내민보에 등분포하중(W)이 1kN/m가 작용할 때 C점의 전단력은?

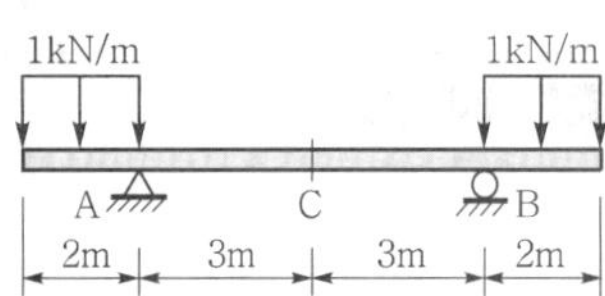

① 0kN　② 5kN
③ 10kN　④ 15kN

해설 C점의 전단력

㉠ 반력(좌우대칭)

$R_A = R_B = 2\text{kN}(\uparrow)$

㉡ C점의 전단력

$S_C = -1 \times 2 + 2 = 0\text{kN}$

09 다음 그림과 같은 직사각형 보에서 중립축에 대한 단면계수값은?

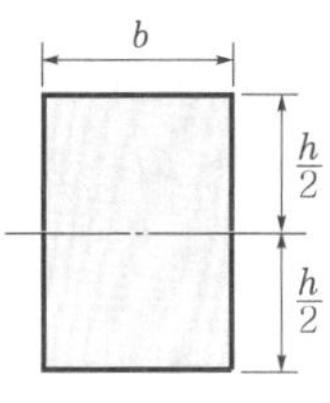

① $\frac{bh^2}{6}$
② $\frac{bh^2}{12}$
③ $\frac{bh^3}{6}$
④ $\frac{bh}{4}$

정답 5. ① 6. ③ 7. ① 8. ① 9. ①

해설 **보의 단면계수**

㉠ 단면의 성질

$$I_X = \frac{bh^3}{12},\ y = \frac{h}{2}$$

㉡ 단면계수

$$Z = \frac{I_X}{y} = \frac{\frac{bh^3}{12}}{\frac{h}{2}} = \frac{bh^2}{6}$$

10 내민보에 다음 그림과 같이 지점 A에 모멘트가 작용하고 집중하중이 보의 양 끝에 작용한다. 이 보에 발생하는 최대 휨모멘트의 절대값은?

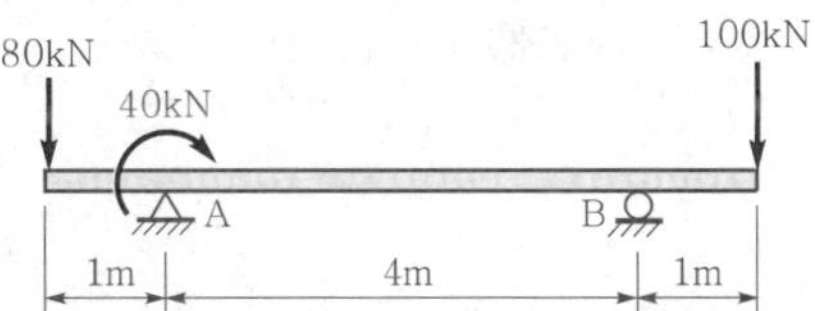

① 60kN · m ② 80kN · m

③ 100kN · m ④ 120kN · m

해설 **최대 휨모멘트**

㉠ 반력

$\sum M_B = 0$

$+R_A \times 4 - 80 \times 5 + 40 + 100 \times 1 = 0$

$\therefore R_A = 65\text{kN}(\uparrow)$

$\sum V = 0$

$R_A + R_B = 80 + 100 = 180\text{kN}$

$\therefore R_B = 115\text{kN}(\uparrow)$

㉡ 최대 휨모멘트

$M_{\max} = M_B = 100\text{kN} \cdot \text{m}$

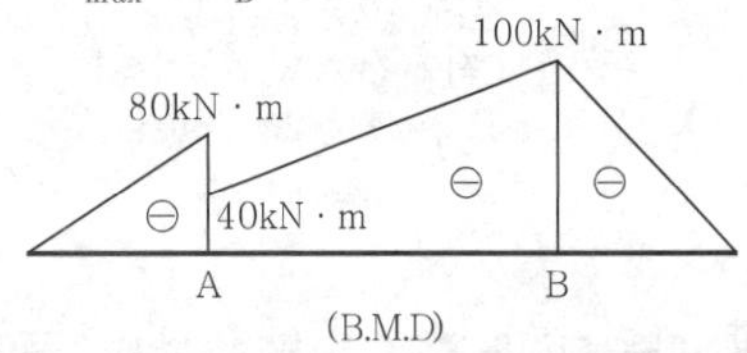

(B.M.D)

11 다음 그림과 같이 캔틸레버보의 B점에 집중하중 P와 우력모멘트 M_o가 작용할 때 B점에서의 연직변위(δ_B)는? (단, EI는 일정하다.)

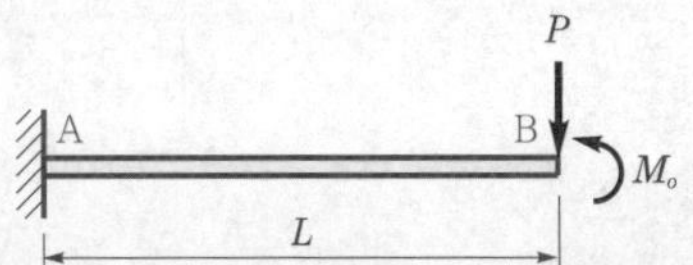

① $\dfrac{PL^3}{4EI} + \dfrac{M_o L^2}{2EI}$

② $\dfrac{PL^3}{4EI} - \dfrac{M_o L^2}{2EI}$

③ $\dfrac{PL^3}{3EI} + \dfrac{M_o L^2}{2EI}$

④ $\dfrac{PL^3}{3EI} - \dfrac{M_o L^2}{2EI}$

해설 **B점의 연직범위**

㉠ P에 의한 연직변위

$$\delta_{B1} = \frac{PL^3}{3EI}(\downarrow)$$

㉡ M_o에 의한 연직변위

$$\delta_{B2} = \frac{M_o L^2}{2EI}(\uparrow)$$

㉢ B점의 연직변위

$$\delta_B = \delta_{B1} + \delta_{B2} = \frac{PL^3}{3EI} - \frac{M_o L^2}{2EI}$$

12 전단탄성계수(G)가 81,000MPa, 전단응력(τ)이 81MPa이면 전단변형률(γ)의 값은?

① 0.1 ② 0.01

③ 0.001 ④ 0.0001

해설 **전단변형률**

$$G = \frac{\tau}{\gamma_s}$$

$$\therefore \gamma_s = \frac{\tau}{G} = \frac{81}{81{,}000} = 0.001$$

13 다음 그림과 같은 3힌지 아치에서 A점의 수평반력(H_A)은?

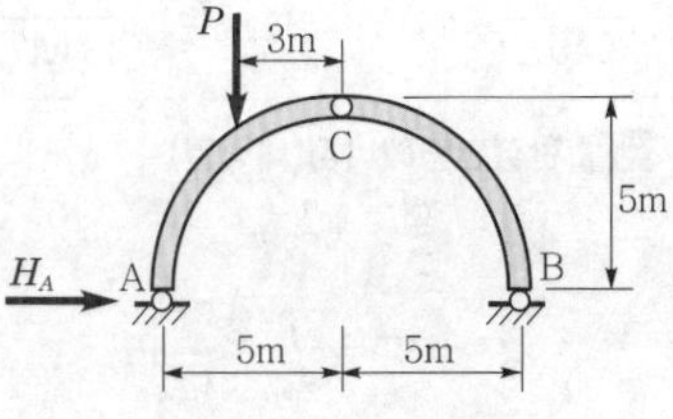

① P ② $\dfrac{P}{2}$

③ $\dfrac{P}{4}$ ④ $\dfrac{P}{5}$

정답 10. ③ 11. ④ 12. ③ 13. ④

해설 A점의 수평반력

㉠ A점의 연직반력

$\Sigma M_B = 0$

$+V_A \times 10 - P \times 8 = 0$

$\therefore V_A = \frac{4}{5}P(\uparrow)$

㉡ A점의 수평반력

$\Sigma M_C = 0$

$-H_A \times 5 - 3 \times P + \frac{4}{5}P \times 5 = 0$

$\therefore H_A = \frac{P}{5}(\rightarrow)$

14 다음 그림과 같은 라멘 구조물의 E점에서의 불균형모멘트에 대한 부재 EA의 모멘트분배율은?

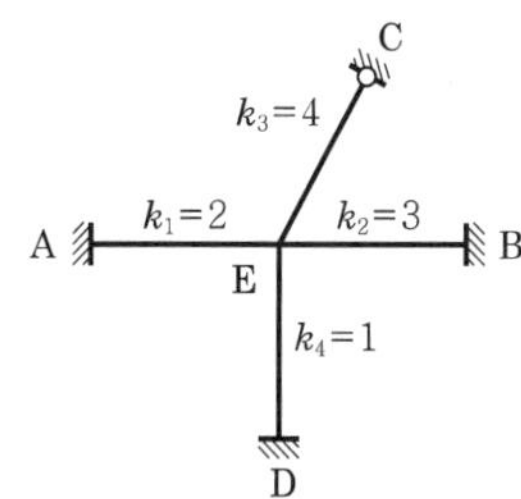

① 0.167 ② 0.222

③ 0.386 ④ 0.441

해설 모멘트 분배율

$$DF_{EA} = \frac{k_{EA}}{\Sigma k} = \frac{2}{2+3+4\times\frac{3}{4}+1} = 0.2222$$

15 다음 그림과 같은 구조물에서 부재 AB가 받는 힘의 크기는?

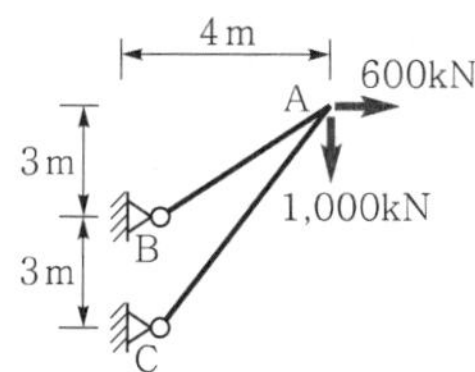

① 3,166.7kN ② 3,274.2kN

③ 3,368.5kN ④ 3,485.4kN

해설 절점법

㉠ 절점 A에서

$\Sigma V = 0$

$\frac{3}{5}F_1 - \frac{6}{\sqrt{52}}F_2 + 1,000 = 0$ ·············· ①

㉡ 절점 A에서

$\Sigma H = 0$

$-\frac{4}{5}F_1 + \frac{4}{\sqrt{52}}F_2 + 600 = 0$ ·············· ②

㉢ 식 ①과 ②를 연립하여 풀면

$F_1 = 3,166.7$(인장), $F_2 = 3,485.4$kN(압축)

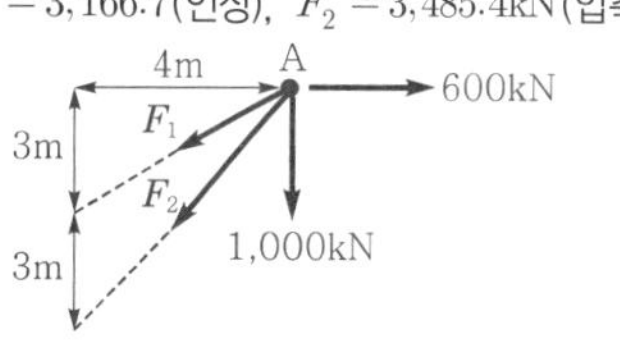

16 다음 그림과 같이 지간(span) 8m인 단순보에 연행하중이 작용할 때 절대 최대 휨모멘트는 어디에서 생기는가?

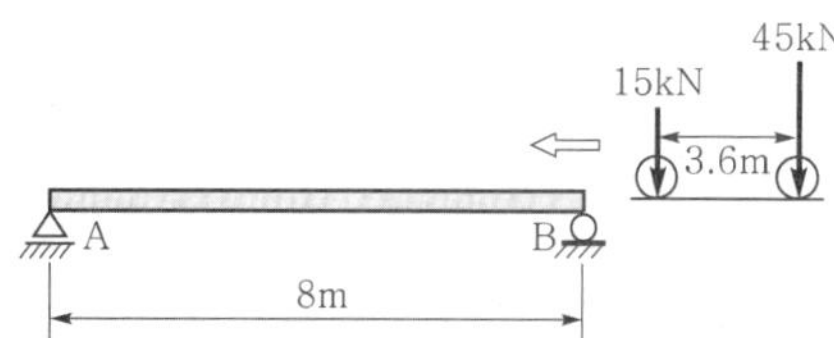

① 45kN의 재하점이 A점으로부터 4m인 곳

② 45kN의 재하점이 A점으로부터 4.45m인 곳

③ 15kN의 재하점이 B점으로부터 4m인 곳

④ 합력의 재하점이 B점으로부터 3.35m인 곳

해설 절대 최대 휨모멘트의 위치

㉠ 합력과 작용점의 위치

$R = 15 + 45 = 60$kN

$\Sigma M = 0$

$60 \times e = 15 \times 3.6$

$\therefore e = 0.9$m

$\therefore x = \frac{l}{2} - \frac{e}{2} = \frac{8}{2} - \frac{0.9}{2} = 3.55$m

㉡ 절대 최대 휨모멘트의 위치(D점)

- A점으로부터 $4 + 0.45 = 4.45$m
- B점으로부터 $x = 3.55$m

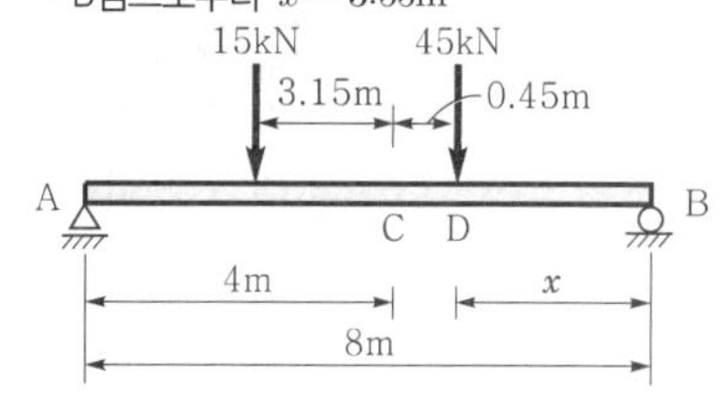

정답 14. ② 15. ① 16. ②

17 어떤 금속의 탄성계수(E)가 21×10⁴MPa이고, 전단탄성계수(G)가 8×10⁴MPa일 때 금속의 푸아송비는?

① 0.3075 ② 0.3125
③ 0.3275 ④ 0.3325

해설 푸아송비

$$G=\frac{E}{2(1+\nu)}$$

$$\therefore \nu=\frac{E}{2G}-1=\frac{21\times10^4}{2\times8\times10^4}-1=0.3125$$

18 다음 그림과 같은 단순보의 단면에서 발생하는 최대 전단응력의 크기는?

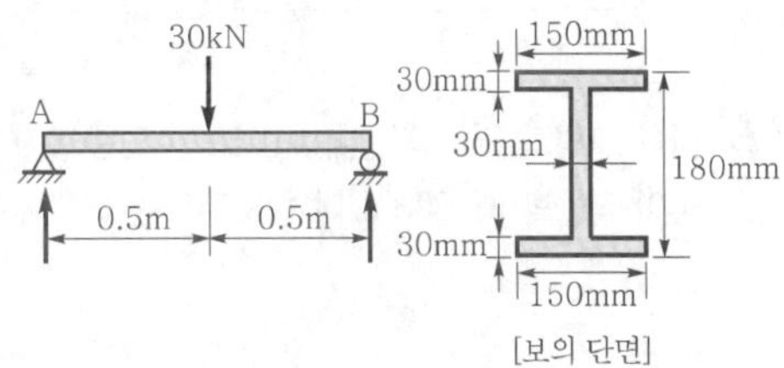

[보의 단면]

① 3.52MPa ② 3.86MPa
③ 4.45MPa ④ 4.93MPa

해설 최대 전단응력

㉠ 단면의 성질

$$I_X=\frac{1}{12}\times(150\times180^3\times120\times120^3)$$
$$=55,620,000\text{mm}^4$$
$$G_X=150\times30\times75+30\times60\times30$$
$$=391,500\text{mm}^3$$

㉡ 최대 전단응력

$$\tau_{\max}=\frac{SG_X}{I_Xb}$$
$$=\frac{15\times1,000\times391,500}{55,620,000\times30}$$
$$=3.52\text{MPa}$$

19 다음 그림과 같은 부정정보에서 B점의 반력은?

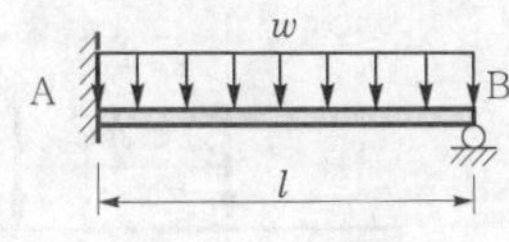

① $\frac{3}{4}wl(\uparrow)$ ② $\frac{3}{8}wl(\uparrow)$
③ $\frac{3}{16}wl(\uparrow)$ ④ $\frac{5}{16}wl(\uparrow)$

해설 부정정보의 해석

$$R_A=wl-\frac{3}{8}wl=\frac{5}{8}wl(\uparrow),\ M_A=\frac{wl^2}{8}$$

$$\therefore R_B=\frac{3}{8}wl(\uparrow)$$

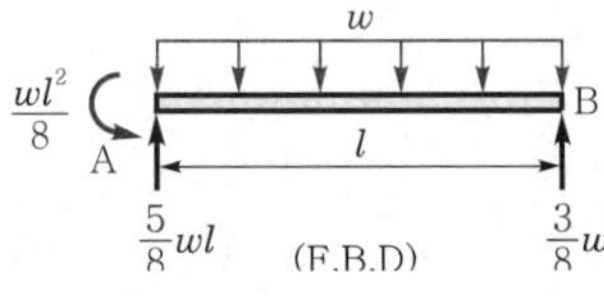

20 다음 그림과 같은 구조에서 절대값이 최대로 되는 휨모멘트의 값은?

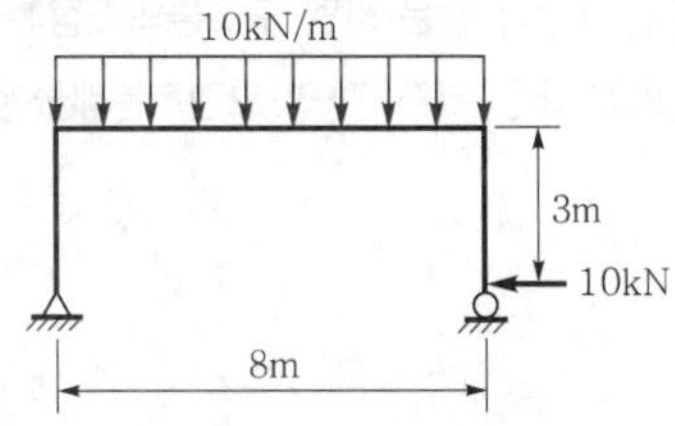

① 80kN · m ② 50kN · m
③ 40kN · m ④ 30kN · m

해설 최대 휨모멘트

㉠ 반력

$$\Sigma M_B=0$$
$$+V_A\times8-10\times8\times4=0$$
$$\therefore V_A=40\text{kN}(\uparrow)$$
$$\Sigma V=0$$
$$\therefore V_B=80-40=40\text{kN}(\uparrow)$$
$$\Sigma H=0$$
$$\therefore H_A=10\text{kN}(\rightarrow)$$

㉡ 최대 휨모멘트

$$M_C=M_D=10\times3=30\text{kN}\cdot\text{m}$$
$$M_E=40\times4-10\times3-10\times4\times2$$
$$=50\text{kN}\cdot\text{m}$$
$$\therefore M_{\max}=50\text{kN}\cdot\text{m}$$

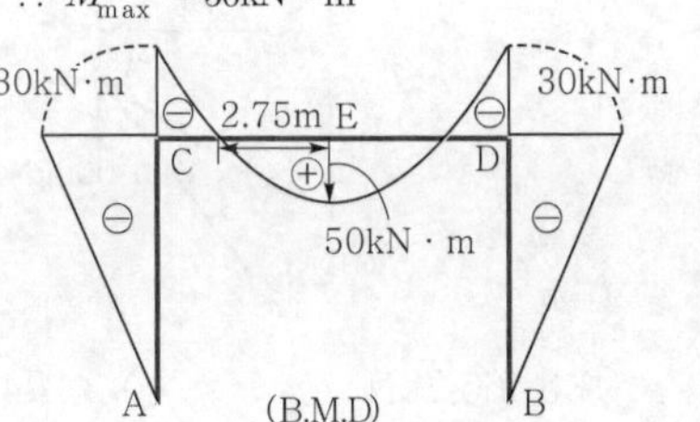

정답 17. ② 18. ① 19. ② 20. ②

2022 제 2 회 토목기사 기출문제

2022년 4월 24일 시행

01 다음 그림과 같이 이축응력을 받고 있는 요소의 체적변형률은? (단, 탄성계수(E)는 2×10^5MPa, 푸아송비(ν)는 0.3이다.)

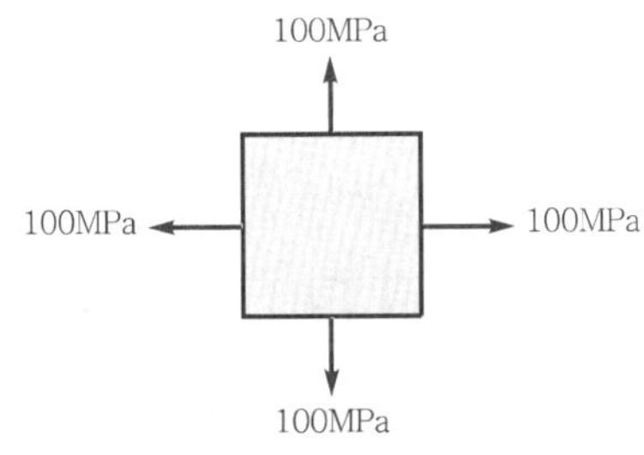

① 2.7×10^{-4}　② 3.0×10^{-4}
③ 3.7×10^{-4}　④ 4.0×10^{-4}

해설 **체적변형률**

$$\varepsilon_v = \frac{\Delta V}{V} = \frac{1-2\nu}{E}(\sigma_x+\sigma_y+\sigma_z)$$
$$= \frac{1-2\times0.3}{2\times10^5}\times(100+100+0)$$
$$= 4.0\times10^{-4}$$

02 다음 그림과 같이 봉에 작용하는 힘들에 의한 봉 전체의 수직처짐의 크기는?

① $\dfrac{PL}{A_1E_1}$

② $\dfrac{2PL}{3A_1E_1}$

③ $\dfrac{4PL}{3A_1E_1}$

④ $\dfrac{3PL}{2A_1E_1}$

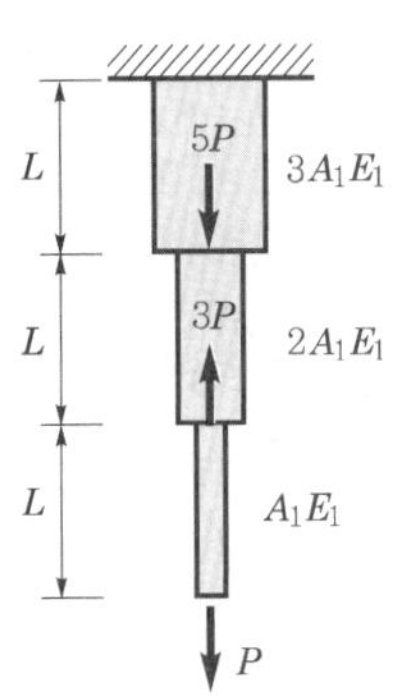

해설 봉의 수직처짐

㉠ AB구간의 변위량

$$\Delta l_1 = \frac{3PL}{3E_1A_1} = \frac{PL}{E_1A_1}$$

㉡ BC구간의 변위량

$$\Delta l_2 = -\frac{2PL}{2E_1A_1} = -\frac{PL}{E_1A_1}$$

㉢ CD구간의 변위량

$$\Delta l_3 = \frac{PL}{E_1A_1}$$

㉣ 전체 변위량

$$\Delta l = \Delta l_1 + \Delta l_2 + \Delta l_3$$
$$= \frac{PL}{E_1A_1} - \frac{PL}{E_1A_1} + \frac{PL}{E_1A_1} = \frac{PL}{E_1A_1}$$

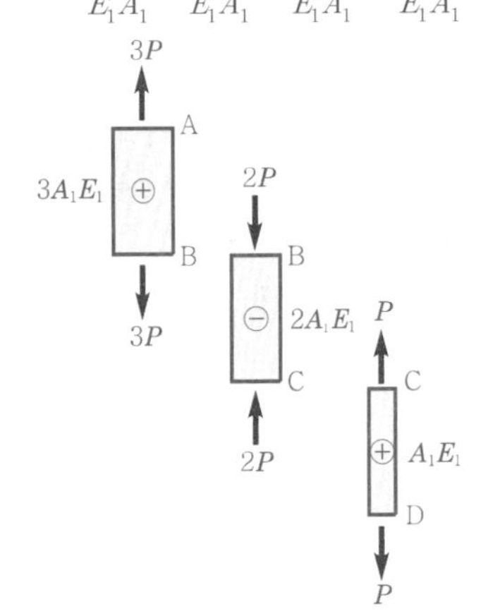

03 다음 그림과 같은 단면의 단면상승모멘트(I_{xy})는?

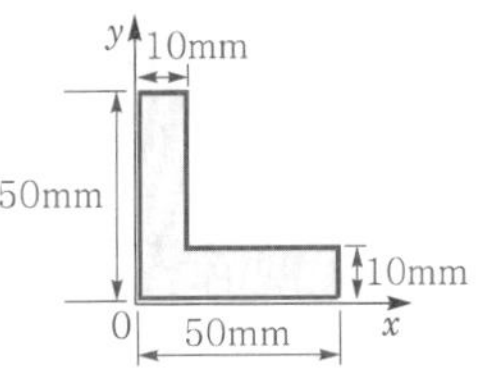

① 77,500mm^4　② 92,500mm^4
③ 122,500mm^4　④ 157,500mm^4

정답 1. ④ 2. ① 3. ③

> **해설** **단면상승모멘트**
>
> $I_{xy} = I_{xy1} + I_{xy2}$
> $= 50 \times 10 \times 5 \times 25 + 40 \times 10 \times 30 \times 5$
> $= 122{,}500\text{mm}^4$
>
> 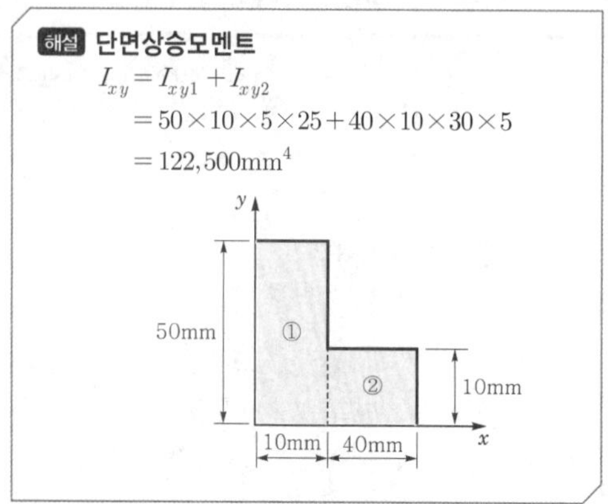
>

04 다음 그림과 같은 구조물의 BD부재에 작용하는 힘의 크기는?

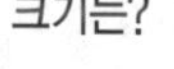

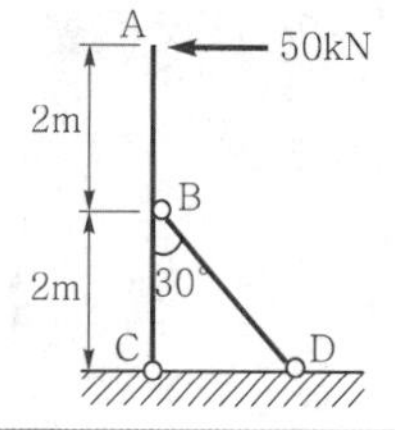

① 100kN
② 125kN
③ 150kN
④ 200kN

> **해설** **$\overline{BD}$의 부재력**
>
> $\Sigma M_C = 0$
> $-50 \times 4 + T \times \sin 30° \times 2 = 0$
> $\therefore T = \dfrac{50 \times 4}{2 \times \sin 30°} = 200\text{kN}$(인장)
>
> 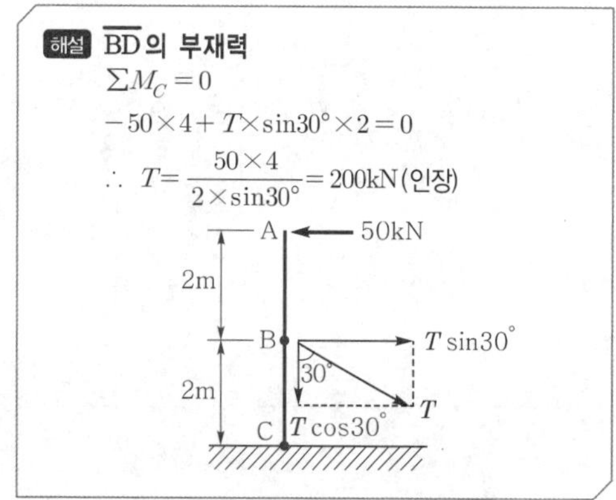
>

05 다음 그림과 같은 와렌(warren)트러스에서 부재력이 '0(영)'인 부재는 몇 개인가?

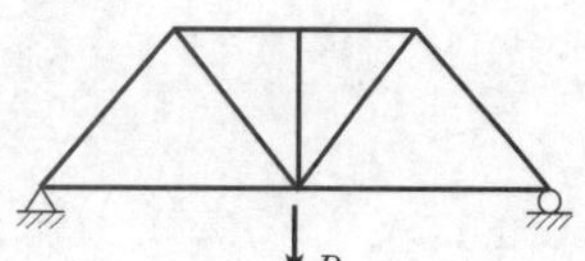

① 0개 ② 1개
③ 2개 ④ 3개

> **해설** **영부재**
> ∴ 1개

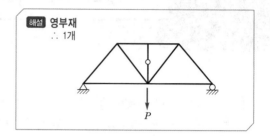

06 다음 그림과 같은 2경간 연속보에 등분포하중 $w=4\text{kN/m}$가 작용할 때 전단력이 "0"이 되는 위치는 지점 A로부터 얼마의 거리(x)에 있는가?

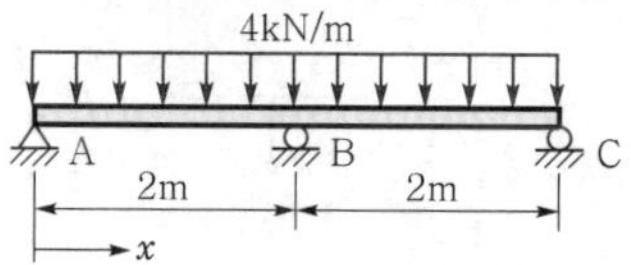

① 0.75m ② 0.85m
③ 0.95m ④ 1.05m

> **해설** **전단력이 0인 점의 위치**
>
> ㉠ 반력
> $V_A = V_C = \dfrac{3}{8}wl(\uparrow)$
> $V_B = \dfrac{10}{8}wl(\uparrow),\ M_B = -\dfrac{wl^2}{8}$
>
> ㉡ 전단력의 일반식
> $S_x = \dfrac{3}{8}wl - wx = 0$
> $\therefore x = \dfrac{3}{8}l = \dfrac{3}{8} \times 2 = \dfrac{3}{4}\text{m}$
>
> A B C x
> $V_A = \dfrac{3}{8}wl$ $V_B = \dfrac{10}{8}wl$ $V_C = \dfrac{3}{8}wl$

07 전단응력도에 대한 설명으로 틀린 것은?

① 직사각형 단면에서는 중앙부의 전단응력도가 제일 크다.
② 원형 단면에서는 중앙부의 전단응력도가 제일 크다.
③ I형 단면에서는 상, 하단의 전단응력도가 제일 크다.
④ 전단응력도는 전단력의 크기에 비례한다.

정답 4. ④ 5. ② 6. ① 7. ③

해설 전단응력의 특성

I형 단면은 단면의 중심부에서 전단응력도가 최대가 된다.

$\therefore \tau = \dfrac{VG_x}{Ib}$

τ_{max}

08 다음 그림과 같은 3힌지 아치의 중간 힌지에 수평하중 P가 작용할 때 A지점의 수직반력(V_A)과 수평반력(H_A)은?

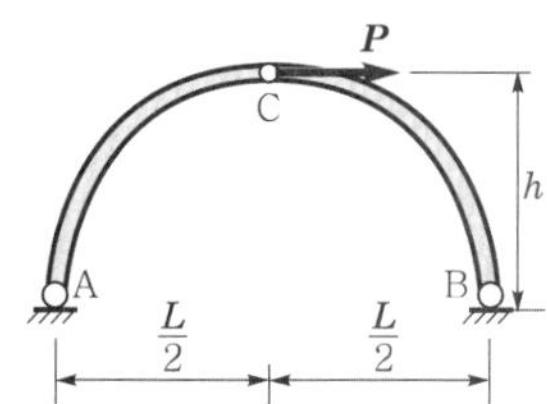

① $V_A = \dfrac{Ph}{L}(\uparrow)$, $H_A = \dfrac{P}{2h}(\leftarrow)$

② $V_A = \dfrac{Ph}{L}(\downarrow)$, $H_A = \dfrac{P}{2}(\rightarrow)$

③ $V_A = \dfrac{Ph}{L}(\uparrow)$, $H_A = \dfrac{P}{2}(\rightarrow)$

④ $V_A = \dfrac{Ph}{L}(\downarrow)$, $H_A = \dfrac{P}{2}(\leftarrow)$

해설 A점의 반력

㉠ $\Sigma M_B = 0$

$-V_A \times l + P \times h = 0$

$\therefore V_A = \dfrac{Ph}{l}(\downarrow)$

㉡ $\Sigma M_C = 0$

$-V_A \times \dfrac{l}{2} + H_A \times h = 0$

$\therefore H_A = \dfrac{P}{2}(\leftarrow)$

09 탄성변형에너지(Elastic Strain Energy)에 대한 설명으로 틀린 것은?

① 변형에너지는 내적인 일이다.

② 외부하중에 의한 일은 변형에너지와 같다.

③ 변형에너지는 강성도가 클수록 크다.

④ 하중을 제거하면 회복될 수 있는 에너지이다.

해설 탄성변형에너지

변형에너지는 강성도에 반비례한다.

$U = \dfrac{1}{2}P\delta = \dfrac{P}{2}\left(\dfrac{PL}{EA}\right) = \dfrac{P^2L}{2EA}$

$k = \dfrac{EA}{L}$

$\therefore U \propto \dfrac{1}{k}$

10 다음 그림과 같이 단순 지지된 보에 등분포하중 q가 작용하고 있다. 지점 C의 부모멘트와 보의 중앙에 발생하는 정모멘트의 크기를 같게 하여 등분포하중 q의 크기를 제한하려고 한다. 지점 C와 D는 보의 대칭거동을 유지하기 위하여 각각 A와 B로부터 같은 거리에 배치하고자 한다. 이때 보의 A점으로부터 지점 C까지의 거리(x)는?

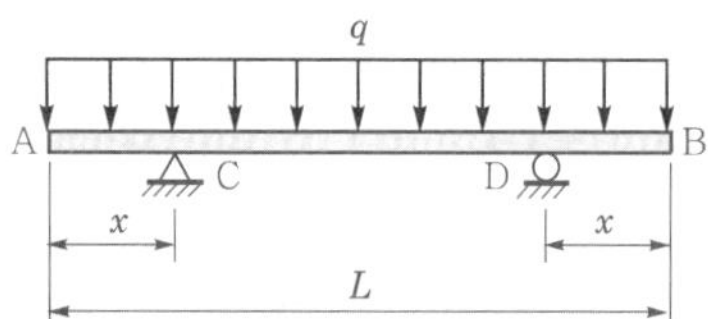

① $0.207L$　　② $0.250L$

③ $0.333L$　　④ $0.444L$

해설 거리의 비

㉠ C점의 휨모멘트

$M_C = \dfrac{qx^2}{2}$

㉡ 중앙점의 휨모멘트

$M_E = \dfrac{q(L-2x)^2}{8} \times \dfrac{1}{2}$

㉢ $M_C = M_E$

$\dfrac{qx^2}{2} = \dfrac{q(L-2x)^2}{8} \times \dfrac{1}{2}$

$8qx^2 = q(L-2x)^2$

$4x^2 + 4Lx - L^2 = 0$

$\therefore x = \dfrac{-4L + \sqrt{(4L)^2 - 4\times4\times(-L)^2}}{2\times4}$

$= \dfrac{\sqrt{2}-1}{2}L = 0.207L$

정답 8. ④ 9. ③ 10. ①

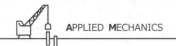

11 다음 그림에서 중앙점(C점)의 휨모멘트(M_C)는?

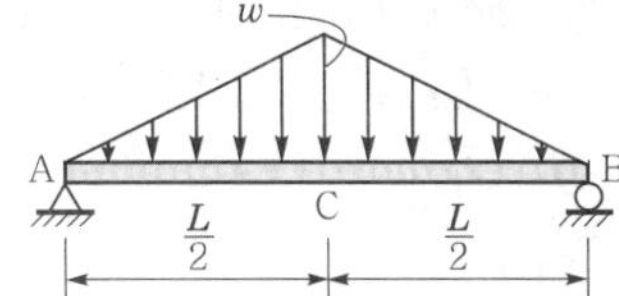

① $\frac{1}{20}wL^2$ ② $\frac{5}{96}wL^2$

③ $\frac{1}{6}wL^2$ ④ $\frac{1}{12}wL^2$

> **해설** **C점의 휨모멘트**
> ㉠ 반력
> $\Sigma M_B = 0$
> $+R_A \times L - \frac{1}{2}\times w\times\frac{L}{2}\times\left(\frac{L}{2}+\frac{L}{2}\times\frac{1}{3}\right)$
> $-\frac{1}{2}\times w\times\frac{L}{2}\times\frac{L}{2}\times\frac{2}{3}=0$
> $\therefore R_A = \frac{3wL}{12}(\uparrow)$
> ㉡ C점의 휨모멘트
> $M_C = \frac{3wL}{12}\times\frac{L}{2} - w\times\frac{L}{2}\times\frac{1}{2}\times\frac{L}{2}\times\frac{1}{3}$
> $= \frac{wL^2}{12}$

12 단면이 200mm×300mm인 압축부재가 있다. 부재의 길이가 2.9m일 때 이 압축부재의 세장비는 약 얼마인가? (단, 지지상태는 양단 힌지이다.)

① 33 ② 50

③ 60 ④ 100

> **해설** **세장비**
> $\lambda = \frac{l}{r_{\min}} = \frac{l}{\sqrt{\frac{I_{\min}}{A}}} = \frac{\sqrt{12}\,l}{b}$
> $= \frac{\sqrt{12}\times 2.9\times 10^3}{200} = 50.23$

13 다음 그림과 같이 한 변이 a인 정사각형 단면의 $\frac{1}{4}$을 절취한 나머지 부분의 도심(C)의 위치(y_o)는?

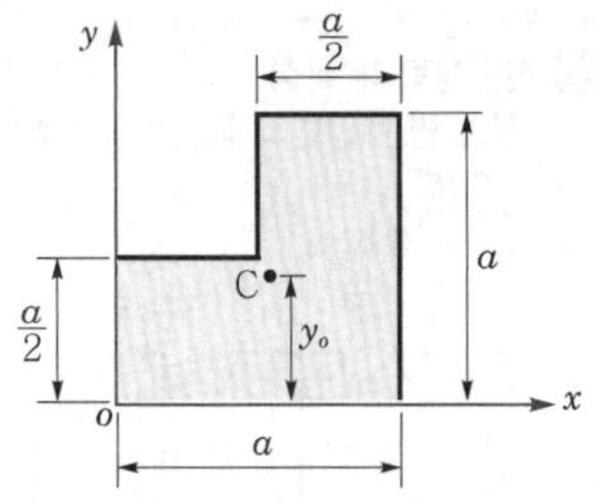

① $\frac{4}{12}a$ ② $\frac{5}{12}a$

③ $\frac{6}{12}a$ ④ $\frac{7}{12}a$

> **해설** **도심의 위치**
> ㉠ 단면의 성질
> $A = \frac{a}{2}\times\frac{a}{2}+\frac{a}{2}\times a = \frac{3}{4}a^2$
> $G_x = \frac{a}{2}\times\frac{a}{2}\times\frac{a}{4}+\frac{a}{2}\times a\times\frac{a}{2} = \frac{5}{16}a^3$
> ㉡ 도심의 위치
> $y_0 = \frac{G_x}{A} = \frac{\frac{5}{16}a^3}{\frac{3}{4}a^2} = \frac{5}{12}a$

14 다음 그림과 같은 게르버보에서 A점의 반력은?

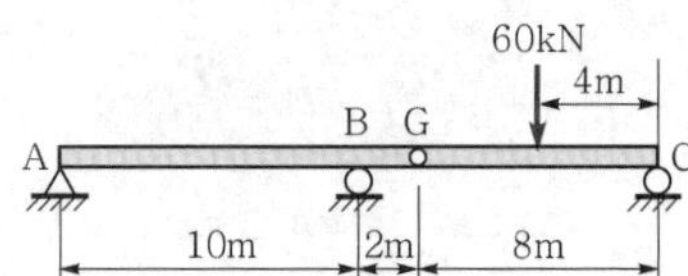

① 6kN(↓) ② 6kN(↑)

③ 30kN(↓) ④ 30kN(↑)

> **해설** **A점의 반력**
> ㉠ G점의 반력
> $R_G = 30\text{kN}(\uparrow)$
> ㉡ A점의 반력
> $\Sigma M_B = 0$
> $-R_A\times 10 + 30\times 2 = 0$
> $\therefore R_A = 6\text{kN}(\downarrow)$
>
> 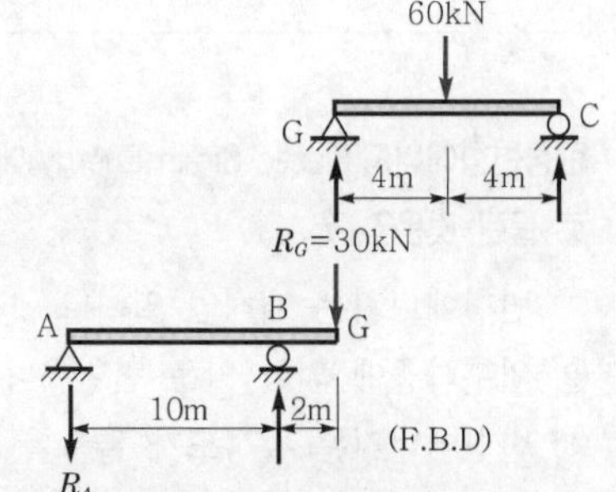
>

정답 11. ④ 12. ② 13. ② 14. ①

15 다음 그림과 같은 구조물에서 하중이 작용하는 위치에서 일어나는 처짐의 크기는?

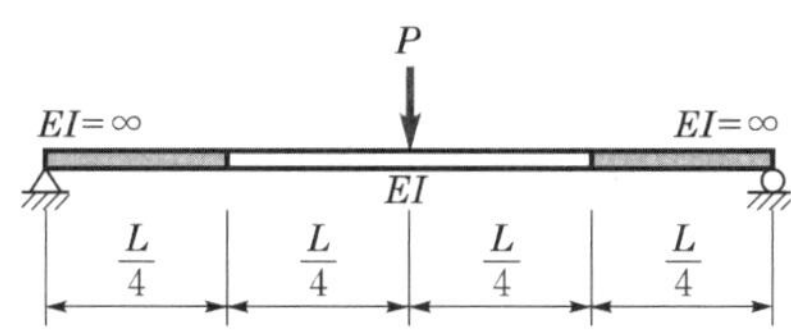

① $\dfrac{PL^3}{48EI}$　② $\dfrac{PL^3}{96EI}$

③ $\dfrac{7PL^3}{384EI}$　④ $\dfrac{11PL^3}{384EI}$

해설 공액보법

㉠ 공액보의 반력

$$R_A' \times L - \frac{Pl}{8}\times\frac{L}{2}\times\frac{L}{2} - \frac{1}{2}\times\frac{PL}{8}\times\frac{L}{2} = 0$$

$$\therefore R_A' = \frac{3PL^2}{64}$$

㉡ C점의 휨모멘트

$$M_C' = \frac{3PL^2}{64}\times\frac{L}{2} - \frac{PL}{8}\times\frac{L}{4}\times\frac{L}{4}\times\frac{1}{2} - \frac{1}{2}\times\frac{PL}{8}\times\frac{L}{4}\times\frac{L}{4}\times\frac{1}{3} = \frac{7PL^3}{384}$$

$$\therefore \delta_C = \frac{M_C'}{EI} = \frac{7PL^3}{384EI}(\downarrow)$$

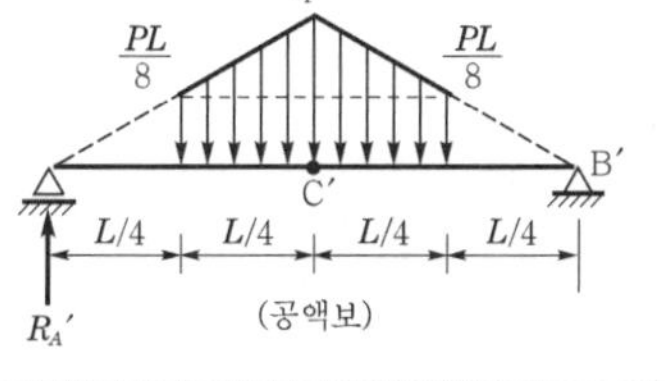

16 다음 그림과 같은 부정정보의 A단에 작용하는 휨모멘트는?

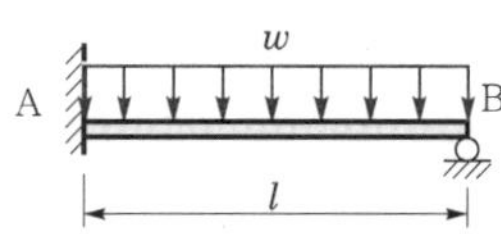

① $-\dfrac{1}{4}wl^2$　② $-\dfrac{1}{8}wl^2$

③ $-\dfrac{1}{12}wl^2$　④ $-\dfrac{1}{24}wl^2$

해설 부정정보의 해석

㉠ 반력과 단면력

$$R_A = \frac{5}{8}wl(\uparrow),\ R_B = \frac{3}{8}wl(\uparrow),$$

$$M_A = \frac{wl^2}{8}$$

㉡ 단면력도

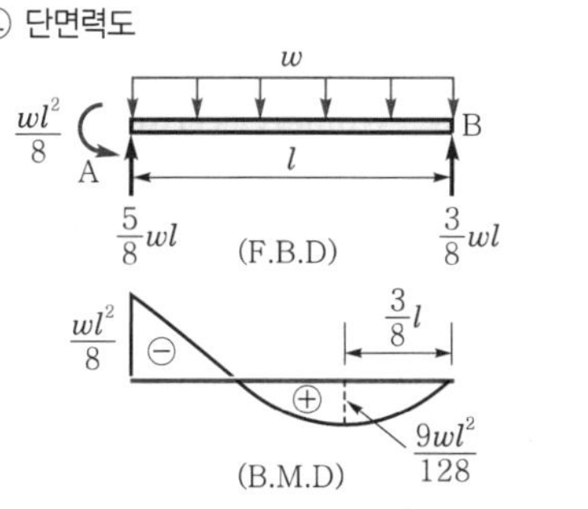

17 다음 그림과 같이 단순보에 이동하중이 작용할 때 절대 최대 휨모멘트는?

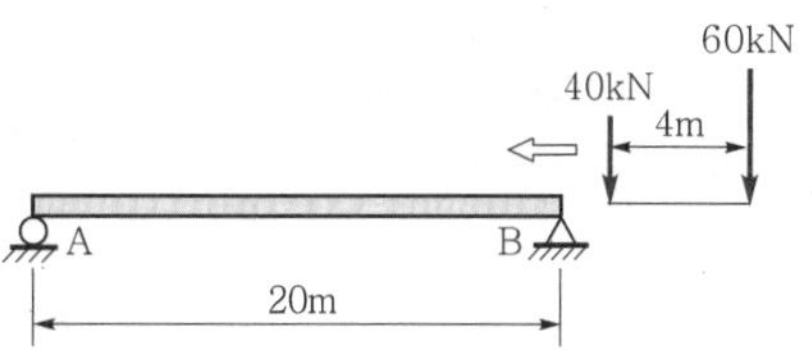

① 387.2kN · m　② 423.2kN · m

③ 478.4kN · m　④ 531.7kN · m

해설 절대 최대 휨모멘트

㉠ 합력과 작용점의 위치

$R = 40 + 60 = 100\text{kN}$

$40 \times 4 = 100 \times e$

$\therefore e = 1.6\text{m}$

$\therefore x = \dfrac{l}{2} - \dfrac{e}{2} = \dfrac{20}{2} - \dfrac{1.6}{2} = 9.2\text{m}$

㉡ 절대 최대 휨모멘트

$\Sigma M_A = 0$

$-R_B \times 20 + 40 \times 6.8 + 60 \times 10.8 = 0$

$\therefore R_B = 46\text{kN}(\uparrow)$

$\therefore M_{max} = M_D = 46 \times 9.2 = 423.2\text{kN} \cdot \text{m}$

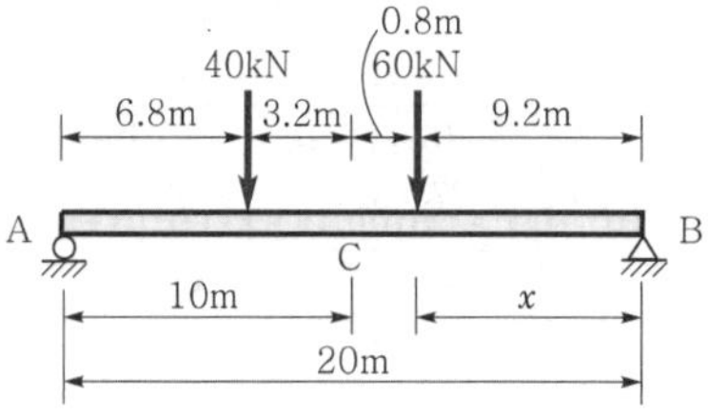

정답 15. ③ 16. ② 17. ②

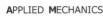

18 바닥은 고정, 상단은 자유로운 기둥의 좌굴형상이 다음 그림과 같을 때 임계하중은?

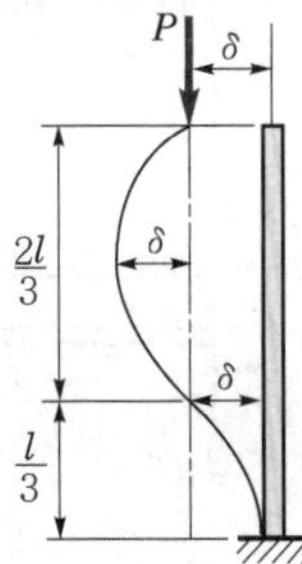

① $\dfrac{\pi^2 EI}{4l}$ ② $\dfrac{9\pi^2 EI}{4l^2}$

③ $\dfrac{13\pi^2 EI}{4l^2}$ ④ $\dfrac{25\pi^2 EI}{4l^2}$

> 해설 **좌굴하중**
> ㉠ 좌굴유효길이
> $l_k = \dfrac{2l}{3}$
> ㉡ 임계하중(좌굴하중)
> $P_b = \dfrac{n\pi^2 EI}{l^2} = \dfrac{\pi^2 EI}{(kl)^2} = \dfrac{9\pi^2 EI}{4l^2}$

19 다음 그림과 같은 내민보에서 A점의 처짐은? (단, $I = 1.6\times10^8\text{mm}^4$, $E = 2.0\times10^5\text{MPa}$이다.)

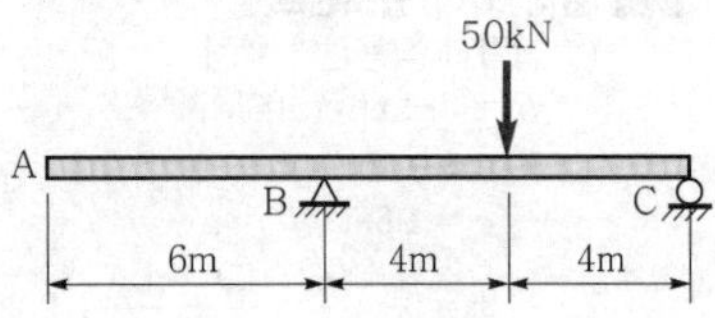

① 22.5mm ② 27.5mm

③ 32.5mm ④ 37.5mm

> 해설 **호도법**
> $\delta_A = \theta_B l_1 = \dfrac{Pl^2}{16EI} l_1$
> $= \dfrac{50,000\times 8,000^2}{16\times 2\times 10^5\times 1.6\times 10^8}\times 6,000$
> $= 37.5\text{mm}$

20 다음 그림과 같이 연결부에 두 힘 50kN과 20kN이 작용한다. 평형을 이루기 위한 두 힘 A와 B의 크기는?

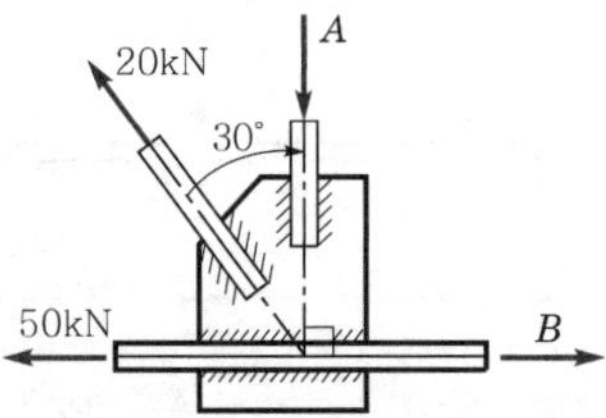

① $A = 10\text{kN}$, $B = 50 + \sqrt{3}\,\text{kN}$

② $A = 50 + \sqrt{3}\,\text{kN}$, $B = 10\text{kN}$

③ $A = 10\sqrt{3}\,\text{kN}$, $B = 60\text{kN}$

④ $A = 60\text{kN}$, $B = 10\sqrt{3}\,\text{kN}$

> 해설 **힘의 크기**
> ㉠ 힘 A의 크기
> $\Sigma V = 0$
> $-A + 20\times\cos 30° = 0$
> $\therefore A = 10\sqrt{3}\,\text{kN}(\downarrow)$
> ㉡ 힘 B의 크기
> $\Sigma H = 0$
> $50 + 20\times\cos 60° - B = 0$
> $\therefore B = 60\text{kN}(\rightarrow)$

정답 18. ② 19. ④ 20. ③

2022 제3회 토목기사 기출복원문제

2022년 7월 2일 시행

01 변의 길이가 a인 정사각형 단면의 장주(長柱)가 있다. 길이가 L, 최대 임계축하중이 P, 탄성계수가 E라면 다음 설명 중 옳은 것은?

① P는 E에 비례, a의 3제곱에 비례, 길이 L^2에 반비례
② P는 E에 비례, a의 3제곱에 비례, 길이 L^3에 반비례
③ P는 E에 비례, a의 4제곱에 비례, 길이 L^2에 반비례
④ P는 E에 비례, a의 4제곱에 비례, 길이 L에 반비례

해설 장주의 임계하중

$$P_{cr}=\frac{n\pi^2 EI}{L^2}=\frac{n\pi^2 Ea^4}{12L^2}$$

여기서, $I=\dfrac{a^4}{12}$

02 다음 그림과 같은 구조물에서 B점의 수평변위는? (단, EI는 일정하다.)

① 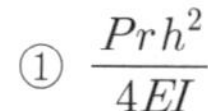 $\dfrac{Prh^2}{4EI}$
② $\dfrac{Prh^2}{3EI}$
③ $\dfrac{Prh^2}{2EI}$
④ $\dfrac{Prh^2}{EI}$

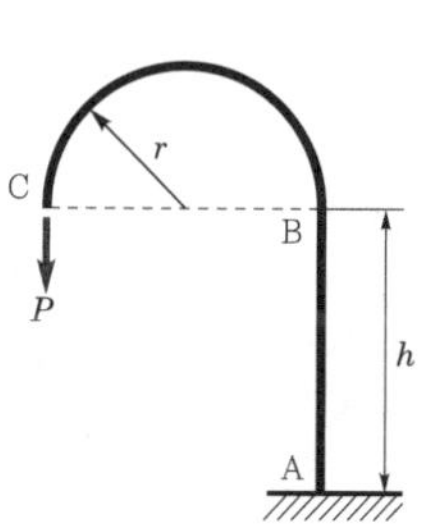

해설 중첩법

㉠ B점에 발생하는 단면력

$N_B=-P$

$M_B=P\times 2r=2Pr$

㉡ B점의 수평변위

$$\theta_B=\frac{M_B h}{2EI}$$

$$\therefore\ \delta_H=\theta_B h=\frac{M_B h^2}{2EI}=\frac{Prh^2}{EI}\ (\leftarrow)$$

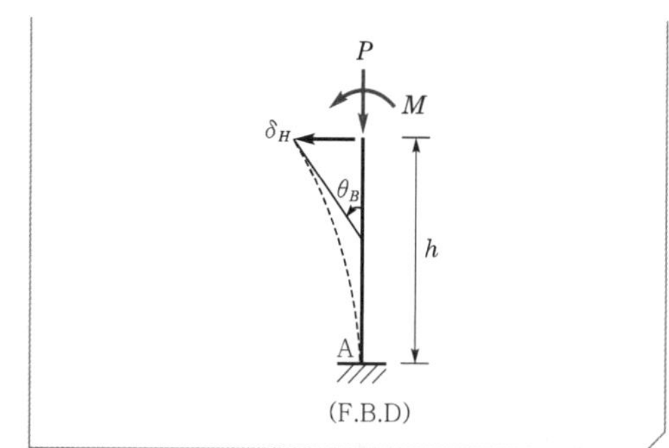

(F.B.D)

03 속이 빈 정사각형 단면에 전단력 600kN가 작용하고 있다. 단면에 발생하는 최대 전단응력은?

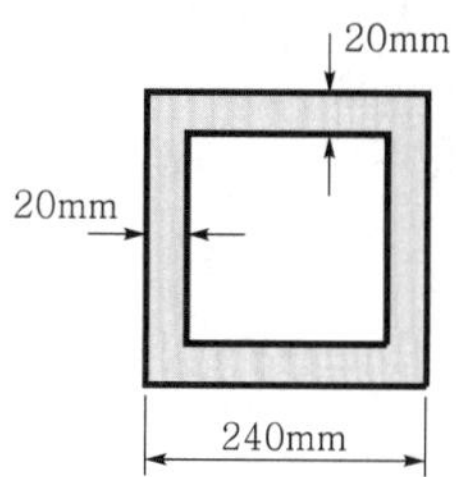

① 54.8MPa　② 76.3MPa
③ 98.6MPa　④ 126.2MPa

해설 최대 전단응력

$$G_x=(240\times 20)\times\left(100+\frac{20}{2}\right)+100\times 20\times 50\times 2=728{,}000\text{mm}^3$$

$$I_x=\frac{BH^3}{12}-\frac{bh^3}{12}=\frac{240^4}{12}-\frac{200^4}{12}=143{,}146{,}666.7\text{mm}^4$$

$$\therefore\ \tau_{\max}=\frac{SG_x}{I_x b}=\frac{600{,}000\times 728{,}000}{143{,}146{,}666.7\times 40}=76.283\text{MPa}$$

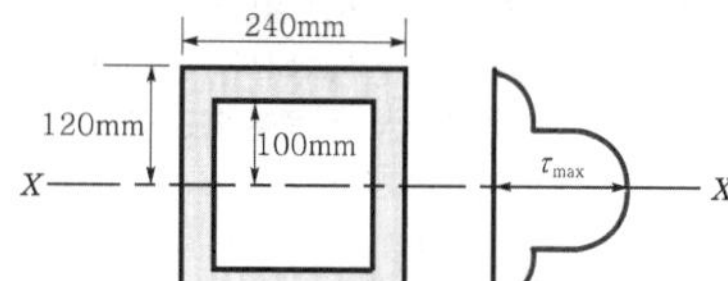

정답 1. ③ 2. ④ 3. ②

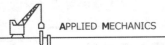

04 다음 그림과 같은 3활절 포물선아치의 수평반력의 크기는?

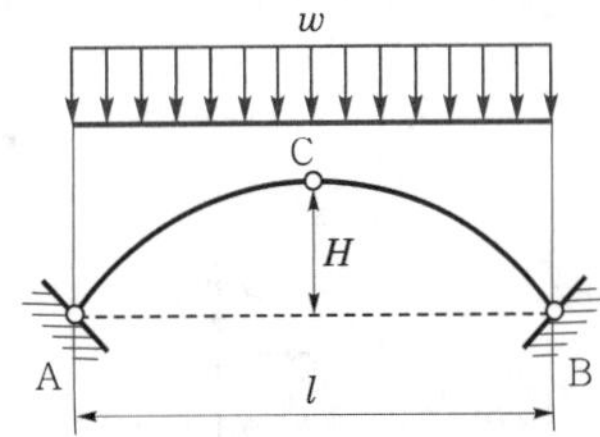

① 0 ② $\dfrac{wl^2}{8H}$

③ $\dfrac{3wl^2}{8H}$ ④ $\dfrac{5wl^2}{8H}$

해설 A점의 수평반력

㉠ 연직반력

$\Sigma M_B = 0$

$V_A \times l - \dfrac{wl^2}{2} = 0$

$\therefore\ V_A = \dfrac{wl}{2}(\uparrow)$

㉡ 수평반력

$\Sigma M_C = 0$

$\dfrac{wl}{2} \times \dfrac{l}{2} - H_A \times H - \dfrac{wl}{2} \times \dfrac{l}{4} = 0$

$\therefore\ H_A = \dfrac{wl^2}{8H}(\rightarrow)$

05 다음 그림과 같은 캔틸레버에서 변형에너지를 옳게 구한 것은? (단, E : 탄성계수, I : 단면2차모멘트)

① $\dfrac{w^2l^5}{20EI}$

② $\dfrac{w^2l^5}{40EI}$

③ $\dfrac{w^2l^5}{96EI}$

④ $\dfrac{w^2l^5}{128EI}$

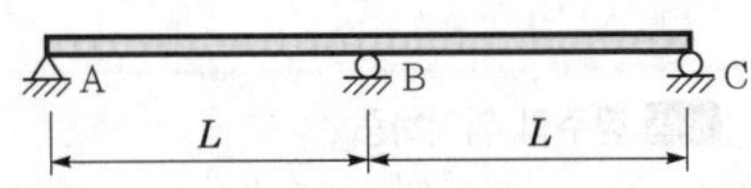

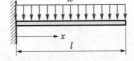

해설 탄성변형에너지(내력일)

㉠ 휨에 의한 탄성에너지만 고려하고, 나머지는 무시한다. B점부터 적분해도 결과는 같다.

㉡ 탄성변형에너지

$M_x = \dfrac{w}{2}x^2$

$$\therefore\ W_{iM} = \int_0^l \frac{M_x^{\ 2}}{2EI}dx$$

$$= \int_0^l \frac{1}{2EI}\frac{w^2x^4}{4}dx$$

$$= \frac{w^2}{8EI}\int_0^l x^4\,dx = \frac{w^2}{8EI}\left[\frac{x^5}{5}\right]_0^l$$

$$= \frac{w^2l^5}{40EI}$$

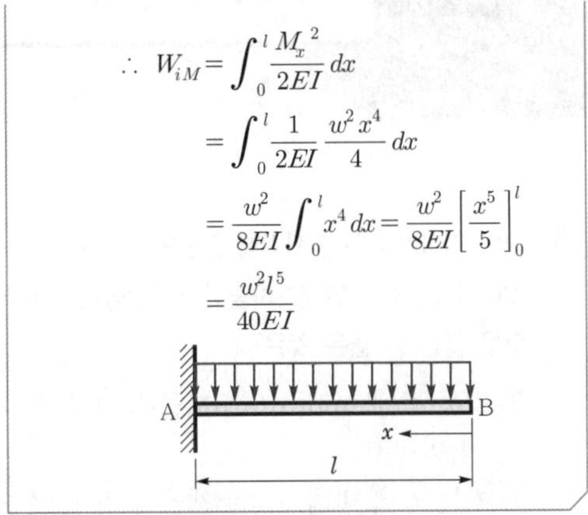

06 다음 그림과 같은 2경간 연속보에서 B점이 5cm 아래로 침하하고, C점이 2cm 위로 상승하는 변위를 각각 취했을 때 B점의 휨모멘트로서 옳은 것은?

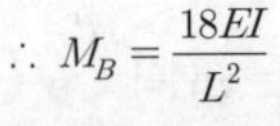

① $\dfrac{20EI}{L^2}$ ② $\dfrac{18EI}{L^2}$

③ $\dfrac{15EI}{L^2}$ ④ $\dfrac{12EI}{L^2}$

해설 3연 모멘트법

㉠ 경계조건

$\theta_{BA} = \theta_{BC} = 0,\ M_A = M_C = 0,$

$I_1 = I_2 = I,\ L_1 = L_2 = L,$

$\beta_{21} = \dfrac{5-0}{L} = \dfrac{5}{L},\ \beta_{23} = \dfrac{-2-5}{L} = -\dfrac{7}{L}$

㉡ B점의 휨모멘트

$M_1\dfrac{l_1}{I_1} + 2M_2\left(\dfrac{l_1}{I_1} + \dfrac{l_2}{I_2}\right) + M_3\dfrac{l_2}{I_2}$

$= 6E(\theta_{21} - \theta_{23}) + 6E(\beta_{21} - \beta_{23})$

$0 + 2M_B\left(\dfrac{L}{I} + \dfrac{L}{I}\right) + 0 = 0 + 6E\left(\dfrac{5}{L} - \left(-\dfrac{7}{L}\right)\right)$

$4M_B\dfrac{L}{I} = \dfrac{72E}{L}$

$\therefore\ M_B = \dfrac{18EI}{L^2}$

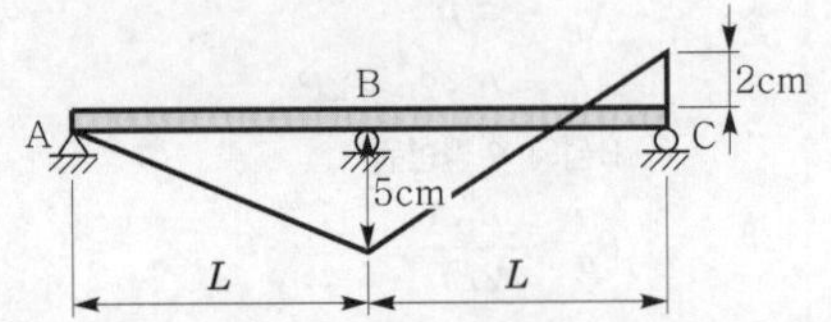

정답 4. ② 5. ② 6. ②

07 무게 1kN의 물체를 두 끈으로 늘어뜨렸을 때 한 끈이 받는 힘의 크기의 순서가 옳은 것은?

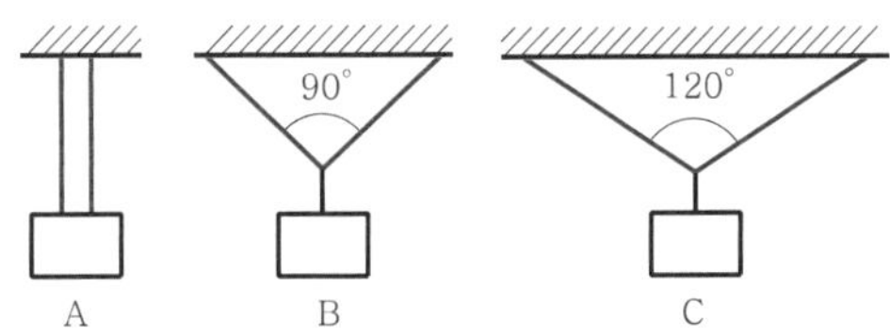

① B>A>C ② C>A>B
③ A>B>C ④ C>B>A

> **해설** 한 끈이 받는 장력(T)
> ㉠ A의 경우
> $2T=P \quad \therefore T=0.5P$
> ㉡ B의 경우
> $2T\cos 45°=P \quad \therefore T=0.707P$
> ㉢ C의 경우
> $2T\cos 60°=P \quad \therefore T=P$
> ∴ C>B>A

08 다음 그림과 같은 캔틸레버보에서 B점의 연직변위(δ_B)는? (단, M_o=0.4kN·m, P=1.6kN, L=2.4m, EI=600kN·m^2)

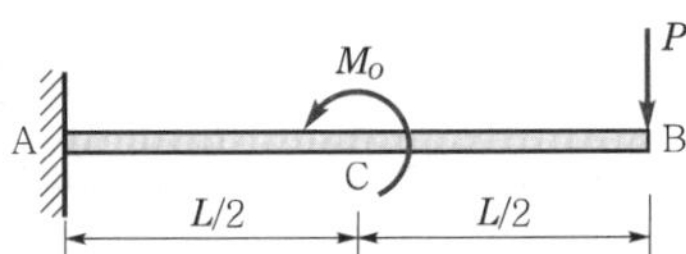

① 1.08cm(↓) ② 1.08cm(↑)
③ 1.37cm(↓) ④ 1.37cm(↑)

> **해설** 중첩의 원리
> ㉠ 집중하중 P에 의한 B점 변위
> $\delta_P=\dfrac{PL^3}{3EI}(\downarrow)$
> ㉡ 모멘트하중 M에 의한 B점 변위
> $\delta_M=\dfrac{3ML^2}{8EI}(\uparrow)$
> ㉢ B점 연직변위
> $\delta_B=\delta_P-\delta_M=\dfrac{PL^3}{3EI}-\dfrac{3ML^2}{8EI}$
> $=\dfrac{1.6\times2.4^3}{3\times600}-\dfrac{3\times0.4\times2.4^2}{8\times600}$
> $=0.01085\text{m}=1.085\text{cm}(\downarrow)$

09 다음 그림과 같은 원형 단면의 지름이 d일 때 중심 O에 관한 극2차모멘트는?

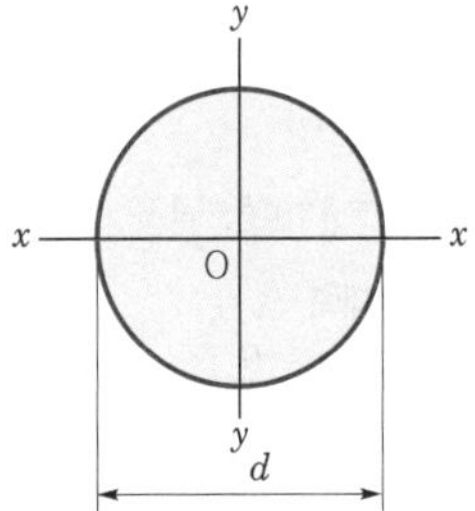

① $\dfrac{\pi d^4}{32}$ ② $\dfrac{\pi d^4}{64}$
③ $\dfrac{\pi d^3}{16}$ ④ $\dfrac{\pi d^3}{32}$

> **해설** 단면2차극모멘트
> $I_P=I_x+I_y=\dfrac{\pi d^4}{64}+\dfrac{\pi d^4}{64}=\dfrac{\pi d^4}{32}$

10 다음 그림과 같은 세 힘이 평형상태에 있다면 C점에서 작용하는 힘 P와 $\overline{BC}$ 사이의 거리 x는?

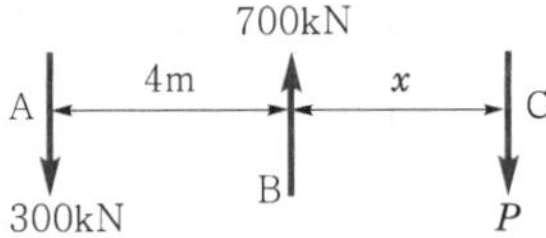

① P=400kN, x=3m ② P=300kN, x=3m
③ P=400kN, x=4m ④ P=300kN, x=4m

> **해설** 힘과 거리
> ㉠ $\Sigma V=0$
> $300+P=700$
> $\therefore P=400\text{kN}$
> ㉡ $\Sigma M_C=0$
> $300\times(4+x)=700\times x$
> $\therefore x=3\text{m}$

11 다음 트러스에서 CD부재의 부재력은?

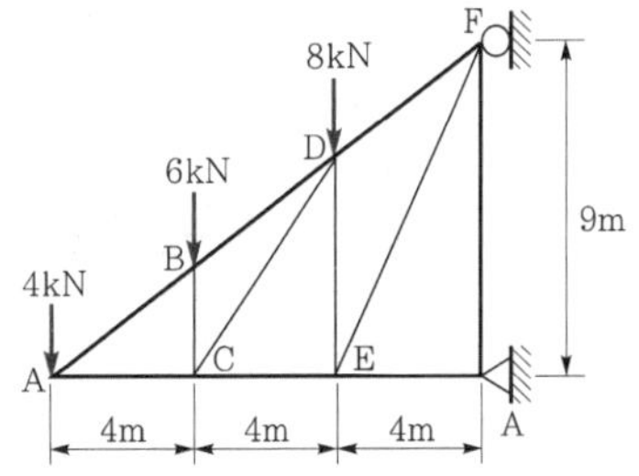

① 5.542kN(인장) ② 6.012kN(인장)
③ 7.211kN(인장) ④ 6.242kN(인장)

정답 7. ④ 8. ① 9. ① 10. ① 11. ③

해설 $\overline{CD}$의 부재력(모멘트법)

㉠ 거리(L)

$$L=4\sin\theta=4\times\frac{3}{\sqrt{13}}=\frac{12}{\sqrt{13}}\text{m}$$

㉡ 부재력

$$\Sigma M_A=0$$

$$-\overline{CD}\times\frac{12}{\sqrt{13}}+6\times4=0$$

$$\therefore\ \overline{CD}=7.2111\text{kN(인장)}$$

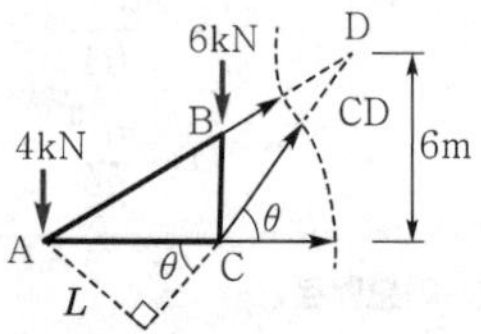

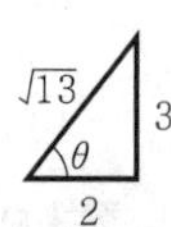

12 다음 그림과 같은 캔틸레버보에서 최대 처짐각(θ_B)은? (단, EI는 일정하다.)

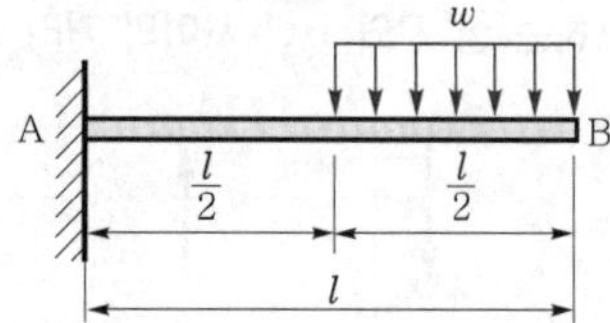

① $\dfrac{3wl^3}{48EI}$　② $\dfrac{7wl^3}{48EI}$

③ $\dfrac{9wl^3}{48EI}$　④ $\dfrac{5wl^3}{48EI}$

해설 공액보법

$$S_B=\frac{wl^2}{8}\times\frac{l}{2}+\frac{1}{2}\times\frac{2wl^2}{8}\times\frac{l}{2}$$

$$+\frac{1}{3}\times\frac{wl^2}{8}\times\frac{l}{2}$$

$$=\frac{7wl^3}{48}$$

$$\therefore\ \theta_B=\frac{S_B}{EI}=\frac{7wl^3}{48EI}\text{(시계방향)}$$

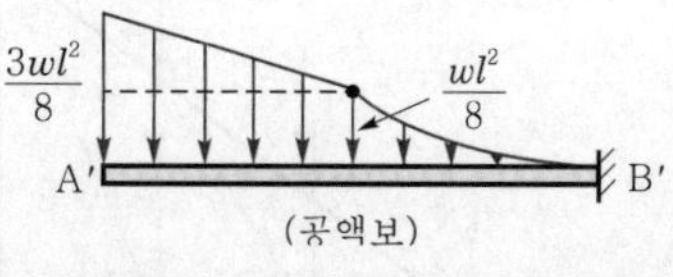

13 지름 $d=1{,}200$mm, 벽두께 $t=6$mm인 긴 강관이 $q=20$MPa의 내압을 받고 있다. 이 관벽 속에 발생하는 원환응력 σ의 크기는?

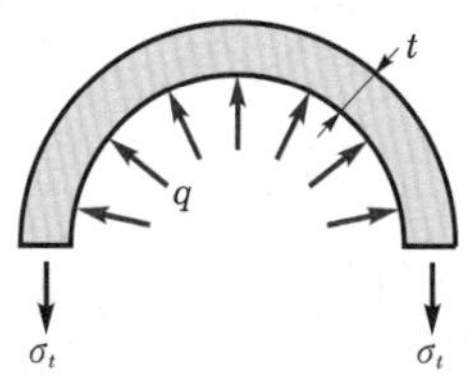

① 300MPa

② 900MPa

③ 1,800MPa

④ 2,000MPa

해설 원환응력

$$\sigma_t=\frac{qd}{2t}=\frac{20\times1{,}200}{2\times6}=2{,}000\text{MPa}$$

14 다음 그림과 같은 보에서 B지점의 반력이 $2P$가 되기 위해서 $\dfrac{b}{a}$는 얼마가 되어야 하는가?

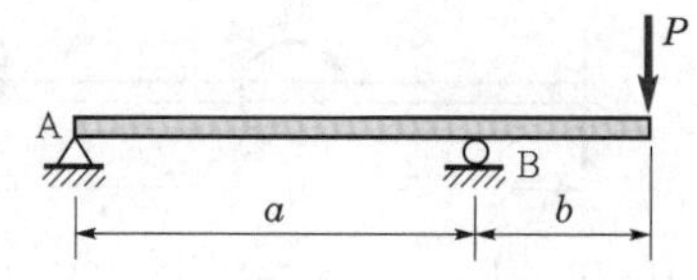

① 0.50　② 0.75

③ 1.00　④ 1.25

해설 b/a의 비율

㉠ $\Sigma M_A=0$

$$-R_B\times a+P\times(a+b)=0$$

$$-2Pa+Pa+Pb=0$$

$$-Pa+Pb=0$$

$$\therefore\ a=b$$

여기서, $R_B=2P$

㉡ b/a의 비율

$$\frac{b}{a}=1.00$$

정답 12. ② 13. ④ 14. ③

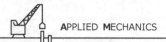

15 B점의 수직변위가 1이 되기 위한 하중의 크기 P는? (단, 부재의 축강성은 EA로 동일하다.)

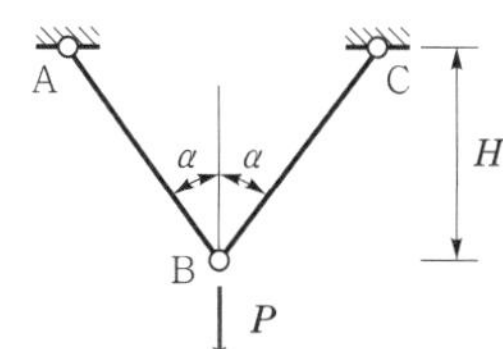

① $\dfrac{E\cos^3\alpha}{AH}$ ② $\dfrac{2E\cos^3\alpha}{AH}$

③ $\dfrac{E\cos^3\alpha}{H}$ ④ $\dfrac{2EA\cos^3\alpha}{H}$

해설 **가상일의 방법**

㉠ 하중 P에 의한 부재력(F)

$\Sigma H=0$

$-F_{AB}\sin\alpha+F_{BC}\sin\alpha=0$

$\therefore F_{AB}=F_{BC}$

$\Sigma V=0$

$F_{BC}\cos\alpha+F_{AB}\cos\alpha-P=0$

$\therefore F_{AB}=F_{BC}=\dfrac{P}{2\cos\alpha}$

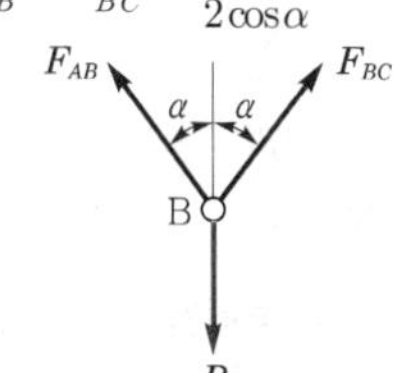

㉡ 단위하중($P=1$)에 의한 부재력(f)

$\Sigma H=0$

$-f_{AB}\sin\alpha+f_{BC}\sin\alpha=0$

$\therefore f_{AB}=f_{BC}$

$\Sigma V=0$

$f_{BC}\cos\alpha+f_{AB}\cos\alpha-1=0$

$\therefore f_{AB}=f_{BC}=\dfrac{1}{2\cos\alpha}$

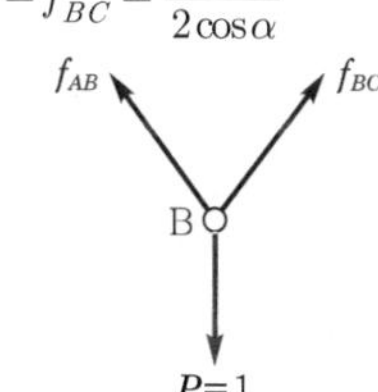

㉢ 가상일의 원리에 의한 하중

$y_B=\Sigma\dfrac{fF}{EA}L$

$=2\times\dfrac{1}{AE}\times\dfrac{P}{2\cos\alpha}\times\dfrac{1}{2\cos\alpha}\times\dfrac{H}{\cos\alpha}$

$=1$

$\therefore P=\dfrac{2EA\cos^3\alpha}{H}$

16 다음 음영 부분의 x축에 관한 단면2차모멘트는?

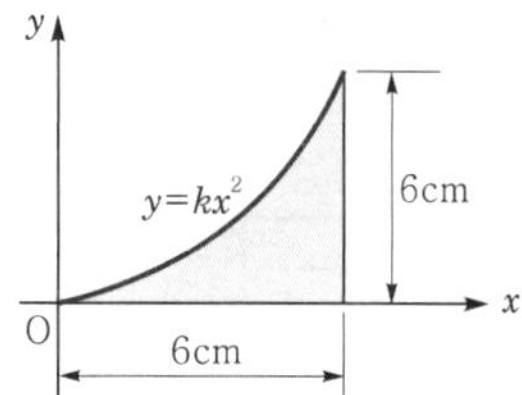

① $I_x=60\text{cm}^4$ ② $I_x=61\text{cm}^4$

③ $I_x=62\text{cm}^4$ ④ $I_x=63\text{cm}^4$

해설 **포물선 단면의 단면2차모멘트**

㉠ 경계조건

$x=0$일 때 $y=0$

$x=6$일 때 $y=6$

$\therefore k=\dfrac{1}{6}$

$y=\dfrac{1}{6}x^2$이므로

$\therefore x=\sqrt{6y}$

㉡ x축에 관한 단면2차모멘트

$I_x=\displaystyle\int_0^6 y^2(6-x)dy$

$=\displaystyle\int_0^6 y^2(6-\sqrt{6y})dy$

$=\left[\dfrac{6}{3}y^3-\sqrt{6}\left(\dfrac{2}{7}y^{7/2}\right)\right]_0^6$

$=62\text{cm}^4$

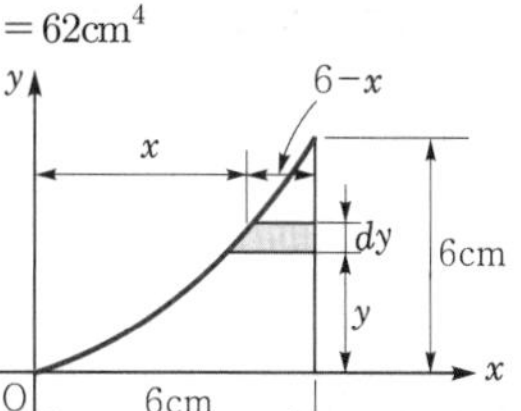

17 다음에서 부재 BC에 걸리는 응력의 크기는?

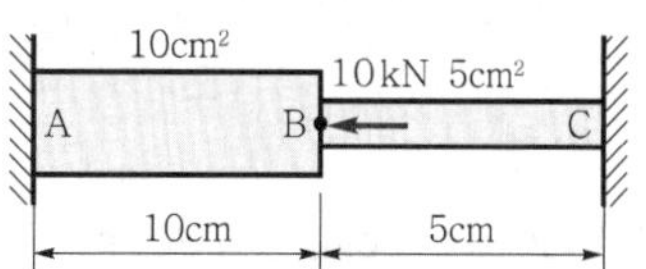

① $\dfrac{2}{3}\text{kN/cm}^2$ ② 1kN/cm^2

③ $\dfrac{3}{2}\text{kN/cm}^2$ ④ 2kN/cm^2

정답 15. ④ 16. ③ 17. ②

해설 **변위일치법**

㉠ C점의 반력(R)

$$\delta_{C1}=\frac{R\times10}{E\times10}+\frac{R\times5}{E\times5}=\frac{2R}{E}(\rightarrow)$$

$$\delta_{C2}=\frac{10\times10}{E\times10}=\frac{10}{E}(\leftarrow)$$

㉡ 변위의 적합조건식

$$\delta_{C1}=\delta_{C2}$$

$$\frac{2R}{E}=\frac{10}{E}$$

$$\therefore R=5\text{kN}(\rightarrow)$$

㉢ BC부재의 응력

$$\sigma_{BC}=\frac{R}{A}=\frac{5}{5}=1.0\text{kN/cm}^2(\text{압축})$$

18 다음 그림에서 나타낸 단순보 b점에 하중 5kN이 연직 방향으로 작용하면 c점에서의 휨모멘트는?

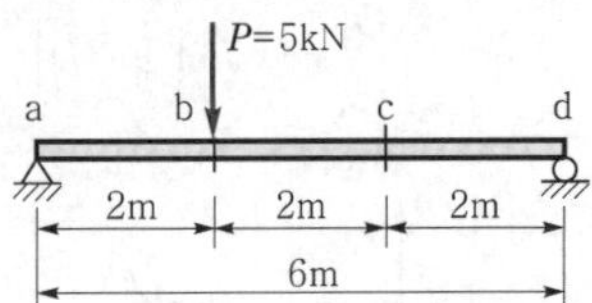

① 3.33kN · m ② 5.4kN · m
③ 6.67kN · m ④ 10.0kN · m

해설 **C점의 휨모멘트**

$$\Sigma M_a=0$$

$$-R_d\times6+5\times2=0$$

$$\therefore R_d=1.67\text{kN}(\uparrow)$$

$$\therefore M_c=1.67\times2=3.33\text{kN}\cdot\text{m}$$

19 길이 10m, 폭 20cm, 높이 30cm인 직사각형 단면을 갖는 단순보에서 자중에 의한 최대 휨응력은? (단, 보의 단위중량은 25kN/m^{3}로 균일한 단면을 갖는다.)

① 6.25MPa ② 9.375MPa
③ 12.25MPa ④ 15.275MPa

해설 **최대 휨응력**

㉠ 최대 휨모멘트

$$w=25\times0.2\times0.3=1.5\text{kN/m}$$

$$\therefore M_{\max}=\frac{wl^2}{8}=\frac{1.5\times10^2}{8}=18.75\text{kN}\cdot\text{m}$$

㉡ 자중에 의한 최대 휨응력

$$\sigma_{\max}=\frac{M}{I}y=\frac{M}{Z}=\frac{6M}{bh^2}$$

$$=\frac{6\times18.75\times10^6}{200\times300^2}=6.25\text{MPa}$$

20 절점 D는 이동하지 않고, 재단 A, B, C는 고정일 때 M_{CD}는 얼마인가? (단, k : 강비)

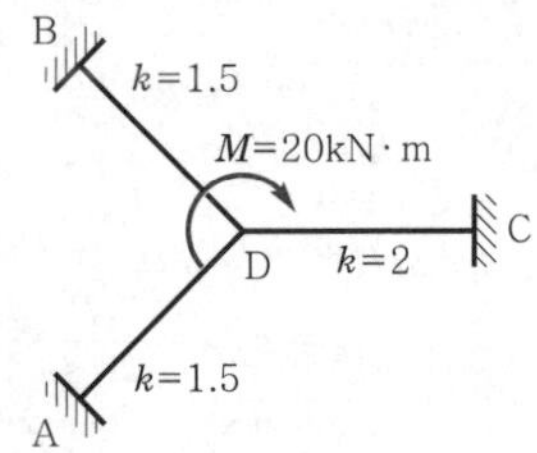

① 2.5kN · m ② 3kN · m
③ 3.5kN · m ④ 4kN · m

해설 **모멘트 분배법**

㉠ DC부재의 분배모멘트($D.M$)

$$D.F_{DC}=\frac{k_{DC}}{\Sigma k}=\frac{2}{1.5+2+1.5}=\frac{2}{5}$$

$$\therefore M_{DC}=D.F_{DC}\times M=\frac{2}{5}\times20=8\text{kN}\cdot\text{m}$$

㉡ C점의 전달모멘트($C.M$)

$$M_{CD}=\frac{1}{2}M_{DC}=\frac{1}{2}\times8=4\text{kN}\cdot\text{m}$$

정답 18. ① 19. ① 20. ④

2023 제 1 회 토목기사 기출복원문제

2023년 2월 18일 시행

01 다음 그림과 같은 양단 고정보에서 지점 B를 반시계방향으로 1rad만큼 회전시켰을 때 B점에 발생하는 단모멘트의 값이 옳은 것은?

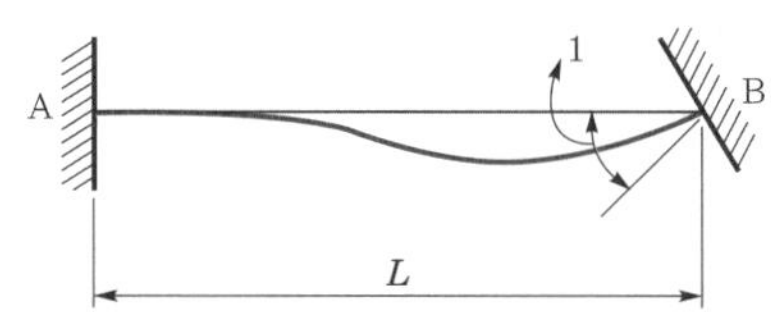

① $\dfrac{2EI}{L^2}$　② $\dfrac{4EI}{L}$

③ $\dfrac{2EI}{L}$　④ $\dfrac{4EI^2}{L}$

해설 처짐각법

㉠ 경계조건

$$\theta_A = 0,\ R = 0,\ K = \frac{I}{L},\ C_{AB} = C_{BA} = 0$$

㉡ B점의 단모멘트($\theta_B = 1$)

$$M_{BA} = 2EK(\theta_A + 2\theta_B - R) + C_{BA}$$
$$= 2E\frac{I}{L}(0 + 2\theta_B - 0) + 0$$
$$= \frac{4EI\theta_B}{L} = \frac{4EI}{L}$$

02 다음 그림과 같은 3-hinge 아치의 수평반력 H_A는?

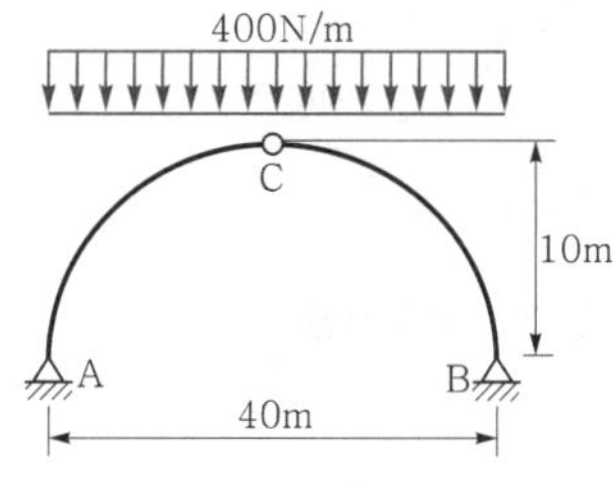

① 6kN　② 8kN

③ 10kN　④ 12kN

해설 A점의 수평반력

㉠ 연직반력

$P = wl = 0.4 \times 40 = 16\text{kN}$

좌우대칭이므로

$\therefore\ V_A = 8\text{kN}(\uparrow)$

㉡ 수평반력

$\Sigma M_C = 0$

$8 \times 20 - H_A \times 10 - 8 \times 10 = 0$

$\therefore\ H_A = 8\text{kN}(\rightarrow)$

03 다음 그림과 같은 양단 고정보에 등분포하중이 작용하고 있을 때 보의 중앙점 C점의 휨모멘트 M_C는 얼마인가?

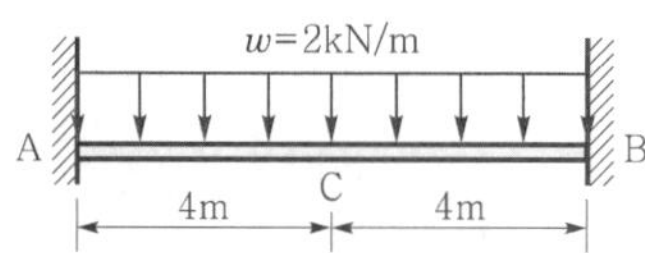

① 5.33kN · m

② 2.65kN · m

③ 4.72kN · m

④ 3.68kN · m

해설 중앙점의 휨모멘트

$$M_C = \frac{wl}{2} \times \frac{l}{2} - \frac{wl^2}{12} - \frac{wl}{2} \times \frac{l}{4}$$
$$= \frac{wl^2}{24} = \frac{2 \times 8^2}{24} = 5.33\text{kN} \cdot \text{m}$$

w, $\frac{wl^2}{12}$, $\frac{wl^2}{12}$, $\frac{l}{2}$, $\frac{wl}{2}$, $\frac{wl}{2}$

(F.B.D)

정답 1. ② 2. ② 3. ①

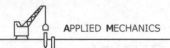

04 양단 고정의 장주에 중심축하중이 작용할 때 이 기둥의 좌굴응력은? (단, $E=2.1\times10^6$MPa이고 기둥은 지름이 40mm인 원형 기둥이다.)

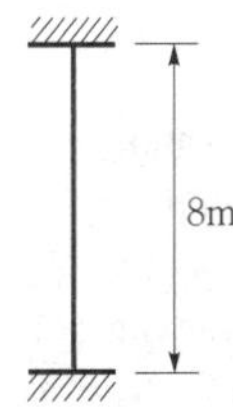

① 33.5MPa ② 67.2MPa
③ 129.5MPa ④ 259.1MPa

해설 좌굴응력

$$\lambda=\frac{l}{r}=\frac{4l}{d}=\frac{4\times8,000}{40}=800$$

$$n=4.0$$

$$\therefore\ \sigma=\frac{n\pi^2E}{\lambda^2}=\frac{4\times\pi^2\times2.1\times10^6}{800^2}=129.54\text{MPa}$$

05 지름 d의 원형 단면인 장주가 있다. 길이가 4m일 때 세장비를 100으로 하려면 적당한 지름 d는?

① 8cm ② 10cm
③ 16cm ④ 18cm

해설 원형 단면의 지름

$$\lambda=\frac{L}{r_{\min}}=\frac{L}{\sqrt{\frac{I_{\min}}{A}}}=\frac{L}{\sqrt{\frac{\frac{\pi d^4}{64}}{\frac{\pi d^2}{4}}}}=\frac{4L}{d}$$

$$\therefore\ d=\frac{4L}{\lambda}=\frac{4\times400}{100}=16\text{cm}$$

06 다음 그림과 같은 단순보에서 휨모멘트에 의한 변형에너지를 옳게 구한 것은? (단, E : 탄성계수, I : 단면2차모멘트)

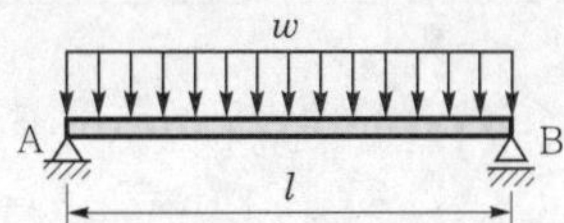

① $\frac{w^2l^5}{385EI}$ ② $\frac{w^2l^5}{240EI}$
③ $\frac{w^2l^5}{96EI}$ ④ $\frac{w^2l^5}{40EI}$

해설 휨에 의한 변형에너지(내력일)

$$M_x=\frac{wl}{2}x-\frac{w}{2}x^2$$

$$\therefore\ W_{iM}=\int_0^l\frac{M_x^{\,2}}{2EI}dx=\frac{1}{2EI}\int_0^l\left(\frac{wl}{2}x-\frac{w}{2}x^2\right)^2dx=\frac{w^2l^5}{240EI}$$

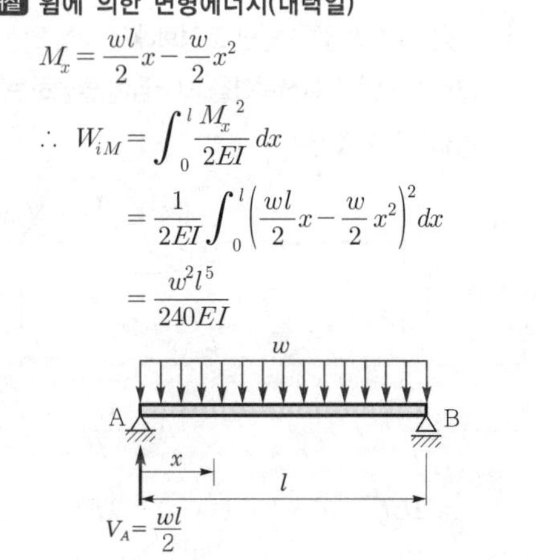

07 다음 그림과 같은 봉에서 작용하는 힘들에 의한 봉 전체의 수직처짐은 얼마인가?

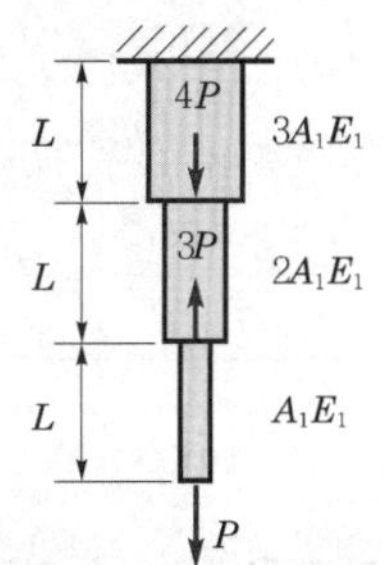

① $\frac{3PL}{4E_1A_1}(\downarrow)$ ② $\frac{2PL}{3E_1A_1}(\downarrow)$
③ $\frac{4PL}{3E_1A_1}(\downarrow)$ ④ $\frac{3PL}{2E_1A_1}(\downarrow)$

해설 봉의 수직처짐

㉠ 봉의 자유물체도(F.B.D)

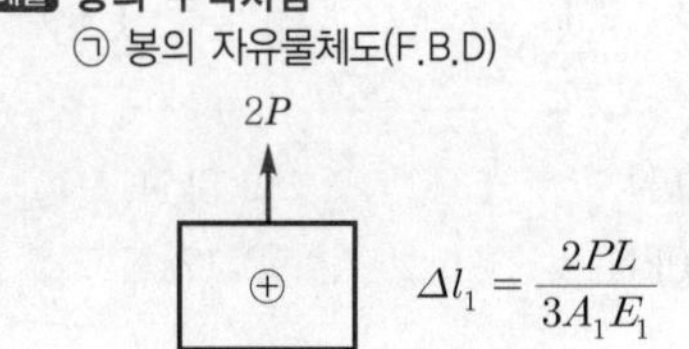

정답 4. ③ 5. ③ 6. ② 7. ②

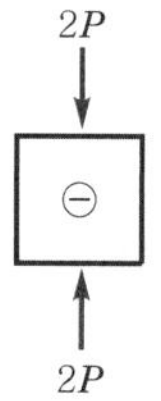

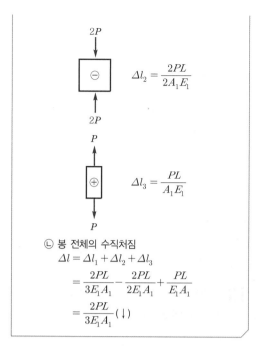

$$\Delta l_2 = \frac{2PL}{2A_1E_1}$$

$$\Delta l_3 = \frac{PL}{A_1E_1}$$

㉡ 봉 전체의 수직처짐

$$\Delta l = \Delta l_1 + \Delta l_2 + \Delta l_3$$

$$= \frac{2PL}{3E_1A_1} - \frac{2PL}{2E_1A_1} + \frac{PL}{E_1A_1}$$

$$= \frac{2PL}{3E_1A_1}(\downarrow)$$

08 다음 그림과 같은 부정정보에서 A점의 휨모멘트는?

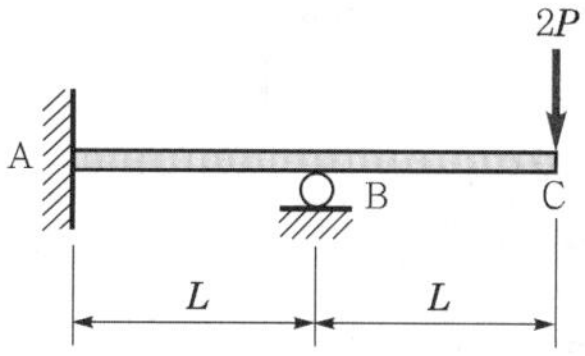

① $\frac{PL}{8}$(시계방향) ② $\frac{PL}{2}$(시계방향)

③ $\frac{PL}{2}$(반시계방향) ④ PL(시계방향)

해설 모멘트 분배법

$M_{BC} = M_{BA} = 2PL$

$\therefore M_{AB} = \frac{1}{2}M_{BA} = \frac{1}{2}\times 2PL = PL$(시계방향)

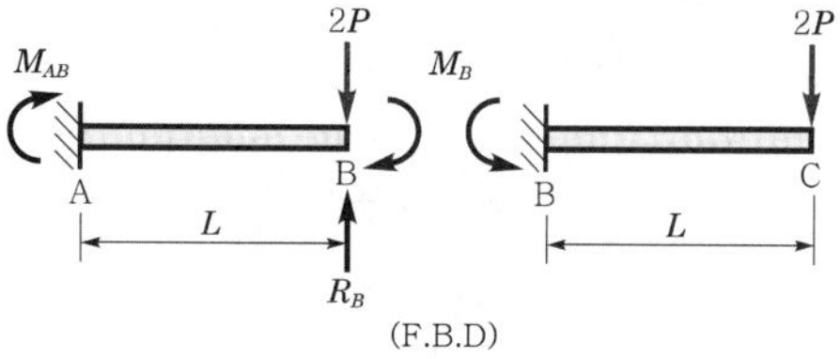

09 다음 사다리꼴의 도심의 위치는?

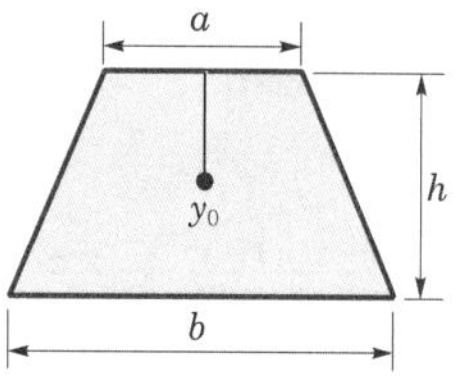

① $y_0 = \frac{h}{3}\left(\frac{2a+b}{a+b}\right)$ ② $y_0 = \frac{h}{3}\left(\frac{a+2b}{a+b}\right)$

③ $y_0 = \frac{h}{3}\left(\frac{a+b}{2a+b}\right)$ ④ $y_0 = \frac{h}{3}\left(\frac{a+b}{a+2b}\right)$

해설 도심위치

$$y_1 = \frac{h(2a+b)}{3(a+b)}$$

$$y_2 = \frac{h(a+2b)}{3(a+b)}$$

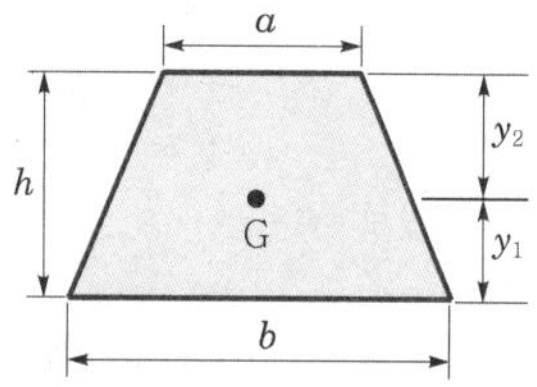

10 다음 그림과 같은 구조물에 하중 W가 작용할 때 P의 크기는? (단, $0° < \alpha < 180°$)

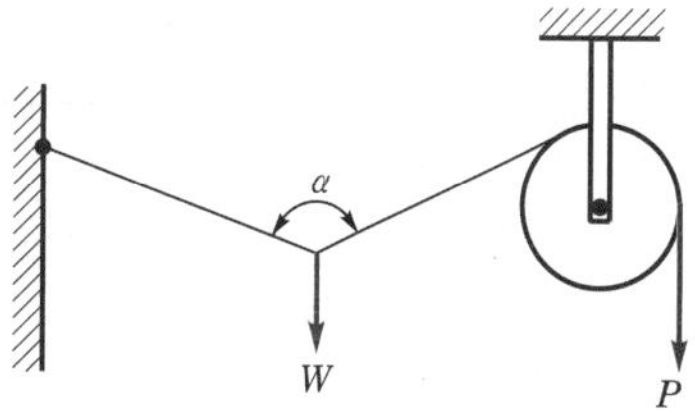

① $P = \frac{W}{2\cos\frac{\alpha}{2}}$ ② $P = \frac{W}{2\cos\alpha}$

③ $P = \frac{W}{\cos\frac{\alpha}{2}}$ ④ $P = \frac{2W}{\cos\frac{\alpha}{2}}$

해설 작용하중의 크기

$\sum V = 0$

$W = P\cos\frac{\alpha}{2}\times 2$

$\therefore P = \frac{W}{2\cos\frac{\alpha}{2}}$

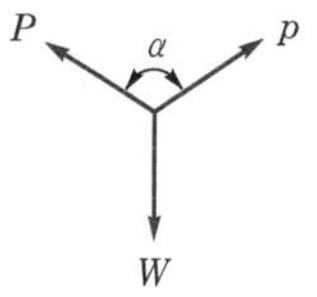

정답 8. ④ 9. ② 10. ①

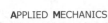

11 다음 그림에서 지점 A의 연직반력(R_A)과 모멘트반력(M_A)의 크기는?

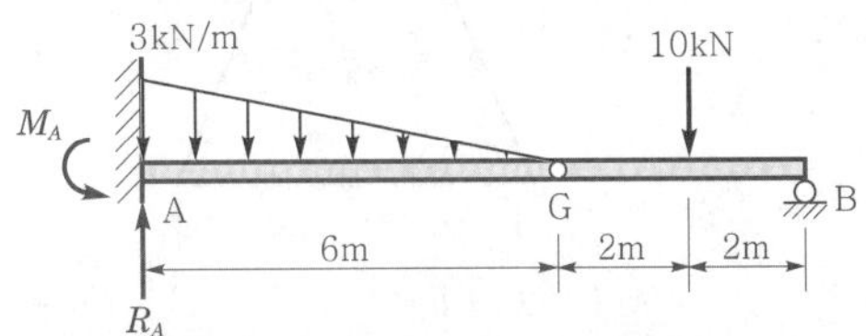

① R_A =9kN, M_A =4.5kN · m
② R_A =9kN, M_A =18kN · m
③ R_A =14kN, M_A =48kN · m
④ R_A =14kN, M_A =58kN · m

해설 **A점의 반력**

㉠ 보 GB구간

$\Sigma M_B = 0$

$R_G \times 4 - 10 \times 2 = 0$

$\therefore R_G = 5\text{kN}(\uparrow)$

㉡ 보 AG구간

$\Sigma V = 0$

$R_A - \left(\frac{1}{2} \times 3 \times 6\right) - 5 = 0$

$\therefore R_A = 14\text{kN}(\uparrow)$

$\Sigma M_A = 0$

$\left(\frac{1}{2} \times 3 \times 6\right) \times \left(6 \times \frac{1}{3}\right) + 5 \times 6 - M_A = 0$

$\therefore M_A = 48\text{kN} \cdot \text{m}$

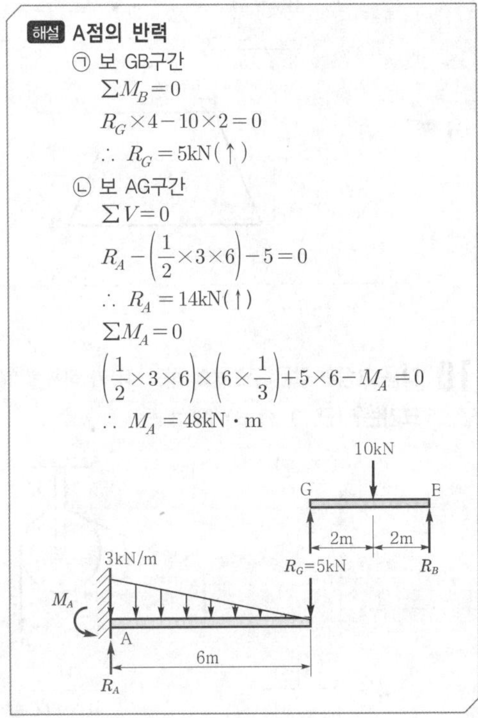

12 다음 그림에서 지점 A와 C에서의 반력을 각각 R_A와 R_C라고 할 때 R_A의 크기는?

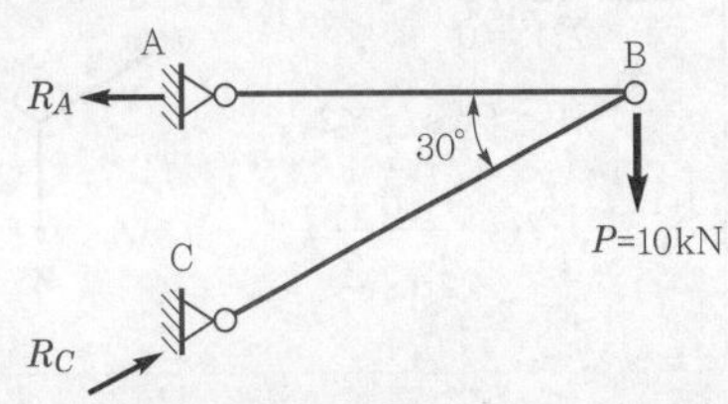

① 20kN ② 17.32kN
③ 10kN ④ 8.66kN

해설 **A점의 반력**

㉠ 반력 R_A는 $\overline{AB}$의 부재력과 같다.

㉡ 부재력

$\Sigma V = 0$

$\overline{BC} \times \sin 30° = 10$

$\therefore \overline{BC} = 20\text{kN}$(압축)

$\Sigma H = 0$

$\therefore \overline{AB} = \overline{BC} \times \cos 30°$

$= 20 \times \frac{\sqrt{3}}{2} = 17.32\text{kN}$

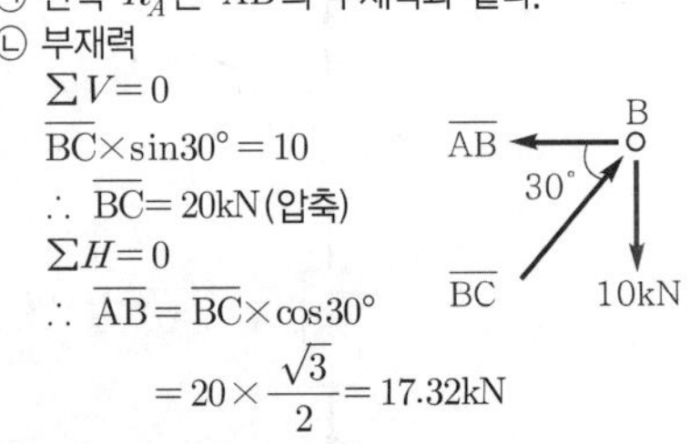

㉢ A점의 반력

$R_A = \overline{AB} = 17.32\text{kN}(\leftarrow)$

13 평면응력을 받는 요소가 다음과 같이 응력을 받고 있다. 최대 주응력은 어느 것인가?

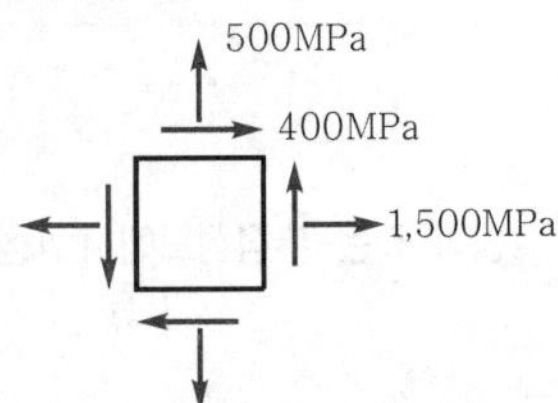

① 640MPa ② 1,640MPa
③ 3,600MPa ④ 1,360MPa

해설 **최대 주응력**

$$\sigma_{\max} = \frac{\sigma_x + \sigma_y}{2} + \sqrt{\left(\frac{\sigma_x - \sigma_y}{2}\right)^2 + \tau_{xy}^{\ 2}}$$

$$= \frac{1,500 + 500}{2} + \sqrt{\left(\frac{1,500 - 500}{2}\right)^2 + 400^2}$$

$$= 1,640.31\text{MPa}$$

14 다음 그림과 같이 속이 빈 원형 단면의 도심에 대한 극관성모멘트는?

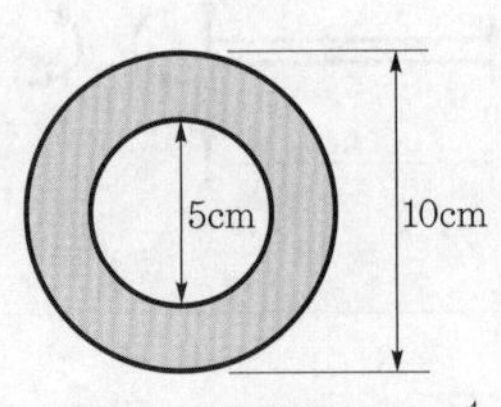

① 460cm^4 ② 760cm^4
③ 840cm^4 ④ 920cm^4

정답 11. ③ 12. ② 13. ② 14. ④

해설 **단면2차극모멘트(극관성모멘트)**

$$I_X = \frac{\pi}{64}(D^4 - d^4)$$

$$= \frac{\pi}{64} \times (10^4 - 5^4) = 459.96\text{cm}^4$$

$$\therefore I_P = I_X + I_Y = 2I_X$$

$$= 2 \times 459.96 = 919.92\text{cm}^4$$

15 다음 그림과 같은 정정 트러스에서 D_1부재($\overline{AC}$)의 부재력은?

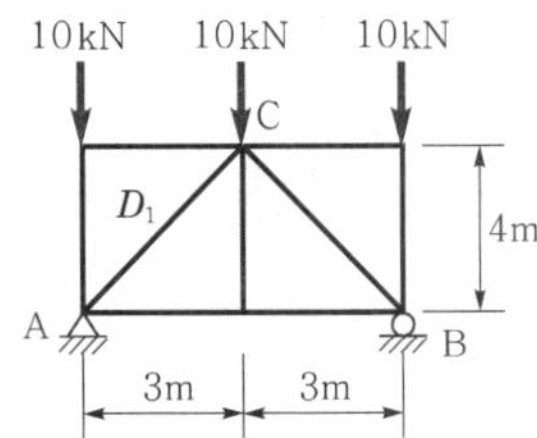

① 6.25kN(인장력) ② 6.25kN(압축력)
③ 7.5kN(인장력) ④ 7.5kN(압축력)

해설 **D_1부재의 부재력**

㉠ 반력

$$V_A = \frac{30}{2} = 15\text{kN}(\uparrow)$$

㉡ 부재력

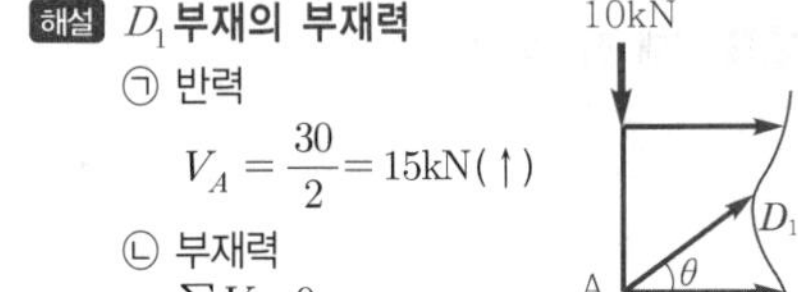

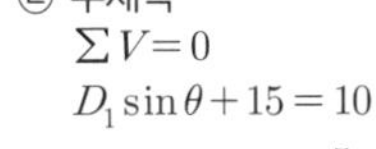

$$\Sigma V = 0$$

$$D_1 \sin\theta + 15 = 10$$

$$\therefore D_1 = -5 \times \frac{5}{4}$$

$$= -6.25\text{kN}(\text{압축})$$

16 다음 그림과 같이 길이 20m인 단순보의 중앙점 아래 10mm 떨어진 곳에 지점 C가 있다. 이 단순보가 등분포하중 w =1kN/m를 받는 경우 지점 C의 수직반력 R_{Cy}는? (단, EI=2.0×10^{14}N · mm^2)

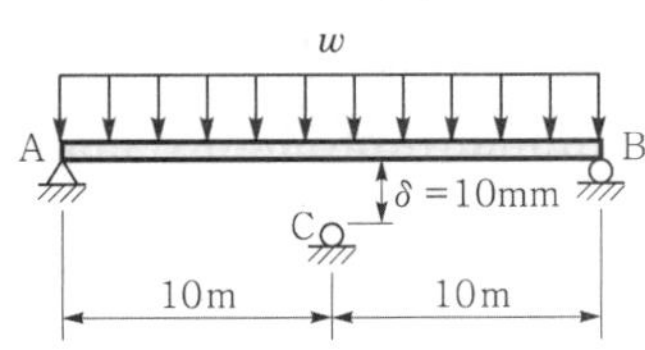

① 200N ② 300N
③ 400N ④ 500N

해설 **중첩의 원리**

$w = 1\text{kN/m} = 1\text{N/mm}, \ l = 20\text{m}$

$$\delta_C = \delta_{C1} + \delta_{C2}$$

$$10 = \frac{5wl^4}{384EI} - \frac{R_{Cy} l^3}{48EI}$$

$$\therefore R_{Cy} = \frac{240wl}{384} - \frac{48EI}{l^3} \times 10$$

$$= \frac{240 \times 1 \times 20,000}{384} - \frac{48 \times 2 \times 10^{14}}{20,000^3} \times 10$$

$$= 500\text{N}$$

17 탄성계수는 2.3×10^{6}MPa, 푸아송비는 0.35일 때 전단탄성계수의 값을 구하면?

① 8.1×10^{5}MPa ② 8.5×10^{5}MPa
③ 8.9×10^{5}MPa ④ 9.3×10^{5}MPa

해설 **전단탄성계수**

$$G = \frac{E}{2(1+\nu)} = \frac{2.3 \times 10^6}{2 \times (1 + 0.35)}$$

$$= 8.52 \times 10^5\text{MPa}$$

18 다음 그림과 같은 T형 단면을 가진 단순보가 있다. 이 보의 경간은 3m이고, 지점으로부터 1m 떨어진 곳에 하중 P= 4,500kN이 작용하고 있다. 이 보에 발생하는 최대 전단응력은?

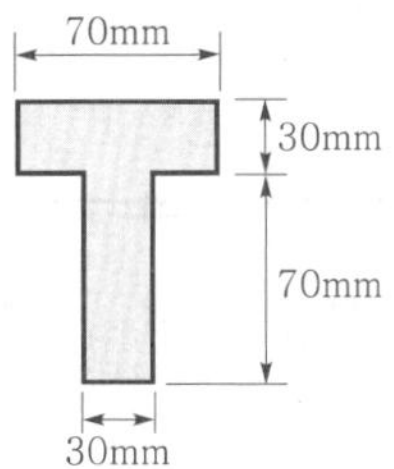

① 14.8MPa ② 24.8MPa
③ 34.8MPa ④ 44.8MPa

정답 15. ② 16. ④ 17. ② 18. ①

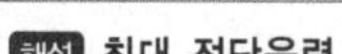

해설 **최대 전단응력**

㉠ 최대 전단력

$$V_A=\frac{2}{3}\times 4{,}500=3{,}000\text{kN}$$

$$V_B=\frac{1}{3}\times 4{,}500=1{,}500\text{kN}$$

$$\therefore\ S_{\max}=V_A=3{,}000\text{kN}$$

4,500kN

1m 2m

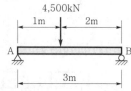

A B

3m

㉡ 단면의 성질

$$G_x=30\times70\times35+70\times30\times85$$

$$=252{,}000\text{mm}^3$$

$$\therefore\ y_C=\frac{G_x}{A}=\frac{252{,}000}{30\times70+70\times30}=60\text{mm}$$

$$G_C=30\times60\times30=54{,}000\text{mm}^3$$

$$I_C=\left(\frac{70\times30^3}{12}+70\times30\times25^2\right)$$

$$+\left(\frac{30\times70^3}{12}+30\times70\times25^2\right)$$

$$=3{,}640{,}000\text{mm}^4$$

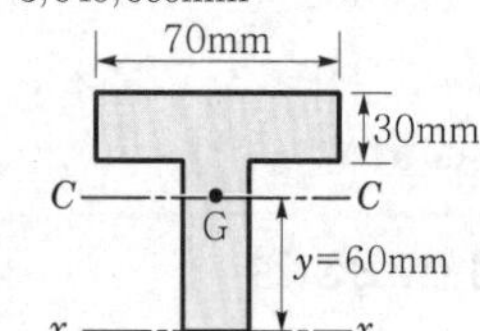

㉢ 최대 전단응력

$$\tau_{\max}=\frac{S_{\max}\,G_C}{I_C\,b}$$

$$=\frac{3{,}000\times54{,}000}{3{,}640{,}000\times30}=14.8\text{MPa}$$

19 다음 그림과 같은 보에서 C점의 처짐을 구하면? (단, $EI=2\times10^{11}\text{N}\cdot\text{mm}^2$)

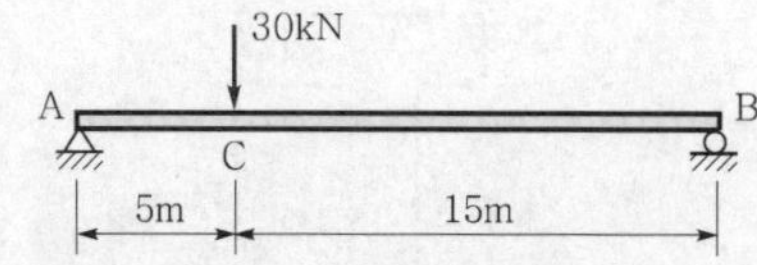

① 0.821cm ② 1.406cm

③ 1.641cm ④ 2.812cm

해설 **C점의 처짐**

㉠ 처짐각

$$\theta_A=\frac{Pab}{6EIl}(l+b)=\frac{Pb}{6EIl}(l^2-b^2)$$

㉡ 처짐

$$y_C=\frac{Pa^2b^2}{3EIl}=\frac{30\times5{,}000^2\times15{,}000^2}{3\times2\times10^{11}\times20{,}000}$$

$$=14.0625\text{mm}=1.40625\text{cm}$$

20 다음 그림과 같은 단순보의 최대 전단응력 $\tau_{\max}$를 구하면? (단, 보의 단면은 지름이 D인 원이다.)

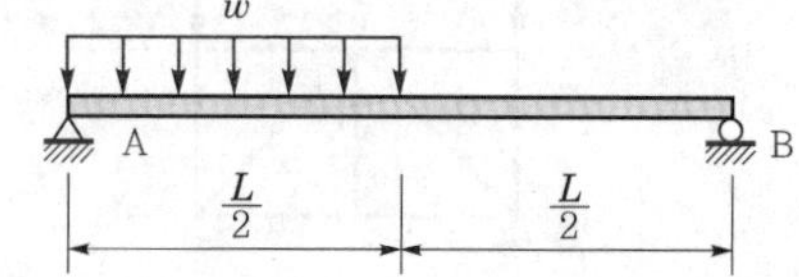

① $\frac{wL}{2\pi D^2}$ ② $\frac{9wL}{4\pi D^2}$

③ $\frac{3wL}{2\pi D^2}$ ④ $\frac{2wL}{\pi D^2}$

해설 **최대 전단응력**

㉠ 반력

$$\Sigma M_B=0$$

$$V_A\times L-\frac{wL}{2}\times\frac{3}{4}L=0$$

$$\therefore\ V_A=\frac{3}{8}wL=S_{\max}(\uparrow),\ V_B=\frac{wL}{8}(\uparrow)$$

㉡ 최대 전단응력

$$\tau_{\max}=\frac{4}{3}\frac{S}{A}=\frac{4}{3}\times\frac{4}{\pi D^2}\times\frac{3}{8}wL=\frac{2wL}{\pi D^2}$$

정답 19. ② 20. ④

2023 제 2 회 토목기사 기출복원문제

2023년 5월 13일 시행

01 바닥은 고정, 상단은 자유로운 기둥의 좌굴형상이 다음 그림과 같을 때 임계하중은?

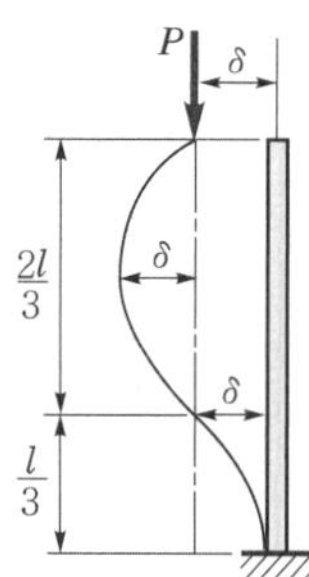

① $\dfrac{\pi^2 EI}{4l}$　② $\dfrac{9\pi^2 EI}{4l^2}$

③ $\dfrac{13\pi^2 EI}{4l^2}$　④ $\dfrac{25\pi^2 EI}{4l^2}$

> **해설** 좌굴하중
> ㉠ 좌굴유효길이
> $l_k = kl = \dfrac{2}{3}l$
> ㉡ 임계하중(좌굴하중)
> $P_b = \dfrac{n\pi^2 EI}{l^2} = \dfrac{\pi^2 EI}{(kl)^2} = \dfrac{9\pi^2 EI}{4l^2}$

02 다음 그림의 트러스에서 a부재의 부재내력을 구한 값은?

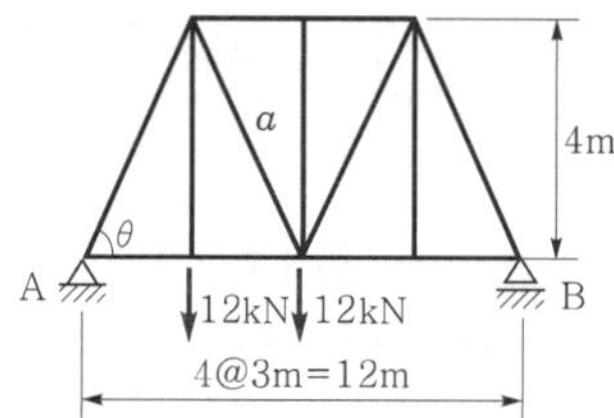

① 3.75kN　② 7.5kN

③ 11.25kN　④ 18.75kN

> **해설** a의 부재력
> ㉠ A점의 반력
> $\sum M_B = 0$
> $V_A \times 12 - 12 \times 9 - 12 \times 6 = 0$
> $\therefore\ V_A = 15\text{kN}(\uparrow)$
> ㉡ 부재력
> $\sum V = 0$
> $15 - 12 - a \times \sin\theta = 0$
> $\therefore\ a = 3 \times \dfrac{5}{4} = 3.75\text{kN}$(인장)
>
> 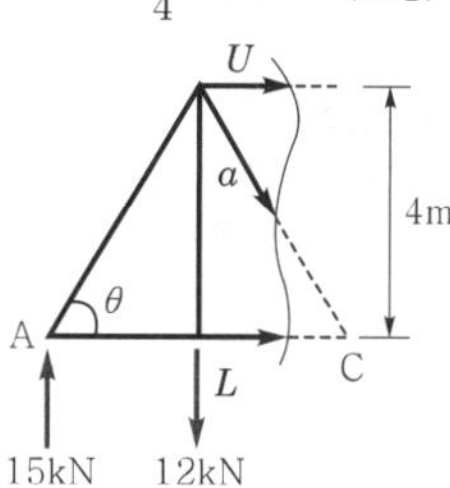
>

03 다음 그림에서 직사각형의 도심축에 대한 단면상승모멘트 I_{xy}의 크기는?

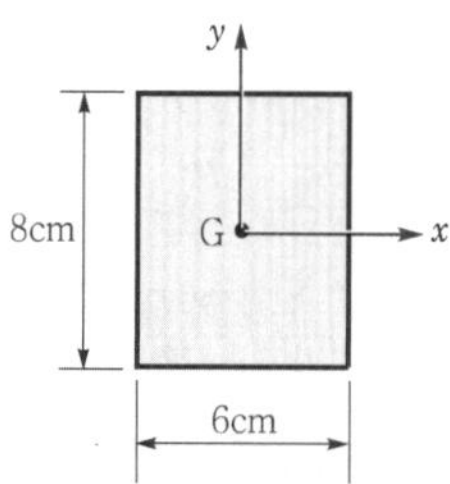

① 576cm^4

② 256cm^4

③ 142cm^4

④ 0cm^4

> **해설** 단면의 성질
> 도심축에 대한 단면1차모멘트와 단면상승모멘트의 크기는 0이다.

정답 1. ② 2. ① 3. ④

04 다음 구조물의 변형에너지의 크기는? (단, E, I, A는 일정하다.)

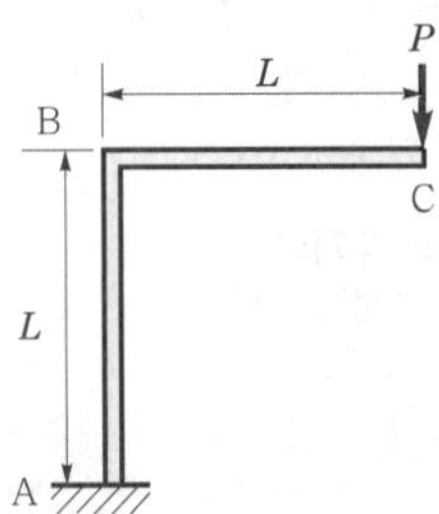

① $\dfrac{2P^2L^3}{3EI}+\dfrac{P^2L}{2EA}$　② $\dfrac{P^2L^3}{3EI}+\dfrac{P^2L}{EA}$

③ $\dfrac{P^2L^3}{3EI}+\dfrac{P^2L}{2EA}$　④ $\dfrac{2P^2L^3}{3EI}+\dfrac{P^2L}{EA}$

해설 **탄성변형에너지**

㉠ 중첩의 원리가 성립되지 않는다.

㉡ 구조물의 변형에너지

$$U=\int_C^B \frac{M_x^{\ 2}}{2EI}dx+\int_B^A \frac{M_x^{\ 2}}{2EI}dx+\int_B^A \frac{N^2}{2EA}dx$$

$$=\frac{1}{2EI}\left[\int_0^l(-Px)^2dx+\int_0^l(PL)^2dx\right]+\frac{1}{2EA}\int_0^L P^2dx$$

$$=\frac{1}{2EI}\int_0^L(P^2x^2+P^2L^2)dx+\frac{P^2}{2EA}\int_0^L dx$$

$$=\frac{1}{2EI}\left[\frac{P^2}{3}x^3+P^2L^2x\right]_0^L+\frac{P^2}{2EA}[x]_0^L$$

$$=\frac{1}{2EI}\left[\frac{P^2L^3}{3}+P^2L^3\right]+\frac{P^2}{2EA}[L]$$

$$=\frac{2P^2L^3}{3EI}+\frac{P^2L}{2EA}$$

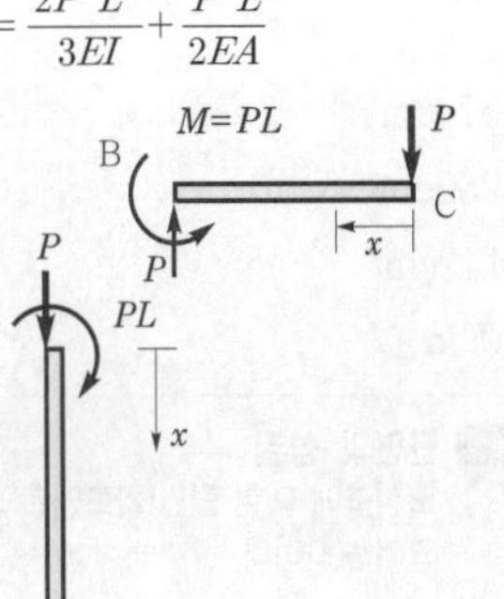

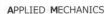

05 균질한 균일 단면봉이 다음 그림과 같이 P_1, P_2, P_3의 하중을 B, C, D점에서 받고 있다. 각 구간의 거리 $a=$ 1.0m, $b=$0.4m, $c=$0.6m이고, $P_2=$10kN, $P_3=$5kN의 하중이 작용할 때 D점에서의 수직방향 변위가 일어나지 않기 위한 하중 P_1은 얼마인가?

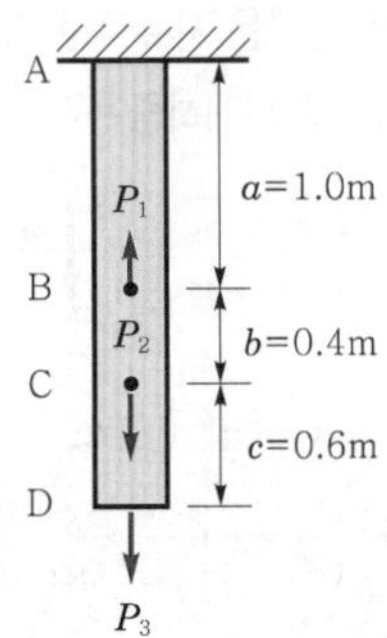

① 5kN　② 6kN

③ 8kN　④ 24kN

해설 **작용해야 할 하중**

㉠ 봉의 자유물체도(F.B.D)

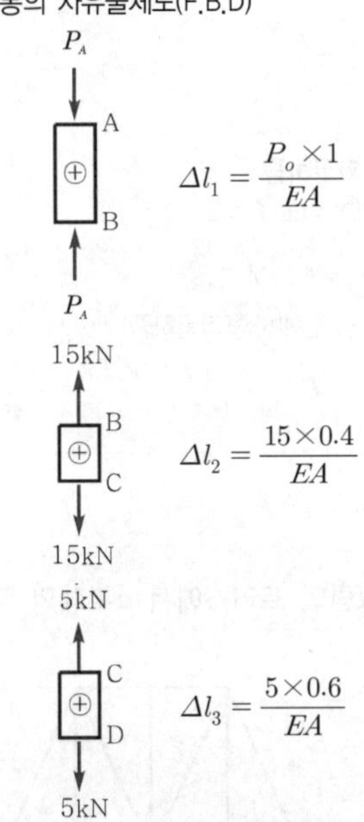

㉡ $\delta_D=0$ 이 되기 위한 조건

$\Delta l_1=\Delta l_2+\Delta l_3$

$\dfrac{P_A\times 1}{EA}=\dfrac{15\times 0.4}{EA}+\dfrac{5\times 0.6}{EA}$

$\therefore\ P_A=9\text{kN}$

㉢ 작용해야 할 하중

$P_1=P_A+15=9+15=24\text{kN}$

정답 4. ① 5. ④

06 길이가 3m이고, 가로 20cm, 세로 30cm인 직사각형 단면의 기둥이 있다. 이 기둥의 세장비는?

① 1.6
② 3.3
③ 52.0
④ 60.7

해설 기둥의 세장비
㉠ 최소 회전반지름(h : 작은 값)
$$r=\sqrt{\frac{I}{A}}=\frac{h}{\sqrt{12}}=\frac{20}{\sqrt{12}}=5.7735\text{cm}$$
㉡ 세장비
$$\lambda=\frac{L}{r}=\frac{300}{5.7735}≒52\le 100$$
∴ 단주

07 다음 그림과 같은 구조물에서 끈 AC의 장력 T_1과 BC의 장력 T_2가 받는 힘의 관계 중 옳은 것은?

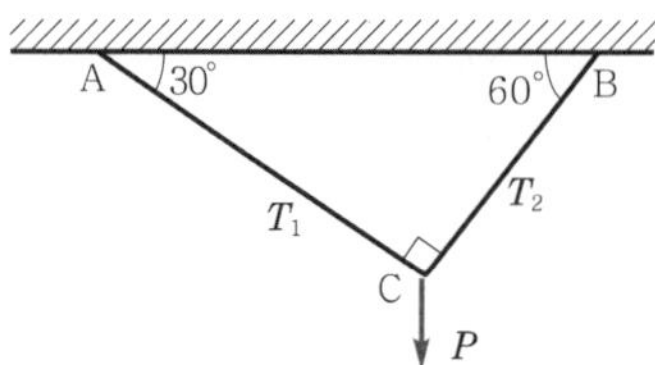

① T_2는 T_1의 $\sqrt{3}$ 배
② T_1은 T_2의 $\sqrt{3}$ 배
③ T_1은 T_2의 $\sqrt{2}$ 배
④ T_2는 T_1의 $\sqrt{2}$ 배

해설 sin법칙(라미의 정리)
$$\frac{T_1}{\sin 30°}=\frac{P}{\sin 90°}=\frac{T_2}{\sin 60°}$$
$\therefore\ T_1 : T_2 = 1 : \sqrt{3}$
$\therefore\ T_2$는 T_1의 $\sqrt{3}$ 배

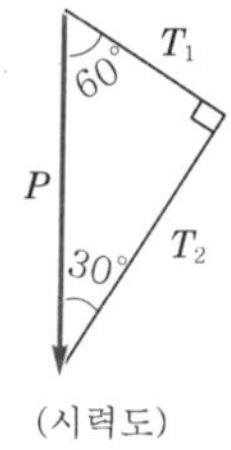

(시력도)

08 다음 그림과 같은 연속보에서 B점의 지점반력은?

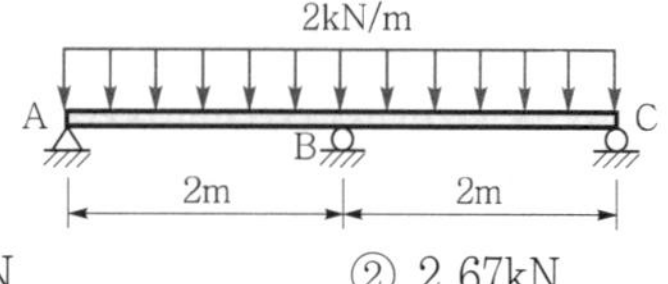

① 5kN　② 2.67kN
③ 1.5kN　④ 1kN

해설 부정정보의 해석
㉠ $R_B=\frac{5}{4}wl=\frac{5}{4}\times 2\times 2=5\text{kN}(\uparrow)$
㉡ $M_B=-\frac{wl^2}{8}=-\frac{2\times 2^2}{8}=-1\text{kN}\cdot\text{m}$

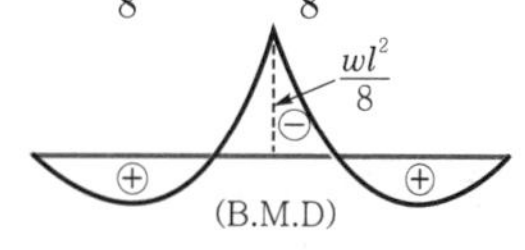

09 "탄성체가 가지고 있는 탄성변형에너지를 작용하고 있는 하중으로 편미분하면 그 하중점에서의 작용방향의 변위가 된다"는 것은?

① 맥스웰의 상반정리이다.
② 모어의 모멘트 면적정리이다.
③ 카스틸리아노의 제2정리이다.
④ 클라페이론의 3연 모멘트법이다.

해설 Castigliano의 제2정리
변형에너지의 어느 특정한 힘(또는 우력)에 관한 1차 편도함수는 그 힘의 작용점에서 작용선방향의 처짐(또는 기울기)과 같다.
$$\delta_i=\frac{\partial W_i}{\partial P_i}$$

10 다음 중에서 정(+)과 부(−)의 값을 모두 갖는 것은?

① 단면계수
② 단면2차모멘트
③ 단면상승모멘트
④ 단면회전반지름

해설 단면의 성질에서 정(+)과 부(−)의 값을 모두 갖는 것은 단면1차모멘트와 단면상승모멘트이다.

정답 6. ③ 7. ① 8. ① 9. ③ 10. ③

11 다음 그림과 같은 라멘에서 B지점의 연직반력 R_B는? (단, A지점은 힌지지점이고, B지점은 롤러지점이다.)

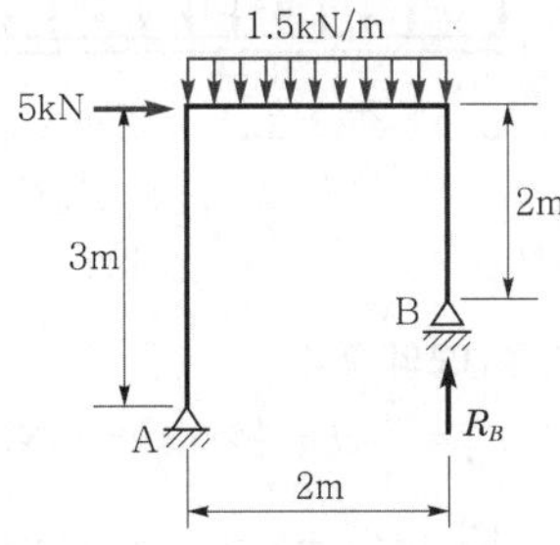

① 6kN ② 7kN
③ 8kN ④ 9kN

해설 B지점의 연직반력

$\Sigma M_A = 0$

$-R_B \times 2 + 1.5 \times 2 \times 1 + 5 \times 3 = 0$

$\therefore R_B = 9\text{kN}(\uparrow)$

12 다음 그림과 같은 단순보에 이동하중이 작용하는 경우 절대 최대 휨모멘트는 얼마인가?

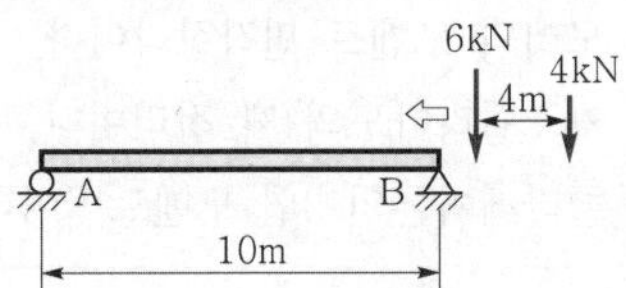

① 17.64kN · m ② 16.72kN · m
③ 16.20kN · m ④ 12.51kN · m

해설 절대 최대 휨모멘트

㉠ 합력과 작용위치

$R = 6 + 4 = 10\text{kN}$

$\therefore x = \dfrac{4 \times 4}{10} = 1.6\text{m}$

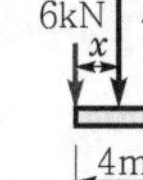

㉡ 절대 최대 휨모멘트

$\Sigma M_B = 0$

$R_A \times 10 - 6 \times 5.8 - 4 \times 1.8 = 0$

$\therefore R_A = 4.2\text{kN}(\uparrow)$

$\therefore M_{max} = 4.2 \times 4.2 = 17.64\text{kN} \cdot \text{m}$

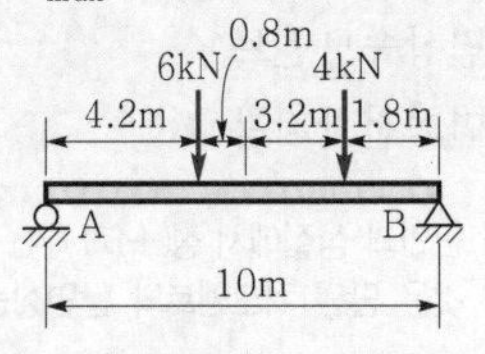

13 다음 그림의 보에서 지점 B의 휨모멘트는? (단, EI는 일정하다.)

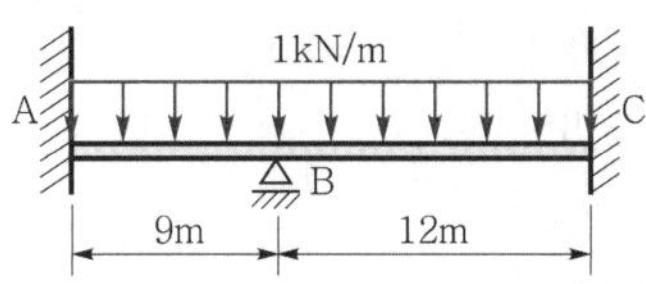

① −6.75kN · m
② −9.75kN · m
③ −12kN · m
④ −16.5kN · m

해설 처짐각법

㉠ 유효강비(k)

$k_{BA} = \dfrac{I}{9} \times \dfrac{36}{I} = 4$

$k_{BC} = \dfrac{I}{12} \times \dfrac{36}{I} = 3$

㉡ 하중항

$C_{AB} = -\dfrac{wl^2}{12} = -\dfrac{1 \times 9^2}{12}$

$= -6.75\text{kN} \cdot \text{m}$

$C_{BA} = +6.75\text{kN} \cdot \text{m}$

$C_{BC} = -\dfrac{wl^2}{12} = -\dfrac{1 \times 12^2}{12}$

$= -12\text{kN} \cdot \text{m}$

$C_{CB} = +12\text{kN} \cdot \text{m}$

㉢ 처짐각방정식

경계조건 $\phi_A = \phi_C = 0,\ R = 0$

$M_{AB} = 4(0 + \phi_B + 0) - 6.75 = 4\phi_B - 6.75$

$M_{BA} = 4(0 + 2\phi_B + 0) + 6.75 = 8\phi_B + 6.75$

$M_{BC} = 3(2\phi_B + 0 + 0) - 12 = 6\phi_B - 12$

$M_{CB} = 3(\phi_B + 0 + 0) + 12 = 3\phi_B + 12$

㉣ 절점방정식

$\Sigma M_B = 0$

$M_{BA} + M_{BC} = 8\phi_B + 6.75 + 6\phi_B - 12$

$= 14\phi_B - 5.25 = 0$

$\therefore \phi_B = 0.375$

㉤ 재단모멘트

$M_{AB} = 4 \times 0.375 - 6.75 = -5.25\text{kN} \cdot \text{m}$

$M_{BA} = 8 \times 0.375 + 6.75 = 9.75\text{kN} \cdot \text{m}$

$M_{BC} = 6 \times 0.375 - 12 = -9.75\text{kN} \cdot \text{m}$

$M_{CB} = 3 \times 0.375 + 12 = 13.125\text{kN} \cdot \text{m}$

$\therefore M_B = -9.75\text{kN} \cdot \text{m}$

정답 11. ④ 12. ① 13. ②

ⓑ 단면력도

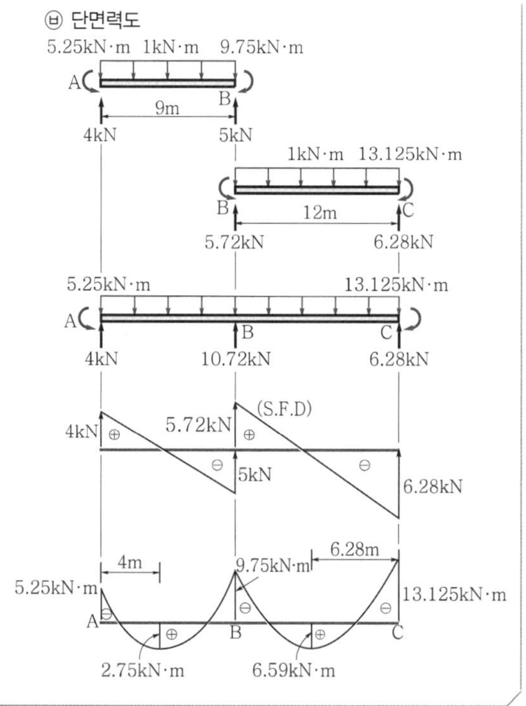

14 반지름이 r인 중실축(中實軸)과 바깥 반지름이 r이고 안쪽 반지름이 $0.6r$인 중공축(中空軸)이 동일 크기의 비틀림모멘트를 받고 있다면 중실축(中實軸) : 중공축(中空軸)의 최대 전단응력비는?

① 1 : 1.28
② 1 : 1.24
③ 1 : 1.20
④ 1 : 1.15

해설 최대 전단응력의 비

㉠ 중실축

$$I_{P1} = I_x + I_y = 2I_x = \frac{\pi r^4}{2}$$

㉡ 중공축

$$I_{P2} = 2I_x = \frac{\pi}{2}[r^4 - (0.6r)^4] = 0.8704\frac{\pi r^4}{2}$$

㉢ 최대 전단응력의 비

$$\tau = \frac{T}{I_P} r$$

$$\therefore\ \tau_1 : \tau_2 = \frac{1}{1} : \frac{1}{0.8704} = 1 : 1.1489$$

15 다음 그림과 같은 단순보에서 지점 B에 모멘트하중이 작용할 때 B의 처짐각 크기로 옳은 것은? (단, EI는 일정하다.)

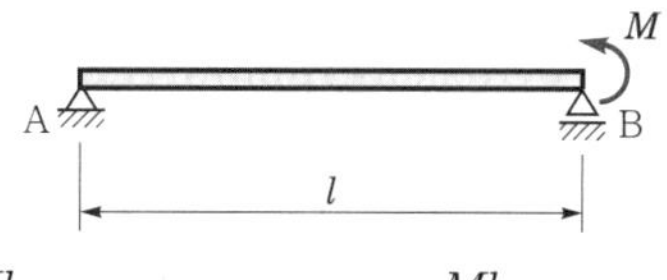

① $\frac{Ml}{6EI}$ ② $\frac{Ml}{4EI}$

③ $\frac{Ml}{3EI}$ ④ $\frac{Ml}{EI}$

해설 공액보법

$$\theta_A = \frac{S_A}{EI} = \frac{Ml}{6EI}$$

$$\theta_B = \frac{S_B}{EI} = \frac{Ml}{3EI}$$

$$\therefore\ \theta_A = \frac{1}{2}\theta_B$$

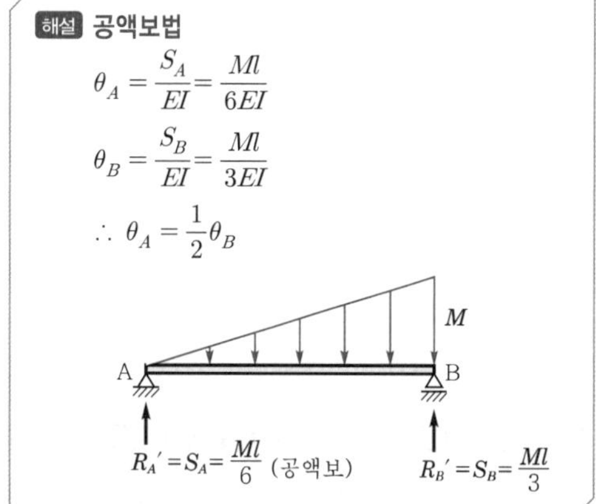

16 다음 그림과 같은 r=4m인 3힌지 원호아치에서 지점 A에서 2m 떨어진 E점의 휨모멘트의 크기는 약 얼마인가?

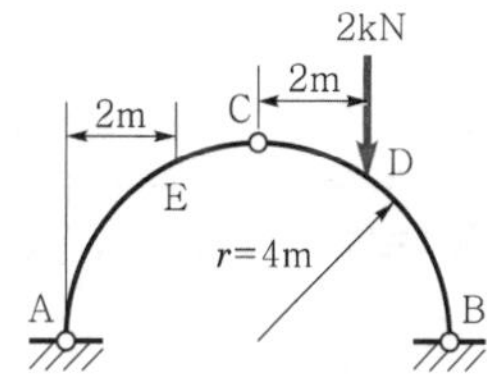

① 0.613kN · m
② 0.732kN · m
③ 0.827kN · m
④ 0.916kN · m

정답 14. ④ 15. ③ 16. ②

해설 **E점의 휨모멘트**

㉠ A점의 연직반력

$\Sigma M_B = 0$

$+V_A \times 8 - 2 \times 2 = 0$

$\therefore V_A = 0.5\text{kN}(\uparrow)$

㉡ A점의 수평반력

$\Sigma M_C = 0$

$+0.5 \times 4 - H_A \times 4 = 0$

$\therefore H_A = 0.5\text{kN}(\rightarrow)$

㉢ E점의 휨모멘트

$M_E = V_A \times 2 - H_A \times y$

$= 0.5 \times 2 - 0.5 \times \sqrt{4^2 - 2^2}$

$= -0.732\text{kN} \cdot \text{m}$

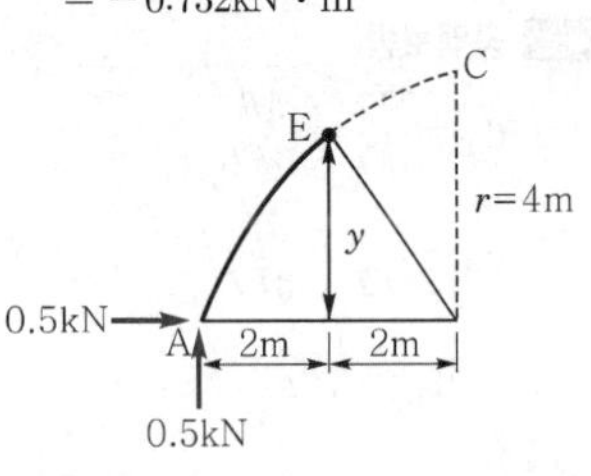

17 다음 그림과 같은 캔틸레버보에서 자유단 A의 처짐은? (단, EI는 일정하다.)

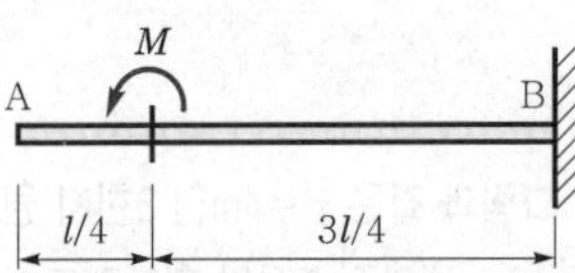

① $\dfrac{3Ml^2}{8EI}(\downarrow)$ ② $\dfrac{13Ml^2}{32EI}(\downarrow)$

③ $\dfrac{7Ml^2}{16EI}(\downarrow)$ ④ $\dfrac{15Ml^2}{32EI}(\downarrow)$

해설 **공액보법**

$M_A = \dfrac{3}{4}Ml \times \left(\dfrac{l}{4} + \dfrac{3}{4}l \times \dfrac{1}{2}\right) = \dfrac{15}{32}Ml^2$

$\therefore y_A = \dfrac{M_A}{EI} = \dfrac{15Ml^2}{32EI}(\downarrow)$

M_A, M, M, A, B, $l/4$, $3l/4$

18 다음 그림과 같은 단순보에 연행하중이 작용할 때 R_A가 R_B의 3배가 되기 위한 x의 크기는?

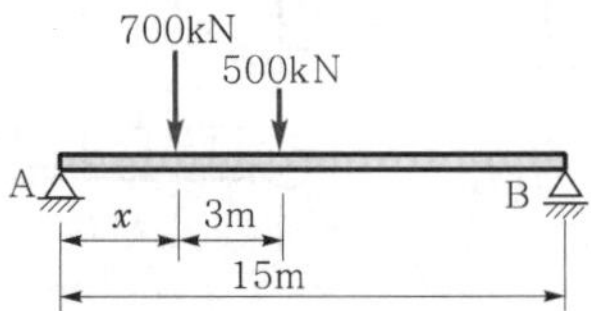

① 2.5m ② 3.0m

③ 3.5m ④ 4.0m

해설 **하중점의 위치**

㉠ $\Sigma V = 0$

$R_A + R_B = 700 + 500 = 1,200\text{kN}$ .... ①

$R_A = 3R_B$ .... ②

식 ②를 ①에 대입하면

$4R_B = 1,200$

$\therefore R_B = 300\text{kN}(\uparrow)$

$\therefore R_A = 3 \times 300 = 900\text{kN}(\uparrow)$

㉡ $\Sigma M_A = 0$

$-300 \times 15 + 700 \times x + 500 \times (3 + x) = 0$

$\therefore x = 2.5\text{m}$

19 다음 그림과 같은 트러스에서 A점에 연직하중 P가 작용할 때 A점의 연직처짐은? (단, 부재의 축강도는 모두 EA이고, 부재의 길이는 AB$=3l$, AC$=5l$이며, 지점 B와 C의 거리는 $4l$이다.)

① $8.0\dfrac{Pl}{AE}$

② $8.5\dfrac{Pl}{AE}$

③ $9.0\dfrac{Pl}{AE}$

④ $9.5\dfrac{Pl}{AE}$

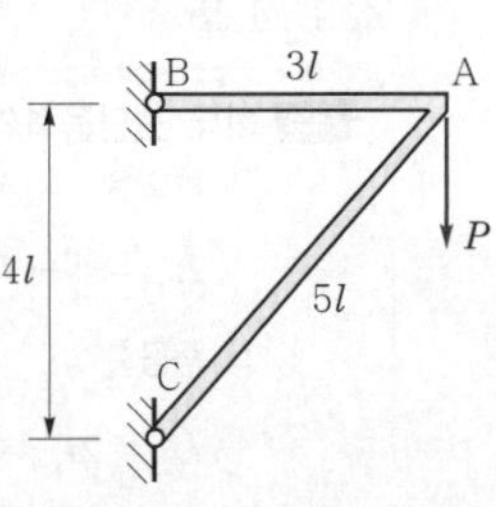

정답 17. ④ 18. ① 19. ④

해설 가상일의 방법

㉠ 하중 P에 의한 부재력(F)

$\Sigma V=0$

$-F_{AC}\times\frac{4}{5}-P=0$

$\therefore F_{AC}=-\frac{5}{4}P$

$\Sigma H=0$

$-F_{AB}-F_{AC}\times\frac{3}{5}=0$

$\therefore F_{AB}=-F_{AC}\times\frac{3}{5}=-\left(-\frac{5}{4}P\right)\times\frac{3}{5}$

$=\frac{3}{4}P$

㉡ 단위하중($P=1$)에 의한 부재력(f)

$f_{AB}=\frac{3}{4}$

$f_{AC}=-\frac{5}{4}$

㉢ A점의 연직변위

$\delta_A=\Sigma\frac{fF}{EA}L$

$=\frac{1}{EA}\left[\frac{3}{4}\times\frac{3}{4}P\times3l+\left(-\frac{5}{4}\right)\times\left(-\frac{5}{4}P\right)\times5l\right]$

$=9.5\frac{Pl}{EA}(\downarrow)$

20 다음 그림과 같이 두 개의 나무판이 못으로 조립된 T형 보에서 V=155N이 작용할 때 한 개의 못이 전단력 70N을 전달할 경우 못의 허용 최대 간격은 약 얼마인가? (단, $I=11{,}354\times10^3\text{mm}^4$)

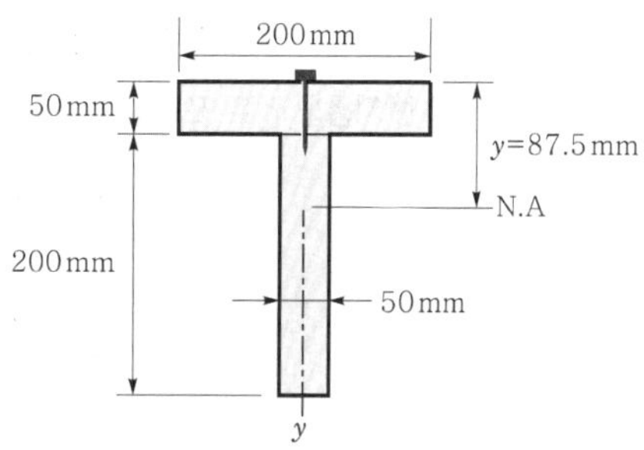

① 7.5mm ② 8.2mm
③ 8.9mcm ④ 9.7mm

해설 최대 간격

㉠ 단면의 전단류

$G=200\times50\times(87.5-25)=625{,}000\text{mm}^3$

$f=\frac{VG}{I}=\frac{155\times625{,}000}{11{,}354{,}000}$

$=8.53224\text{N/mm}$

㉡ 못의 최대 간격

$f=\frac{F}{s}$

$\therefore s=\frac{F}{f}=\frac{70}{8.53224}=8.2042\text{mm}$

정답 20. ②

2023 제3회 토목기사 기출복원문제

2023년 7월 8일 시행

01 외반지름 R_1, 내반지름 R_2인 중공(中空)원형 단면의 핵은? (단, 핵의 반지름을 e로 표시함)

① $e=\dfrac{{R_1}^2+{R_2}^2}{4{R_1}^2}$ ② $e=\dfrac{{R_1}^2-{R_2}^2}{4{R_1}^2}$

③ $e=\dfrac{{R_1}^2+{R_2}^2}{4R_1}$ ④ $e=\dfrac{{R_1}^2-{R_2}^2}{4R_1}$

해설 핵거리(핵반경)

$r^2=\dfrac{I}{A}=\dfrac{{R_1}^2+{R_2}^2}{4}$

$\therefore e=\dfrac{I}{Ay}=\dfrac{r^2}{y}=\dfrac{{R_1}^2+{R_2}^2}{4R_1}$

02 다음 보에서 최대 휨모멘트가 발생하는 위치는 지점 A로부터 얼마인가?

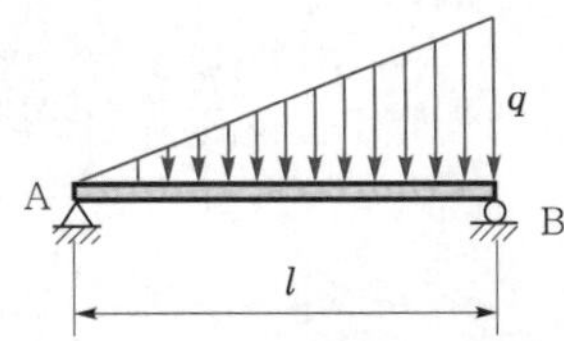

① $\dfrac{4}{5}l$ ② $\dfrac{2}{3}l$

③ $\dfrac{l}{\sqrt{3}}$ ④ $\dfrac{l}{\sqrt{2}}$

해설 최대 휨모멘트의 발생위치

㉠ 전단력이 0이 되는 곳에서 최대 휨모멘트가 발생한다.

㉡ 전단력 일반식

$S_x=R_A-\dfrac{qx^2}{2l}=\dfrac{ql}{6}-\dfrac{qx^2}{2l}=0$

$x^2=\dfrac{l^2}{3}$

$\therefore x=\dfrac{l}{\sqrt{3}}$

03 다음 그림과 같은 2부재 트러스의 B에 수평하중 P가 작용한다. B절점의 수평변위 δ_B는 몇 m인가? (단, EA는 두 부재가 모두 같다.)

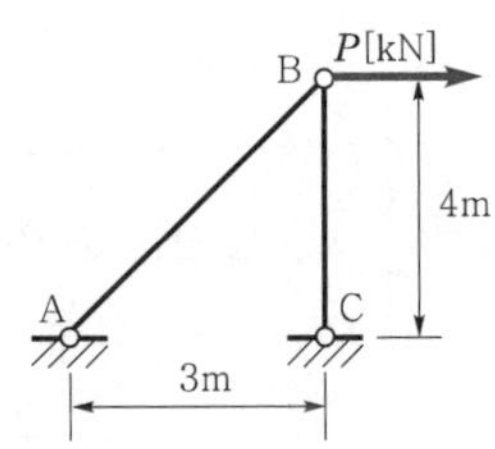

① $\delta_B=\dfrac{0.45P}{EA}$

② $\delta_B=\dfrac{2.1P}{EA}$

③ $\delta_B=\dfrac{4.5P}{EA}$

④ $\delta_B=\dfrac{21P}{EA}$

해설 가상일의 방법

㉠ 부재력

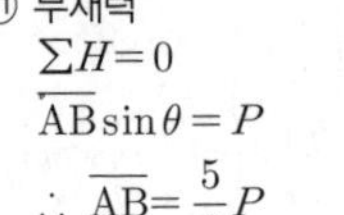

$\Sigma H=0$

$\overline{AB}\sin\theta=P$

$\therefore \overline{AB}=\dfrac{5}{3}P$

$\Sigma V=0$

$\therefore \overline{BC}=\overline{AB}\cos\theta=\dfrac{5}{3}P\times\dfrac{4}{5}=\dfrac{4}{3}P$

㉡ B점의 수평변위

$\delta_{BH}=\Sigma\dfrac{fFL}{EA}$

$=\dfrac{1}{EA}\left(\dfrac{5}{3}\times\dfrac{5}{3}P\times5+\dfrac{4}{3}\times\dfrac{4}{3}P\times4\right)$

$=\dfrac{21P}{EA}(\rightarrow)$

04 다음 그림과 같은 속이 찬 직경 6cm의 원형축이 비틀림 $T=$ 400kN·m를 받을 때 단면에서 발생하는 최대 전단응력은?

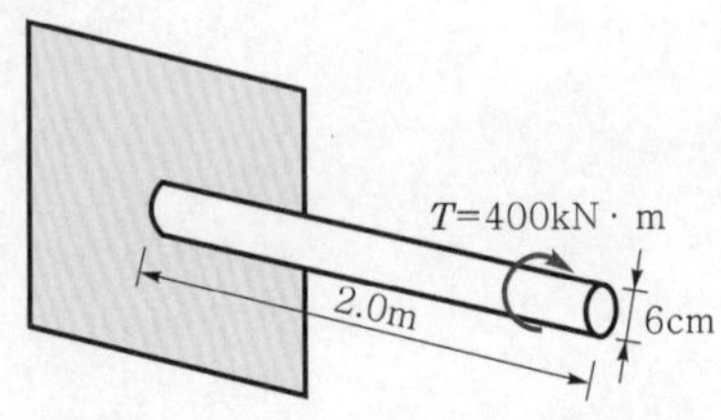

① 9,265MPa ② 9,326MPa

③ 9,431MPa ④ 9,502MPa

정답 1. ③ 2. ③ 3. ④ 4. ③

해설 최대 전단응력

$$I_P = I_x + I_y = 2I_x = \frac{\pi D^4}{32}$$

$$= \frac{\pi \times 60^4}{32} = 1,272,345\text{mm}^4$$

$$\therefore \tau = \frac{T}{I_P} r = \frac{400 \times 10^6}{1,272,345} \times 30 = 9,431.4\text{MPa}$$

05 다음 그림과 같은 단순보에서 휨모멘트에 의한 변형에너지를 옳게 구한 것은? (단, E : 탄성계수, I : 단면2차모멘트)

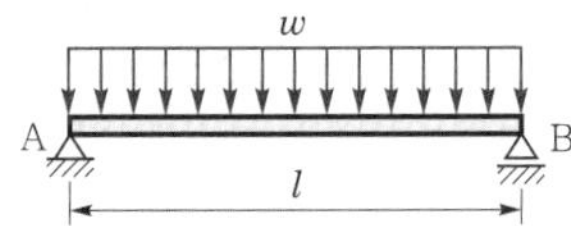

① $\frac{w^2 l^5}{385EI}$ ② $\frac{w^2 l^5}{240EI}$

③ $\frac{w^2 l^5}{96EI}$ ④ $\frac{w^2 l^5}{40EI}$

해설 휨에 의한 변형에너지(내력일)

$$M_x = \frac{wl}{2}x - \frac{w}{2}x^2$$

$$\therefore W_{iM} = \int_0^l \frac{M_x^{\ 2}}{2EI} dx$$

$$= \frac{1}{2EI}\int_0^l \left(\frac{wl}{2}x - \frac{w}{2}x^2\right)^2 dx$$

$$= \frac{w^2 l^5}{240EI}$$

06 다음 그림과 같은 트러스에서 AC의 부재력은?

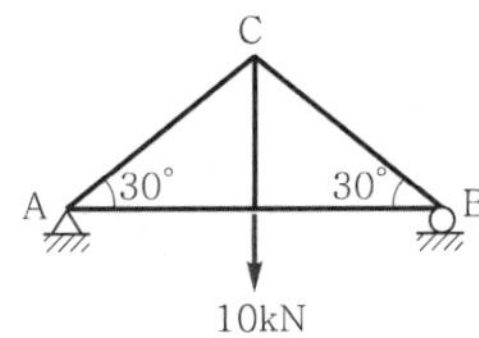

① 5kN(인장) ② 5kN(압축)

③ 10kN(인장) ④ 10kN(압축)

해설 $\overline{AC}$의 부재력(절점법)

㉠ A지점의 반력

$\Sigma M_B = 0$

$\therefore V_A = 5\text{kN}(\uparrow)$

㉡ 절점 A에서

$\Sigma V = 0$

$\overline{AC} \times \sin 30° = 5\text{kN}$

$\therefore \overline{AC} = 10\text{kN}$(압축)

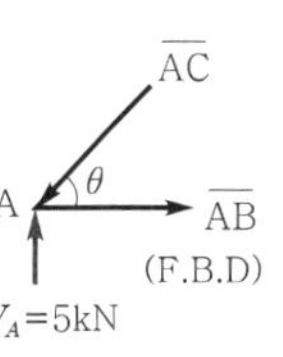

07 15cm×25cm의 직사각형 단면을 가진 길이 5m인 양단 힌지기둥이 있다. 세장비는?

① 139.2 ② 115.5

③ 93.6 ④ 69.3

해설 기둥의 세장비

㉠ 최소 회전반지름(h : 작은 값)

$$r = \sqrt{\frac{I}{A}} = \frac{h}{\sqrt{12}} = \frac{15}{\sqrt{12}} = 4.33\text{cm}$$

㉡ 세장비

$$\lambda = \frac{L}{r} = \frac{500}{4.33} \fallingdotseq 115.47 > 100$$

$\therefore$ 장주

08 다음 그림과 같이 강선 A와 B가 서로 평형상태를 이루고 있을 때 θ의 값은?

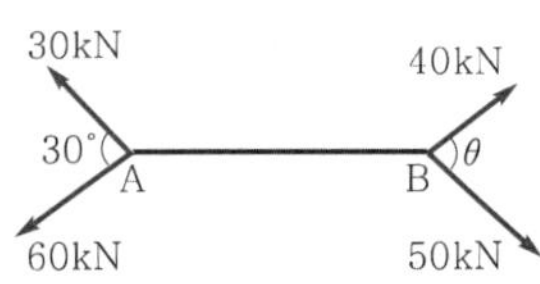

① 47.2° ② 32.6°

③ 28.4° ④ 17.8°

해설 합력의 방향

㉠ A점 합력

$$H_A = \sqrt{30^2 + 60^2 + 2 \times 30 \times 60 \times \cos 30°}$$
$$= 87.28\text{kN}$$

㉡ B점 합력

$$H_B = \sqrt{40^2 + 50^2 + 2 \times 40 \times 50 \times \cos\theta}$$

㉢ $H_A = H_B$

$\cos\theta = 0.88$

$\therefore \theta = \cos^{-1} 0.88 = 28.43°$

정답 5. ② 6. ④ 7. ② 8. ③

09 단면2차모멘트의 특성에 대한 설명으로 옳지 않은 것은?

① 도심축에 대한 단면2차모멘트는 0이다.
② 단면2차모멘트는 항상 정(+)의 값을 갖는다.
③ 단면2차모멘트가 큰 단면은 휨에 대한 강성이 크다.
④ 정다각형의 도심축에 대한 단면2차모멘트는 축이 회전해도 일정하다.

해설 도심축에 대한 단면2차모멘트는 최솟값이다.

10 다음 그림과 같은 내민보에서 D점에 집중하중 $P=$ 5kN이 작용할 경우 C점의 휨모멘트는 얼마인가?

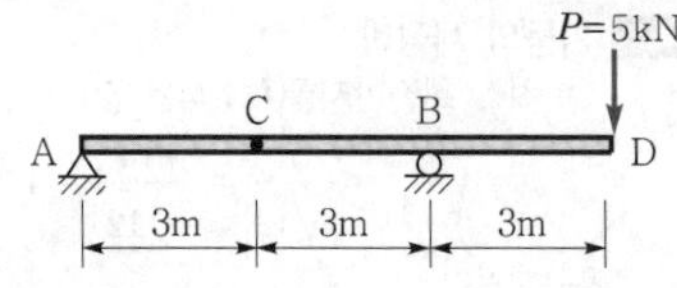

① -2.5kN · m ② -5kN · m
③ -7.5kN · m ④ -10kN · m

해설 C점의 휨모멘트
㉠ A점의 반력
$\Sigma M_B=0$
$-R_A \times 6+5\times 3=0$
$\therefore\ R_A=2.5\text{kN}(\downarrow)$
㉡ C점의 휨모멘트
$M_C=-2.5\times 3=-7.5\text{kN}\cdot\text{m}$

11 다음 그림과 같은 양단 고정보에 등분포하중이 작용할 경우 지점 A의 휨모멘트 절댓값과 보 중앙에서의 휨모멘트 절댓값의 합은?

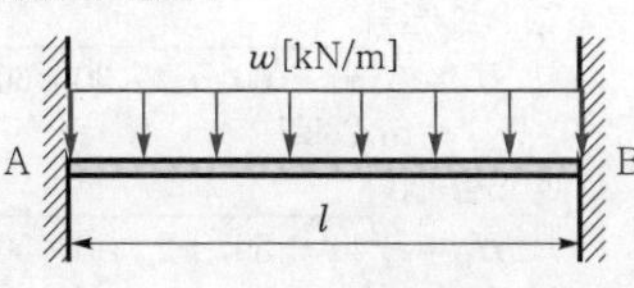

① $\dfrac{wl^2}{8}$ ② $\dfrac{wl^2}{12}$
③ $\dfrac{wl^2}{24}$ ④ $\dfrac{wl^2}{36}$

해설 중첩의 원리
㉠ 각 점 휨모멘트의 크기
$M_A=-\dfrac{wl^2}{12},\ M_C=+\dfrac{wl^2}{24}$
㉡ 휨모멘트 절댓값의 합
$M=M_A+M_C=\dfrac{wl^2}{12}+\dfrac{wl^2}{24}=\dfrac{wl^2}{8}$

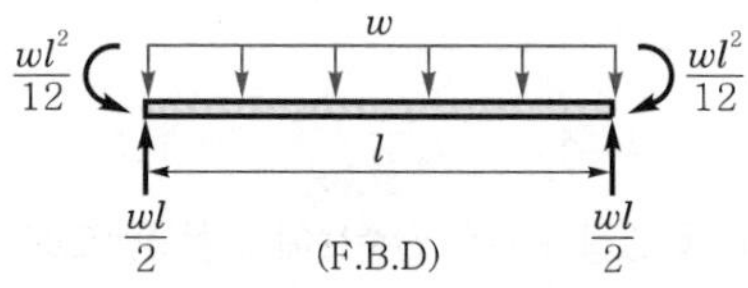

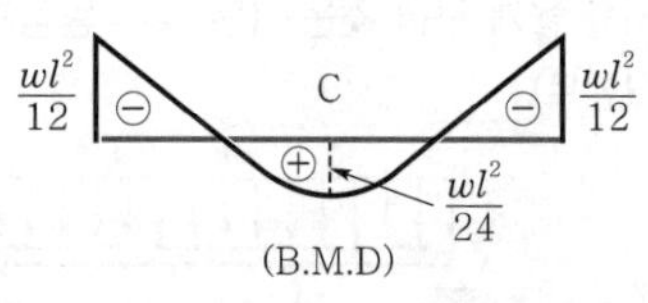

12 다음 그림 (a)와 (b)의 중앙점의 처짐이 같아지도록 그림 (b)의 등분포하중 w를 그림 (a)의 하중 P의 함수로 나타내면 얼마인가? (단, 재료는 같다.)

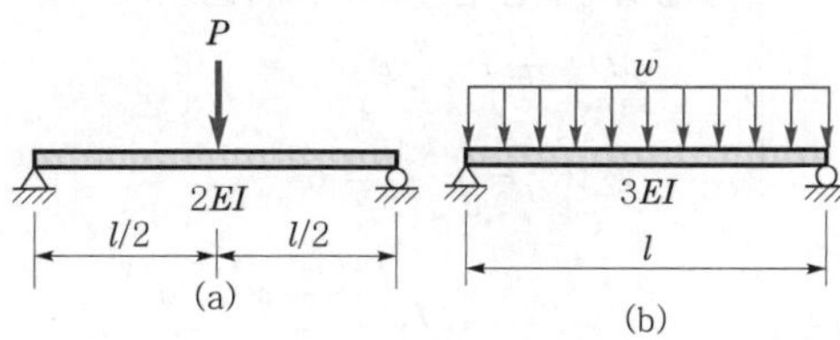

① $1.2\dfrac{P}{l}$ ② $2.1\dfrac{P}{l}$
③ $4.2\dfrac{P}{l}$ ④ $2.4\dfrac{P}{l}$

해설 ㉠ 보 (a)의 중앙처짐
$y_{(a)}=\dfrac{Pl^3}{48\times 2EI}=\dfrac{Pl^3}{96EI}$
㉡ 보 (b)의 중앙처짐
$y_{(b)}=\dfrac{5wl^4}{384\times 3EI}=\dfrac{5wl^4}{1{,}152EI}$
㉢ 등분포하중
$y_{(a)}=y_{(b)}$
$\dfrac{Pl^3}{96EI}=\dfrac{5wl^4}{1{,}152EI}$
$\therefore\ w=\dfrac{12P}{5l}=2.4\dfrac{P}{l}$

정답 09. ① 10. ③ 11. ① 12. ④

13 다음 그림과 같은 T형 단면을 가진 단순보가 있다. 이 보의 경간은 3m이고, 지점으로부터 1m 떨어진 곳에 하중 $P=$ 4,500kN이 작용하고 있다. 이 보에 발생하는 최대 전단응력은?

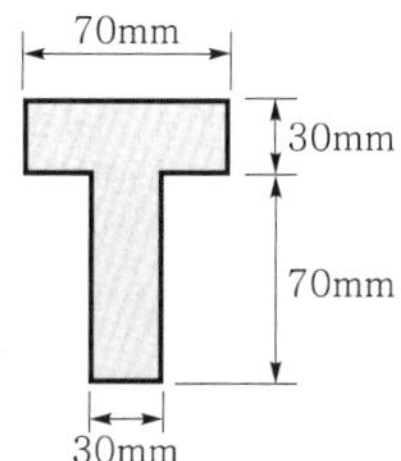

① 14.8MPa ② 24.8MPa
③ 34.8MPa ④ 44.8MPa

해설 최대 전단응력

㉠ 최대 전단력

$$V_A = \frac{2}{3}\times 4,500 = 3,000\text{kN}$$

$$V_B = \frac{1}{3}\times 4,500 = 1,500\text{kN}$$

$$\therefore S_{\max} = V_A = 3,000\text{kN}$$

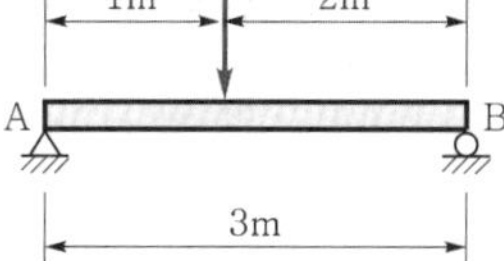

㉡ 단면의 성질

$$G_x = 30\times 70\times 35 + 70\times 30\times 85 = 252,000\text{mm}^3$$

$$\therefore y_C = \frac{G_x}{A} = \frac{252,000}{30\times 70 + 70\times 30} = 60\text{mm}$$

$$G_C = 30\times 60\times 30 = 54,000\text{mm}^3$$

$$I_C = \left(\frac{70\times 30^3}{12} + 70\times 30\times 25^2\right) + \left(\frac{30\times 70^3}{12} + 30\times 70\times 25^2\right) = 3,640,000\text{mm}^4$$

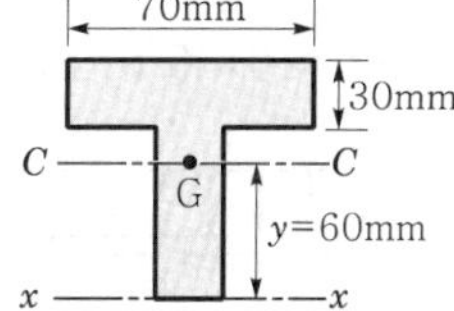

㉢ 최대 전단응력

$$\tau_{\max} = \frac{S_{\max}\, G_C}{I_C\, b} = \frac{3,000\times 54,000}{3,640,000\times 30} = 14.8\text{MPa}$$

14 사다리꼴 단면에서 x 축에 대한 단면2차모멘트의 값은?

① $\frac{h^3}{12}(3b+a)$

② $\frac{h^3}{12}(b+2a)$

③ $\frac{h^3}{12}(b+3a)$

④ $\frac{h^3}{12}(2b+a)$

해설 평행축의 정리

$$I_x = I_{x1} + I_{x2} = \frac{ah^3}{4} + \frac{bh^3}{12} = \frac{h^3}{12}(3a+b)$$

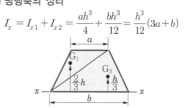

15 캔틸레버보에서 보의 B점에 집중하중 P와 우력모멘트가 작용하고 있다. B점에서 처짐각(θ_B)은 얼마인가?

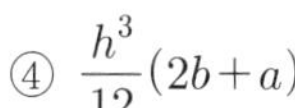

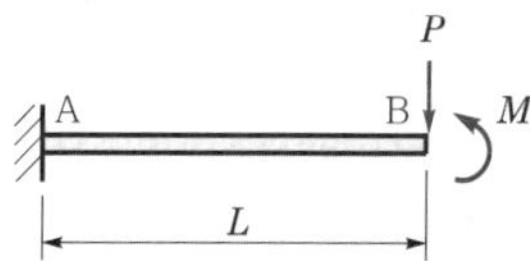

① $\theta_B = \frac{PL^2}{4EI} - \frac{M_oL}{EI}$ ② $\theta_B = \frac{PL^2}{2EI} + \frac{M_oL}{EI}$

③ $\theta_B = \frac{PL^2}{2EI} - \frac{M_oL}{EI}$ ④ $\theta_B = \frac{PL^2}{4EI} + \frac{M_oL}{EI}$

해설 중첩의 원리

㉠ 집중하중에 의한 처짐각

$$\theta_P = \frac{PL^2}{2EI} \text{ (시계방향)}$$

㉡ 모멘트하중에 의한 처짐각

$$\theta_M = -\frac{M_oL}{EI} \text{ (반시계방향)}$$

$$\therefore \theta_B = \theta_P + \theta_M = \frac{PL^2}{2EI} - \frac{M_oL}{EI}$$

정답 13. ① 14. ③ 15. ③

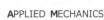

16 다음 그림과 같은 3힌지 라멘의 휨모멘트선도(B.M.D)는 어느 것인가?

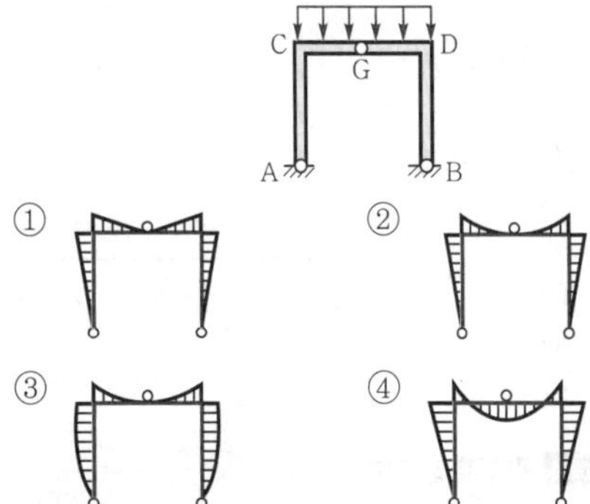

해설 **휨모멘트도**

㉠ A지점, B지점과 G절점은 휨모멘트가 발생하지 않는다.

㉡ C점과 D점의 고정절점에서만 휨모멘트가 발생한다.

㉢ CD부재는 등분포하중이므로 2차 포물선으로 변화한다.

㉣ AC부재와 BD부재는 수평반력으로 인해 사선으로 변화한다.

17 다음 그림과 같은 캔틸레버보에서 B점의 처짐과 처짐각은? (단, EI는 일정하다.)

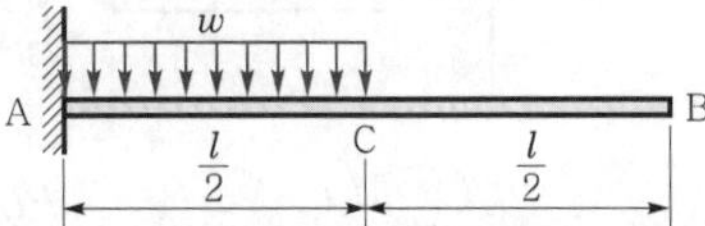

① $\dfrac{3wl^4}{384EI}$, $\dfrac{7wl^4}{384EI}$　② $\dfrac{5wl^4}{384EI}$, $\dfrac{9wl^4}{384EI}$

③ $\dfrac{11wl^4}{384EI}$, $\dfrac{7wl^3}{48EI}$　④ $\dfrac{7wl^4}{384EI}$, $\dfrac{wl^3}{48EI}$

해설 **공액보법**

㉠ $M_B{}' = \dfrac{wl^2}{8} \times \dfrac{l}{2} \times \dfrac{1}{3} \times \dfrac{7}{8}l = \dfrac{7wl^4}{384}$

$\therefore y_B = \dfrac{M_B{}'}{EI} = \dfrac{7wl^4}{384EI}$ (↓)

㉡ $S_B = \dfrac{wl^2}{8} \times \dfrac{l}{2} \times \dfrac{1}{3} = \dfrac{wl^3}{48}$

$\therefore \theta_B = \dfrac{S_B}{EI} = \dfrac{wl^3}{48EI}$ (시계방향)

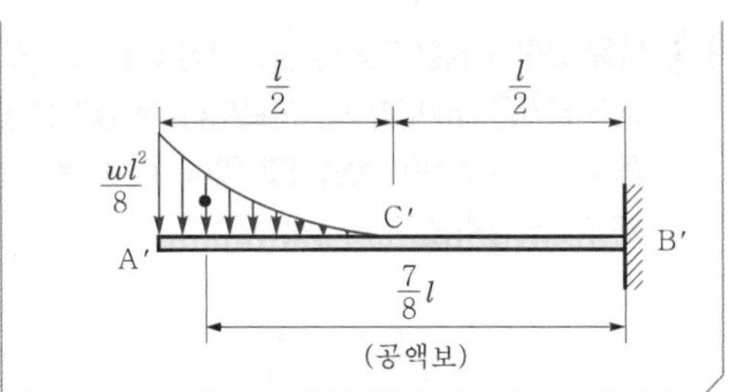

18 다음 그림과 같은 3활절 아치에서 D점에 연직하중 20kN이 작용할 때 A점에 작용하는 수평반력 H_A는?

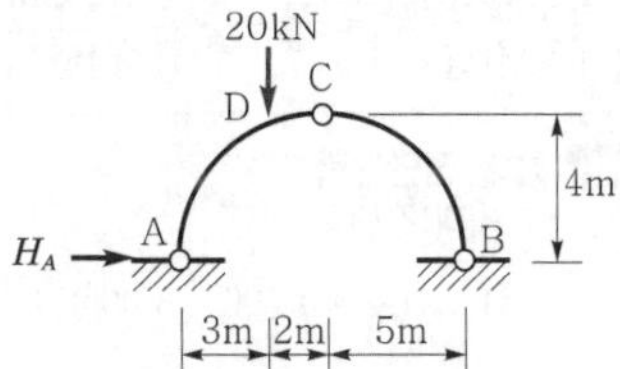

① 5.5kN　② 6.5kN

③ 7.5kN　④ 8.5kN

해설 **A점의 수평반력**

㉠ 연직반력

$\Sigma M_B = 0$

$V_A \times 10 - 20 \times 7 = 0$

$\therefore V_A = 14\text{kN}(\uparrow)$

㉡ 수평반력

$\Sigma M_C = 0$

$14 \times 5 - 20 \times 2 - H_A \times 4 = 0$

$\therefore H_A = 7.5\text{kN}(\rightarrow)$

19 다음 그림과 같이 길이 20m인 단순보의 중앙점 아래 10mm 떨어진 곳에 지점 C가 있다. 이 단순보가 등분포하중 w =1kN/m를 받는 경우 지점 C의 수직반력 R_{Cy}는? (단, EI=2.0×10^{14}N · mm^2)

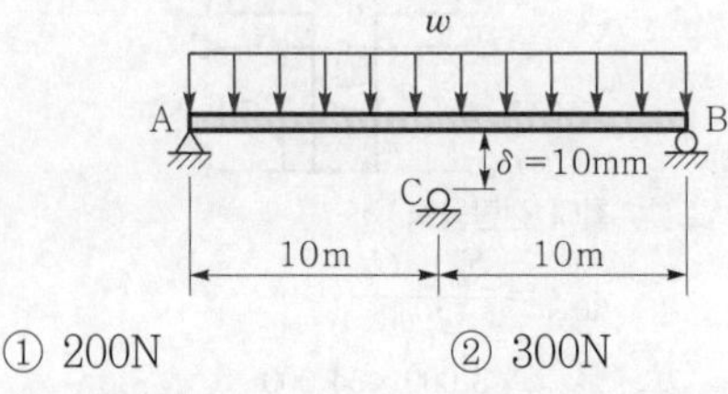

① 200N　② 300N

③ 400N　④ 500N

정답 16. ② 17. ④ 18. ③ 19. ④

해설 중첩의 원리

$w = 1\text{kN/m} = 1\text{N/mm},\ l = 20\text{m}$

$\delta_C = \delta_{C1} + \delta_{C2}$

$$10 = \frac{5wl^4}{384EI} - \frac{R_{Cy}l^3}{48EI}$$

$$\therefore\ R_{Cy} = \frac{240wl}{384} - \frac{48EI}{l^3} \times 10$$

$$= \frac{240 \times 1 \times 20{,}000}{384} - \frac{48 \times 2 \times 10^{14}}{20{,}000^3} \times 10$$

$$= 500\text{N}$$

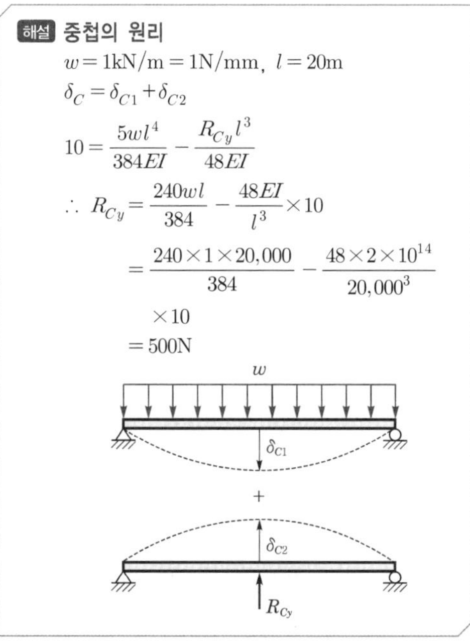

20 지름 20mm, 길이 3m의 연강원축(軟鋼圓軸)에 3,000kN의 인장하중을 작용시킬 때 길이가 1.4mm가 늘어났고, 지름이 0.0027mm 줄어들었다. 이때 전단탄성계수는 약 얼마인가?

① 2.63×10^3MPa ② 3.37×10^3MPa
③ 5.57×10^3MPa ④ 7.94×10^3MPa

해설 전단탄성계수

㉠ 탄성계수

$\sigma = E\varepsilon$

$$\therefore\ E = \frac{PL}{A\Delta l} = \frac{4 \times 3{,}000 \times 3{,}000}{\pi \times 20^2 \times 1.4}$$

$$= 2.0473 \times 10^4\text{MPa}$$

㉡ 푸아송비

$$\nu = -\frac{1}{m} = \frac{l\Delta d}{d\Delta l} = \frac{3{,}000 \times 0.0027}{20 \times 1.4} = 0.29$$

㉢ 전단탄성계수

$$G = \frac{E}{2(1+\nu)} = \frac{2.0473 \times 10^4}{2 \times (1 + 0.29)}$$

$$= 7.94 \times 10^3\text{MPa}$$

정답 20. ④

2024 제 1 회 토목기사 기출복원문제

2024년 2월 17일 시행

01 다음 그림과 같은 2경간 연속보에 등분포하중 $w=$ 400N/m가 작용할 때 전단력이 0이 되는 지점 A로부터의 위치(x)는?

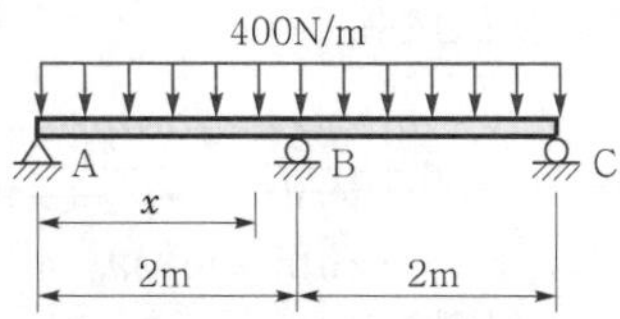

① 0.65m
② 0.75m
③ 0.85m
④ 0.95m

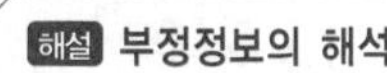

해설 부정정보의 해석

㉠ 지점반력

$$R_B=\frac{5}{4}wl=\frac{5}{4}\times0.4\times2=1\text{kN}(\uparrow)$$

$$R_A=\frac{3}{8}wl=\frac{3}{8}\times0.4\times2=0.3\text{kN}(\uparrow)$$

㉡ $S=0$인 위치

$$S_x=R_A-wx=0.3-0.4\times x=0$$

$$\therefore\ x=0.75\text{m}$$

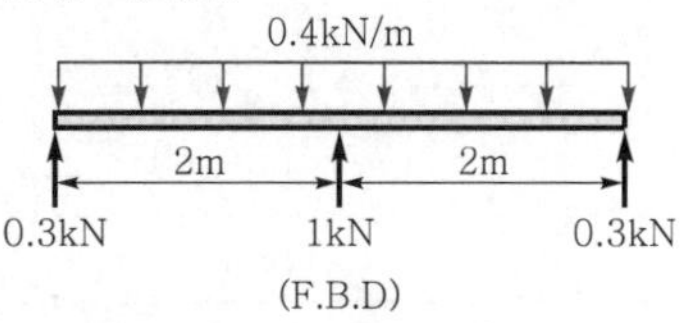

(F.B.D)

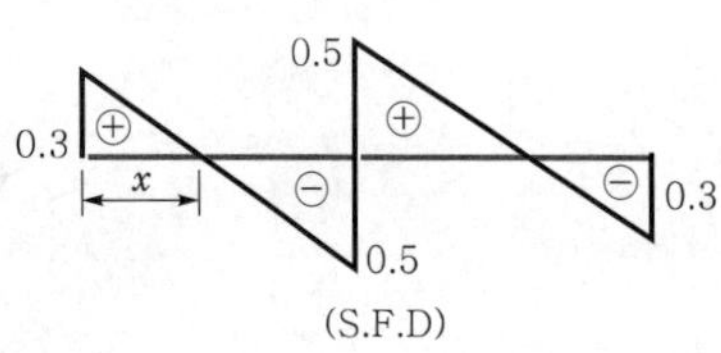

(S.F.D)

02 주어진 단면의 도심을 구하면?

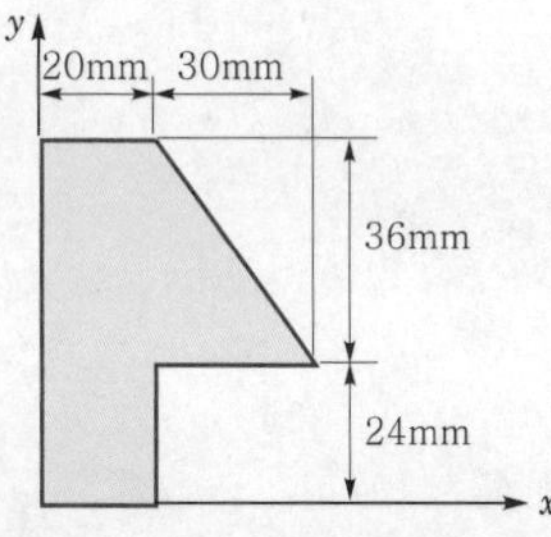

① $\bar{x}$=16.2mm, $\bar{y}$=31.9mm
② $\bar{x}$=31.9mm, $\bar{y}$=16.2mm
③ $\bar{x}$=14.2mm, $\bar{y}$=29.9mm
④ $\bar{x}$=29.9mm, $\bar{y}$=14.2mm

해설 단면의 도심

$$A_1=20\times(36+24)=1,200\text{mm}^2$$

$$A_2=\frac{1}{2}\times36\times30=540\text{mm}^2$$

$$G_{x1}=\frac{36+24}{2}\times1,200=36,000\text{mm}^3$$

$$G_{x2}=\left(24+\frac{36}{3}\right)\times540=19,440\text{mm}^3$$

$$G_{y1}=\frac{20}{2}\times1,200=12,000\text{mm}^3$$

$$G_{y2}=\left(20+\frac{30}{3}\right)\times540=16,200\text{mm}^3$$

$$\therefore\ \bar{x}=\frac{G_{y1}+G_{y2}}{A_1+A_2}=\frac{12,000+16,200}{1,200+540}=16.2\text{mm}$$

$$\therefore\ \bar{y}=\frac{G_{x1}+G_{x2}}{A_1+A_2}=\frac{36,000+19,440}{1,200+540}=31.9\text{mm}$$

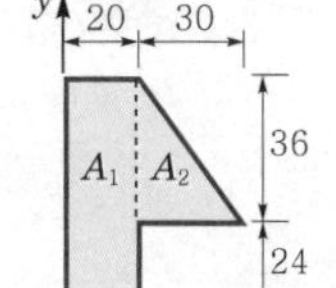

03 다음 그림과 같은 단순보에서 B단에 모멘트하중 M이 작용할 때 경간 AB 중에서 수직처짐이 최대가 되는 지점의 거리 x는? (단, EI는 일정하다.)

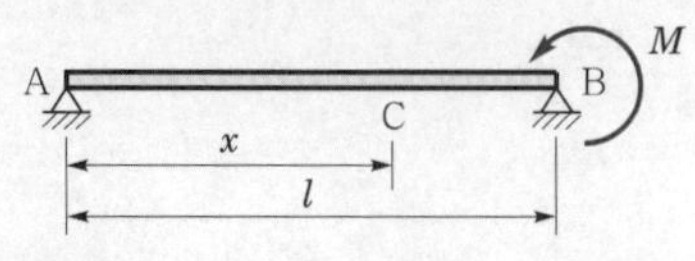

① $x=0.500l$
② $x=0.577l$
③ $x=0.667l$
④ $x=0.750l$

정답 1. ② 2. ① 3. ②

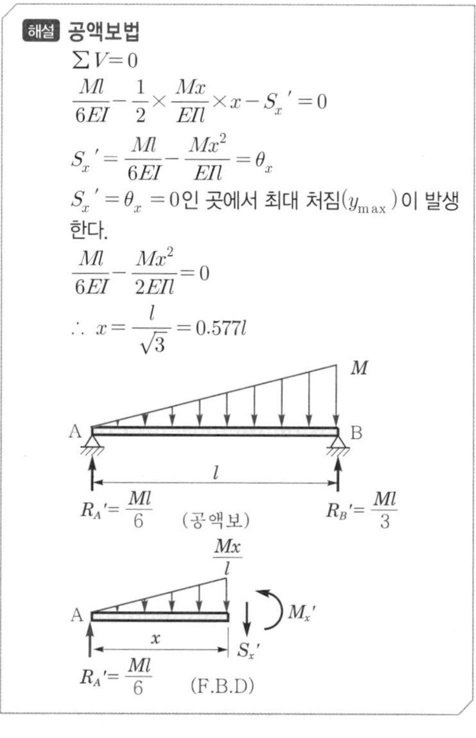

해설 공액보법

$\sum V=0$

$$\frac{Ml}{6EI}-\frac{1}{2}\times\frac{Mx}{EIl}\times x-S_x{}'=0$$

$$S_x{}'=\frac{Ml}{6EI}-\frac{Mx^2}{EIl}=\theta_x$$

$S_x{}'=\theta_x=0$인 곳에서 최대 처짐($y_{\max}$)이 발생한다.

$$\frac{Ml}{6EI}-\frac{Mx^2}{2EIl}=0$$

$$\therefore\ x=\frac{l}{\sqrt{3}}=0.577l$$

04 다음 그림과 같은 강재 구조물이 있다. AC, BC부재의 단면적은 각각 100mm², 200mm²이고 연직하중 $P=$ 9kN이 작용할 때 C점의 연직처짐을 구한 값은? (단, 강재의 종탄성계수$=2.05\times10^5$MPa)

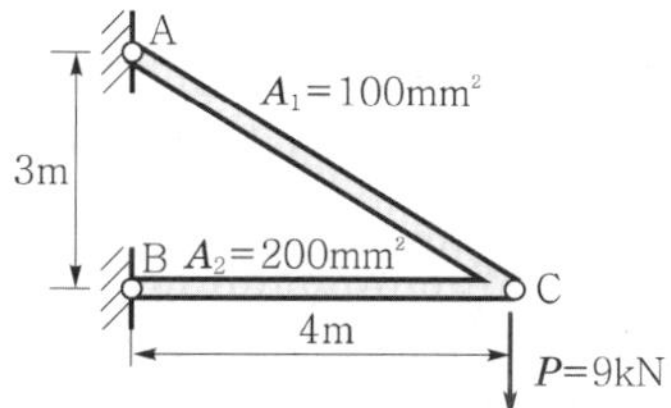

① 1.022cm ② 0.766cm
③ 0.518cm ④ 0.383cm

해설 가상일의 방법

㉠ 작용하는 하중에 의한 부재력(F)

$\sum V=0$

$$\frac{3}{5}F_1-9=0$$

$\therefore\ F_1=15\text{kN}$

$\sum H=0$

$$-\frac{4}{5}F_1-F_2=0$$

$$\therefore\ F_2=-\frac{4}{5}F_1=-\frac{4}{5}\times15=-12\text{kN}$$

㉡ 단위하중에 의한 부재력(f)

$\sum V=0$

$$\frac{3}{5}f_1-1=0$$

$$\therefore\ f_1=\frac{5}{3}$$

$\sum H=0$

$$-\frac{4}{5}f_1-f_2=0$$

$$\therefore\ f_2=-\frac{4}{5}f_1=-\frac{4}{5}\times\frac{5}{3}=-\frac{4}{3}$$

㉢ C점의 연직변위

$$y_C=\sum\frac{fFL}{EA}$$

$$=\frac{\frac{5}{3}\times15\times10^3\times5{,}000}{2.05\times10^5\times100}+\frac{-\frac{4}{3}\times(-12)\times10^3\times4{,}000}{2.05\times10^5\times200}$$

$=7.6586\text{mm}=0.766\text{cm}(\downarrow)$

05 단면 40mm×40mm의 부재에 5kN의 전단력을 작용시켜 전단변형도가 0.001rad일 때 전단탄성계수(G)는?

① 312.5MPa
② 3,125MPa
③ 31,250MPa
④ 312,500MPa

해설 전단탄성계수

$$G=\frac{\tau}{\gamma}=\frac{S}{\gamma A}=\frac{5{,}000}{0.001\times40\times40}=3{,}125\text{MPa}$$

06 다음 그림과 같이 C점이 내부 힌지로 구성된 게르버보에서 B지점에 발생하는 모멘트의 크기는?

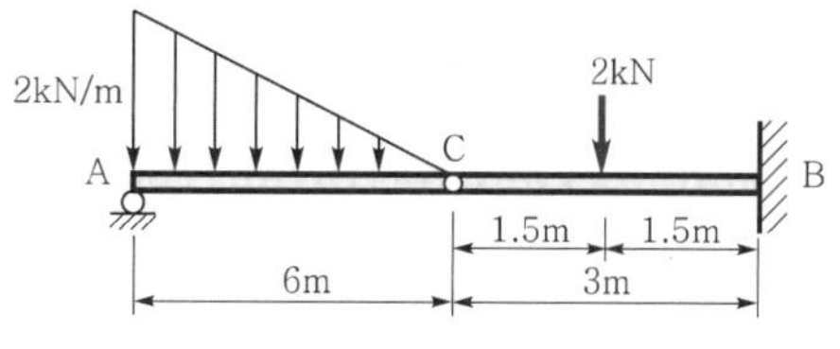

① 9kN · m ② 6kN · m
③ 3kN · m ④ 1kN · m

정답 4. ② 5. ② 6. ①

해설 B점의 휨모멘트

㉠ 보 AC구간

$\Sigma M_A = 0$

$-R_C \times 6 + \frac{1}{2} \times 2 \times 6 \times 2 = 0$

$\therefore R_C = 2\text{kN}(\uparrow)$

㉡ 보 CB구간

$M_B = -2 \times 3 - 2 \times 1.5 = -9\text{kN}\cdot\text{m}$

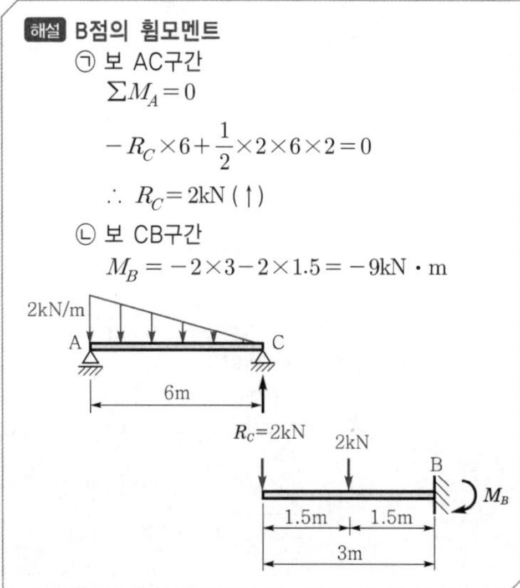

07 다음 그림과 같이 재료와 단면이 같은 두 개의 외팔보가 있다. 이때 보 (A)에 저장되는 변형에너지는 보 (B)에 저장되는 변형에너지의 몇 배인가?

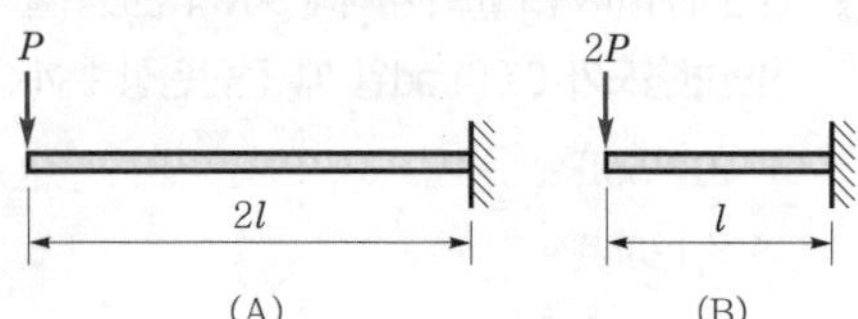

① 0.5배 ② 1배
③ 2배 ④ 4배

해설 탄성변형에너지

㉠ 보 (A)에 저장되는 변형에너지

$$U_A = W_e = \frac{1}{2}P\delta_A = \frac{P}{2} \times \frac{P \times (2l)^3}{3EI} = \frac{4P^2 l^3}{3EI}$$

㉡ 보 (B)에 저장되는 변형에너지

$$U_B = W_e = \frac{1}{2}P'\delta_B = \frac{2P}{2} \times \frac{2Pl^3}{3EI} = \frac{2P^2L^3}{3EI}$$

$\therefore U_A = 2U_B$

08 지간 10m인 단순보 위를 1개의 집중하중 P=20kN이 통과할 때 이 보에 생기는 최대 전단력 S와 최대 휨모멘트 M이 옳게 된 것은?

① S=10kN, M=50kN·m
② S=10kN, M=100kN·m
③ S=20kN, M=50kN·m
④ S=20kN, M=100kN·m

해설 이동집중하중의 단면력

㉠ 최대 전단력은 하중이 지점에 위치할 때 발생한다.

S_{max} =20kN

㉡ 최대 휨모멘트는 하중이 중앙에 위치할 때 발생한다.

$$M_{max} = \frac{Pl}{4} = \frac{20 \times 10}{4} = 50\text{kN}\cdot\text{m}$$

09 다음 부정정보에서 B점의 반력은?

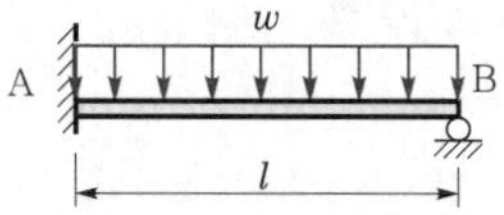

① $\frac{5}{16}wl(\uparrow)$ ② $\frac{3}{4}wl(\uparrow)$
③ $\frac{3}{8}wl(\uparrow)$ ④ $\frac{3}{16}wl(\uparrow)$

해설 변위(변형)일치법

㉠ $R_A = \frac{5}{8}wl(\uparrow)$, $R_B = \frac{3}{8}wl(\uparrow)$

㉡ $M_A = -\frac{wl^2}{8}$

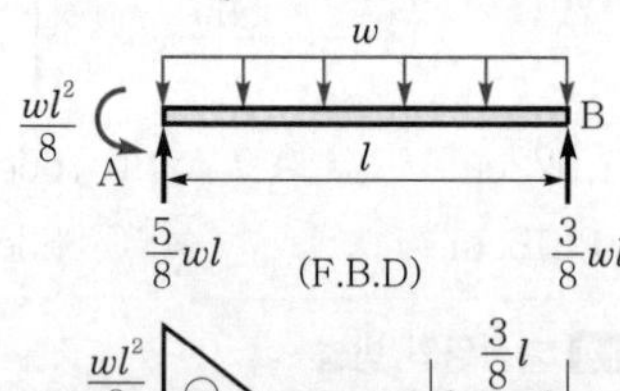

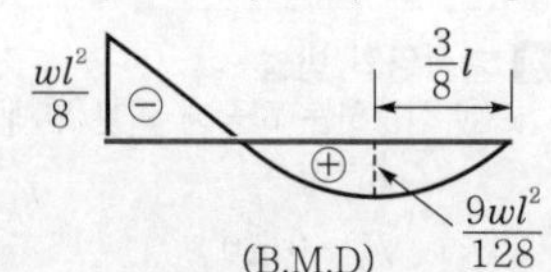

정답 7. ③ 8. ③ 9. ③

10 장주의 탄성좌굴하중(elastic buckling load) P_{cr}은 다음과 같다. 기둥의 각 지지조건에 따른 n의 값으로 틀린 것은? (단, E : 탄성계수, I : 단면2차모멘트, l : 기둥의 높이)

$$\frac{n\pi^2 EI}{l^2}$$

① 양단 힌지 : $n=1$
② 양단 고정 : $n=4$
③ 일단 고정 타단 자유 : $n=1/4$
④ 일단 고정 타단 힌지 : $n=1/2$

해설 **장주의 강도계수(n)**

지지조건에 따라 $n=\frac{1}{4}:1:2:4$

∴ ④의 경우 $n=2$

11 다음 중 정(+)의 값뿐만 아니라 부(−)의 값도 갖는 것은?

① 단면계수 ② 단면2차모멘트
③ 단면2차반경 ④ 단면상승모멘트

해설 단면의 성질에서 정(+)과 부(−)의 값을 모두 갖는 것은 단면1차모멘트와 단면상승모멘트이다.

12 길이가 3m이고, 가로 20cm, 세로 30cm인 직사각형 단면의 기둥이 있다. 이 기둥의 세장비는?

① 1.6 ② 3.3
③ 52.0 ④ 60.7

해설 **기둥의 세장비**

㉠ 최소 회전반지름(h : 작은 값)

$$r=\sqrt{\frac{I}{A}}=\frac{h}{\sqrt{12}}=\frac{20}{\sqrt{12}}=5.7735\text{cm}$$

㉡ 세장비

$$\lambda=\frac{L}{r}=\frac{300}{5.7735}\fallingdotseq 52\le 100$$

∴ 단주

13 다음 단면에 전단력 V=75kN이 작용할 때 최대 전단응력은?

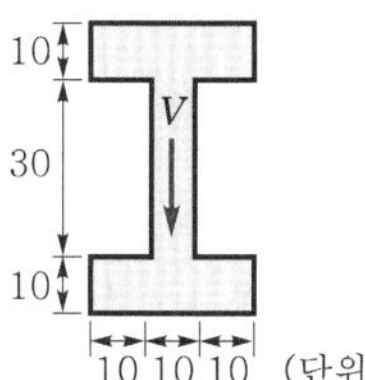

① 83MPa ② 150MPa
③ 200MPa ④ 250MPa

해설 **최대 전단응력**

$$G_x=(30\times10)\times\left(15+\frac{10}{2}\right)+(10\times15)\times\frac{15}{2}$$
$$=7{,}125\text{mm}^3$$

$$I_x=\frac{BH^3}{12}-\frac{bh^3}{12}=\frac{30\times50^3}{12}-\frac{2\times10\times30^3}{12}$$
$$=267{,}500\text{mm}^4$$

$$\therefore\ \tau_{\max}=\frac{VG}{Ib}=\frac{(75\times10^3)\times7{,}125}{267{,}500\times10}$$
$$\fallingdotseq 200\text{MPa}$$

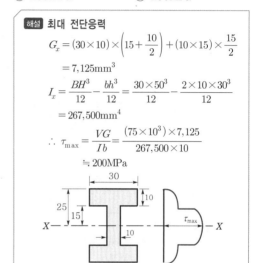

30, 10, 25, 15, 10, X, X, $\tau_{\max}$

14 다음 그림과 같이 케이블(cable)에 500kN의 추가 매달려 있다. 이 추의 중심선이 구멍의 중심축상에 있게 하려면 A점에 작용할 수평력 P의 크기는 얼마가 되어야 하는가?

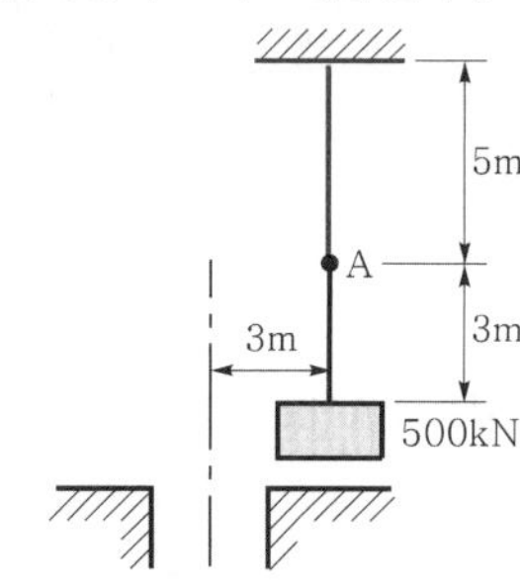

① 300kN ② 350kN
③ 400kN ④ 375kN

정답 10. ④ 11. ④ 12. ③ 13. ③ 14. ④

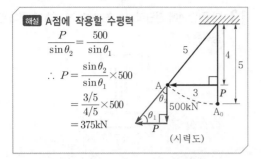

해설 A점에 작용할 수평력

$$\frac{P}{\sin\theta_2} = \frac{500}{\sin\theta_1}$$

$$\therefore P = \frac{\sin\theta_2}{\sin\theta_1} \times 500 = \frac{3/5}{4/5} \times 500 = 375\text{kN}$$

(시력도)

15 다음과 같이 양단 고정보 AB에 3kN/m의 등분포하중과 10kN의 집중하중이 작용할 때 A점의 휨모멘트를 구하면?

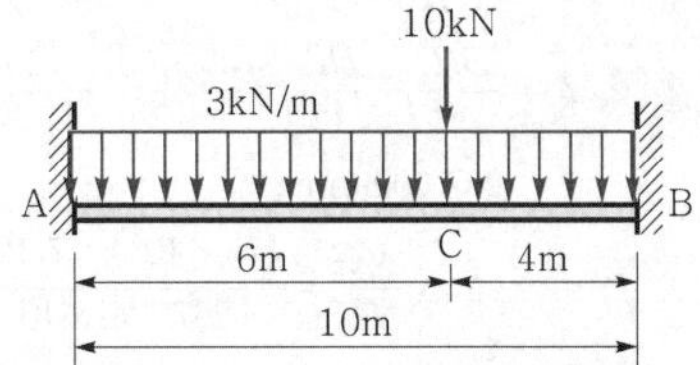

① −31.7kN · m ② −34.6kN · m
③ −37.4kN · m ④ −39.6kN · m

해설 중첩의 원리

㉠ 등분포하중에 의한 A점의 휨모멘트

$$M_{A1} = -\frac{wl^2}{12}$$

㉡ 집중하중에 의한 A점의 휨모멘트

$$M_{A2} = -\frac{Pab^2}{l^2}$$

㉢ A점의 최종 휨모멘트

$$M_A = M_{A1} + M_{A2} = -\left(\frac{wl^2}{12} + \frac{Pab^2}{l^2}\right) = -\left(\frac{3\times10^2}{12} + \frac{10\times6\times4^2}{10^2}\right) = -34.6\text{kN}\cdot\text{m}$$

16 다음 아치에서 A점의 수평반력은?

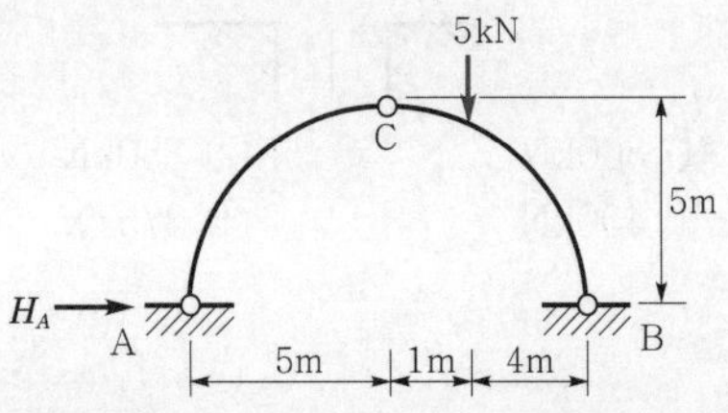

① 1kN ② 2kN
③ 2.5kN ④ 3kN

해설 A점의 수평반력

㉠ 연직반력

$$\Sigma M_B = 0$$

$$V_A \times 10 - 5 \times 4 = 0$$

$$\therefore V_A = 2\text{kN}(\uparrow)$$

㉡ 수평반력

$$\Sigma M_C = 0$$

$$2 \times 5 - H_A \times 5 = 0$$

$$\therefore H_A = 2\text{kN}(\rightarrow)$$

17 다음 그림과 같은 트러스에서 부재 AB의 부재력은?

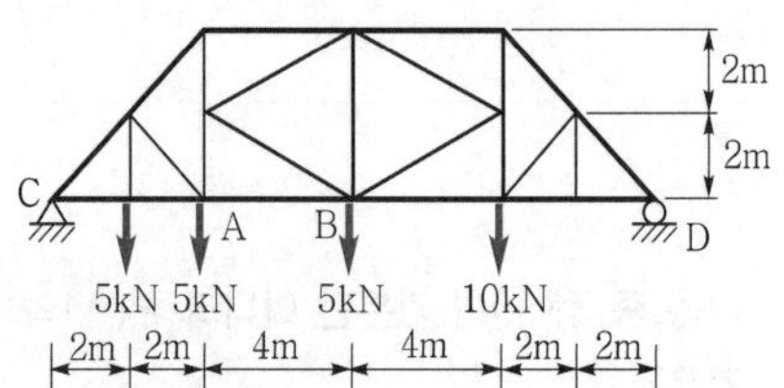

① 10.625kN(인장) ② 15.05kN(인장)
③ 15.05kN(압축) ④ 10.625kN(압축)

해설 $\overline{AB}$의 부재력

㉠ 반력

$$\Sigma M_D = 0$$

$$R_C \times 16 - 5 \times 14 - 5 \times 12 - 5 \times 8 - 10 \times 4 = 0$$

$$\therefore R_C = 13.125\text{kN}(\uparrow)$$

㉡ 부재력

$$\Sigma M_E = 0$$

$$13.125 \times 4 - 5 \times 2 - \overline{AB} \times 4 = 0$$

$$\therefore \overline{AB} = 10.625\text{kN(인장)}$$

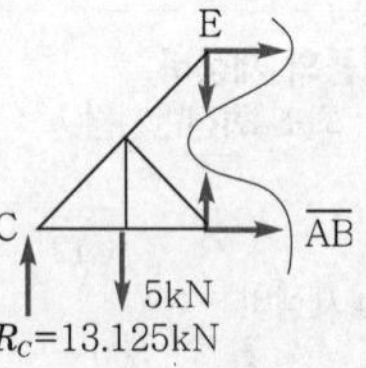

정답 15. ② 16. ② 17. ①

18 다음 그림과 같은 내민보에 발생하는 최대 휨모멘트를 구하면?

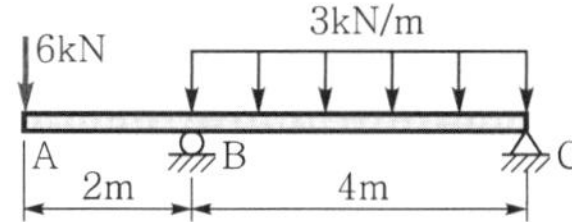

① $-8\text{kN}\cdot\text{m}$　　② $-12\text{kN}\cdot\text{m}$
③ $-16\text{kN}\cdot\text{m}$　　④ $-20\text{kN}\cdot\text{m}$

> **해설** 지점 B에서 최대 휨모멘트가 발생한다.
> $\therefore M_B = M_{\max} = -6\times2 = -12\text{kN}\cdot\text{m}$

19 탄성계수가 E, 푸아송비가 ν인 재료의 체적탄성계수 K는?

① $K=\dfrac{E}{2(1-\nu)}$　　② $K=\dfrac{E}{2(1-2\nu)}$
③ $K=\dfrac{E}{3(1-\nu)}$　　④ $K=\dfrac{E}{3(1-2\nu)}$

> **해설** 체적탄성계수
> $$K=\frac{E}{3(1-2\nu)}=\frac{E}{3\left(1-\dfrac{2}{m}\right)}=\frac{mE}{3(m-2)}$$

20 다음 그림에서 블록 A를 뽑아내는 데 필요한 힘 P는?

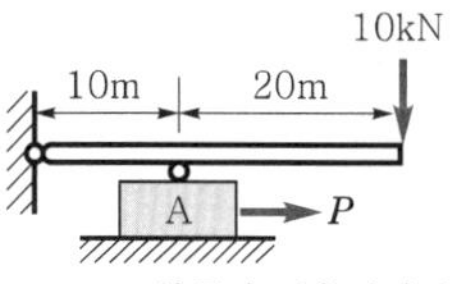

① 4kN 이상　　② 8kN 이상
③ 10kN 이상　　④ 12kN 이상

> **해설** 필요한 힘(P)
> ㉠ 마찰면 A점에 작용하는 수직항력
> $\Sigma M_C = 0$
> $N\times10 = 10\times30$
> $\therefore N = 30\text{kN}$
> ㉡ 필요한 힘
> $P \geq R = \mu N = 0.4\times30 = 12\text{kN}$

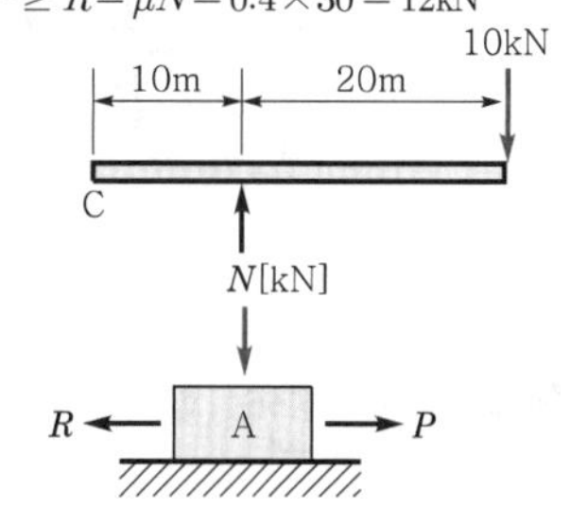

정답 18. ② 19. ④ 20. ④

2024 제 2 회 토목기사 기출복원문제

2024년 5월 11일 시행

01 다음 그림과 같이 강선과 동선으로 조립되어 있는 구조물에 200kN의 하중이 작용하면 동선에 발생하는 힘은? (단, 강선과 동선의 단면적은 같고, 각각의 탄성계수는 강선이 2.0×10⁵MPa이고, 동선이 1.0×10⁵MPa이다.)

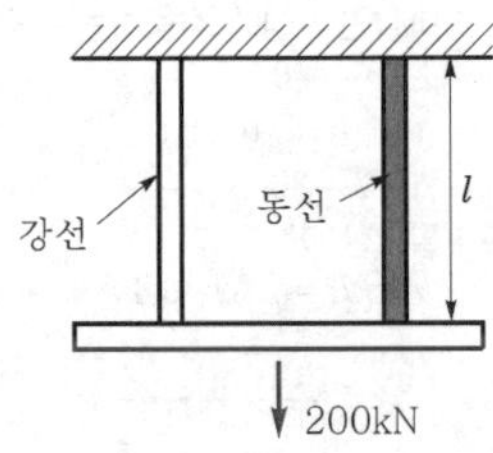

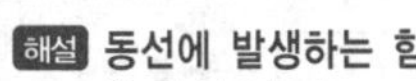

① 100.0kN ② 133.3kN
③ 66.7kN ④ 33.3kN

해설 동선에 발생하는 힘

㉠ 탄성계수비

$$n=\frac{E_s}{E_c}=\frac{2.0\times10^5}{1.0\times10^5}=2$$

$$A_c=A_s$$

㉡ 동선에 발생하는 힘

$$\sigma_c=\frac{P}{A_c+nA_s}=\frac{200}{A_c+2A_c}=\frac{200}{3A_c}$$

$$\therefore\ P_c=\sigma_cA_c=\frac{200}{3A_c}\times A_c=66.7\text{kN}$$

02 다음 그림과 같이 밀도가 균일하고 무게가 W인 구가 마찰이 없는 두 벽면 사이에 놓여 있을 때 반력 R_B의 크기는?

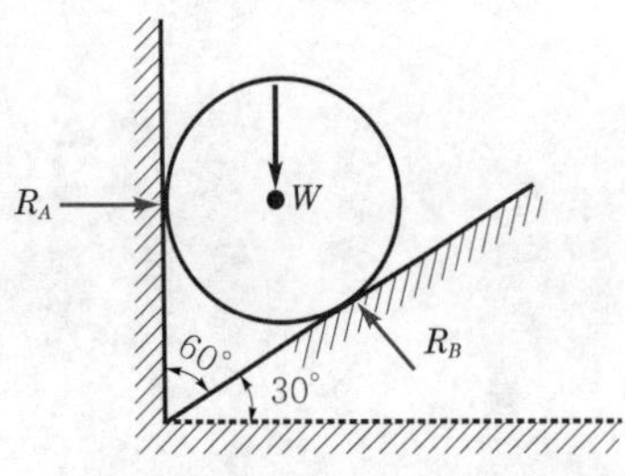

① $0.5W$ ② $0.577W$
③ $0.866W$ ④ $1.155W$

해설 반력의 크기

$$\frac{W}{\sin60^\circ}=\frac{R_B}{\sin90^\circ}$$

$$\therefore\ R_B=\frac{\sin90^\circ}{\sin60^\circ}W=\frac{2}{\sqrt3}W=1.155W$$

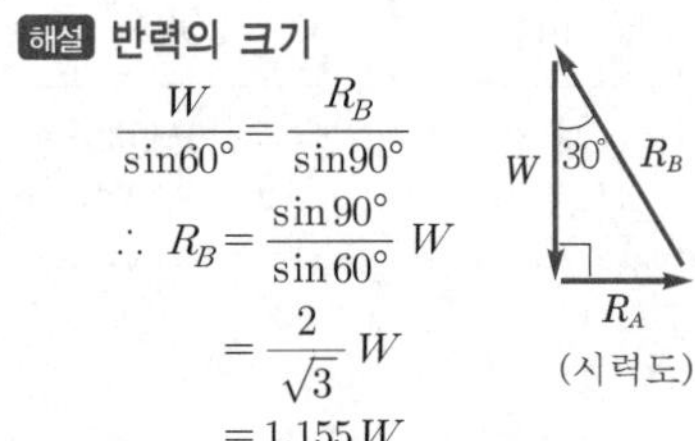

03 지름 D인 원형 단면보에 휨모멘트 M이 작용할 때 휨응력은?

① $\dfrac{16M}{\pi D^3}$ ② $\dfrac{6M}{\pi D^3}$
③ $\dfrac{32M}{\pi D^3}$ ④ $\dfrac{64M}{\pi D^3}$

해설 최대 휨응력

$$I=\frac{\pi D^4}{64}=\frac{\pi r^4}{4},\ y=\frac{D}{2}$$

$$\therefore\ \sigma=\frac{M}{I}y=\frac{64M}{\pi D^4}\times\frac{D}{2}=\frac{32M}{\pi D^3}$$

04 다음 그림과 같은 트러스에서 부재력이 0인 부재는 몇 개인가?

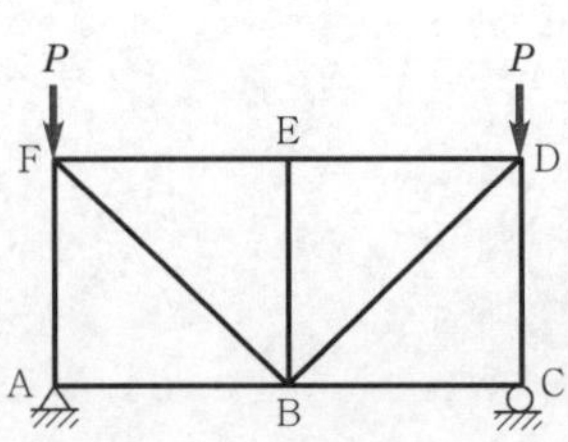

① 3개 ② 4개
③ 5개 ④ 7개

정답 1. ③ 2. ④ 3. ③ 4. ④

해설 영부재

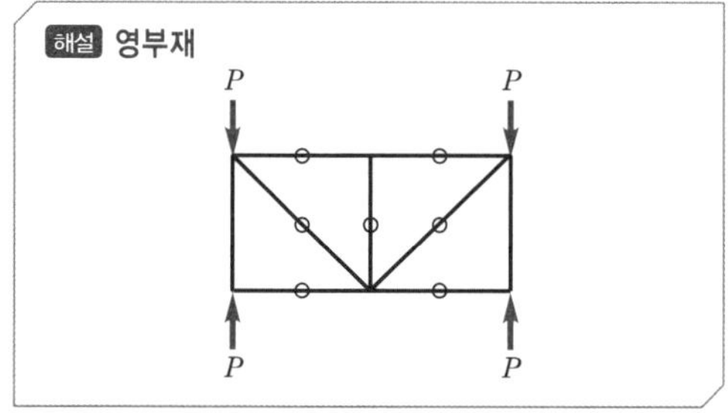

05 주어진 T형보 단면의 캔틸레버에서 최대 전단응력을 구하면 얼마인가? (단, T형보 단면의 $I_{N.A}$ =86.8mm^4 이다.)

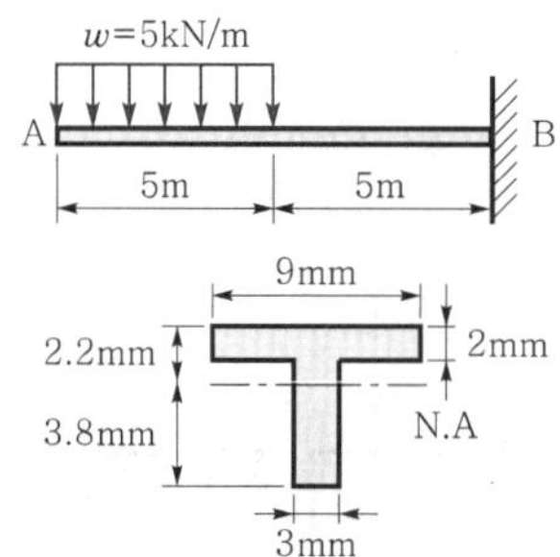

① 1,256.8MPa ② 1,797.2MPa
③ 2,079.5MPa ④ 2,432.2MPa

해설 최대 전단응력
㉠ 단면의 성질
$I_G = 86.8\text{mm}^4$, $b = 3\text{mm}$
$S_{max} = wl_1 = 5\times5 = 25\text{kN}$
$G = 3\times3.8\times\dfrac{3.8}{2} = 21.66\text{mm}^3$
㉡ 최대 전단응력
$$\tau_{max} = \frac{S_{max}G}{I_G b} = \frac{25\times10^3\times21.66}{86.8\times3}$$
$=2{,}079.5\text{MPa}$

06 다음 그림과 같은 연속보가 있다. B점과 C점 중간에 10kN의 하중이 작용할 때 B점에서의 휨모멘트 M은? (단, 탄성계수 E와 단면2차모멘트 I는 전 구간에 걸쳐 일정하다.)

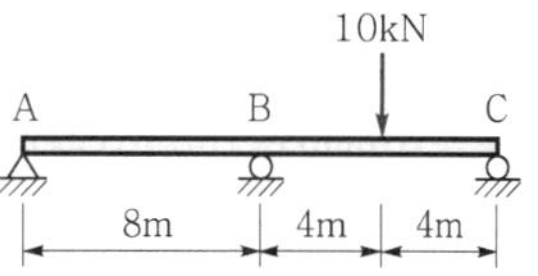

① $-5\text{kN}\cdot\text{m}$ ② $-7.5\text{kN}\cdot\text{m}$
③ $-10\text{kN}\cdot\text{m}$ ④ $-15\text{kN}\cdot\text{m}$

해설 3연 모멘트법
㉠ 경계조건
$M_A = M_C = 0$, $\delta = 0 \rightarrow \beta = 0$, $I_1 = I_2 = I$, $l_1 = l_2 = l$, $\theta_{21} = 0$
㉡ B점의 휨모멘트
$$M_1\frac{l_1}{I_1} + 2M_2\left(\frac{l_1}{I_1} + \frac{l_2}{I_2}\right) + M_3\frac{l_2}{I_2}$$
$$= 6E(\theta_{21} - \theta_{23}) + 6E(\beta_{21} - \beta_{23})$$
$$0 + 2M_B\left(\frac{l}{I} + \frac{l}{I}\right) + 0 = 6E\left(0 - \frac{Pl^2}{16EI}\right) + 0$$
$$\therefore\ M_B = -\frac{3Pl}{32} = -\frac{3\times10\times8}{32}$$
$= -7.5\text{kN}\cdot\text{m}$

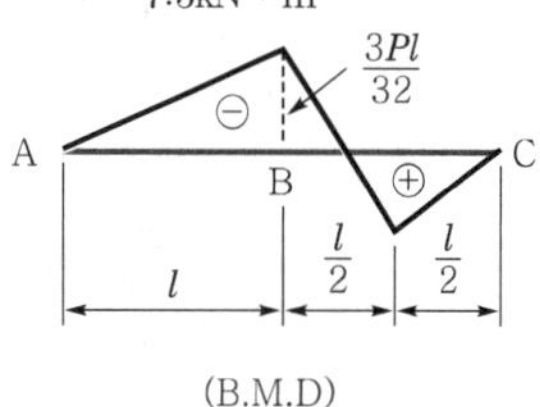

(B.M.D)

07 "탄성체가 가지고 있는 탄성변형에너지를 작용하고 있는 하중으로 편미분하면 그 하중점에서의 작용방향의 변위가 된다"는 것은?

① 맥스웰의 상반정리이다.
② 모어의 모멘트 면적정리이다.
③ 카스틸리아노의 제2정리이다.
④ 클라페이론의 3연 모멘트법이다.

해설 Castigliano의 제2정리
변형에너지의 어느 특정한 힘(또는 우력)에 관한 1차 편도함수는 그 힘의 작용점에서 작용선방향의 처짐(또는 기울기)과 같다.
$$\delta_i = \frac{\partial W_i}{\partial P_i}$$

정답 5. ③ 6. ② 7. ③

08 다음 그림과 같은 구조물에서 부재 AB가 받는 힘의 크기는?

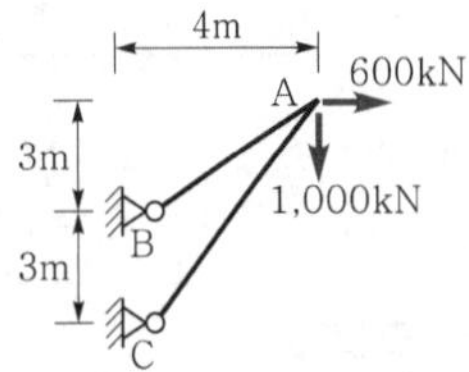

① 3,166.7kN ② 3,274.2kN
③ 3,368.5kN ④ 3,485.4kN

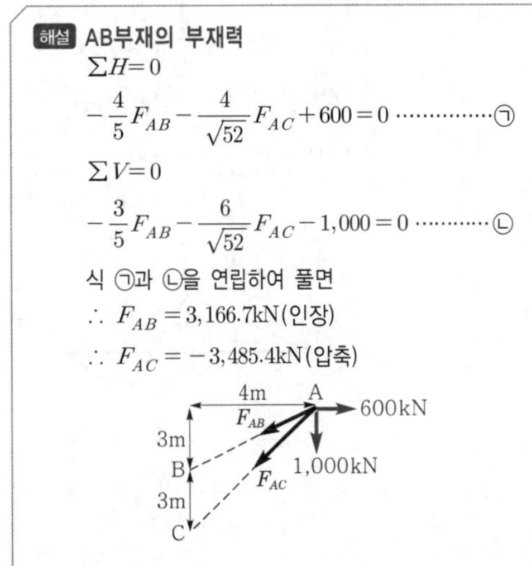

해설 AB부재의 부재력

$\Sigma H=0$

$-\dfrac{4}{5}F_{AB}-\dfrac{4}{\sqrt{52}}F_{AC}+600=0$ ⋯⋯⋯⋯⋯㉠

$\Sigma V=0$

$-\dfrac{3}{5}F_{AB}-\dfrac{6}{\sqrt{52}}F_{AC}-1{,}000=0$ ⋯⋯⋯⋯㉡

식 ㉠과 ㉡을 연립하여 풀면

$\therefore\ F_{AB}=3{,}166.7\text{kN}$(인장)

$\therefore\ F_{AC}=-3{,}485.4\text{kN}$(압축)

09 다음 라멘의 B.M.D는?

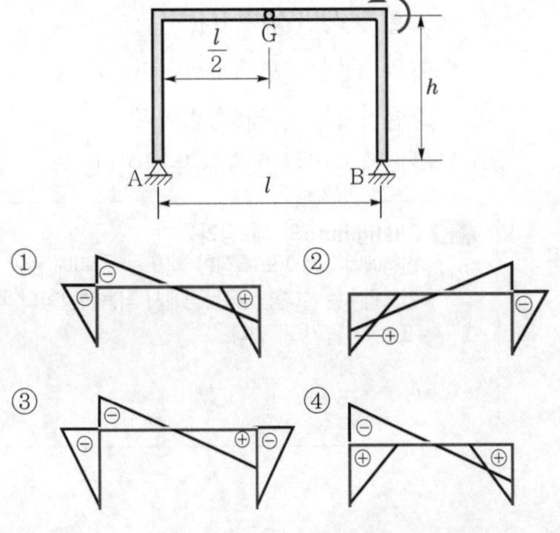

해설 단면력도

㉠ 연직반력

$\Sigma M_B=0$

$V_A\times l-M=0$

$\therefore\ V_A=\dfrac{M}{l}\ (\uparrow)$

$\Sigma V=0$

$V_A-V_B=0$

$\therefore\ V_B=\dfrac{M}{l}\ (\downarrow)$

㉡ 수평반력

$\Sigma M_G=0$

$\dfrac{M}{l}\times\dfrac{l}{2}-H_A\times h=0$

$\therefore\ H_A=\dfrac{M}{2h}\ (\rightarrow)$

$\Sigma H=0$

$\dfrac{M}{2h}-H_B=0$

$\therefore\ H_B=\dfrac{M}{2h}\ (\leftarrow)$

㉢ 단면력도

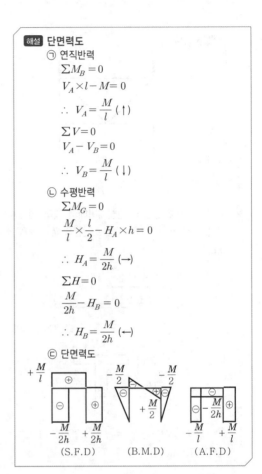

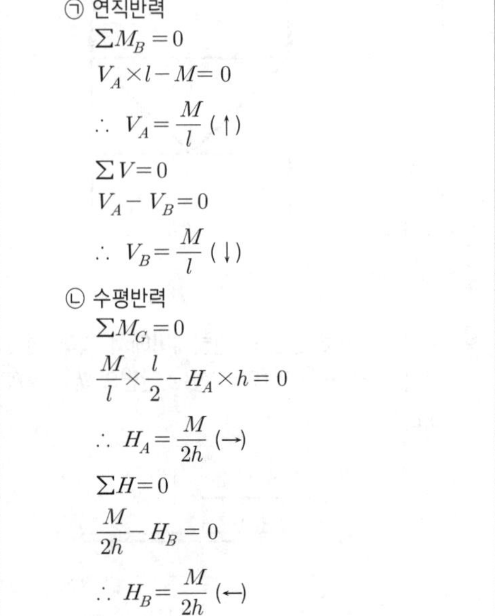

10 중앙에 집중하중 P를 받는 다음 그림과 같은 단순보에서 지점 A로부터 $l/4$인 지점(점 D)의 처짐각(θ_D)과 수직처짐량(δ_D)은? (단, EI는 일정하다.)

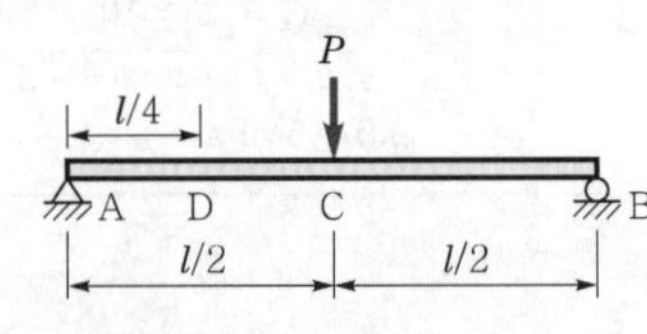

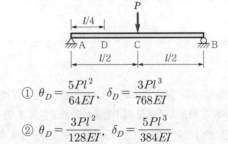

① $\theta_D=\dfrac{5Pl^2}{64EI},\ \delta_D=\dfrac{3Pl^3}{768EI}$

② $\theta_D=\dfrac{3Pl^2}{128EI},\ \delta_D=\dfrac{5Pl^3}{384EI}$

③ $\theta_D=\dfrac{3Pl^2}{64EI},\ \delta_D=\dfrac{11Pl^3}{768EI}$

④ $\theta_D=\dfrac{3Pl^2}{128EI},\ \delta_D=\dfrac{11Pl^3}{384EI}$

정답 8. ① 9. ③ 10. ③

해설 D점의 처짐과 처짐각

㉠ 공액보에서 단면력

$$R_A = \frac{1}{2} \times \frac{l}{2} \times \frac{Pl}{4} = \frac{Pl^2}{16}$$

$$P_1 = \frac{1}{2} \times \frac{l}{4} \times \frac{Pl}{8} = \frac{Pl^2}{64}$$

$$\therefore S_D = \frac{Pl^2}{16} - \frac{Pl^2}{64} = \frac{3Pl^2}{64}$$

$$\therefore M_D = \frac{Pl^2}{16} \times \frac{l}{4} - \frac{Pl^2}{64} \times \frac{l}{4} \times \frac{2}{3} = \frac{Pl^3}{64} - \frac{Pl^3}{384} = \frac{5Pl^3}{384}$$

㉡ D점의 처짐과 처짐각

$$\theta_D = \frac{S_D}{EI} = \frac{3Pl^2}{64EI}$$

$$\delta_D = \frac{M_D}{EI} = \frac{5Pl^3}{384EI}$$

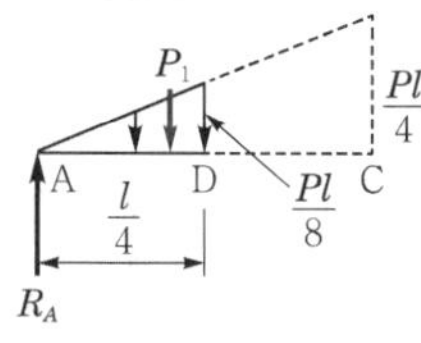

11 양단이 고정된 기둥에 축방향력에 의한 좌굴하중 P_{cr}을 구하면? (단, E : 탄성계수, I : 단면2차모멘트, L : 기둥의 길이)

① $P_{cr} = \dfrac{\pi^2 EI}{L^2}$　② $P_{cr} = \dfrac{\pi^2 EI}{2L^2}$

③ $P_{cr} = \dfrac{\pi^2 EI}{4L^2}$　④ $P_{cr} = \dfrac{4\pi^2 EI}{L^2}$

해설 장주의 좌굴하중(임계하중)

강도계수 $n = \frac{1}{4} : 1 : 2 : 4$에서 $n=4$

$$\therefore P_{cr} = \frac{n\pi^2 EI}{l^2} = \frac{4\pi^2 EI}{l^2}$$

12 다음 그림과 같은 부정정보에 집중하중이 작용할 때 A점의 휨모멘트 M_A를 구한 값은?

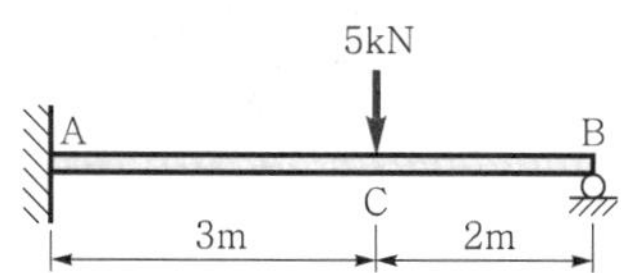

① $-5.7\text{kN}\cdot\text{m}$　② $-3.6\text{kN}\cdot\text{m}$

③ $-4.2\text{kN}\cdot\text{m}$　④ $-2.6\text{kN}\cdot\text{m}$

해설 부정정보의 단면력

㉠ A점의 휨모멘트

$$M_{AB} = -\frac{Pab(l+b)}{2l^2} = -\frac{5\times3\times2\times(5+2)}{2\times5^2} = -4.2\text{kN}\cdot\text{m}$$

㉡ B점의 반력(전단력)

$$R_B = \frac{Pa^2(3l-a)}{2l^3} = \frac{5\times3^2\times(3\times5-3)}{2\times5^3} = 2.16\text{kN}(\uparrow)$$

13 탄성계수 $E = 2.1\times10^5$MPa, 푸아송비 $\nu = 0.25$일 때 전단탄성계수의 값은?

① 8.4×10^4MPa　② 10.5×10^4MPa

③ 16.8×10^4MPa　④ 21.0×10^4MPa

해설 전단탄성계수

$$G = \frac{E}{2(1+\nu)} = \frac{2.1\times10^5}{2\times(1+0.25)} = 8.4\times10^4\text{MPa}$$

14 다음 그림과 같은 단순보에서 B점에 모멘트하중이 작용할 때 A점과 B점의 처짐각의 비($\theta_A : \theta_B$)는?

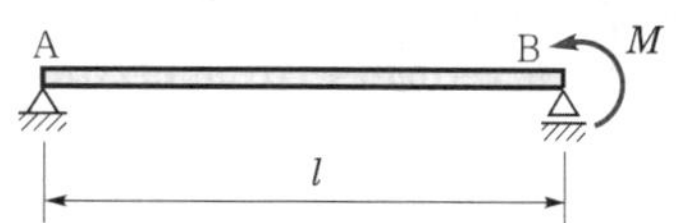

① 1 : 2　② 2 : 1

③ 1 : 3　④ 3 : 1

해설 처짐각의 비

㉠ 처짐각 일반식

$$\theta_A = \frac{l}{6EI}(2M_A + M_B)$$

$$\theta_B = \frac{l}{6EI}(M_A + 2M_B)$$

㉡ $M_A = 0$, $M_B = M$

$$\theta_A = \frac{l}{6EI}M$$

$$\theta_B = \frac{l}{6EI}2M$$

$$\therefore \theta_A : \theta_B = 1 : 2$$

정답 11. ④　12. ③　13. ①　14. ①

15 다음 그림과 같은 단주에 편심하중이 작용할 때 최대 압축응력은?

① 1,387.5kN/m²
② 1,726.5kN/m²
③ 2,457.5kN/m²
④ 3,176.5kN/m²

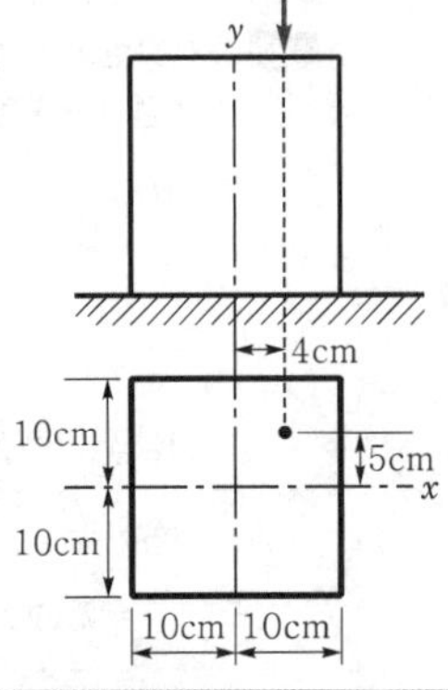

해설 **최대 압축응력(2축편심)**

$$\sigma_{\max} = \frac{P}{A} + \frac{Pe_y}{z_x} + \frac{Pe_x}{z_y}$$
$$= \frac{15}{0.2\times0.2} + \frac{6\times15\times0.05}{0.2\times0.2^2} + \frac{6\times15\times0.04}{0.2\times0.2^2}$$
$$= 1{,}387.5\text{kN/m}^2$$

16 다음 그림과 같은 보에서 A지점의 반력은?

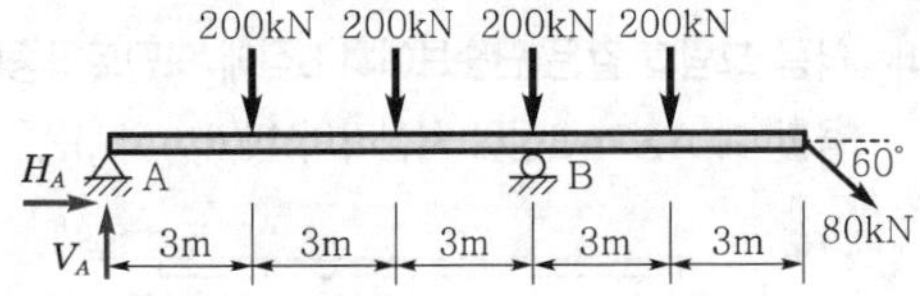

① H_A =87.1kN(←), V_A =40kN(↑)
② H_A =40kN(←), V_A =87.1kN(↑)
③ H_A =69.3kN(→), V_A =87.1kN(↑)
④ H_A =40kN(→), V_A =69.3kN

해설 **A점의 반력**

㉠ $\Sigma H = 0$
$\therefore H_A = -80\times\cos60° = -40\text{kN}(\leftarrow)$

㉡ $\Sigma M_B = 0$
$V_A\times P - 200\times6 - 200\times3 + 200\times3 + 80\times\sin60°\times6 = 0$
$\therefore V_A = 87.1453\text{kN}(\uparrow)$

17 단순보 AB 위에 다음 그림과 같은 이동하중이 지날 때 C점의 최대 휨모멘트는?

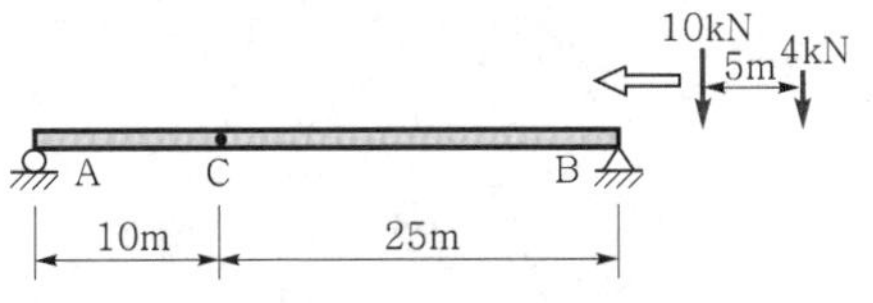

① 98.8kN · m
② 94.2kN · m
③ 80.3kN · m
④ 74.8kN · m

해설 **C점의 영향선에 의한 방법**

$$y_1 = \frac{10\times25}{35} = 7.143\text{m}$$
$$25 : y_1 = 20 : y_2$$
$$\therefore y_2 = \frac{20\times7.143}{25} = 5.714\text{m}$$
$$\therefore M_{C\max} = 10\times7.143 + 4\times5.714 = 94.29\text{kN}\cdot\text{m}$$

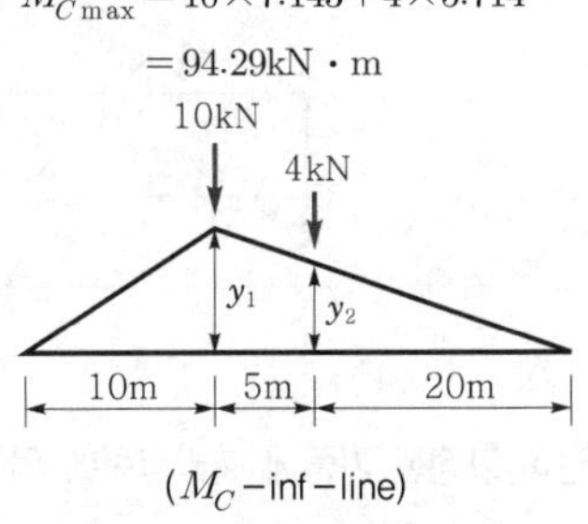

(M_C - inf - line)

18 다음 그림과 같은 단면의 단면상승모멘트(I_{xy})는?

① 7.75cm⁴
② 9.25cm⁴
③ 12.26cm⁴
④ 15.75cm⁴

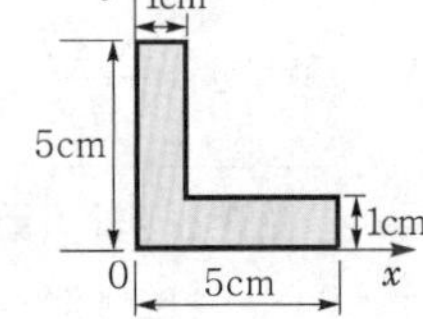

해설 **단면상승모멘트**

$$I_{xy} = \int xy\,dA = Axy$$
$$= 1\times5\times0.5\times2.5 + 4\times1\times3\times0.5$$
$$= 12.25\text{cm}^4$$

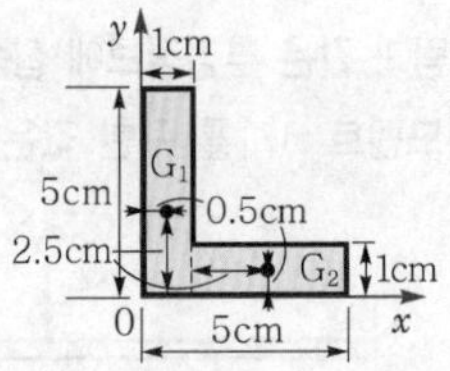

정답 15. ① 16. ② 17. ② 18. ③

19 다음 그림과 같은 내민보에서 C점의 휨모멘트가 0이 되게 하기 위해서는 x가 얼마가 되어야 하는가?

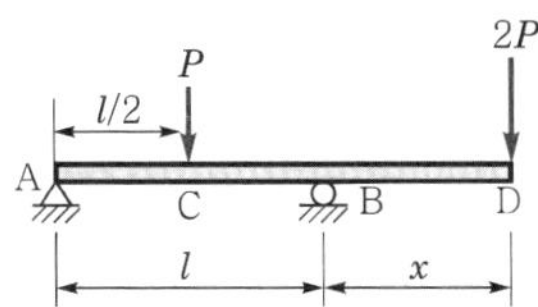

① $x=\frac{l}{3}$　　② $x=\frac{2}{3}l$

③ $x=\frac{l}{4}$　　④ $x=\frac{l}{2}$

해설 **하중작용점의 위치**

㉠ C점의 휨모멘트가 0이 되기 위해서는 A점의 반력이 0이어야 한다.

㉡ $\sum M_B=0$

$$2P\times x-P\times\frac{l}{2}=0$$

$$\therefore\ x=\frac{l}{4}$$

P　2P

C　$\frac{l}{2}$　B　x　D

(F.B.D)

20 단면적이 A이고 단면2차모멘트가 I인 단면의 단면2차반경(r)은?

① $r=\frac{A}{I}$　　② $r=\frac{I}{A}$

③ $r=\frac{\sqrt{I}}{A}$　　④ $r=\sqrt{\frac{I}{A}}$

해설 **최소 회전반경(단면2차반경)**

$$r=\sqrt{\frac{I_{\min}}{A}}$$

정답 19. ③　20. ④

2024 제3회 토목기사 기출복원문제

2024년 7월 6일 시행

01 다음 그림과 같이 연결부에 두 힘 5kN과 2kN이 작용한다. 평형을 이루기 위해서는 두 힘 A와 B의 크기는 얼마가 되어야 하는가?

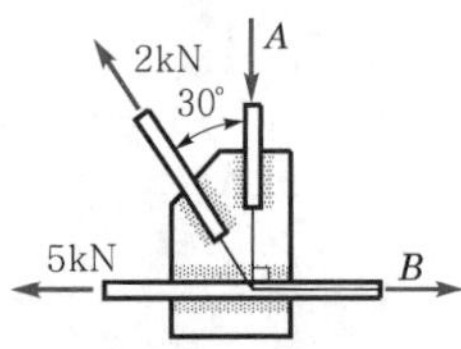

① $A=5+\sqrt{3}\,\text{kN},\ B=1\text{kN}$
② $A=\sqrt{3}\,\text{kN},\ B=6\text{kN}$
③ $A=6\text{kN},\ B=\sqrt{3}\,\text{kN}$
④ $A=1\text{kN},\ B=5+\sqrt{3}\,\text{kN}$

해설 각 방향 분력의 합
㉠ 연직력의 합
$\sum V=0$
$\therefore\ A=2\times\cos 30°=\sqrt{3}\,\text{kN}$
㉡ 수평력의 합
$\sum H=0$
$\therefore\ B=2\times\sin 30°+5=6\text{kN}$

02 다음 그림과 같은 단면의 단면계수는 얼마인가?

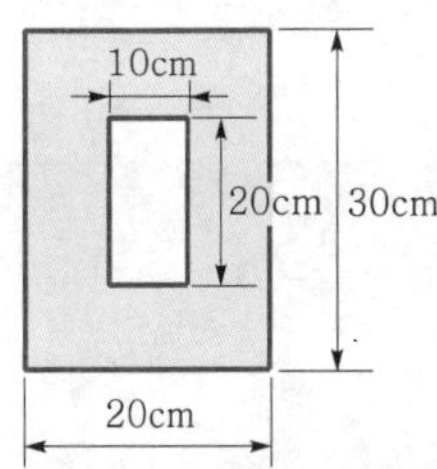

① $2,333\text{cm}^2$
② $2,555\text{cm}^2$
③ $38,333\text{cm}^2$
④ $45,000\text{cm}^2$

해설 중공 단면의 도심축에 대한 단면계수

$$I=\frac{1}{12}(BH^3-bh^3)$$

$$\therefore\ Z=\frac{I}{y}$$

$$=\frac{1}{15}\times\left[\frac{1}{12}\times(20\times30^3-10\times20^3)\right]$$

$$=2,555\text{cm}^3$$

03 다음 그림의 보에서 G는 힌지(hinge)이다. 지점 B에서의 휨모멘트가 옳게 된 것은?

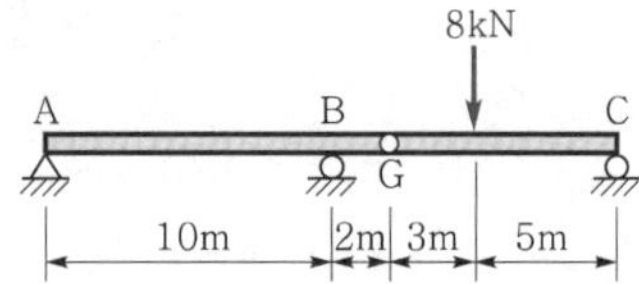

① $-10\text{kN}\cdot\text{m}$
② $+20\text{kN}\cdot\text{m}$
③ $-40\text{kN}\cdot\text{m}$
④ $+50\text{kN}\cdot\text{m}$

해설 B점의 휨모멘트
㉠ 보 GC구간
$\sum M_C=0$
$R_G\times8-8\times5=0$
$\therefore\ R_G=5\text{kN}(\uparrow)$
㉡ 보 ABG구간
$M_B=-5\times2=-10\text{kN}\cdot\text{m}$

8kN, G, C, 3m, 5m, $R_G=5\text{kN}$, R_C, A, B, 10m, 2m, R_A, R_B

(F.B.D)

04 다음 그림과 같은 3활절 아치에서 D점에 연직하중 20kN이 작용할 때 A점에 작용하는 수평반력 H_A는?

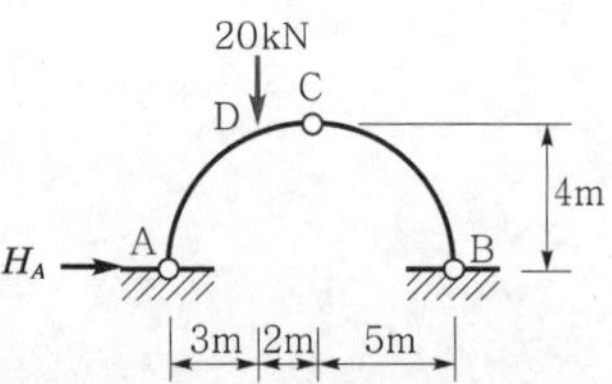

① 5.5kN
② 6.5kN
③ 7.5kN
④ 8.5kN

정답 1. ② 2. ② 3. ① 4. ③

해설 A점의 수평반력

㉠ 연직반력

$\Sigma M_B = 0$

$V_A \times 10 - 20 \times 7 = 0$

$\therefore V_A = 14\text{kN}(\uparrow)$

㉡ 수평반력

$\Sigma M_C = 0$

$14 \times 5 - 20 \times 2 - H_A \times 4 = 0$

$\therefore H_A = 7.5\text{kN}(\rightarrow)$

05 40kN의 압축을 받는 강관기둥에서 바깥지름을 20mm로 하면 강관의 안지름은 얼마이면 되는가? (단, 허용응력을 1,200MPa로 한다.)

① 15.9mm
② 16.9mm
③ 17.9mm
④ 18.9mm

해설 강관의 안지름

㉠ 소요면적

$\sigma = \dfrac{P}{A}$

$\therefore A = \dfrac{P}{\sigma_a} = \dfrac{40,000}{1,200} = 33.33\text{mm}^2$

㉡ 강관의 안지름

$A = \dfrac{\pi}{4}(D^2 - d^2)$

$33.33 = \dfrac{\pi}{4}(20^2 - d^2)$

$\therefore d = 18.9\text{mm}$

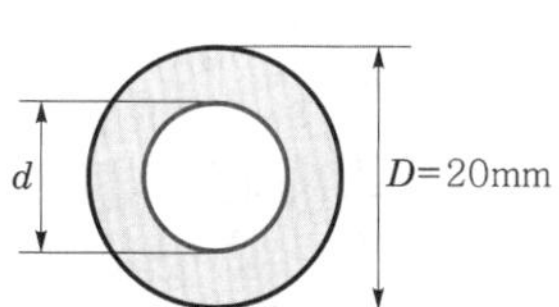

06 단면적이 10mm²이고 길이 2m인 강봉이 80kN의 축방향인 장력을 받을 때 8mm 늘어났다. 이 봉재의 탄성계수(E)와 전단탄성계수(G)의 값을 구하면? (단, 푸아송비는 0.3이다.)

① $E = 2.0 \times 10^6\text{MPa}$, $G = 8.1 \times 10^5\text{MPa}$
② $E = 2.1 \times 10^6\text{MPa}$, $G = 8.1 \times 10^5\text{MPa}$
③ $E = 2.1 \times 10^6\text{MPa}$, $G = 7.7 \times 10^5\text{MPa}$
④ $E = 2.0 \times 10^6\text{MPa}$, $G = 7.7 \times 10^5\text{MPa}$

해설 탄성계수와 전단탄성계수

㉠ 봉의 탄성계수

$\sigma = \dfrac{P}{A} = \dfrac{80,000}{10} = 8,000\text{MPa}$

$\varepsilon = \dfrac{\Delta l}{l} = \dfrac{8}{2,000} = 0.004$

$\therefore E = \dfrac{\sigma}{\varepsilon} = \dfrac{8,000}{0.004} = 2,000,000\text{MPa}$

㉡ 봉의 전단탄성계수

$G = \dfrac{E}{2(1+\nu)} = \dfrac{2,000,000}{2 \times (1+0.3)}$

$= 7.7 \times 10^5\text{MPa}$

07 다음 그림의 보에서 단면의 폭을 구한 값은? (단, 보의 높이는 40mm, 허용휨응력은 187.5MPa이다.)

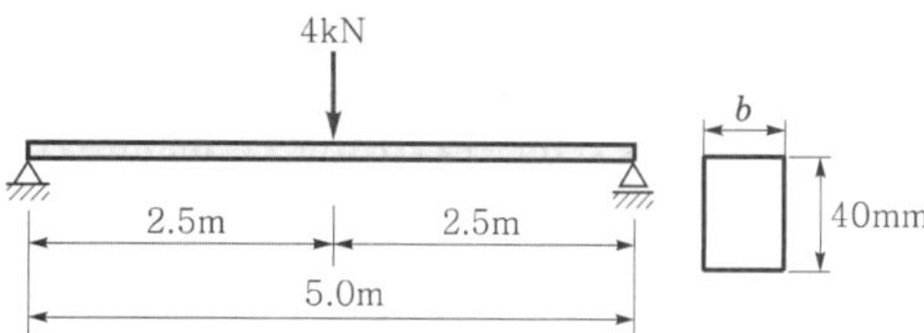

① 100mm
② 120mm
③ 160mm
④ 190mm

해설 단면의 폭

$M = \dfrac{PL}{4} = \dfrac{4 \times 5}{4} = 5\text{kN} \cdot \text{m}$

$\sigma = \dfrac{M}{Z} = \dfrac{6M}{bh^2}$

$\therefore b = \dfrac{6M}{\sigma h^2} = \dfrac{6 \times 5 \times 10^6}{187.5 \times 40^2} = 100\text{mm}$

정답 5. ④ 6. ④ 7. ①

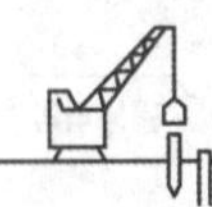

08 다음과 같은 직사각형 단면의 짧은 기둥의 응력에 관하여 옳은 것은?

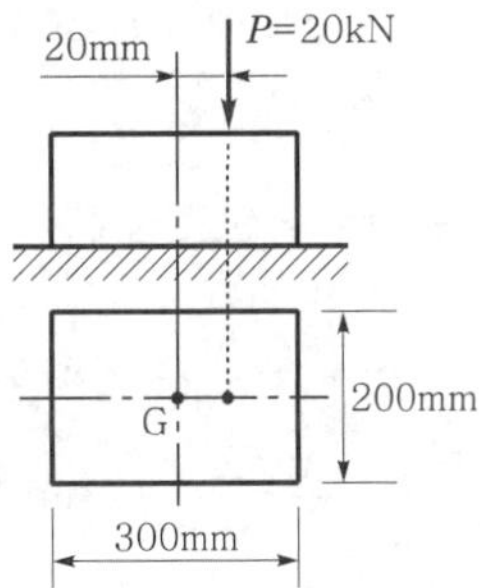

① σ_{max}은 인장, σ_{min}은 압축
② σ_{max}, σ_{min} 모두 인장
③ σ_{max}, σ_{min} 모두 압축
④ σ_{min}은 0

해설 기둥 응력의 특성(1축편심)
㉠ 핵거리
$$e=\frac{b}{6}=\frac{300}{6}=50\text{mm}>e_x=20\text{mm}$$
㉡ 하중이 단면의 핵 내부에 작용하므로 단면 모두에 압축이 생긴다.

09 폭 b, 높이 h인 단면을 가진 길이 l의 단순보 중앙에 집중하중 P가 작용할 경우에 대한 다음 설명 중 옳지 않은 것은? (단, E : 탄성계수)

① 최대 처짐은 E에 반비례
② 최대 처짐은 h의 세제곱에 반비례
③ 지점의 처짐각은 l의 세제곱에 비례
④ 지점의 처짐각은 b에 반비례

해설 처짐과 처짐각
㉠ 처짐각
$$\theta_A=\frac{Pl^2}{16EI}=\frac{12Pl^2}{16Ebh^3}=\frac{3Pl^2}{4Ebh^2}$$
∴ 처짐각은 길이 l의 제곱에 비례한다.
㉡ 처짐
$$\delta_C=\frac{Pl^3}{48EI}=\frac{12Pl^3}{48Ebh^3}=\frac{Pl^3}{4Ebh^3}$$
∴ 처짐은 길이 l의 세제곱에 비례한다.

10 다음 그림에서 B점의 고정단모멘트는? (단, EI는 일정하다.)

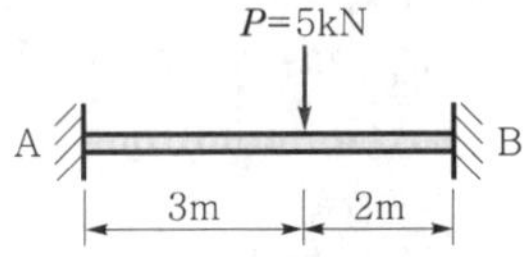

① 3kN · m
② 4kN · m
③ 2.5kN · m
④ 3.6kN · m

해설 재단모멘트(하중항)
㉠ $M_{AB}=C_{AB}=-\frac{Pab^2}{l^2}=-\frac{5\times3\times2^2}{5^2}$
$=-2.4\text{kN}\cdot\text{m}$
㉡ $M_{BA}=C_{BA}=-\frac{Pa^2b}{l^2}=-\frac{5\times3^2\times2}{5^2}$
$=-3.6\text{kN}\cdot\text{m}$

11 다음 그림과 같은 캔틸레버보에서 처짐 δ_{max}는 어느 것인가? (단, 보의 휨강성은 EI이다.)

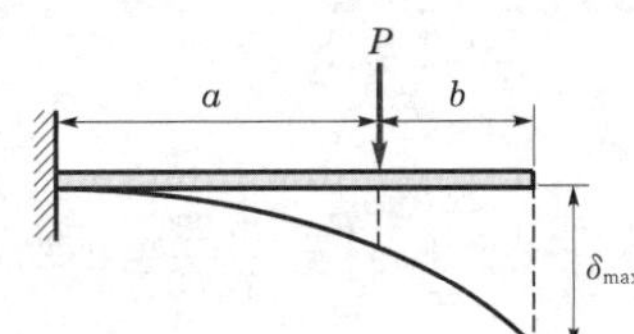

① $\delta_{max}=\frac{Pa^2}{6EI}(3l-a)$
② $\delta_{max}=\frac{Pa^2}{3EI}(3l+a)$
③ $\delta_{max}=\frac{P^2a}{3EI}(3l-a)$
④ $\delta_{max}=\frac{P^2a}{6EI}(3l+a)$

해설 공액보법
$$M_B{}'=P\times a\times\frac{a}{2}\times\left(\frac{2}{3}a+b\right)=\frac{Pa^2}{6}(3l-a)$$
$$\therefore\ \delta_{max}=\frac{M_B{}'}{EI}=\frac{Pa^2}{6EI}(3l-a)\,(\downarrow)$$

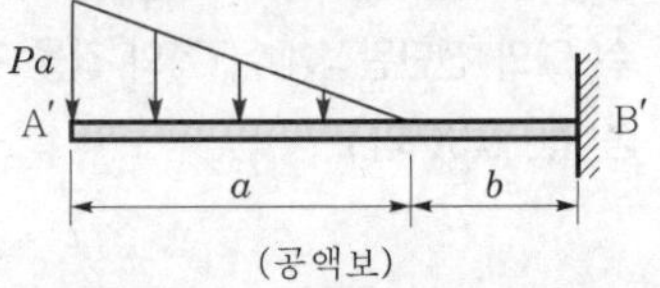

(공액보)

정답 8. ③ 9. ③ 10. ④ 11. ①

12 다음 그림과 같은 연속보의 B점의 휨모멘트 M_B의 값은?

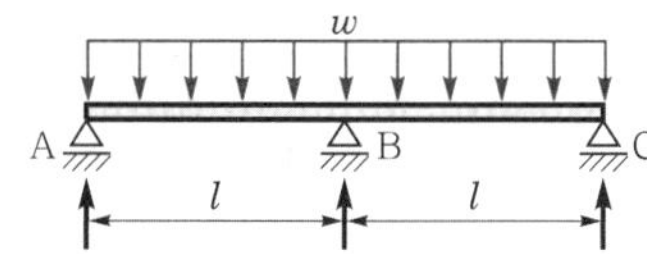

① $-\dfrac{wl^2}{24}$　　② $-\dfrac{wl^2}{16}$

③ $-\dfrac{wl^2}{12}$　　④ $-\dfrac{wl^2}{8}$

해설 3연 모멘트법

㉠ 경계조건

$M_A = M_C = 0,\ \delta = 0 \rightarrow \beta = 0,\ I_1 = I_2 = I,$

$l_1 = l_2 = l$

㉡ B점의 휨모멘트

$$M_1\frac{l_1}{I_1} + 2M_2\left(\frac{l_1}{I_1} + \frac{l_2}{I_2}\right) + M_3\frac{l_2}{I_2}$$

$$= 6E(\theta_{21} - \theta_{23}) + 6E(\beta_{21} - \beta_{23})$$

$$0 + 2M_B\left(\frac{l}{I} + \frac{l}{I}\right) + 0$$

$$= 6E\left(-\frac{wl^3}{24EI} - \frac{wl^3}{24EI}\right) + 0$$

$$4M_B\frac{l}{I} = -\frac{wl^3}{2I}$$

$$\therefore\ M_B = -\frac{wl^2}{8}$$

13 단면적 A, 길이 l 의 강철 사각보가 수직으로 매달려 있다. 단위중량이 γ 일 때 자중에 의한 탄성에너지는?

① $\dfrac{\gamma}{2AE}$　　② $\dfrac{\gamma^2 A}{2E}$

③ $\dfrac{\gamma^2 A l^3}{6E}$　　④ $\dfrac{\gamma^2 A^2 l^2}{6E}$

해설 봉의 자중에 의한 탄성에너지

축방향력 $N_x = Ax\gamma$

$$\therefore\ U = \int_0^l \frac{N_x^{\ 2}}{2EA}dx = \frac{1}{2EA}\int_0^l A^2\gamma^2 x^2 dx$$

$$= \frac{A\gamma^2}{2E}\left[\frac{x^3}{3}\right]_0^l = \frac{\gamma^2 A l^3}{6E}$$

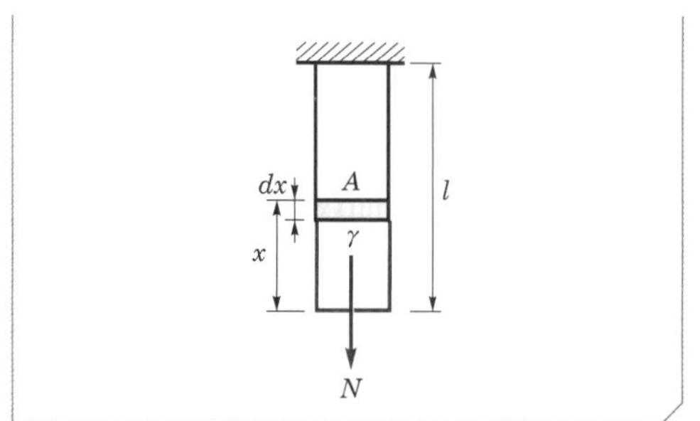

14 다음 그림과 같이 단면의 폭이 b이고, 높이가 h인 단순보에서 발생하는 최대 전단응력 $\tau_{\max}$를 구하면?

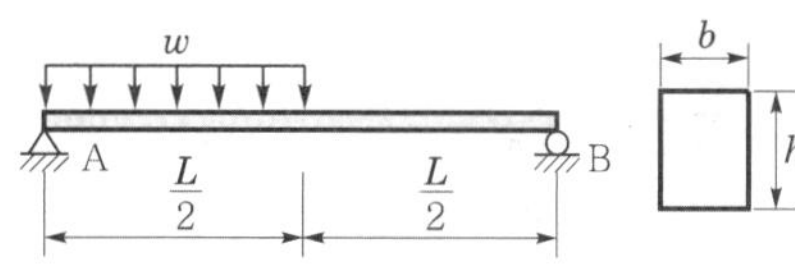

① $\dfrac{wL}{2bh}$　　② $\dfrac{3wL}{8bh}$

③ $\dfrac{3wL}{4bh}$　　④ $\dfrac{9wL}{16bh}$

해설 최대 전단응력

㉠ 반력

$\Sigma M_B = 0$

$$V_A \times L - \frac{wL}{2} \times \frac{3}{4}L = 0$$

$$\therefore\ V_A = \frac{3wL}{8}(\uparrow) = S_{\max}$$

㉡ 최대 전단응력

$$\tau_{\max} = \frac{3}{2}\frac{S_{\max}}{A} = \frac{3}{2} \times \frac{3wL}{8bh} = \frac{9wL}{16bh}$$

15 다음 그림과 같이 2축응력을 받고 있는 요소의 체적 변화율은? (단, 이 요소의 탄성계수 $E = 2 \times 10^5$MPa, 푸아송비 $\nu = 0.3$이다.)

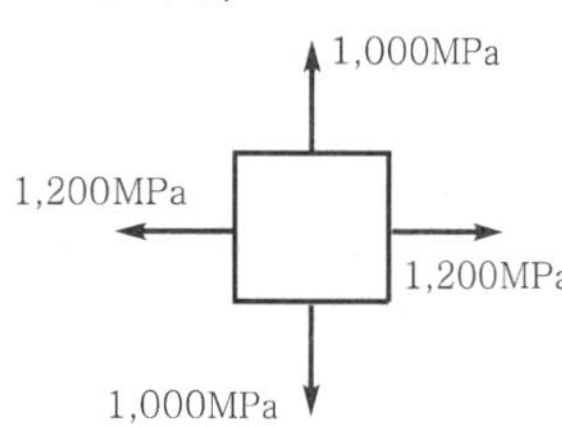

① 3.6×10^{-3}　　② 4.6×10^{-3}

③ 4.4×10^{-3}　　④ 4.8×10^{-3}

정답 12. ④　13. ③　14. ④　15. ③

해설 **체적변화율**

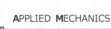

$$\varepsilon_v = \frac{\Delta V}{V} = \frac{1-2\nu}{E}(\sigma_x + \sigma_y + \sigma_z)$$
$$= \frac{1-2\times0.3}{2\times10^5}\times(1{,}000+1{,}200+0)$$
$$=0.0044$$

16 지름 10mm, 길이 25mm인 재료에 인장력을 작용시켰더니 지름이 9.98mm로 길이는 25.2mm로 변하였다. 이 재료의 푸아송(Poisson)수는?

① 2.0 ② 3.0
③ 4.0 ④ 5.0

해설 **푸아송수**

㉠ 세로변형률(축방향 변형률) : $\varepsilon_x = \dfrac{\Delta l}{l}$

㉡ 가로변형률(축의 직각방향 변형률) : $\beta = \dfrac{\Delta d}{d}$

㉢ 푸아송비 : $\nu = -\dfrac{1}{m} = \dfrac{\beta}{\varepsilon_x} = \dfrac{l\Delta d}{d\Delta l}$

㉣ 푸아송수

$$m = \frac{d\Delta l}{l\Delta d} = \frac{10\times(25.2-25)}{25\times(10-9.98)} = 4.0$$

17 다음 그림과 같이 트러스에 하중이 작용할 때 BD의 부재력을 구한 값은?

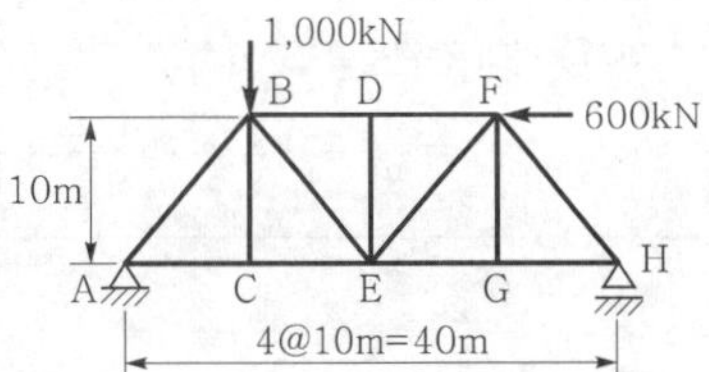

① 600kN(압축) ② 700kN(인장)
③ 800kN(압축) ④ 700kN(압축)

해설 $\overline{\text{BD}}$**의 부재력**

㉠ A점의 반력

$$\Sigma M_H = 0$$
$$V_A\times40 - 1{,}000\times30 - 600\times10 = 0$$
$$\therefore\ V_A = 900\text{kN}(\uparrow)$$

㉡ 부재력

$$\Sigma M_E = 0$$
$$900\times20 - 1{,}000\times10 + F_{BD}\times10 = 0$$
$$\therefore\ F_{BD} = -800\text{kN}(\text{압축})$$

1,000kN
B F_{BD} F_{BE}
F_{CE}
A E
10m 10m
R_A=900kN

18 다음 그림과 같은 3활절 문형 라멘에 일어나는 최대 휨모멘트는?

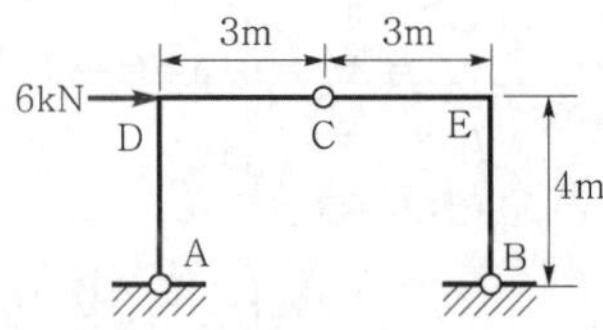

① 9kN · m ② 12kN · m
③ 15kN · m ④ 18kN · m

해설 **최대 휨모멘트**

㉠ 반력

$$\Sigma M_B = 0$$
$$-V_A\times6 + 6\times4 = 0$$
$$\therefore\ V_A = 4\text{kN}(\downarrow)$$
$$\Sigma M_C = 0$$
$$-4\times3 + H_A\times4 = 0$$
$$\therefore\ H_A = 3\text{kN}(\leftarrow)$$

㉡ 최대 휨모멘트

$$M_D = M_E = 3\times4 = 12\text{kN}\cdot\text{m}$$

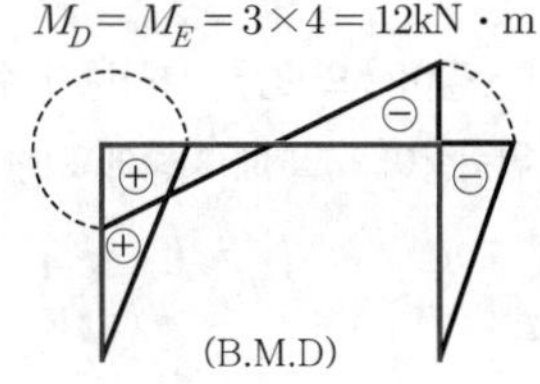

19 다음 그림과 같은 보에서 C점의 휨모멘트는?

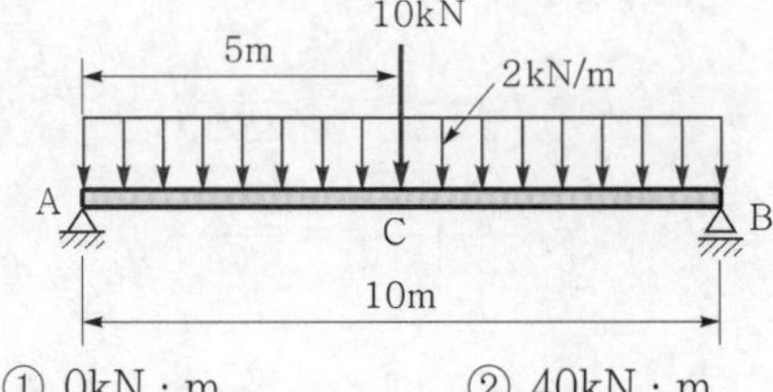

① 0kN · m ② 40kN · m
③ 45kN · m ④ 50kN · m

정답 16. ③ 17. ③ 18. ② 19. ④

해설 중첩의 원리

$$M_C = \frac{wl^2}{8} + \frac{Pl}{4} = \frac{2\times10^2}{8} + \frac{10\times10}{4}$$
$$= 50\text{kN}\cdot\text{m}$$

20 다음 그림에서 $A-A$축과 $B-B$축에 대한 음영 부분의 단면2차모멘트가 각각 80,000cm^4, 160,000cm^{4}일 때 음영 부분의 면적은 얼마가 되는가?

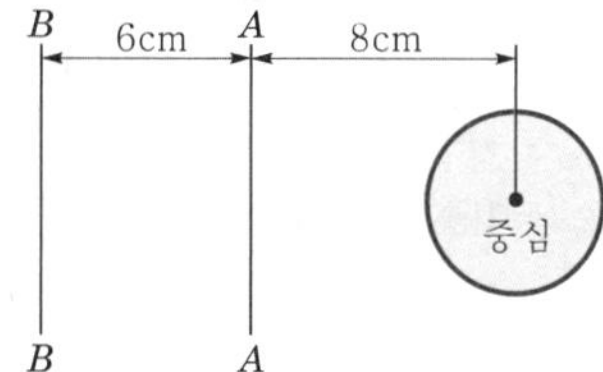

① 800cm^2　② 606cm^2
③ 806cm^2　④ 700cm^2

해설 평행축의 정리

㉠ $I_A = I_o + A\times8^2 = 80{,}000$
　$\therefore\ I_o = 80{,}000 - 64A$

㉡ $I_B = I_o + A\times14^2 = 160{,}000$
　$(80{,}000 - 64A) + 196A = 160{,}000$
　$\therefore\ A = 606\text{cm}^2$

정답 20. ②

ROUND 01회

CBT 실전 모의고사

01 다음 그림에서 두 힘(P_1 =5kN, P_2 =4kN)에 대한 합력(R)의 크기와 합력의 방향(θ)값은?

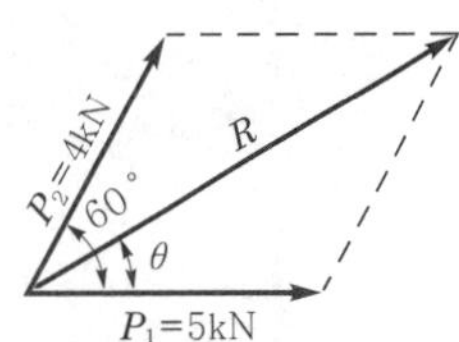

① R=7.81kN, θ=26.3°
② R=7.94kN, θ=26.3°
③ R=7.81kN, θ=28.5°
④ R=7.94kN, θ=28.5°

02 다음 그림과 같은 구조물의 부정정차수는? (단, A, B지점과 E절점은 힌지이고, 나머지 절점은 고정(강결절점)이다.)

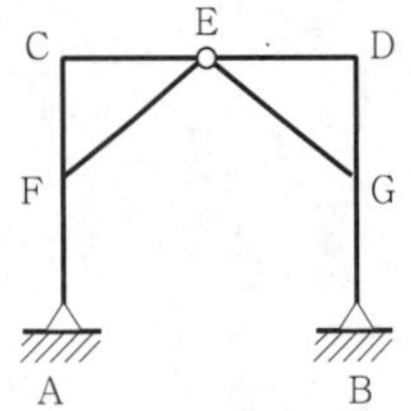

① 1차 부정정 ② 2차 부정정
③ 3차 부정정 ④ 4차 부정정

03 다음 그림과 같은 단면의 $A-A$축에 대한 단면2차 모멘트는?

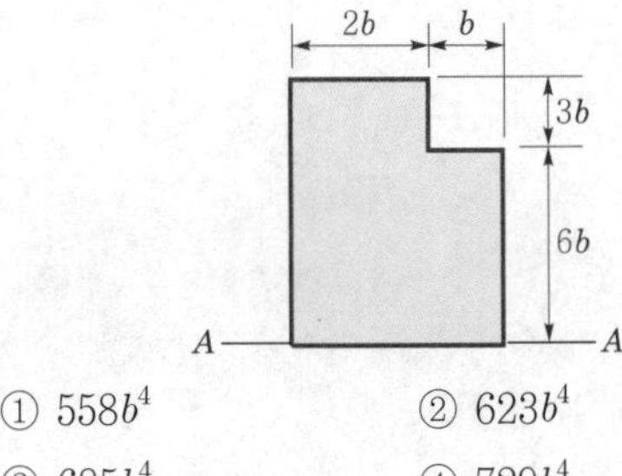

① $558b^4$ ② $623b^4$
③ $685b^4$ ④ $729b^4$

04 다음 단순보에서 지점의 반력을 계산한 값으로 옳은 것은?

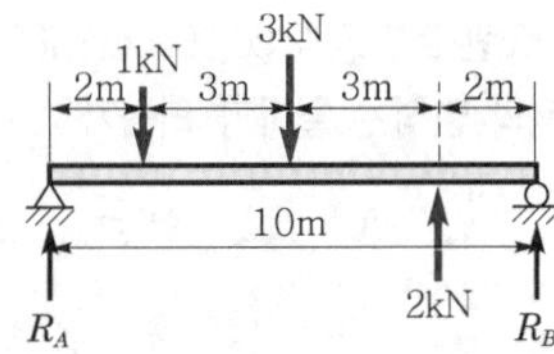

① R_A = 1kN, R_B = 1kN
② R_A = 1.9kN, R_B = 0.1kN
③ R_A = 1.4kN, R_B = 0.6kN
④ R_A = 0.1kN, R_B = 1.9kN

05 다음 그림과 같은 내민보에서 C점의 휨모멘트가 영(零)이 되게 하기 위해서는 x가 얼마나 되어야 하는가?

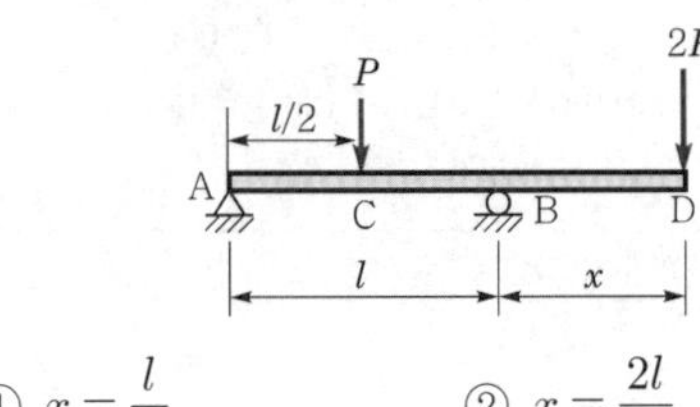

① $x = \frac{l}{3}$ ② $x = \frac{2l}{3}$
③ $x = \frac{l}{4}$ ④ $x = \frac{l}{2}$

06 다음 그림과 같은 3힌지 라멘에 등분포하중이 작용할 경우 A점의 수평반력은?

① 0
② $\frac{wl^2}{8}$(→)
③ $\frac{wl^2}{4h}$(→)
④ $\frac{wl^2}{8h}$(→)

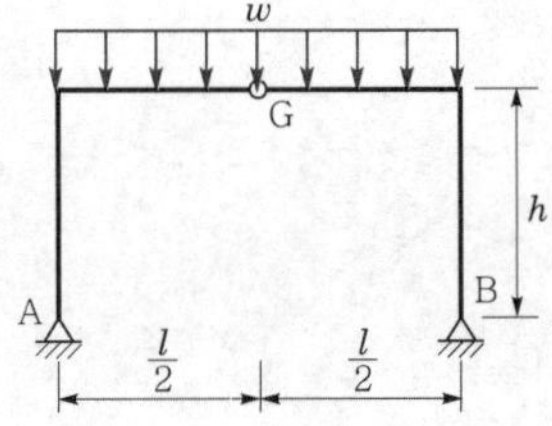

07 다음 그림과 같은 정정 트러스에 있어서 a 부재에 일어나는 부재내력은?

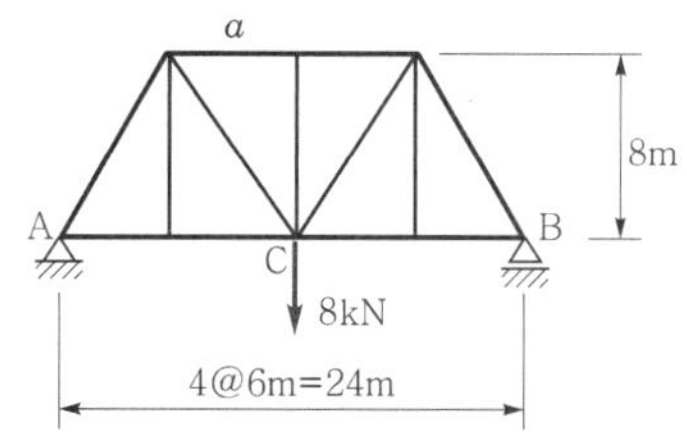

① 6kN(압축) ② 5kN(인장)
③ 4kN(압축) ④ 3kN(인장)

08 다음 그림과 같은 T형 단면을 가진 단순보가 있다. 이 보의 지간은 3m이고, 오른쪽 지점으로부터 왼쪽으로 1m 떨어진 곳에 하중 $P=450$kN이 걸려 있다. 이 보 속에 작용하는 최대 전단응력은?

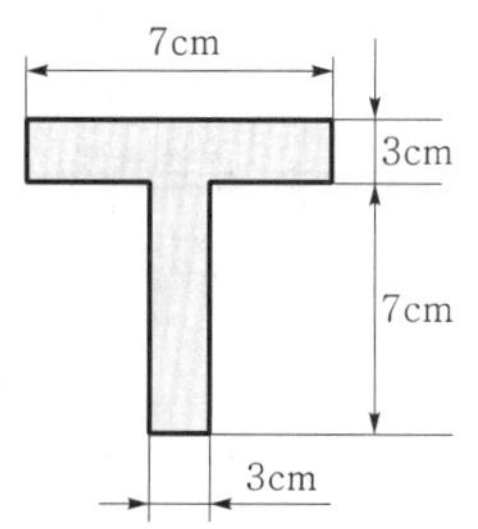

① 148MPa ② 248MPa
③ 348MPa ④ 448MPa

09 P를 횡단면에 있어서 수직하중, l은 원래의 길이, A를 횡단면적, E를 탄성계수라 할 때 변형량 Δl은?

① $\Delta l=\dfrac{Pl}{EA}$ ② $\Delta l=\dfrac{PA}{El}$
③ $\Delta l=\dfrac{EA}{Pl}$ ④ $\Delta l=\dfrac{Al}{PE}$

10 탄성계수 E, 전단탄성계수 G, 푸아송의 수 m 사이의 관계를 옳게 표시한 것은?

① $G=\dfrac{E}{2(m+1)}$ ② $G=\dfrac{mE}{2(m+1)}$
③ $G=\dfrac{E}{2(m-1)}$ ④ $G=\dfrac{m}{2(m+1)}$

11 다음 그림과 같이 이축응력을 받고 있는 요소의 체적 변화율은? (단, 이 요소의 탄성계수 $E=2\times10^6$MPa, 푸아송비 $\nu=0.3$이다.)

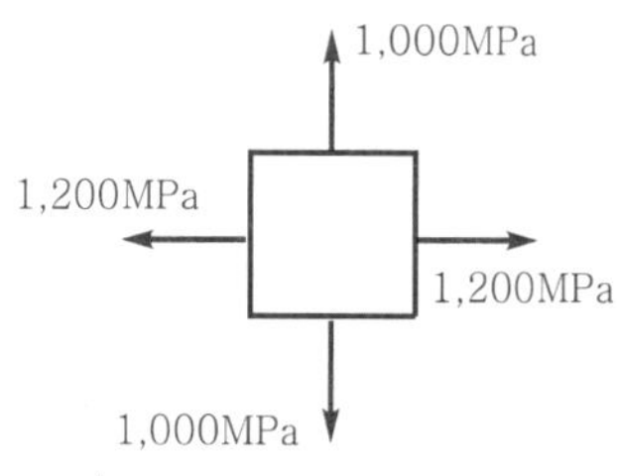

① 3.6×10^{-4} ② 4.6×10^{-4}
③ 4.4×10^{-4} ④ 4.8×10^{-4}

12 만재 등분포하중을 받는 길이 8m의 단순보에서 다음 그림과 같은 단면을 사용하고 허용응력이 $\sigma_a=10$MPa일 때 재하 가능한 최대 하중강도 w의 크기를 구한 값은?

① 20kN/m
② 15kN/m
③ 10kN/m
④ 5kN/m

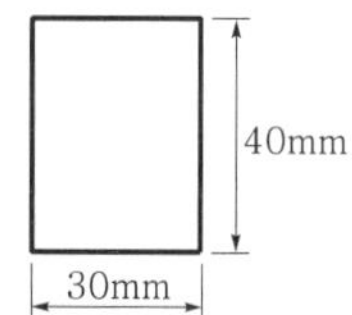

13 다음 그림과 같은 단순보에서 전단력에 충분히 안전하도록 하기 위한 지간 l을 계산한 값은? (단, 최대 전단응력도는 70kN/m^{2}이다.)

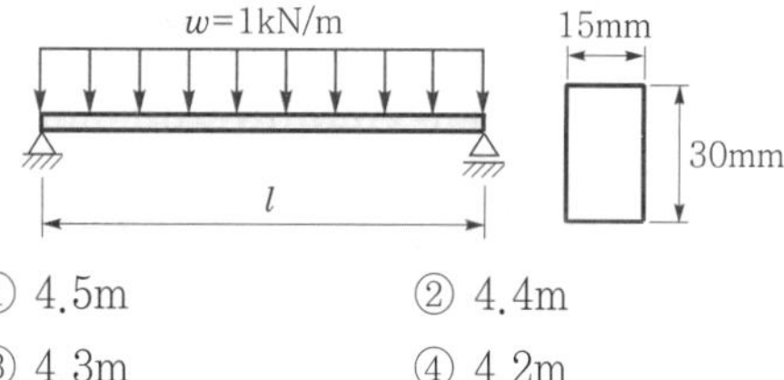

① 4.5m ② 4.4m
③ 4.3m ④ 4.2m

14 폭 20cm, 높이 30cm인 사각형 단면의 목재보가 있다. 이 보에 작용하는 최대 휨모멘트가 180kN·m일 때 최대 휨응력은?

① 60MPa ② 120MPa
③ 260MPa ④ 300MPa

15 길이가 3m이고, 가로 20cm, 세로 30cm인 직사각형 단면의 기둥이 있다. 이 기둥의 세장비는?

① 1.6　　② 3.3
③ 52.0　　④ 60.7

16 다음 그림과 같은 장주의 최소 좌굴하중을 옳게 나타낸 것은?

① $\dfrac{\pi EI}{2l^2}$

② $\dfrac{\pi^2 EI}{2l^2}$

③ $\dfrac{\pi EI}{4l^2}$

④ $\dfrac{\pi^2 EI}{4l^2}$

P_{cr}
l
EI=일정

17 다음 보에서 휨변형에너지는? (단, EI는 일정하다.)

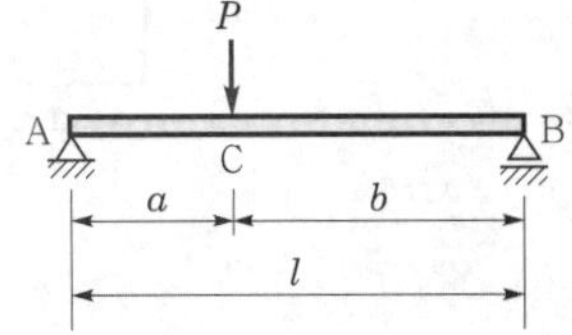

① $\dfrac{P^2a^2b^2}{3l\,EI}$　　② $\dfrac{P^2a^2b^2}{12l\,EI}$

③ $\dfrac{P^2ab}{6l\,EI}$　　④ $\dfrac{P^2a^2b^2}{6l\,EI}$

18 다음 그림에서 처짐각 θ_A는?

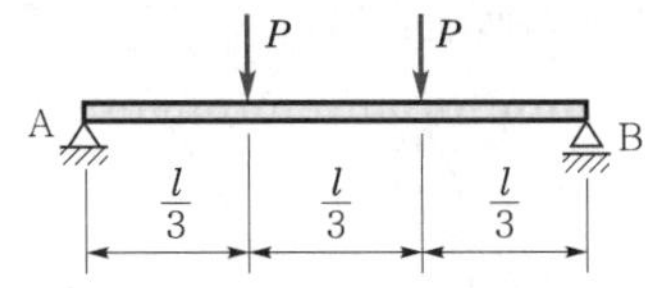

① $\dfrac{Pl^2}{16EI}$　　② $\dfrac{Pl^2}{24EI}$

③ $\dfrac{Pl^2}{9EI}$　　④ $\dfrac{Pl^2}{48EI}$

19 길이가 같고 EI가 일정한 단순보 (a), (b)에서 (a)의 중앙처짐 ΔC는 (b)의 중앙처짐 ΔC의 몇 배인가?

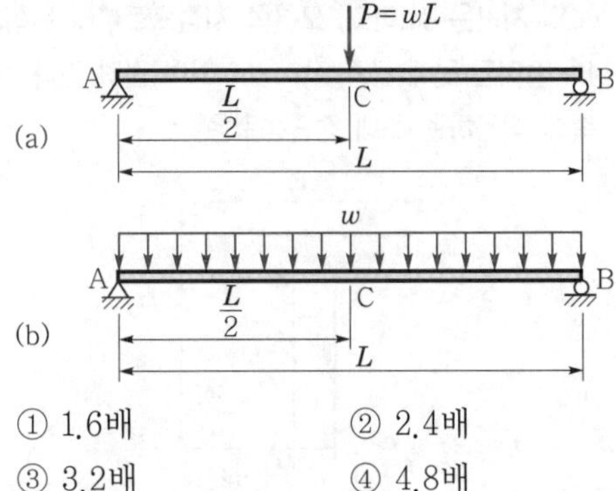

① 1.6배　　② 2.4배
③ 3.2배　　④ 4.8배

20 다음 그림과 같은 부정정보에서 A점으로부터 전단력이 0이 되는 위치 x 값은?

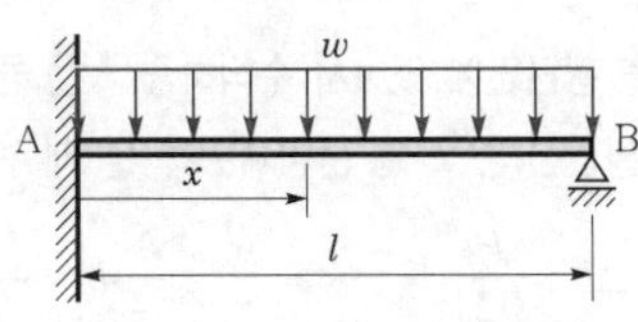

① $\dfrac{3}{4}l$　　② $\dfrac{3}{8}l$

③ $\dfrac{5}{8}l$　　④ $\dfrac{5}{11}l$

ROUND 01회 CBT 실전 모의고사 정답 및 해설

01	02	03	04	05	06	07	08	09	10
①	④	①	②	③	④	①	①	①	②
11	**12**	**13**	**14**	**15**	**16**	**17**	**18**	**19**	**20**
③	③	④	①	③	④	④	③	①	③

01 합력의 크기와 방향

㉠ 합력의 크기

$$R=\sqrt{{P_1}^2+{P_2}^2+2P_1P_2\cos\alpha}$$
$$=\sqrt{5^2+4^2+2\times5\times4\times\cos 60°}$$
$$=7.8102\text{kN}$$

㉡ 합력의 방향

$$\theta=\tan^{-1}\frac{P_2\sin\alpha}{P_1+P_2\cos\alpha}$$
$$=\tan^{-1}\frac{4\times\sin 60°}{5+4\times\cos 60°}$$
$$=26.33°=26°19'46.21''$$

02 구조물의 판별

$n=r-3m=22-3\times6=4$

∴ 4차 부정정

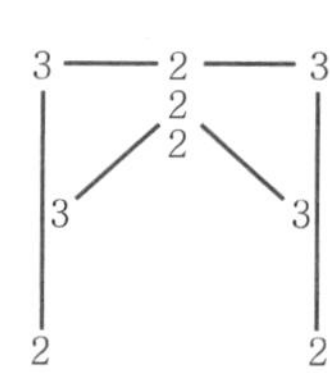

03 단면2차모멘트

㉠ 직사각형 단면 밑변축에 대한 단면2차모멘트

$$I_A=\frac{bh^3}{3}$$

㉡ $A-A$축에 대한 단면2차모멘트

$$I_A=\frac{2b\times(9b)^3}{3}+\frac{b\times(6b)^3}{3}=558b^4$$

04 지점반력

㉠ $\Sigma M_B=0$

$$+R_A\times10-1\times8-3\times5+2\times2=0$$
$$\therefore\ R_A=1.9\text{kN}(\uparrow)$$

㉡ $\Sigma V=0$

$$R_A+R_B=1+3-2$$
$$\therefore\ R_B=2-1.9=0.1\text{kN}(\uparrow)$$

05 거리 x의 위치

㉠ A점의 연직반력이 0이면 C점의 휨모멘트가 0이 된다.

㉡ x의 위치

$$\Sigma M_B=0$$
$$2P\times x=P\times\frac{l}{2}$$
$$\therefore\ x=\frac{l}{4}$$

06 A점의 반력

㉠ A점의 연직반력

$$\Sigma M_B=0$$
$$+V_A\times l-wl\times\frac{l}{2}=0$$
$$\therefore\ V_A=\frac{wl}{2}(\uparrow)$$

㉡ A점의 수평반력

$$\Sigma M_G=0$$
$$+\frac{wl}{2}\times\frac{l}{2}-H_A\times h-\frac{wl}{2}\times\frac{l}{4}=0$$
$$\therefore\ H_A=\frac{wl^2}{8h}(\rightarrow)$$

07 트러스의 부재력

㉠ A점의 연직반력

$$\Sigma M_B=0$$
$$V_A\times24-8\times12=0$$
$$\therefore\ V_A=4\text{kN}(\uparrow)$$

㉡ a부재의 부재력

$$\Sigma M_C=0$$
$$+4\times12+a\times8=0$$
$$\therefore\ a=-6\text{kN}(\text{압축})$$

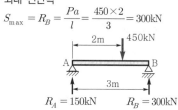

a
A
C
V_A=4kN

08 최대 전단응력

㉠ 최대 전단력

$$S_{\max}=R_B=\frac{Pa}{l}=\frac{450\times2}{3}=300\text{kN}$$

2m
450kN
A
B
3m
$R_A=150\text{kN}$
$R_B=300\text{kN}$

㉡ 도심위치(y)

$A=7\times3\times2=42\text{cm}^2$

$G_x=7\times3\times8.5+3\times7\times3.5=252\text{cm}^3$

$\therefore\ y=\dfrac{G_x}{A}=\dfrac{252}{42}=6\text{cm}$

㉢ 단면의 성질

$I_X=\dfrac{7\times3^3}{12}+21\times2.5^2+\dfrac{3\times7^3}{12}+21\times2.5^2=364\text{cm}^4$

$G_X=6\times3\times3=54\text{cm}^3$

㉣ 최대 전단력

$\tau=\dfrac{SG_X}{I_Xb}=\dfrac{300,000\times54\times10^3}{364\times10^4\times30}=148.35\text{MPa}$

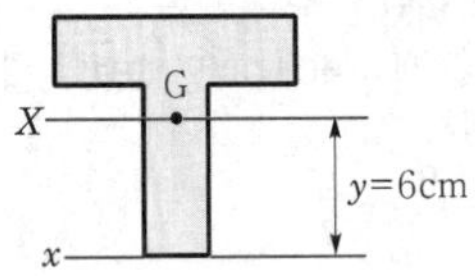

09 축방향 변형량

㉠ Hooke의 법칙

$\sigma=E\varepsilon,\ \sigma=\dfrac{P}{A},\ \varepsilon=\dfrac{\Delta l}{l}$

㉡ 탄성계수

$E=\dfrac{\sigma}{\varepsilon}=\dfrac{Pl}{A\Delta l}$

㉢ 축방향 변형량

$\Delta l=\dfrac{Pl}{EA}$

10 전단탄성계수

$G=\dfrac{E}{2(1+\nu)}=\dfrac{E}{2\left(1+\dfrac{1}{m}\right)}=\dfrac{mE}{2(m+1)}=\dfrac{\tau}{\gamma_s}$

11 체적변형률

$\varepsilon_v=\dfrac{\Delta V}{V}=\dfrac{1-2\nu}{E}(\sigma_x+\sigma_y+\sigma_z)$

$=\dfrac{1-2\times0.3}{2\times10^6}\times(1,000+1,200+0)$

$=0.00044$

12 최대 하중강도

㉠ 휨응력

$M=\dfrac{wl^2}{8},\ Z=\dfrac{bh^2}{6}$

$\therefore\ \sigma=\dfrac{M}{I}y=\dfrac{M}{Z}=\dfrac{6}{bh^2}\times\dfrac{wl^2}{8}=\dfrac{3wl^2}{4bh^2}$

㉡ 등분포하중

$w=\dfrac{4bh^2\sigma}{3l^2}=\dfrac{4\times300\times400^2\times10}{3\times8,000^2}$

$=10\text{N/mm}=10\text{kN/m}$

13 경간(지간)의 크기

㉠ 최대 전단력(좌우대칭)

$S=R_A=\dfrac{wl}{2}=0.5l$

㉡ 최대 전단응력

$\tau_{\max}=\dfrac{3}{2}\dfrac{S}{A}=\dfrac{3}{2}\times\dfrac{0.5l}{0.15\times0.30}\leq70\text{kN/m}^2$

$\therefore\ l\leq4.2\text{m}$

14 최대 휨응력

$\sigma=\dfrac{M}{Z}=\dfrac{6M}{bh^2}=\dfrac{6\times180\times10^6}{200\times300^2}=60\text{MPa}$

15 세장비

㉠ 최소 회전반경

$h=20\text{cm}$일 때

$\therefore\ r_{\min}=\sqrt{\dfrac{I_{\min}}{A}}=\dfrac{h}{\sqrt{12}}=\dfrac{20}{\sqrt{12}}=5.77\text{cm}$

㉡ 세장비

$\lambda=\dfrac{l}{r_{\min}}=\dfrac{300}{5.77}\fallingdotseq52$

16 좌굴하중

$k=2,\ n=\dfrac{1}{4},\ l_k=kl$

$\therefore\ P_{cr}=\dfrac{n\pi^2EI}{l_k^{\,2}}=\dfrac{\pi^2EI}{(kl)^2}=\dfrac{\pi^2EI}{4l^2}$

17 변형에너지(외적일)

$\delta_C=\dfrac{Pa^2b^2}{3EIl}$

$\therefore\ U=W_e=\dfrac{1}{2}P\delta_C=\dfrac{P}{2}\times\dfrac{Pa^2b^2}{3EIl}=\dfrac{P^2a^2b^2}{6lEI}(\downarrow)$

18 공액보법

㉠ 공액보의 반력

$R_A{}'=\dfrac{1}{2}\times\dfrac{Pl}{3}\times\dfrac{l}{3}+\dfrac{1}{2}\times\dfrac{Pl}{3}\times\dfrac{l}{3}=\dfrac{Pl^2}{9}(\uparrow)$

㉡ A점의 처짐각

$\theta_A=\dfrac{R_A{}'}{EI}=\dfrac{Pl^2}{9EI}(\curvearrowright)$

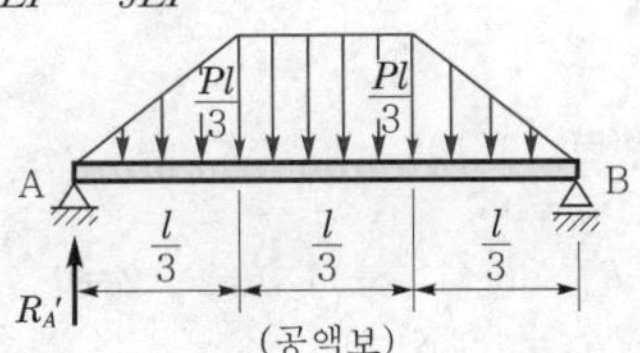

(공액보)

19 보 중앙처짐의 비

㉠ 보 (a)의 중앙처짐

$$\Delta C = \frac{PL^3}{48EI} = \frac{WL^4}{48EI} = \frac{1}{48} \times \frac{WL^4}{EI}$$

㉡ 보 (b)의 중앙처짐

$$\Delta C = \frac{5WL^4}{384EI} = \frac{5}{384} \times \frac{WL^4}{EI}$$

㉢ C점의 처짐비

$$\frac{(a)}{(b)} = \frac{\frac{1}{48}}{\frac{5}{384}} = 1.6\text{배}$$

20 부정정보의 해석

㉠ 반력과 단면력

$$R_A = \frac{5}{8}wl,\ R_B = \frac{3}{8}wl,\ M_A = -\frac{wl}{8}$$

㉡ 전단력이 0이 되는 위치

$$S_x = \frac{5}{8}wl - wx = 0$$

$$\therefore\ x = \frac{5}{8}l$$

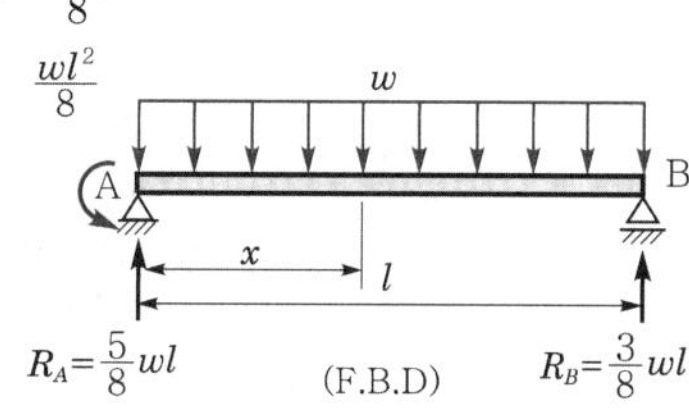

ROUND 02회

CBT 실전 모의고사

01 다음 그림과 같은 구조물에서 BC부재가 받는 힘은 얼마인가?

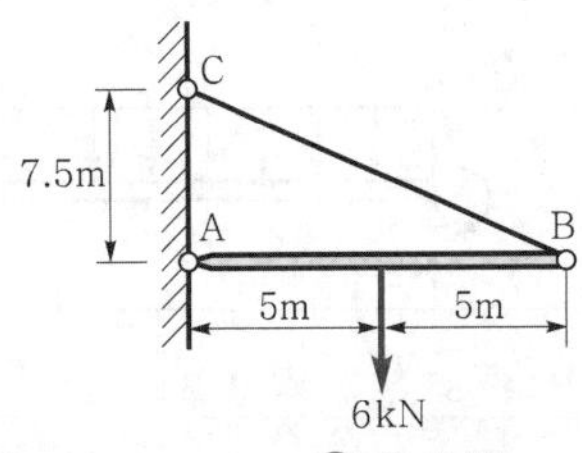

① 1.8kN ② 2.4kN
③ 3.75kN ④ 5.0kN

02 다음 그림과 같은 4분원 중에서 음영 부분의 밑변으로부터 도심까지의 위치 y는?

① 116.8mm
② 126.8mm
③ 146.7mm
④ 158.7mm

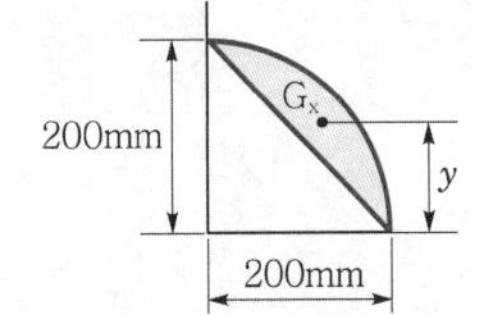

03 다음 그림과 같은 단면의 단면상승모멘트 I_{xy}는?

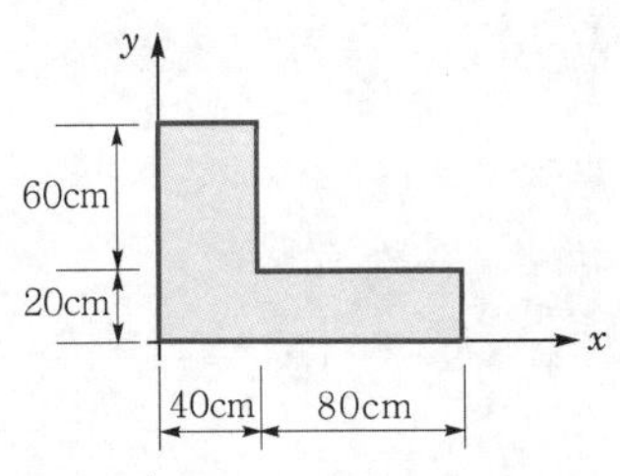

① 384,000cm^4 ② 3,840,000cm^4
③ 3,350,000cm^4 ④ 3,520,000cm^4

04 다음 그림과 같은 보에서 최대 휨모멘트는 A점에서 B점 쪽으로 얼마의 위치(x)에서 일어나며, 그 크기(M_{max})는 얼마인가?

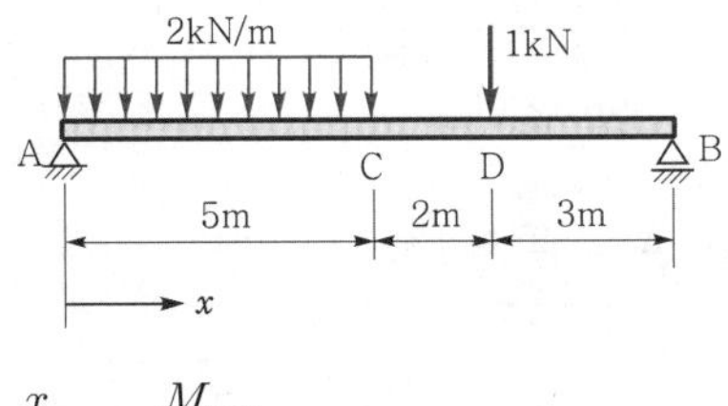

	x	M_{max}
①	2.5m	14kN·m
②	3.9m	14kN·m
③	2.5m	15.21kN·m
④	3.9m	15.21kN·m

05 다음 그림과 같은 정정보에서 A점의 연직반력은?

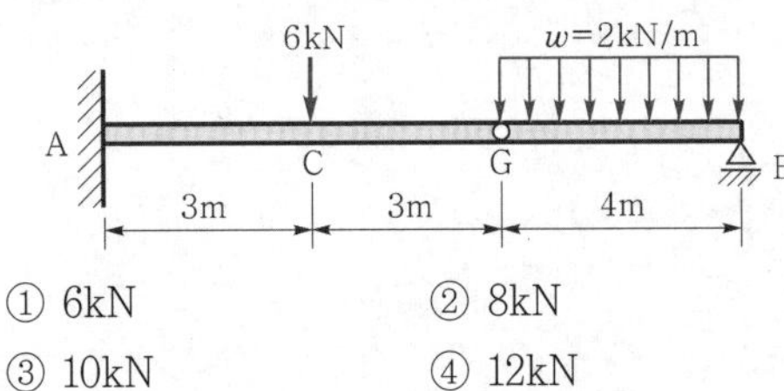

① 6kN ② 8kN
③ 10kN ④ 12kN

06 다음 그림과 같은 3힌지 아치에서 있어서 A점의 수직반력 V_A=11.4kN으로 된다. 이때 A점의 수평반력 H_A는?

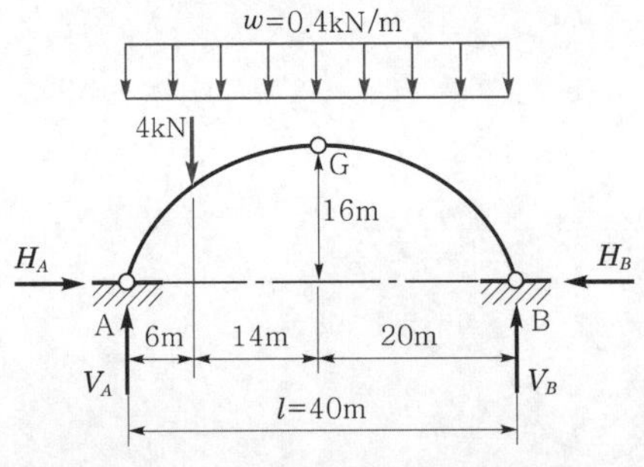

① 11.40kN ② 12.00kN
③ 6.25kN ④ 5.75kN

07 다음 그림과 같은 와렌(warren)트러스에서 부재력이 0인 부재는 몇 개인가?

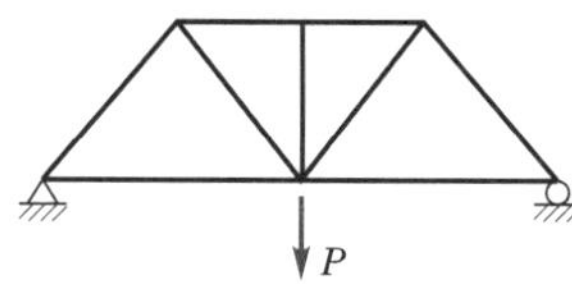

① 0개　　② 1개
③ 2개　　④ 3개

08 어떤 재료의 탄성계수 E가 2,100,000MPa, 푸아송비 ν=0.25, 전단변형률 γ_s =0.1이라면 전단응력 τ는 얼마인가?

① 84,000MPa　　② 168,000MPa
③ 410,000MPa　　④ 368,000MPa

09 길이 5m, 단면적 10cm^{2}의 강봉을 0.5mm 늘이는데 필요한 인장력은? (단, $E=2\times10^5$MPa)

① 20kN
② 30kN
③ 40kN
④ 50kN

10 다음 인장부재의 수직변위를 구하는 식으로 옳은 것은? (단, 탄성계수는 E이다.)

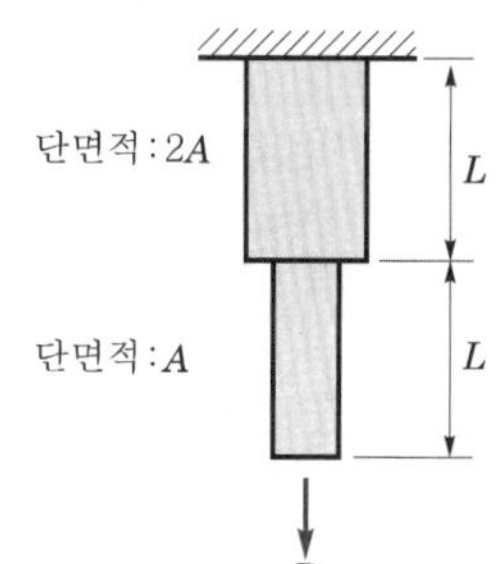

① $\dfrac{PL}{EA}$
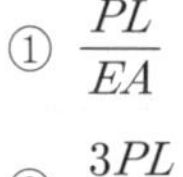
② $\dfrac{3PL}{2EA}$
③ $\dfrac{2PL}{EA}$
④ $\dfrac{5PL}{2EA}$

11 축의 인장하중 P=200kN을 받고 있는 지름 10cm의 원형봉 속에 발생하는 최대 전단응력은 얼마인가?

① 12.73MPa　　② 15.15MPa
③ 17.56MPa　　④ 19.98MPa

12 폭 20cm, 높이 30cm인 직사각형 단순보가 100kN/m의 등분포하중을 받을 때 이 보에 생기는 최대 휨응력(σ_{max})을 구한 값은?

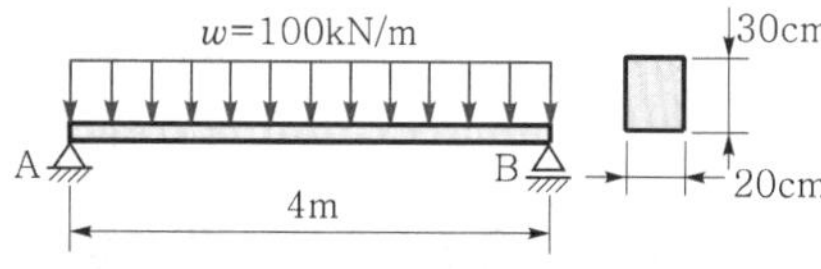

① 6,666MPa　　② 666.7MPa
③ 66.7MPa　　④ 6.7MPa

13 다음 그림과 같이 단면의 폭이 b이고 높이가 h인 단순보에서 발생하는 최대 전단응력 τ_{max}를 구하면?

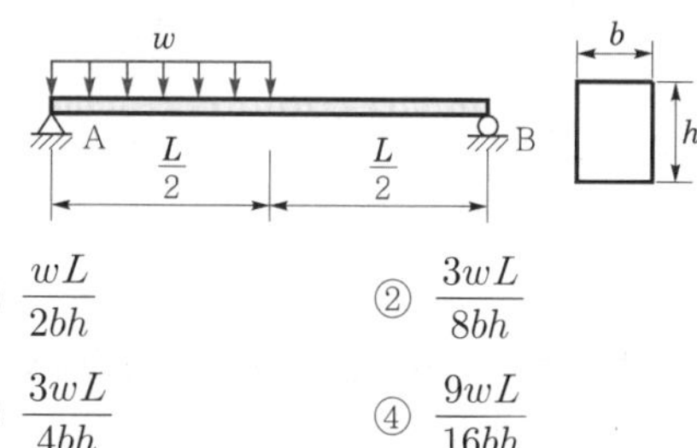

① $\dfrac{wL}{2bh}$　　② $\dfrac{3wL}{8bh}$
③ $\dfrac{3wL}{4bh}$　　④ $\dfrac{9wL}{16bh}$

14 다음 그림과 같은 I형 단면에 전단력 V=1,500kN이 작용할 경우 최대 전단응력은 얼마인가?

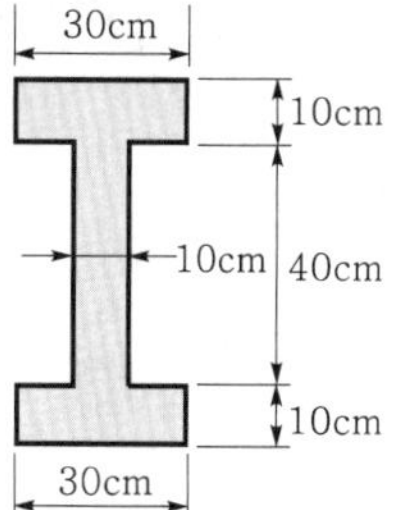

① 18.62MPa　　② 25.25MPa
③ 32.88MPa　　④ 44.33MPa

15 다음 그림과 같이 1방향 편심을 갖는 단주의 A점에 10MN의 하중(P)이 작용할 때 이 기둥에 발생하는 최대 응력은?

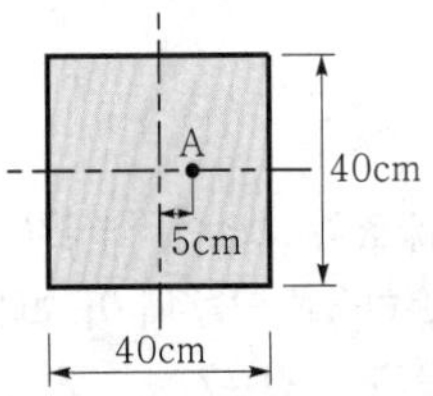

① 46.9MPa ② 62.5MPa
③ 86.7MPa ④ 109.4MPa

16 다음 그림과 같은 긴 기둥의 좌굴응력을 구하는 식은? (단, 기둥의 길이 l, 탄성계수 E, 세장비를 λ 라 한다.)

① $\dfrac{\pi^2 E}{4\lambda^2}$

② $\dfrac{2\pi^2 E}{\lambda^2}$

③ $\dfrac{4\pi^2 E}{\lambda^2}$

④ $\dfrac{\pi^2 El}{l^2}$

17 다음 그림과 같은 단순보에서 휨모멘트에 의한 변형에너지를 옳게 구한 것은? (단, E : 탄성계수, I : 단면 2차모멘트)

① $\dfrac{w^2 l^5}{385EI}$

② $\dfrac{w^2 l^5}{240EI}$

③ $\dfrac{w^2 l^5}{96EI}$

④ $\dfrac{w^2 l^5}{40EI}$

18 폭이 b이고 높이가 h인 직사각형 단면의 단순보에 등분포하중이 작용할 때 다음 설명 중 옳지 않은 것은?

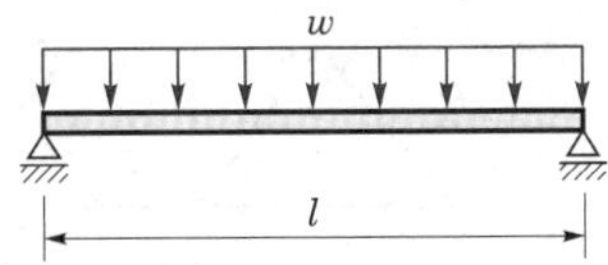

① 휨모멘트는 중앙에서 최대이다.
② 전단력은 단부에서 최대이다.
③ 처짐은 보의 높이 h의 4승에 반비례한다.
④ 처짐(δ)은 하중크기에 비례한다.

19 다음 그림과 같은 캔틸레버보에서 처짐 δ_{max}는 어느 것인가? (단, 보의 휨강성은 EI이다.)

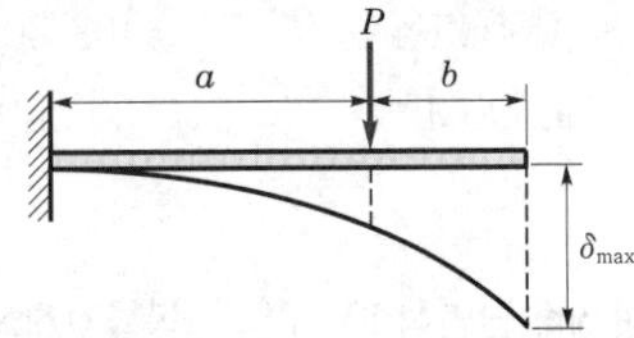

① $\delta_{max} = \dfrac{Pa^2}{6EI}(3l-a)$ ② $\delta_{max} = \dfrac{Pa^2}{3EI}(3l+a)$

③ $\delta_{max} = \dfrac{P^2 a}{3EI}(3l-a)$ ④ $\delta_{max} = \dfrac{P^2 a}{6EI}(3l+a)$

20 다음 그림과 같은 부정정 구조물에서 A점의 회전각 θ_A는 얼마인가? (단, 보의 휨강성은 EI이다.)

① $\dfrac{1}{12}\dfrac{wl^3}{EI}$

② $\dfrac{1}{16}\dfrac{wl^3}{EI}$

③ $\dfrac{1}{24}\dfrac{wl^3}{EI}$

④ $\dfrac{1}{48}\dfrac{wl^3}{EI}$

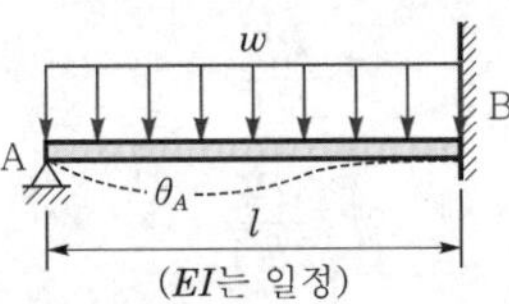

ROUND 02회

CBT 실전 모의고사 정답 및 해설

01	02	03	04	05	06	07	08	09	10
④	①	②	④	③	④	②	①	①	②
11	12	13	14	15	16	17	18	19	20
①	③	④	③	④	③	②	③	①	④

01 $\overline{BC}$부재의 장력

$\Sigma M_A = 0$

$-\overline{BC}\sin\theta \times 10 + 6 \times 5 = 0$

$\therefore\ \overline{BC} = \dfrac{30\sqrt{6.25}}{10 \times 1.5} = 5.0\text{kN}$(인장)

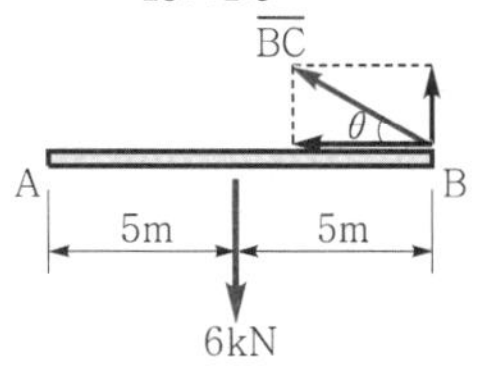

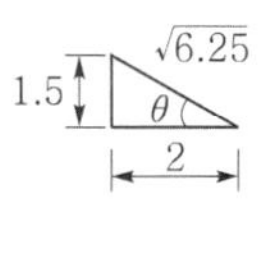

02 도심의 위치

㉠ 단면의 성질

$A = \dfrac{\pi r^2}{4} - \dfrac{r^2}{2} == \dfrac{r^2}{2}\left(\dfrac{\pi}{2} - 1\right)$

$G_x = \dfrac{\pi r^2}{4} \times \dfrac{4r}{3\pi} - \dfrac{r^2}{2} \times \dfrac{r}{3} = \dfrac{r^3}{6}$

㉡ 도심의 위치

$$y = \frac{G_x}{A} = \frac{\frac{r^3}{6}}{\frac{r^2}{2}\left(\frac{\pi}{2}-1\right)} = \frac{r}{3\left(\frac{\pi}{2}-1\right)}$$

$$= \frac{200}{3 \times \left(\frac{\pi}{2}-1\right)} = 116.7959\text{mm}$$

03 단면상승모멘트

$I_{xy} = \int_0^l xy\,dA = Ax_0y_0$

$= 80 \times 40 \times 20 \times 40 + 20 \times 80 \times 80 \times 10$

$= 3,840,000\text{cm}^4$

04 최대 휨모멘트

㉠ 모멘트의 최댓값은 전단력이 0이 되는 곳에서 생긴다.

㉡ 전단력이 0인 곳

$\Sigma M_B = 0$

$+R_A \times 10 - 2 \times 5 \times 7.5 - 1 \times 3 = 0$

$\therefore\ R_A = 7.8\text{kN}(\uparrow)$

$S_x = 7.8 - 2x = 0$

$\therefore\ x = 3.9\text{m}$

㉢ 최대 휨모멘트

$M_{\max} = 7.8 \times 3.9 - 2 \times 3.9 \times \dfrac{3.9}{2} = 15.21\text{kN} \cdot \text{m}$

05 A점의 연직반력

㉠ G점의 반력

$\Sigma M_B = 0$

$\therefore\ R_G = \dfrac{2 \times 4 \times 2}{4} = 4\text{kN}(\uparrow)$

㉡ A점의 연직반력

$R_A = 6 + 4 = 10\text{kN}(\uparrow)$

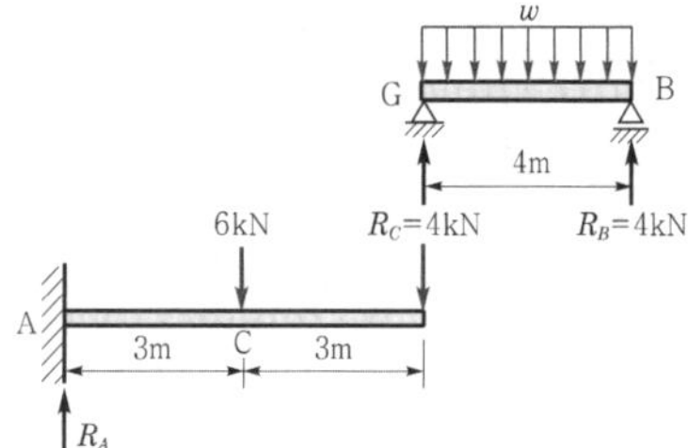

06 A점의 수평반력

$\Sigma M_G = 0$

$-H_A \times 16 + 11.4 \times 20 - 4 \times 14 - 0.4 \times 20 \times 10 = 0$

$\therefore\ H_A = 5.75\text{kN}(\rightarrow)$

07 부재력이 영(zero)인 부재(영부재)

∴ 1개

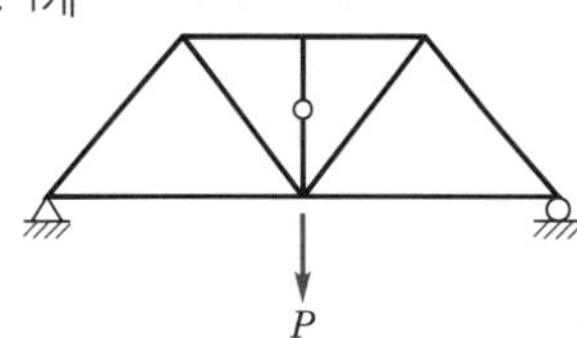

08 훅의 법칙

$G = \dfrac{\tau}{\gamma_s} = \dfrac{E}{2(1+\nu)}$

$\therefore\ \tau = \dfrac{E\gamma_s}{2(1+\nu)} = \dfrac{2,100,000 \times 0.1}{2 \times (1+0.25)}$

$= 84,000\text{MPa}$

09 축방향 인장력

$\Delta l = \dfrac{PL}{EA}$

$\therefore\ P = \dfrac{\Delta l EA}{L} = \dfrac{0.5 \times 2 \times 10^5 \times 1{,}000}{5{,}000} \times 10^{-3} = 20\text{kN}$

10 축방향 수직변위

$\Delta l = \dfrac{PL}{EA}$ 이므로

$\therefore\ \Delta l = \Delta l_1 + \Delta l_2 = \dfrac{PL}{E(2A)} + \dfrac{PL}{EA} = \dfrac{3PL}{2EA}(\downarrow)$

11 최대 전단응력

㉠ 단축 전단응력(접선응력)

$\tau_n = \dfrac{1}{2}\sigma_x \sin 2\theta$에서 $\theta = 45°$인 경우 최대이다.

㉡ 최대 전단응력

$\tau_{\max} = \dfrac{1}{2}\sigma_x = \dfrac{4P}{2\pi d^2} = \dfrac{4 \times 200{,}000}{2 \times \pi \times 100^2}$
$= 12.7324\text{MPa}$

12 최대 휨응력

㉠ 최대 휨모멘트

$M_{\max} = \dfrac{wl^2}{8} = \dfrac{100 \times 4^2}{8} = 200\text{kN}\cdot\text{m}$

㉡ 최대 휨응력

$\sigma = \dfrac{M}{Z} = \dfrac{6M}{bh^2} = \dfrac{6 \times 200 \times 10^6}{200 \times 300^2} = 66.67\text{MPa}$

13 최대 전단응력

㉠ 최대 전단력

$\Sigma M_B = 0$

$+R_A \times L - \dfrac{wL}{2} \times \dfrac{3}{4}L = 0$

$\therefore\ R_A = S_{\max} = \dfrac{3wL}{8}(\uparrow)$

㉡ 최대 전단응력

$\tau_{\max} = \dfrac{3}{2}\dfrac{S_{\max}}{A} = \dfrac{3}{2} \times \dfrac{3wL}{8bh} = \dfrac{9wL}{16bh}$

14 최대 전단응력

㉠ 단면의 성질

$G_X = 30 \times 10 \times 25 + 20 \times 10 \times 10 = 9{,}500\text{cm}^3$

$I_X = \dfrac{30 \times 60^3}{12} - \dfrac{20 \times 40^3}{12} = 433{,}333.33\text{cm}^4$

㉡ 최대 전단응력

$\tau_{\max} = \dfrac{SG_X}{I_X b} = \dfrac{1{,}500 \times 10^3 \times 9{,}500 \times 10^3}{433{,}333.33 \times 10^4 \times 100}$
$= 32.8846\text{MPa}$

15 단주의 최대 응력

$\sigma_{\max} = \text{축응력} + \text{휨응력} = \dfrac{P}{A} + \dfrac{M}{Z}$
$= \dfrac{10 \times 10^6}{400 \times 400} + \dfrac{6 \times 10 \times 10^6 \times 50}{400 \times 400^2}$
$= 109.375\text{MPa}$

16 좌굴응력(임계응력)

㉠ 좌굴계수

$n = 4,\ k = 0.5$

㉡ 좌굴응력

$\sigma_b = \dfrac{P_b}{A} = \dfrac{n\pi^2 E}{\lambda^2} = \dfrac{\pi^2 E}{\left(\dfrac{kl}{r}\right)^2} = \dfrac{4\pi^2 E}{\lambda^2}$

17 탄성변형에너지(내적일)

$M_x = \dfrac{wl}{2}x - \dfrac{w}{2}x^2$

$\therefore\ U = W_i = \displaystyle\int_0^l \dfrac{{M_x}^2}{2EI}dx$
$= \dfrac{1}{2EI}\displaystyle\int_0^l \left(\dfrac{wl}{2}x - \dfrac{w}{2}x^2\right)^2 dx$
$= \dfrac{w^2 l^5}{240EI}$

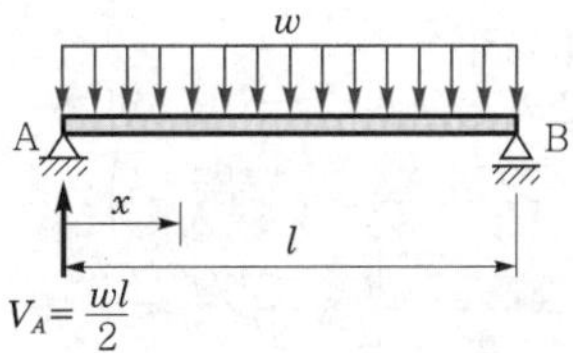

18 처짐의 특성

㉠ 최대 처짐

$\delta_{\max} = \dfrac{5wl^4}{384EI} = \dfrac{5wl^4 \times 12}{384Ebh^3}$

㉡ 처짐은 보의 높이 h의 3승에 반비례한다.

19 공액보법

㉠ B점의 휨모멘트

$M_B{}' = Pa \times \dfrac{a}{2}\left(\dfrac{2}{3}a + b\right) = \dfrac{Pa^2}{6}(2l + b)$
$= \dfrac{Pa^2}{6}(3l - a)$

㉡ 최대 처짐

$\delta_{\max} = \dfrac{M_B{}'}{EI} = \dfrac{Pa^2}{6EI}(3l - a)$

Pa
A′
B′
a
b

(공액보)

20 처짐각법

㉠ 경계조건

$$M_{AB}=0,\ \theta_B=0,\ R=0,\ K=\frac{I}{L},\ C_{AB}=-\frac{wl^2}{12}$$

㉡ A점의 처짐각

$$M_{AB}=2EK(2\theta_A+\theta_B-3R)-C_{AB}$$

$$=\frac{2EI}{L}(2\theta_A+0+0)-\frac{wL^2}{12}=0$$

$$\frac{4EI}{L}\theta_A=\frac{wL^2}{12}$$

$$\therefore\ \theta_A=\frac{wL^3}{48EI}$$ (시계방향)

ROUND 03회

CBT 실전 모의고사

01 다음 그림과 같은 30° 경사진 언덕에 40kN의 물체를 밀어 올릴 때 필요한 힘 P는 얼마 이상이어야 하는가? (단, 마찰계수는 0.3이다.)

① 20.0kN
② 30.4kN
③ 34.6kN
④ 35.0kN

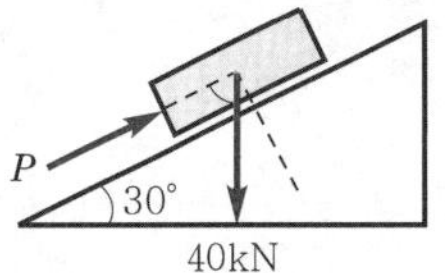

02 다음 그림에서 $A-A$축에 대한 단면2차모멘트의 값은?

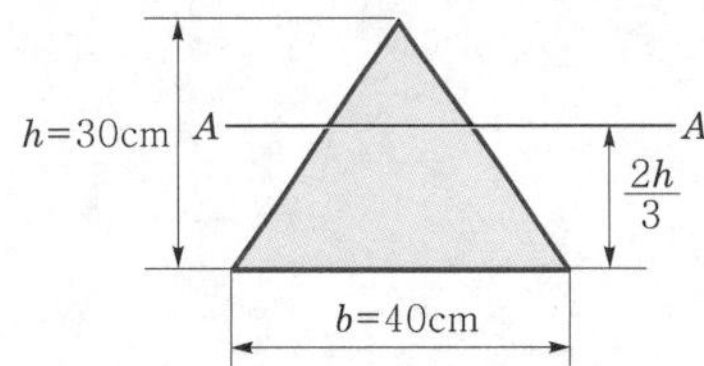

① 30,000cm^4　　② 90,000cm^4
③ 270,000cm^4　　④ 330,000cm^4

03 다음 그림과 같은 단순보에 연행하중이 작용할 때 R_A가 R_B의 3배가 되기 위한 x의 크기는?

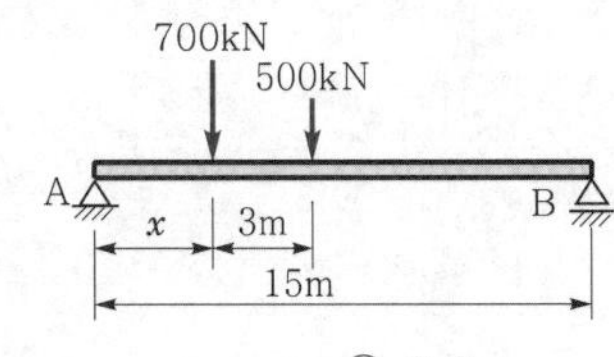

① 2.5m　　② 3.0m
③ 3.5m　　④ 4.0m

04 지간길이 l인 단순보에 다음 그림과 같은 삼각형 분포하중이 작용할 때 발생하는 최대 휨모멘트의 크기는?

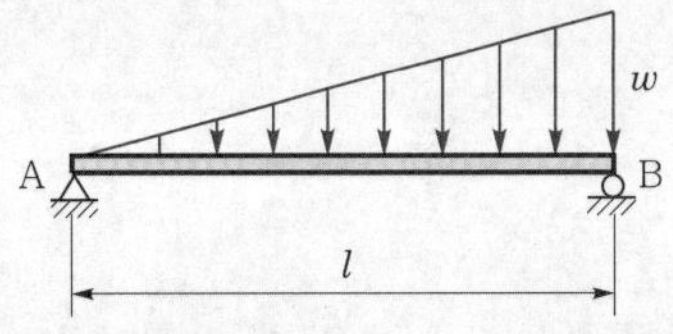

① $\dfrac{wl^2}{9}$　　② $\dfrac{wl^2}{9\sqrt{2}}$
③ $\dfrac{wl^3}{9\sqrt{2}}$　　④ $\dfrac{wl^2}{9\sqrt{3}}$

05 다음 그림과 같은 라멘에서 C점의 휨모멘트는?

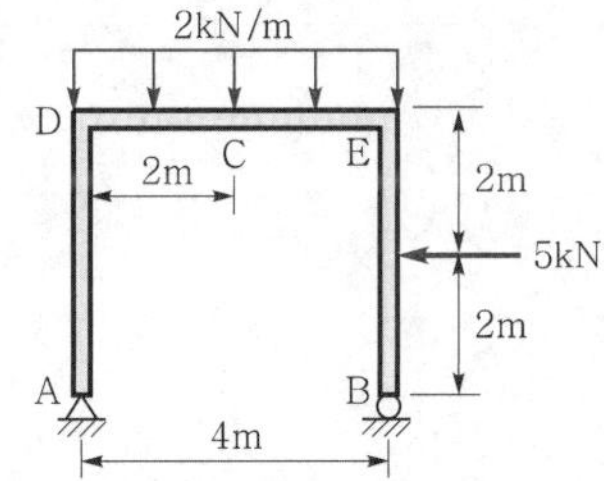

① -11kN · m　　② -14kN · m
③ -17kN · m　　④ -20kN · m

06 다음 그림과 같은 트러스에서 AC의 부재력은?

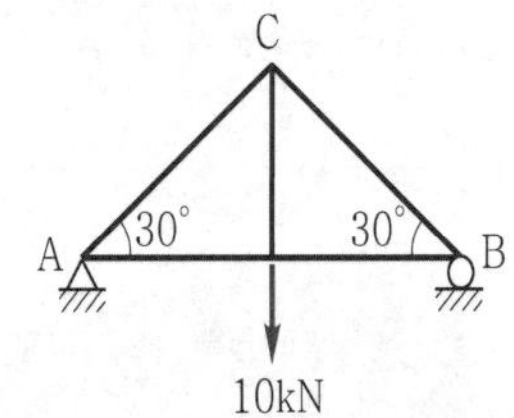

① 5kN(인장)　　② 5kN(압축)
③ 10kN(인장)　　④ 10kN(압축)

07 지름 d=1,200mm, 벽두께 t=6mm인 긴 강관이 q=20MPa의 내압을 받고 있다. 이 관벽 속에 발생하는 원환응력 σ의 크기는?

① 300MPa
② 900MPa
③ 1,800MPa
④ 2,000MPa

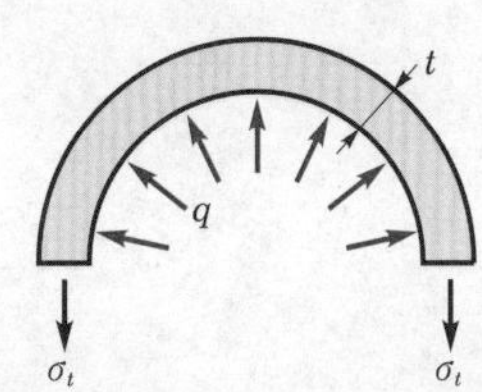

08 높이 20cm, 폭 10cm인 직사각형 단면의 단순보에 다음 그림과 같이 등분포하중과 축방향 인장력이 작용할 때 이 보 속에 발생하는 최대 휨응력은 얼마인가? (단, 자중은 무시)

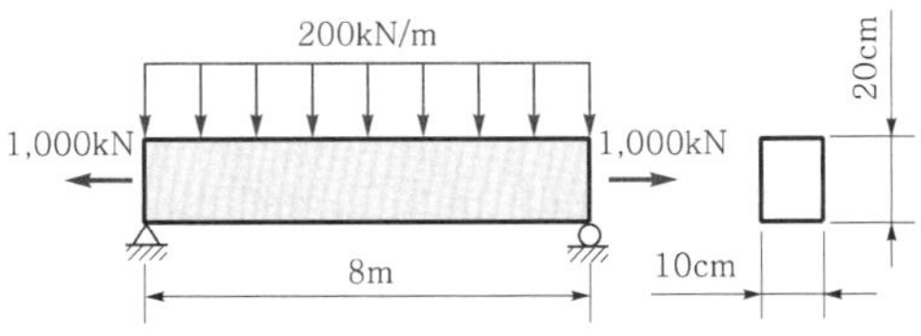

① 3,000MPa ② 2,750MPa
③ 2,450MPa ④ 2,000MPa

09 세로탄성계수 $E=2.1\times10^6$MPa, 푸아송비 $\nu=0.3$일 때 전단탄성계수 G를 구한 값은? (단, 등방이고 균질인 탄성체임)

① 0.72×10^6MPa
② 3.23×10^6MPa
③ 1.5×10^6MPa
④ 0.81×10^6MPa

10 다음 그림에서 점 C에 하중 P가 작용할 때 A점에 작용하는 반력 R_A는? (단, 재료의 단면적은 A_1, A_2이고, 기타 재료의 성질은 동일하다.)

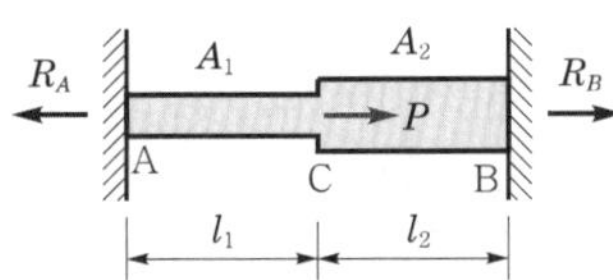

① $\dfrac{A_1 l_1 P}{A_1 l_1 + A_2 l_2}$

② $\dfrac{A_1 l_2 P}{A_1 l_1 + A_2 l_2}$

③ $\dfrac{A_1 l_2 P}{A_1 l_2 + A_2 l_1}$

④ $\dfrac{A_2 l_1 P}{A_1 l_2 + A_2 l_1}$

11 경간 l, 단면의 폭 b, 높이 h인 직사각형 단면의 단순보가 최대 휨모멘트 M일 때 단면의 최대 휨응력은 얼마인가?

① $\pm\dfrac{M}{b^2h}$ ② $\pm\dfrac{6M}{bh^2}$

③ $\pm\dfrac{M}{bh^2}$ ④ $\pm\dfrac{M}{6bh^2}$

12 다음 그림과 같은 단면이 26.75MN·m의 휨모멘트를 받을 때 플랜지와 복부의 경계면 $m-n$에 일어나는 휨응력이 옳게 된 것은?

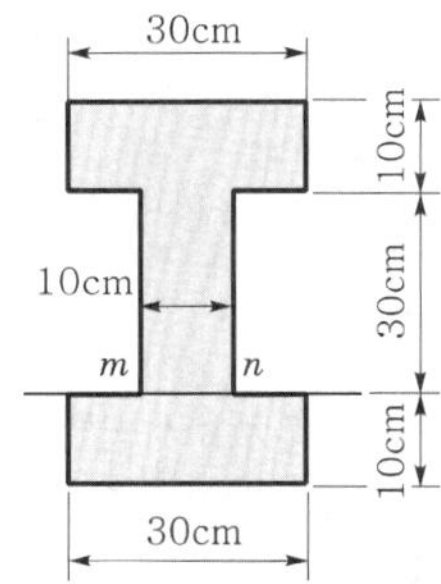

① 1,284MPa ② 1,500MPa
③ 2,500MPa ④ 2,816MPa

13 지름 d인 원형 단면의 도심축에 대한 최대 전단응력값은? (단, S : 최대 전단력)

① $\dfrac{4S}{3\pi d^2}$

② $\dfrac{2S}{3\pi d^2}$

③ $\dfrac{16S}{3\pi d^2}$

④ $\dfrac{3S}{4\pi d^2}$

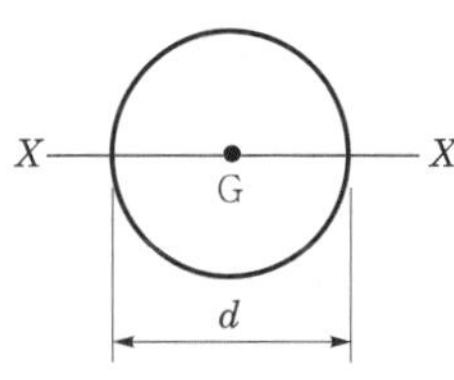

14 폭이 b이고 높이가 h인 직사각형 단면의 형상계수는?

① 2.0 ② 1.8
③ 1.5 ④ 1.2

15 다음 그림과 같이 지름이 $2R$인 원형 단면의 단주에서 핵거리 k의 값은?

① R
② $R/2$
③ $R/3$
④ $R/4$

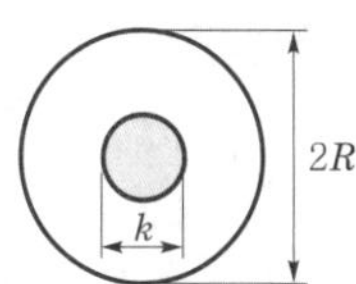

16 다음 그림과 같이 장주의 길이가 같을 경우 기둥 (a)의 임계하중이 4kN라면 기둥 (b)의 임계하중은? (단, EI는 일정하다.)

① 4kN
② 16kN
③ 32kN
④ 64kN

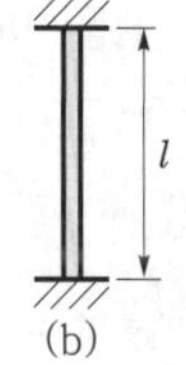

17 다음 그림과 같이 재료와 단면이 같은 두 개의 외팔보가 있다. 이때 보 (A)에 저장되는 변형에너지는 보 (B)에 저장되는 변형에너지의 몇 배인가?

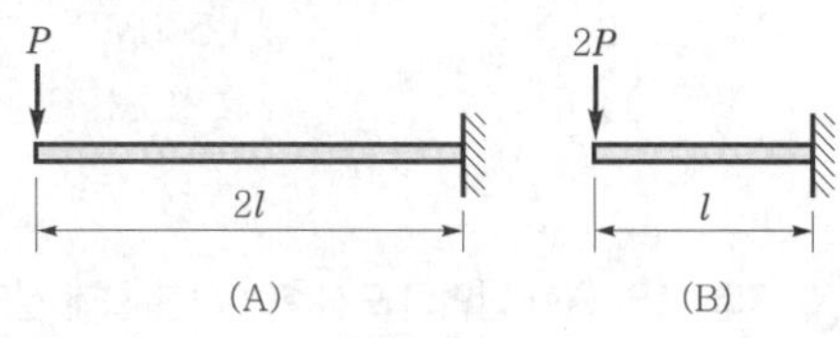

① 0.5배　② 1배
③ 2배　④ 4배

18 다음 그림과 같은 단순보에서 B점에 모멘트하중이 작용할 때 A점과 B점의 처짐각의 비($\theta_A : \theta_B$)는?

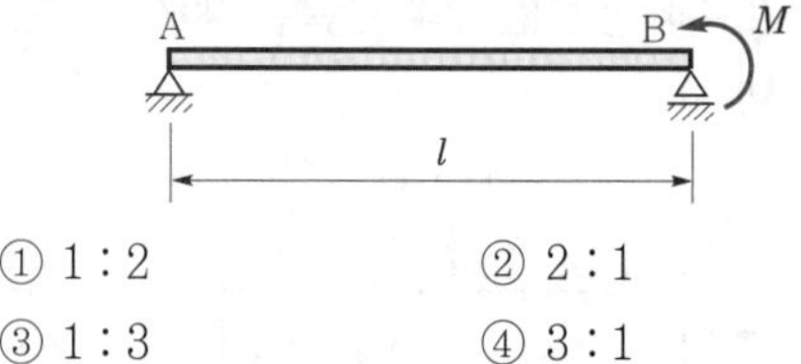

① 1 : 2　② 2 : 1
③ 1 : 3　④ 3 : 1

19 다음 그림과 같은 내민보에서 자유단 C점의 처짐이 0이 되기 위한 P/Q는 얼마인가? (단, EI는 일정하다.)

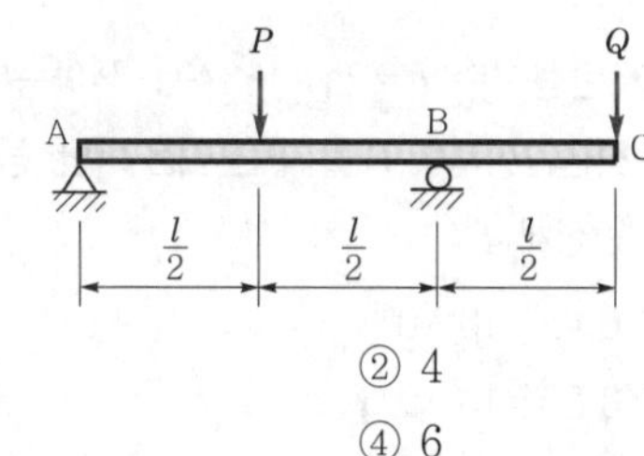

① 3　② 4
③ 5　④ 6

20 다음 그림과 같은 보의 고정단 A의 휨모멘트는?

① 10kN · m
② 20kN · m
③ 30kN · m
④ 40kN · m

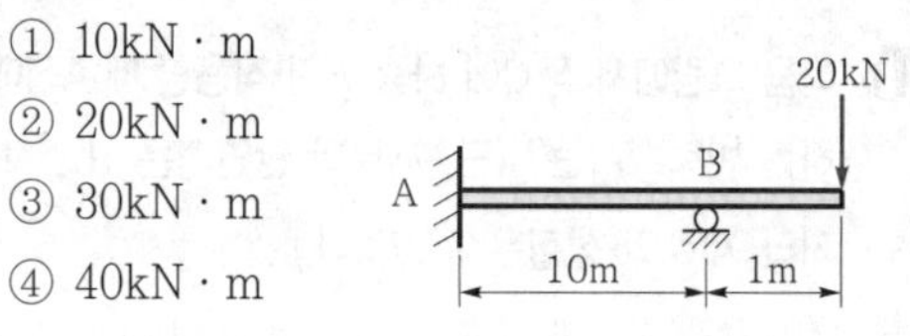

ROUND 03회

CBT 실전 모의고사 정답 및 해설

01	02	03	04	05	06	07	08	09	10
②	②	①	④	①	④	④	③	④	③
11	12	13	14	15	16	17	18	19	20
②	②	③	③	②	④	③	①	②	①

01 밀어 올리는 힘

$P = mg\sin\theta + \mu mg\cos\theta$

$= 40\times\sin 30° + 0.3\times 40\times\cos 30°$

$= 30.39\text{kN}$

02 평행축의 정리

㉠ 도심축에 대한 단면2차모멘트

$I_X = \dfrac{bh^3}{36}$

㉡ A축에 대한 단면2차모멘트

$I_A = I_X + A{y_0}^2$

$= \dfrac{40\times 30^3}{36} + \dfrac{40\times 30}{2}\times 10^2$

$= 90{,}000\text{cm}^4$

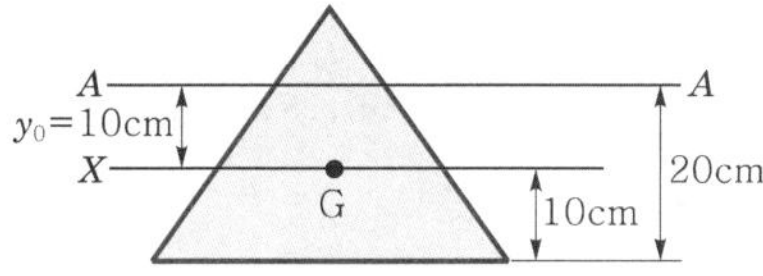

03 하중점의 위치

㉠ 반력

$R_A + R_B = 1{,}200\text{kN}$ ······························ ①

$R_A = 3R_B$ ·· ②

식 ②를 ①에 대입하면

$\therefore R_B = 300\text{kN}(\uparrow)$

㉡ 작용점의 위치(x)

$\Sigma M_A = 0$

$-300\times 15 + 700\times x + 500\times(3+x) = 0$

$\therefore x = 2.5\text{m}$

04 최대 휨모멘트

㉠ A점의 반력

$\Sigma M_B = 0$

$+R_A\times l - \dfrac{wl}{2}\times\dfrac{l}{3} = 0$

$\therefore R_A = \dfrac{wl}{6}(\uparrow)$

㉡ 전단력이 0인 위치

$S_x = \dfrac{wl}{6} - \dfrac{wx^2}{2l} = 0$

$\therefore x = \dfrac{l}{\sqrt{3}} = 0.577l$

㉢ 최대 휨모멘트

$M_x = \dfrac{wl}{6}\times x - \dfrac{wx^2}{2l}\times\dfrac{x}{3}$

$= \dfrac{wl}{6}\times\dfrac{l}{\sqrt{3}} - \dfrac{w}{6l}\left(\dfrac{l}{\sqrt{3}}\right)^3$

$= \dfrac{wl^2}{9\sqrt{3}}$

05 C점의 휨모멘트

㉠ A점의 반력

$\Sigma M_B = 0$

$+V_A\times 4 - 2\times 4\times 2 - 5\times 2 = 0$

$\therefore V_A = 6.5\text{kN}(\uparrow)$

$\Sigma H = 0$

$\therefore H_A = 5\text{kN}(\rightarrow)$

㉡ C점의 휨모멘트

$M_C = 6.5\times 2 - 5\times 4 - 2\times 2\times 1$

$= -11\text{kN}\cdot\text{m}$

06 트러스의 부재력

㉠ A점의 반력

$\Sigma M_B = 0$

$\therefore R_A = 5\text{kN}(\uparrow)$

㉡ 절점 A에서

$\Sigma V = 0$

$\overline{AC}\times\sin 30° = 5\text{kN}$

$\therefore \overline{AC} = 10\text{kN}$(압축)

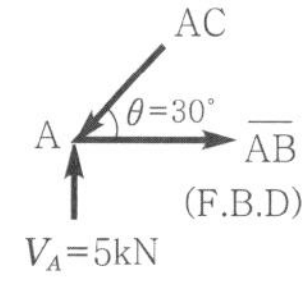

07 원환응력

$\sigma_t = \sigma_y$

$\therefore \sigma_t = \dfrac{qd}{2t} = \dfrac{20\times 1{,}200}{2\times 6} = 2{,}000\text{MPa}$

08 보의 최대 휨응력

㉠ 최대 휨응력은 중앙점 하연에서 발생한다.

σ_t =축응력+휨응력

㉡ 최대 휨응력

$$M_{max}=\frac{wl^2}{8}=\frac{200\times8^2}{8}=1,600\text{kN}\cdot\text{m}$$

$$\therefore\ \sigma_t=\frac{N}{A}+\frac{M}{Z}$$

$$=\frac{1,000\times10^3}{100\times200}+\frac{6\times1,600\times10^6}{100\times200^2}$$

$$=2,450\text{MPa}$$

09 전단탄성계수

$$G=\frac{E}{2(1+\nu)}=\frac{2.1\times10^6}{2\times(1+0.3)}=0.81\times10^6\text{MPa}$$

10 A점의 수평반력

㉠ 힘의 평형조건식

$\sum H=0$

$P+R_B-R_A=0$

$\therefore\ R_B=R_A-P$

㉡ 변위의 적합조건식

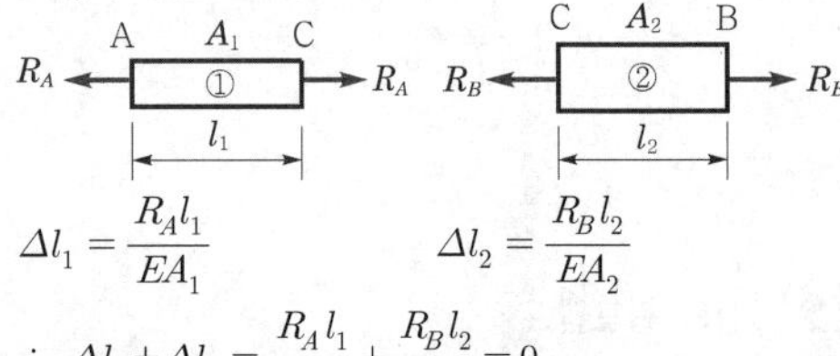

$$\Delta l_1=\frac{R_Al_1}{EA_1}\qquad \Delta l_2=\frac{R_Bl_2}{EA_2}$$

$$\therefore\ \Delta l_1+\Delta l_2=\frac{R_Al_1}{EA_1}+\frac{R_Bl_2}{EA_2}=0$$

㉢ A점의 수평반력

$$R_A=-\frac{A_1l_2}{l_1A_2}R_B=-\frac{A_1l_2}{A_2l_1}(R_A-P)$$

$$\therefore\ R_A=\frac{A_1l_2}{A_1l_2+A_2l_1}P$$

11 최대 휨응력

$$\sigma=\pm\frac{M}{I}y=\pm\frac{M}{Z}=\pm\frac{6M}{bh^2}$$

12 임의 점의 휨응력

㉠ 단면의 성질

$$I=\frac{30\times50^3}{12}-\frac{20\times30^3}{12}=267,500\text{cm}^4$$

$M=26.75\times10^9\text{N}\cdot\text{mm}$

$y=150\text{mm}$

㉡ $m-n$ 단면의 휨응력

$$\sigma_{mn}=\frac{M}{I}y=\frac{26.75\times10^9}{267,500\times10^4}\times150$$

$$=1,500\text{MPa}$$

13 최대 전단응력

$$\tau_{max}=\frac{SG_X}{Ib}=\frac{4}{3}\frac{S}{A}=\frac{4}{3}\times\frac{4S}{\pi d^2}=\frac{16S}{3\pi d^2}$$

14 형상계수

㉠ 형상계수

$$f=\frac{\text{소성모멘트}}{\text{항복모멘트}}=\frac{M_P}{M_y}=\frac{Z_P}{Z}$$

㉡ 각 단면의 형상계수

- 구형 단면 : $f=\dfrac{\sigma_y\dfrac{bh^2}{4}}{\sigma_y\dfrac{bh^2}{6}}=\dfrac{3}{2}=1.5$
- 원형 단면 : $f=1.7$
- 마름모 단면 : $f=2.0$
- I형 단면 : $f=1.1\sim1.2$

15 핵거리(k)

㉠ 핵거리(핵반경)

$$e=\frac{I}{Ay}=\frac{r^2}{A}=\frac{d}{8}=\frac{R}{4}$$

㉡ 핵전경(k)

$$k=2e=2\times\frac{R}{4}=\frac{R}{2}$$

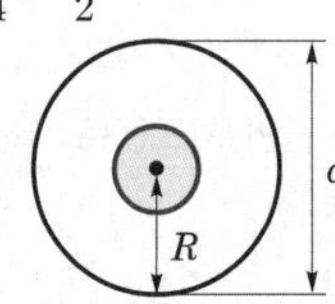

16 좌굴하중

㉠ 강도정수

$$n=\frac{1}{4}:1:2:4=1:4:8:16,\ l_k=kl$$

㉡ 좌굴하중(임계하중)

$$P_b=\frac{n\pi^2EI}{l^2}=\frac{\pi^2EI}{l_k^{\ 2}}$$

$$\therefore\ P_b=16P_a=16\times4=64\text{kN}$$

17 탄성변형에너지(외적일)

㉠ $U_A=W_e=\dfrac{1}{2}P_A\delta_A=\dfrac{P}{2}\times\dfrac{P(2l)^3}{3EI}=\dfrac{4P^2l^3}{3EI}$

㉡ $U_B=W_e=\dfrac{1}{2}P_B\delta_B=\dfrac{2P}{2}\times\dfrac{2Pl^3}{3EI}=\dfrac{2P^2L^3}{3EI}$

$\therefore\ U_A=2U_B$

18 처짐각의 비

㉠ 경계조건

$M_A=0,\ M_B=M$

㉡ 각 점의 처짐각

$$\theta_A=\frac{l}{6EI}(2M_A+M_B)=\frac{l}{6EI}\times M$$

$$\theta_B=\frac{l}{6EI}(M_A+2M_B)=\frac{l}{6EI}\times2M$$

$$\therefore\ \theta_A:\theta_B=1:2$$

별해 **공액보법**

㉠ 공액보의 반력

$R_A = \frac{Ml}{6}(\uparrow),\ R_B = \frac{Ml}{3}(\uparrow)$

㉡ 각 점의 처짐각

$\theta_A = \frac{S_A}{EI} = \frac{Ml}{6EI} = \frac{l}{6EI} \times M$

$\theta_B = \frac{S_B}{EI} = \frac{Ml}{3EI} = \frac{l}{6EI} \times 2M$

$\therefore \theta_A : \theta_B = 1 : 2$

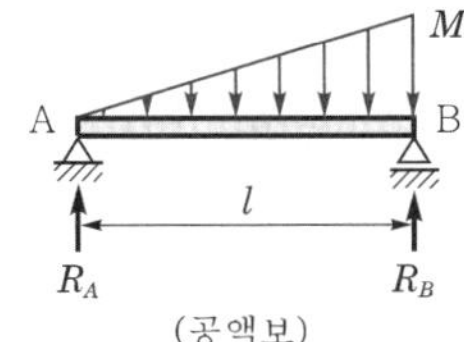

(공액보)

19 중첩법

㉠ 하중 P에 의한 C점의 상향처짐

$\delta_{C1} = \frac{Pl^3}{32EI} = \frac{P}{32} \times \frac{l^3}{EI}(\uparrow)$

㉡ 하중 Q에 의한 C점의 하향처짐

$\delta_{C2} = \frac{Ql^3}{8EI} = \frac{Q}{8} \times \frac{l^3}{EI}(\downarrow)$

㉢ 중첩의 원리

$\delta_{C1} = \delta_{C2}$

$\frac{P}{32} = \frac{Q}{8}$

$\therefore \frac{P}{Q} = 4$

20 A점의 휨모멘트

㉠ B점의 휨모멘트

$M_B = 20 \times 1 = 20\text{kN} \cdot \text{m}$

㉡ A점의 전달모멘트($C.M$)

$M_A = \frac{1}{2} M_B = \frac{1}{2} \times 20 = 10\text{kN} \cdot \text{m}$

10kN · m　　20kN　　20kN · m

A　　B

R_A　　R_B

[저자 소개]

박경현

- 충남대학교 대학원 공학박사(구조 전공)
- 현) ㈜케이씨엠엔지니어링 이사
- 현) 성안당 e러닝 토목분야 전임강사
- 전) ㈜옥토기술단 기술이사
- 전) 충남대학교, 고려대학교(세종캠퍼스) 등 출강
- 전) 한밭대학교 겸임교수

[저서]

- 원샷!원킬 철근콘크리트 및 강구조(성안당, 2025)
- 핵심 건축구조(성안당, 2024)
- 핵심 응용역학(성안당, 2018)
- 핵심 철근콘크리트 및 강구조(성안당, 2018)
- 최신 응용역학 해설(청운문화사, 2009)
- 공무원(7, 9급) 응용역학(청운문화사, 2008)
- 공무원(9급) 토목설계(청운문화사, 2008)
- 최신 토목기사 종합문제해설집(청운문화사, 2005)

토목기사 필기 완벽 대비

원샷! 원킬! 토목기사시리즈 ❶ 응용역학

2025. 1. 8. 초 판 1쇄 인쇄
2025. 1. 15. 초 판 1쇄 발행

지은이 | 박경현
펴낸이 | 이종춘
펴낸곳 | BM ㈜도서출판 성안당
주소 | 04032 서울시 마포구 양화로 127 첨단빌딩 3층(출판기획 R&D 센터)
10881 경기도 파주시 문발로 112 파주 출판 문화도시(제작 및 물류)
전화 | 02) 3142-0036
031) 950-6300
팩스 | 031) 955-0510
등록 | 1973. 2. 1. 제406-2005-000046호
출판사 홈페이지 | **www.cyber.co.kr**
ISBN | 978-89-315-1151-2 (13530)
정가 | **26,000원**

이 책을 만든 사람들
기획 | 최옥현
진행 | 이희영
교정·교열 | 문 황
전산편집 | 전채영
표지 디자인 | 박현정
홍보 | 김계향, 임진성, 김주승, 최정민
국제부 | 이선민, 조혜란
마케팅 | 구본철, 차정욱, 오영일, 나진호, 강호묵
마케팅 지원 | 장상범
제작 | 김유석